Momentos de inercia de figuras geométricas comunes

Rectángulo

$$\bar{I}_{x'} = \tfrac{1}{12}bh^3$$
$$\bar{I}_{y'} = \tfrac{1}{12}b^3h$$
$$I_x = \tfrac{1}{3}bh^3$$
$$I_y = \tfrac{1}{3}b^3h$$
$$J_C = \tfrac{1}{12}bh(b^2 + h^2)$$

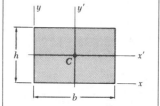

Triángulo

$$\bar{I}_{x'} = \tfrac{1}{36}bh^3$$
$$I_x = \tfrac{1}{12}bh^3$$

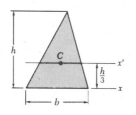

Círculo

$$\bar{I}_x = \bar{I}_y = \tfrac{1}{4}\pi r^4$$
$$J_O = \tfrac{1}{2}\pi r^4$$

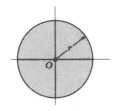

Semicírculo

$$I_x = I_y = \tfrac{1}{8}\pi r^4$$
$$J_O = \tfrac{1}{4}\pi r^4$$

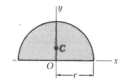

Cuarto de círculo

$$I_x = I_y = \tfrac{1}{16}\pi r^4$$
$$J_O = \tfrac{1}{8}\pi r^4$$

Elipse

$$\bar{I}_x = \tfrac{1}{4}\pi ab^3$$
$$\bar{I}_y = \tfrac{1}{4}\pi a^3b$$
$$J_O = \tfrac{1}{4}\pi ab(a^2 + b^2)$$

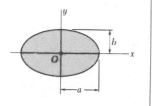

Momentos de inercia de masa de figuras geométricas comunes

Barra delgada

$$I_y = I_z = \tfrac{1}{12}mL^2$$

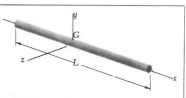

Placa rectangular delgada

$$I_x = \tfrac{1}{12}m(b^2 + c^2)$$
$$I_y = \tfrac{1}{12}mc^2$$
$$I_z = \tfrac{1}{12}mb^2$$

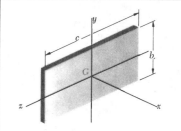

Prisma rectangular

$$I_x = \tfrac{1}{12}m(b^2 + c^2)$$
$$I_y = \tfrac{1}{12}m(c^2 + a^2)$$
$$I_z = \tfrac{1}{12}m(a^2 + b^2)$$

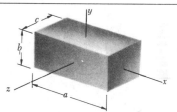

Disco delgado

$$I_x = \tfrac{1}{2}mr^2$$
$$I_y = I_z = \tfrac{1}{4}mr^2$$

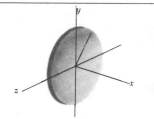

Cilindro circular

$$I_x = \tfrac{1}{2}ma^2$$
$$I_y = I_z = \tfrac{1}{12}m(3a^2 + L^2)$$

Cono circular

$$I_x = \tfrac{3}{10}ma^2$$
$$I_y = I_z = \tfrac{3}{5}m(\tfrac{1}{4}a^2 + h^2)$$

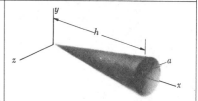

Esfera

$$I_x = I_y = I_z = \tfrac{2}{5}ma^2$$

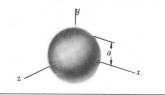

MECÁNICA VECTORIAL
PARA
INGENIEROS
Dinámica

Sexta edición
MECÁNICA VECTORIAL PARA INGENIEROS

Dinámica

Ferdinand P. Beer

Lehigh University

E. Russell Johnston, Jr.

University of Connecticut

Con la colaboración de
Elliot R Eisenberg
Pennsylvania State University

Robert G. Sarubbi
Lehigh University

Traducción:

Rodolfo Navarro Salas
Traductor profesional

Juan Manuel Adame Pérez
Ingeniero Electromecánico, Instituto Tecnológico de Zacatepec, Mor.
M. en I., especialidad de Mecánica de Sólidos, DEPFI-UNAM
Profesor, Departamento de Ingeniería Mecánica, ITESM, Campus Ciudad de México

Revisión técnica:

José Nicolás Ponciano Guzmán
Ingeniero Industrial Mecánico, Instituto Tecnológico de Morelia, Mich.
M. en I., Instituto Tecnológico y de Estudios Superiores de Monterrey
Profesor asistente, Departamento de Ingeniería Mecánica, ITESM, Campus Estado de México

McGRAW-HILL

**MÉXICO • BUENOS AIRES • CARACAS • GUATEMALA • LISBOA • MADRID • NUEVA YORK
SAN JUAN • SANTAFÉ DE BOGOTÁ • SANTIAGO • SÃO PAULO**
AUCKLAND • LONDRES • MILÁN • MONTREAL
NUEVA DELHI • SAN FRANCISCO • SINGAPUR
ST. LOUIS • SIDNEY • TORONTO

Gerente de marca: Carlos Granados Islas
Supervisora de edición: Gloria Leticia Medina Vigil
Supervisor de producción: Zeferino García García

MECÁNICA VECTORIAL PARA INGENIEROS "DINÁMICA"

DERECHOS RESERVADOS © 1998, respecto a la sexta edición en español por
McGRAW-HILL/INTERAMERICANA EDITORES, S.A. DE C.V.
Una División de The McGraw-Hill Companies, Inc.
    Cedro Núm. 512, Col. Atlampa
    Delegación Cuauhtémoc
    06450 México, D.F.
    Miembro de la Cámara Nacional de la Industria Editorial Mexicana, Reg. Núm. 736

ISBN 970-10-1951-2

Translated from the sixth edition in English of
VECTOR MECHANICS FOR ENGINEERS: DYNAMICS
Copyright © MCMXCVII, by The McGraw-Hill Companies, Inc. U.S.A.
ISBN 0-07-912637-5

1997, 1988, 1984, 1977, 1972, 1962 by McGraw-Hill Companies Inc

2345678901   0876543219

Impreso en México   Printed in Mexico

Esta obra se terminó de
Imprimir en Abril de 1999 en
Compañía Editorial Ultra, S.A. de C.V.
Centeno No. 162 – 2
Col. Granjas Esmeralda
Delegación Iztapalapa
C.P. 09810 México D.F.

Se tiraron 25,000 ejemplares

Acerca de los autores

"¿Cómo pudieron escribir sus libros juntos, con uno de ustedes en Lehigh y el otro en UConn, y cómo se organizan para mantenerse colaborando en las sucesivas revisiones?" Éstas son las dos preguntas que les dirigen con mayor frecuencia a nuestros dos autores.

La respuesta a la primera pregunta es sencilla. El primer puesto en la enseñanza de Russ Johnston fue en el Departamento de ingeniería civil y mecánica de la Universidad Lehigh. Allí conoció a Ferd Beer, quien había ingresado al Departamento dos años antes y estaba encargado de los cursos de mecánica. Nacido en Francia y educado en Francia y Suiza (él posee un grado de maestría que obtuvo en la Sorbona y el grado de doctorado en mecánica teórica en la Universidad de Ginebra), Ferd llegó a Estados Unidos después de servir en el ejército francés en la primera parte de la Segunda Guerra Mundial y enseñó durante cuatro años en el Colegio Williams en el programa conjunto de ingeniería y arte Williams-MIT. Russ nació en Filadelfia. Obtuvo el grado de licenciatura en ingeniería civil en la Universidad de Delaware y el grado de doctorado en ingeniería estructural de MIT.

Ferd se alegró al descubrir que el joven que había sido contratado principalmente para enseñar cursos de posgrado en ingeniería estructural no sólo estaba deseoso sino ansioso de auxiliarlo a reorganizar los cursos de mecánica. Ambos creían que esos cursos deberían enseñarse a partir de unos pocos principios básicos y que los diversos conceptos involucrados serían mejor comprendidos y recordados por los estudiantes si se les presentaban en forma gráfica. Juntos escribieron notas de clase sobre estática y dinámica, a las cuales agregaron posteriormente problemas que sintieron que serían de interés a futuros ingenieros, y poco después elaboraron el manuscrito de la primera edición de *Mecánica para ingenieros*.

La segunda edición de *Mecánica para ingenieros* y la primera edición de *Mecánica vectorial para ingenieros* encontraron a Russ Johnston en el Instituto Politécnico Worcester, y las siguientes ediciones, en la Universidad de Connecticut. Mientras tanto, Ferd y Russ habían asumido responsabilidades administrativas en sus departamentos, y ambos estaban involucrados en la investigación, consultoría y supervisión de estudiantes de posgrado —Ferd en el área de procesos estocásticos y vibraciones aleatorias, y Russ en el área de estabilidad elástica y análisis estructural y diseño—. Sin embargo, su interés en mejorar la enseñanza de los cursos de mecánica básica no había disminuido, y los dos enseñaban secciones de esos cursos al mismo tiempo que revisaban sus textos y empezaban a escribir el manuscrito de la primera edición de *Mecánica de materiales*.

Esto nos lleva a la segunda pregunta: ¿cómo se organizaron los autores para trabajar tan eficientemente después de que Russ Johnston había dejado Lehigh? Parte de la respuesta es proporcionada por sus cuentas de teléfono y por el dinero que gastan en correo. Conforme se aproxima la fecha de publicación de una nueva edición, tienen que comunicarse con más frecuencia y correr a la oficina postal con paquetes de correo expreso. Incluso las dos familias se visitan, y algunas veces viajan para acampar juntos, tienda con tienda. Ahora, con el advenimiento del fax, ya no necesitan reunirse con tanta frecuencia.

Su colaboración ha abarcado los años de la revolución de la computación. Las primeras ediciones de *Mecánica para ingenieros y Mecánica vectorial para ingenieros* incluían notas sobre el uso apropiado de la regla de cálculo. Para garantizar la precisión de las respuestas dadas al final del libro, los autores usaban reglas de cálculo de 20 pulgadas; después, calculadoras mecánicas de escritorio complementadas con tablas de funciones trigonométricas, y posteriormente, calculadoras electrónicas de cuatro funciones. Con el advenimiento de la calculadora de bolsillo de multifunciones, todas las anteriores fueron relegadas a sus respectivos desvanes, y las notas del texto sobre el uso de la regla de cálculo fueron reemplazadas por otras sobre el uso de calculadoras. Ahora, en sus textos se incluyen problemas en cada capítulo que requieren del uso de una computadora, y tanto Ferd como Russ programan en sus propias computadoras la solución de la mayoría de los problemas que crean.

Las contribuciones de Ferd y Russ a la educación en la ingeniería les han hecho ganar varios reconocimientos y premios. Fueron galardonados con el premio de la fundación Western Electric, por parte de sus respectivas secciones regionales de la Sociedad Americana para la Educación en Ingeniería por su excelencia en la instrucción de estudiantes de ingeniería, y ambos recibieron el premio para el Educador Distinguido de la División de Mecánica de la misma sociedad. En 1991, Russ recibió el premio al Ingeniero Civil Distinguido por parte de la Sección Connecticut de la Sociedad Americana de Ingenieros Civiles, y en 1995, Ferd fue galardonado con el grado de Doctor Honorario en Ingeniería por la Universidad Lehigh.

Dos nuevos colaboradores, Elliot Eisenberg, profesor de ingeniería en la Universidad Estatal de Pensilvania, y Robert Sarubbi, profesor de ingeniería mecánica y mecánica en la Universidad Lehigh, se han unido al equipo de Beer y Johnston para esta nueva edición. Elliot posee el grado de licenciatura en ingeniería y un grado de maestría, ambos de la Universidad Cornell. Él ha concentrado sus actividades escolares en el servicio profesional y la enseñanza, y fue reconocido por su trabajo en 1992 cuando la Sociedad Americana de Ingenieros Mecánicos lo premió con la medalla Ben C. Sparks por sus contribuciones a la ingeniería mecánica y el uso de la tecnología en la educación en ingeniería mecánica y por servicios a esa sociedad y a la Sociedad Americana para la Educación en la Ingeniería. Bob posee el grado de licenciatura en ingeniería civil de la Cooper Union, y la maestría en ingeniería civil y el doctorado en mecánica aplicada, ambos de la Universidad Lehigh. Después de trabajar durante cinco años en los Laboratorios Bell Telephone sobre sistemas para misiles y diseño, Bob se unió en 1968 a la facultad de la Universidad Lehigh, donde se especializó en la enseñanza de sistemas dinámicos y diseño. Su trabajo de investigación se ha enfocado en la mecánica estructural, en los sistemas de termofluidos y en los procesos estocásticos y las vibraciones aleatorias.

Contenido

13
CINÉTICA DE PARTÍCULAS: MÉTODOS DE LA ENERGÍA Y DE LA CANTIDAD DE MOVIMIENTO
729

14
SISTEMAS DE PARTÍCULAS
827

15
CINEMÁTICA DE CUERPOS RÍGIDOS
885

16
MOVIMIENTO PLANO DE CUERPOS RÍGIDOS: FUERZAS Y ACELERACIONES
990

17

MOVIMIENTO PLANO DE CUERPOS RÍGIDOS: MÉTODOS DE LA ENERGÍA Y DE LA CANTIDAD DE MOVIMIENTO
1045

18

CINÉTICA DE CUERPOS RÍGIDOS EN TRES DIMENSIONES
1106

19

VIBRACIONES MECÁNICAS
1171

Apéndice A
ALGUNAS DEFINICIONES Y PROPIEDADES ÚTILES DEL ÁLGEBRA VECTORIAL
1243

Apéndice B
MOMENTOS DE INERCIA DE MASAS
1251

Prefacio

El objetivo principal de un primer curso en mecánica debe ser desarrollar en el estudiante de ingeniería la habilidad de analizar cualquier problema de manera sencilla y lógica, y aplicar para su solución unos pocos y bien comprendidos principios básicos. Se espera que este texto, al igual que el volumen anterior, *Mecánica vectorial para ingenieros: Estática*, ayuden al instructor a lograr este objetivo.†

El álgebra vectorial se presentó al inicio del primer volumen y se empleó en la presentación de los principios básicos de la estática, así como en la solución de muchos problemas, en particular de los de tres dimensiones. De manera análoga, el concepto de diferenciación de vectores se expondrá en las primeras páginas de este volumen, y el análisis vectorial se utilizará a lo largo de la dinámica. Este enfoque proporciona una derivación más concisa de los principios fundamentales. También permite analizar muchos problemas de la cinemática y de la cinética que no podrían solucionarse con métodos escalares. Sin embargo, en este libro se hace hincapié en la comprensión correcta de los principios de la mecánica y en su aplicación a la solución de problemas de ingeniería, y el análisis vectorial se ofrece sobre todo como una herramienta de gran utilidad.‡

Una de las características del enfoque de estos dos volúmenes es que la mecánica de *partículas* ha sido separada claramente de la mecánica de *cuerpos rígidos*. Este planteamiento permite considerar aplicaciones prácticas sencillas en una fase temprana y posponer la exposición de conceptos más difíciles. En el volumen de estática, se trató primero la estática de partículas, y el principio de equilibrio se aplicó de inmediato a situaciones prácticas en las que participaban sólo fuerzas concurrentes. La estática de cuerpos rígidos se consideró después, a la vez que se presentaban los productos escalar y vectorial de dos vectores y se empleaban para definir el momento de una fuerza alrededor de un punto y alrededor de un eje. En este volu-

---

†Ambos textos están disponibles en un solo volumen: *Mecánica vectorial para ingenieros: Estática y dinámica*, sexta edición.

‡En un texto paralelo, *Mecánica para ingenieros: Dinámica*, cuarta edición, el uso del álgebra vectorial se limita a la adición y sustracción de vectores, y se omite la diferenciación vectorial.

men se conserva la misma división. Los conceptos básicos de fuerza, masa y aceleración, de trabajo y energía, de impulso y cantidad de movimiento se examinan y se aplican primero a los problemas en los que intervienen sólo partículas. De ese modo, los estudiantes pueden familiarizarse con los tres métodos básicos empleados en dinámica y aprenderán sus ventajas respectivas antes de enfrentarse a las dificultades relacionadas con el movimiento de cuerpos rígidos.

Dado que este texto está diseñado para un primer curso de dinámica, los conceptos nuevos se presentan en términos simples y cada paso se explica con detalle. Por otra parte, al examinar los aspectos más generales de los problemas incluidos y al poner de relieve los métodos de aplicación general, se logró una clara madurez en el enfoque. Por ejemplo, el concepto de energía potencial se analiza en el caso general de una fuerza conservativa. Además, el estudio del movimiento plano de cuerpos rígidos se ha diseñado para que conduzca de manera natural al estudio del movimiento general en el espacio. Esto se hizo tanto en cinemática como en cinética, donde el principio de equivalencia entre fuerzas externas y fuerzas efectivas se aplica directamente al análisis del movimiento plano; con esto se facilita la transición al estudio del movimiento tridimensional.

Se subraya el hecho de que la mecánica es esencialmente una ciencia *deductiva*, basada en unos cuantos principios fundamentales. Las derivaciones se presentan en su secuencia lógica y con el rigor que se requiere en este nivel. Sin embargo, dado que el proceso de aprendizaje es principalmente *inductivo*, se incluyeron primero aplicaciones simples. Así, la dinámica de partículas precede a la de cuerpos rígidos; más adelante, los principios de la cinética se aplican primero a la solución de problemas en dos dimensiones, que al estudiante le son más fáciles de visualizar (capítulos 16 y 17), mientras que los problemas en tres dimensiones se estudian en el capítulo 18.

La sexta edición de *Mecánica vectorial para ingenieros* mantiene la presentación unificada de los principios de cinética que caracterizó a las cuatro ediciones previas. Los conceptos de cantidad de movimiento lineal y cantidad de movimiento angular se tratan en el capítulo 12; con ello se pretende presentar la segunda ley del movimiento de Newton no sólo en su forma ordinaria $\mathbf{F} = m\mathbf{a}$, sino también como una ley que relaciona, respectivamente, la suma de las fuerzas que actúan sobre una partícula y la suma de sus momentos, con las razones de cambio de las cantidades de movimiento lineal y angular de la partícula. Ello permite introducir más pronto el principio de conservación de la cantidad de movimiento angular y ofrecer una exposición más lógica del movimiento de una partícula sometida a una fuerza central (Sec. 12.9). Más importante aún, este enfoque puede aplicarse fácilmente al estudio del movimiento de un sistema de partículas (capítulo 14) y facilita un estudio más conciso y unificado de la cinética de cuerpos rígidos en dos y tres dimensiones (capítulos 16 al 18).

Los diagramas de cuerpo libre se estudiaron en las primeras páginas del volumen de estática. Se usaron no sólo para resolver los problemas de equilibrio, sino también para expresar la equivalencia de dos sistemas de fuerzas o, de manera más general, de dos sistemas de vectores. La ventaja del método se hace evidente en el estudio de la dinámica de cuerpos rígidos, donde se usa para resolver problemas tanto en dos como en tres dimensiones. Al hacer hincapié en las "ecuaciones de cuerpo libre" y no en las ecuaciones algebraicas estándar del movimiento, se consigue una comprensión más intuitiva y completa de los principios fundamentales de la dinámica. Este enfoque, que se empleó originalmente en 1962 en la primera edición de *Mecánica vectorial para ingenieros*, ha ido ganando aceptación entre los profesores de ingeniería mecánica. Se le prefiere, pues, al método de equilibrio dinámico y a las ecuaciones de movimiento en la solución de todos los problemas resueltos de la presente edición.

Como los ingenieros estadounidenses tienden a adoptar el sistema internacional de unidades (SI), las unidades de este sistema usadas con mayor frecuencia en mecánica fueron introducidas en el capítulo 1 de *Estática*. Vuelven a estudiarse en el capítulo 12 de este volumen y se usan a lo largo del texto. Aproximadamente la mitad de los problemas resueltos y el 57% de los problemas propuestos se expresan en esas unidades, mientras que el resto se plantea en unidades del sistema inglés, que se usa en Estados Unidos (USCS). Estamos convencidos de que tal distribución satisface mejor las necesidades de los estudiantes, quienes, como ingenieros, estarán en contacto con ambos sistemas de unidades. Debe tenerse en cuenta además que el uso de estos sistemas de unidades implica algo más que el simple empleo de factores de conversión. Dado que el sistema internacional (SI) es un sistema absoluto basado en las unidades de tiempo, longitud y masa, mientras que el sistema de unidades USCS es un sistema gravitacional basado en las unidades de tiempo, longitud y fuerza, se requieren diferentes enfoques para la solución de muchos problemas. Por ejemplo, cuando se usan unidades del SI, un cuerpo se especifica generalmente por medio de su masa expresada en kilogramos; en la mayoría de los problemas de estática era necesario determinar el peso del cuerpo en newtons, y se requería un cálculo adicional para este propósito. Por otro lado, cuando se usan unidades del USCS, un cuerpo se especifica por su peso en libras, y en problemas de dinámica, se requiere un cálculo adicional para determinar su masa en slugs (o lb · s^2/ft). Los autores, por consiguiente, creen que la asignación de problemas debe incluir unidades de los dos sistemas. Se proporciona un número suficiente de problemas de cada tipo, de manera que se pueden seleccionar seis listas diferentes de asignaciones con igual número de problemas planteados en los dos sistemas de unidades. Si se desea, se pueden seleccionar dos listas completas de asignaciones con hasta 75% de los problemas planteados en unidades SI.

Se incluyó un abundante número de secciones opcionales. Están indicadas con un asterisco y pueden distinguirse fácilmente de las que constituyen el núcleo del curso básico de dinámica. Pueden omitirse sin que ello afecte a la comprensión del resto del texto. Entre los temas incluidos en esas secciones adicionales figuran los métodos gráficos para la solución de problemas referentes al movimiento rectilíneo, la trayectoria de una partícula sometida a una fuerza central, la deflexión de corrientes de fluidos, los problemas concernientes a la propulsión a chorro y la propulsión de cohetes, la cinemática y la cinética de cuerpos rígidos en tres dimensiones, las vibraciones mecánicas amortiguadas y los análogos eléctricos. Estos temas serán de interés particular cuando la dinámica se imparta al alumno de penúltimo año.

El material presentado en este libro y en la mayor parte de los problemas sólo requieren conocimiento del álgebra, la trigonometría, el cálculo elemental y los elementos del álgebra vectorial incluidos en los capítulos 2 y 3 del volumen de estática.† Sin embargo, también se incluyeron problemas especiales que se valen de un conocimiento más avanzado del cálculo; y ciertas secciones, tales como las secciones 19.8 y 19.9 sobre vibraciones amorti-

---

†Algunas definiciones y propiedades útiles del álgebra vectorial se han resumido en el apéndice A, al final de este volumen, para comodidad del lector. Las secciones de la 9.11 a la 9.18 del volumen de estática, que tratan sobre momentos de inercias de masas, se han reproducido en el apéndice B.

guadas, deben asignarse solamente si el estudiante posee conocimientos matemáticos adecuados.

Cada capítulo empieza con una introducción que plantea el propósito y los objetivos del capítulo y describe de manera sencilla el material que será cubierto y su aplicación a la solución de problemas de ingeniería. El contenido del texto está dividido en unidades que constan de una o varias secciones de teoría, uno o más problemas resueltos y abundantes problemas propuestos. Cada unidad corresponde a un tema definido y, generalmente, puede exponerse en una lección. Sin embargo, en muchos casos, al profesor le parecerá conveniente dedicar más de una lección a un tema en particular. Cada capítulo finaliza con un repaso y resumen de lo explicado en él. Se agregaron notas al margen para ayudar a los estudiantes a organizar su trabajo de repaso. También se incluyeron referencias cruzadas para facilitarles la localización de los temas que requieren atención especial.

Los problemas resueltos se han expuesto en la misma forma que el estudiante usaría para resolver los propuestos. Cumplen, pues, la doble función de ampliar el texto y mostrar el tipo de trabajo limpio y ordenado que han de tener las soluciones de los estudiantes.

Una sección titulada *Problemas para resolver en forma independiente* se ha agregado a cada lección, entre los problemas resueltos y los propuestos. El propósito de esas nuevas secciones es auxiliar al estudiante a organizar en su mente la teoría presentada en el texto y los métodos de solución de los problemas resueltos, de manera que puedan resolver con éxito los problemas propuestos. También se incluyen en estas secciones sugerencias específicas y estrategias con las cuales los estudiantes podrán abordar con más eficiencia algunos problemas asignados.

La mayor parte de los problemas propuestos son de índole práctica y pretenden despertar el interés de los estudiantes de ingeniería. Sin embargo, ante todo están encaminados a ilustrar el material presentado en el texto y a ayudar al estudiante a comprender los principios básicos de la mecánica. Los problemas se agruparon de acuerdo con los temas a que se refieren y en orden de dificultad creciente. Los que requieren atención especial están marcados con asteriscos. Al final del libro se proporcionan las respuestas del 70% de los problemas propuestos. Los problemas para los cuales no se proporciona respuesta se indican con el número en cursivas.

Gracias a la introducción de la enseñanza de la programación en el plan de estudios de ingeniería y a la creciente disponibilidad de computadoras personales o de terminales de macrocomputadoras en la mayor parte de las universidades, los estudiantes de ingeniería pueden ahora resolver varios problemas difíciles de dinámica. Hace unos años, esos problemas se habrían considerado inadecuados para un curso universitario, por los abundantes cálculos que requería su solución. En esta nueva edición de *Mecánica vectorial para ingenieros: Dinámica*, a los problemas de repaso del final de cada capítulo se ha agregado un grupo de problemas diseñados para ser resueltos con computadora. Esos problemas podrían incluir la determinación del movimiento de una partícula sujeta a varias condiciones iniciales, el análisis cinemático o cinético de un mecanismo en posiciones sucesivas, o la integración numérica de varias ecuaciones de movimiento. El desarrollo del algoritmo requerido para resolver un problema de dinámica dado, beneficiará de dos maneras a los estudiantes: (1) los ayudará a adquirir una mejor comprensión de los principios de la mecánica involucrados; (2) les proporcionará la oportunidad de aplicar las habilidades adquiridas en sus cursos de programación de computadoras a la solución de importantes problemas de ingeniería.

Los autores desean reconocer la colaboración de los profesores Elliot Eisenberg y Robert Sarubbi en esta sexta edición de *Mecánica vectorial para ingenieros*, y agradecerles por contribuir con muchos problemas nuevos e interesantes. Los autores también agradecen ampliamente los valiosos comentarios y sugerencias ofrecidos por los lectores de las ediciones previas de *Mecánica para ingenieros* y de *Mecánica vectorial para ingenieros*.

Ferdinand P. Beer
E. Russell Johnston, Jr.

Lista de símbolos

$\mathbf{a}, a$	Aceleración
a	Constante; radio; distancia; eje semimayor de la elipse
$\bar{\mathbf{a}}, \bar{a}$	Aceleración del centro de masa
$\mathbf{a}_{B/A}$	Aceleración de B respecto al sistema de referencia en translación con A
$\mathbf{a}_{P/\mathcal{F}}$	Aceleración de P respecto a un sistema de referencia en rotación $\mathcal{F}$
$\mathbf{a}_c$	Aceleración de Coriolis
$\mathbf{A}, \mathbf{B}, \mathbf{C},...$	Reacciones en las conexiones y apoyos
$A, B, C,...$	Puntos
A	Área
b	Ancho; distancia; eje semimenor de la elipse
c	Constante; coeficiente de amortiguamiento viscoso
C	Centroide; centro instantáneo de rotación; capacitancia
d	Distancia
$\mathbf{e}_n, \mathbf{e}_t$	Vectores unitarios a lo largo de la normal y de la tangente
$\mathbf{e}_r, \mathbf{e}_\theta$	Vectores unitarios en las direcciones radial y transversal
e	Coeficiente de restitución; base de los logaritmos naturales
E	Energía mecánica total; voltaje
f	Función escalar
f_f	Frecuencia de las vibraciones forzadas
f_n	Frecuencia natural
$\mathbf{F}$	Fuerza; fuerza de fricción
g	Aceleración de la gravedad
G	Centro de gravedad; centro de masa; constante de la gravitación
h	Cantidad de movimiento angular por unidad de masa
$\mathbf{H}_O$	Cantidad de movimiento angular alrededor del punto O
$\dot{\mathbf{H}}_G$	Razón de cambio de la cantidad de movimiento angular $\mathbf{H}_G$ con respecto a un sistema de referencia de orientación fija
$(\dot{\mathbf{H}}_G)_{Gxyz}$	Razón de cambio de la cantidad de movimiento angular $\mathbf{H}_G$ con respecto a un sistema de referencia en rotación $Gxyz$.

$\mathbf{i}, \mathbf{j}, \mathbf{k}$	Vectores unitarios a lo largo de los ejes coordenados
i	Corriente
$I, I_x, \ldots$	Momento de inercia
$\bar{I}$	Momento de inercia centroidal
$I_{xy}, \ldots$	Producto de inercia
J	Momento polar de inercia
k	Constante de un resorte
k_x, k_y, k_O	Radio de giro
$\bar{k}$	Radio de giro centroidal
l	Longitud
$\mathbf{L}$	Cantidad de movimiento lineal
L	Longitud; inductancia
m	Masa
m'	Masa por unidad de longitud
$\mathbf{M}$	Par; momento
$\mathbf{M}_O$	Momento alrededor del punto O
$\mathbf{M}_O^R$	Momento resultante alrededor del punto O
M	Magnitud del par o momento; masa de la Tierra
M_{OL}	Momento alrededor del eje OL
n	Dirección normal
$\mathbf{N}$	Componente normal de la reacción
O	Origen de coordenadas
$\mathbf{P}$	Fuerza; vector
$\dot{\mathbf{P}}$	Razón de cambio del vector $\mathbf{P}$ con respecto a un sistema de referencia de orientación fija
q	Razón de flujo de masa; carga eléctrica
$\mathbf{Q}$	Fuerza; vector
$\dot{\mathbf{Q}}$	Razón de cambio del vector $\mathbf{Q}$ con respecto a un sistema de referencia de orientación fija
$(\dot{\mathbf{Q}})_{Oxyz}$	Razón de cambio del vector $\mathbf{Q}$ con respecto a un sistema de referencia $Oxyz$.
$\mathbf{r}$	Vector de posición
$\mathbf{r}_{B/A}$	Vector de posición de B respecto de A
r	Radio; distancia; coordenada polar
$\mathbf{R}$	Fuerza resultante; vector resultante; reacción
R	Radio de la Tierra; resistencia
$\mathbf{s}$	Vector de posición
s	Longitud de un arco
t	Tiempo; espesor; dirección tangencial
$\mathbf{T}$	Fuerza
T	Tensión; energía cinética
$\mathbf{u}$	Velocidad
u	Variable
U	Trabajo
$\mathbf{v}, v$	Velocidad
v	Rapidez
$\bar{\mathbf{v}}, \bar{v}$	Velocidad del centro de masa
$\mathbf{v}_{B/A}$	Velocidad de B respecto a un sistema de referencia en translación con A
$\mathbf{v}_{P/\mathscr{F}}$	Velocidad de P respecto a un sistema de referencia en rotación $\mathscr{F}$
$\mathbf{V}$	Producto vectorial
V	Volumen; energía potencial
w	Carga por unidad de longitud

$\mathbf{W}$, W	Peso; carga
x, y, z	Coordenadas rectangulares; distancias
$\dot{x}$, $\dot{y}$, $\dot{z}$	Derivadas temporales de las coordenadas x, y, z
$\bar{x}$, $\bar{y}$, $\bar{z}$	Coordenadas rectangulares del centroide, centro de gravedad o centro de masa
$\boldsymbol{\alpha}$, α	Aceleración angular
α, β, γ	Ángulos
γ	Peso específico
δ	Elongación
ε	Excentricidad de una sección cónica o de una órbita
λ	Vector unitario a lo largo de una línea
η	Eficiencia
θ	Coordenada angular; ángulo de Euler; ángulo; coordenada polar
μ	Coeficiente de fricción
ρ	Densidad; radio de curvatura
τ	Periodo
τ_n	Periodo de vibración libre
ϕ	Ángulo de fricción; ángulo de Euler; ángulo de fase; ángulo
φ	Diferencia de fase
ψ	Ángulo de Euler
$\boldsymbol{\omega}$, ω	Velocidad angular
ω_f	Frecuencia circular de las vibraciones forzadas
ω_n	Frecuencia circular natural
$\boldsymbol{\Omega}$	Velocidad angular del sistema de referencia

C A P Í T U L O

11

Cinemática de partículas

El movimiento de cada uno de los tres vehículos que se muestran está caracterizado en algún momento dado por la *posición*, *velocidad* y *aceleración* de cada uno. También es de interés el *movimiento relativo* de un vehículo con respecto a otro. El estudio del movimiento se conoce como *cinemática*, materia que se estudia en este capítulo.

11.1. INTRODUCCIÓN A LA DINÁMICA

Los capítulos del 1 al 10 se dedicaron a la *estática*, es decir, al análisis de los cuerpos en reposo. Comenzaremos ahora el estudio de la *dinámica*, que es la parte de la mecánica que se encarga del análisis de los cuerpos en movimiento.

Mientras el estudio de la estática se remonta al tiempo de los filósofos griegos, la primera contribución importante a la dinámica fue hecha por Galileo (1564-1642). Los experimentos de Galileo sobre cuerpos uniformemente acelerados condujeron a Newton (1642-1727) a formular sus leyes fundamentales de movimiento.

La dinámica incluye:

1. La *cinemática*, que es el estudio de la geometría del movimiento. La cinemática se usa para relacionar el desplazamiento, la velocidad, la aceleración y el tiempo, sin hacer referencia a la causa del movimiento.
2. La *cinética*, que es el estudio de la relación que existe entre las fuerzas que actúan sobre un cuerpo, la masa del cuerpo y el movimiento de éste. La cinética se usa para predecir el movimiento causado por unas fuerzas dadas o para determinar las fuerzas requeridas para producir cierto movimiento.

En los capítulos del 11 al 14 se estudia la *dinámica de las partículas* y, en especial, el capítulo 11 se dedica al estudio de la *cinemática de las partículas*. El uso de la palabra *partículas* no implica que vayamos a limitar nuestro estudio al de pequeños corpúsculos; sólo quiere decir que en estos primeros capítulos estudiaremos el movimiento de los cuerpos —posiblemente tan grandes como automóviles, cohetes o aviones— sin importarnos su tamaño. Al decir que los cuerpos son analizados como partículas, indicamos que sólo consideraremos su movimiento como un todo, despreciando cualquier rotación con respecto a su propio centro de masa. Sin embargo, existen casos en que tal rotación no es despreciable, y entonces los cuerpos no pueden considerarse como partículas. El estudio de tales movimientos se realizará en capítulos posteriores, que se encargan de la *dinámica de cuerpos rígidos*.

En la primera parte del capítulo 11 se analizará el movimiento rectilíneo de una partícula; es decir, se determinará para cada instante la posición, la velocidad y la aceleración de una partícula conforme ésta se mueve a lo largo de una línea recta. En primer lugar, se usarán los métodos generales de análisis para estudiar el movimiento de una partícula, y después se considerarán dos casos de particular importancia: el movimiento uniforme y el movimiento uniformemente acelerado de una partícula (secciones 11.4 y 11.5). En la sección 11.6 se considerará el movimiento simultáneo de varias partículas, y se presentará el concepto de movimiento relativo de una partícula con respecto a otra. La primera parte de este capítulo concluye con el estudio de los métodos gráficos de análisis y su aplicación a la solución de diversos problemas relacionados con el movimiento rectilíneo de partículas (secciones 11.7 y 11.8).

En la segunda parte de este capítulo se analizará el movimiento de una partícula cuando se mueve a lo largo de una trayectoria curva. Como la posición, la velocidad y la aceleración de una partícula se definirán como cantidades vectoriales, el concepto de la derivada de una función vectorial se presentará en la sección 11.10, y se agregará a nuestras herramientas matemáticas. Se considerarán algunas aplicaciones en las que el movimiento de una partícula se define por las componentes rectangulares de su velocidad y aceleración; en este punto, se analizará el movimiento de un proyectil (sección 11.11). En la sección 11.12 consideraremos el movimiento de una partícula respecto a un sistema de referencia en traslación. Finalmente, se examinará el movimiento curvilíneo de una partícula en términos de componentes distintas de las rectangulares. En la sección 11.13 se introducirán las componentes tangencial y normal de la velocidad y la aceleración de una partícula y, en la sección 11.14, las componentes radial y transversal de su velocidad y aceleración.

MOVIMIENTO RECTILÍNEO DE PARTÍCULAS

11.2. POSICIÓN, VELOCIDAD Y ACELERACIÓN

Se dice que una partícula que se mueve a lo largo de una línea recta tiene *movimiento rectilíneo*. En cualquier instante t, la partícula ocupará una cierta posición sobre la línea recta. Para definir la posición P de la partícula, escogemos un origen fijo O sobre la línea recta y una dirección positiva a lo largo de la recta. Medimos la distancia x, de O a P, y la registramos con un signo más o menos, dependiendo de si P se alcanza desde O moviéndose a lo largo de la recta en la dirección positiva o negativa. La distancia x, con el signo apropiado, define completamente la posición de la partícula, y se le llama *coordenada de posición* de la partícula considerada. Por ejemplo, la coordenada de posición correspondiente a P en la figura 11.1a es $x = +5$ m; la coordenada correspondiente a P' en la figura 11.1b es $x' = -2$ m.

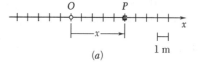

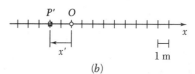

Fig. 11.1

Cuando se conoce la coordenada de posición x de una partícula para todo tiempo t, se dice que el movimiento de la partícula es conocido. El "itinerario" del movimiento puede expresarse en la forma de una ecuación en x y t, como $x = 6t^2 - t^3$, o en la forma de una gráfica de x en función de t, como se muestra en la figura 11.6. Las unidades que se usan con más frecuencia para medir la coordenada de posición x son el metro (m) en el sistema de unidades SI† y el pie (ft) en el sistema inglés. El tiempo t se medirá generalmente en segundos (s).

Considérese la posición P ocupada por la partícula en el instante t y la correspondiente coordenada x (figura 11.2). Sea P' la posición ocupada por la partícula en un instante posterior $t + \Delta t$; la coordenada de posición de P' puede obtenerse agregando a la coordenada x de P el pequeño desplazamiento Δx, el cual será positivo o negativo dependiendo de si P' está a la derecha o a la izquierda de P. La *velocidad promedio* de la partícula en el intervalo de tiempo Δt se define como el cociente del desplazamiento Δx y el intervalo de tiempo Δt:

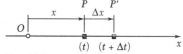

Fig. 11.2

$$\text{Velocidad promedio} = \frac{\Delta x}{\Delta t}$$

†Compárese con la sección 1.3.

Si se emplean unidades del SI, Δx se expresa en metros y Δt en segundos, de manera que la velocidad promedio estará expresada en metros por segundo (m/s). Si se trabaja con las unidades del sistema inglés, Δx se expresa en pies y Δt en segundos; así, la velocidad promedio estará dada en pies por segundo (ft/s).

La *velocidad instantánea* v de la partícula en el instante t se obtiene de la velocidad promedio, escogiendo intervalos de tiempo Δt y desplazamientos Δx cada vez más cortos:

$$\text{Velocidad instantánea} = v = \lim_{\Delta t \to 0} \frac{\Delta x}{\Delta t}$$

La velocidad instantánea también se expresará en m/s o ft/s. Observando que, por definición, el límite del cociente es igual a la derivada de x con respecto a t, escribimos

$$v = \frac{dx}{dt} \tag{11.1}$$

La velocidad v se representa con un número algebraico que puede ser positivo o negativo.† Un valor positivo de v indica que x aumenta; es decir, que la partícula se mueve en la dirección positiva (figura 11.3a). Un valor negativo de v indica que x disminuye; es decir, que la partícula se mueve en la dirección negativa (figura 11.3b). La magnitud de v se conoce como la *rapidez* de la partícula.

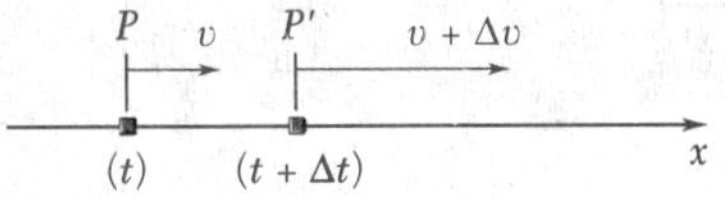

Consideremos la velocidad v de la partícula en el instante t y también su velocidad $v + \Delta v$ en un instante posterior $t + \Delta t$ (figura 11.4). La *aceleración promedio* de la partícula en el intervalo de tiempo Δt se define por el cociente de Δv y Δt:

$$\text{Aceleración promedio} = \frac{\Delta v}{\Delta t}$$

Si se emplean unidades del SI, Δv estará expresada en m/s y Δt en segundos; por tanto, la aceleración promedio estará en m/s². Si se emplean unidades del sistema inglés, Δv estará en ft/s y Δt en segundos; así, la aceleración promedio se expresará en ft/s².

La *aceleración instantánea* a de la partícula en el instante t se obtiene a partir de la aceleración promedio, escogiendo valores de Δt y Δv cada vez más pequeños:

$$\text{Aceleración instantánea} = a = \lim_{\Delta t \to 0} \frac{\Delta v}{\Delta t}$$

La aceleración instantánea también se expresará en m/s² o ft/s². El límite del cociente, que por definición es la derivada de v con respecto a t, mide la razón de cambio de la velocidad. Escribimos

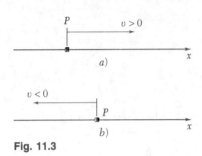

Fig. 11.3

P $v > 0$

a)

$v < 0$

P

b)

P v P' $v + \Delta v$

(t) $(t + \Delta t)$

Fig. 11.4

---

† Como veremos en la sección 11.9, la velocidad es realmente una cantidad vectorial. Sin embargo, como aquí estamos considerando el movimiento rectilíneo de una partícula, donde la velocidad de ésta tiene una dirección conocida y fija, necesitamos especificar únicamente el sentido y la magnitud de la velocidad; esto puede hacerse en forma conveniente usando una cantidad escalar con un signo + o −. La misma consideración se aplicará a la aceleración de una partícula en movimiento rectilíneo.

$$a = \frac{dv}{dt} \qquad (11.2)$$

o, sustituyendo v de (11.1),

$$a = \frac{d^2x}{dt^2} \qquad (11.3)$$

La aceleración a se representa por un número algebraico que puede ser positivo o negativo.† Un valor positivo de a indica que la velocidad (es decir, el número algebraico v) aumenta. Esto puede significar que la partícula se está moviendo más rápidamente en la dirección positiva (figura 11.5a) o que se está moviendo más despacio en la dirección negativa (figura 11.5b); en ambos casos, Δv es positiva. Un valor negativo de a indica que la velocidad disminuye, ya sea que la partícula se esté moviendo con mayor lentitud en la dirección positiva (figura 11.5c) o que se esté moviendo más rápidamente en la dirección negativa (figura 11.5d).

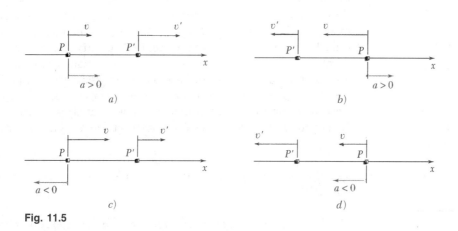

Fig. 11.5

El término *desaceleración* se emplea algunas veces para referirse a a cuando la rapidez de la partícula (es decir, la magnitud de v) disminuye; entonces la partícula se está moviendo más lentamente. Por ejemplo, la partícula de la figura 11.5 está desacelerada en las partes b y c, mientras que en las partes a y d está realmente acelerada (es decir, se mueve más rápidamente).

Puede obtenerse otra expresión para la aceleración eliminando la diferencial dt en las ecuaciones (11.1) y (11.2). Despejando dt en (11.1), obtenemos $dt = dx/v$; sustituyendo en (11.2), escribimos

$$a = v\,\frac{dv}{dx} \qquad (11.4)$$

†Véase la nota al pie de la página 584.

Ejemplo. Considerar una partícula que se mueve en línea recta, y asumir que su posición está definida por la ecuación

$$x = 6t^2 - t^3$$

donde t se expresa en segundos y x en metros. La velocidad v en cualquier instante t se obtiene diferenciando x con respecto a t:

$$v = \frac{dx}{dt} = 12t - 3t^2$$

La aceleración a se obtiene al diferenciar de nuevo con respecto a t:

$$a = \frac{dv}{dt} = 12 - 6t$$

La coordenada de posición, la velocidad y la aceleración se han graficado en función de t en la figura 11.6. Las curvas obtenidas se conocen como *curvas del movimiento*. Debe tenerse presente, sin embargo, que la partícula no se mueve a lo largo de ninguna de estas curvas, sino en línea recta. Como la derivada de una función mide la pendiente de la curva correspondiente, la pendiente de la curva x–t para cualquier instante dado es igual al valor de v en ese instante y la pendiente de la curva v–t es igual al valor de a. Como $a = 0$ en $t = 2$ s, la pendiente de la curva v–t debe ser cero en $t = 2$ s; la velocidad alcanza un máximo en este instante. También, como $v = 0$ en $t = 0$ y en $t = 4$ s, la tangente a la curva x–t debe ser horizontal en esos dos valores de t.

Un estudio de las tres curvas de movimiento de la figura 11.6 muestra que el movimiento de la partícula desde $t = 0$ hasta $t = \infty$ puede dividirse en cuatro etapas:

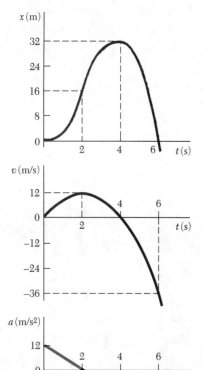

Fig. 11.6

1. La partícula parte del origen, $x = 0$, desde el reposo y con una aceleración positiva. Con esta aceleración, la partícula adquiere una velocidad positiva y se mueve en la dirección positiva. Desde $t = 0$ hasta $t = 2$ s, x, v y a son todas positivas.

2. En $t = 2$ s, la aceleración es cero; la velocidad ha alcanzado su valor máximo. Desde $t = 2$ s hasta $t = 4$ s, v es positiva, pero a es negativa; la partícula continúa moviéndose en la dirección positiva, pero cada vez más lentamente; la partícula está desacelerando.

3. En $t = 4$ s, la velocidad es cero; la coordenada de posición x ha alcanzado su valor máximo. A partir de entonces, tanto v como a son negativas; la partícula está acelerando y se mueve en la dirección negativa con rapidez creciente.

4. En $t = 6$ s, la partícula pasa por el origen; su coordenada x es entonces cero, mientras que la distancia total recorrida desde el comienzo del movimiento es de 64 m. Para valores de t mayores que 6 s, x, v y a serán todas negativas. La partícula continúa moviéndose en la dirección negativa, alejándose de O cada vez más rápidamente.

En la sección anterior vimos que el movimiento de una partícula se conoce cuando se sabe su posición para cualquier valor del tiempo t; pero, en la práctica, muy raramente se define un movimiento con una relación entre x y t. Con mayor frecuencia, las condiciones del movimiento se especificarán por el tipo de aceleración que posee la partícula. Por ejemplo, un cuerpo en caída libre tendrá una aceleración constante hacia abajo e igual a 9.81 m/s², o 32.2 ft/s²; una masa unida a un resorte que ha sido estirado tendrá una aceleración proporcional a la elongación instantánea del resorte, medida desde la posición de equilibrio, etc. En general, la aceleración de la partícula puede expresarse como una función de una o más de las variables x, v y t. Para determinar la coordenada de posición x en función de t, será necesario entonces realizar dos integraciones sucesivas.

Consideraremos tres clases comunes de movimiento:

1. $a = f(t)$. *La aceleración es una función conocida de t.* Despejando dv de (11.2) y sustituyendo $f(t)$ en lugar de a, escribimos

$$dv = a\,dt$$
$$dv = f(t)\,dt$$

Integrando ambos miembros obtenemos la ecuación

$$\int dv = \int f(t)\,dt$$

que define v en función de t. Debe observarse que se introducirá una constante arbitraria como resultado de la integración. Esto se debe al hecho de que hay muchos movimientos que corresponden a la aceleración dada $a = f(t)$. Para definir unívocamente el movimiento de la partícula es necesario especificar las *condiciones iniciales* del movimiento, es decir, el valor v_0 de la velocidad y el valor x_0 de la coordenada de posición en $t = 0$. Sustituyendo las integrales indefinidas por *integrales definidas* con límites inferiores correspondientes a las condiciones iniciales $t = 0$ y $v = v_0$ y los límites superiores correspondientes a $t = t$ y $v = v$, escribimos

$$\int_{v_0}^{v} dv = \int_{0}^{t} f(t)\,dt$$
$$v - v_0 = \int_{0}^{t} f(t)\,dt$$

que nos da v en función de t.

Despejamos ahora dx de (11.1)

$$dx = v\,dt$$

y sustituyendo la expresión que acabamos de obtener para v. Entonces integramos ambos miembros: el izquierdo con respecto a x desde $x = x_0$ hasta $x = x$, y el de la derecha con respecto a t desde

$t = 0$ hasta $t = t$. La coordenada de posición x se obtiene así en función de t; el movimiento está completamente determinado.

Se estudiarán dos casos particulares importantes con mayor detalle en las secciones 11.4 y 11.5: el primero cuando $a = 0$, correspondiente a un *movimiento uniforme*, y el segundo cuando $a =$ constante, que corresponde a un *movimiento uniformemente acelerado*.

2. $a = f(x)$. *La aceleración es una función conocida de x*. Reordenando la ecuación (11.4) y sustituyendo $f(x)$ por a, escribimos

$$v \, dv = a \, dx$$
$$v \, dv = f(x) \, dx$$

Como cada miembro contiene una sola variable, podemos integrar la ecuación. Si de nuevo v_0 y x_0 representan, respectivamente, los valores iniciales de la velocidad y de la coordenada de posición, obtenemos

$$\int_{v_0}^{v} v \, dv = \int_{x_0}^{x} f(x) \, dx$$

$$\tfrac{1}{2}v^2 - \tfrac{1}{2}v_0^2 = \int_{x_0}^{x} f(x) \, dx$$

que expresa a v en términos de x. Despejamos dt en (11.1):

$$dt = \frac{dx}{v}$$

y sustituyendo la expresión que acabamos de obtener para v. Entonces podemos integrar ambos miembros y obtener la relación deseada entre x y t. Sin embargo, en la mayoría de los casos esta integración no puede realizarse analíticamente, por lo que se debe recurrir a un método numérico de integración.

3. $a = f(v)$. *La aceleración es una función conocida de v*. En este caso podemos sustituir $f(v)$ en lugar de a, ya sea en (11.2) o en (11.4) para obtener cualquiera de las relaciones siguientes:

$$f(v) = \frac{dv}{dt} \qquad f(v) = v\frac{dv}{dx}$$

$$dt = \frac{dv}{f(v)} \qquad dx = \frac{v \, dv}{f(v)}$$

La integración de la primera ecuación dará una relación entre v y t; la integración de la segunda ecuación nos proporcionará una relación entre v y x. Cualquiera de estas relaciones pueden usarse con la ecuación (11.1) para obtener la relación entre x y t, que caracteriza al movimiento de la partícula.

PROBLEMA RESUELTO 11.1

La posición de una partícula que se mueve en línea recta está definida por la relación $x = t^3 - 6t^2 - 15t + 40$, en la que x está expresada en pies y t en segundos. Determínese: a) el tiempo en el cual la velocidad será cero, b) la posición y la distancia recorrida por la partícula en ese tiempo, c) la aceleración de la partícula en ese instante y d) la distancia recorrida por la partícula desde $t = 4$ s hasta $t = 6$ s.

SOLUCIÓN

Las ecuaciones de movimiento son

$$x = t^3 - 6t^2 - 15t + 40 \qquad (1)$$

$$v = \frac{dx}{dt} = 3t^2 - 12t - 15 \qquad (2)$$

$$a = \frac{dv}{dt} = 6t - 12 \qquad (3)$$

a. **El tiempo en el cual $v = 0$.** Hacemos $v = 0$ en (2):

$$3t^2 - 12t - 15 = 0 \qquad t = -1 \text{ s} \qquad \text{y} \qquad t = +5 \text{ s} \blacktriangleleft$$

Sólo la raíz $t = +5$ corresponde a un instante posterior al inicio del movimiento: para $t < 5$ s, $v < 0$, la partícula se mueve en la dirección negativa; para $t > 5$ s, $v > 0$, la partícula se mueve en la dirección positiva.

b. **Posición y distancia recorrida cuando $v = 0$.** Tomando $t = +5$ s en (1), tenemos

$$x_5 = (5)^3 - 6(5)^2 - 15(5) + 40 \qquad x_5 = -60 \text{ ft} \blacktriangleleft$$

La posición inicial en $t = 0$ era $x_0 = +40$ ft. Como $v \neq 0$ durante el intervalo $t = 0$ a $t = 5$ s, tenemos

$$\text{Distancia recorrida} = x_5 - x_0 = -60 \text{ ft} - 40 \text{ ft} = -100 \text{ ft}$$

$$\text{Distancia recorrida} = 100 \text{ ft en la dirección negativa} \blacktriangleleft$$

c. **Aceleración cuando $v = 0$.** Sustituimos $t = +5$ s en (3):

$$a_5 = 6(5) - 12 \qquad a_5 = +18 \text{ ft/s}^2 \blacktriangleleft$$

d. **Distancia recorrida desde $t = 4$ s hasta $t = 6$ s.** Puesto que la partícula se mueve en la dirección negativa de $t = 4$ s a $t = 5$ s, y en la dirección positiva de $t = 5$ s a $t = 6$ s, podemos calcular en forma separada la distancia recorrida durante cada uno de estos intervalos de tiempo.

De $t = 4$ s a $t = 5$ s: $\qquad x_5 = -60$ ft

$$x_4 = (4)^3 - 6(4)^2 - 15(4) + 40 = -52 \text{ ft}$$

$$\text{Distancia recorrida} = x_5 - x_4 = -60 \text{ ft} - (-52 \text{ ft}) = -8 \text{ ft}$$
$$= 8 \text{ ft en la dirección negativa}$$

De $t = 5$ s a $t = 6$ s: $\qquad x_5 = -60$ ft

$$x_6 = (6)^3 - 6(6)^2 - 15(6) + 40 = -50 \text{ ft}$$

$$\text{Distancia recorrida} = x_6 - x_5 = -50 \text{ ft} - (-60 \text{ ft}) = +10 \text{ ft}$$
$$= 10 \text{ ft en la dirección positiva}$$

Distancia total recorrida de $t = 4$ s a $t = 6$ s es 8 ft + 10 ft $\quad = 18$ ft $\blacktriangleleft$

PROBLEMA RESUELTO 11.2

Una pelota se lanza con una velocidad de 10 m/s dirigida verticalmente hacia arriba desde una ventana localizada a 20 m del piso. Sabiendo que la aceleración de la pelota es constante e igual a 9.81 m/s^2 hacia abajo, determínese: *a*) la velocidad *v* y la elevación *y* de la pelota con respecto al piso para cualquier tiempo *t*; *b*) la elevación más alta alcanzada por la pelota y el valor correspondiente de *t*; *c*) el instante en que la pelota golpeará el piso y su velocidad correspondiente. Trácense las curvas *v–t* y *y–t*.

SOLUCIÓN

a. **Velocidad y elevación.** El eje *y*, que mide la coordenada de posición (o elevación), se escoge con su origen *O* sobre el piso y su sentido positivo hacia arriba. El valor de la aceleración y los valores iniciales de *v* y *y* son los indicados. Sustituyendo el valor de *a* en *a* = *dv/dt* y notando que en *t* = 0, v_0 = +10 m/s, tenemos

$$\frac{dv}{dt} = a = -9.81 \text{ m/s}^2$$

$$\int_{v_0=10}^{v} dv = -\int_0^t 9.81\, dt$$

$$[v]_{10}^{v} = -[9.81t]_0^t$$

$$v - 10 = -9.81t$$

$$v = 10 - 9.81t \quad (1) \blacktriangleleft$$

Sustituyendo este valor de *v* en *v* = *dy/dt* y observando que en *t* = 0, y_0 = 20 m, encontramos

$$\frac{dy}{dt} = v = 10 - 9.81t$$

$$\int_{y_0=20}^{y} dy = \int_0^t (10 - 9.81t)\, dt$$

$$[y]_{20}^{y} = [10t - 4.905t^2]_0^t$$

$$y - 20 = 10t - 4.905t^2$$

$$y = 20 + 10t - 4.905t^2 \quad (2) \blacktriangleleft$$

b. **Elevación más alta.** Cuando la pelota alcanza su más alta elevación, tenemos *v* = 0. Sustituyendo en (1) obtenemos

$$10 - 9.81t = 0 \qquad t = 1.019 \text{ s} \blacktriangleleft$$

Usando *t* = 1.019 s en (2) tenemos

$$y = 20 + 10(1.019) - 4.905(1.019)^2 \qquad y = 25.1 \text{ m} \blacktriangleleft$$

c. **La bola golpea en el piso.** Cuando la bola pega en el piso, tenemos *y* = 0. Sustituyendo en (2) obtenemos

$$20 + 10t - 4.905t^2 = 0 \qquad t = -1.243 \text{ s} \qquad \text{y} \qquad t = +3.28 \text{ s} \blacktriangleleft$$

Sólo la raíz *t* = +3.28 s corresponde a un tiempo después de que el movimiento se inició. Sustituyendo este valor de *t* en (1) tenemos

$$v = 10 - 9.81(3.28) = -22.2 \text{ m/s} \qquad v = 22.2 \text{ m/s} \downarrow \blacktriangleleft$$

v_0 = +10 m/s

a = −9.81 m/s^2

y_0 = +20 m

v (m/s)

Curva velocidad-tiempo

Pendiente = *a* = −9.81 m/s^2

10

0

1.019   3.28   *t* (s)

−22.2

y (m)

Pendiente = v_0 = 10 m/s

Pendiente = *v* = −22.2 m/s

25.1

20

Curva posición-tiempo

0   1.019   3.28   *t* (s)

PROBLEMA RESUELTO 11.3

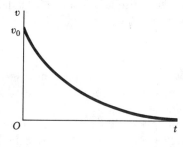

Pistón

Aceite

El mecanismo de freno usado para reducir el retroceso de algunos cañones, consiste esencialmente en un émbolo que se fija al cañón y que puede moverse en un cilindro fijo lleno de aceite. Como el cañón retrocede con una velocidad inicial v_0, el pistón se mueve y el aceite es forzado a través de los orificios en el émbolo, de tal modo que éste y el cañón se desaceleren en razón proporcional a su velocidad, es decir, $a = -kv$. Exprésense: *a*) v en función de t; *b*) x en función de t; *c*) v en función de x. Dibújense las curvas de movimiento correspondientes.

SOLUCIÓN

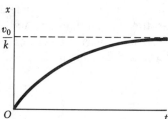

a. v **en función de** t. Sustituyendo $-kv$ por a en la fórmula fundamental que define a la aceleración, $a = dv/dt$, escribimos

$$-kv = \frac{dv}{dt} \qquad \frac{dv}{v} = -k\,dt \qquad \int_{v_0}^{v} \frac{dv}{v} = -k \int_0^t dt$$

$$\ln \frac{v}{v_0} = -kt \qquad\qquad v = v_0 e^{-kt} \blacktriangleleft$$

b. x **en función de** t. Sustituyendo la expresión que acabamos de obtener para v en $v = dx/dt$, tenemos

$$v_0 e^{-kt} = \frac{dx}{dt}$$

$$\int_0^x dx = v_0 \int_0^t e^{-kt}\,dt$$

$$x = -\frac{v_0}{k} [e^{-kt}]_0^t = -\frac{v_0}{k}(e^{-kt} - 1)$$

$$x = \frac{v_0}{k}(1 - e^{-kt}) \blacktriangleleft$$

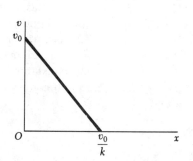

c. v **en función de** x. Sustituyendo $-kv$ por a en $a = v\,dv/dx$, podemos escribir

$$-kv = v \frac{dv}{dx}$$

$$dv = -k\,dx$$

$$\int_{v_0}^{v} dv = -k \int_0^x dx$$

$$v - v_0 = -kx \qquad\qquad v = v_0 - kx \blacktriangleleft$$

Comprobación. La parte *c* pudo haberse resuelto eliminando t de las respuestas obtenidas en las partes *a* y *b*. Este método alterno puede usarse como comprobación. De la parte *a* obtenemos $e^{-kt} = v/v_0$ que, al sustituirlo en la respuesta de la parte *b*, nos da

$$x = \frac{v_0}{k}(1 - e^{-kt}) = \frac{v_0}{k}\left(1 - \frac{v}{v_0}\right) \qquad v = v_0 - kx \qquad \text{(comprobación)}$$

En los problemas de esta lección, se le pedirá determinar la *posición*, la *velocidad* o la *aceleración* de una partícula en *movimiento rectilíneo*. Conforme lea cada problema, es importante que identifique tanto las variables independientes (generalmente t o x) como lo que se requiere (por ejemplo, la necesidad de expresar v como función de x). Podría resultarle de utilidad empezar cada problema escribiendo tanto la información dada, así como un enunciado sencillo de lo que se desea determinar.

1. Determine $v(t)$ y $a(t)$ para una $x(t)$ conocida. Como se explicó en la sección 11.2 la primera y la segunda derivadas de x con respecto a t son, respectivamente, iguales a la velocidad y a la aceleración de la partícula [ecuaciones (11.1) y (11.2)]. Si la velocidad y la aceleración tienen signos opuestos, la partícula puede llegar a detenerse y después moverse en la dirección opuesta [problema resuelto 11.1]. Así, cuando se calcula la distancia total recorrida por una partícula, primero debe determinarse si la partícula llegará a detenerse durante el intervalo de tiempo especificado. La construcción de un diagrama similar al del problema resuelto 11.1, que muestra la posición y la velocidad de la partícula para cada instante crítico ($v = v_{máx}$, $v = 0$, etc.), podrá auxiliarle a visualizar el movimiento.

2. Determine $v(t)$ y $x(t)$ para una $a(t)$ conocida. La solución a problemas de este tipo se estudió en la primera parte de la sección 11.3. Ahí se usaban las condiciones iniciales, $t = 0$ y $v = v_0$, como los límites inferiores de las integrales en t y v, pero pudo haberse usado cualquier otro estado conocido (por ejemplo, $t = t_1$ y $v = v_1$). Además, si la función dada $a(t)$ contiene una constante desconocida (por ejemplo, la constante k si $a = kt$), entonces primero se debe determinar esa constante sustituyendo un conjunto de valores conocidos de t y a en la ecuación que define $a(t)$.

3. Determine $v(x)$ y $x(t)$ para una $a(x)$ conocida. Éste es el segundo caso considerado en la sección 11.3. De nuevo notamos que los límites inferiores de la integración pueden ser cualquier estado conocido (por ejemplo, $x = x_1$, $v = v_1$). Además, dado que $v = v_{máx}$ cuando $a = 0$, las posiciones donde ocurren los máximos valores de la velocidad se determinan fácilmente escribiendo $a(x) = 0$ y despejando x.

4. Determine $v(x)$, $v(t)$ y $x(t)$ para una $a(v)$ conocida. Éste es el último caso estudiado en la sección 11.3; las técnicas apropiadas para la solución de problemas de este tipo se ilustran en el problema resuelto 11.3. Todos los comentarios generales hechos para los casos anteriores también se aplican aquí. Observe que el problema resuelto 11.3 proporciona una recopilación de cómo y cuándo usar las ecuaciones $v = dx/dt$, $a = dv/dt$ y $a = v\,dv/dx$.

11.1 El movimiento de una partícula está definido por la relación $x = 4t^4 - 6t^3 + 2t - 1$, donde x está expresada en metros y t en segundos. Determine la posición, la velocidad y la aceleración de la partícula cuando $t = 2$ s.

11.2 El movimiento de una partícula está definido por la relación $x = 3t^4 + 4t^3 - 7t^2 - 5t + 8$, donde x está expresada en milímetros y t en segundos. Determine la posición, la velocidad y la aceleración de la partícula cuando $t = 3$ s.

11.3 El movimiento de una partícula está definido por la relación $x = 6t^2 - 8 + 40 \cos \pi t$, donde x está expresada en pulgadas y t en segundos. Determine la posición, la velocidad y la aceleración cuando $t = 6$ s.

11.4 El movimiento de una partícula está definido por la relación $x = \frac{5}{3}t^3 - \frac{5}{2}t^2 - 30t + 8$, donde x está expresada en pies y t en segundos. Determine el tiempo, la posición y la aceleración cuando $v = 0$.

11.5 El movimiento de una partícula está definido por la relación $x = 6t^4 - 2t^3 - 12t^2 + 3t + 3$, donde x está expresada en metros y t en segundos. Determine el tiempo, la posición y la velocidad cuando $a = 0$.

11.6 El movimiento de una partícula está definido por la relación $x = 3t^3 - 6t^2 - 12t + 5$, donde x está expresada en metros y t en segundos. Determine a) el instante t cuando la velocidad es cero, b) la posición, la aceleración y la distancia total recorrida cuando $t = 4$ s.

11.7 El movimiento de una partícula está definido por la relación $x = t^3 - 9t^2 + 24t - 8$, donde x está expresada en pulgadas y t en segundos. Determine a) el instante t cuando la velocidad es cero, b) la posición y la distancia total recorrida cuando la aceleración es cero.

11.8 El movimiento de una partícula está definido por la relación $x = t^3 - 6t^2 - 36t - 40$, donde x está expresada en pies y t en segundos. Determine a) el instante t cuando la velocidad es cero, b) la velocidad, la aceleración y la distancia total recorrida cuando $x = 0$.

11.9 La aceleración de una partícula está definida por la relación $a = 6$ ft/s². Sabiendo que $x = -32$ ft cuando $t = 0$ y $v = -6$ ft/s cuando $t = 2$ s, determine la velocidad, la posición y la distancia total recorrida cuando $t = 5$ s.

† Las respuestas para todos los problemas cuyo número está en un tipo de letra recta (como **11.1**) se proporcionan al final del libro. Las respuestas para los problemas cuyo número está en letra cursiva (como ***11.7***) no se proporcionan.

11.10 La aceleración de una partícula es directamente proporcional al tiempo t. En $t = 0$, la velocidad de la partícula es $v = 16$ in./s. Sabiendo que $v = 15$ in./s y $x = 20$ in. cuando $t = 1$ s, determine la velocidad, la posición y la distancia total recorrida cuando $t = 7$ s.

11.11 La aceleración de una partícula está definida por la relación $a = A - 6t^2$, donde A es una constante. En $t = 0$, la partícula parte de $x = 8$ m con $v = 0$. Sabiendo que en $t = 1$ s, $v = 30$ m/s, determine a) los instantes en los cuales la velocidad es cero, b) la distancia total recorrida por la partícula cuando $t = 5$ s.

11.12 La aceleración de una partícula es directamente proporcional al cuadrado del tiempo t. Cuando $t = 0$, la partícula está en $x = 24$ m. Sabiendo que en $t = 6$ s, $x = 96$ m y $v = 18$ m/s, exprese x y v en función de t.

11.13 Se sabe que de $t = 2$ s a $t = 10$ s la aceleración de una partícula es inversamente proporcional al cubo del tiempo t. Cuando $t = 2$ s, $v = -15$ m/s, y cuando $t = 10$ s, $v = 0.36$ m/s. Sabiendo que la partícula está dos veces más lejos del origen cuando $t = 2$ s que cuando $t = 10$ s, determine a) la posición de la partícula cuando $t = 2$ s y cuando $t = 10$ s, b) la distancia total recorrida por la partícula de $t = 2$ s a $t = 10$ s.

11.14 La aceleración de una partícula está definida por la relación $a = -8$ m/s^2. Sabiendo que $x = 20$ m cuando $t = 4$ s y que $x = 4$ m cuando $v = 16$ m/s, determine a) el instante en el que la velocidad es cero, b) la velocidad y la distancia total recorrida cuando $t = 11$ s.

11.15 Una partícula oscila entre los puntos $x = 40$ mm y $x = 160$ mm con una aceleración $a = k(100 - x)$, donde k es una constante. La velocidad de la partícula es 18 mm/s cuando $x = 100$ mm y es cero tanto en $x = 40$ mm como en $x = 160$ mm. Determine a) el valor de k, b) la velocidad cuando $x = 120$ mm.

11.16 Una partícula parte del reposo en el origen y se le proporciona una aceleración $a = k/(x + 4)^2$, donde k es una constante. Sabiendo que la velocidad de la partícula es 4 m/s cuando $x = 8$ m, determine a) el valor de k, b) la posición de la partícula cuando $v = 4.5$ m/s, c) la velocidad máxima de la partícula.

11.17 La aceleración de una partícula se define por la relación $a = 6x - 14$, donde a y x se expresan en ft/s^2 y pies, respectivamente. Sabiendo que $v = 4$ ft/s cuando $x = 0$, determine a) el valor máximo de x, b) la velocidad cuando la partícula ha recorrido una distancia total de 1 ft.

11.18 Una partícula parte del reposo en $x = 1$ ft y se acelera de manera que su velocidad se duplica en magnitud entre $x = 2$ ft y $x = 8$ ft. Sabiendo que la aceleración de la partícula está definida por la relación $a = k[x - (A/x)]$, determine los valores de las constantes A y k si la partícula tiene una velocidad de 29 ft/s cuando $x = 16$ ft.

11.19 La aceleración de una partícula está definida por la relación $a = k(1 - e^{-x})$, donde k es una constante. Con base en que la velocidad de la partícula es $v = +6$ m/s cuando $x = -2$ m y que la partícula queda en reposo en el origen, determine a) el valor de k, b) la velocidad de la partícula cuando $x = -1$ m.

11.20 De acuerdo con observaciones experimentales, la aceleración de una partícula se define por la relación $a = -(0.1 + \text{sen}\, x/b)$, donde a y x se expresan en m/s^2 y m, respectivamente. Sabiendo que $b = 0.8$ m y que $v = 1$ m/s cuando $x = 0$, determine a) la velocidad de la partícula cuando $x = -1$ m, b) la posición donde la velocidad es máxima, c) la velocidad máxima.

11.21 Partiendo de $x = 0$ sin velocidad inicial, a una partícula se le proporciona una aceleración $a = 0.8\sqrt{v^2 + 49}$, donde a y v se expresan en m/s^2 y m/s, respectivamente. Determine a) la posición de la partícula cuando $v = 24$ m/s, b) la velocidad de la partícula cuando $x = 40$ m.

11.22 La aceleración de una partícula está definida por la relación $a = -k\sqrt{v}$, donde k es una constante. Sabiendo que $x = 0$ y $v = 81$ m/s en $t = 0$ y que $v = 36$ m/s cuando $x = 18$ m, determine a) la velocidad de la partícula cuando $x = 20$ m, b) el tiempo requerido para que la partícula quede en reposo.

11.23 La aceleración de una partícula está definida por la relación $a = -kv^{2.5}$, donde k es una constante. La partícula parte en $x = 0$ con una velocidad de 16 in./s, y cuando $x = 6$ in., se sabe que la velocidad es 4 in./s. Determine a) la velocidad de la partícula cuando $x = 5$ in., b) el instante en el que la velocidad de la partícula es 9 in./s.

11.24 En $t = 0$, la partícula parte de $x = 0$ con una velocidad v_0 y una aceleración definida por la relación $a = -5/(2v_0 - v)$, donde a y v están expresadas en ft/s^2 y ft/s, respectivamente. Sabiendo que $v = 0.5\, v_0$ en $t = 2$ s, determine a) la velocidad inicial de la partícula, b) el tiempo requerido para que la partícula quede en reposo, c) la posición donde la velocidad es 1 ft/s.

11.25 La aceleración de una partícula está definida por la relación $a = 0.4(1 - kv)$, donde k es una constante. Sabiendo que en $t = 0$ la partícula parte del reposo en $x = 4$ m y que cuando $t = 15$ s, $v = 4$ m/s, determine a) la constante k, b) la posición de la partícula cuando $v = 6$ m/s, c) la velocidad máxima de la partícula.

11.26 Una partícula es proyectada a la derecha a partir de la posición $x = 0$ con una velocidad inicial de 9 m/s. Si la aceleración de la partícula está definida por la relación $a = -0.6v^{3/2}$, donde a y v están expresadas en m/s^2 y m/s, respectivamente, determine a) la distancia que la partícula habrá recorrido cuando su velocidad es 4 m/s, b) el instante en el que $v = 1$ m/s, c) el tiempo requerido para que la partícula recorra 6 m.

Fig. P11.27

11.27 Con base en observaciones, la velocidad de un atleta se puede aproximar con la relación $v = 7.5(1 - 0.04x)^{0.3}$, donde v y x están expresadas en mi/h y millas, respectivamente. Sabiendo que $x = 0$ en $t = 0$, determine a) la distancia que el atleta ha corrido cuando $t = 1$ h, b) la aceleración del atleta en ft/s^2 en $t = 0$, c) el tiempo requerido para que el atleta corra 6 millas.

11.28 Los datos experimentales muestran que, en una región de la corriente de aire que fluye de una rejilla de ventilación, la velocidad del aire emitido está definida por $v = 0.18v_0/x$, donde v se expresa en m/s y x en metros, y v_0 es la velocidad inicial de la descarga de aire. Para $v_0 = 3.6$ m/s, determine a) la aceleración del aire en $x = 2$ m, b) el tiempo requerido para que el aire fluya de $x = 1$ m a $x = 3$ m.

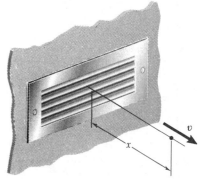

Fig. P11.28

Fig. *P11.29*

Fig. *P11.30*

11.29 La aceleración debida a la gravedad a una altitud y sobre la superficie de la Tierra se puede expresar como

$$a = \frac{-32.2}{[1 + (y/20.9 \times 10^6)]^2}$$

donde a está expresada en ft/s² y y en pies. Usando esta expresión, calcule la altura alcanzada por un proyectil disparado verticalmente hacia arriba desde la superficie de la Tierra si su velocidad inicial es *a*) 1800 ft/s, *b*) 3000 ft/s, *c*) 36 700 ft/s.

11.30 La aceleración debida a la gravedad de una partícula que cae hacia la Tierra es $a = -gR^2/r^2$, donde r es la distancia desde el *centro* de la Tierra a la partícula, R es el radio de la Tierra y g es la aceleración debida a la gravedad en la superficie de la Tierra. Si $R = 3960$ mi, calcule la *velocidad de escape*, esto es, la mínima velocidad con la que una partícula debe proyectarse verticalmente hacia arriba desde la superficie de la Tierra, si se desea que no regrese à ésta. (*Sugerencia*, $v = 0$ para $r = \infty$.)

11.31 La velocidad de una partícula es $v = v_0[1 - \text{sen}\,(\pi t/T)]$. Sabiendo que la partícula parte desde el origen con una velocidad inicial v_0, determine *a*) su posición y su aceleración en $t = 3T$, *b*) su velocidad promedio durante el intervalo $t = 0$ a $t = T$.

11.32 La velocidad de una corredera está definida por la relación $v = v'$ sen $(\omega_n t + \phi)$. Denotando la posición y la velocidad de la corredera en $t = 0$ por x_0 y v_0, respectivamente, y sabiendo que el desplazamiento máximo de la corredera es $2x_0$, muestre que *a*) $v' = (v_0^2 + x_0^2\omega_n^2)/2x_0\omega_n$, *b*) el máximo valor de la velocidad ocurre cuando $x = x_0[3 - (v_0/x_0\omega_n)^2]/2$.

11.4. MOVIMIENTO RECTILÍNEO UNIFORME

El movimiento rectilíneo uniforme es un tipo de movimiento en línea recta que se encuentra con frecuencia en aplicaciones prácticas. En este movimiento, la aceleración a de la partícula es cero para cualquier valor de t. Por consiguiente, la velocidad v es constante, y la ecuación (11.1) se transforma en

$$\frac{dx}{dt} = v = \text{constante}$$

La coordenada de posición x se obtiene integrando esta ecuación. Denotando con x_0 el valor inicial de x, escribimos

$$\int_{x_0}^{x} dx = v \int_{0}^{t} dt$$
$$x - x_0 = vt$$

$$x = x_0 + vt \tag{11.5}$$

Esta ecuación puede aplicarse *sólo si se sabe que la velocidad de la partícula es constante*.

11.5. MOVIMIENTO RECTILÍNEO UNIFORMEMENTE ACELERADO

El movimiento rectilíneo uniformemente acelerado es otro tipo común de movimiento. En éste, la aceleración a de la partícula es constante, y la ecuación (11.2) se transforma en

$$\frac{dv}{dt} = a = \text{constante}$$

La velocidad v de la partícula se obtiene integrando esta ecuación:

$$\int_{v_0}^{v} dv = a \int_{0}^{t} dt$$
$$v - v_0 = at$$

$$v = v_0 + at \qquad (11.6)$$

donde v_0 es la velocidad inicial. Sustituyendo este valor de v en (11.1), escribimos

$$\frac{dx}{dt} = v_0 + at$$

Si x_0 es el valor inicial de x e integrando, tenemos

$$\int_{x_0}^{x} dx = \int_{0}^{t} (v_0 + at)\, dt$$
$$x - x_0 = v_0 t + \tfrac{1}{2}at^2$$

$$x = x_0 + v_0 t + \frac{1}{2}at^2 \qquad (11.7)$$

También podemos usar la ecuación (11.4) y escribir

$$v\frac{dv}{dx} = a = \text{constante}$$

$$v\, dv = a\, dx$$

Integrando ambos miembros encontramos que

$$\int_{v_0}^{v} v\, dv = a \int_{x_0}^{x} dx$$
$$\tfrac{1}{2}(v^2 - v_0^2) = a(x - x_0)$$

$$v^2 = v_0^2 + 2a(x - x_0) \qquad (11.8)$$

Las tres ecuaciones que hemos obtenido nos proporcionan relaciones útiles entre la coordenada de posición, la velocidad y el tiempo en el caso de un movimiento uniformemente acelerado, al sustituir los valores adecuados de a, v_0 y x_0. El origen O del eje x debe definirse primero y ha de escogerse una dirección positiva a lo largo del eje; esta dirección se usará para determinar los signos de a, v_0 y x_0. La ecuación (11.6) relaciona a v y t y debe usarse cuando se desea el valor de v correspondiente a un valor dado de t, o inversamente. La ecuación (11.7) relaciona a x y t; la ecuación (11.8) relaciona a v y x. Una aplicación importante del movimiento uniformemente acelerado es el movimiento de un *cuerpo en caída libre*. La aceleración de un cuerpo en caída libre (usualmente representada por *g*) es igual a 9.81 m/s² o 32.2 ft/s².

Es importante recordar que las tres ecuaciones anteriores pueden usarse *sólo cuando se sabe que la aceleración de la partícula es constante*. Si la aceleración de la partícula es variable, su movimiento debe determinarse a partir de las ecuaciones fundamentales, de la (11.1) a la (11.4), de acuerdo con los métodos descritos en la sección 11.3.

11.6. MOVIMIENTO DE VARIAS PARTÍCULAS

Cuando varias partículas se mueven independientemente a lo largo de la misma línea, pueden escribirse ecuaciones de movimiento independientes para cada partícula. Siempre que sea posible, el tiempo debe registrarse desde el mismo instante inicial para todas las partículas, y los desplazamientos deben medirse desde el mismo origen y en la misma dirección. En otras palabras, debe usarse un mismo reloj y una misma cinta de medir.

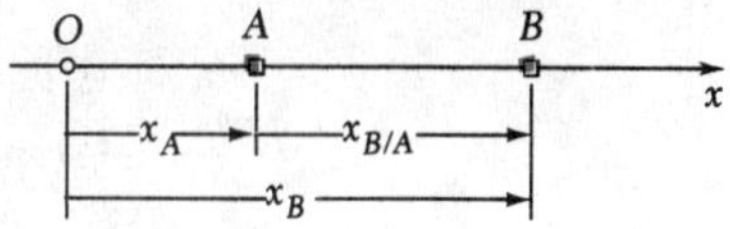

Fig. 11.7

Movimiento relativo de dos partículas. Considere dos partículas *A* y *B* moviéndose a lo largo de una misma línea recta (figura 11.7). Si las coordenadas de posición x_A y x_B se miden desde el mismo origen, la diferencia $x_B - x_A$ define a la *coordenada de posición relativa de B respecto de A* y se representa por $x_{B/A}$. Escribimos

$$x_{B/A} = x_B - x_A \qquad \text{o} \qquad x_B = x_A + x_{B/A} \qquad (11.9)$$

Independientemente de las posiciones de *A* y *B* con respecto al origen, un signo positivo para $x_{B/A}$ significa que *B* está a la derecha de *A*; un signo negativo quiere decir que *B* está a la izquierda de *A*.

La razón de cambio de $x_{B/A}$ se conoce como la *velocidad relativa de B con respecto a A*, y se representa por $v_{B/A}$. Al derivar la ecuación (11.9) podemos escribir

$$v_{B/A} = v_B - v_A \qquad \text{o} \qquad v_B = v_A + v_{B/A} \qquad (11.10)$$

Un signo positivo para $v_{B/A}$ significa que *desde A se observa* que *B* se mueve en dirección positiva; un signo negativo significa que se le ve moverse en la dirección negativa.

La razón de cambio de $v_{B/A}$ se conoce como la *aceleración relativa* de *B con respecto a A*, y se representa por $a_{B/A}$. Derivando (11.10) obtenemos†

$$a_{B/A} = a_B - a_A \qquad \text{o} \qquad a_B = a_A + a_{B/A} \qquad (11.11)$$

---

† Nótese que el producto de los subíndices *A* y *B/A* empleados en el miembro derecho de las ecuaciones (11.9), (11.10) y (11.11) es igual al subíndice *B* usado en su miembro izquierdo.

Movimientos dependientes. En algunos casos, la posición de una partícula dependerá de la posición de otra u otras partículas. Se dice, entonces, que los movimientos son *dependientes*. Por ejemplo, la posición del bloque B de la figura 11.8 depende de la posición del bloque A. Como la cuerda $ACDEFG$ es de longitud constante y las longitudes de las porciones CD y EF de la cuerda, que pasan por las poleas, permanecen constantes, la suma de las longitudes de los segmentos AC, DE y FG es constante. Observando que la longitud del segmento AC difiere de x_A sólo por una constante y que, en forma semejante, las longitudes de los segmentos DE y FG difieren de x_B sólo por una constante, escribimos

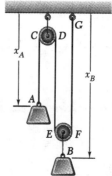

$$x_A + 2x_B = \text{constante}$$

Puesto que sólo una de las dos coordenadas x_A y x_B puede escogerse arbitrariamente, decimos que el sistema mostrado en la figura 11.8 tiene *un grado de libertad*. De la relación entre las coordenadas de posición x_A y x_B se deduce que si a x_A se le da un incremento, Δx_A, esto es, si el bloque A es bajado una cantidad Δx_A, la coordenada x_B recibirá un incremento $\Delta x_B = -\frac{1}{2}\Delta x_A$; es decir, el bloque B se elevará la mitad de la misma cantidad, lo cual puede comprobarse fácilmente en la figura 11.8.

Fig. 11.8

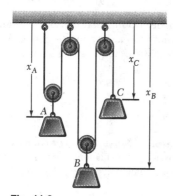

Fig. 11.9

En el caso de los tres bloques de la figura 11.9, podemos observar otra vez que la longitud de la cuerda que pasa por las poleas es constante, de modo que debe satisfacerse la siguiente relación para las coordenadas de posición de los tres bloques:

$$2x_A + 2x_B + x_C = \text{constante}$$

Como dos de las coordenadas pueden escogerse arbitrariamente, decimos que el sistema mostrado en la figura 11.9 tiene *dos grados de libertad*.

Cuando la relación existente entre las coordenadas de posición de varias partículas es *lineal*, se cumple una relación semejante entre las velocidades y entre las aceleraciones de las partículas. En el caso de los bloques de la figura 11.9, por ejemplo, derivamos dos veces la ecuación obtenida y escribimos

$$2\frac{dx_A}{dt} + 2\frac{dx_B}{dt} + \frac{dx_C}{dt} = 0 \qquad \text{o} \qquad 2v_A + 2v_B + v_C = 0$$

$$2\frac{dv_A}{dt} + 2\frac{dv_B}{dt} + \frac{dv_C}{dt} = 0 \qquad \text{o} \qquad 2a_A + 2a_B + a_C = 0$$

PROBLEMA RESUELTO 11.4

Se lanza una pelota verticalmente hacia arriba desde un nivel de 12 m en el pozo de un ascensor, con una velocidad inicial de 18 m/s. En el mismo instante, un ascensor de plataforma abierta pasa el nivel de 5 m, moviéndose hacia arriba con una velocidad constante de 2 m/s. Determínese *a*) cuándo y dónde golpeará la pelota al ascensor, *b*) la velocidad relativa de la pelota respecto al ascensor cuando la pelota lo golpea.

SOLUCIÓN

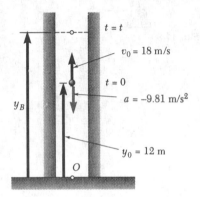

Movimiento de la pelota. Como la pelota tiene una aceleración constante, su movimiento es *uniformemente acelerado*. Colocando el origen *O* del eje *y* al nivel del piso y escogiendo su dirección positiva hacia arriba, hallamos que su posición inicial es $y_0 = +12$ m, la velocidad inicial es $v_0 = +18$ m/s, y la aceleración es $a = -9.81$ m/s². Sustituyendo estos valores en las ecuaciones para el movimiento uniformemente acelerado, escribimos

$$v_B = v_0 + at \qquad v_B = 18 - 9.81t \qquad (1)$$

$$y_B = y_0 + v_0 t + \tfrac{1}{2}at^2 \qquad y_B = 12 + 18t - 4.905t^2 \qquad (2)$$

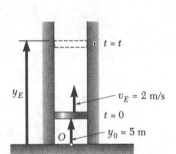

Movimiento del ascensor. Como el ascensor tiene una velocidad constante, su movimiento es *uniforme*. Una vez más escogemos el origen *O* en el nivel del piso y consideramos la dirección positiva hacia arriba; entonces, $y_0 = +5$ m y escribimos

$$v_E = +2 \text{ m/s} \qquad (3)$$

$$y_E = y_0 + v_E t \qquad y_E = 5 + 2t \qquad (4)$$

La bola golpea el ascensor. Notamos primero que usamos el mismo tiempo *t* y el mismo origen *O* para escribir las ecuaciones de movimiento de la pelota y del ascensor. De la figura, vemos que cuando la pelota golpea en el ascensor,

$$y_E = y_B \qquad (5)$$

Sustituyendo los valores de y_E y y_B de (2) y (4) en (5), tenemos

$$5 + 2t = 12 + 18t - 4.905t^2$$

$$t = -0.39 \text{ s} \qquad \text{y} \qquad t = 3.65 \text{ s} \quad \blacktriangleleft$$

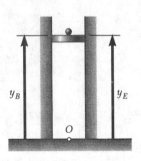

Únicamente la raíz $t = 3.65$ s corresponde a un tiempo posterior al inicio del movimiento. Sustituyendo este valor en (4), obtenemos

$$y_E = 5 + 2(3.65) = 12.30 \text{ m}$$

$$\text{Elevación desde el suelo} = 12.30 \text{ m} \quad \blacktriangleleft$$

La velocidad relativa de la pelota respecto al ascensor es

$$v_{B/E} = v_B - v_E = (18 - 9.81t) - 2 = 16 - 9.81t$$

Cuando la pelota golpea el ascensor en el instante $t = 3.65$ s, tenemos

$$v_{B/E} = 16 - 9.81(3.65) \qquad v_{B/E} = -19.81 \text{ m/s} \quad \blacktriangleleft$$

El signo negativo nos indica que desde el ascensor se observa que la pelota se mueve en sentido negativo (hacia abajo).

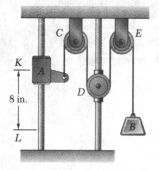

PROBLEMA RESUELTO 11.5

El collarín A y el bloque B están unidos con un cable que pasa por tres poleas, C, D y E, como se indica. Las poleas C y E están fijas, mientras que la polea D está unida a un collarín del que se tira hacia abajo con una velocidad constante de 3 in./s. En $t = 0$, el collarín A empieza a moverse hacia abajo desde la posición K con una aceleración constante y sin velocidad inicial. Sabiendo que la velocidad del collarín A es de 12 in./s cuando pasa por el punto L, determínese el cambio de elevación, la velocidad y la aceleración del bloque B cuando el collarín A pasa por L.

SOLUCIÓN

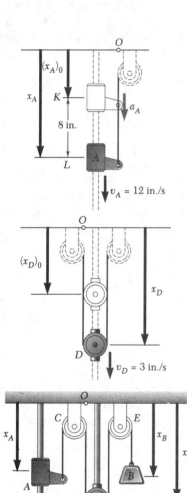

Movimiento del collarín A. Colocamos el origen O en la superficie horizontal superior y escogemos la dirección positiva hacia abajo. Observamos que cuando $t = 0$, el collarín A está en la posición K y $(v_A)_0 = 0$. Como $v_A = 12$ in./s y $x_A - (x_A)_0 = 8$ in., cuando el collarín pasa por L, escribimos

$$v_A^2 = (v_A)_0^2 + 2a_A[x_A - (x_A)_0] \qquad (12)^2 = 0 + 2a_A(8)$$
$$a_A = 9 \text{ in./s}^2$$

El instante en el que el collarín A llega al punto L se obtiene al escribir

$$v_A = (v_A)_0 + a_A t \qquad 12 = 0 + 9t \qquad t = 1.333 \text{ s}$$

Movimiento de la polea D. Tomando en cuenta que la dirección positiva es hacia abajo, escribimos

$$a_D = 0 \qquad v_D = 3 \text{ in./s} \qquad x_D = (x_D)_0 + v_D t = (x_D)_0 + 3t$$

Cuando el collarín A llega a L, en $t = 1.333$ s, tenemos

$$x_D = (x_D)_0 + 3(1.333) = (x_D)_0 + 4$$

Por tanto,
$$x_D - (x_D)_0 = 4 \text{ in.}$$

Movimiento del bloque B. Notamos que la longitud total del cable $ACDEB$ difiere de la cantidad $(x_A + 2x_D + x_B)$ sólo por una constante. Como la longitud del cable es constante durante el movimiento, esta cantidad también debe permanecer constante. En consecuencia, considerando los instantes $t = 0$ y $t = 1.333$ s, escribimos

$$x_A + 2x_D + x_B = (x_A)_0 + 2(x_D)_0 + (x_B)_0 \tag{1}$$
$$[x_A - (x_A)_0] + 2[x_D - (x_D)_0] + [x_B - (x_B)_0] = 0 \tag{2}$$

Pero sabemos que $x_A - (x_A)_0 = 8$ in., y que $x_D - (x_D)_0 = 4$ in.; sustituyendo estos valores en (2), hallamos

$$8 + 2(4) + [x_B - (x_B)_0] = 0 \qquad x_B - (x_B)_0 = -16 \text{ in.}$$

De esta manera: Cambio en la elevación de B = 16 in. ↑ ◀

Derivando (1) dos veces, obtenemos las ecuaciones que relacionan a las velocidades y a las aceleraciones de A, B y D. Sustituyendo los valores de las velocidades y las aceleraciones de A y D cuando $t = 1.333$ s, obtenemos

$$v_A + 2v_D + v_B = 0: \qquad 12 + 2(3) + v_B = 0$$
$$v_B = -18 \text{ in./s} \qquad v_B = 18 \text{ in./s} ↑ ◀$$
$$a_A + 2a_D + a_B = 0: \qquad 9 + 2(0) + a_B = 0$$
$$a_B = -9 \text{ in./s}^2 \qquad a_B = 9 \text{ in./s}^2 ↑ ◀$$

En esta lección derivamos las ecuaciones que describen el *movimiento rectilíneo uniforme* (velocidad constante) y el *movimiento rectilíneo uniformemente acelerado* (aceleración constante). También se presentó el concepto de *movimiento relativo*. Las ecuaciones de movimiento relativo [ecuaciones (11.9) a (11.11)] se pueden aplicar a movimientos tanto independientes como dependientes de dos partículas cualesquiera que se mueven a lo largo de la misma línea recta.

A. *Movimiento independiente de una o más partículas.* La solución de problemas de este tipo debe organizarse como sigue:

1. *Inicie su solución* listando la información proporcionada, bosquejando el sistema y seleccionando el origen y la dirección positiva del eje coordenado [problema resuelto 11.4]. Siempre resulta ventajoso tener una representación visual de un problema de este tipo.

2. *Escriba las ecuaciones* que describen el movimiento de las partículas, así como aquellas que describen la forma en que se relacionan los movimientos [ecuación (5) del problema resuelto 11.4].

3. *Defina las condiciones iniciales,* o sea, especifique el estado del sistema correspondiente a $t = 0$. Esto es especialmente importante si los movimientos de las partículas inician en instantes diferentes. En tales situaciones, se puede usar cualquiera de los dos siguientes enfoques.

a. Sea $t = 0$ el instante en el que la última partícula empieza a moverse. Entonces se debe determinar la posición inicial x_0 y la velocidad inicial v_0 de cada una de las otras partículas.

b. Sea $t = 0$ el instante en el que la primera partícula empieza a moverse. Entonces, en cada una de las ecuaciones que describen el movimiento de alguna otra partícula, remplace t con $t - t_0$ donde t_0 es el instante en el cual esa partícula específica inicia el movimiento. Es importante reconocer que las ecuaciones obtenidas de esta manera son válidas solamente para $t \geq t_0$.

B. Movimiento dependiente de dos o más partículas. En problemas de este tipo las partículas del sistema están conectadas entre sí, comúnmente por cuerdas o por cables. El método de solución de estos problemas es similar al del grupo anterior de problemas, excepto que ahora será necesario describir las *conexiones físicas* que hay entre las partículas. En los problemas que siguen, la conexión es proporcionada por uno o más cables. Para cada cable, se tendrán que escribir ecuaciones similares a las últimas tres de la sección 11.6. Sugerimos que se use el siguiente procedimiento:

1. Realice un bosquejo del sistema y seleccione un sistema coordenado; indique claramente el sentido positivo de cada eje coordenado. Por ejemplo, en el problema resuelto 11.5, las longitudes se miden hacia abajo desde el soporte horizontal superior. Así, los desplazamientos, las velocidades y las aceleraciones que tienen valores positivos están dirigidos hacia abajo.

2. Escriba la ecuación que describe la restricción impuesta por cada cable en el movimiento de las partículas involucradas. Derivando esta ecuación dos veces se obtendrán las correspondientes relaciones entre velocidades y aceleraciones.

3. Si se involucran varias direcciones de movimiento, se debe seleccionar un eje coordenado y un sentido positivo para cada una de esas direcciones. Además, se debe tratar de localizar los orígenes de los ejes coordenados de manera que las ecuaciones de las restricciones sean tan simples como sea posible. Por ejemplo, en el problema resuelto 11.5 es más fácil definir las diferentes coordenadas midiéndolas hacia abajo desde el apoyo superior, que midiéndolas hacia arriba desde el apoyo inferior.

Finalmente, tenga presente que los métodos de análisis descritos en esta lección y las ecuaciones correspondientes se pueden usar solamente para partículas que se mueven con *movimiento rectilíneo uniforme o uniformemente acelerado*.

11.33 Un automovilista entra a una autopista a 36 km/h y acelera uniforme-mente hasta 90 km/h. Con el odómetro del carro, el automovilista sabe que ha viajado 0.2 km mientras aceleraba. Determine *a*) la aceleración del carro, *b*) el tiempo requerido para alcanzar 90 km/h.

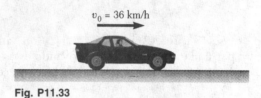

Fig. P11.33

11.34 Un camión recorre 164 m en 8 s mientras desacelera a una razón constante de 0.5 m/s². Determine *a*) su velocidad inicial, *b*) su velocidad final, *c*) la distancia recorrida durante los primeros 0.6 s.

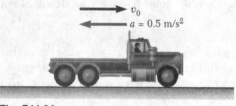

Fig. P11.34

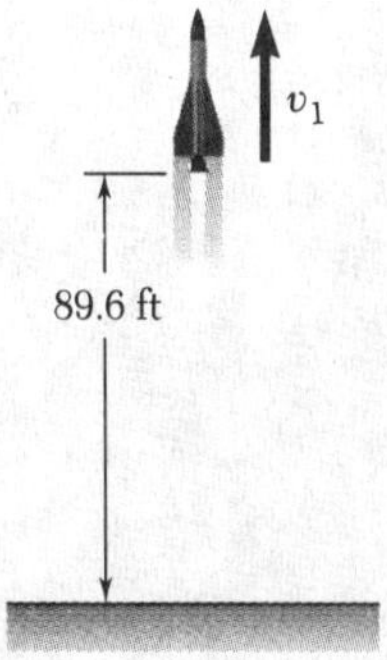

11.35 Un grupo de estudiantes lanza un cohete a escala en dirección verti-cal. Con base en los datos del seguimiento, determinan que la altitud del cohete fue 89.6 ft al final de la porción propulsada del vuelo y que el cohete aterriza 16 s después. Sabiendo que el paracaídas de descenso no se desplegó, de manera que el cohete cayó libremente al piso después de alcanzar su máxima altitud, y asumiendo que $g = 32.2$ ft/s², determine *a*) la velocidad v_1 del cohete al final del vuelo propul-sado, *b*) la máxima altitud alcanzada por el cohete.

Fig. P11.35

11.36 Asumiendo una aceleración constante de 11 ft/s² y sabiendo que la velocidad de un carro cuando éste pasa por el punto *A* es 30 mi/h, determine *a*) el tiempo requerido para que el carro alcance el punto *B*, *b*) la velocidad del carro cuando pasa por el punto *B*.

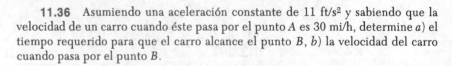
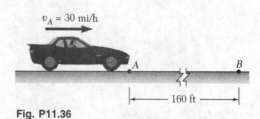

Fig. P11.36

11.37 En una carrera de 100 m, un velocista acelera uniformemente los primeros 35 m, y después corre con velocidad constante. Si el tiempo del velocista para los primeros 35 m, es 5.4 s, determine *a*) su aceleración, *b*) su velocidad final, *c*) su tiempo en la carrera.

11.38 Se suelta un pequeño paquete desde el reposo en el punto *A* y se mueve a lo largo del transportador de ruedas *ABCD*. El paquete tiene una aceleración uniforme de 4.8 m/s² conforme desciende por las secciones *AB* y *CD*, y su velocidad es constante entre *B* y *C*. Si la velocidad del paquete en *D* es 7.2 m/s, determine *a*) la distancia *d* entre *C* y *D*, *b*) el tiempo requerido para que el paquete alcance el punto *D*.

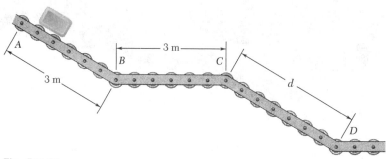

Fig. *P11.38*

11.39 Desde el interior de una patrulla estacionada en una zona de 70 km/h de velocidad permitida, un oficial de policía observa pasar un automóvil que viaja con velocidad lenta y constante. Creyendo que el conductor del automóvil podría estar intoxicado, el oficial pone en marcha su carro, acelera uniformemente hasta 90 km/h en 8 s y, manteniendo una velocidad constante de 90 km/h, alcanza al automovilista 42 s después de que el automóvil pasó frente a él. Sabiendo que transcurrieron 18 s antes de que el oficial iniciara la persecución del automovilista, determine *a*) la distancia que el oficial recorrió antes de alcanzar al automovilista, *b*) la velocidad del automovilista.

11.40 Cuando el corredor de relevos *A* entra a la zona de intercambio de 20 m de largo con una velocidad de 12.9 m/s, empieza a disminuir su velocidad. Le pasa la estafeta al corredor *B* 1.82 s después, justo cuando abandonan la zona de intercambio con la misma velocidad. Determine *a*) la aceleración uniforme de cada uno de los corredores, *b*) cuándo debe empezar su carrera el corredor *B*.

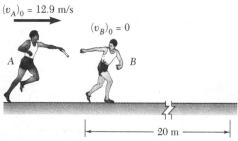

Fig. P11.40

11.41 En una carrera de botes, el bote A adelanta al bote B por 120 ft; ambos botes se desplazan con una velocidad constante de 105 mi/h. En $t = 0$, los botes aceleran de manera constante. Sabiendo que cuando B pasa a A, $t = 8$ s y $v_A = 135$ mi/h, determine a) la aceleración de A, b) la aceleración de B.

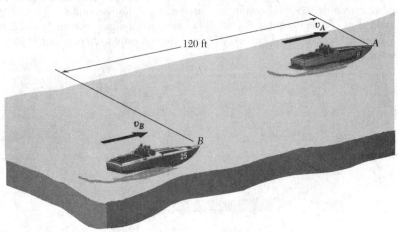

Fig. P11.41

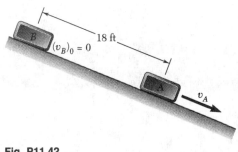

Fig. P11.42

11.42 Se colocan cajas sobre una rampa a intervalos de tiempo uniformes t_R y resbalan sobre la rampa con aceleración uniforme. Sabiendo que cuando una caja se suelta, la anterior ha recorrido 18 ft y que 1 s después las cajas estarán separadas 30 ft entre sí, determine a) el valor de t_R, b) la aceleración de las cajas.

11.43 Dos automóviles A y B que viajan en la misma dirección en carriles adyacentes son detenidos por un semáforo. Cuando éste cambia a verde, el automóvil A acelera de manera constante a 2 m/s². Dos segundos después, el automóvil B arranca y acelera de manera constante a 3.6 m/s². Determine a) cuándo y dónde B alcanzará a A, b) la velocidad de cada automóvil en ese instante.

11.44 Dos automóviles A y B se aproximan entre sí, en carriles adyacentes. En $t = 0$, A y B están separados 1 km, sus velocidades son $v_A = 108$ km/h y $v_B = 63$ km/h, y se encuentran en los puntos P y Q, respectivamente. Sabiendo que A pasa por el punto Q 40 s después de que B estuvo ahí y que B pasa por el punto P 42 s después de que A estuvo ahí, determine a) las aceleraciones uniformes de A y B, b) el instante en el que los vehículos se cruzaron, c) la velocidad de B en ese instante.

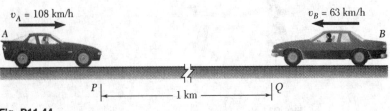

Fig. P11.44

11.45 El carro A está estacionado sobre el carril que va hacia el norte de una autopista, y el carro B viaja en el carril que se dirige hacia el sur, con una velocidad constante de 60 mi/h. En $t = 0$, A arranca y acelera a razón constante a_A, mientras que en $t = 5$ s, B empieza a frenar con desaceleración constante de magnitud $a_A/6$. Sabiendo que, cuando los carros se cruzan, $x = 294$ ft y $v_A = v_B$, determine *a*) la aceleración a_A, *b*) el instante en el que los vehículos se cruzan, *c*) la distancia d entre los vehículos cuando $t = 0$.

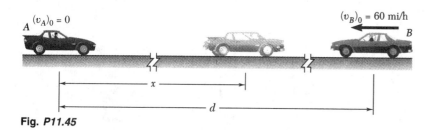

Fig. P11.45

11.46 Dos bloques A y B se colocan sobre un plano inclinado, como se muestra. En $t = 0$, A es lanzado hacia arriba del plano inclinado con una velocidad inicial de 27 ft/s y B es soltado desde el reposo. Los bloques se cruzan 1 s después, y B llega a la parte inferior del plano cuando $t = 3.4$ s. Sabiendo que la máxima distancia desde la parte inferior del plano inclinado alcanzada por el bloque A es 21 ft y que las aceleraciones de A y B (debidas a la gravedad y a la fricción) son constantes y están dirigidas hacia abajo del plano, determine *a*) las aceleraciones de A y B, *b*) la distancia d, *c*) la velocidad de A cuando los bloques se cruzan.

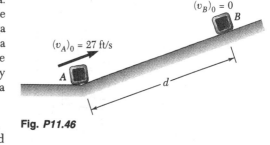

Fig. P11.46

11.47 El bloque deslizante A se mueve hacia la izquierda con velocidad constante de 6 m/s. Determine *a*) la velocidad del bloque B, *b*) la velocidad de la porción D del cable, *c*) la velocidad relativa de la porción C del cable con respecto a la porción D.

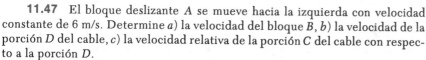

Fig. P11.47 y P11.48

11.48 El bloque B parte del reposo y se mueve hacia abajo con una aceleración constante. Sabiendo que después de que el bloque deslizante A se ha movido 400 mm su velocidad es 4 m/s, determine *a*) las aceleraciones de A y B, *b*) la velocidad y el cambio de posición de B después de 2 s.

11.49 El bloque B se mueve hacia abajo con una velocidad constante de 24 in./s. Determine a) la velocidad del bloque A, b) la velocidad del bloque C, c) velocidad de la porción D del cable, d) la velocidad relativa de la porción D del cable con respecto al bloque B.

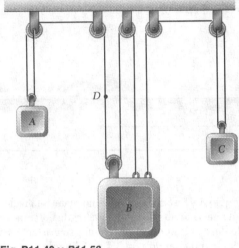

Fig. P11.49 y *P11.50*

11.50 El bloque C parte del reposo y se mueve hacia abajo con una aceleración constante. Sabiendo que después de 12 s la velocidad del bloque A es 18 in./s, determine a) las aceleraciones de A, B y C, b) la velocidad y el cambio de posición del bloque B después de 8 s.

11.51 El collarín A parte del reposo y se mueve hacia arriba con una aceleración constante. Sabiendo que después de 8 s la velocidad relativa del collarín B con respecto al collarín A es 24 in./s, determine a) las aceleraciones de A y B, b) la velocidad y el cambio de posición de B después de 6 s.

11.52 En la posición mostrada, el collarín B se mueve hacia abajo con una velocidad de 12 in./s. Determine a) la velocidad del collarín A, b) la velocidad de la porción C del cable, c) la velocidad relativa de la porción C del cable con respecto al collarín B.

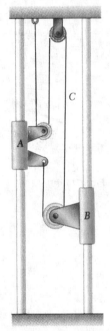

Fig. P11.51 y *P11.52*

11.53 El bloque deslizante B se mueve hacia la derecha con una velocidad constante de 300 mm/s. Determine a) la velocidad del bloque deslizante A, b) la velocidad de la porción C del cable, c) la velocidad de la porción D del cable, d) la velocidad relativa de la porción C del cable con respecto al bloque deslizante A.

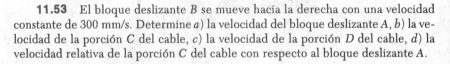
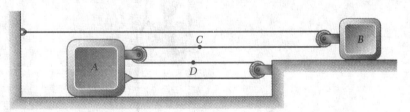

Fig. P11.53 y P11.54

11.54 En el instante mostrado, el bloque deslizante B se mueve con una aceleración constante, y su velocidad es 150 mm/s. Sabiendo que, después de que el bloque A se ha movido 240 mm hacia la derecha, su velocidad es 60 mm/s, determine a) las aceleraciones de A y B, b) la aceleración de la porción D del cable, c) la velocidad y el cambio de posición del bloque deslizante B después de 4 s.

11.55 El bloque B se mueve hacia abajo con una velocidad constante de 20 mm/s. En $t = 0$, el bloque A se mueve hacia arriba con una aceleración constante, y su velocidad es 30 mm/s. Sabiendo que en $t = 3$ s el bloque deslizante C se ha movido 57 mm hacia la derecha, determine a) la velocidad del bloque deslizante C en $t = 0$, b) la aceleración de A y C, c) el cambio de posición del bloque A después de 5 s.

11.56 El bloque B parte del reposo; el bloque A se mueve con una aceleración constante, y el bloque deslizante C se mueve hacia la derecha con una aceleración constante de 75 mm/s^2. Sabiendo que en $t = 2$ s las velocidades de B y C son de 480 mm/s hacia abajo y 280 mm/s hacia la derecha, respectivamente, determine a) las aceleraciones de A y B, b) las velocidades iniciales de A y C, c) el cambio de posición del bloque deslizante C después de 3 s.

11.57 El collarín A parte del reposo en $t = 0$ y se mueve hacia abajo con una aceleración constante de 7 in./s^2. El collarín B se mueve hacia arriba con una aceleración constante, y su velocidad inicial es 8 in./s. Sabiendo que el collarín B se mueve 20 in., entre $t = 0$ y $t = 2$ s, determine a) las aceleraciones del collarín B y el bloque C, b) el instante en el cual la velocidad del bloque C es cero, c) la distancia que el bloque C habrá recorrido en ese instante.

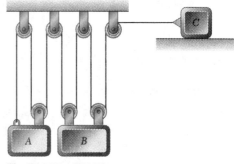

Fig. P11.55 y P11.56

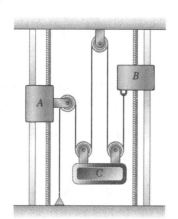

Fig. P11.57 y P11.58

11.58 Los collarines A y B parten del reposo, y el collarín A se mueve hacia arriba con una aceleración de $3t^2$ in./s^2. Sabiendo que el collarín B se mueve hacia abajo con una aceleración constante y que su velocidad es 8 in./s después de moverse 32 in., determine a) la aceleración del bloque C, b) la distancia que el bloque C habrá recorrido después de 3 s.

11.59 El sistema mostrado parte del reposo, y cada componente se mueve con aceleración constante. Si la aceleración relativa del bloque C con respecto al collar B es 60 mm/s^2 dirigida hacia arriba y la aceleración relativa del bloque D con respecto al bloque A es 110 mm/s^2 dirigida hacia abajo, determine a) la velocidad del bloque C después de 3 s, b) el cambio de posición del bloque D después de 5 s.

11.60 El sistema mostrado parte del reposo, y la longitud del cordón superior se ajusta de manera que A, B y C estén inicialmente al mismo nivel. Cada componente se mueve con una aceleración constante y, después de 2 s, el cambio relativo de posición del bloque C con respecto al bloque A es 280 mm hacia arriba. Sabiendo que cuando la velocidad relativa del collarín B con respecto al bloque A es 80 mm/s hacia abajo, los desplazamientos de A y B son 160 mm hacia abajo y 320 mm hacia abajo, respectivamente, determine a) las aceleraciones de A y B si $a_B > 10$ mm/s^2, b) el cambio de posición del bloque D cuando la velocidad del bloque C es de 600 mm/s hacia arriba.

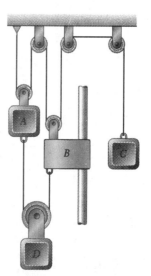

Fig. *P11.59* y *P11.60*

*11.7. SOLUCIÓN GRÁFICA DE PROBLEMAS DE MOVIMIENTO RECTILÍNEO

En la sección 11.2 se observó que las fórmulas fundamentales

$$v = \frac{dx}{dt} \qquad \text{y} \qquad a = \frac{dv}{dt}$$

tienen un significado geométrico. La primera fórmula expresa que la velocidad en cualquier instante es igual a la pendiente de la curva x–t en el mismo instante (figura 11.10). La segunda fórmula expresa que la aceleración es

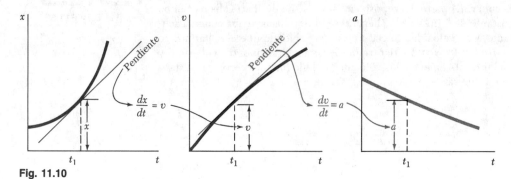

Fig. 11.10

igual a la pendiente de la curva v–t. De estas dos propiedades pueden obtenerse gráficamente las curvas v–t y a–t de un movimiento cuando se conoce la curva x–t.

Al integrar las dos fórmulas fundamentales desde un instante t_1 hasta un instante t_2, escribimos

$$x_2 - x_1 = \int_{t_1}^{t_2} v\, dt \qquad \text{y} \qquad v_2 - v_1 = \int_{t_1}^{t_2} a\, dt \quad (11.12)$$

La primera fórmula expresa que el área medida bajo la curva v–t desde t_1 hasta t_2 es igual al cambio en x durante ese intervalo de tiempo (figura 11.11). La segunda expresa, de manera similar, que el área medida bajo la curva a–t desde t_1 hasta t_2 es igual al cambio en v durante el mismo intervalo. Estas dos propiedades pueden emplearse para determinar gráficamente la curva x–t de un movimiento, cuando se conoce su curva v–t o la curva a–t (véase el problema resuelto 11.6).

Las soluciones gráficas son especialmente útiles cuando el movimiento considerado se define a partir de datos experimentales y cuando x, v y a no son funciones analíticas de t. También pueden aprovecharse cuando el movimiento consta de diferentes partes y cuando su análisis requiere la escritura de una ecuación distinta para cada una de sus partes. No obstante, al usar una solución gráfica se debe tener cuidado en observar: 1) que el área bajo la curva v–t mide el *cambio en x*, y no a x misma y, análogamente, que el área bajo la curva a–t mide el cambio en v; 2) que mientras un área que está por encima del eje t corresponde a un *incremento* en x o en v, un área localizada bajo el eje t mide una *disminución* en x o en v.

Al dibujar las curvas de movimiento, es útil recordar que, si la velocidad es constante, estará representada por una línea recta horizontal; la coordenada de posición x será entonces una función lineal de t y estará representada por una línea recta oblicua. Si la aceleración es constante y distinta de cero, estará representada por una línea recta horizontal; v será entonces

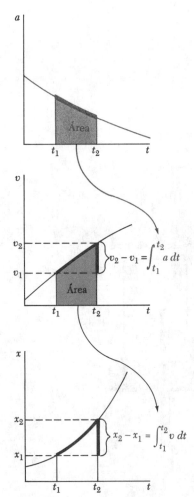

Fig. 11.11

una función lineal de t, representada por una línea recta oblicua, y x estará expresada como un polinomio de segundo grado en t, representado por una parábola. Si la aceleración es una función lineal de t, la velocidad y la coordenada de posición serán iguales, respectivamente, a polinomios de segundo y tercer grados; a estará representada entonces por una línea recta oblicua, v por una parábola y x por una cúbica. En general, si la aceleración es un polinomio de grado n en t, la velocidad será un polinomio de grado $n + 1$, y la coordenada de posición, un polinomio de grado $n + 2$; estos polinomios están representados por curvas de movimiento del grado correspondiente.

*11.8. OTROS MÉTODOS GRÁFICOS

Puede utilizarse una solución gráfica alterna para determinar directamente la posición de una partícula en un instante dado, a partir de la curva a–t. Sean v_0 y x_0, respectivamente, los valores de x y v en $t = 0$, y x_1 y v_1 sus valores en $t = t_1$; observando que el área bajo la curva v–t puede dividirse en un rectángulo de área $v_0 t_1$ y elementos diferenciales horizontales de área $(t_1 - t)\, dv$ (figura 11.12a), escribimos

$$x_1 - x_0 = \text{área bajo la curva } v\text{–}t = v_0 t_1 + \int_{v_0}^{v_1}(t_1 - t)\, dv$$

Al sustituir $dv = a\, dt$ en la integral, obtenemos

$$x_1 - x_0 = v_0 t_1 + \int_0^{t_1} (t_1 - t)\, a\, dt$$

En la figura 11.12b, observamos que la integral representa el primer momento del área bajo la curva a–t respecto de la recta $t = t_1$ que limita el área de la derecha. A este método de solución se le llama, por consiguiente, *método del momento-área*. Si se conoce la abscisa $\overline{t}$ del centroide C del área, puede obtenerse la coordenada de posición x_1 escribiendo

$$x_1 = x_0 + v_0 t_1 + (\text{área bajo la curva } a\text{–}t)(t_1 - \overline{t}) \qquad (11.13)$$

Si el área bajo la curva a–t es compuesta, el último término de (11.13) puede obtenerse multiplicando cada componente del área por la distancia de su centroide a la recta $t = t_1$. Las áreas que están por arriba del eje t deben considerarse como positivas, y las que están debajo del eje t, como negativas.

Algunas veces se emplea otro tipo de curva de movimiento: la curva v–x. Si se grafica esta curva (figura 11.13), la aceleración a puede obtenerse para cualquier instante trazando la normal AC a la curva y *midiendo la subnormal BC*. De hecho, observando que el ángulo formado por AC y AB es igual al ángulo θ entre la horizontal y la tangente en A (cuya pendiente es $\tan\theta = dv/dx$), escribimos

$$BC = AB \tan\theta = v\frac{dv}{dx}$$

y entonces, recordando la fórmula (11.4),

$$BC = a$$

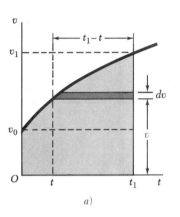

$a)$

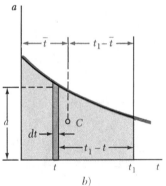

$b)$

Fig. 11.12

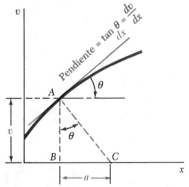

Fig. 11.13

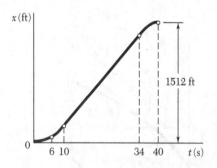

PROBLEMA RESUELTO 11.6

Un vehículo subterráneo sale de la estación A; acelera a razón de 4 ft/s² durante 6 s, y luego a 6 ft/s² hasta alcanzar una velocidad de 48 ft/s. El vehículo mantiene la misma velocidad hasta que se acerca a la estación B; se aplican los frenos, lo que le da al vehículo una desaceleración constante hasta detenerlo en 6 s. El tiempo total del recorrido desde A hasta B es 40 s. Trácense las curvas a–t, v–t y x–t, y determínese la distancia que separa las estaciones A y B.

SOLUCIÓN

Curva aceleración-tiempo. Como la aceleración es o constante o cero, la curva a–t está formada por segmentos de recta horizontales. Los valores de t_2 y a_4 se determinan de la forma siguiente:

$0 < t < 6$:   Cambio en v = área bajo la curva a–t

$$v_6 - 0 = (6 \text{ s})(4 \text{ ft/s}^2) = 24 \text{ ft/s}$$

$6 < t < t_2$:   Como la velocidad aumenta de 24 a 48 ft/s,

         Cambio en v = área bajo la curva a–t

$$48 \text{ ft/s} - 24 \text{ ft/s} = (t_2 - 6)(6 \text{ ft/s}^2) \qquad t_2 = 10 \text{ s}$$

$t_2 < t < 34$:   Como la velocidad es constante, la aceleración es cero.

$34 < t < 40$:   Cambio en v = área bajo la curva a–t

$$0 - 48 \text{ ft/s} = (6 \text{ s})a_4 \quad a_4 = -8 \text{ ft/s}^2$$

Siendo negativa la aceleración, el área correspondiente queda debajo del eje t; esta área representa una disminución de la velocidad.

Curva velocidad-tiempo. Puesto que la aceleración es o constante o cero, la curva v–t está formada por segmentos de recta que unen los puntos determinados arriba.

$$\text{Cambio en } x = \text{área bajo la curva } v\text{–}t$$

$0 < t < 6$:	$x_6 - 0 = \frac{1}{2}(6)(24) = 72$ ft
$6 < t < 10$:	$x_{10} - x_6 = \frac{1}{2}(4)(24 + 48) = 144$ ft
$10 < t < 34$:	$x_{34} - x_{10} = (24)(48) = 1152$ ft
$34 < t < 40$:	$x_{40} - x_{34} = \frac{1}{2}(6)(48) = 144$ ft

Sumando los cambios en x, obtenemos la distancia que hay entre A y B:

$$d = x_{40} - 0 = 1512 \text{ ft}$$

$$d = 1512 \text{ ft} \quad \blacktriangleleft$$

Curva posición-tiempo. Los puntos determinados arriba deben unirse mediante tres arcos de parábola y un segmento de recta. Al construir la curva x–t, es necesario tener presente que, para cualquier valor de t, la pendiente de la tangente a la curva x–t es igual al valor de v en ese instante.

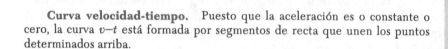

En esta lección (secciones 11.7 y 11.8), revisamos y desarrollamos algunas *técnicas gráficas para la solución de problemas de movimiento rectilíneo*. Esas técnicas se pueden usar para resolver problemas directamente o para complementar los métodos analíticos de solución al proporcionar una descripción visual, y con esto una mejor comprensión, del movimiento de un cuerpo dado. Sugerimos que se dibujen una o más curvas de movimiento para varios de los problemas de esta sección, aun cuando éstos no sean parte de la tarea asignada.

1. Dibujando las curvas x–t, v–t y a–t y aplicando los métodos gráficos. Las siguientes propiedades fueron indicadas en la sección 11.7 y deben tenerse en cuenta al usar métodos gráficos de solución.

a. Las pendientes de las curvas x–t y v–t en un instante t_1 son iguales, respectivamente, a la *velocidad* y a la *aceleración* en el instante t_1.

b. Las áreas bajo las curvas a–t y v–t entre los instantes t_1 y t_2 son iguales, respectivamente, al cambio Δv en la velocidad y al cambio Δx en la coordenada de posición durante ese intervalo de tiempo.

c. Si se conoce una de las curvas de movimiento, las propiedades fundamentales que hemos presentado en los párrafos *a* y *b* nos permitirán construir las otras dos curvas. Sin embargo, cuando se usen las propiedades del párrafo *b*, la velocidad y la coordenada de posición en el instante t_1 deben ser conocidas para poder determinar la velocidad y la coordenada de posición en el instante t_2. Así, en el problema resuelto 11.6, saber que el valor inicial de la velocidad era cero nos permitió hallar la velocidad en $t = 6$ s: $v_6 = v_0 + \Delta v = 0 + 24$ ft/s $= 24$ ft/s.

Si usted ha estudiado previamente los diagramas de fuerza cortante y momento flexionante para una viga, debe reconocer la analogía que existe entre las tres curvas de movimiento y los tres diagramas que representan, respectivamente, la carga distribuida, la fuerza cortante y el momento flexionante en una viga. Así, cualquier técnica que se haya aprendido para la construcción de esos diagramas se puede aplicar al dibujar las curvas de movimiento.

2. Usando métodos aproximados. Con frecuencia, cuando las curvas a–t y v–t no están representadas por funciones analíticas o cuando se basan en datos experimentales, es necesario usar métodos aproximados para calcular las áreas bajo esas curvas. En esos casos, el área de interés se aproxima con una serie de rectángulos de ancho Δt. Cuanto más pequeño sea el valor de Δt, más pequeño será el error inducido por la aproximación. La velocidad y la coordenada de posición se obtienen escribiendo

$$v = v_0 + \Sigma a_{\text{prom}} \, \Delta t \qquad x = x_0 + \Sigma v_{\text{prom}} \, \Delta t$$

donde a_{prom} y v_{prom} son las alturas de un rectángulo de aceleración y de velocidad, respectivamente.

(continúa)

3. **Aplicando el método del momento-área.** Esta técnica gráfica se usa cuando la curva a–t es conocida y se desea determinar el cambio en la coordenada de posición. En la sección 11.8 vimos que la coordenada de posición x_1 se puede expresar como

$$x_1 = x_0 + v_0 t_1 + (\text{área bajo la curva } a\text{–}t)(t_1 - \overline{t}) \qquad (11.13)$$

Tenga en cuenta que cuando el área bajo la curva a–t es un área compuesta, se debe usar el mismo valor de t_1 para calcular la contribución de cada una de las áreas componentes.

4. **Determinando la aceleración a partir de una curva v–x.** Se vio en la sección 11.8 que es posible determinar la aceleración a partir de una curva v–x por medición directa. Es importante notar, sin embargo, que este método sólo es aplicable si se usa la misma escala lineal para los ejes v y x (por ejemplo, 1 in. = 10 ft y 1 in. = 10 ft/s). Cuando esta condición no se satisface, la aceleración aún puede determinarse con la ecuación

$$a = v \frac{dv}{dx}$$

donde la pendiente dv/dx se obtiene como sigue: primero, dibuje la tangente a la curva en el punto de interés. En seguida, usando las escalas apropiadas, mida a lo largo de la tangente los incrementos correspondientes Δx y Δv. La pendiente deseada es igual a la relación $\Delta v/\Delta x$.

11.61   Una partícula se mueve en línea recta con la aceleración mostrada en la figura. Sabiendo que la partícula parte del origen con $v_0 = -2$ m/s, *a*) construya las curvas $v-t$ y $x-t$ para $0 < t < 18$ s, *b*) determine la posición y la velocidad de la partícula y la distancia total recorrida cuando $t = 18$ s.

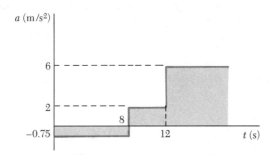

Fig. P11.61 y P11.62

11.62   Una partícula se mueve en línea recta con la aceleración mostrada en la figura. Sabiendo que la partícula parte del origen con $v_0 = -2$ m/s, *a*) construya las curvas $v-t$ y $x-t$ para $0 < t < 18$ s, y determine *b*) el valor mínimo de la velocidad de la partícula, *c*) el valor mínimo de su coordenada de posición.

11.63   Una partícula se mueve en línea recta con la velocidad mostrada en la figura. Sabiendo que $x = -540$ ft en $t = 0$, *a*) construya las curvas $a-t$ y $x-t$ para $0 < t < 50$ s, y determine *b*) la distancia total recorrida por la partícula cuando $t = 50$ s, *c*) los dos instantes en los que $x = 0$.

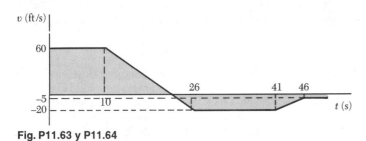

Fig. P11.63 y P11.64

11.64   Una partícula se mueve en línea recta con la velocidad mostrada en la figura. Sabiendo que $x = -540$ ft en $t = 0$, *a*) construya las curvas $a-t$ y $x-t$ para $0 < t < 50$ s, y determine *b*) el valor máximo de la coordenada de posición de la partícula, *c*) los valores de t para los cuales la partícula está en $x = 100$ ft.

Fig. P11.65

11.65   Un paracaidista está cayendo libremente a una velocidad de 200 km/h cuando abre su paracaídas a una altitud de 600 m. Después de una rápida y constante desaceleración, desciende con una rapidez constante de 50 km/h desde 586 m hasta 30 m, donde él maniobra el paracaídas en el viento para reducir aún más la velocidad de su descenso. Sabiendo que el paracaidista aterriza con una velocidad de descenso despreciable, determine *a*) el tiempo requerido por el paracaidista para aterrizar después de abrir su paracaídas, *b*) la desaceleración inicial.

11.66   Un componente de una máquina es cubierto con pintura pulverizada mientras se monta sobre una tarima que se desplaza 4 m en 20 s. La tarima tiene una velocidad inicial de 80 mm/s y puede ser acelerada hasta un valor máximo de 60 mm/s². Sabiendo que el proceso de pintado requiere 15 s para completarse y se realiza cuando la tarima se mueve con velocidad constante, determine el valor mínimo posible de la velocidad máxima de la tarima.

11.67   Se fija un sensor de temperatura a la corredera *AB*, la cual se mueve hacia atrás y hacia adelante a lo largo de 60 in. Las velocidades máximas de la corredera son 12 in./s hacia la derecha y 30 in./s hacia la izquierda. Cuando la corredera se mueve hacia la derecha, acelera y desacelera a una razón constante de 6 in./s²; cuando se mueve hacia la izquierda, la corredera acelera y desacelera a una razón constante de 20 in./s². Determine el tiempo requerido para que la corredera complete un ciclo completo, y construya las curvas *v–t* y *x–t* de su movimiento.

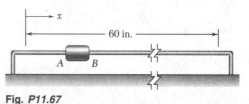

Fig. *P11.67*

11.68   Un tren que viaja a 40 mi/h está a 3 mi de una estación. Luego, el tren desacelera hasta que su velocidad es de 20 mi/h cuando se encuentra a 0.5 mi de la estación. Sabiendo que el tren llega a la estación 7.5 minutos después de empezar a desacelerar y asumiendo desaceleraciones constantes, determine *a*) el tiempo requerido para que el tren recorra las primeras 2.5 mi, *b*) la velocidad del tren cuando llega a la estación, *c*) la desaceleración constante final del tren.

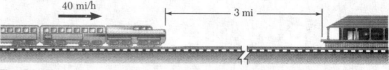

Fig. *P11.68*

11.69   Dos puntos de verificación de una carrera, *A* y *B*, se localizan en la misma autopista a 12 km de distancia entre sí. Los límites de velocidad para los primeros 8 km y los últimos 4 km de la sección de la autopista son 100 km/h y 70 km/h, respectivamente. Los conductores deben detenerse en cada punto de verificación, y el tiempo especificado entre los puntos *A* y *B* es 8 min 20 s. Sabiendo que una conductora acelera y desacelera a un mismo valor constante, determine la magnitud de su aceleración si ella viaja al límite de velocidad tanto como es posible.

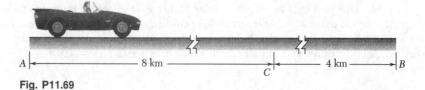

Fig. P11.69

11.70 En una prueba en un tanque de agua de la botadura de un pequeño bote a escala, la velocidad inicial horizontal del modelo es 6 m/s y su aceleración horizontal varía linealmente desde -12 m/s^2 en $t = 0$ hasta -2 m/s^2 en $t = t_1$, y luego permanece igual a -2 m/s^2 hasta $t = 1.4$ s. Sabiendo que $v = 1.8$ m/s cuando $t = t_1$, determine $a)$ el valor de t_1, $b)$ la velocidad y la posición del modelo en $t = 1.4$ s.

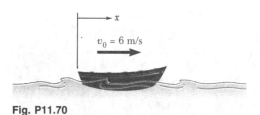

Fig. P11.70

11.71 Un autobús está estacionado a la orilla de una autopista cuando a su lado pasa un camión que viaja con una velocidad constante de 45 mi/h. Dos minutos después, el autobús arranca y acelera de manera uniforme hasta que alcanza una velocidad de 60 mi/h, la cual mantiene. Sabiendo que 12 minutos después de que el camión pasó junto al autobús, éste se encuentra 0.8 mi adelante del camión, determine $a)$ cuándo y dónde el autobús rebasa al camión, $b)$ la aceleración uniforme del autobús.

11.72 Los carros A y B están separados por una distancia $d = 200$ ft, y viajan con las respectivas velocidades constantes $(v_A)_0 = 20$ mi/h y $(v_B)_0 = 15$ mi/h sobre un camino cubierto de nieve. Sabiendo que, 45 s después de que el conductor del carro A aplica los frenos para evitar alcanzar al carro B, ambos chocan, determine $a)$ la desaceleración uniforme del carro A, $b)$ la velocidad relativa del carro A con respecto al carro B cuando chocan.

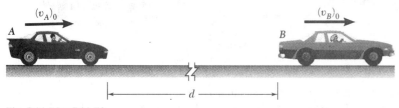

Fig. P11.72 y P11.73

11.73 Los carros A y B viajan con las respectivas velocidades constantes $(v_A)_0 = 36$ km/h y $(v_B)_0 = 27$ km/h sobre un camino cubierto de nieve. Para evitar alcanzar al carro B, el conductor del carro A aplica los frenos, de manera que su carro desacelera a una razón constante de 0.042 m/s^2. Determine la distancia d entre los carros a la cual el conductor de A debe aplicar los frenos para evitar chocar con el carro B.

11.74 Un ascensor parte del reposo y se mueve hacia arriba, acelerando a razón de 1.2 m/s^2 hasta que alcanza una velocidad de 7.8 m/s, la cual mantiene. Dos segundos después de que el ascensor empieza a moverse, un hombre que está 12 m arriba de la tapa del elevador en su posición inicial, tira una bola hacia arriba con una velocidad inicial de 20 m/s. Determine cuándo la bola golpea el elevador.

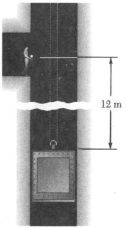

Fig. P11.74

11.75   El carro A viaja por una autopista con una velocidad constante $(v_A)_0 = 60$ mi/h, y se encuentra a 380 ft de la entrada de una rampa de acceso cuando el carro B entra al carril de baja velocidad en ese punto con una velocidad $(v_B)_0 = 15$ mi/h. El carro B acelera uniformemente y entra al carril de tráfico principal después de recorrer 200 ft en 5 s. Después continúa acelerando a la misma razón hasta alcanzar una velocidad de 60 mi/h, la cual mantiene. Determine la distancia final entre los dos carros.

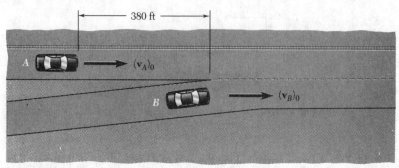

Fig. _P11.75_

11.76   El carro A viaja a 40 mi/h cuando entra a una zona de 30 mi/h de velocidad límite. La conductora del carro A desacelera a razón de 16 ft/s² hasta que alcanza la velocidad de 30 mi/h, la cual mantiene. Cuando el carro B, que originalmente estaba 60 ft detrás del carro A y viajaba con una velocidad constante de 45 mi/h, entra a la zona de 30 km/h de velocidad, su conductor desacelera a razón de 20 ft/s² hasta alcanzar una velocidad de 28 mi/h. Sabiendo que el conductor del carro B mantiene una velocidad de 28 mi/h, determine a) la distancia más corta a la que el carro B se acerca a A, b) el instante en el cual el carro A se encuentra a 70 ft delante del carro B.

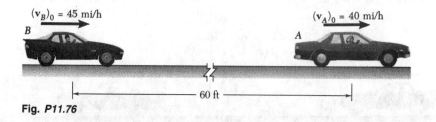

Fig. _P11.76_

11.77   Un carro viaja con velocidad constante de 54 km/h cuando su conductora ve a un niño correr hacia la carretera. La conductora aplica los frenos hasta que el niño regresa a la banqueta y luego acelera para restablecer su velocidad original de 54 km/h; el registro de la aceleración del carro se muestra en la figura. Asumiendo que $x = 0$ cuando $t = 0$, determine a) el instante t_1 en el cual la velocidad es 54 km/h nuevamente, b) la posición del carro en ese instante, c) la velocidad promedio del carro durante el intervalo $1\,\text{s} \le t \le t_1$.

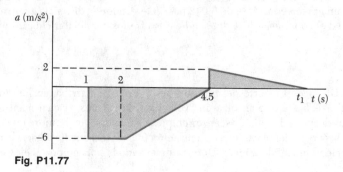

Fig. P11.77

11.78 Como se muestra en la figura, desde $t = 0$ hasta $t = 4$ s la aceleración de una partícula dada está representada por una parábola. Sabiendo que $x = 0$ y $v = 8$ m/s cuando $t = 0$, a) construya las curvas v–t y x–t para $0 < t < 4$ s, b) determine la posición de la partícula en $t = 3$ s. (*Sugerencia*: Use la tabla que se incluye en el reverso de la portada.)

11.79 Durante un proceso de manufactura, una banda transportadora parte del reposo y recorre un total de 1.2 ft antes de quedar en reposo temporalmente. Sabiendo que la sacudida, o razón de cambio de la aceleración, está limitada a ±4.8 ft/s² por segundo, determine a) el tiempo más corto requerido para que la banda se mueva 1.2 ft, b) los valores máximo y promedio de la velocidad de la banda durante ese tiempo.

11.80 El tren de enlace de un aeropuerto viaja entre dos terminales que están separadas 1.6 mi. Para mantener la comodidad de los pasajeros, la aceleración del tren está limitada a ±4 ft/s², y la sacudida, o razón de cambio de la aceleración, está limitada a ±0.8 ft/s² por segundo. Si el vehículo tiene una velocidad máxima de 20 mi/h, determine a) el tiempo necesario más corto para que el vehículo viaje entre las dos terminales, b) la correspondiente velocidad promedio del vehículo.

11.81 El registro de aceleración mostrado fue obtenido durante las pruebas de velocidad de un carro deportivo. Sabiendo que el carro parte del reposo, determine por medios aproximados a) la velocidad del carro en $t = 8$ s, b) la distancia que el carro ha recorrido en $t = 20$ s.

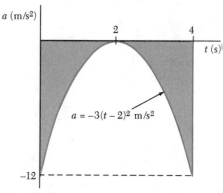

Fig. P11.78

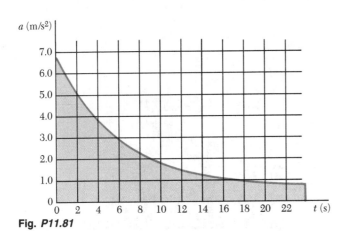

Fig. *P11.81*

11.82 Se requieren dos segundos para dejar en reposo la varilla del pistón de un cilindro neumático; el registro de la aceleración de la varilla del pistón durante los 2 s es el que se muestra. Determine por medios aproximados a) la velocidad inicial de la varilla del pistón, b) la distancia recorrida por la varilla del pistón cuando ésta queda en reposo.

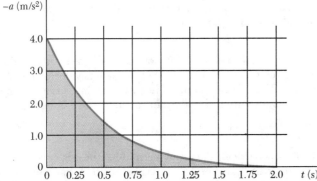

Fig. *P11.82*

11.83 Un aeroplano de entrenamiento tiene una velocidad de 126 ft/s cuando aterriza sobre un portaaviones. Conforme el mecanismo de retención lleva al reposo al aeroplano, se registran la velocidad y la aceleración de éste; los resultados se muestran (curva sólida) en la figura. Determine por medios aproximados *a*) el tiempo requerido por el aeroplano para quedar en reposo, *b*) la distancia recorrida en ese tiempo.

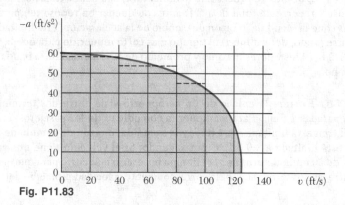

Fig. P11.83

11.84 En la figura se muestra una porción de la curva *v–x* determinada experimentalmente para un carruaje. Determine por medios aproximados la aceleración del carruaje *a*) cuando *x* = 10 in., *b*) cuando *v* = 80 in./s.

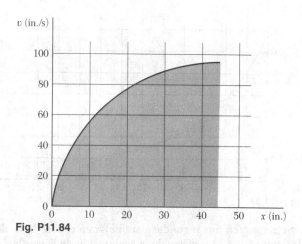

Fig. P11.84

11.85 Usando el método de la sección 11.8, deduzca la fórmula $x = x_0 + v_0 + \frac{1}{2}at^2$ para la coordenada de posición de una partícula en movimiento rectilíneo uniformemente acelerado.

11.86 Usando el método de la sección 11.8, determine la posición de la partícula del problema 11.61 cuando *t* = 16 s.

11.87 Para las pruebas de un nuevo bote salvavidas, se fija a éste un acelerómetro y proporciona el registro mostrado. Si el bote tiene una velocidad de 7.5 ft/s en *t* = 0 y se encuentra en reposo en el instante t_1, determine, usando el método de la sección 11.8, *a*) el instante t_1, *b*) la distancia que recorre el bote antes de quedar en reposo.

11.88 Para la partícula del problema 11.63, dibuje la curva *a–t* y determine, mediante el método de la sección 11.8, *a*) la posición de la partícula cuando *t* = 52 s, *b*) el valor máximo de su coordenada de posición.

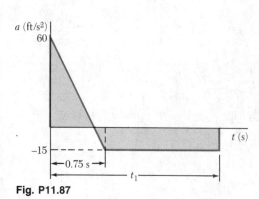

Fig. P11.87

11.9. VECTOR DE POSICIÓN, VELOCIDAD Y ACELERACIÓN

Cuando una partícula se desplaza sobre una curva, decimos que describe un *movimiento curvilíneo*. Para definir la posición P que ocupa la partícula en un cierto instante t, seleccionamos un sistema de referencia fijo, como los ejes x, y y z mostrados en la figura 11.14a, y trazamos el vector **r** que une al origen O y al punto P. Como el vector **r** está caracterizado por su magnitud r y su dirección respecto de los ejes de referencia, define completamente la posición de la partícula respecto de esos ejes; el vector **r** se llama *vector de posición* de la partícula en el instante t.

Consideremos ahora que el vector **r**′, define la posición P' ocupada por la misma partícula en un instante posterior $t + \Delta t$. El vector Δ**r** que une a P y P' representa el cambio en el vector de posición durante el intervalo de tiempo Δt, ya que, como puede comprobarse fácilmente en la figura 11.14a, el vector **r**′ se obtiene sumando los vectores **r** y Δ**r** de acuerdo con la regla del triángulo. Notamos que Δ**r** representa un cambio en la *dirección*, así como un cambio en la *magnitud* del vector de posición **r**. La *velocidad promedio* de la partícula en el intervalo de tiempo Δt se define como el cociente de Δ**r** y Δt. Dado que Δ**r** es un vector y Δt es un escalar, el cociente Δ**r**/Δt es un vector unido a P, de la misma dirección que Δ**r** y de magnitud igual a la de Δ**r** dividida entre Δt (figura 11.14b).

La *velocidad instantánea* de la partícula en el instante t se obtiene escogiendo intervalos de tiempo Δt cada vez más cortos y, a la vez, vectores Δ**r** cada vez más pequeños. De esta manera, la velocidad instantánea se representa por el vector

$$\mathbf{v} = \lim_{\Delta t \to 0} \frac{\Delta \mathbf{r}}{\Delta t} \tag{11.14}$$

Conforme Δt y Δ**r** se hacen más pequeños, los puntos P y P' quedan más cercanos; de esta manera, el vector **v** que se obtiene en el límite debe ser, por tanto, tangente a la trayectoria de la partícula (figura 11.14c).

Como el vector de posición **r** depende del tiempo t, podemos llamarlo *función vectorial* de la variable escalar t, y lo representamos por **r**(t). Extendiendo el concepto de derivada de una función escalar, que se estudia en el cálculo elemental, el límite del cociente Δ**r**/Δt se denominará *derivada* de la función vectorial **r**(t). Escribimos

$$\mathbf{v} = \frac{d\mathbf{r}}{dt} \tag{11.15}$$

A la magnitud v del vector **v** se le llama *rapidez* de la partícula. Puede obtenerse sustituyendo el vector Δ**r** en la fórmula (11.14) por su magnitud, representada por el segmento de línea recta PP'. Pero la longitud del segmento PP' se acerca a la longitud Δs del arco PP' conforme Δt disminuye (figura 11.14a), y podemos escribir

$$v = \lim_{\Delta t \to 0} \frac{PP'}{\Delta t} = \lim_{\Delta t \to 0} \frac{\Delta s}{\Delta t} \qquad v = \frac{ds}{dt} \tag{11.16}$$

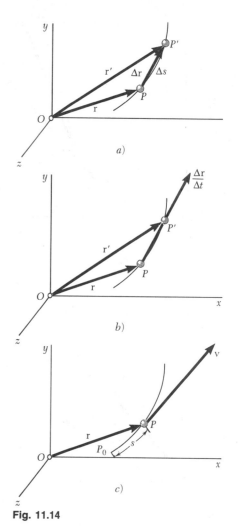

Fig. 11.14

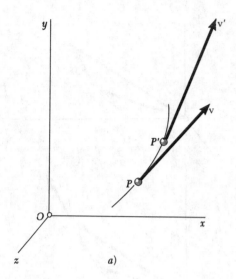

a)

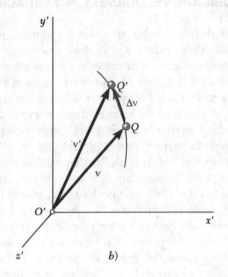

b)

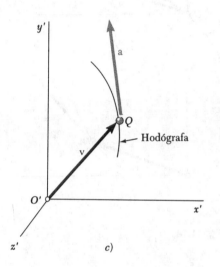

c)

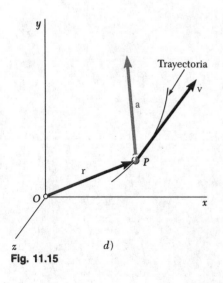

Fig. 11.15

Así, la rapidez v puede obtenerse derivando respecto de t la longitud s del arco descrito por la partícula.

Consideremos la velocidad **v** de la partícula en el instante t y también su velocidad **v**′ en un instante posterior $t + \Delta t$ (figura 11.15a). Tracemos ambos vectores **v** y **v**′ desde el mismo origen O' (figura 11.15b). El vector Δ**v** que une a Q y Q' representa el cambio en la velocidad de la partícula durante el intervalo de tiempo Δt, ya que el vector **v**′ puede obtenerse sumando los vectores **v** y Δ**v**. Debemos notar que Δ**v** representa un cambio en la *dirección* de la velocidad, así como un cambio en la *rapidez*. La *aceleración promedio* de la partícula en el intervalo de tiempo Δt se define como el cociente de Δ**v** y Δt. Como Δ**v** es un vector y Δt es un escalar, el cociente Δ**v**$/\Delta t$ es un vector de la misma dirección que Δ**v**.

La *aceleración instantánea* de la partícula en el instante t se obtiene escogiendo valores de Δt y Δ**v** cada vez más pequeños. De manera que la aceleración instantánea se representa con el vector

$$\mathbf{a} = \lim_{\Delta t \to 0} \frac{\Delta \mathbf{v}}{\Delta t} \tag{11.17}$$

Como la velocidad **v** es una función vectorial **v**(t) del tiempo t, el límite del cociente Δ**v**$/\Delta t$ puede denominarse derivada de **v** con respecto a t. Escribimos

$$\mathbf{a} = \frac{d\mathbf{v}}{dt} \tag{11.18}$$

Observamos que la aceleración **a** es tangente a la curva descrita por la punta Q del vector **v** cuando este último se traza desde un origen fijo O' (figura 11.15c) y que, en general, la aceleración *no* es tangente a la trayectoria de la partícula (figura 11.15d). La curva descrita por la punta de **v**, mostrada en la figura 11.15c, recibe el nombre de *hodógrafa* del movimiento.

11.10. DERIVADAS DE FUNCIONES VECTORIALES

Vimos en la sección anterior que la velocidad **v** de una partícula en movimiento curvilíneo puede representarse con la derivada de la función vectorial **r**(t) que caracteriza a la posición de la partícula. En forma semejante, la aceleración **a** de la partícula puede representarse con la derivada de la función vectorial **v**(t). En esta sección daremos una definición formal de la derivada de una función vectorial y estableceremos algunas reglas que regulan la derivación de sumas y productos de funciones vectoriales.

Sea **P**(u) una función vectorial de la variable escalar u. Con esto queremos decir que el escalar u define completamente la magnitud y la dirección del vector **P**. Si el vector **P** se traza desde un origen fijo O y se permite que el escalar u varíe, la punta de **P** describirá una cierta curva en el espacio. Consideremos los vectores **P** correspondientes a los valores u y u + Δu de la variable escalar, respectivamente (figura 11.16a). Sea Δ**P** el vector que une las puntas de los dos vectores dados; escribimos

$$\Delta \mathbf{P} = \mathbf{P}(u + \Delta u) - \mathbf{P}(u)$$

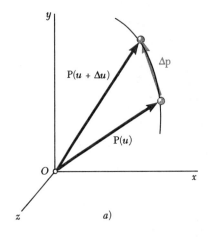

a)

Dividiendo todo entre Δu y haciendo que Δu tienda a cero, *definimos la derivada de la función vectorial* **P**(u):

$$\frac{d\mathbf{P}}{du} = \lim_{\Delta u \to 0} \frac{\Delta \mathbf{P}}{\Delta u} = \lim_{\Delta u \to 0} \frac{\mathbf{P}(u + \Delta u) - \mathbf{P}(u)}{\Delta u} \qquad (11.19)$$

Conforme Δu tiende a cero, la línea de acción de Δ**P** se vuelve tangente a la curva de la figura 11.16a. Entonces, la derivada d**P**/du de la función vectorial **P**(u) *es tangente a la curva descrita por la punta* de **P**(u) (figura 11.16b).

Mostraremos ahora que las reglas normales para la derivación de las sumas y productos de funciones escalares pueden extenderse a las funciones vectoriales. Consideremos primero la *suma de dos funciones vectoriales* **P**(u) y **Q**(u) de la misma variable escalar u. De la definición dada en (11.19), la derivada del vector **P** + **Q** es

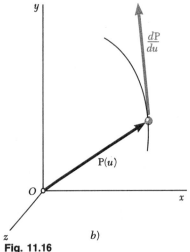

b)

Fig. 11.16

$$\frac{d(\mathbf{P} + \mathbf{Q})}{du} = \lim_{\Delta u \to 0} \frac{\Delta(\mathbf{P} + \mathbf{Q})}{\Delta u} = \lim_{\Delta u \to 0} \left(\frac{\Delta \mathbf{P}}{\Delta u} + \frac{\Delta \mathbf{Q}}{\Delta u} \right)$$

o, como el límite de la suma es igual a la suma de los límites de sus términos,

$$\frac{d(\mathbf{P} + \mathbf{Q})}{du} = \lim_{\Delta u \to 0} \frac{\Delta \mathbf{P}}{\Delta u} + \lim_{\Delta u \to 0} \frac{\Delta \mathbf{Q}}{\Delta u}$$

$$\frac{d(\mathbf{P} + \mathbf{Q})}{du} = \frac{d\mathbf{P}}{du} + \frac{d\mathbf{Q}}{du} \qquad (11.20)$$

Ahora consideraremos el *producto de una función escalar f(u) y de una función vectorial* **P**(u) de la misma variable escalar u. La derivada del vector f**P** es:

$$\frac{d(f\mathbf{P})}{du} = \lim_{\Delta u \to 0} \frac{(f + \Delta f)(\mathbf{P} + \Delta \mathbf{P}) - f\mathbf{P}}{\Delta u} = \lim_{\Delta u \to 0} \left(\frac{\Delta f}{\Delta u} \mathbf{P} + f \frac{\Delta \mathbf{P}}{\Delta u} \right)$$

o, recordando las propiedades de los límites de sumas y productos,

$$\frac{d(f\mathbf{P})}{du} = \frac{df}{du}\mathbf{P} + f\frac{d\mathbf{P}}{du} \tag{11.21}$$

Las derivadas del *producto escalar* y del *producto vectorial* de dos funciones vectoriales $\mathbf{P}(u)$ y $\mathbf{Q}(u)$ pueden obtenerse en forma semejante. Tenemos

$$\frac{d(\mathbf{P} \cdot \mathbf{Q})}{du} = \frac{d\mathbf{P}}{du} \cdot \mathbf{Q} + \mathbf{P} \cdot \frac{d\mathbf{Q}}{du} \tag{11.22}$$

$$\frac{d(\mathbf{P} \times \mathbf{Q})}{du} = \frac{d\mathbf{P}}{du} \times \mathbf{Q} + \mathbf{P} \times \frac{d\mathbf{Q}}{du} \tag{11.23}†$$

Usaremos las propiedades que acabamos de establecer para determinar las *componentes rectangulares de la derivada de una función vectorial* $\mathbf{P}(u)$. Descomponiendo $\mathbf{P}$ en sus componentes a lo largo de ejes rectangulares fijos x, y, z, escribimos

$$\mathbf{P} = P_x\mathbf{i} + P_y\mathbf{j} + P_z\mathbf{k} \tag{11.24}$$

donde P_x, P_y, P_z son las componentes rectangulares escalares del vector $\mathbf{P}$, e $\mathbf{i}, \mathbf{j}, \mathbf{k}$ son los vectores unitarios que corresponden, respectivamente, a los ejes x, y y z (sección 2.12). De (11.20), la derivada de $\mathbf{P}$ es igual a la suma de las derivadas de los términos en el miembro de la derecha. Como cada uno de esos términos es el producto de una función escalar y de una función vectorial, deberíamos usar (11.21). Pero los vectores unitarios $\mathbf{i}, \mathbf{j}, \mathbf{k}$ tienen una magnitud constante (igual a 1) y direcciones fijas. Por tanto, sus derivadas son cero, y podemos escribir

$$\frac{d\mathbf{P}}{du} = \frac{dP_x}{du}\mathbf{i} + \frac{dP_y}{du}\mathbf{j} + \frac{dP_z}{du}\mathbf{k} \tag{11.25}$$

Ya que los coeficientes de los vectores unitarios son, por definición, las componentes escalares del vector $d\mathbf{P}/du$, concluimos que *las componentes rectangulares escalares de la derivada $d\mathbf{P}/du$ de la función vectorial* $\mathbf{P}(u)$ *se obtienen al derivar las correspondientes componentes escalares de* $\mathbf{P}$.

Rapidez de cambio de un vector. Cuando el vector $\mathbf{P}$ es una función del tiempo t, su derivada $d\mathbf{P}/dt$ representa la *razón de cambio* de $\mathbf{P}$ respecto del sistema o marco de referencia $Oxyz$. Descomponiendo a $\mathbf{P}$ en sus componentes rectangulares, tenemos que, por (11.25),

$$\frac{d\mathbf{P}}{dt} = \frac{dP_x}{dt}\mathbf{i} + \frac{dP_y}{dt}\mathbf{j} + \frac{dP_z}{dt}\mathbf{k}$$

o, empleando puntos para indicar la diferenciación respecto al tiempo t,

$$\dot{\mathbf{P}} = \dot{P}_x\mathbf{i} + \dot{P}_y\mathbf{j} + \dot{P}_z\mathbf{k} \tag{11.25′}$$

---

† Como el producto vectorial no es conmutativo (sección 3.4), debe mantenerse el orden de los factores en la ecuación (11.23).

Como se estudiará en la sección 15.10, la razón de cambio de un vector, vista desde un *sistema o marco de referencia en movimiento*, es, en general, diferente de su razón de cambio cuando se le observa desde un sistema de referencia fijo. Sin embargo, si el sistema de referencia en movimiento $O'x'y'z'$ está en *traslación*, es decir, si sus ejes permanecen paralelos a los ejes correspondientes del sistema fijo $Oxyz$ (figura 11.17), se emplean los mismos vectores unitarios **i**, **j**, **k** en ambos sistemas de referencia, y, por consiguiente, en cualquier instante dado, el vector **P** tiene las mismas componentes P_x, P_y, P_z en ambos sistemas. De (11.25') se deduce que la razón de cambio **P** es la misma respecto de los sistemas $Oxyz$ y $O'x'y'z'$. Por consiguiente, establecemos que *la razón de cambio de un vector es la misma respecto de un sistema fijo y respecto de un sistema en traslación*. Esta propiedad simplificará grandemente nuestro trabajo, ya que trataremos en especial con sistemas de referencia en traslación.

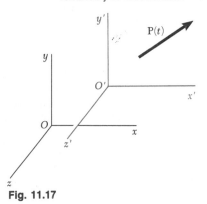

Fig. 11.17

11.11. COMPONENTES RECTANGULARES DE LA VELOCIDAD Y DE LA ACELERACIÓN

Cuando la posición P de una partícula está definida en cualquier instante por sus coordenadas rectangulares x, y y z, es conveniente descomponer la velocidad **v** y la aceleración **a** de la partícula en sus componentes rectangulares (figura 11.18).

Expresando el vector de posición **r** de la partícula en sus componentes rectangulares, escribimos

$$\mathbf{r} = x\mathbf{i} + y\mathbf{j} + z\mathbf{k} \tag{11.26}$$

donde las coordenadas x, y, z son funciones de t. Al derivar dos veces obtenemos

$$\mathbf{v} = \frac{d\mathbf{r}}{dt} = \dot{x}\mathbf{i} + \dot{y}\mathbf{j} + \dot{z}\mathbf{k} \tag{11.27}$$

$$\mathbf{a} = \frac{d\mathbf{v}}{dt} = \ddot{x}\mathbf{i} + \ddot{y}\mathbf{j} + \ddot{z}\mathbf{k} \tag{11.28}$$

donde $\dot{x}$, $\dot{y}$, $\dot{z}$ y $\ddot{x}$, $\ddot{y}$, $\ddot{z}$ representan, respectivamente, la primera y la segunda derivadas de x, y y z respecto de t. De (11.27) y (11.28) se deduce que las componentes escalares de la velocidad y de la aceleración son

$$v_x = \dot{x} \qquad v_y = \dot{y} \qquad v_z = \dot{z} \tag{11.29}$$
$$a_x = \ddot{x} \qquad a_y = \ddot{y} \qquad a_z = \ddot{z} \tag{11.30}$$

Un valor positivo de v_x indica que la componente vectorial $\mathbf{v}_x$ se dirige a la derecha; un valor negativo indica que se dirige a la izquierda. El sentido de cada una de las otras componentes vectoriales puede determinarse en forma semejante a partir del signo de la componente escalar correspondiente. Si se desea, las magnitudes y las direcciones de la velocidad y la aceleración pueden obtenerse a partir de sus componentes escalares empleando los métodos de las secciones 2.7 y 2.12.

El uso de las componentes rectangulares para describir la posición, la velocidad y la aceleración de una partícula es especialmente efectivo cuando la componente a_x de la aceleración depende sólo de t, x y/o v_x, y cuando, en forma semejante, a_y depende sólo de t, y y/o v_y, y a_z de t, z y/o v_z. Enton-

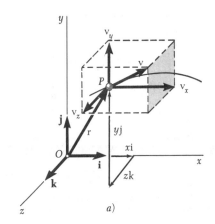

a)

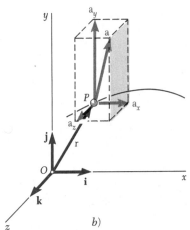

b)

Fig. 11.18

ces, tanto las ecuaciones (11.30) como las (11.29) pueden integrarse de manera independiente. En otras palabras, el movimiento de la partícula en la dirección x, su movimiento en la dirección y y su movimiento en la dirección z pueden considerarse por separado.

Por ejemplo, en el caso del *movimiento de un proyectil*, puede demostrarse (ver sección 12.5) que las componentes de la aceleración son

$$a_x = \ddot{x} = 0 \qquad a_y = \ddot{y} = -g \qquad a_z = \ddot{z} = 0$$

cuando se desprecia la resistencia del aire. Representando con x_0, y_0 y z_0 las coordenadas del cañón, y con $(v_x)_0$, $(v_y)_0$ y $(v_z)_0$ las componentes de la velocidad inicial $\mathbf{v}_0$ del proyectil (una bala), integramos dos veces en t y obtenemos

$$
\begin{aligned}
v_x = \dot{x} = (v_x)_0 \qquad & v_y = \dot{y} = (v_y)_0 - gt \qquad & v_z = \dot{z} = (v_z)_0 \\
x = x_0 + (v_x)_0 t \qquad & y = y_0 + (v_y)_0 t - \tfrac{1}{2}gt^2 \qquad & z = z_0 + (v_z)_0 t
\end{aligned}
$$

Si el proyectil se dispara en el plano xy desde el origen O, tenemos $x_0 = y_0 = z_0 = 0$ y $(v_z)_0 = 0$, y las ecuaciones de movimiento se reducen a

$$
\begin{aligned}
v_x = (v_x)_0 \qquad & v_y = (v_y)_0 - gt \qquad & v_z = 0 \\
x = (v_x)_0 t \qquad & y = (v_y)_0 t - \tfrac{1}{2}gt^2 \qquad & z = 0
\end{aligned}
$$

Estas ecuaciones muestran que el proyectil permanece en el plano xy, que su movimiento en la dirección horizontal es uniforme y que su movimiento en la dirección vertical es uniformemente acelerado. De esta manera, el movimiento de un proyectil puede sustituirse por dos movimientos rectilíneos independientes, que son fáciles de visualizar si suponemos que el proyectil se dispara verticalmente con una velocidad inicial $(\mathbf{v}_y)_0$ desde una plataforma que se desplaza con una velocidad horizontal constante $(\mathbf{v}_x)_0$ (figura 11.19). La coordenada x del proyectil es igual en cualquier instante a la distancia recorrida por la plataforma, y su coordenada y puede calcularse como si el proyectil se estuviese moviendo a lo largo de una línea vertical.

Puede observarse que las ecuaciones que definen a las coordenadas x y y de un proyectil en cualquier instante son las ecuaciones paramétricas de una parábola; entonces, la trayectoria del proyectil es *parabólica*. Pero este resultado pierde su validez cuando se toman en cuenta la resistencia del aire o la variación de la aceleración de la gravedad con la altura.

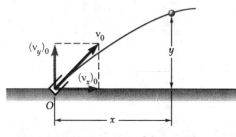

a) Movimiento del proyectil

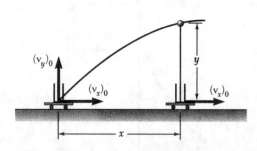

b) Movimientos rectilíneos equivalentes

Fig. 11.19

11.12. MOVIMIENTO RELATIVO A UN SISTEMA DE REFERENCIA EN TRASLACIÓN

En la sección anterior se usó un solo sistema de referencia para describir el movimiento de una partícula. En la mayoría de los casos, este sistema fue vinculado a la Tierra y se le consideró fijo. Ahora analizaremos algunas situaciones en las que es conveniente usar varios sistemas de referencia a la vez. Si uno de ellos está unido a la Tierra, lo llamaremos *sistema de referencia fijo*, y nos referiremos a los otros como *sistemas de referencia en movimiento*. Pero debe entenderse que la selección de un sistema de referencia fijo es absolutamente arbitraria. Cualquier sistema de referencia puede designarse como "fijo"; aquellos que de manera estricta no estén vinculados a él se describirán como sistemas "en movimiento".

Consideremos dos partículas A y B que se mueven en el espacio (figura 11.20); los vectores $\mathbf{r}_A$ y $\mathbf{r}_B$ definen sus posiciones en cualquier instante con respecto al sistema de referencia fijo $Oxyz$. Consideremos ahora un sistema de ejes x', y', z' centrado en A y paralelo a los ejes x, y, z. Mientras el origen de estos ejes se mueve, su orientación sigue siendo la misma; el sistema de referencia $Ax'y'z'$ está en *traslación* con respecto a $Oxyz$. El vector $\mathbf{r}_{B/A}$ que une a A y B define *la posición de B relativa al sistema en movimiento Ax'y'z'* (o, en forma breve, *la posición de B relativa a A*).

En la figura 11.20 observamos que el vector de posición $\mathbf{r}_B$ de la partícula B es la suma del vector de posición $\mathbf{r}_A$ de la partícula A y del vector de posición $\mathbf{r}_{B/A}$ de B relativa a A; escribimos

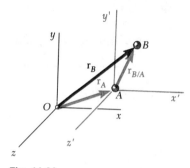

Fig. 11.20

$$\mathbf{r}_B = \mathbf{r}_A + \mathbf{r}_{B/A} \tag{11.31}$$

Al derivar (11.31) respecto de t dentro del sistema de referencia fijo, e indicando con puntos las derivadas del tiempo, tenemos

$$\dot{\mathbf{r}}_B = \dot{\mathbf{r}}_A + \dot{\mathbf{r}}_{B/A} \tag{11.32}$$

Las derivadas $\dot{\mathbf{r}}_A$ y $\dot{\mathbf{r}}_B$ representan las velocidades $\mathbf{v}_A$ y $\mathbf{v}_B$ de las partículas A y B, respectivamente. La derivada $\dot{\mathbf{r}}_{B/A}$ representa la razón de cambio de $\mathbf{r}_{B/A}$ respecto del sistema $Ax'y'z'$ así como respecto del sistema fijo, ya que $Ax'y'z'$ está en traslación (sección 11.10). Por consiguiente, esta derivada define *la velocidad $\mathbf{v}_{B/A}$ de B relativa al sistema Ax'y'z'* (o, en forma breve, *la velocidad de $\mathbf{v}_{B/A}$ de B relativa a A*). Escribimos

$$\mathbf{v}_B = \mathbf{v}_A + \mathbf{v}_{B/A} \tag{11.33}$$

Al derivar la ecuación (11.33) respecto de t, y empleando la derivada $\dot{\mathbf{v}}_{B/A}$ para definir *la aceleración $\mathbf{a}_{B/A}$ de B relativa al sistema Ax'y'z'* (o, en forma breve, *la aceleración $\mathbf{a}_{B/A}$ de B relativa a A*), se obtiene

$$\mathbf{a}_B = \mathbf{a}_A + \mathbf{a}_{B/A} \tag{11.34}$$

El movimiento de B con respecto al sistema fijo $Oxyz$ se denomina *movimiento absoluto de B*. Las ecuaciones obtenidas en esta sección muestran que *el movimiento absoluto de B puede obtenerse combinando el movimiento de A y el movimiento relativo de B con respecto al sistema de referencia en movimiento vinculado a A*. Por ejemplo, la ecuación (11.33) expresa que la velocidad absoluta $\mathbf{v}_B$ de la partícula B puede obtenerse sumando vectorialmente la velocidad de A y la velocidad de B relativa al sistema $Ax'y'z'$. La ecuación (11.34) expresa una propiedad semejante en términos de las aceleraciones.[†] Debemos recordar, sin embargo, que *el sistema Ax'y'z' está en traslación*; es decir, mientras se mueve con A, mantiene la misma orientación. Como veremos posteriormente (sección 15.14), deben usarse diferentes relaciones en el caso de un sistema de referencia en rotación.

[†] Nótese que el producto de los subíndices A y B/A que se empleó en el miembro derecho de las ecuaciones (11.31) a la (11.34) es igual al subíndice B que aparece en su miembro izquierdo.

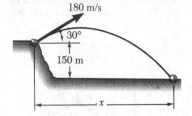

PROBLEMA RESUELTO 11.7

Desde el borde de un acantilado de 150 m, se dispara un proyectil con una velocidad inicial de 180 m/s, y con un ángulo de 30° con la horizontal. Despreciando la resistencia del aire, hállese *a*) la distancia horizontal desde el cañón al punto donde el proyectil pega en el suelo, *b*) la máxima elevación que alcanza el proyectil respecto al suelo.

SOLUCIÓN

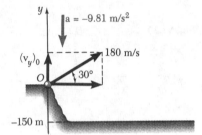

Consideraremos en forma separada los movimientos vertical y horizontal.

Movimiento vertical. *Movimiento uniformemente acelerado.* Eligiendo el sentido positivo del eje *y* hacia arriba, y colocando el origen *O* en el cañón, tenemos

$$(v_y)_0 = (180 \text{ m/s}) \operatorname{sen} 30° = +90 \text{ m/s}$$
$$a = -9.81 \text{ m/s}^2$$

Sustituyendo en las ecuaciones de movimiento uniformemente acelerado, tenemos

$$v_y = (v_y)_0 + at \qquad v_y = 90 - 9.81t \qquad (1)$$
$$y = (v_y)_0 t + \tfrac{1}{2}at^2 \qquad y = 90t - 4.90t^2 \qquad (2)$$
$$v_y^2 = (v_y)_0^2 + 2ay \qquad v_y^2 = 8100 - 19.62y \qquad (3)$$

Movimiento horizontal. *Movimiento uniforme.* Eligiendo el sentido positivo del eje *x* a la derecha, tenemos

$$(v_x)_0 = (180 \text{ m/s}) \cos 30° = +155.9 \text{ m/s}$$

Sustituyendo en la ecuación de movimiento uniforme, obtenemos

$$x = (v_x)_0 t \qquad x = 155.9t \qquad (4)$$

a. **Distancia horizontal.** Cuando el proyectil golpea el suelo, tenemos

$$y = -150 \text{ m}$$

Usando este valor en la ecuación (2) para el movimiento vertical, escribimos

$$-150 = 90t - 4.90t^2 \qquad t^2 - 18.37t - 30.6 = 0 \qquad t = 19.91 \text{ s}$$

Usando $t = 19.91$ s en la ecuación (4) para el movimiento horizontal, obtenemos

$$x = 155.9(19.91) \qquad\qquad x = 3100 \text{ m} \blacktriangleleft$$

b. **Elevación máxima.** Cuando el proyectil alcanza su máxima elevación, $v_y = 0$; sustituyendo este valor en la ecuación (3) para el movimiento vertical, escribimos

$$0 = 8100 - 19.62y \qquad y = 413 \text{ m}$$

Elevación máxima con respecto al suelo = 150 m + 413 m = 563 m $\blacktriangleleft$

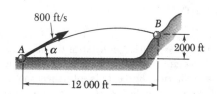

PROBLEMA RESUELTO 11.8

Se dispara un proyectil con una velocidad inicial de 800 ft/s a un blanco B localizado a 2000 ft por arriba del cañón A y a una distancia horizontal de 12 000 ft. Despreciando la resistencia del aire, determínese el valor del ángulo de disparo α.

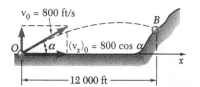

SOLUCIÓN

Consideremos por separado los movimientos horizontal y vertical.

Movimiento horizontal. Colocando el origen de los ejes coordenados en el cañón, tenemos

$$(v_x)_0 = 800 \cos \alpha$$

Sustituyendo en la ecuación de movimiento horizontal uniforme, obtenemos

$$x = (v_x)_0 t \qquad x = (800 \cos \alpha)t$$

El tiempo que se requiere para que el proyectil recorra una distancia horizontal de 12000 ft, se obtiene haciendo x igual a 12 000 ft.

$$12\,000 = (800 \cos \alpha)t$$

$$t = \frac{12\,000}{800 \cos \alpha} = \frac{15}{\cos \alpha}$$

Movimiento vertical

$$(v_y)_0 = 800 \operatorname{sen} \alpha \qquad a = -32.2 \text{ ft/s}^2$$

Sustituyendo en la ecuación del movimiento vertical uniformemente acelerado, obtenemos

$$y = (v_y)_0 t + \tfrac{1}{2}at^2 \qquad y = (800 \operatorname{sen} \alpha)t - 16.1t^2$$

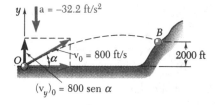

El proyectil da en el blanco. Cuando $x = 12\,000$ ft, debemos tener $y = 2000$ ft. Sustituyendo el valor de y y haciendo t igual al valor hallado arriba, escribimos

$$2000 = 800 \operatorname{sen} \alpha \frac{15}{\cos \alpha} - 16.1 \left(\frac{15}{\cos \alpha} \right)^2$$

Como $1/\cos^2 \alpha = \sec^2 \alpha = 1 + \tan^2 \alpha$, tenemos

$$2000 = 800(15) \tan \alpha - 16.1(15^2)(1 + \tan^2 \alpha)$$
$$3622 \tan^2 \alpha - 12\,000 \tan \alpha + 5622 = 0$$

Despejando $\tan \alpha$ en esta ecuación cuadrática, tenemos

$$\tan \alpha = 0.565 \quad \text{y} \quad \tan \alpha = 2.75$$

$$\alpha = 29.5° \quad \text{y} \quad \alpha = 70.0° \quad \blacktriangleleft$$

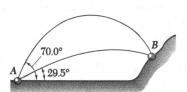

El proyectil dará en el blanco para cualquiera de estos dos ángulos de disparo (ver figura).

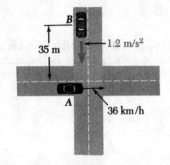

PROBLEMA RESUELTO 11.9

El automóvil A se dirige al este con una velocidad constante de 36 km/h. Cuando el automóvil A cruza la intersección mostrada, el automóvil B empieza a moverse desde una distancia de 35 m al norte de la intersección y se dirige hacia el sur con una aceleración constante de 1.2 m/s². Determínese la posición, la velocidad y la aceleración de B relativas a A, 5 s después de que A atraviesa la intersección.

SOLUCIÓN

Escogemos los ejes x y y con origen en la intersección de las dos calles y con sentidos positivos dirigidos al este y al norte, respectivamente.

Movimiento del automóvil A. En primer lugar, expresamos la velocidad en m/s:

$$v_A = \left(36\frac{km}{h}\right)\left(\frac{1000 \text{ m}}{1 \text{ km}}\right)\left(\frac{1 \text{ h}}{3600 \text{ s}}\right) = 10 \text{ m/s}$$

Como el movimiento de A es uniforme, escribimos, para cualquier instante t,

$$a_A = 0$$
$$v_A = +10 \text{ m/s}$$
$$x_A = (x_A)_0 + v_A t = 0 + 10t$$

Para $t = 5$ s, tenemos

$$a_A = 0 \qquad\qquad \mathbf{a}_A = 0$$
$$v_A = +10 \text{ m/s} \qquad\qquad \mathbf{v}_A = 10 \text{ m/s} \rightarrow$$
$$x_A = +(10 \text{ m/s})(5 \text{ s}) = +50 \text{ m} \qquad \mathbf{r}_A = 50 \text{ m} \rightarrow$$

Movimiento del automóvil B. Notamos que el movimiento de B es uniformemente acelerado y escribimos

$$a_B = -1.2 \text{ m/s}^2$$
$$v_B = (v_B)_0 + at = 0 - 1.2\,t$$
$$y_B = (y_B)_0 + (v_B)_0 t + \tfrac{1}{2}a_B t^2 = 35 + 0 - \tfrac{1}{2}(1.2)t^2$$

Para $t = 5$ s, tenemos:

$$a_B = -1.2 \text{ m/s}^2 \qquad\qquad \mathbf{a}_B = 1.2 \text{ m/s}^2 \downarrow$$
$$v_B = -(1.2 \text{ m/s}^2)(5 \text{ s}) = -6 \text{ m/s} \qquad \mathbf{v}_B = 6 \text{ m/s} \downarrow$$
$$y_B = 35 - \tfrac{1}{2}(1.2 \text{ m/s}^2)(5 \text{ s})^2 = +20 \text{ m} \qquad \mathbf{r}_B = 20 \text{ m} \uparrow$$

Movimiento de B relativo a A. Trazamos el triángulo correspondiente a la ecuación vectorial $\mathbf{r}_B = \mathbf{r}_A + \mathbf{r}_{B/A}$ y obtenemos la magnitud y la dirección del vector de posición de B relativo a A.

$$r_{B/A} = 53.9 \text{ m} \qquad \alpha = 21.8° \qquad \mathbf{r}_{B/A} = 53.9 \text{ m} \ \angle\ 21.8° \quad \blacktriangleleft$$

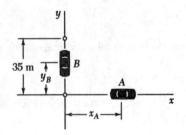

Procediendo en forma semejante, hallamos la velocidad y la aceleración de B relativas a A.

$$\mathbf{v}_B = \mathbf{v}_A + \mathbf{v}_{B/A}$$
$$v_{B/A} = 11.66 \text{ m/s} \qquad \beta = 31.0° \qquad \mathbf{v}_{B/A} = 11.66 \text{ m/s} \ \angle\ 31.0° \quad \blacktriangleleft$$
$$\mathbf{a}_B = \mathbf{a}_A + \mathbf{a}_{B/A} \qquad\qquad\qquad \mathbf{a}_{B/A} = 1.2 \text{ m/s}^2 \downarrow \quad \blacktriangleleft$$

PROBLEMAS PARA RESOLVER EN FORMA INDEPENDIENTE

En los problemas de esta sección, usted analizará los movimientos *bidimensional* y *tridimensional* de una partícula. En tanto que las interpretaciones físicas de la velocidad y la aceleración son las mismas que en la primera lección de este capítulo, usted debe recordar que estas cantidades son vectoriales. Además, a partir de su experiencia con vectores en estática, debe saber que frecuentemente es ventajoso expresar los vectores de posición, la velocidad y la aceleración en función de sus componentes rectangulares escalares [ecuaciones (11.27) y (11.28)]. Además, dados dos vectores **A** y **B**, recuerde que $\mathbf{A} \cdot \mathbf{B} = 0$ si **A** y **B** son perpendiculares entre sí, mientras que $\mathbf{A} \times \mathbf{B} = 0$ si **A** y **B** son paralelos.

A. Analizando el movimiento de un proyectil. Muchos de los problemas siguientes tratan con el movimiento bidimensional de un proyectil, donde la resistencia del aire puede ser ignorada. En la sección 11.11, desarrollamos las ecuaciones que describen este tipo de movimiento, y observamos que la componente horizontal de la velocidad permanece constante (movimiento uniforme), mientras que la componente vertical de la aceleración era constante (movimiento uniformemente acelerado). Fuimos capaces de considerar por separado los movimientos horizontal y vertical de la partícula. Asumiendo que el proyectil es disparado desde el origen, podemos escribir las dos ecuaciones

$$x = (v_x)_0 t \quad y = (v_y)_0 t - \tfrac{1}{2} g t^2$$

1. Si se conocen la velocidad inicial y el ángulo de disparo, los valores de y correspondientes a cualquier valor de x (o el valor de x para cualquier valor de y) se pueden obtener despejando t en una de las ecuaciones anteriores y sustituyéndola en la otra ecuación [problema resuelto 11.7].

2. Si se conocen la velocidad inicial y las coordenadas de un punto de la trayectoria, y se desea *determinar el ángulo de disparo* α, inicie su solución expresando las componentes $(v_x)_0$ y $(v_y)_0$ de la velocidad inicial como funciones del ángulo α. Estas expresiones y los valores conocidos de x y y deben sustituirse entonces en las ecuaciones anteriores. Finalmente, despeje t en la primera ecuación y sustituya ese valor en la segunda ecuación para obtener una ecuación trigonométrica en α, la cual se puede resolver para esa incógnita [problema resuelto 11.8].

(continúa)

B. Resolviendo problemas de movimiento relativo en traslación bidimensional.
Se vio en la sección 11.12 que el movimiento absoluto de una partícula B puede obtenerse combinando el movimiento de una partícula A y el *movimiento relativo* de B con respecto al sistema de referencia vinculado a A el cual está en *traslación*. La velocidad y la aceleración de B puede entonces expresarse como se muestra en las ecuaciones (11.33) y (11.34), respectivamente.

1. Para visualizar el movimiento relativo de B con respecto a A, imagine que usted viaja con la partícula A y observa el movimiento de la partícula B. Por ejemplo, para el pasajero en el automóvil A del problema resuelto 11.9, el automóvil B parece dirigirse en dirección sudoeste (el *sur* debe ser obvio; y el *oeste* se debe al hecho de que el automóvil A se está moviendo hacia el este: el automóvil B parece entonces viajar hacia el oeste). Note que esta conclusión es consistente con la dirección de $\mathbf{v}_{B/A}$.

2. Para resolver problemas de movimiento relativo, primero escriba las ecuaciones vectoriales (11.31), (11.33) y (11.34), las cuales relacionan los movimientos de las partículas A y B. Entonces podrá usarse cualquiera de los métodos siguientes:

a. Construya los triángulos vectoriales correspondientes y resuélvalos para el vector de posición, la velocidad y la aceleración deseados [problema resuelto 11.9].

b. Exprese todos los vectores en función de sus componentes rectangulares y resuelva los dos conjuntos independientes de ecuaciones escalares obtenidas en esa forma. Si elige este enfoque, asegúrese de seleccionar la misma dirección positiva para el desplazamiento, la velocidad y la aceleración de cada partícula.

Problemas

Nota. Ignore la resistencia del aire en los problemas relacionados con proyectiles.

11.89 El movimiento de una partícula está definido por las ecuaciones $x = 4t^4 - 6t$ y $y = 6t^3 - 2t^2$, donde x y y se expresan en milímetros y t en segundos. Determine la velocidad y la aceleración cuando $a)$ $t = 1$ s, $b)$ $t = 2$ s, $c)$ $t = 4$ s.

11.90 El movimiento de una partícula está definido por las ecuaciones $x = 2\cos \pi t$ y $y = 1 - 4\cos 2\pi t$, donde x y y se expresan en metros y t en segundos. Muestre que la trayectoria de la partícula es parte de la parábola mostrada, y determine la velocidad y la aceleración cuando $a)$ $t = 0$, $b)$ $t = 1.5$ s.

11.91 El movimiento de una partícula está definido por las ecuaciones $x = [(t-2)^3/12] + t^2$ y $y = (t^3/12) - (t-1)^2/2$, donde x y y se expresan en pies y t en segundos. Determine $a)$ la magnitud de la menor velocidad alcanzada por la partícula, $b)$ los correspondientes tiempo, posición y dirección de la velocidad.

11.92 El movimiento de una partícula está definido por las ecuaciones $x = 4t - 2\,\text{sen}\,t$ y $y = 4 - 2\cos t$, donde x y y se expresan en pulgadas y t en segundos. Trace la trayectoria de la partícula, y determine $a)$ las magnitudes de las velocidades más pequeñas y más grandes alcanzadas por la partícula, $b)$ los correspondientes tiempos, posiciones y direcciones de las velocidades.

11.93 El movimiento de una partícula está definido por el vector de posición $\mathbf{r} = A(\cos t + t\,\text{sen}\,t)\mathbf{i} + A(\text{sen}\,t - t\cos t)\mathbf{j}$, donde t se expresa en segundos. Determine los valores de t para los cuales el vector de posición y la aceleración son $a)$ perpendiculares, $b)$ paralelos.

11.94 El movimiento amortiguado de una partícula en vibración está definido por el vector de posición $\mathbf{r} = x_1[1 - 1/(t+1)]\mathbf{i} + (y_1 e^{-\pi t/2} \cos 2\pi t)\mathbf{j}$, donde t se expresa en segundos. Para $x_1 = 30$ mm y $y_1 = 20$ mm, determine la posición, la velocidad y la aceleración de la partícula cuando $a)$ $t = 0$, $b)$ $t = 1.5$ s.

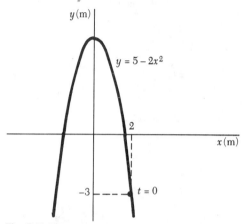

Fig. P11.90

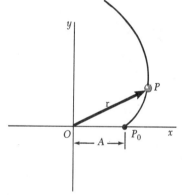

Fig. P11.93

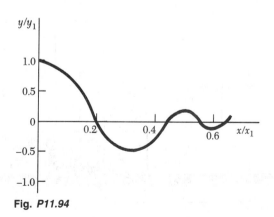

Fig. *P11.94*

633

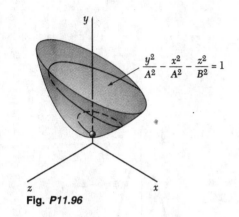

$$\frac{y^2}{A^2} - \frac{x^2}{A^2} - \frac{z^2}{B^2} = 1$$

Fig. P11.96

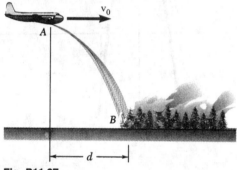

Fig. P11.97

11.95 El movimiento tridimensional de una partícula está definido por el vector de posición $\mathbf{r} = (Rt \cos \omega_n t)\mathbf{i} + ct\mathbf{j} + (Rt \operatorname{sen} \omega_n t)\mathbf{k}$. Determine las magnitudes de la velocidad y la aceleración de la partícula. (La curva en el espacio descrita por la partícula es una hélice cónica.)

*11.96 El movimiento tridimensional de una partícula está definido por el vector de posición $\mathbf{r} = (At \cos t)\mathbf{i} + (A\sqrt{t^2 + 1})\mathbf{j} + (Bt \operatorname{sen} t)\mathbf{k}$, donde r y t se expresan en pies y segundos, respectivamente. Muestre que la curva descrita por la partícula se encuentra sobre el hiperboloide $(y/A)^2 - (x/A)^2 - (z/B)^2 = 1$. Para $A = 3$ y $B = 1$, determine a) las magnitudes de la velocidad y la aceleración cuando $t = 0$, b) el valor más pequeño diferente de cero de t para el cual el vector de posición y el vector velocidad son perpendiculares entre sí.

11.97 Un aeroplano que se usa para rociar agua sobre incendios forestales vuela horizontalmente en línea recta a 315 km/h a una altitud de 80 m. Determine la distancia d a la cual el piloto debe liberar el agua de manera que ésta caiga sobre el fuego en B.

11.98 Tres niños se están lanzando bolas de nieve. El niño A lanza una bola con una velocidad inicial $\mathbf{v}_0$. Si la bola de nieve pasa justo sobre la cabeza del niño B y golpea al niño C, determine a) el valor de v_0, b) la distancia d.

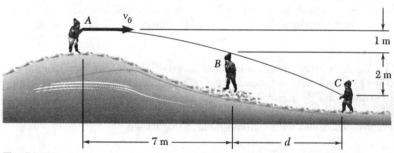

Fig. P11.98

11.99 Al repartir periódicos, una muchacha lanza un ejemplar con una velocidad horizontal $\mathbf{v}_0$. Determine el rango de valores de v_0 si el periódico va a caer entre los puntos B y C.

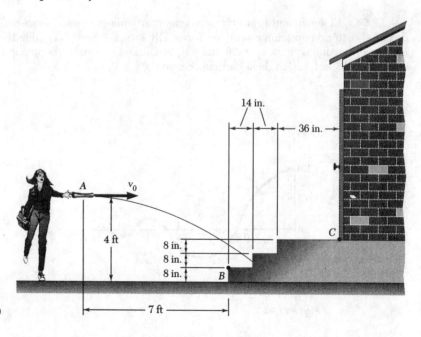

Fig. P11.99

11.100 Una máquina lanzadora "arroja" pelotas de beisbol con una velocidad horizontal v_0. Sabiendo que la altura h varía entre 31 in. y 42 in., determine *a*) el rango de valores de v_0, *b*) los valores de α correspondientes a $h = 31$ in. y $h = 42$ in.

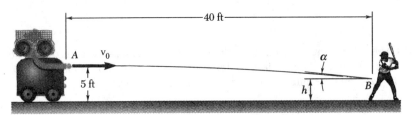

Fig. P11.100

11.101 Un jugador de voleibol sirve la bola con una velocidad inicial v_0 de magnitud 13.40 m/s con un ángulo de 20° con la horizontal. Determine *a*) si la bola librará la parte superior de la red, *b*) a qué distancia de la red aterrizará la bola.

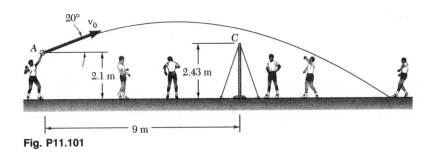

Fig. P11.101

11.102 Se vacía leche en un vaso de 140 mm de altura y 66 mm de diámetro interior. Si la velocidad inicial de la leche es 1.2 m/s con un ángulo de 40° con la horizontal, determine el rango de valores de la altura h para los que la leche cae en el vaso.

11.103 Un golfista golpea una pelota de golf con una velocidad inicial de 160 ft/s con un ángulo de 25° con la horizontal. Sabiendo que el terreno de juego desciende con una pendiente de 5° de ángulo promedio, determine la distancia d entre el golfista y el punto B donde la bola aterriza primero.

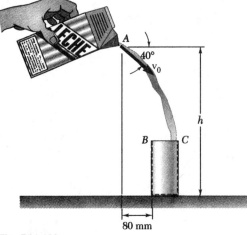

Fig. P11.102

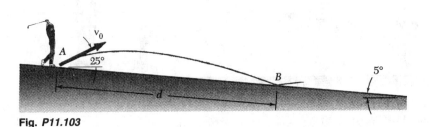

Fig. *P11.103*

11.104 De un caño de desagüe fluye agua con una velocidad inicial de 2.5 ft/s con un ángulo de 15° con la horizontal. Determine el rango de valores de la distancia d para los que el agua cae dentro del recipiente BC.

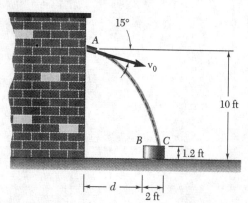

Fig. *P11.104*

11.105 Un hombre usa una barredora de nieve para limpiar el acceso al garaje de su hogar. Sabiendo que la nieve es descargada con un ángulo promedio de 40° con la horizontal, determine la velocidad inicial v_0 de la nieve.

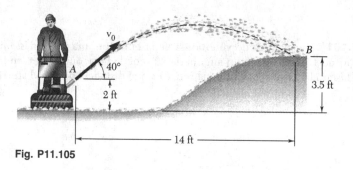

Fig. P11.105

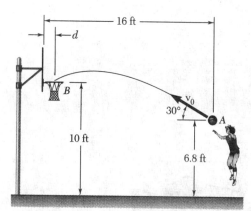

Fig. P11.106

11.106 Una jugadora de basquetbol dispara cuando se encuentra a 16 ft del tablero. Sabiendo que el balón tiene una velocidad inicial v_0 que forma un ángulo de 30° con la horizontal, determine el valor de v_0 cuando d es igual a *a*) 9 in., *b*) 17 in.

11.107 Un grupo de niños está lanzando pelotas a través de una llanta de 0.72 m de diámetro interno que cuelga de un árbol. Una niña arroja una bola con una velocidad inicial v_0 con un ángulo de 3° con la horizontal. Determine el rango de valores de v_0 para los que la bola pasa a través de la llanta.

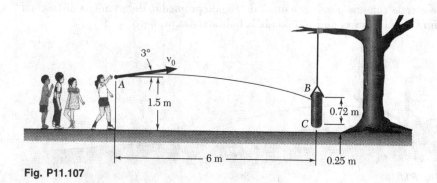

Fig. P11.107

11.108 La boquilla en A descarga agua fría con una velocidad inicial $\mathbf{v}_0$ con un ángulo de 6° con la horizontal sobre una rueda rectificadora de 350 mm de diámetro. Determine el rango de valores de la velocidad inicial para los que el agua cae sobre la rueda entre los puntos B y C.

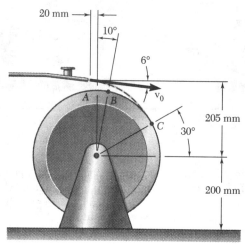

Fig. P11.108

11.109 Mientras sujeta uno de sus extremos, un trabajador lanza un rollo de cuerda sobre la rama más baja de un árbol. Si arroja la cuerda con una velocidad inicial $\mathbf{v}_0$ con un ángulo de 65° con la horizontal, determine el rango de valores de v_0 para los que la cuerda pasa sólo sobre la rama más baja del árbol.

11.110 Se suelta una bola sobre un escalón en el punto A y rebota con una velocidad inicial $\mathbf{v}_0$ con un ángulo de 15° con la vertical. Determine el valor de v_0 sabiendo que, justo antes de que la pelota rebote en el punto B, su velocidad $\mathbf{v}_B$ forma un ángulo de 12° con la vertical.

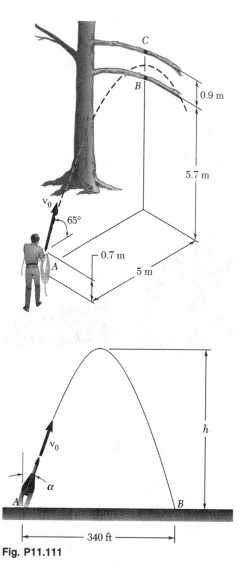

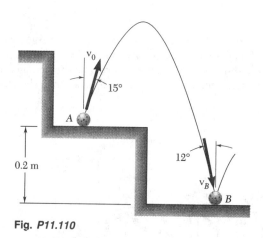

Fig. *P11.110*

11.111 Un cohete a escala es lanzado desde el punto A con una velocidad inicial $\mathbf{v}_0$ de 280 ft/s. Si el paracaídas de descenso del cohete no se despliega y el cohete aterriza a 340 ft de A, determine a) el ángulo α que $\mathbf{v}_0$ forma con la vertical, b) la máxima altura h alcanzada por el cohete, c) la duración del vuelo.

Fig. P11.111

11.112 La velocidad inicial $\mathbf{v}_0$ de un disco de hockey es 105 mi/h. Determine a) el valor más grande (menor que 45°) del ángulo α para el cual el disco entra en la red, b) el tiempo correspondiente requerido para que el disco alcance la red.

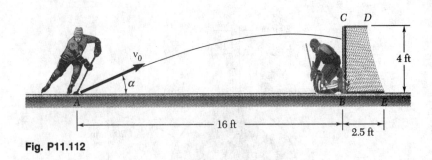

Fig. P11.112

11.113 El lanzador de un juego de softbol lanza una pelota con una velocidad inicial $\mathbf{v}_0$ de 72 km/h con un ángulo α con la horizontal. Si la altura de la bola en el punto B es 0.68 m, determine a) el ángulo α, b) el ángulo θ que forma la velocidad de la bola con la horizontal en el punto B.

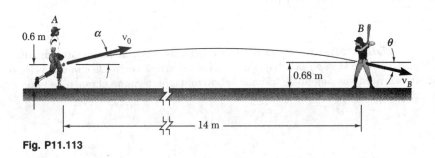

Fig. P11.113

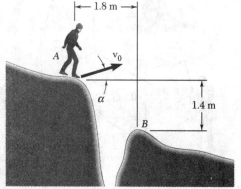

Fig. *P11.114*

11.114 Un escalador de montaña planea saltar de A a B sobre una grieta. Determine el valor más pequeño de la velocidad inicial $\mathbf{v}_0$ del escalador y el correspondiente valor del ángulo α para que llegue al punto B.

11.115 Un rociador oscilatorio de jardín que descarga agua con una velocidad inicial $\mathbf{v}_0$ de 8 m/s, se usa para regar una hortaliza. Determine la distancia d al punto más alejado B que será regado y el correspondiente ángulo α cuando a) las legumbres están justo comenzando a crecer, b) la altura h del maíz es 1.8 m.

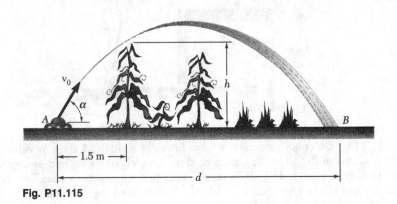

Fig. P11.115

11.116 Un trabajador usa agua a alta presión para limpiar el interior de un largo tubo de desagüe. Si el agua se descarga con una velocidad inicial $\mathbf{v}_0$ de 11.5 m/s, determine *a*) la distancia *d* al punto más alejado *B* en la parte superior del tubo, que el trabajador puede lavar desde su posición en *A*, *b*) el ángulo α correspondiente.

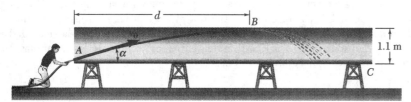

Fig. P11.116

11.117 Conforme el bloque deslizante *A* se mueve hacia abajo con una rapidez de 0.5 m/s, la velocidad con respecto a *A* de la porción de la banda *B* entre las poleas libres *C* y *D* es $\mathbf{v}_{CD/A} = 2$ m/s $\measuredangle$ θ. Determine la velocidad de la porción *CD* de la banda cuando *a*) $\theta = 45°$, *b*) $\theta = 60°$.

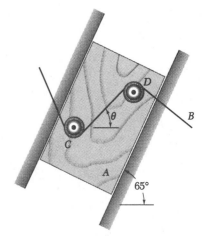

Fig. P11.117

11.118 Las velocidades de los esquiadores *A* y *B* son las que se muestran. Determine la velocidad de *A* con respecto a *B*.

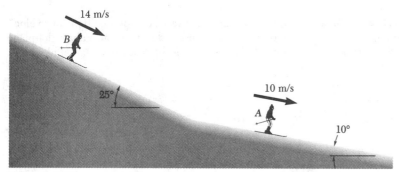

Fig. P11.118

11.119 Un radar localizado en la playa indica que el transbordador sale de su muelle con una velocidad $\mathbf{v} = 9.8$ nudos $\nearrow$ 70°, mientras que los instrumentos del bote indican una velocidad de 10 nudos y una dirección de 30° sudoeste relativa al río. Determine la velocidad del río.

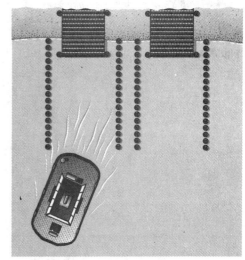

Fig. P11.119

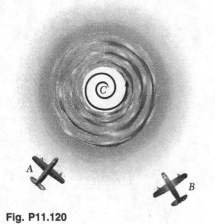

Fig. P11.120

11.120 Los aeroplanos A y B vuelan a la misma altitud y rastrean el ojo del huracán C. La velocidad relativa de C con respecto de A es $\mathbf{v}_{C/A} = 235$ mi/h ⟋75°, y la velocidad relativa de C con respecto a B es $\mathbf{v}_{C/B} = 260$ mi/h ⟍40°. Determine a) la velocidad relativa de B respecto de A, b) la velocidad de A si un radar colocado en tierra indica que el huracán se está moviendo con una rapidez de 24 mi/h hacia el norte, c) el cambio en la posición de C con respecto a B durante un intervalo de 15 minutos.

11.121 Las velocidades de los trenes A y B son las que se muestran. Sabiendo que la velocidad de cada tren es constante y que B alcanza el crucero 10 minutos después de que A pasa a través del mismo crucero, determine a) la velocidad relativa de B respecto de A, b) la distancia entre los frentes de las máquinas 3 minutos después de que A pasó por el crucero.

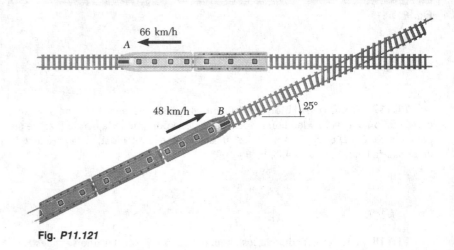

Fig. *P11.121*

11.122 Sabiendo que la velocidad del bloque B respecto del bloque A es $\mathbf{v}_{B/A} = 5.6$ m/s ∡70°, determine las velocidades de A y B.

11.123 Sabiendo que, en el instante mostrado, el bloque A tiene una velocidad de 8 in./s y una aceleración de 6 in./s², ambas dirigidas hacia abajo del plano inclinado, determine a) la velocidad del bloque B, b) la aceleración del bloque B.

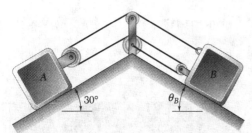

Fig. *P11.122*

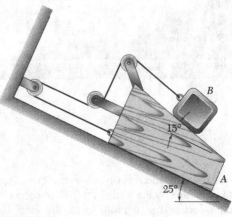

Fig. P11.123

11.124 El pasador P se mueve con una rapidez constante de 200 mm/s en sentido contrario al de las manecillas del reloj, a lo largo de una ranura circular que ha sido fresada en el bloque A, como se muestra. Sabiendo que el bloque se mueve hacia arriba del plano inclinado con una rapidez constante de 120 mm/s, determine la magnitud y la dirección relativa a los ejes xy de la velocidad del pasador P cuando $a)$ $\theta = 30°$, $b)$ $\theta = 135°$.

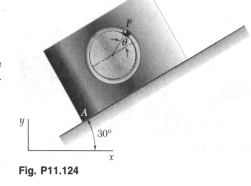

Fig. P11.124

11.125 El ensamble de la varilla A y la cuña B parte del reposo y se mueve hacia la derecha con una aceleración constante de 2 mm/s². Determine $a)$ la aceleración de la cuña C, $b)$ la velocidad de la cuña C cuando $t = 10$ s.

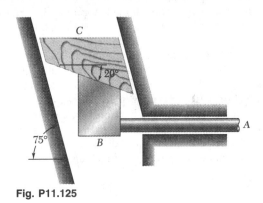

Fig. P11.125

11.126 Conforme el camión mostrado empieza a retroceder con una aceleración constante de 1.2 m/s², la sección exterior B de la plataforma comienza a retraerse con una aceleración constante de 0.5 m/s² relativa al camión. Determine $a)$ la aceleración de la sección B, $b)$ la velocidad de la sección B cuando $t = 2$ s.

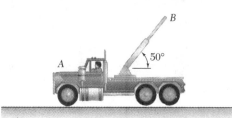

Fig. P11.126

11.127 La banda transportadora A, que forma un ángulo de 20° con la horizontal, se mueve con una velocidad constante de 4 ft/s y se usa para cargar un aeroplano. Sabiendo que un trabajador lanza la bolsa de equipaje B con una velocidad inicial de 2.5 ft/s con un ángulo de 30° con la horizontal, determine la velocidad de la bolsa relativa a la banda cuando cae sobre ésta.

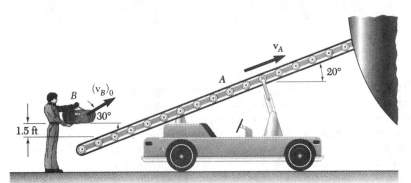

Fig. P11.127

11.128 El carbón descargado desde un camión de volteo con una velocidad inicial $(\mathbf{v}_C)_0 = 6$ ft/s $\nearrow$ 50° cae sobre una banda transportadora B. Determine la velocidad requerida $\mathbf{v}_B$ de la banda si la velocidad relativa con la que el carbón golpea la banda es a) vertical, b) tan pequeña como sea posible.

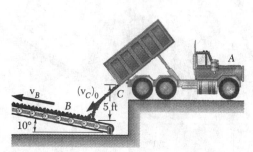

Fig. P11.128

11.129 El conductor de un automóvil viaja hacia el norte a 25 km/h en un estacionamiento, y observa que un camión se aproxima desde el noroeste. Después de que el conductor reduce su velocidad a 15 km/h y vira para dirigirse en dirección noroeste, el camión parece aproximarse desde el oeste. Asumiendo que la velocidad del camión es constante durante el periodo de observación, determine la magnitud y la dirección de la velocidad del camión.

11.130 Un bote pequeño se dirige hacia el norte a 5 km/h. Una bandera montada sobre su popa forma un ángulo $\theta = 50°$ con la línea central del bote, como se muestra. Poco tiempo después, cuando el bote viaja hacia el este a 20 km/h, el ángulo θ es nuevamente 50°. Determine la rapidez y la dirección del viento.

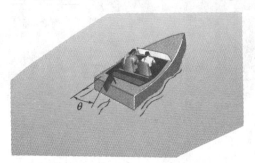

Fig. P11.130

11.131 Como parte de la decoración de una tienda de departamentos, un tren a escala D corre sobre un plano ligeramente inclinado entre las escaleras de ascenso y descenso de la tienda. Cuando el tren y los clientes pasan el punto A, a una compradora B, sobre la escalera superior, le parece que el tren se mueve hacia abajo con un ángulo de 22° respecto a la horizontal, y a un comprador C, sobre la escalera inferior, le parece que se mueve hacia arriba con un ángulo de 23° respecto a la horizontal y que viaja hacia la izquierda. Sabiendo que la velocidad de las escaleras es 3 ft/s, determine la rapidez y la dirección del tren.

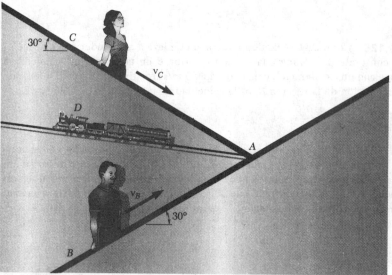

Fig. P11.131

11.132 Las trayectorias de las gotas de lluvia durante una tormenta parecen formar un ángulo de 75° respecto de la vertical y dirigirse hacia la izquierda cuando son observadas a través de la ventana izquierda de un automóvil que viaja hacia el norte con una velocidad de 40 mi/h. Cuando se observan a través de la ventana derecha de un automóvil que viaja hacia el sur con una velocidad de 30 mi/h, las gotas parecen formar un ángulo de 60° con la vertical. Si el conductor del automóvil que viaja hacia el norte se detuviera, ¿con qué ángulo y con qué rapidez vería caer las gotas?

En la sección 11.9 vimos que la velocidad de una partícula es un **vector tangente** a la trayectoria de la partícula, pero que, en general, la aceleración no es tangente a la trayectoria. Algunas veces es conveniente transformar el vector aceleración en componentes dirigidas, respectivamente, a lo largo de la tangente y la normal a la trayectoria de la partícula.

Movimiento de una partícula en un plano. Consideremos primero una partícula que se mueve a lo largo de una curva contenida en el plano de la figura. Sea P la posición de la partícula en un instante dado. Unimos a P un vector unitario $\mathbf{e}_t$ tangente a la trayectoria de la partícula y que apunta hacia la dirección del movimiento (figura 11.21a). Sea $\mathbf{e}_t'$ el vector unitario correspondiente a la posición P' de la partícula un instante después. Trazando ambos vectores desde el mismo origen O', definimos el vector $\Delta\mathbf{e}_t = \mathbf{e}_t' - \mathbf{e}_t$ (figura 11.21b). Como $\mathbf{e}_t$ y $\mathbf{e}_t'$ son de longitud unitaria, sus puntas se encuentran sobre un círculo de radio 1. Representando por $\Delta\theta$ el ángulo formado por $\mathbf{e}_t$ y $\mathbf{e}_t'$, encontramos que la magnitud de $\Delta\mathbf{e}_t$ es 2 sen $(\Delta\theta/2)$. Si ahora consideramos el vector $\Delta\mathbf{e}_t/\Delta\theta$, notamos que conforme $\Delta\theta$ tiende a cero, este vector se vuelve tangente al círculo unitario de la figura 11.21b, es decir, perpendicular a $\mathbf{e}_t$, y que su magnitud se aproxima a

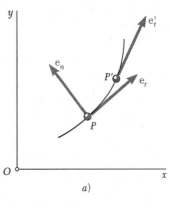

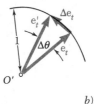

Fig. 11.21

$$\lim_{\Delta\theta\to 0} \frac{2 \operatorname{sen}(\Delta\theta/2)}{\Delta\theta} = \lim_{\Delta\theta\to 0} \frac{\operatorname{sen}(\Delta\theta/2)}{\Delta\theta/2} = 1$$

Entonces, el vector obtenido en el límite es un vector unitario a lo largo de la normal a la trayectoria de la partícula, en la dirección hacia la cual $\mathbf{e}_t$ cambia. Representando este vector por $\mathbf{e}_n$ escribimos

$$\mathbf{e}_n = \lim_{\Delta\theta\to 0} \frac{\Delta\mathbf{e}_t}{\Delta\theta}$$

$$\mathbf{e}_n = \frac{d\mathbf{e}_t}{d\theta} \tag{11.35}$$

Como la velocidad $\mathbf{v}$ de la partícula es tangente a la trayectoria, podemos expresarlo como el producto del escalar v y el vector unitario $\mathbf{e}_t$. Tenemos

$$\mathbf{v} = v\mathbf{e}_t \tag{11.36}$$

Para obtener la aceleración de la partícula, derivamos (11.36) respecto a t. Aplicando la regla para la derivación del producto de un escalar y una función vectorial (sección 11.10), escribimos

$$\mathbf{a} = \frac{d\mathbf{v}}{dt} = \frac{dv}{dt}\mathbf{e}_t + v\frac{d\mathbf{e}_t}{dt} \tag{11.37}$$

Pero

$$\frac{d\mathbf{e}_t}{dt} = \frac{d\mathbf{e}_t}{d\theta}\frac{d\theta}{ds}\frac{ds}{dt}$$

Recordando de (11.16) que $ds/dt = v$, de (11.35) que $d\mathbf{e}_t/d\theta = \mathbf{e}_n$ y del cálculo elemental que $d\theta/ds$ es igual a $1/\rho$, donde ρ es el radio de curvatura de la trayectoria en P (figura 11.22), tenemos

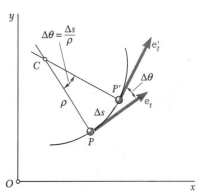

Fig. 11.22

$$\frac{d\mathbf{e}_t}{dt} = \frac{v}{\rho}\mathbf{e}_n.$$

(11.38)

Sustituyendo en (11.37), obtenemos

$$\mathbf{a} = \frac{dv}{dt}\mathbf{e}_t + \frac{v^2}{\rho}\mathbf{e}_n$$

(11.39)

Así, las componentes escalares de la aceleración son

$$a_t = \frac{dv}{dt} \qquad a_n = \frac{v^2}{\rho}$$

(11.40)

Las relaciones obtenidas expresan que la *componente tangencial* de la aceleración es igual a la *razón de cambio de la rapidez de la partícula*, mientras que la *componente normal* es igual al *cuadrado de la rapidez dividido entre el radio de curvatura de la trayectoria en P*. Dependiendo de si la rapidez de la partícula aumenta o disminuye, a_t es positiva o negativa y la componente vectorial $\mathbf{a}_t$ apunta en la dirección del movimiento o en contra de éste, respectivamente. Por otra parte, la componente vectorial $\mathbf{a}_n$ *siempre se dirige hacia el centro de curvatura* C *de la trayectoria* (figura 11.23).

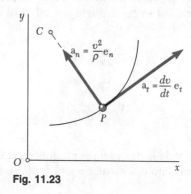

Fig. 11.23

De lo anterior concluimos que la componente tangencial de la aceleración refleja un cambio en la rapidez de la partícula, mientras que su componente normal refleja un cambio en la dirección del movimiento de la partícula. La aceleración de una partícula será cero sólo si sus dos componentes son cero. Entonces, la aceleración de una partícula que se mueve con rapidez constante en una trayectoria curva, no será cero a menos que la partícula pase por un punto de inflexión de la curva (donde el radio de curvatura es infinito), o que la curva sea una línea recta.

El hecho de que la componente normal de la aceleración dependa del radio de curvatura de la trayectoria seguida por la partícula, se toma en consideración en el diseño de estructuras o mecanismos tan diferentes como las alas de aviones, las vías de ferrocarril y las levas. Para evitar cambios repentinos en la aceleración de las partículas de aire que fluyen por las alas, los perfiles de éstas se diseñan sin ningún cambio brusco en su curvatura. Se tiene un cuidado similar en el diseño de las curvas de las vías de los ferrocarriles, para evitar cambios bruscos en la aceleración de los vagones (que podrían dañar el equipo y ser desagradables para los pasajeros). Por ejemplo, a una sección recta de vía nunca le sigue inmediatamente una sección circular. Se usan secciones especiales de transición para ayudar a pasar suavemente, desde un radio de curvatura infinito de la sección recta, al radio finito de una vía circular. Del mismo modo, en el diseño de levas de alta velocidad se evitan cambios bruscos de aceleración usando curvas de transición, que producen un cambio continuo en la aceleración.

Movimiento de una partícula en el espacio.   Las relaciones (11.39) y (11.40) también son válidas en el caso de una partícula que se mueve a lo largo de una curva en el espacio. Pero como existe un número infinito de líneas rectas que son perpendiculares a la tangente en un punto P dado de una curva en el espacio, es necesario definir con mayor precisión la dirección del vector unitario $\mathbf{e}_n$.

Consideremos nuevamente los vectores unitarios $\mathbf{e}_t$ y $\mathbf{e}_t'$ tangentes a la trayectoria de la partícula en dos puntos vecinos P y P' (figura 11.24a), y el vector $\Delta\mathbf{e}_t$ que representa la diferencia entre $\mathbf{e}_t$ y $\mathbf{e}_t'$ (figura 11.24b). Imagi-

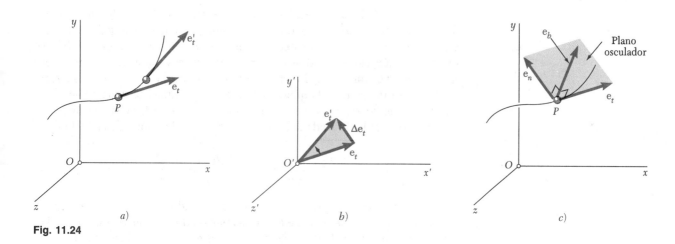

Fig. 11.24

nemos ahora un plano que pasa por P (figura 11.24a) paralelo al plano definido por los vectores $\mathbf{e}_t$, $\mathbf{e}_t'$ y $\Delta\mathbf{e}_t$ (figura 11.24b). Este plano contiene la tangente a la curva en P y es paralela a la tangente en P'. Si hacemos que P' tienda a P, obtenemos, en el límite, el plano que mejor ajusta a la curva en la vecindad de P. A este plano se le conoce como *plano osculador* en P.† De esta definición se deduce que el plano osculador contiene el vector unitario $\mathbf{e}_n$, ya que este vector representa el límite del vector $\Delta\mathbf{e}_t/\Delta\theta$. Así, la normal definida por $\mathbf{e}_n$ está contenida en el plano osculador, y se le llama *normal principal* en P. El vector unitario $\mathbf{e}_b = \mathbf{e}_t \times \mathbf{e}_n$ que completa la triada derecha $\mathbf{e}_t$, $\mathbf{e}_n$, $\mathbf{e}_b$ (figura 11.24c) define la *binormal* en P. La binormal es, entonces, perpendicular al plano osculador. Concluimos que, como se estableció en (11.39), la aceleración de la partícula en P puede descomponerse en dos componentes: una a lo largo de la tangente y otra a lo largo de la normal principal en P. La aceleración no tiene componentes a lo largo de la binormal.

† Del latín *osculari*, contener.

11.14. COMPONENTES RADIAL Y TRANSVERSAL

En algunos problemas de movimiento en un plano, la posición de la partícula P se define por sus coordenadas polares r y θ (figura 11.25a). Entonces es conveniente descomponer la velocidad y la aceleración de la partícula en sus componentes paralela y perpendicular, respectivamente, a la recta OP. A estas componentes se les llama *componentes radial* y *transversal*.

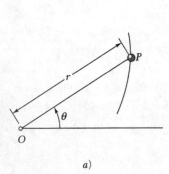

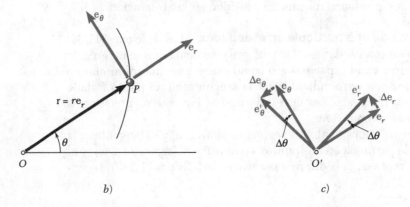

Fig. 11.25

Unimos a P dos vectores unitarios $\mathbf{e}_r$ y $\mathbf{e}_\theta$ (figura 11.25b). El vector $\mathbf{e}_r$ se dirige a lo largo de OP y el vector $\mathbf{e}_\theta$ se obtiene girando $\mathbf{e}_r$ un ángulo de 90° en sentido contrario al de las manecillas del reloj. El vector unitario $\mathbf{e}_r$ define la dirección *radial*, es decir, la dirección en la que P se movería si r fuese a aumentar manteniendo θ constante; el vector unitario $\mathbf{e}_\theta$ define la dirección *transversal*, es decir, la dirección en la que P se movería si θ aumentara manteniendo r constante. Siguiendo un procedimiento similar al empleado en la sección 11.13 para determinar la derivada del vector unitario $\mathbf{e}_t$, obtenemos las relaciones

$$\frac{d\mathbf{e}_r}{d\theta} = \mathbf{e}_\theta \qquad \frac{d\mathbf{e}_\theta}{d\theta} = -\mathbf{e}_r \tag{11.41}$$

donde $-\mathbf{e}_r$ representa un vector unitario de sentido opuesto al de $\mathbf{e}_r$ (figura 11.25c). Empleando la regla de la cadena para la derivación, expresamos a las derivadas temporales de los vectores unitarios $\mathbf{e}_r$ y $\mathbf{e}_\theta$ en la forma siguiente:

$$\frac{d\mathbf{e}_r}{dt} = \frac{d\mathbf{e}_r}{d\theta}\frac{d\theta}{dt} = \mathbf{e}_\theta \frac{d\theta}{dt} \qquad \frac{d\mathbf{e}_\theta}{dt} = \frac{d\mathbf{e}_\theta}{d\theta}\frac{d\theta}{dt} = -\mathbf{e}_r \frac{d\theta}{dt}$$

o, usando puntos para indicar la derivación respecto a t,

$$\dot{\mathbf{e}}_r = \dot{\theta}\mathbf{e}_\theta \qquad \dot{\mathbf{e}}_\theta = -\dot{\theta}\mathbf{e}_r \tag{11.42}$$

Para obtener la velocidad $\mathbf{v}$ de la partícula P, expresamos el vector de posición $\mathbf{r}$ de P como el producto del escalar r y el vector unitario $\mathbf{e}_r$ y derivamos respecto de t:

$$\mathbf{v} = \frac{d}{dt}(r\mathbf{e}_r) = \dot{r}\mathbf{e}_r + r\dot{\mathbf{e}}_r$$

o, recordando la primera de las relaciones (11.42),

$$\mathbf{v} = \dot{r}\mathbf{e}_r + r\dot{\theta}\mathbf{e}_\theta \tag{11.43}$$

Si se deriva otra vez respecto de t para obtener la aceleración, escribimos

$$\mathbf{a} = \frac{d\mathbf{v}}{dt} = \ddot{r}\mathbf{e}_r + \dot{r}\dot{\mathbf{e}}_r + \dot{r}\dot{\theta}\mathbf{e}_\theta + r\ddot{\theta}\mathbf{e}_\theta + r\dot{\theta}\dot{\mathbf{e}}_\theta$$

o, sustituyendo los valores de $\dot{\mathbf{e}}_r$ y $\dot{\mathbf{e}}_\theta$ de (11.42) y factorizando $\mathbf{e}_r$ y $\mathbf{e}_\theta$,

$$\boxed{\mathbf{a} = (\ddot{r} - r\dot{\theta}^2)\mathbf{e}_r + (r\ddot{\theta} + 2\dot{r}\dot{\theta})\mathbf{e}_\theta} \qquad (11.44)$$

Las componentes escalares de la velocidad y de la aceleración en las direcciones radial y transversal son, por consiguiente,

$$v_r = \dot{r} \qquad\qquad v_\theta = r\dot{\theta} \qquad (11.45)$$

$$a_r = \ddot{r} - r\dot{\theta}^2 \qquad a_\theta = r\ddot{\theta} + 2\dot{r}\dot{\theta} \qquad (11.46)$$

Es importante notar que a_r *no* es igual a la derivada temporal de v_r, y que a_θ *tampoco* es igual a la derivada temporal de v_θ.

En el caso de una partícula que se mueve en un círculo de centro O, tenemos que $r =$ constante y $\dot{r} = \ddot{r} = 0$, y las fórmulas (11.43) y (11.44) se reducen, respectivamente, a

$$\mathbf{v} = r\dot{\theta}\mathbf{e}_\theta \qquad \mathbf{a} = -r\dot{\theta}^2\mathbf{e}_r + r\ddot{\theta}\mathbf{e}_\theta \qquad (11.47)$$

Extensión al movimiento de una partícula en el espacio: coordenadas cilíndricas. Algunas veces, la posición de una partícula P en el espacio se define por sus coordenadas cilíndricas R, θ y z (figura 11.26a). En esos casos es conveniente usar los vectores unitarios $\mathbf{e}_R$, $\mathbf{e}_\theta$ y $\mathbf{k}$ mostrados en la figura 11.26b. Descomponiendo al vector de posición $\mathbf{r}$ de la partícula P en sus componentes a lo largo de estos vectores unitarios, escribimos

$$\mathbf{r} = R\mathbf{e}_R + z\mathbf{k} \qquad (11.48)$$

Al observar que $\mathbf{e}_R$ y $\mathbf{e}_\theta$ definen, respectivamente, las componentes radial y transversal en el plano horizontal xy, y que el vector $\mathbf{k}$ que define la dirección *axial* es constante tanto en dirección como en magnitud, comprobamos con facilidad que

$$\mathbf{v} = \frac{d\mathbf{r}}{dt} = \dot{R}\mathbf{e}_R + R\dot{\theta}\mathbf{e}_\theta + \dot{z}\mathbf{k} \qquad (11.49)$$

$$\mathbf{a} = \frac{d\mathbf{v}}{dt} = (\ddot{R} - R\dot{\theta}^2)\mathbf{e}_R + (R\ddot{\theta} + 2\dot{R}\dot{\theta})\mathbf{e}_\theta + \ddot{z}\mathbf{k} \qquad (11.50)$$

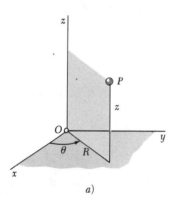

$a)$

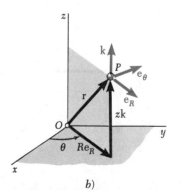

$b)$

Fig. 11.26

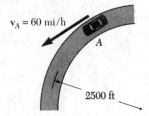

$v_A = 60$ mi/h

A

2500 ft

PROBLEMA RESUELTO 11.10

Un automovilista transita sobre la sección curva de una autopista, de radio 2500 ft, a la velocidad de 60 mi/h. El automovilista acciona los frenos repentinamente, haciendo que el automóvil desacelere de manera uniforme. Sabiendo que 8 s después la velocidad se ha reducido a 45 mi/h, determínese la aceleración del automóvil inmediatamente después de que se aplican los frenos.

SOLUCIÓN

Componente tangencial de la aceleración. En primer lugar, expresamos las velocidades en ft/s.

$$60 \text{ mi/h} = \left(60\frac{\text{mi}}{\text{h}}\right)\left(\frac{5280 \text{ ft}}{1 \text{ mi}}\right)\left(\frac{1 \text{ h}}{3600 \text{ s}}\right) = 88 \text{ ft/s}$$

$$45 \text{ mi/h} = 66 \text{ ft/s}$$

Como el automóvil desacelera uniformemente, tenemos

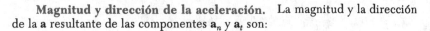

$$a_t = \text{velocidad} \quad a_t = \frac{\Delta v}{\Delta t} = \frac{66 \text{ ft/s} - 88 \text{ ft/s}}{8 \text{ s}} = -2.75 \text{ ft/s}^2$$

Componente normal de la aceleración. Inmediatamente después de que se aplican los frenos, la velocidad sigue siendo 88 ft/s, de manera que

$$a_n = \frac{v^2}{\rho} = \frac{(88 \text{ ft/s})^2}{2500 \text{ ft}} = 3.10 \text{ ft/s}^2$$

Magnitud y dirección de la aceleración. La magnitud y la dirección de la **a** resultante de las componentes **a**$_n$ y **a**$_t$ son:

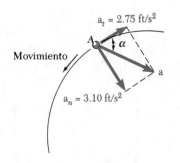

$a_t = 2.75$ ft/s²

Movimiento

a

$a_n = 3.10$ ft/s²

$$\tan \alpha = \frac{a_n}{a_t} = \frac{3.10 \text{ ft/s}^2}{2.75 \text{ ft/s}^2} \qquad \alpha = 48.4° \quad ◄$$

$$a = \frac{a_n}{\text{sen } \alpha} = \frac{3.10 \text{ ft/s}^2}{\text{sen } 48.4°} \qquad a = 4.14 \text{ ft/s}^2 \quad ◄$$

PROBLEMA RESUELTO 11.11

Determínese el radio de curvatura mínimo de la trayectoria descrita por el proyectil considerado en el problema resuelto 11.7.

SOLUCIÓN

Como $a_n = v^2/\rho$, tenemos $\rho = v^2/a_n$. El radio será pequeño cuando v sea pequeña o cuando a_n sea grande. La velocidad v es mínima en la parte más alta de la trayectoria, ya que $v_y = 0$ en ese punto; a_n es máxima en ese mismo punto porque la dirección de la vertical coincide con la dirección de la normal. Por consiguiente, el radio de curvatura mínimo se tiene en la parte más alta de la trayectoria. En ese punto tenemos

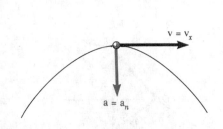

$v = v_x$

$a = a_n$

$$v = v_x = 155.9 \text{ m/s} \qquad a_n = a = 9.81 \text{ m/s}^2$$

$$\rho = \frac{v^2}{a_n} = \frac{(155.9 \text{ m/s})^2}{9.81 \text{ m/s}^2} \qquad \rho = 2480 \text{ m} \quad ◄$$

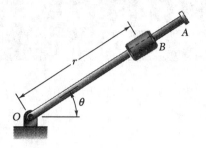

PROBLEMA RESUELTO 11.12

La rotación del brazo OA de 0.9 m con respecto a O está definido por la relación $\theta = 0.15t^2$, donde θ se expresa en radianes y t en segundos. El collarín B se desliza a lo largo del brazo en tal forma que su distancia desde O es $r = 0.9 - 0.12t^2$, con r expresada en metros y t en segundos. Después de que el brazo OA ha girado 30°, determínese a) la velocidad total del collarín, b) la aceleración total del collarín, c) la aceleración relativa del collarín respecto del brazo.

SOLUCIÓN

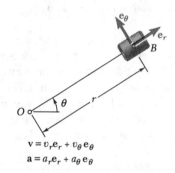

$\mathbf{v} = v_r \mathbf{e}_r + v_\theta \mathbf{e}_\theta$
$\mathbf{a} = a_r \mathbf{e}_r + a_\theta \mathbf{e}_\theta$

Tiempo t en el cual $\theta = 30°$. Sustituyendo $\theta = 30° = 0.524$ rad en la expresión para θ, obtenemos

$$\theta = 0.15t^2 \qquad 0.524 = 0.15t^2 \qquad t = 1.869 \text{ s}$$

Ecuaciones de movimiento. Sustituyendo $t = 1.869$ s en las expresiones para r, θ y sus primeras y segundas derivadas, tenemos

$$r = 0.9 - 0.12t^2 = 0.481 \text{ m} \qquad \theta = 0.15t^2 = 0.524 \text{ rad}$$
$$\dot{r} = -0.24t = -0.449 \text{ m/s} \qquad \dot{\theta} = 0.30t = 0.561 \text{ rad/s}$$
$$\ddot{r} = -0.24 = -0.240 \text{ m/s}^2 \qquad \ddot{\theta} = 0.30 = 0.300 \text{ rad/s}^2$$

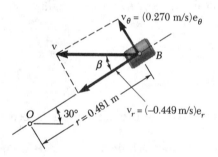

***a*. Velocidad de B.** Usando las ecuaciones (11.45), obtenemos los valores de v_r y v_θ cuando $t = 1.869$ s.

$$v_r = \dot{r} = -0.449 \text{ m/s}$$
$$v_\theta = r\dot{\theta} = 0.481(0.561) = 0.270 \text{ m/s}$$

Resolviendo el triángulo rectángulo mostrado, obtenemos la magnitud y la dirección de la velocidad,

$$v = 0.524 \text{ m/s} \qquad \beta = 31.0° \quad \blacktriangleleft$$

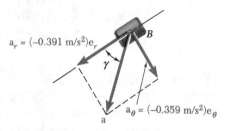

***b*. Aceleración de B.** Haciendo uso de la ecuaciones (11.46) obtenemos

$$a_r = \ddot{r} - r\dot{\theta}^2$$
$$= -0.240 - 0.481(0.561)^2 = -0.391 \text{ m/s}^2$$
$$a_\theta = r\ddot{\theta} + 2\dot{r}\dot{\theta}$$
$$= 0.481(0.300) + 2(-0.449)(0.561) = -0.359 \text{ m/s}^2$$

$$a = 0.531 \text{ m/s}^2 \qquad \gamma = 42.6° \quad \blacktriangleleft$$

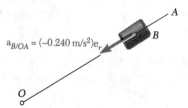

***c*. Aceleración de B con respecto al brazo OA.** Notamos que el movimiento del collarín con respecto al brazo es rectilíneo y está definido por la coordenada r. Escribimos

$$a_{B/OA} = \ddot{r} = -0.240 \text{ m/s}^2$$

$$a_{B/OA} = 0.240 \text{ m/s}^2 \text{ para } O. \quad \blacktriangleleft$$

En los siguientes problemas se le pedirá expresar la velocidad y la aceleración de partículas ya sea en función de sus *componentes tangencial y normal* o de sus *componentes radial y transversal*. Aunque esas componentes podrían no ser tan familiares como las componentes rectangulares, usted encontrará que pueden simplificar la solución de muchos problemas y que ciertos tipos de movimiento son descritos más fácilmente con su uso.

1. *Usando las componentes normal y tangencial.* Estas componentes se usan con mayor frecuencia cuando la partícula de interés viaja a lo largo de una trayectoria circular o cuando se desea determinar el radio de curvatura. Recuerde que el vector unitario $\mathbf{e}_t$ es tangente a la trayectoria de la partícula (y, por lo tanto, está alineado con la velocidad), mientras que el vector unitario $\mathbf{e}_n$ está dirigido a lo largo de la normal a la trayectoria y siempre apunta hacia el centro de curvatura. Se deduce que, como la partícula se mueve, las direcciones de los dos vectores unitarios cambian constantemente.

2. *Expresando la aceleración en función de sus componentes tangencial y normal.* En la sección 11.13 se derivó la siguiente ecuación, aplicable tanto al movimiento bidimensional como al tridimensional de una partícula:

$$\mathbf{a} = \frac{dv}{dt}\mathbf{e}_t + \frac{v^2}{\rho}\mathbf{e}_n \tag{11.39}$$

Las siguientes observaciones pueden auxiliarlo a resolver los problemas de esta lección.

a. La componente tangencial de la aceleración mide la razón de cambio de la magnitud de la rapidez: $a_t = dv/dt$. Se deduce que, cuando a_t es constante, se pueden usar las ecuaciones para el movimiento uniformemente acelerado con la aceleración igual a a_t. Además, cuando una partícula se mueve con rapidez constante, tenemos $a_t = 0$ y la aceleración de la partícula se reduce a su componente normal.

b. La componente normal de la aceleración siempre está dirigida hacia el centro de curvatura de la trayectoria de la partícula, y su magnitud es $a_n = v^2/\rho$. Así, la componente normal se puede determinar con facilidad si se conocen la rapidez y el radio de curvatura ρ de la trayectoria. Recíprocamente, cuando se conocen la rapidez y la aceleración normal, puede determinarse el radio de curvatura de la trayectoria despejando ρ en esta ecuación [problema resuelto 11.11].

c. En el movimiento tridimensional se usa un tercer vector unitario, $\mathbf{e}_b = \mathbf{e}_t \times \mathbf{e}_n$, el cual define la dirección de la *binormal*. Como este vector es perpendicular tanto a la velocidad como a la aceleración, puede obtenerse escribiendo

$$\mathbf{e}_b = \frac{\mathbf{v} \times \mathbf{a}}{|\mathbf{v} \times \mathbf{a}|}$$

(continúa)

3. *Usando las componentes radial y transversal.* Estas componentes se usan para analizar el movimiento plano del movimiento de una partícula P, cuando la posición de P está definida por sus coordenadas polares r y θ. Como se muestra en la figura 11.25, el vector unitario $\mathbf{e}_r$, el cual define la dirección *radial*, está unido a P y apunta alejándose del punto fijo O, mientras que el vector unitario $\mathbf{e}_\theta$, el cual define la dirección *transversal*, se obtiene girando $\mathbf{e}_r$ un ángulo de 90° en *sentido contrario al de las manecillas del reloj*. La velocidad y la aceleración de una partícula se expresaron en términos de sus componentes radial y transversal en las ecuaciones (11.43) y (11.44), respectivamente. Notará que las expresiones obtenidas contienen la primera y segunda derivadas con respecto a t de las coordenadas r y θ.

En los problemas de esta sección encontrará los siguientes tipos de problemas que involucran componentes radial y transversal:

a. Tanto r como θ son funciones conocidas de t. En este caso, se calculan la primera y segunda derivadas de r y θ y se sustituyen las expresiones obtenidas en las ecuaciones (11.43) y (11.44).

b. Existe una cierta relación entre r y θ. Primero, se debe determinar la relación de la geometría del sistema dado y usarla para expresar r como función de θ. Una vez que se conoce la función $r = f(\theta)$, se puede aplicar la regla de la cadena para determinar $\dot{r}$ en términos de θ y $\dot{\theta}$, y $\ddot{r}$ en términos de θ, $\dot{\theta}$ y $\ddot{\theta}$:

$$\dot{r} = f'(\theta)\dot{\theta}$$
$$\ddot{r} = f''(\theta)\dot{\theta}^2 + f'(\theta)\ddot{\theta}$$

Las expresiones obtenidas se pueden sustituir en las ecuaciones (11.43) y (11.44).

c. El movimiento tridimensional de una partícula, como se indica al final de la sección 11.14, se puede describir frecuentemente de manera efectiva en términos de las *coordenadas cilíndricas* R, θ y z (figura 11.26). Entonces, los vectores unitarios deben consistir de $\mathbf{e}_R$, $\mathbf{e}_\theta$ y $\mathbf{k}$. Las componentes correspondientes de la velocidad y la aceleración se dan en las ecuaciones (11.49) y (11.50). Note que la distancia radial R siempre se mide en un plano paralelo al xy, y tenga cuidado de no confundir el vector de posición r con su componente radial $R\mathbf{e}_R$.

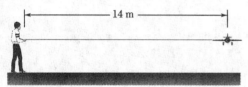

Fig. P11.133

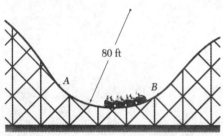

Fig. P11.135

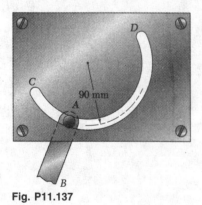

Fig. P11.137

11.133 Determine la componente normal de la aceleración de un aeroplano a escala si éste se está volando con una velocidad constante de 18 m/s a lo largo de una trayectoria horizontal circular de 14 m de radio.

11.134 Para probar su desempeño, un automóvil se maneja alrededor de una pista de prueba circular de diámetro d. Determine a) el valor de d cuando la velocidad del automóvil es de 72 km/h y la componente normal de la aceleración es 3.2 m/s^2, b) la velocidad del automóvil si $d = 180$ m y la componente normal de la aceleración medida es 0.6g.

11.135 Determine la máxima velocidad que los carros de la montaña rusa pueden alcanzar a lo largo de la porción circular AB de la pista, si la componente normal de la aceleración no puede exceder 3g.

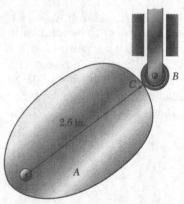

Fig. P11.136

11.136 Conforme la leva A gira, la rueda B del seguidor gira sin resbalar sobre la cara de la leva. Sabiendo que las componentes normales de la aceleración en el punto de contacto C de la leva A y la rueda B son 26 in./s^2 y 267 in./s^2, respectivamente, determine el diámetro de la rueda del seguidor.

11.137 El pasador A, el cual está unido al eslabón AB, está restringido a moverse en la ranura circular CD. Sabiendo que en $t = 0$ el pasador parte del reposo y se mueve de manera que su velocidad se incrementa a una razón constante de 20 mm/s^2, determine la magnitud de su aceleración total cuando a) $t = 0$, b) $t = 2$ s.

11.138 Cuando se apaga el motor de una sierra de hoja circular, la velocidad periférica de un diente sobre la hoja de 250 mm de diámetro es 45 m/s. La velocidad del diente decrece a una razón constante, y la hoja queda en reposo en 9 s. Determine el tiempo en el cual la aceleración total del diente es 40 m/s^2.

11.139 En una pista al aire libre de 420 ft de diámetro, una corredora incrementa su velocidad a una razón constante de 14 a 24 ft/s en una distancia de 95 ft. Determine la aceleración total de la corredora 2 s después de que empieza a aumentar su velocidad.

11.140 En un instante dado en una carrera de aeroplanos, el aeroplano A está volando horizontalmente en línea recta, y su velocidad se está incrementando a razón de 8 m/s^2. El aeroplano B está volando a la misma altitud que el aeroplano A y, al rodear un poste, sigue una trayectoria circular de 300 m de radio. Sabiendo que en el instante dado la velocidad de B está decreciendo a razón de 3 m/s^2, determine, para las posiciones mostradas, a) la velocidad de B relativa a A, b) la aceleración de B relativa a A.

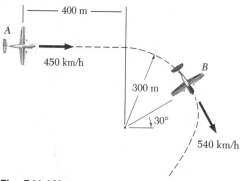

Fig. P11.140

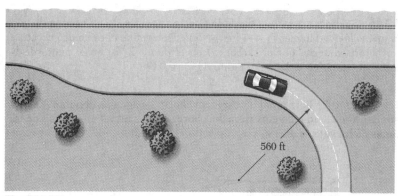

Fig. P11.141

11.141 Un automovilista que viaja a lo largo de una porción recta de una autopista está disminuyendo la velocidad de su automóvil a una razón constante antes de salir de la autopista por una rampa circular de 560 ft de radio. El automovilista continúa desacelerando a la misma constante de manera que, 10 s después de entrar a la rampa, su velocidad ha descendido a 20 mi/h, velocidad que mantiene. Sabiendo que con esta velocidad constante su aceleración total es un cuarto del valor de la aceleración antes de entrar a la rampa, determine el máximo valor de la aceleración total del automóvil.

11.142 Los carros de carreras A y B viajan sobre las porciones circulares de una pista. En el instante mostrado, la velocidad de A se está decrementando a razón de 7 m/s^2, y la velocidad de B está aumentando a razón de 2 m/s^2. Para las posiciones mostradas, determine a) la velocidad de B relativa a A, b) la aceleración de B relativa a A.

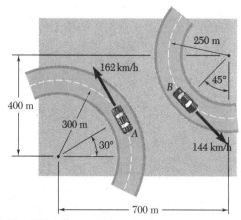

Fig. P11.142

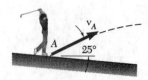

Fig. P11.143

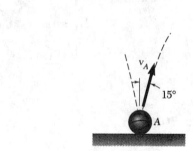

Fig. P11.145

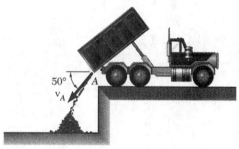

Fig. P11.146

11.143 Un golfista golpea una pelota de golf en el punto A con una velocidad inicial de 50 m/s a un ángulo de 25° con la horizontal. Determine el radio de curvatura de la trayectoria descrita por la pelota a) en el punto A, b) en el punto más alto de la trayectoria.

11.144 A partir de la fotografía de un hombre que usa una barredora de nieve, se determina que el radio de curvatura de la trayectoria de la nieve es 8.5 m cuando la nieve deja el tubo de descarga en A. Determine a) la velocidad de descarga v_A de la nieve, b) el radio de curvatura de la trayectoria en su máxima altura.

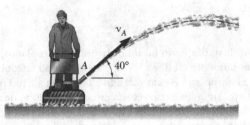

Fig. P11.144

11.145 Una pelota de basquetbol se bota en el piso en el punto A y rebota con una velocidad v_A de magnitud 7.5 ft/s como se muestra. Determine el radio de curvatura de la trayectoria descrita por la pelota a) en el punto A, b) en el punto más alto de la trayectoria.

11.146 Se descarga carbón desde la puerta trasera A de un camión de volteo, con una velocidad inicial $v_A = 6$ ft/s $\nearrow$ 50°. Determine el radio de curvatura de la trayectoria descrita por el carbón a) en el punto A, b) en el punto de la trayectoria, que está 3 ft debajo del punto A.

11.147 Un tubo horizontal descarga un chorro de agua en el punto A en un depósito. Exprese el radio de curvatura del chorro en el punto B en función de las magnitudes de las velocidades v_A y v_B.

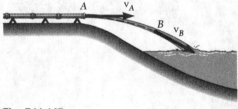

Fig. P11.147

11.148 Un niño lanza una pelota desde el punto A con una velocidad inicial v_A de 20 m/s a un ángulo de 25° con la horizontal. Determine la velocidad de la pelota en los puntos de la trayectoria descrita por ésta donde el radio de curvatura es igual a tres cuartos de su valor en A.

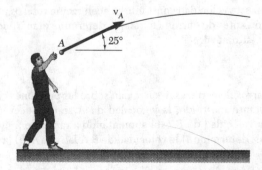

Fig. P11.148

11.149 Un proyectil es disparado desde el punto A con una velocidad inicial $\mathbf{v}_0$. a) Muestre que el radio de curvatura de la trayectoria del proyectil alcanza su mínimo valor en el punto más alto B de la trayectoria. b) Denotando θ al ángulo formado por la trayectoria y la horizontal en un punto dado C, muestre que el radio de curvatura de la trayectoria en C es $\rho = \rho_{\text{mín}}/\cos^3 \theta$.

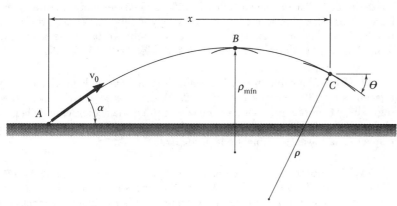

Fig. *P11.149* y *P11.150*

11.150 Un proyectil es disparado desde el punto A con una velocidad inicial $\mathbf{v}_0$, la cual forma un ángulo α con la horizontal. Exprese el radio de curvatura de la trayectoria del proyectil en el punto C en función de x, v_0, α y g.

11.151 Determine el radio de curvatura de la trayectoria descrita por la partícula del problema 11.95 cuando $t = 0$.

11.152 Determine el radio de curvatura de la trayectoria descrita por la partícula del problema 11.96 cuando $t = 0$, $A = 3$ y $B = 1$.

11.153 a 11.155 Un satélite viajará por tiempo indefinido en una órbita circular alrededor de un planeta si la componente normal de la aceleración del satélite es igual a $g(R/r)^2$, donde g es la aceleración de la gravedad en la superficie del planeta, R es el radio del planeta y r es la distancia desde el centro del planeta al satélite. Determine la velocidad del satélite relativa al planeta indicado si aquél ha de viajar indefinidamente en una órbita circular a 160 km sobre la superficie del planeta.

    11.153 Venus: $g = 8.53$ m/s^2, $R = 6161$ km.
    11.154 Marte: $g = 3.83$ m/s^2, $R = 3332$ km.
    11.155 Júpiter: $g = 26.0$ m/s^2, $R = 69\ 893$ km.

11.156 y 11.157 Sabiendo que el diámetro del Sol es 864 000 mi y que la aceleración de la gravedad en su superficie es 900 ft/s^2, determine el radio de la órbita del planeta indicado alrededor del Sol asumiendo que la órbita es circular. (Consulte la información dada en los problemas 11.153-11.155.)

    11.156 Tierra: $(v_{\text{media}})_{\text{órbita}} = 66\ 600$ mi/h
    11.157 Saturno: $(v_{\text{media}})_{\text{órbita}} = 21\ 580$ mi/h

11.158 Sabiendo que el radio de la Tierra es 6370 km, determine el tiempo de una órbita del telescopio espacial Hubble, si el telescopio viaja en una órbita circular a 590 km sobre la superficie de la Tierra. (Consulte la información dada en los problemas 11.153-11.155.)

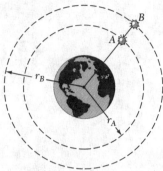

Fig. P11.160

11.159 Un satélite viaja en una órbita circular alrededor de Marte a una altitud de 180 mi. Después de ajustar la altitud del satélite, se encuentra que el tiempo de una órbita se ha incrementado un 10%. Sabiendo que el radio de Marte es 2071 mi, determine la nueva altitud del satélite. (Consulte la información dada en los problemas 11.153-11.155.)

11.160 Los satélites A y B viajan en el mismo plano en órbitas circulares alrededor de la Tierra, con altitudes de 120 y 200 mi, respectivamente. Si en $t = 0$ los satélites están alineados como se muestra, y se sabe que el radio de la Tierra es $R = 3960$ mi, determine en cuánto tiempo los satélites estarán nuevamente alineados. (Consulte la información dada en los problemas 11.153-11.155.)

11.161 El movimiento bidimensional de una partícula está definido por las relaciones $r = 3(2 - e^{-t})$ y $\theta = 4(t + 2e^{-t})$, donde r se expresa en metros, t en segundos y θ en radianes. Determine la velocidad y la aceleración de la partícula a) cuando $t = 0$, b) cuando t tiende a infinito. ¿A qué conclusión se puede llegar respecto a la trayectoria final de la partícula?

11.162 La trayectoria de una partícula P es un limacón (caracol de Pascal). El movimiento de la partícula está definido por las relaciones $r = b(2 + \cos \pi t)$ y $\theta = \pi t$, donde t y θ se expresan en segundos y en radianes, respectivamente. Determine a) la velocidad y la aceleración de la partícula cuando $t = 2$ s, b) los valores de θ para los cuales la magnitud de la velocidad es máxima.

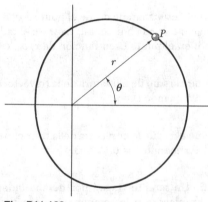

Fig. P11.162

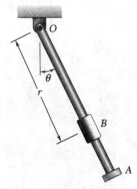

Fig. P11.163 y _P11.164_

11.163 La rotación de la varilla OA alrededor de O está definida por la relación $\theta = \pi(4t^2 - 8t)$, donde θ y t se expresan en radianes y segundos, respectivamente. El collarín B se desliza a lo largo de la varilla, de manera que su distancia desde O es $r = 10 + 6$ sen πt, donde r y t se expresan en pulgadas y segundos, respectivamente. Cuando $t = 1$ s, determine a) la velocidad del collarín, b) la aceleración total del collarín, c) la aceleración del collarín relativa a la varilla.

11.164 La oscilación de la varilla OA alrededor de O está definida por la relación $\theta = (2/\pi)(\text{sen } \pi t)$, donde θ y t se expresan en radianes y segundos, respectivamente. El collarín B se desliza a lo largo de la varilla de manera que su distancia desde O es $r = 25/(t + 4)$, donde r y t se expresan en pulgadas y segundos, respectivamente. Cuando $t = 1$ s, determine a) la velocidad del collarín, b) la aceleración total del collarín, c) la aceleración del collarín relativa a la varilla.

11.165 La trayectoria de la partícula P es la elipse definida por las relaciones $r = 2/(2 - \cos \pi t)$ y $\theta = \pi t$, donde r se expresa en metros, t en segundos y θ en radianes. Determine la velocidad y la aceleración de la partícula cuando a) $t = 0$, b) $t = 0.5$ s.

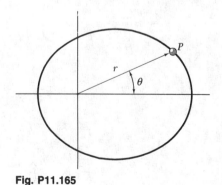

Fig. P11.165

11.166 El movimiento bidimensional de una partícula está definido por las relaciones $r = 2a \cos \theta$ y $\theta = bt^2/2$, donde a y b son constantes. Determine a) las magnitudes de la velocidad y la aceleración para cualquier instante, b) el radio de curvatura de la trayectoria. ¿A qué conclusión se puede llegar respecto a la trayectoria de la partícula?

11.167 Para estudiar el desempeño de un carro de carreras, una cámara para registro de movimiento a alta velocidad se coloca en el punto A. La cámara se monta sobre un mecanismo que permite registrar el movimiento del carro conforme éste se mueve sobre la pista recta BC. Determine la velocidad del carro en función de b, θ y $\dot{\theta}$.

11.168 Determine la magnitud de la aceleración del carro de carreras del problema 11.167, en función de b, θ, $\dot{\theta}$ y $\ddot{\theta}$.

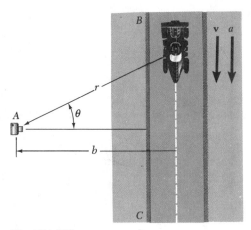

Fig. P11.167

11.169 Después de despegar, un helicóptero se eleva en línea recta con un ángulo constante β. El vuelo es seguido con un radar desde el punto A. Determine la velocidad del helicóptero en función de d, β, θ y $\dot{\theta}$.

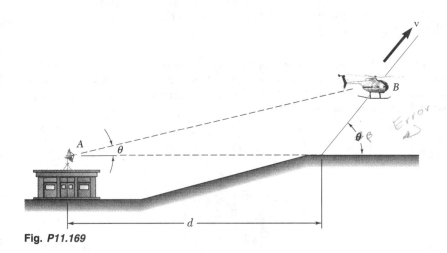

Fig. P11.169

***11.170** El pasador P está unido a BC y se desliza libremente en la ranura de OA. Determine la razón de cambio $\dot{\theta}$ del ángulo θ, sabiendo que BC se mueve con rapidez constante v_0. Exprese su respuesta en función de v_0, h, β y θ.

11.171 Para el carro de carreras del problema 11.167, se encontró que tarda 0.5 s en viajar desde la posición $\theta = 60°$ a la posición $\theta = 35°$. Sabiendo que $b = 25$ m, determine la rapidez promedio del carro durante el intervalo de 0.5 s.

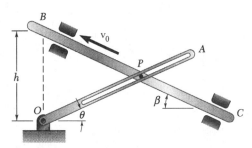

Fig. P11.170

11.172 Para el helicóptero del problema 11.169, se encontró que cuando éste estaba en B, su distancia y su ángulo de elevación eran $r = 3000$ ft y $\theta = 20°$, respectivamente. Cuatro segundos después, la estación de radar registró al helicóptero en $r = 3320$ ft y $\theta = 23.1°$. Determine la rapidez promedio y el ángulo de elevación β del helicóptero durante el intervalo de 4 s.

11.173 y 11.174   Una partícula se mueve a lo largo de la espiral mostrada. Determine la magnitud de la velocidad de la partícula en función de b, θ y $\dot{\theta}$.

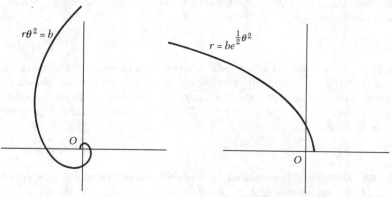

Fig. P11.173 y *P11.175*   **Fig. P11.174 y *P11.176***

11.175 y 11.176   Una partícula se mueve a lo largo de la espiral mostrada. Sabiendo que $\dot{\theta}$ es constante y denotando esta constante por ω, determine la magnitud de la aceleración de la partícula en términos de b, θ y ω.

11.177   Muestre que $\dot{r} = h\dot{\phi}\,\text{sen}\,\theta$ sabiendo que, en el instante mostrado, el pedal AB de la escaladora está girando en sentido contrario al de las manecillas del reloj, a razón constante $\dot{\phi}$.

11.178   El movimiento de una partícula sobre la superficie de un cilindro circular está definido por las relaciones $R = A$, $\theta = 2\pi t$ y $z = At^2/4$, donde A es una constante. Determine las magnitudes de la velocidad y la aceleración de la partícula para cualquier instante t.

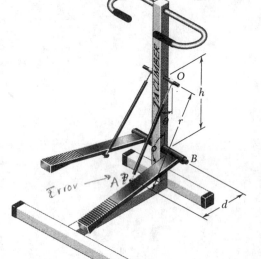

Fig. P11.177

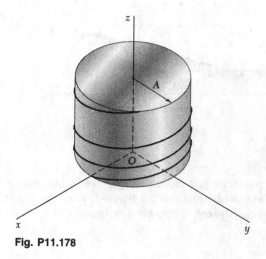

Fig. P11.178

11.179   El movimiento tridimensional de una partícula está definido por las coordenadas cilíndricas (ver figura. 11.26) $R = A/(t + 1)$, $\theta = Bt$ y $z = Ct/(t + 1)$. Determine las magnitudes de la velocidad y la aceleración cuando a) $t = 0$, b) $t = \infty$.

*11.180**   Para la hélice cónica del problema 11.95, determine el ángulo que el plano osculador forma con el eje y.

*11.181**   Determine la dirección de la binormal de la trayectoria descrita por la partícula del problema 11.96 cuando a) $t = 0$, b) $t = \pi/2$ s.

En la primera mitad del capítulo se analizó el *movimiento rectilíneo de una partícula*, es decir, el movimiento de una partícula a lo largo de una línea recta. Para definir la posición P de la partícula sobre esa línea, se escoge un origen fijo O y una dirección positiva (figura 11.27). La distancia x desde O hasta P, con el signo apropiado, define por completo la posición de la partícula sobre la línea y se llama *coordenada de posición* de la partícula [sección 11.2].

Se demostró que la *velocidad* v de la partícula era igual a la derivada con respecto al tiempo de la coordenada de posición x,

$$v = \frac{dx}{dt} \tag{11.1}$$

y la *aceleración* a se obtuvo al derivar v con respecto a t,

$$a = \frac{dv}{dt} \tag{11.2}$$

o

$$a = \frac{d^2x}{dt^2} \tag{11.3}$$

También se mencionó que a se podría expresar como

$$a = v \frac{dv}{dx} \tag{11.4}$$

Se señaló que la velocidad v y la aceleración a se representan con números algebraicos que pueden ser positivos o negativos. Un valor positivo de v indica que la partícula se mueve en la dirección positiva, y un valor negativo, que se mueve en la dirección negativa. Sin embargo, un valor positivo de a puede significar que la partícula en verdad se acelera (es decir, se mueve más rápidamente) en la dirección positiva, o que desacelera (es decir, se mueve con más lentitud) en la dirección negativa. Un valor negativo de a está sujeto a interpretaciones similares (problema resuelto 11.1).

En la mayoría de los problemas, las condiciones de movimiento de una partícula se definen por el tipo de aceleración que tiene la partícula y por las condiciones iniciales (sección 11.3). La velocidad y la posición de la partícula se pueden obtener al integrar dos de las ecuaciones de la (11.1) a la (11.4). La selección de las ecuaciones depende del tipo de aceleración relacionada (problemas resueltos 11.2 y 11.3).

Coordenada de posición de una partícula en movimiento rectilíneo

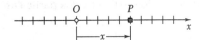

Fig. 11.27

Velocidad y aceleración en movimiento rectilíneo

Determinación de la velocidad y la aceleración por integración

Movimiento rectilíneo uniforme

Con frecuencia se trata con dos tipos de movimiento: el *movimiento rectilíneo uniforme* [sección 11.4], en el cual la velocidad v de la partícula es constante, y

$$x = x_0 + vt \qquad (11.5)$$

Movimiento rectilíneo uniformemente acelerado

y el *movimiento rectilíneo uniformemente acelerado* [sección 11.5], en el cual la aceleración a de la partícula es constante y se tiene

$$v = v_0 + at \qquad (11.6)$$
$$x = x_0 + v_0t + \tfrac{1}{2}at^2 \qquad (11.7)$$
$$v^2 = v_0^2 + 2a(x - x_0) \qquad (11.8)$$

Movimiento relativo de dos partículas

Cuando dos partículas A y B se mueven a lo largo de la misma línea recta, puede ser deseable considerar el *movimiento relativo* de B res-

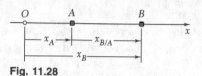

Fig. 11.28

pecto de A [sección 11.6]. Al representar con $x_{B/A}$ la *coordenada de posición relativa* de B respecto de A (figura 11.28), se tiene

$$x_B = x_A + x_{B/A} \qquad (11.9)$$

Derivando la ecuación (11.9) dos veces respecto a t, se obtiene sucesivamente

$$v_B = v_A + v_{B/A} \qquad (11.10)$$
$$a_B = a_A + a_{B/A} \qquad (11.11)$$

donde $v_{B/A}$ y $a_{B/A}$ representan, respectivamente, la *velocidad relativa* y la *aceleración relativa* de B respecto de A.

Bloques conectados por cuerdas inextensibles

Cuando varios bloques se *conectan por medio de cuerdas de longitud constante*, es posible escribir una *relación lineal* entre sus coordenadas de posición. Se pueden escribir relaciones similares entre sus velocidades y entre sus aceleraciones, para utilizarlas al analizar su movimiento [problema resuelto 11.5].

Soluciones gráficas

A menudo es conveniente usar una *solución gráfica* para problemas relacionados con el movimiento rectilíneo de una partícula [secciones 11.7 y 11.8]. La solución gráfica usada más comúnmente se refiere a las curvas x–t, v–t y a–t [sección 11.7; problema resuelto 11.6]. Se demostró que, en cualquier instante t,

$$v = \text{pendiente de la curva } x\text{--}t$$
$$a = \text{pendiente de la curva } v\text{--}t$$

mientras que, sobre cualquier intervalo de tiempo dado de t_1 a t_2,

$$v_2 - v_1 = \text{área bajo la curva } a\text{--}t$$
$$x_2 - x_1 = \text{área bajo la curva } v\text{--}t$$

Vector de posición y velocidad en movimiento curvilíneo

En la segunda mitad del capítulo, se analizó el *movimiento curvilíneo de una partícula*, es decir, el movimiento de una partícula a lo largo de una trayectoria curva. La posición P de la partícula en cualquier momento dado [sección 11.9] se definió por el *vector posición* **r** que une al origen O de las coordenadas y el punto P (figura 11.29). La *velocidad* **v** de la partícula se definió mediante la relación

$$\mathbf{v} = \frac{d\mathbf{r}}{dt} \tag{11.15}$$

y se encontró que era un *vector tangente a la trayectoria de la partícula* y de magnitud v (llamada *rapidez* de la partícula) igual a la derivada, con respecto al tiempo, de la longitud s del arco descrito por la partícula:

$$v = \frac{ds}{dt} \tag{11.16}$$

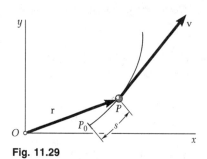

Fig. 11.29

La *aceleración* **a** de la partícula se definió mediante la relación

$$\mathbf{a} = \frac{d\mathbf{v}}{dt} \tag{11.18}$$

y se señaló que, en general, *la aceleración no es tangente a la trayectoria de la partícula*.

Antes de considerar las componentes de la velocidad y la aceleración, se repasó la definición formal de la derivada de una función vectorial y se establecieron unas cuantas reglas para obtener derivadas de sumas y productos de funciones vectoriales. Después se demostró que la razón de cambio de un vector es la misma respecto de un marco de referencia fijo y respecto de un marco en traslación [sección 11.10].

Denotando con x, y y z las coordenadas rectangulares de una partícula P, se encontró que las componentes rectangulares de la velocidad y la aceleración de P eran iguales, respectivamente, a la primera y segunda derivadas respecto de t de las coordenadas correspondientes:

$$v_x = \dot{x} \qquad v_y = \dot{y} \qquad v_z = \dot{z} \tag{11.29}$$
$$a_x = \ddot{x} \qquad a_y = \ddot{y} \qquad a_z = \ddot{z} \tag{11.30}$$

Cuando la componente a_x de la aceleración depende sólo de t, x y/o de v_x, y cuando, de manera similar, a_y depende sólo de t, y y/o v_y y a_z de t, z y/o v_z, las ecuaciones (11.30) se pueden integrar en forma independiente. Así, el análisis del movimiento curvilíneo dado se puede reducir al análisis de tres movimientos componentes rectilíneos independientes [sección 11.11]. Este enfoque es particularmente eficaz en el estudio del movimiento de proyectiles [problemas resueltos 11.7 y 11.8].

Para dos partículas A y B que se mueven en el espacio (figura 11.30), se consideró el movimiento relativo de B respecto de A o, de manera más precisa, respecto a un marco de referencia en movimiento ligado a A y en traslación con A [sección 11.12]. Denotando con $\mathbf{r}_{B/A}$ el *vector de posición relativo* de B respecto de A (figura 11.30), se tuvo

$$\mathbf{r}_B = \mathbf{r}_A + \mathbf{r}_{B/A} \tag{11.31}$$

Denotando con $\mathbf{v}_{B/A}$ y $\mathbf{a}_{B/A}$, respectivamente, la *velocidad relativa* y la *aceleración relativa* de B respecto de A, también se demostró que

$$\mathbf{v}_B = \mathbf{v}_A + \mathbf{v}_{B/A} \tag{11.33}$$

y

$$\mathbf{a}_B = \mathbf{a}_A + \mathbf{a}_{B/A} \tag{11.34}$$

Aceleración en movimiento curvilíneo

Derivada de una función vectorial

Componentes rectangulares de la velocidad y la aceleración

Movimientos componentes

Movimiento relativo de dos partículas

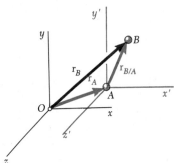

Fig. 11.30

Componentes tangencial y normal

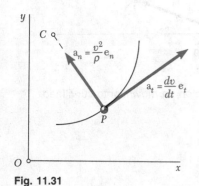

Fig. 11.31

Movimiento a lo largo de una curva en el espacio

Componentes radial y transversal

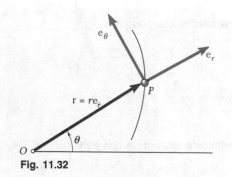

Fig. 11.32

A menudo es conveniente transformar la velocidad y la aceleración de una partícula P en componentes diferentes de las componentes rectangulares x, y y z. Para una partícula P que se mueve a lo largo de una trayectoria contenida en un plano, se ligan a P vectores unitarios $\mathbf{e}_t$ tangente a la trayectoria y $\mathbf{e}_n$ normal a la trayectoria y dirigido hacia el centro de curvatura de la trayectoria [sección 11.13]. Entonces se expresaron la velocidad y la aceleración de la partícula en términos de las componentes normales y tangenciales. Se escribió

$$\mathbf{v} = v\mathbf{e}_t \tag{11.36}$$

y

$$\mathbf{a} = \frac{dv}{dt}\mathbf{e}_t + \frac{v^2}{\rho}\mathbf{e}_n \tag{11.39}$$

donde v es la rapidez de la partícula y ρ el radio de curvatura de su trayectoria [problemas resueltos 11.10 y 11.11]. Se observó que mientras la velocidad $\mathbf{v}$ se dirige a lo largo de la tangente a la trayectoria, la aceleración $\mathbf{a}$ consiste de una componente $\mathbf{a}_t$ dirigida a lo largo de la tangente a la trayectoria y de una componente $\mathbf{a}_n$ dirigida hacia el centro de curvatura de la trayectoria (figura 11.31).

Para una partícula P que se mueve a lo largo de una curva en el espacio, se definió que el plano que mejor ajusta a la curva en la vecindad de P es el *plano osculador*. Este plano contiene a los vectores unitarios $\mathbf{e}_t$ y $\mathbf{e}_n$, los cuales definen, respectivamente, a la tangente y a la normal principal de la curva. El vector unitario $\mathbf{e}_b$ que es perpendicular al plano osculador define a la *binormal*.

Cuando la posición de una partícula P que se mueve en un plano se define por sus coordenadas polares r y θ, es conveniente utilizar las componentes radial y transversal, dirigidas, respectivamente, a lo largo del vector de posición $\mathbf{r}$ de la partícula y en la dirección obtenida al rotar $\mathbf{r}$ 90° en sentido contrario al de las manecillas del reloj [sección 11.14]. Se ligaron a P los vectores unitarios $\mathbf{e}_r$ y $\mathbf{e}_\theta$ dirigidos, uno en dirección radial y otro en dirección transversal (figura 11.32). Después se expresaron la velocidad y la aceleración de la partícula en función de las componentes radial y transversal

$$\mathbf{v} = \dot{r}\mathbf{e}_r + r\dot{\theta}\mathbf{e}_\theta \tag{11.43}$$
$$\mathbf{a} = (\ddot{r} - r\dot{\theta}^2)\mathbf{e}_r + (r\ddot{\theta} + 2\dot{r}\dot{\theta})\mathbf{e}_\theta \tag{11.44}$$

donde los puntos se usan para indicar las derivadas con respecto al tiempo. Las componentes escalares de la velocidad y la aceleración en las direcciones radial y transversal son, por lo tanto,

$$v_r = \dot{r} \qquad\qquad v_\theta = r\dot{\theta} \tag{11.45}$$
$$a_r = \ddot{r} - r\dot{\theta}^2 \qquad a_\theta = r\ddot{\theta} + 2\dot{r}\dot{\theta} \tag{11.46}$$

Es importante notar que a_r *no* es igual a la derivada respecto al tiempo de v_r, y que a_θ *no* es igual a la derivada respecto al tiempo de v_θ [problema resuelto 11.12].

El capítulo finalizó con comentarios sobre el uso de coordenadas cilíndricas para definir la posición y el movimiento de una partícula en el espacio.

Problemas de repaso

11.182 El movimiento de una partícula está definido por la relación $x = 2t^3 - 15t^2 + 24t + 4$, donde x y t se expresan en metros y segundos, respectivamente. Determine a) cuándo la velocidad es cero, b) la posición y la distancia total recorrida cuando la aceleración es cero.

11.183 La aceleración de una partícula está definida por la relación $a = -60x^{-1.5}$, donde a se expresa en m/s^2 y x en metros. Sabiendo que la partícula inicia el movimiento sin velocidad inicial en $x = 4$ m, determine la velocidad de la partícula cuando a) $x = 2$ m, b) $x = 1$ m, c) $x = 100$ mm.

11.184 Un proyectil entra a un medio que le opone resistencia en $x = 0$, con una velocidad inicial $v_0 = 900$ ft/s, y viaja 4 in. antes de detenerse completamente. Asumiendo que la velocidad del proyectil está definida por la relación $v = v_0 - kx$, donde v se expresa en ft/s y x en pies, determine a) la aceleración inicial del proyectil, b) el tiempo requerido por el proyectil para penetrar 3.9 in. dentro del medio.

11.185 Un elevador de carga que se mueve hacia arriba con una velocidad constante de 6 ft/s, cruza a un elevador de pasajeros que está detenido. Cuatro segundos después, el elevador de pasajeros se mueve hacia arriba con una aceleración constante de 2.4 ft/s^2. Determine a) cuándo y dónde los elevadores estarán a la misma altura, b) la velocidad del elevador de pasajeros en ese instante.

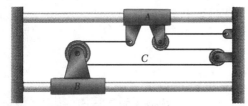

Fig. P11.186

11.186 En la posición mostrada, el collarín B se mueve hacia la izquierda con una velocidad de 150 mm/s. Determine a) la velocidad del collarín A, b) la velocidad de la porción C del cable, c) la velocidad relativa de la porción C del cable con respecto al collarín B.

11.187 Los tres bloques mostrados se mueven con velocidades constantes. Halle la velocidad de cada bloque, sabiendo que la velocidad relativa de A con respecto a C es 300 mm/s hacia arriba y que la velocidad relativa de B con respecto a A es 200 mm/s hacia abajo.

Fig. P11.187

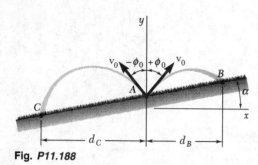

Fig. P11.188

11.188 Un rociador oscilante de agua, en el punto A, descansa sobre un plano inclinado que forma un ángulo α con la horizontal. El rociador descarga agua con una velocidad inicial $\mathbf{v}_0$ a un ángulo ϕ con la vertical, el cual varía de $-\phi_0$ a $+\phi_0$. Sabiendo que $v_0 = 30$ ft/s, $\phi_0 = 40°$ y $\alpha = 10°$, determine la distancia horizontal entre el rociador y los puntos B y C que definen el área regada.

11.189 Según se observa desde un barco que se mueve hacia el este a 8 km/h, el viento parece soplar desde el sur. Después de que el barco cambia su curso y se mueve hacia al norte a 8 km/h, el viento parece soplar desde el sudoeste. Asumiendo que la velocidad del viento es constante durante el periodo de observación, determine la magnitud y la dirección de la velocidad verdadera del viento.

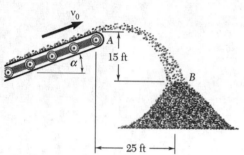

Fig. P11.191

11.190 La conductora de un automóvil disminuye su velocidad con una rapidez constante desde 45 hasta 30 mi/h en una distancia de 750 ft, a lo largo de una curva de 1500 ft de radio. Determine la magnitud de la aceleración total del automóvil, después de que éste ha recorrido 500 ft a lo largo de la curva.

11.191 Sabiendo que la banda transportadora se mueve con una rapidez constante $v_0 = 24$ ft/s, determine el ángulo α para el cual la arena es depositada sobre la pila en B.

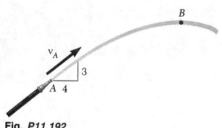

Fig. P11.192

11.192 A partir de mediciones sobre fotografías, se ha encontrado que cuando el chorro de agua deja la boquilla en A, tiene un radio de curvatura de 25 m. Determine a) la velocidad inicial $\mathbf{v}_A$ del chorro, b) el radio de curvatura del chorro cuando éste alcanza su máxima altura en B.

11.193 La trayectoria de vuelo de un aeroplano B es una línea recta horizontal que pasa directamente sobre una estación de rastreo por radar en A. Sabiendo que el aeroplano se mueve a la izquierda con velocidad constante $\mathbf{v}_0$, determine $d\theta/dt$ y $d^2\theta/dt^2$ en función de v_0, h y θ.

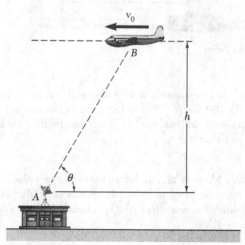

Fig. P11.193

Los siguientes problemas están diseñados para resolverse usando una computadora.

Problemas de repaso **665**

11.C1 El mecanismo mostrado se conoce como mecanismo de retorno rápido Whitworth. La varilla de entrada AP rota a una razón constante $\dot{\phi}$, y el pasador P se desliza libremente en la ranura de la varilla de salida BD. Escriba un programa de computadora que pueda usarse para graficar θ contra ϕ y $\dot{\theta}$ contra ϕ para una revolución de la varilla AP. Asuma $\dot{\phi} = 1$ rad/s, $l = 4$ in., y a) $b = 2.5$ in., b) $b = 3$ in., c) $b = 3.5$ in.

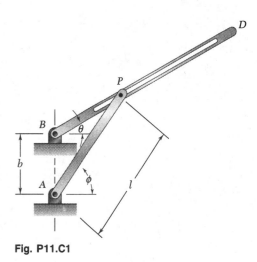

Fig. P11.C1

11.C2 Se lanza una bola con una velocidad $\mathbf{v}_0$ a un ángulo α con la vertical sobre el escalón superior de una escalinata de 8 escalones. La bola rebota y se dirige hacia los escalones inferiores como se muestra. Cada vez que la bola rebota en los puntos A, B, C,..., la componente horizontal de su velocidad permanece constante y la magnitud de la componente vertical de su velocidad se reduce un porcentaje k. Escriba un programa de computadora que pueda usarse para determinar a) si la bola rebota hacia los escalones inferiores sin saltarse ninguno, b) si la bola rebota hacia los escalones inferiores sin rebotar dos veces sobre el mismo escalón, c) el primer escalón sobre el cual la pelota rebota dos veces. Use valores de v_0 desde 1.8 m/s hasta 3.0 m/s en incrementos de 0.6 m/s, valores de α desde 18° hasta 26° en incrementos de 4°, y valores de k iguales a 40 y 50.

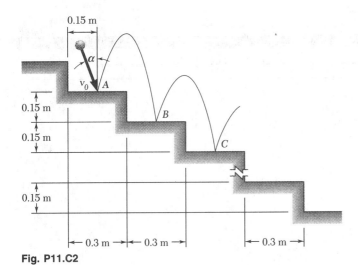

Fig. P11.C2

11.C3 En un juego de un parque de diversiones, el "aeroplano" A está sujeto al elemento rígido OB de 10 m de largo. Para operar el juego, el aeroplano y OB se rotan de manera que $70° \leq \theta_0 \leq 130°$ y después se permite que oscile libremente alrededor de O. El aeroplano está sujeto a la aceleración de la gravedad y a la desaceleración debida a la resistencia del aire, $-kv^2$, la cual actúa en la dirección opuesta a la de la velocidad $\mathbf{v}$. Despreciando la masa y el arrastre aerodinámico de OB y la fricción en el cojinete en O, escriba un programa de computadora que pueda ser usado para determinar la rapidez del aeroplano para valores dados de θ_0 y θ, y el valor de θ para el cual el aeroplano queda en equilibrio por primera vez después de ser soltado. Use valores de θ_0 desde 70° hasta 130° en incrementos de 30°, y determine la máxima rapidez del aeroplano y los primeros dos valores de θ para los cuales $v = 0$. Para cada valor de θ_0, use a) $k = 0$, b) $k = 2 \times 10^{-4}$ m^{-1}, c) $k = 4 \times 10^{-2}$ m^{-1}. (*Sugerencia*. Exprese la aceleración tangencial del aeroplano en función de g, k y θ, y recuerde que $v_\theta = r\dot{\theta}$. Use intervalos de tiempo $\Delta t = 0.008$ s, y asuma que la aceleración permanece constante en cada intervalo de tiempo.)

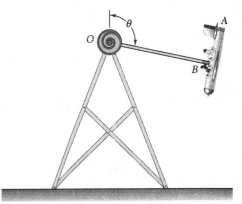

Fig. P11.C3

11.C4 Un automovilista que viaja en una autopista a una rapidez de 60 mi/h, sale de ella por una rampa cubierta de hielo. Para detenerse, el conductor aplica los frenos hasta que el automóvil queda en reposo. Sabiendo que la magnitud de la aceleración total del automóvil no puede exceder 10 ft/s², escriba un programa de computadora que pueda usarse para determinar el tiempo mínimo requerido por el automóvil para detenerse y la distancia que éste viaja sobre la rampa de salida durante ese tiempo, si la rampa de salida *a*) es recta, *b*) tiene un radio de curvatura constante de 800 ft. Considere intervalos de tiempo $\Delta t = 1$s, y resuelva cada inciso asumiendo que el conductor aplica los frenos de manera que dv/dt, durante cada intervalo de tiempo, 1) permanece constante, 2) varía linealmente.

11.C5 Un rociador oscilante de jardín descarga agua con una velocidad inicial $\mathbf{v}_0$ de 10 m/s. *a*) Sabiendo que los lados del emparrado *BCDE* están abiertos, excepto el techo, escriba un programa de computadora que pueda usarse para calcular la distancia *d* al punto *F* que será regado para valores de α desde 20° hasta 80° usando incrementos de 5°. *b*) Usando incrementos apropiadamente pequeños, determine el valor máximo de *d* y el valor correspondiente de α.

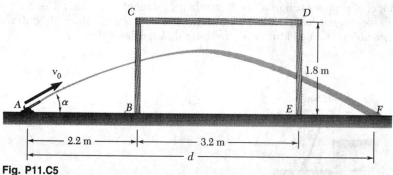

Fig. P11.C5

CAPÍTULO

12

Cinética de partículas: Segunda ley de Newton

Al viajar por la porción curva de la pista de carreras, cada ciclista está
sujeto a una aceleración dirigida hacia el centro de curvatura de su
trayectoria. La fuerza que causa esta aceleración es la resultante del peso
del ciclista y la fuerza ejercida por la pista sobre las ruedas de la bicicleta.
La relación que existe entre la fuerza, la masa y la aceleración se estudiará
en este capítulo.

12.1. INTRODUCCIÓN

La primera y la tercera leyes de Newton del movimiento se usaron ampliamente en estática para estudiar los cuerpos en reposo y las fuerzas que actuaban sobre ellos. Estas dos leyes también se emplean en dinámica; de hecho, son suficientes para el estudio del movimiento de los cuerpos que no tienen aceleración. Pero cuando los cuerpos están acelerados, es decir, cuando la magnitud o la dirección de su velocidad cambia, es necesario usar la segunda ley de Newton para relacionar el movimiento del cuerpo con las fuerzas que actúan sobre él.

En este capítulo estudiaremos la segunda ley de Newton y la aplicaremos al análisis del movimiento de las partículas. Tal como lo establecemos en la sección 12.2, si la resultante de las fuerzas que actúan sobre una partícula es distinta de cero, ésta tendrá una aceleración proporcional a la magnitud de la fuerza resultante, en la dirección de esta misma fuerza. Es más, la razón entre las magnitudes de la fuerza resultante y de la aceleración puede usarse para definir la *masa* de la partícula.

En la sección 12.3 se definirá la *cantidad de movimiento lineal* de una partícula como el producto $\mathbf{L} = m\mathbf{v}$ de la masa m y la velocidad $\mathbf{v}$ de la partícula, y se demostrará que la segunda ley de Newton puede expresarse en una forma alterna que relaciona a la razón de cambio de la cantidad de movimiento lineal con la resultante de las fuerzas que actúan sobre esa partícula.

En la sección 12.4 se hace hincapié en la necesidad de utilizar unidades consistentes en la solución de los problemas de dinámica, y se hace un repaso de los dos sistemas de unidades empleados en este texto: el sistema internacional de unidades (unidades del SI) y el sistema inglés.

En las secciones 12.5 y 12.6 y en los problemas resueltos que les siguen, se aplica la segunda ley de Newton a la solución de problemas de ingeniería, usando ya sea las componentes rectangulares o las componentes tangencial y normal de las fuerzas y las aceleraciones que intervienen. Recordamos que, para el análisis de un movimiento, un cuerpo real —posiblemente tan grande como un automóvil, un cohete o un avión— puede ser considerado como una partícula, siempre que el efecto de rotación del cuerpo con respecto a su centro de masa pueda pasarse por alto.

La segunda parte del capítulo se dedica a la solución de problemas en términos de las componentes radial y transversal, poniendo de relieve el movimiento de una partícula sujeta a una fuerza central. En la sección 12.7 se definirá la *cantidad de movimiento angular* $\mathbf{H}_O$ de una partícula alrededor de un punto O como el momento de la cantidad de movimiento lineal de la partícula respecto de O: $\mathbf{H}_O = \mathbf{r} \times m\mathbf{v}$. De la segunda ley de Newton se deduce que la razón de cambio de la cantidad de movimiento angular $\mathbf{H}_O$ de una partícula es igual a la suma de los momentos respecto de O de las fuerzas que actúan sobre esa partícula.

La sección 12.9 estudia el movimiento de una partícula sujeta a una *fuerza central*, es decir, una fuerza dirigida hacia adentro o hacia afuera de un punto fijo O. Como tal fuerza tiene momento cero con respecto a O, se deduce que la cantidad de movimiento angular de la partícula respecto de O se conserva. Esta propiedad simplifica grandemente el análisis del movimiento de una partícula sujeta a una fuerza central, y se aplicará a la solución de problemas relacionados con el movimiento orbital de cuerpos sujetos a la atracción gravitacional (sección 12.10).

Las secciones 12.11 a 12.13 son opcionales; presentan un estudio más amplio del movimiento orbital y contienen varios problemas relacionados con la mecánica del espacio.

12.2. SEGUNDA LEY DE NEWTON DEL MOVIMIENTO

Esta ley puede enunciarse como sigue:

Si la fuerza resultante que actúa sobre una partícula es distinta de cero, la partícula tendrá una aceleración proporcional a la magnitud de la resultante y en la dirección de esta fuerza resultante.

La segunda ley de Newton del movimiento puede comprenderse mejor si imaginamos el siguiente experimento: una partícula está sujeta a una fuerza F_1 de dirección constante y magnitud constante F_1. Bajo la acción de esa fuerza, se observará que la partícula se mueve en una línea recta y *en la dirección de la fuerza* (figura 12.1a). Determinando la posición de la partícula en diferentes instantes, encontramos que su aceleración tiene una magnitud constante a_1. Si se repite el experimento con las fuerzas F_2, F_3, ..., de magnitud o dirección diferentes (figura 12.1b y c), siempre se encuentra que la partícula se mueve en la dirección de la fuerza que actúa sobre ella y que las magnitudes a_1, a_2, a_3, ..., de las aceleraciones son proporcionales a las magnitudes F_1, F_2, F_3, ..., de las fuerzas correspondientes:

$$\frac{F_1}{a_1} = \frac{F_2}{a_2} = \frac{F_3}{a_3} = \cdots = \text{constante}$$

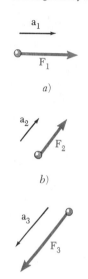

Fig. 12.1

El valor constante obtenido de la razón entre las magnitudes de las fuerzas y las aceleraciones, es una característica de la partícula en consideración. Se le llama *masa* de la partícula y se representa con m. Cuando una partícula de masa m está sujeta a una fuerza F, esta fuerza y la aceleración a de la partícula deben satisfacer la relación

$$F = ma \tag{12.1}$$

Esta expresión proporciona una formulación completa de la segunda ley de Newton; expresa no sólo que las magnitudes de F y a son proporcionales, sino también (como m es un escalar positivo) que los vectores F y a tienen la misma dirección (figura 12.2). Debemos mencionar que la ecuación (12.1) sigue siendo válida cuando F no es constante pero varía con el tiempo en magnitud o dirección. Las magnitudes de F y a siguen siendo proporcionales y los dos vectores tienen la misma dirección en cualquier instante, pero, en general, no serán tangentes a la trayectoria de la partícula.

Cuando una partícula se somete simultáneamente a varias fuerzas, la ecuación (12.1) debe sustituirse por

Fig. 12.2

$$\Sigma F = ma \tag{12.2}$$

donde ΣF representa la suma, o resultante, de todas las fuerzas que actúan sobre la partícula.

Debe hacerse notar que el sistema de ejes respecto de los cuales se determina la aceleración a no es arbitrario. Estos ejes deben tener una orientación constante con respecto a las estrellas y su origen debe estar fijo al Sol[†] o debe moverse con una velocidad constante respecto a éste. A tal sistema de ejes se le

†Más exactamente, al centro de masa del sistema solar.

llama *sistema o marco de referencia newtoniano*.† Un sistema de ejes fijo a la Tierra *no* constituye un sistema de referencia newtoniano, porque la Tierra gira respecto de las estrellas y está acelerado respecto del Sol. Sin embargo, en la mayoría de las aplicaciones de ingeniería, la aceleración **a** puede determinarse respecto de ejes fijos a la Tierra, y las ecuaciones (12.1) y (12.2) pueden usarse sin error apreciable. Por otra parte, estas ecuaciones no se cumplen si **a** representa una aceleración relativa medida respecto de ejes en movimiento, como los ejes unidos a un vehículo acelerado o a una pieza de maquinaria en rotación.

Podemos observar que si la resultante $\Sigma\mathbf{F}$ de las fuerzas que actúan sobre la partícula es cero, de la ecuación (12.2) se deduce que la aceleración **a** de la partícula es también cero. Si la partícula está inicialmente en reposo ($\mathbf{v}_0 = 0$) respecto del sistema o marco de referencia newtoniano empleado, continuará en reposo ($\mathbf{v} = 0$). Si se encontraba originalmente moviéndose con una velocidad $\mathbf{v}_0$, la partícula mantendrá una velocidad constante $\mathbf{v} = \mathbf{v}_0$; es decir, se moverá con una rapidez constante v_0 en línea recta. Como recordamos, esto es lo que nos dice la primera ley de Newton (sección 2.10), la cual es un caso particular de la segunda ley de Newton y puede omitirse de los principios fundamentales de la mecánica.

12.3. CANTIDAD DE MOVIMIENTO LINEAL DE UNA PARTÍCULA. RAZÓN DE CAMBIO DE LA CANTIDAD DE MOVIMIENTO LINEAL

Sustituyendo la aceleración **a** por la derivada $d\mathbf{v}/dt$ en la ecuación (12.2), escribimos

$$\Sigma\mathbf{F} = m\frac{d\mathbf{v}}{dt}$$

o, como la masa m de la partícula es constante,

$$\Sigma\mathbf{F} = \frac{d}{dt}(m\mathbf{v}) \tag{12.3}$$

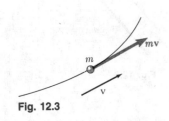

Fig. 12.3

Al vector $m\mathbf{v}$ se le llama *cantidad de movimiento lineal*, o simplemente *cantidad de movimiento*, de la partícula. Tiene la misma dirección que la velocidad de la partícula y su magnitud es igual al producto de la masa m por la rapidez v de la partícula (figura 12.3). La ecuación (12.3) expresa que *la resultante de las fuerzas que actúan sobre la partícula es igual a la razón de cambio de la cantidad de movimiento lineal de la partícula*. En esta forma fue formulada originalmente por Newton la segunda ley del movimiento. Representando con **L** la cantidad de movimiento lineal de la partícula,

$$\mathbf{L} = m\mathbf{v} \tag{12.4}$$

y con $\dot{\mathbf{L}}$ su derivada respecto de t, podemos escribir la ecuación (12.3) en la forma alterna

$$\Sigma\mathbf{F} = \dot{\mathbf{L}} \tag{12.5}$$

†Como las estrellas no están realmente fijas, una definición más rigurosa de un sistema de referencia newtoniano (también llamando *sistema inercial*) es *aquel para el cual se satisface la ecuación* (12.2).

Debe tomarse en cuenta que en las ecuaciones (12.3) a (12.5) se ha supuesto que la masa m permanece constante. Por lo tanto, las ecuaciones (12.3) o (12.5) no deben usarse para resolver problemas relacionados con el movimiento de cuerpos, como los cohetes, los cuales adquieren o pierden masa. Los problemas de ese tipo se considerarán en la sección 14.12.†

De la ecuación (12.3) tenemos que la razón de cambio de la cantidad de movimiento lineal $m\mathbf{v}$ es cero cuando $\Sigma\mathbf{F} = 0$. Entonces, *si la fuerza resultante que actúa sobre una partícula es cero, la cantidad de movimiento lineal de la partícula permanece constante tanto en magnitud como en dirección*. Éste es el principio de *conservación de la cantidad de movimiento lineal* de una partícula, que puede identificarse como otra forma de plantear la primera ley de Newton (sección 2.10).

12.4. SISTEMAS DE UNIDADES

Al emplear la ecuación fundamental $\mathbf{F} = m\mathbf{a}$, las unidades de fuerza, masa, longitud y tiempo no pueden escogerse arbitrariamente. De hacerlo así, la magnitud de la fuerza $\mathbf{F}$ necesaria para dar una aceleración $\mathbf{a}$ a la masa m *no* será numéricamente igual al producto ma; sólo será proporcional a este producto. Entonces, podemos escoger en forma arbitraria tres de las cuatro unidades, pero se deberá tomar la cuarta unidad de manera tal que la ecuación $\mathbf{F} = m\mathbf{a}$ se satisfaga. Así, las unidades formarán un sistema de unidades cinéticas consistente.

Usualmente se emplean dos sistemas de unidades cinéticas consistentes: el sistema internacional de unidades (unidades del SI‡) y el sistema inglés. Como ambos sistemas ya se han estudiado en detalle en la sección 1.3, aquí sólo los describiremos brevemente.

Sistema internacional de unidades (unidades del SI). En este sistema, las unidades básicas son las unidades de longitud, masa y tiempo, y se llaman, respectivamente, *metro* (m), *kilogramo* (kg) y *segundo* (s); las tres se definen en forma arbitraria (sección 1.3). La unidad de fuerza es una unidad derivada llamada *newton* (N), y se define como la fuerza que produce una aceleración de 1 m/s² a una masa de 1 kg (figura 12.4). De la ecuación (12.1) escribimos

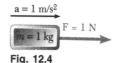

Fig. 12.4

$$1 \text{ N} = (1 \text{ kg})(1 \text{ m/s}^2) = 1 \text{ kg} \cdot \text{m/s}^2$$

Se dice que el SI forma un sistema *absoluto* de unidades, lo que significa que las tres unidades básicas elegidas son independientes del lugar donde se toman las medidas. El metro, el kilogramo y el segundo pueden usarse en cualquier lugar de la Tierra; pueden emplearse también en otro planeta, donde tendrían siempre el mismo significado.

El *peso* $\mathbf{W}$ de un cuerpo, o *fuerza de gravedad* ejercida sobre ese cuerpo, como cualquier otra fuerza, debe expresarse en newtons. Como un cuerpo sujeto a su propio peso adquiere una aceleración igual a la aceleración de la gravedad g, de la segunda ley de Newton se deduce que la magnitud W del peso de un cuerpo de masa m es

$$W = mg \tag{12.6}$$

---

†Por otra parte, las ecuaciones (12.3) y (12.5) se cumplen en la *mecánica relativista*, donde se supone que la masa m de la partícula varía con la rapidez de la partícula.

‡SI son las siglas de *Système International d'Unités* (en francés).

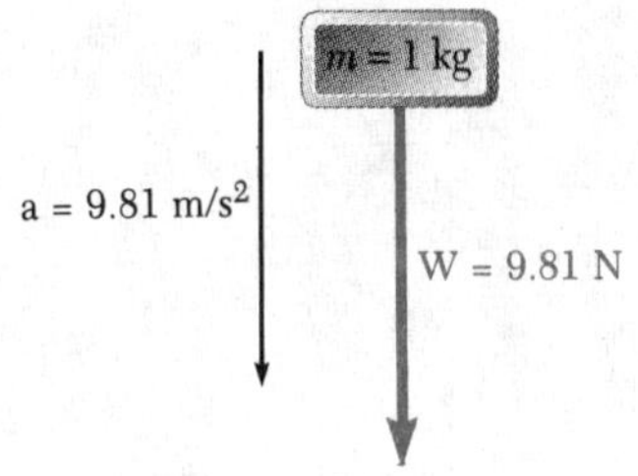

$m = 1$ kg

a = 9.81 m/s²

W = 9.81 N

Fig. 12.5

Recordando que $g = 9.81$ m/s², encontramos que el peso de un cuerpo de masa 1 kg (figura 12.5) es

$$W = (1 \text{ kg})(9.81 \text{ m/s}^2) = 9.81 \text{ N}$$

Con frecuencia se emplean múltiplos y submúltiplos de las unidades de longitud, masa y fuerza en aplicaciones de la ingeniería. Éstas son, respectivamente, el *kilómetro* (km) y el *milímetro* (mm); el *megagramo*† (Mg) y el *gramo* (g), y el *kilonewton* (kN). Por definición,

$$1 \text{ km} = 1000 \text{ m} \qquad 1 \text{ mm} = 0.001 \text{ m}$$
$$1 \text{ Mg} = 1000 \text{ kg} \qquad 1 \text{ g} = 0.001 \text{ kg}$$
$$1 \text{ kN} = 1000 \text{ N}$$

La conversión de estas unidades a metros, kilogramos y newtons, respectivamente, puede efectuarse con sólo recorrer el punto decimal tres lugares a la derecha o a la izquierda.

Las unidades distintas de las unidades de masa, longitud y tiempo pueden expresarse en términos de esas tres unidades básicas. Por ejemplo, la unidad de la cantidad de movimiento lineal puede obtenerse recordando la definición de la cantidad de movimiento lineal y escribiendo

$$mv = (\text{kg})(\text{m/s}) = \text{kg} \cdot \text{m/s}$$

Unidades del sistema inglés. La mayoría de los ingenieros estadounidenses usan un sistema en el cual las unidades básicas son las de longitud, fuerza y tiempo. Estas unidades son, respectivamente, el *pie* (ft), la *libra* (lb) y el *segundo* (s). El segundo es el mismo que la unidad correspondiente en el SI. El pie se define como 0.3048 m. La libra está definida como el *peso* de un patrón de platino, llamado *libra estándar*, que se conserva en el Instituto Nacional de Estándares y Tecnología cerca de Washington, cuya masa es de 0.453 592 43 kg. Como el peso de un cuerpo depende de la atracción gravitacional de la Tierra, que varía con la ubicación del mismo, está especificado que la libra estándar debe colocarse al nivel del mar y a una latitud de 45° para definir correctamente la fuerza de 1 lb. Naturalmente que las unidades del sistema inglés no forman un sistema de unidades absoluto. Debido a que dependen de la atracción gravitacional de la Tierra, se dice que forman un sistema de unidades *gravitacional*.

Aunque la libra estándar sirve también como la unidad de masa en operaciones comerciales en Estados Unidos, no puede usarse en cálculos de ingeniería, ya que tal unidad no sería consistente con las unidades básicas definidas en el párrafo anterior. De hecho, al estar sujeta a una fuerza de 1 lb, es decir, cuando actúa sobre ella su propio peso, la libra estándar recibe la aceleración de la gravedad, $g = 32.2$ ft/s² (figura 12.6), y no la aceleración unitaria requerida por la ecuación (12.1). La unidad de masa consistente con el pie, la libra y el segundo es la masa que recibe la aceleración de 1 ft/s² cuando se le aplica una fuerza de 1 lb (figura 12.7). Esta unidad, llamada algunas veces *slug*, puede derivarse de la ecuación $F = ma$ después de sustituir 1 lb y 1 ft/s² para F y a, respectivamente. Escribimos

$$F = ma \qquad 1 \text{ lb} = (1 \text{ slug})(1 \text{ ft/s}^2)$$

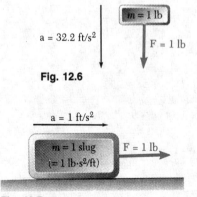

$m = 1$ lb

a = 32.2 ft/s²

F = 1 lb

Fig. 12.6

a = 1 ft/s²

$m = 1$ slug
(= 1 lb·s²/ft)

F = 1 lb

Fig. 12.7

†También conocido como *tonelada métrica*.

$$1 \text{ slug} = \frac{1 \text{ lb}}{1 \text{ ft/s}^2} = 1 \text{ lb} \cdot \text{s}^2/\text{ft}$$

Comparando las figuras 12.6 y 12.7, concluimos que el slug es una masa 32.2 veces mayor que la masa de la libra estándar.

El hecho de que los cuerpos estén caracterizados en el sistema inglés de unidades por sus pesos en libras, en lugar de que lo estén por sus masas en slugs, fue conveniente para el estudio de la estática, donde estuvimos tratando constantemente con pesos y otras fuerzas, y sólo en ocasiones con masas. Pero en el estudio de la cinética, donde intervienen fuerzas, masas y aceleraciones, tendremos que expresar de manera repetida la masa m de un cuerpo en slugs, cuyo peso W esté dado en libras. Recordando la ecuación (12.6), escribiremos

$$m = \frac{W}{g} \tag{12.7}$$

donde g es la aceleración de la gravedad ($g = 32.2$ ft/s²).

Las otras unidades distintas de las unidades de fuerza, longitud y tiempo pueden expresarse en términos de estas tres unidades básicas. Por ejemplo, la unidad de cantidad de movimiento lineal puede obtenerse a partir de la definición de la cantidad de movimiento lineal

$$mv = (\text{lb} \cdot \text{s}^2/\text{ft})(\text{ft/s}) = \text{lb} \cdot \text{s}$$

Conversión de un sistema de unidades a otro. La conversión de las unidades del sistema inglés a las unidades del SI, y viceversa, se estudió en la sección 1.4. Recordaremos los factores de conversión obtenidos para las unidades de longitud, fuerza y masa, respectivamente:

Longitud: 1 ft = 0.3048 m
Fuerza: 1 lb = 4.448 N
Masa: 1 slug = 1 lb $\cdot$ s²/ft = 14.59 kg

Si bien no puede usarse como unidad de masa congruente, recordaremos que la masa de la libra estándar es, por definición,

$$1 \text{ libra-masa} = 0.4536 \text{ kg}$$

Esta constante puede usarse para determinar la *masa* en unidades del SI (kilogramos) de un cuerpo que por su *peso* se ha caracterizado en unidades inglesas (libras).

12.5. ECUACIONES DE MOVIMIENTO

Considérese una partícula de masa m sujeta a varias fuerzas. De la sección 12.2, recordamos que la segunda ley de Newton puede expresarse escribiendo la ecuación

$$\Sigma \mathbf{F} = m\mathbf{a} \tag{12.2}$$

que relaciona las fuerzas que actúan sobre la partícula y el vector $m\mathbf{a}$ (figura 12.8). Sin embargo, para resolver problemas en los que interviene el movimiento de una partícula, resultará más conveniente sustituir la ecuación (12.2) por ecuaciones equivalentes en términos de cantidades escalares.

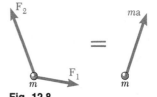

Fig. 12.8

Componentes rectangulares. Descomponiendo cada fuerza **F** y la aceleración **a** en sus componentes rectangulares, escribimos

$$\Sigma(F_x\mathbf{i} + F_y\mathbf{j} + F_z\mathbf{k}) = m(a_x\mathbf{i} + a_y\mathbf{j} + a_z\mathbf{k})$$

de donde se obtiene

$$\Sigma F_x = ma_x \qquad \Sigma F_y = ma_y \qquad \Sigma F_z = ma_z \qquad (12.8)$$

Recordando de la sección 11.11 que las componentes de la aceleración son iguales a las segundas derivadas de las coordenadas de la partícula, entonces,

$$\Sigma F_x = m\ddot{x} \qquad \Sigma F_y = m\ddot{y} \qquad \Sigma F_z = m\ddot{z} \qquad (12.8')$$

Considérese, como un ejemplo, el movimiento de un proyectil. Si se desprecia la resistencia del aire, la única fuerza que actúa sobre el proyectil, después de que ha sido disparado, es su peso $\mathbf{W} = -W\mathbf{j}$. Las ecuaciones que definen el movimiento del proyectil son, por lo tanto,

$$m\ddot{x} = 0 \qquad m\ddot{y} = -W \qquad m\ddot{z} = 0$$

y las componentes de la aceleración del proyectil son

$$\ddot{x} = 0 \qquad \ddot{y} = -\frac{W}{m} = -g \qquad \ddot{z} = 0$$

donde g es 9.81 m/s² o 32.2 ft/s². Las ecuaciones obtenidas pueden integrarse en forma independiente, como se mostró en la sección 11.11, para obtener la velocidad y el desplazamiento del proyectil en cualquier instante.

Cuando un problema involucra a dos o más cuerpos, las ecuaciones de movimiento deben escribirse para cada uno de los cuerpos (véanse los problemas resueltos 12.3 y 12.4). También recordemos de la sección 12.2 que todas las aceleraciones deben medirse respecto a un sistema de referencia newtoniano. En la mayor parte de las aplicaciones en ingeniería, las aceleraciones pueden determinarse respecto de ejes fijos a la Tierra; sin embargo, las aceleraciones relativas medidas respecto de ejes en movimiento (tales como ejes fijos a un cuerpo acelerado) no pueden sustituirse por **a** en las ecuaciones de movimiento.

Componentes tangencial y normal. Descomponiendo las fuerzas y la aceleración de la partícula en sus componentes a lo largo de la tangente a la trayectoria (en la dirección del movimiento) y la normal (hacia el interior de la trayectoria) (figura 12.9), y sustituyendo en la ecuación (12.2), obtenemos las dos ecuaciones escalares

$$\Sigma F_t = ma_t \qquad \Sigma F_n = ma_n \qquad (12.9)$$

Sustituyendo a_t y a_n de las ecuaciones (11.40), tenemos

$$\Sigma F_t = m\frac{dv}{dt} \qquad \Sigma F_n = m\frac{v^2}{\rho} \qquad (12.9')$$

Las ecuaciones que se obtienen pueden resolverse para dos incógnitas.

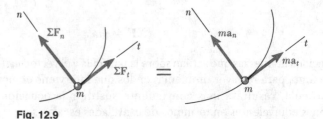

Fig. 12.9

Volviendo a la ecuación (12.2) y trasponiendo el miembro derecho, escribimos la segunda ley de Newton en la forma alterna

$$\Sigma\mathbf{F} - m\mathbf{a} = 0 \qquad (12.10)$$

la cual expresa que si agregamos el vector $-m\mathbf{a}$ a las fuerzas que actúan sobre la partícula, *obtenemos un sistema de vectores equivalentes a cero* (figura 12.10). El vector $-m\mathbf{a}$, de magnitud ma y de *sentido opuesto* al de la aceleración, se llama *vector de inercia*. Así pues, puede considerarse que la partícula está en equilibrio bajo las fuerzas dadas y el vector de inercia. Se dice que la partícula está en *equilibrio dinámico* y que el problema en consideración puede resolverse por los métodos desarrollados anteriormente en la estática.

En el caso de fuerzas coplanares, podemos trazar, uno tras otro, todos los vectores mostrados en la figura 12.10, *incluyendo el vector de inercia*, para formar un polígono vectorial cerrado. O podemos escribir que las sumas de las componentes de todos los vectores en la figura 12.10, incluyendo nuevamente el vector de inercia, son cero. Por consiguiente, usando componentes rectangulares, escribimos

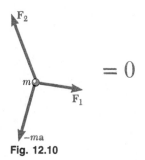

Fig. 12.10

$$\Sigma F_x = 0 \qquad \Sigma F_y = 0 \qquad \textit{\textbf{incluyendo el vector de inercia}} \quad (12.11)$$

Cuando se usan las componentes tangenciales y normales, es más conveniente representar el vector de inercia por sus dos componentes $-m\mathbf{a}_t$ y $-m\mathbf{a}_n$ en el diagrama mismo (figura 12.11). La componente tangencial del vector de inercia proporciona una medida de la resistencia que la partícula presenta a un cambio en la rapidez, mientras que su componente normal (también llamada *fuerza centrífuga*) representa la tendencia de la partícula a salir de su trayectoria curva. Debemos notar que cualquiera de estas dos componentes puede ser cero bajo condiciones especiales: 1) si la partícula parte del reposo, su velocidad inicial es cero y la componente normal de su vector de inercia es cero en $t = 0$; 2) si la partícula se mueve con rapidez constante a lo largo de su trayectoria, la componente tangencial del vector de inercia es cero y sólo necesita considerarse su componente normal.

Como los vectores de inercia miden la resistencia que las partículas ofrecen cuando tratamos de ponerlas en movimiento o cuando tratamos de cambiar las condiciones de su movimiento, con frecuencia se les llama *fuerzas inerciales*. Sin embargo, las fuerzas inerciales no son como las fuerzas encontradas en estática, que pueden ser de contacto o gravitacionales (pesos). Por esto, muchos investigadores se oponen al uso de la palabra "fuerza" cuando se habla del vector $-m\mathbf{a}$, o incluso evitan el concepto de equilibrio dinámico. Otros señalan que las fuerzas inerciales y las fuerzas reales, al igual que las gravitacionales, afectan nuestros sentidos en la misma forma y no pueden distinguirse por medios físicos. Un hombre que sube en un ascensor que está acelerando hacia arriba sentirá que su peso ha aumentado súbitamente, y ninguna medición hecha dentro del ascensor puede decir si el ascensor en realidad está acelerado, o si la fuerza de atracción ejercida por la Tierra se ha incrementado de repente.

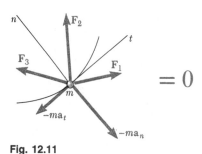

Fig. 12.11

En los problemas resueltos de este texto se aplica directamente la segunda ley de Newton, como se ilustra en las figuras 12.8 y 12.9, en lugar de utilizar el método de equilibrio dinámico.

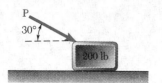

PROBLEMA RESUELTO 12.1

Un bloque de 200 lb descansa sobre un plano horizontal. Hállese la magnitud de la fuerza **P** requerida para dar al bloque una aceleración de 10 ft/s² hacia la derecha. El coeficiente de fricción cinética entre el bloque y el plano es $\mu_k = 0.25$.

SOLUCIÓN

La masa del bloque es

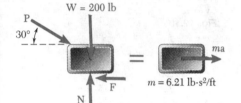

$$m = \frac{W}{g} = \frac{200 \text{ lb}}{32.2 \text{ ft/s}^2} = 6.21 \text{ lb} \cdot \text{s}^2/\text{ft}$$

Notamos que $F = \mu_k N = 0.25N$ y que $a = 10$ ft/s². Expresando que las fuerzas que actúan sobre el bloque son equivalentes al vector $m\mathbf{a}$, escribimos

$\xrightarrow{\pm} \Sigma F_x = ma$: $\quad P \cos 30° - 0.25N = (6.21 \text{ lb} \cdot \text{s}^2/\text{ft})(10 \text{ ft/s}^2)$

$\qquad\qquad\qquad\qquad P \cos 30° - 0.25N = 62.1 \text{ lb}$ (1)

$+\uparrow\Sigma F_y = 0$: $\quad N - P \text{ sen } 30° - 200 \text{ lb} = 0$ (2)

Despejando en (2) N y sustituyendo el resultado en (1), obtenemos

$$N = P \text{ sen } 30° + 200 \text{ lb}$$
$$P \cos 30° - 0.25(P \text{ sen } 30° + 200 \text{ lb}) = 62.1 \text{ lb} \qquad P = 151 \text{ lb} \blacktriangleleft$$

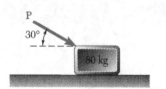

PROBLEMA RESUELTO 12.2

Un bloque de 80 kg descansa sobre un plano horizontal. Hállese la magnitud de la fuerza **P** que se requiere para dar al bloque una aceleración de 2.5 m/s² hacia la derecha. El coeficiente de fricción cinética entre el bloque y el plano es $\mu_k = 0.25$.

SOLUCIÓN

El peso del bloque es

$$W = mg = (80 \text{ kg})(9.81 \text{ m/s}^2) = 785 \text{ N}$$

Notamos que $F = \mu_k N = 0.25N$ y que $a = 2.5$ m/s². Expresando que las fuerzas que actúan sobre el bloque son equivalentes al vector $m\mathbf{a}$, escribimos

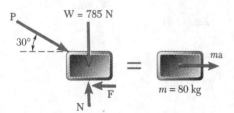

$\xrightarrow{\pm} \Sigma F_x = ma$: $\quad P \cos 30° - 0.25N = (80 \text{ kg})(2.5 \text{ m/s}^2)$

$\qquad\qquad\qquad\qquad P \cos 30° - 0.25N = 200 \text{ N}$ (1)

$+\uparrow\Sigma F_y = 0$: $\quad N - P \text{ sen } 30° - 785 \text{ N} = 0$ (2)

Despejando en (2) N y sustituyendo el resultado en (1), obtenemos

$$N = P \text{ sen } 30° + 785 \text{ N}$$
$$P \cos 30° - 0.25(P \text{ sen } 30° + 785 \text{ N}) = 200 \text{ N} \qquad P = 535 \text{ N} \blacktriangleleft$$

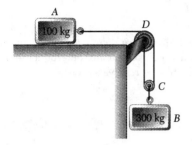

PROBLEMA RESUELTO 12.3

Los dos bloques mostrados parten del reposo. El plano horizontal y la polea no presentan fricción, y se asume que la polea es de masa despreciable. Determínese la aceleración de cada bloque y la tensión en cada cuerda.

SOLUCIÓN

Cinemática. Notamos que si el bloque A se mueve una distancia x_A hacia la derecha, el bloque B se mueve hacia abajo

$$x_B = \tfrac{1}{2}x_A$$

Derivando dos veces con respecto a t, tenemos

$$a_B = \tfrac{1}{2}a_A \qquad (1)$$

Cinética. Aplicamos la segunda ley de Newton sucesivamente al bloque A, al bloque B, y a la polea C.

Bloque A. Denotando con T_1 la tensión en la cuerda ACD, escribimos

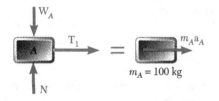

$$\xrightarrow{+} \Sigma F_x = m_A a_A: \qquad\qquad T_1 = 100a_A \qquad (2)$$

Bloque B. Observando que el peso del bloque B es

$$W_B = m_B g = (300 \text{ kg})(9.81 \text{ m/s}^2) = 2940 \text{ N}$$

y denotando con T_2 la tensión en la cuerda BC, escribimos

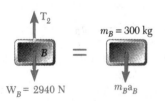

$$+\downarrow\Sigma F_y = m_B a_B: \qquad\qquad 2940 - T_2 = 300a_B$$

o, sustituyendo a_B de (1),

$$2940 - T_2 = 300(\tfrac{1}{2}a_A)$$
$$T_2 = 2940 - 150a_A \qquad (3)$$

Polea C. Como asumimos que m_C es cero, tenemos

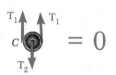

$$+\downarrow\Sigma F_y = m_C a_C = 0: \qquad T_2 - 2T_1 = 0 \qquad (4)$$

Sustituyendo T_1 y T_2 de (2) y (3), respectivamente, en (4) escribimos

$$2940 - 150a_A - 2(100a_A) = 0$$
$$2940 - 50a_A = 0 \qquad\qquad a_A = 8.40 \text{ m/s}^2 \blacktriangleleft$$

Sustituyendo el valor obtenido para a_A en (1) y (2), tenemos

$$a_B = \tfrac{1}{2}a_A = \tfrac{1}{2}(8.40 \text{ m/s}^2) \qquad a_B = 4.20 \text{ m/s}^2 \blacktriangleleft$$
$$T_1 = 100a_A = (100 \text{ kg})(8.40 \text{ m/s}^2) \qquad T_1 = 840 \text{ N} \blacktriangleleft$$

Recordando (4), escribimos

$$T_2 = 2T_1 \qquad T_2 = 2(840 \text{ N}) \qquad T_2 = 1680 \text{ N} \blacktriangleleft$$

Notamos que el valor obtenido para T_2 *no* es igual al peso del bloque B.

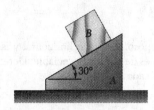

PROBLEMA RESUELTO 12.4

El bloque B de 12 lb parte del reposo y se desliza sobre la cuña A de 30 lb, que está sobre una superficie horizontal. Despreciando el rozamiento, determínense: a) la aceleración de la cuña, b) la aceleración del bloque relativa a la cuña.

SOLUCIÓN

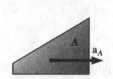

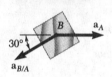

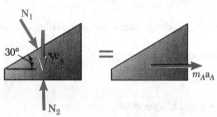

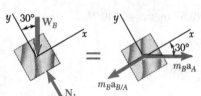

Cinemática. Examinaremos primero las aceleraciones de la cuña y del bloque.

Cuña A. Por estar restringida a moverse sobre la superficie horizontal, su aceleración $\mathbf{a}_A$ es horizontal. Supondremos que se dirige hacia la derecha.

Bloque B. La aceleración $\mathbf{a}_B$ del bloque B puede expresarse como la suma de la aceleración de A y de la aceleración de B relativa a A. Tenemos

$$\mathbf{a}_B = \mathbf{a}_A + \mathbf{a}_{B/A}$$

donde $\mathbf{a}_{B/A}$ está dirigida a lo largo de la superficie inclinada de la cuña.

Cinética. Trazaremos los diagramas de cuerpo libre de la cuña y del bloque, y aplicaremos la segunda ley de Newton.

Cuña A. Representamos con $\mathbf{N}_1$ y $\mathbf{N}_2$ las fuerzas ejercidas por el bloque y la superficie horizontal sobre la cuña A, respectivamente.

$$\xrightarrow{+} \Sigma F_x = m_A a_A: \qquad N_1 \operatorname{sen} 30° = m_A a_A$$
$$0.5 N_1 = (W_A/g) a_A \qquad\qquad (1)$$

Bloque B. Usando los ejes coordenados mostrados en la figura y descomponiendo $\mathbf{a}_B$ en sus componentes $\mathbf{a}_A$ y $\mathbf{a}_{B/A}$, escribimos

$$+ \nearrow \Sigma F_x = m_B a_x: \qquad -W_B \operatorname{sen} 30° = m_B a_A \cos 30° - m_B a_{B/A}$$
$$-W_B \operatorname{sen} 30° = (W_B/g)(a_A \cos 30° - a_{B/A})$$
$$a_{B/A} = a_A \cos 30° + g \operatorname{sen} 30° \qquad (2)$$
$$+ \nwarrow \Sigma F_y = m_B a_y: \qquad N_1 - W_B \cos 30° = -m_B a_A \operatorname{sen} 30°$$
$$N_1 - W_B \cos 30° = -(W_B/g) a_A \operatorname{sen} 30° \qquad (3)$$

a. Aceleración de la cuña A. Sustituyendo N_1 de la ecuación (1) y en la ecuación (3), tenemos

$$2(W_A/g) a_A - W_B \cos 30° = -(W_B/g) a_A \operatorname{sen} 30°$$

Resolviendo para a_A y sustituyendo los datos numéricos, escribimos

$$a_A = \frac{W_B \cos 30°}{2W_A + W_B \operatorname{sen} 30°} g = \frac{(12 \text{ lb}) \cos 30°}{2(30 \text{ lb}) + (12 \text{ lb}) \operatorname{sen} 30°}(32.2 \text{ ft/s}^2)$$
$$a_A = +5.07 \text{ ft/s}^2 \qquad\qquad \mathbf{a}_A = 5.07 \text{ ft/s}^2 \rightarrow \;\blacktriangleleft$$

b. Aceleración del bloque B relativa a A. Sustituyendo el valor obtenido para a_A en la ecuación (2), tenemos

$$a_{B/A} = (5.07 \text{ ft/s}^2) \cos 30° + (32.2 \text{ ft/s}^2) \operatorname{sen} 30°$$
$$a_{B/A} = +20.5 \text{ ft/s}^2 \qquad\qquad \mathbf{a}_{B/A} = 20.5 \text{ ft/s}^2 \;\nearrow\; 30° \;\blacktriangleleft$$

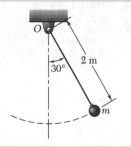

PROBLEMA RESUELTO 12.5

La plomada de un péndulo de 2 m describe un arco de círculo en un plano vertical. Si la tensión en la cuerda es 2.5 veces el peso de la plomada para la posición mostrada en la figura, hállense la velocidad y la aceleración de la plomada en esa posición.

SOLUCIÓN

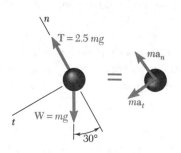

El peso de la plomada es $W = mg$; la tensión en la cuerda es, entonces, $2.5\ mg$. Como $\mathbf{a}_n$ está dirigida hacia O y suponiendo $\mathbf{a}_t$ como se muestra en la figura, aplicamos la segunda ley de Newton y obtenemos

$+\swarrow\Sigma F_t = ma_t:$ $\qquad mg\ \mathrm{sen}\ 30° = ma_t$
$$a_t = g\ \mathrm{sen}\ 30° = +4.90\ \mathrm{m/s^2} \qquad \mathbf{a}_t = 4.90\ \mathrm{m/s^2}\ \swarrow \qquad \blacktriangleleft$$

$+\nwarrow\Sigma F_n = ma_n:$ $\qquad 2.5\ mg - mg\cos 30° = ma_n$
$$a_n = 1.634\ g = +16.03\ \mathrm{m/s^2} \qquad \mathbf{a}_n = 16.03\ \mathrm{m/s^2}\ \nwarrow \qquad \blacktriangleleft$$

Como $a_n = v^2/\rho$, tenemos $v^2 = \rho a_n = (2\mathrm{m})(16.03\ \mathrm{m/s^2})$
$$v = \pm 5.66\ \mathrm{m/s} \qquad \mathbf{v} = 5.66\ \mathrm{m/s}\ \nearrow\ (\text{hacia arriba o hacia abajo}) \qquad \blacktriangleleft$$

PROBLEMA RESUELTO 12.6

Determínese la rapidez máxima permitida en una curva de una carretera, de radio $\rho = 400$ ft peraltada con un ángulo $\theta = 18°$. La *rapidez máxima permitida* en una curva peraltada de un camino es la rapidez con la que un vehículo debe transitar para que no exista fuerza de rozamiento lateral en sus neumáticos.

SOLUCIÓN

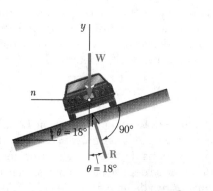

El automóvil viaja en una trayectoria circular *horizontal* de radio ρ. La componente normal $\mathbf{a}_n$ de la aceleración se dirige hacia el centro de la trayectoria; su magnitud es $a_n = v^2/\rho$, donde v es la rapidez del vehículo en ft/s. La masa m del auto es W/g, donde W es el peso del auto. Como no ha de ejercerse ninguna fuerza de rozamiento lateral sobre el auto, la reacción $\mathbf{R}$ del camino se muestra perpendicular a la carretera. Aplicando la segunda ley de Newton, escribimos

$+\uparrow\Sigma F_y = 0:$ $\qquad R\cos\theta - W = 0 \qquad R = \dfrac{W}{\cos\theta}$ $\qquad$ (1)

$\xleftarrow{\pm}\Sigma F_n = ma_n:$ $\qquad R\ \mathrm{sen}\ \theta = \dfrac{W}{g}a_n$ $\qquad$ (2)

Sustituyendo el valor de R de (1) en (2), y recordando que $a_n = v^2/\rho$,

$$\frac{W}{\cos\theta}\ \mathrm{sen}\ \theta = \frac{W}{g}\frac{v^2}{\rho} \qquad v^2 = g\rho\ \tan\theta$$

Reemplazando $\rho = 400$ ft y $\theta = 18°$ en esta ecuación, obtenemos

$$v^2 = (32.2\ \mathrm{ft/s^2})(400\ \mathrm{ft})\ \tan 18°$$
$$v = 64.7\ \mathrm{ft/s} \qquad\qquad v = 44.1\ \mathrm{mi/h} \qquad \blacktriangleleft$$

En los problemas para esta lección, se aplicará la *segunda ley de Newton del movimiento*, $\Sigma\mathbf{F} = m\mathbf{a}$, para relacionar las fuerzas que actúan sobre una partícula con el movimiento de la misma.

1. Escribir las ecuaciones del movimiento. Al aplicar la segunda ley de Newton a los diferentes tipos de movimiento estudiados en esta lección, se encontrará que es más conveniente expresar los vectores $\mathbf{F}$ y $\mathbf{a}$ en función de sus componentes rectangulares o de sus componentes tangencial y normal.

a. Cuando se usen componentes rectangulares, y retomando de la sección 11.11 las expresiones halladas para a_x, a_y y a_z, usted escribirá

$$\Sigma F_x = m\ddot{x} \qquad \Sigma F_y = m\ddot{y} \qquad \Sigma F_z = m\ddot{z}$$

b. Cuando se usen las componentes tangencial y normal, y retomando de la sección 11.13 las expresiones halladas para a_t, y a_n, usted escribirá

$$\Sigma F_t = m\frac{dv}{dt} \qquad \Sigma F_n = m\frac{v^2}{\rho}$$

2. Dibujo de un diagrama de cuerpo libre que muestre las fuerzas aplicadas *y un diagrama equivalente* que muestre el vector $m\mathbf{a}$ o sus componentes, le proporcionará una representación gráfica de la segunda ley de Newton [problemas resueltos 12.1 a 12.6]. Estos diagramas le serán de gran utilidad al escribir las ecuaciones de movimiento. Note que cuando un problema involucra dos o más cuerpos, generalmente es mejor considerar cada uno por separado.

3. Aplicación de la segunda ley de Newton. Como se observó en la sección 12.2, la aceleración que se usa en la ecuación $\Sigma\mathbf{F} = m\mathbf{a}$ debe ser siempre la *aceleración absoluta* de la partícula (esto es, debe ser medida con respecto a un sistema de referencia newtoniano). Además, *si el sentido de la aceleración* $\mathbf{a}$ *es desconocido* o si no se deduce fácilmente, asuma un sentido arbitrario para $\mathbf{a}$ (generalmente, en la dirección positiva de un eje coordenado) y deje que la solución proporcione el sentido correcto. Finalmente, note cómo las soluciones de los problemas resueltos 12.3 y 12.4 fueron divididas en una parte *cinemática* y otra *cinética*, y cómo en el problema resuelto 12.4 se usaron dos sistemas de ejes coordenados para simplificar las ecuaciones de movimiento.

4. Cuando un problema involucre a la fricción seca, asegúrese de revisar las secciones relevantes del texto de *Estática* (secciones 8.1 a 8.3) antes de intentar resolver ese problema. En

(continúa)

particular, usted debe saber cuándo usar cada una de las ecuaciones $F = \mu_s N$ y $F = \mu_k N$. También debe reconocer que si no se especifica el movimiento de un sistema, primero es necesario asumir un posible movimiento y luego verificar la validez del supuesto.

5. *Resolución de problemas que involucren movimiento relativo.* Cuando un cuerpo B se mueve con respecto a un cuerpo A, como en el ejemplo resuelto 12.4, generalmente es conveniente expresar la aceleración de B como

$$\mathbf{a}_B = \mathbf{a}_A + \mathbf{a}_{B/A}$$

donde $\mathbf{a}_{B/A}$ es la aceleración de B relativa a A; esto es, la aceleración de B observada desde un sistema de referencia unido a A y en traslación. Si se observa que B se mueve en línea recta, $\mathbf{a}_{B/A}$ estará dirigida a lo largo de esa línea. Por otro lado, si se observa que B se mueve en una trayectoria circular, la aceleración relativa $\mathbf{a}_{B/A}$ debe descomponerse en sus componentes tangencial y normal a la trayectoria.

6. *Finalmente, siempre se deben considerar las implicaciones de cualquier supuesto que se haga.* Así, en un problema que involucre dos cuerdas, si se asume que la tensión en una de las cuerdas es igual al valor máximo permisible, verifique si se satisfacen los requerimientos establecidos para la otra cuerda. Por ejemplo, ¿la tensión T en la cuerda satisface la relación $0 \leq T \leq T_{máx}$? Esto es, ¿la cuerda permanecerá tensa y su tensión será menor que el valor máximo permisible?

12.1 El valor de la aceleración de la gravedad para cualquier latitud ϕ está dada por $g = 9.7807(1 + 0.0053 \operatorname{sen}^2 \phi)$ m/s², donde el efecto de la rotación de la Tierra, así como el hecho de que la Tierra no es esférica, se han tomado en cuenta. Si se ha establecido oficialmente que la masa de una barra de oro es de 2 kg, determine con cuatro dígitos de precisión su masa en kilogramos y su peso en newtons a una latitud de a) 0°, b) 45°, c) 60°.

12.2 La aceleración debida a la gravedad en Marte es 12.3 ft/s². Si se ha establecido oficialmente que la masa de una barra de plata es de 50 lb, determine, sobre Marte, a) su masa en libras, b) su masa en lb · s²/ft, c) su peso en libras.

12.3 Un satélite de 200 kg se mueve en una órbita circular a 1500 km sobre la superficie de Venus. La aceleración debida a la atracción gravitacional de Venus a esa altitud es 5.52 m/s². Determine la magnitud de la cantidad de movimiento lineal del satélite, sabiendo que su rapidez orbital es 23.4×10^3 km/h.

12.4 Una báscula de resorte A y una báscula de brazo B se sujetan al techo de un elevador. Se colocan paquetes iguales sobre las básculas, como se muestra. Sabiendo que cuando el elevador se mueve hacia abajo con una aceleración de 4 ft/s² la escala de resorte indica una carga de 14.1 lb, determine a) el peso de los paquetes, b) la carga indicada por la báscula de resorte y la masa necesaria para balancear la báscula de brazo cuando el elevador se mueve hacia arriba con una aceleración de 4 ft/s².

12.5 Un jugador de hockey golpea un disco, lo que provoca que éste deslice 30 m sobre el hielo y se detenga 9 s después. Determine a) la velocidad inicial del disco, b) el coeficiente de fricción entre el disco y el hielo.

12.6 Determine la rapidez teórica máxima que un automóvil que parte del reposo puede alcanzar después de recorrer 400 m. Asuma que el coeficiente de fricción estática es 0.80 entre las llantas y el pavimento, y que a) el automóvil tiene tracción delantera y que las llantas delanteras soportan el 62% del peso del automóvil, b) el automóvil tiene tracción trasera y que las llantas traseras soportan el 43% del peso del automóvil.

12.7 Anticipándose a una larga cuesta de 7°, el conductor de un autobús acelera a razón constante de 3 ft/s², mientras aún se encuentra en la parte plana de la carretera. Sabiendo que la rapidez del autobús es 60 mi/h cuando éste empieza a subir la cuesta y que el conductor no altera el estado del acelerador ni mueve la palanca de cambios, determine la distancia recorrida por el autobús sobre la cuesta cuando su rapidez ha disminuido a 50 mi/h.

12.8 La aceleración de un paquete que se desliza sobre la sección AB de la rampa ABC es 18 ft/s². Asumiendo que el coeficiente de fricción cinética es el mismo para cada sección, determine la aceleración del paquete sobre la sección BC de la rampa.

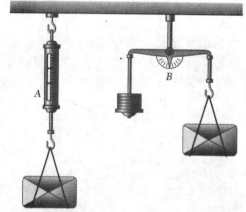

Fig. P12.4

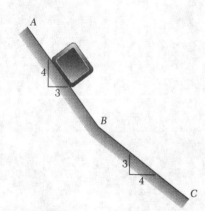

Fig. P12.8

12.9 Si la distancia de frenado de un automóvil que viaja a 90 km/h es 50 m sobre una pista horizontal, determine la distancia de frenado de un automóvil a 90 km/h cuando viaja *a*) hacia arriba en una cuesta de 5°, *b*) hacia abajo sobre una rampa con un 3% de inclinación.

12.10 Un paquete de 20 kg está en reposo sobre una rampa cuando se aplica sobre él una fuerza **P**. Determine la magnitud de **P** si se requieren 10 s para que el paquete viaje 5 m hacia arriba de la rampa. Los coeficientes de fricción estática y cinética entre el paquete y la rampa son 0.4 y 0.3, respectivamente.

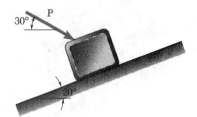

Fig. P12.10

12.11 Los dos bloques mostrados se encuentran originalmente en reposo. Despreciando las masas de las poleas y el efecto de la fricción en ellas y entre el bloque *A* y la superficie horizontal, determine *a*) la aceleración de cada bloque, *b*) la tensión en el cable.

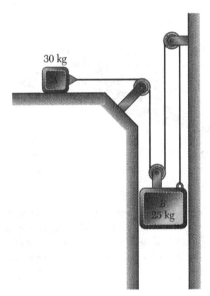

Fig. P12.11 y P12.12

12.12 Los dos bloques mostrados se encuentran originalmente en reposo. Despreciando las masas de las poleas y el efecto de la fricción en ellas y asumiendo que los coeficientes de fricción entre el bloque *A* y la superficie horizontal son $\mu_s = 0.25$ y $\mu_k = 0.20$, determine *a*) la aceleración de cada bloque, *b*) la tensión en el cable.

12.13 Un tractocamión viaja a 60 mi/h cuando el conductor aplica los frenos. Sabiendo que las fuerzas de frenado del tractor y el remolque son 3600 lb y 13 700 lb, respectivamente, determine *a*) la distancia recorrida por el tractocamión antes de que logre detenerse, *b*) la componente horizontal de la fuerza en el enganche entre el tractor y el remolque mientras éstas van frenando.

Fig. *P12.13*

12.14 Resuelva el problema 12.13 asumiendo que un segundo remolque y su sujetador, con un peso combinado de 24 900 lb, se enganchan detrás del tractocamión. La fuerza de frenado del segundo remolque es 12 900 lb.

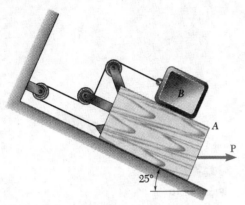

Fig. P12.15 y P12.16

12.15 El bloque A tiene una masa de 40 kg, y el bloque B tiene una masa de 8 kg. Los coeficientes de fricción entre todas las superficies de contacto son $\mu_s = 0.20$ y $\mu_k = 0.15$. Si $P = 0$, determine a) la aceleración del bloque B, b) la tensión en la cuerda.

12.16 El bloque A tiene una masa de 40 kg, y el bloque B tiene una masa de 8 kg. Los coeficientes de fricción entre todas las superficies de contacto son $\mu_s = 0.20$ y $\mu_k = 0.15$. Si $\mathbf{P} = 40$ N →, determine a) la aceleración del bloque B, b) la tensión en la cuerda.

12.17 Las cajas A y B se encuentran en reposo sobre la banda transportadora que inicialmente está también en reposo. La banda se mueve en forma repentina hacia arriba, de manera que ocurre un deslizamiento entre la banda y las cajas. Sabiendo que los coeficientes de fricción cinética entre la banda y las cajas son $(\mu_k)_A = 0.30$ y $(\mu_k)_B = 0.32$, determine la aceleración inicial de cada caja.

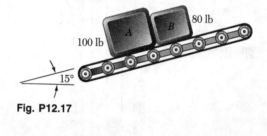

Fig. P12.17

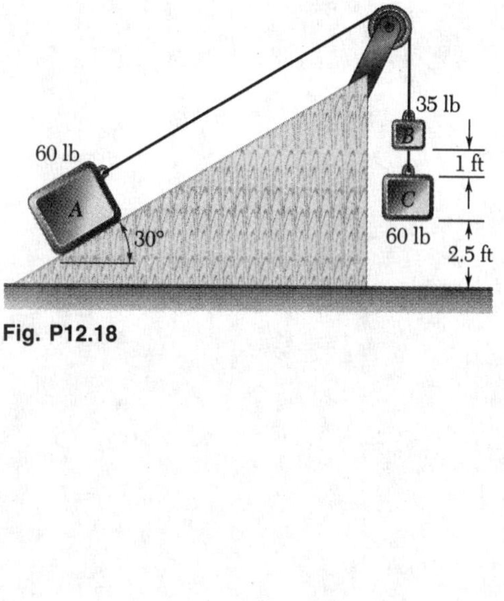

12.18 Los coeficientes de fricción entre el paquete A y el plano inclinado son $\mu_s = 0.35$ y $\mu_k = 0.30$. Sabiendo que el sistema está inicialmente en reposo y que el bloque B queda en reposo sobre el bloque C, determine a) la máxima velocidad alcanzada por el paquete A, b) la distancia hacia arriba del plano que recorre el paquete A antes de detenerse.

Fig. P12.18

12.19 Cada uno de los sistemas mostrados está inicialmente en reposo. Despreciando la fricción en los ejes y las masas de las poleas, determine para cada sistema a) la aceleración del bloque A, b) la velocidad del bloque A después de que se ha movido 10 ft, c) el tiempo requerido para que el bloque A alcance una velocidad de 20 ft/s.

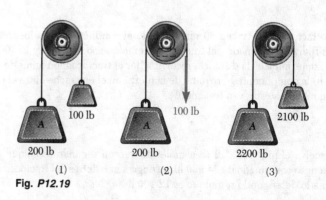

Fig. *P12.19*

12.20 Un hombre está de pie en un ascensor que se mueve con aceleración constante, y sostiene un bloque B de 3 kg entre otros dos bloques, de tal manera que se impide el movimiento de B relativo a A y C. Sabiendo que los coeficientes de fricción entre todas las superficies son $\mu_s = 0.3$ y $\mu_k = 0.25$, determine a) la aceleración del ascensor si se está moviendo hacia arriba y cada una de las fuerzas ejercidas por el hombre sobre los bloques A y C tienen componentes horizontales del doble del peso de B, b) las componentes horizontales de las fuerzas ejercidas por el hombre sobre los bloques A y C si la aceleración del ascensor es 2.0 m/s² hacia abajo.

12.21 Un paquete está en reposo sobre una banda transportadora que inicialmente también se encuentra en reposo. La banda arranca y se mueve hacia la derecha durante 1.3 s con una aceleración constante de 2 m/s². La banda entonces se mueve con una desaceleración constante $\mathbf{a}_2$ y se detiene después de un desplazamiento total de 2.2 m. Sabiendo que los coeficientes de fricción entre el paquete y la banda son $\mu_s = 0.35$ y $\mu_k = 0.25$, determine a) la desaceleración $\mathbf{a}_2$ de la banda, b) el desplazamiento del paquete relativo a la banda cuando ésta se detiene.

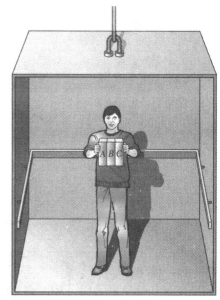

Fig. P12.20

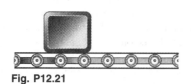

Fig. P12.21

12.22 Para transportar una serie de bultos de tejas A a un techo, un contratista usa un montacargas motorizado que consiste de una plataforma horizontal BC, la cual va montada sobre rieles sujetos a los lados de una escalera. El montacargas parte del reposo y se mueve inicialmente con una aceleración constante $\mathbf{a}_1$, como se muestra. El montacargas entonces desacelera a una razón constante $\mathbf{a}_2$ y se detiene en D, cerca del extremo de la escalera. Sabiendo que el coeficiente de fricción estática entre un bulto de tejas y la plataforma horizontal es 0.30, determine la aceleración máxima permisible $\mathbf{a}_1$ y la desaceleración máxima permisible $\mathbf{a}_2$ si el bulto no ha de deslizarse sobre la plataforma.

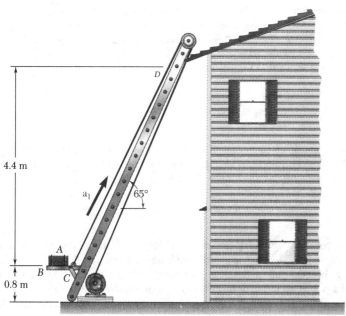

Fig. *P12.22*

Fig. *P12.23*

12.23 Para descargar una pila de madera comprimida de un camión, el conductor inclina primero la caja del camión y luego acelera desde el reposo. Sabiendo que los coeficientes de fricción entre la hoja de madera inferior y la caja del camión son $\mu_s = 0.40$ y $\mu_k = 0.30$, determine *a*) la menor aceleración del camión que producirá que la pila de madera se deslice, *b*) la aceleración del camión que causará que la esquina *A* de la pila de madera alcance la orilla de la caja del camión en 0.9 s.

12.24 Los propulsores de un barco de peso *W* pueden producir una fuerza de empuje $\mathbf{F}_0$; y cuando la máquina opera en reversa son capaces de producir una fuerza de la misma magnitud, pero en sentido contrario. Sabiendo que el barco se dirigía hacia adelante a su máxima velocidad v_0 cuando el motor se pone en reversa, determine la distancia que el barco viajará antes de detenerse. Asuma que la resistencia de fricción del agua varía directamente con el cuadrado de la velocidad.

Fig. *P12.25*

12.25 Se aplica una fuerza constante **P** a un pistón y una varilla de masa total *m* para provocar que se muevan en un cilindro lleno de aceite. Conforme el pistón se mueve, el aceite es forzado a pasar a través de orificios en el pistón y ejerce sobre éste una fuerza de magnitud kv en dirección opuesta al movimiento del pistón. Sabiendo que el pistón parte del reposo en $t = 0$ y $x = 0$, muestre que la ecuación que relaciona x, v y t, donde x es la distancia recorrida por el pistón y v es su rapidez, es lineal en cada una de esas variables.

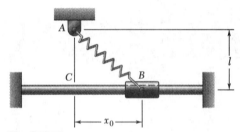

Fig. **P12.26**

12.26 Un resorte *AB* de constante *k* está fijo a un soporte *A* y a un collarín de masa *m*. La longitud inextendida del resorte es *l*. Sabiendo que el collarín se suelta desde el reposo en $x = x_0$ y despreciando la fricción entre el collarín y la varilla horizontal, determine la magnitud de la velocidad del collarín cuando éste pasa por el punto *C*.

12.27 Determine la rapidez teórica máxima que un automóvil de 2700 lb, que parte del reposo, puede alcanzar después de viajar un cuarto de milla si se considera la resistencia del aire. Asuma que el coeficiente de fricción estática entre los neumáticos y el pavimento es 0.7, que el automóvil tiene tracción delantera, que las llantas delanteras soportan el 62% del peso del automóvil y que el arrastre aerodinámico **D** tiene una magnitud $D = 0.012v^2$, donde *D* y *v* se expresan en libras y ft/s, respectivamente.

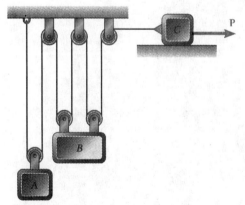

Fig. **P12.28 y P12.29**

12.28 Las masas de los bloques *A*, *B* y *C* son $m_A = 4$ kg, $m_B = 10$ kg y $m_C = 2$ kg. Sabiendo que $P = 0$ y despreciando las masas de las poleas y el efecto de la fricción, determine *a*) la aceleración de cada bloque, *b*) la tensión en la cuerda.

12.29 Los coeficientes de fricción entre el bloque *C* y la superficie horizontal son $\mu_s = 0.30$ y $\mu_k = 0.20$. Las masas de los tres bloques son $m_A = 8$ kg, $m_B = 16$ kg y $m_C = 10$ kg. Sabiendo que inicialmente los bloques están en reposo y que *B* se mueve hacia abajo 2 m en 0.8 s, determine *a*) la aceleración de cada bloque, *b*) la tensión de la cuerda, *c*) la fuerza **P**. Desprecie la fricción en los ejes y las masas de las poleas.

12.30 Los bloques A y B pesan 20 lb cada uno, el bloque C pesa 14 lb y el bloque D pesa 16 lb. Sabiendo que se aplica al bloque D una fuerza hacia abajo de magnitud 24 lb, determine a) la aceleración de cada bloque, b) la tensión en la cuerda ABC. Desprecie los pesos de las poleas y el efecto de la fricción.

12.31 Los bloques A y B pesan 20 lb cada uno, el bloque C pesa 14 lb y el bloque D pesa 16 lb. Sabiendo que se aplica al bloque B una fuerza hacia abajo de magnitud 10 lb y que el sistema parte del reposo, determine en $t = 3$ s la velocidad a) de D relativa a A, b) de C relativa a D. Desprecie los pesos de las poleas y el efecto de la fricción.

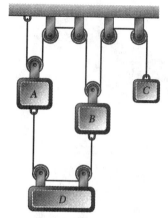

Fig. P12.30 y P12.31

12.32 El bloque B, de 15 kg, es soportado por el bloque A, de 25 kg, y está sujeto a una cuerda a la que se aplica una fuerza horizontal de 225 N, como se muestra. Despreciando la fricción, determine a) la aceleración del bloque A, b) la aceleración del bloque B relativa a A.

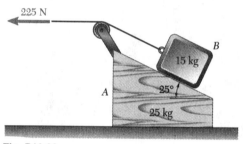

Fig. P12.32

12.33 El bloque B, de masa 10 kg, descansa sobre la superficie superior de la cuña A, de 22 kg, como se muestra. Sabiendo que el sistema se suelta desde el reposo y despreciando la fricción, determine a) la aceleración de B, b) la velocidad de B relativa a A en $t = 0.5$ s.

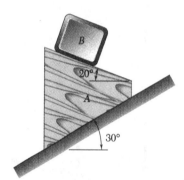

Fig. P12.33

12.34 Un bloque A de 50 lb descansa sobre una superficie inclinada, y un contrapeso B de 30 lb está sujeto a un cable, como se muestra. Despreciando la fricción, determine la aceleración de A y la tensión en el cable inmediatamente después de que el sistema se suelta desde el reposo.

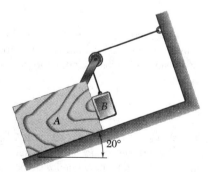

Fig. P12.34

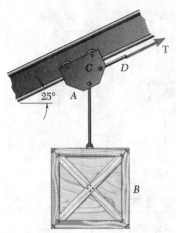

Fig. P12.35

12.35 Una caja B de 500 lb está suspendida de un cable sujeto a una carretilla A de 40 lb, la cual va montada sobre una viga I inclinada, como se muestra. Sabiendo que en el instante mostrado la carretilla tiene una aceleración de 1.2 ft/s² hacia arriba y hacia la derecha, determine a) la aceleración de B relativa a A, b) la tensión en el cable CD.

12.36 Durante una práctica de balanceo de un lanzador de martillo, la cabeza del martillo A de 7.1 kg gira con rapidez constante v en un círculo horizontal, como se muestra. Si $\rho = 0.93$ m y $\theta = 60°$, determine a) la tensión en el alambre BC, b) la rapidez de la cabeza del martillo.

Fig. P12.36

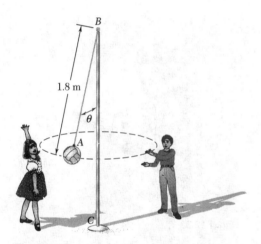

Fig. P12.37

12.37 Una pelota de 450 g atada con un cordón se mueve a lo largo de una trayectoria circular horizontal con una rapidez constante de 4 m/s. Determine a) el ángulo θ que el cordón forma con el poste BC, b) la tensión en el cordón.

12.38 Un alambre ACB de longitud 80 in. pasa a través de un anillo en C que está fijo a una esfera que gira con una rapidez constante v en el círculo horizontal mostrado. Sabiendo que $\theta_1 = 60°$, $\theta_2 = 30°$ y que la tensión es la misma en ambas porciones del alambre, determine la rapidez v.

12.39 Un alambre ACB pasa a través de un anillo en C que está fijo a una esfera de 12 lb que gira con una rapidez constante v en el círculo horizontal mostrado. Sabiendo que $\theta_1 = 50°$, $d = 30$ in. y que la tensión es 7.6 lb en ambas porciones del alambre, determine a) el ángulo θ_2, b) la rapidez v.

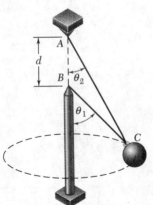

Fig. P12.38, *P12.39* y P12.40

12.40 Dos alambres AC y BC están atados en C a una esfera de 7 kg, la cual gira con rapidez constante v en el círculo horizontal mostrado. Sabiendo que $\theta_1 = 55°$, $\theta_2 = 30°$ y $d = 1.4$ m, determine el rango de valores de v para que los dos alambres permanezcan tensos.

12.41 Una esfera *D* de 100 g está en reposo con respecto al tambor *ABC*, el cual rota a una razón constante. Despreciando la fricción, determine el rango de valores permisibles de la velocidad *v* de la esfera, si ninguna de las fuerzas normales ejercidas por la esfera sobre las superficies inclinadas del tambor deben exceder 1.1 N.

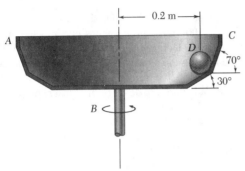

Fig. *P12.41*

*12.42 Como parte de los adornos de un aparador, un modelo de la Tierra *C* de 12 lb se sujeta a los alambres *AC* y *BC* y gira con una rapidez constante *v* en el círculo horizontal mostrado. Determine el rango de valores permisibles de *v* si ambos alambres deben permanecer tensos y si la tensión en los alambres no debe exceder 26 lb.

*12.43 Las esferas voladoras de 1.2 lb de un regulador centrífugo giran con rapidez constante *v* en el círculo horizontal de 6 in. de radio mostrado. Despreciando los pesos de los eslabones *AB*, *BC*, *AD* y *DE* y requiriendo que los eslabones soporten solamente fuerzas de tensión, determine el rango de valores permisibles de *v* de manera que las magnitudes de las fuerzas en los eslabones no excedan 17 lb.

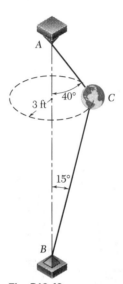

Fig. P12.42

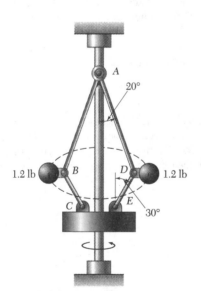

Fig. P12.43

12.44 Un niño, cuya masa es de 22 kg, está sentado sobre un columpio, y un segundo niño lo mantiene en la posición mostrada. Despreciando la masa del columpio, determine la tensión en la cuerda *AB a*) mientras el segundo niño mantiene el columpio con sus brazos extendidos en forma horizontal, *b*) inmediatamente después de que se suelta el columpio.

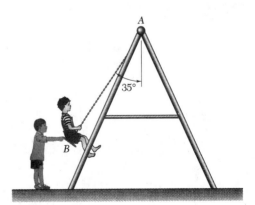

Fig. P12.44

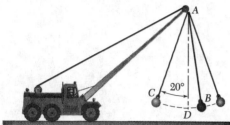

Fig. P12.45

12.45   Una bola B para demolición de 60 kg, está sujeta a un cable de acero AB de 15 m de largo, y se balancea en el arco vertical mostrado. Determine la tensión en el cable a) en el punto superior C del balanceo, b) en el punto más bajo D del balanceo, donde la rapidez es 4.2 m/s.

12.46   Durante una persecución a alta velocidad, un auto deportivo de 2400 lb que viaja a una velocidad de 100 mi/h pierde apenas el contacto con el piso cuando alcanza la cima A de una colina. a) Determine el radio de curvatura ρ del perfil vertical del camino en A. b) Usando el valor de ρ encontrado en el inciso a, determine la fuerza ejercida sobre un conductor de 160 lb por el asiento de su coche de 3100 lb cuando el auto, al viajar con una velocidad constante de 50 mi/h, cruza el punto A.

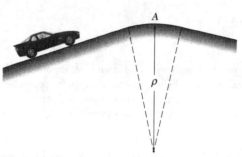

Fig. P12.46

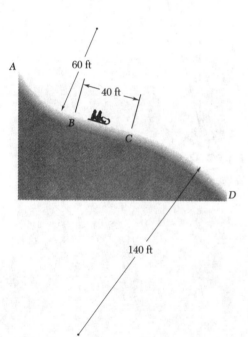

Fig. P12.47

12.47   La porción mostrada de un tobogán está contenida en un plano vertical. Las secciones AB y CD tienen los radios de curvatura indicados, y la sección BC es recta y forma un ángulo de 20° con la horizontal. Sabiendo que el coeficiente de fricción cinética entre un trineo y la pista es 0.1 y que la rapidez del trineo es 25 ft/s en B, determine la componente tangencial de la aceleración del trineo a) justo antes de que llegue a B, b) justo después de que pase C.

12.48   Un pequeño bloque de 500 g se encuentra en reposo en la parte superior de una superficie cilíndrica. Se le da al bloque una velocidad inicial $\mathbf{v}_0$ a la derecha y éste deja la superficie en $\theta = 30°$. Despreciando la fricción, determine a) el valor de v_0, b) la fuerza ejercida por el bloque sobre la superficie justo después de que el bloque empieza a moverse.

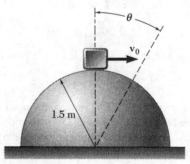

Fig. P12.48

12.49 Una piloto de 54 kg vuela un jet de entrenamiento en una media vuelta vertical de 1200 m de radio, de tal manera que la rapidez del jet disminuye a una razón constante. Sabiendo que el peso aparente de la piloto en los puntos A y C es 1680 N y 350 N, respectivamente, determine la fuerza ejercida sobre ella por el asiento del jet cuando éste se encuentra en el punto B.

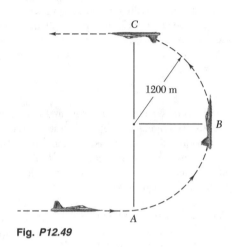

Fig. P12.49

12.50 Un bloque B de 0.5 lb se encuentra dentro de una cavidad cortada en el brazo OA, el cual rota en un plano vertical a una razón constante. Cuando $\theta = 180°$, el resorte está alargado a su máxima longitud y el bloque ejerce una fuerza de 0.8 lb sobre la cara de la cavidad más cercana a A. Despreciando la fricción, determine el rango de valores de θ para los cuales el bloque no está en contacto con esa cara de la cavidad.

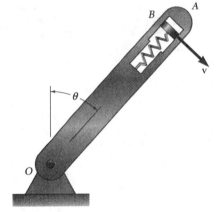

Fig. P12.50

12.51 Un automóvil viaja sobre un camino peraltado con una velocidad constante v. Determine el rango de valores de v para los cuales el automóvil no resbalará lateralmente. Exprese su respuesta en función del radio r de la curva, el ángulo de peralte θ y el ángulo de fricción estática ϕ_s entre los neumáticos y el pavimento.

12.52 Un automóvil viaja a una velocidad de 95 km/h y se aproxima a una curva de 40 m de radio. Sabiendo que el coeficiente de fricción estática entre los neumáticos y el camino es 0.70, determine cuánto puede el conductor reducir la velocidad para superar con seguridad la curva si el ángulo de peralte es a) $\theta = 10°$, b) $\theta = -5°$, debido a un desagüe que pasa por debajo del camino.

Fig. P12.52

Fig. P12.53

12.53 Los trenes de inclinación, como el *American Flyer* ("Volador Americano") que viajará desde Washington hasta Nueva York y Boston, están diseñados para viajar con seguridad a altas velocidades sobre las secciones curvas de las vías que fueron diseñadas para trenes convencionales más lentos. Cuando entra en una curva, cada vagón es inclinado por medio de mandos hidráulicos montados sobre sus plataformas. La característica de inclinación de los vagones también incrementa la comodidad de los pasajeros al eliminar o reducir en gran medida la fuerza lateral $\mathbf{F}_s$ (paralela al piso del vagón) a la que los pasajeros se sienten sujetos. Para un tren que viaja a 100 mi/h sobre una sección curva de la pista que tiene un peralte de $\theta = 6°$ y una rapidez máxima permitida de 60 mi/h, determine a) la magnitud de la fuerza lateral que siente un pasajero de peso W en un vagón estándar sin inclinación ($\phi = 0$), b) el ángulo de inclinación ϕ requerido si el pasajero no ha de sentir la fuerza lateral. (Ver el problema resuelto 12.6 para la definición de rapidez máxima permitida.)

12.54 Las pruebas realizadas con los trenes de inclinación descritas en el problema 12.53, revelaron que los pasajeros se marean cuando ven a través de las ventanas del vagón que el tren está tomando una curva a alta velocidad, aun sin sentir ninguna fuerza lateral. Por eso, los diseñadores prefieren reducir esa fuerza, no eliminarla. Para el tren del problema 12.53, determine el ángulo de inclinación ϕ requerido si los pasajeros deben sentir fuerzas laterales iguales al 10% de sus pesos.

12.55 Un pequeño collarín D de 300 g puede deslizarse sobre la porción AB de una varilla, la cual está doblada como se muestra. Sabiendo que $\alpha = 40°$ y que la varilla rota alrededor de la vertical AC a una razón constante de 5 rad/s, determine el valor de r para el cual el collarín no se deslizará sobre la varilla si se desprecia el efecto de la fricción entre el collarín y la varilla.

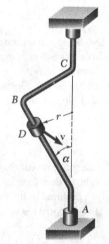

Fig. P12.55, P12.56 y P12.57

12.56 Un pequeño collarín D de 200 g puede deslizarse sobre la porción AB de una varilla, la cual está doblada como se muestra. Sabiendo que la varilla rota alrededor de la vertical AC a una razón constante y que $\alpha = 30°$ y $r = 600$ mm, determine el rango de valores de la rapidez v para los cuales el collarín no se deslizará sobre la varilla si el coeficiente de fricción estática entre el collarín y la varilla es 0.30.

12.57 Un pequeño collarín D de 0.6 lb puede deslizarse sobre la porción AB de una varilla, la cual está doblada como se muestra. Sabiendo que $r = 8$ in. y que la varilla rota alrededor de la vertical AC a una razón constante de 10 rad/s, determine el valor mínimo permisible del coeficiente de fricción estática entre el collarín y la varilla si el collarín no se deslizará cuando a) $\alpha = 15°$, b) $\alpha = 45°$. Indique para cada caso la dirección del movimiento inminente.

12.58 Una ranura semicircular de 10 in. de radio está cortada sobre una placa plana que gira alrededor de la vertical AD a una razón constante de 14 rad/s. Un pequeño bloque E de 0.8 lb está diseñado para deslizarse en la ranura cuando la placa gira. Sabiendo que los coeficientes de fricción son $\mu_s = 0.35$ y $\mu_k = 0.25$, determine si el bloque se deslizará en la ranura cuando éste se suelta en la posición correspondiente a *a*) $\theta = 80°$, *b*) $\theta = 40°$. También determine la magnitud y la dirección de la fuerza de fricción ejercida sobre el bloque inmediatamente después de que es soltado.

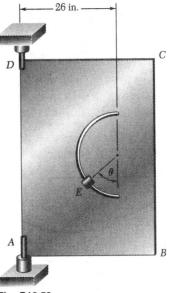

Fig. P12.58

12.59 Tres segundos después de que una pulidora es arrancada desde el reposo, se observa que vuelan pequeñas borlas de lana desde la circunferencia, de 225 mm de diámetro, de la almohadilla de pulido. Si la pulidora se arranca de tal manera que la lana de la circunferencia está sometida a una aceleración tangencial constante de 4 m/s², determine *a*) la rapidez v de una borla cuando ésta abandona la almohadilla, *b*) la magnitud de la fuerza requerida para liberar una borla si la masa promedio de ésta es de 1.6 mg.

Fig. *P12.59*

12.60 Se construye una plataforma giratoria en un escenario para emplearla en una producción teatral. Se observa durante un ensayo que el baúl B empieza a deslizarse sobre la plataforma después de 10 s de que ésta empezó a rotar. Sabiendo que el baúl está sometido a una aceleración tangencial constante de 0.24 m/s², determine el coeficiente de fricción estática entre el baúl y la plataforma giratoria.

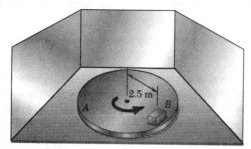

Fig. *P12.60*

12.61   El mecanismo de eslabones paralelos $ABCD$ se usa para transportar un componente I entre los procesos de manufactura de las estaciones E, F y G tomándolo en una estación cuando $\theta = 0°$ y depositándolo en la siguiente estación cuando $\theta = 180°$. Sabiendo que el elemento BC permanece horizontal durante el movimiento y que los eslabones AB y CD rotan a una razón constante en un plano vertical, de tal manera que $v_B = 2.2$ ft/s, determine a) el valor mínimo del coeficiente de fricción estática entre el componente y BC, si el componente no debe deslizarse sobre BC mientras es transferido, b) los valores de θ para los cuales el deslizamiento es inminente.

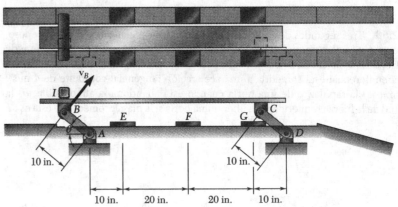

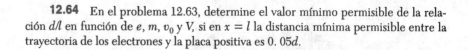

Fig. P12.61

12.62   Sabiendo que los coeficientes de fricción entre el componente I y el elemento BC del mecanismo del problema 12.61 son $\mu_s = 0.35$ y $\mu_k = 0.25$, determine a) la rapidez constante máxima permisible v_B si el componente no debe deslizarse sobre BC mientras es transferido, b) los valores de θ para los cuales el deslizamiento es inminente.

12.63   En el tubo de rayos catódicos mostrado, los electrones emitidos por el cátodo y atraídos por el ánodo pasan a través de un pequeño orificio en el ánodo, y luego viajan en línea recta con una rapidez v_0 hasta que golpean la pantalla en A. Sin embargo, si se establece una diferencia de potencial V entre las dos placas paralelas, los electrones estarán sujetos a una fuerza $\mathbf{F}$ perpendicular a las placas al viajar entre ellas y golpearán la pantalla en el punto B, el cual se encuentra a una distancia δ desde A. La magnitud de la fuerza $\mathbf{F}$ es $F = eV/d$, donde $-e$ es la carga de un electrón y d es la distancia entre las placas. Deduzca una expresión para la deflexión δ en función de V, v_0, la carga $-e$ y la masa m de un electrón, y las dimensiones d, l y L.

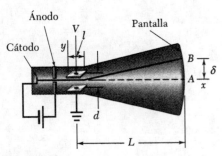

Fig. P12.63

12.64   En el problema 12.63, determine el valor mínimo permisible de la relación d/l en función de e, m, v_0 y V, si en $x = l$ la distancia mínima permisible entre la trayectoria de los electrones y la placa positiva es $0.05d$.

12.65   El modelo actual de un tubo de rayos catódicos se modificará de manera que la longitud del tubo y el espaciamiento entre las placas se reduzcan en 40% y 20%, respectivamente. Si el tamaño de la pantalla ha de permanecer igual, determine la nueva longitud l' de las placas, asumiendo que todas las otras características del tubo permanecerán sin cambio. (Vea el problema resuelto 12.63 para una descripción de un tubo de rayos catódicos.)

12.7. CANTIDAD DE MOVIMIENTO ANGULAR DE UNA PARTÍCULA. RAZÓN DE CAMBIO DE LA CANTIDAD DE MOVIMIENTO ANGULAR

Considérese una partícula P de masa m, que se mueve respecto de un sistema de referencia newtoniano $Oxyz$. Como vimos en la sección 12.3, la cantidad del movimiento lineal de la partícula en un instante dado está definida como el vector $m\mathbf{v}$ que se obtiene al multiplicar la velocidad $\mathbf{v}$ de la partícula por su masa m. Al momento del vector $m\mathbf{v}$ respecto de O se le llama *momento de la cantidad de movimiento*, o *cantidad de movimiento angular,* de la partícula alrededor de O en ese instante, y se representa con $\mathbf{H}_O$. Recordando la definición del momento de un vector (sección 3.6) y representando con $\mathbf{r}$ el vector de posición de P, escribimos

$$\mathbf{H}_O = \mathbf{r} \times m\mathbf{v} \tag{12.12}$$

y observamos que $\mathbf{H}_O$ es un vector perpendicular al plano que contiene a $\mathbf{r}$ y a $m\mathbf{v}$, y su magnitud es

$$H_O = rmv \operatorname{sen} \phi \tag{12.13}$$

donde ϕ es el ángulo entre $\mathbf{r}$ y $m\mathbf{v}$ (figura 12.12). El sentido de $\mathbf{H}_O$ puede determinarse a partir del sentido de $m\mathbf{v}$ aplicando la regla de la mano derecha. Las unidades de la cantidad de movimiento angular se obtienen multiplicando las unidades de longitud y de la cantidad de movimiento lineal (sección 12.4). En unidades del SI tenemos

$$(\mathrm{m})(\mathrm{kg} \cdot \mathrm{m/s}) = \mathrm{kg} \cdot \mathrm{m}^2/\mathrm{s}$$

Para las unidades del sistema inglés escribimos

$$(\mathrm{ft})(\mathrm{lb} \cdot \mathrm{s}) = \mathrm{ft} \cdot \mathrm{lb} \cdot \mathrm{s}$$

Descomponiendo los vectores $\mathbf{r}$ y $m\mathbf{v}$ en sus componentes, y aplicando la fórmula (3.10), tenemos

$$\mathbf{H}_O = \begin{vmatrix} \mathbf{i} & \mathbf{j} & \mathbf{k} \\ x & y & z \\ mv_x & mv_y & mv_z \end{vmatrix} \tag{12.14}$$

Las componentes de $\mathbf{H}_O$, las cuales también representan los momentos de la cantidad de movimiento lineal $m\mathbf{v}$ alrededor de los ejes coordenados, pueden obtenerse desarrollando el determinante en (12.14). De este modo,

$$\begin{aligned} H_x &= m(yv_z - zv_y) \\ H_y &= m(zv_x - xv_z) \\ H_z &= m(xv_y - yv_x) \end{aligned} \tag{12.15}$$

En el caso de una partícula que se mueve en el plano xy, tenemos $z = v_z = 0$, y las componentes H_x y H_y se reducen a cero. La cantidad de movimiento angular es, entonces, perpendicular al plano xy, y queda definida completamente por el escalar

$$H_O = H_z = m(xv_y - yv_x) \tag{12.16}$$

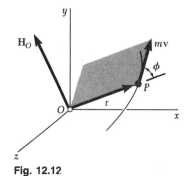

Fig. 12.12

que será positivo o negativo según el sentido en el cual se observa que la partícula se mueve respecto de O. Si se emplean coordenadas polares, descomponemos el vector cantidad de movimiento lineal de la partícula en sus componentes radial y transversal (figura 12.13) y escribimos

$$H_O = rmv \operatorname{sen} \phi = rmv_\theta \qquad (12.17)$$

o, recordando de (11.45) que $v_\theta = r\dot{\theta}$,

$$H_O = mr^2\dot{\theta} \qquad (12.18)$$

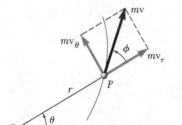

Fig. 12.13

Ahora calcularemos la derivada, respecto a t, de la cantidad de movimiento angular $\mathbf{H}_O$ de una partícula P que se mueve en el espacio. Derivando ambos miembros de la ecuación (12.12) y recordando la regla para la derivación de un producto vectorial (sección 11.10), escribimos

$$\dot{\mathbf{H}}_O = \dot{\mathbf{r}} \times m\mathbf{v} + \mathbf{r} \times m\dot{\mathbf{v}} = \mathbf{v} \times m\mathbf{v} + \mathbf{r} \times m\mathbf{a}$$

Como los vectores $\mathbf{v}$ y $m\mathbf{v}$ son colineales, el primer término de la expresión obtenida es cero, y, por la segunda ley de Newton, $m\mathbf{a}$ es igual a la suma $\Sigma\mathbf{F}$ de las fuerzas que actúan sobre P. Advertimos que $\mathbf{r} \times \Sigma\mathbf{F}$ representa la suma $\Sigma\mathbf{M}_O$, de los momentos alrededor de O de estas fuerzas, y escribimos

$$\Sigma\mathbf{M}_O = \dot{\mathbf{H}}_O \qquad (12.19)$$

La ecuación (12.19), que resulta directamente de la segunda ley de Newton, establece que *la suma de los momentos de las fuerzas que actúan sobre la partícula alrededor de O es igual a la razón de cambio del momento de la cantidad de movimiento, o la cantidad de movimiento angular, de la partícula alrededor de O.*

12.8. ECUACIONES DE MOVIMIENTO EXPRESADAS EN FUNCIÓN DE LAS COMPONENTES RADIAL Y TRANSVERSAL

Considérese una partícula P de coordenadas polares r y θ, que se mueve en un plano bajo la acción de varias fuerzas. Descomponiendo las fuerzas y la aceleración de la partícula en sus componentes radial y transversal (figura 12.14), y sustituyendo en la ecuación (12.2), obtenemos las dos ecuaciones escalares

$$\Sigma F_r = ma_r \qquad \Sigma F_\theta = ma_\theta \qquad (12.20)$$

Sustituyendo para a_r y a_θ de las ecuaciones (11.46), tenemos

$$\Sigma F_r = m(\ddot{r} - r\dot{\theta}^2) \qquad (12.21)$$
$$\Sigma F_\theta = m(r\ddot{\theta} + 2\dot{r}\dot{\theta}) \qquad (12.22)$$

Las ecuaciones obtenidas pueden resolverse para dos incógnitas.

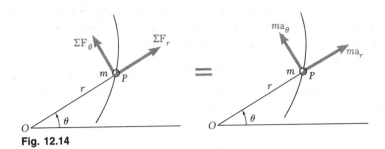
Fig. 12.14

12.9. Movimiento bajo la acción de una fuerza
central. Conservación de la cantidad de
movimiento angular **697**

La ecuación (12.22) pudo haberse obtenido de la ecuación (12.19). Recordando (12.18) y notando que $\Sigma M_O = r\Sigma F_\theta$, de la ecuación (12.19), se obtiene

$$r\Sigma F_\theta = \frac{d}{dt}(mr^2\dot{\theta})$$
$$= m(r^2\ddot{\theta} + 2r\dot{r}\dot{\theta})$$

y, después de dividir ambos miembros entre r,

$$\Sigma F_\theta = m(r\ddot{\theta} + 2\dot{r}\dot{\theta}) \tag{12.22}$$

12.9. MOVIMIENTO BAJO LA ACCIÓN DE UNA FUERZA CENTRAL. CONSERVACIÓN DE LA CANTIDAD DE MOVIMIENTO ANGULAR

Cuando la única fuerza que actúa sobre una partícula P es una fuerza $\mathbf{F}$ dirigida hacia adentro o hacia afuera de un punto fijo O, se dice que la partícula se está moviendo *bajo la acción de una fuerza central,* y al punto O se le llama *centro de la fuerza* (figura 12.15). Como la línea de acción de $\mathbf{F}$ pasa por O, debemos tener $\Sigma \mathbf{M}_O = 0$ en cualquier instante. Sustituyendo en la ecuación (12.19), tenemos, por consiguiente,

$$\dot{\mathbf{H}}_O = 0$$

para todos los valores de t, e integrando en t,

$$\mathbf{H}_O = \text{constante} \tag{12.23}$$

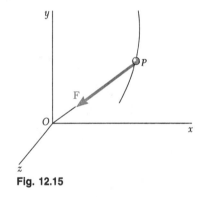
Fig. 12.15

Así, concluimos que *la cantidad de movimiento angular de una partícula que se mueve bajo la acción de una fuerza central es constante, tanto en magnitud como en dirección*.

De la definición de la cantidad de movimiento angular de una partícula (sección 12.7), escribimos

$$\mathbf{r} \times m\mathbf{v} = \mathbf{H}_O = \text{constante} \tag{12.24}$$

de donde se sigue que el valor del vector de posición $\mathbf{r}$ de la partícula P debe ser perpendicular al vector constante $\mathbf{H}_O$. Así, una partícula sujeta a una fuerza

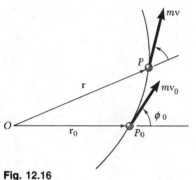

Fig. 12.16

central se mueve en un plano fijo perpendicular a $\mathbf{H}_O$. El vector $\mathbf{H}_O$ y el plano fijo están definidos por el vector de posición inicial $\mathbf{r}_0$ y la velocidad inicial $\mathbf{v}_0$ de la partícula. Por conveniencia, supondremos que el plano de la figura coincide con el plano fijo del movimiento (figura 12.16).

Como la magnitud H_O de la cantidad de movimiento angular de la partícula P es constante, el miembro del lado derecho de la ecuación (12.13) debe ser constante. Por consiguiente, escribimos

$$rmv \, \text{sen} \, \phi = r_0 mv_0 \, \text{sen} \, \phi_0 \tag{12.25}$$

Esta relación se aplica al movimiento de cualquier partícula sujeta a una fuerza central. Como la fuerza gravitacional ejercida por el Sol sobre un planeta es una fuerza central dirigida hacia el centro del Sol, la ecuación (12.25) es fundamental para el estudio del movimiento planetario. Por una razón semejante, también es fundamental para el estudio del movimiento de los vehículos espaciales que orbitan la Tierra.

Recordando la ecuación (12.18), podemos expresar en otra forma el hecho de que la magnitud H_O de la cantidad de movimiento angular de la partícula P es constante, al escribir

$$mr^2\dot{\theta} = H_O = \text{constante} \tag{12.26}$$

o, dividiendo entre m y representando con h la cantidad de movimiento angular por unidad de masa H_O/m,

$$r^2\dot{\theta} = h \tag{12.27}$$

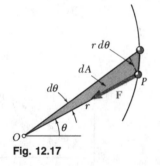

Fig. 12.17

A la ecuación (12.27) puede dársele una interpretación geométrica interesante. En la figura 12.17 observamos que el vector radio OP barre un área infinitesimal $dA = \frac{1}{2}r^2 \, d\theta$ cuando gira un ángulo $d\theta$; definiendo la *velocidad de área* de la partícula como el cociente dA/dt, notamos que el miembro izquierdo de la ecuación (12.27) representa el doble de la velocidad de área de la partícula. De esta manera podemos concluir que *cuando una partícula se mueve bajo la acción de una fuerza central, su velocidad de área es constante.*

12.10. LEY DE LA GRAVITACIÓN DE NEWTON

Como vimos en la sección anterior, la fuerza gravitacional ejercida por el Sol sobre un planeta, o por la Tierra sobre un satélite que gire a su alrededor, es un importante ejemplo de una fuerza central. En esta sección aprenderemos a determinar la magnitud de una fuerza gravitacional.

En su *ley de la gravitación universal*, Newton establece que dos partículas de masas M y m, separadas una distancia r, se atraen mutuamente con fuerzas iguales y opuestas $\mathbf{F}$ y $-\mathbf{F}$ dirigidas a lo largo de la línea que une a las partículas (figura 12.18). La magnitud común F de las dos fuerzas es

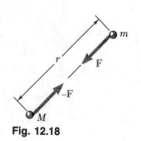

Fig. 12.18

$$F = G \frac{Mm}{r^2} \tag{12.28}$$

donde G es una constante universal, llamada *constante de gravitación*. Los experimentos demuestran que el valor de G es $(66.73 \pm 0.03) \times 10^{-12}$ m^3/kg · s^2. en las unidades del SI, o aproximadamente 34.4×10^{-9} ft^4/lb · s^4 en las unidades del sistema inglés. Aunque las fuerzas gravitacionales existen entre cualquier par de cuerpos, su efecto es apreciable únicamente cuando uno de ellos tiene una masa muy grande. El efecto de las fuerzas gravitacionales queda de manifiesto en el caso del movimiento de un planeta alrededor del Sol, de los satélites que giran alrededor de la Tierra o de los cuerpos que caen en la superficie de nuestro planeta.

Como la fuerza que la Tierra ejerce sobre un cuerpo de masa m localizado sobre su superficie, o cerca de ella, está definida por el peso **W** del cuerpo, en la ecuación (12.28) podemos sustituir la magnitud $W = mg$ del peso por F, y el radio R de la Tierra por r, en la ecuación (12.28). Obtenemos

$$W = mg = \frac{GM}{R^2}m \qquad \text{o} \qquad g = \frac{GM}{R^2} \qquad (12.29)$$

donde M es la masa de la Tierra. Como la Tierra no es realmente esférica, la distancia R desde su centro depende del punto seleccionado sobre su superficie, y los valores de W y g variarán con la altitud y la latitud del punto considerado. Otra razón por la que W y g varían con la latitud es que un sistema de ejes fijo a la Tierra no constituye un sistema de referencia newtoniano (véase la sección 12.2). Por lo tanto, una definición más exacta del peso de un cuerpo debe incluir una componente que represente la fuerza centrífuga provocada por la rotación de la Tierra. Los valores de g al nivel del mar varían desde 9.781 m/s^2 (o 32.09 ft/s^2) en el ecuador, hasta 9.833 m/s^2 (o 32.26 ft/s^2) en los polos.†

La fuerza que la Tierra ejerce sobre un cuerpo de masa m localizado en el espacio a una distancia r de su centro, puede encontrarse a partir de la ecuación (12.28). Podemos simplificar un poco los cálculos si notamos que, de acuerdo con la ecuación (12.29), el producto de la constante de gravitación G y la masa M de la Tierra puede expresarse como

$$GM = gR^2 \qquad (12.30)$$

donde se les dará a g y al radio R de la Tierra sus valores promedio $g = 9.81$ m/s^2 y $R = 6.37 \times 10^6$ m en unidades del SI,‡ y $g = 32.2$ ft/s^2 y $R = (3960$ mi)(5280 ft/mi) en unidades inglesas.

Con frecuencia, el descubrimiento de la ley de la gravitación universal se ha atribuido al supuesto de que, después de observar una manzana que caía de un árbol, Newton reflexionó que la Tierra debía atraer una manzana y a la Luna en la misma forma. Aunque es dudoso que este incidente haya ocurrido, puede decirse que Newton no habría formulado su ley si antes no hubiera percibido que la aceleración de un cuerpo que cae y la aceleración que mantiene a la Luna en su órbita tienen la misma causa. Este concepto básico de la continuidad de la atracción gravitacional se comprende más fácilmente en la actualidad, en que la separación entre la manzana y la Luna se ha llenado con satélites artificiales de la Tierra.

†En el problema 12.1 se dio una fórmula que expresa g en función de la latitud ϕ.
‡El valor de R puede hallarse fácilmente si se recuerda que la circunferencia de la Tierra es $2\pi R = 40 \times 10^6$ m.

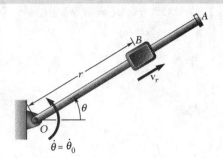

PROBLEMA RESUELTO 12.7

Un bloque B de masa m puede deslizarse libremente sobre un brazo sin fricción OA que gira en un plano horizontal a razón constante $\dot{\theta}_0$. Sabiendo que B se suelta a una distancia r_0 desde O, exprésese como una función de r, a) la componente v_r de la velocidad de B a lo largo de OA, b) la magnitud de la fuerza horizontal $\mathbf{F}$ ejercida sobre B por el brazo OA.

$$\dot{\theta} = \dot{\theta}_0$$

SOLUCIÓN

Como todas las demás fuerzas son perpendiculares al plano de la figura, la única fuerza que se muestra actuando sobre B es la fuerza $\mathbf{F}$ perpendicular a OA.

Ecuaciones de movimiento. Usando las componentes radial y transversal,

$$+ \nearrow \Sigma F_r = ma_r: \qquad\qquad 0 = m(\ddot{r} - r\dot{\theta}^2) \qquad\qquad (1)$$

$$+ \nwarrow \Sigma F_\theta = ma_\theta: \qquad\qquad F = m(r\ddot{\theta} + 2\dot{r}\dot{\theta}) \qquad\qquad (2)$$

a. **Componente v_r de la velocidad.** Dado que $v_r = \dot{r}$, tenemos

$$\ddot{r} = \dot{v}_r = \frac{dv_r}{dt} = \frac{dv_r}{dr}\frac{dr}{dt} = v_r\frac{dv_r}{dr}$$

Sustituyendo $\ddot{r}$ en (1), recordando que $\dot{\theta} = \dot{\theta}_0$, y separando las variables,

$$v_r\,dv_r = \dot{\theta}_0^2 r\,dr$$

Multiplicando por 2, e integrando de 0 a v_r y de r_0 a r,

$$v_r^2 = \dot{\theta}_0^2(r^2 - r_0^2) \qquad\qquad v_r = \dot{\theta}_0(r^2 - r_0^2)^{1/2} \quad \blacktriangleleft$$

b. **Fuerza horizontal F.** Haciendo $\dot{\theta} = \dot{\theta}_0$, $\ddot{\theta} = 0$, $\dot{r} = v_r$ en la ecuación (2), y sustituyendo por v_r en la expresión obtenida en la parte a,

$$F = 2m\dot{\theta}_0(r^2 - r_0^2)^{1/2}\dot{\theta}_0 \qquad\qquad F = 2m\dot{\theta}_0^2(r^2 - r_0^2)^{1/2} \quad \blacktriangleleft$$

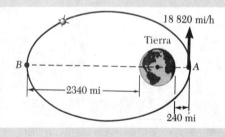

PROBLEMA RESUELTO 12.8

Un satélite es lanzado en una dirección paralela a la superficie de la Tierra, con una velocidad de 18 820 mi/h, desde una altitud de 240 mi. Determínese la velocidad del satélite cuando éste alcanza su máxima altitud de 2340 mi. Debe recordarse que el radio de la Tierra es 3960 mi.

SOLUCIÓN

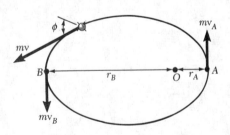

Como el satélite se mueve bajo una fuerza central dirigida hacia el centro O de la Tierra, su cantidad de movimiento angular $\mathbf{H}_O$ es constante. De la ecuación (12.13) tenemos

$$rmv \operatorname{sen} \phi = H_O = \text{constante}$$

lo que demuestra que v es mínima en B, donde tanto r como sen ϕ son máximas. Expresando la conservación de la cantidad de movimiento angular entre A y B,

$$r_A mv_A = r_B mv_B$$

$$v_B = v_A\frac{r_A}{r_B} = (18\ 820\ \text{mi/h})\frac{3960\ \text{mi} + 240\ \text{mi}}{3960\ \text{mi} + 2340\ \text{mi}}$$

$$v_B = 12\ 550\ \text{mi/h} \quad \blacktriangleleft$$

En esta lección continuamos nuestro estudio de la segunda ley de Newton expresando la fuerza y la aceleración en función de sus *componentes radial y transversal*. Las ecuaciones de movimiento correspondientes son

$$\Sigma F_r = ma_r: \qquad\qquad \Sigma F_r = m(\ddot{r} - r\dot{\theta}^2)$$
$$\Sigma F_\theta = ma_\theta: \qquad\qquad \Sigma F_\theta = m(r\ddot{\theta} + 2\dot{r}\dot{\theta})$$

Se introdujo el *momento de la cantidad de movimiento*, o *cantidad de movimiento angular*, $\mathbf{H}_O$ de una partícula alrededor de O:

$$\mathbf{H}_O = \mathbf{r} \times m\mathbf{v} \qquad\qquad (12.12)$$

y encontramos que H_O es constante cuando la partícula se mueve bajo una *fuerza central* con su centro localizado en O.

1. Uso de las componentes radial y transversal. Las componentes radial y transversal se presentaron en la última lección del capítulo 11 [sección 11.14]; se debe revisar ese material antes de intentar resolver los problemas siguientes. Nuestros comentarios de la lección anterior concernientes a la aplicación de la segunda ley de Newton (el trazado de un diagrama de cuerpo libre y un diagrama $m\mathbf{a}$, etc.) siguen siendo válidos [problema resuelto 12.7]. Finalmente, note que la solución de ese problema resuelto depende de la aplicación de las técnicas desarrolladas en el capítulo 11 —usted necesitará usar técnicas similares para resolver algunos de los problemas de esta lección—.

2. Resolución de problemas que involucran el movimiento de una partícula bajo una fuerza central. En problemas de este tipo, se conserva la cantidad de movimiento angular $\mathbf{H}_O$ de la partícula alrededor del centro de fuerza O. Usted verá que es conveniente introducir la constante $h = H_O/m$, que representa la cantidad de movimiento angular por unidad de masa. Entonces, la conservación de la cantidad de movimiento angular de la partícula P alrededor de O se puede expresar con cualquiera de las siguientes ecuaciones:

$$rv\operatorname{sen}\phi = h \qquad \text{o} \qquad r^2\dot{\theta} = h$$

donde r y θ son las coordenadas polares de P, y ϕ es el ángulo que la velocidad $\mathbf{v}$ de la partícula forma con la línea OP (figura 12.16). La constante h puede determinarse a partir de las condiciones iniciales, y cualquiera de las ecuaciones anteriores puede resolverse para una incógnita.

3. En problemas de mecánica celeste que involucren el movimiento orbital de un planeta alrededor del Sol, o de un satélite que gira alrededor de la Tierra, de la Luna o de algún otro planeta, la fuerza central $\mathbf{F}$ es la fuerza de la atracción gravitacional, y está dirigida *hacia* el centro de fuerza O y tiene la magnitud

$$F = G\frac{Mm}{r^2} \qquad\qquad (12.28)$$

Note que, en el caso particular de la fuerza gravitacional ejercida por la Tierra, el producto GM se puede remplazar por gR^2, donde R es el radio del planeta [ecuación 12.30].

Los dos casos siguientes de movimiento orbital se encuentran con frecuencia:

a. Para un satélite en órbita circular, la fuerza $\mathbf{F}$ es normal a la órbita, y se puede escribir $F = ma_n$; sustituyendo F de la ecuación (12.28) y observando que $a_n = v^2/\rho = v^2/r$, se obtendrá

$$G\frac{Mm}{r^2} = m\frac{v^2}{r} \qquad \text{o} \qquad v^2 = \frac{GM}{r}$$

b. Para un satélite en órbita elíptica, el vector radio $\mathbf{r}$ y la velocidad $\mathbf{v}$ del satélite son perpendiculares entre sí en los puntos A y B, los cuales son, respectivamente, el más lejano y el más cercano al centro de fuerza O [problema resuelto 12.8]. Así, la conservación de la cantidad de movimiento angular del satélite entre esos dos puntos se expresa como

$$r_A m v_A = r_B m v_B$$

Problemas

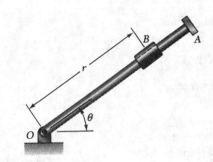

Fig. P12.66

12.66 La varilla *OA* gira alrededor de *O* en un plano horizontal. El movimiento del collarín *B* de 200 g está definido por las relaciones $r = 250 + 150$ sen πt y $\theta = \pi(4t^2 - 8t)$, donde *r* está expresada en milímetros, *t* en segundos y θ en radianes. Determine las componentes radial y transversal de la fuerza ejercida sobre el collarín cuando *a*) $t = 0$, *b*) $t = 0.5$ s.

12.67 Para el movimiento definido en el problema 12.66, determine las componentes radial y transversal de la fuerza ejercida sobre el collarín cuando $t = 1.5$ s.

Fig. P12.69 y P12.70

12.68 La varilla *OA* oscila alrededor de *O* en un plano horizontal. El movimiento del collarín *B* de 5 lb está definido por las relaciones $r = 10/(t + 4)$ y $\theta = (2/\pi)$ sen πt, donde *r* se expresa en pies, *t* en segundos y θ en radianes. Determine las componentes radial y transversal de la fuerza ejercida sobre el collarín cuando *a*) $t = 1$ s, *b*) $t = 6$ s.

12.69 Un collarín *B* de masa *m* se desliza sobre el brazo sin fricción *AA'*. El brazo está unido al tambor *D* y gira alrededor de *O* en un plano horizontal con una razón $\dot{\theta} = ct$, donde *c* es una constante. Conforme el ensamble brazo-tambor gira, un mecanismo ubicado dentro del tambor enrolla el cordón de manera que el collarín se mueve hacia *O* con una velocidad constante *k*. Si se sabe que en $t = 0$, $r = r_0$, exprese como función de *m*, *c*, *k*, r_0 y *t*, *a*) la tensión *T* en el cordón, *b*) la magnitud de la fuerza horizontal **Q** ejercida sobre *B* por el brazo *AA'*.

12.70 Un collarín *B* de 3 kg se desliza sobre el brazo sin fricción *AA'*. El brazo está unido al tambor *D* y gira alrededor de *O* en un plano horizontal con una tasa $\dot{\theta} = 0.75t$, donde $\dot{\theta}$ y *t* se expresan en rad/s y segundos, respectivamente. Conforme el ensamble brazo-tambor gira, un mecanismo ubicado dentro del tambor desenrolla el cordón, de manera que el collarín se aleja de *O* con una rapidez constante de 0.5 m/s. Sabiendo que en $t = 0$, $r = 0$, determine el tiempo en el cual la tensión en el cordón es igual a la magnitud de la fuerza horizontal ejercida por el brazo *AA'* sobre *B*.

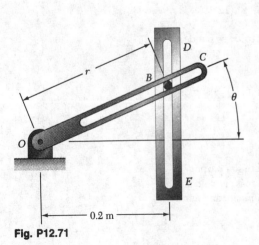

Fig. P12.71

12.71 El pasador *B* de 100 g se desliza a lo largo de la ranura del brazo giratorio *OC*, y a lo largo de la ranura *DE*, la cual está cortada sobre una placa horizontal fija. Despreciando la fricción y sabiendo que la varilla *OC* gira con una razón constante $\dot{\theta}_0 = 12$ rad/s, determine, para cualquier valor de θ, *a*) las componentes radial y transversal de la fuerza resultante **F** ejercida sobre el pasador *B*, *b*) las fuerzas **P** y **Q** ejercidas sobre el pasador *B* por la varilla *OC* y la pared de la ranura *DE*, respectivamente.

12.72 El disco A gira sobre un plano horizontal alrededor de un eje vertical con una razón constante $\dot{\theta}_0 = 15$ rad/s. La corredera B pesa 8 oz y se mueve en una ranura sin fricción cortada en el disco. La corredera está sujeta a un resorte de constante $k = 4$ lb/ft, el cual está inextendido cuando $r = 0$. Sabiendo que en un instante dado la aceleración de la corredera relativa al disco es $\ddot{r} = -40$ ft/s^2 y que la fuerza horizontal ejercida sobre la corredera por el disco es 2 lb, determine en ese instante a) la distancia r, b) la componente radial de la velocidad de la corredera.

*12.73** El disco A gira sobre un plano horizontal alrededor de un eje vertical con una razón constante $\dot{\theta}_0 = 12$ rad/s. La corredera B pesa 8.05 oz y se mueve en una ranura sin fricción cortada en el disco. La corredera está sujeta a un resorte de constante k, el cual está inextendido cuando $r = 0$. Sabiendo que la corredera se suelta sin velocidad radial en la posición $r = 15$ in., determine la posición de la corredera y la fuerza horizontal ejercida sobre ella por el disco en $t = 0.1$ s para a) $k = 2.25$ lb/ft, b) $k = 3.25$ lb/ft.

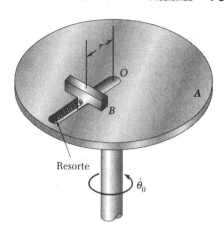

Fig. P12.72 y P12.73

12.74 Una partícula de masa m es lanzada desde el punto A con una velocidad inicial $\mathbf{v}_0$ perpendicular a la línea OA, y se mueve bajo una fuerza central $\mathbf{F}$ a lo largo de una trayectoria semicircular de diámetro OA. Observando que $r = r_0 \cos\theta$ y usando la ecuación (12.27), muestre que la velocidad de la partícula es $v = v_0/\cos^2\theta$.

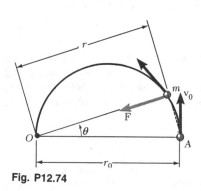

Fig. P12.74

12.75 Para la partícula del problema 12.74, determine la componente tangencial F_t de la fuerza central $\mathbf{F}$ a lo largo de la tangente a la trayectoria de la partícula para a) $\theta = 0$, b) $\theta = 45°$.

12.76 Una partícula de masa m es lanzada desde el punto A con una velocidad inicial $\mathbf{v}_0$ perpendicular a la línea OA, y se mueve bajo una fuerza central $\mathbf{F}$ que se aleja del centro de fuerza O. A partir del conocimiento de que la partícula sigue una trayectoria definida por la ecuación $r = r_0/\sqrt{\cos 2\theta}$ y usando la ecuación (12.27), exprese las componentes radial y transversal de la velocidad $\mathbf{v}$ de la partícula como funciones de θ.

12.77 Para la partícula del problema 12.76, muestre a) que la velocidad de la partícula y la fuerza central $\mathbf{F}$ son proporcionales a la distancia r entre la partícula y el centro de fuerza O, b) que el radio de curvatura de la trayectoria es proporcional a r^3.

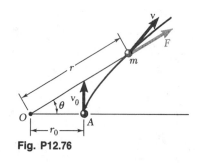

Fig. P12.76

12.78 El radio de la órbita de una luna de cierto planeta es igual al doble del radio del planeta. Denotando con ρ la densidad media del planeta, muestre que el tiempo requerido por la luna para completar una revolución alrededor del planeta es $(24\pi/G\rho)^{1/2}$, donde G es la constante de gravitación.

12.79 Muestre que el radio r de la órbita de la luna de cierto planeta puede determinarse a partir del radio R del planeta, la aceleración de la gravedad en la superficie del planeta y el tiempo τ requerido por la luna para completar una revolución alrededor del planeta. Determine la aceleración de la gravedad en la superficie del planeta Júpiter sabiendo que $R = 71\ 492$ km, y que $\tau = 3.551$ días y $r = 670.9 \times 10^3$ km para su luna Europa.

12.80 Los satélites de comunicación se colocan en órbitas geosincrónicas, es decir, en una órbita circular tal que completen una revolución completa alrededor de la Tierra en un día sideral (23.934 h), y así, parezcan estacionarios con respecto a nuestro planeta. Determine a) la altitud de esos satélites sobre la superficie de la Tierra, b) la velocidad con la que describen sus órbitas. Exprese sus respuestas tanto en unidades del SI como en unidades inglesas.

12.81 Determine la masa de la Tierra, si sabe que el radio medio de la órbita de la Luna alrededor de nuestro planeta es 238 910 mi y que la Luna requiere 27.32 días para completar una revolución alrededor de la Tierra.

12.82 Una nave espacial está colocada en una órbita polar alrededor del planeta Marte, a una altitud de 380 km. Sabiendo que la densidad media de Marte es 3.94 Mg/m^3 y que el radio de Marte es 3397 km, determine a) el tiempo τ requerido por la nave para completar una revolución alrededor de Marte, b) la velocidad con la cual la nave espacial describe su órbita.

12.83 Un satélite está colocado en una órbita circular alrededor del planeta Saturno, a una altitud de 3400 km. El satélite describe su órbita con una velocidad de 24.45 km/s. Sabiendo que el radio de la órbita alrededor de Saturno y el tiempo periódico de Atlas, una de las lunas de Saturno, son 137.64×10^3 km y 0.6019 días, respectivamente, determine a) el radio de Saturno, b) la masa de Saturno. (El *tiempo periódico* de un satélite es el tiempo que éste requiere para completar una revolución alrededor del planeta.)

12.84 Se ha observado que los tiempos periódicos (véase el problema 12.83) de las lunas Julieta y Titania del planeta Urano son 0.4931 días y 8.706 días, respectivamente. Sabiendo que el radio de la órbita de Julieta es 40 000 mi, determine a) la masa de Urano, b) el radio de la órbita de Titania.

12.85 Una nave espacial de 1200 lb es colocada primeramente en una órbita circular alrededor de la Tierra a una altitud de 2800 mi, y después es transferida a una órbita circular alrededor de la Luna. Sabiendo que la masa de la Luna es 0.01230 veces la masa de la Tierra y que el radio de la Luna es 1080 mi, determine a) la fuerza gravitacional ejercida sobre la nave espacial cuando estaba orbitando la Tierra, b) el radio requerido de la órbita de la nave espacial alrededor de la Luna si los tiempos periódicos (véase el problema 12.83) de las dos órbitas deben ser iguales, c) la aceleración de la gravedad en la superficie de la Luna.

12.86 Para colocar un satélite de comunicaciones en una órbita geosincrónica (véase el problema 12.80), a una altitud de 22 240 mi sobre la superficie de la Tierra, el satélite primero es liberado desde un transbordador espacial, el cual describe una órbita circular a una altitud de 185 mi, y después es propulsado por un impulsor de última etapa hasta su altitud final. Cuando el satélite pasa por el punto A, el motor impulsor es encendido para colocar al satélite en una órbita elíptica de transferencia. El impulsor es encendido nuevamente en B para colocar el satélite en una órbita geosincrónica. Sabiendo que el segundo encendido incrementa la velocidad del satélite en 4810 ft/s, determine a) la rapidez del satélite cuando éste se aproxima a B en la órbita elíptica de transferencia, b) el incremento de la rapidez que resulta del primer encendido del motor impulsor en A.

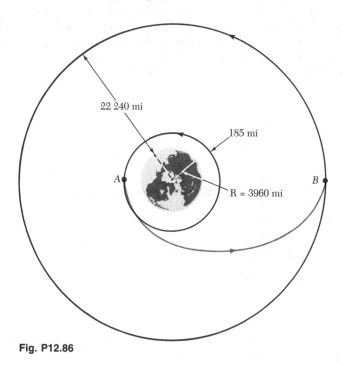

Fig. P12.86

12.87 Un vehículo espacial describe una órbita circular de 2200 km de radio alrededor de la Luna. Para transferirse a una órbita más pequeña de 2080 km de radio, el vehículo se coloca primeramente en una órbita elíptica AB reduciendo su velocidad en 26.3 m/s cuando pasa por A. Sabiendo que la masa de la Luna es 73.49×10^{21} kg, determine a) la velocidad del vehículo cuando éste se aproxima a B sobre la trayectoria elíptica, b) en cuánto debe reducirse la velocidad del vehículo al aproximarse a B, para insertarse dentro de la órbita circular más pequeña.

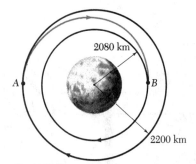

Fig. P12.87

12.88 Una sonda espacial se colocará en una órbita circular de 6420 km de radio alrededor del planeta Venus. Cuando la sonda se aproxime a Venus, su velocidad se disminuirá para que, al alcanzar el punto A, su velocidad y su altitud sobre la superficie del planeta en ese punto sean 7420 m/s y 288 km, respectivamente. La trayectoria de la sonda de A a B es elíptica, y cuando la sonda se aproxima a B, su velocidad se incrementa en $\Delta v_B = 24.5$ m/s para insertarse dentro de la órbita elíptica de transferencia BC. Finalmente, cuando la sonda pasa por el punto C, su velocidad se disminuye en $\Delta v_C = -264$ m/s para insertarse en la órbita circular requerida. Sabiendo que la masa y el radio del planeta Venus son 4.869×10^{24} kg y 6052 km, respectivamente, determine a) la velocidad de la sonda cuando ésta se aproxima a B sobre la trayectoria elíptica, b) su altitud sobre la superficie del planeta en B.

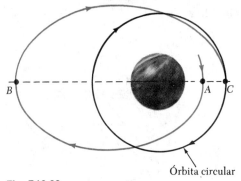

Fig. P12.88

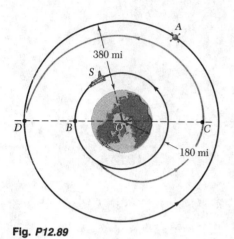

Fig. P12.89

12.89 Un transbordador espacial S y un satélite A describen las órbitas circulares mostradas. Para recuperar el satélite, el transbordador es colocado primeramente en una trayectoria elíptica BC incrementando su velocidad en $\Delta v_B = 280$ ft/s, al pasar por el punto B. Cuando el transbordador pasa por C, su velocidad se incrementa en $\Delta v_C = 260$ ft/s para insertarlo en una segunda órbita elíptica de transferencia CD. Sabiendo que la distancia de O a C es 4289 mi, determine cuánto debe incrementarse la velocidad del transbordador cuando se aproxima a D, para insertarse en la órbita circular del satélite.

12.90 Un collarín de 3 lb puede deslizarse sobre una varilla horizontal que es libre de rotar alrededor de la flecha vertical. El collarín es sostenido inicialmente en A por un cordón sujeto a la flecha. Un resorte de constante 2 lb/ft se sujeta al collarín y a la flecha, y no está deformado cuando el collarín está en A. Cuando la varilla rota a una razón $\dot\theta = 16$ rad/s, el cordón es cortado y el collarín se mueve hacia afuera sobre la varilla. Despreciando la fricción y la masa de la varilla, determine a) las componentes radial y transversal de la aceleración del collarín en A, b) la aceleración del collarín relativa a la varilla en A, c) la componente transversal de la velocidad del collarín en B.

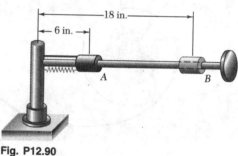

Fig. P12.90

12.91 Para el collarín del problema 12.90, suponiendo que la varilla inicialmente gira a una tasa $\dot\theta = 12$ rad/s, determine para la posición B del collarín a) la componente transversal de la velocidad del collarín, b) las componentes transversal y radial de su aceleración, c) la aceleración del collarín relativa a la varilla.

Fig. P12.92

12.92 Una bola A de 200 g y una bola B de 400 g están montadas sobre una varilla horizontal que gira libremente alrededor de una flecha vertical. Las bolas se mantienen en la posición mostrada por medio de pasadores. El pasador que sujeta a la bola B es repentinamente removido, y la bola se mueve a la posición C conforme la varilla gira. Despreciando la fricción y la masa de la varilla, y sabiendo que la rapidez inicial de A es $v_A = 2.5$ m/s, determine a) las componentes radial y transversal de la aceleración de la bola B inmediatamente después de que el pasador es removido, b) la aceleración de la bola B relativa a la varilla en ese instante, c) la rapidez de la bola A después de que la bola B ha alcanzado el reposo en C.

12.93 Una bola pequeña se balancea en un círculo horizontal en el extremo de un cordón de longitud l_1, el cual forma un ángulo θ_1 con la vertical. Entonces, el cordón es jalado lentamente a través del soporte en O hasta que la longitud del extremo libre es l_2. a) Derive una relación entre l_1, l_2, θ_1 y θ_2. b) Si la bola es puesta en movimiento de manera que, inicialmente, $l_1 = 0.8$ m y $\theta_1 = 35°$, determine el ángulo θ_2 cuando $l_2 = 0.6$ m.

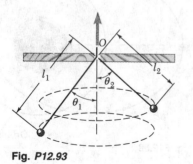

Fig. P12.93

*12.11. TRAYECTORIA DE UNA PARTÍCULA BAJO LA ACCIÓN DE UNA FUERZA CENTRAL

Considérese una partícula P que se mueve bajo la acción de una fuerza central **F**. Nos proponemos obtener la ecuación diferencial que describa su trayectoria.

Suponiendo que la fuerza **F** está dirigida hacia el centro de fuerza O, observamos que ΣF_r y ΣF_θ se reducen, respectivamente, a $-F$ y cero en las ecuaciones (12.21) y (12.22). Por consiguiente, escribimos

$$m(\ddot{r} - r\dot{\theta}^2) = -F \qquad (12.31)$$
$$m(r\ddot{\theta} + 2\dot{r}\dot{\theta}) = 0 \qquad (12.32)$$

Estas ecuaciones definen el movimiento de P. Pero sustituiremos la ecuación (12.32) por la ecuación (12.27), que es más conveniente de usar porque es equivalente a la ecuación (12.32), como podemos comprobar fácilmente derivándola respecto a t. Escribimos

$$r^2\dot{\theta} = h \qquad \text{o} \qquad r^2\frac{d\theta}{dt} = h \qquad (12.33)$$

La ecuación (12.33) puede usarse para suprimir la variable independiente t de la ecuación (12.31). Despejando $\dot{\theta}$ o $d\theta/dt$ de la ecuación (12.33), tenemos

$$\dot{\theta} = \frac{d\theta}{dt} = \frac{h}{r^2} \qquad (12.34)$$

de la cual se deduce que

$$\dot{r} = \frac{dr}{dt} = \frac{dr}{d\theta}\frac{d\theta}{dt} = \frac{h}{r^2}\frac{dr}{d\theta} = -h\frac{d}{d\theta}\left(\frac{1}{r}\right) \qquad (12.35)$$
$$\ddot{r} = \frac{d\dot{r}}{dt} = \frac{d\dot{r}}{d\theta}\frac{d\theta}{dt} = \frac{h}{r^2}\frac{d\dot{r}}{d\theta}$$

o, sustituyendo $\dot{r}$ de (12.35),

$$\ddot{r} = \frac{h}{r^2}\frac{d}{d\theta}\left[-h\frac{d}{d\theta}\left(\frac{1}{r}\right)\right]$$
$$\ddot{r} = -\frac{h^2}{r^2}\frac{d^2}{d\theta^2}\left(\frac{1}{r}\right) \qquad (12.36)$$

Sustituyendo $\dot{\theta}$ y $\ddot{r}$ de (12.34) y (12.36), respectivamente, en la ecuación (12.31) e introduciendo la función $u = 1/r$, obtenemos, después de simplificaciones,

$$\frac{d^2u}{d\theta^2} + u = \frac{F}{mh^2u^2} \qquad (12.37)$$

En la obtención de la ecuación (12.37) se supuso que la fuerza **F** estaba dirigida hacia O. Por tanto, la magnitud F debe ser positiva si **F** en realidad está dirigida hacia O (fuerza de atracción), y será negativa si **F** se aleja de O (fuerza de repulsión). Si F es una función conocida de r y, por lo tanto, de u, la ecuación (12.37) es una ecuación diferencial en u y θ. Esta ecuación diferencial define la trayectoria que describe la partícula sujeta a la fuerza central **F**. La ecuación de la trayectoria se puede obtener despejando u como una función de θ en la ecuación diferencial (12.37), y determinando las constantes de integración a partir de las condiciones iniciales.

*12.12. APLICACIÓN A LA MECÁNICA ESPACIAL

Después de que se ha consumido la última etapa de sus cohetes de lanzamiento, los satélites terrestres y otros vehículos espaciales están sujetos sólo a la atracción gravitacional de la Tierra. Por tanto, su movimiento puede determinarse a partir de las ecuaciones (12.33) y (12.37), que describen el movimiento de una partícula bajo la acción de una fuerza central, después de que F se ha sustituido por la expresión obtenida para la fuerza de atracción gravitacional.†
Al sustituir la expresión en la ecuación (12.37)

$$F = \frac{GMm}{r^2} = GMmu^2$$

donde M = masa de la Tierra
m = masa del vehículo espacial
r = distancia del centro de la Tierra al vehículo
$u = 1/r$

obtenemos la ecuación diferencial

$$\frac{d^2u}{d\theta^2} + u = \frac{GM}{h^2} \tag{12.38}$$

donde se observa que el miembro del lado derecho es una constante.

La solución de la ecuación diferencial (12.38) se obtiene sumando la solución particular $u = GM/h^2$ a la solución general $u = C \cos(\theta - \theta_0)$ de la ecuación homogénea correspondiente (es decir, la ecuación obtenida haciendo el miembro de la derecha igual a cero). Al escoger el eje polar de manera que $\theta_0 = 0$, escribimos

$$\frac{1}{r} = u = \frac{GM}{h^2} + C \cos \theta \tag{12.39}$$

La ecuación (12.39) es la ecuación de una *sección cónica* (elipse, parábola o hipérbola) en coordenadas polares r y θ. El origen O de las coordenadas, que se ubica en el centro de la Tierra, es un *foco* de esta sección cónica, y el eje polar es uno de sus ejes de simetría (figura 12.19).

La relación de las constantes C y GM/h^2 define la *excentricidad* ε de la sección cónica; haciendo

$$\varepsilon = \frac{C}{GM/h^2} = \frac{Ch^2}{GM} \tag{12.40}$$

podemos escribir la ecuación (12.39) en la forma

$$\frac{1}{r} = \frac{GM}{h^2}(1 + \varepsilon \cos \theta) \tag{12.39'}$$

Esta ecuación representa tres posibles trayectorias.

1. $\varepsilon > 1$, o $C > GM/h^2$: existen dos valores θ_1 y $-\theta_1$ del ángulo polar, definido por $\cos \theta_1 = -GM/Ch^2$, para los cuales el miembro del lado dere-

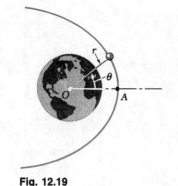

Fig. 12.19

---

†Se supone que los vehículos espaciales considerados aquí son atraídos solamente por la Tierra y que sus masas son despreciables comparadas con la masa de la Tierra. Si un vehículo se mueve muy lejos de nuestro planeta, su trayectoria puede ser afectada por la atracción del Sol, la Luna u otro planeta.

cho de la ecuación (12.39) se hace cero. Para estos dos valores, el vector radio r se hace infinito; la sección cónica es una *hipérbola* (figura 12.20).

2. $\varepsilon = 1$, o $C = GM/h^2$: el vector radio se hace infinito para $\theta = 180°$; la sección cónica es una *parábola*.

3. $\varepsilon < 1$, o $C < GM/h^2$: el vector radio permanece finito para cualquier valor de θ; la sección cónica es una *elipse*. En el caso particular en el que $\varepsilon = C = 0$, la longitud del vector radio es constante; la sección cónica es un *círculo*.

Ahora veremos cómo las constantes C y GM/h^2, que caracterizan a la trayectoria de un vehículo espacial, pueden determinarse a partir de la posición y la velocidad de éste al inicio de su vuelo libre. Supondremos, como es generalmente el caso, que la fase impulsada de su vuelo ha sido programada en tal forma que, cuando la última etapa del cohete de lanzamiento deja de funcionar, el vehículo tiene una velocidad paralela a la superficie de la Tierra (figura 12.21). En otras palabras, supondremos que el vehículo espacial inicia su vuelo libre en el vértice A de su trayectoria.[†]

Si denotamos con r_0 y v_0 el vector radio y la velocidad del vehículo, respectivamente, al inicio de su vuelo libre, observamos que la velocidad se reduce a su componente transversal y que, por tanto, $v_0 = r_0\dot{\theta}_0$. De la ecuación (12.27), expresamos la cantidad de movimiento angular por unidad de masa h como

$$h = r_0^2\dot{\theta}_0 = r_0 v_0 \qquad (12.41)$$

El valor obtenido para h puede usarse para determinar la constante GM/h^2. Notamos también que el cálculo de esta constante puede simplificarse si se usa la relación obtenida en la sección 12.10:

$$GM = gR^2 \qquad (12.30)$$

donde R es el radio de la Tierra ($R = 6.37 \times 10^6$ m o 3960 mi) y g es la aceleración de la gravedad en la superficie de la Tierra.

La constante C se determina haciendo $\theta = 0$, $r = r_0$ en la ecuación (12.39):

$$C = \frac{1}{r_0} - \frac{GM}{h^2} \qquad (12.42)$$

Si sustituimos el valor de h de (12.41), podemos expresar fácilmente a C en función de r_0 y v_0.

Determinemos ahora las condiciones iniciales que corresponden a cada una de las tres trayectorias fundamentales antes indicadas. Considerando en primer lugar la trayectoria parabólica, tomamos $C = GM/h^2$ en la ecuación (12.42), y eliminamos h entre las ecuaciones (12.41) y (12.42). Despejando v_0 obtenemos

$$v_0 = \sqrt{\frac{2GM}{r_0}}$$

Podemos comprobar fácilmente que un valor más grande de la velocidad inicial corresponde a una trayectoria hiperbólica, y que un valor más pequeño nos da una trayectoria elíptica. Como el valor de v_0 obtenido para la trayectoria

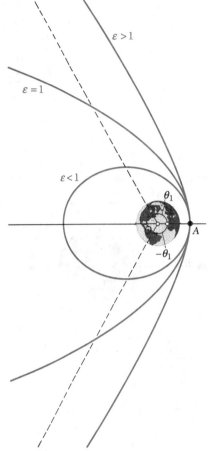

Fig. 12.20

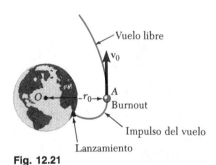

Fig. 12.21

[†]En la sección 13.9 se considerarán problemas que involucran lanzamientos oblicuos.

parabólica es el valor más pequeño para el cual el vehículo espacial no regresa a su punto de partida, se le llama *velocidad de escape*. Por consiguiente, escribimos

$$v_{esc} = \sqrt{\frac{2GM}{r_0}} \qquad o \qquad v_{esc} = \sqrt{\frac{2gR^2}{r_0}} \qquad (12.43)$$

si hacemos uso de la ecuación (12.30). Notamos que la trayectoria será 1) hiperbólica si $v_0 > v_{esc}$, 2) parabólica si $v_0 = v_{esc}$, y 3) elíptica si $v_0 < v_{esc}$.

Entre las distintas órbitas elípticas posibles existe una de especial interés: la *órbita circular*, que se obtiene cuando $C = 0$. Se encuentra fácilmente que el valor de la velocidad inicial que corresponde a una órbita circular es

$$v_{circ} = \sqrt{\frac{GM}{r_0}} \qquad o \qquad v_{circ} = \sqrt{\frac{gR^2}{r_0}} \qquad (12.44)$$

si se toma en cuenta la ecuación (12.30). De la figura 12.22, observamos que para valores de v_0 comprendidos entre v_{circ} y v_{esc}, el punto A, donde comienza el vuelo libre, es el punto de la órbita más cercano a la Tierra; a este punto se le llama *perigeo*, mientras que el punto A', que es el más alejado de la Tierra, se conoce como *apogeo*. Para valores de $v_0 < v_{circ}$, el punto A se convierte en el apogeo, mientras que el punto A'', del otro lado de la órbita, se convierte en el perigeo. Para valores de v_0 mucho menores que v_{circ}, la trayectoria del vehículo espacial interseca la superficie de la Tierra; en tal caso, el vehículo no entra en órbita.

Los misiles balísticos diseñados para golpear sobre la superficie de la Tierra, también viajan a lo largo de trayectorias elípticas. De hecho, debemos darnos cuenta de que cualquier objeto proyectado en el vacío con una velocidad inicial $v_0 < v_{esc}$ se moverá en una trayectoria elíptica. Sólo cuando las distancias que intervienen son pequeñas, podemos suponer que el campo gravitacional de la Tierra es uniforme, y que la trayectoria elíptica puede aproximarse a una trayectoria parabólica, como se hizo antes (sección 11.11) en el caso de proyectiles convencionales.

Periodo orbital. Una característica importante del movimiento de un satélite terrestre es el tiempo que necesita para describir su órbita. A este tiempo se le conoce como *periodo orbital* del satélite, y se representa con τ. En vista de la definición de la velocidad de área (sección 12.9), observamos en primer lugar que τ puede obtenerse dividiendo el área dentro de la órbita entre la velocidad de área. Como el área de una elipse es igual a πab, donde a y b representan los semiejes mayor y menor, respectivamente, y como la velocidad de área es igual a $h/2$, escribimos

$$\tau = \frac{2\pi ab}{h} \qquad (12.45)$$

Aunque h puede determinarse en forma directa de r_0 y v_0 en el caso de un satélite lanzado en una dirección paralela a la superficie de la Tierra, los semiejes a y b no están directamente relacionados con las condiciones iniciales. Por otro lado, como los valores r_0 y r_1 de r, correspondientes al perigeo y al apogeo de la órbita, pueden determinarse a partir de la ecuación (12.39), expresaremos los semiejes a y b en función de r_0 y r_1.

Consideremos la órbita elíptica mostrada en la figura 12.23. El centro de la Tierra se encuentra en O, y coincide con uno de los dos focos de la elipse,

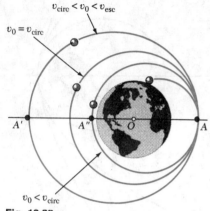

$v_{circ} < v_0 < v_{esc}$

$v_0 = v_{circ}$

A' A'' O A

$v_0 < v_{circ}$

Fig. 12.22

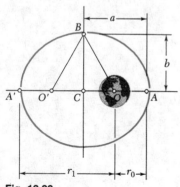

Fig. 12.23

mientras que los puntos A y A' representan el perigeo y el apogeo de la órbita, respectivamente. Es fácil comprobar que

$$r_0 + r_1 = 2a$$

y, entonces,

$$a = \tfrac{1}{2}(r_0 + r_1) \tag{12.46}$$

Recordando que la suma de las distancias de cada uno de los focos a cualquier punto de la elipse es constante, escribimos

$$O'B + BO = O'A + OA = 2a \qquad \text{o} \qquad BO = a$$

Por otro lado, tenemos $CO = a - r_0$. Por lo tanto, podemos escribir

$$b^2 = (BC)^2 = (BO)^2 - (CO)^2 = a^2 - (a - r_0)^2$$
$$b^2 = r_0(2a - r_0) = r_0 r_1$$

y, por consiguiente,

$$b = \sqrt{r_0 r_1} \tag{12.47}$$

Las fórmulas (12.46) y (12.47) indican que el semieje mayor y el semieje menor de la órbita son iguales a los promedios aritméticos y geométricos de los valores máximo y mínimo del vector radio, respectivamente. Una vez que r_0 y r_1, se han determinado, se pueden calcular con facilidad las longitudes de los semiejes y sustituirse en lugar de a y b en la fórmula (12.45).

*12.13. LEYES DE KEPLER DEL MOVIMIENTO PLANETARIO

Las ecuaciones que rigen el movimiento de un satélite terrestre pueden usarse para describir el movimiento de la Luna alrededor de la Tierra. Pero, en ese caso, la masa de la Luna no es despreciable en comparación con la masa de la Tierra, y los resultados obtenidos no son completamente exactos.

La teoría desarrollada en las secciones anteriores puede aplicarse también al estudio del movimiento de los planetas alrededor del Sol. Aunque se introduce otro error al despreciar las fuerzas ejercidas por los planetas entre sí, la aproximación obtenida es excelente. De hecho, las propiedades expresadas por las ecuaciones (12.39), donde M representa ahora la masa del Sol y (12.33) fueron descubiertas por el astrónomo alemán Johann Kepler (1571-1630) a partir de observaciones astronómicas del movimiento de los planetas, aun antes de que Newton hubiese formulado su teoría fundamental.

Las tres *leyes del movimiento planetario* de Kepler pueden expresarse en la forma siguiente:

1. Cada planeta describe una elipse, en la que el Sol ocupa uno de sus focos.
2. El vector radio trazado desde el Sol a un planeta recorre áreas iguales en tiempos iguales.
3. Los cuadrados de los periodos orbitales de los planetas son proporcionales a los cubos de los semiejes mayores de sus órbitas.

La primera ley expresa un caso particular del resultado establecido en la sección 12.12, mientras que la segunda nos dice que la velocidad de área de cada planeta es constante (véase la sección 12.9). La tercera ley de Kepler puede deducirse también a partir de los resultados obtenidos en la sección 12.12.†

†Véase el problema 12.121.

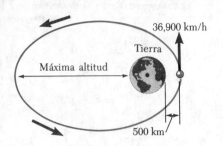

36,900 km/h

Tierra

Máxima altitud

500 km

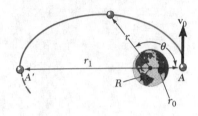

v_0

r

θ

r_1

R

A'

A

r_0

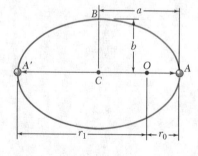

B

a

b

A'

O

A

C

r_1

r_0

PROBLEMA RESUELTO 12.9

Se lanza un satélite en dirección paralela a la superficie de la Tierra, con una velocidad de 36 900 km/h, desde una altitud de 500 km. Determínese *a*) la máxima altitud alcanzada por el satélite, *b*) el periodo orbital del satélite.

SOLUCIÓN

a. Máxima altitud. Después de que se lanza el satélite, éste se encuentra sujeto sólo a la atracción gravitacional de la Tierra; por lo tanto, su movimiento se rige por la ecuación (12.39),

$$\frac{1}{r} = \frac{GM}{h^2} + C \cos \theta \tag{1}$$

Como la componente radial de la velocidad es cero en el punto de lanzamiento A, tenemos $h = r_0 v_0$. Recordando que, para la Tierra, $R = 6370$ km, calculamos

$$r_0 = 6370 \text{ km} + 500 \text{ km} = 6870 \text{ km} = 6.87 \times 10^6 \text{ m}$$

$$v_0 = 36\,900 \text{ km/h} = \frac{36.9 \times 10^6 \text{ m}}{3.6 \times 10^3 \text{ s}} = 10.25 \times 10^3 \text{ m/s}$$

$$h = r_0 v_0 = (6.87 \times 10^6 \text{ m})(10.25 \times 10^3 \text{ m/s}) = 70.4 \times 10^9 \text{ m}^2/\text{s}$$
$$h^2 = 4.96 \times 10^{21} \text{ m}^4/\text{s}^2$$

Como $GM = gR^2$, donde R es el radio de la Tierra, se tiene

$$GM = gR^2 = (9.81 \text{ m/s}^2)(6.37 \times 10^6 \text{ m})^2 = 398 \times 10^{12} \text{ m}^3/\text{s}^2$$

$$\frac{GM}{h^2} = \frac{398 \times 10^{12} \text{ m}^3/\text{s}^2}{4.96 \times 10^{21} \text{ m}^4/\text{s}^2} = 80.3 \times 10^{-9} \text{ m}^{-1}$$

Sustituyendo este valor en (1), obtenemos

$$\frac{1}{r} = 80.3 \times 10^{-9} \text{ m}^{-1} + C \cos \theta \tag{2}$$

Notando que en el punto A tenemos $\theta = 0$ y $r = r_0 = 6.87 \times 10^6$ m, calculamos la constante C:

$$\frac{1}{6.87 \times 10^6 \text{ m}} = 80.3 \times 10^{-9} \text{ m}^{-1} + C \cos 0° \qquad C = 65.3 \times 10^{-9} \text{ m}^{-1}$$

En A', el punto más lejano sobre la órbita de la Tierra, se tiene $\theta = 180°$. Usando (2), calculamos la distancia correspondiente r_1:

$$\frac{1}{r_1} = 80.3 \times 10^{-9} \text{ m}^{-1} + (65.3 \times 10^{-9} \text{ m}^{-1}) \cos 180°$$

$$r_1 = 66.7 \times 10^6 \text{ m} = 66\,700 \text{ km}$$

Altitud máxima $= 66\,700 \text{ km} - 6370 \text{ km} = 60\,300 \text{ km}$ ◀

b. Periodo orbital. Como A y A' son, respectivamente, el perigeo y el apogeo de la órbita elíptica, usamos las ecuaciones (12.46) y (12.47), y calculamos los semiejes mayor y menor de la órbita:

$$a = \tfrac{1}{2}(r_0 + r_1) = \tfrac{1}{2}(6.87 + 66.7)(10^6) \text{ m} = 36.8 \times 10^6 \text{ m}$$
$$b = \sqrt{r_0 r_1} = \sqrt{(6.87)(66.7)} \times 10^6 \text{ m} = 21.4 \times 10^6 \text{ m}$$
$$\tau = \frac{2\pi ab}{h} = \frac{2\pi(36.8 \times 10^6 \text{ m})(21.4 \times 10^6 \text{ m})}{70.4 \times 10^9 \text{ m}^2/\text{s}}$$

$$\tau = 70.3 \times 10^3 \text{ s} = 1171 \text{ min} = 19 \text{ h } 31 \text{ min}$$ ◀

En esta lección, se continuó el estudio del movimiento de una partícula bajo la acción de una fuerza central, y se aplicaron los resultados a problemas de la mecánica celeste. Se encontró que la trayectoria de una partícula bajo la acción de una fuerza central está definida por la ecuación diferencial

$$\frac{d^2u}{d\theta^2} + u = \frac{F}{mh^2u^2} \tag{12.37}$$

donde u es el recíproco de la distancia r de la partícula al centro de fuerza ($u = 1/r$), F es la magnitud de la fuerza central $\mathbf{F}$ y h es una constante igual a la cantidad de movimiento angular por unidad de masa de la partícula. En problemas de mecánica celeste, $\mathbf{F}$ es la fuerza de atracción gravitacional ejercida sobre el satélite o nave espacial por el Sol, la Tierra u otro planeta alrededor del cual se orbita. Sustituyendo $F = GMm/r^2 = GMmu^2$ en la ecuación (12.37), se obtiene para ese caso

$$\frac{d^2u}{d\theta^2} + u = \frac{GM}{h^2} \tag{12.38}$$

donde el miembro del lado derecho es una constante.

1. **Análisis del movimiento de satélites y naves espaciales.** La solución de la ecuación diferencial (12.38) define la trayectoria de un satélite o nave espacial. En la sección 12.12 se dedujo y se expresó en dos formas alternas

$$\frac{1}{r} = \frac{GM}{h^2} + C\cos\theta \qquad \text{o} \qquad \frac{1}{r} = \frac{GM}{h^2}(1 + \varepsilon\cos\theta) \tag{12.39, 12.39'}$$

Al aplicar estas ecuaciones, recuerde que $\theta = 0$ siempre corresponde al perigeo (el punto de aproximación más cercano) de la trayectoria (figura 12.19), y que h es una constante para una trayectoria dada. Dependiendo del valor de la excentricidad ε, la trayectoria será una hipérbola, una parábola o una elipse.

a. $\varepsilon > 1$: *La trayectoria es una hipérbola,* de manera que, para este caso, la nave espacial nunca regresa al punto de partida.

b. $\varepsilon = 1$: *La trayectoria es una parábola.* Éste es el caso intermedio entre las trayectorias abiertas (hiperbólicas) y cerradas (elípticas). Se observó para este caso que la velocidad v_0 en el perigeo es igual a la velocidad de escape v_{esc},

$$v_0 = v_{\text{esc}} = \sqrt{\frac{2GM}{r_0}} \tag{12.43}$$

Note que la velocidad de escape es la velocidad más pequeña para la cual la nave espacial no regresa a su punto inicial. *(continúa)* *c. $\varepsilon < 1$: La trayectoria es una órbita elíptica.* Para problemas sobre órbitas elípticas, se encontrará que la relación derivada en el problema 12.102,

$$\frac{1}{r_0} + \frac{1}{r_1} = \frac{2GM}{h^2}$$

será de utilidad en la solución de problemas subsecuentes. Cuando usted aplique esta ecuación, recuerde que r_0 y r_1 son las distancias desde el centro de fuerza al perigeo ($\theta = 0$) y al apogeo ($\theta = 180°$), respectivamente; que $h = r_0 v_0 = r_1 v_1$, y que, para un satélite que orbita la Tierra, $Gm_{\text{tierra}} = gR^2$, donde R es el radio de la Tierra. También recuerde que la trayectoria es circular cuando $\varepsilon = 0$.

2. *Determinación del punto de impacto para el descenso de una nave espacial.* Para problemas de este tipo, se puede asumir que la trayectoria es elíptica, y que el punto inicial de la trayectoria de descenso es el apogeo de la trayectoria (figura 12.22). Note que, en el punto de impacto, la distancia r en las ecuaciones (12.39) y (12.39′) es igual al radio R del cuerpo sobre el que la nave espacial aterriza o se estrella. Adicionalmente, tenemos que $h = Rv_I \operatorname{sen} \phi_I$, donde v_I es la rapidez de la nave espacial al impactarse, y ϕ_I es el ángulo que su trayectoria forma con la vertical en el punto de impacto.

3. *Cálculo del tiempo para viajar entre dos puntos de una trayectoria.* Para el movimiento debido a una fuerza central, el tiempo t requerido para que una partícula viaje a lo largo de una porción de su trayectoria se puede determinar recordando de la sección 12.9 que la razón a la cual el área es barrida por unidad de tiempo por el vector de posición **r** es igual a un medio de la cantidad de movimiento angular por unidad de masa h de la partícula: $dA/dt = h/2$. Debido a que h es constante para una trayectoria dada, entonces

$$t = \frac{2A}{h}$$

donde A es el área total barrida en el tiempo t.

a. En el caso de una trayectoria elíptica, el tiempo requerido para completar una órbita se llama *periodo orbital*, y se expresa como

$$\tau = \frac{2(\pi ab)}{h} \tag{12.45}$$

donde a y b son los semiejes mayor y menor, respectivamente, de la elipse, y están relacionados con las distancias r_0 y r_1 por

$$a = \tfrac{1}{2}(r_0 + r_1) \qquad y \qquad b = \sqrt{r_0 r_1} \tag{12.46, 12.47}$$

b. La tercera ley de Kepler proporciona una relación conveniente entre los periodos orbitales de dos satélites que describen órbitas elípticas alrededor del mismo cuerpo [sección 12.13]. Denotando los semiejes mayores de las dos órbitas con a_1 y a_2, respectivamente, y los correspondientes periodos orbitales con τ_1 y τ_2, tenemos

$$\frac{\tau_1^2}{\tau_2^2} = \frac{a_1^3}{a_2^3}$$

c. En el caso de una trayectoria parabólica, se podrían usar las expresiones que se dan en el reverso de la portada del libro para un área parabólica o semiparabólica, cuando se trate de calcular el tiempo que se emplea en viajar entre dos puntos de la trayectoria.

Problemas

12.94 Una partícula de masa m es proyectada desde el punto A, con una velocidad inicial $\mathbf{v}_0$ perpendicular a OA y se mueve bajo la acción de una fuerza central $\mathbf{F}$ a lo largo de una trayectoria elíptica definida por la ecuación $r = r_0/(2 - \cos \theta)$. Usando la ecuación (12.37), muestre que $\mathbf{F}$ es inversamente proporcional al cuadrado de la distancia r desde la partícula hasta el centro de fuerza O.

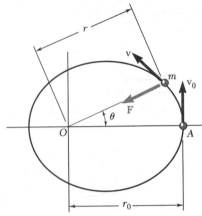

Fig. P12.94

12.95 Una partícula de masa m describe la trayectoria definida por la ecuación $r = r_0 \operatorname{sen} \theta$, bajo la acción de una fuerza central $\mathbf{F}$ dirigida hacia el centro de fuerza O. Usando la ecuación (12.37), muestre que $\mathbf{F}$ es inversamente proporcional a la quinta potencia de la distancia r desde la partícula hasta O.

12.96 Una partícula de masa m describe la cardioide $r = r_0(1 + \cos \theta)/2$, bajo la acción de una fuerza central $\mathbf{F}$ dirigida hacia el centro de fuerza O. Usando la ecuación (12.37), muestre que $\mathbf{F}$ es inversamente proporcional a la cuarta potencia de la distancia r desde la partícula hasta O.

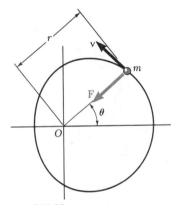

Fig. P12.96

12.97 Para la partícula del problema 12.76, y por medio de la ecuación (12.37), muestre que la fuerza central $\mathbf{F}$ es proporcional a la distancia r desde la partícula hasta el centro de fuerza O.

12.98 Se observó que, durante su primer acercamiento a la Tierra, la mínima altitud de la nave Galileo fue 960 km arriba de la superficie de la Tierra. Asumiendo que la trayectoria de la nave espacial fue parabólica, determine la máxima velocidad de la nave Galileo durante su primer acercamiento a la Tierra.

12.99 Cuando una sonda espacial que se aproxima al planeta Venus sobre una trayectoria parabólica alcanza el punto A más cercano al planeta, su velocidad es disminuida para insertarla en una órbita circular. Sabiendo que la masa y el radio de Venus son 4.87×10^{24} kg y 6052 km, respectivamente, determine $a)$ la velocidad de la sonda cuando se aproxima a A, $b)$ la disminución en la velocidad requerida para insertar la sonda en la órbita circular.

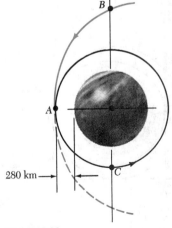

Fig. P12.99

715

12.100   Se observó que, durante su segundo acercamiento a la Tierra, la nave Galileo, tenía una velocidad de 46.2×10^3 ft/s cuando alcanzó su mínima altitud de 188.3 mi sobre la superficie de la Tierra. Determine la excentricidad de la trayectoria de la nave espacial durante esta porción de su vuelo.

12.101   Se observó que, cuando la nave Galileo alcanzó el punto de su trayectoria más cercano a Io, una luna del planeta Júpiter, estaba a una distancia de 1750 mi del centro de Io y tenía una velocidad de 49.4×10^3 ft/s. Sabiendo que la masa de Io es 0.01496 veces la masa de la Tierra, determine la excentricidad de la trayectoria de la nave espacial cuando se aproxima a Io.

12.102   Un satélite describe una órbita elíptica alrededor de un planeta de masa M. Denotando con r_0 y r_1, respectivamente, los valores mínimo y máximo de la distancia r del satélite al centro del planeta, derive la relación

$$\frac{1}{r_0} + \frac{1}{r_1} = \frac{2GM}{h^2}$$

donde h es la cantidad de movimiento angular por unidad de masa del satélite.

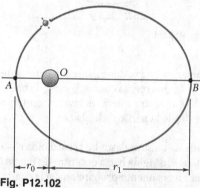

Fig. P12.102

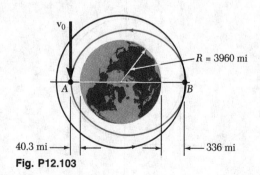

40.3 mi ⟶   ⟵ 336 mi
Fig. P12.103

12.103   Al desprenderse el impulsor principal en su decimotercer vuelo, el transbordador espacial Discovery describía una órbita elíptica de altitud mínima de 40.3 mi y altitud máxima de 336 mi sobre la superficie de la Tierra. Sabiendo que en el punto A el transbordador tenía una velocidad v_0 paralela a la superficie de nuestro planeta, y que fue transferido a una órbita circular al pasar por el punto B, determine a) la rapidez v_0 del transbordador en A, b) el incremento de la rapidez requerido en B para insertar al transbordador en la órbita circular.

12.104   Una sonda espacial describe una órbita circular alrededor de un planeta de radio R. La altitud de la sonda sobre la superficie del planeta es αR, y su velocidad es v_0. Para colocar la sonda en una órbita elíptica que acercará a la sonda al planeta, su velocidad es reducida de v_0 a βv_0, donde $\beta < 1$, encendiendo sus motores en un corto intervalo de tiempo. Determine el mínimo valor permisible de β si la sonda no debe estrellarse sobre la superficie del planeta.

12.105 Cuando describe una órbita elíptica alrededor del Sol, una nave espacial alcanza una distancia máxima de 202×10^6 mi desde el centro del Sol en el punto A (llamado afelio) y una distancia mínima de 92×10^6 mi en el punto B (llamada perihelio). Para colocar la nave espacial en una órbita elíptica menor con afelio en A' y perihelio en B', donde A' y B' están localizados a 164.5×10^6 mi y 85.5×10^6 mi, respectivamente, desde el centro del Sol, la rapidez de la nave espacial es reducida primeramente al pasar por A y después reducida aún más al pasar por B'. Sabiendo que la masa del Sol es 332.8×10^3 veces la masa de la Tierra, determine a) la rapidez de la nave espacial en A, b) las cantidades que la rapidez de la nave debe reducirse en A y B' para insertarla en la órbita elíptica deseada.

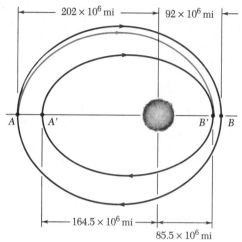

Fig. P12.105

12.106 Se va a colocar una sonda espacial en una órbita circular alrededor del planeta Marte. La órbita debe tener un radio de 4000 km, y debe ubicarse en un plano especificado diferente del plano de la trayectoria de aproximación. Cuando la sonda alcanza el punto A, el punto de su trayectoria original más cercano a Marte, es insertada en una primera órbita elíptica de transferencia reduciendo su rapidez en Δv_A. Esta órbita lleva a la sonda al punto B con una velocidad reducida en forma significativa. Ahí la sonda es insertada en una segunda órbita de transferencia, localizada en el plano especificado, cambiando la dirección de su velocidad y reduciéndola aún más en Δv_B. Finalmente, cuando la sonda alcanza el punto C, es insertada en la órbita circular deseada reduciendo su rapidez en Δv_C. Sabiendo que la masa de Marte es 0.1074 veces la masa de la Tierra, que $r_A = 9 \times 10^3$ km y $r_B = 180 \times 10^3$ km, y que la sonda se aproxima a A en una trayectoria parabólica, determine cuánto debe reducirse la rapidez de la sonda a) en A, b) en B, c) en C.

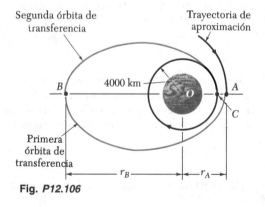

Fig. P12.106

12.107 Para la sonda espacial del problema 12.106, se sabe que $r_A = 9 \times 10^3$ km y que la rapidez de la sonda es reducida en 440 m/s al pasar por el punto A. Determine a) la distancia desde el centro del planeta Marte hasta el punto B, b) las cantidades en que la rapidez de la sonda debe reducirse en B y C, respectivamente.

12.108 Determine el tiempo requerido para que la sonda espacial del problema 12.106 viaje de A a B sobre su primera órbita de transferencia.

12.109 La nave espacial Clementina describió una órbita elíptica de altitud mínima $h_A = 400$ km y altitud máxima $h_B = 2940$ km sobre la superficie de la Luna. Sabiendo que el radio de la Luna es 1737 km y que su masa es 0.01230 veces la masa de la Tierra, determine el periodo orbital de la nave.

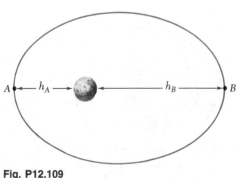

Fig. P12.109

12.110   Una sonda espacial en una órbita baja alrededor de la Tierra es insertada en una órbita elíptica de transferencia hacia el planeta Venus. Sabiendo que la masa del Sol es 332.8×10^3 veces la masa de la Tierra, y asumiendo que la sonda está sujeta solamente a la atracción gravitacional del Sol, determine el valor de ϕ, el cual define la posición relativa de Venus con respecto a la Tierra, en el instante en que la sonda es insertada en la órbita de transferencia.

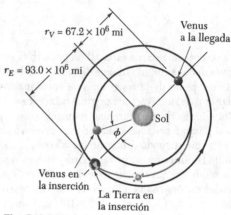

Fig. P12.110

12.111   Con base en las observaciones realizadas durante el avistamiento del cometa Hyakutake, en 1996, se concluyó que la trayectoria del cometa es una elipse muy alargada de excentricidad $\varepsilon = 0.999887$, aproximadamente. Sabiendo que para ese avistamiento la distancia mínima entre el cometa y el Sol fue de $0.230R_E$, donde R_E es la distancia media del Sol a la Tierra, determine el tiempo orbital del cometa.

12.112   Se observó que, durante su primer acercamiento a la Tierra, la nave Galileo tenía una velocidad de 10.42 km/s cuando alcanzó su mínima distancia de 7330 km desde el centro de la Tierra. Asumiendo que la trayectoria de la nave espacial fue parabólica, determine el tiempo requerido para que la nave viajara del punto B al C sobre su trayectoria.

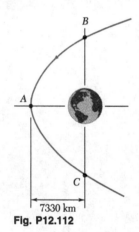

Fig. P12.112

12.113   Determine el tiempo requerido para que la sonda espacial del problema 12.99 viaje de B a C.

12.114   Una sonda espacial describe una órbita circular de radio nR, con una velocidad v_0 alrededor de un planeta de radio R y centro O. Cuando la sonda pasa por el punto A, su velocidad es reducida de v_0 a βv_0, donde $\beta < 1$, para colocar la sonda en una trayectoria de impacto. Exprese en función de n y β el ángulo AOB, donde B representa el punto de impacto de la sonda sobre el planeta.

12.115   Antes de las misiones Apolo hacia la Luna, se usaron varios orbitadores lunares para fotografiar la superficie de la Luna, y obtener con esto información sobre posibles sitios de alunizaje. Al final de cada misión, la trayectoria de cada nave se ajustó de manera que ésta se estrellara sobre la Luna para adquirir información adicional sobre la superficie lunar. Se muestra la órbita elíptica del orbitador lunar 2. Sabiendo que la masa de la Luna es 0.01230 veces la masa de la Tierra, determine la cantidad que debe reducirse la rapidez del orbitador en el punto B, para que la nave impacte la superficie de la Luna en el punto C. (*Sugerencia*. El punto B es el apogeo de la trayectoria elíptica de impacto.)

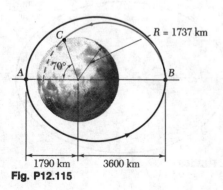

Fig. P12.115

12.116 Cuando una nave espacial se aproxima al planeta Júpiter, libera una sonda para que ésta penetre la atmósfera del planeta en el punto B, a una altitud de 450 km sobre la superficie del planeta. La trayectoria de la sonda es una hipérbola de excentricidad $\varepsilon = 1.031$. Sabiendo que el radio y la masa de Júpiter son 71.492×10^3 km y 1.9×10^{27} kg, respectivamente, y que la velocidad $\mathbf{v}_B$ de la sonda en B forma un ángulo de 82.9° con la dirección de OA; determine a) el ángulo AOB, b) la rapidez v_B de la sonda en B.

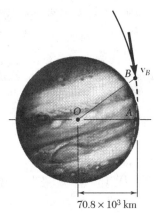

70.8 × 10³ km

Fig. P12.116

12.117 Un transbordador espacial describe una órbita circular a una altitud de 350 mi sobre la superficie de la Tierra. Al pasar por el punto A, el transbordador enciende su motor durante un corto intervalo de tiempo para reducir su rapidez en 500 ft/s, e inicia el descenso hacia la Tierra. Determine el ángulo AOB para que la altitud del transbordador en el punto B sea 75 mi. (*Sugerencia*. El punto A es el apogeo de la trayectoria elíptica de descenso.)

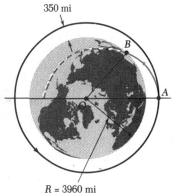

350 mi

$R = 3960$ mi

Fig. *P12.117*

12.118 Un satélite describe una órbita elíptica alrededor de un planeta. Denotando con r_0 y r_1 las distancias correspondientes, respectivamente, al perigeo y al apogeo de la órbita, muestre que la curvatura de la órbita en cada uno de esos puntos se puede expresar como

$$\frac{1}{\rho} = \frac{1}{2}\left(\frac{1}{r_0} + \frac{1}{r_1}\right)$$

12.119 a) Exprese la excentricidad ε de la órbita elíptica descrita por un satélite alrededor de un planeta, en función de las distancias r_0 y r_1 correspondientes, respectivamente, al perigeo y al apogeo de la órbita. b) Use el resultado obtenido en la parte a y los datos del problema 12.111, donde $R_E = 149.6 \times 10^6$ km, para determinar la distancia máxima aproximada medida desde el Sol que alcanzó el cometa Hyakutake.

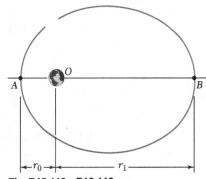

Fig. P12.118 y P12.119

12.120 Muestre que la cantidad de movimiento angular por unidad de masa h, de un satélite que describe una órbita elíptica de semieje mayor a y excentricidad ε alrededor de un planeta de masa M, puede expresarse como

$$h = \sqrt{GMa(1 - \varepsilon^2)}$$

12.121 Deduzca la tercera ley de Kepler del movimiento planetario, a partir de las ecuaciones (12.39) y (12.45).

Este capítulo se dedicó a la segunda ley de Newton y su aplicación al análisis del movimiento de partículas.

Segunda ley de Newton

Denotando con m la masa de una partícula, con $\Sigma\mathbf{F}$ la suma, o resultante, de las fuerzas que actúan sobre la partícula, y con $\mathbf{a}$ la aceleración de la partícula relativa a un *sistema de referencia newtoniano* [sección 12.2], escribimos

$$\Sigma\mathbf{F} = m\mathbf{a} \qquad (12.2)$$

Cantidad de movimiento lineal

Introduciendo la *cantidad de movimiento lineal* de una partícula, $\mathbf{L} = m\mathbf{v}$ [sección 12.3], se encontró que la segunda ley de Newton también puede escribirse en la forma

$$\Sigma\mathbf{F} = \dot{\mathbf{L}} \qquad (12.5)$$

la cual expresa que *la resultante de las fuerzas que actúan sobre una partícula es igual a la razón de cambio de la cantidad de movimiento lineal de la partícula*.

Sistema de unidades consistente

La ecuación (12.2) es válida sólo si se usa un sistema de unidades consistente. Con unidades del SI, las fuerzas deben expresarse en newtons, las masas en kilogramos, y las aceleraciones en m/s^2; con unidades del sistema inglés, las fuerzas se deben expresar en libras, las masas en lb · s^2/ft (también conocidas como *slugs*), y las aceleraciones en ft/s^2 [sección 12.4].

Ecuaciones de movimiento para una partícula

Para resolver un problema sobre el movimiento de una partícula, la ecuación (12.2) se debe remplazar por ecuaciones que contengan cantidades escalares [sección 12.5]. Usando *componentes rectangulares* de $\mathbf{F}$ y $\mathbf{a}$, escribimos

$$\Sigma F_x = ma_x \qquad \Sigma F_y = ma_y \qquad \Sigma F_z = ma_z \qquad (12.8)$$

Usando las *componentes tangencial y normal*, obtuvimos

$$\Sigma F_t = m\frac{dv}{dt} \qquad \Sigma F_n = m\frac{v^2}{\rho} \qquad (12.9')$$

Equilibrio dinámico

También notamos [sección 12.6] que las ecuaciones de movimiento de una partícula pueden ser remplazadas por ecuaciones similares a las ecuaciones de equilibrio usadas en estática, si un vector $-m\mathbf{a}$ de magnitud ma, pero de sentido opuesto al de la aceleración, se agrega a las fuerzas aplicadas a la partícula; se dice entonces que la partícula se encuentra en *equilibrio dinámico*. Por uniformidad, sin embargo, en todos los problemas resueltos se usaron las ecuaciones de movimiento, primero con componentes rectangulares [problemas resueltos 12.1 a 12.4], y después con las componentes tangencial y normal [problemas resueltos 12.5 y 12.6].

En la segunda parte del capítulo, definimos la *cantidad de movimiento angular* $\mathbf{H}_O$ de una partícula alrededor de un punto O, como el momento alrededor de O de la cantidad de movimiento lineal $m\mathbf{v}$ de la partícula [sección 12.7]. Escribimos

$$\mathbf{H}_O = \mathbf{r} \times m\mathbf{v} \qquad (12.12)$$

y notamos que $\mathbf{H}_O$ es un vector perpendicular al plano que contiene a $\mathbf{r}$ y a $m\mathbf{v}$ (figura 12.24), y de magnitud

$$H_O = rmv \operatorname{sen} \phi \qquad (12.13)$$

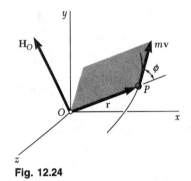

Fig. 12.24

Transformando los vectores $\mathbf{r}$ y $m\mathbf{v}$ en componentes rectangulares, se expresó la cantidad de movimiento angular $\mathbf{H}_O$ en forma de determinante

$$\mathbf{H}_O = \begin{vmatrix} \mathbf{i} & \mathbf{j} & \mathbf{k} \\ x & y & z \\ mv_x & mv_y & mv_z \end{vmatrix} \qquad (12.14)$$

En el caso de una partícula que se mueve en el plano xy, tenemos $z = v_z = 0$. La cantidad de movimiento angular es perpendicular al plano xy, y está completamente definida por su magnitud. Escribimos

$$H_O = H_z = m(xv_y - yv_x) \qquad (12.16)$$

Calculando la razón de cambio $\dot{\mathbf{H}}_O$ de la cantidad de movimiento angular $\mathbf{H}_O$, y aplicando la segunda ley de Newton, se escribió la ecuación

$$\Sigma \mathbf{M}_O = \dot{\mathbf{H}}_O \qquad (12.19)$$

la cual establece que *la suma de los momentos alrededor de O de las fuerzas que actúan sobre una partícula es igual a la razón de cambio de la cantidad de movimiento angular de la partícula alrededor de O.*

En muchos problemas sobre el movimiento plano de una partícula, es conveniente usar las *componentes radial y transversal* [sección 12.8, problema resuelto 12.7], y escribir las ecuaciones

$$\Sigma F_r = m(\ddot{r} - r\dot{\theta}^2) \qquad (12.21)$$
$$\Sigma F_\theta = m(r\ddot{\theta} + 2\dot{r}\dot{\theta}) \qquad (12.22)$$

Cuando la única fuerza que actúa sobre una partícula P es una fuerza $\mathbf{F}$ dirigida hacia un punto fijo O o desde él, se dice que la partícula se mueve *bajo la acción de una fuerza central* [sección 12.9]. Como $\Sigma \mathbf{M}_O = 0$ en cualquier instante dado, se deduce de la ecuación (12.19) que $\dot{\mathbf{H}}_O = 0$ para todos los valores de t, y, por lo tanto,

$$\mathbf{H}_O = \text{constante} \qquad (12.23)$$

Se concluyó que la *cantidad de movimiento angular de una partícula que se mueve bajo la acción de una fuerza central es constante, tanto en magnitud como en dirección,* y que la partícula se mueve en un plano perpendicular al vector $\mathbf{H}_O$.

Usando la ecuación (12.13), se escribió la relación

$$rmv \, \text{sen} \, \phi = r_0 m v_0 \, \text{sen} \, \phi_0 \tag{12.25}$$

para el movimiento de cualquier partícula bajo la acción de una fuerza central (figura 12.25). Usando coordenadas polares y recordando la ecuación (12.18), obtuvimos

$$r^2 \dot{\theta} = h \tag{12.27}$$

donde h es una constante que representa la cantidad de movimiento angular por unidad de masa, H_O/m, de la partícula. Se observó (figura 12.26) que el área infinitesimal dA barrida por el vector radio OP al rotar un ángulo $d\theta$ es igual a $\frac{1}{2}r^2 \, d\theta$ y, por tanto, el miembro de la izquierda de la ecuación (12.27) representa el doble de la *velocidad de área dA/dt* de la partícula. En consecuencia, *la velocidad de área de una partícula que se mueve bajo la acción de una fuerza central es constante.*

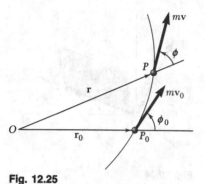

Fig. 12.25

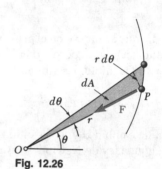

Fig. 12.26

Ley de la gravitación universal de Newton

Una aplicación importante del movimiento bajo la acción de una fuerza central la proporciona el movimiento orbital de cuerpos bajo atracción gravitacional [sección 12.10]. De acuerdo con la *ley de la gravitación universal de Newton*, dos partículas separadas una distancia r, y de masas M y m, respectivamente, se atraen entre sí con fuerzas $\mathbf{F}$ y $-\mathbf{F}$ iguales y opuestas dirigidas a lo largo de la línea que une las partículas (figura 12.27). La magnitud común F de las dos fuerzas es

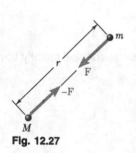

Fig. 12.27

$$F = G \frac{Mm}{r^2} \tag{12.28}$$

donde G es la *constante de gravitación*. En el caso de un cuerpo de masa m sujeto a la atracción gravitacional de la Tierra, el producto GM, donde M es la masa de la Tierra, se puede expresar como

$$GM = gR^2 \tag{12.30}$$

donde $g = 9.81$ m/s^2 = 32.2 ft/s^2, y R es el radio de la Tierra.

Movimiento orbital

En la sección 12.11 se mostró que una partícula que se mueve bajo la acción de una fuerza central describe una trayectoria definida por la ecuación diferencial

$$\frac{d^2u}{d\theta^2} + u = \frac{F}{mh^2u^2} \tag{12.37}$$

donde $F > 0$ corresponde a una fuerza de atracción y $u = 1/r$. En el caso de una partícula que se mueve bajo una fuerza de atracción gravitacional [sección 12.12], se sustituyó por F la expresión dada en la ecuación (12.28). Midiendo θ a partir del eje OA que une el foco O con el punto A de la trayectoria, más cercano a O (figura 12.28), se encontró que la solución a la ecuación (12.37) es:

$$\frac{1}{r} = u = \frac{GM}{h^2} + C \cos \theta \qquad (12.39)$$

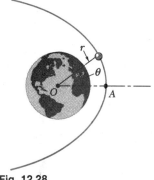

Fig. 12.28

Ésta es la ecuación de una cónica de excentricidad $\varepsilon = Ch^2/GM$. La cónica es una *elipse* si $\varepsilon < 1$; una *parábola* si $\varepsilon = 1$, y una *hipérbola* si $\varepsilon > 1$. Las constantes C y h pueden determinarse a partir de las condiciones iniciales; si la partícula es proyectada desde el punto A ($\theta = 0, r = r_0$) con una velocidad inicial $\mathbf{v}_0$ perpendicular a OA, tenemos $h = r_0 v_0$ [problema resuelto 12.9].

Velocidad de escape

También se mostró que los valores de la velocidad inicial correspondientes, respectivamente, a una trayectoria parabólica y a una circular son:

$$v_{\text{esc}} = \sqrt{\frac{2GM}{r_0}} \qquad (12.43)$$

$$v_{\text{circ}} = \sqrt{\frac{GM}{r_0}} \qquad (12.44)$$

y que el primero de estos valores, llamado *velocidad de escape*, es el valor más pequeño de v_0 para el cual la partícula no regresará a su punto de partida.

Periodo orbital

El *tiempo orbital* τ de un planeta o un satélite se definió como el tiempo requerido para que el cuerpo describa su órbita. Se mostró que

$$\tau = \frac{2\pi ab}{h} \qquad (12.45)$$

donde $h = r_0 v_0$, y donde a y b representan los semiejes mayor y menor de la órbita. Se vio además que estos semiejes son respectivamente iguales a los promedios aritmético y geométrico de los valores máximo y mínimo del vector radio r.

Leyes de Kepler

En la última sección del capítulo [sección 12.13] se presentaron las *leyes del movimiento planetario de Kepler*, y se mostró que esas leyes empíricas, obtenidas de antiguas observaciones astronómicas, confirman las leyes del movimiento de Newton así como su ley de la gravitación.

12.122   Un automóvil de 3000 lb desciende por una cuesta de 5° de inclinación a una rapidez de 50 mi/h cuando se aplican los frenos; esto origina que una fuerza total de frenado de 1200 lb sea aplicada sobre el automóvil. Determine la distancia recorrida por el automóvil antes de que se detenga.

12.123   El bloque A tiene una masa de 30 kg, y el bloque B una masa de 15 kg. Los coeficientes de fricción entre todas las superficies planas de contacto son $\mu_s = 0.15$ y $\mu_k = 0.10$. Sabiendo que $\theta = 30°$ y que la magnitud de la fuerza $\mathbf{P}$ aplicada al bloque A es 250 N, determine a) la aceleración del bloque A, b) la tensión en la cuerda.

12.124   El bloque A pesa 20 lb, y los bloques B y C pesan 10 lb cada uno. Sabiendo que los bloques están inicialmente en reposo, y que B se mueve 8 ft en 2 s, determine a) la magnitud de la fuerza $\mathbf{P}$, b) la tensión en la cuerda AD. Desprecie las masas de las poleas y la fricción en los ejes de éstas.

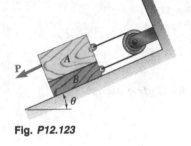

Fig. *P12.123*

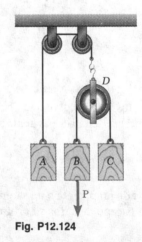

Fig. P12.124

12.125   Un bloque B de 12 lb descansa, como se muestra, sobre la superficie superior de una cuña A de 30 lb. Despreciando la fricción, determine inmediatamente después de que el sistema se suelta desde el reposo, a) la aceleración de A, b) la aceleración de B relativa a A.

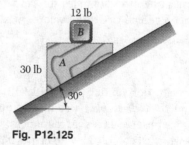

Fig. P12.125

12.126 La montaña rusa mostrada está contenida en un plano vertical. La porción de la pista entre A y B es recta y horizontal, mientras que las porciones a la izquierda de A y a la derecha de B tienen los radios de curvatura indicados. Un carro viaja con una velocidad de 72 km/h cuando se aplican repentinamente los frenos; esto ocasiona que las ruedas del carro se deslicen sobre la pista ($\mu_k = 0.25$). Determine la desaceleración inicial del carro si los frenos se aplican cuando el carro a) casi ha alcanzado el punto A, b) está viajando entre A y B, c) ha pasado por B.

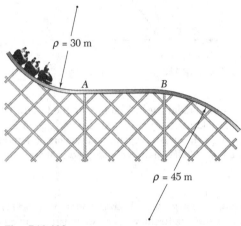

Fig. *P12.126*

12.127 Un pequeño collarín C de 200 g puede deslizarse sobre una varilla semicircular, la cual se hace rotar alrededor del eje vertical AB con una razón constante de 6 rad/s. Determine el mínimo valor requerido del coeficiente de fricción estática entre el collarín y la varilla, si el collarín no debe deslizarse cuando a) $\theta = 90°$, b) $\theta = 75°$, c) $\theta = 45°$. Indique en cada caso la dirección del movimiento inminente.

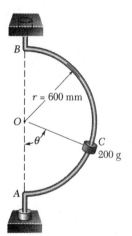

Fig. P12.127

12.128 El pasador B pesa 4 oz, y puede deslizarse libremente sobre un plano horizontal a lo largo del brazo giratorio OC, y a lo largo de la ranura circular DE de radio $b = 20$ in. Despreciando la fricción, y asumiendo que $\dot{\theta} = 15$ rad/s y $\ddot{\theta} = 250$ rad/s² para la posición $\theta = 20°$, determine para esa posición a) las componentes radial y transversal de la fuerza resultante ejercida sobre el pasador B, b) las fuerzas **P** y **Q** ejercidas sobre el pasador B, respectivamente, por la varilla OC y la pared de la ranura DE.

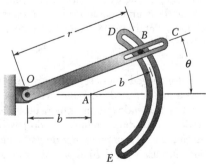

Fig. P12.128

12.129   Una partícula de masa m es proyectada desde el punto A, con una velocidad inicial $\mathbf{v}_0$ perpendicular a OA, y se mueve bajo la acción de una fuerza central $\mathbf{F}$ que se aleja del centro de fuerza O. Sabiendo que la partícula sigue una trayectoria definida por la ecuación $r = r_0/\cos 2\theta$, y usando la ecuación (12.27), exprese las componentes radial y transversal de la velocidad $\mathbf{v}$ de la partícula como funciones del ángulo θ.

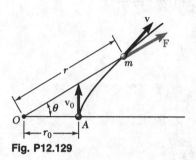

Fig. P12.129

12.130   Muestre que el radio r de la órbita lunar puede determinarse a partir del radio R de la Tierra, la aceleración de la gravedad g en la superficie terrestre, y del tiempo τ requerido para que la Luna complete una revolución alrededor de la Tierra. Calcule r sabiendo que $\tau = 27.3$ días, dando su respuesta tanto en unidades del SI como del sistema inglés.

12.131   Un collarín de 250 g puede deslizarse sobre una varilla horizontal, la cual puede rotar libremente sobre una flecha vertical. El collarín se mantiene inicialmente en A por medio de un cordón sujeto a la flecha, y que comprime a un resorte de constante 6 N/m, que está inextendido cuando el collarín se localiza a 500 mm de la flecha. Cuando la varilla gira con una razón $\dot{\theta}_0 = 16$ rad/s, el cordón es cortado, y el collarín se mueve hacia afuera a lo largo de la varilla. Despreciando la fricción y la masa de la varilla, determine, para la posición B del collarín, a) la componente transversal de la velocidad del collarín, b) las componentes radial y transversal de su aceleración, c) la aceleración del collarín relativa a la varilla.

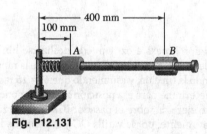

Fig. P12.131

12.132   Cuando la nave espacial Voyager I alcanzó el punto de su trayectoria más cercano al planeta Saturno, se observó que la nave se encontraba a una distancia de 185×10^3 km del centro del planeta, y que tenía una velocidad de 21.0 km/s. Sabiendo que Tethys, una de las lunas de Saturno, describe una órbita circular de radio 295×10^3 km a una rapidez de 11.35 km/s, determine la excentricidad de la trayectoria del Voyager I en su aproximación a Saturno.

12.133   Con el motor apagado en su segunda misión, el transbordador Columbia ha alcanzado el punto A a una altitud de 40 mi sobre la superficie de la Tierra, y tiene una velocidad horizontal $\mathbf{v}_0$. Sabiendo que su primera órbita fue elíptica y que el transbordador fue transferido a una órbita circular cuando pasaba por el punto B a una altitud de 150 mi, determine a) el tiempo requerido para que el transbordador viajara de A a B sobre su órbita elíptica original, b) el periodo orbital del transbordador en su órbita circular final.

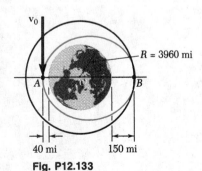

Fig. P12.133

12.C1 El bloque B de 10 kg está inicialmente en reposo, como se muestra, en la superficie superior de una cuña A de 20 kg, la cual se apoya en una superficie horizontal. Un bloque C de 2 kg está conectado al bloque B por medio de un cordón que pasa sobre una polea de masa despreciable. Escriba un programa de computadora que pueda usarse para calcular la aceleración inicial de la cuña, y la aceleración inicial del bloque B relativa a la cuña. Denotando con μ el coeficiente de fricción en todas las superficies, use el programa para determinar las aceleraciones para valores de $\mu \geq 0$. Use incrementos de 0.01 para μ hasta que la cuña no se mueva, y entonces use incrementos de 0.1 hasta que no haya movimiento.

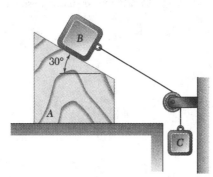

Fig. P12.C1

12.C2 Un pequeño bloque de 1 lb está en reposo sobre una superficie cilíndrica. Se le da una velocidad inicial $\mathbf{v}_0$ hacia la derecha, de magnitud 10 ft/s, la cual causa que se deslice sobre la superficie. Escriba un programa de computadora que pueda usarse para determinar los valores de θ para los que el bloque deja la superficie, para valores de μ_k (el coeficiente de fricción cinética entre el bloque y la superficie) de 0 a 0.4, usando incrementos de 0.05.

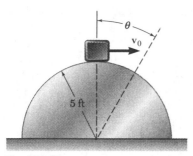

Fig. P12.C2

12.C3 Un bloque de masa m está sujeto a un resorte de constante k. El bloque se suelta desde el reposo cuando el resorte está en posición horizontal e inextendido. Escriba un programa de computadora que pueda usarse con intervalos de tiempo apropiados para determinar, para varios valores seleccionados de k/m y r_0, a) la longitud del resorte y la magnitud y dirección de la velocidad del bloque cuando éste pasa directamente debajo del punto de suspensión del resorte, b) el valor de k/m cuando $r_0 = 1$ m, para el cual esa velocidad es horizontal.

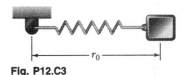

Fig. P12.C3

12.C4 Escriba un programa de computadora que pueda usarse para determinar los rangos de valores de θ para los cuales el bloque E del problema 12.58 no se deslizará en la ranura semicircular de la placa plana. Asumiendo un coeficiente de fricción estática de 0.35, determine los rangos de valores cuando la razón constante de rotación de la placa es a) 14 rad/s, b) 2 rad/s.

12.C5 Escriba un programa de computadora que pueda usarse para calcular el tiempo requerido para que una nave espacial viaje entre dos puntos de su trayectoria, dada la distancia (ya sea del apogeo o del perigeo) de la trayectoria y la rapidez de la nave en ese punto. Use el programa para determinar a) el tiempo requerido para que el orbitador lunar 2 del problema 12.115 viaje entre los puntos B y C sobre su trayectoria de impacto, sabiendo que la rapidez del orbitador es 869.4 m/s cuando éste inicia el descenso en B, b) el tiempo requerido para que el transbordador espacial del problema 12.117 viaje entre los puntos A y B sobre su trayectoria de aterrizaje, sabiendo que la rapidez del transbordador es 24 371 ft/s al iniciar su descenso en A.

13

Cinética de partículas: métodos de la energía y de la cantidad de movimiento

En un juego de billar, la bola blanca ha golpeado otra bola y la mayor parte de su energía y cantidad de movimiento se han transferido a dicha bola. El considerar la energía, y/o la cantidad de movimiento de una partícula, es siempre un buen enfoque para estudiar su movimiento.

13.1. INTRODUCCIÓN

En el capítulo anterior, la mayor parte de los problemas relacionados con el movimiento de las partículas se resolvieron mediante el uso de la ecuación fundamental del movimiento $\mathbf{F} = m\mathbf{a}$. Dada una partícula sujeta a una fuerza $\mathbf{F}$, pudimos resolver esta ecuación para la aceleración $\mathbf{a}$; luego, aplicando los principios de la cinemática, pudimos determinar a partir de $\mathbf{a}$ la velocidad y la posición de la partícula en cualquier instante.

Si combinamos la ecuación $\mathbf{F} = m\mathbf{a}$ y los principios de la cinemática, podemos obtener dos métodos adicionales de análisis: el *método del trabajo y la energía* y el *método del impulso y la cantidad de movimiento*. La ventaja de éstos reside en que, con ellos, la determinación de la aceleración es innecesaria. De hecho, el método del trabajo y la energía relaciona directamente a la fuerza, la masa, la velocidad y el desplazamiento, mientras que el método del impulso y la cantidad de movimiento relaciona a la fuerza, la masa, la velocidad y el tiempo.

Se considerará primeramente el método del trabajo y la energía. En las secciones 13.2 a 13.4 estudiaremos el *trabajo realizado por una fuerza* y la *energía cinética de una partícula*, y aplicaremos el principio del trabajo y la energía a la solución de problemas en ingeniería. Los conceptos de *potencia* y *eficiencia* de una máquina se presentarán en la sección 13.5.

Las secciones 13.6 a 13.8 se dedican al concepto de *energía potencial* de una fuerza conservativa, así como a la aplicación del principio de conservación de energía a varios problemas de interés práctico. En la sección 13.9 veremos cómo pueden aplicarse en combinación los principios de conservación de la energía y de la conservación de la cantidad de movimiento angular para resolver problemas de mecánica espacial.

La segunda parte del capítulo se dedica al *principio del impulso y la cantidad de movimiento*, y a su aplicación en el estudio del movimiento de una partícula. Como veremos en la sección 13.11, este principio es particularmente efectivo en el estudio del *movimiento impulsivo* de una partícula, donde se aplican fuerzas muy grandes durante un intervalo de tiempo muy corto.

En las secciones 13.12 a 13.14 consideraremos el *impacto central* de dos cuerpos. Se mostrará que existe una cierta relación entre las velocidades relativas, antes y después del impacto, de dos cuerpos que chocan. Esta relación, y el hecho de que la cantidad de movimiento total de los cuerpos se conserva, puede usarse para resolver algunos problemas de interés práctico.

Finalmente, en la sección 13.15 aprenderemos a seleccionar, de los tres métodos fundamentales presentados en los capítulos 12 y 13, el método más adecuado para la solución de un problema dado. Veremos también cómo el principio de conservación de la energía y el método del impulso y de la cantidad de movimiento pueden combinarse para resolver problemas en los que se tienen sólo fuerzas conservativas, salvo por una corta fase de impacto o interacción, durante la cual las fuerzas impulsivas también deben tomarse en cuenta.

13.2. TRABAJO REALIZADO POR UNA FUERZA

Definiremos primeramente los términos *desplazamiento* y *trabajo* como se usan en mecánica.† Considérese una partícula que se mueve de un punto A a un punto vecino A' (figura 13.1). Si $\mathbf{r}$ representa el vector de posición correspon-

---

†La definición de trabajo se dio en la sección 10.2, y las propiedades básicas del trabajo de una fuerza se describieron en las secciones 10.2 y 10.6. Por conveniencia, aquí repetimos las porciones de ese material que estén relacionadas con la cinética de las partículas.

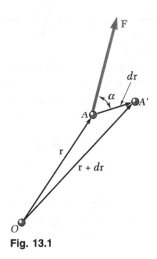

Fig. 13.1

diente al punto A, el pequeño vector que une a A y A′ puede representarse por la diferencial $d\mathbf{r}$; al vector $d\mathbf{r}$ se le llama *desplazamiento* de la partícula. Ahora supongamos que una fuerza **F** actúa sobre la partícula. El *trabajo realizado por la fuerza* **F** *correspondiente al desplazamiento* $d\mathbf{r}$ se define como la cantidad

$$dU = \mathbf{F} \cdot d\mathbf{r} \qquad (13.1)$$

que se obtiene del producto escalar de la fuerza **F** y del desplazamiento $d\mathbf{r}$. Sean F y ds las magnitudes de la fuerza y del desplazamiento, respectivamente, y α el ángulo formado por **F** y $d\mathbf{r}$, y, de la definición del producto escalar de dos vectores (sección 3.9), escribimos

$$dU = F\, ds \cos \alpha \qquad (13.1')$$

Usando la fórmula (3.30), podemos expresar también el trabajo dU en función de las componentes rectangulares de la fuerza y del desplazamiento:

$$dU = F_x\, dx + F_y\, dy + F_z\, dz \qquad (13.1'')$$

Como el trabajo es una *cantidad escalar*, tiene una magnitud y un signo, pero no dirección. Observamos también que el trabajo debe expresarse en unidades obtenidas al multiplicar las unidades de longitud por las unidades de fuerza. Entonces, si se emplean las unidades del sistema inglés, el trabajo ha de expresarse en ft · lb o in · lb. Si se emplean unidades del SI, el trabajo debe expresarse en N · m. A la unidad de trabajo N · m se le llama *joule* (J).† Recordando los factores de conversión indicados en la sección 12.4, escribimos

$$1 \text{ ft} \cdot \text{lb} = (1 \text{ ft})(1 \text{ lb}) = (0.3048 \text{ m})(4.448 \text{ N}) = 1.356 \text{ J}$$

De (13.1′) se deduce que el trabajo dU es positivo si el ángulo α es agudo, y negativo si α es obtuso. Existen tres casos de particular interés: si la fuerza **F**

---

†El joule (J) es la unidad de *energía* del SI, ya sea en forma mecánica (trabajo, energía potencial, energía cinética) o en forma química, eléctrica o térmica. Debemos observar que aunque N · m = J, el momento de una fuerza debe ser expresado en N · m, y no en joules, porque el momento de una fuerza no es una forma de energía.

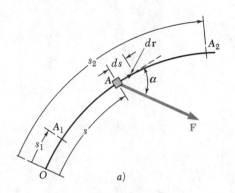

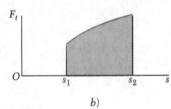

Fig. 13.2

tiene la misma dirección que $d\mathbf{r}$, el trabajo dU se reduce a $F\,ds$; si $\mathbf{F}$ tiene una dirección opuesta a la de $d\mathbf{r}$, el trabajo es $dU = -F\,ds$; finalmente, si $\mathbf{F}$ es perpendicular a $d\mathbf{r}$, el trabajo dU es cero.

El trabajo de $\mathbf{F}$ durante un desplazamiento *finito* de la partícula desde A_1 hasta A_2 (figura 13.2a) se obtiene integrando la ecuación (13.1) a lo largo de la trayectoria descrita por la partícula. Este trabajo, representado por $U_{1\rightarrow2}$, es

$$U_{1\rightarrow2} = \int_{A_1}^{A_2} \mathbf{F} \cdot d\mathbf{r} \qquad (13.2)$$

Usando la expresión alterna (13.1′) para el trabajo elemental dU y observando que $F\cos\alpha$ representa la componente tangencial F_t de la fuerza, también podemos expresar el trabajo $U_{1\rightarrow2}$, como

$$U_{1\rightarrow2} = \int_{s_1}^{s_2} (F\cos\alpha)\,ds = \int_{s_1}^{s_2} F_t\,ds \qquad (13.2')$$

donde la variable de integración s mide la distancia recorrida por la partícula a lo largo de la trayectoria. El trabajo $U_{1\rightarrow2}$ está representado por el área bajo la curva obtenida al graficar $F_t = F\cos\alpha$ contra s (figura 13.2b).

Cuando la fuerza $\mathbf{F}$ está definida por sus componentes rectangulares, la expresión (13.1″) puede emplearse para el trabajo elemental. Entonces escribimos

$$U_{1\rightarrow2} = \int_{A_1}^{A_2} (F_x\,dx + F_y\,dy + F_z\,dz) \qquad (13.2'')$$

donde la integración debe realizarse a lo largo de la trayectoria descrita por la partícula.

Trabajo realizado por una fuerza constante en movimiento rectilíneo. Cuando una partícula se mueve en línea recta está sujeta a una fuerza $\mathbf{F}$ de magnitud y dirección constantes (figura 13.3), la fórmula (13.2′) da

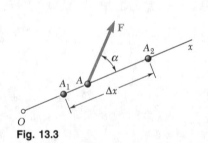

Fig. 13.3

$$U_{1\rightarrow2} = (F\cos\alpha)\,\Delta x \qquad (13.3)$$

donde α = ángulo que forma la fuerza con la dirección del movimiento
Δx = desplazamiento de A_1 a A_2.

Trabajo realizado por la fuerza de gravedad. El trabajo del peso $\mathbf{W}$ de un cuerpo (es decir, de la fuerza de gravedad ejercida sobre ese cuerpo) se obtiene al sustituir las componentes de $\mathbf{W}$ en (13.1″) y (13.2″). Con el eje y hacia arriba (figura 13.4), tenemos $F_x = 0$, $F_y = -W$, y $F_z = 0$, y escribimos

$$dU = -W\,dy$$
$$U_{1\rightarrow2} = -\int_{y_1}^{y_2} W\,dy = Wy_1 - Wy_2 \qquad (13.4)$$

o

$$U_{1\rightarrow2} = -W(y_2 - y_1) = -W\,\Delta y \qquad (13.4')$$

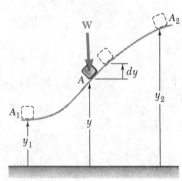

Fig. 13.4

donde Δ_y es el desplazamiento vertical de A_1 a A_2. Así, el trabajo del peso $\mathbf{W}$ es igual al *producto de W y el desplazamiento vertical del centro de gravedad del* *cuerpo*. El trabajo es *positivo* cuando $\Delta_y < 0$, es decir, *cuando el cuerpo se mueve hacia abajo*.

Trabajo realizado por la fuerza ejercida por un resorte. Consideremos un cuerpo A unido a un punto fijo B por medio de un resorte; se supone que el resorte está inextendido cuando el cuerpo está en A_0 (figura 13.5*a*). La evidencia experimental muestra que la magnitud de la fuerza **F**, ejercida por el resorte sobre el cuerpo A, es proporcional a la deformación x del resorte, medida desde la posición A_0. Tenemos

$$F = kx \tag{13.5}$$

donde k es la *constante del resorte*, expresada en N/m o kN/m, si se usan unidades del SI, y en lb/ft o lb/in., si se emplean unidades inglesas.†

El trabajo de la fuerza **F** ejercida por el resorte durante un desplazamiento finito del cuerpo, de $A_1(x = x_1)$ a $A_2(x = x_2)$, se obtiene escribiendo

$$dU = -F\,dx = -kx\,dx$$

$$U_{1 \to 2} = -\int_{x_1}^{x_2} kx\,dx = \tfrac{1}{2}kx_1^2 - \tfrac{1}{2}kx_2^2 \tag{13.6}$$

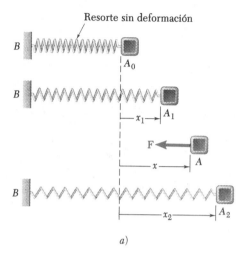

a)

Debe tenerse cuidado en usar k y x en unidades consistentes. Por ejemplo, si se emplean unidades del sistema inglés, k debe expresarse en lb/ft y x en pies, o k en lb/in., y x en pulgadas; en el primer caso, el trabajo se obtiene en ft · lb y, en el segundo, en in · lb. Notamos que el trabajo de la fuerza **F** ejercida por el resorte sobre el cuerpo es *positivo* cuando $x_2 < x_1$, es decir, *cuando el resorte está regresando a su posición no deformada*.

Como la ecuación (13.5) es la ecuación de una línea recta de pendiente k que pasa por el origen, el trabajo $U_{1 \to 2}$ de **F** durante el desplazamiento de A_1 a A_2 puede obtenerse calculando el área del trapecio mostrado en la figura 13.5*b*. Esto se realiza calculando F_1 y F_2, y multiplicando la base Δx del trapecio por su altura promedio $\frac{1}{2}(F_1 + F_2)$. Como el trabajo de la fuerza **F** ejercida por el resorte es positivo para un valor negativo de Δx, escribimos

$$U_{1 \to 2} = -\tfrac{1}{2}(F_1 + F_2)\,\Delta x \tag{13.6'}$$

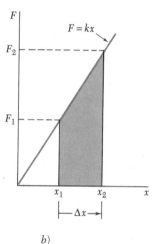

b)

Fig. 13.5

Por lo general, (13.6′) es una fórmula más conveniente que (13.6), ya que las probabilidades de confundirse con las unidades consideradas son menores.

Trabajo realizado por una fuerza gravitacional. En la sección 12.10 vimos que dos partículas de masas M y m separadas por una distancia r se atraen mutuamente con fuerzas iguales y opuestas **F** y $-$**F**, dirigidas a lo largo de la línea que une a las partículas y de magnitud

$$F = G\,\frac{Mm}{r^2}$$

---

†La relación $F = kx$ es correcta sólo bajo condiciones estáticas. En condiciones dinámicas, se debe modificar la fórmula (13.5) para tomar en cuenta la inercia del resorte. Sin embargo, el error producido al usar la relación $F = kx$ en la solución de problemas de cinética es pequeño si la masa del resorte es pequeña comparada con las otras masas en movimiento.

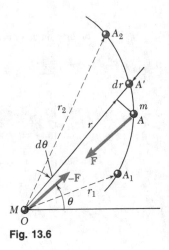

Fig. 13.6

Supongamos que la partícula M ocupa una posición fija O mientras que la partícula m se mueve a lo largo de la trayectoria mostrada en la figura 13.6. El trabajo de la fuerza $\mathbf{F}$ ejercida sobre la partícula m durante un desplazamiento infinitesimal de la partícula de A a A', puede obtenerse multiplicando la magnitud F de la fuerza por la componente radial dr del desplazamiento. Como $\mathbf{F}$ está dirigida hacia O, el trabajo es negativo, y escribimos

$$dU = -F\,dr = -G\,\frac{Mm}{r^2}\,dr$$

El trabajo que realiza la fuerza gravitacional $\mathbf{F}$ durante el desplazamiento finito de $A_1(r = r_1)$ a $A_2(r = r_2)$ es, por consiguiente,

$$U_{1\to2} = -\int_{r_1}^{r_2} \frac{GMm}{r^2}\,dr = \frac{GMm}{r_2} - \frac{GMm}{r_1} \qquad (13.7)$$

donde M es la masa de la Tierra. La fórmula obtenida puede usarse para determinar el trabajo de la fuerza que la Tierra ejerce sobre un cuerpo de masa m a una distancia r del centro de la Tierra, cuando r es mayor que el radio R de la Tierra. Recordando la primera de las relaciones (12.29), podemos sustituir el producto GMm de la ecuación (13.7) por WR^2, donde R es el radio de la Tierra ($R = 6.37 \times 10^6$ m o 3960 mi), y W es el valor del peso del cuerpo en la superficie de la Tierra.

Muchas de las fuerzas encontradas frecuentemente en problemas de cinética *no efectúan trabajo*. Son fuerzas aplicadas a puntos fijos ($ds = 0$) o que actúan en una dirección perpendicular al desplazamiento ($\cos \alpha = 0$). Entre las fuerzas que no realizan trabajo se encuentran las siguientes: la reacción en un pasador sin fricción cuando el cuerpo apoyado gira respecto del pasador, la reacción en una superficie sin fricción cuando el cuerpo en contacto se mueve a lo largo de la superficie, la reacción en un rodillo que se mueve a lo largo de su pista, y el peso de un cuerpo cuando su centro de gravedad se mueve horizontalmente.

13.3. ENERGÍA CINÉTICA DE UNA PARTÍCULA. EL PRINCIPIO DEL TRABAJO Y LA ENERGÍA

Considérese una partícula de masa m, sobre la que actúa una fuerza $\mathbf{F}$, y que se mueve a lo largo de una trayectoria que puede ser rectilínea o curva (figura 13.7). Expresando la segunda ley de Newton en función de las componentes tangenciales de la fuerza y de la aceleración (véase la sección 12.5), se escribe

$$F_t = ma_t \qquad \text{o} \qquad F_t = m\,\frac{dv}{dt}$$

donde v es la rapidez de la partícula. Recordando de la sección 11.9 que $v = ds/dt$, se obtiene

$$F_t = m\,\frac{dv}{ds}\,\frac{ds}{dt} = mv\,\frac{dv}{ds}$$

$$F_t\,ds = mv\,dv$$

Integrando desde A_1 (donde $s = s_1$ y $v = v_1$) a A_2 (donde $s = s_2$ y $v = v_2$), escribimos

$$\int_{s_1}^{s_2} F_t\,ds = m\int_{v_1}^{v_2} v\,dv = \tfrac{1}{2}mv_2^2 - \tfrac{1}{2}mv_1^2 \qquad (13.8)$$

El miembro izquierdo de la ecuación (13.8) representa el trabajo $U_{1\to2}$ de la fuerza $\mathbf{F}$ ejercida sobre la partícula durante el desplazamiento de A_1 a A_2; como

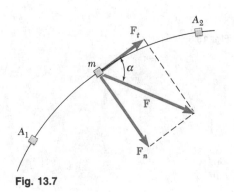

Fig. 13.7

se indicó en la sección 13.2, el trabajo $U_{1\rightarrow2}$ es una cantidad escalar. La expresión $\frac{1}{2}mv^2$ también es una cantidad escalar; se define como la energía cinética de la partícula, y se representa por T. Escribimos

$$T = \tfrac{1}{2}mv^2 \qquad (13.9)$$

Sustituyendo en (13.8), tenemos

$$U_{1\rightarrow2} = T_2 - T_1 \qquad (13.10)$$

la cual expresa que, cuando una partícula se mueve de A_1 a A_2 bajo la acción de una fuerza **F**, *el trabajo de la fuerza* **F** *es igual al cambio en la energía cinética de la partícula*. Esto se conoce como *principio del trabajo y la energía*. Reacomodando los términos de (13.10), escribimos

$$T_1 + U_{1\rightarrow2} = T_2 \qquad (13.11)$$

Entonces, *la energía cinética de la partícula en* A_2 *puede obtenerse agregando a su energía cinética en* A_1 *el trabajo realizado por la fuerza* **F** *que actúa sobre la partícula, durante el desplazamiento de* A_1 *a* A_2. Igual que la segunda ley de Newton de la cual se derivó, el principio del trabajo y la energía se aplica sólo respecto a un sistema de referencia newtoniano (sección 12.2). Por lo tanto, la rapidez v usada para determinar la energía cinética T debe medirse respecto a un sistema de referencia newtoniano.

Como el trabajo y la energía cinética son cantidades escalares, su suma debe calcularse como una suma algebraica ordinaria; el trabajo $U_{1\rightarrow2}$ se considera positivo o negativo dependiendo de la dirección de **F**. Cuando actúan varias fuerzas sobre la partícula, la expresión $U_{1\rightarrow2}$ representa el trabajo total de las fuerzas, y se obtiene sumando algebraicamente el trabajo de las distintas fuerzas.

Como se acaba de mencionar, la energía cinética de una partícula es una cantidad escalar. Además, por la definición $T = \frac{1}{2}mv^2$, la energía cinética es siempre positiva, independientemente de la dirección del movimiento de la partícula. Considerando el caso particular en el que $v_1 = 0$ y $v_2 = v$, y sustituyendo $T_1 = 0$ y $T_2 = T$ en (13.10), observamos que el trabajo realizado por las fuerzas que actúan sobre la partícula es igual a T. Entonces, tenemos que la energía cinética de una partícula que se mueve con rapidez v representa el trabajo que debe hacerse para llevarla desde el reposo hasta la rapidez v. Sustituyendo $T_1 = T$ y $T_2 = 0$ en (13.10), notamos también que, cuando una partícula que se mueve con rapidez v se lleva al reposo, el trabajo realizado por las fuerzas que actúan sobre la partícula es $-T$. Suponiendo que no se disipa energía en forma de calor, concluimos que el trabajo realizado por las fuerzas ejercidas *por la partícula* sobre los cuerpos que hacen que ésta se detenga es igual a T. Así, tenemos que la energía cinética de una partícula representa también *la capacidad de realizar trabajo, asociado a la rapidez de la partícula*.

La energía cinética se mide en las mismas unidades que el trabajo, es decir, en joules en el sistema internacional, y en ft · lb en el sistema inglés. Comprobamos que, en unidades del SI,

$$T = \tfrac{1}{2}mv^2 = \text{kg(m/s)}^2 = (\text{kg} \cdot \text{m/s}^2)\text{m} = \text{N} \cdot \text{m} = \text{J}$$

mientras que, en unidades inglesas,

$$T = \tfrac{1}{2}mv^2 = (\text{lb} \cdot \text{s}^2/\text{ft})(\text{ft/s})^2 = \text{ft} \cdot \text{lb}$$

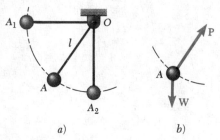

Fig. 13.8

13.4. APLICACIONES DEL PRINCIPIO DEL TRABAJO Y LA ENERGÍA

La aplicación del principio del trabajo y la energía simplifica bastante la solución de muchos problemas que relacionan fuerzas, desplazamientos y velocidades. Consideremos, por ejemplo, el péndulo OA formado por una plomada A de peso W, unida a una cuerda de longitud l (figura 13.8a). El péndulo se suelta sin velocidad inicial desde una posición horizontal OA_1, y se le permite oscilar en un plano vertical. Deseamos determinar la rapidez de la plomada cuando pasa por A_2, directamente debajo de O.

Determinaremos primeramente el trabajo hecho durante el desplazamiento de A_1 a A_2 por las fuerzas que actúan sobre la plomada. Trazamos un diagrama de cuerpo libre de la plomada, en el que se muestran todas las fuerzas *reales* que actúan sobre ella: el peso W y la fuerza P ejercida por la cuerda (figura 13.8b). (Un vector de inercia no es una fuerza real y *no debe* incluirse en el diagrama de cuerpo libre.) Notamos que la fuerza P no realiza trabajo, ya que es normal a la trayectoria; la única fuerza que realiza trabajo es, entonces, el peso W. El trabajo de W se obtiene multiplicando su magnitud W por el desplazamiento vertical l (sección 13.2); como el desplazamiento es hacia abajo, el trabajo es positivo. Por consiguiente, escribimos $U_{1\rightarrow2} = Wl$.

Considerando ahora la energía cinética de la plomada, hallamos que $T_1 = 0$ en A_1, y $T_2 = \frac{1}{2}(W/g)v_2^2$ en A_2. Es posible aplicar en este momento el principio del trabajo y la energía; recordando la fórmula (13.11), escribimos

$$T_1 + U_{1\rightarrow2} = T_2 \qquad 0 + Wl = \frac{1}{2}\frac{W}{g}v_2^2$$

Al despejar v_2, encontramos que $v_2 = \sqrt{2gl}$. Notamos que la rapidez obtenida es la de un cuerpo que cae libremente desde una altura l.

El ejemplo que hemos considerado muestra las siguientes ventajas del método del trabajo y la energía:

1. Para hallar la rapidez en A_2 no se necesita determinar la aceleración en una posición intermedia A e integrar la expresión obtenida de A_1 a A_2.

2. Todas las cantidades que intervienen son escalares, y pueden sumarse directamente sin usar componentes x y y.

3. Las fuerzas que no realizan trabajo se eliminan de la solución del problema.

Pero lo que es una ventaja en un problema puede convertirse en una desventaja en otro. Es evidente, por ejemplo, que el método del trabajo y la energía no puede usarse para determinar directamente una aceleración, y notamos también que debe complementarse con la aplicación directa de la segunda ley de Newton para determinar una fuerza que es normal a la trayectoria de la partícula, ya que tal fuerza no realiza trabajo. Supongamos, por ejemplo, que se desea determinar la tensión en la cuerda del péndulo de la figura 13.8a cuando la plomada pasa por A_2. Trazamos un diagrama de cuerpo libre en esa posición (figura 13.9), y expresamos la segunda ley de Newton en función de las componentes tangenciales y normales. Las ecuaciones $\Sigma F_t = ma_t$ y $\Sigma F_n = ma_n$ conducen, respectivamente, a que $a_t = 0$ y

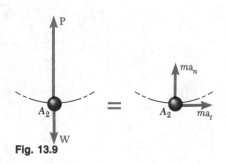

Fig. 13.9

$$P - W = ma_n = \frac{W}{g}\frac{v_2^2}{l}$$

Pero la rapidez de A_2 antes se determinó por el método del trabajo y la energía. Sustituyendo $v_2^2 = 2gl$ y despejando P, escribimos

$$P = W + \frac{W}{g}\frac{2gl}{l} = 3W$$

Cuando en un problema intervienen dos o más partículas, puede aplicarse el principio del trabajo y la energía para cada partícula por separado. Si se suma la energía cinética de las distintas partículas y se considera el trabajo de todas las fuerzas que actúan sobre ellas, también podemos escribir una sola ecuación del trabajo y la energía para todas las partículas que intervienen. Así pues,

$$T_1 + U_{1\to 2} = T_2 \tag{13.11}$$

donde T representa la suma aritmética de las energías cinéticas de las partículas del sistema (todos los términos son positivos), y $U_{1\to 2}$ es el trabajo que realizan todas las fuerzas que actúan sobre las partículas, *incluyendo las fuerzas de acción y reacción ejercidas por las partículas entre sí*. Pero en los problemas que involucran a cuerpos unidos por *cuerdas inextensibles*, el trabajo de las fuerzas ejercidas por la cuerda sobre los dos cuerpos que une se cancela, puesto que los puntos de aplicación de estas fuerzas recorren distancias iguales (véase problema resuelto 13.2).†

Como las fuerzas de fricción tienen una dirección opuesta a las de desplazamiento del cuerpo sobre el que actúan, *el trabajo que realizan las primeras es siempre negativo*. Este trabajo representa la energía disipada en calor, y siempre produce una disminución en la energía cinética del cuerpo considerado (véase problema resuelto 13.3).

13.5. POTENCIA Y EFICIENCIA

Se define la *potencia* como la razón de tiempo con la que se realiza un trabajo. En la selección de un motor o una máquina, la potencia es un criterio mucho más importante que la magnitud de trabajo real por realizarse. Tanto un motor pequeño como una planta de potencia grande pueden usarse para producir una cierta cantidad de trabajo; pero el motor pequeño puede tardar un mes en producir el trabajo que la planta grande realizaría en unos cuantos minutos. Si ΔU es el trabajo realizado durante el intervalo de tiempo Δt, entonces la potencia promedio durante este intervalo es

$$\text{Potencia promedio} = \frac{\Delta U}{\Delta t}$$

Haciendo que Δt tienda a cero, obtenemos en el límite

$$\text{Potencia} = \frac{dU}{dt} \tag{13.12}$$

†La aplicación del método del trabajo y la energía a un sistema de partículas se discute con detalle en el capítulo 14.

Sustituyendo el producto escalar $\mathbf{F} \cdot d\mathbf{r}$ por dU, también podemos escribir

$$\text{Potencia} = \frac{dU}{dt} = \frac{\mathbf{F} \cdot d\mathbf{r}}{dt}$$

y, recordando que $d\mathbf{r}/dt$ representa la velocidad $\mathbf{v}$ del punto de aplicación de $\mathbf{F}$,

$$\text{Potencia} = \mathbf{F} \cdot \mathbf{v} \tag{13.13}$$

Puesto que la potencia se definió como la razón de tiempo con la que se realiza un trabajo, debe expresarse en unidades obtenidas al dividir las unidades de trabajo entre la unidad de tiempo. Así pues, si se usan unidades del SI, la potencia debe expresarse en J/s; a esta unidad se le llama *watt* (W). Tenemos

$$1\ W = 1\ J/s = 1\ N \cdot m/s$$

Si se emplean unidades inglesas, la potencia debe expresarse en ft $\cdot$ lb/s o en *caballos de potencia* (hp), con esta última unidad definida como

$$1\ hp = 550\ ft \cdot lb/s$$

Recordando de la sección 13.2 que 1 ft $\cdot$ lb = 1.356 J, comprobamos que

$$1\ ft \cdot lb/s = 1.356\ J/s = 1.356\ W$$
$$1\ hp = 550(1.356\ W) = 746\ W = 0.746\ kW$$

La *eficiencia mecánica* de una máquina se definió en la sección 10.5 como el cociente del trabajo de salida entre el trabajo de entrada:

$$\eta = \frac{\text{trabajo de salida}}{\text{trabajo de entrada}} \tag{13.14}$$

Esta definición se basa en la suposición de que el trabajo se realiza a una razón constante. El cociente del trabajo de salida entre el de entrada es, por lo tanto, igual al cociente de las razones con las que se realizan, y tenemos

$$\eta = \frac{\text{potencia de salida}}{\text{potencia de entrada}} \tag{13.15}$$

Como se pierde energía por causa de la fricción, el trabajo de salida siempre es menor que el de entrada y, por consiguiente, la potencia de salida siempre es menor que la potencia de entrada. Por lo tanto, la eficiencia mecánica de una máquina es siempre menor que 1.

Cuando se usa una máquina para transformar la energía mecánica en energía eléctrica, o energía térmica en energía mecánica, su *eficiencia total* puede obtenerse de la fórmula (13.15). La eficiencia total de una máquina siempre es menor que 1, e indica cuantitativamente todas las pérdidas de energía producidas (pérdidas de energía térmica o eléctrica, así como pérdidas por fricción). Antes de usar la fórmula (13.15), debemos expresar la potencia de salida y la de entrada en las mismas unidades.

PROBLEMA RESUELTO 13.1

Un automóvil que pesa 4000 libras desciende por una cuesta de 5° de inclinación, con una rapidez de 60 mi/h cuando se aplican los frenos, de modo que la fuerza total de frenado es constante (aplicada por el camino sobre los neumáticos) e igual a 1500 lb. Determínese la distancia total recorrida por el automóvil antes de detenerse.

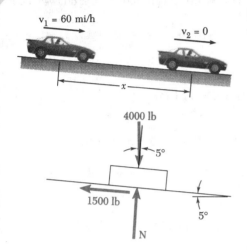

SOLUCIÓN

Energía cinética

Posición 1:

$$v_1 = \left(60\,\frac{\text{mi}}{\text{h}}\right)\left(\frac{5280\ \text{ft}}{1\ \text{mi}}\right)\left(\frac{1\ \text{h}}{3600\ \text{s}}\right) = 88\ \text{ft/s}$$

$$T_1 = \tfrac{1}{2}mv_1^2 = \tfrac{1}{2}(4000/32.2)(88)^2 = 481\,000\ \text{ft}\cdot\text{lb}$$

Posición 2: $\qquad v_2 = 0 \qquad T_2 = 0$

Trabajo $\qquad U_{1\to2} = -1500x + (4000\,\text{sen}\,5°)x = -1151x$

Principio del trabajo y la energía

$$T_1 + U_{1\to2} = T_2$$
$$481\,000 - 1151x = 0 \qquad\qquad x = 418\ \text{ft} \quad \blacktriangleleft$$

PROBLEMA RESUELTO 13.2

Dos bloques están unidos por un cable inextensible, como se muestra en la figura. Si el sistema se suelta desde el reposo, determínese la velocidad del bloque A después de recorrer 2 m. Supóngase que el coeficiente de fricción cinética entre el bloque A y el plano es $\mu_k = 0.25$, y que la polea no tiene peso ni rozamiento.

SOLUCIÓN

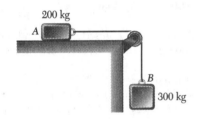

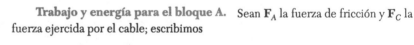

Trabajo y energía para el bloque A. Sean $\mathbf{F}_A$ la fuerza de fricción y $\mathbf{F}_C$ la fuerza ejercida por el cable; escribimos

$$m_A = 200\ \text{kg} \qquad W_A = (200\ \text{kg})(9.81\ \text{m/s}^2) = 1962\ \text{N}$$
$$F_A = \mu_k N_A = \mu_k W_A = 0.25(1962\ \text{N}) = 490\ \text{N}$$
$$T_1 + U_{1\to2} = T_2: \qquad 0 + F_C(2\ \text{m}) - F_A(2\ \text{m}) = \tfrac{1}{2}m_A v^2$$
$$F_C(2\ \text{m}) - (490\ \text{N})(2\ \text{m}) = \tfrac{1}{2}(200\ \text{kg})v^2 \qquad\qquad (1)$$

Trabajo y energía para el bloque B. Escribimos

$$m_B = 300\ \text{kg} \qquad W_B = (300\ \text{kg})(9.81\ \text{m/s}^2) = 2940\ \text{N}$$
$$T_1 + U_{1\to2} = T_2: \qquad 0 + W_B(2\ \text{m}) - F_C(2\ \text{m}) = \tfrac{1}{2}m_B v^2$$
$$(2940\ \text{N})(2\ \text{m}) - F_C(2\ \text{m}) = \tfrac{1}{2}(300\ \text{kg})v^2 \qquad\qquad (2)$$

Sumando los miembros izquierdo y derecho de (1) y (2), observamos que el trabajo de las fuerzas ejercidas por el cable en A y B se cancela:

$$(2940\ \text{N})(2\ \text{m}) - (490\ \text{N})(2\ \text{m}) = \tfrac{1}{2}(200\ \text{kg} + 300\ \text{kg})v^2$$
$$4900\ \text{J} = \tfrac{1}{2}(500\ \text{kg})v^2 \qquad v = 4.43\ \text{m/s} \quad \blacktriangleleft$$

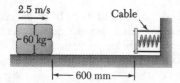

PROBLEMA RESUELTO 13.3

Se emplea un resorte para detener un paquete de 60 kg que se está deslizando sobre una superficie horizontal. El resorte tiene una constante $k = 20$ kN/m, y está sostenido por cables de manera que inicialmente está comprimido 120 mm. Si el paquete tiene una velocidad de 2.5 m/s en la posición mostrada, y la compresión máxima adicional del resorte es 40 mm, determínese a) el coeficiente de fricción cinética entre el paquete y la superficie, b) la velocidad del paquete al pasar otra vez por la posición mostrada.

SOLUCIÓN

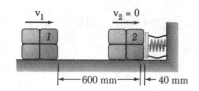

a. Movimiento de la posición 1 a la posición 2
Energía cinética   **Posición 1:** $v_1 = 2.5$ m/s

$$T_1 = \tfrac{1}{2}mv_1^2 = \tfrac{1}{2}(60 \text{ kg})(2.5 \text{ m/s})^2 = 187.5 \text{ N}\cdot\text{m} = 187.5 \text{ J}$$

Posición 2: (máxima deflexión del resorte): $v_2 = 0$ $T_2 = 0$
Trabajo
Fuerza de fricción **F**. Tenemos

$$F = \mu_k N = \mu_k W = \mu_k mg = \mu_k(60 \text{ kg})(9.81 \text{ m/s}^2) = (588.6 \text{ N})\mu_k$$

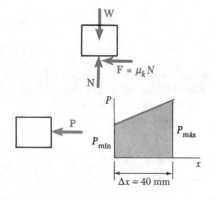

El trabajo de **F** es negativo e igual a

$$(U_{1\to2})_f = -Fx = -(588.6 \text{ N})\mu_k(0.600 \text{ m} + 0.040 \text{ m}) = -(377 \text{ J})\mu_k$$

Fuerza del resorte **P**. La fuerza variable **P** ejercida por el resorte realiza un trabajo negativo igual al área bajo la curva fuerza-deflexión de la fuerza del resorte. Tenemos

$$P_{\text{mín}} = kx_0 = (20 \text{ kN/m})(120 \text{ mm}) = (20\,000 \text{ N/m})(0.120 \text{ m}) = 2400 \text{ N}$$
$$P_{\text{máx}} = P_{\text{mín}} + k\,\Delta x = 2400 \text{ N} + (20 \text{ kN/m})(40 \text{ mm}) = 3200 \text{ N}$$
$$(U_{1\to2})_e = -\tfrac{1}{2}(P_{\text{mín}} + P_{\text{máx}})\,\Delta x = -\tfrac{1}{2}(2400 \text{ N} + 3200 \text{ N})(0.040 \text{ m}) = -112.0 \text{ J}$$

El trabajo total es, por tanto,

$$U_{1\to2} = (U_{1\to2})_f + (U_{1\to2})_e = -(377 \text{ J})\mu_k - 112.0 \text{ J}$$

Principio del trabajo y la energía

$$T_1 + U_{1\to2} = T_2: \qquad 187.5 \text{ J} - (377 \text{ J})\mu_k - 112.0 \text{ J} = 0 \qquad \mu_k = 0.20 \quad \blacktriangleleft$$

b. Movimiento de la posición 2 a la posición 3
Energía cinética.   **Posición 2:** $v_2 = 0$ $T_2 = 0$

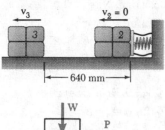

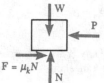

Posición 3: $T_3 = \tfrac{1}{2}mv_3^2 = \tfrac{1}{2}(60 \text{ kg})v_3^2$

Trabajo.   Como las distancias involucradas son las mismas, los valores numéricos del trabajo realizado por la fuerza de fricción **F** y por la fuerza del resorte **P** son los mismos que arriba. Sin embargo, mientras que el trabajo realizado por **F** sigue siendo negativo, el trabajo de **P** es ahora positivo.

$$U_{2\to3} = -(377 \text{ J})\mu_k + 112.0 \text{ J} = -75.5 \text{ J} + 112.0 \text{ J} = +36.5 \text{ J}$$

Principio del trabajo y la energía

$$T_2 + U_{2\to3} = T_3: \qquad 0 + 36.5 \text{ J} = \tfrac{1}{2}(60 \text{ kg})v_3^2$$
$$v_3 = 1.103 \text{ m/s} \qquad\qquad \mathbf{v_3 = 1.103 \text{ m/s} \leftarrow} \quad \blacktriangleleft$$

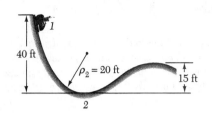

PROBLEMA RESUELTO 13.4

Un vehículo de 2000 lb parte del reposo en el punto *1* y se mueve sin fricción hacia abajo por la pista mostrada. *a*) Determínese la fuerza ejercida por la pista sobre el vehículo en el punto *2*, donde el radio de curvatura de ésta es 20 ft. *b*) Determínese el valor mínimo seguro del radio de curvatura en el punto *3*.

SOLUCIÓN

a. **Fuerza ejercida por la pista en el punto *2*.** El principio del trabajo y la energía se usa para determinar la velocidad del vehículo al pasar por el punto *2*.

Energía cinética. $\qquad T_1 = 0 \qquad T_2 = \tfrac{1}{2}mv_2^2 = \dfrac{1}{2}\dfrac{W}{g}v_2^2$

Trabajo. La única fuerza que realiza trabajo es el peso **W**. Puesto que el desplazamiento vertical del punto *1* al punto *2* es 40 ft hacia abajo, el trabajo del peso es

$$U_{1\to2} = +W(40 \text{ ft})$$

Principio del trabajo y la energía

$$T_1 + U_{1\to2} = T_2 \qquad 0 + W(40 \text{ ft}) = \dfrac{1}{2}\dfrac{W}{g}v_2^2$$

$$v_2^2 = 80g = 80(32.2) \qquad v_2 = 50.8 \text{ ft/s}$$

*Segunda ley de Newton en el punto *2*.* La aceleración a_n del vehículo en el punto *2* tiene una magnitud $a_n = v_2^2/\rho$, y está dirigida hacia arriba. Como las fuerzas externas que actúan sobre el vehículo son **W** y **N**, escribimos

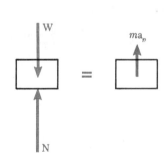

$$+\uparrow\Sigma F_n = ma_n: \qquad -W + N = ma_n$$

$$= \dfrac{W}{g}\dfrac{v_2^2}{\rho}$$

$$= \dfrac{W}{g}\dfrac{80g}{20}$$

$$N = 5W \qquad \mathbf{N = 10\ 000 \text{ lb}} \uparrow \ \blacktriangleleft$$

b. **Valor mínimo de ρ en el punto *3*.** *Principio del trabajo y la energía.* Aplicando el principio del trabajo y la energía entre el punto *1* y el punto *3*, obtenemos

$$T_1 + U_{1\to3} = T_3 \qquad 0 + W(25 \text{ ft}) = \dfrac{1}{2}\dfrac{W}{g}v_3^2$$

$$v_3^2 = 50g = 50(32.2) \qquad v_3 = 40.1 \text{ ft/s}$$

*Segunda ley de Newton en el punto *3*.* El valor mínimo seguro de ρ ocurre cuando **N** = 0. En este caso, la aceleración a_n, de magnitud $a_n = v_3^2/\rho$, está dirigida hacia abajo, y escribimos

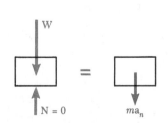

$$+\downarrow\Sigma F_n = ma_n: \qquad W = \dfrac{W}{g}\dfrac{v_3^2}{\rho}$$

$$= \dfrac{W}{g}\dfrac{50g}{\rho}$$

$$\rho = 50 \text{ ft} \ \blacktriangleleft$$

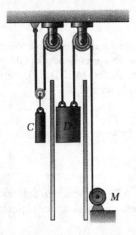

PROBLEMA RESUELTO 13.5

El montacargas D y su carga tienen un peso combinado de 600 lb, mientras que el contrapeso C pesa 800 lb. Determínese la potencia desarrollada por el motor eléctrico M cuando el montacargas a) se está moviendo hacia arriba con una rapidez constante de 8 ft/s, b) tiene una velocidad instantánea de 8 ft/s y una aceleración de 2.5 ft/s², ambas dirigidas hacia arriba.

SOLUCIÓN

Como la fuerza $\mathbf{F}$ ejercida por el cable del motor tiene la misma dirección que la velocidad $\mathbf{v}_D$ del montacargas, la potencia es igual a Fv_D, donde $v_D = 8$ ft/s. Para obtener la potencia, debemos determinar primeramente $\mathbf{F}$ en cada una de las dos situaciones dadas.

a. **Movimiento uniforme.**   Tenemos $\mathbf{a}_C = \mathbf{a}_D = 0$; ambos cuerpos están en equilibrio.

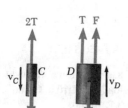

Cuerpo libre C: $+\uparrow\Sigma F_y = 0$: $2T - 800 \text{ lb} = 0$ $T = 400$ lb
Cuerpo libre D: $+\uparrow\Sigma F_y = 0$: $F + T - 600 \text{ lb} = 0$

$$F = 600 \text{ lb} - T = 600 \text{ lb} - 400 \text{ lb} = 200 \text{ lb}$$

$$Fv_D = (200 \text{ lb})(8 \text{ ft/s}) = 1600 \text{ ft} \cdot \text{lb/s}$$

$$\text{Potencias} = (1600 \text{ ft} \cdot \text{lb/s}) \frac{1 \text{ hp}}{550 \text{ ft} \cdot \text{lb/s}} = 2.91 \text{ hp} \quad \blacktriangleleft$$

b. **Movimiento acelerado.**   Tenemos

$$\mathbf{a}_D = 2.5 \text{ ft/s}^2 \uparrow \qquad \mathbf{a}_C = -\tfrac{1}{2}\mathbf{a}_D = 1.25 \text{ ft/s}^2 \downarrow$$

Las ecuaciones de movimiento son

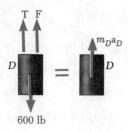

Cuerpo libre C: $+\downarrow\Sigma F_y = m_C a_C$: $800 - 2T = \dfrac{800}{32.2}(1.25)$ $T = 384.5$ lb

Cuerpo libre D: $+\uparrow\Sigma F_y = m_D a_D$: $F + T - 600 = \dfrac{600}{32.2}(2.5)$

$$F + 384.5 - 600 = 46.6 \qquad F = 262.1 \text{ lb}$$

$$Fv_D = (262.1 \text{ lb})(8 \text{ ft/s}) = 2097 \text{ ft} \cdot \text{lb/s}$$

$$\text{Potencias} = (2097 \text{ ft} \cdot \text{lb/s}) \frac{1 \text{ hp}}{550 \text{ ft} \cdot \text{lb/s}} = 3.81 \text{ hp} \quad \blacktriangleleft$$

En el capítulo anterior se resolvieron problemas relacionados con el movimiento de una partícula usando la ecuación fundamental $\mathbf{F} = m\mathbf{a}$ para determinar la aceleración $\mathbf{a}$. Usando los principios de la cinemática, fue posible determinar a partir de $\mathbf{a}$ la velocidad y el desplazamiento de la partícula en cualquier instante. En esta lección se combinaron $\mathbf{F} = m\mathbf{a}$ y los principios de la cinemática para obtener un método adicional de análisis llamado *método del trabajo y la energía*. Éste elimina la necesidad de calcular la aceleración, y le permitirá relacionar las velocidades de la partícula en dos puntos a lo largo de su trayectoria de movimiento. Para resolver un problema con el método del trabajo y la energía, se deben seguir estos pasos:

1. *Cálculo del trabajo de cada una de las fuerzas.* El trabajo $U_{1\to2}$ de una fuerza dada $\mathbf{F}$ durante el desplazamiento finito de la partícula de A_1 a A_2, se define como

$$U_{1\to2} = \int \mathbf{F} \cdot d\mathbf{r} \qquad \text{o} \qquad U_{1\to2} = \int (F\cos\alpha)\,ds \qquad (13.2, 13.2')$$

donde α es el ángulo entre $\mathbf{F}$ y el desplazamiento $d\mathbf{r}$. El trabajo $U_{1\to2}$ es una cantidad escalar, y se expresa en ft $\cdot$ lb o in $\cdot$ lb en el sistema inglés de unidades, y en N $\cdot$ m o joules (J) en el sistema internacional de unidades. Note que el trabajo realizado es cero para una fuerza perpendicular al desplazamiento ($\alpha = 90°$). Se realiza trabajo negativo para $90° < \alpha < 180°$, y en particular para una fuerza de fricción, que siempre es opuesta a la dirección del desplazamiento ($\alpha = 180°$).

El trabajo $U_{1\to2}$ puede ser fácilmente evaluado en los siguientes casos que se encontrarán:

a. Trabajo de una fuerza constante en movimiento rectilíneo

$$U_{1\to2} = (F\cos\alpha)\,\Delta x \qquad (13.3)$$

donde α = ángulo que forman las fuerzas con la dirección del movimiento
Δx = desplazamiento de A_1 a A_2 (figura 13.3)

b. Trabajo de la fuerza de gravedad

$$U_{1\to2} = -W\,\Delta y \qquad (13.4')$$

donde Δy es el desplazamiento vertical del centro de gravedad del cuerpo de peso W. Note que el trabajo es positivo cuando Δy es negativo; esto es, cuando el cuerpo se mueve hacia abajo (figura 13.4).

c. Trabajo de la fuerza ejercida por un resorte

$$U_{1\to2} = \tfrac{1}{2}kx_1^2 - \tfrac{1}{2}kx_2^2 \qquad (13.6)$$

donde k es la constante del resorte, y x_1 y x_2 son las elongaciones del resorte correspondientes a las posiciones A_1 y A_2 (figura 13.5). (*continúa*)

d. Trabajo de una fuerza gravitacional

$$U_{1 \to 2} = \frac{GMm}{r_2} - \frac{GMm}{r_1} \tag{13.7}$$

para un desplazamiento del cuerpo desde $A_1(r = r_1)$ a $A_2(r = r_2)$ (figura 13.6).

2. *Calcule la energía cinética en* A_1 *y* A_2. La energía cinética T es

$$T = \tfrac{1}{2}mv^2 \tag{13.9}$$

donde m es la masa de la partícula y v es la magnitud de su velocidad. Las unidades de la energía cinética son las mismas que las unidades de trabajo, esto es, ft · lb o in · lb si se usan unidades del sistema inglés, y N · m o joules (J) si se usan unidades del SI.

3. *Sustituya los valores del trabajo realizado* $U_{1 \to 2}$ *y de las energías cinéticas* T_1 *y* T_2 en la ecuación

$$T_1 + U_{1 \to 2} = T_2 \tag{13.11}$$

Después de lo anterior se contará con *una ecuación* que puede despejar *una incógnita*. Note que esta ecuación no proporciona directamente el tiempo de recorrido o la aceleración. Sin embargo, si se conoce el radio de curvatura ρ de la trayectoria de la partícula en el punto donde se ha obtenido la velocidad v, se puede expresar la componente normal de la aceleración como $a_n = v^2/\rho$, y obtener la componente normal de la fuerza ejercida sobre la partícula escribiendo $F_n = mv^2/\rho$.

4. *La potencia se introdujo en esta lección como la razón de tiempo a la que el trabajo es realizado,* $P = dU/dt$. La potencia se mide en ft · lb/s o *caballos de potencia* (hp) en el sistema inglés de unidades, y en J/s o *watts* (W) en el sistema internacional de unidades. Para calcular la potencia, se puede usar la fórmula equivalente

$$P = \mathbf{F} \cdot \mathbf{v} \tag{13.13}$$

donde $\mathbf{F}$ y $\mathbf{v}$ denotan la fuerza y la velocidad, respectivamente, en un instante dado (problema resuelto 13.5). En algunos problemas (véase, por ejemplo, el problema 13.50) se le pedirá la *potencia promedio*, la cual puede ser obtenida dividiendo el trabajo total entre el intervalo de tiempo durante el cual se realiza el trabajo.

Problemas

13.1 Un satélite de 1500 kg es colocado en una órbita circular, a 3500 km sobre la superficie de la Tierra. En esta elevación, la aceleración de la gravedad es 4.09 m/s². Determine la energía cinética del satélite, sabiendo que su rapidez orbital es 22.9×10^3 km/h.

13.2 Un satélite de 870 lb es colocado en una órbita circular, a 3973 mi sobre la superficie de la Tierra. En esta elevación, la aceleración de la gravedad es 8.03 ft/s². Determine la energía cinética del satélite, sabiendo que su rapidez orbital es 12 500 mi/h.

13.3 Una piedra de 5 lb se suelta desde una altura h, y golpea el piso con una velocidad de 80 ft/s. a) Halle la energía cinética de la piedra al golpear el piso, y la altura h desde la que fue soltada. b) Resuelva la parte a asumiendo que se suelta la misma piedra en la Luna. (La aceleración de la gravedad en la Luna es 5.31 ft/s².)

13.4 Una piedra de 4 kg se suelta desde una altura h, y golpea el piso con una velocidad de 25 m/s. a) Halle la energía cinética de la piedra al golpear el piso, y la altura h desde la que fue soltada. b) Resuelva la parte a asumiendo que se suelta la misma piedra en la Luna. (La aceleración de la gravedad en la Luna es 1.62 m/s².)

13.5 Determine la máxima rapidez teórica que puede lograr un automóvil que parte del reposo en una distancia de 120 m, asumiendo que no hay deslizamiento. El coeficiente de fricción estática entre los neumáticos y el pavimento es 0.75, y 60% del peso del automóvil está distribuido sobre sus neumáticos delanteros y un 40% sobre los traseros. Suponga a) tracción delantera, b) tracción trasera.

13.6 Las marcas dejadas sobre una pista de carreras indican que los neumáticos traseros (los de la tracción) de un automóvil se patinan en los primeros 60 ft de la pista de 1320 ft. a) Sabiendo que el coeficiente de fricción cinética es 0.60, determine la rapidez del automóvil al final de la primera porción de 60 ft de la pista, si el vehículo parte desde el reposo y las llantas delanteras están justo por encima del piso. b) ¿Cuál es la máxima rapidez teórica para el automóvil en la línea de meta si, después de patinar por 60 ft, el vehículo es conducido sin que las ruedas resbalen durante el resto de la carrera? Suponga que mientras el automóvil está rodando sin deslizarse, el 60% del peso del auto está sobre los neumáticos traseros, y el coeficiente de fricción estática es 0.85. Ignore la resistencia del aire y la resistencia al rodamiento.

Fig. P13.6

Fig. *P13.7* y P13.8

13.7 Las marcas dejadas sobre una pista de carreras indican que los neumáticos traseros (los de la tracción) de un automóvil se patinan en los primeros 60 ft y ruedan con deslizamiento inminente durante los 1260 ft restantes. Los neumáticos delanteros están justo por encima del piso durante los primeros 60 ft, y para el resto de la carrera, el 75% del peso del auto está sobre los neumáticos traseros. Sabiendo que la rapidez del auto es 36 mi/h al final de los primeros 60 ft y que el coeficiente de fricción cinética es el 80% del coeficiente de fricción estática, determine la rapidez del auto al final de la pista de 1320 ft. Ignore la resistencia del aire y la resistencia al rodamiento.

13.8 En una carrera de automóviles, los neumáticos traseros de un automóvil patinan los primeros 20 m y ruedan con deslizamiento inminente durante los restantes 380 m. Los neumáticos delanteros del auto están justo por encima del piso en los primeros 20 m, y para el resto de la carrera, el 80% del peso está sobre los neumáticos traseros. *a*) ¿Cuál es el coeficiente de fricción estática requerido si, partiendo del reposo, el auto debe alcanzar una rapidez pico de 270 km/h al final de la pista de 400 m? Suponga que el coeficiente de fricción cinética es el 75% del coeficiente de fricción estática, e ignore la resistencia del aire y la resistencia al rodamiento. *b*) ¿Qué tan rápido va el carro al final de los primeros 20 m?

13.9 Un paquete es lanzado 10 m hacia arriba sobre una rampa que tiene 15° de inclinación, de manera que alcanza justo el extremo superior de la rampa con velocidad cero. Sabiendo que el coeficiente de fricción cinética entre el paquete y la rampa es 0.12, determine *a*) la velocidad inicial del paquete en *A*, *b*) la velocidad del paquete al regresar a su posición original.

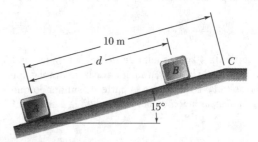

Fig. P13.9 y P13.10

13.10 Un paquete es lanzado hacia arriba sobre una rampa que tiene 15° de inclinación en *A*, con una velocidad inicial de 8 m/s. Sabiendo que el coeficiente de fricción cinética entre el paquete y la rampa es 0.12, determine *a*) la máxima distancia *d* que el paquete se moverá hacia arriba de la rampa, *b*) la velocidad del paquete al regresar a su posición original.

13.11 Una banda transportadora traslada cajas, con una velocidad $\mathbf{v}_0$, a una rampa fija en *A*, donde se deslizan y, finalmente, caen en *B*. Sabiendo que $\mu_k = 0.40$, determine la velocidad de la banda transportadora si las cajas dejan la rampa en *B* con una velocidad de 8 ft/s.

13.12 Una banda transportadora traslada cajas, con una velocidad $\mathbf{v}_0$, a una rampa fija en *A*, donde se deslizan y, finalmente, caen en *B*. Sabiendo que $\mu_k = 0.40$, determine la velocidad de la banda transportadora si las cajas deben tener velocidad cero en *B*.

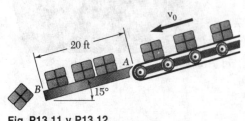

Fig. P13.11 y P13.12

13.13 En una operación de mezclado de minerales, una paleta llena de mineral está suspendida de una grúa viajera que se mueve a lo largo de un puente estacionario. La paleta oscilará como máximo 4 m horizontalmente cuando la grúa se detenga en forma repentina. Determine la máxima velocidad permisible v de la grúa.

13.14 En una operación de mezclado de minerales, una paleta llena de mineral está suspendida de una grúa viajera que se mueve a lo largo de un puente estacionario. La grúa está viajando con una rapidez de 3 m/s cuando se detiene repentinamente. Determine la máxima distancia horizontal sobre la que la paleta oscilará.

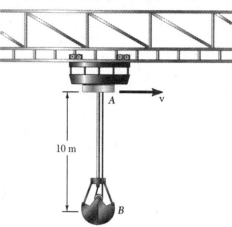

Fig. P13.13 y P13.14

13.15 Un tractocamión que circula a 65 mi/h entra a un declive con pendiente de 2%, y debe reducir su velocidad hasta 40 mi/h en 1000 ft. La cabina pesa 4000 lb y el remolque pesa 12 000 lb. Determine a) la fuerza de frenado promedio que debe aplicarse, b) la fuerza promedio que debe ejercerse en la unión entre la cabina y el remolque si el 70% de la fuerza de frenado es proporcionada por el remolque, y el 30% restante, por la cabina.

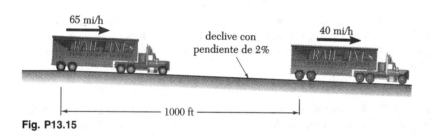

Fig. P13.15

13.16 Un tractocamión que circula a 40 mi/h entra a una cuesta con pendiente de 2%, y alcanza una velocidad de 65 mi/h en 1000 ft. La cabina pesa 4000 lb y el remolque 12 000 lb. Determine a) la fuerza promedio sobre los neumáticos de la cabina, b) la fuerza promedio en la unión entre la cabina y el remolque.

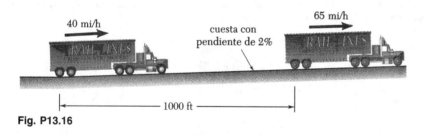

Fig. P13.16

13.17 Un tractocamión tiene una cabina de 2000 kg y un remolque de 8000 kg. Se encuentra viajando sobre un camino horizontal a 90 km/h, y debe reducir su velocidad hasta detenerse en 1200 m. Determine a) la fuerza de frenado promedio que debe aplicarse, b) la fuerza promedio en la unión, si el 60% de la fuerza de frenado es proporcionada por el remolque y el 40%, por la cabina.

13.18 Un tractocamión tiene una cabina de 2000 kg y un remolque de 8000 kg. Sabiendo que se encuentra viajando sobre un camino horizontal a 90 km/h y que se aplica una fuerza de frenado promedio de 3000 N, determine a) qué tan lejos llegará el vehículo antes de detenerse, b) la fuerza promedio en la unión entre la cabina y el remolque, si los frenos de éste fallan y toda la fuerza de frenado debe proporcionarla la cabina.

Fig. *P13.17* y P13.18

13.19 Se sueltan dos bloques idénticos desde el reposo. Despreciando las masas de las poleas y el efecto de la fricción, determine *a*) la velocidad del bloque *B* después de que se ha movido 2 m, *b*) la tensión en el cable.

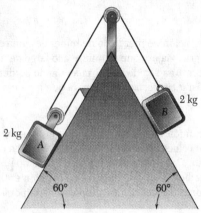

Fig. P13.19 y *P13.20*

13.20 Se sueltan dos bloques idénticos desde el reposo. Despreciando las masas de las poleas y sabiendo que los coeficientes de fricción estática y cinética son $\mu_s = 0.30$ y $\mu_k = 0.20$, determine *a*) la velocidad del bloque *B* después de que se ha movido 2 m, *b*) la tensión en el cable.

13.21 El sistema mostrado, que consiste en un collarín *A* de 40 lb y un contrapeso *B* de 20 lb, está en reposo, hasta que se aplica una fuerza de 100 lb al collarín *A*. *a*) Determine la velocidad de *A* justo antes de que golpee el soporte en *C*. *b*) Resuelva la parte *a* asumiendo que el contrapeso *B* se reemplaza con una fuerza hacia abajo de 20 lb. Ignore la fricción y la masa de las poleas.

13.22 Los bloques *A* y *B* tienen masas de 11 kg y 5 kg, respectivamente, y ambos están a una altura $h = 2$ m sobre el piso cuando el sistema se suelta desde el reposo. Justo antes de golpear el piso, el bloque *A* se está moviendo con una rapidez de 3 m/s. Determine *a*) la cantidad de energía disipada en fricción por la polea, *b*) la tensión en cada porción del cable durante el movimiento.

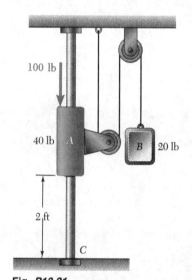

Fig. *P13.21*

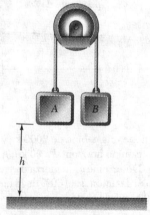

Fig. P13.22 y P13.23

13.23 Los bloques *A* y *B* pesan 20 lb y 8 lb, respectivamente, y ambos se encuentran a una altura $h = 1.5$ ft sobre el piso cuando el sistema se suelta desde el reposo. Después de que *A* golpea el piso sin rebotar, se observa que *B* alcanza una altura máxima de 3.5 ft. Determine *a*) la velocidad de *A* justo antes del impacto, *b*) la cantidad de energía disipada por la fricción en el eje de la polea.

13.24 Cuatro paquetes, cada uno de 6 lb de peso, se mantienen en su lugar por la fricción sobre un transportador que está desacoplado de su motor *A*. Cuando el sistema se suelta desde el reposo, el paquete *1* cae de la banda en *A*, justo cuando el paquete *4* entra a la porción inclinada de la banda en *B*. Determine *a*) la velocidad del paquete *2* al caer de la banda en *A*, *b*) la velocidad del paquete *3* al caer de la banda en *A*. Desprecie la masa de la banda y los rodillos.

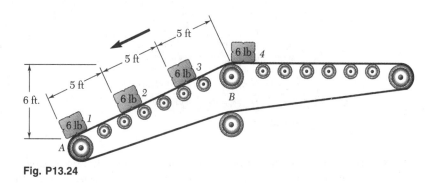

Fig. P13.24

13.25 Dos bloques *A* y *B*, de masa 4 kg y 5 kg, respectivamente, están conectados por una cuerda que pasa sobre las poleas, como se muestra. Un collarín *C* de 3 kg se encuentra sobre el bloque *A*, y el sistema se suelta desde el reposo. Después de que los bloques se han movido 0.9 m, el collarín *C* es removido, y los bloques *A* y *B* continúan moviéndose. Determine la rapidez del bloque *A* justo antes de que golpee el suelo.

13.26 Un bloque de 10 lb está sujeto por un resorte inextendido de constante $k = 12$ lb/in. Los coeficientes de fricción estática y cinética entre el bloque y el plano son 0.60 y 0.40, respectivamente. Si se aplica poco a poco una fuerza **F** al bloque, hasta que la tensión en el resorte alcanza 20 lb y después se retira de manera súbita, determine *a*) la velocidad del bloque al regresar a su posición inicial, *b*) la máxima velocidad alcanzada por el bloque.

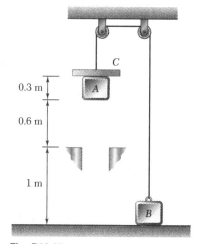

Fig. P13.25

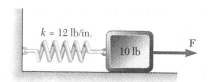

Fig. P13.26 y P13.27

13.27 Un bloque de 10 lb está sujeto por un resorte inextendido de constante $k = 12$ lb/in. Los coeficientes de fricción estática y cinética entre el bloque y el plano son 0.60 y 0.40, respectivamente. Si se aplica poco a poco una fuerza **F** al bloque, hasta que la tensión en el resorte alcanza 20 lb y después se retira en forma repentina, determine *a*) qué tan lejos se moverá el bloque hacia la izquierda antes de detenerse, *b*) si el bloque regresará hacia la derecha.

13.28 Un bloque de 3 kg descansa encima de un bloque de 2 kg, apoyado pero no unido a un resorte de constante 40 N/m. El bloque superior se retira súbitamente. Determine *a*) la máxima velocidad alcanzada por el bloque de 2 kg, *b*) la máxima altura alcanzada por el bloque de 2 kg.

13.29 Resuelva el problema 13.28 suponiendo que el bloque de 2 kg se encuentra unido al resorte.

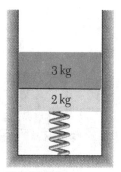

Fig. *P13.28*

13.30 Un collarín C de 8 lb se desliza sobre una varilla horizontal entre los resortes A y B. Si el collarín es empujado hacia la derecha hasta que el resorte B es comprimido 2 in. y se libera, determine la distancia que recorrerá el collarín, suponiendo a) que no hay fricción entre el collarín y la varilla, b) un coeficiente de fricción $\mu_k = 0.35$.

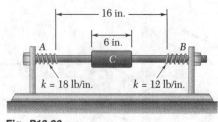

Fig. P13.30

13.31 Un collarín C de 6 lb se desliza sobre una varilla vertical sin fricción. El collarín es empujado hacia arriba hasta alcanzar la posición mostrada, en la que el resorte superior está comprimido 2 in. y se suelta. Determine a) la máxima deflexión del resorte inferior, b) la máxima velocidad del collarín.

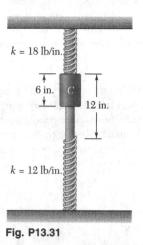

Fig. P13.31

13.32 Un automóvil fuera de control, que viaja a 65 mi/h, golpea en ángulo recto un amortiguador de impactos de una autopista, en el que el automóvil es detenido por el sucesivo aplastamiento de barriles de acero. La magnitud F de la fuerza requerida para aplastar los barriles se muestra como función de la distancia x que el automóvil se mueve dentro del amortiguador. Sabiendo que el peso del automóvil es 2250 lb, y despreciando los efectos de la fricción, determine a) la distancia que el automóvil se moverá en el amortiguador antes de detenerse, b) la máxima desaceleración del automóvil.

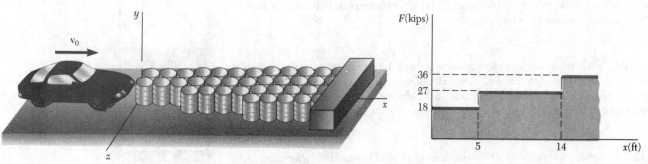

Fig. P13.32

13.33 Un pistón de masa m y sección transversal A está en equilibrio bajo la presión p en el centro de un cilindro cerrado en ambos extremos. Suponiendo que el pistón se mueve a la izquierda una distancia $a/2$ y se suelta, y sabiendo que la presión en cada lado del pistón varía inversamente con el volumen, determine la velocidad del pistón al alcanzar nuevamente el centro del cilindro. Desprecie la fricción entre el pistón y el cilindro, y exprese su respuesta en función de m, a, p y A.

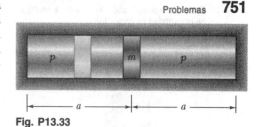

Fig. P13.33

13.34 Exprese la aceleración de la gravedad g_h a una altitud h sobre la superficie de la Tierra, en función de la aceleración de la gravedad g_0 en la superficie de la Tierra, la altitud h, y el radio R de la tierra. Determine el porcentaje de error existente si el peso que un objeto tiene sobre la superficie de la Tierra se usa como el peso a una altitud de a) 1 km, b) 1000 km.

13.35 Un cohete se dispara verticalmente desde la superficie de la Luna con una velocidad v_0. Deduzca una fórmula para la relación h_n/h_u de las alturas alcanzadas con una velocidad v, si la ley de la gravitación de Newton se usa para calcular h_n, y un campo gravitacional uniforme se usa para calcular h_u. Exprese su respuesta en función de la aceleración de la gravedad g_m sobre la superficie de la Luna, el radio de la Luna R_m y las velocidades v y v_0.

13.36 Una pelota de golf golpeada en la Tierra alcanza una máxima altura de 200 ft y golpea el piso a 250 yardas de distancia. ¿A que distancia llegaría la misma pelota de golf en la Luna, si la magnitud y la dirección de la velocidad fueran las mismas que sobre la Tierra, inmediatamente después de que la pelota fue golpeada? Asuma que la pelota es golpeada y que aterriza al mismo nivel en ambos casos, y que el efecto de la atmósfera sobre la Tierra se puede depreciar, de manera que la trayectoria en ambos casos es una parábola. La aceleración de la gravedad en la Luna es 0.165 veces la de la Tierra.

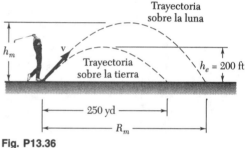

Fig. P13.36

13.37 Un bloque A de latón (no magnético) de 300 g y un imán de acero B de 200 g se encuentran en equilibrio en un tubo de latón, bajo la acción de una fuerza de repulsión magnética de otro imán C localizado a una distancia $x = 4$ mm de B. La fuerza es inversamente proporcional al cuadrado de la distancia entre B y C. Si el bloque A es removido repentinamente, determine a) la máxima velocidad de B, b) la máxima aceleración de B. Suponga que la resistencia del aire y la fricción son despreciables.

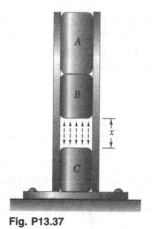

Fig. P13.37

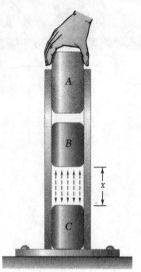

Fig. P13.38

13.38 En un tubo de latón, un imán de acero B de 0.4 lb está en equilibrio bajo la acción de la fuerza de repulsión de otro imán de acero C localizado a una distancia $x = 0.15$ in de B. La fuerza es inversamente proporcional al cuadrado de la distancia entre B y C. Si un bloque A de latón (no magnético) de 0.6 lb se coloca con cuidado sobre el bloque B y se suelta, determine a) la máxima velocidad de A y B, b) la máxima deflexión de A y de B. Suponga que la resistencia del aire y la fricción se pueden despreciar.

13.39 A la esfera se le proporciona en A una velocidad $\mathbf{v}_0$ hacia abajo, y gira en un círculo vertical de radio l y centro O. Determine la velocidad más pequeña $\mathbf{v}_0$ para la cual la esfera alcanzará el punto B al girar alrededor del punto O a) si AO es una cuerda, b) si AO es una varilla delgada de masa despreciable.

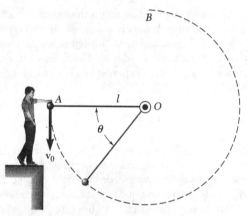

Fig. P13.39 y P13.40

13.40 A la esfera se le proporciona en A una velocidad $\mathbf{v}_0$ hacia abajo de magnitud 5 m/s, y gira en un plano vertical en el extremo de una cuerda de longitud $l = 2$ m, fija a un soporte en O. Determine el ángulo θ en el que la cuerda se romperá, sabiendo que ésta puede soportar una tensión máxima igual al doble del peso de la esfera.

13.41 Una sección de la pista de una "montaña rusa" consiste de dos arcos circulares AB y CD, unidos por una porción recta BC. El radio de AB es 90 ft, y el radio de CD es 240 ft. El vehículo y sus ocupantes, de peso combinado de 560 lb, alcanza el punto A prácticamente con velocidad cero, y después cae libremente a lo largo de la pista. Determine la fuerza normal ejercida por la pista sobre el vehículo cuando éste alcanza el punto B. Ignore la resistencia del aire y la resistencia al rodamiento.

13.42 Una sección de la pista de una "montaña rusa" consiste de dos arcos circulares AB y CD, unidos por una porción recta BC. El radio de AB es 90 ft, y el radio de CD es 240 ft. El vehículo y sus ocupantes, de peso combinado de 560 lb, alcanza el punto A prácticamente con velocidad cero, y después cae libremente a lo largo de la pista. Determine los valores máximo y mínimo de la fuerza normal ejercida por la pista sobre el vehículo cuando éste viaja de A a D. Ignore la resistencia del aire y la resistencia al rodamiento.

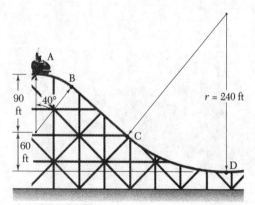

Fig. P13.41 y P13.42

13.43 Una pequeña esfera B de masa m se suelta desde el reposo en la posición mostrada, y oscila libremente en un plano vertical, primero alrededor de O y después alrededor de la espiga A cuando la cuerda entra en contacto con ella. Determine la tensión en la cuerda a) justo antes de que la esfera entre en contacto con la espiga, b) justo después de que entra en contacto con la esfera.

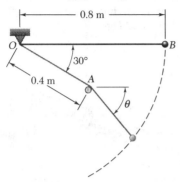

Fig. P13.43

13.44 Un bloque pequeño se desliza con una velocidad $v = 8$ ft/s sobre una superficie horizontal, a una altura $h = 3$ ft sobre el piso. Determine a) el ángulo θ en el cual dejará la superficie cilíndrica BCD, b) la distancia x a la que golpeará el piso. Desprecie la fricción y la resistencia del aire.

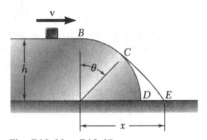

Fig. P13.44 y *P13.45*

13.45 Un bloque pequeño se desliza con una velocidad v sobre una superficie horizontal. Sabiendo que $h = 2.5$ m, determine la rapidez requerida del bloque si debe dejar la superficie cilíndrica BCD cuando $\theta = 40°$.

13.46 a) Una mujer de 120 lb conduce cuesta arriba una bicicleta de 15 lb por una pendiente del 3%, con una rapidez constante de 5 ft/s. ¿Cuánta potencia debe desarrollar la mujer? b) Un hombre de 180 lb conduce cuesta abajo una bicicleta de 18 lb en la misma pendiente, y mantiene una rapidez constante de 20 ft/s frenando. ¿Cuánta potencia es disipada por los frenos? Ignore la resistencia del aire y la resistencia al rodamiento.

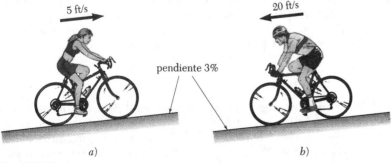

Fig. P13.46

13.47 Se va a deducir una fórmula para especificar la potencia de un motor eléctrico que mueve a una banda transportadora de material sólido, con diferentes velocidades a diferentes alturas y distancias. Si se denota la eficiencia del motor por η y se desprecia la potencia necesaria para mover la propia banda, deduzca una fórmula a) en el sistema internacional de unidades con la potencia P en kW, en función del flujo de masa m en kg/h, la altura b y la distancia horizontal l en metros, y b) en el sistema inglés de unidades con la potencia en hp, en función de la tasa de flujo de material w en ton/h, y la altura b y la distancia horizontal l en ft.

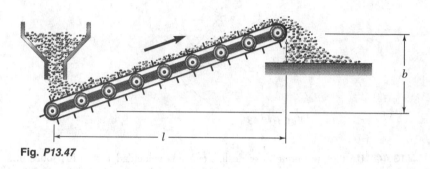

Fig. P13.47

13.48 En una carrera de automóviles, los neumáticos traseros (los de la tracción) de un automóvil de 2000 lb patinan los primeros 60 ft y ruedan sin resbalar durante los restantes 1260 ft. Los neumáticos delanteros del automóvil están justo por encima del pavimento los primeros 60 ft, y en el resto de la carrera, el 60% del peso del automóvil lo llevan los neumáticos traseros. Sabiendo que los coeficientes de fricción son $\mu_s = 0.85$ y $\mu_k = 0.60$, determine la potencia en hp desarrollada por el automóvil en los neumáticos de tracción a) al final de la porción de 60 ft de la carrera, b) al final de la carrera. Ignore la resistencia del aire y la resistencia al rodamiento.

Fig. P13.48 y P13.49

13.49 En una carrera de automóviles, los neumáticos traseros (los de la tracción) de un automóvil de 1000 kg patinan los primeros 20 m, y ruedan sin resbalar durante los restantes 380 m. Los neumáticos delanteros del automóvil están justo por encima del pavimento los primeros 20 m, y en el resto de la carrera, el 80% del peso del automóvil lo llevan los neumáticos traseros. Sabiendo que los coeficientes de fricción son $\mu_s = 0.90$ y $\mu_k = 0.68$, determine la potencia desarrollada por el automóvil en los neumáticos de tracción a) al final de la porción de 20 m de la carrera, b) al final de la carrera. Dé su respuesta en kW y en hp. Ignore la resistencia del aire y la resistencia al rodamiento.

13.50 Se requieren 15 s para elevar un automóvil de 1200 kg y la plataforma del elevador hidráulico de 300 kg donde aquél se apoya, a una altura de 2.8 m. Determine a) la potencia de salida promedio proporcionada por la bomba hidráulica para levantar el sistema, b) la potencia eléctrica promedio requerida, sabiendo que la eficiencia en la conversión de energía eléctrica en mecánica para el sistema es 82%.

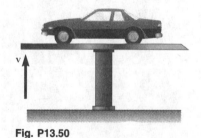

Fig. P13.50

13.51 La velocidad del elevador del problema 13.50 se incrementa uniformemente, desde cero hasta su máximo valor a la mitad de la altura, en 7.5 s, y después disminuye uniformemente hasta cero en 7.5 s. Sabiendo que la potencia de salida pico de la bomba hidráulica es 6 kW cuando la velocidad es máxima, determine la máxima fuerza de levantamiento proporcionada por la bomba.

13.52 Un tren de 100 ton que viaja sobre una vía horizontal requiere 400 hp para mantener una rapidez constante de 50 mi/h. Determine *a*) la fuerza total requerida para vencer la fricción axial, la resistencia al rodamiento y la resistencia del aire, *b*) la potencia adicional requerida si el tren ha de mantener la misma rapidez en una cuesta de uno por ciento de pendiente.

13.53 Un tren de 600 ton que viaja sobre una vía horizontal acelera uniformemente de 0 a 50 mi/h en 40 s. Después de alcanzar esa rapidez, el tren viaja con velocidad constante. La fricción axial y la resistencia al rodamiento resultan en una fuerza total de 3000 lb en la dirección opuesta al movimiento. Despreciando la resistencia del aire, determine la potencia requerida como función del tiempo.

13.54 El elevador *E* tiene una masa de 3000 kg cuando se carga completamente, y se conecta como se muestra a un contrapeso *W* de masa 1000 kg. Determine la potencia en kW proporcionada por el motor *a*) cuando el elevador se mueve hacia abajo con una rapidez constante de 3 m/s, *b*) cuando tiene una velocidad hacia arriba de 3 m/s y una desaceleración de 0.5 m/s².

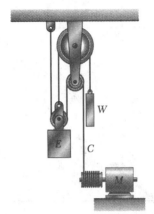

Fig. P13.54

13.6. ENERGÍA POTENCIAL†

Consideremos otra vez un cuerpo de peso **W** que se mueve a lo largo de una trayectoria curva, desde un punto A_1 de altura y_1 hasta un punto A_2 de altura y_2 (figura 13.4). De la sección 13.2 recordamos que el trabajo **W** realizado por la fuerza de gravedad durante este desplazamiento es

$$U_{1\to2} = Wy_1 - Wy_2 \qquad (13.4)$$

Entonces, el trabajo de **W** puede obtenerse restando el valor de la función Wy correspondiente a la segunda posición del cuerpo de su valor correspondiente a la primera posición. El trabajo de **W** es independiente de la trayectoria real seguida, y depende sólo de los valores inicial y final de la función Wy. A esta función se le llama *energía potencial* del cuerpo respecto de la *fuerza de gravedad* **W**, y se representa por V_g. Escribimos

$$U_{1\to2} = (V_g)_1 - (V_g)_2 \qquad \text{escribimos } V_g = Wy \qquad (13.16)$$

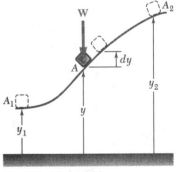

Fig. P13.4 (*repetida*)

Adviértase que si $(V_g)_2 > (V_g)_1$, es decir, *si la energía potencial aumenta* durante el desplazamiento (como es el caso que aquí se considera), *el trabajo $U_{1\to2}$ es negativo*. Si, por otra parte, el trabajo de **W** es positivo, la energía potencial disminuye. Por consiguiente, la energía potencial V_g del cuerpo proporciona una medida del trabajo que puede realizar su peso **W**. Como en la fórmula (13.16) sólo interviene el *cambio* en energía potencial y no el valor real de V_g, puede agregarse una constante arbitraria a la expresión obtenida para V_g. En otras palabras, el nivel de referencia desde el cual se mide la altura y puede escogerse arbitrariamente. Nótese que la energía potencial se expresa en las mismas unidades que el trabajo; es decir, en joules si se usan unidades del SI, y en ft · lb o in · lb cuando se emplean unidades del sistema inglés.

---

†Parte del material de esta sección se consideró en la sección 10.7.

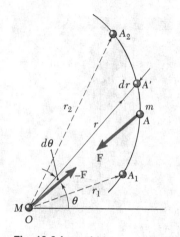

Fig. 13.6 (*repetida*)

Debe observarse que la expresión que acabamos de obtener para la energía potencial de un cuerpo con respecto a la gravedad, es válida sólo mientras pueda suponerse que el peso **W** del cuerpo permanece constante; es decir, mientras que los desplazamientos del cuerpo sean pequeños comparados con el radio de la Tierra. Sin embargo, en el caso de un vehículo espacial debemos tomar en consideración la variación de la fuerza de gravedad con la distancia r desde el centro de la Tierra. Usando la expresión obtenida en la sección 13.2 para el trabajo de una fuerza gravitacional, escribimos (figura 13.6)

$$U_{1\rightarrow 2} = \frac{GMm}{r_2} - \frac{GMm}{r_1} \qquad (13.7)$$

Por lo tanto, el trabajo de la fuerza de gravedad puede obtenerse restando el valor de la función $-GMm/r$, correspondiente a la segunda posición del cuerpo, de su valor correspondiente a la primera posición. Así pues, la expresión que debe emplearse para la energía potencial V_g, cuando la variación de la fuerza de gravedad no puede despreciarse, es

$$V_g = -\frac{GMm}{r} \qquad (13.17)$$

Tomando en cuenta la primera de las relaciones (12.29), escribimos V_g en la forma alterna.

$$V_g = -\frac{WR^2}{r} \qquad (13.17')$$

donde R es el radio de la Tierra, y W es el valor del peso del cuerpo en la superficie de la Tierra. Cuando cualquiera de las relaciones (13.17) o (13.17') se emplea para expresar V_g, la distancia r debe medirse desde el centro de la Tierra, por supuesto.[†] Obsérvese que V_g siempre es negativa, y que tiende a cero para valores muy grandes de r.

Considérese ahora un cuerpo sujeto a un resorte y que se mueve desde una posición A_1, correspondiente a una deformación x_1 del resorte, hasta una posición A_2, correspondiente a una deformación x_2 (figura 13.5). De la sección 13.2 recordamos que el trabajo de la fuerza **F** ejercida por el resorte sobre el cuerpo es

$$U_{1\rightarrow 2} = \tfrac{1}{2}kx_1^2 - \tfrac{1}{2}kx_2^2 \qquad (13.6)$$

Así, el trabajo de la fuerza elástica se obtiene restando el valor de la función $\tfrac{1}{2}kx^2$, correspondiente a la segunda posición del cuerpo, de su valor correspondiente a la primera posición. Esta función se representa con V_e y se llama *energía potencial* del cuerpo respecto de la *fuerza elástica* **F**. Escribimos

$$U_{1\rightarrow 2} = (V_e)_1 - (V_e)_2 \qquad \text{escribimos } V_e = \tfrac{1}{2}kx^2 \qquad (13.18)$$

y observamos que, durante el desplazamiento considerado, el trabajo realizado por la fuerza **F** ejercida por el resorte sobre el cuerpo es negativo y aumenta la

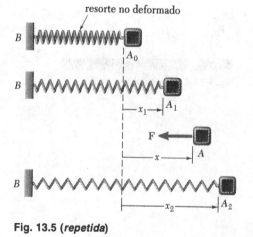

resorte no deformado

Fig. 13.5 (*repetida*)

[†]Las expresiones dadas para V_g en (13.17) y (13.17') son válidas sólo cuando $r \geq R$; esto es, cuando el cuerpo considerado está por encima de la superficie de la Tierra.

energía potencial V_e. Adviértase que la expresión obtenida para V_e es válida sólo si la deformación del resorte se mide desde su posición no deformada. Por otra parte, la fórmula (13.18) puede usarse aun cuando el resorte se gire respecto a su extremo fijo (figura 13.10*a*). El trabajo de la fuerza elástica depende sólo de las deformaciones inicial y final del resorte (figura 13.10*b*).

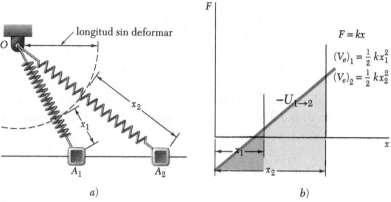

Fig. 13.10

El concepto de energía potencial puede emplearse cuando intervienen fuerzas distintas de la de gravedad y la elástica. De hecho, permanece válido mientras el trabajo de la fuerza que se considera sea independiente de la trayectoria seguida por su punto de aplicación, conforme este punto se mueve de una posición dada A_1, hasta otra posición dada A_2. A estas fuerzas se les llama *fuerzas conservativas*, cuyas propiedades generales se estudian en la siguiente sección.

*13.7. FUERZAS CONSERVATIVAS

Como se indicó en la sección anterior, se dice que una fuerza **F** que actúa sobre una partícula A es conservativa *si su trabajo* $U_{1 \to 2}$ *es independiente de la trayectoria seguida por la partícula A al moverse de A_1 a A_2* (figura 13. 11*a*). Entonces, podemos escribir

$$U_{1 \to 2} = V(x_1, y_1, z_1) - V(x_2, y_2, z_2) \qquad (13.19)$$

o, en forma breve,

$$U_{1 \to 2} = V_1 - V_2 \qquad (13.19')$$

A la función $V(x, y, z)$ se le llama energía potencial, o *función potencial,* de **F**.

Adviértase que si A_2 se hace coincidir con A_1, esto es, si la partícula describe una trayectoria cerrada (figura 13.11*b*), tenemos $V_1 = V_2$ y el trabajo es cero. Es así que, para cualquier fuerza conservativa **F**, podemos escribir

$$\oint \mathbf{F} \cdot d\mathbf{r} = 0 \qquad (13.20)$$

donde el círculo que está en el signo de la integral indica que la trayectoria es cerrada.

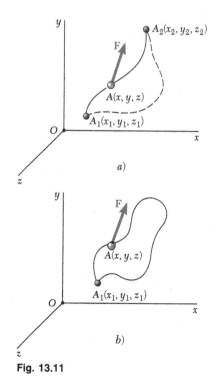

Fig. 13.11

Apliquemos ahora (13.19) entre dos puntos vecinos $A(x, y, z)$ y $A'(x + dx, y + dy, z + dz)$. El trabajo elemental dU correspondiente al desplazamiento $d\mathbf{r}$ desde A hasta A' es

$$dU = V(x, y, z) - V(x + dx, y + dy, z + dz)$$

o

$$dU = -dV(x, y, z) \tag{13.21}$$

Así pues, el trabajo elemental de una fuerza conservativa es una *diferencial exacta*.

Sustituyendo dU en (13.21) por la expresión obtenida en (13.1″) y recordando la definición de la diferencial de una función de varias variables, escribimos

$$F_x\, dx + F_y\, dy + F_z\, dz = -\left(\frac{\partial V}{\partial x}\, dx + \frac{\partial V}{\partial y}\, dy + \frac{\partial V}{\partial z}\, dz \right)$$

de donde se deduce que

$$F_x = -\frac{\partial V}{\partial x} \qquad F_y = -\frac{\partial V}{\partial y} \qquad F_z = -\frac{\partial V}{\partial z} \tag{13.22}$$

Está claro que las componentes de $\mathbf{F}$ deben ser funciones de las coordenadas x, y y z. Entonces, una condición *necesaria* para una fuerza conservativa es que dependa sólo de la posición de su punto de aplicación. Las relaciones (13.22) pueden expresarse más concisamente si escribimos

$$\mathbf{F} = F_x\mathbf{i} + F_y\mathbf{j} + F_z\mathbf{k} = -\left(\frac{\partial V}{\partial x}\mathbf{i} + \frac{\partial V}{\partial y}\mathbf{j} + \frac{\partial V}{\partial z}\mathbf{k} \right)$$

El vector que está entre paréntesis se conoce como *gradiente de la función escalar V*, y se representa con **grad** V. Así pues, para cualquier fuerza conservativa, escribimos

$$\mathbf{F} = -\mathbf{grad}\, V \tag{13.23}$$

Hemos visto que las relaciones (13.19) a (13.23) se satisfacen con cualquier fuerza conservativa. También puede demostrarse que si una fuerza $\mathbf{F}$ satisface una de estas relaciones, $\mathbf{F}$ debe ser una fuerza conservativa.

13.8. CONSERVACIÓN DE LA ENERGÍA

En las dos secciones anteriores vimos que el trabajo de una fuerza conservativa puede ser expresado como un cambio de energía potencial, tal como sucede con el peso de una partícula o la fuerza ejercida por un resorte. Cuando una partícula se mueve bajo la acción de fuerzas conservativas, el principio del trabajo y la energía establecido en la sección 13.3 puede expresarse en una forma modificada. Sustituyendo $U_{1 \to 2}$ de (13.19′) en (13.10), escribimos

$$V_1 - V_2 = T_2 - T_1$$

$$T_1 + V_1 = T_2 + V_2 \tag{13.24}$$

La fórmula (13.24) indica que cuando una partícula se mueve bajo la acción de fuerzas conservativas, *la suma de la energía cinética y de la energía potencial de la partícula permanece constante*. A la suma $T + V$ se le llama *energía mecánica total* de la partícula y se representa con E.

Consideremos, por ejemplo, el péndulo analizado en la sección 13.4, que se suelta desde el reposo en A_1 y se le permite oscilar en un plano vertical (figura 13.12). Midiendo la energía potencial desde el nivel de A_2 tenemos, en A_1,

$$T_1 = 0 \qquad V_1 = Wl \qquad T_1 + V_1 = Wl$$

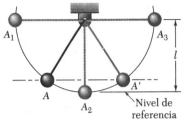

Fig. 13.12

Recordando que en A_2 la rapidez del péndulo es $v_2 = \sqrt{2gl}$, tenemos

$$T_2 = \tfrac{1}{2}mv_2^2 = \frac{1}{2}\frac{W}{g}(2gl) = Wl \qquad V_2 = 0$$
$$T_2 + V_2 = Wl$$

Comprobamos así que la energía mecánica total $E = T + V$ del péndulo es la misma en A_1 y en A_2. Mientras que la energía es completamente potencial en A_1, se transforma en energía completamente cinética en A_2, y conforme el péndulo permanece oscilando a la derecha, la energía cinética se vuelve a transformar en energía potencial. En A_3 tendremos $T_3 = 0$ y $V_3 = Wl$.

Como la energía mecánica total del péndulo permanece constante y su energía potencial depende sólo de su elevación, la energía cinética del péndulo tendrá el mismo valor en dos puntos cualesquiera localizados al mismo nivel. Entonces, la rapidez del péndulo es la misma en A y en A' (figura 13.12). Este resultado puede extenderse al caso de una partícula que se mueve sobre una trayectoria dada, sin que dependa de la forma de la trayectoria, siempre que las únicas fuerzas que actúen sobre la partícula sean su peso y la reacción normal a la trayectoria. Por ejemplo, la partícula de la figura 13.13 que se desliza en un plano vertical a lo largo de una pista sin fricción, tendrá la misma rapidez en A, A' y A''.

Aunque el peso de una partícula y la fuerza ejercida por un resorte son fuerzas conservativas, *las fuerzas de fricción son fuerzas no conservativas*. En otras palabras, *el trabajo realizado por una fuerza de fricción no puede expresarse como un cambio en energía potencial*. El trabajo de una fuerza de fricción depende de la trayectoria seguida por su punto de aplicación; y mientras el trabajo $U_{1\rightarrow 2}$ definido por (13.19) es positivo o negativo, de acuerdo con el sentido del movimiento, *el trabajo realizado por una fuerza de fricción*, como se vio en la sección 13.4, *siempre es negativo*. Se infiere que cuando un sistema mecánico presenta fricción, su energía mecánica total no permanece constante sino que disminuye. Sin embargo, la energía del sistema no se pierde: sólo se transforma en calor, y la suma de la *energía mecánica* y la *energía térmica* del sistema permanecen constantes.

También pueden aparecer otras formas de energía en un sistema. Por ejemplo, un generador convierte energía mecánica en *energía eléctrica*; un motor de gasolina convierte *energía química* en energía mecánica; un reactor nuclear convierte *masa* en energía térmica. Si se consideran todas las formas de energía, la energía de cualquier sistema puede considerarse como una constante, y el principio de la conservación de la energía sigue siendo válido bajo cualquier condición.

Punto de partida

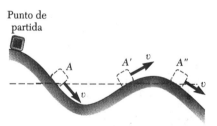

Fig. 13.13

13.9. MOVIMIENTO BAJO LA ACCIÓN DE UNA FUERZA CENTRAL CONSERVATIVA. APLICACIÓN A LA MECÁNICA CELESTE

En la sección 12.9 vimos que cuando una partícula P se mueve bajo una fuerza central $\mathbf{F}$, la cantidad de movimiento angular $\mathbf{H}_O$ de la partícula respecto del centro de fuerza O es constante. Si la fuerza $\mathbf{F}$ es también conservativa, existe ahí una energía potencial V asociada con $\mathbf{F}$ y la energía total $E = T + V$ de la partícula es constante (sección 13.8). Entonces, cuando una partícula se mueve bajo una fuerza central conservativa, para estudiar su movimiento pueden usarse tanto el principio de la conservación de la cantidad de movimiento angular como el principio de la conservación de la energía.

Considérese, por ejemplo, un vehículo espacial de masa m que se mueve bajo la fuerza gravitacional de la Tierra. Supondremos que comienza su vuelo libre en el punto P_0 a una distancia r_0 del centro de la Tierra, con velocidad $\mathbf{v}_0$ que forma un ángulo ϕ_0 con el vector radio OP_0 (figura 13.14). Supóngase que P es el punto de la trayectoria descrita por el vehículo; representamos con r la distancia desde O hasta P, con $\mathbf{v}$ la velocidad del vehículo en P, y con ϕ el ángulo formado por $\mathbf{v}$ y el vector radio OP. Aplicando el principio de la conservación de la cantidad de movimiento angular alrededor de O entre P_0 y P (sección 12.9), escribimos

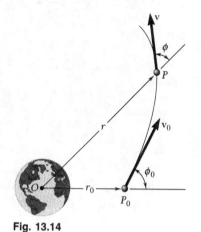

Fig. 13.14

$$r_0 m v_0 \operatorname{sen} \phi_0 = r m v \operatorname{sen} \phi \tag{13.25}$$

Recordando la expresión (13.17) obtenida para la energía potencial debida a una fuerza gravitacional, aplicamos el principio de la conservación de la energía entre P_0 y P, y escribimos

$$T_0 + V_0 = T + V$$

$$\tfrac{1}{2}mv_0^2 - \frac{GMm}{r_0} = \tfrac{1}{2}mv^2 - \frac{GMm}{r} \tag{13.26}$$

donde M es la masa de la Tierra.

De la ecuación (13.26) puede determinarse la magnitud v de la velocidad del vehículo en P cuando la distancia r de O a P se conoce; entonces la ecuación (13.25) puede usarse para determinar el ángulo ϕ que forma la velocidad con el vector radio OP.

Las ecuaciones (13.25) y (13.26) también pueden usarse para determinar los valores máximo y mínimo de r, en el caso de un satélite lanzado desde P_0 en una dirección que forma un ángulo ϕ_0 con la vertical OP_0 (figura 13.15). Los valores deseados de r se obtienen haciendo $\phi = 90°$ en (13.25) y eliminando v entre las ecuaciones (13.25) y (13.26).

Debe hacerse notar que la aplicación de los principios de la conservación de la energía y de la conservación de la cantidad de movimiento angular, conduce a una formulación más profunda de los problemas de la mecánica celeste que la que se logra con el método indicado en la sección 12.12. También su aplicación en todos los casos que incluyen lanzamientos oblicuos producirá cálculos mucho más simples y, aun cuando el método de la sección 12.12 debe usarse en la determinación de la trayectoria real o en la del periodo orbital de un vehículo espacial, los cálculos se simplificarán si se usan primeramente los principios de conservación para determinar los valores máximo y mínimo del vector radio r.

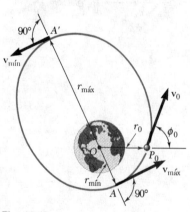

Fig. 13.15

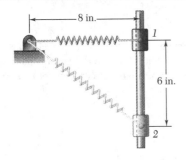

PROBLEMA RESUELTO 13.6

Un collarín de 20 lb se desliza sin fricción sobre una varilla vertical, como se muestra. El resorte fijo al collarín tiene una longitud no deformada de 4 in., y una constante de 3 lb/in. Si el collarín se suelta desde el reposo en la posición *1*, determínese su velocidad después de que se ha movido 6 in. hasta la posición 2.

SOLUCIÓN

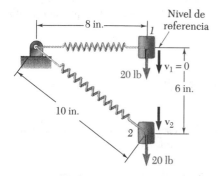

Posición 1. *Energía potencial.* La elongación del resorte es

$$x_1 = 8 \text{ in.} - 4 \text{ in.} = 4 \text{ in.}$$

y tenemos

$$V_e = \tfrac{1}{2}kx_1^2 = \tfrac{1}{2}(3 \text{ lb/in.})(4 \text{ in.})^2 = 24 \text{ in} \cdot \text{lb}$$

Eligiendo el nivel de referencia como se muestra, tenemos $V_g = 0$. Por consiguiente,

$$V_1 = V_e + V_g = 24 \text{ in} \cdot \text{lb} = 2 \text{ ft} \cdot \text{lb}$$

Energía cinética. Como la velocidad en la posición *1* es cero, $T_1 = 0$.

Posición 2. *Energía potencial.* La elongación del resorte es

$$x_2 = 10 \text{ in.} - 4 \text{ in.} = 6 \text{ in.}$$

y tenemos

$$V_e = \tfrac{1}{2}kx_2^2 = \tfrac{1}{2}(3 \text{ lb/in.})(6 \text{ in.})^2 = 54 \text{ in} \cdot \text{lb}$$
$$V_g = Wy = (20 \text{ lb})(-6 \text{ in.}) = -120 \text{ in} \cdot \text{lb}$$

Por consiguiente,

$$V_2 = V_e + V_g = 54 - 120 = -66 \text{ in} \cdot \text{lb}$$
$$= -5.5 \text{ ft} \cdot \text{lb}$$

Energía cinética

$$T_2 = \tfrac{1}{2}mv_2^2 = \frac{1}{2} \frac{20}{32.2} v_2^2 = 0.311 v_2^2$$

Conservación de la energía. Aplicando el principio de la conservación de la energía entre las posiciones *1* y *2*, escribimos

$$T_1 + V_1 = T_2 + V_2$$
$$0 + 2 \text{ ft} \cdot \text{lb} = 0.311 v_2^2 - 5.5 \text{ ft} \cdot \text{lb}$$
$$v_2 = \pm 4.91 \text{ ft/s}$$

$$\mathbf{v}_2 = 4.91 \text{ ft/s} \downarrow \quad \blacktriangleleft$$

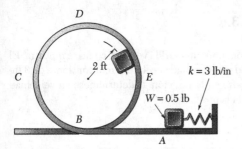

PROBLEMA RESUELTO 13.7

Un objeto de 0.5 lb se empuja contra el resorte en A, y se suelta desde el reposo. Despreciando la fricción, determínese la deformación mínima del resorte para la cual el objeto viajará alrededor del aro $ABCDE$ y permanecerá en contacto con él todo el tiempo.

SOLUCIÓN

Rapidez necesaria en el punto D. Cuando el objeto pasa por el punto más alto D, su energía potencial con respecto a la gravedad es máxima; entonces, en el mismo punto, su energía cinética y su rapidez son mínimas. Como el objeto debe permanecer en contacto con el aro, la fuerza N ejercida sobre el objeto debe ser igual o mayor que cero. Haciendo $N = 0$, calculamos la rapidez más pequeña posible v_D.

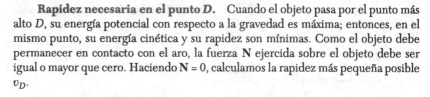

$$+\downarrow\Sigma F_n = ma_n: \qquad W = ma_n \qquad mg = ma_n \qquad a_n = g$$

$$a_n = \frac{v_D^2}{r}: \qquad v_D^2 = ra_n = rg = (2\text{ ft})(32.2\text{ ft/s}^2) = 64.4\text{ ft}^2/\text{s}^2$$

Posición 1. *Energía potencial.* Representando con x la deformación del resorte, y puesto que $k = 3$ lb/in. $= 36$ lb/ft, escribimos

$$V_e = \tfrac{1}{2}kx^2 = \tfrac{1}{2}(36\text{ lb/ft})x^2 = 18x^2$$

Escogiendo el nivel de referencia en A, tenemos $V_g = 0$; por consiguiente,

$$V_1 = V_e + V_g = 18x^2$$

Energía cinética. Como el objeto se suelta desde el reposo, $v_A = 0$, y tenemos que $T_1 = 0$.

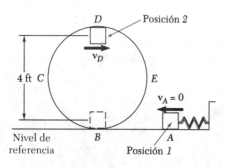

Posición 2. *Energía potencial.* Ahora el resorte está sin deformar, así que $V_e = 0$. Como el objeto está 4 ft arriba de la referencia, tenemos

$$V_g = Wy = (0.5\text{ lb})(4\text{ ft}) = 2\text{ ft}\cdot\text{lb}$$
$$V_2 = V_e + V_g = 2\text{ ft}\cdot\text{lb}$$

Energía cinética. Usando el valor de v_D^2 obtenido arriba, escribimos

$$T_2 = \tfrac{1}{2}mv_D^2 = \frac{1}{2}\frac{0.5\text{ lb}}{32.2\text{ ft/s}^2}(64.4\text{ ft}^2/\text{s}^2) = 0.5\text{ ft}\cdot\text{lb}$$

Conservación de la energía. Aplicando el principio de la conservación de la energía entre las posiciones *1* y *2*, escribimos

$$T_1 + V_1 = T_2 + V_2$$
$$0 + 18x^2 = 0.5\text{ ft}\cdot\text{lb} + 2\text{ ft}\cdot\text{lb}$$
$$x = 0.3727\text{ ft}$$

$$x = 4.47\text{ in.} \qquad \blacktriangleleft$$

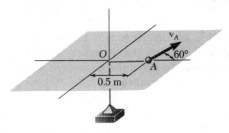

PROBLEMA RESUELTO 13.8

Una esfera de masa $m = 0.6$ kg está sujeta a un cordón elástico de constante $k = 100$ N/m, el cual está inextendido cuando la esfera se localiza en el origen O. Sabiendo que la esfera puede deslizarse sin fricción sobre la superficie horizontal y que en la posición mostrada su velocidad $\mathbf{v}_A$ tiene una magnitud de 20 m/s, determínese a) las distancias máxima y mínima desde la esfera al origen O, b) los valores correspondientes de su rapidez.

SOLUCIÓN

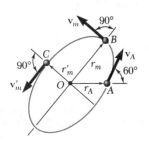

La fuerza ejercida por el cordón sobre la esfera pasa a través del punto fijo O, y su trabajo puede expresarse como un cambio en la energía potencial. Es, por lo tanto, una fuerza central conservativa, y tanto la energía total de la esfera como su cantidad de movimiento angular alrededor de O se conservan.

Conservación de la cantidad de movimiento angular alrededor de O. En el punto B, donde la distancia desde O es máxima, la velocidad de la esfera es perpendicular a OB, y la cantidad de movimiento angular es $r_m m v_m$. Una propiedad semejante se cumple en el punto C, donde la distancia desde O es mínima. Expresando la conservación de la cantidad de movimiento angular entre A y B, escribimos

$$r_A m v_A \operatorname{sen} 60° = r_m m v_m$$
$$(0.5 \text{ m})(0.6 \text{ kg})(20 \text{ m/s}) \operatorname{sen} 60° = r_m (0.6 \text{ kg}) v_m$$
$$v_m = \frac{8.66}{r_m} \tag{1}$$

Conservación de la energía

En el punto A: $T_A = \tfrac{1}{2} m v_A^2 = \tfrac{1}{2}(0.6 \text{ kg})(20 \text{ m/s})^2 = 120$ J
               $V_A = \tfrac{1}{2} k r_A^2 = \tfrac{1}{2}(100 \text{ N/m})(0.5 \text{ m})^2 = 12.5$ J
En el punto B: $T_B = \tfrac{1}{2} m v_m^2 = \tfrac{1}{2}(0.6 \text{ kg}) v_m^2 = 0.3 v_m^2$
               $V_B = \tfrac{1}{2} k r_m^2 = \tfrac{1}{2}(100 \text{ N/m}) r_m^2 = 50 r_m^2$

Aplicando el principio de la conservación de la energía entre los puntos A y B, escribimos

$$T_A + V_A = T_B + V_B$$
$$120 + 12.5 = 0.3 v_m^2 + 50 r_m^2 \tag{2}$$

a. **Valores máximo y mínimo de la distancia.** Sustituyendo el valor de v_m de la ecuación (1) en la ecuación (2), y despejando r_m^2, obtenemos

$$r_m^2 = 2.468 \text{ o } 0.1824 \qquad r_m = 1.571 \text{ m}, \ r_m' = 0.427 \text{ m} \quad \blacktriangleleft$$

b. **Valores correspondientes de la rapidez.** Sustituyendo los valores obtenidos para r_m y r_m' en la ecuación (1), tenemos

$$v_m = \frac{8.66}{1.571} \qquad\qquad v_m = 5.51 \text{ m/s} \quad \blacktriangleleft$$

$$v_m' = \frac{8.66}{0.427} \qquad\qquad v_m' = 20.3 \text{ m/s} \quad \blacktriangleleft$$

Nota. Puede demostrarse que la trayectoria de la esfera es una elipse de *centro O*.

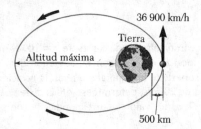

PROBLEMA RESUELTO 13.9

Se lanza un satélite en una dirección paralela a la superficie de la Tierra, con una velocidad de 36 900 km/h, desde una altitud de 500 km. Determínese *a*) la máxima altitud alcanzada por el satélite, *b*) el error máximo permisible en la dirección de lanzamiento para que el satélite entre en órbita y no se acerque más de 200 km a la superficie de la Tierra.

SOLUCIÓN

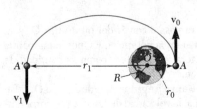

a. **Altitud máxima.**   Representamos con A' el punto de la órbita más alejado desde la Tierra, y por r_1 la distancia correspondiente desde el centro de la Tierra. Como el satélite está en vuelo libre entre A y A', aplicamos el principio de la conservación de la energía:

$$T_A + V_A = T_{A'} + V_{A'}$$

$$\tfrac{1}{2}mv_0^2 - \frac{GMm}{r_0} = \tfrac{1}{2}mv_1^2 - \frac{GMm}{r_1} \tag{1}$$

Ya que la única fuerza que actúa sobre el satélite es la fuerza de la gravedad, que es una fuerza central, se conserva la cantidad de movimiento angular del satélite alrededor de O. Considerando los puntos A y A', escribimos

$$r_0 m v_0 = r_1 m v_1 \qquad v_1 = v_0 \frac{r_0}{r_1} \tag{2}$$

Sustituyendo esta expresión por v_1 en la ecuación (1) y dividiendo cada término entre la masa m, después de arreglar los términos obtenemos

$$\tfrac{1}{2}v_0^2\left(1 - \frac{r_0^2}{r_1^2}\right) = \frac{GM}{r_0}\left(1 - \frac{r_0}{r_1}\right) \qquad 1 + \frac{r_0}{r_1} = \frac{2GM}{r_0 v_0^2} \tag{3}$$

Recordando que el radio de la Tierra es $R = 6370$ km, calculamos

$$r_0 = 6370 \text{ km} + 500 \text{ km} = 6870 \text{ km} = 6.87 \times 10^6 \text{ m}$$
$$v_0 = 36\,900 \text{ km/h} = (36.9 \times 10^6 \text{ m})/(3.6 \times 10^3 \text{ s}) = 10.25 \times 10^3 \text{ m/s}$$
$$GM = gR^2 = (9.81 \text{ m/s}^2)(6.37 \times 10^6 \text{ m})^2 = 398 \times 10^{12} \text{ m}^3/\text{s}^2$$

Sustituyendo estos valores en (3), obtenemos $r_1 = 66.8 \times 10^6$ m.

Altitud máxima $= 66.8 \times 10^6$ m $- 6.37 \times 10^6$ m $= 60.4 \times 10^6$ m $=$

$$60\,400 \text{ km} \blacktriangleleft$$

b. **Error permisible en la dirección de lanzamiento.**   El satélite es lanzado desde P_0 en una dirección que forma un ángulo ϕ_0 con la vertical OP_0. El valor de ϕ_0 correspondiente a $r_{\text{mín}} = 6370$ km $+ 200$ km $= 6570$ km se obtiene aplicando los principios de la conservación de la energía y de la conservación de la cantidad de movimiento angular entre P_0 y A:

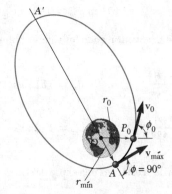

$$\tfrac{1}{2}mv_0^2 - \frac{GMm}{r_0} = \tfrac{1}{2}mv_{\text{máx}}^2 - \frac{GMm}{r_{\text{mín}}} \tag{4}$$

$$r_0 m v_0 \text{ sen } \phi_0 = r_{\text{mín}} m v_{\text{máx}} \tag{5}$$

Despejando (5) en $v_{\text{máx}}$ y sustituyendo $V_{\text{máx}}$ en (4), se puede despejar sen ϕ_0 en (4). Usando los valores de v_0 y GM calculados en la parte *a*, y notando que $r_0/r_{\text{mín}} = 6870/6570 = 1.0457$, encontramos

sen $\phi_0 = 0.9801$ $\phi_0 = 90° \pm 11.5°$ Error permisible $= \pm 11.5°$ $\blacktriangleleft$

En esta lección usted aprendió que cuando el trabajo realizado por una fuerza **F** que actúa sobre una partícula A *es independiente de la trayectoria seguida por la partícula* cuando ésta se mueve de una posición dada A_1 a otra A_2 (figura 13.11a); entonces, se puede definir una función V, llamada *energía potencial*, para la fuerza **F**. A esas fuerzas se les llama *fuerzas conservativas*, y se puede escribir

$$U_{1\rightarrow 2} = V(x_1, y_1, z_1) - V(x_2, y_2, z_2) \qquad (13.19)$$

o, brevemente,

$$U_{1\rightarrow 2} = V_1 - V_2 \qquad (13.19')$$

Note que el trabajo es negativo cuando el cambio en la energía potencial es positivo; es decir, cuando $V_2 > V_1$.

Sustituyendo la expresión de arriba en la ecuación para el trabajo y la energía, se puede escribir

$$T_1 + V_1 = T_2 + V_2 \qquad (13.24)$$

la cual muestra que, cuando una partícula se mueve bajo la acción de una fuerza conservativa, *la suma de las energías cinética y potencial de la partícula permanece constante*.

La resolución de problemas usando la expresión de arriba consistirá de los siguientes pasos.

1. Determine si todas las fuerzas involucradas son conservativas. Si algunas de las fuerzas no son conservativas (por ejemplo, si se involucra la fricción), se debe usar el método del trabajo y la energía de la lección anterior, debido a que el trabajo realizado por tales fuerzas depende de la trayectoria seguida por la partícula, y no existe una función potencial. Si no hay fricción y si todas las fuerzas son conservativas, se puede proceder como sigue.

2. Determine la energía cinética $T = \frac{1}{2}mv^2$ en cada extremo de la trayectoria.

(continúa)

3. *Calcule la energía potencial de todas las fuerzas involucradas en cada extremo de la trayectoria.* Se recordará que las siguientes expresiones para la energía potencial se derivaron en esta lección.

a. *La energía potencial de un peso W* cercano a la superficie de la Tierra y a una altura y sobre el nivel de referencia dado,

$$V_g = Wy \qquad (13.16)$$

b. *La energía potencial de una masa m localizada a una distancia r desde el centro de la Tierra,* suficientemente lejana para que la variación de la fuerza de gravedad deba tomarse en cuenta,

$$V_g = -\frac{GMm}{r} \qquad (13.17)$$

donde la distancia r se mide desde el centro de la Tierra y V_g es igual a cero en $r = \infty$.

c. *La energía potencial de un cuerpo con respecto a una fuerza elástica F = kx,*

$$V_e = \tfrac{1}{2}kx^2 \qquad (13.18)$$

donde la distancia x es la deformación del resorte elástico, medida desde su posición *no deformada* y k es la constante del resorte. Note que V_e *depende sólo de la deformación* x y no de la trayectoria del cuerpo sujeto al resorte. Además, V_e siempre es positivo, ya sea que el resorte se comprima o se alargue.

4. *Sustituya las expresiones para las energías cinética y potencial* en la ecuación (13.24). Esta ecuación se podrá resolver para una incógnita (por ejemplo, para una velocidad) (problema resuelto 13.6). Si hay más de una incógnita, se tendrá que buscar otra condición o ecuación, tales como la rapidez mínima (problema resuelto 13.7) o la energía potencial mínima de la partícula. Para problemas que involucran una fuerza central, se puede obtener una segunda ecuación usando la conservación de la cantidad de movimiento angular (problema resuelto 13.8). Esto es especialmente útil en las aplicaciones de la mecánica celeste (sección 13.9).

Problemas

13.55 Una fuerza **P** se aplica lentamente a una placa que está unida a dos resortes, y provoca una deformación x_0. En cada uno de los dos casos mostrados, obtenga una expresión para la constante k_e, en función de k_1 y k_2, del resorte equivalente al sistema mostrado; esto es, del resorte que tendrá la misma deformación x_0 cuando está sujeto a la misma fuerza **P**.

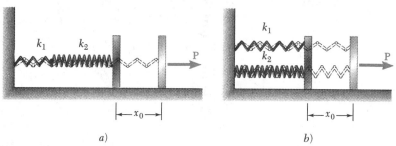

a)   *b)*

Fig. P13.55

13.56 Un bloque de masa m se sujeta a dos resortes, como se muestra. Sabiendo que en cada caso el bloque es jalado una distancia x_0 desde su posición de equilibrio, y después se suelta, determine la máxima velocidad del bloque en el movimiento subsecuente.

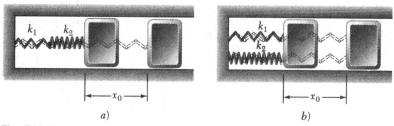

a)   *b)*

Fig. *P13.56*

13.57 Un bloque de 16 kg puede deslizarse sin fricción en una ranura, y está conectado a dos resortes de constantes $k_1 = 12$ kN/m y $k_2 = 8$ kN/m. Inicialmente, los resortes están inextendidos, cuando el bloque se jala 300 mm a la derecha y se suelta. Determine *a)* la máxima velocidad del bloque, *b)* la velocidad del bloque cuando está a 120 mm de su posición inicial.

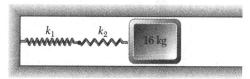

Fig. P13.57

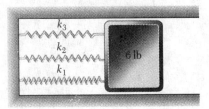

Fig. P13.58

13.58 Un bloque de 6 lb puede deslizarse sin fricción en una ranura, y está unido, como se muestra, a tres resortes de igual longitud y de constantes $k_1 = 5$ lb/in., $k_2 = 10$ lb/in. y $k_3 = 20$ lb/in. Inicialmente los resortes están inextendidos, cuando el bloque se empuja a la izquierda 1.8 in. y se suelta. Determine a) la máxima velocidad del bloque, b) la velocidad del bloque cuando está a 0.7 in. de su posición inicial.

13.59 Un collarín B de 10 lb puede deslizarse sin fricción a lo largo de una varilla horizontal, y está en equilibrio en A cuando se empuja 5 in. a la derecha y se suelta. La longitud no deformada de cada resorte es 12 in. y la constante de cada resorte es $k = 1.6$ lb/in. Determine a) la máxima velocidad del collarín, b) la máxima aceleración del collarín

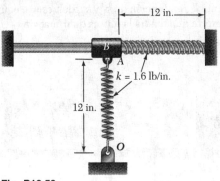

Fig. P13.59

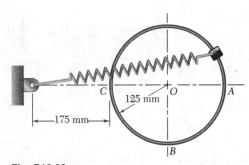

Fig. P13.60

13.60 Un collarín de 1.5 kg está unido a un resorte, y se desliza sin fricción a lo largo de una varilla circular en un plano *horizontal*. El resorte tiene una longitud no deformada de 150 mm y una constante $k = 400$ N/m. Sabiendo que el collarín está en equilibrio en A y se le proporciona un ligero empujón para moverlo, determine la velocidad del collar a) cuando pasa por el punto B, b) cuando pasa por C.

13.61 Un collarín de 500 g puede deslizarse sin fricción sobre una varilla curva BC en un plano *horizontal*. Sabiendo que la longitud no deformada del resorte es 80 mm y que $k = 400$ kN/m, determine a) la velocidad que se le debe dar al collarín en A para llegar a B con velocidad cero, b) la velocidad del collarín cuando finalmente alcanza C.

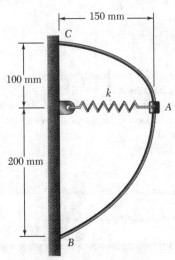

Fig. *P13.61*

13.62 Un collarín de 3 kg puede deslizarse sin fricción sobre una varilla vertical, y descansa en equilibrio sobre un resorte. El collarín se empuja hacia abajo, comprime 150 mm el resorte y se suelta. Sabiendo que la constante del resorte es $k = 2.6$ kN/m, determine *a*) la máxima altura *h* alcanzada por el collarín sobre su posición de equilibrio, *b*) la máxima velocidad del collarín.

13.63 Resuelva el problema 13.62, asumiendo que el collarín está unido al resorte.

13.64 Un collarín de 3 kg puede deslizarse sin fricción sobre una varilla vertical, y se mantiene de manera que apenas toca a un resorte no deformado. Determine la máxima deformación del resorte *a*) si el collarín se suelta poco a poco hasta que alcanza una posición de equilibrio, *b*) si el collarín se suelta repentinamente.

Fig. P13.62 y P13.64

13.65 En mecánica de materiales se muestra que cuando una viga elástica *AB* soporta un bloque de peso *W* en un punto dado *B*, la deformación y_{st} (llamada deflexión estática) es proporcional a *W*. Muestre que si el mismo bloque se suelta desde una altura *h* sobre el extremo *B* de una viga en voladizo *AB*, sin que rebote y caiga, la deformación máxima y_m del movimiento resultante se puede expresar como $y_m = y_{st}(1 + \sqrt{1 + 2h/y_{st}})$. Note que esta fórmula es aproximada, debido a que se basa en la suposición de que no se disipa energía en el impacto, y que el peso de la viga es pequeño comparado con el peso del bloque.

Fig. P13.65

13.66 Una varilla circular delgada está sujeta en un *plano vertical* por una brida en *A*. Fijo a la brida y enrollado holgadamente alrededor de la varilla está un resorte de constante $k = 3$ lb/ft y de longitud no deformada igual al arco de circulo *AB*. Un collarín *C* de 8 oz, no unido al resorte, puede deslizarse sin fricción sobre la varilla. Sabiendo que el collarín se suelta desde el reposo cuando $\theta = 30°$, determine *a*) la máxima altura sobre el punto *B* alcanzada por el collarín, *b*) la máxima velocidad del collarín.

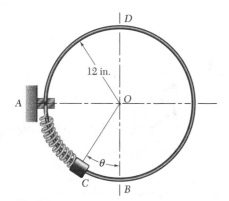

Fig. P13.66 y P13.67

13.67 Una varilla circular delgada está sujeta en un *plano vertical* por una brida en *A*. Fijo a la brida y enrollado holgadamente alrededor de la varilla está un resorte de constante $k = 3$ lb/ft y de longitud no deformada igual al arco de círculo *AB*. Un collarín *C* de 8 oz, no unido al resorte, puede deslizarse sin fricción sobre la varilla. Sabiendo que el collarín se suelta desde el reposo a un ángulo θ con la vertical, determine *a*) el valor más pequeño de θ para el cual el collarín pasará por el punto *D* y alcanzará el punto *A*, *b*) la velocidad con la que el collarín alcanza el punto *A*.

13.68 Un collarín de 2.7 lb puede deslizarse sobre una varilla, como se muestra. El collarín está unido por un cordón elástico fijo en el punto F, el cual tiene una longitud no deformada de 0.9 ft y una constante de resorte de 5 lb/ft. Sabiendo que el collarín se suelta desde el reposo en A, y despreciando la fricción, determine la rapidez del collarín a) en B, b) en E.

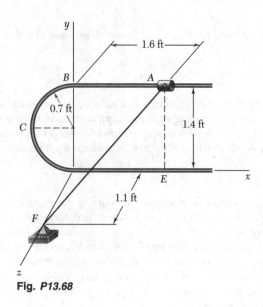

Fig. P13.68

13.69 El sistema mostrado está en equilibrio cuando $\phi = 0$. Sabiendo que inicialmente $\phi = 90°$ y que al bloque C se le da un golpe ligero cuando el sistema está en esa posición, determine la velocidad del bloque al pasar por la posición de equilibrio $\phi = 0$. Desprecie el peso de la varilla.

13.70 Un objeto de 300 g se suelta desde el reposo en A, y se desliza sin fricción sobre la superficie mostrada. Determine la fuerza ejercida sobre el objeto por la superficie a) justo antes de que el objeto alcance B, b) inmediatamente después de que ha pasado por B.

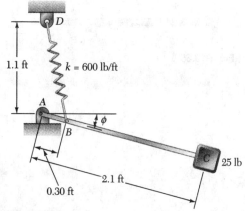

Fig. P13.69

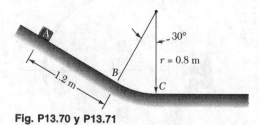

Fig. P13.70 y P13.71

13.71 Un objeto de 300 g se suelta desde el reposo en A, y se desliza sin fricción sobre la superficie mostrada. Determine la fuerza ejercida sobre el objeto por la superficie a) justo antes de que el objeto alcance C, b) inmediatamente después de que ha pasado por C.

13.72 Un collarín de 1.2 lb puede deslizarse sin fricción sobre la varilla semicircular BCD. La constante del resorte es 1.8 lb/in., y su longitud no deformada es 8 in. Sabiendo que el collarín se suelta desde el reposo en B, determine a) la rapidez del collarín cuando pasa por C, b) la fuerza ejercida por la varilla sobre el collarín en C.

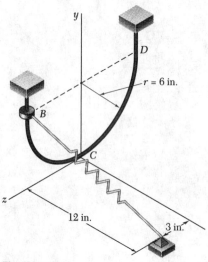

Fig. P13.72

13.73 Una varilla circular delgada está sujeta en un *plano vertical* por una brida en *A*. Fijo a la brida y enrollado holgadamente alrededor de la varilla está un resorte de constante $k = 3$ lb/ft y de longitud no deformada igual al arco de círculo *AB*. Un collarín de 8 oz, no unido al resorte, puede deslizarse sin fricción sobre la varilla. Sabiendo que el collarín se suelta desde el reposo cuando $\theta = 30°$, determine *a*) la velocidad del collarín cuando pasa por el punto *B*, *b*) la fuerza ejercida por la varilla sobre el collarín cuando éste pasa por *B*.

13.74 Un paquete de 200 g es lanzado hacia arriba con una velocidad $\mathbf{v}_0$ por un resorte en *A*; el paquete se mueve sin fricción en el conducto y es depositado en *C*. Para cada uno de los conductos mostrados, determine *a*) la velocidad más pequeña $\mathbf{v}_0$ para la cual el paquete alcanzará el punto *C*, *b*) la correspondiente fuerza ejercida por el paquete sobre el conducto justo antes de abandonar el conducto en *C*.

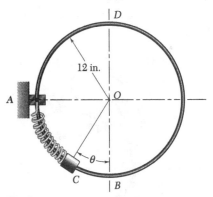

Fig. P13.73

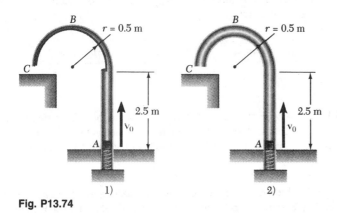

Fig. P13.74

13.75 Si el paquete del problema 13.74 no debe golpear la superficie horizontal en *C* con una velocidad mayor que 3.5 m/s, *a*) muestre que esta condición sólo puede darse en el segundo conducto, *b*) determine la velocidad inicial máxima permisible $\mathbf{v}_0$ cuando se usa el segundo conducto.

13.76 Sabiendo que los tres bloques mostrados tienen el mismo peso, y se sueltan desde el reposo cuando $\theta = 0$, determine *a*) el máximo valor alcanzado por el ángulo θ, *b*) el valor correspondiente de la tensión en la cuerda.

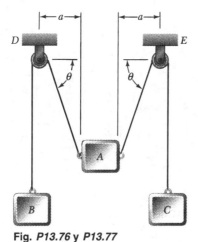

Fig. *P13.76* y *P13.77*

13.77 El bloque *A* pesa 2 lb, y los bloques *B* y *C* pesan 3 lb cada uno. Sabiendo que los tres bloques se sueltan desde el reposo cuando $\theta = 0$, determine *a*) el máximo valor alcanzado por el ángulo θ, *b*) el valor correspondiente de la tensión en la cuerda.

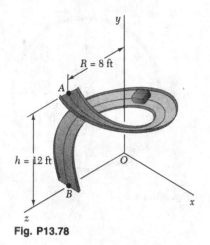

Fig. P13.78

*13.78 Se mueven paquetes desde el punto A (que está en el piso superior de un almacén) hasta el punto B (que está en el piso inferior), 12 ft directamente debajo de A, por medio de un conducto cuya línea central tiene forma de hélice de eje vertical y y radio $R = 8$ ft. La sección transversal del conducto será acanalada de tal manera que cada paquete, después de soltarse en A sin velocidad, se deslizará sobre la línea central sin tocar los bordes del conducto. Despreciando la fricción, a) exprese el ángulo ϕ formado por la normal a la superficie del conducto en un punto dado P sobre la línea central y la normal principal de dicha línea en ese punto, como función de la elevación y de P, b) determine la magnitud y la dirección de la fuerza ejercida por el conducto sobre un paquete de 20 lb cuando éste alcanza el punto B. *Sugerencia*. La normal principal a la hélice en cualquier punto P es horizontal, y está dirigida hacia el eje y, y el radio de curvatura es $\rho = R[1 + (h/2\pi R)^2]$.

*13.79 Demuestre que una fuerza $F(x, y, z)$ es conservativa si, y sólo si, se satisfacen las siguientes relaciones:

$$\frac{\partial F_x}{\partial y} = \frac{\partial F_y}{\partial x} \qquad \frac{\partial F_y}{\partial z} = \frac{\partial F_z}{\partial y} \qquad \frac{\partial F_z}{\partial x} = \frac{\partial F_x}{\partial z}$$

13.80 La fuerza $\mathbf{F} = (yz\mathbf{i} + zx\mathbf{j} + xy\mathbf{k})/xyz$ actúa sobre la partícula $P(x, y, z)$ que se mueve en el espacio. a) Usando la relación obtenida en el problema 13.79, muestre que esta fuerza es conservativa. b) Determine la función potencial asociada con $\mathbf{F}$.

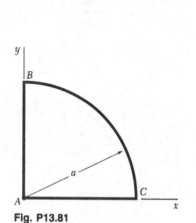

Fig. P13.81

*13.81 Una fuerza $\mathbf{F}$ actúa sobre una partícula $P(x, y)$ que se mueve en el plano xy. Determine si $\mathbf{F}$ es una fuerza conservativa, y calcule el trabajo de $\mathbf{F}$ cuando P describe en sentido horario la trayectoria A, B, C, A, incluyendo el cuarto de círculo $x^2 + y^2 = a^2$, si a) $\mathbf{F} = ky\mathbf{i}$, b) $\mathbf{F} = k(y\mathbf{i} + x\mathbf{j})$.

*13.82 Se sabe que la función potencial asociada con una fuerza $\mathbf{P}$ en el espacio es $V(x, y, z) = -(x^2 + y^2 + z^2)^{1/2}$. a) Determine las componentes x, y, z de $\mathbf{P}$. b) Calcule el trabajo realizado por $\mathbf{P}$ desde O hasta D integrando a lo largo de la trayectoria $OABD$, y muestre que es igual al negativo del cambio en el potencial desde O hasta D.

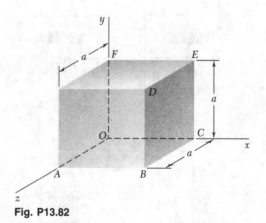

Fig. P13.82

*13.83 a) Calcule el trabajo realizado desde D hasta O por la fuerza $\mathbf{P}$ del problema 13.82 integrando a lo largo de la diagonal del cubo. b) Usando el resultado obtenido y la respuesta del inciso b) del problema 13.82, verifique que el trabajo realizado por una fuerza conservativa alrededor de la trayectoria cerrada $OABDO$ es cero.

*13.84   La fuerza $\mathbf{F} = (x\mathbf{i} + y\mathbf{j} + z\mathbf{k})/(x^2 + y^2 + z^2)^{3/2}$ actúa sobre la partícula $P(x, y, z)$ que se mueve en el espacio. a) Usando las relaciones obtenidas en el problema 13.79, demuestre que $\mathbf{F}$ es una fuerza conservativa. b) Determine la función potencial $V(x, y, z)$ asociada con $\mathbf{F}$.

13.85   Mientras describe una órbita circular a 300 km arriba de la Tierra, un vehículo espacial lanza un satélite de comunicaciones de 3600 kg. Determine a) la energía adicional requerida para colocar el satélite en una órbita geosincrónica a una altitud de 35 770 km sobre la superficie de la Tierra, b) la energía requerida para colocar el satélite en la misma órbita lanzándolo desde la superficie de la Tierra, excluyendo la energía necesaria para vencer la resistencia del aire. (Una *órbita geosincrónica* es una órbita circular en la cual el satélite parece estacionario con respecto a la Tierra.)

13.86   Se va a colocar un satélite en una órbita elíptica alrededor de la Tierra. Sabiendo que la relación v_A/v_P entre la velocidad en el apogeo A y la velocidad en el perigeo P es igual a la relación r_P/r_A entre la distancia al centro de la Tierra en P y la de A, y que la distancia entre A y P es 80 000 km, determine la energía por unidad de masa requerida para colocar el satélite en su órbita lanzándolo desde la superficie de la Tierra. Excluya la energía adicional necesaria para vencer el peso del cohete de empuje y la resistencia del aire y para las maniobras.

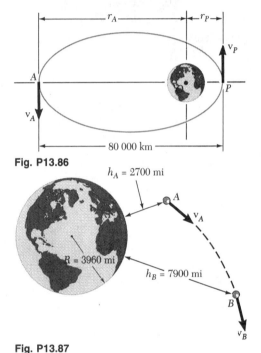

Fig. P13.86

13.87   Sabiendo que la velocidad de una sonda espacial experimental lanzada desde la Tierra tiene una magnitud $v_A = 20.2 \times 10^3$ mi/h en el punto A, determine la velocidad de la sonda cuando pasa por el punto B.

13.88   Un módulo de excursión lunar (LEM) se usó en las misiones Apolo de alunizaje para ahorrar combustible al hacer innecesario lanzar la nave Apolo completa desde la superficie de la Luna, en su viaje de regreso a la Tierra. Verifique la eficiencia de este enfoque calculando la energía por libra requerida por una nave espacial (con peso medido en la Tierra) para escapar del campo gravitacional de la Luna, si la nave espacial parte desde a) la superficie de la Luna, b) una órbita a 50 mi sobre la superficie de la Luna. Desprecie el efecto del campo gravitacional de la Tierra. (El radio de la Luna es 1081 mi, y su masa es 0.0123 veces la masa de la Tierra.)

Fig. P13.87

13.89   Un satélite de masa m describe una órbita circular de radio r alrededor de la Tierra. Exprese a) su energía potencial, b) su energía cinética, c) su energía total, como funciones de r. Represente el radio de la Tierra con R, y la aceleración de la gravedad en la superficie de la Tierra con g, y asuma que la energía potencial del satélite es cero en su plataforma de lanzamiento.

13.90   ¿Cuánta energía por kilogramo se le debe proporcionar a un satélite para colocarlo en una órbita circular a una altitud de a) 600 km, b) 6000 km?

13.91 a) Muestre que, haciendo $r = R + y$ en el miembro derecho de la ecuación (13.17′) y expandiendo ese miembro en una serie de potencias en y/R, la expresión en la ecuación (13.16) para la energía potencial V_g debida a la gravedad es una aproximación de primer orden a la expresión dada en la ecuación (13.17′). b) Usando la misma expansión, deduzca una aproximación de segundo orden para V_g.

13.92 Algunas observaciones muestran que un cuerpo celeste que viaja a 1.2×10^6 mi/h parece estar describiendo un círculo de 60 años-luz de radio alrededor del punto B. Se sospecha que el punto B es una concentración muy densa de masa llamada agujero negro. Determine la relación M_B/M_S entre la masa en B y la masa del Sol. (La masa del Sol es 330 000 veces la masa de la Tierra, y un año-luz es la distancia recorrida por la luz en un año a una velocidad de 186 300 mi/s.)

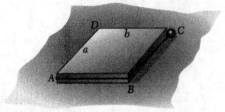

Fig. P13.93

13.93 Una placa rectangular está firmemente sujeta a un plano *horizontal* sin fricción. Un extremo de un cordón que pasa por dos lados de la placa está sujeto a ésta en A, y el otro extremo tiene sujeta una esfera de masa m, localizada en C. A la esfera se le proporciona una velocidad inicial $\mathbf{v}_0$ que causa que ésta realice un circuito completo de la placa y regrese al punto C. Determine la velocidad de la esfera cuando golpea el punto C si $\mathbf{v}_0$ es a) paralela a BC, b) perpendicular a BC.

13.94 Un collarín A de 2.4 kg está sujeto a un resorte de constante $k = 750$ N/m y longitud no deformada de 1.5 m. El resorte está fijo al punto O del marco $DCOB$. El sistema se pone en movimiento con $r = 2.25$ m, $v_\theta = 5$ m/s y $v_r = 0$. Despreciando la masa de la varilla y el efecto de la fricción, determine las componentes radial y transversal de la velocidad del collarín cuando $r = 1.25$ m.

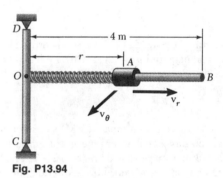

Fig. P13.94

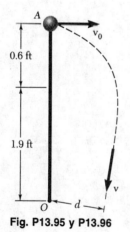

Fig. P13.95 y P13.96

13.95 Una pelota de 1.5 lb que puede deslizarse sobre una superficie *horizontal* sin fricción, está unida a un punto fijo O por medio de un cordón elástico con constante $k = 10$ lb/ft y 1.9 ft de longitud no deformada. La pelota está colocada en el punto A, a 2.5 ft desde O, y tiene una velocidad inicial $\mathbf{v}_0$ perpendicular a OA. Determine a) el valor permisible más pequeño de la rapidez inicial v_0 si el cordón debe permanecer tenso, b) la distancia d más cercana al punto O a la que llega la pelota cuando se le da la mitad de la rapidez hallada en el inciso a.

13.96 Una pelota de 1.5 lb que puede deslizarse sobre una superficie *horizontal* sin fricción, está unida a un punto fijo O por medio de un cordón elástico con constante $k = 10$ lb/ft y 1.9 ft de longitud no deformada. La pelota está colocada en el punto A, a 2.5 ft desde O, y tiene una velocidad inicial $\mathbf{v}_0$ perpendicular a OA, que permite que la pelota llegue a una distancia $d = 0.8$ ft del punto O después de que el cordón ha dejado de estar tenso. Determine a) la rapidez inicial v_0 de la pelota, b) su rapidez máxima.

13.97 Solucione el problema resuelto 13.8 asumiendo que el cordón elástico se reemplaza por una fuerza central $\mathbf{F}$ de magnitud $(80/r^2)$ N dirigida hacia O.

13.98 Un collarín A de 1.8 kg y un collarín B de 0.7 kg pueden deslizarse sin fricción sobre un marco que consiste de una varilla horizontal OE y una varilla vertical CD, y que puede girar libremente alrededor de CD. Los dos collarines están conectados por un cordón que corre sobre una polea fija al marco en O. En el instante mostrado, la velocidad $\mathbf{v}_A$ del collarín A tiene una magnitud de 2.1 m/s, y un obstáculo evita que el collarín B se mueva. Si el obstáculo se remueve repentinamente, determine a) la velocidad del collarín A cuando éste se encuentra a 0.2 m de O, b) la velocidad del collarín A cuando el collarín B queda en reposo. (Asuma que el collarín B no golpea en O, que el collarín A no sale de la varilla OE y que la masa del marco es despreciable.)

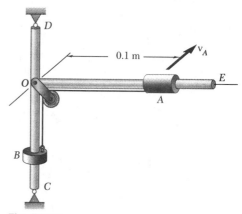

Fig. P13.98

13.99 Usando los principios de la conservación de la energía y de la cantidad de movimiento angular, resuelva el inciso a del problema resuelto 12.9.

13.100 Se espera que una nave espacial que viaja a lo largo de una trayectoria parabólica hacia el planeta Júpiter alcance el punto A con una velocidad $\mathbf{v}_A$ de magnitud 26.9 km/s. Sus motores se encenderán entonces para frenarla, colocándola en una órbita elíptica, la cual la llevará a 100×10^3 km de Júpiter. Determine la disminución en la rapidez Δv en el punto A, que colocará a la nave espacial en la órbita requerida. La masa de Júpiter es 319 veces la masa de la Tierra.

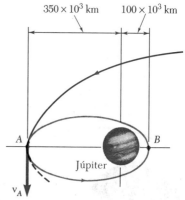

Fig. P13.100

13.101 Después de completar su misión de exploración en la Luna, los dos astronautas de la tripulación de un módulo de excursión lunar Apolo (LEM) se prepararán para reunirse con el modulo de comando que orbita la Luna a una altitud de 140 km. Encenderían los motores del LEM, llevándolo en una trayectoria curva hasta el punto A, 8 km por encima de la superficie de la Luna, y apagarían los motores. Sabiendo que en ese instante el LEM se movía en una dirección paralela a la superficie de la Luna y que después navegaría sobre una trayectoria elíptica hasta encontrarse en el punto B con el módulo de comando, determine a) la rapidez del LEM al apagar los motores, b) la velocidad relativa con la que el módulo de comando se aproxima al LEM en B. (El radio de la Luna es 1740 km, y su masa es 0.01230 veces la masa de la Tierra.)

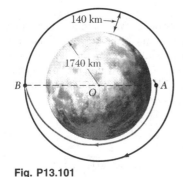

Fig. P13.101

13.102 La manera óptima de transferir un vehículo espacial desde una órbita circular interna a una órbita circular exterior coplanar, es encender los motores al pasar en el punto A para incrementar su rapidez y colocarlo en una órbita elíptica de transferencia. Otro incremento en la rapidez al pasar por B lo colocará en la órbita circular deseada. Para un vehículo que está en una órbita circular alrededor de la Tierra, a una altitud $h_1 = 200$ mi, que será transferido a una órbita circular de altitud $h_2 = 500$ mi, determine a) el incremento requerido en la rapidez en A y B, b) la energía total por unidad de masa requerida para realizar la transferencia.

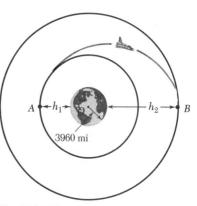

Fig. P13.102

13.103   Una nave espacial que se aproxima al planeta Saturno alcanza el punto A con una velocidad $\mathbf{v}_A$ de magnitud 68.8×10^3 ft/s. La nave será colocada en una órbita elíptica alrededor de Saturno, de manera que pueda examinar periódicamente a Tethys, una de las lunas de Saturno. Tethys está en una órbita circular de 183×10^3 mi de radio respecto del centro de Saturno, y viaja a una rapidez de 37.2×10^3 ft/s. Determine a) la disminución en la velocidad requerida por la nave en A para alcanzar la órbita deseada, b) la rapidez de la nave cuando alcanza la órbita de Tethys en B.

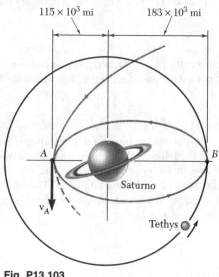

Fig. P13.103

13.104   Una nave espacial describe una órbita elíptica de altitud mínima $h_A = 2400$ km y altitud máxima $h_B = 9600$ km sobre la superficie de la Tierra. Determine la rapidez de la nave espacial en A.

13.105   Una nave espacial que describe una órbita elíptica alrededor de la Tierra tiene una rapidez máxima $v_A = 26.3 \times 10^3$ km/h en A, y una velocidad mínima $v_B = 18.5 \times 10^3$ km/h en B. Determine la altitud de la nave espacial en B.

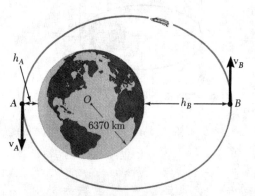

Fig. *P13.104* y *P13.105*

13.106   En el retorno del LEM al módulo de comando, la nave Apolo del problema 13.101 se giró, de manera que el LEM quedó frente a la parte trasera del módulo. Luego, el LEM fue lanzado a la deriva con una velocidad de 200 m/s relativa al módulo de comando. Determine la magnitud y la dirección (ángulo ϕ formado con la vertical OC) de la velocidad $\mathbf{v}_C$ del LEM justo antes de estrellarse en C sobre la superficie de la Luna.

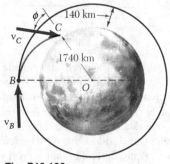

Fig. P13.106

13.107 Un satélite es lanzado al espacio con una velocidad $\mathbf{v}_0$ a una distancia $\mathbf{r}_0$ desde el centro de la Tierra, por la última etapa de su cohete de lanzamiento. La velocidad $\mathbf{v}_0$ se planeó para enviar al satélite a una órbita circular de radio r_0. Sin embargo, debido al mal funcionamiento del control, el cohete no se proyecta horizontalmente, sino con un ángulo α con la horizontal y, como resultado, es lanzado en una órbita elíptica. Determine los valores máximo y mínimo de la distancia desde el centro de la Tierra hasta el satélite.

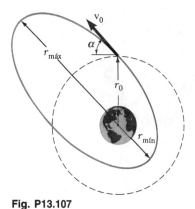

Fig. P13.107

13.108 Una plataforma espacial describe una órbita circular alrededor de la Tierra, a una altitud de 300 km. Cuando la plataforma pasa por A, un cohete que lleva un satélite de comunicaciones es lanzado desde la plataforma con una velocidad relativa de 3.44 km/s de magnitud, en dirección tangente a la órbita de la plataforma. Se trató de colocar el cohete en una órbita elíptica de transferencia que lo llevara a B, donde el cohete sería encendido de nuevo para colocar el satélite en una órbita geosincrónica de 42 140 km de radio. Después del lanzamiento, se descubrió que la velocidad relativa que se dio al cohete fue demasiado grande. Determine el ángulo γ con el que el cohete cruzará la órbita deseada en el punto C.

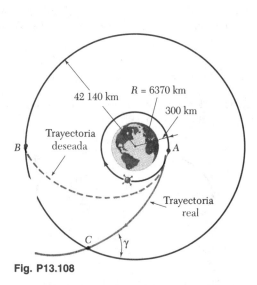

Fig. P13.108

13.109 Un vehículo espacial describe una órbita circular alrededor de la Tierra, a una altitud de 225 mi. Para regresar a la Tierra, disminuye su rapidez al pasar por A encendiendo su motor durante un corto intervalo de tiempo, en dirección opuesta a la del movimiento. Sabiendo que la velocidad del vehículo espacial debe formar un ángulo $\phi_B = 60°$ con la vertical cuando alcanza el punto B a una altitud de 40 mi, determine a) la rapidez requerida del vehículo cuando abandona su órbita circular en A, b) su rapidez en el punto B.

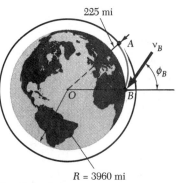

Fig. P13.109

*13.110 En el problema 13.109, la rapidez del vehículo espacial fue reducida al pasar por A encendiendo los motores en dirección opuesta al movimiento. Una estrategia alterna para sacar al vehículo espacial de su órbita circular sería girar la nave de manera que su motor apunte en dirección contraria a la Tierra, y proporcionar un incremento en la velocidad $\Delta \mathbf{v}_A$ hacia el centro O de la Tierra. Esto seguramente requeriría un menor consumo de energía al encender el motor en A, pero podría resultar en un descenso demasiado rápido en B. Asumiendo que se usa esta estrategia con sólo el 50% del consumo de energía usada en el problema 13.109, determine los valores resultantes de ϕ_B y v_B.

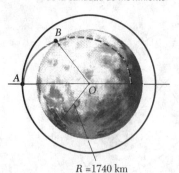

$R = 1740$ km

Fig. P13.111

13.111 Cuando el módulo de excursión lunar (LEM) se dejó a la deriva después de que los dos astronautas del Apolo regresaron al módulo de comando, el cual orbitaba la Tierra a una altitud de 140 km, su rapidez se redujo para permitir que se estrellara sobre la superficie de la Luna. Determine *a*) la mínima cantidad que la velocidad del LEM debería haberse reducido, para asegurar que se estrellaría sobre la superficie de la Luna, *b*) la cantidad que debería haberse reducido la rapidez para provocar que se estrellara sobre la superficie de la Luna con un ángulo de 45°. (*Sugerencia*. El punto *A* está en el apogeo de la trayectoria elíptica de impacto. Recuerde además que la masa de la Luna es 0.0123 veces la masa de la Tierra.)

*13.112 Una sonda espacial describe una órbita circular de radio nR, con una velocidad $\mathbf{v}_0$ alrededor de un planeta de radio R y centro O. Muestre que *a*) para lograr que la sonda abandone su órbita e impacte sobre el planeta con un ángulo θ con la vertical, su velocidad debe reducirse en αv_0, donde

$$\alpha = \operatorname{sen}\theta \sqrt{\frac{2(n-1)}{n^2 - \operatorname{sen}^2\theta}}$$

b) la sonda no golpeará el planeta si α es mayor que $\sqrt{2/(1+n)}$.

13.113 Muestre que los valores v_A y v_P de la rapidez de un satélite terrestre en el apogeo A y el perigeo P de una órbita elíptica se define por las relaciones

$$v_A^2 = \frac{2GM}{r_A + r_P}\frac{r_P}{r_A} \qquad v_P^2 = \frac{2GM}{r_A + r_P}\frac{r_A}{r_P}$$

donde M es la masa de la Tierra, y r_A y r_P representan, respectivamente, las distancias máxima y mínima de la órbita al centro de la Tierra.

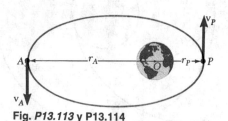

Fig. *P13.113* y P13.114

13.114 Muestre que la energía total E de un satélite terrestre de masa m que describe una órbita elíptica, es $E = -GMm/(r_A + r_P)$, donde M es la masa de la Tierra, y r_A y r_P representan, respectivamente, las distancias máxima y mínima de la órbita al centro de la Tierra. (Recuerde que la energía potencial gravitacional de un satélite se definió como cero a una distancia infinita de la Tierra.)

13.115 Una nave espacial de masa m describe una órbita circular de radio r_1 alrededor de la Tierra. *a*) Muestre que la energía adicional ΔE que debe proporcionarse a la nave espacial para transferirla a una órbita circular de mayor radio r_2 es

$$\Delta E = \frac{GMm(r_2 - r_1)}{2r_1 r_2}$$

donde M es la masa de la Tierra. *b*) Además, muestre que si la transferencia de una órbita circular a otra se realiza colocando la nave espacial sobre una trayectoria de transición semielíptica AB, las cantidades de energía ΔE_A y ΔE_B que deben proporcionarse en A y B son, respectivamente, proporcionales a r_2 y r_1:

$$\Delta E_A = \frac{r_2}{r_1 + r_2}\Delta E \qquad \Delta E_B = \frac{r_1}{r_1 + r_2}\Delta E$$

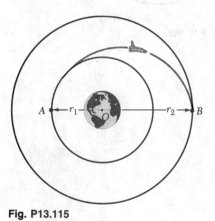

Fig. P13.115

13.116 Un misil es disparado desde el piso con una velocidad inicial $\mathbf{v}_0$, a un ángulo ϕ_0 con la vertical. Si el misil debe alcanzar una altitud máxima igual a αR, donde R es el radio de la Tierra, a) muestre que el ángulo requerido ϕ_0 se define por la relación

$$\operatorname{sen} \phi_0 = (1 + \alpha) \sqrt{1 - \frac{\alpha}{1 + \alpha} \left(\frac{v_{\text{esc}}}{v_0} \right)^2}$$

donde v_{esc} es la velocidad de escape, b) determine el rango de valores permisibles de v_0.

*13.117 Usando las respuestas obtenidas en el problema 13.107, muestre que la órbita circular deseada y la órbita elíptica resultante se intersecan en los extremos del eje menor de la órbita elíptica.

*13.118 a) Exprese en función de $r_{\text{mín}}$ y $v_{\text{máx}}$ la cantidad de movimiento angular por unidad de masa, h, y la energía total por unidad de masa, E/m, de un vehículo espacial que se mueve bajo la atracción gravitacional de un planeta de masa M (figura 13.15). b) Eliminando $v_{\text{máx}}$ entre las ecuaciones obtenidas, deduzca la fórmula

$$\frac{1}{r_{\text{mín}}} = \frac{GM}{h^2} \left[1 + \sqrt{1 + \frac{2E}{m} \left(\frac{h}{GM} \right)^2} \right]$$

c) Muestre que la excentricidad ε de la trayectoria del vehículo se puede expresar como

$$\varepsilon = \sqrt{1 + \frac{2E}{m} \left(\frac{h}{GM} \right)^2}$$

d) Además, muestre que la trayectoria del vehículo es una hipérbola, una elipse o una parábola, dependiendo de si E es positiva, negativa o cero.

13.10. PRINCIPIO DEL IMPULSO Y LA CANTIDAD DE MOVIMIENTO

Ahora consideramos un tercer método básico para la solución de problemas relacionados con el movimiento de las partículas. Este método se basa en el principio del impulso y la cantidad de movimiento, y puede usarse para resolver problemas en los que intervienen fuerza, masa, velocidad y tiempo. El método tiene un interés especial en la solución de problemas en los que participa un movimiento impulsivo o uno de impacto (secciones 13.11 y 13.12).

Considérese una partícula de masa m sobre la que actúa una fuerza $\mathbf{F}$. Como vimos en la sección 12.3, la segunda ley de Newton puede expresarse en la forma

$$\mathbf{F} = \frac{d}{dt} (m\mathbf{v}) \tag{13.27}$$

en la que $m\mathbf{v}$ es la cantidad de movimiento lineal de la partícula. Si se multiplican ambos lados de la ecuación (13.27) por dt e integrando desde un instante t_1 hasta t_2, escribimos

$$\mathbf{F}\, dt = d(m\mathbf{v})$$
$$\int_{t_1}^{t_2} \mathbf{F}\, dt = m\mathbf{v}_2 - m\mathbf{v}_1$$

o bien, al trasponer el último término,

$$m\mathbf{v}_1 + \int_{t_1}^{t_2} \mathbf{F}\, dt = m\mathbf{v}_2 \tag{13.28}$$

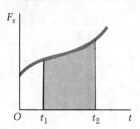

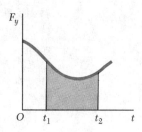

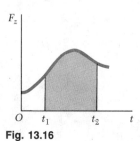

Fig. 13.16

La integral de la ecuación (13.28) es un vector que se conoce con el nombre de *impulso lineal* (o, simplemente, *impulso*) de la fuerza **F** durante el intervalo de tiempo considerado. Al transformar **F** en componentes rectangulares, escribimos

$$\mathbf{Imp}_{1\to2} = \int_{t_1}^{t_2} \mathbf{F}\, dt$$

$$= \mathbf{i} \int_{t_1}^{t_2} F_x\, dt + \mathbf{j} \int_{t_1}^{t_2} F_y\, dt + \mathbf{k} \int_{t_1}^{t_2} F_z\, dt \quad (13.29)$$

y advertimos que las componentes del impulso de la fuerza **F** son iguales a las áreas bajo las curvas obtenidas al graficar las componentes F_x, F_y y F_z contra t (figura 13.16), respectivamente. En el caso de una fuerza **F** de magnitud y dirección constantes, el impulso está representado por el vector $\mathbf{F}(t_2 - t_1)$, que tiene la misma dirección que **F**.

Si se usan unidades del SI, la magnitud del impulso de una fuerza se expresa en N · s. Pero, recordando la definición de un newton, tenemos

$$N \cdot s = (kg \cdot m/s^2) \cdot s = kg \cdot m/s$$

que es la unidad obtenida en la sección 12.4 para la cantidad de movimiento lineal de una partícula. Con esto comprobamos que la ecuación (13.28) es dimensionalmente correcta. Si se usan unidades del sistema inglés, el impulso de una fuerza se expresa en lb · s, que es también la unidad que se obtuvo en la sección 12.4 para la cantidad de movimiento lineal de una partícula.

La ecuación (13.28) expresa que cuando una fuerza **F** actúa sobre un partícula durante cierto intervalo de tiempo, *puede obtenerse la cantidad de movimiento final* $m\mathbf{v}_2$ *de la partícula, al sumar vectorialmente su cantidad de movimiento inicial* $m\mathbf{v}_1$ *y el impulso de la fuerza* **F** *durante el intervalo de tiempo considerado*

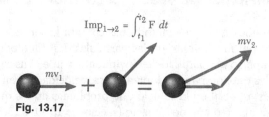

Fig. 13.17

(figura 13.17). Escribimos

$$m\mathbf{v}_1 + \mathbf{Imp}_{1\to2} = m\mathbf{v}_2 \quad (13.30)$$

Observamos que mientras la energía cinética y el trabajo son cantidades escalares, la cantidad de movimiento y el impulso son cantidades vectoriales. Con objeto de obtener una solución analítica, es entonces necesario sustituir la ecuación (13.30) por las ecuaciones equivalentes de las componentes

$$(mv_x)_1 + \int_{t_1}^{t_2} F_x\, dt = (mv_x)_2$$

$$(mv_y)_1 + \int_{t_1}^{t_2} F_y\, dt = (mv_y)_2 \quad (13.31)$$

$$(mv_z)_1 + \int_{t_1}^{t_2} F_z\, dt = (mv_z)_2$$

Cuando actúan varias fuerzas sobre una partícula, debe considerarse el impulso de cada una de las fuerzas. Se tiene

$$m\mathbf{v}_1 + \Sigma\,\mathbf{Imp}_{1\to2} = m\mathbf{v}_2 \qquad (13.32)$$

Nuevamente, la ecuación obtenida representa una relación entre cantidades vectoriales; en la solución real de un problema debe sustituirse por las ecuaciones correspondientes de las componentes.

Si en un problema intervienen dos o más partículas, cada una debe considerarse por separado, y la ecuación (13.32) se escribe para cada partícula. También podemos sumar vectorialmente las cantidades de movimiento de todas las partículas y los impulsos de todas las fuerzas que intervienen. Entonces escribimos

$$\Sigma m\mathbf{v}_1 + \Sigma\,\mathbf{Imp}_{1\to2} = \Sigma m\mathbf{v}_2 \qquad (13.33)$$

Como las fuerzas de acción y reacción que ejercen las partículas entre sí forman parejas de fuerzas iguales y opuestas, y ya que el intervalo de tiempo de t_1 a t_2 es común a todas las fuerzas involucradas, los impulsos de las fuerzas de acción y reacción se cancelan, y sólo necesitamos considerar los impulsos de las fuerzas externas.†

Si sobre las partículas no actúa ninguna fuerza externa o, en términos más generales, si la suma de las fuerzas externas es cero, el segundo término de la ecuación (13.33) se anula, y ésta se reduce a

$$\Sigma m\mathbf{v}_1 = \Sigma m\mathbf{v}_2 \qquad (13.34)$$

la cual expresa que *la cantidad de movimiento total de las partículas se conserva*. Considérese, por ejemplo, dos botes, de masa m_A y m_B, inicialmente en reposo, que se jalan entre sí acercándose (figura 13.18). Si se desprecia la resistencia que ofrece el agua

Fig. 13.18

al movimiento, las únicas fuerzas externas que actúan sobre los botes son sus pesos y las fuerzas de flotación que se les aplican. Como estas fuerzas se equilibran, escribimos

$$\Sigma m\mathbf{v}_1 = \Sigma m\mathbf{v}_2$$
$$0 = m_A\mathbf{v}'_A + m_B\mathbf{v}'_B$$

en donde $\mathbf{v}'_A$ y $\mathbf{v}'_B$ representan las velocidades de los botes después de un intervalo finito de tiempo. La ecuación obtenida indica que los botes se mueven en direcciones opuestas (acercándose) con velocidades inversamente proporcionales a sus masas.‡

---

†Debemos notar la diferencia entre esta afirmación y la realizada en la sección 13.4 acerca del trabajo de las fuerzas de acción y reacción entre varias partículas. Mientras la suma de los impulsos de estas fuerzas siempre es cero, la suma de sus trabajos es cero sólo en circunstancias especiales; por ejemplo, cuando los diferentes cuerpos involucrados están conectados por cuerdas inextensibles o eslabones, y, por lo tanto, restringidos a moverse en distancias iguales.

‡El símbolo de igual de tamaño mayor se usa en la figura 13.18 (y en el resto del capítulo) para expresar que dos sistemas de vectores son *equipolentes*, o sea, tienen la misma fuerza resultante y momento resultante (sección 3.19). Los símbolos de igual rojos se continuarán usando para indicar que dos sistemas de vectores son *equivalentes*; es decir, que tienen el mismo efecto. Esto junto con el concepto de conservación de la cantidad de movimiento para un sistema de partículas se discutirán con mayor detalle en el capítulo 14.

Fig. 13.19

13.11. MOVIMIENTO IMPULSIVO

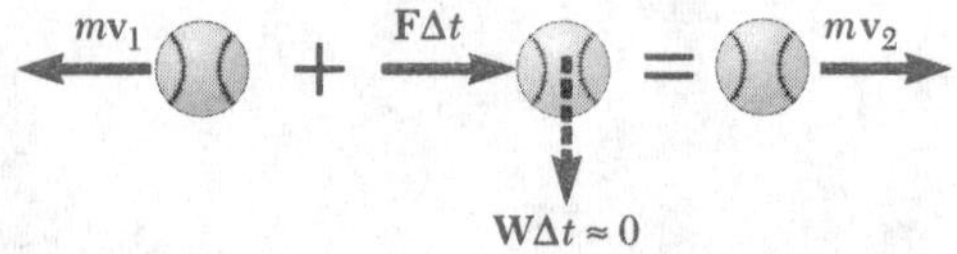

Una fuerza que actúa sobre una partícula durante un muy pequeño intervalo de tiempo, que es lo suficientemente grande para producir un cambio definido en la cantidad de movimiento, se llama *fuerza impulsiva*, y el movimiento que resulta recibe el nombre de *movimiento impulsivo*. Por ejemplo, al golpear una bola con un bate de beisbol, el contacto entre ellos tiene lugar durante un intervalo de tiempo Δt muy corto. Pero el valor promedio de la fuerza **F** que ejerce el bate sobre la pelota es muy grande, y el impulso resultante **F** Δt es suficiente para cambiar el sentido de movimiento de la pelota (figura 13.19).

Cuando actúan fuerzas impulsivas sobre una partícula, la ecuación (13.32) se convierte en

$$m\mathbf{v}_1 + \Sigma\mathbf{F}\,\Delta t = m\mathbf{v}_2 \tag{13.35}$$

Puede despreciarse cualquier fuerza que no sea impulsiva, ya que el impulso correspondiente **F** Δt es muy pequeño. Las *fuerzas no impulsivas* incluyen el peso del cuerpo, la fuerza ejercida por un resorte o cualquier otra fuerza que *se sepa* que es pequeña comparada con una fuerza impulsiva. Las reacciones desconocidas pueden o no ser impulsivas; por consiguiente, su impulso debe estar incluido en la ecuación (13.35), siempre que no se haya demostrado que es despreciable. Por ejemplo, el impulso del peso de la pelota de beisbol antes considerada puede despreciarse. Si se analiza el movimiento del bate, también puede despreciarse el impulso del peso de éste. En cambio, deben incluirse los impulsos de las reacciones de las manos del jugador sobre el bate; estos impulsos no serán despreciables si se golpea incorrectamente la pelota.

Se advierte que el método del impulso y la cantidad de movimiento es especialmente efectivo en el análisis del movimiento impulsivo de una partícula, porque sólo intervienen las velocidades inicial y final de la partícula y los impulsos de las fuerzas que actúan sobre ella. Por otro lado, la aplicación directa de la segunda ley de Newton requeriría la determinación de las fuerzas como funciones del tiempo, y la integración de las ecuaciones de movimiento sobre el intervalo de tiempo Δt.

En el caso del movimiento impulsivo de varias partículas, puede utilizarse la ecuación (13.33). Ésta se reduce a

$$\Sigma m\mathbf{v}_1 + \Sigma\mathbf{F}\,\Delta t = \Sigma m\mathbf{v}_2 \tag{13.36}$$

donde el segundo término sólo contiene fuerzas externas impulsivas. Si todas las fuerzas externas que actúan sobre las diferentes partículas son no impulsivas, el segundo término de la ecuación (13.36) se anula, y esta ecuación se reduce a (13.34). Escribimos

$$\Sigma m\mathbf{v}_1 = \Sigma m\mathbf{v}_2 \tag{13.34}$$

la cual expresa que la cantidad de movimiento total de las partículas se conserva. Esto ocurre, por ejemplo, cuando dos partículas que se mueven libremente chocan entre sí. Sin embargo, debemos observar que, aunque se conserva la cantidad de movimiento total de las partículas, en general *no* se conserva su energía total. En las secciones 13.12 a 13.14 se estudiarán en detalle algunos problemas en los que interviene el choque o *impacto* de dos partículas.

PROBLEMA RESUELTO 13.10

Un automóvil que pesa 4000 lb baja por una pendiente de 5°, con una velocidad de 60 mi/h, cuando se aplican los frenos; esto produce una fuerza de frenado total constante (aplicada por el camino sobre los neumáticos) de 1500 lb. Determínese el tiempo requerido para que el automóvil se detenga.

SOLUCIÓN

Aplicamos el principio del impulso y la cantidad de movimiento. Como cada fuerza es constante en magnitud y dirección, cada impulso correspondiente es igual al producto de la fuerza y el intervalo de tiempo t.

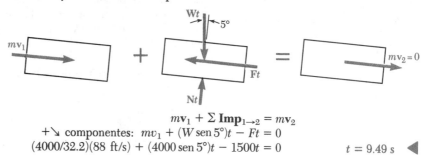

$$m\mathbf{v}_1 + \Sigma\,\mathbf{Imp}_{1\to2} = m\mathbf{v}_2$$

$+\searrow$ componentes: $\quad mv_1 + (W \operatorname{sen} 5°)t - Ft = 0$

$$(4000/32.2)(88 \text{ ft/s}) + (4000 \operatorname{sen} 5°)t - 1500t = 0 \qquad\qquad t = 9.49 \text{ s} \quad \blacktriangleleft$$

PROBLEMA RESUELTO 13.11

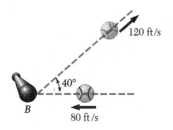

Una pelota de beisbol de 4 oz se lanza con una velocidad de 80 ft/s hacia un bateador. Después de que la bola es golpeada por el bate B, adquiere una velocidad de 120 ft/s en la dirección mostrada. Si el bate y la pelota están en contacto 0.015 s, determínese la fuerza impulsiva promedio ejercida sobre la pelota durante el impacto.

SOLUCIÓN

Aplicamos el principio del impulso y la cantidad de movimiento a la pelota. Como el peso de la pelota es una fuerza no impulsiva, lo despreciaremos.

$$m\mathbf{v}_1 + \Sigma\,\mathbf{Imp}_{1\to2} = m\mathbf{v}_2$$

$\xrightarrow{+}$ componentes en x: $\qquad -mv_1 + F_x\,\Delta t = mv_2 \cos 40°$

$$-\frac{\frac{4}{16}}{32.2}(80 \text{ ft/s}) + F_x(0.015 \text{ s}) = \frac{\frac{4}{16}}{32.2}(120 \text{ ft/s})\cos 40°$$

$$F_x = +89.0 \text{ lb}$$

$+\uparrow$ componentes en y: $\qquad 0 + F_y\,\Delta t = mv_2 \operatorname{sen} 40°$

$$F_y(0.015 \text{ s}) = \frac{\frac{4}{16}}{32.2}(120 \text{ ft/s})\operatorname{sen} 40°$$

$$F_y = +39.9 \text{ lb}$$

De sus componentes F_x y F_y determinamos la magnitud y la dirección de la fuerza $\mathbf{F}$:

$$\mathbf{F} = 97.5 \text{ lb} \ \measuredangle\ 24.2° \quad \blacktriangleleft$$

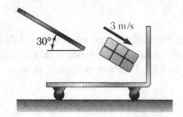

PROBLEMA RESUELTO 13.12

Un paquete de 10 kg cae de una rampa con una velocidad de 3 m/s a un carro de 25 kg. Sabiendo que el carro está inicialmente en reposo y puede rodar libremente, determínese *a*) la velocidad final del carro, *b*) el impulso ejercido por el carro sobre el paquete, *c*) la fracción de la energía inicial perdida en el impacto.

SOLUCIÓN

Primeramente aplicamos el principio del impulso y la cantidad de movimiento al sistema paquete-carro para determinar la velocidad $\mathbf{v}_2$ del carro y el paquete. Después aplicamos el mismo principio al paquete solo, con objeto de hallar el impulso $\mathbf{F}\,\Delta t$ que se le aplica.

a. **Principio del impulso y la cantidad de movimiento: paquete y carro**

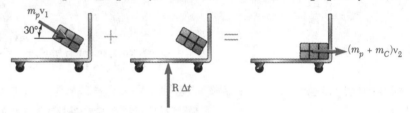

$$m_P\mathbf{v}_1 + \Sigma\,\mathbf{Imp}_{1\to 2} = (m_P + m_C)\mathbf{v}_2$$

$\xrightarrow{\pm}$ componentes en x: $\quad m_P v_1 \cos 30° + 0 = (m_P + m_C)v_2$

$$(10\text{ kg})(3\text{ m/s}) \cos 30° = (10\text{ kg} + 25\text{ kg})v_2$$

$$\mathbf{v}_2 = 0.742\text{ m/s}\!\rightarrow \quad\blacktriangleleft$$

Adviértase que la expresión usada expresa la conservación de la cantidad de movimiento en la dirección x.

b. **Principio del impulso y la cantidad de movimiento: paquete**

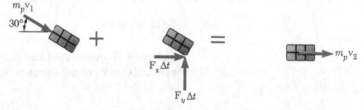

$$m_P\mathbf{v}_1 + \Sigma\,\mathbf{Imp}_{1\to 2} = m_P\mathbf{v}_2$$

$\xrightarrow{\pm}$ componentes en x: $\quad (10\text{ kg})(3\text{ m/s}) \cos 30° + F_x\,\Delta t = (10\text{ kg})(0.742\text{ m/s})$

$$F_x\,\Delta t = -18.56\text{ N} \cdot \text{s}$$

$+\!\uparrow$ componentes en y: $\quad -m_P v_1 \text{ sen } 30° + F_y\,\Delta t = 0$

$$-(10\text{ kg})(3\text{ m/s}) \text{ sen } 30° + F_y\,\Delta t = 0$$

$$F_y\,\Delta t = +15\text{ N} \cdot \text{s}$$

El impulso ejercido sobre el paquete es $\quad\quad \mathbf{F}\,\Delta t = 23.9\text{ N} \cdot \text{s} \;\measuredangle\; 38.9° \quad\blacktriangleleft$

c. **Fracción de energía perdida.** Las energías inicial y final son

$$T_1 = \tfrac{1}{2}m_P v_1^2 = \tfrac{1}{2}(10\text{ kg})(3\text{ m/s})^2 = 45\text{ J}$$
$$T_2 = \tfrac{1}{2}(m_P + m_C)v_2^2 = \tfrac{1}{2}(10\text{ kg} + 25\text{ kg})(0.742\text{ m/s})^2 = 9.63\text{ J}$$

La fracción de energía perdida es $\quad\quad \dfrac{T_1 - T_2}{T_1} = \dfrac{45\text{ J} - 9.63\text{ J}}{45\text{ J}} = 0.786 \quad\blacktriangleleft$

En esta lección se integró la segunda ley de Newton para obtener el *principio del impulso y la cantidad de movimiento* para una partícula. Recordando que la *cantidad de movimiento lineal* de una partícula se definió como el producto de su masa m y su velocidad $\mathbf{v}$ (sección 12.3), escribimos

$$m\mathbf{v}_1 + \Sigma\, \mathbf{Imp}_{1\to 2} = m\mathbf{v}_2 \qquad (13.32)$$

Esta ecuación expresa que la cantidad de movimiento lineal $m\mathbf{v}_2$ de una partícula en el instante t_2 puede obtenerse sumando a su cantidad de movimiento lineal $m\mathbf{v}_1$ en el instante t_1 los *impulsos* de las fuerzas ejercidas sobre la partícula durante el intervalo de tiempo de t_1 a t_2. Para propósitos de cálculo, las cantidades de movimiento y los impulsos se pueden expresar en función de sus componentes rectangulares, y la ecuación (13.32) puede remplazarse por ecuaciones escalares equivalentes. Las unidades de la cantidad de movimiento e impulso son N · s en el sistema internacional de unidades, y lb · s en el sistema inglés de unidades. Para resolver problemas usando esta ecuación, se pueden seguir estos pasos:

1. *Trace un diagrama*   que muestre la partícula, su cantidad de movimiento en t_1 y t_2, y los impulsos de las fuerzas ejercidas sobre la partícula durante el intervalo de tiempo de t_1 a t_2.

2. *Calcule el impulso de cada fuerza,*   expresándolo en función de sus componentes rectangulares si se trabaja con más de una dimensión. Se pueden encontrar los siguientes casos:

   a. *El intervalo de tiempo es finito y la fuerza es constante.*

$$\mathbf{Imp}_{1\to 2} = \mathbf{F}(t_2 - t_1)$$

   b. *El intervalo de tiempo es finito y la fuerza es una función de t.*

$$\mathbf{Imp}_{1\to 2} = \int_{t_1}^{t_2} \mathbf{F}(t)\, dt$$

   c. *El intervalo de tiempo es muy pequeño y la fuerza es muy grande.* La fuerza se denomina *fuerza impulsiva*, y su impulso sobre el intervalo de tiempo $t_2 - t_1 = \Delta t$ es

$$\mathbf{Imp}_{1\to 2} = \mathbf{F}\,\Delta t$$

Note que este impulso es *cero para una fuerza no impulsiva*, tal como el *peso* de un cuerpo, la fuerza ejercida por un *resorte*, o cualquier otra fuerza que se sepa que es pequeña en comparación con las fuerzas impulsivas. Sin embargo, *no puede asumirse* que las reacciones desconocidas sean no impulsivas, y deben tomarse en cuenta sus impulsos.

3. *Sustituya los valores obtenidos para los impulsos en la ecuación (13.32)*   o en las ecuaciones escalares equivalentes. Encontrará que en los problemas de esta lección las fuerzas y las velocidades están contenidas en el plano. Por tanto, se escribirán dos ecuaciones escalares y se resolverán para *dos incógnitas*. Estas incógnitas podrían ser el *tiempo* (problema resuelto 13.10), una *velocidad* y un *impulso* (problema resuelto 13.12), o una *fuerza impulsiva promedio* (problema resuelto 13.11). (*continúa*)

4. Cuando se trabaja con varias partículas, debe trazarse un diagrama separado para cada partícula, en el que se muestren las cantidades de movimiento iniciales y finales de las partículas, así como los impulsos de las fuerzas ejercidas sobre las partículas.

a. Generalmente es conveniente, sin embargo, que primero se considere un diagrama que incluya todas las partículas. Este diagrama conduce a la ecuación

$$\Sigma\, m\mathbf{v}_1 + \Sigma\, \mathbf{Imp}_{1\to 2} = \Sigma\, m\mathbf{v}_2 \qquad (13.33)$$

donde se necesita considerar *sólo a los impulsos de las fuerzas externas al sistema.* Además, las dos ecuaciones escalares equivalentes no contendrán ninguno de los impulsos de las fuerzas internas desconocidas.

b. Si la suma de los impulsos de las fuerzas externas es cero, la ecuación (13.33) se reduce a

$$\Sigma m\mathbf{v}_1 = \Sigma m\mathbf{v}_2 \qquad (13.34)$$

la cual expresa que *la cantidad de movimiento total de las partículas se conserva.* Esto ocurre ya sea si la resultante de las fuerzas externas es cero o, cuando el intervalo de tiempo Δt es muy corto (movimiento impulsivo), si todas las fuerzas externas son no impulsivas. Tenga presente, sin embargo, que la cantidad de movimiento total puede conservarse *en una dirección,* pero no en la otra (problema resuelto 13.12).

Problemas

13.119 Sobre una partícula de 1.6 kg de masa actúa una fuerza $\mathbf{F} = (10 \operatorname{sen} 2t)\mathbf{i} + (12 \cos 2t)\mathbf{j}$, donde $\mathbf{F}$ está expresada en newtons y t en segundos. Determine la magnitud y la dirección de la velocidad de la partícula en $t = 4$ s, si se sabe que su velocidad es cero en $t = 0$.

13.120 Sobre una partícula de 5 lb actúa una fuerza $\mathbf{F} = -2t^2\mathbf{i} + (3-t)\mathbf{j}$, donde $\mathbf{F}$ se expresa en libras y t en segundos. Sabiendo que la velocidad de la partícula es $\mathbf{v}_0 = (10 \text{ ft/s})\mathbf{i}$ en $t = 0$, determine a) el instante en el cual la velocidad es paralela al eje y, b) la correspondiente velocidad de la partícula.

13.121 La velocidad inicial del bloque que está en la posición A es 30 ft/s. Sabiendo que el coeficiente de fricción cinética entre el bloque y el plano es $\mu_k = 0.30$, determine el tiempo necesario para que el bloque alcance el punto B con velocidad cero, si a) $\theta = 0$, b) $\theta = 20°$.

13.122 El bloque sube por el plano en A con una velocidad de 10 m/s, se detiene en B, y después desciende. Sabiendo que $\theta = 30°$ y que el coeficiente de fricción cinética entre el bloque y el plano es $\mu_k = 0.30$, determine el tiempo total necesario para que el bloque alcance una velocidad de 10 m/s hacia abajo y hacia la izquierda.

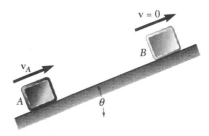

Fig. P13.121 y P13.122

13.123 Las marcas de derrape sobre una pista de carreras indican que los neumáticos traseros (los de la tracción) de un automóvil resbalan los primeros 60 ft de la pista de 1320 ft. a) Sabiendo que el coeficiente de fricción cinética es 0.60, determine el tiempo mínimo posible para que el carro recorra la porción inicial de 60 ft de la pista, si el vehículo parte del reposo con los neumáticos delanteros justo por encima del piso. b) Determine el tiempo mínimo para que el automóvil corra toda la carrera si, después de patinar por 60 ft, los neumáticos ruedan sin resbalar por el resto de la carrera. Asuma para la porción de rodamiento de la carrera que el 60% del peso está sobre los neumáticos traseros, y que el coeficiente de fricción estática es 0.85. Ignore la resistencia del aire y la resistencia al rodamiento.

13.124 Un camión viaja sobre un camino plano a una rapidez de 90 km/h, cuando se aplican los frenos para reducirla a 30 km/h. Un sistema de frenado antiderrapante limita la fuerza de frenado a un valor para el cual los neumáticos del camión están a punto de patinar. Sabiendo que el coeficiente de fricción estática entre el camino y los neumáticos es 0.65, determine el tiempo mínimo necesario para que el camión reduzca su velocidad.

13.125 El equipaje que está sobre el piso de un vagón de un tren de alta velocidad no tiene otra limitación al movimiento que la fricción. Determine el valor mínimo permisible del coeficiente de fricción estática entre un baúl y el piso del vagón, si el baúl no debe resbalar cuando el tren disminuye su rapidez a una tasa constante desde 200 km/h hasta 90 km/h en un intervalo de tiempo de 12 s.

Fig. P13.128

13.126 Resuelva el problema 13.125, asumiendo que el tren desciende por una pendiente del 5%.

13.127 Un camión desciende por un camino con pendiente del 4%, a una rapidez de 60 mi/h cuando se aplican los frenos para reducirla a 20 mi/h. Un sistema de frenado antiderrapante limita la fuerza de frenado a un valor al cual los neumáticos del camión están a punto de resbalar. Sabiendo que el coeficiente de fricción estática entre el camino y los neumáticos es de 0.60, determine el tiempo mínimo requerido para que el camión reduzca su velocidad.

13.128 Un velero y sus ocupantes pesan 980 lb, y están navegando a 8 mi/h a favor del viento cuando se levanta otra vela para incrementar la rapidez. Determine la fuerza neta proporcionada por la nueva vela durante los 10 s que le toma al bote alcanzar la rapidez de 12 mi/h.

13.129 El sistema mostrado se suelta desde el reposo. Determine el tiempo que se requiere para que A alcance una velocidad de 2 ft/s. Desprecie la fricción y la masa de las poleas.

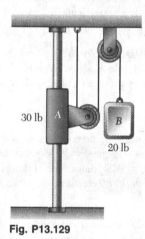

Fig. P13.129

13.130 Un tractocamión, con una cabina de 2000 kg y remolque de 8000 kg, viaja sobre un camino plano a 90 km/h. Los frenos del remolque fallan y el sistema antiderrapante de la cabina proporciona la fuerza máxima posible que no causará que los neumáticos de la cabina patinen. Sabiendo que el coeficiente de fricción estática es 0.65, determine a) el mínimo tiempo para que el tractocamión se detenga, b) la fuerza en la unión durante ese tiempo.

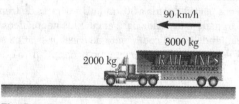

Fig. P13.130

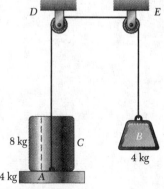

Fig. P13.131

13.131 Un cilindro C de 8 kg descansa sobre una plataforma A de 4 kg soportada por un cordón que pasa sobre las poleas D y E, y está fija al bloque B de 4 kg. Sabiendo que el sistema se suelta desde el reposo, determine a) la velocidad del bloque B después de 0.8 s, b) la fuerza ejercida por el cilindro sobre la plataforma.

13.132 Un tren ligero, que consiste de dos vagones, viaja a 45 mi/h. El vagón A pesa 18 toneladas y el vagón B pesa 13 toneladas. Cuando se utilizan los frenos, se aplica una fuerza constante de 4300 lb en cada vagón. Determine a) el tiempo requerido para que el tren se detenga después de que se aplican los frenos, b) la fuerza en la unión entre los vagones mientras el tren está frenando.

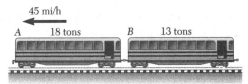

45 mi/h

A 18 tons B 13 tons

Fig. P13.132

13.133 Resuelva el problema 13.132, asumiendo que al vagón B se le aplica una fuerza constante de frenado de 4300 lb, pero que no se aplican los frenos sobre el vagón A.

13.134 Sobre un bloque de 6 kg, el cual puede deslizarse sobre una superficie inclinada, actúa una fuerza $\mathbf{P}$ cuya magnitud varía, como se muestra. Sabiendo que el bloque está inicialmente en reposo, determine a) la velocidad del bloque en $t = 5$ s, b) el instante en el que la velocidad del bloque es cero.

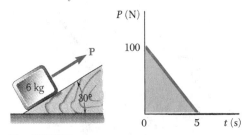

Fig. P13.134

13.135 Sobre un bloque de 6 kg, el cual puede deslizarse sobre una superficie horizontal, actúa una fuerza $\mathbf{P}$ cuya magnitud varía, como se muestra. Sabiendo que los coeficientes de fricción entre el bloque y la superficie son $\mu_s = 0.60$ y $\mu_k = 0.45$, y que los bloques están inicialmente en reposo, determine a) la velocidad del bloque en $t = 5$ s, b) la máxima velocidad del bloque.

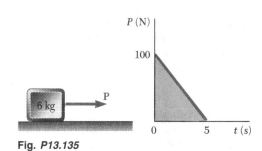

Fig. P13.135

13.136 Sobre un collarín de 4 lb, el cual puede deslizarse sobre una varilla sin fricción, actúa una fuerza $\mathbf{P}$ cuya magnitud varía, como se muestra. Sabiendo que el collarín está inicialmente en reposo, determine su velocidad en a) $t = 2$ s, b) $t = 3$ s.

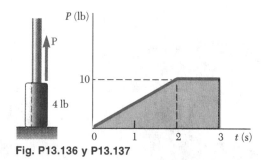

Fig. P13.136 y P13.137

13.137 Sobre un collarín de 4 lb, el cual puede deslizarse sobre una varilla sin fricción, actúa una fuerza $\mathbf{P}$ cuya magnitud varía, como se muestra. Sabiendo que el collarín está inicialmente en reposo, determine a) la máxima velocidad del collarín, b) el instante en el que la velocidad es cero.

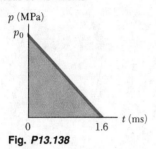

p (MPa)

p_0

0   1.6 t (ms)

Fig. *P13.138*

13.138   Un modelo simplificado, que consiste de una sola línea recta, se obtendrá para la variación de la presión interior en el cañón de 10 mm de diámetro de un rifle, al ser disparada una bala de 20 g. Sabiendo que se necesitan 1.6 ms (1.6×10^{-3} s) para que la bala recorra la longitud del cañón y que la velocidad de la bala a la salida es 700 m/s, determine el valor de p_0.

13.139   Se sugirió el siguiente modelo matemático para la variación de la presión interna del cañón de 10 mm de diámetro de un rifle, cuando se dispara una bala de 25 g:

$$p(t) = (950 \ \text{MPa})e^{-t/(0.16 \, \text{ms})}$$

donde t se expresa en ms. Sabiendo que se necesitan 1.44 ms (1.44×10^{-3} s) para que la bala recorra la longitud del cañón y que la velocidad de la bala a la salida es 520 m/s, determine el porcentaje de error introducido si la ecuación de arriba se usa para calcular la velocidad en la boca del rifle.

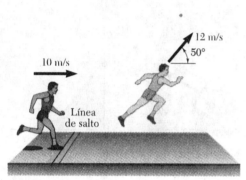

10 m/s

12 m/s
50°

Línea
de salto

Fig. P13.140

13.140   El salto triple es una prueba de pista y campo, en la cual un atleta empieza corriendo y trata de saltar tan lejos como pueda con un salto en un pie, un paso y un salto. En la figura se muestra el salto con un pie inicial del atleta. Asumiendo que éste se aproxima a la línea de salto desde la izquierda, con una velocidad horizontal de 10 m/s, permanece en contacto con el piso por 0.18 s, y despega a un ángulo de 50° con una velocidad de 12 m/s, determine la componente vertical de la fuerza impulsiva promedio ejercida por el piso sobre sus pies. Dé su respuesta en función del peso W del atleta.

30 ft/s   35°

Hoyo de aterrizaje

Fig. P13.141

13.141   El último segmento del salto triple (la prueba de pista y campo) es un salto, en el cual el atleta realiza un salto final, para aterrizar en un hoyo de arena. Asumiendo que la velocidad de un atleta de 185 lb justo antes de aterrizar es 30 ft/s, a un ángulo de 35° con la horizontal, y que el atleta se detiene por completo 0.22 s después de aterrizar, determine la componente horizontal de la fuerza impulsiva promedio ejercida sobre sus pies durante el aterrizaje.

13.142   Se realizará una estimación de la carga esperada en el cinturón de seguridad que pasa por el hombro, antes de diseñar un prototipo de cinturón que se evaluará en las pruebas de choque de automóviles. Asumiendo que un automóvil que viaja a 45 mi/h es detenido en 110 ms, determine *a*) la fuerza impulsiva promedio ejercida por un hombre de 200 lb sobre el cinturón, *b*) la máxima fuerza F_m sobre el cinturón, si el diagrama fuerza-tiempo tiene la forma mostrada.

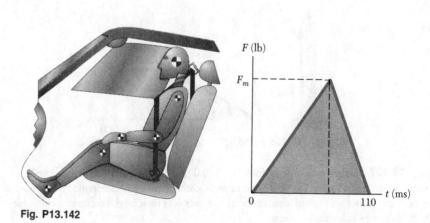

F (lb)

F_m

0   110 t (ms)

Fig. P13.142

13.143 Una pelota de golf de 1.6 oz es golpeada con un palo de golf y se aparta de éste con una velocidad de 125 ft/s. Se asume que para $0 \leq t \leq t_0$, donde t_0 es la duración del impacto, la magnitud F de la fuerza ejercida sobre la pelota se puede expresar como $F = F_m \, \text{sen} \, (\pi t/t_0)$. Sabiendo que $t_0 = 0.5$ ms, determine el máximo valor F_m de la fuerza ejercida sobre la pelota.

13.144 La maleta A de 15 kg se ha recargado sobre un transportador de equipaje B de 40 kg, y se evita que se deslice con el resto de las maletas. Al descargar el equipaje y retirar el último baúl del transportador, la maleta se desliza libremente, lo que ocasiona que el transportador de 40 kg se mueva hacia la izquierda con una velocidad $\mathbf{v}_B$ de 0.8 m/s de magnitud. Despreciando la fricción, determine a) la velocidad $\mathbf{v}_{A/B}$ de la maleta relativa al transportador cuando ésta rueda sobre el piso del vehículo, b) la velocidad del transportador después de que la maleta golpea el lado derecho de éste sin rebotar, c) la energía perdida en el impacto de la maleta sobre el piso del trasportador.

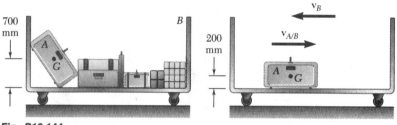

Fig. P13.144

13.145 Un vagón de ferrocarril de 20 Mg que se mueve a 4 km/h se acoplará a un vagón de 40 Mg que se encuentra en reposo y con las ruedas trabadas ($\mu_k = 0.30$). Determine a) la velocidad de ambos vagones después del acoplamiento, b) el tiempo que se requiere para que los vagones se detengan.

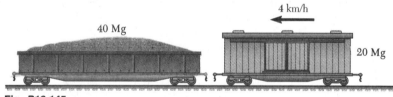

Fig. P13.145

13.146 Dos nadadores A y B, de pesos 190 lb y 125 lb, cada uno, están en las esquinas diagonalmente opuestas de una balsa cuando se dan cuenta de que la balsa se ha zafado del ancla. El nadador A empieza a caminar inmediatamente hacia B con una rapidez de 2 ft/s relativa a la balsa. Sabiendo que ésta pesa 300 lb, determine a) la rapidez de la balsa si B no se mueve, b) la rapidez con la que B debe caminar hacia A para que la balsa no se mueva.

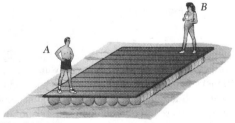

Fig. P13.146

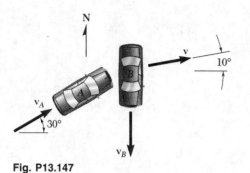

Fig. P13.147

13.147 En un crucero, el automóvil B viajaba hacia el sur y el automóvil A viajaba a 30° al noreste cuando chocaron. En la investigación se encontró que, después de estrellarse, los dos automóviles quedaron trabados y patinaron a 10° al noreste. Cada conductor declaró que viajaba al límite de velocidad de 50 km/h, y que trató de frenarse pero no pudo evitar el choque porque el otro conductor viajaba bastante rápido. Sabiendo que las masas de los automóviles A y B eran 1500 kg y 1200 kg, respectivamente, determine a) cuál automóvil viajaba más rápidamente, b) la rapidez del automóvil más rápido si el otro viajaba al límite de velocidad.

13.148 Una madre y su hijo están esquiando juntos; ella sostiene el extremo de una cuerda atada a la cintura del niño. Se están moviendo con una rapidez de 7.2 km/h sobre una porción plana de la pista para esquiar, cuando la madre observa que se aproximan a una cuesta. Ella decide jalar la cuerda para disminuir la rapidez del niño. Sabiendo que esta maniobra causa que la rapidez del niño se reduzca a la mitad en 3 s, e ignorando la fricción, determine a) la rapidez de la madre al final del intervalo de 3 s, b) el valor promedio de la tensión en la cuerda durante ese intervalo de tiempo.

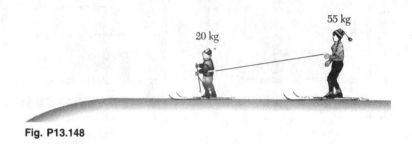

Fig. P13.148

13.149 Dos esferas idénticas A y B, cada una de masa m, están fijas a una cuerda inextensible e inelástica de longitud L, y se encuentran en reposo separadas una distancia a, sobre una superficie horizontal sin fricción. A la esfera B se le proporciona una velocidad v_0 en una dirección perpendicular a la línea AB, y se mueve sin fricción hasta que alcanza el punto B' cuando el cordón se pone tenso. Determine a) la magnitud de la velocidad de cada esfera inmediatamente después de que la cuerda se ha tensado, b) la energía perdida al ponerse la cuerda tensa.

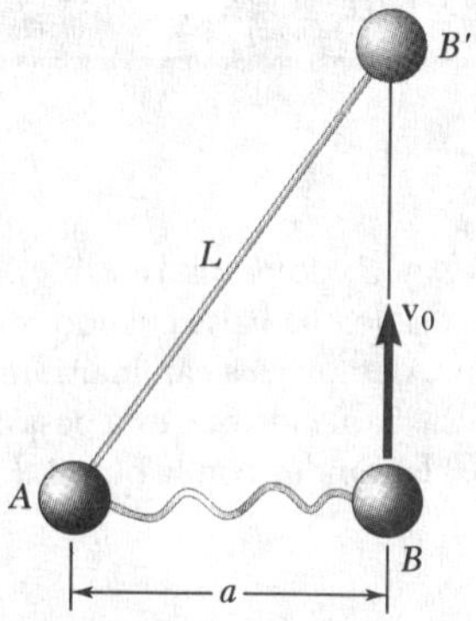

Fig. P13.149

13.150 Una esfera A de 2 kg está conectada a un punto fijo O por una cuerda inextensible de 1.2 m de longitud. La esfera descansa sobre una superficie horizontal sin fricción a una distancia de 0.5 m desde O, cuando se le da una velocidad v_0 en una dirección perpendicular a la línea OA. La esfera se mueve libremente hasta que alcanza la posición A', cuando la cuerda se pone tensa. Determine la máxima velocidad permisible v_0 si el impulso de la fuerza ejercida sobre la cuerda no debe exceder 3 N · s.

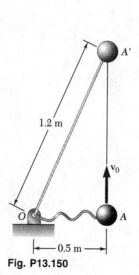

Fig. P13.150

13.151 Una bola de 125 g, que se mueve a una velocidad de 3 m/s, golpea una placa de 250 g sostenida por resortes. Asuma que no hay pérdida de energía en el impacto para determinar *a*) la velocidad de la bola inmediatamente después del impacto, *b*) el impulso de la fuerza ejercida por la placa sobre la bola.

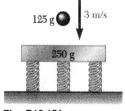

Fig. P13.151

13.152 Una bala de masa m se dispara con una velocidad $\mathbf{v}_0$ que forma un ángulo θ con la horizontal, y se incrusta en un bloque de madera de masa M. El bloque puede rodar sin fricción sobre un piso duro, y con un resorte se evita que golpee la pared. Determine las componentes horizontal y vertical del impulso de la fuerza ejercida por el bloque sobre la bala.

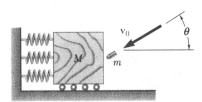

Fig. *P13.152*

13.153 Para probar la resistencia de una cadena al impacto, ésta se suspende de una viga rígida de 240 lb soportada por dos columnas. Se fija una varilla al último eslabón y entonces es golpeada con un bloque de 60 lb soltado desde una altura de 5 ft. Determine el impulso inicial ejercido sobre la cadena y la energía absorbida por la cadena, asumiendo que el bloque no rebota de la varilla y que las columnas que soportan la viga son *a*) por completo rígidas, *b*) equivalentes a dos resortes perfectamente elásticos.

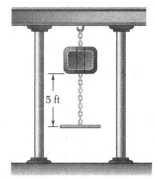

Fig. *P13.153*

13.154 Al capturar una bola, un jugador de beisbol puede suavizar el impacto jalando su mano hacia atrás. Asumiendo que una bola de 5 oz alcanza su manopla a 90 mi/h y que el jugador jala su mano hacia atrás durante el impacto a una rapidez promedio de 30 ft/s sobre una distancia de 6 in., para detener la pelota, determine la fuerza impulsiva promedio ejercida sobre la mano del jugador.

Fig. *P13.154*

13.12. IMPACTO

Un choque entre dos cuerpos que ocurre durante un intervalo muy pequeño de tiempo y durante el cual los dos cuerpos ejercen entre sí fuerzas relativamente grandes, recibe el nombre de *impacto*. La normal común a las superficies en contacto durante el impacto se llama *línea de impacto*. Si los centros de masa de los dos cuerpos que chocan se localizan sobre esta línea, el impacto es un *impacto central*. En caso contrario, se dice que el impacto es *excéntrico*. Limitaremos nuestro estudio al impacto central de dos partículas, y pospondremos el análisis del impacto excéntrico de dos cuerpos rígidos a la sección 17.12.

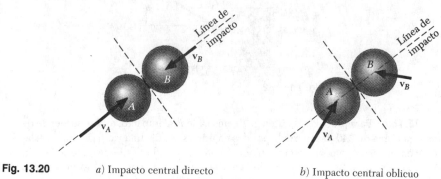

Fig. 13.20   *a*) Impacto central directo   *b*) Impacto central oblicuo

Si las velocidades de las dos partículas están dirigidas a lo largo de la línea del impacto, se dice que éste es *directo* (figura 13.20*a*). Por otro lado, si una o ambas partículas se mueven en una línea que no sea la del impacto, se dice que éste es *oblicuo* (figura 13.20*b*).

13.13. IMPACTO CENTRAL DIRECTO

Considérense dos partículas A y B, de masas m_A y m_B, que se mueven en la misma línea recta hacia la derecha, con velocidades $\mathbf{v}_A$ y $\mathbf{v}_B$ (figura 13.21*a*). Si $\mathbf{v}_A$ es mayor que $\mathbf{v}_B$, la partícula A golpeará finalmente a la B. Por el impacto, las dos partículas se *deformarán* y, al final del periodo de deformación, tendrán la misma velocidad $\mathbf{u}$ (figura 13.21*b*). Entonces ocurrirá un periodo de *restitución*, al final del cual las dos partículas recuperarán su forma original o quedarán deformadas de manera permanente, dependiendo de la magnitud de las fuerzas de impacto y de los materiales de que estén hechas las partículas. Nuestro propósito ahora es determinar las velocidades $\mathbf{v}'_A$ y $\mathbf{v}'_B$ de las partículas al final del periodo de restitución (figura 13.21*c*).

Al considerar primeramente las dos partículas como un solo sistema, se observa que no hay fuerza externa impulsiva. Por consiguiente, la cantidad de movimiento total de las dos partículas se conserva, y escribimos

$$m_A\mathbf{v}_A + m_B\mathbf{v}_B = m_A\mathbf{v}'_A + m_B\mathbf{v}'_B$$

Como todas las velocidades que consideramos están dirigidas a lo largo del mismo eje, podemos sustituir la ecuación obtenida por la siguiente relación, que contiene sólo componentes escalares:

$$m_Av_A + m_Bv_B = m_Av'_A + m_Bv'_B \qquad (13.37)$$

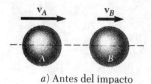

a) Antes del impacto

b) En deformación máxima

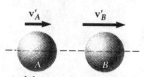

c) Después del impacto

Fig. 13.21

Un valor positivo de cualquiera de las cantidades escalares v_A, v_B, v_A' o v_B', significa que el vector correspondiente está dirigido hacia la derecha; un valor negativo indica que el vector correspondiente está dirigido hacia la izquierda.

A fin de obtener las velocidades $\mathbf{v}_A'$ y $\mathbf{v}_B'$ es necesario establecer una segunda relación entre los escalares v_A' y v_B'. Con este propósito, consideraremos ahora el movimiento de la partícula A durante el periodo de deformación, y aplicaremos el principio del impulso y de la cantidad de movimiento. Como la única fuerza impulsiva que actúa sobre A durante este periodo es la fuerza $\mathbf{P}$ aplicada por B (figura 13.22a), escribimos, usando otra vez las componentes escalares,

$$m_A v_A - \int P\, dt = m_A u \tag{13.38}$$

donde la integral se extiende sobre el periodo de deformación. Consideremos ahora el movimiento de A durante el periodo de restitución, y denotemos con $\mathbf{R}$ la fuerza aplicada sobre A por B durante este periodo (figura 13.22b), escribimos

$$m_A u - \int R\, dt = m_A v_A' \tag{13.39}$$

donde la integral se extiende sobre el periodo de restitución

a) Periodo de deformación

b) Periodo de restitución

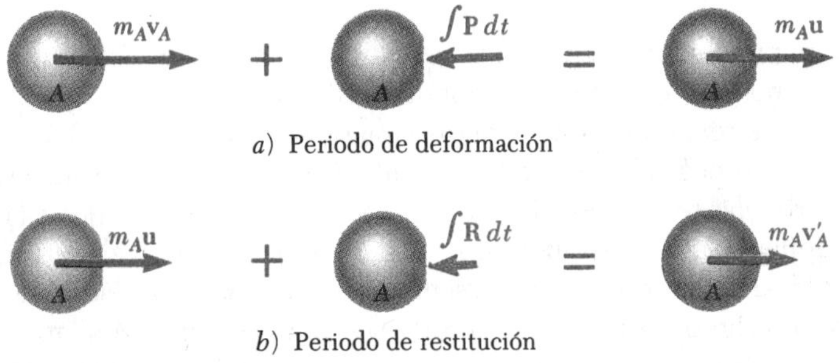

Fig. 13.22

En general, la fuerza $\mathbf{R}$ ejercida sobre A durante el periodo de restitución difiere de la fuerza $\mathbf{P}$ ejercida durante el periodo de deformación, y la magnitud $\int R\, dt$ de su impulso es más pequeño que la magnitud $\int P\, dt$ del impulso de $\mathbf{P}$. La relación de las magnitudes de los impulsos que corresponden al periodo de restitución y al periodo de deformación, respectivamente, se denomina *coeficiente de restitución* y se indica con e. Escribimos

$$e = \frac{\int R\, dt}{\int P\, dt} \tag{13.40}$$

El valor del coeficiente e siempre está entre 0 y 1, y depende en gran medida de los dos materiales que intervienen. Sin embargo, también varía en forma considerable con la velocidad del impacto, y la forma y tamaño de los dos cuerpos que chocan.

Al resolver las ecuaciones (13.38) y (13.39) para los dos impulsos y sustituyendo en la ecuación (13.40), se obtiene

$$e = \frac{u - v_A'}{v_A - u} \tag{13.41}$$

Un análisis similar en la partícula B conduce a la relación

$$e = \frac{v_B' - u}{u - v_B} \tag{13.42}$$

Como los cocientes de (13.41) y (13.42) son iguales, también son iguales al cociente obtenido al sumar sus numeradores y sus denominadores, respectivamente. Por lo tanto, tenemos

$$e = \frac{(u - v_A') + (v_B' - u)}{(v_A - u) + (u - v_B)} = \frac{v_B' - v_A'}{v_A - v_B}$$

y

$$v_B' - v_A' = e(v_A - v_B) \tag{13.43}$$

Puesto que $v_B' - v_A'$ representa la velocidad relativa de las dos partículas después del impacto, y $v_A - v_B$ representa su velocidad relativa antes del impacto, la fórmula (13.43) expresa que *la velocidad relativa de las dos partículas después del impacto puede obtenerse multiplicando su velocidad relativa antes del impacto por el coeficiente de restitución.* Esta propiedad se utiliza para obtener experimentalmente el valor del coeficiente de restitución de dos materiales dados.

Ahora pueden obtenerse las velocidades de las dos partículas después del impacto al resolver de manera simultánea las ecuaciones (13.37) y (13.43) para v_A' y v_B'. Debe recordarse que la deducción de las ecuaciones (13.37) y (13.43) se basó en la suposición de que la partícula B se ubica a la derecha de A, y que ambas partículas se movían inicialmente hacia la derecha. Si al inicio la partícula B se mueve hacia la izquierda, se debe considerar al escalar v_B con signo negativo. La misma convención de signo se aplica a las velocidades después del impacto: un signo positivo de v_A' indicará que la partícula A se mueve hacia la derecha después del impacto; un signo negativo indica que se mueve hacia la izquierda.

Tienen un interés especial dos casos particulares del impacto:

1. $e = 0$, *impacto perfectamente plástico.* Cuando $e = 0$, la ecuación (13.43) da por resultado $v_B' = v_A'$. No hay periodo de restitución, y las dos partículas permanecen unidas después del impacto. Al sustituir $v_B' = v_A' = v'$ en la ecuación (13.37), la cual expresa que la cantidad de movimiento total de las partículas se conserva, escribimos

$$m_A v_A + m_B v_B = (m_A + m_B)v' \tag{13.44}$$

Esta ecuación puede ser resuelta para obtener la velocidad común v' de las dos partículas después del impacto.

2. $e = 1$, *impacto perfectamente elástico.* Cuando $e = 1$, la ecuación (13.43) se reduce a

$$v_B' - v_A' = v_A - v_B \tag{13.45}$$

la cual expresa que las velocidades relativas, antes y después del impacto, son iguales. Los impulsos recibidos por cada partícula durante el periodo de deformación y durante el periodo de restitución son iguales. Después del impacto, las partículas se alejan entre sí con la misma velocidad con la cual se acercaron antes del impacto. Las velocidades

v'_A y v'_B pueden obtenerse resolviendo simultáneamente las ecuaciones (13.37) y (13.45).

Vale la pena observar que *en el caso de un impacto perfectamente elástico, se conserva la energía total de las dos partículas,* así como su cantidad de movimiento lineal total. Las ecuaciones (13.37) y (13.45) pueden escribirse de la siguiente manera:

$$m_A(v_A - v'_A) = m_B(v'_B - v_B) \qquad (13.37')$$
$$v_A + v'_A = v_B + v'_B \qquad (13.45')$$

Al multiplicar (13.37′) y (13.45′) miembro por miembro, tenemos

$$m_A(v_A - v'_A)(v_A + v'_A) = m_B(v'_B - v_B)(v'_B + v_B)$$
$$m_A v_A^2 - m_A(v'_A)^2 = m_B(v'_B)^2 - m_B v_B^2$$

Reordenando los términos en la ecuación resultante y multiplicando por $\frac{1}{2}$, escribimos

$$\tfrac{1}{2}m_A v_A^2 + \tfrac{1}{2}m_B v_B^2 = \tfrac{1}{2}m_A(v'_A)^2 + \tfrac{1}{2}m_B(v'_B)^2 \qquad (13.46)$$

la cual expresa que la energía cinética de las partículas se conserva. Sin embargo, adviértase que *en el caso general de un impacto* (es decir, cuando e no es igual a 1), *la energía total de las partículas no se conserva.* Esto puede demostrarse en cualquier caso particular al comparar las energías cinéticas antes y después del impacto. La energía cinética perdida es transformada parcialmente en calor y también se consume en la generación de ondas elásticas en los dos cuerpos que chocan.

13.14. IMPACTO CENTRAL OBLICUO

Consideremos ahora el caso en el que las velocidades de las dos partículas que chocan *no* están dirigidas a lo largo de la línea de impacto (figura 13.23). Como se indicó en la sección 13.12, se dice que el impacto es *oblicuo.* Dado que las velocidades $\mathbf{v}'_A$ y $\mathbf{v}'_B$ de las partículas después del impacto son de dirección y magnitud desconocidas, su determinación necesitará que se usen cuatro ecuaciones independientes.

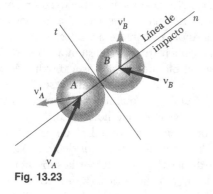

Fig. 13.23

Elegimos como ejes coordenados al eje n a lo largo de la línea del impacto (es decir, a lo largo de la normal común a las superficies en contacto), y el eje t a lo largo de su tangente común. Suponiendo que las partículas son perfectamente *lisas y sin fricción,* observamos que los únicos impulsos aplicados a las

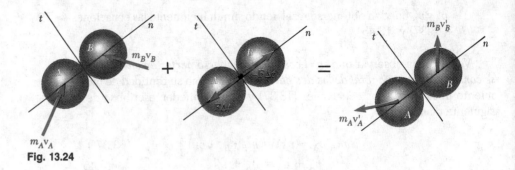

Fig. 13.24

partículas durante el impacto son causados por fuerzas internas dirigidas a lo largo de la línea del impacto, o sea, a lo largo del eje n (figura 13.24). Entonces

1. La componente a lo largo del eje t de la cantidad de movimiento de cada partícula, considerada por separado, se conserva; en consecuencia, la componente t de la velocidad de cada partícula no se altera. Escribimos

$$(v_A)_t = (v'_A)_t \qquad (v_B)_t = (v'_B)_t \qquad (13.47)$$

2. La componente a lo largo del eje n de la cantidad de movimiento total de las dos partículas se conserva. Escribimos

$$m_A(v_A)_n + m_B(v_B)_n = m_A(v'_A)_n + m_B(v'_B)_n \qquad (13.48)$$

3. La componente a lo largo del eje n de la velocidad relativa de las dos partículas después del impacto, se obtiene multiplicando la componente n de su velocidad relativa antes del impacto por el coeficiente de restitución. En efecto, una deducción similar a la dada en la sección 13.13 en el caso del impacto central directo produce

$$(v'_B)_n - (v'_A)_n = e[(v_A)_n - (v_B)_n] \qquad (13.49)$$

Así, hemos obtenido cuatro ecuaciones independientes que pueden resolverse para obtener las componentes de las velocidades de A y de B después del impacto. Este método de solución se ejemplifica en el problema resuelto 13.15.

Hasta este punto, nuestro análisis del impacto central oblicuo de dos partículas se ha basado en suponer que ambas partículas se movían libremente antes y después del impacto. Ahora examinaremos el caso en el que una de las partículas, o ambas, tienen alguna restricción en su movimiento. Por ejemplo, considérese el choque entre el bloque A, que está restringido a moverse en una superficie horizontal, y la bola B, que puede moverse libremente en el plano de la figura (figura 13.25). Supóngase que no hay rozamiento entre el bloque y la bola, ni entre el bloque y la superficie horizontal. Notamos que los impulsos aplicados al sistema consisten en los impulsos de las fuerzas internas $\mathbf{F}$ y $-\mathbf{F}$ dirigidas a lo largo de la línea del impacto (es decir, a lo largo del eje n), y del impulso de la fuerza externa $\mathbf{F}_{ext}$ ejercida por la superficie horizontal sobre el bloque A y dirigida a lo largo de la vertical (figura 13.26).

Las velocidades del bloque A y de la bola B inmediatamente después del impacto están representadas por tres incógnitas, a saber: la magnitud de la velocidad $\mathbf{v}'_A$ del bloque A, de la cual se sabe que es horizontal, y la magnitud y

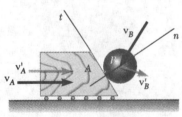

Fig. 13.25

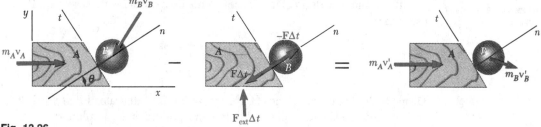

Fig. 13.26

dirección de la velocidad $\mathbf{v}_B'$ de la bola B. En consecuencia, escribiremos tres ecuaciones que expresen que

1. La componente a lo largo del eje t de la cantidad de movimiento de la bola B se conserva; por lo tanto, la componente t de la velocidad de la bola B no se altera. Escribimos

$$(v_B)_t = (v_B')_t \qquad (13.50)$$

2. La componente a lo largo del eje horizontal x de la cantidad de movimiento total del bloque A y de la bola B se conserva. Escribimos

$$m_A v_A + m_B (v_B)_x = m_A v_A' + m_B (v_B')_x \qquad (13.51)$$

3. La componente de la velocidad relativa del bloque A y la bola B a lo largo del eje n después del impacto, se obtiene multiplicando la componente n de la velocidad relativa de ambos antes del impacto por el coeficiente de restitución. Escribimos otra vez

$$(v_B')_n - (v_A')_n = e[(v_A)_n - (v_B)_n] \qquad (13.49)$$

No obstante, debemos recalcar que, en el caso aquí considerado, no puede establecerse la validez de la ecuación (13.49) mediante una simple extensión de la deducción dada en la sección (13.13) para el impacto central directo de dos partículas que se mueven en una línea recta. De hecho, tales partículas no estaban sometidas a ningún impulso externo, mientras que el bloque A de este análisis está sujeto al impulso ejercido por la superficie horizontal. Para demostrar que la ecuación (13.49) sigue siendo válida, primeramente debemos aplicar el principio del impulso y la cantidad de movimiento al bloque A durante el periodo de deformación (figura 13.27). Si se consideran sólo las componentes horizontales, entonces

$$m_A v_A - (\textstyle\int P \, dt) \cos \theta = m_A u \qquad (13.52)$$

en donde la integral se extiende al periodo de deformación, y $\mathbf{u}$ representa la velocidad del bloque A al final de dicho periodo. Si ahora se considera el periodo de restitución, escribimos, de manera similar,

$$m_A u - (\textstyle\int R \, dt) \cos \theta = m_A v_A' \qquad (13.53)$$

en donde la integral se extiende sobre el periodo de restitución.

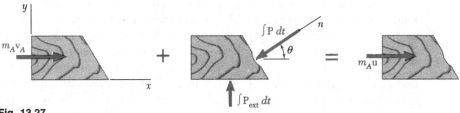

Fig. 13.27

Recordando la definición del coeficiente de restitución de la sección 13.13, escribimos

$$e = \frac{\int R \, dt}{\int P \, dt} \qquad (13.40)$$

Despejando de las ecuaciones (13.52) y (13.53) las integrales $\int P \, dt$ y $\int R \, dt$, y sustituyendo en la ecuación (13.40), tenemos, después de simplificar

$$e = \frac{u - v_A'}{v_A - u}$$

o bien, al multiplicar todas las velocidades por $\cos \theta$ con el fin de obtener sus proyecciones sobre la línea de impacto,

$$e = \frac{u_n - (v_A')_n}{(v_A)_n - u_n} \qquad (13.54)$$

Obsérvese que la ecuación (13.54) es idéntica a la ecuación (13.41) de la sección 13.13, excepto por los subíndices n que se usaron aquí para indicar que estamos considerando las componentes de la velocidad a lo largo de la línea de impacto. Como no hay restricciones para el movimiento de la bola B, puede completarse la demostración de la ecuación (13.49) de la misma manera que en la sección 13.13 se dedujo la ecuación (13.43). De esta manera, concluimos que la relación (13.49) entre las componentes de las velocidades relativas de dos partículas que chocan, a lo largo de la línea de impacto, continúa siendo válida cuando una de las partículas tiene restricciones en su movimiento. Con facilidad se puede extender la validez de esta relación al caso en el que ambas partículas tienen restricciones en su movimiento.

13.15. PROBLEMAS EN LOS QUE INTERVIENEN LA ENERGÍA Y LA CANTIDAD DE MOVIMIENTO

Tenemos ahora a nuestra disposición tres métodos diferentes para la solución de problemas de cinética: la aplicación directa de la segunda ley de Newton, $\Sigma \mathbf{F} = m\mathbf{a}$; el método del trabajo y la energía, y el método del impulso y la cantidad de movimiento. Para sacarle el máximo provecho a estos tres métodos, debemos saber escoger el que mejor se adapte a la solución de un problema dado. También debemos prepararnos para emplear diferentes métodos para resolver las distintas partes de un problema cuando tal procedimiento sea recomendable.

Ya vimos que el método del trabajo y la energía es, en la mayor parte de los casos, más expedito que la aplicación directa de la segunda ley de Newton. Sin embargo, como se indicó en la sección 13.4, tal método tiene sus limitaciones, y algunas veces se debe complementar con el uso de $\Sigma \mathbf{F} = m\mathbf{a}$. Éste es, por ejemplo, el caso cuando deseamos determinar una aceleración o una fuerza normal.

En la resolución de problemas que involucran fuerzas no impulsivas, es común encontrar que la ecuación $\Sigma \mathbf{F} = m\mathbf{a}$ nos lleve a una solución tan rápidamente como el método del impulso y la cantidad de movimiento, y que el método del trabajo y la energía, si se aplica, es más rápido y conveniente. Sin embargo, el método del impulso y la cantidad de movimiento es el único método práctico en problemas de impacto. Una solución basada en la aplicación directa de $\Sigma \mathbf{F} = m\mathbf{a}$ sería tediosa, y, por otro lado, el método del trabajo y la energía no podría usarse, dado que un impacto (a menos que sea perfectamente elástico) involucra una pérdida de energía mecánica.

En muchos problemas sólo intervienen fuerzas conservativas, excepto en una fase breve durante el impacto, en el cual actúan fuerzas impulsivas. La solución de tales problemas puede dividirse en varias partes. Mientras la parte correspondiente a la fase del impacto requiere el uso del método del impulso y la cantidad de movimiento y de la relación entre las velocidades relativas, las otras partes pueden resolverse usualmente por el método del trabajo y la energía. Sin embargo, el uso de la ecuación $\Sigma\mathbf{F} = m\mathbf{a}$ será necesario si el problema requiere la determinación de una fuerza normal.

Considérese, por ejemplo, un péndulo A, de masa m_A y longitud l, que se suelta sin velocidad desde una posición A_1 (figura 13.28a). El péndulo oscila con libertad en un plano vertical y golpea a un segundo péndulo B, de masa m_B y la misma longitud l, que está inicialmente en reposo. Después del impacto (con coeficiente de restitución e), el péndulo B oscila hasta un ángulo θ que deseamos determinar.

La solución del problema puede dividirse en tres partes:

1. El *péndulo A oscila desde A_1 hasta A_2*. Puede usarse el principio de la conservación de la energía para determinar la velocidad $(\mathbf{v}_A)_2$ del péndulo en A_2 (figura 13.28b).

2. El *péndulo A golpea al péndulo B*. Usando el hecho de que la cantidad de movimiento total de los dos péndulos se conserva del mismo modo que la relación entre sus velocidades relativas, determinamos las velocidades $(\mathbf{v}_A)_3$ y $(\mathbf{v}_B)_3$ de los dos péndulos después del impacto (figura 13.28c).

3. El *péndulo B oscila desde B_3 hasta B_4*. Aplicando el principio de la conservación de la energía al péndulo B, determinamos la máxima elevación y_4 alcanzada por ese péndulo (figura 13.28d). El ángulo θ puede determinarse entonces por trigonometría.

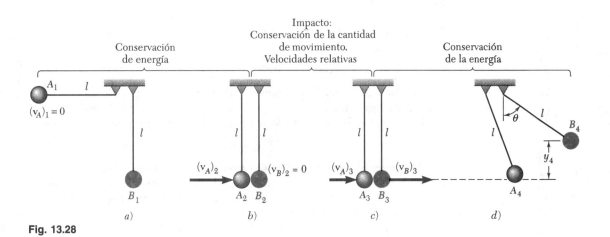

Fig. 13.28

Nótese que el método de solución que acabamos de describir debe complementarse con el uso de $\Sigma\mathbf{F} = m\mathbf{a}$ si se desea determinar las tensiones en las cuerdas que sostienen los péndulos.

PROBLEMA RESUELTO 13.13

Un vagón de ferrocarril de 20 Mg que se mueve a una velocidad de 0.5 m/s a la derecha, colisiona con un vagón de 35 Mg que se encuentra en reposo. Si después de la colisión se observa que el vagón de 35 Mg se mueve a la derecha con una rapidez de 0.3 m/s, determínese el coeficiente de restitución entre los dos vagones.

SOLUCIÓN

Expresamos que la cantidad de movimiento total de los dos vagones se conserva.

$$m_A\mathbf{v}_A + m_B\mathbf{v}_B = m_A\mathbf{v}'_A + m_B\mathbf{v}'_B$$
$$(20 \text{ Mg})(+0.5 \text{ m/s}) + (35 \text{ Mg})(0) = (20 \text{ Mg})v'_A + (35 \text{ Mg})(+0.3 \text{ m/s})$$
$$v'_A = -0.025 \text{ m/s} \qquad \mathbf{v}'_A = 0.025 \text{ m/s} \leftarrow$$

El coeficiente de restitución se obtiene escribiendo

$$e = \frac{v'_B - v'_A}{v_A - v_B} = \frac{+0.3 - (-0.025)}{+0.5 - 0} = \frac{0.325}{0.5} \qquad e = 0.65 \quad \blacktriangleleft$$

PROBLEMA RESUELTO 13.14

Una pelota es lanzada contra una pared vertical sin fricción. Inmediatamente antes de que la pelota golpee la pared, su velocidad tiene una magnitud v y forma un ángulo de 30° con la horizontal. Sabiendo que $e = 0.90$, determínese la magnitud y la dirección de la velocidad de la pelota al rebotar de la pared.

SOLUCIÓN

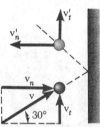

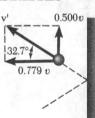

Transformamos la velocidad inicial de la pelota en componentes perpendicular y paralela a la pared:

$$v_n = v \cos 30° = 0.866v \qquad v_t = v \operatorname{sen} 30° - 0.500v$$

Movimiento paralelo a la pared. Como la pared no tiene fricción, el impulso que ejerce sobre la pelota es perpendicular a la pared. Así, la componente paralela a la pared de la cantidad de movimiento de la pelota se conserva, y tenemos

$$\mathbf{v}'_t = \mathbf{v}_t = 0.500v \uparrow$$

Movimiento perpendicular a la pared. Como la masa de la pared (y la tierra) en esencia es infinita, el expresar que la cantidad de movimiento total de la pelota y la pared se conserva no daría información útil. Usando la relación (13.49) entre las velocidades relativas, escribimos

$$0 - v'_n = e(v_n - 0)$$
$$v'_n = -0.90(0.866v) = -0.779v \qquad \mathbf{v}'_n = 0.779v \leftarrow$$

Movimiento resultante. Sumando vectorialmente las componentes $\mathbf{v}'_n$ y $\mathbf{v}'_t$.

$$\mathbf{v}' = 0.926v \; \measuredangle \; 32.7° \quad \blacktriangleleft$$

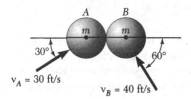

PROBLEMA RESUELTO 13.15

La magnitud y dirección de las velocidades de dos pelotas idénticas sin fricción antes de que choquen entre sí, son las que se muestran. Asumiendo que $e = 0.90$, determínese la magnitud y dirección de la velocidad de cada pelota después del impacto.

SOLUCIÓN

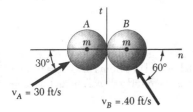

Las fuerzas impulsivas que las pelotas ejercen entre sí durante el impacto, están dirigidas a lo largo de la línea que une los centros de las pelotas, llamada *línea de impacto*. Transformando las velocidades en componentes dirigidas, respectivamente, a lo largo de la línea de impacto y a lo largo de la tangente común a las superficies en contacto, escribimos

$$(v_A)_n = v_A \cos 30° = +26.0 \text{ ft/s}$$
$$(v_A)_t = v_A \operatorname{sen} 30° = +15.0 \text{ ft/s}$$
$$(v_B)_n = -v_B \cos 60° = -20.0 \text{ ft/s}$$
$$(v_B)_t = v_B \operatorname{sen} 60° = +34.6 \text{ ft/s}$$

Principio del impulso y la cantidad de movimiento. En las figuras adjuntas se muestran las cantidades de movimiento iniciales, los impulsos y las cantidades de movimiento finales.

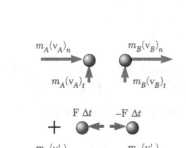

Movimiento a lo largo de la tangente común. Considere solamente las componentes t; se aplica el principio del impulso y la cantidad de movimiento a cada pelota *por separado*. Como las fuerzas impulsivas se dirigen a lo largo de la línea de impacto, la componente t de la cantidad de movimiento (y, por tanto, la componente t de la velocidad de cada pelota) no se altera. Tenemos

$$(\mathbf{v}'_A)_t = 15.0 \text{ ft/s} \uparrow \qquad (\mathbf{v}'_B)_t = 34.6 \text{ ft/s} \uparrow$$

Movimiento a lo largo de la línea de impacto. En la dirección n, consideramos las dos pelotas como un solo sistema, y notamos que, por la tercera ley de Newton, los impulsos internos son, respectivamente, $\mathbf{F}\,\Delta t$ y $-\mathbf{F}\,\Delta t$ y se cancelan. Por lo tanto, escribimos que la cantidad de movimiento total de las pelotas se conserva:

$$m_A(v_A)_n + m_B(v_B)_n = m_A(v'_A)_n + m_B(v'_B)_n$$
$$m(26.0) + m(-20.0) = m(v'_A)_n + m(v'_B)_n$$
$$(v'_A)_n + (v'_B)_n = 6.0 \quad (1)$$

Usando la relación (13.49) entre las velocidades relativas, escribimos

$$(v'_B)_n - (v'_A)_n = e[(v_A)_n - (v_B)_n]$$
$$(v'_B)_n - (v'_A)_n = (0.90)[26.0 - (-20.0)]$$
$$(v'_B)_n - (v'_A)_n = 41.4 \quad (2)$$

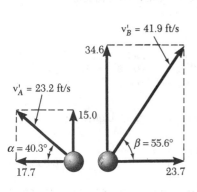

Resolviendo las ecuaciones (1) y (2) simultáneamente, obtenemos

$$(v'_A)_n = -17.7 \qquad (v'_B)_n = +23.7$$
$$(\mathbf{v}'_A)_n = 17.7 \text{ ft/s} \leftarrow \qquad (\mathbf{v}'_B)_n = 23.7 \text{ ft/s} \rightarrow$$

Movimiento resultante. Sumando vectorialmente las componentes de la velocidad de cada pelota, obtenemos

$$\mathbf{v}'_A = 23.2 \text{ ft/s} \ \angle \ 40.3° \qquad \mathbf{v}'_B = 41.9 \text{ ft/s} \ \angle \ 55.6° \ \blacktriangleleft$$

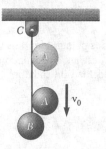

PROBLEMA RESUELTO 13.16

La pelota B cuelga de una cuerda inextensible BC. Una bola idéntica A se suelta desde el reposo cuando está justo tocando la cuerda, y adquiere una velocidad $\mathbf{v}_0$ antes de golpear la bola B. Asumiendo un impacto perfectamente elástico ($e = 1$) y despreciando la fricción, determínese la velocidad de cada pelota en el momento posterior al impacto.

SOLUCIÓN

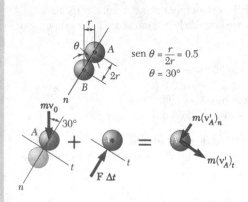

$$\operatorname{sen} \theta = \frac{r}{2r} = 0.5$$
$$\theta = 30°$$

Como la pelota B está restringida a moverse en un círculo de centro C, su velocidad $\mathbf{v}_B$ después del impacto debe ser horizontal. Así, el problema involucra tres incógnitas: la magnitud v_B' de la velocidad de B, y la magnitud y dirección de la velocidad $\mathbf{v}_A'$ de A después del impacto.

Principio del impulso-cantidad de movimiento: pelota A

$$m\mathbf{v}_A + \mathbf{F}\,\Delta t = m\mathbf{v}_A'$$
$$+\searrow \text{ componentes en } t: \quad mv_0 \operatorname{sen} 30° + 0 = m(v_A')_t$$
$$(v_A')_t = 0.5v_0 \qquad (1)$$

Se observa que la ecuación empleada expresa la conservación de la cantidad de movimiento de la pelota A, a lo largo de la tangente común a las pelotas A y B.

Principio del impulso-cantidad de movimiento: pelotas A y B

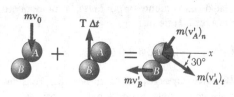

$$m\mathbf{v}_A + \mathbf{T}\,\Delta t = m\mathbf{v}_A' + m\mathbf{v}_B'$$
$$\xrightarrow{+} \text{componentes en } x: \quad = m(v_A')_t \cos 30° - m(v_A')_n \operatorname{sen} 30° - mv_B'$$

Notamos que la ecuación obtenida expresa la conservación de la cantidad de movimiento total en la dirección x. Sustituyendo $(v_A')_t$ de la ecuación (1) y rearreglando los términos, escribimos

$$0.5(v_A')_n + v_B' = 0.433v_0 \qquad (2)$$

Velocidades relativas a lo largo de la línea de impacto. Como $e = 1$, la ecuación (13.49) da

$$(v_B')_n - (v_A')_n = (v_A)_n - (v_B)_n$$
$$v_B' \operatorname{sen} 30° - (v_A')_n = v_0 \cos 30° - 0$$
$$0.5v_B' - (v_A')_n = 0.866v_0 \qquad (3)$$

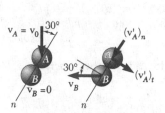

Resolviendo las ecuaciones (2) y (3) simultáneamente, obtenemos

$$(v_A')_n = -0.520v_0 \qquad v_B' = 0.693v_0$$
$$\mathbf{v}_B' = 0.693v_0 \leftarrow \quad \blacktriangleleft$$

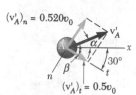

Retomando la ecuación (1), dibujamos el trazo adjunto y obtenemos por trigonometría

$$v_A' = 0.721v_0 \qquad \beta = 46.1° \qquad \alpha = 46.1° - 30° = 16.1°$$
$$\mathbf{v}_A' = 0.721v_0 \measuredangle 16.1° \quad \blacktriangleleft$$

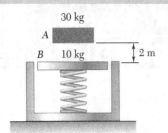

PROBLEMA RESUELTO 13.17

Un bloque de 30 kg se suelta desde una altura de 2 m sobre el plato de 10 kg de una báscula de resorte. Asumiendo que el impacto es perfectamente plástico, determínese la máxima deflexión del plato. La constante del resorte es $k = 20$ kN/m.

SOLUCIÓN

El impacto entre el bloque y el plato *debe* tratarse por separado; por eso dividimos la solución en tres partes.

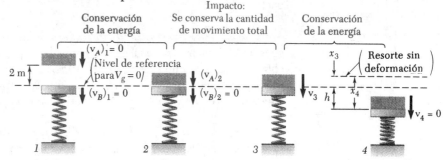

Conservación de la energía. Bloque: $W_A = (30 \text{ kg})(9.81 \text{ m/s}^2) = 294$ N

$$T_1 = \tfrac{1}{2}m_A(v_A)_1^2 = 0 \qquad V_1 = W_A y = (294 \text{ N})(2 \text{ m}) = 588 \text{ J}$$
$$T_2 = \tfrac{1}{2}m_A(v_A)_2^2 = \tfrac{1}{2}(30 \text{ kg})(v_A)_2^2 \qquad V_2 = 0$$
$$T_1 + V_1 = T_2 + V_2: \quad 0 + 588 \text{ J} = \tfrac{1}{2}(30 \text{ kg})(v_A)_2^2 + 0$$
$$(v_A)_2 = +6.26 \text{ m/s} \qquad (\mathbf{v}_A)_2 = 6.26 \text{ m/s} \downarrow$$

Impacto: conservación de la cantidad de movimiento. Como el impacto es perfectamente plástico, $e = 0$; el bloque y el plato se mueven juntos después del impacto.

$$m_A(v_A)_2 + m_B(v_B)_2 = (m_A + m_B)v_3$$
$$(30 \text{ kg})(6.26 \text{ m/s}) + 0 = (30 \text{ kg} + 10 \text{ kg})v_3$$
$$v_3 = +4.70 \text{ m/s} \qquad \mathbf{v}_3 = 4.70 \text{ m/s} \downarrow$$

Conservación de la energía. Inicialmente, el resorte soporta el peso W_B del plato; así, la deflexión inicial del resorte es

$$x_3 = \frac{W_B}{k} = \frac{(10 \text{ kg})(9.81 \text{ m/s}^2)}{20 \times 10^3 \text{ N/m}} = \frac{98.1 \text{ N}}{20 \times 10^3 \text{ N/m}} = 4.91 \times 10^{-3} \text{ m}$$

Denotando con x_4 la deflexión máxima total del resorte, escribimos

$$T_3 = \tfrac{1}{2}(m_A + m_B)v_3^2 = \tfrac{1}{2}(30 \text{ kg} + 10 \text{ kg})(4.70 \text{ m/s})^2 = 442 \text{ J}$$
$$V_3 = V_g + V_e = 0 + \tfrac{1}{2}kx_3^2 = \tfrac{1}{2}(20 \times 10^3)(4.91 \times 10^{-3})^2 = 0.241 \text{ J}$$
$$T_4 = 0$$
$$V_4 = V_g + V_e = (W_A + W_B)(-h) + \tfrac{1}{2}kx_4^2 = -(392)h + \tfrac{1}{2}(20 \times 10^3)x_4^2$$

Notando que el desplazamiento del plato es $h = x_4 - x_3$, escribimos

$$T_3 + V_3 = T_4 + V_4:$$
$$442 + 0.241 = 0 - 392(x_4 - 4.91 \times 10^{-3}) + \tfrac{1}{2}(20 \times 10^3)x_4^2$$
$$x_4 = 0.230 \text{ m} \qquad h = x_4 - x_3 = 0.230 \text{ m} - 4.91 \times 10^{-3} \text{ m}$$
$$h = 0.225 \text{ m} \qquad\qquad h = 225 \text{ mm} \blacktriangleleft$$

En esta lección se estudió el *impacto de dos cuerpos*; es decir, las colisiones que ocurren en un intervalo de tiempo muy corto. Se podrá resolver una gran cantidad de problemas de impacto expresando que la cantidad de movimiento total de los dos cuerpos se conserva, y notando la relación que existe entre las velocidades relativas de los dos cuerpos antes y después del impacto.

1. Como primer paso de la solución, se deben seleccionar y trazar los siguientes ejes coordenados: el eje *t*, el cual es tangente a las superficies de contacto de los dos cuerpos que chocan, y el eje *n*, que es normal a las superficies de contacto y define la *línea de impacto*. En todos los problemas de esta lección, la línea de impacto pasa por los centros de masa de los cuerpos que chocan, y el impacto se refiere a un *impacto central*.

2. El siguiente paso es dibujar un diagrama que muestre las cantidades de movimiento de los cuerpos antes del impacto, los impulsos ejercidos sobre los cuerpos durante el impacto y las cantidades de movimiento finales de los cuerpos después del impacto (figura 13.24). Se observará entonces si el impacto es un *impacto central directo* o un *impacto central oblicuo*.

3. Impacto central directo. Ocurre cuando *ambas* velocidades de los bloques *A* y *B* antes del impacto *están dirigidas a lo largo de la línea de impacto* (figura 13.20*a*).

a. Conservación de la cantidad de movimiento. Como las fuerzas impulsivas son internas al sistema, se puede escribir que la *cantidad de movimiento total de A y B se conserva*.

$$m_A v_A + m_B v_B = m_A v_A' + m_B v_B' \qquad (13.37)$$

donde v_A y v_B denotan las velocidades de los cuerpos *A* y *B* antes del impacto, y v_A' y v_B' las velocidades después del impacto.

b. Coeficiente de restitución. También se puede escribir la siguiente relación entre las *velocidades relativas* de los dos cuerpos, antes y después del impacto,

$$v_B' - v_A' = e(v_A - v_B) \qquad (13.43)$$

donde *e* es el coeficiente de restitución entre los dos cuerpos.

Nótese que las ecuaciones (13.37) y (13.43) son ecuaciones escalares que pueden resolverse para dos incógnitas. También, tenga cuidado de elegir una convención de signos consistente para todas las velocidades.

4. Impacto central oblicuo. Ocurre cuando *una o ambas* velocidades iniciales de los dos cuerpos *no está dirigida* a lo largo de la línea de impacto (figura 13.20*b*). Para resolver problemas de este tipo, *primeramente debe transformar en componentes* a lo largo de los ejes *t* y *n* las cantidades de movimiento y los impulsos mostrados en el diagrama trazado.

a. Conservación de la cantidad de movimiento. Como las fuerzas impulsivas actúan a lo largo de la línea de impacto (esto es, a lo largo del eje n), las componentes a lo largo del eje t de la cantidad de movimiento *de cada cuerpo* se conservan. Por tanto, se puede escribir para cada cuerpo que las componentes t de su velocidad antes y después del impacto son iguales,

$$(v_A)_t = (v'_A)_t \qquad (v_B)_t = (v'_B)_t \tag{13.47}$$

Además, la componente a lo largo del eje n de la *cantidad de movimiento total* del sistema se conserva,

$$m_A(v_A)_n + m_B(v_B)_n = m_A(v'_A)_n + m_B(v'_B)_n \tag{13.48}$$

b. Coeficiente de restitución. La relación entre las velocidades relativas de los dos cuerpos, antes y después del impacto, pueden escribirse en la dirección n solamente,

$$(v'_B)_n - (v'_A)_n = e[(v_A)_n - (v_B)_n] \tag{13.49}$$

Hasta aquí se tienen cuatro ecuaciones que se pueden resolver para cuatro incógnitas. Note que, después de hallar todas las velocidades, se puede determinar el impulso ejercido por el cuerpo A sobre el cuerpo B trazando un diagrama impulso-cantidad de movimiento sólo para B, e igualar las componentes en la dirección n.

c. Cuando se restringe el movimiento de uno de los cuerpos que chocan, se deben incluir los impulsos de las fuerzas externas en su diagrama. Entonces se observará que algunas de las relaciones de arriba no son válidas. Sin embargo, en el ejemplo mostrado en la figura 13.26, la cantidad de movimiento total del sistema se conserva en una dirección perpendicular al impulso externo. Se debe notar también que, cuando un cuerpo A rebota en una superficie fija B, la única ecuación de conservación de la cantidad de movimiento que puede usarse es la primera de las ecuaciones (13.47) (problema resuelto 13.14).

5. *Recuerde que se pierde energía durante la mayoría de los impactos.* La única excepción son los impactos *perfectamente elásticos* ($e = 1$), donde la energía se conserva. Así, en el caso general de impacto, donde $e < 1$, la energía no se conserva. Por eso, tenga cuidado de *no aplicar* el principio de conservación de la energía en una situación de impacto. En cambio, aplique este principio por separado a los movimientos precedentes y siguientes al impacto (problema resuelto 13.17).

Problemas

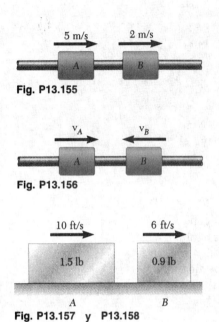

Fig. P13.155

5 m/s   2 m/s

A   B

Fig. P13.156

v_A v_B

A   B

10 ft/s   6 ft/s

1.5 lb   0.9 lb

A   B

Fig. P13.157 y P13.158

13.155 Dos collarines idénticos A y B de 1.2 kg se deslizan, como se muestra, sobre una varilla sin fricción. Sabiendo que el coeficiente de restitución es $e = 0.65$, determine a) la velocidad de cada collarín después del impacto, b) la energía perdida durante el impacto.

13.156 Los collarines A y B, de la misma masa m, se mueven uno hacia el otro con las velocidades mostradas. Sabiendo que el coeficiente de restitución entre los collarines es 0 (impacto plástico), muestre que después del impacto a) la velocidad común de los collarines es igual a la mitad de la diferencia en sus velocidades antes del impacto, b) la pérdida en la energía cinética es $\frac{1}{4}m(v_A + v_B)^2$.

13.157 Dos bloques de acero se deslizan sobre una superficie horizontal sin fricción, con las velocidades mostradas. Sabiendo que después del impacto se observa que la velocidad de B es 10.5 ft/s a la derecha, determine el coeficiente de restitución entre los bloques.

13.158 Dos bloques de acero se deslizan sobre una superficie horizontal sin fricción, con las velocidades mostradas. Sabiendo que el coeficiente de restitución entre los dos bloques es 0.75, determine a) la velocidad de cada bloque después del impacto, b) la pérdida de energía cinética debida al impacto.

13.159 Dos automóviles idénticos A y B están en reposo sobre una pasarela de embarque, sin que actúen sus frenos. El automóvil C, de un modelo un poco diferente pero del mismo peso, ha sido empujado por los trabajadores del muelle, y golpea al automóvil B con una velocidad de 1.5 m/s. Sabiendo que el coeficiente de restitución es 0.8 entre B y C, y 0.5 entre A y B, determine la velocidad de cada automóvil después de que han ocurrido todas las colisiones.

Fig. P13.159

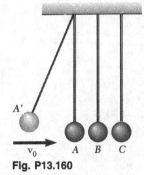

Fig. P13.160

13.160 Tres esferas de acero de igual peso están suspendidas del techo por cordones de igual longitud, espaciados a una distancia un poco mayor que el diámetro de las esferas. Después de ser jaladas hacia atrás y soltadas, la esfera A golpea a la esfera B, la cual a su vez golpea la esfera C. Denotando con e el coeficiente de restitución entre las esferas, y con $\mathbf{v}_0$ la velocidad de A justo antes de que golpee a B, determine a) las velocidades de A y B inmediatamente después de la primera colisión, b) las velocidades de B y C inmediatamente después de la segunda colisión. c) Asumiendo que n esferas están suspendidas del techo, y que la primera esfera es jalada hacia atrás y soltada como se describe arriba, determine la velocidad de la última esfera después de que es golpeada por primera vez. d) Use el resultado de la parte c para obtener la velocidad de la última esfera cuando $n = 6$ y $e = 0.95$.

13.161 Dos discos que se deslizan sobre un plano horizontal sin fricción, con velocidades opuestas y de la misma magnitud v_0, se golpean mutuamente como se muestra. Se sabe que el disco A tiene una masa de 3 kg y que tiene velocidad cero después del impacto. Determine a) la masa del disco B, sabiendo que el coeficiente de restitución entre los dos discos es 0.5, b) el rango de valores posibles de la masa del disco B si el coeficiente de restitución entre los dos discos se desconoce.

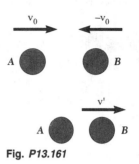

Fig. P13.161

13.162 En una fábrica de partes para automóviles, los paquetes se transportan a la zona de embarque empujándolos sobre una pista de rodillos de fricción muy pequeña. En el instante mostrado, los paquetes B y C están en reposo, y el paquete A tiene una velocidad de 2 m/s. Sabiendo que el coeficiente de restitución entre los paquetes es 0.3, determine a) la velocidad del paquete C después de que A golpea a B y B golpea a C, b) la velocidad de A después de que éste golpea a B por segunda vez.

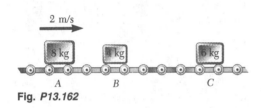

Fig. P13.162

13.163 Uno de los requerimientos para que las pelotas de tenis se puedan usar en una competencia oficial es que, cuando se sueltan sobre una superficie rígida desde una altura de 100 in., la altura del primer rebote de la pelota debe estar en el rango 53 in. $\le h \le 58$ in. Determine el rango de los coeficientes de restitución para que las pelotas de tenis cumplan el requerimiento.

13.164 Demuestre que para una bola que golpea una superficie fija sin fricción, $\alpha > \theta$. También muestre que el porcentaje de pérdida de energía cinética debida al impacto es $100(1 - e^2) \cos^2 \theta$.

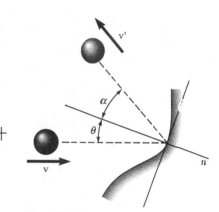

Fig. P13.164

13.165 Una pelota A de 600 g se mueve con una velocidad de 6 m/s de magnitud cuando es golpeada como se muestra por una pelota B de 1 kg, que tiene una velocidad de 4 m/s de magnitud. Sabiendo que el coeficiente de restitución es 0.8 y asumiendo que no hay fricción, determine la velocidad de cada pelota después del impacto.

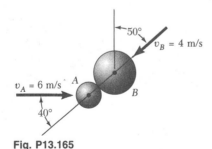

Fig. P13.165

13.166 Dos discos de hockey idénticos se mueven sobre una pista para hockey con la misma rapidez de 3 m/s, y en direcciones paralelas y opuestas cuando chocan como se muestra. Asumiendo un coeficiente de restitución $e = 1$, determine la magnitud y dirección de la velocidad de cada disco después del impacto.

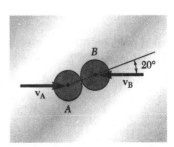

Fig. P13.166

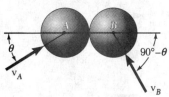

Fig. P13.167

13.167 *a*) Muestre que cuando dos esferas idénticas *A* y *B*, con un coeficiente de restitución *e* = 1, chocan mientras se mueven con velocidades $\mathbf{v}_A$ y $\mathbf{v}_B$ perpendiculares entre sí, rebotarán con velocidades $\mathbf{v}'_A$ y $\mathbf{v}'_B$ que también son perpendiculares mutuamente. *b*) Para verificar esta propiedad, solucione el problema resuelto 13.15, con *e* = 1, y determine el ángulo formado por $\mathbf{v}'_A$ y $\mathbf{v}'_B$.

13.168 El coeficiente de restitución es 0.9 entre las dos bolas de billar *A* y *B* de 2.37 in. de diámetro. La bola *A* se mueve en la dirección mostrada con una velocidad de 3 ft/s, cuando golpea a la bola *B*, que se encuentra en reposo. Sabiendo que, después del impacto, *B* se mueve en la dirección *x*, determine *a*) el ángulo *θ*, *b*) la velocidad de *B* después del impacto.

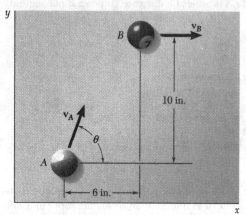

Fig. P13.168

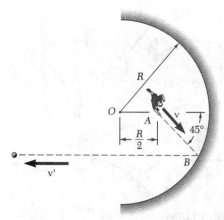

Fig. P13.169

13.169 Un niño localizado en el punto *A*, que está a la mitad del camino entre el centro *O* de una pared semicircular y la pared misma, lanza una bola a la pared en una dirección que forma un ángulo de 45° con *OA*. Sabiendo que después de golpear la pared la bola rebota en una dirección paralela a *OA*, determine el coeficiente de restitución entre la pelota y la pared.

13.170 Una niña lanza una pelota a una pared inclinada, desde una altura de 1.2 m, la pared es golpeada con una velocidad $\mathbf{v}_0$ de 15 m/s de magnitud. Sabiendo que el coeficiente de restitución entre la pelota y la pared es 0.9, y despreciando la fricción, determine la distancia *d*, desde la base de la pared hasta el punto *B*, donde la pelota golpeará el piso después de rebotar en la pared.

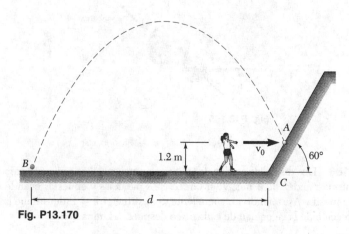

Fig. P13.170

13.171 Una pelota golpea el piso en A con una velocidad $\mathbf{v}_0$ de 16 ft/s, a un ángulo de 60° con la horizontal. Sabiendo que $e = 0.6$ entre la pelota y el piso, y que después de rebotar la pelota alcanza el punto B con una velocidad horizontal, determine a) las distancias h y d, b) la velocidad de la pelota cuando alcanza B.

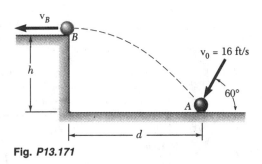

Fig. P13.171

13.172 Una esfera rebota como se muestra, después de golpear contra un plano inclinado con una velocidad vertical $\mathbf{v}_0$ de magnitud $v_0 = 15$ ft/s. Sabiendo que $\alpha = 30°$ y $e = 0.8$ entre la esfera y el plano, determine la altura h alcanzada por la esfera.

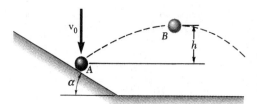

Fig. P13.172

13.173 Una esfera A de 1.2 kg, que se mueve con una velocidad $\mathbf{v}_0$ paralela al piso y de magnitud $v_0 = 2$ m/s, golpea la cara inclinada de una cuña B de 4.8 kg, la cual puede rodar con libertad sobre el piso y se encuentra al inicio en reposo. Sabiendo que $\theta = 60°$ y que el coeficiente de restitución entre la esfera y la cuña es $e = 1$, determine la velocidad de la cuña inmediatamente después del impacto.

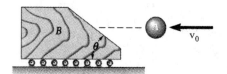

Fig. P13.173

13.174 Un bloque B de 1 kg se mueve con una velocidad $\mathbf{v}_0$ de magnitud $v_0 = 2$ m/s y golpea una esfera A de 0.5 kg, la cual está en reposo y cuelga de un cordón fijo en O. Sabiendo que $\mu_k = 0.6$ entre el bloque y la superficie horizontal y $e = 0.8$ entre el bloque y la esfera, determine después del impacto a) la máxima altura h alcanzada por la esfera, b) la distancia x recorrida por el bloque.

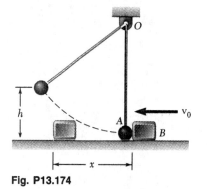

Fig. P13.174

13.175 Un bloque B de 1.5 kg está fijo a un resorte no deformado, de constante $k = 80$ N/m, y descansa sobre una superficie horizontal sin fricción, cuando es golpeado por un bloque idéntico A que se mueve con una rapidez de 5 m/s. Considerando sucesivamente los casos cuando el coeficiente de restitución entre los dos bloques es 1) $e = 1$, 2) $e = 0$, determine a) la máxima deformación del resorte, b) la velocidad final del bloque A.

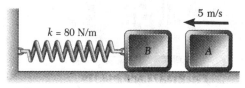

Fig. P13.175 y P13.176

13.176 Un bloque B de 1.5 kg está fijo a un resorte no deformado, de constante $k = 80$ N/m, y descansa sobre una superficie horizontal sin fricción, cuando es golpeado por un bloque idéntico A que se mueve con una rapidez de 5 m/s. Asumiendo que el impacto es perfectamente elástico ($e = 1$), y sabiendo que los coeficientes de fricción entre los bloques y la superficie horizontal son $\mu_k = 0.3$ y $\mu_s = 0.5$, determine la posición final de a) el bloque A, b) el bloque B.

13.177 Una pelota de 90 g, lanzada con una velocidad horizontal v_0, golpea una placa de 720 g fija a una pared vertical a una altura de 900 mm sobre el piso. Se observa que, después de rebotar, la pelota golpea el piso a una distancia de 480 mm de la pared cuando la placa está fija rígidamente a ésta (figura 1), y a una distancia de 220 mm cuando entre la placa y la pared se coloca un colchón de caucho (figura 2). Determine *a*) el coeficiente de restitución *e* entre la pelota y la placa, *b*) la velocidad inicial v_0 de la pelota.

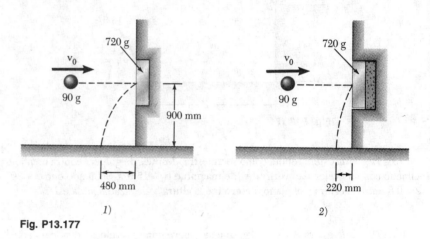

1)   2)

Fig. P13.177

13.178 Se suelta una esfera *A* de 1.3 lb desde una altura de 1.8 ft sobre una placa *B* de 2.6 lb, la cual está sostenida por un grupo de resortes y se encuentra inicialmente en reposo. Sabiendo que el coeficiente de restitución entre la esfera y la placa es *e* = 0.8, determine *a*) la altura *h* alcanzada por la esfera después del rebote, *b*) la constante *k* del resorte equivalente al conjunto dado, si la máxima deflexión de la placa es igual a 3*h*.

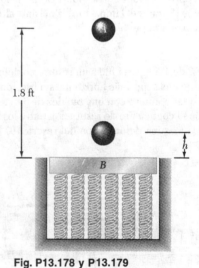

Fig. P13.178 y P13.179

13.179 Se suelta una esfera *A* de 1.3 lb desde una altura de 1.8 ft sobre una placa *B* de 2.6 lb, la cual está sostenida por un grupo de resortes y se encuentra inicialmente en reposo. Sabiendo que el conjunto de resortes es equivalente a un solo resorte de constante *k* = 5 lb/in., determine *a*) el valor del coeficiente de restitución entre la esfera y la placa, para el que la altura *h* alcanzada por la esfera después de rebotar es máxima, *b*) el correspondiente valor de *h*, *c*) el correspondiente valor de la máxima deflexión de la placa.

13.180 Dos automóviles de la misma masa viajan con sentidos opuestos entre sí en C. Después de la colisión, los automóviles patinan con los frenos aplicados y se detienen en las posiciones mostradas en la parte inferior de la figura. Sabiendo que la rapidez del carro A justo antes del impacto era 5 mi/h y que el coeficiente de fricción cinética entre el pavimento y los neumáticos de ambos automóviles es 0.30, determine a) la rapidez del carro B justo antes del impacto, b) el coeficiente efectivo de restitución entre los dos carros.

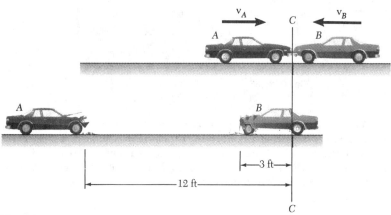

Fig. *P13.180*

13.181 Los bloques A y B pesan 0.8 lb cada uno, y el bloque C pesa 2.4 lb. El coeficiente de fricción entre los bloques y el plano es $\mu_k = 0.30$. Inicialmente, el bloque A se mueve con una rapidez $v_0 = 15$ ft/s, y los bloques B y C están en reposo (figura 1). Después de que A golpea a B y B golpea a C, los tres bloques se detienen en las posiciones mostradas (figura 2). Determine a) los coeficientes de restitución entre A y B, y entre B y C, b) el desplazamiento x del bloque C.

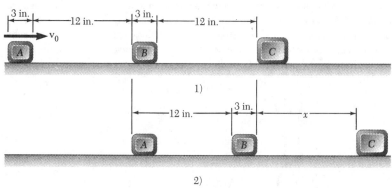

Fig. *P13.181*

13.182 Los tres bloques mostrados son idénticos. Los bloques B y C están en reposo cuando el bloque B es golpeado por el bloque A, que se mueve con una velocidad $\mathbf{v}_A$ de 3 ft/s. Después del impacto, el cual se asume que es perfectamente plástico ($e = 0$), las velocidades de los bloques A y B disminuyen debido a la fricción, mientras que el bloque C gana rapidez, hasta que los tres bloques se mueven con la misma velocidad $\mathbf{v}$. Sabiendo que el coeficiente de fricción cinética entre todas las superficies es $\mu_k = 0.20$, determine a) el tiempo requerido para que los tres bloques alcancen la misma velocidad, b) la distancia total recorrida por cada bloque durante ese tiempo.

Fig. P13.182

13.183 Después de haber sido empujado por un empleado de una aerolínea, un transportador de equipaje vacío A de 40 kg golpea, con una velocidad de 5 m/s, a un transportador idéntico B que contiene una maleta de 15 kg equipada con ruedas. El impacto causa que la maleta ruede hacia la pared izquierda del transportador B. Sabiendo que el coeficiente de restitución entre los dos transportadores es 0.8, y que el coeficiente de restitución entre la maleta y la pared del transportador B es 0.30, determine a) la velocidad del transportador B después de que la maleta golpea su pared por primera vez, b) la energía total perdida en el impacto.

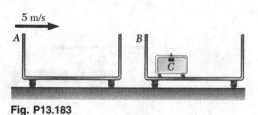

Fig. P13.183

13.184 Una bala de 20 g, disparada a un bloque de madera de 4 kg suspendido de las cuerdas AC y BD, penetra el bloque en el punto E, a la mitad de la distancia entre C y D, sin golpear el cordón BD. Determine a) la máxima altura h a la cual el bloque con la bala incrustada oscilará después del impacto, b) el impulso total ejercido sobre el bloque por las cuerdas durante el impacto.

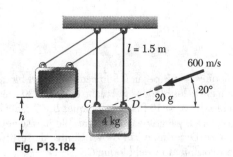

Fig. P13.184

13.185 Una pelota B de 70 g, lanzada desde una altura $h_0 = 1.5$ m, alcanza una altura $h_2 = 0.25$ m después de rebotar dos veces en placas de 210 g idénticas. La placa A descansa directamente sobre el piso firme, mientras que la placa C descansa sobre un colchón de caucho. Determine a) el coeficiente de restitución entre la pelota y las placas, b) la altura h_1 del primer rebote de la pelota.

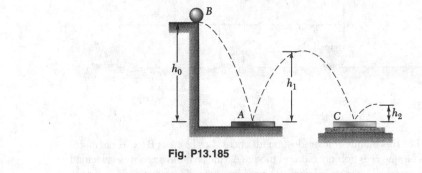

Fig. P13.185

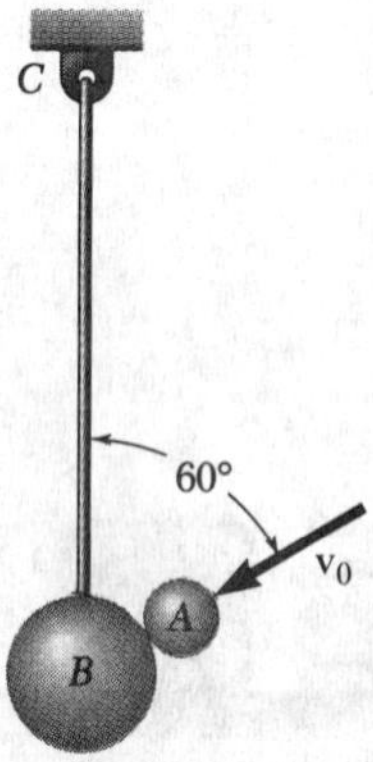

13.186 Una pelota B de 700 g cuelga de una cuerda inextensible atada a un soporte en C. Una pelota A de 350 g golpea a B con una velocidad v_0, a un ángulo de 60° con la vertical. Asumiendo un impacto perfectamente plástico ($e = 1$) y despreciando la fricción, determine la velocidad de cada pelota en el momento posterior al impacto. Verifique que no se pierde energía en el impacto.

Fig. P13.186

13.187   Una esfera A de 700 g, que se mueve con una velocidad $\mathbf{v}_0$ paralela al piso, golpea la cara inclinada de una cuña B de 2.1 kg que puede rodar libremente sobre el piso y que está inicialmente en reposo. Después del impacto, se observa desde el piso que la esfera se mueve en línea recta hacia arriba. Sabiendo que el coeficiente de restitución entre la esfera y la cuña es $e = 0.6$, determine a) el ángulo θ que la cara inclinada de la cuña forma con la horizontal, b) la energía perdida a causa del impacto.

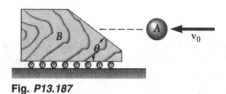

Fig. *P13.187*

13.188   Una esfera A de 3 lb golpea la superficie inclinada de una cuña B de 9 lb, a un ángulo de 90°, con una velocidad de magnitud 12 ft/s. La cuña puede rodar con libertad sobre el piso y está al inicio en reposo. Sabiendo que el coeficiente de restitución entre la cuña y la esfera es 0.50 y que la superficie inclinada de la cuña forma un ángulo $\theta = 40°$ con la horizontal, determine a) las velocidades de la esfera y de la cuña inmediatamente después del impacto, b) la energía perdida a causa del impacto.

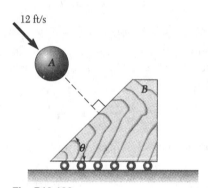

Fig. P13.188

13.189   Una pelota B de 12 oz cuelga de una cuerda inextensible atada a un soporte en C. Una pelota A de 6 oz golpea a B con una velocidad $\mathbf{v}_0$ de 4.8 ft/s, a un ángulo de 60° con la vertical. Asumiendo un impacto perfectamente elástico ($e = 1$) y despreciando la fricción, determine la altura h alcanzada por la pelota B.

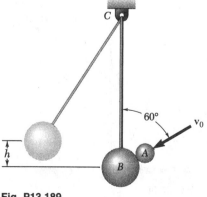

Fig. P13.189

En este capítulo se estudió el método del trabajo y la energía y el método de impulso y la cantidad de movimiento. En la primera mitad del capítulo se estudió el método del trabajo y la energía, y sus aplicaciones al análisis del movimiento de partículas.

Trabajo de una fuerza

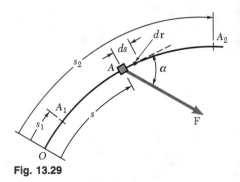

Fig. 13.29

Primeramente se consideró una fuerza **F** que actúa sobre una partícula A, y se definió el *trabajo de* **F** *correspondiente a un pequeño desplazamiento* $d\mathbf{r}$ (sección 13.2) como la cantidad

$$dU = \mathbf{F} \cdot d\mathbf{r} \tag{13.1}$$

o, usando la definición del producto escalar de dos vectores,

$$dU = F \, ds \cos \alpha \tag{13.1'}$$

donde α es el ángulo entre **F** y $d\mathbf{r}$ (figura 13.29). El trabajo de **F** durante un desplazamiento finito desde A_1 hasta A_2, representado pór medio de $U_{1\to2}$, se obtuvo al integrar la ecuación (13.1) a lo largo de la trayectoria descrita por la partícula:

$$U_{1\to2} = \int_{A_1}^{A_2} \mathbf{F} \cdot d\mathbf{r} \tag{13.2}$$

Para una fuerza definida por sus componentes rectangulares, se escribió

$$U_{1\to2} = \int_{A_1}^{A_2} (F_x \, dx + F_y \, dy + F_z \, dz) \tag{13.2''}$$

Trabajo de un peso

El trabajo del peso **W** de un cuerpo conforme su centro de gravedad se mueve de una altura y_1 a una altura y_2 (figura 13.30), se obtuvo al sustituir $F_x = F_z = 0$ y $F_y = -W$ en la ecuación (13.2'') e integrándola. Se halló

$$U_{1\to2} = -\int_{y_1}^{y_2} W \, dy = Wy_1 - Wy_2 \tag{13.4}$$

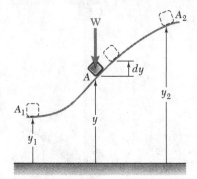

Fig. 13.30

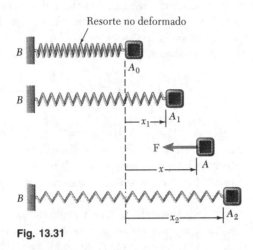

Resorte no deformado

Fig. 13.31

El trabajo de una fuerza **F** ejercida por un resorte sobre un cuerpo A durante un desplazamiento finito del cuerpo (figura 13.31) desde $A_1(x = x_1)$ hasta $A_2(x = x_2)$ se obtuvo al escribir

$$dU = -F\,dx = -kx\,dx$$

$$U_{1\to2} = -\int_{x_1}^{x_2} kx\,dx = \tfrac{1}{2}kx_1^2 - \tfrac{1}{2}kx_2^2 \tag{13.6}$$

El trabajo de **F** es, por lo tanto, positivo *cuando el resorte regresa a su posición no deformada*.

Trabajo de la fuerza ejercida por un resorte

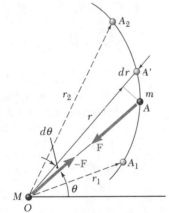

Fig. 13.32

El *trabajo de la fuerza gravitacional* **F** ejercida por una partícula de masa M, situada en O, sobre una partícula de masa m, conforme ésta se mueve de A_1 a A_2 (figura 13.32), se obtuvo al utilizar, de la sección 12.10, la expresión para la magnitud de **F**, y escribiendo

$$U_{1\to2} = -\int_{r_1}^{r_2} \frac{GMm}{r^2}\,dr = \frac{GMm}{r_2} - \frac{GMm}{r_1} \tag{13.7}$$

La *energía cinética de una partícula* de masa m que se mueve con una velocidad **v** (sección 13.3) se definió como la cantidad escalar

$$T = \tfrac{1}{2}mv^2 \tag{13.9}$$

Trabajo de la fuerza gravitacional

Energía cinética de una partícula

Principio del trabajo y la energía

A partir de la segunda ley de Newton se dedujo el *principio del trabajo y la energía*, que establece que *la energía cinética de una partícula en A_2 se puede obtener al sumar su energía cinética en A_1 al trabajo realizado durante el desplazamiento desde A_1 hasta A_2 por la fuerza $\mathbf{F}$ ejercida sobre la partícula:*

$$T_1 + U_{1\rightarrow 2} = T_2 \tag{13.11}$$

Método del trabajo y la energía

El método del trabajo y la energía simplifica la solución de muchos problemas relacionados con fuerzas, desplazamientos y velocidades, puesto que no requiere la determinación de aceleraciones (sección 13.4). También se observó que solamente incluye cantidades escalares y que no es necesario considerar las fuerzas que no realizan trabajo (problemas resueltos 13.1 y 13.3). Sin embargo, este método deberá ser complementado con la aplicación directa de la segunda ley de Newton para determinar una fuerza normal a la trayectoria de la partícula (problema resuelto 13.4).

Potencia y eficiencia mecánica

La potencia desarrollada por una máquina y su eficiencia mecánica se comentaron en la sección 13.5. La potencia se definió como la razón de tiempo con la que se realiza el trabajo:

$$\text{Potencia} = \frac{dU}{dt} = \mathbf{F} \cdot \mathbf{v} \tag{13.12, 13.13}$$

donde $\mathbf{F}$ es la fuerza ejercida sobre la partícula, y $\mathbf{v}$ es la velocidad de ésta (problema resuelto 13.5). La *eficiencia mecánica*, representada con η se expresó como

$$\eta = \frac{\text{Potencia de salida}}{\text{Potencia de entrada}} \tag{13.15}$$

Fuerza conservativa. Energía potencial

Cuando el trabajo de una fuerza $\mathbf{F}$ es independiente de la trayectoria seguida (secciones 13.6 y 13.7), se dice que la fuerza $\mathbf{F}$ es una *fuerza conservativa*, y su trabajo es igual al *negativo del cambio en la energía potencial V* asociada con $\mathbf{F}$:

$$U_{1\rightarrow 2} = V_1 - V_2 \tag{13.19'}$$

Se obtuvieron las siguientes expresiones para la energía potencial asociada con cada una de las fuerzas consideradas anteriormente:

Fuerza de gravedad (peso): $\qquad\qquad V_g = Wy \tag{13.16}$

Fuerza gravitacional: $\qquad\qquad V_g = -\frac{GMm}{r} \tag{13.17}$

Fuerza elástica ejercida por un resorte: $\qquad V_e = \frac{1}{2}kx^2 \tag{13.18}$

Sustituyendo $U_{1\to2}$ de la ecuación (13.19′) en la ecuación (13.11), y reordenando los términos (sección 13.8), se obtuvo

$$T_1 + V_1 = T_2 + V_2 \qquad (13.24)$$

Éste es el *principio de conservación de la energía*, que establece que, cuando una partícula se mueve bajo la acción de fuerzas conservativas, *la suma de sus energías cinética y potencial permanece constante*. La aplicación de este principio facilita la solución de problemas relacionados únicamente con fuerzas conservativas (problemas resueltos 13.6 y 13.7).

En la sección 12.9 se dijo que, cuando una partícula se mueve bajo la acción de una fuerza central **F**, su cantidad de movimiento angular alrededor del centro de la fuerza O permanece constante; se observó que (sección 13.9), si la fuerza central **F** es además conservativa, los principios de conservación de la cantidad de movimiento angular y de la conservación de la energía se podían utilizar de manera conjunta para analizar el movimiento de la partícula (problema resuelto 13.8). Puesto que la fuerza gravitacional ejercida por la Tierra sobre un vehículo espacial es tanto central como conservativo, este enfoque se utilizó para estudiar el movimiento de tales vehículos (problema resuelto 13.9) y resultó particularmente eficaz en el caso de un *despegue oblicuo*. Considerando la posición inicial P_0 y una posición arbitraria P del vehículo (figura 13.33), se escribió

$$(H_O)_0 = H_O: \qquad r_0 m v_0 \operatorname{sen} \phi_0 = r m v \operatorname{sen} \phi \qquad (13.25)$$

$$T_0 + V_0 = T + V: \quad \tfrac{1}{2} m v_0^2 - \frac{GMm}{r_0} = \tfrac{1}{2} m v^2 - \frac{GMm}{r} \qquad (13.26)$$

donde m era la masa del vehículo, y M era la masa de la Tierra.

La segunda mitad del capítulo se dedicó al método del impulso y la cantidad de movimiento, y a su aplicación en la solución de varios tipos de problemas relacionados con el movimiento de partículas.

La *cantidad de movimiento lineal de una partícula* (sección 13.10) se definió como el producto $m\mathbf{v}$ de la masa m de la partícula y su velocidad $\mathbf{v}$. A partir de la segunda ley de Newton, $\mathbf{F} = m\mathbf{a}$, se dedujo la relación.

$$m\mathbf{v}_1 + \int_{t_1}^{t_2} \mathbf{F}\, dt = m\mathbf{v}_2 \qquad (13.28)$$

donde $m\mathbf{v}_1$ y $m\mathbf{v}_2$ representan la cantidad de movimiento de la partícula en el instante t_1 y en el instante t_2, respectivamente, y donde la integral define el *impulso lineal de la fuerza* **F** durante el intervalo de tiempo correspondiente. Por lo tanto, se escribió

$$m\mathbf{v}_1 + \mathbf{Imp}_{1\to2} = m\mathbf{v}_2 \qquad (13.30)$$

que expresa el principio del impulso y la cantidad de movimiento para una partícula.

Principio de la conservación de la energía

Movimiento bajo la acción de una fuerza gravitacional

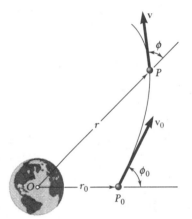

Fig. 13.33

Principio del impulso y la cantidad de movimiento para una partícula

Cuando la partícula considerada está sujeta a varias fuerzas, se deberá utilizar la suma de los impulsos de estas fuerzas; se tuvo

$$m\mathbf{v}_1 + \Sigma \, \mathbf{Imp}_{1\to2} = m\mathbf{v}_2 \tag{13.32}$$

Puesto que las ecuaciones (13.30) y (13.32) se refieren a *cantidades vectoriales*, es necesario considerar por separado sus componentes x y y cuando se apliquen a la solución de un problema particular (problemas resueltos 13.10 y 13.11).

Movimiento impulsivo

El método del impulso y la cantidad de movimiento es particularmente adecuado en el estudio del *movimiento impulsivo* de una partícula, cuando se aplican fuerzas muy grandes (llamadas *fuerzas impulsivas*) durante intervalos muy cortos de tiempo Δt, puesto que este método se refiere a los impulsos $\mathbf{F} \, \Delta t$ de las fuerzas, en lugar de involucrar a las fuerzas mismas (sección 13.11). Despreciando el impulso de cualquier fuerza no impulsiva, se escribió

$$m\mathbf{v}_1 + \Sigma \mathbf{F} \, \Delta t = m\mathbf{v}_2 \tag{13.35}$$

En el caso del movimiento impulsivo de varias partículas, se tuvo

$$\Sigma m\mathbf{v}_1 + \Sigma \mathbf{F} \, \Delta t = \Sigma m\mathbf{v}_2 \tag{13.36}$$

donde el segundo término se refiere solamente a fuerzas impulsivas externas (problema resuelto 13.12).

En el caso particular *en que la suma de los impulsos de las fuerzas externas es cero*, la ecuación (13.36) se reduce a $\Sigma m\mathbf{v}_1 = \Sigma m\mathbf{v}_2$; es decir, *la cantidad de movimiento total de las partículas se conserva*.

Impacto central directo

En las secciones 13.12 a 13.14 se consideró el *impacto central* de dos cuerpos en colisión. En el caso de un *impacto central directo* (sección 13.13), los dos cuerpos A y B en colisión se movían a lo largo de la *línea de impacto* con velocidades $\mathbf{v}_A$ y $\mathbf{v}_B$, respectivamente (figura 13.34). Se pueden utilizar dos ecuaciones para determinar las velocidades $\mathbf{v}'_A$ y $\mathbf{v}'_B$ después del

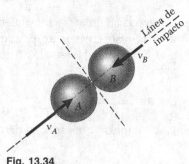

Fig. 13.34

impacto. La primera expresa la conservación de la cantidad de movimiento total de los dos cuerpos,

$$m_A v_A + m_B v_B = m_A v_A' + m_B v_B' \tag{13.37}$$

donde un signo positivo indica que la velocidad correspondiente se dirige a la derecha, mientras que la segunda relaciona las *velocidades relativas* de los dos cuerpos antes y después del impacto,

$$v_B' - v_A' = e(v_A - v_B) \tag{13.43}$$

La constante e se conoce como el *coeficiente de restitución*; su valor está entre 0 y 1, y depende en gran medida de los materiales de los cuerpos. Cuando $e = 0$, se dice que el impacto es *perfectamente plástico*; cuando $e = 1$, se dice que el impacto es *perfectamente elástico* (problema resuelto 13.13).

En el caso de un *impacto central oblicuo* (sección 13.14), las velocidades de los dos cuerpos en colisión antes y después del impacto, fueron transformadas en componentes n a lo largo de la línea de impacto, y en componentes t a lo largo de la tangente común a las superficies en contacto (figura 13.35). Se observó que la componente t de la velocidad de cada cuerpo permaneció

Impacto central oblicuo

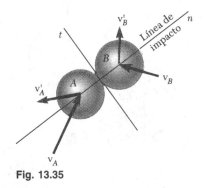

Fig. 13.35

inalterada, mientras que las componentes n satisficieron ecuaciones similares a las ecuaciones (13.37) y (13.43) (problemas resueltos 13.14 y 13.15). Aunque este método se desarrolló para cuerpos que se mueven libremente antes y después del impacto, se demostró que podía extenderse al caso en el que uno o ambos cuerpos en colisión estuviesen restringidos en su movimiento (problema resuelto 13.16).

En la sección 13.15 se comentaron las ventajas relativas de los tres métodos fundamentales presentados en este capítulo y en el anterior: la segunda ley de Newton, el del trabajo y la energía y el de impulso y la cantidad de movimiento. Se observó que el método del trabajo y la energía, y el método del impulso y la cantidad de movimiento podían combinarse para resolver problemas referentes a una fase corta de impacto, durante la cual las fuerzas impulsivas deberían ser tomadas en cuenta (problema resuelto 13.17).

Usando los tres métodos fundamentales de análisis cinético

13.190   Un perdigón de 2 oz es disparado verticalmente con una pistola de resorte desde la superficie de la Tierra, y se eleva a una altura de 300 ft. El mismo perdigón, disparado con la misma pistola desde la superficie de la Luna, se eleva a una altura de 1900 ft. Determine la energía disipada por el rozamiento aerodinámico cuando el perdigón es disparado desde la superficie de la Tierra. (La aceleración de la gravedad sobre la superficie de la Luna es 0.165 veces la gravedad existente en la superficie de la Tierra.)

13.191   Un cable elástico va a ser diseñado para el salto *bungee* desde una torre de 130 ft de altura. Las especificaciones para el cable son: 85 ft de longitud sin estirarse, y 100 ft de longitud total al momento de estirarse bajo un peso de 600 lb que se arroje de la torre. Determine *a*) la constante de resorte *k* del cable, *b*) qué tan cerca del piso estará un hombre de 185 lb de peso, si usa este cable para saltar de la torre.

Fig. P13.191

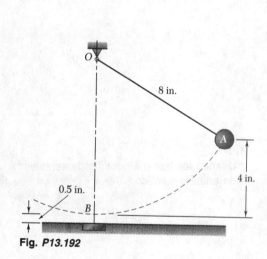

Fig. P13.192

13.192   Una esfera de acero hueca de 2 oz, unida a una cuerda de 8 in., puede oscilar alrededor de un punto *O* en un plano vertical. La esfera está sujeta a la acción de su propio peso y a la fuerza **F** ejercida por un pequeño imán insertado en el piso en el punto *C*. La magnitud de esa fuerza, expresada en libras, es $F = 0.1/r^2$, donde *r* es la distancia desde el imán hasta la esfera, expresada en pulgadas. Sabiendo que la esfera es liberada desde el reposo en *A*, determine su rapidez cuando pasa por el punto *B*.

13.193 Un satélite describe una órbita elíptica alrededor de un planeta de masa M. Los valores mínimo y máximo de la distancia r desde el satélite al centro del planeta son, respectivamente, r_0 y r_1. Utilice los principios de la conservación de la energía y de la conservación de la cantidad de movimiento angular para obtener la relación

$$\frac{1}{r_0} + \frac{1}{r_1} = \frac{2GM}{h^2}$$

donde h es la cantidad de movimiento angular por unidad de masa del satélite, y G es la constante de gravitación.

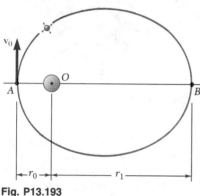

Fig. P13.193

13.194 Un transbordador espacial se acoplará a una estación espacial, la cual está en una órbita circular a una altitud de 250 millas sobre la superficie de la Tierra. El transbordador ha alcanzado una altitud de 40 millas cuando su motor es apagado en el punto B. Sabiendo que en ese instante la velocidad $\mathbf{v}_0$ del transbordador forma un ángulo $\phi_0 = 55°$ con la vertical, determine la magnitud requerida de $\mathbf{v}_0$, si la trayectoria del transbordador será tangente en A a la órbita de la estación espacial.

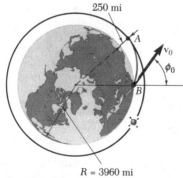

Fig. P13.194

13.195 Una bala de 25 g, revestida de acero, es disparada horizontalmente con una velocidad de 600 m/s, y rebota sobre una placa de acero a lo largo de la trayectoria CD, con una velocidad de 400 m/s. Sabiendo que la bala deja una marca de 10 mm sobre la placa, y suponiendo que su rapidez promedio es de 500 m/s mientras está en contacto con la placa, determine la magnitud y la dirección de la fuerza impulsiva promedio ejercida por la bala sobre la placa.

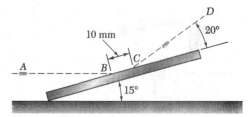

Fig. *P13.195*

13.196 El martillo de 650 kg de un martinete para clavar pilotes cae desde una altura de 1.2 m sobre el extremo superior de un pilote de 140 kg, forzándolo a que entre 110 mm en el piso. Suponiendo un impacto perfectamente plástico ($e = 0$), determine la resistencia promedio del piso a la penetración.

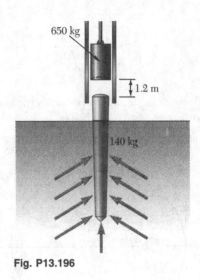

Fig. P13.196

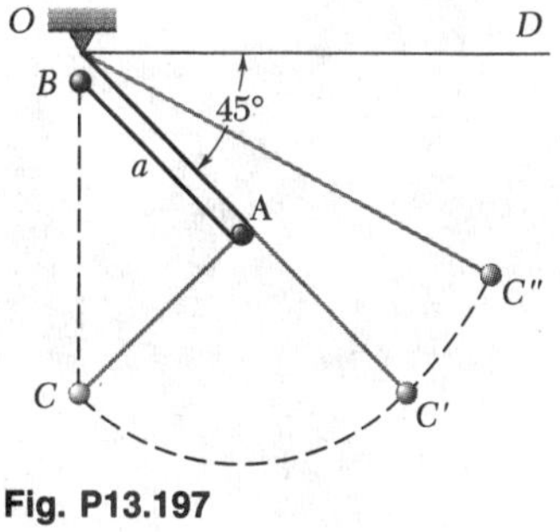

13.197 Una pequeña esfera B de masa m es unida a un cordón inextensible de longitud $2a$, el cual pasa alrededor de un perno fijo A, y está unido por su otro extremo a un soporte fijo en O. La esfera se sostiene cerca del soporte O y se libera sin velocidad inicial. La esfera cae con libertad hasta el punto C, donde el cordón se pone tenso y gira sobre un plano vertical, primeramente alrededor del punto A, y después alrededor de O. Determine la distancia vertical desde la línea OD hasta el punto más alto C'' que la esfera puede alcanzar.

Fig. P13.197

13.198 Los discos A y B de masas m_A y m_B, respectivamente, pueden deslizarse con libertad en una superficie horizontal sin fricción. El disco B está en reposo cuando es golpeado por el disco A, el cual se mueve con una velocidad $\mathbf{v}_0$ en una dirección que forma un ángulo θ con la línea de impacto. Denotando con e el coeficiente de restitución entre los dos discos, muestre que la componente n de la velocidad de A después del impacto es a) positiva si $m_A > em_B$, b) negativa si $m_A < em_B$, c) cero si $m_A = em_B$.

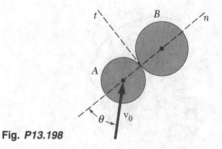

Fig. P13.198

13.199 Los bloques A y B están conectados por una cuerda que pasa sobre unas poleas y a través de un collarín C. El sistema es liberado desde el reposo cuando $x = 1.7$ m. Cuando el bloque A se eleva, golpea al collarín C con un impacto perfectamente plástico ($e = 0$). Después del impacto, los dos bloques y el collarín se mantienen en movimiento hasta detenerse, y después se mueven en dirección contraria. Como A y C se mueven hacia abajo, C golpea la repisa, y los bloques A y B se mantienen en movimiento hasta que llegan otra vez al reposo. Determine a) la velocidad de los bloques y del collarín inmediatamente después de que A golpea a C, b) la distancia que los bloques y el collarín se mueven después del impacto antes de detenerse, c) el valor de x al final de un ciclo completo.

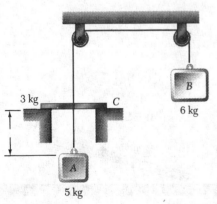

Fig. P13.199

13.200 Una pequeña esfera A, atada a una cuerda AC, es liberada desde el reposo en la posición mostrada, y golpea a una esfera idéntica B que cuelga de una cuerda vertical BD. Si el ángulo máximo θ_B formado por la cuerda BD con la vertical en el movimiento subsecuente de la esfera B es igual al ángulo θ_A, determine el valor requerido de la relación l_B/l_A de las longitudes de las dos cuerdas en función del coeficiente de restitución e entre las dos esferas.

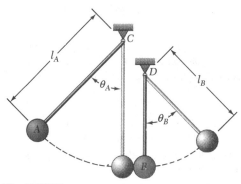

Fig. P13.200

13.201 Un bloque de 300 g es liberado desde el reposo, después de que un resorte de constante $k = 600$ N/m ha sido comprimido 160 mm. Determine la fuerza ejercida por el aro ABCD sobre el bloque, cuando éste pasa a través de a) el punto A, b) el punto B, c) el punto C. Supóngase que no hay fricción.

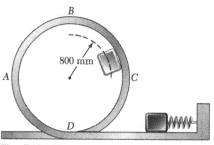

Fig. P13.201

Los siguientes problemas están diseñados para resolverse con computadora.

13.C1 Un collarín de 12 lb está unido a un resorte sujeto al punto C, y puede deslizarse sobre una varilla sin fricción que forma un ángulo de 30° con la vertical. El resorte tiene una constante k, y está inextendido cuando el collarín se encuentra en la posición A. Sabiendo que el collarín es liberado desde el reposo en A, escriba un programa de computadora y úselo para calcular la velocidad del collarín en el punto B, para valores de k desde 0.1 a 2 lb/in., utilizando incrementos de 0.1 lb/in.

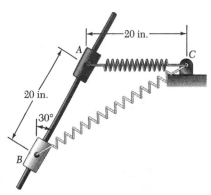

Fig. P13.C1

13.C2 Marcas de derrapes sobre una pista de carreras indican que los neumáticos traseros (los de la tracción) de un automóvil de 2000 lb patinaron con los neumáticos delanteros, justo por encima del piso, los primeros 60 ft de los 1320 ft de la pista. El automóvil fue conducido a punto de resbalar, con el 60% de su peso sobre los neumáticos traseros, durante los restantes 1260 ft de la carrera. Sabiendo que los coeficientes de fricción cinética y estática son 0.60 y 0.85, respectivamente, y que la fuerza debida al arrastre aerodinámico es $F_d = 0.0098v^2$, donde la rapidez v se expresa en ft/s, y la fuerza F_d en lb, escriba un programa de computadora que pueda usarse para calcular el tiempo transcurrido y la rapidez del automóvil en varios puntos a lo largo de la pista, a) tomando en cuenta la fuerza F_d, b) ignorando la fuerza F_d. Use incrementos de distancia $\Delta x = 0.1$ ft en sus cálculos, y tabule sus resultados cada 5 ft para los primeros 60 ft, y cada 90 ft los restantes 1260 ft. (*Sugerencia*: El tiempo Δt_i requerido para que el automóvil se mueva a través de un incremento de distancia Δx_i, se puede obtener dividiendo Δx_i entre la velocidad promedio $\frac{1}{2}(v_i + v_{i+1})$ del automóvil sobre Δx_i, si se asume que la aceleración del automóvil se mantiene constante sobre Δx.)

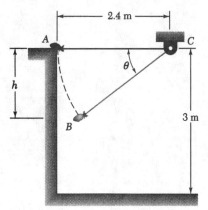

Fig. P13.C3

13.C3 Una bolsa de 5 kg es empujada suavemente desde la parte alta de una pared, y oscila en un plano vertical al extremo de una cuerda de 2.4 m, la cual puede soportar una tensión máxima F_m. Escriba un programa de computadora que, para un valor dado de F_m, pueda usarse para calcular a) la diferencia en la elevación h entre el punto A y el punto B, donde la cuerda se romperá, b) la distancia d desde la pared vertical hasta el punto donde la bolsa golpeará el piso. Use este programa para calcular h y d para valores de F_m de 40 a 140 N, usando incrementos de 5 N.

13.C4 Escriba un programa para determinar a) el tiempo requerido para que el sistema del problema 13.199 complete 10 ciclos sucesivos del movimiento descrito en ese problema, empezando con $x = 1.7$ m, b) el valor de x al final del décimo ciclo.

13.C5 Una pelota B de 700 g cuelga de un cordón inextensible fijo a un soporte en C. Una pelota A de 350 g golpea a B con una velocidad v_0, a un ángulo θ_0 con la vertical. Asumiendo que no hay fricción, y denotando con e el coeficiente de restitución, escriba un programa de computadora para calcular las magnitudes v'_A y v'_B de las velocidades de las pelotas, inmediatamente después del impacto, y el porcentaje de energía perdida en la colisión. Resuelva este problema con $v_0 = 6$ m/s para valores de θ_0 de 20° a 110°, usando incrementos de 5°, y asumiendo a) $e = 1$, b) $e = 0.75$, c) $e = 0$.

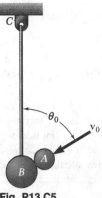

Fig. P13.C5

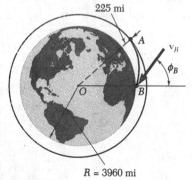

Fig. P13.C6

13.C6 En el problema 13.109, un vehículo espacial estaba en una órbita circular a una altitud de 225 mi sobre la superficie de la Tierra. Para regresar a la Tierra, el vehículo reduce su velocidad al pasar por A encendiendo sus motores por un intervalo corto de tiempo, en dirección opuesta a la de su movimiento. Su velocidad resultante al alcanzar el punto B a una altitud de 40 mi, forma un ángulo $\phi_B = 60°$ con la vertical. Una estrategia alterna para sacar al vehículo de su órbita sería girarlo de manera que los motores apuntaran alejándose de la Tierra, y después darle un incremento de velocidad Δv_A hacia el centro O de la Tierra. Esto seguramente requeriría un menor gasto de energía que encender los motores en A, pero podría resultar en un descenso demasiado rápido en B. Asuma que se usa esta estrategia. Escriba un programa de computadora y úselo para calcular los valores de ϕ_B y v_B para un gasto de energía del 5 al 100% de la necesaria en el problema 13.109, usando incrementos de energía del 5%.

C A P Í T U L O

14

Sistemas de partículas

Cuando los cohetes del transbordador se encienden, las partículas de gas que éstos expulsan proporcionan el empuje necesario para el despegue. El cálculo de la aceleración del transbordador para un instante dado está basado en el análisis de un sistema variable de partículas que consiste del transbordador, los cohetes y el combustible expedido.

14.1. INTRODUCCIÓN

En este capítulo nos ocuparemos del movimiento de *sistemas de partículas*; es decir, del movimiento de un gran número de partículas consideradas en grupo. En la primera parte de este capítulo nos referiremos a los sistemas que constan de partículas bien definidas, mientras que en la segunda parte analizaremos el movimiento de sistemas variables, es decir, sistemas que continuamente ganan o pierden partículas, o ambas cosas al mismo tiempo.

En la sección 14.2 aplicaremos primeramente la segunda ley de Newton a cada partícula del sistema. Al definir la *fuerza inercial o efectiva* de una partícula como el producto $m_i \mathbf{a}_i$ de su masa m_i y su aceleración $\mathbf{a}_i$, demostraremos que las *fuerzas externas* que actúan sobre las diferentes partículas forman un sistema equipolente al sistema de las fuerzas inerciales o efectivas; es decir, ambos sistemas tienen la misma resultante y el mismo momento resultante con respecto a cualquier punto dado. En la sección 14.3 demostraremos, además, que la resultante y el momento resultante de las fuerzas externas son iguales, respectivamente, a la razón de cambio de la cantidad de movimiento lineal total y de la cantidad de movimiento angular total de las partículas del sistema.

En la sección 14.4 definiremos el *centro de masa* de un sistema de partículas, y describiremos el movimiento de dicho punto, mientras que en la sección 14.5 analizaremos el movimiento de las partículas con respecto a su centro de masa. En la sección 14.6 nos ocuparemos de las condiciones bajo las cuales se conservan la cantidad de movimiento lineal y la cantidad de movimiento angular de un sistema de partículas y aplicaremos los resultados obtenidos a la solución de varios problemas.

Las secciones 14.7 y 14.8 tratan de la aplicación del principio del trabajo y la energía a un sistema de partículas, en tanto que la sección 14.9 se ocupa de la aplicación del principio del impulso y la cantidad de movimiento. Estas secciones contienen además algunos problemas de interés práctico.

Debe notarse que aunque las deducciones que se dan en la primera parte de este capítulo se realizan para un sistema de partículas independientes, continúan siendo válidas cuando las partículas del sistema están conectadas rígidamente, es decir, cuando forman un cuerpo rígido. De hecho, los resultados obtenidos aquí serán los cimientos de nuestro análisis sobre la cinética de los cuerpos rígidos en los capítulos 16 a 18.

La segunda parte de este capítulo se dedicará al estudio de los sistemas variables de partículas. En la sección 14.11 consideraremos corrientes estacionarias de partículas, como un chorro de agua desviado por una paleta fija o el flujo de aire que pasa a través de un motor de reacción, y aprenderemos a determinar la fuerza ejercida por el chorro en la paleta y el empuje desarrollado por el motor. Finalmente, en la sección 14.12 analizaremos los sistemas que aumentan su masa al absorber partículas continuamente o que disminuyen su masa al arrojar partículas continuamente. Entre las diversas aplicaciones prácticas de este análisis estará la determinación del empuje producido por un motor cohete.

14.2. APLICACIÓN DE LAS LEYES DE NEWTON AL MOVIMIENTO DE UN SISTEMA DE PARTÍCULAS. FUERZAS INERCIALES O EFECTIVAS

A fin de deducir las ecuaciones de movimiento de un sistema de n partículas, comenzaremos por escribir la segunda ley de Newton para cada partícula individual del sistema. Considérese la partícula P_i, en donde $1 \le i \le n$. Sean m_i la masa de P_i y $\mathbf{a}_i$ su aceleración con respecto al sistema de referencia newtoniano $Oxyz$. Denotaremos con $\mathbf{f}_{ij}$ la fuerza que ejerce sobre P_i otra partícula P_j del sistema (figura 14.1); esta fuerza recibe el nombre de *fuerza interna*. La resultante de las fuerzas internas que todas las demás partículas del sistema ejercen sobre P_i es, por tanto, $\sum\limits_{j=1}^{n} \mathbf{f}_{ij}$ (en la cual $\mathbf{f}_{ii}$ carece de sentido y se supone igual a cero). Por otro lado, denotamos con $\mathbf{F}_i$ la resultante de todas las *fuerzas externas* que actúan sobre P_i, y escribimos la segunda ley de Newton aplicada a la partícula P_i de la manera siguiente:

$$\mathbf{F}_i + \sum_{j=1}^{n} \mathbf{f}_{ij} = m_i \mathbf{a}_i \tag{14.1}$$

Representamos con $\mathbf{r}_i$ al vector de posición de P_i y, tomando los momentos respecto a O de los diferentes términos de la ecuación (14.1), también escribimos

$$\mathbf{r}_i \times \mathbf{F}_i + \sum_{j=1}^{n} (\mathbf{r}_i \times \mathbf{f}_{ij}) = \mathbf{r}_i \times m_i \mathbf{a}_i \tag{14.2}$$

Si se repite este procedimiento con cada partícula P_i del sistema, obtenemos n ecuaciones del tipo (14.1) y n ecuaciones del tipo (14.2), en las que i adquiere sucesivamente los valores $1, 2, \ldots, n$. Los vectores $m_i \mathbf{a}_i$ se identifican como las *fuerzas inerciales o efectivas* de las partículas.† En consecuencia, las ecuaciones obtenidas expresan el hecho de que las fuerzas externas $\mathbf{F}_i$ y las fuerzas internas $\mathbf{f}_{ij}$ que actúan sobre las distintas partículas forman un sistema equivalente al de las fuerzas efectivas $m_i \mathbf{a}_i$ (es decir, un sistema puede sustituir al otro) (figura 14.2).

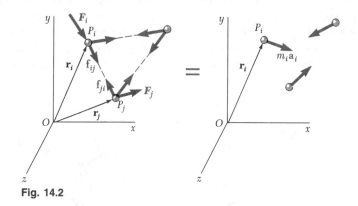

Fig. 14.2

Antes de avanzar más con nuestra deducción, examinemos las fuerzas internas $\mathbf{f}_{ij}$. Notamos que estas fuerzas aparecen en las parejas $\mathbf{f}_{ij}$, $\mathbf{f}_{ji}$, en donde $\mathbf{f}_{ij}$ representa la fuerza que la partícula P_j ejerce sobre la partícula P_i, y $\mathbf{f}_{ji}$ es la fuerza que P_i ejerce sobre P_j (figura 14.2). Ahora bien, de acuerdo con la tercera ley de Newton (sección 6.1), ampliada por la ley de la gravitación de Newton a partículas que actúan a distancia (sección 12.10), las fuerzas $\mathbf{f}_{ij}$ y $\mathbf{f}_{ji}$ son iguales y opuestas, y tienen la misma línea de acción. Su suma es, por consiguiente, $\mathbf{f}_{ij} + \mathbf{f}_{ji} = 0$, y la suma de sus momentos con respecto a O es

$$\mathbf{r}_i \times \mathbf{f}_{ij} + \mathbf{r}_j \times \mathbf{f}_{ji} = \mathbf{r}_i \times (\mathbf{f}_{ij} + \mathbf{f}_{ji}) + (\mathbf{r}_j - \mathbf{r}_i) \times \mathbf{f}_{ji} = 0$$

†Como esos vectores representan las resultantes de las fuerzas que actúan sobre las diferentes partículas del sistema, en realidad se les puede considerar como fuerzas.

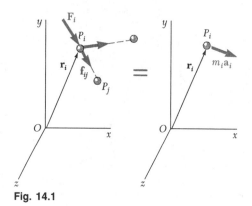

Fig. 14.1

puesto que los vectores $\mathbf{r}_j - \mathbf{r}_i$ y $\mathbf{f}_{ji}$ del último término son colineales. Sumando todas las fuerzas internas del sistema, y sumando sus momentos con respecto a O, obtenemos las ecuaciones

$$\sum_{i=1}^{n} \sum_{j=1}^{n} \mathbf{f}_{ij} = 0 \qquad \sum_{i=1}^{n} \sum_{j=1}^{n} (\mathbf{r}_i \times \mathbf{f}_{ij}) = 0 \tag{14.3}$$

las cuales expresan el hecho de que la resultante y el momento resultante de las fuerzas internas del sistema son cero.

Regresando ahora a las n ecuaciones (14.1), en donde $i = 1, 2, \ldots, n$, las sumamos miembro a miembro. Tomando en cuenta la primera de las ecuaciones (14.3), obtenemos

$$\sum_{i=1}^{n} \mathbf{F}_i = \sum_{i=1}^{n} m_i \mathbf{a}_i \tag{14.4}$$

Procediendo de manera similar con las ecuaciones (14.2) y tomando en cuenta la segunda de las ecuaciones (14.3), tenemos

$$\sum_{i=1}^{n} (\mathbf{r}_i \times \mathbf{F}_i) = \sum_{i=1}^{n} (\mathbf{r}_i \times m_i \mathbf{a}_i) \tag{14.5}$$

Las ecuaciones (14.4) y (14.5) expresan el hecho de que el sistema de las fuerzas externas $\mathbf{F}_i$ y el sistema de las fuerzas efectivas $m_i \mathbf{a}_i$ tienen la misma resultante y el mismo momento resultante. Refiriéndonos a la definición dada en la sección 3.19 para dos sistemas equipolentes de vectores, podemos enunciar, en consecuencia, que *el sistema de las fuerzas externas que actúan sobre las partículas y el sistema de las fuerzas efectivas de las partículas son equipolentes†* (figura 14.3).

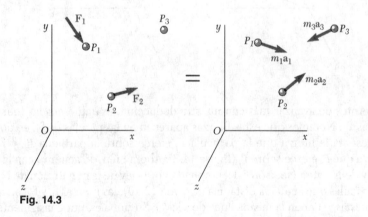

Fig. 14.3

†El resultado que acabamos de obtener recibe con frecuencia el nombre de *principio de d'Alembert*, en honor al matemático francés Jean le Rond d'Alembert (1717-1783). Sin embargo, el enunciado original de d'Alembert se refiere al movimiento de un sistema de cuerpos conectados, donde $\mathbf{f}_{ij}$ representa las fuerzas restrictivas que, aplicadas por ellos mismos, no causarán que el sistema se mueva. Se demostrará a continuación que, en general, esto no ocurre para la fuerzas internas que actúan en un sistema de partículas libres, por lo que pospondremos la consideración del principio de d'Alembert hasta el estudio del movimiento de cuerpos rígidos (capítulo 16).

Las ecuaciones (14.3) expresan el hecho de que el sistema de las fuerzas internas f_{ij} es equipolente a cero. Sin embargo, *no* se afirma que las fuerzas internas no tienen efecto sobre las partículas en consideración. De hecho, las fuerzas gravitacionales que el Sol y los planetas ejercen entre sí son internas al sistema solar y equipolentes a cero. Es más, estas fuerzas son las únicas responsables del movimiento de los planetas alrededor del Sol.

De manera similar, de las ecuaciones (14.4) y (14.5) no se afirma que dos sistemas de fuerzas externas que tienen la misma resultante y el mismo momento resultante tendrán el mismo efecto sobre un sistema de partículas dado. Es evidente que los sistemas mostrados en las figuras 14.4a y 14.4b tienen la

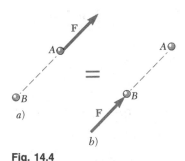

Fig. 14.4

misma resultante y el mismo momento resultante; sin embargo, el primero acelera a la partícula A y no afecta a la partícula B, mientras que el segundo acelera a B y no afecta a A. Es importante recordar que cuando afirmábamos en la sección 3.19 que dos sistemas equipolentes de fuerzas que actúan sobre un cuerpo rígido son también equivalentes, hicimos notar específicamente que *no* se podía extender esta propiedad a un sistema de fuerzas que actúa sobre un conjunto de partículas independientes como los que consideramos en este capítulo.

Con objeto de evitar alguna confusión, utilizaremos signos de igualdad azules para enlazar los sistemas equipolentes de vectores, como los que se muestran en las figuras 14.3 y 14.4. Estos signos indican que los dos sistemas de vectores tienen la misma resultante y el mismo momento resultante. Los signos de igualdad rojos seguirán utilizándose para indicar que dos sistemas de vectores son equivalentes; es decir, que se puede sustituir un sistema por el otro (figura 14.2).

14.3. CANTIDAD DE MOVIMIENTO LINEAL Y ANGULAR DE UN SISTEMA DE PARTÍCULAS

Las ecuaciones (14.4) y (14.5), obtenidas en la sección anterior para el movimiento de un sistema de partículas, pueden expresarse de una manera más condensada si introducimos la cantidad de movimiento lineal y la cantidad de movimiento angular de un sistema de partículas. Definiendo la cantidad de movimiento lineal **L** del sistema de partículas como la suma de las cantidades de movimiento de las diferentes partículas del sistema (sección 12.3), escribimos

$$\mathbf{L} = \sum_{i=1}^{n} m_i \mathbf{v}_i \qquad (14.6)$$

Definiendo la cantidad de movimiento angular $\mathbf{H}_O$ con respecto a O del sistema de partículas de una manera similar (sección 12.7), tenemos

$$\mathbf{H}_O = \sum_{i=1}^{n} (\mathbf{r}_i \times m_i \mathbf{v}_i) \tag{14.7}$$

Derivando con respecto a t ambos miembros de las ecuaciones (14.6) y (14.7), escribimos

$$\dot{\mathbf{L}} = \sum_{i=1}^{n} m_i \dot{\mathbf{v}}_i = \sum_{i=1}^{n} m_i \mathbf{a}_i \tag{14.8}$$

y

$$\dot{\mathbf{H}}_O = \sum_{i=1}^{n} (\dot{\mathbf{r}}_i \times m_i \mathbf{v}_i) + \sum_{i=1}^{n} (\mathbf{r}_i \times m_i \dot{\mathbf{v}}_i)$$

$$= \sum_{i=1}^{n} (\mathbf{v}_i \times m_i \mathbf{v}_i) + \sum_{i=1}^{n} (\mathbf{r}_i \times m_i \mathbf{a}_i)$$

la cual se reduce a

$$\dot{\mathbf{H}}_O = \sum_{i=1}^{n} (\mathbf{r}_i \times m_i \mathbf{a}_i) \tag{14.9}$$

porque los vectores $\mathbf{v}_i$ y $m_i \mathbf{v}_i$ son colineales.

Observamos que los miembros del lado derecho de las ecuaciones (14.8) y (14.9) son idénticos a los miembros del lado derecho de las ecuaciones (14.4) y (14.5), respectivamente. En consecuencia, los miembros del lado izquierdo de dichas ecuaciones son, respectivamente, iguales. Recordando que el miembro de la izquierda de la ecuación (14.5) representa la suma de los momentos $\mathbf{M}_O$ con respecto a O de las fuerzas externas que actúan sobre las partículas del sistema, y omitiendo el subíndice i de las sumas, escribimos

$$\Sigma \mathbf{F} = \dot{\mathbf{L}} \tag{14.10}$$

$$\Sigma \mathbf{M}_O = \dot{\mathbf{H}}_O \tag{14.11}$$

Estas ecuaciones expresan que *la resultante y el momento resultante con respecto al punto fijo O de las fuerzas externas son iguales, respectivamente, a las razones de cambio de la cantidad de movimiento lineal y de la cantidad de movimiento angular respecto al punto O del sistema de partículas.*

14.4. MOVIMIENTO DEL CENTRO DE MASA DE UN SISTEMA DE PARTÍCULAS

La ecuación (14.10) puede escribirse en una forma alterna si se considera el *centro de masa* del sistema de partículas. El centro de masa del sistema es el punto G

$$m\bar{\mathbf{r}} = \sum_{i=1}^{n} m_i \mathbf{r}_i \qquad (14.12)$$

en la que m representa la masa total $\sum_{i=1}^{n} m_i$ de las partículas. Transformando los vectores de posición $\bar{\mathbf{r}}$ y $\mathbf{r}_i$ en componentes rectangulares, obtenemos las tres ecuaciones escalares siguientes, que pueden utilizarse para determinar las coordenadas $\bar{x}, \bar{y}, \bar{z}$ del centro de masa:

$$m\bar{x} = \sum_{i=1}^{n} m_i x_i \qquad m\bar{y} = \sum_{i=1}^{n} m_i y_i \qquad m\bar{z} = \sum_{i=1}^{n} m_i z_i \qquad (14.12')$$

Como $m_i g$ representa el peso de la partícula P_i, y mg, el peso total de las partículas, G es también el centro de gravedad del sistema de partículas. Sin embargo, a fin de evitar cualquier confusión, llamaremos G al *centro de masa* del sistema de partículas cuando analicemos las propiedades relacionadas con la *masa* de las partículas; nos referiremos a él como el *centro de gravedad* del sistema cuando consideremos las propiedades asociadas con el *peso* de las partículas. Por ejemplo, las partículas localizadas fuera del campo gravitacional de la Tierra tienen masa, pero no peso. Entonces, nos podemos referir correctamente a su centro de masa, pero evidentemente no a su centro de gravedad.†

Al derivar ambos miembros de la ecuación (14.12) con respecto a t, escribimos

$$m\dot{\bar{\mathbf{r}}} = \sum_{i=1}^{n} m_i \dot{\mathbf{r}}_i$$

o

$$m\bar{\mathbf{v}} = \sum_{i=1}^{n} m_i \mathbf{v}_i \qquad (14.13)$$

en la cual $\bar{\mathbf{v}}$ representa la velocidad del centro de masa G del sistema de partículas. Pero el miembro del lado derecho de la ecuación (14.13) es, por definición, la cantidad de movimiento lineal $\mathbf{L}$ del sistema (sección 14.3). Por tanto, tenemos

$$\mathbf{L} = m\bar{\mathbf{v}} \qquad (14.14)$$

y, al derivar ambos miembros con respecto a t,

$$\dot{\mathbf{L}} = m\bar{\mathbf{a}} \qquad (14.15)$$

---

†Podemos resaltar también el hecho de que el centro de masa y el centro de gravedad de un sistema de partículas no coinciden exactamente, puesto que los pesos de las partículas están dirigidos hacia el centro de la Tierra y, por lo tanto, no forman en realidad un sistema de fuerzas paralelas.

en la que $\bar{\mathbf{a}}$ representa la aceleración del centro de masa G. Sustituyendo $\dot{\mathbf{L}}$ de (14.15) en (14.10), escribimos la ecuación

$$\Sigma\mathbf{F} = m\bar{\mathbf{a}} \tag{14.16}$$

la cual define el movimiento del centro de masa G del sistema de partículas.

Observamos que la ecuación (14.16) es idéntica a la ecuación que obtendríamos para una partícula de masa m igual a la masa total de las partículas del sistema, sobre la cual actúan todas las fuerzas externas. Por consiguiente, enunciamos que *el centro de masa de un sistema de partículas se mueve como si toda la masa del sistema y todas las fuerzas externas se concentraran en dicho punto*.

Este principio se ilustra mejor con el movimiento de una bomba que estalla. Sabemos que si se desprecia la resistencia del aire, se puede suponer que una bomba describe una trayectoria parabólica. Después que la bomba hace explosión, el centro de masa G de los fragmentos de la bomba seguirá describiendo la misma trayectoria. De hecho, el punto G debe moverse como si la masa y el peso de todos los fragmentos estuviesen concentrados en G; por consiguiente, debe moverse como si la bomba no hubiese estallado.

Debe advertirse que la deducción anterior no contiene los momentos de las fuerzas externas. Por tanto, *sería incorrecto suponer* que las fuerzas externas son equipolentes a un vector $m\bar{\mathbf{a}}$ fijo al centro de masa G. En general, éste no es el caso, pues, como veremos en la siguiente sección, la suma de los momentos de las fuerzas externas con respecto a G no es, comúnmente, igual a cero.

14.5. CANTIDAD DE MOVIMIENTO ANGULAR DE UN SISTEMA DE PARTÍCULAS CON RESPECTO A SU CENTRO DE MASA

En algunas aplicaciones (por ejemplo, en el análisis del movimiento de un cuerpo rígido), es conveniente considerar el movimiento de las partículas del sistema con respecto al sistema de referencia centroidal $Gx'y'z'$, que se traslada con respecto al sistema de referencia newtoniano $Oxyz$ (figura 14.5). Aunque un sistema centroidal no es, en general, un sistema de referencia newtoniano, veremos que la relación fundamental (14.11) aún se cumple cuando el sistema $Oxyz$ se sustituye con $Gx'y'z'$.

Si $\mathbf{r}'_i$ y $\mathbf{v}'_i$, denotan, respectivamente, el vector de posición y la velocidad de la partícula P_i relativa al sistema de referencia móvil $Gx'y'z'$, definimos la *cantidad de movimiento angular* $\mathbf{H}'_G$ del sistema de partículas *con respecto al centro de masa G* como:

$$\mathbf{H}'_G = \sum_{i=1}^{n} (\mathbf{r}'_i \times m_i\mathbf{v}'_i) \tag{14.17}$$

Ahora derivamos ambos miembros de la ecuación (14.17) con respecto a t. Esta operación es similar a la realizada en la sección 14.3 con la ecuación (14.7), y de inmediato escribimos

$$\dot{\mathbf{H}}'_G = \sum_{i=1}^{n} (\mathbf{r}'_i \times m_i\mathbf{a}'_i) \tag{14.18}$$

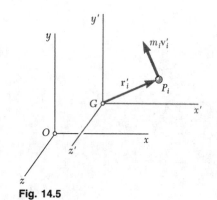

Fig. 14.5

14.5. Cantidad de movimiento angular de un
sistema de partículas con respecto a su centro
de masa **835**

en la cual $\mathbf{a}'_i$ representa la aceleración de P_i relativa al sistema de referencia móvil. De acuerdo con la sección 11.12, escribimos

$$\mathbf{a}_i = \overline{\mathbf{a}} + \mathbf{a}'_i$$

en la que $\mathbf{a}_i$ y $\overline{\mathbf{a}}$ representan, respectivamente, las aceleraciones de P_i y G relativas al sistema $Oxyz$. Despejando $\mathbf{a}'_i$ y sustituyendo en (14.18), tenemos

$$\dot{\mathbf{H}}'_G = \sum_{i=1}^{n} (\mathbf{r}'_i \times m_i\mathbf{a}_i) - \left(\sum_{i=1}^{n} m_i\mathbf{r}'_i \right) \times \overline{\mathbf{a}} \qquad (14.19)$$

Pero, por la ecuación (14.12), la segunda suma de la ecuación (14.19) es igual a $m\overline{\mathbf{r}}'$ y, por tanto, a cero, puesto que el vector de posición $\overline{\mathbf{r}}'$ de G relativo al sistema de referencia $Gx'y'z'$ es evidentemente cero. Por otro lado, como $\mathbf{a}_i$ representa la aceleración de P_i relativa a un sistema de referencia newtoniano, podemos utilizar la ecuación (14.1) y sustituir $m_i\mathbf{a}_i$ por la suma de las fuerzas internas $\mathbf{f}_{ij}$ y la resultante $\mathbf{F}_i$ de las fuerzas externas que actúan sobre P_i. Pero un razonamiento similar al utilizado en la sección 14.2 demuestra que el momento resultante con respecto a G de las fuerzas internas $\mathbf{f}_{ij}$ del sistema completo es cero. La primera suma de la ecuación (14.19) se reduce, por consiguiente, al momento resultante respecto a G de las fuerzas externas que actúan sobre las partículas del sistema, por lo que escribimos

$$\Sigma\mathbf{M}_G = \dot{\mathbf{H}}'_G \qquad (14.20)$$

la cual expresa que *el momento resultante respecto a G de las fuerzas externas es igual a la razón de cambio de la cantidad de movimiento angular del sistema de partículas respecto a G.*

Debe notarse que en la ecuación (14.17) definimos la cantidad de movimiento angular $\mathbf{H}'_G$ como la suma de los momentos, con respecto a G, de las cantidades de movimiento lineal $m_i\mathbf{v}'_i$ de las partículas *en su movimiento relativo al sistema de referencia centroidal $Gx'y'z'$*. Algunas veces desearemos calcular la suma $\mathbf{H}_G$ de los momentos respecto a G de las cantidades de movimiento de las partículas $m_i\mathbf{v}_i$ *en su movimiento absoluto*; es decir, en su movimiento observado desde el sistema de referencia newtoniano $Oxyz$ (figura 14.6):

$$\mathbf{H}_G = \sum_{i=1}^{n} (\mathbf{r}'_i \times m_i\mathbf{v}_i) \qquad (14.21)$$

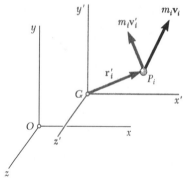

Fig. 14.6

Es sorprendente que las cantidades de movimiento angular $\mathbf{H}'_G$ y $\mathbf{H}_G$ sean idénticas. Esto se puede verificar refiriéndonos a la sección 11.12 y escribiendo

$$\mathbf{v}_i = \overline{\mathbf{v}} + \mathbf{v}'_i \qquad (14.22)$$

Al sustituir $\mathbf{v}_i$ de la ecuación (14.22) en la (14.21), tenemos

$$\mathbf{H}_G = \left(\sum_{i=1}^{n} m_i\mathbf{r}'_i \right) \times \overline{\mathbf{v}} + \sum_{i=1}^{n} (\mathbf{r}'_i \times m_i\mathbf{v}'_i)$$

Pero, como observamos antes, la primera suma es igual a cero. En consecuencia, $\mathbf{H}_G$ se reduce a la segunda suma, la cual, por definición, es igual a $\mathbf{H}'_G$.†

---

†Nótese que esta propiedad es particular del sistema de referencia centroidal $Gx'y'z'$ y, en general, no se cumple para otros sistemas de referencia (véase el problema 14.29).

Aprovechando la propiedad que acabamos de establecer, simplificaremos nuestra notación omitiendo la prima (') en la ecuación (14.20). Por consiguiente, escribimos

$$\Sigma \mathbf{M}_G = \dot{\mathbf{H}}_G \tag{14.23}$$

en la que se sobreentiende que puede calcularse la cantidad de movimiento angular $\mathbf{H}_G$ evaluando los momentos respecto a G de las cantidades de movimiento de las partículas en su movimiento con respecto al sistema de referencia newtoniano $Oxyz$, o bien, con respecto al sistema de referencia centroidal $Gx'y'z'$:

$$\mathbf{H}_G = \sum_{i=1}^{n} (\mathbf{r}_i' \times m_i \mathbf{v}_i) = \sum_{i=1}^{n} (\mathbf{r}_i' \times m_i \mathbf{v}_i') \tag{14.24}$$

14.6. CONSERVACIÓN DE LA CANTIDAD DE MOVIMIENTO PARA UN SISTEMA DE PARTÍCULAS

Si no actúa ninguna fuerza externa sobre las partículas de un sistema, los miembros del lado izquierdo de las ecuaciones (14.10) y (14.11) son iguales a cero, y estas ecuaciones se reducen a $\dot{\mathbf{L}} = 0$ y $\dot{\mathbf{H}}_O = 0$. Concluimos que

$$\mathbf{L} = \text{constante} \qquad \mathbf{H}_O = \text{constante} \tag{14.25}$$

Las ecuaciones obtenidas expresan que la cantidad de movimiento lineal del sistema de partículas y su cantidad de movimiento angular respecto al punto fijo O se conservan.

En algunas aplicaciones, como en problemas en los que intervienen fuerzas centrales, el momento respecto a un punto fijo O de cada una de las fuerzas externas puede ser cero, sin que ninguna de las fuerzas sea cero. En tales casos, aún se cumple la segunda de las ecuaciones (14.25); la cantidad de movimiento angular del sistema de partículas respecto a O se conserva.

El concepto de conservación de la cantidad de movimiento también puede aplicarse al análisis del movimiento del centro de masa G de un sistema de partículas, y al análisis del movimiento del sistema respecto de G. Por ejemplo, si la suma de las fuerzas externas es cero, se aplica la primera de las ecuaciones (14.25). Recordando la ecuación (14.14), escribimos

$$\bar{\mathbf{v}} = \text{constante} \tag{14.26}$$

la cual expresa que el centro de masa G del sistema se mueve en una línea recta y con una rapidez constante. Por otro lado, si la suma de los momentos respecto a G de las fuerzas externas es cero, de acuerdo con la ecuación (14.23) se puede afirmar que la cantidad de movimiento angular del sistema alrededor de su centro de masa se conserva:

$$\mathbf{H}_G = \text{constante} \tag{14.27}$$

PROBLEMA RESUELTO 14.1

Se observa que un vehículo espacial de 200 kg pasa en $t = 0$ por el origen de un sistema de referencia newtoniano $Oxyz$ con una velocidad $v_0 = (150 \text{ m/s})i$ relativa al sistema. Después de la detonación de cargas explosivas, el vehículo se separa en tres partes A, B, y C de masas 100 kg, 60 kg y 40 kg, respectivamente. Sabiendo que en $t = 2.5$ s se observa que las posiciones de las partes A y B son $A(555, -180, 240)$ y $B(225, 0, -120)$, donde las coordenadas se expresan en metros, determínese la posición de la parte C en ese instante.

SOLUCIÓN

Como no hay fuerzas externas, el centro de masa G del sistema se mueve a la velocidad constante $v_0 = (150 \text{ m/s})i$. En $t = 2.5$ s, su posición es

$$\bar{r} = v_0 t = (150 \text{ m/s})i(2.5 \text{ s}) = (375 \text{ m})i$$

Usando la ecuación (14.12), escribimos

$$m\bar{r} = m_A r_A + m_B r_B + m_C r_C$$
$$(200 \text{ kg})(375 \text{ m})i = (100 \text{ kg})[(555 \text{ m})i - (180 \text{ m})j + (240 \text{ m})k]$$
$$+ (60 \text{ kg})[(255 \text{ m})i - (120 \text{ m})k] + (40 \text{ kg})r_C$$
$$r_C = (105 \text{ m})i + (450 \text{ m})j - (420 \text{ m})k \quad \blacktriangleleft$$

PROBLEMA RESUELTO 14.2

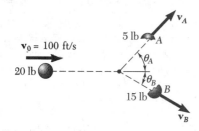

Un proyectil de 20 lb se mueve con una velocidad de 100 ft/s cuando explota en dos fragmentos A y B, que pesan 5 lb y 15 lb, respectivamente. Sabiendo que, inmediatamente después de la explosión, los fragmentos A y B viajan en direcciones definidas, respectivamente, por $\theta_A = 45°$ y $\theta_B = 30°$, determínese la velocidad de cada fragmento.

SOLUCIÓN

Como no hay fuerzas externas, la cantidad de movimiento lineal del sistema se conserva, y escribimos

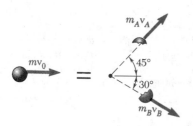

$$m_A v_A + m_B v_B = m v_0$$
$$(5/g)v_A + (15/g)v_B = (20/g)v_0$$

Componentes $\overset{+}{\rightarrow} x$: $\quad 5v_A \cos 45° + 15v_B \cos 30° = 20(100)$

Componentes $+\uparrow y$: $\quad 5v_A \operatorname{sen} 45° - 15v_B \operatorname{sen} 30° = 0$

Resolviendo simultáneamente las dos ecuaciones para v_A y v_B, tenemos

$$v_A = 207 \text{ ft/s} \qquad v_B = 97.6 \text{ ft/s}$$

$$v_A = 207 \text{ ft/s} \ \measuredangle \ 45° \qquad v_B = 97.6 \text{ ft/s} \ \searrow \ 30° \quad \blacktriangleleft$$

En este capítulo se estudia el movimiento de *sistemas de partículas*, esto es, el movimiento de un gran número de partículas consideradas juntas, más que separadas. En esta primera lección, se aprendió a calcular la *cantidad de movimiento lineal* y la *cantidad de movimiento angular* de un sistema de partículas. Se definió la cantidad de movimiento lineal $\mathbf{L}$ de un sistema de partículas como la suma de las cantidades de movimiento lineal de las partículas y se definió la cantidad de movimiento angular $\mathbf{H}_O$ del sistema como la suma de las cantidades de movimiento angular de las partículas alrededor de O:

$$\mathbf{L} = \sum_{i=1}^{n} m_i \mathbf{v}_i \qquad \mathbf{H}_O = \sum_{i=1}^{n} (\mathbf{r}_i \times m_i \mathbf{v}_i) \qquad\qquad (14.6,\ 14.7)$$

En esta lección, se resolverán varios problemas de interés práctico, ya sea observando que la cantidad de movimiento lineal de un sistema de partículas se conserva o considerando el movimiento del centro de masa de un sistema de partículas.

1. *Conservación de la cantidad de movimiento lineal de un sistema de partículas.* Esto ocurre *cuando la resultante de las fuerzas externas que actúan sobre las partículas del sistema es cero*. Se puede encontrar tal situación en los siguientes tipos de problemas.

   a. Problemas que involucran el movimiento rectilíneo de objetos tales como automóviles y vagones de ferrocarril que chocan. Después de verificar que la resultante de las fuerzas externas es cero, iguale las sumas algebraicas de las cantidades de movimiento inicial y final para obtener una ecuación que pueda resolverse para una incógnita.

   b. Problemas que involucran el movimiento bidimensional o tridimensional de objetos, como explosión de armazones, choques de aeronaves, automóviles o bolas de billar. Después de que se ha verificado que la resultante del sistema de fuerzas es cero, sume vectorialmente las cantidades de movimiento iniciales de los objetos, sume vectorialmente sus cantidades de movimiento finales, e iguale las dos sumas para obtener una ecuación vectorial que exprese que la cantidad de movimiento lineal del sistema se conserva.

   En el caso de un movimiento bidimensional, esta ecuación se puede remplazar con dos ecuaciones escalares que puedan resolverse para dos incógnitas; en el caso de un movimiento tridimensional, se puede remplazar por tres ecuaciones escalares que puedan resolverse para tres incógnitas.

2. *Movimiento del centro de masa de un sistema de partículas.* Se aprendió en la sección 14.4 que *el centro de masa de un sistema de partículas se mueve como si la masa completa del sistema y todas las fuerzas externas estuvieran concentradas en ese punto.*

   a. En el caso de un cuerpo que explota cuando está en movimiento, resulta que el centro de masa de los fragmentos resultantes se mueven como el cuerpo se habría movido si la explosión no hubiera ocurrido. Se pueden resolver problemas de este tipo escribiendo en forma vectorial la ecuación de movimiento del centro de masa del sistema, y expresando el vector de posición del centro de masa en función de los vectores de posición de los diversos fragmentos [Ec. (14.12)]. Así, se puede reescribir la ecuación vectorial como dos o tres ecuaciones escalares y resolverlas para un número equivalente de incógnitas.

   b. En el caso del choque de varios cuerpos en movimiento, el movimiento del centro de masa de los diferentes cuerpos no es afectado por el choque. Se pueden resolver problemas de este tipo escribiendo en forma vectorial la ecuación de movimiento del centro de masa del sistema, y expresando su vector de posición antes y después del choque, en función de los vectores de posición de los cuerpos relevantes [Ec. (14.12)]. Así, se puede reescribir la ecuación vectorial como dos o tres ecuaciones escalares y resolverlas para un número equivalente de incógnitas.

Problemas

14.1   Un empleado de una aerolínea coloca dos maletas, de masas 15 kg y 20 kg, respectivamente, sobre un carrito para equipaje, de 25 kg, en una rápida sucesión. Si el carrito está inicialmente en reposo y el empleado imparte una velocidad horizontal de 3 m/s a la maleta de 15 kg y una velocidad horizontal de 2 m/s a la maleta de 20 kg, determine la velocidad final del carrito para equipaje si la primera maleta colocada sobre él es *a*) la maleta de 15 kg, *b*) la maleta de 20 kg.

14.2   Un empleado de una aerolínea coloca dos maletas en una rápida sucesión, con una velocidad horizontal de 2.4 m/s, sobre un carrito para equipaje, de 25 kg, el cual está inicialmente en reposo. *a*) Si la velocidad final del carrito es 1.2 m/s y la primera maleta que el empleado coloca sobre éste tiene una masa de 15 kg, determine la masa de la otra maleta. *b*) ¿Cuál sería la velocidad final del carrito si el empleado invierte el orden en el cual coloca las maletas?

Fig. P14.1 y P14.2

14.3   Un hombre de 180 lb y una mujer de 120 lb están parados, uno al lado del otro, en el mismo extremo de un bote de 300 lb, listos para lanzarse al agua, cada uno con una velocidad relativa al bote de 16 ft/s. Determine la velocidad del bote después de que ambos se lanzan al agua, si *a*) la mujer lo hace en primer lugar, *b*) el hombre lo hace en primer lugar.

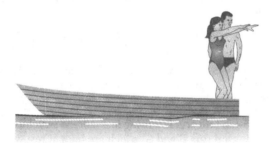

Fig. P14.3

14.4   Un hombre de 180 lb y una mujer de 120 lb están de pie en extremos opuestos de un bote de 300 lb, listos para lanzarse al agua, cada uno con una velocidad relativa al bote de 16 ft/s. Determine la velocidad del bote después de que ambos se lanzan al agua, si *a*) la mujer lo hace en primer lugar, *b*) el hombre lo hace en primer lugar.

Fig. P14.4

14.5 Tres automóviles idénticos están siendo descargados desde una madrina. Los automóviles B y C acaban de ser descargados y se encuentran en reposo con los frenos sin aplicar, cuando el automóvil A deja la rampa de descarga con una velocidad de 1.920 m/s y golpea al automóvil B, el cual a su vez golpea al automóvil C. Después, el automóvil A golpea de nuevo al B. Si la velocidad del automóvil B es 1.680 m/s después del primer choque, 0.210 m/s después del segundo choque y 0.23625 m/s después del tercer choque, determine a) las velocidades finales de los automóviles A y C, b) el coeficiente de restitución entre dos cualesquiera de los tres automóviles.

Fig. P14.5 y P14.6

14.6 Tres automóviles idénticos están siendo descargados desde una madrina. Los automóviles B y C acaban de ser descargados y se encuentran en reposo con los frenos sin aplicar, cuando el automóvil A deja la rampa de descarga con una velocidad de 2.00 m/s y golpea al automóvil B, el cual a su vez golpea al automóvil C. Después, el automóvil A golpea de nuevo al B. Si la velocidad del automóvil A es 0.400 m/s después de la primera colisión con el automóvil B y 0.336 m/s después de su segunda colisión con el automóvil B, y si la velocidad del automóvil C es 1.280 m/s después de que ha sido golpeado por el al automóvil B, determine a) la velocidad del automóvil B después de cada una de las colisiones, b) el coeficiente de restitución entre dos cualesquiera de los tres automóviles.

14.7 Se dispara una bala con una velocidad horizontal de 1500 ft/s hacia un bloque A, de 6 lb, y queda incrustada en el bloque B de 4.95 lb. Si los bloques A y B empiezan a moverse con velocidades de 5 ft/s y 9 ft/s, respectivamente, determine a) el peso de la bala, b) su velocidad cuando viaja del bloque A al B.

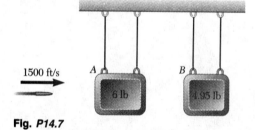

Fig. *P14.7*

14.8 Un vagón de carga A, de 45 ton, se está moviendo en el área de cambios de línea con una velocidad de 5.6 mi/h hacia los vagones B y C, los cuales están en reposo con los frenos sin aplicar y a corta distancia uno del otro. El vagón B es una plataforma de 25 ton que soporta un contenedor de 30 ton, y el vagón de carga C pesa 40 ton. Cuando los carros pegan unos con otros, quedan automáticamente enganchados. Determine la velocidad del vagón A, inmediatamente después de los dos acoplamientos, asumiendo que el contenedor a) no se desliza sobre la plataforma, b) se desliza después del primer acoplamiento, pero golpea un retén antes de que ocurra el segundo enganche, c) se desliza y golpea el retén después de ocurrir el segundo acoplamiento.

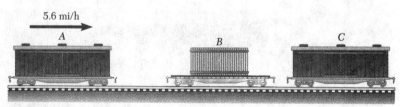

Fig. *P14.8*

14.9 Un sistema está compuesto por tres partículas A, B y C. Se sabe que $m_A = 3$ kg, $m_B = 4$ kg y $m_C = 5$ kg, y que las velocidades de las partículas expresadas en m/s, son, respectivamente, $\mathbf{v}_A = -4\mathbf{i} + 4\mathbf{j} + 6\mathbf{k}$, $\mathbf{v}_B = -6\mathbf{i} + 8\mathbf{j} + 4\mathbf{k}$ y $\mathbf{v}_C = 2\mathbf{i} - 6\mathbf{j} - 4\mathbf{k}$. Determine la cantidad de movimiento angular $\mathbf{H}_O$ del sistema alrededor de O.

14.10 Para el sistema de partículas del problema 14.9, determine a) el vector de posición $\bar{\mathbf{r}}$ del centro de masa G del sistema, b) la cantidad de movimiento lineal $m\bar{\mathbf{v}}$ del sistema, c) la cantidad de movimiento angular $\mathbf{H}_G$ del sistema alrededor de G. También verifique que las respuestas a este problema y al 14.9 satisfacen la ecuación dada en el problema 14.27.

14.11 Un sistema está compuesto por tres partículas A, B y C. Se sabe que $m_A = 3$ kg, $m_B = 4$ kg y $m_C = 5$ kg, y que las velocidades de las partículas, expresadas en m/s, son, respectivamente, $\mathbf{v}_A = -4\mathbf{i} + 4\mathbf{j} + 6\mathbf{k}$, $\mathbf{v}_B = v_x\mathbf{i} + v_y\mathbf{j} + 4\mathbf{k}$ y $\mathbf{v}_C = 2\mathbf{i} - 6\mathbf{j} - 4\mathbf{k}$. Determine a) las componentes v_x y v_y de la velocidad de la partícula B, para las cuales la cantidad de movimiento angular $\mathbf{H}_O$ del sistema alrededor de O es paralela el eje z, b) el valor correspondiente de $\mathbf{H}_O$.

14.12 Para el sistema de partículas del problema 14.11, determine a) las componentes v_x y v_y de la velocidad de la partícula B para las cuales la cantidad de movimiento angular $\mathbf{H}_O$ del sistema alrededor de O es paralela el eje y, b) el valor correspondiente de $\mathbf{H}_O$.

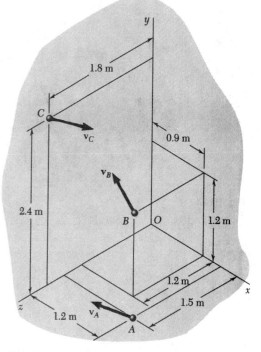

Fig. P14.9 y *P14.11*

14.13 Un sistema está formado por tres partículas A, B y C. Sabemos que $W_A = 9.66$ lb, $W_B = 6.44$ lb y $W_C = 12.88$ lb, y que las velocidades de las partículas, expresadas en ft/s, son, respectivamente, $\mathbf{v}_A = 4\mathbf{i} + 2\mathbf{j} + 2\mathbf{k}$, $\mathbf{v}_B = 4\mathbf{i} + 3\mathbf{j}$ y $\mathbf{v}_C = -2\mathbf{i} + 4\mathbf{j} + 2\mathbf{k}$. Determine la cantidad de movimiento angular $\mathbf{H}_O$ del sistema alrededor de O.

14.14 Para el sistema de partículas del problema 14.13, determine a) el vector de posición $\bar{\mathbf{r}}$ del centro de masa G del sistema, b) la cantidad de movimiento lineal $m\bar{\mathbf{v}}$ del sistema, c) la cantidad de movimiento angular $\mathbf{H}_G$ del sistema alrededor de G. También verifique que las respuestas a este problema y al 14.13 satisfacen la ecuación dada en el problema 14.27.

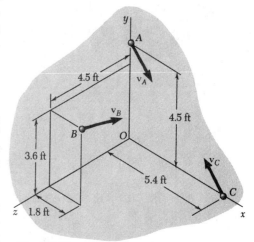

Fig. P14.13

14.15 Un vehículo espacial de 900 lb que viaja con una velocidad $\mathbf{v}_0 = (1200 \text{ ft/s})\mathbf{i}$ pasa por el origen O en $t = 0$. Luego, unas cargas explosivas separan el vehículo en tres partes A, B y C, que pesan, respectivamente, 450 lb, 300 lb y 150 lb. Si se observa que, en $t = 4$ s, las posiciones de las partes A y B son A (3840 ft, -960 ft, -1920 ft) y B (6480 ft, 1200 ft, 2640 ft), determine la posición correspondiente de la parte C. Desprecie el efecto de la gravedad.

14.16 Un proyectil de 30 lb pasa por el origen O con una velocidad $\mathbf{v}_0 = (120 \text{ ft/s})\mathbf{i}$ cuando explota en dos fragmentos A y B, de 12 lb y 18 lb de peso, respectivamente. Si, 3 s después, la posición del fragmento A es (300 ft, 24 ft, -48 ft), determine la posición del fragmento B en ese mismo instante. Asuma que $a_y = -g = -32.2$ ft/s^2, y desprecie la resistencia del aire.

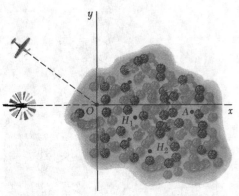

Fig. P14.17

14.17 Un pequeño aeroplano, de 1500 kg de masa, y un helicóptero, de 3000 kg de masa, vuelan a una altitud de 1200 m y chocan directamente sobre una torre localizada en O, en un área boscosa. El helicóptero fue visto cuatro minutos antes a 8.4 km al oeste de la torre, y el aeroplano a 16 km al oeste y 12 km al norte de la torre. Como resultado del choque, el helicóptero se partió en dos partes, H_1 y H_2, de masas $m_1 = 1000$ kg y $m_2 = 2000$ kg, respectivamente; el aeroplano permaneció de una pieza mientras caía al piso. Si los dos fragmentos del helicóptero se localizaron en los puntos H_1 (500 m, −100 m) y H_2 (600 m, −500 m), respectivamente, y asumiendo que todas las piezas golpean el piso al mismo tiempo, determine las coordenadas del punto A donde se hallaron los restos del aeroplano.

14.18 En el problema 14.17, si los restos del aeroplano se hallaron en el punto A (1200 m, 80 m) y el fragmento de 1000 kg del helicóptero en el punto H_1 (400 m, −200 m), y asumiendo que todas las partes golpean el piso al mismo tiempo, determine las coordenadas del punto H_2 donde el otro fragmento del helicóptero será hallado.

14.19 y 14.20 El automóvil A estaba viajando al este a alta velocidad cuando chocó en el punto O con el automóvil B, el cual viajaba rumbo al norte a 72 km/h. El automóvil C, que estaba viajando hacia el oeste a 90 km/h, se encontraba 10 m al este y 3 m al norte del punto O en el momento del choque. Debido a que el pavimento estaba húmedo, el conductor del automóvil C no pudo evitar que su automóvil patinara hacia los otros automóviles, y los tres automóviles, atorados, siguieron deslizándose hasta que golpearon el poste de servicio P. Si las masas de los automóviles A, B y C son, respectivamente, 1500 kg, 1300 kg y 1200 kg, y despreciando las fuerzas ejercidas sobre los automóviles por el pavimento húmedo, resuelva los problemas indicados.

14.19 Si las coordenadas del poste de servicio son $x_P = 18$ m y $y_P = 13.9$ m, determine a) el tiempo transcurrido desde la primera colisión hasta que los automóviles se detienen en P, b) la rapidez del automóvil A.

14.20 Si la rapidez del automóvil A era 129.6 km/h y el tiempo transcurrido desde la primera colisión hasta que los automóviles se detienen en P fue de 2.4 s, determine las coordenadas del poste de servicio P.

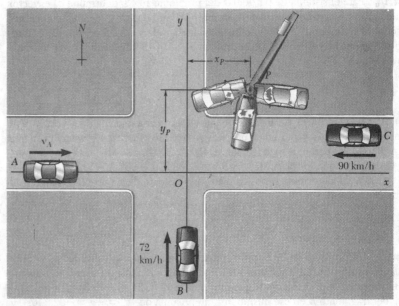

Fig. P14.19 y P14.20

14.21 y 14.22 En un juego de billar, la bola *A* se mueve con una velocidad $\mathbf{v}_0$ cuando golpea las bolas *B* y *C*, las cuales están en reposo y alineadas como se muestra. Si después de la colisión, las tres bolas se mueven en las direcciones indicadas y $v_0 = 12$ ft/s y $v_C = 6.29$ ft/s, determine la magnitud de la velocidad de *a*) la bola A, *b*) la bola B.

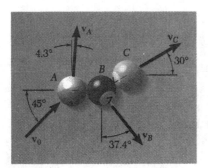

Fig. P14.21

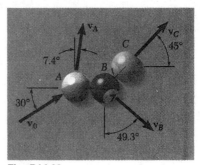

Fig. P14.22

14.23 Un pájaro de juguete, de 3 kg, que vuela hacia el este a 15 m sobre el piso, con una velocidad $\mathbf{v}_B = (10 \text{ m/s})\mathbf{i}$, es golpeado por una flecha de 50 g con una velocidad $\mathbf{v}_A = (60 \text{ m/s})\mathbf{j} + (80 \text{ m/s})\mathbf{k}$, donde $\mathbf{j}$ está dirigida hacia arriba. Determine la posición del punto *P* donde el pájaro golpeará el suelo, en relación con el punto *O* localizado directamente por debajo del punto de impacto.

14.24 En un experimento de dispersión, se dirige una partícula alfa *A* con una velocidad $\mathbf{u}_0 = -(480 \text{ m/s})\mathbf{i} + (600 \text{ m/s})\mathbf{j} - (640 \text{ m/s})\mathbf{k}$ hacia un chorro de núcleos de oxígeno que se mueven con una velocidad común $\mathbf{v}_0 = (480 \text{ m/s})\mathbf{j}$. Después de chocar sucesivamente con los núcleos *B* y *C*, se observa que la partícula *A* se mueve sobre la trayectoria definida por los puntos A_1 (240, 220, 160) y A_2 (320, 300, 200), y que los núcleos *B* y *C* se mueven a lo largo de trayectorias definidas, respectivamente, por B_1 (107, 200, 170) y B_2 (74, 270, 160), y C_1 (200, 212, 130) y C_2 (200, 260, 115). Todas las trayectorias están sobre líneas rectas y todas las coordenadas se expresan en milímetros. Si la masa de un núcleo de oxígeno es cuatro veces la de una partícula alfa, determine la rapidez de cada una de las tres partículas después de las colisiones.

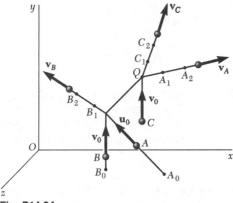

Fig. P14.24

14.25 Un proyectil de 12 lb, que se mueve con una velocidad $v_0 = (40 \text{ ft/s})\mathbf{i} - (30 \text{ ft/s})\mathbf{j} - (1200 \text{ ft/s})\mathbf{k}$, explota en el punto D en tres fragmentos A, B y C que pesan, respectivamente, 5 lb, 4 lb y 3 lb. Si los fragmentos golpean la pared vertical en los puntos indicados, determine la rapidez de cada fragmento inmediatamente después de la explosión.

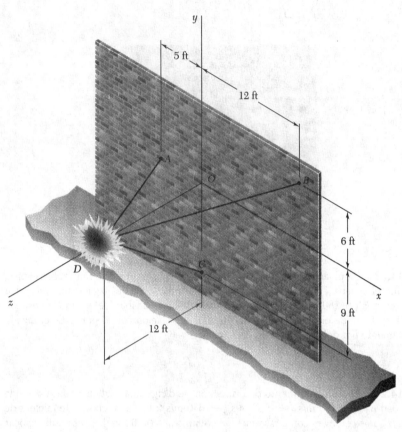

Fig. *P14.25* y *P14.26*

14.26 Un proyectil de 12 lb, que se mueve con una velocidad $v_0 = (40 \text{ ft/s})\mathbf{i} - (30 \text{ ft/s})\mathbf{j} - (1200 \text{ ft/s})\mathbf{k}$, explota en el punto D en tres fragmentos A, B y C que pesan, respectivamente, 4 lb, 3 lb y 5 lb. Si los fragmentos golpean la pared vertical en los puntos indicados, determine la rapidez de cada fragmento inmediatamente después de la explosión.

14.27 Deduzca la relación

$$\mathbf{H}_O = \bar{\mathbf{r}} \times m\bar{\mathbf{v}} + \mathbf{H}_G$$

entre las cantidades de movimiento angular $\mathbf{H}_O$ y $\mathbf{H}_G$ definidas en las ecuaciones (14.7) y (14.24), respectivamente. Los vectores $\bar{\mathbf{r}}$ y $\bar{\mathbf{v}}$ definen, respectivamente, la posición y la velocidad del centro de masa G del sistema de partículas relativos al sistema de referencia newtoniano $Oxyz$, y m representa la masa total del sistema.

14.28 Demuestre que la ecuación (14.23) puede deducirse directamente de la ecuación (14.11) sustituyendo para $\mathbf{H}_O$ la ecuación dada en el problema 14.27.

14.29   Considere el sistema de referencia $Ax'y'z'$ en translación con respecto al sistema de referencia newtoniano $Oxyz$. Definimos la cantidad de movimiento angular $\mathbf{H}'_A$ del sistema de n partículas alrededor de A, como la suma

$$\mathbf{H}'_A = \sum_{i=1}^{n} \mathbf{r}'_i \times m_i \mathbf{v}'_i \tag{1}$$

de los momentos alrededor de A de las cantidades de movimiento $m_i \mathbf{v}'_i$ de las partículas en sus movimientos relativos al sistema $Ax'y'z'$. Si $\mathbf{H}_A$ denota la suma

$$\mathbf{H}_A = \sum_{i=1}^{n} \mathbf{r}'_i \times m_i \mathbf{v}_i \tag{2}$$

de los momentos alrededor de A de las cantidades de movimiento $m_i \mathbf{v}_i$ de las partículas en sus movimientos relativos al sistema newtoniano $Oxyz$, demuestre que $\mathbf{H}_A = \mathbf{H}'_A$ en un instante dado si, y sólo si, se satisface una de las siguientes condiciones en ese instante: a) A tiene velocidad cero con respecto al sistema $Oxyz$, b) A coincide con el centro de masa G del sistema, c) la velocidad $\mathbf{v}_A$ relativa a $Oxyz$ está dirigida sobre la línea AG.

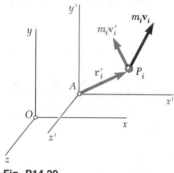

Fig. P14.29

14.30   Demuestre que la relación $\Sigma\mathbf{M}_A = \dot{\mathbf{H}}'_A$, donde $\mathbf{H}'_A$ está definida por la ecuación (1) del problema 14.29 y donde $\Sigma\mathbf{M}_A$ representa la suma de los momentos alrededor de A de las fuerzas externas que actúan sobre el sistema de partículas, es válido si, y sólo si, se satisface una de las siguientes condiciones: a) el sistema $Ax'y'z'$ es en sí un sistema de referencia newtoniano, b) A coincide con el centro de masa G, c) la aceleración $\mathbf{a}_A$ de A relativa a $Oxyz$ está dirigida sobre la línea AG.

14.7. ENERGÍA CINÉTICA DE UN SISTEMA DE PARTÍCULAS

La energía cinética T de un sistema de partículas se define como la suma de las energías cinéticas de las distintas partículas del sistema. Refiriéndonos a la sección 13.3, escribimos, por consiguiente,

$$T = \frac{1}{2} \sum_{i=1}^{n} m_i v_i^2 \tag{14.28}$$

Empleo de un sistema de referencia centroidal.   Cuando se calcula la energía cinética de un sistema que consta de un gran número de partículas (como en el caso de un cuerpo rígido), a menudo es conveniente considerar por separado el movimiento del centro de masa G del sistema y el movimiento del sistema relativo a un sistema de referencia en movimiento, fijo en G.

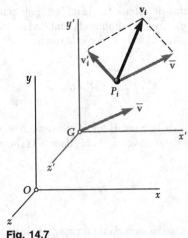

Fig. 14.7

Sean P_i una partícula del sistema, $\mathbf{v}_i$ su velocidad relativa al sistema de referencia newtoniano $Oxyz$ y $\mathbf{v}_i'$ su velocidad relativa al sistema móvil $Gx'y'z'$ que se traslada con respecto a $Oxyz$ (figura 14.7). De la sección anterior, recordamos que

$$\mathbf{v}_i = \overline{\mathbf{v}} + \mathbf{v}_i' \tag{14.22}$$

en la que $\overline{\mathbf{v}}$ representa la velocidad del centro de masa G relativa al sistema de referencia newtoniano $Oxyz$. Al observar que v_i^2 es igual al producto escalar $\mathbf{v}_i \cdot \mathbf{v}_i$, expresamos a la energía cinética T del sistema relativa al sistema newtoniano $Oxyz$ de la manera siguiente:

$$T = \frac{1}{2} \sum_{i=1}^{n} m_i v_i^2 = \frac{1}{2} \sum_{i=1}^{n} (m_i \mathbf{v}_i \cdot \mathbf{v}_i)$$

o, al sustituir $\mathbf{v}_i$ de la ecuación (14.22),

$$T = \frac{1}{2} \sum_{i=1}^{n} [m_i(\overline{\mathbf{v}} + \mathbf{v}_i') \cdot (\overline{\mathbf{v}} + \mathbf{v}_i')]$$

$$= \frac{1}{2} \left(\sum_{i=1}^{n} m_i \right) \overline{v}^2 + \overline{\mathbf{v}} \cdot \sum_{i=1}^{n} m_i \mathbf{v}_i' + \frac{1}{2} \sum_{i=1}^{n} m_i v_i'^2$$

La primera suma representa la masa total m del sistema. Recordando la ecuación (14.13), notamos que la segunda suma es igual a $m\overline{\mathbf{v}}'$ y, por consiguiente, es nula, puesto que $\overline{\mathbf{v}}'$, que representa la velocidad de G relativa al sistema de referencia $Gx'y'z'$, obviamente es cero. Por tanto, escribimos

$$T = \tfrac{1}{2} m\overline{v}^2 + \frac{1}{2} \sum_{i=1}^{n} m_i v_i'^2 \tag{14.29}$$

Esta ecuación muestra que la energía cinética T de un sistema de partículas puede obtenerse *sumando la energía cinética del centro de masa G* (suponiendo que toda la masa está concentrada en G) *y la energía cinética del sistema en su movimiento relativo al sistema $Gx'y'z'$*.

14.8. PRINCIPIO DEL TRABAJO Y LA ENERGÍA. CONSERVACIÓN DE ENERGÍA PARA UN SISTEMA DE PARTÍCULAS

El principio del trabajo y la energía puede ser aplicado a cada partícula P_i de un sistema de partículas. Escribimos

$$T_1 + U_{1 \to 2} = T_2 \tag{14.30}$$

para cada partícula P_i, en la que $U_{1 \to 2}$ representa el trabajo realizado por las fuerzas internas $\mathbf{f}_{ij}$ y la fuerza externa resultante $\mathbf{F}_i$ que actúa sobre P_i. Sumando las energías cinéticas de las distintas partículas del sistema, y considerando el trabajo de todas las fuerzas que intervienen, podemos aplicar la ecuación (14.30) al sistema completo. Las cantidades T_1 y T_2 representan ahora la energía cinética de todo el sistema, y puede calcularse a partir de la ecuación (14.28) o de la (14.29). La cantidad $U_{1 \to 2}$ representa el trabajo de todas las fuerzas que actúan sobre las partículas del sistema. Debemos notar que, aunque las fuerzas internas $\mathbf{f}_{ij}$ y $\mathbf{f}_{ji}$ son iguales y opuestas, el trabajo realizado por ellas en general, no se cancelará, pues las partículas P_i y P_j sobre las que actúan tendrán, usualmente, diferentes desplazamientos. Por consiguiente, al calcular $U_{1 \to 2}$ *deberemos considerar el trabajo de las fuerzas internas* $\mathbf{f}_{ij}$ *así como el trabajo de las fuerzas externas* $\mathbf{F}_i$.

Si todas las fuerzas que actúan sobre las partículas del sistema son conservativas, la ecuación (14.30) puede sustituirse por

$$T_1 + V_1 = T_2 + V_2 \tag{14.31}$$

en la que V representa la energía potencial asociada a las fuerzas internas y externas que actúan sobre las partículas del sistema. La ecuación (14.31) expresa el principio de *conservación de la energía* para el sistema de partículas.

14.9. PRINCIPIO DEL IMPULSO Y LA CANTIDAD DE MOVIMIENTO PARA UN SISTEMA DE PARTÍCULAS

Al integrar las ecuaciones (14.10) y (14.11) respecto a t, desde t_1 hasta t_2, escribimos

$$\sum \int_{t_1}^{t_2} \mathbf{F} \, dt = \mathbf{L}_2 - \mathbf{L}_1 \tag{14.32}$$

$$\sum \int_{t_1}^{t_2} \boldsymbol{M}_O \, dt = (\mathbf{H}_O)_2 - (\mathbf{H}_O)_1 \tag{14.33}$$

Recordando la definición del impulso lineal de una fuerza, dada en la sección 13.10, observamos que las integrales de la ecuación (14.32) representan los impulsos lineales de las fuerzas externas que actúan sobre las partículas del sistema. De manera similar, nos referiremos a las integrales de la ecuación (14.33) como los *impulsos angulares* con respecto a O de las fuerzas externas. Por consiguiente, la ecuación (14.32) establece que la suma de los impulsos lineales de las fuerzas externas que actúan sobre el sistema es igual al cambio de la cantidad de movimiento lineal del sistema. Asimismo, la ecuación (14.33) establece que la suma de los impulsos angulares respecto de O de las fuerzas externas es igual al cambio de la cantidad de movimiento angular respecto de O del sistema.

A fin de comprender el significado físico de las ecuaciones (14.32) y (14.33), reagruparemos los términos de estas ecuaciones y escribiremos

$$L_1 + \sum \int_{t_1}^{t_2} F \, dt = L_2 \tag{14.34}$$

$$(H_O)_1 + \sum \int_{t_1}^{t_2} M_O \, dt = (H_O)_2 \tag{14.35}$$

En las partes a y c de la figura 14.8 hemos trazado las cantidades de movimiento de las partículas del sistema en los instantes t_1 y t_2, respectivamente. En la parte b de la misma figura mostramos un vector igual a la suma de los impulsos lineales de las fuerzas externas y un momento de un par igual a la suma de los impulsos angulares alrededor de O de las fuerzas externas. Para mayor sencillez, se ha

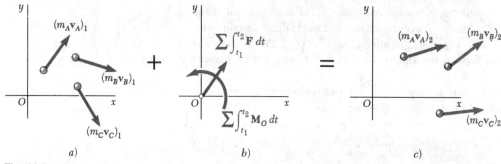

a)   b)   c)

Fig. 14.8

supuesto que las partículas se mueven en el plano de la figura, pero esto sigue siendo válido en el caso de partículas que se mueven en el espacio. Recordando de la ecuación (14.6) que, por definición, L es la resultante de las cantidades de movimiento $m_i v_i$, notamos que la ecuación (14.34) expresa que la resultante de los vectores mostrados en las partes a y b de la figura 14.8 es igual a la resultante de los vectores mostrados en la parte c de la misma figura. Al recordar, de la ecuación (14.7), que H_O es el momento resultante de las cantidades de movimiento $m_i v_i$, notamos que la ecuación (14.35) establece, de manera similar, que el momento resultante de los vectores de las partes a y b de la figura 14.8 es igual al momento resultante de los vectores de la parte c. Por consiguiente, las ecuaciones (14.34) y (14.35) expresan que *las cantidades de movimiento de las partículas en el instante t_1 y los impulsos de las fuerzas externas desde t_1 hasta t_2 forman un sistema de vectores equipolente al sistema de las cantidades de movimiento de las partículas en el instante t_2*. Esto se indicó en la figura 14.8 mediante el empleo de signos más e igual de color azul.

Si sobre las partículas del sistema no actúa ninguna fuerza externa, las integrales de las ecuaciones (14.34) y (14.35) son cero, y estas ecuaciones se reducen a

$$L_1 = L_2 \tag{14.36}$$

$$(H_O)_1 = (H_O)_2 \tag{14.37}$$

De esta manera comprobamos el resultado obtenido en la sección 14.6: si sobre las partículas de un sistema no actúa ninguna fuerza externa, se conservan la cantidad de movimiento lineal y la cantidad de movimiento angular alrededor del punto O del sistema de partículas. El sistema de las cantidades de movimiento iniciales es equipolente al sistema de las cantidades de movimiento finales, y, por tanto, la cantidad de movimiento angular del sistema de partículas respecto de *cualquier* punto fijo se conserva.

PROBLEMA RESUELTO 14.3

Para el vehículo espacial, de 200 kg, del problema resuelto 14.1, se sabe que, en $t =$ 2.5 s, la velocidad de la parte A es $\mathbf{v}_A = (270 \text{ m/s})\mathbf{i} - (120 \text{ m/s})\mathbf{j} + (160 \text{ m/s})\mathbf{k}$, y que la velocidad de la parte B es paralela al plano xz. Determínese la velocidad de la parte C.

SOLUCIÓN

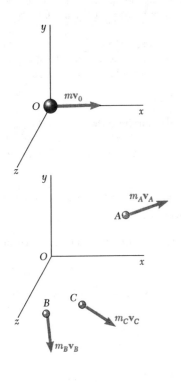

Como no hay fuerzas externas, la cantidad de movimiento inicial $m\mathbf{v}_0$ es equipolente al sistema de las cantidades de movimiento finales. Igualando en primer lugar las sumas de los vectores de ambas partes del diagrama adjunto, y después las sumas de sus momentos alrededor de O, escribimos

$$\mathbf{L}_1 = \mathbf{L}_2: \qquad m\mathbf{v}_0 = m_A\mathbf{v}_A + m_B\mathbf{v}_B + m_C\mathbf{v}_C \qquad (1)$$

$$(\mathbf{H}_O)_1 = (\mathbf{H}_O)_2: \qquad 0 = \mathbf{r}_A \times m_A\mathbf{v}_A + \mathbf{r}_B \times m_B\mathbf{v}_B + \mathbf{r}_C \times m_C\mathbf{v}_C \qquad (2)$$

Del problema resuelto 14.1 sabemos que $\mathbf{v}_0 = (150 \text{ m/s})\mathbf{i}$,

$$m_A = 100 \text{ kg} \qquad m_B = 60 \text{ kg} \qquad m_C = 40 \text{ kg}$$
$$\mathbf{r}_A = (555 \text{ m})\mathbf{i} - (180 \text{ m})\mathbf{j} + (240 \text{ m})\mathbf{k}$$
$$\mathbf{r}_B = (255 \text{ m})\mathbf{i} - (120 \text{ m})\mathbf{k}$$
$$\mathbf{r}_C = (105 \text{ m})\mathbf{i} + (450 \text{ m})\mathbf{j} - (420 \text{ m})\mathbf{k}$$

y usando la información dada en el enunciado de este problema, reescribimos las ecuaciones (1) y (2) como sigue:

$$200(150\mathbf{i}) = 100(270\mathbf{i} - 120\mathbf{j} + 160\mathbf{k}) + 60[(v_B)_x\mathbf{i} + (v_B)_z\mathbf{k}]$$
$$+ 40[(v_C)_x\mathbf{i} + (v_C)_y\mathbf{j} + (v_C)_z\mathbf{k}] \quad (1')$$

$$0 = 100 \begin{vmatrix} \mathbf{i} & \mathbf{j} & \mathbf{k} \\ 555 & -180 & 240 \\ 270 & -120 & 160 \end{vmatrix} + 60 \begin{vmatrix} \mathbf{i} & \mathbf{j} & \mathbf{k} \\ 255 & 0 & -120 \\ (v_B)_x & 0 & (v_B)_z \end{vmatrix}$$

$$+ 40 \begin{vmatrix} \mathbf{i} & \mathbf{j} & \mathbf{k} \\ 105 & 450 & -420 \\ (v_C)_x & (v_C)_y & (v_C)_z \end{vmatrix} \quad (2')$$

Igualando a cero los coeficientes de $\mathbf{j}$ en (1'), y los coeficientes de $\mathbf{i}$ y $\mathbf{k}$ en (2'), escribimos, después de simplificar, las tres ecuaciones escalares

$$(v_C)_y - 300 = 0$$
$$450(v_C)_z + 420(v_C)_y = 0$$
$$105(v_C)_y - 450(v_C)_x - 45\,000 = 0$$

las cuales dan, respectivamente,

$$(v_C)_y = 300 \qquad (v_C)_z = -280 \qquad (v_C)_x = -30$$

La velocidad de la parte C es, así,

$$\mathbf{v}_C = -(30 \text{ m/s})\mathbf{i} + (300 \text{ m/s})\mathbf{j} - (280 \text{ m/s})\mathbf{k} \qquad \blacktriangleleft$$

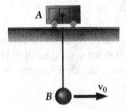

PROBLEMA RESUELTO 14.4

La bola B, de masa m_B, cuelga de una cuerda de longitud l unida al carro A, de masa m_A, el cual puede rodar libremente sobre una vía horizontal sin fricción. Si se proporciona a la bola una velocidad inicial $\mathbf{v}_0$ mientras el carro está en reposo, determínese a) la velocidad de B cuando alcanza su máxima elevación, b) la máxima distancia vertical h a la que llegará B. (Asuma que $v_0^2 < 2gl$.)

SOLUCIÓN

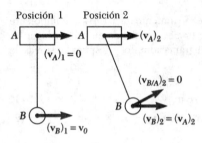

Se aplicarán el principio del impulso y la cantidad de movimiento y el principio de la conservación de la energía al sistema carro-bola, entre su posición inicial 1 y la posición 2, cuando B alcanza su máxima elevación.

Velocidades   Posición 1: $(\mathbf{v}_A)_1 = 0$ $(\mathbf{v}_B)_1 = \mathbf{v}_0$ \hfill (1)

Posición 2:   Cuando la bola B alcanza su máxima elevación, su velocidad $(\mathbf{v}_{A/B})_2$ relativa a su soporte A es cero. Así, en ese instante, su velocidad absoluta es

$$(\mathbf{v}_B)_2 = (\mathbf{v}_A)_2 + (\mathbf{v}_{B/A})_2 = (\mathbf{v}_A)_2 \tag{2}$$

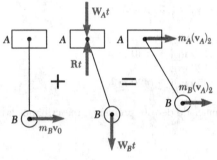

Principio del impulso y la cantidad de movimiento.   Notando que los impulsos externos consisten de $\mathbf{W}_A t$, $\mathbf{W}_B t$ y $\mathbf{R}t$, donde $\mathbf{R}$ es la reacción de la vía sobre el carro, y recordando (1) y (2), dibujamos el diagrama impulso-cantidad de movimiento y escribimos

$$\Sigma m\mathbf{v}_1 + \Sigma\ \mathbf{Ext\ Imp}_{1\rightarrow 2} = \Sigma m\mathbf{v}_2$$

Componentes $\xrightarrow{+} x$: $m_B v_0 = (m_A + m_B)(v_A)_2$

la cual establece que la cantidad de movimiento lineal del sistema se conserva en la dirección horizontal. Despejando $(v_A)_2$:

$$(v_A)_2 = \frac{m_B}{m_A + m_B}\, v_0 \qquad (v_B)_2 = (v_A)_2 = \frac{m_B}{m_A + m_B}\, v_0 \rightarrow \qquad \blacktriangleleft$$

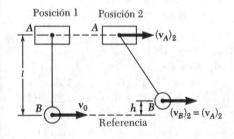

Conservación de la energía

Posición 1. **Energía potencial:** $V_1 = m_A gl$
\qquad\qquad **Energía cinética:** $T_1 = \frac{1}{2} m_B v_0^2$

Posición 2. **Energía potencial:** $V_2 = m_A gl + m_B gh$
\qquad\qquad **Energía cinética:** $T_2 = \frac{1}{2}(m_A + m_B)(v_A)_2^2$

$T_1 + V_1 = T_2 + V_2$: $\frac{1}{2} m_B v_0^2 + m_A gl = \frac{1}{2}(m_A + m_B)(v_A)_2^2 + m_A gl + m_B gh$

Despejando h, tenemos

$$h = \frac{v_0^2}{2g} - \frac{m_A + m_B}{m_B}\,\frac{(v_A)_2^2}{2g}$$

o, sustituyendo $(v_A)_2$ por la expresión hallada antes,

$$h = \frac{v_0^2}{2g} - \frac{m_B}{m_A + m_B}\,\frac{v_0^2}{2g} \qquad h = \frac{m_A}{m_A + m_B}\,\frac{v_0^2}{2g} \qquad \blacktriangleleft$$

Comentarios.   1) Recordando que $v_0^2 < 2gl$, de la última ecuación se concluye que $h < l$; así, verificamos que B permanece debajo de A, como se asumió en la solución.

2) Para $m_A \gg m_B$, las respuestas obtenidas se reducen a $(\mathbf{v}_B)_2 = (\mathbf{v}_A')_2 = 0$ y $h = v_0^2/2g$; B oscila como un péndulo simple, con A fijo. Para $m_A \ll m_B$, las respuestas se reducen a $(\mathbf{v}_B)_2 = (\mathbf{v}_A)_2 = \mathbf{v}_0$ y $h = 0$; A y B se mueven con la misma velocidad constante $\mathbf{v}_0$.

PROBLEMA RESUELTO 14.5

En un juego de billar, a la bola A se le proporciona una velocidad inicial $\mathbf{v}_0$ de $v_0 = 10$ ft/s de magnitud, a lo largo de la línea DA paralela al eje de la mesa. La bola A golpea a la bola B y después a la bola C, las cuales se encuentran en reposo. Si A y C golpean perpendicularmente los lados de la mesa en los puntos A' y C', respectivamente, y B golpea el lado oblicuamente en B', y asumiendo superficies sin fricción e impactos perfectamente elásticos, determínense las velocidades $\mathbf{v}_A$, $\mathbf{v}_B$ y $\mathbf{v}_C$ con las que las bolas golpean los lados de la mesa. (*Comentario*. En este problema y en varios de los que siguen, se asume que las bolas de billar son partículas que se mueven libremente en un plano horizontal, en vez de las esferas que ruedan y se deslizan que realmente son.)

SOLUCIÓN

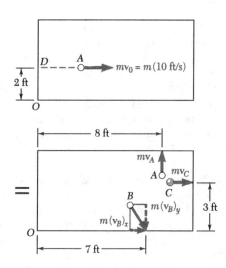

Conservación de la cantidad de movimiento. Como no hay fuerzas externas, la cantidad de movimiento inicial $m\mathbf{v}_0$ es equipolente al sistema de cantidades de movimiento después de los dos choques (y antes de que alguna de las bolas golpee un lado de la mesa). De acuerdo con el diagrama adyacente, escribimos

Componentes $\overset{+}{\to} x$:
$$m(10\text{ ft/s}) = m(v_B)_x + mv_C \qquad (1)$$

Componentes $+\uparrow y$:
$$0 = mv_A - m(v_B)_y \qquad (2)$$

Momentos $+\curvearrowleft$ alrededor de O:
$$-(2\text{ ft})m(10\text{ ft/s}) = (8\text{ ft})mv_A \\ -(7\text{ ft})m(v_B)_y - (3\text{ ft})mv_C \qquad (3)$$

Resolviendo las tres ecuaciones para v_A, $(v_B)_x$ y $(v_B)_y$ en función de v_C,

$$v_A = (v_B)_y = 3v_C - 20 \qquad (v_B)_x = 10 - v_C \qquad (4)$$

Conservación de la energía. Como se trata de superficies sin fricción y de impactos perfectamente elásticos, la energía cinética inicial $\frac{1}{2}mv_0^2$ es igual a la energía cinética final del sistema:

$$\tfrac{1}{2}mv_0^2 = \tfrac{1}{2}m_Av_A^2 + \tfrac{1}{2}m_Bv_B^2 + \tfrac{1}{2}m_Cv_C^2$$
$$v_A^2 + (v_B)_x^2 + (v_B)_y^2 + v_C^2 = (10\text{ ft/s})^2 \qquad (5)$$

Sustituyendo v_A, $(v_B)_x$ y $(v_B)_y$ de (4) en (5), tenemos

$$2(3v_C - 20)^2 + (10 - v_C)^2 + v_C^2 = 100$$
$$20v_C^2 - 260v_C + 800 = 0$$

Despejando v_C, hallamos $v_C = 5$ ft/s y $v_C = 8$ ft/s. Como sólo la segunda raíz da un valor positivo para v_A después de la sustitución en las ecuaciones (4), concluimos que $v_C = 8$ ft/s y

$$v_A = (v_B)_y = 3(8) - 20 = 4\text{ ft/s} \qquad (v_B)_x = 10 - 8 = 2\text{ ft/s}$$

$$\mathbf{v}_A = 4\text{ ft/s}\uparrow \qquad \mathbf{v}_B = 4.47\text{ ft/s}\searrow 63.4° \qquad \mathbf{v}_C = 8\text{ ft/s}\to \blacktriangleleft$$

En la lección anterior se definió la cantidad de movimiento lineal y la cantidad de movimiento angular de un sistema de partículas. En esta lección se definió la *energía cinética T* de un sistema de partículas:

$$T = \frac{1}{2} \sum_{i=1}^{n} m_i v_i^2 \tag{14.28}$$

Las soluciones de los problemas de la lección anterior se basaron en la conservación de la cantidad de movimiento lineal de un sistema de partículas o en la observación del movimiento del centro de masa de un sistema de partículas. En esta lección se resolverán problemas que involucran lo siguiente:

1. Cálculo de la energía cinética perdida en choques. La energía cinética T_1 del sistema de partículas antes de las colisiones y su energía cinética T_2 después de las colisiones se calculan con las ecuaciones (14.28), y se restan una de la otra. Tenga presente que, mientras las cantidades de movimiento lineal y angular son cantidades vectoriales, la energía cinética es una cantidad *escalar*.

2. Conservación de la cantidad de movimiento lineal y la conservación de la energía. Como se estudió en la sección anterior, cuando la resultante de las fuerzas externas que actúan sobre un sistema de partículas es cero, la cantidad de movimiento lineal del sistema se conserva. En los problemas que involucran el movimiento bidimensional, al expresar que la cantidad de movimiento lineal y la cantidad de movimiento final del sistema son equipolentes se obtienen dos ecuaciones algebraicas. Igualar la energía inicial total del sistema de partículas (incluyendo la energía potencial, así como la energía cinética) a su energía final total produce una ecuación adicional. Así, se pueden escribir tres ecuaciones que pueden despejar tres incógnitas [problema resuelto 14.5]. Note que si la resultante de las fuerzas externas no es cero pero tiene una dirección fija, la componente de la cantidad de movimiento lineal en una dirección perpendicular a la resultante se sigue conservando; el número de ecuaciones que pueden usarse se reduce entonces a dos [problema resuelto 14.4].

3. Conservación de las cantidades de movimiento lineal y angular. Cuando no actúan fuerzas externas sobre un sistema de partículas, tanto la cantidad de movimiento lineal del sistema como su cantidad de movimiento angular alrededor de algún punto arbitrario se conservan. En el caso del movimiento tridimensional, esto le permitirá escribir hasta seis ecuaciones, aunque podría necesitar sólo algunas de ellas para obtener las respuestas deseadas [problema resuelto 14.3]. En el caso del movimiento bidimensional, se podrán escribir tres ecuaciones que pueden resolverse para tres incógnitas.

4. Conservación de las cantidades de movimiento lineal y angular y conservación de la energía. En el caso del movimiento bidimensional de un sistema de partículas que no están sujetas a fuerzas externas, se obtendrán dos ecuaciones algebraicas al expresar que la cantidad de movimiento lineal del sistema se conserva, una ecuación al escribir que la cantidad de movimiento angular del sistema alrededor de algún punto arbitrario se conserva, y una cuarta ecuación al expresar que la energía total del sistema se conserva. Estas ecuaciones pueden despejar cuatro incógnitas.

Problemas

14.31 Asumiendo que el empleado de la aerolínea del problema 14.1 coloca en primer lugar la maleta de 15 kg sobre el carrito para equipaje, determine la pérdida de energía *a*) cuando la primera maleta golpea al carrito, *b*) cuando la segunda maleta golpea al carrito.

14.32 Determine la pérdida de energía que resulta de la serie de colisiones descritas en el problema 14.5, si cada automóvil tiene una masa de 1500 kg.

14.33 En el problema 14.3, determine el trabajo realizado por la mujer y por el hombre cuando cada uno se lanza al agua desde el bote, asumiendo que la mujer se lanza en primer lugar.

14.34 En el problema 14.7, determine la energía perdida cuando la bala *a*) pasa a través del bloque *A*, *b*) queda incrustada en el bloque *B*.

14.35 Dos automóviles *A* y *B*, de masas m_A y m_B, respectivamente, viajan en direcciones opuestas cuando chocan de frente. Se asume que el impacto es perfectamente plástico, y además que la energía absorbida por cada automóvil es igual a su pérdida de energía cinética con respecto a un sistema de referencia en movimiento unido al centro de masa del sistema de los dos vehículos. Si E_A y E_B denotan, respectivamente, la energía absorbida por el automóvil *A* y por el automóvil *B*, *a*) muestre que $E_A/E_B = m_B/m_A$; esto es, la cantidad de energía absorbida por cada vehículo es inversamente proporcional a su masa, *b*) calcule E_A y E_B, sabiendo que $m_A = 1600$ kg y $m_B = 900$ kg, y que las velocidades de *A* y *B* son, respectivamente, 90 km/h y 60 km/h.

Fig. P14.35

14.36 Se asume que cada uno de los dos automóviles involucrados en el choque descrito en el problema 14.35 había sido diseñado para soportar con seguridad una prueba en la que se estrellan contra una pared sólida e inamovible, con una rapidez v_0. La severidad del choque del problema 14.35 puede medirse para cada vehículo mediante la relación entre la energía absorbida en la colisión y la energía absorbida en la prueba. Sobre esta base, muestre que el choque descrito en el problema 14.35 es $(m_A/m_B)^2$ veces más severo para el automóvil *B* que para el automóvil *A*.

14.37 Solucione el problema resuelto 14.4, asumiendo que el carro *A* recibe una velocidad inicial horizontal $\mathbf{v}_0$ mientras que la bola *B* está en reposo.

14.38 En un juego de billar, la bola A se está moviendo con una velocidad $v_0 = v_0 i$ cuando golpea a las bolas B y C, las cuales están en reposo una al lado de la otra. Asuma superficies sin fricción e impacto perfectamente elástico (es decir, conservación de la energía), para determinar la velocidad final de cada bola, si la trayectoria de A a) es perfectamente centrada y A golpea a B y C simultáneamente, b) no es perfectamente centrada y A golpea a B un poco antes de golpear a C.

Fig. P14.38

14.39 y 14.40 En un juego de billar, la bola A se está moviendo con una velocidad v_0 de magnitud $v_0 = 15$ ft/s cuando golpea a las bolas B y C, las cuales están en reposo y alineadas como se muestra. Si después de la colisión las tres bolas se mueven en las direcciones indicadas y asumiendo superficies sin fricción e impacto perfectamente elástico (es decir, conservación de la energía), determine las magnitudes de las velocidades v_A, v_B y v_C.

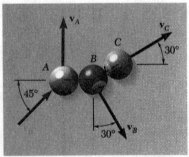

Fig. P14.39

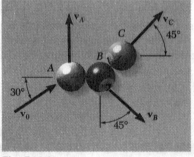

Fig. P14.40

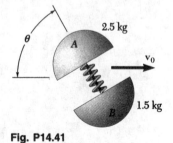

Fig. P14.41

14.41 Dos hemisferios se mantienen juntos por medio de una cuerda que mantiene un resorte en compresión (el resorte no está unido a los hemisferios). La energía potencial del resorte comprimido es 120 J, y el ensamble tiene una velocidad inicial v_0 de magnitud $v_0 = 8$ m/s. Si la cuerda se rompe cuando $\theta = 30°$, lo que ocasiona que los hemisferios vuelen aparte, determine la velocidad resultante de cada hemisferio.

14.42 Resuelva el problema 14.41, sabiendo que la cuerda se rompe cuando $\theta = 120°$.

14.43 Tres esferas, cada una de masa m, pueden deslizarse libremente sobre una superficie horizontal sin fricción. Las esferas A y B están unidas a una cuerda inelástica e inextensible de longitud l y están en reposo en la posición mostrada, cuando la esfera B es golpeada por la esfera C, que se está moviendo hacia la derecha con una velocidad $\mathbf{v}_0$. Si la cuerda está tensa cuando la esfera B es golpeada por la esfera C y asumiendo un impacto perfectamente elástico entre B y C y, por lo tanto, conservación de la energía para el sistema completo, determine la velocidad de cada esfera inmediatamente después del impacto.

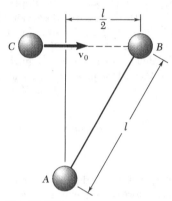

Fig. P14.43

14.44 Tres esferas, cada una de masa m, pueden deslizarse libremente sobre una superficie horizontal sin fricción. Las esferas A y B están unidas a una cuerda inelástica e inextensible de longitud l y están en reposo en la posición mostrada, cuando la esfera B es golpeada por la esfera C, que se está moviendo hacia la derecha con una velocidad $\mathbf{v}_0$. Si la cuerda no está tensa cuando la esfera B es golpeada por la esfera C y asumiendo un impacto perfectamente elástico entre B y C, determine a) la velocidad de cada esfera inmediatamente después de que la cuerda se pone tensa, b) la fracción de la energía cinética inicial del sistema, que se disipa cuando la cuerda se pone tensa.

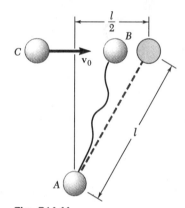

Fig. P14.44

14.45 Un vehículo espacial de 360 kg que viaja con una velocidad $\mathbf{v}_0 = (450\text{m/s})\mathbf{k}$ pasa por el origen O, y unas cargas explosivas separan el vehículo en tres partes A, B y C, con masas de 60 kg, 120 kg y 180 kg, respectivamente. Si, poco después, las posiciones de las tres partes son, respectivamente, $A(72, 72, 648)$, $B(180, 396, 972)$ y $C(-144, -288, 576)$, donde las coordenadas se expresan en metros, la velocidad de B es $\mathbf{v}_B = (150 \text{ m/s})\mathbf{i} + (330 \text{ m/s})\mathbf{j} + (600 \text{ m/s})\mathbf{k}$, y la componente en x de la velocidad de C es -120 m/s, determine la velocidad de la parte A.

14.46 En el experimento de distribución del problema 14.24, se sabe que la partícula alfa es proyectada desde $A_0(260, -20, 340)$ y que ésta choca con el núcleo de oxígeno C en $Q(200, 180, 140)$, donde todas las coordenadas se expresan en milímetros. Determine las coordenadas del punto B_0 donde la trayectoria original del núcleo B interseca el plano zx. (*Sugerencia*: establezca que la cantidad de movimiento angular de las tres partículas alrededor de Q se conserva.)

14.47 Dos esferas pequeñas A y B, que pesan 5 lb y 2 lb, respectivamente, están conectadas por una varilla rígida de peso despreciable. Las dos esferas descansan sobre una superficie horizontal sin fricción cuando, de repente, se le proporciona a A una velocidad $\mathbf{v}_0 = (10.5 \text{ ft/s})\mathbf{i}$. Determine a) la cantidad de movimiento lineal del sistema y su cantidad de movimiento angular alrededor de su centro de masa G, b) las velocidades de A y B después de que la varilla AB ha girado 180°.

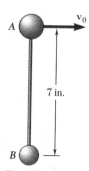

Fig. P14.47

14.48 Resuelva el problema 14.47, asumiendo que a B se le proporciona la velocidad $\mathbf{v}_0 = (10.5 \text{ ft/s})\mathbf{i}$.

14.49 Tres esferas idénticas A, B y C, que pueden deslizarse libremente sobre una superficie horizontal sin fricción, están conectadas por medio de cuerdas inelásticas e inextensibles a un pequeño anillo D localizado en el centro de masa de las tres esferas ($l' = 2l \cos \theta$). Las esferas están rotando inicialmente alrededor del anillo D, el cual está en reposo, con velocidades proporcionales a sus distancias desde D. Denotamos con v_0 la rapidez original de A y B, y asumimos que $\theta = 30°$. Repentinamente, la cuerda CD se rompe, causando que la esfera C se aleje deslizándose. Considerando el movimiento de las esferas A y B y el anillo D después de que las otras dos cuerdas se han puesto tensas nuevamente, determine a) la rapidez del anillo D, b) la rapidez relativa con la que las esferas A y B giran alrededor de D, c) el porcentaje original de energía del sistema, que se disipa cuando las cuerdas AD y BD se ponen nuevamente tensas.

14.50 Resuelva el problema 14.49, asumiendo que $\theta = 45°$.

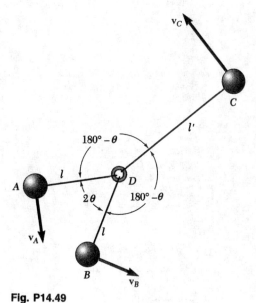

Fig. P14.49

14.51 Dos esferas pequeñas e idénticas A y B, conectadas por una cuerda de longitud $2c$, pueden deslizarse sobre una superficie horizontal sin fricción. Inicialmente las esferas están rotando en sentido contrario al de las manecillas del reloj a razón de 8 rad/s alrededor de su centro de masa G, el cual se mueve con una velocidad $\mathbf{v}_0 = v_0\mathbf{i}$. Repentinamente, la cuerda se rompe y se observa que las esferas se mueven a lo largo de trayectorias rectas, con velocidades $\mathbf{v}_A$ y $\mathbf{v}_B$, como se muestra. Sabiendo que las pendientes de las trayectorias son, respectivamente, $k_A = 2$ y $k_B = 1$, y que la distancia entre las intersecciones en x de las trayectorias es $d = 625$ mm, determine a) las velocidades $\mathbf{v}_0$, v_A y v_B, b) la longitud $2c$ de la cuerda.

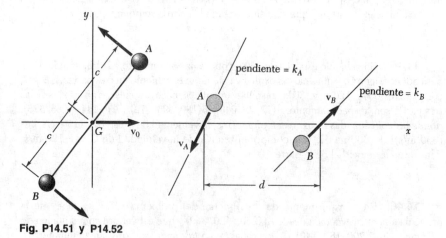

Fig. P14.51 y P14.52

14.52 Dos esferas pequeñas e idénticas A y B, conectadas por una cuerda de longitud $2c = 600$ mm, pueden deslizarse sobre una superficie horizontal sin fricción. Inicialmente, las esferas están rotando en sentido contrario al de las manecillas del reloj a razón de 12 rad/s alrededor de su centro de masa G, el cual se mueve con una velocidad $\mathbf{v}_0 = v_0\mathbf{i}$. Repentinamente, la cuerda se rompe y se observa que las esferas se mueven a lo largo de trayectorias rectas, con velocidades $\mathbf{v}_A$ y $\mathbf{v}_B$, como se muestra. Sabiendo que las pendientes de las trayectorias son, respectivamente, $k_A = 4$ y $k_B = 0.8$, determine a) las velocidades v_0, v_A y v_B, b) la distancia d entre las intersecciones en x de las trayectorias.

14.53   En un juego de billar, a la bola *A* se le da una velocidad $\mathbf{v}_0$ a lo largo del eje longitudinal de la mesa. La bola *A* golpea a la bola *B* y después a *C*, que están en reposo. Se observa que las pelotas *A* y *C* golpean los lados de la mesa con ángulos rectos en *A'* y *C'*, respectivamente, y que la bola *B* golpea el lado oblicuamente en *B'*. Sabiendo que $v_0 = 12$ ft/s, $v_A = 5.76$ ft/s y $a = 66$ in., determine *a*) las velocidades $\mathbf{v}_B$ y $\mathbf{v}_C$ de las bolas *B* y *C*, *b*) el punto *C'* donde la bola *C* golpea el lado de la mesa. Asuma superficies sin fricción e impactos perfectamente elásticos (es decir, conservación de la energía).

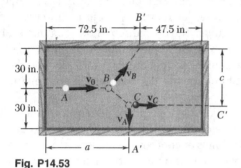

Fig. P14.53

14.54   Para el juego de billar del problema 14.53, se asume ahora que $v_0 = 15$ ft/s, $v_C = 9.6$ ft/s y $c = 48$ in. Determine *a*) las velocidades $\mathbf{v}_A$ y $\mathbf{v}_B$ de las bolas *A* y *B*, *b*) el punto *A'* donde la bola *A* golpea el lado de la mesa.

14.55   Tres pequeñas esferas idénticas *A*, *B* y *C*, que pueden deslizarse sobre una superficie horizontal sin fricción, están unidas a tres cuerdas de 200 mm de largo, que están atadas al anillo *G*. Inicialmente, las esferas rotan en el sentido de las manecillas del reloj alrededor del anillo, con una velocidad relativa de 0.8 m/s, y el anillo se mueve a lo largo del eje *x* con una velocidad $\mathbf{v}_0 = (0.4$ m/s$)\mathbf{i}$. De repente, el anillo se rompe; las tres esferas se mueven libremente en el plano *xy*, y *A* y *B* siguen trayectorias paralelas al eje *y* separadas por una distancia $a = 346$ mm, y *C* sigue una trayectoria paralela al eje *x*. Determine *a*) la velocidad de cada esfera, *b*) la distancia *d*.

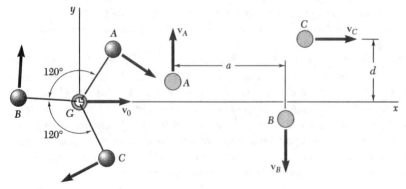

Fig. *P14.55* y *P14.56*

14.56   Tres pequeñas esferas idénticas *A*, *B* y *C*, que pueden deslizarse sobre una superficie horizontal sin fricción, están unidas a tres cuerdas de longitud *l*, que están atadas al anillo *G*. Inicialmente, las esferas rotan en el sentido de las manecillas del reloj alrededor del anillo, que se mueve a lo largo del eje *x* con una velocidad $\mathbf{v}_0$. De repente, el anillo se rompe y las tres esferas se mueven libremente en el plano *xy*. Sabiendo que $\mathbf{v}_A = (1.039$ m/s$)\mathbf{j}$, $\mathbf{v}_C = (1.800$ m/s$)\mathbf{i}$, $a = 416$ mm y $d = 240$ mm, determine *a*) la velocidad inicial del anillo, *b*) la longitud *l* de las cuerdas, *c*) la tasa en rad/s a la que las esferas giraban alrededor de *G*.

*14.10. SISTEMAS VARIABLES DE PARTÍCULAS

Todos los sistemas de partículas que hemos considerado hasta ahora consistían de partículas bien definidas. Estos sistemas no ganaban ni perdían partículas durante su movimiento. Sin embargo, en un gran número de aplicaciones de ingeniería es necesario considerar *sistemas variables de partículas*; es decir, sistemas que continuamente ganan o pierden partículas, o bien, que hacen ambas cosas a la vez. Considérese, por ejemplo, una turbina hidráulica. Su análisis incluye la determinación de las fuerzas que ejerce un chorro de agua sobre paletas giratorias, y notamos que las partículas de agua que están en contacto con las paletas forman un sistema que cambia siempre, y que continuamente adquiere y pierde partículas. Los cohetes son otro ejemplo de sistemas variables, pues su propulsión depende de la expulsión continua de partículas de combustible.

Recordemos que todos los principios cinéticos formulados hasta ahora se dedujeron para sistemas constantes de partículas, que no las ganaban ni las perdían. Por tanto, debemos encontrar una manera de reducir el análisis de un sistema variable de partículas al de un sistema constante auxiliar. El procedimiento se indica en las secciones 14.11 y 14.12 para dos extensas categorías de aplicaciones: una corriente estacionaria de partículas y un sistema que está ganando o perdiendo masa.

*14.11. CORRIENTE ESTACIONARIA DE PARTÍCULAS

Fig. 14.9

Considérese una corriente estacionaria de partículas, como un chorro de agua desviado por una paleta fija, o una corriente de aire que pasa por un conducto o por un ventilador. A fin de hallar la resultante de las fuerzas que se ejercen sobre las partículas que están en contacto con la paleta, el conducto o el ventilador, aislamos las partículas, y denominamos S al sistema así definido (figura 14.9). Observamos que S es un sistema variable de partículas, puesto que continuamente gana o pierde las partículas que fluyen a su interior, y pierde un número igual de partículas que fluyen fuera de él. Por consiguiente, los principios cinéticos que hasta ahora hemos establecido no pueden aplicarse directamente a S.

Sin embargo, podemos definir fácilmente un sistema de partículas auxiliar que sí permanezca constante durante un corto intervalo Δt. Considérese, en el instante t, el sistema S *más* las partículas que entrarán a S durante el intervalo Δt (figura 14.10a). Después, considérese en el instante $t + \Delta t$ el sistema S *más* las partículas que han salido de S durante el intervalo Δt (figura 14.10c). Es evidente que *las mismas partículas intervienen en ambos casos*, y podemos aplicar a estas partículas el principio del impulso y el de la cantidad de movimiento. Como la masa total m del sistema S permanece constante, las partículas que entran al sistema y las que salen de él en el intervalo Δt deben tener la misma masa Δm. Si $\mathbf{v}_A$ y $\mathbf{v}_B$ denotan, respectivamente, las velocidades de las partículas que entran a S por A, y que salen de S por B, representamos la cantidad de movimiento de las partículas que entran a S por $(\Delta m)\mathbf{v}_A$ (figura 14.10a) y la cantidad de movimiento de las partículas que salen de S por $(\Delta m)\mathbf{v}_B$ (figura 14.10c). También representamos las cantidades de movimiento $m_i\mathbf{v}_i$ de las partículas que componen S y los impulsos de las fuerzas aplicadas sobre S, por medio de los vectores correspondientes, e indicamos con signos azules de más e igual que el sistema de las cantidades de movimiento e impulsos de las partes a y b de la figura 14.10 es equipolente al sistema de las cantidades de movimiento en la parte c de la misma figura.

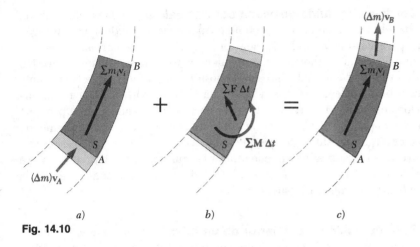

Fig. 14.10

Como la resultante $\Sigma m_i \mathbf{v}_i$ de las cantidades de movimiento de las partículas de S se encuentra en ambos lados del signo igual, puede omitirse. Concluimos que *el sistema formado por la cantidad de movimiento* $(\Delta m)\mathbf{v}_A$ *de las partículas que entran a S en el intervalo* Δt *y los impulsos de las fuerzas aplicadas sobre S durante ese intervalo, es equipolente a la cantidad de movimiento* $(\Delta m)\mathbf{v}_B$ *de las partículas que salen de S en el mismo intervalo* Δt. Por consiguiente, podemos escribir

$$(\Delta m)\mathbf{v}_A + \Sigma\mathbf{F}\,\Delta t = (\Delta m)\mathbf{v}_B \qquad (14.38)$$

Se puede obtener una ecuación similar al tomar los momentos de los vectores que intervienen (véase el problema resuelto 14.5). Dividiendo todos los términos de la ecuación (14.38) entre Δt, y haciendo que Δt tienda a cero, obtenemos en el límite

$$\Sigma\mathbf{F} = \frac{dm}{dt}(\mathbf{v}_B - \mathbf{v}_A) \qquad (14.39)$$

en la cual $\mathbf{v}_B - \mathbf{v}_A$ representa la diferencia entre los *vectores* $\mathbf{v}_B$ y $\mathbf{v}_A$.

Si se usan unidades del SI, dm/dt se expresa en kg/s, y las velocidades en m/s; comprobamos que ambos miembros de la ecuación (14.39) están expresados en las mismas unidades (newtons). Si se emplean unidades del sistema inglés, dm/dt se debe expresar en slugs/s y las velocidades en ft/s; de nuevo comprobamos que ambos miembros de la ecuación están expresados en las mismas unidades (libras).†

El principio que acabamos de demostrar puede utilizarse para analizar un gran número de aplicaciones en la ingeniería. A continuación se indican algunas de las más familiares.

---

†Con frecuencia conviene expresar la razón de flujo de masa dm/dt como el producto ρQ, en donde ρ es la densidad de la corriente (masa por unidad de volumen) y Q es la razón de flujo o gasto volumétrico (volumen por unidad de tiempo). Si se emplean unidades del SI, ρ se expresa en kg/m³ (por ejemplo, $\rho = 1000$ kg/m³ para el agua) y Q en m³/s. Sin embargo, si se utilizan unidades del sistema inglés, generalmente se tendrá que calcular ρ a partir del correspondiente peso específico γ (peso por unidad de volumen), $\rho = \gamma/g$. Como γ se expresa en lb/ft³ (por ejemplo, $\gamma = 62.4$ lb/ft³ para el agua), ρ se obtiene en slug/ft³. El flujo volumétrico Q se expresa en ft³/s.

Corriente de fluido desviada por una paleta.   Si la paleta (o álabe) está fija, el método de análisis proporcionado antes se puede aplicar directamente para hallar la fuerza **F** ejercida por la paleta sobre la corriente. Observamos que **F** es la única fuerza que se requiere considerar, puesto que la presión en la corriente es constante (presión atmosférica). La fuerza que la corriente ejerce sobre la paleta será igual y opuesta a **F**. Si la paleta se mueve con una velocidad constante, la corriente no será estacionaria; sin embargo, sí parecerá estacionaria para un observador que se mueve con la paleta. Por consiguiente, debemos elegir un sistema de ejes que se mueva con la paleta. Como este sistema no está acelerado, aún se puede utilizar la ecuación (14.38), pero $\mathbf{v}_A$ y $\mathbf{v}_B$ se deben sustituir por las *velocidades relativas* de la corriente con respecto a la paleta (véase el problema resuelto 14.7).

Flujo de fluido en el interior de un tubo.   La fuerza que ejerce un fluido sobre una transición del tubo, como una curva o un estrechamiento, puede determinarse al considerar el sistema de partículas S que está en contacto con la transición. Como, en general, variará la presión en el flujo, también debemos considerar las fuerzas que las partes colindantes del fluido ejercen sobre S.

Motor a reacción.   En un motor a reacción, el aire entra sin velocidad en la parte delantera del motor, y lo abandona por la parte trasera con una gran velocidad. La energía necesaria para acelerar las partículas de aire se obtiene quemando el combustible. Aunque los gases de escape contienen combustible quemado, la masa de éste es pequeña comparada con la masa del aire que fluye por el interior del motor, y con frecuencia puede despreciarse. Por tanto, el análisis de un motor a reacción se reduce al de una corriente de aire. Esta corriente puede ser considerada estacionaria (o permanente) si se miden todas las velocidades con respecto al avión. En consecuencia, se supondrá que la corriente de aire entra al motor con una velocidad **v**, de magnitud igual a la velocidad del avión, y que sale con una velocidad **u** igual a la velocidad relativa de

Fig. 14.11

los gases de escape (figura 14.11). Como las presiones de la entrada (o admisión) y de la salida (o escape) son casi iguales a la atmosférica, la única fuerza externa que se necesita considerar es la fuerza que el motor ejerce sobre la corriente de aire. Esta fuerza es igual y opuesta al empuje.†

---

†Tómese en cuenta que, de acelerarse el avión, éste ya no puede tomarse como un sistema de referencia newtoniano. Sin embargo, se obtiene el mismo resultado para el empuje horizontal si se utiliza un sistema de referencia en reposo con respecto a la atmósfera, ya que entonces se verá que las partículas entran sin velocidad al motor, y salen con velocidad de magnitud $u - v$.

Ventilador. Consideremos el sistema de partículas S que se muestra en la figura 14.12. La velocidad $\mathbf{v}_A$ de las partículas que entran al sistema se supone igual a cero, y la velocidad $\mathbf{v}_B$ de las partículas que salen del sistema es la velocidad del *viento de hélice* (torbellino o corriente retrógrada). La razón de flujo puede obtenerse al multiplicar v_B por el área de la sección transversal del torbellino. Como la presión alrededor de S es siempre la atmosférica, la única fuerza externa que actúa sobre S es el empuje del ventilador.

Helicóptero. La determinación del empuje creado por las hélices giratorias de un helicóptero es similar a la del empuje de un ventilador. La velocidad $\mathbf{v}_A$ de las partículas de aire conforme se aproximan a las aspas se asume que es cero, y la razón de flujo se obtiene al multiplicar la magnitud de la velocidad $\mathbf{v}_B$ por el área de la sección transversal del torbellino.

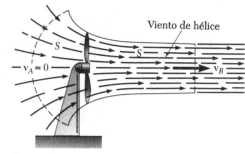

Fig. 14.12

*14.12. SISTEMAS QUE GANAN O PIERDEN MASA

Analizaremos ahora un tipo distinto de sistemas variables de partículas, es decir, un sistema que gana masa mediante la absorción continua de partículas, o que pierde masa mediante la expulsión continua de partículas. Consideremos el sistema S mostrado en la figura 14.13. Su masa, igual a m en el instante t,

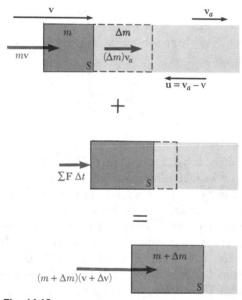

Fig. 14.13

aumenta en Δm en el intervalo Δt. A fin de aplicar el principio del impulso y la cantidad de movimiento al análisis de este sistema, debemos considerar en el instante t al sistema S *más* las partículas de masa Δm que S absorbe durante el intervalo de tiempo Δt. La velocidad de S en el instante t se representa con $\mathbf{v}$; su velocidad en el instante $t + \Delta t$, con $\mathbf{v} + \Delta \mathbf{v}$, y la velocidad absoluta de las partículas que se absorben, con $\mathbf{v}_a$. Aplicando el principio del impulso y la cantidad de movimiento, escribimos

$$m\mathbf{v} + (\Delta m)\mathbf{v}_a + \Sigma \mathbf{F}\, \Delta t = (m + \Delta m)(\mathbf{v} + \Delta \mathbf{v}) \qquad (14.40)$$

Despejando la suma $\Sigma \mathbf{F} \, \Delta t$ de los impulsos de las fuerzas externas que actúan sobre S (excluyendo las fuerzas que ejercen las partículas que se absorben), tenemos

$$\Sigma \mathbf{F} \, \Delta t = m\Delta \mathbf{v} + \Delta m(\mathbf{v} - \mathbf{v}_a) + (\Delta m)(\Delta \mathbf{v}) \qquad (14.41)$$

Al introducir la *velocidad relativa* $\mathbf{u}$ con respecto a S de las partículas que se absorben, escribimos $\mathbf{u} = \mathbf{v}_a - \mathbf{v}$, y notamos, dado que $v_a < v$, que la velocidad relativa $\mathbf{u}$ está dirigida hacia la izquierda, como se muestra en la figura 14.13. Despreciando el último término de la ecuación (14.41), que es de segundo orden, escribimos

$$\Sigma \mathbf{F} \, \Delta t = m \, \Delta \mathbf{v} - (\Delta m)\mathbf{u}$$

Dividiendo entre Δt y haciendo que Δt tienda a cero, tenemos en el límite[†]

$$\Sigma \mathbf{F} = m\frac{d\mathbf{v}}{dt} - \frac{dm}{dt}\mathbf{u} \qquad (14.42)$$

Reordenando los términos y recordando que $d\mathbf{v}/dt = \mathbf{a}$, donde $\mathbf{a}$ es la aceleración del sistema S, escribimos

$$\Sigma \mathbf{F} + \frac{dm}{dt}\mathbf{u} = m\mathbf{a} \qquad (14.43)$$

la cual demuestra que el efecto sobre S de las partículas que se absorben equivale a un empuje

$$\mathbf{P} = \frac{dm}{dt}\mathbf{u} \qquad (14.44)$$

el cual tiende a frenar el movimiento de S, puesto que la velocidad relativa $\mathbf{u}$ de las partículas está dirigida hacia la izquierda. Si se utilizan unidades del SI, dm/dt está expresada en kg/s, la velocidad relativa u, en m/s, y el correspondiente empuje, en newtons. Si se emplean unidades del sistema inglés, dm/dt debe expresarse en slugs/s, u en ft/s, y el empuje correspondiente, en libras.[‡]

Las ecuaciones obtenidas pueden utilizarse también para determinar el movimiento de un sistema S que pierde masa. En este caso, la razón de cambio de la masa es negativa, y el efecto sobre S de las partículas expelidas es equivalente a un empuje en dirección de $-\mathbf{u}$, es decir, en dirección opuesta a la expulsión de las partículas. Un *cohete* es un ejemplo característico de un sistema que continuamente pierde masa (véase el problema resuelto 14.8).

[†]Cuando la velocidad absoluta $\mathbf{v}_a$ de las partículas absorbidas es cero, $\mathbf{u} = -\mathbf{v}$, y la fórmula (14.42) se transforma en

$$\Sigma \mathbf{F} = \frac{d}{dt}(m\mathbf{v})$$

Comparando la fórmula obtenida con la ecuación (12.3) de la sección 12.3, observamos que la segunda ley de Newton puede ser aplicada a un sistema que gana masa, *siempre y cuando las partículas absorbidas estén inicialmente en reposo*. También puede aplicarse a sistemas que pierden masa, *siempre y cuando la velocidad de las partículas expelidas sea cero* con respecto al sistema de referencia seleccionado.

[‡]Véase la nota al pie de la página 859.

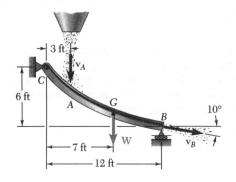

PROBLEMA RESUELTO 14.6

De una tolva cae grano a una rampa CB, a razón de 240 lb/s. El grano golpea la rampa en A con una velocidad de 20 ft/s, y sale de la rampa en B con una velocidad de 15 ft/s, formando un ángulo de 10° con la horizontal. Si el peso combinado de la rampa y el grano transportado es una fuerza W de magnitud 600 lb aplicada en G, determínese la reacción en el rodillo de apoyo B, y las componentes de la reacción en el gozne (o bisagra) C.

SOLUCIÓN

Aplicamos el principio del impulso y la cantidad de movimiento para el intervalo de tiempo Δt al sistema formado por la rampa, el grano transportado, y la cantidad de grano que golpea la rampa en el intervalo de tiempo Δt. Como la rampa no se mueve, su cantidad de movimiento es cero. También notamos que la suma $\Sigma m_i \mathbf{v}_i$ de las cantidades de movimiento de las partículas transportadas por la rampa es el mismo en t y $t + \Delta t$, y, por tanto puede omitirse.

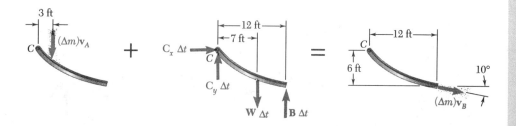

Como el sistema formado por la cantidad de movimiento $(\Delta m)\mathbf{v}_A$ y los impulsos es equipolente a la cantidad de movimiento $(\Delta m)\mathbf{v}_B$, escribimos

Componentes $\xrightarrow{+} x$: $\qquad C_x \Delta t = (\Delta m)v_B \cos 10°$ $\qquad\qquad$ (1)

Componentes $+\uparrow y$: $\qquad -(\Delta m)v_A + C_y \Delta t - W \Delta t + B \Delta t$
$$= -(\Delta m)v_B \operatorname{sen} 10° \quad (2)$$

Momentos $+\!\!^{\backslash}$ alrededor de C: $\quad -3(\Delta m)v_A - 7(W \Delta t) + 12(B \Delta t)$
$$= 6(\Delta m)v_B \cos 10° - 12(\Delta m)v_B \operatorname{sen} 10° \quad (3)$$

Usando los datos dados, $W = 600$ lb, $v_A = 20$ ft/s, $v_B = 15$ ft/s y $\Delta m/\Delta t = 240/32.2 = 7.45$ slugs/s, y resolviendo la ecuación (3) para B y la ecuación (1) para C_x,

$$12B = 7(600) + 3(7.45)(20) + 6(7.45)(15)(\cos 10° - 2 \operatorname{sen} 10°)$$
$$12B = 5075 \qquad B = 423 \text{ lb} \qquad\qquad \mathbf{B} = 423 \text{ lb} \uparrow \quad \blacktriangleleft$$
$$C_x = (7.45)(15) \cos 10° = 110.1 \text{ lb} \qquad \mathbf{C}_x = 110.1 \text{ lb} \rightarrow \quad \blacktriangleleft$$

Sustituyendo para B y despejando C_y en la ecuación (2)

$$C_y = 600 - 423 + (7.45)(20 - 15 \operatorname{sen} 10°) = 307 \text{ lb}$$
$$\mathbf{C}_y = 307 \text{ lb} \uparrow \quad \blacktriangleleft$$

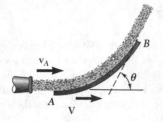

PROBLEMA RESUELTO 14.7

Una tobera descarga un chorro de agua, de área transversal A, con una velocidad $\mathbf{v}_A$. El chorro es desviado por *una sola* paleta que se mueve a la derecha con velocidad constante $\mathbf{V}$. Asumiendo que el agua se mueve sobre la paleta con rapidez constante, determínense a) las componentes de la fuerza $\mathbf{F}$ ejercida por la paleta sobre el chorro, b) la velocidad $\mathbf{V}$ para la cual se desarrolla la máxima potencia.

SOLUCIÓN

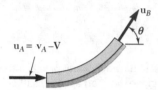

a. Componentes de la fuerza ejercida sobre el chorro. Elegimos un sistema coordenado que se mueve con la paleta a velocidad constante $\mathbf{V}$. Las partículas de agua golpean la paleta con una velocidad relativa $\mathbf{u}_A = \mathbf{v}_A - \mathbf{V}$, y abandonan la paleta con una velocidad relativa $\mathbf{u}_B$. Como las partículas se mueven sobre la paleta con rapidez constante, las velocidades relativas $\mathbf{u}_A$ y $\mathbf{u}_B$ tienen la misma magnitud u. Si ρ representa la densidad del agua, la masa de las partículas que golpean la paleta durante el intervalo de tiempo Δt es $\Delta m = A\rho(v_A - V)$; una masa igual de partículas abandona la paleta durante Δt. Aplicamos el principio del impulso y la cantidad de movimiento al sistema formado por las partículas que están en contacto con la paleta y las partículas que golpean la paleta en el tiempo Δt.

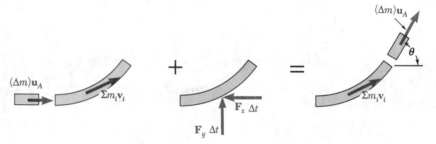

Recordando que $\mathbf{u}_A$ y $\mathbf{u}_B$ tienen la misma magnitud u, y omitiendo la cantidad de movimiento $\Sigma m_i \mathbf{v}_i$ que aparece en ambos lados, escribimos

Componentes $\xrightarrow{+} x$: $\qquad (\Delta m)u - F_x \Delta t = (\Delta m)u \cos\theta$

Componentes $+\uparrow y$: $\qquad\qquad + F_y \Delta t = (\Delta m)u \operatorname{sen}\theta$

Sustituyendo $\Delta m = A\rho(v_A - V)\,\Delta t$ y $u = v_A - V$, obtenemos

$$\mathbf{F}_x = A\rho(v_A - V)^2\,(1 - \cos\theta) \leftarrow \qquad \mathbf{F}_y = A\rho(v_A - V)^2 \operatorname{sen}\theta \uparrow \quad \blacktriangleleft$$

b. Velocidad de la paleta para desarrollar la máxima potencia. La potencia se obtiene al multiplicar la velocidad V de la paleta por la componente F_x de la fuerza ejercida por el chorro sobre la paleta.

$$\text{Potencia} = F_x V = A\rho(v_A - V)^2\,(1 - \cos\theta)V$$

Diferenciando la potencia con respecto a V, e igualando la derivada a cero, obtenemos

$$\frac{d(\text{potencia})}{dV} = A\rho(v_A^2 - 4v_A V + 3V^2)(1 - \cos\theta) = 0$$

$$V = v_A \qquad V = \tfrac{1}{3}v_A \qquad \text{Para la máxima potencia } \mathbf{V} = \tfrac{1}{3}v_A \to \quad \blacktriangleleft$$

Nota. Esos resultados son válidos únicamente cuando *una sola* paleta desvía el chorro. Se obtienen diferentes resultados cuando una serie de paletas desvía el chorro, como en una turbina Pelton. (Véase problema 14.81.)

PROBLEMA RESUELTO 14.8

Un cohete, de masa inicial m_0 (incluidos la armazón y el combustible), es lanzado verticalmente en el instante $t = 0$. El combustible es consumido a razón constante $q = dm/dt$, y se expele con una rapidez constante u relativa al cohete. Dedúzcase una expresión para la magnitud de la velocidad del cohete en el instante t, despreciando la resistencia del aire.

SOLUCIÓN

En el instante t, la masa de la armazón del cohete y el combustible restante es $m = m_0 - qt$, y la velocidad es $\mathbf{v}$. Durante el intervalo de tiempo Δt, se expele una masa de combustible $\Delta m = q\,\Delta t$ con una rapidez u relativa al cohete. Si $\mathbf{v}_e$ representa la velocidad absoluta del combustible expelido, aplicamos el principio del impulso y la cantidad de movimiento entre el instante t y el instante $t + \Delta t$.

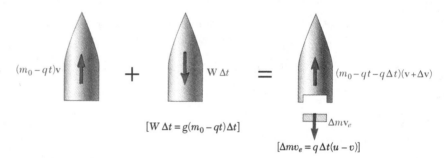

Escribimos

$$(m_0 - qt)v - g(m_0 - qt)\,\Delta t = (m_0 - qt - q\,\Delta t)(v + \Delta v) - q\,\Delta t(u - v)$$

Al dividir entre Δt y hacer que Δt tienda a cero, obtenemos

$$-g(m_0 - qt) = (m_0 - qt)\frac{dv}{dt} - qu$$

Separando variables e integrando desde $t = 0$, $v = 0$ hasta $t = t$, $v = v$,

$$dv = \left(\frac{qu}{m_0 - qt} - g\right)dt \qquad \int_0^v dv = \int_0^t \left(\frac{qu}{m_0 - qt} - g\right)dt$$

$$v = [-u \ln (m_0 - qt) - gt]_0^t \qquad v = u \ln \frac{m_0}{m_0 - qt} - gt \quad \blacktriangleleft$$

Observación. La masa restante en el instante t_f, después de que se ha quemado el combustible, es igual a la masa del armazón del cohete $m_s = m_0 - qt_f$, y la velocidad máxima que alcanza el cohete es $v_m = u \ln (m_0/m_s) - gt_f$. Asumiendo que el combustible es expulsado en un periodo relativamente corto, el término gt_f es pequeño, y tenemos $v_m \approx u \ln (m_0/m_s)$. A fin de escapar del campo gravitacional de la Tierra, un cohete debe alcanzar una velocidad de 11.18 km/s. Asumiendo $u = 2200$ m/s y $v_m = 11.18$ km/s, obtenemos $m_0/m_s = 161$. Por consiguiente, para lanzar cada kilogramo del armazón del cohete al espacio, es necesario consumir más de 161 kg de combustible si se usa un impulsor que produce $u = 2200$ m/s.

PROBLEMAS PARA RESOLVER EN FORMA INDEPENDIENTE

Esta lección se dedicó al estudio del movimiento de *sistemas variables de partículas*, es decir, sistemas que están continuamente *ganando o perdiendo partículas*, o realizando ambas cosas al mismo tiempo. Los problemas que se proponen para resolver incluyen 1) *chorros estacionarios de partículas* y 2) *sistemas que ganan o pierden masa*.

1. **Para resolver problemas de chorros estacionarios de partículas,** se considerará una porción S del chorro, y se expresará que el sistema formado por la cantidad de movimiento de las partículas que entran a S en A en el tiempo Δt y los impulsos de las fuerzas ejercidas sobre S durante ese tiempo, es equipolente a la cantidad de movimiento de las partículas que abandonan S en B en el mismo tiempo Δt (figura 14.10). Considerando sólo las resultantes de los sistemas vectoriales involucrados, se puede escribir la ecuación vectorial

$$(\Delta m)\mathbf{v}_A + \Sigma\mathbf{F}\,\Delta t = (\Delta m)\mathbf{v}_B \tag{14.38}$$

Tal vez sería deseable considerar también los momentos alrededor de un punto dado de los sistemas vectoriales involucrados para obtener una ecuación adicional [problema resuelto 14.6], pero muchos problemas pueden resolverse usando la ecuación (14.38) o la ecuación obtenida al dividir todos los términos entre Δt y haciendo que Δt tienda a cero,

$$\Sigma\mathbf{F} = \frac{dm}{dt}\,(\mathbf{v}_B - \mathbf{v}_A) \tag{14.39}$$

donde $\mathbf{v}_B - \mathbf{v}_A$ representa una *resta vectorial*, y donde la razón de flujo de la masa dm/dt se puede expresar como el producto ρQ de la densidad ρ del chorro (masa por unidad de volumen) y la razón de flujo del volumen Q (volumen por unidad de tiempo). Si se usan unidades del sistema inglés, ρ se expresa como la relación γ/g, donde γ es el peso específico del chorro, y g es la aceleración de la gravedad.

En la sección 14.11 se han descrito problemas típicos de chorros estacionarios de partículas. Se le podría pedir que determinara lo siguiente:

a. El empuje causado por un flujo desviado. Se puede aplicar la ecuación (14.39), pero se obtendrá una mejor comprensión del problema si se usa una solución basada en la ecuación (14.38).

b. Reacciones en soportes de paletas o bandas transportadoras. En primer lugar, dibuje un diagrama que muestre, a un lado del signo de igualdad, la cantidad de movimiento $(\Delta m)\mathbf{v}_A$ de las partículas que se impactan con la paleta o la banda en el tiempo Δt, así como los impulsos de las cargas y las reacciones en los soportes durante ese tiempo, y en el otro lado, la cantidad de movimiento $(\Delta m)\mathbf{v}_B$ de las partículas que abandonan la paleta o la banda en el tiempo Δt [problema resuelto 14.6]. Igualando las componentes x, las componentes y, y los momentos de las cantidades ubicadas a ambos lados del signo de igualdad se tendrán tres ecuaciones escalares que pueden resolverse para tres incógnitas.

c. Empuje desarrollado por un motor a chorro, por un propulsor o por un ventilador. En la mayoría de los casos, se involucra una sola incógnita, y esa incógnita puede obtenerse resolviendo la ecuación escalar derivada de las ecuaciones (14.38) o (14.39).

2. *Para resolver problemas que involucran sistemas que ganan masa,* se debe considerar el sistema S, el cual tiene una masa m y se mueve con una velocidad $\mathbf{v}$ en el instante t, y las partículas de masa Δm con una velocidad $\mathbf{v}_a$ que S absorberá en el intervalo de tiempo Δt (figura 14.13). Se establecerá entonces que la cantidad de movimiento total de S y de las partículas que serán absorbidas, *más* el impulso de las fuerzas externas ejercidas sobre S, son equipolentes a la cantidad de movimiento de S en el instante $t + \Delta t$. Como la masa de S y su velocidad en ese instante son, respectivamente, $m + \Delta m$ y $\mathbf{v} + \Delta \mathbf{v}$, se escribirá la ecuación vectorial

$$m\mathbf{v} + (\Delta m)\mathbf{v}_a + \Sigma \mathbf{F} \, \Delta t = (m + \Delta m)(\mathbf{v} + \Delta \mathbf{v}) \tag{14.40}$$

Como se mostró en la sección 14.12, si se introduce la velocidad relativa $\mathbf{u} = \mathbf{v}_a - \mathbf{v}$ de las partículas que están siendo absorbidas, se obtendrá la siguiente expresión para la resultante de las fuerzas externas aplicadas a S:

$$\Sigma \mathbf{F} = m \frac{d\mathbf{v}}{dt} - \frac{dm}{dt} \mathbf{u} \tag{14.42}$$

Además, se mostró que la acción sobre S de las partículas que están siendo absorbidas es equivalente al empuje

$$\mathbf{P} = \frac{dm}{dt} \mathbf{u} \tag{14.44}$$

ejercido en la dirección de la velocidad relativa de las partículas que están siendo absorbidas.

Ejemplos de sistemas que ganan masa son las bandas transportadoras y los vagones de ferrocarril móviles que están siendo cargados con grava o arena, y las cadenas que se están jalando de un carrete.

3. *Para resolver problemas que involucran sistemas que pierden masa,* tales como cohetes y motores de cohetes, se pueden usar las ecuaciones (14.40) a (14.44), asegurándose de dar valores negativos a los incrementos de masa Δm y a la razón de cambio de la masa dm/dt. Así, el empuje definido por la ecuación (14.44) será ejercido en dirección opuesta a la dirección de la velocidad relativa de las partículas expelidas.

Problemas

Nota. En los siguientes problemas use $\rho = 1000$ kg/m³ para la densidad del agua, en el sistema internacional de unidades, y $\gamma = 62.4$ lb/ft³ para su peso específico, en el sistema inglés de unidades. (Véase la nota al pie de la página 859.)

14.57 Un hombre, que riega la calzada para su automóvil, golpea por error la parte trasera del buzón. Si la velocidad del chorro es 25 m/s y el área de la sección transversal del chorro es 300 mm², determine la fuerza ejercida sobre el buzón.

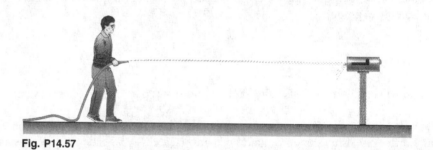

Fig. P14.57

14.58 Se introducen troncos y ramas en A, a una razón de 5 kg/s, en una picadora que lanza las astillas resultantes en C, con una velocidad de 20 m/s. Determine la componente horizontal de la fuerza ejercida por la picadora sobre el camión en la unión D.

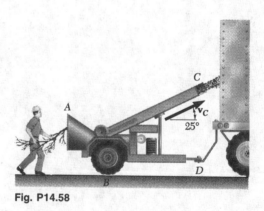

Fig. P14.58

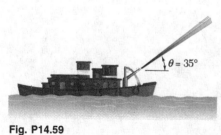

Fig. P14.59

14.59 Una manguera descarga agua a razón de 2000 gal/min, con una velocidad de 150 ft/s, desde la popa de un bote de bomberos. Determine el empuje desarrollado por el motor para mantener el bote en una posición estacionaria (1 ft³ = 7.48 gal).

14.60 Una pala rotatoria de potencia se usa para quitar nieve de una sección horizontal de una vía de ferrocarril. El carro pala se coloca delante de la locomotora que la empuja con velocidad constante de 12 mi/h. El carro pala quita 180 toneladas de nieve por minuto, proyectándola en la dirección mostrada con una velocidad de 40 ft/s relativa al carro pala. Despreciando la fricción, determine *a*) la fuerza ejercida por la locomotora sobre el carro pala, *b*) la fuerza lateral ejercida por la vía sobre el carro pala.

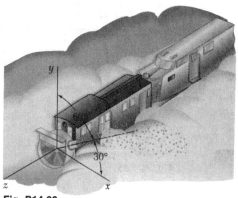

Fig. P14.60

14.61 Entre dos placas *A* y *B* fluye agua en forma laminar con una velocidad **v** de 30 m/s de magnitud. El chorro es dividido en dos partes por una placa horizontal lisa *C*. Sabiendo que las razones de flujo de cada uno de los chorros resultantes son, respectivamente, $Q_1 = 100$ L/min y $Q_2 = 500$ L/min, determine *a*) el ángulo θ, *b*) la fuerza total ejercida por el chorro sobre la placa horizontal.

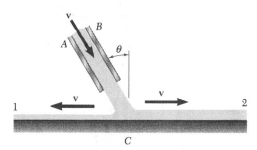

Fig. *P14.61* y *P14.62*

14.62 Entre dos placas *A* y *B* fluye agua en forma laminar con una velocidad **v** de 40 m/s de magnitud. El chorro es dividido en dos partes por una placa horizontal lisa *C*. Determine las razones de flujo Q_1 y Q_2 de cada uno de los chorros resultantes, sabiendo que $\theta = 30°$ y que la fuerza total ejercida por el chorro sobre la placa horizontal es una fuerza vertical de 500 N.

14.63 La manguera mostrada descarga agua a razón de 1.2 m³/min. Sabiendo que, tanto en *A* como en *B*, el chorro de agua se mueve con una velocidad de 25 m/s de magnitud, y despreciando el peso de la paleta, determine las componentes de las reacciones en *C* y *D*.

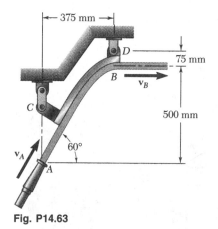

Fig. P14.63

14.64 Sabiendo que la paleta *AB* del problema resuelto 14.7 tiene la forma de un arco de círculo, demuestre que la fuerza resultante **F** ejercida por la paleta sobre el chorro se aplica en el punto medio *C* del arco *AB*. (*Sugerencia*: antes que nada, muestre que la línea de acción de **F** debe pasar por el centro *O* del círculo.)

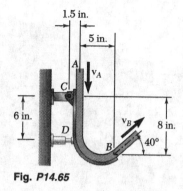

Fig. P14.65

14.65 El chorro de agua mostrado fluye a razón de 150 gal/min, y se mueve con una velocidad de 60 ft/s de magnitud tanto en A como en B. La paleta se soporta con una brida y un pasador en C, y por una celda de carga en D, que puede ejercer sólo una fuerza horizontal. Despreciando el peso de la paleta, determine las componentes de las reacciones en C y D (1 ft³ = 7.48 gal).

14.66 La tobera mostrada descarga agua a razón de 200 gal/min. Sabiendo que, tanto en B como en C, el chorro de agua se mueve con una velocidad de 100 ft/s de magnitud, y despreciando el peso de la paleta, determine el sistema fuerza-par que debe aplicarse en A para mantener la paleta en su posición (1 ft³ = 7.48 gal).

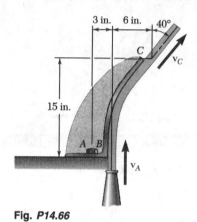

Fig. P14.66

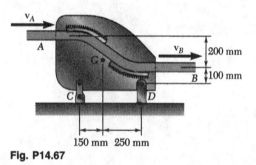

Fig. P14.67

14.67 Un chorro de agua que tiene un área transversal de 600 mm² y que se mueve con una velocidad de 20 m/s de magnitud, tanto en A como en B, es desviado por dos paletas que están soldadas como se muestra a una placa vertical. Sabiendo que la masa combinada de la placa y las paletas es 5 kg, determine las reacciones en C y D.

14.68 Se está descargando carbón desde una primera banda transportadora, a razón de 120 kg/s. El carbón es recibido en A por una segunda banda, que lo descarga en B. Sabiendo que $v_1 = 3$ m/s y $v_2 = 4.25$ m/s, y que la segunda banda y el carbón transportado por ella tienen una masa total de 472 kg, determine las componentes de las reacciones en C y D.

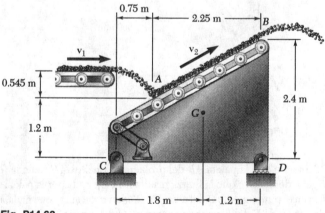

Fig. P14.68

14.69 Mientras vuela con una velocidad de 900 km/h, un avión de reacción succiona aire a razón de 90 kg/s, y lo descarga con una velocidad de 660 m/s relativa al avión. Determine la fuerza total de arrastre debida a la fricción del aire sobre el avión.

14.70 La fuerza total de arrastre debida a la fricción del aire sobre un avión de reacción que vuela a una velocidad de 570 mi/h, es 7500 lb. Si la velocidad de descarga es de 1800 ft/s relativa al avión, determine, en lb/s, la razón con la cual debe pasar el aire a través del motor.

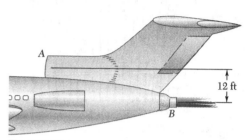

Fig. P14.71

14.71 El motor de reacción mostrado succiona aire en *A* a razón de 200 lb/s, y lo descarga en *B* con una velocidad de 2000 ft/s relativa al avión. Determine la magnitud y la línea de acción del empuje propulsivo desarrollado por el motor cuando la rapidez del avión es *a*) 300 mi/h, *b*) 600 mi/h.

14.72 Con el fin de reducir la distancia requerida para el aterrizaje, un avión de propulsión es equipado con paletas removibles que cambian parcialmente la dirección del aire descargado para cada uno de sus motores. Cada motor succiona aire a razón de 120 kg/s, y lo descarga con una velocidad de 600 m/s relativa al motor. Para el instante en que la velocidad del aeroplano es 270 km/h, determine el empuje revertido proporcionado por cada uno de los motores.

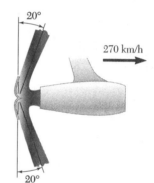

Fig. *P14.72*

14.73 Un ventilador de piso, diseñado para proporcionar aire a una velocidad máxima de 6 m/s en una estela de 400 mm de diámetro, es soportado por una placa circular de 200 mm de diámetro. Sabiendo que el peso total del ensamble es 60 N, y que el centro de gravedad está localizado directamente sobre el centro de la placa base, determine la máxima altura *h* a la cual el ventilador puede operar si no debe volcarse. Asuma $\rho = 1.21$ kg/m³ para el aire y desprecie la velocidad de aproximación del aire.

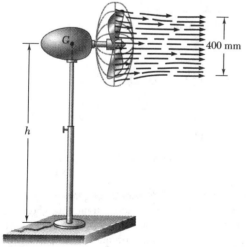

Fig. P14.73

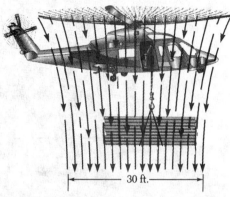

14.74 El helicóptero mostrado puede producir una velocidad máxima del aire de 80 ft/s hacia abajo, en una estela de 30 ft de diámetro. Sabiendo que el peso del helicóptero y su tripulación es de 3500 lb y asumiendo que $\gamma = 0.076$ lb/ft^3 para el aire, determine la máxima carga que el helicóptero puede levantar cuando está suspendido en el aire.

14.75 Un avión comercial a reacción viaja con una rapidez de 600 mi/h; cada uno de sus tres motores descarga aire con una velocidad de 2000 ft/s relativa al avión. Determine la rapidez del avión después de que le ha dejado de funcionar *a*) uno de sus motores, *b*) dos de sus motores. Asuma que la fuerza de arrastre debida a la fricción del aire es proporcional al cuadrado de la rapidez, y que los motores restantes continúan trabajando al mismo ritmo.

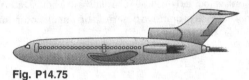

Fig. P14.75

Fig. *P14.76*

14.76 Un avión a reacción de 16 Mg mantiene una rapidez constante de 774 km/h, mientras se eleva con un ángulo $\alpha = 18°$. El avión succiona aire a razón de 300 kg/s, y lo descarga con una velocidad de 665 m/s relativa al avión. Si el piloto cambia a un vuelo horizontal mientras mantiene los motores funcionando igual que antes, determine *a*) la aceleración inicial del avión, *b*) la máxima rapidez horizontal que se alcanzará. Asuma que la fuerza de arrastre debida a la fricción del aire es proporcional al cuadrado de la velocidad.

14.77 El generador con turbina de viento mostrado tiene una potencia de salida nominal de 5 kW, para una velocidad del viento de 30 km/h. Para esta velocidad del viento, determine *a*) la energía cinética de las partículas de aire que entran por segundo al círculo de 7.5 m de diámetro, *b*) la eficiencia de este sistema de conversión de energía. Asuma que $\rho = 1.21$ kg/m^3 de aire.

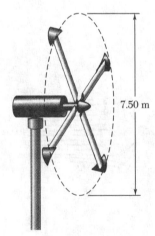

Fig. P14.77 y P14.78

14.78 Para una cierta velocidad del viento, el generador con turbina de viento mostrado produce 28 kW de potencia eléctrica, y tiene una eficiencia de 0.35 como sistema de conversión de energía. Asumiendo que $\rho = 1.21$ kg/m^3 para el aire, determine *a*) la energía cinética de las partículas de aire que entran por segundo al círculo de diámetro de 7.5 m, *b*) la velocidad del viento.

14.79 Mientras vuela con una rapidez de 600 mi/h, un avión de propulsión succiona aire a razón de 200 lb/s, y lo descarga con una velocidad de 2200 ft/s relativa al avión. Determine a) la potencia usada para propulsar el avión, b) la potencia total desarrollada por el motor, c) la eficiencia mecánica del aeroplano.

14.80 El propulsor de un pequeño aeroplano tiene una estela de 6 ft de diámetro, y produce un empuje de 800 lb cuando el aeroplano está en reposo sobre el piso. Asumiendo que $\gamma = 0.076$ lb/ft³ para el aire, determine a) la rapidez del aire en la estela, b) el volumen de aire que pasa por segundo a través del propulsor, c) la energía cinética por segundo impartida al aire en la estela.

14.81 En una turbina de rueda Pelton, un chorro de agua es desviado por una serie de paletas, de manera que el gasto con el que las paletas desvían el agua es igual al gasto con el que sale el agua de la tobera ($\Delta m/\Delta t = A\rho v_A$). Usando la misma notación que en el problema resuelto 14.7, a) determine la velocidad **V** de las paletas para la cual se desarrolla la potencia máxima, b) deduzca una expresión para la potencia máxima, c) derive una expresión para la eficiencia mecánica.

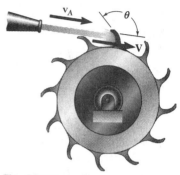

Fig. P14.81

14.82 Un orificio circular entrante (conocido también con el nombre de boquilla de Borda) de diámetro D es colocado a una profundidad h debajo de la superficie de un tanque. Sabiendo que la rapidez del chorro expulsado es $v = \sqrt{2gh}$ y asumiendo que la rapidez de aproximación v_1 es cero, demuestre que el diámetro del chorro es $d = D/\sqrt{2}$. (*Sugerencia*: considere la sección indicada de agua, y note que P es igual a la presión a una profundidad h multiplicada por el área del orificio.)

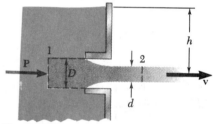

Fig. P14.82

*14.83 La profundidad de agua que fluye en un canal rectangular de ancho b, a una velocidad v_1 y a una profundidad d_1, se incrementa a una profundidad d_2 en un *salto hidráulico*. Exprese el gasto Q en términos de b, d_1 y d_2.

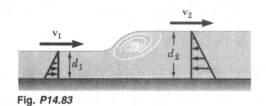

Fig. P14.83

*14.84 Determine el gasto en el canal del problema 14.83, sabiendo que $b = 12$ ft, $d_1 = 4$ ft y $d_2 = 5$ ft.

14.85 Cae grava con una velocidad muy cercana a cero sobre una banda transportadora, con una razón constante $q = dm/dt$. a) Determine la magnitud de la fuerza **P** requerida para mantener una rapidez constante v de la banda. b) Demuestre que la energía cinética adquirida por la grava en un intervalo de tiempo dado es igual a la mitad del trabajo realizado en ese intervalo por la fuerza **P**. Explique qué pasa con la otra mitad del trabajo realizado por **P**.

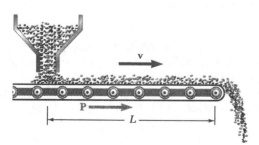

Fig. P14.85

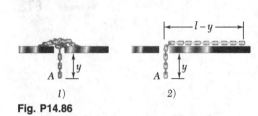

l)   2)

Fig. P14.86

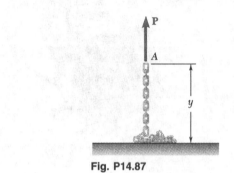

Fig. P14.87

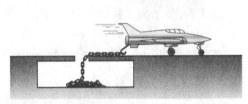

Fig. *P14.89* y *P14.90*

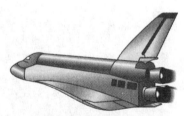

Fig. P14.91 y P14.92

14.86 Una cadena de longitud l y masa m cae por un pequeño agujero en una placa. Inicialmente, cuando y es muy pequeña, la cadena está en reposo. En cada caso mostrado, determine *a*) la aceleración del primer eslabón A como función de y, *b*) la velocidad de la cadena cuando el último eslabón pasa por el agujero. En el caso *1*, asuma que los eslabones individuales están en reposo hasta que caen a través del agujero; en el caso *2* asuma que en cualquier instante todos los eslabones tienen la misma velocidad. Ignore el efecto de la fricción.

14.87 Una cadena de longitud l y masa m descansa amontonada sobre el piso. Si su extremo A es levantado verticalmente con una rapidez constante v, exprese en función de la longitud y de la cadena que está fuera del piso en cualquier instante *a*) la magnitud de la fuerza **P** aplicada en A, *b*) la reacción del piso.

14.88 Resuelva el problema 14.87, asumiendo que la cadena se está *bajando* al piso con una rapidez constante v.

14.89 Un método posible para reducir la rapidez de un avión de entrenamiento, cuando aterriza sobre un portaviones, consiste en hacer que la cola del avión enganche el extremo de una pesada cadena de longitud l, que forma un montón bajo la cubierta. Si m representa la masa del avión, y v_0 su rapidez al hacer contacto con la cubierta, y asumiendo que no hay ninguna otra fuerza de frenado, determine *a*) la masa requerida de la cadena si la rapidez del avión se debe reducir a βv_0, donde $\beta < 1$, *b*) el máximo valor de la fuerza ejercida por la cadena sobre el avión.

14.90 Un avión de entrenamiento, de 6000 kg, aterriza sobre un portaviones con una rapidez de 180 km/h; su cola engancha el extremo de una cadena de 80 m de largo, que forma un montón bajo la cubierta. Sabiendo que la cadena tiene una masa de 50 kg/m, y asumiendo que no hay ninguna otra fuerza de frenado, determine *a*) la máxima desaceleración del avión, *b*) la velocidad del avión cuando toda la cadena ha sido jalada.

14.91 El sistema principal de propulsión de un transbordador espacial consiste de tres motores cohete idénticos, cada uno de los cuales quema el propelente de hidrógeno y oxígeno a razón de 340 kg/s, y lo expulsa con una velocidad relativa de 3750 m/s. Determine el empuje total proporcionado por los tres motores.

14.92 El sistema principal de propulsión de un transbordador espacial consiste de tres motores cohete idénticos, que proporcionan un empuje total de 6 MN. Determine la razón con la que el propelente de hidrógeno y oxígeno es quemado por cada uno de los tres motores, sabiendo que es expulsado con una velocidad relativa de 3750 m/s.

14.93 Un cohete tiene un peso de 2400 lb, incluyendo 2000 lb de combustible, que es consumido a razón de 25 lb/s y expulsado con una velocidad relativa de 12 000 ft/s. Sabiendo que el cohete es lanzado verticalmente desde el piso, determine su aceleración *a*) cuando es lanzado, *b*) cuando se consume la última partícula de combustible.

14.94 Un cohete tiene un peso de 3000 lb, incluyendo 2500 lb de combustible, que es consumido a razón de 30 lb/s. Sabiendo que el cohete es lanzado verticalmente desde el piso y que su aceleración se incrementa en 750 ft/s^2 desde el momento en que es lanzado al instante en que es consumida la última partícula de combustible, determine la velocidad relativa con la que el combustible es expulsado.

14.95 Un satélite de comunicaciones, que pesa 10 000 lb, incluyendo el combustible, ha sido lanzado desde un transbordador espacial que describe una órbita circular de baja altura alrededor de la Tierra. Después de que el satélite se ha alejado lentamente con el impulso inicial hasta alcanzar una distancia segura, se enciende su motor para incrementar su velocidad en 8000 ft/s, como primer paso para su transferencia a una órbita geosincrónica. Si el combustible se expulsa con una velocidad relativa de 13 750 ft/s, determine el peso del combustible consumido en esta maniobra.

14.96 Determine el incremento en la velocidad del satélite de comunicaciones del problema 14.95, después de que se han consumido 2500 lb de combustible.

14.97 Una nave espacial de 540 kg está montada en la parte superior de un cohete de masa 19 Mg, incluyendo 17.8 Mg de combustible. Sabiendo que el combustible se consume a razón de 225 kg/s, y es expulsado con una velocidad relativa de 3600 m/s, determine la máxima rapidez impartida a la nave espacial si el cohete es lanzado verticalmente desde el piso.

14.98 El cohete usado para lanzar la nave espacial de 540 kg del problema 14.97, es rediseñado para que incluya dos etapas A y B, cada una de masa 9.5 Mg, incluyendo 8.9 Mg de combustible. El combustible es consumido nuevamente a razón de 225 kg/s, y es expulsado con una velocidad relativa de 3600 m/s. Sabiendo que, cuando la etapa A expulsa su última partícula de combustible, su cubierta se desprende y es disparada, determine a) la rapidez del cohete en ese instante, b) la máxima rapidez impartida a la nave espacial.

14.99 Determine la altitud alcanzada por la nave espacial del problema 14.97, cuando se ha consumido todo el combustible del cohete de lanzamiento.

14.100 Para la nave espacial y el cohete de lanzamiento de dos etapas del problema 14.98, determine la altitud en la cual a) la etapa A del cohete se separa, b) el combustible de las dos etapas se ha consumido.

14.101 Determine la distancia que separa al satélite de comunicaciones del problema 14.95, de la nave espacial, 60 s después de que su motor se ha encendido, sabiendo que el combustible se consume a razón de 37.5 lb/s.

14.102 Para el cohete del problema 14.93, determine a) la altitud en la cual se ha consumido todo el combustible, b) la velocidad del cohete en ese instante.

14.103 En lo que respecta a la propulsión de un avión a reacción, se desperdicia la energía cinética proporcional a los gases de escape. La potencia útil es igual al producto de la fuerza disponible para propulsar al avión y la rapidez del avión. Si v es la rapidez del avión y u es la rapidez relativa de los gases expulsados, demuestre que la eficiencia mecánica del avión es $\eta = 2v/(u + v)$. Explique por qué $\eta = 1$ cuando $u = v$.

14.104 En lo que respecta a la propulsión de un cohete, se desperdicia la energía cinética proporcionada al combustible consumido y expulsado. La potencia útil es igual al producto de la fuerza disponible para propulsar el cohete y la rapidez del cohete. Si v es la rapidez del cohete y u es la rapidez relativa del combustible expulsado, demuestre que la eficiencia mecánica del cohete es $\eta = 2uv/(u^2 + v^2)$. Explique por qué $\eta = 1$ cuando $u = v$.

Fig. P14.95

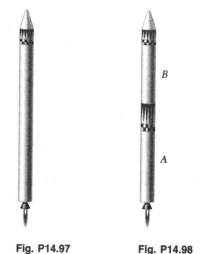

Fig. P14.97   **Fig. P14.98**

En este capítulo se analizó el movimiento de *sistemas de partículas*, es decir, el movimiento de un gran número de partículas consideradas juntas. En la primera parte del capítulo se consideraron sistemas formados por partículas bien definidas, mientras que en la segunda parte se analizaron sistemas que continuamente ganan o pierden partículas, o ambas cosas al mismo tiempo.

Fuerzas efectivas

Primeramente se definió la *fuerza efectiva* de una partícula P_i de determinado sistema como el producto $m_i a_i$ de su masa m_i y su aceleración a_i respecto de un marco de referencia newtoniano con origen en O [sección 14.2]. Entonces se demostró que *el sistema de fuerzas externas que actúan sobre partículas y el sistema de fuerzas efectivas de las partículas son equipolentes*; es decir, ambos sistemas tienen la *misma resultante* y el *mismo momento resultante* respecto de O:

$$\sum_{i=1}^{n} \mathbf{F}_i = \sum_{i=1}^{n} m_i \mathbf{a}_i \qquad (14.4)$$

$$\sum_{i=1}^{n} (\mathbf{r}_i \times \mathbf{F}_i) = \sum_{i=1}^{n} (\mathbf{r}_i \times m_i \mathbf{a}_i) \qquad (14.5)$$

Cantidad de movimiento lineal y angular de un sistema de partículas

Definiendo la *cantidad de movimiento lineal* $\mathbf{L}$ y la *cantidad de movimiento angular* $\mathbf{H}_O$ *respecto del punto O* del sistema de partículas [sección 14.3] como

$$\mathbf{L} = \sum_{i=1}^{n} m_i \mathbf{v}_i \qquad \mathbf{H}_O = \sum_{i=1}^{n} (\mathbf{r}_i \times m_i \mathbf{v}_i) \qquad (14.6, 14.7)$$

se demostró que las ecuaciones (14.4) y (14.5) se podrían remplazar por las ecuaciones

$$\Sigma \mathbf{F} = \dot{\mathbf{L}} \qquad \Sigma \mathbf{M}_O = \dot{\mathbf{H}}_O \qquad (14.10, 14.11)$$

que expresan que *la resultante y el momento resultante respecto de O de las fuerzas externas son, respectivamente, iguales a las razones de cambio de la cantidad de movimiento lineal y de la cantidad de movimiento angular respecto de O del sistema de partículas*.

Movimiento del centro de masa de un sistema de partículas

En la sección 14.4 se definió el centro de masa de un sistema de partículas como el punto G cuyo vector de posición $\bar{\mathbf{r}}$ satisface la ecuación

$$m\bar{\mathbf{r}} = \sum_{i=1}^{n} m_i \mathbf{r}_i \qquad (14.12)$$

donde m representa la masa total $\sum\limits_{i=1}^{n} m_i$ de las partículas. Derivando ambos miembros de la ecuación (14.12) dos veces respecto de t, se obtuvieron las relaciones

$$\mathbf{L} = m\bar{\mathbf{v}} \qquad \dot{\mathbf{L}} = m\bar{\mathbf{a}} \qquad (14.14,\ 14.15)$$

donde $\bar{\mathbf{v}}$ y $\bar{\mathbf{a}}$ representan, respectivamente, la velocidad y la aceleración del centro de masa G. Sustituyendo para $\dot{\mathbf{L}}$ de la (14.15) en la (14.10), se obtuvo la ecuación

$$\Sigma\mathbf{F} = m\bar{\mathbf{a}} \qquad (14.16)$$

de lo que se concluyó que *el centro de masa de un sistema de partículas se mueve como si toda la masa del sistema y todas las fuerzas externas estuvieran concentradas en ese punto* [problema resuelto 14.1].

En la sección 14.5 se consideró el movimiento de las partículas de un sistema respecto a un marco de referencia centroidal $Gx'y'z'$ unido al centro de masa G del sistema, y en traslación con respecto al marco de referencia newtoniano $Oxyz$ (figura 14.14). Se definió *la cantidad de movimiento angular* del sistema *respecto de su centro de masa G* como la suma de los momentos respecto de G de las cantidades de movimiento $m_i\mathbf{v}_i'$ de las partículas en su movimiento relativo al marco $Gx'y'z'$. También se observó que se podría obtener el mismo resultado al considerar los momentos con respecto a G de las cantidades de movimiento $m_i\mathbf{v}_i$ de las partículas en su movimiento absoluto. Por lo tanto, se escribió

$$\mathbf{H}_G = \sum_{i=1}^{n} (\mathbf{r}_i' \times m_i\mathbf{v}_i) = \sum_{i=1}^{n} (\mathbf{r}_i' \times m_i\mathbf{v}_i') \qquad (14.24)$$

y se obtuvo la relación

$$\Sigma\mathbf{M}_G = \dot{\mathbf{H}}_G \qquad (14.23)$$

que expresa que *el momento resultante con respecto a G de las fuerzas externas es igual a la razón de cambio de la cantidad de movimiento angular respecto de G del sistema de partículas.* Como se verá posteriormente, esta relación es fundamental para el estudio del movimiento de cuerpos rígidos.

Cuando no actúan fuerzas externas sobre un sistema de partículas [sección 14.6], se desprende de las ecuaciones (14.10) y (14.11) que la cantidad de movimiento lineal $\mathbf{L}$ y la cantidad de movimiento angular $\mathbf{H}_O$ del sistema se conservan (problemas resueltos 14.2 y 14.3). En problemas relacionados con fuerzas centrales, también se conserva la cantidad de movimiento angular del sistema con respecto al centro de la fuerza O.

La energía cinética T de un sistema de partículas se definió como la suma de las energías cinéticas de las partículas [sección 14.7]:

$$T = \frac{1}{2}\sum_{i=1}^{n} m_i v_i^2 \qquad (14.28)$$

Cantidad de movimiento angular de un sistema de partículas alrededor de su centro de masa

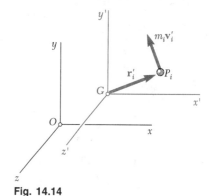

Fig. 14.14

Conservación de la cantidad de movimiento

Energía cinética de un sistema de partículas

Utilizando el marco de referencia centroidal $Gx'y'z'$ de la figura 14.14, se notó que la energía cinética del sistema también se podía obtener al sumar la energía cinética $\frac{1}{2}m\bar{v}^2$ asociada con el movimiento del centro de masa G y la energía cinética del sistema en su movimiento relativo al marco $Gx'y'z'$:

$$T = \tfrac{1}{2}m\bar{v}^2 + \frac{1}{2}\sum_{i=1}^{n} m_i v_i'^2 \qquad (14.29)$$

Principio del trabajo y la energía

El principio del trabajo y la energía se puede aplicar tanto a un sistema de partículas como a partículas individuales [sección 14.8]. Se escribió

$$T_1 + U_{1\to2} = T_2 \qquad (14.30)$$

y se notó que $U_{1\to2}$ representa el trabajo de *todas* las fuerzas que actúan sobre las partículas del sistema, tanto internas como externas.

Conservación de energía

Si todas las fuerzas que actúan sobre las partículas del sistema son *conservativas*, se puede determinar la energía potencial V del sistema, y escribir

$$T_1 + V_1 = T_2 + V_2 \qquad (14.31)$$

que expresa el *principio de la conservación de la energía* para un sistema de partículas.

Principio del impulso y la cantidad de movimiento

Se vio en la sección 14.9 que el *principio del impulso y la cantidad de movimiento* para un sistema de partículas se podría expresar gráficamente como se muestra en la figura 14.15. Se establece que las cantidades de movimiento de las partículas en el instante t_1 y los impulsos de las fuerzas externas de t_1 a t_2 forman un sistema de vectores equipolente al sistema de las cantidades de movimiento de las partículas en el instante t_2.

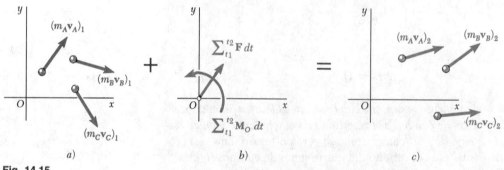

Fig. 14.15

Si no actúan fuerzas externas sobre las partículas del sistema, los sistemas de cantidades de movimiento mostrados en las partes a y c de la figura 14.15 son equipolentes, y se tiene

$$\mathbf{L}_1 = \mathbf{L}_2 \qquad (\mathbf{H}_O)_1 = (\mathbf{H}_O)_2 \qquad (14.36, 14.37)$$

Uso de los principios de conservación en la solución de problemas sobre sistemas de partículas

Muchos problemas relacionados con el movimiento de sistemas de partículas se pueden resolver al aplicar simultáneamente el principio del impulso y la cantidad de movimiento y el principio de la conservación de la energía [problema resuelto 14.4], o expresando que la cantidad de movimiento lineal, la cantidad de movimiento angular y la energía del sistema se conservan [problema resuelto 14.5].

En la segunda parte del capítulo se consideraron *sistemas variables de partículas*. Primero se consideró una *corriente estacionaria de partículas*, como una corriente de agua desviada por medio de una paleta fija o un flujo de aire a través de un motor de propulsión a chorro [sección 14.11]. Aplicando el principio del impulso y la cantidad de movimiento al sistema *S* de partículas durante un intervalo de tiempo Δt, e incluyendo las partículas que entran al sistema en *A* durante ese intervalo de tiempo y aquellas (de la misma masa Δm) que lo abandonan en *B*, se concluyó que *el sistema formado por la cantidad de movimiento* $(\Delta m)\mathbf{v}_A$ *de las partículas que entran a S en el instante Δt y los impulsos de las fuerzas ejercidas sobre S durante ese instante es equipolente a la cantidad de movimiento* $(\Delta m)\mathbf{v}_B$ *de las partículas*

Sistemas variables de partículas. Corriente estacionaria de partículas

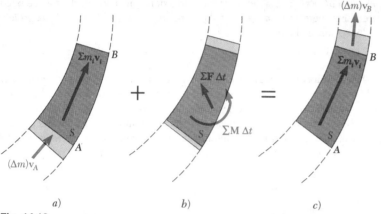

a)   b)   c)

Fig. 14.16

que abandonan S en el mismo instante Δt (figura 14.16). Igualando las componentes x, las componentes y y los momentos respecto a un punto fijo de los vectores involucrados, se pueden obtener hasta tres ecuaciones, que se pueden resolver para las incógnitas deseadas (problemas resueltos 14.6 y 14.7). A partir de este resultado, también se pudo obtener la siguiente expresión para la resultante $\Sigma\mathbf{F}$ de las fuerzas ejercidas sobre *S*.

$$\Sigma\mathbf{F} = \frac{dm}{dt}(\mathbf{v}_B - \mathbf{v}_A) \qquad (14.39)$$

donde $\mathbf{v}_B - \mathbf{v}_A$ representa la diferencia entre los *vectores* $\mathbf{v}_B$ y $\mathbf{v}_A$, y donde dm/dt es la razón de flujo de masa de la corriente (véase nota de pie de página 859).

Considerando en seguida un sistema de partículas que gana masa al absorber continuamente partículas o que pierde masa al expulsar continuamente partículas [sección 14.12], como en el caso de un cohete, se aplicó el principio del impulso y la cantidad de movimiento al sistema durante un intervalo de tiempo Δt, teniendo cuidado de incluir las partículas ganadas o perdidas durante ese intervalo de tiempo (problema resuelto 14.8). También se notó que la acción sobre un sistema *S* de partículas que son *absorbidas* por *S* era equivalente a un empuje

Sistemas que ganan o pierden masa

$$\mathbf{P} = \frac{dm}{dt}\mathbf{u} \qquad (14.44)$$

donde dm/dt es la rapidez con la que se absorbe masa, y $\mathbf{u}$ es la velocidad de las partículas *relativa* a *S*. En el caso de partículas que son *expulsadas* de *S*, la tasa dm/dt es negativa, y el empuje $\mathbf{P}$ se ejerce en una dirección opuesta a aquella en la que las partículas son expulsadas.

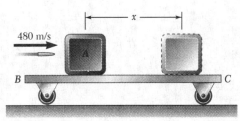

Fig. P14.105

14.105 Una bala de 30 g es disparada con una velocidad de 480 m/s hacia un bloque A, el cual tiene una masa de 5 kg. El coeficiente de fricción cinética entre el bloque A y el carro BC es 0.50. Sabiendo que el carro tiene una masa de 4 kg y que puede rodar libremente, determine a) la velocidad final del carro y el bloque, b) la posición final del bloque sobre el carro.

14.106 Una locomotora A, de 80 Mg, viaja a 6.5 km/h y golpea a una plataforma C, de 20 Mg, que soporta una carga B de 30 Mg, la cual puede deslizarse sobre el piso del vagón ($\mu_k = 0.25$). Sabiendo que el vagón estaba en reposo con los frenos sin aplicar y que éste queda automáticamente enganchado a la locomotora después del impacto, determine la velocidad del vagón a) inmediatamente después del impacto, b) después de que la carga se ha deslizado hasta detenerse respecto al vagón.

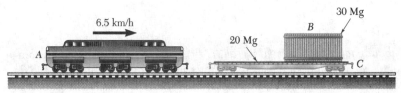

Fig. P14.106

14.107 Tres vagones de carga idénticos tienen las velocidades indicadas. Asumiendo que el vagón A golpea primeramente al vagón B, determine la velocidad de cada vagón después de que han ocurrido todas las colisiones, si a) los tres vagones quedan automáticamente acoplados, b) los vagones A y B quedan automáticamente acoplados mientras que los vagones B y C rebotan con un coeficiente de restitución $e = 1$ (es decir, sin pérdida de energía).

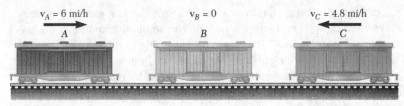

Fig. P14.107

14.108 Un helicóptero A, de 9000 lb, volaba hacia el este con una rapidez de 75 mi/h y a una altitud de 2500 ft, cuando fue golpeado por un helicóptero B de 12 000 lb. Como resultado de la colisión, ambos helicópteros pierden su hélice, y sus restos entrelazados caen en 12 s en un punto localizado a 1500 ft al este y 384 ft al sur del punto de impacto. Despreciando la resistencia del aire, determine las componentes de la velocidad del helicóptero B justo antes de la colisión.

14.109 Un bloque B, de 40 lb, se suspende de una cuerda de 6 ft de largo unida a un carro A, de 60 lb, que puede rodar libremente sobre una pista horizontal sin fricción. Si el sistema se suelta desde el reposo cuando $\theta = 35°$, determine las velocidades de A y B cuando $\theta = 0$.

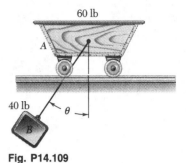

Fig. P14.109

14.110 Un bloque B, de 9 kg, parte del reposo y se desliza hacia abajo por la superficie inclinada de una cuña A, de 15 kg, que está apoyada en una superficie horizontal. Despreciando la fricción, determine a) la velocidad de B relativa a A después de que se ha deslizado 0.6 m sobre la cuña, b) la velocidad correspondiente de la cuña.

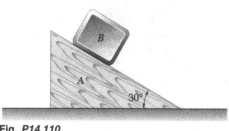

Fig. *P14.110*

14.111 Una masa q de arena se descarga por unidad de tiempo desde una banda transportadora que se mueve con una velocidad $\mathbf{v}_0$. La arena es desviada por una paleta en A, de manera que cae en un chorro vertical. Después de que cae una distancia h, la arena es desviada de nuevo por una paleta curva en B. Despreciando la fricción entre la arena y las paletas, determine la fuerza requerida para mantener en la posición mostrada a) la paleta A, b) la paleta B.

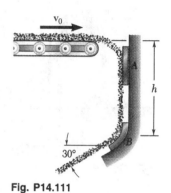

Fig. P14.111

14.112 La componente final de un sistema transportador recibe arena a razón de 100 kg/s en A y la descarga en B. La arena se está moviendo horizontalmente en A y B con una velocidad de magnitud $v_A = v_B = 4.5$ m/s. Sabiendo que el peso combinado de la banda y la arena que soporta es $W = 4$ kN, determine las reacciones en C y D.

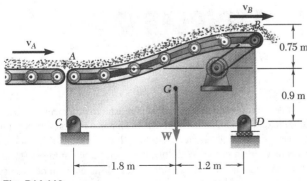

Fig. P14.112

14.113 El aspersor de jardín tiene cuatro brazos giratorios, cada uno de los cuales está formado por dos tramos horizontales rectos de tubo, que forman un ángulo de 120° entre sí. Cada brazo descarga agua a razón de 20 L/min con una velocidad de 18 m/s relativa al brazo. Sabiendo que la fricción entre las partes móviles y las estacionarias del aspersor es equivalente a un par de magnitud $M = 0.375$ N · m, determine la velocidad constante con la que gira el aspersor.

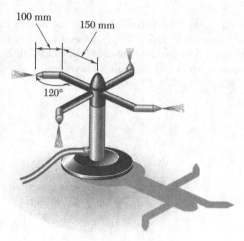

Fig. *P14.113*

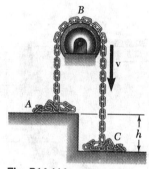

Fig. **P14.114**

14.114 Los extremos de una cadena descansan en montones en A y C. Cuando se le proporciona una velocidad inicial v, la cadena se mantiene moviendo libremente sobre la polea en B con la misma velocidad. Despreciando la fricción, determine el valor requerido de h.

14.115 Cuando está vacío, un vagón de ferrocarril, de longitud L y masa m_0, se mueve libremente sobre una vía horizontal mientras se carga con arena desde una tolva estacionaria, con una razón $q = dm/dt$. Sabiendo que el vagón se estaba aproximando a la tolva con una rapidez v_0, determine a) la masa del vagón y su carga después de que el vagón ha pasado la tolva, b) la rapidez del vagón en ese instante.

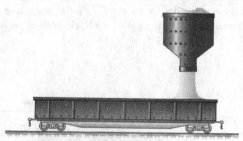

Fig. **P14.115**

Fig. *P14.116*

14.116 Un vehículo espacial, que describe una órbita circular alrededor de la Tierra con una velocidad de 15 000 mi/h, libera en su parte frontal una cápsula que tiene un peso aproximado de 1200 lb, incluyendo 800 lb de combustible. Sabiendo que el combustible es consumido a razón de 40 lb/s, y es expulsado con una velocidad relativa de 9000 ft/s, determine a) la aceleración tangencial de la cápsula cuando su motor es encendido, b) la máxima rapidez alcanzada por la cápsula.

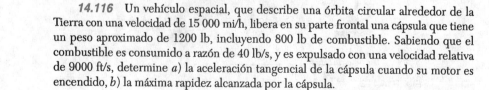

14.C1 Un hombre y una mujer, de pesos W_m y W_w, están de pie en extremos opuestos de un bote estacionario de peso W_b, listos para lanzarse al agua con velocidades v_m y v_w, respectivamente, relativas al bote. Escriba un programa de computadora que pueda usarse para determinar la velocidad del bote después de que los dos nadadores se han lanzado al agua, si *a*) la mujer se zambulle en primer lugar, *b*) el hombre se zambulle en primer lugar. Use este programa primeramente para resolver el problema 14.4 como se expresó originalmente; después resuelva ese problema asumiendo que las velocidades de la mujer y el hombre relativas al bote son, respectivamente, i) 14 ft/s y 18 ft/s, ii) 18 ft/s y 14 ft/s.

Fig. P14.C1

14.C2 Un sistema de partículas consiste de n partículas A_i, de masa m_i y coordenadas x_i, y_i y z_i, que tienen componentes de velocidades $(v_x)_i$, $(v_y)_i$ y $(v_z)_i$. Escriba un programa de computadora que pueda emplearse para determinar las componentes de la cantidad de movimiento angular del sistema alrededor del origen O de coordenadas. Use este programa para resolver los problemas 14.9 y 14.13.

14.C3 Un armazón que se mueve con una velocidad de componentes conocidas v_x, v_y y v_z estalla en fragmentos de pesos W_1, W_2 y W_3 en el punto A_0, a una distancia d de una pared vertical. Escriba un programa de computadora que pueda emplearse para determinar la rapidez de cada fragmento inmediatamente después de la explosión, sabiendo las coordenadas x_i y y_i de los puntos A_i ($i = 1, 2, 3$) donde los fragmentos golpean la pared. Use este programa para resolver *a*) el problema 14.25, *b*) el problema 14.26.

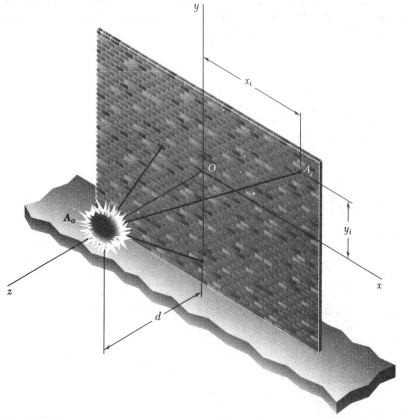

Fig. P14.C3

14.C4 Cuando un avión de entrenamiento, de 6000 kg, aterriza sobre un portaviones con una rapidez de 180 km/h, su cola engancha el extremo de una cadena de 80 m de largo que forma un montón bajo la cubierta. Sabiendo que la cadena tiene una masa por unidad de longitud de 50 kg/m, y asumiendo que no hay ninguna otra fuerza de frenado, escriba un programa de computadora para tabular, con incrementos de 5 m, la distancia recorrida por el avión mientras que jala la cadena, y calcule los valores correspondientes del tiempo y de la velocidad y la desaceleración del avión.

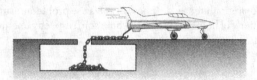

Fig. P14.C4

14.C5 Un avión a reacción, de 16 Mg, mantiene una rapidez constante de 774 km/h mientras se eleva con un ángulo $\alpha = 18°$. El avión succiona aire a razón de 300 kg/s, y lo descarga con una velocidad de 665 m/s relativa al avión. Sabiendo que el piloto cambia el ángulo de elevación α mientras mantiene los motores funcionando igual que antes, escriba un programa de computadora para calcular, para valores de α de 0 a 20° con incrementos de 1°, *a*) la aceleración inicial del avión, *b*) la máxima rapidez que alcanzará. Asuma que la fuerza de arrastre debida a la fricción del viento es proporcional al cuadrado de la velocidad.

Fig. P14.C5

14.C6 Un cohete tiene un peso de 2400 lb, incluyendo 2000 lb de combustible, que es consumido a razón de 25 lb/s, y es expulsado con una velocidad relativa de 12 000 ft/s. Sabiendo que el cohete es lanzado verticalmente desde el piso, asumiendo un valor constante de la aceleración de la gravedad, y usando intervalos de tiempo de 4 s, escriba un programa de computadora para calcular, desde el instante de encendido hasta el instante en que se consume la última partícula de combustible *a*) la aceleración *a* del cohete, en ft/s², *b*) su velocidad *v*, en ft/s, *c*) su elevación *h* sobre el piso, en millas. (*Sugerencia*: use para *v* la expresión deducida en el problema resuelto 14 8, e integre esta expresión analíticamente para obtener *h*.)

15

Cinemática de cuerpos rígidos

En este capítulo se aprenderá a analizar el movimiento de sistemas
mecánicos, tal como el sistema de engranes mostrado. Es posible que se
requiera, por ejemplo, determinar la velocidad y la aceleración angulares
del engrane de la izquierda, conociendo la velocidad y la aceleración
angulares del engrane de la derecha.

15.1. INTRODUCCIÓN

En este capítulo se considerará la cinemática de *cuerpos rígidos*. Se investigarán las relaciones que existen entre el tiempo, las posiciones, las velocidades y las aceleraciones de las diversas partículas que forman un cuerpo rígido. Como se verá, los diferentes tipos de movimiento de cuerpos rígidos se agrupan de una manera conveniente como sigue:

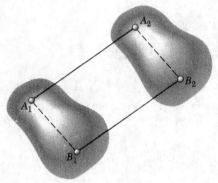

Fig. 15.1

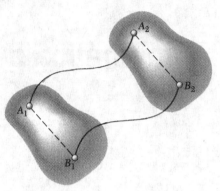

Fig. 15.2

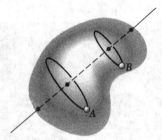

Fig. 15.3

1. *Traslación*. Se dice que un movimiento es de traslación si cualquier línea recta localizada en el interior del cuerpo conserva la misma dirección durante el movimiento. También se observa que, en una traslación, todas las partículas que forman el cuerpo se desplazan a lo largo de trayectorias paralelas. Si tales trayectorias son líneas rectas, se dice que el movimiento es una *traslación rectilínea* (figura 15.1); si son líneas curvas, el movimiento es una *traslación curvilínea* (figura 15.2).

2. *Rotación con respecto a un eje fijo*. En este movimiento, las partículas que constituyen el cuerpo rígido se desplazan en planos paralelos, a lo largo de círculos centrados en el mismo eje fijo (figura 15.3). Si este eje, llamado *eje de rotación*, interseca el cuerpo rígido, las partículas localizadas en el eje tienen velocidad y aceleración cero.

No se debe confundir la rotación con ciertos tipos de traslación curvilínea. Por ejemplo, la placa mostrada en la figura 15.4*a* está sometida a una traslación curvilínea, porque todas sus partículas se desplazan a lo largo de círculos *paralelos*, mientras que la placa mostrada en la figura 15.4*b* se encuentra sometida a rotación, porque todas sus partículas se desplazan a lo largo de círculos *concéntricos*.

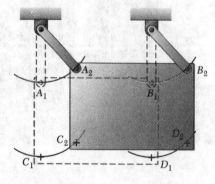

a) Traslación curvilínea

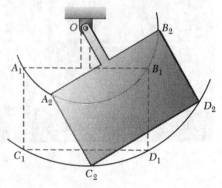

b) Rotación

Fig. 15.4

En el primer caso, cualquier línea recta trazada en la placa conservará la misma dirección, mientras que, en el segundo caso, el punto O permanece fijo.

Como cada partícula se mueve en un plano dado, se dice que la rotación de un cuerpo con respecto a un eje fijo es un *movimiento plano*.

3. *Movimiento plano general.* Existen muchos tipos más de movimiento plano, es decir, movimientos en los que todas las partículas del cuerpo se desplazan en planos paralelos. Cualquier movimiento plano que no es ni rotación ni traslación se designa como movimiento plano general. En la figura 15.5 se dan dos ejemplos de movimiento plano general.

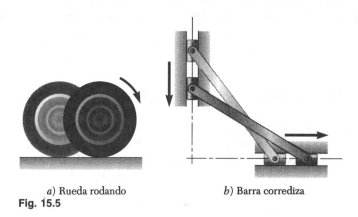

a) Rueda rodando   *b*) Barra corrediza
Fig. 15.5

4. *Movimiento con respecto a un punto fijo.* El movimiento tridimensional de un cuerpo rígido unido a un punto fijo O, por ejemplo, el movimiento de un trompo sobre un piso irregular (figura 15.6), se conoce como movimiento con respecto a un punto fijo.

5. *Movimiento general.* Cualquier movimiento de un cuerpo rígido que no quede comprendido dentro de cualesquiera de las categorías antes mencionadas, se denomina movimiento general.

Después de un breve análisis en la sección 15.2 del movimiento de traslación, en la sección 15.3 se considera la rotación de un cuerpo rígido en torno a un eje fijo. Se definirán la *velocidad angular* y la *aceleración angular* de un cuerpo rígido con respecto a un eje fijo, y se aprenderá a expresar la velocidad y la aceleración de un punto dado del cuerpo en función de su vector de posición y de la velocidad y la aceleración angulares del cuerpo.

Las secciones siguientes se ocupan del estudio del movimiento plano general de un cuerpo rígido, y de su aplicación al análisis de mecanismos tales como engranes, bielas y varillajes conectados con pasadores. Con la transformación del movimiento plano de una placa en una traslación y una rotación (secciones 15.5 y 15.6), se aprenderá entonces a expresar la velocidad de un punto B de la placa como la suma de la velocidad de un punto de referencia A, y la velocidad de B relativa a un sistema de referencia que se traslada con A (es decir, que se desplaza con A pero sin girar). Más adelante, en la sección 15.8, se utiliza el mismo enfoque para expresar la aceleración de B en función de la aceleración de A y de la aceleración de B relativa a un sistema de referencia que se traslada con A.

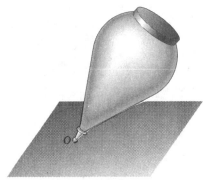

Fig. 15.6

En la sección 15.7 se da un método alterno para el análisis de velocidades en el movimiento plano, basado en el concepto de *centro de rotación instantáneo*; y uno más, basado en el uso de expresiones paramétricas para las coordenadas de un punto dado, se presenta en la sección 15.9.

En las secciones 15.10 y 15.11 se analizan el movimiento de una partícula relativo a un sistema de referencia giratorio y el concepto de *aceleración de Coriolis*; los resultados obtenidos se aplican al análisis del movimiento plano de mecanismos que contienen partes que se deslizan entre sí.

El resto del capítulo se dedica al análisis del movimiento tridimensional de un cuerpo rígido, es decir, el movimiento de un cuerpo rígido con un punto fijo y el movimiento general de un cuerpo rígido. En las secciones 15.12 y 15.13 se utilizará un sistema de referencia fijo o uno en traslación, para llevar a cabo el análisis; en las secciones 15.14 y 15.15 se considerará el movimiento de un cuerpo con respecto a un sistema de referencia giratorio o a uno en movimiento general, y nuevamente se empleará el concepto de aceleración de Coriolis.

15.2. TRASLACIÓN

Considérese un cuerpo rígido en traslación (rectilínea o curvilínea), y sean A y B dos de sus partículas (figura 15.7a). Si $\mathbf{r}_A$ y $\mathbf{r}_B$, denotan, respectivamente, los vectores de posición de A y B con respecto a un sistema de referencia fijo, y $\mathbf{r}_{B/A}$ denota el vector que une A y B, escribimos

$$\mathbf{r}_B = \mathbf{r}_A + \mathbf{r}_{B/A} \tag{15.1}$$

Si se diferencia la relación anterior con respecto a t, se observa que, por la definición de traslación, el vector $\mathbf{r}_{B/A}$ debe mantener una dirección constante;

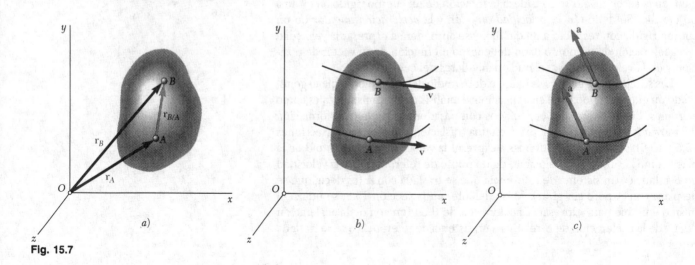

a)

b)

c)

Fig. 15.7

su magnitud también debe ser constante, puesto que A y B pertenecen al mismo cuerpo rígido. Por tanto, la derivada de $\mathbf{r}_{B/A}$ es cero, y se tiene

$$\mathbf{v}_B = \mathbf{v}_A \tag{15.2}$$

Si se diferencia una vez más, obtenemos

$$\mathbf{a}_B = \mathbf{a}_A \tag{15.3}$$

Así pues, *cuando un cuerpo rígido se encuentra en traslación, todos sus puntos tienen la misma velocidad y la misma aceleración en cualquier instante dado* (figuras 15.7*b* y *c*). En el caso de traslación curvilínea, la velocidad y la aceleración cambian tanto de dirección como de magnitud en cada instante. En el caso de traslación rectilínea, todas las partículas del cuerpo se desplazan a lo largo de líneas rectas paralelas, y su velocidad y aceleración conservan la misma dirección durante todo el movimiento.

15.3. ROTACIÓN CON RESPECTO A UN EJE FIJO

Considérese un cuerpo rígido que gira con respecto a un eje fijo AA'. Sean P un punto del cuerpo y $\mathbf{r}$ su vector de posición con respecto a un sistema de referencia fijo. Por conveniencia, supóngase que el sistema de referencia está centrado en el punto O de AA', y que el eje z coincide con AA' (figura 15.8). Sea B la proyección de P en AA'; puesto que P ha de permanecer a una distancia constante de B, describirá un círculo de centro B y radio r sen ϕ, donde ϕ denota el ángulo formado por $\mathbf{r}$ y AA'.

La posición de P y de todo el cuerpo queda completamente definida por el ángulo θ que la línea BP forma con el plano zx. El ángulo θ se conoce como *coordenada angular* del cuerpo, y se considera positiva cuando su sentido es contrario al de las manecillas del reloj con respecto a A'. La coordenada angular se expresará en radianes (rad) o, en ocasiones, en grados (°) o revoluciones (rev). Recordemos que

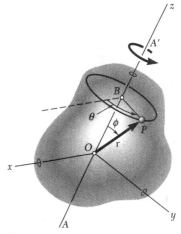

Fig. 15.8

$$1 \text{ rev} = 2\pi \text{ rad} = 360°$$

De la sección 11.9, sabemos que la velocidad $\mathbf{v} = d\mathbf{r}/dt$ de una partícula P es un vector tangente a la trayectoria de P y de magnitud $v = ds/dt$. Si se observa que la longitud Δs del arco descrito por P cuando el cuerpo gira $\Delta\theta$ es

$$\Delta s = (BP) \, \Delta\theta = (r \text{ sen } \phi) \, \Delta\theta$$

y al dividir ambos miembros entre Δt, se obtiene en el límite, conforme Δt tiende a cero,

$$v = \frac{ds}{dt} = r\dot{\theta} \text{ sen } \phi \tag{15.4}$$

donde $\dot{\theta}$ denota la derivada de tiempo de θ. (Obsérvese que el ángulo θ depende de la posición que guarda P en el cuerpo, pero la razón de cambio $\dot{\theta}$ es independiente de P.) Se concluye que la velocidad $\mathbf{v}$ de P es un vector perpen-

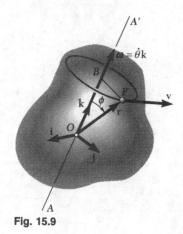

Fig. 15.9

dicular al plano que contiene a AA' y $\mathbf{r}$, de magnitud v definida por (15.4). Pero éste es precisamente el resultado que se obtendría al dibujar a lo largo de AA' un vector $\boldsymbol{\omega} = \dot{\theta}\mathbf{k}$ y al formar el producto vectorial $\boldsymbol{\omega} \times \mathbf{r}$ (figura 15.9). Por lo tanto, escribimos

$$\mathbf{v} = \frac{d\mathbf{r}}{dt} = \boldsymbol{\omega} \times \mathbf{r} \tag{15.5}$$

El vector

$$\boldsymbol{\omega} = \omega\mathbf{k} = \dot{\theta}\mathbf{k} \tag{15.6}$$

dirigido a lo largo del eje de rotación se llama *velocidad angular* del cuerpo, y su magnitud es igual a la razón de cambio $\dot{\theta}$ de la coordenada angular; su sentido se obtiene con la regla de la mano derecha (sección. 3.6) con base en el sentido de rotación del cuerpo.†

La aceleración $\mathbf{a}$ de la partícula P se determinará en seguida. Al diferenciar (15.5), y si se recuerda la regla para la diferenciación de un producto vectorial (sección. 11.10), escribimos

$$\mathbf{a} = \frac{d\mathbf{v}}{dt} = \frac{d}{dt}(\boldsymbol{\omega} \times \mathbf{r})$$

$$= \frac{d\boldsymbol{\omega}}{dt} \times \mathbf{r} + \boldsymbol{\omega} \times \frac{d\mathbf{r}}{dt}$$

$$= \frac{d\boldsymbol{\omega}}{dt} \times \mathbf{r} + \boldsymbol{\omega} \times \mathbf{v} \tag{15.7}$$

El vector $d\boldsymbol{\omega}/dt$ se denota con $\boldsymbol{\alpha}$, y se conoce como *aceleración angular* del cuerpo. Si se sustituye $\mathbf{v}$ de acuerdo con (15.5), se obtiene

$$\mathbf{a} = \boldsymbol{\alpha} \times \mathbf{r} + \boldsymbol{\omega} \times (\boldsymbol{\omega} \times \mathbf{r}) \tag{15.8}$$

Al diferenciar (15.6), y si se recuerda que la magnitud y la dirección de $\mathbf{k}$ son constantes, tenemos

$$\boldsymbol{\alpha} = \alpha\mathbf{k} = \dot{\omega}\mathbf{k} = \ddot{\theta}\mathbf{k} \tag{15.9}$$

Por lo tanto, la aceleración angular de un cuerpo que gira con respecto a un eje fijo es un vector dirigido a lo largo del eje de rotación, y su magnitud es igual a la razón de cambio $\dot{\omega}$ de la velocidad angular. Retomando (15.8), se observa que la aceleración de P es la suma de dos vectores. El primero es igual al producto vectorial $\boldsymbol{\alpha} \times \mathbf{r}$; es tangente al círculo descrito por P y, por consiguiente, representa la componente tangencial de la aceleración. El segundo es igual al *triple producto vectorial* $\boldsymbol{\omega} \times (\boldsymbol{\omega} \times \mathbf{r})$ que se obtiene al formar el producto vectorial de $\boldsymbol{\omega}$ y $\boldsymbol{\omega} \times \mathbf{r}$; puesto que $\boldsymbol{\omega} \times \mathbf{r}$ es tangente al círculo descrito por P, el triple producto vectorial está dirigido hacia el centro B del círculo, y por consiguiente, representa la componente normal de la aceleración.

---

†En la sección 15.12 se demostrará en el caso más general de un cuerpo rígido que gira simultáneamente alrededor de ejes que tienen direcciones diferentes, que las velocidades angulares obedecen la ley del paralelogramo de la suma y, por tanto, son cantidades vectoriales.

Rotación de una placa representativa. La rotación de un cuerpo rígido con respecto a un eje fijo se puede definir mediante el movimiento de una placa representativa en un plano de referencia perpendicular al eje de rotación. Seleccionemos el plano xy como el plano de referencia, y supongamos que coincide con el plano de la figura, donde el eje z apunta hacia afuera del papel (figura 15.10). Recordando de (15.6) que $\boldsymbol{\omega} = \omega\mathbf{k}$, se observa que un valor posi-

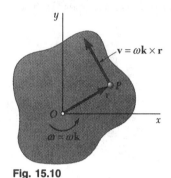

Fig. 15.10

tivo del escalar ω corresponde a una rotación de sentido antihorario de la placa representativa, y un valor negativo, a una rotación de sentido horario. Si en la ecuación (15.5) se sustituye $\omega\mathbf{k}$ por $\boldsymbol{\omega}$, la velocidad de cualquier punto dado P de la placa se expresa como

$$\mathbf{v} = \omega\mathbf{k} \times \mathbf{r} \tag{15.10}$$

Puesto que los vectores $\mathbf{k}$ y $\mathbf{r}$ son perpendiculares entre sí, la magnitud de la velocidad $\mathbf{v}$ es

$$v = r\omega \tag{15.10'}$$

y su dirección se obtiene haciendo que $\mathbf{r}$ gire 90° en el sentido de rotación de la placa.

Si se sustituye $\boldsymbol{\omega} = \omega\mathbf{k}$ y $\boldsymbol{\alpha} = \alpha\mathbf{k}$ en la ecuación (15.8), y si se observa que multiplicando vectorialmente dos veces a $\mathbf{r}$ por $\mathbf{k}$ produce una rotación de 180° del vector $\mathbf{r}$, la aceleración del punto P se expresa como

$$\mathbf{a} = \alpha\mathbf{k} \times \mathbf{r} - \omega^2\mathbf{r} \tag{15.11}$$

Al transformar $\mathbf{a}$ en componentes tangencial y normal (figura 15.11), escribimos

$$\begin{aligned}\mathbf{a}_t &= \alpha\mathbf{k} \times \mathbf{r} & a_t &= r\alpha\\ \mathbf{a}_n &= -\omega^2\mathbf{r} & a_n &= r\omega^2\end{aligned} \tag{15.11'}$$

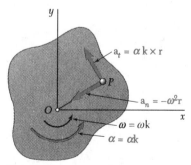

Fig. 15.11

La componente tangencial $\mathbf{a}_t$ apunta en la dirección antihoraria si el escalar α es positivo, y en la dirección horaria si α es negativo. La componente normal $\mathbf{a}_n$ siempre apunta en la dirección opuesta a la de $\mathbf{r}$, es decir, hacia O.

15.4. ECUACIONES QUE DEFINEN LA ROTACIÓN DE UN CUERPO RÍGIDO CON RESPECTO A UN EJE FIJO

Se dice que *se conoce* el movimiento de un cuerpo rígido que gira con respecto a un eje fijo AA', cuando su coordenada angular θ se puede expresar como una función conocida de t. Sin embargo, en la práctica, la rotación de un cuerpo rígido rara vez queda definida por una relación entre θ y t. Con mayor frecuencia, el tipo de aceleración angular que el cuerpo posee especifica las condiciones del movimiento. Por ejemplo, α puede estar dado como una función de t, de θ o de ω. De acuerdo con las relaciones (15.6) y (15.9) escribimos

$$\omega = \frac{d\theta}{dt} \tag{15.12}$$

$$\alpha = \frac{d\omega}{dt} = \frac{d^2\theta}{dt^2} \tag{15.13}$$

o, si se despeja dt de (15.12) y se sustituye en (15.13),

$$\alpha = \omega \frac{d\omega}{d\theta} \tag{15.14}$$

Puesto que estas ecuaciones son similares a las que se obtuvieron en el capítulo 11 para el movimiento rectilíneo de una partícula, su integración se realiza siguiendo el procedimiento descrito en la sección 11.3.

Con frecuencia se presentan dos casos particulares de rotación:

1. *Rotación uniforme.* Este caso queda caracterizado por el hecho de que la aceleración angular es cero. La velocidad angular es, por consiguiente, constante, y la coordenada angular está dada por la fórmula

$$\theta = \theta_0 + \omega t \tag{15.15}$$

2. *Rotación uniformemente acelerada.* En este caso, la aceleración angular es constante. Las fórmulas siguientes, que relacionan la velocidad angular, la coordenada angular y el tiempo, se derivan de una manera similar a la descrita en la sección 11.5. La similitud entre las fórmulas derivadas aquí y las que se obtuvieron para el movimiento rectilíneo uniformemente acelerado de una partícula es aparente.

$$\begin{aligned} \omega &= \omega_0 + \alpha t \\ \theta &= \theta_0 + \omega_0 t + \tfrac{1}{2}\alpha t^2 \\ \omega^2 &= \omega_0^2 + 2\alpha(\theta - \theta_0) \end{aligned} \tag{15.16}$$

Es de recalcarse que la fórmula (15.15) se utiliza sólo cuando $\alpha = 0$, y las fórmulas (15.16) se utilizan sólo cuando $\alpha = $ constante. En cualquier otro caso, se utilizan las fórmulas generales (15.12) a (15.14).

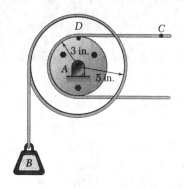

PROBLEMA RESUELTO 15.1

La carga B se conecta a una polea doble mediante uno de los dos cables inextensibles mostrados. El cable C controla el movimiento de la polea, con una aceleración constante de 9 in./s² y una velocidad inicial de 12 in./s, ambas dirigidas hacia la derecha. Determínese a) el número de revoluciones realizadas por la polea en 2 s, b) la velocidad y el cambio de posición de la carga B después de 2 s, y c) la aceleración del punto D localizado en el borde de la polea interna cuando $t = 0$.

SOLUCIÓN

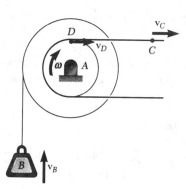

a. Movimiento de la polea. Como el cable es inextensible, la velocidad del punto D es igual a la velocidad del punto C, y la componente tangencial de la aceleración de D es igual a la aceleración de C.

$$(\mathbf{v}_D)_0 = (\mathbf{v}_C)_0 = 12 \text{ in./s} \rightarrow \qquad (\mathbf{a}_D)_t = \mathbf{a}_C = 9 \text{ in./s}^2 \rightarrow$$

Como la distancia de D al centro de la polea es de 3 in., escribimos

$$(v_D)_0 = r\omega_0 \qquad 12 \text{ in./s} = (3 \text{ in.})\omega_0 \qquad \boldsymbol{\omega}_0 = 4 \text{ rad/s} \downarrow$$
$$(a_D)_t = r\alpha \qquad 9 \text{ in./s}^2 = (3 \text{ in.})\alpha \qquad \boldsymbol{\alpha} = 3 \text{ rad/s}^2 \downarrow$$

Con las ecuaciones de movimiento uniformemente acelerado, se obtiene, para $t = 2$ s,

$$\omega = \omega_0 + \alpha t = 4 \text{ rad/s} + (3 \text{ rad/s}^2)(2 \text{ s}) = 10 \text{ rad/s}$$
$$\boldsymbol{\omega} = 10 \text{ rad/s} \downarrow$$
$$\theta = \omega_0 t + \tfrac{1}{2}\alpha t^2 = (4 \text{ rad/s})(2 \text{ s}) + \tfrac{1}{2}(3 \text{ rad/s}^2)(2 \text{ s})^2 = 14 \text{ rad}$$
$$\theta = 14 \text{ rad} \downarrow$$

$$\text{Número de revoluciones} = (14 \text{ rad})\left(\frac{1 \text{ rev}}{2\pi \text{ rad}}\right) = 2.23 \text{ rev} \quad \blacktriangleleft$$

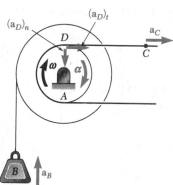

b. Movimiento de la carga B. Con las relaciones siguientes entre los movimientos lineal y angular, y $r = 5$ in., escribimos

$$v_B = r\omega = (5 \text{ in.})(10 \text{ rad/s}) = 50 \text{ in./s} \qquad \mathbf{v}_B = 50 \text{ in./s} \downarrow \quad \blacktriangleleft$$
$$\Delta y_B = r\theta = (5 \text{ in.})(14 \text{ rad}) = 70 \text{ in.} \quad \Delta y_B = 70 \text{ in./s hacia arriba} \quad \blacktriangleleft$$

c. Aceleración del punto D cuando $t = 0$. La componente tangencial de la aceleración es

$$(\mathbf{a}_D)_t = \mathbf{a}_C = 9 \text{ in./s}^2 \rightarrow$$

Dado que, cuando $t = 0$, $\omega_0 = 4$ rad/s, la componente normal de la aceleración es

$$(a_D)_n = r_D\omega_0^2 = (3 \text{ in.})(4 \text{ rad/s})^2 = 48 \text{ in./s}^2 \qquad (\mathbf{a}_D)_n = 48 \text{ in./s}^2 \downarrow$$

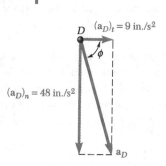

La magnitud y la dirección de la aceleración total se obtiene escribiendo

$$\tan\phi = (48 \text{ in./s}^2)/(9 \text{ in./s}^2) \qquad \phi = 79.4°$$
$$a_D \operatorname{sen} 79.4° = 48 \text{ in./s}^2 \qquad a_D = 48.8 \text{ in./s}^2$$
$$\mathbf{a}_D = 48.8 \text{ in./s}^2 \searrow 79.4° \quad \blacktriangleleft$$

En esta lección se inició el estudio del movimiento de cuerpos rígidos, considerando dos tipos particulares de movimiento de cuerpos rígidos: *traslación* y *rotación* con respecto a un *eje fijo*.

1. *Cuerpo rígido en traslación*. En cualquier instante dado, todos los puntos de un cuerpo rígido en traslación tienen la *misma velocidad* y la *misma aceleración* (figura 15.7).

2. *Cuerpo rígido que gira con respecto a un eje fijo*. La posición de un cuerpo rígido que gira con respecto a un eje fijo se definió, para cualquier instante dado, mediante la *coordenada angular θ*, la que, por lo general, se mide en *radianes*. Con la selección del vector unitario **k** a lo largo del eje fijo, de tal manera que la rotación de cuerpo sea en sentido contrario al de las manecillas del reloj vista desde la punta de **k**, se definió la *velocidad angular **ω*** y la *aceleración angular **α*** del cuerpo:

$$\boldsymbol{\omega} = \dot{\theta}\mathbf{k} \qquad \boldsymbol{\alpha} = \ddot{\theta}\mathbf{k} \qquad\qquad (15.6, 15.9)$$

Al resolver los problemas, téngase en cuenta que los vectores **ω** y **α** se dirigen a lo largo del eje fijo de rotación, y que su sentido se obtiene con la regla de la mano derecha.

a. *La velocidad de un punto P* de un cuerpo que gira con respecto a un eje fijo, se determinó como

$$\mathbf{v} = \boldsymbol{\omega} \times \mathbf{r} \qquad\qquad (15.5)$$

donde **ω** es la velocidad angular del cuerpo, y **r** es el vector de posición trazado desde cualquier punto del eje de rotación hasta el punto *P* (figura 15.9).

b. *La aceleración del punto P* se estableció como

$$\mathbf{a} = \boldsymbol{\alpha} \times \mathbf{r} + \boldsymbol{\omega} \times (\boldsymbol{\omega} \times \mathbf{r}) \qquad\qquad (15.8)$$

Como los productos vectoriales no son conmutativos, *asegúrese de escribir los vectores en el orden mostrado* cuando se utilice cualesquiera de las dos ecuaciones anteriores.

3. *Rotación de una placa representativa*. En muchos problemas, el análisis de la rotación de un cuerpo tridimensional respecto de un eje fijo se puede reducir al estudio de la rotación de una placa representativa en un plano perpendicular al eje fijo. El eje *z* debe dirigirse a lo largo del eje de rotación, y ha de apuntar hacia afuera del papel. Por consiguiente, la placa representativa girará en el plano *xy* con respecto al origen *O* del sistema coordenado (figura 15.10).

Para resolver poblemas de este tipo, debe hacerse lo siguiente:

a. *Dibuje un diagrama de la placa representativa*, en el que se muestren sus dimensiones, su velocidad angular y su aceleración angular, así como los vectores que representan las velocidades y aceleraciones de los puntos de la placa de la que se tiene o se busca información.

b. Relacione la rotación de la placa y el movimiento de sus puntos mediante las ecuaciones

$$v = r\omega \tag{15.10'}$$
$$a_t = r\alpha \qquad a_n = r\omega^2 \tag{15.11'}$$

Recuerde que la velocidad **v** y la componente $\mathbf{a}_t$ de la aceleración de un punto P de la placa son tangentes a la trayectoria circular descrita por P. Las direcciones de **v** y **at** se hallan haciendo que el vector de posición **r** gire 90° en el sentido indicado por **ω** y **α**, respectivamente. La componente normal $\mathbf{a}_n$ de la aceleración de P siempre se dirige hacia el eje de rotación.

4. Ecuaciones que definen la rotación de un cuerpo rígido. Es posible que se sienta complacido con la similitud que existe entre las ecuaciones que definen la rotación de un cuerpo rígido con respecto a un eje fijo [Ecs. (15.12) a (15.16)] y las del capítulo 11, que definen el movimiento rectilíneo de una partícula [Ecs. (11.1) a (11.8)]. Todo lo que hay que hacer para obtener el nuevo conjunto de ecuaciones es sustituir θ, ω y α por x, v y a en las ecuaciones del capítulo 11.

Problemas

15.1 La relación $\theta = 1.5t^3 - 4.5t^2 + 10$ define el movimiento de una leva, donde θ está expresado en radianes y t en segundos. Determine la coordenada angular, la velocidad angular y la aceleración angular de la leva cuando a) $t = 0$, b) $t = 4$ s.

15.2 Para la leva del problema 15.1, determine el tiempo, la coordenada angular y la aceleración angular, cuando la velocidad angular es cero.

15.3 La relación $\theta = \theta_0(1 - e^{-t/4})$ define el movimiento de un disco que gira en un baño de aceite; θ está en radianes y t en segundos. Sabiendo que $\theta_0 = 0.40$ rad, determine la coordenada angular, la velocidad y la aceleración del disco cuando a) $t = 0$, b) $t = 3$ s, c) $t = \infty$.

15.4 El movimiento de una manivela oscilante está definido por la relación $\theta = \theta_0$ sen $(\pi t/T) - (0.5\,\theta_0)$ sen $(2\pi t/T)$, donde θ está expresado en radianes y t en segundos. Sabiendo que $\theta_0 = 6$ rad y $T = 4$ s, determine la coordenada angular, la velocidad angular y la aceleración angular de la manivela cuando a) $t = 0$, b) $t = 2$ s.

15.5 Resuelva el problema 15.4, cuando $t = 1$ s.

Fig. P15.6

15.6 Cuando se prende un motor eléctrico alcanza su velocidad nominal de 3300 rpm en 6 s, y cuando se apaga se detiene en 80 s. Si se supone que el movimiento es uniformemente acelerado, determine el número de revoluciones que el motor realiza a) al alcanzar su velocidad nominal, b) al girar libremente hasta que se detiene.

15.7 El rotor de una turbina de gas gira a una velocidad de 6900 rpm cuando la turbina se apaga. Se observa que se requieren 4 minutos para que el rotor se detenga. Si se supone que el movimiento es uniformemente acelerado, determine a) la aceleración angular, b) el número de revoluciones que el rotor realiza antes de detenerse.

15.8 La aceleración angular de un disco oscilante está definida por la relación $\alpha = -k\theta$. Determine a) el valor de k con el cual $\omega = 8$ rad/s cuando $\theta = 0$ y $\theta = 4$ rad cuando $\omega = 0$, b) la velocidad angular del disco cuando $\theta = 3$ rad.

15.9 La relación $\alpha = -0.25\,\omega$ define la aceleración angular de una flecha, donde α está expresada en rad/s^2 y ω en rad/s. Si se sabe que cuando $t = 0$ la velocidad angular de la flecha es de 20 rad/s, determine a) el número de revoluciones que la flecha realizará antes de detenerse, b) el tiempo necesario para que la flecha se detenga, c) el tiempo necesario para que la velocidad angular de la flecha se reduzca a 1% de su valor inicial.

896

15.10 El ensamble mostrado se compone de dos varillas y una placa rectangular *BCDE* soldadas entre sí. El ensamble gira con respecto al eje *AB* con una velocidad angular constante de 7.5 rad/s. Si se sabe que la rotación es en sentido antihorario vista desde *B*, determine la velocidad y la aceleración de la esquina *E*.

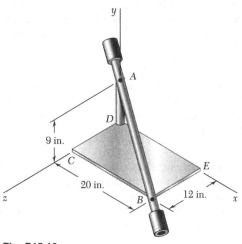

Fig. P15.10

15.11 En el problema 15.10, determine la velocidad y la aceleración de la esquina *C*, suponiendo que la velocidad angular es de 7.5 rad/s y disminuye a razón de 30 rad/s².

15.12 La varilla acodada *ABCDE* gira en torno a una línea que une los puntos *A* y *E* con una velocidad angular constante de 9 rad/s. Si se sabe que la rotación es en el sentido de las manecillas del reloj vista desde *E*, determine la velocidad y la aceleración del vértice *C*.

15.13 En el problema 15.12, determine la velocidad y la aceleración de la esquina *B*, suponiendo que la velocidad angular es de 9 rad/s y que se incrementa a razón de 45 rad/s².

15.14 Una placa triangular y dos rectangulares están soldadas entre sí y a la varilla *AB*. La unidad soldada completa gira con respecto al eje *AB* con una velocidad angular constante de 5 rad/s. Si se sabe que, en el instante considerado, la velocidad de la esquina *E* está dirigida hacia abajo, determine la velocidad y la aceleración de la esquina *D*.

15.15 En el problema 15.14, determine la aceleración de la esquina *D*, suponiendo que la velocidad angular es de 5 rad/s y que disminuye a razón de 20 rad/s².

15.16 La Tierra realiza una revolución completa alrededor de su eje en 23 h 56 min. Sabiendo que el radio medio de la Tierra es de 3960 mi, determine la velocidad lineal y la aceleración de un punto localizado en su superficie *a*) en el ecuador, *b*) en Filadelfia, 40° de latitud norte, *c*) en el Polo Norte.

15.17 La Tierra realiza una revolución completa alrededor del Sol en 365.24 días. Suponiendo que su órbita es circular de 93 000 000 mi de radio, determine la velocidad y la aceleración de nuestro planeta.

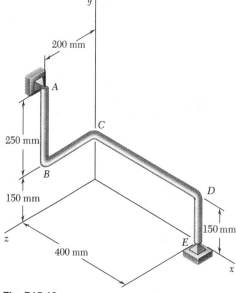

Fig. P15.12

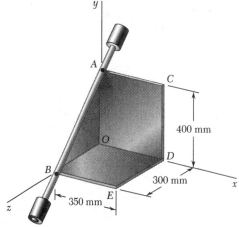

Fig. *P15.14*

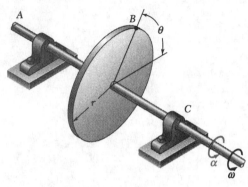

Fig. P15.18, P15.19 y P15.20

15.18 Inicialmente, la placa circular mostrada se encuentra en reposo. Sabiendo que $r = 200$ mm y que la placa experimenta una aceleración angular constante de 0.3 rad/s^2, determine la magnitud de la aceleración total del punto B cuando a) $t = 0$, b) $t = 2$ s, c) $t = 4$ s.

15.19 La aceleración angular de la placa circular de 600 mm de radio mostrada, está definida por la relación $\alpha = \alpha_0 e^{-t}$. Si la placa se encuentra en reposo cuando $t = 0$ y si $\alpha_0 = 10$ rad/s^2, determine la magnitud de la aceleración total del punto B cuando a) $t = 0$, b) $t = 0.5$ s, c) $t = \infty$.

15.20 La placa circular de 250 mm de radio mostrada, inicialmente está en reposo, y la relación $\alpha = \alpha_0 \cos(\pi t/T)$ define su aceleración angular. Si $T = 1.5$ s y $\alpha_0 = 10$ rad/s^2, determine la magnitud de la aceleración total del punto B cuando a) $t = 0$, b) $t = 0.5$ s, c) $t = 0.75$ s.

15.21 Una banda transportadora que pasa sobre una polea loca de 6 in. de radio mueve una serie de componentes pequeños de una máquina. En el instante mostrado, la velocidad del punto A es de 15 in./s hacia la izquierda, y su aceleración es de 9 in./s^2 hacia la derecha. Determine a) la velocidad angular y la aceleración angular de la polea loca, b) la aceleración total del componente de máquina en B.

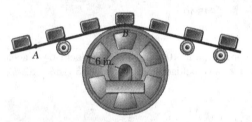

Fig. P15.21 y P15.22

15.22 Una banda transportadora que pasa sobre una polea loca de 6 in. de radio mueve una serie de componentes pequeños de una máquina. En el instante mostrado, la velocidad angular de la polea loca es de 4 rad/s en el sentido de las manecillas del reloj. Determine la aceleración angular de la polea con la cual la magnitud de la aceleración total del componente de máquina en B es de 120 in./s^2.

15.23 La lijadora de banda mostrada inicialmente se encuentra en reposo. Si el tambor propulsor B experimenta una aceleración angular constante de 120 rad/s^2 en sentido contrario al de las manecillas del reloj, determine la magnitud de la aceleración de la banda en el punto C cuando a) $t = 0.5$ s, b) $t = 2$ s.

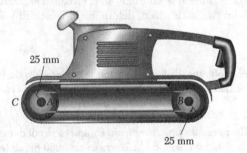

Fig. *P15.23* y *P15.24*

15.24 La velocidad nominal del tambor B de la lijadora de banda mostrada es de 2400 rpm. Cuando se apaga, se observa que la lijadora sigue funcionando libremente desde su velocidad nominal hasta que se detiene en 10 s. Si se supone que el movimiento es uniformemente desacelerado, determine la velocidad y la aceleración del punto C de la banda, a) inmediatamente antes de que se corte la corriente, b) 9 s después.

15.25 Los discos A y B giran alrededor de ejes verticales, como se muestra. Sabiendo que la velocidad angular constante del disco B es $\omega_B = (30 \text{ rad/s})\mathbf{j}$ y que no existe deslizamiento en el punto de contacto de los discos, determine a) la velocidad angular del disco A, b) las aceleraciones de los puntos de los discos que están en contacto.

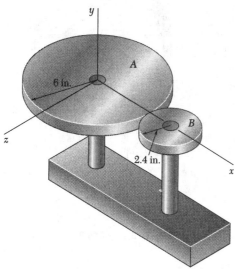

Fig. P15.25

15.26 El aro B tiene un radio interno r_2, y cuelga del eje horizontal A, como se muestra. Si se sabe que el eje A gira con una velocidad angular constante ω_A y que no hay deslizamiento, deduzca una relación en función de r_1, r_2, r_3 y ω_A para a) la velocidad angular del aro B, b) la aceleración de los puntos del eje A y el aro B que están en contacto.

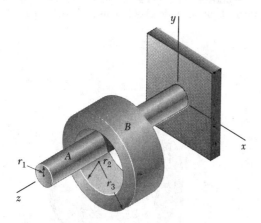

Fig. P15.26 y P15.27

15.27 El aro B tiene un radio interno r_2, y cuelga del eje horizontal A, como se muestra. El eje A gira con una velocidad angular constante de 25 rad/s, y no hay deslizamiento. Sabiendo que $r_1 = 12$ mm, $r_2 = 30$ mm y $r_3 = 40$ mm, determine a) la velocidad angular del aro B, b) las aceleraciones de los puntos del eje A y el aro B, que están en contacto, c) la magnitud de la aceleración de un punto localizado en la superficie externa del aro B.

15.28 El cilindro *A* desciende con una velocidad de 9 ft/s cuando de repente se aplica el freno al tambor. Si se sabe que el tambor desciende 18 ft antes de detenerse, y si se supone que el movimiento es uniforme, determine *a*) la aceleración angular del tambor, *b*) el tiempo requerido para que el cilindro se detenga.

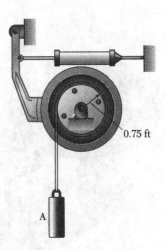

0.75 ft

A

Fig. P15.28 y P15.29

15.29 El sistema mostrado se mantiene en reposo por medio de un sistema de freno y tambor. Después de que el freno se libera parcialmente cuando *t* = 0, se observa que el cilindro desciende 16 ft en 5 s. Si se supone que el movimiento es uniformemente acelerado, determine *a*) la aceleración angular del tambor, *b*) la velocidad angular del tambor cuando *t* = 4 s.

15.30 Dos bloques y una polea están conectados por medio de cuerdas inextensibles, como se muestra. La polea tiene una velocidad angular inicial de 0.8 rad/s en sentido contrario al de las manecillas del reloj, y una aceleración angular constante de 1.8 rad/s² en el sentido de las manecillas del reloj. Después de 5 s de movimiento, determine la velocidad y la posición de *a*) el bloque *A*, *b*) el bloque *B*.

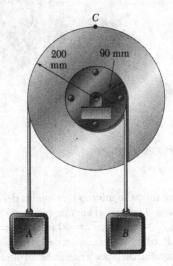

C

200 mm   90 mm

A   B

Fig. P15.30 y P15.31

15.31 Dos bloques y una polea están conectados por medio de cuerdas inextensibles, como se muestra en las figuras P15.30 y P15.31. El bloque *A* tiene una aceleración constante de 75 mm/s², y una velocidad inicial de 120 mm/s, ambas dirigidas hacia abajo. Determine *a*) el número de revoluciones realizadas por la polea en 6 s, *b*) la velocidad y la posición del bloque *B* después de 6 s, *c*) la aceleración del punto *C* localizado en el borde de la polea cuando *t* = 0.

15.32 El disco *B* se encuentra en reposo cuando se pone en contacto con el disco *A*, el cual gira libremente a 450 rpm en el sentido de las manecillas del reloj. Después de 6 s de deslizamiento, durante el cual cada disco tiene una aceleración angular constante, el disco *A* alcanza una velocidad angular final de 140 rpm en el sentido de las manecillas del reloj. Determine la aceleración angular de cada disco durante el periodo de deslizamiento.

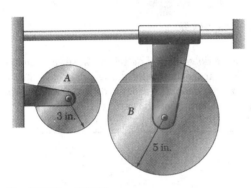

Fig. P15.32 y P15.33

15.33 y *15.34* Un sistema simple de propulsión se compone de dos discos *A* y *B*. Inicialmente, el disco *A* tiene una velocidad angular en el sentido de las manecillas del reloj de 500 rpm, y el disco *B* se encuentra en reposo. Se sabe que el disco *A* tarda 60 s en detenerse. Sin embargo, en lugar de esperar hasta que ambos discos se detengan para juntarlos, el disco *B* recibe una aceleración angular constante de 2.5 rad/s² en sentido contrario al de las manecillas del reloj. Determine *a*) en cuánto tiempo se pueden juntar los discos sin que se deslicen, *b*) la velocidad angular de cada disco en el momento en que entran en contacto.

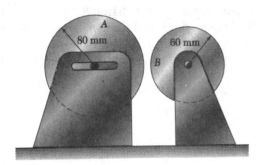

Fig. *P15.34* y *P15.35*

15.35 Dos discos de fricción *A* y *B* giran libremente a 240 rpm en sentido contrario al de las manecillas del reloj cuando se ponen en contacto. Después de 8 s de deslizamiento, durante el cual cada disco experimenta una aceleración angular constante, el disco *A* alcanza una velocidad angular final de 60 rpm en sentido contrario al de las manecillas del reloj. Determine *a*) la aceleración angular de cada disco durante el periodo de deslizamiento, *b*) el tiempo en que la velocidad angular del disco *B* es igual a cero.

*15.36 En un proceso de impresión continuo, las prensas tiran del papel a una rapidez constante v. Si r denota el radio del rollo de papel en cualquier momento dado, y b denota el espesor del papel, deduzca una expresión para la aceleración angular del rollo de papel.

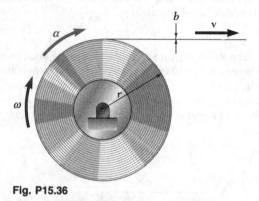

Fig. P15.36

*15.37 Una cinta de grabación de televisión se rebobina en un carrete de una videograbadora, el cual gira con una velocidad angular constante ω_0. Si r denota el radio del carrete y la cinta, y b denota el espesor de ésta, deduzca una expresión para la aceleración de la cinta al aproximarse al carrete.

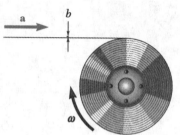

Fig. P15.37

15.5. MOVIMIENTO PLANO GENERAL

Tal como se indicó en la sección 15.1, por movimiento plano general se entiende un movimiento plano que no es de traslación ni de rotación. Como ahora se verá, sin embargo, *un movimiento plano general siempre se puede considerar como la suma de una traslación y una rotación.*

Considérese, por ejemplo, una rueda que gira sobre una pista recta (figura 15.12). En un cierto intervalo de tiempo, dos puntos dados A y B se habrán desplazado, respectivamente, desde A_1 hasta A_2 y desde B_1 hasta B_2. Se podría obtener el mismo resultado mediante una traslación que desplazara a A y B hasta A_2 y B_1' (la línea AB permanece vertical), seguida por una rotación alrededor de A que desplazara a B hasta B_2. Si bien el movimiento de rodamiento original difiere de la combinación de traslación y rotación cuando estos movimientos se realizan en sucesión, el movimiento original se puede duplicar con exactitud mediante una combinación simultánea de traslación y rotación.

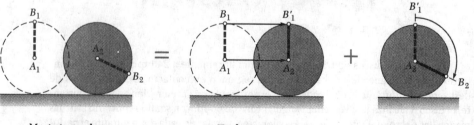

Movimiento plano = Traslación con A + Rotación alrededor de A

Fig. 15.12

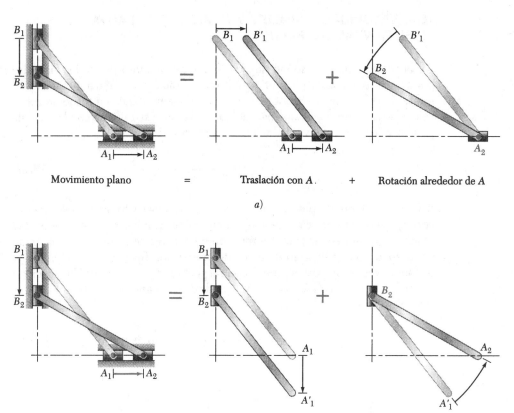

Movimiento plano = Traslación con A. + Rotación alrededor de A

a)

Movimiento plano = Traslación con B + Rotación alrededor de B

b)

Fig. 15.13

En la figura 15.13 se da otro ejemplo de movimiento plano; en ella se representa una varilla cuyos extremos se deslizan a lo largo de un carril horizontal y un carril vertical, respectivamente. Este movimiento puede ser remplazado por una traslación en dirección horizontal y una rotación en torno de A (figura 15.13*a*), o por una traslación en dirección vertical y una rotación alrededor de B (figura 15.13*b*).

En el caso general de movimiento plano, se considerará un pequeño desplazamiento que hace que dos partículas A y B de una placa representativa se desplacen, respectivamente, desde A_1 y B_1 hasta A_2 y B_2 (figura 15.14). Este desplazamiento se puede dividir en dos partes: en una, las partículas se desplazan hasta A_2 y B_1', mientras que la línea AB conserva la misma dirección; en la otra, B se desplaza hasta B_2, mientras que A permanece fijo. La primera parte del movimiento es ciertamente una traslación, y la segunda, una rotación con respecto a A.

Si se recuerda la definición del movimiento relativo de una partícula con respecto a un sistema de referencia móvil dada en la sección 11.12 —en contraste con su movimiento absoluto con respecto a un sistema de referencia fijo— se puede reenunciar como sigue el resultado obtenido con anterioridad: dadas dos partículas A y B de un cuerpo rígido en movimiento plano, el movimiento relativo de B con respecto a un sistema de referencia unido a A y de orientación fija, es una rotación. Para un observador que se desplaza junto con A pero sin girar, parecerá que la partícula B describe un arco de círculo con centro en A.

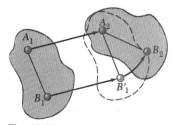

Fig. 15.14

15.6. VELOCIDAD ABSOLUTA Y VELOCIDAD RELATIVA EN EL MOVIMIENTO PLANO

En la sección anterior se vio que cualquier movimiento plano de una placa puede ser remplazado por una traslación definida por el movimiento de un punto de referencia arbitrario A y una rotación simultánea en torno de A. La velocidad absoluta $\mathbf{v}_B$ de una partícula B de la placa se obtiene con la fórmula para la velocidad relativa deducida en la sección 11.12,

$$\mathbf{v}_B = \mathbf{v}_A + \mathbf{v}_{B/A} \qquad (15.17)$$

donde el miembro de la derecha representa una suma vectorial. La velocidad $\mathbf{v}_A$ corresponde a la traslación de la placa junto con A, mientras que la velocidad relativa $\mathbf{v}_{B/A}$ está asociada con la rotación de la placa en torno de A, y se mide con respecto a ejes centrados en A y de orientación fija (figura 15.15). Si $\mathbf{r}_{B/A}$ denota el vector de posición de B con respecto a A, y $\omega\mathbf{k}$ denota la velocidad angular de la placa con respecto a los ejes de orientación fija, con las ecuaciones (15.10) y (15.10') se obtiene

$$\mathbf{v}_{B/A} = \omega\mathbf{k} \times \mathbf{r}_{B/A} \qquad v_{B/A} = r\omega \qquad (15.18)$$

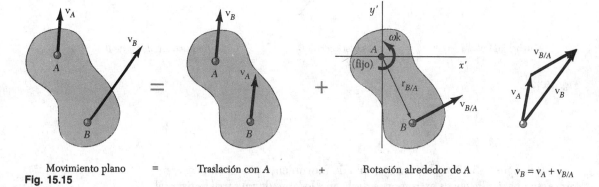

Movimiento plano   =   Traslación con A +   Rotación alrededor de A $\mathbf{v}_B = \mathbf{v}_A + \mathbf{v}_{B/A}$
Fig. 15.15

donde r es la distancia de A a B. Si se sustituye $\mathbf{v}_{B/A}$ de (15.18) en (15.17), también se puede escribir

$$\mathbf{v}_B = \mathbf{v}_A + \omega\mathbf{k} \times \mathbf{r}_{B/A} \qquad (15.17')$$

Como ejemplo, considérese de nuevo la varilla AB de la figura 15.13. Suponiendo que se conoce la velocidad $\mathbf{v}_A$ del extremo A, se propone hallar la velocidad $\mathbf{v}_B$ del extremo B y la velocidad angular $\boldsymbol{\omega}$ de la varilla, en función de la velocidad $\mathbf{v}_A$, la longitud l y el ángulo θ. Si se elige A como un punto de referencia, entonces el movimiento dado es equivalente a una traslación con A y una rotación simultánea alrededor de A (figura 15.16). Por consiguiente, la velocidad absoluta de B debe ser igual a la suma vectorial

$$\mathbf{v}_B = \mathbf{v}_A + \mathbf{v}_{B/A} \qquad (15.17)$$

Se observa que mientras que la dirección de $\mathbf{v}_{B/A}$ se conoce, su magnitud $l\omega$ es desconocida. No obstante, esto se ve compensado por el hecho de que se conoce la dirección de $\mathbf{v}_B$. Así, se puede completar el diagrama de la figura 15.16. Si se despejan las magnitudes v_B y ω, escribimos

$$v_B = v_A \tan\theta \qquad \omega = \frac{v_{B/A}}{l} = \frac{v_A}{l\cos\theta} \qquad (15.19)$$

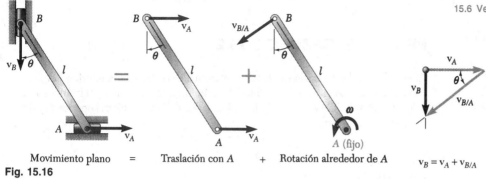

Movimiento plano $\quad=\quad$ Traslación con A $\quad+\quad$ Rotación alrededor de A $\qquad$ $\mathbf{v}_B = \mathbf{v}_A + \mathbf{v}_{B/A}$

Fig. 15.16

Se obtiene el mismo resultado si se utiliza B como punto de referencia. Si se descompone el movimiento dado en una traslación junto con B y una rotación simultánea con respecto a B (figura 15.17), escribimos la ecuación

$$\mathbf{v}_A = \mathbf{v}_B + \mathbf{v}_{A/B} \qquad (15.20)$$

la que se representa gráficamente en la figura 15.17. Se observa que $\mathbf{v}_{A/B}$ y $\mathbf{v}_{B/A}$ tienen la misma magnitud $l\omega$, pero de sentido opuesto. El sentido de la velocidad relativa depende, por consiguiente, del punto de referencia seleccionado, el cual se debe determinar cuidadosamente en el diagrama apropiado (figura 15.16 o 15.17).

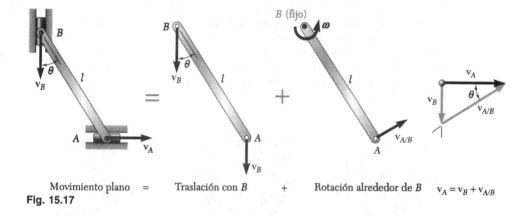

Movimiento plano $\quad=\quad$ Traslación con B $\quad+\quad$ Rotación alrededor de B $\quad$ $\mathbf{v}_A = \mathbf{v}_B + \mathbf{v}_{A/B}$

Fig. 15.17

Por último, se observa que la velocidad angular de $\boldsymbol{\omega}$ de la varilla en su rotación con respecto a B es la misma que en su rotación con respecto a A. En ambos casos se mide por la razón de cambio del ángulo θ. Este resultado es enteramente general; por consiguiente, se debe tener en cuenta que *la velocidad angular $\boldsymbol{\omega}$ de un cuerpo rígido en movimiento plano es independiente del punto de referencia.*

La mayoría de los mecanismos se componen no de una, sino de *varias* partes móviles. Cuando las diversas partes de un mecanismo se conectan por medio de pasadores, el análisis del mecanismo se puede realizar considerando cada una de las partes como un cuerpo rígido, teniendo en cuenta que los puntos de conexión deben tener la misma velocidad absoluta (véase el problema resuelto 15.3). Se puede utilizar un análisis similar cuando se trata de engranes, puesto que los dientes que están en contacto también deben tener la misma velocidad absoluta. Sin embargo, cuando un mecanismo contiene partes que se deslizan entre sí, se debe considerar la velocidad relativa de las partes en contacto (véanse las secciones 15.10 y 15.11).

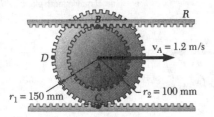

PROBLEMA RESUELTO 15.2

El engrane doble mostrado rueda sobre la cremallera estacionaria inferior; la velocidad de su centro A es de 1.2 m/s con dirección hacia la derecha. Determínese a) la velocidad angular del engrane, b) las velocidades de la cremallera superior R y del punto D del engrane.

SOLUCIÓN

a. Velocidad angular del engrane. Como el engrane rueda sobre la cremallera inferior, su centro A se desplaza una distancia igual a la circunferencia externa $2\pi r_1$ para cada revolución completa del engrane. Si se observa que 1 rev = 2π rad, y que cuando A se mueve a la derecha ($x_A > 0$) el engrane gira en el sentido de las manecillas del reloj ($\theta < 0$), escribimos

$$\frac{x_A}{2\pi r_1} = -\frac{\theta}{2\pi} \qquad x_A = -r_1\theta$$

Si se diferencia con respecto al tiempo t y se sustituyen los valores conocidos $v_A = 1.2$ m/s y $r_1 = 150$ mm $= 0.150$ m, se obtiene

$$v_A = -r_1\omega \qquad 1.2 \text{ m/s} = -(0.150 \text{ m})\omega \qquad \omega = -8 \text{ rad/s}$$

$$\boldsymbol{\omega} = \omega\mathbf{k} = -(8 \text{ rad/s})\mathbf{k} \blacktriangleleft$$

donde $\mathbf{k}$ es un vector unitario que apunta hacia afuera del papel.

b. Velocidades. El movimiento de rodamiento se transforma en dos movimientos componentes: una traslación con el centro A y una rotación con respecto al centro A. En la traslación, todos los puntos del engrane se desplazan a la misma velocidad $\mathbf{v}_A$. En la rotación, cada punto P del engrane se desplaza con respecto a A con una velocidad relativa $\mathbf{v}_{P/A} = \omega\mathbf{k} \times \mathbf{r}_{P/A}$, donde $\mathbf{r}_{P/A}$ es el vector de posición de P con respecto a A.

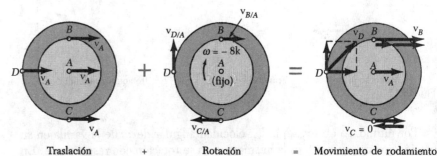

| Traslación | + | Rotación | = | Movimiento de rodamiento |

Velocidad de la cremallera superior. La velocidad de la cremallera superior es igual a la velocidad del punto B; escribimos

$$\mathbf{v}_R = \mathbf{v}_B = \mathbf{v}_A + \mathbf{v}_{B/A} = \mathbf{v}_A + \omega\mathbf{k} \times \mathbf{r}_{B/A}$$
$$= (1.2 \text{ m/s})\mathbf{i} - (8 \text{ rad/s})\mathbf{k} \times (0.100 \text{ m})\mathbf{j}$$
$$= (1.2 \text{ m/s})\mathbf{i} + (0.8 \text{ m/s})\mathbf{i} = (2 \text{ m/s})\mathbf{i}$$

$$\mathbf{v}_R = 2 \text{ m/s} \rightarrow \blacktriangleleft$$

Velocidad del punto D

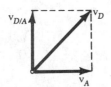

$$\mathbf{v}_D = \mathbf{v}_A + \mathbf{v}_{D/A} = \mathbf{v}_A + \omega\mathbf{k} \times \mathbf{r}_{D/A}$$
$$= (1.2 \text{ m/s})\mathbf{i} - (8 \text{ rad/s})\mathbf{k} \times (-0.150 \text{ m})\mathbf{i}$$
$$= (1.2 \text{ m/s})\mathbf{i} + (1.2 \text{ m/s})\mathbf{j}$$

$$\mathbf{v}_D = 1.697 \text{ m/s} \; \measuredangle \; 45° \blacktriangleleft$$

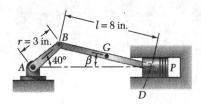

PROBLEMA RESUELTO 15.3

En el mecanismo mostrado, la manivela AB tiene una velocidad angular constante en el sentido de las manecillas del reloj de 2000 rpm. Para la posición indicada de la manivela, determínese a) la velocidad angular de la biela BD, b) la velocidad del pistón P.

SOLUCIÓN

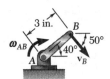

Movimiento de la manivela AB. La manivela AB gira con respecto al punto A. Con ω_{AB} en rad/s y si se escribe $v_B = r\omega_{AB}$, obtenemos

$$\omega_{AB} = \left(2000\frac{\text{rev}}{\text{min}}\right)\left(\frac{1\ \text{min}}{60\ \text{s}}\right)\left(\frac{2\pi\ \text{rad}}{1\ \text{rev}}\right) = 209.4\ \text{rad/s}$$

$$v_B = (AB)\omega_{AB} = (3\ \text{in.})(209.4\ \text{rad/s}) = 628.3\ \text{in./s}$$

$$\mathbf{v}_B = 628.3\ \text{in./s} \nwarrow 50°$$

Movimiento de la biela BD. Este movimiento se considera como movimiento plano general. Con la ley de los senos, se calcula al ángulo β entre la biela y la horizontal:

$$\frac{\text{sen}\ 40°}{8\ \text{in.}} = \frac{\text{sen}\ \beta}{3\ \text{in.}} \qquad \beta = 13.95°$$

La velocidad $\mathbf{v}_D$ del punto D (donde la biela está conectada al pistón) debe ser horizontal, mientras que la velocidad del punto B es igual a la velocidad $\mathbf{v}_B$ antes obtenida. Si se descompone el movimiento de BD en una traslación con B y una rotación con respecto a B, se obtiene

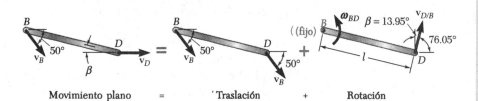

| Movimiento plano | = | Traslación | + | Rotación |

Si se expresa la relación entre las velocidades $\mathbf{v}_D$, $\mathbf{v}_B$ y $\mathbf{v}_{D/B}$, escribimos

$$\mathbf{v}_D = \mathbf{v}_B + \mathbf{v}_{D/B}$$

A continuación se dibuja el diagrama vectorial correspondiente a esta ecuación. Con $\beta = 13.95°$, se determinan los ángulos del triángulo, y escribimos

$$\frac{v_D}{\text{sen}\ 53.95°} = \frac{v_{D/B}}{\text{sen}\ 50°} = \frac{628.3\ \text{in./s}}{\text{sen}\ 76.05°}$$

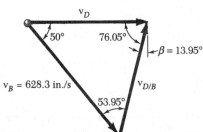

$$v_{D/B} = 495.9\ \text{in./s} \qquad \mathbf{v}_{D/B} = 495.9\ \text{in./s} \measuredangle 76.05°$$

$$v_D = 523.4\ \text{in./s} = 43.6\ \text{ft/s} \qquad \mathbf{v}_D = 43.6\ \text{ft/s} \rightarrow$$

$$\mathbf{v}_P = \mathbf{v}_D = 43.6\ \text{ft/s} \rightarrow \quad \blacktriangleleft$$

Como $v_{D/B} = l\omega_{BD}$, se obtiene

$$495.9\ \text{in./s} = (8\ \text{in.})\omega_{BD} \qquad \omega_{BD} = 62.0\ \text{rad/s} \ \gamma \quad \blacktriangleleft$$

En esta lección se aprendió a analizar la velocidad de cuerpos en estado de *movimiento plano general*. Se vio que un movimiento plano general siempre se puede considerar como la suma de los dos movimientos que se estudiaron en la lección anterior, es decir, *una traslación y una rotación*.

Para resolver un problema que implica la velocidad de un cuerpo en estado de movimiento plano se deben tomar los pasos siguientes.

1. *Siempre que sea posible, determine la velocidad de los puntos del cuerpo* donde éste está conectado a otro cuyo movimiento se conoce. El otro cuerpo puede ser un brazo o una manivela que gira con una velocidad angular dada [problema resuelto 15.3].

2. *A continuación, dibuje una "ecuación de diagramas"* que se utilizará en la solución (figuras 15.15 y 15.16). Esta "ecuación" se compondrá de los siguientes diagramas.

   a. Diagrama de movimiento plano: Dibuje un diagrama del cuerpo con todas las dimensiones y los puntos de los que se sabe o se busca la velocidad.

   b. Diagrama de traslación: Seleccione un punto de referencia A del cual se conoce la dirección y/o la magnitud de la velocidad $\mathbf{v}_A$, y dibuje un segundo diagrama que muestre el cuerpo en traslación con todos sus puntos desplazándose a la misma velocidad $\mathbf{v}_A$.

   c. Diagrama de rotación: Considere el punto A como punto fijo y dibuje un diagrama que muestre el cuerpo en rotación con respecto a A. Muestre la velocidad angular $\boldsymbol{\omega} = \omega\mathbf{k}$ del cuerpo y las velocidades relativas con respecto a A de los demás puntos, tal como la velocidad $\mathbf{v}_{B/A}$ de B con respecto a A.

3. *Escriba la fórmula de la velocidad relativa*

$$\mathbf{v}_B = \mathbf{v}_A + \mathbf{v}_{B/A}$$

Si bien esta ecuación vectorial se puede resolver analíticamente escribiendo las ecuaciones escalares correspondientes, casi siempre será más fácil de resolver con un triángulo de vectores (figura 15.16).

4. *Se puede usar un punto de referencia diferente para obtener una solución equivalente.* Por ejemplo, si se selecciona el punto B como punto de referencia, la velocidad del punto A se expresa como

$$\mathbf{v}_A = \mathbf{v}_B + \mathbf{v}_{A/B}$$

Observe que las velocidades relativas $\mathbf{v}_{B/A}$ y $\mathbf{v}_{A/B}$ tienen la misma magnitud pero sentido opuesto. Las velocidades relativas dependen, por consiguiente, del punto de referencia seleccionado. La velocidad angular, sin embargo, es independiente de la elección del punto de referencia.

Problemas

15.38 Las pequeñas ruedas montadas en los extremos de la varilla *AB* ruedan libremente a lo largo de las superficies mostradas. Se sabe que la rueda *A* se mueve hacia la izquierda con una velocidad constante de 1.5 m/s, determine *a*) la velocidad angular de la varilla, *b*) la velocidad del extremo *B* de la varilla.

15.39 El collarín *A* se desplaza hacia arriba a una velocidad constante de 1.2 m/s. En el instante mostrado, cuando $\theta = 25°$, determine *a*) la velocidad angular de la varilla *AB*, *b*) la velocidad del collarín *B*.

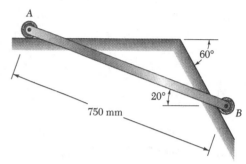

Fig. P15.38

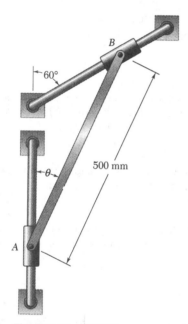

Fig. P15.39 y *P15.40*

15.40 El collarín *B* desciende hacia la izquierda a una velocidad constante de 1.6 m/s. En el instante mostrado, cuando $\theta = 40°$, determine *a*) la velocidad angular de la varilla *AB*, *b*) la velocidad del collarín *A*.

15.41 Los pasadores insertados en *A* y *B* que se deslizan en las ranuras mostradas, guían el movimiento de la varilla *AB*. En el instante mostrado, $\theta = 40°$ y el pasador de *B* sube hacia la izquierda a una velocidad constante de 6 in./s. Determine *a*) la velocidad angular de la varilla, *b*) la velocidad del pasador del extremo *A*.

15.42 Los pasadores insertados en *A* y *B* que se deslizan en las ranuras mostradas, guían el movimiento de la varilla *AB*. En el instante mostrado, $\theta = 30°$ y el pasador de *A* baja a una velocidad constante de 9 in./s. Determine *a*) la velocidad angular de la varilla, *b*) la velocidad del pasador del extremo *B*.

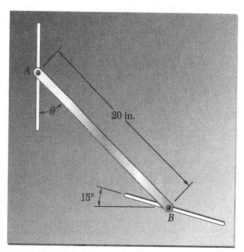

Fig. P15.41 y P15.42

15.43 La varilla AB se mueve sobre una pequeña rueda montada en C, mientras que el extremo A se desplaza hacia la derecha a una velocidad constante de 500 mm/s. En el instante mostrado, determine a) la velocidad angular de la varilla, b) la velocidad del extremo B de la varilla.

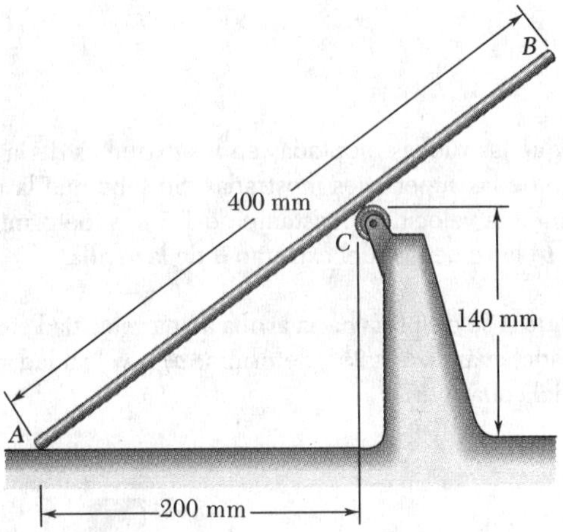

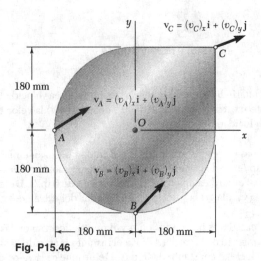

Fig. P15.43

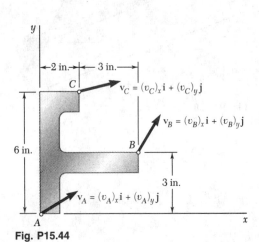

Fig. P15.44

15.44 El perfil de lámina mostrado se mueve en el plano xy. Si se sabe que $(v_A)_x = 4$ in./s, $(v_B)_y = -3$ in./s y $(v_C)_x = 16$ in./s, determine a) la velocidad angular del perfil, b) la velocidad del punto A.

15.45 En el problema 15.44, determine el conjunto de puntos del perfil metálico para el cual la magnitud de la velocidad es de 8 in./s.

15.46 La placa mostrada se mueve en el plano xy. Si se sabe que $(v_A)_x = 120$ mm/s, $(v_B)_y = 300$ mm/s y $(v_C)_y = -60$ mm/s, determine a) la velocidad angular de la placa, b) la velocidad del punto A.

Fig. P15.46

15.47 En el problema 15.46, determine a) la velocidad del punto B, b) el punto de la placa cuya velocidad es cero.

15.48 En el sistema de engranes planetarios mostrado, el radio de los engranes A, B, C y D es de 3 in., y el del engrane externo E, de 9 in. Si la velocidad angular del engrane E es de 120 rpm en el sentido de las manecillas del reloj, y la del engrane central, de 150 rpm en el sentido de las manecillas del reloj, determine a) la velocidad angular de cada engrane planetario, b) la velocidad angular de la araña que conecta los engranes planetarios.

15.49 En el sistema de engranes planetarios mostrado, el radio del engrane central A es a, el de cada uno de los engranes planetarios es b y el del engrane externo E es a + 2b. La velocidad angular del engrane A es ω_A en el sentido de las manecillas del reloj, y el engrane externo es estacionario. Si la velocidad angular de la araña BCD tiene que ser $\omega_A/5$ en el sentido de las manecillas del reloj, determine a) el valor requerido del radio b/a, b) la velocidad angular correspondiente de cada engrane planetario.

15.50 El engrane A gira con una velocidad angular de 120 rpm en el sentido de las manecillas del reloj. Si la velocidad angular del brazo AB es de 90 rpm, en el sentido horario, determine la velocidad angular correspondiente del engrane B.

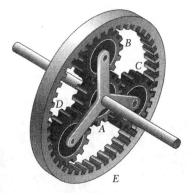
Fig. P15.48 y P15.49

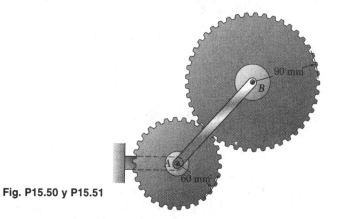
Fig. P15.50 y P15.51

15.51 El brazo AB gira con una velocidad angular de 42 rpm en el sentido de las manecillas del reloj. Determine la velocidad angular requerida del engrane A con la cual a) la velocidad angular del engrane B es de 20 rpm en sentido contrario al de las manecillas del reloj, b) el movimiento del engrane B es una traslación curvilínea.

15.52 El brazo AB gira con una velocidad angular de 20 rad/s en sentido contrario al de las manecillas del reloj. Si el engrane externo C es estacionario, determine a) la velocidad angular del engrane B, b) la velocidad del diente del engrane, localizado en el punto D.

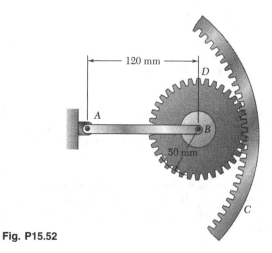
Fig. P15.52

15.53 y 15.54   El brazo *ACB* gira alrededor del punto *C* con una velocidad angular de 40 rad/s en sentido contrario al de las manecillas del reloj. Se montan dos discos de fricción *A* y *B* en el brazo *ACB* por medio de pasadores insertados en sus centros, como se muestra. Si los discos ruedan sin deslizamiento en las superficies de contacto, determine la velocidad angular de *a*) el disco *A*, *b*) el disco *B*.

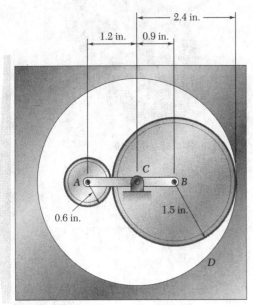

Fig. P15.53

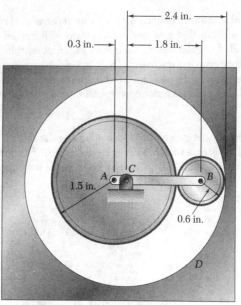

Fig. P15.54

15.55   Si la manivela *AB* tiene una velocidad angular constante de 160 rpm en sentido contrario al de las manecillas del reloj, determine la velocidad angular de la varilla *BD* y la velocidad del collarín *D*, cuando *a*) $\theta = 0$, *b*) $\theta = 90°$.

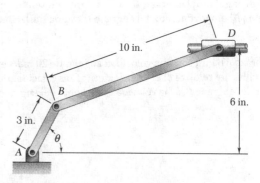

Fig. P15.55 y P15.56

15.56   Si la manivela *AB* se mueve con una velocidad angular constante de 160 rpm en sentido contrario al de las manecillas del reloj, determine la velocidad angular de la varilla *BD* y la velocidad del collarín *D* cuando $\theta = 60°$.

15.57   En el mecanismo mostrado, $l = 160$ mm y $b = 60$ mm. Si la manivela *AB* gira con una velocidad angular constante de 1000 rpm en el sentido de las manecillas del reloj, determine la velocidad del pistón *P* y la velocidad angular de la biela cuando *a*) $\theta = 0$, *b*) $\theta = 90°$.

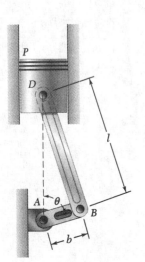

Fig. P15.57 y P15.58

15.58 En el mecanismo mostrado en la figura P15.57 y P15.58, $l = 160$ mm y $b = 60$ mm. Si la manivela AB gira con una velocidad angular constante de 1000 rpm en el sentido de las manecillas del reloj, determine la velocidad del pistón P y la velocidad angular de la biela, cuando $\theta = 60°$.

15.59 Una cremallera recta descansa sobre un engrane de radio r, y está conectada a un bloque B, como se muestra. Si ω_D denota la velocidad angular en el sentido de las manecillas del reloj del engrane D y θ es el ángulo formado por la cremallera y la horizontal, deduzca expresiones para la velocidad del bloque B y la velocidad angular de la cremallera en función de r, θ y ω_D.

15.60 Una cremallera recta descansa sobre un engrane de radio $r = 75$ mm, y está conectada a un bloque B, como se muestra. Si en el instante mostrado la velocidad angular del engrane D es de 15 rpm en sentido contrario al de las manecillas del reloj, y $\theta = 20°$, determine a) la velocidad del bloque B, b) la velocidad angular de la cremallera.

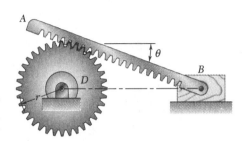

Fig. *P15.59*, P15.60 y P15.61

15.61 Una cremallera recta descansa sobre un engrane de radio $r = 60$ mm, y está conectada a un bloque B, como se muestra. Si en el instante mostrado la velocidad angular del bloque B es de 200 mm/s hacia la derecha y $\theta = 25°$, determine a) la velocidad angular del engrane D, b) la velocidad angular de la cremallera.

15.62 En la excéntrica mostrada, un disco de 2 in. de radio da vueltas alrededor de la flecha O, localizada a 0.5 in. del centro A del disco. La distancia entre el centro A del disco y el pasador en B es de 8 in. Si la velocidad angular del disco es de 900 rpm en el sentido de las manecillas del reloj, determine la velocidad del bloque cuando $\theta = 30°$.

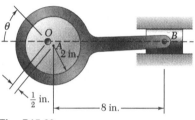

Fig. *P15.62*

15.63 a 15.65 En la posición mostrada, la barra AB tiene una velocidad angular de 4 rad/s en el sentido de las manecillas del reloj. Determine la velocidad angular de las barras BD y DE.

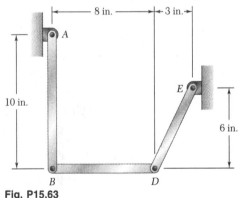

Fig. P15.63

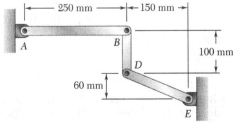

Fig. P15.64

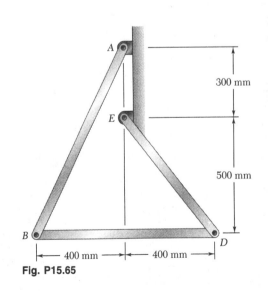

Fig. *P15.65*

15.66   En la posición mostrada, la barra *DE* tiene una velocidad angular constante de 15 rad/s en el sentido de las manecillas del reloj. Si *b* = 600 mm, determine *a*) la velocidad angular de la barra *FBD*, *b*) la velocidad del punto *F*.

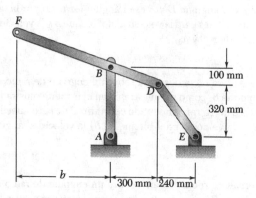

Fig. *P15.66* y *P15.67*

15.67   En la posición mostrada, la barra *DE* tiene una velocidad angular constante de 15 rad/s en el sentido de las manecillas del reloj. Determine *a*) la distancia *b* con la que la velocidad del punto *F* es vertical, *b*) la velocidad correspondiente del punto *F*.

15.68   En la posición mostrada, la barra *AB* tiene una velocidad angular constante de 20 rad/s en sentido contrario al de las manecillas del reloj. Determine *a*) la velocidad angular del elemento *BDH*, *b*) la velocidad del punto *G*.

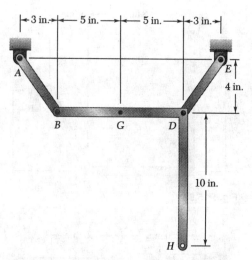

Fig. P15.68 y P15.69

15.69   En la posición mostrada, la barra *AB* tiene una velocidad angular constante de 20 rad/s en sentido contrario al de las manecillas del reloj. Determine *a*) la velocidad angular del elemento *BDH*, *b*) la velocidad del punto *H*.

15.70 Un automóvil viaja hacia la derecha a una rapidez constante de 48 mi/h. Si el diámetro de un neumático es de 22 in., determine las velocidades de los puntos B, C, D y E en el borde del mismo.

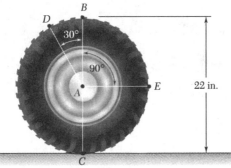

Fig. P15.70

15.71 La rueda de 80 mm de radio mostrada, rueda hacia la izquierda con una velocidad de 900 mm/s. Si la distancia AD es de 50 mm, determine la velocidad del collarín y la velocidad angular de la varilla AB, cuando a) $\beta = 0$, b) $\beta = 90°$.

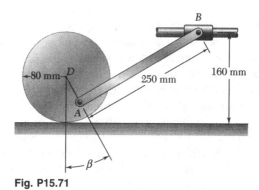

Fig. P15.71

15.72 Resuelva el problema 15.71, con a) $\beta = 180°$, b) $\beta = 270°$.

15.7. CENTRO DE ROTACIÓN INSTANTÁNEO EN EL MOVIMIENTO PLANO

Considérese el movimiento plano general de una placa. Se trata de demostrar que, en cualquier instante dado, las velocidades de las diversas partículas de la placa son las mismas como si la placa estuviera girando en torno de un eje perpendicular a su plano, llamado *eje de rotación instantáneo*. Este eje corta el plano de la placa en un punto C, llamado *centro de rotación instantáneo* de la placa.

En primer lugar, recuérdese que el movimiento plano de una placa siempre puede ser remplazado por una traslación definida por el movimiento de un punto de referencia arbitrario A y por una rotación en torno de A. En lo concerniente a las velocidades, la traslación es caracterizada por la velocidad $\mathbf{v}_A$ del punto de referencia A, y la rotación, por la velocidad angular $\boldsymbol{\omega}$ de la placa (la cual es independiente de la elección de A). Por consiguiente, la velocidad $\mathbf{v}_A$ del punto A y la velocidad angular $\boldsymbol{\omega}$ de la placa definen por completo las velo-

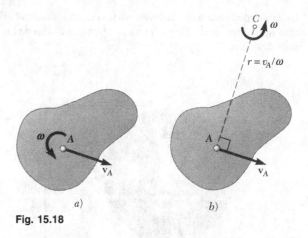

Fig. 15.18

cidades de todas las demás partículas de la placa (figura 15.81a). Supóngase ahora que v_A y ω son conocidas y que ambas son diferentes de cero. (Si $v_A = 0$, el punto A es en sí el centro de rotación instantáneo, y si $\omega = 0$, todas las partículas tienen la misma velocidad v_A.) Estas velocidades podrían obtenerse si se permite que la placa gire con la velocidad angular ω en torno del punto C localizado en la perpendicular a v_A, a una distancia $r = v_A/\omega$ de A, como se muestra en la figura 15.18b. Se ve que la velocidad sería perpendicular a AC y que su magnitud sería $r\omega = (v_A/\omega)\omega = v_A$. Así pues, las velocidades de las demás partículas de la placa serían iguales a las que originalmente se definieron. Por consiguiente, *en lo que respecta a las velocidades, parece que la placa gira en torno del centro instantáneo C* en el instante considerado.

La posición del centro instantáneo se define de dos maneras. Si se conocen las direcciones de las velocidades de dos partículas A y B de la placa, y si son diferentes, el centro instantáneo C se obtiene dibujando la perpendicular a v_A a través de A, y la perpendicular a v_B a través de B, y determinando el punto donde se cortan estas dos líneas (figura 15.19a). Si las velocidades v_A y v_B de dos partículas A y B son perpendiculares a la línea AB, y si se conocen sus magnitudes, el centro instantáneo se localiza cortando la línea AB con la línea que une los extremos de los vectores v_A y v_B (figura 15.19b). Obsérvese que si v_A y v_B fueran paralelos en la figura 15.19a, o si v_A y v_B tuvieran la misma magnitud en la figura 15.19b, el centro instantáneo C se localizaría a una dis-

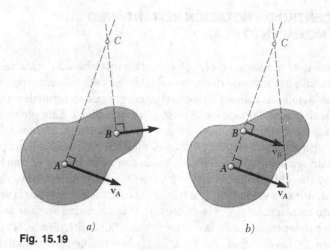

Fig. 15.19

tancia infinita, y ω sería cero; todos los puntos de la placa tendrían la misma velocidad.

Para ver cómo se puede usar el concepto de centro de rotación instantáneo, considérese de nuevo la varilla de la sección 15.6. Si se dibuja la perpendicular a $\mathbf{v}_A$ a través de A y la perpendicular a $\mathbf{v}_B$ a través de B (figura 15.20), se obtiene el centro instantáneo C. En el instante considerado, las velocidades de

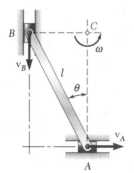

Fig. 15.20

todas las partículas de la varilla son, por tanto, las mismas como si la varilla estuviera girando en torno de C. Ahora, si se conoce la magnitud v_A de la velocidad de A, la magnitud ω de la velocidad angular se obtiene escribiendo

$$\omega = \frac{v_A}{AC} = \frac{v_A}{l \cos \theta}$$

La magnitud de la velocidad de B se obtiene, entonces, escribiendo

$$v_B = (BC)\omega = l \operatorname{sen} \theta \frac{v_A}{l \cos \theta} = v_A \tan \theta$$

Obsérvese que en el cálculo sólo intervienen velocidades *absolutas*.

El centro instantáneo de una placa en movimiento plano se localiza en ella o fuera de ella. Si se localiza en ella, la partícula C que coinicide con el centro instantáneo en un instante dado t debe tener velocidad cero en dicho instante. Sin embargo, es de hacerse notar que el centro de rotación instantáneo es válido sólo en un instante dado. Por eso, la partícula C de la placa que coincide con el centro instantáneo en el instante t, en general no coincidirá con el centro instantáneo en el instante $t + \Delta t$; si bien su velocidad es cero en el instante t, probablemente será diferente de cero en el instante $t + \Delta t$. Esto significa que, generalmente, la partícula C *no tiene aceleración cero* y, por consiguiente, que las *aceleraciones* de las diversas partículas de la placa *no pueden* determinarse como si la placa estuviera girando en torno de C.

Conforme prosigue el movimiento de la placa, el centro instantáneo se mueve en el espacio. Pero se acaba de señalar que la posición del centro instantáneo en la placa cambia. Por tanto, el centro instantáneo describe una curva en el espacio, llamada *centrodo espacial*, y otra curva en la placa, llamada *centrodo corporal* (figura 15.21). Se puede demostrar que, en cualquier instante, estas dos curvas son tangentes en C, y que conforme se mueve la placa, parece como si el centrodo corporal *rodara* sobre el centrodo espacial.

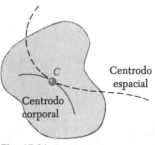

Fig. 15.21

PROBLEMA RESUELTO 15.4

Soluciónese el problema resuelto 15.2 con el método del centro de rotación instantáneo.

SOLUCIÓN

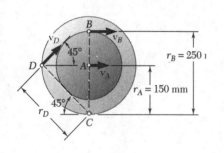

a. Velocidad angular del engrane. Como el engrane rueda sobre la cremallera estacionaria inferior, el punto de contacto C del engrane con la cremallera no tiene velocidad; el punto C es, por consiguiente, el centro de rotación instantáneo. Escribimos

$$v_A = r_A\omega \qquad 1.2 \text{ m/s} = (0.150 \text{ m})\omega$$

$$\omega = 8 \text{ rad/s } \downarrow \blacktriangleleft$$

b. Velocidades. En lo concerniente a las velocidades, parece que todos los puntos del engrane giran con respecto al centro instantáneo.

Velocidad de la cremallera superior. Como $v_R = v_B$, escribimos

$$v_R = v_B = r_B\omega \qquad v_R = (0.250 \text{ m})(8 \text{ rad/s}) = 2 \text{ m/s}$$

$$\mathbf{v}_R = 2 \text{ m/s} \rightarrow \blacktriangleleft$$

Velocidad del punto D. Como $r_D = (0.150 \text{ m})\sqrt{2} = 0.2121$ m, escribimos

$$v_D = r_D\omega \qquad v_D = (0.2121 \text{ m})(8 \text{ rad/s}) = 1.697 \text{ m/s}$$

$$\mathbf{v}_D = 1.697 \text{ m/s} \measuredangle 45° \blacktriangleleft$$

PROBLEMA RESUELTO 15.5

Soluciónese el problema resuelto 15.3 con el método del centro de rotación instantáneo.

SOLUCIÓN

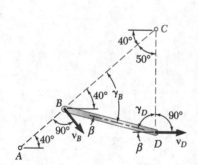

Movimiento de la manivela AB. Si se acude al problema resuelto 15.3, se obtiene la velocidad del punto B; $\mathbf{v}_B = 628.3$ in./s $\searrow 50°$.

Movimiento de la biela BD. En primer lugar, se localiza el centro instantáneo C trazando líneas perpendiculares a las velocidades absolutas $\mathbf{v}_B$ y $\mathbf{v}_D$. Con $\beta = 13.95°$ y $BD = 8$ in. del problema resuelto 15.3, se resuelve el triángulo BCD.

$$\gamma_B = 40° + \beta = 53.95° \qquad \gamma_D = 90° - \beta = 76.05°$$

$$\frac{BC}{\text{sen } 76.05°} = \frac{CD}{\text{sen } 53.95°} = \frac{8 \text{ in.}}{\text{sen } 50°}$$

$$BC = 10.14 \text{ in.} \qquad CD = 8.44 \text{ in.}$$

Como la biela BD parece girar en torno del punto C, escribimos

$$v_B = (BC)\omega_{BD}$$

$$628.3 \text{ in./s} = (10.14 \text{ in.})\omega_{BD}$$

$$\omega_{BD} = 62.0 \text{ rad/s } \uparrow \blacktriangleleft$$

$$v_D = (CD)\omega_{BD} = (8.44 \text{ in.})(62.0 \text{ rad/s})$$

$$= 523 \text{ in./s} = 43.6 \text{ ft/s}$$

$$\mathbf{v}_P = \mathbf{v}_D = 43.6 \text{ ft/s} \rightarrow \blacktriangleleft$$

En esta lección se analizó el *centro de rotación instantáneo* en movimiento plano. Éste es un método alterno de resolver problemas que implican las *velocidades* de los diversos puntos de un cuerpo en movimiento plano.

Como su nombre lo dice, el *centro de rotación instantáneo* es el punto en torno del cual se supone que un cuerpo gira en un instante dado, al determinar las velocidades de los puntos del cuerpo en dicho instante.

A. *Para determinar el centro de rotación instantáneo* de un cuerpo en movimiento plano, se debe utilizar uno de los siguientes procedimientos.

1. Si la velocidad v_A de un punto A y la velocidad angular ω del cuerpo se conocen (figura 15.18):

a. Trace un bosquejo del cuerpo, que muestre el punto A, su velocidad v_A y la velocidad angular ω del cuerpo.

b. Desde A, trace una línea perpendicular a v_A del lado de v_A desde donde se ve que esta velocidad tiene *el mismo sentido que ω.*

c. Localice el centro instantáneo C en esta línea, a una distancia $r = v_A/\omega$ del punto A.

2. Si se sabe que las direcciones de las velocidades de dos puntos A y B son diferentes (figura 15.19a):

a. Dibuje un bosquejo del cuerpo, que muestre los puntos A y B, y sus velocidades v_A y v_B.

b. Desde A y B, trace líneas perpendiculares a v_A y v_B, respectivamente. El centro instantáneo C se localiza en el punto donde las dos líneas se cortan.

c. Si se conoce la velocidad de uno de los dos puntos, se puede determinar la velocidad angular del cuerpo. Por ejemplo, si se conoce v_A, se puede escribir $\omega = v_A/AC$, donde AC es la distancia del punto A al centro instantáneo C.

3. Si se conocen las velocidades de dos puntos A y B, y las dos son perpendiculares a la línea AB (figura 15.19b):

a. Dibuje un bosquejo del cuerpo, que muestre los puntos A y B, con sus velocidades v_A y v_B *dibujadas a escala.*

b. Trace una línea que pase por los puntos A y B, y otra que pase por las puntas de los vectores v_A y v_B. El centro instantáneo C se localiza en el punto donde se cortan las dos líneas.

(*continúa*)

c. La velocidad angular del cuerpo se obtiene diviendo $\mathbf{v}_A$ entre AC, o $\mathbf{v}_B$ entre BC.

d. Si las velocidades $\mathbf{v}_A$ y $\mathbf{v}_B$ tienen la misma magnitud, las dos líneas trazadas en el inciso *b* no se cortan; el centro instantáneo C se encuentra a una distancia infinita. La velocidad angular $\boldsymbol{\omega}$ es cero y *el cuerpo está en traslación.*

B. Una vez que se ha determinado el centro instantáneo y la velocidad angular de un cuerpo, se puede determinar la velocidad $\mathbf{v}_P$ de cualquier punto P del cuerpo, como sigue:

1. Dibuje un bosquejo del cuerpo, que muestre el punto P, el centro de rotación instantáneo C y la velocidad angular $\boldsymbol{\omega}$.

2. Trace una línea desde P hasta el centro instantáneo C, y mida o calcule la distancia de P a C.

3. La velocidad $\mathbf{v}_P$ es un vector perpendicular a la línea PC, del mismo sentido que $\boldsymbol{\omega}$, y de magnitud $v_p = (PC)\omega$.

Por último, tenga en cuenta que el centro de rotación instantáneo se puede usar *sólo* para determinar velocidades. *No se puede usar para determinar aceleraciones.*

Problemas

15.73 El carrete de cinta mostrado y su soporte reciben un tirón hacia arriba con una rapidez $v_A = 750$ mm/s. Si el carrete, de 80 mm de radio, tiene una velocidad angular de 15 rad/s en el sentido de las manecillas del reloj, y en el instante mostrado el espesor total de la cinta enrollada en el carrete es de 20 mm, determine a) el centro de rotación instantáneo del carrete, b) las velocidades de los puntos B y D.

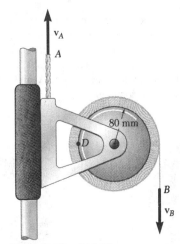

Fig. P15.73 y P15.74

15.74 El carrete de cinta mostrado y su soporte reciben un tirón hacia arriba con una rapidez $v_A = 100$ mm/s. Si el extremo B de la cinta recibe un tirón hacia abajo a una velocidad de 300 mm/s y en el instante mostrado el espesor total de la cinta enrollada en el carrete es de 20 mm, determine a) el centro de rotación instantáneo del carrete, b) la velocidad del punto D del carrete.

15.75 Una viga AE de 10 ft se baja por medio de dos grúas elevadas. En el instante mostrado, la velocidad del punto D es de 24 in./s dirigida hacia abajo, y la del punto E es de 36 in./s dirigida hacia abajo. Determine a) el centro de rotación instantáneo de la viga, b) la velocidad del punto A.

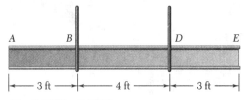

Fig. P15.75 y P15.76

15.76 Una viga AE de 10 ft se baja por medio de dos grúas elevadas. En el instante mostrado, la velocidad del punto A es de 13 in./s dirigida hacia abajo, y la del punto E es de 7 in./s dirigida hacia arriba. Determine a) el centro de rotación instantáneo de la viga, b) la velocidad del punto D.

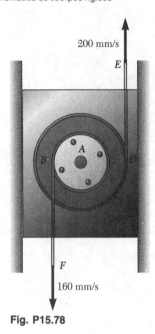

Fig. P15.78

15.77 Solucione el problema resuelto 15.2, suponiendo que la cremallera inferior no es estacionaria, sino que se mueve hacia la izquierda a una velocidad de 0.6 m/s.

15.78 Una polea doble está conectada a un bloque corredizo mediante un pasador en *A*. La polea interna, de 30 mm de radio, está rígidamente conectada a la polea externa, de 60 mm de radio. Si cada una de las dos cuerdas recibe un tirón con una rapidez constante como se muestra, determine *a*) el centro de rotación instantáneo de la polea doble, *b*) la velocidad del bloque corredizo, *c*) el número de milímetros de cuerda enrollados o desenrollados en cada polea por segundo.

15.79 Resuelva el problema 15.78, suponiendo que la cuerda *E* recibe un tirón hacia arriba con una rapidez de 160 mm/s, y la *F* lo recibe hacia abajo con una rapidez de 200 mm/s.

15.80 y 15.81 Un tambor de 3 in. de radio está rígidamente unido a un tambor de 5 in. de radio, como se muestra. Uno de los tambores rueda sin deslizarse sobre la superficie mostrada, y una cuerda se enrolla alrededor del otro. Si se tira del extremo *E* de la cuerda hacia la izquierda con una velocidad de 6 in./s, determine *a*) la velocidad angular de los tambores, *b*) la velocidad del centro de los tambores, *c*) la longitud de la cuerda enrollada o desenrollada por segundo.

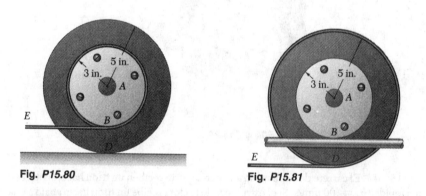

Fig. P15.80   **Fig. P15.81**

15.82 Si en el instante mostrado la velocidad angular de la varilla *AB* es de 15 rad/s en sentido horario, determine *a*) la velocidad angular de la varilla *BD*, *b*) la velocidad del punto medio de la varilla *BD*.

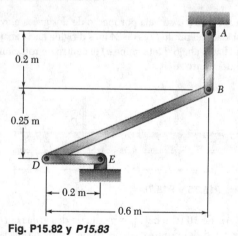

Fig. P15.82 y P15.83

15.83 Si en el instante mostrado la velocidad del punto *D* es de 2.4 m/s dirigida hacia arriba, determine *a*) la velocidad angular de la varilla *AB*, *b*) la velocidad del punto medio de la varilla *BD*.

15.84 Las ruedas localizadas en *A* y *B* sirven de guía a la varilla *ABD*, y ruedan en sendos carriles. Si en el instante mostrado $\beta = 60°$ y la velocidad de la rueda *B* es de 40 in./s hacia abajo, determine *a*) la velocidad angular de la varilla, *b*) la velocidad del punto *D*.

15.85 Si en el instante mostrado la velocidad del collarín *A* es de 900 mm/s hacia la izquierda, determine *a*) la velocidad angular de la varilla *ADB*, *b*) la velocidad del punto *B*.

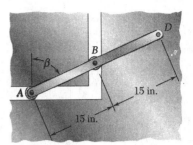

Fig. P15.84

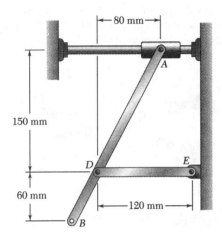

Fig. P15.85 y *P15.86*

15.86 Si en el instante mostrado la velocidad angular de la varilla *DE* es de 2.4 rad/s en el sentido de las manecillas del reloj, determine *a*) la velocidad del collarín *A*, *b*) la velocidad del punto *B*.

15.87 Una puerta levadiza es guiada por las ruedas localizadas en *A* y *B*, que ruedan en sendas correderas. Si cuando $\theta = 40°$ la velocidad de la rueda *B* es de 1.5 ft/s hacia arriba, determine *a*) la velocidad angular de la puerta, *b*) la velocidad del extremo *D* de la puerta.

15.88 La varilla *AB* puede deslizarse libremente a lo largo del piso y del plano inclinado. Si $\mathbf{v}_A$ denota la velocidad del punto *A*, deduzca una expresión para *a*) la velocidad angular de la varilla, *b*) la velocidad del extremo *B*.

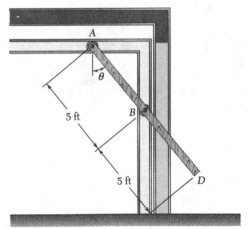

Fig. P15.87

Fig. *P15.88* y P15.89

15.89 La varilla *AB* puede deslizarse libremente a lo largo del piso y del plano inclinado. Si $\theta = 20°$, $\beta = 50°$, $l = 0.6$ m y $v_A = 3$ m/s, determine *a*) la velocidad angular de la varilla, *b*) la velocidad del extremo *B*.

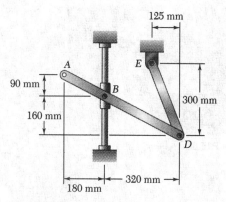

Fig. P15.90 y P15.91

15.90 El brazo *ABD* está conectado con pasadores a un collarín en *B* y a la manivela *DE*. Si la velocidad del collarín *B* es de 400 mm/s hacia arriba, determine *a*) la velocidad angular del brazo *ABD*, *b*) la velocidad del punto *A*.

15.91 El brazo *ABD* está conectado con pasadores a un collarín en *B* y a la manivela *DE*. Si la velocidad angular de la manivela *DE* es de 1.2 rad/s en sentido contrario al de las manecillas del reloj, determine *a*) la velocidad angular del brazo *ABD*, *b*) la velocidad del punto *A*.

15.92 Dos brazos idénticos *ABF* y *DBE* están conectados por un pasador en *B*. Si en el instante mostrado la velocidad del punto *D* es de 10 in./s hacia arriba, determine la velocidad de *a*) el punto *E*, *b*) el punto *F*.

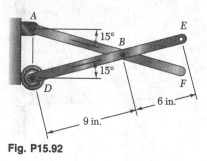

Fig. P15.92

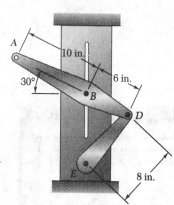

Fig. P15.93

15.93 El pasador localizado en *B* está insertado en el elemento *ABD*, y puede deslizarse libremente a lo largo de la ranura cortada en la placa fija. Si en el instante mostrado la velocidad angular del brazo *DE* es de 3 rad/s en el sentido de las manecillas del reloj, determine *a*) la velocidad angular del elemento *ABD*, *b*) la velocidad del punto *A*.

15.94 La varilla *AB* está conectada a un collarín en *A*, y dispone de una pequeña rueda en *B*. Si cuando $\theta = 60°$ la velocidad del collarín es de 250 mm/s hacia arriba, determine *a*) la velocidad angular de la varilla *AB*, *b*) la velocidad del punto *B*.

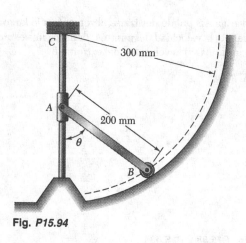

Fig. *P15.94*

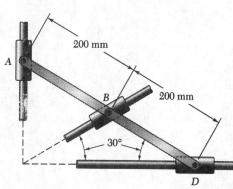

Fig. P15.95

15.95 Dos varillas *AB* y *BD* están conectadas a tres collarines, como se muestra. Si el collarín *A* se mueve hacia abajo una velocidad de 120 mm/s, determine, en el instante indicado, *a*) la velocidad angular de cada varilla, *b*) la velocidad del collarín *D*.

15.96 Las varillas *AB* y *DE* de 400 mm están conectadas como se muestra. El punto *D* es el punto medio de la varilla *AB*, y, en el instante mostrado, la varilla *DE* está en posición horizontal. Si la velocidad del punto *A* es de 240 mm/s hacia abajo, determine *a*) la velocidad angular de la varilla *DE*, *b*) la velocidad del punto *E*.

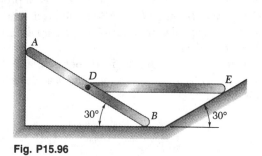

Fig. P15.96

15.97 Las varillas *AB* y *DE* están conectadas como se muestra. Si el punto *D* se desplaza hacia la izquierda con una velocidad de 40 in./s, determine *a*) la velocidad angular de cada varilla, *b*) la velocidad del punto *A*.

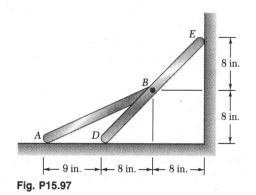

Fig. P15.97   **Fig. P15.98**

15.98 Las varillas *AB* y *DE* están conectadas como se muestra. Si el punto *B* desciende con una velocidad de 60 in./s, determine *a*) la velocidad angular de cada varilla, *b*) la velocidad del punto *E*.

15.99 Describa el centrodo espacial y el centrodo corporal de la varilla *ABD* del problema 15.84. (*Sugerencia*: no es necesario que el centrodo corporal se localice en una porción física de la varilla.)

15.100 Describa el centrodo espacial y el centrodo corporal del engrane del problema resuelto 15.2, cuando el engrane rueda sobre la cremallera estacionaria horizontal.

15.101 Con el método de la sección 15.7, resuelva el problema 15.62.

15.102 Con el método de la sección 15.7, resuelva el problema 15.64.

15.103 Con el método de la sección 15.7, resuelva el problema 15.65.

15.104 Con el método de la sección 15.7, resuelva el problema 15.70.

15.8. ACELERACIÓN ABSOLUTA Y ACELERACIÓN RELATIVA EN EL MOVIMIENTO PLANO

En la sección 15.5 se vio que cualquier movimiento plano puede ser remplazado por una traslación definida por el movimiento de un punto de referencia arbitrario A y una rotación simultánea con respecto a A. Esta propiedad se utilizó en la sección 15.6 para determinar la velocidad de los diversos puntos de una placa móvil. La misma propiedad se utilizará ahora para determinar la aceleración de los puntos de la placa.

En primer lugar, recuérdese que se puede obtener la aceleración absoluta $\mathbf{a}_B$ de una partícula de la placa, con la fórmula para la aceleración relativa deducida en la sección 11.12,

$$\mathbf{a}_B = \mathbf{a}_A + \mathbf{a}_{B/A} \tag{15.21}$$

donde el miembro del lado derecho representa una suma de vectores. La aceleración $\mathbf{a}_A$ corresponde a la traslación de la placa junto con A, mientras que la aceleración relativa $\mathbf{a}_{B/A}$ tiene que ver con la rotación de la placa en torno de A, y se mide con respecto a ejes con centro en A y de orientación fija. De la sección 15.3, se recuerda que la aceleración relativa $\mathbf{a}_{B/A}$ se puede transformar en dos componentes: una *componente tangencial* $(\mathbf{a}_{B/A})_t$ perpendicular a la línea AB, y una *componente normal* $(\mathbf{a}_{B/A})_n$ dirigida hacia A (figura 15.22). Si $\mathbf{r}_{B/A}$ denota el vector de posición de B con respecto a A, y $\omega\mathbf{k}$ y $\alpha\mathbf{k}$ denotan, respectivamente, la velocidad angular y la aceleración angular de la placa con respecto a ejes de orientación fija, se tiene

$$
\begin{aligned}
(\mathbf{a}_{B/A})_t &= \alpha\mathbf{k} \times \mathbf{r}_{B/A} & (a_{B/A})_t &= r\alpha \\
(\mathbf{a}_{B/A})_n &= -\omega^2\mathbf{r}_{B/A} & (a_{B/A})_n &= r\omega^2
\end{aligned} \tag{15.22}
$$

donde r es la distancia de A a B. Si se sustituyen en la ecuación (15.21) las expresiones obtenidas para las componentes tangencial y normal de $\mathbf{a}_{B/A}$, también podemos escribir

$$\mathbf{a}_B = \mathbf{a}_A + \alpha\mathbf{k} \times \mathbf{r}_{B/A} - \omega^2\mathbf{r}_{B/A} \tag{15.21'}$$

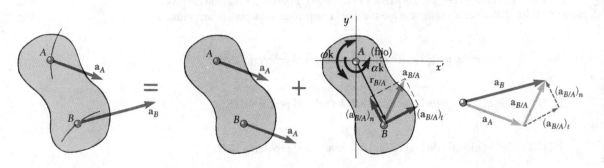

Movimiento plano   =   Traslación con A +   Rotación alrededor de A

Fig. 15.22

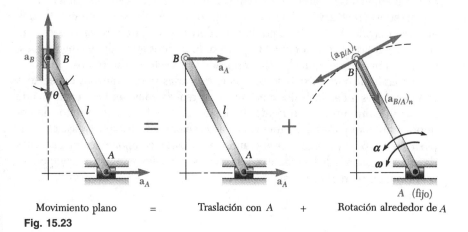

Movimiento plano   =   Traslación con A +   Rotación alrededor de A

Fig. 15.23

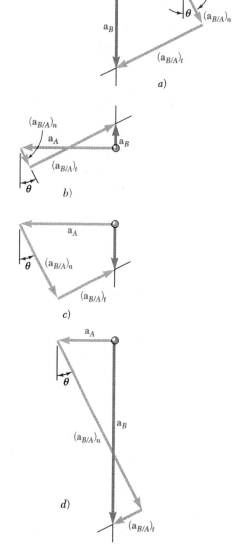

Como ejemplo, considérese otra vez la varilla AB cuyos extremos se deslizan, respectivamente, a lo largo de las correderas horizontal y vertical (figura 15.23). Suponiendo que la velocidad $\mathbf{v}_A$ y la aceleración $\mathbf{a}_A$ de A son conocidas, se trata de determinar la aceleración $\mathbf{a}_B$ de B y la aceleración angular α de la varilla. Si se selecciona A como punto de referencia, entonces el movimiento dado es equivalente a una traslación junto con A y una rotación con respecto a A. La aceleración absoluta de B debe ser igual a la suma

$$\mathbf{a}_B = \mathbf{a}_A + \mathbf{a}_{B/A}$$
$$= \mathbf{a}_A + (\mathbf{a}_{B/A})_n + (\mathbf{a}_{B/A})_t \tag{15.23}$$

donde la magnitud de $(\mathbf{a}_{B/A})_n$ es $l\omega^2$ y su *dirección es hacia* A, mientras que la de $(\mathbf{a}_{B/A})_t$ es $l\alpha$ con dirección perpendicular a AB. Es de hacerse notar que no hay manera de distinguir si la dirección de la componente tangencial $(\mathbf{a}_{B/A})_t$ es hacia la izquierda o hacia la derecha, y, por consiguiente, en la figura 15.23 se indican las dos posibles direcciones de esta componente. Asimismo, se indican los dos posibles sentidos de $\mathbf{a}_B$, puesto que no se sabe si el punto B está acelerado hacia arriba o hacia abajo.

La figura 15.24 es una expresión geométrica de la ecuación (15.23). Se pueden obtener cuatro polígonos vectoriales diferentes, según el sentido de $\mathbf{a}_A$ y la magnitud relativa de a_A y $(a_{B/A})_n$. Si fuera necesario determinar a_B y α a partir de uno de estos diagramas, se debe conocer no sólo a_A y θ, sino también ω. Por consiguiente, la velocidad angular de la varilla se debe determinar por separado mediante uno de los métodos indicados en las secciones 15.6 y 15.7. Los valores de a_B y α se obtienen, entonces, considerando en sucesión las componentes x y y de los vectores mostrados en la figura 15.24. En el caso del polígono a, por ejemplo, escribimos

componentes $\xrightarrow{+}x$: $\qquad 0 = a_A + l\omega^2 \operatorname{sen}\theta - l\alpha \cos\theta$

componentes $+\uparrow y$: $\qquad -a_B = -l\omega^2 \cos\theta - l\alpha \operatorname{sen}\theta$

y se despejan a_B y α. Las dos incógnitas también se pueden obtener por medición directa en el polígono vectorial. En ese caso, se debe tener cuidado al dibujar primero los vectores conocidos $\mathbf{a}_A$ y $(\mathbf{a}_{B/A})_n$.

Es del todo evidente que la determinación de aceleraciones es considerablemente más complicada que la determinación de velocidades. Aun así, en el

Fig. 15.24

ejemplo aquí considerado, los extremos A y B de la varilla se movían a lo largo de correderas rectas, y los diagramas mostrados eran relativamente simples. De haberse movido A y B a lo largo de correderas curvas, hubiese sido necesario transformar las aceleraciones $\mathbf{a}_A$ y $\mathbf{a}_B$ en componentes normales y tangenciales, y la solución del problema habría implicado seis vectores diferentes.

Cuando un mecanismo se compone de varias partes móviles conectadas con pasadores, el análisis del mecanismo se realiza considerando cada una de las partes como un cuerpo rígido, teniendo en cuenta que los puntos de conexión entre dos partes debe tener la misma aceleración absoluta (véase el ejemplo resuelto 15.7). En el caso de engranes dentados, las componentes tangenciales de las aceleraciones de los dientes en contacto son iguales, aunque sus componentes normales sean diferentes.

*15.9. ANÁLISIS DEL MOVIMIENTO PLANO EN FUNCIÓN DE UN PARÁMETRO

En el caso de ciertos mecanismos, es posible expresar las coordenadas x y y de todos los puntos significativos del mecanismo, por medio de expresiones analíticas simples que contengan un solo parámetro. En ocasiones, es ventajoso en un caso como ése determinar directamente la velocidad absoluta y la aceleración absoluta de los diversos puntos del mecanismo, puesto que las componentes de la velocidad y de la aceleración de un punto dado se pueden obtener diferenciando las coordenadas x y y de dicho punto.

Considérese de nuevo la varilla AB cuyos extremos se deslizan, respectivamente, en una corredera horizontal y en una vertical (figura 15.25). Las coordenadas x_A y y_B de los extremos de la varilla se pueden expresar en función del ángulo θ que la varilla forma con la vertical:

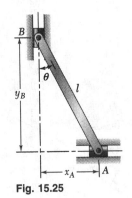

Fig. 15.25

$$x_A = l \operatorname{sen} \theta \qquad y_B = l \cos \theta \qquad (15.24)$$

Diferenciando las ecuaciones (15.24) dos veces con respecto a t, escribimos

$$v_A = \dot{x}_A = l\dot{\theta} \cos \theta$$
$$a_A = \ddot{x}_A = -l\dot{\theta}^2 \operatorname{sen} \theta + l\ddot{\theta} \cos \theta$$

$$v_B = \dot{y}_B = -l\dot{\theta} \operatorname{sen} \theta$$
$$a_B = \ddot{y}_B = -l\dot{\theta}^2 \cos \theta - l\ddot{\theta} \operatorname{sen} \theta$$

Como $\dot{\theta} = \omega$ y $\ddot{\theta} = \alpha$, se obtiene

$$v_A = l\omega \cos \theta \qquad\qquad v_B = -l\omega \operatorname{sen} \theta \qquad (15.25)$$

$$a_A = -l\omega^2 \operatorname{sen} \theta + l\alpha \cos \theta \qquad a_B = -l\omega^2 \cos \theta - l\alpha \operatorname{sen} \theta \qquad (15.26)$$

Se observa que un signo positivo para v_A o a_A indica que la dirección de la velocidad $\mathbf{v}_A$ o la aceleración $\mathbf{a}_A$ es hacia la derecha; un signo positivo para v_B o a_B indica que la dirección de $\mathbf{v}_B$ o $\mathbf{a}_B$ es hacia arriba. Las ecuaciones (15.25) se pueden usar, por ejemplo, para determinar v_B y ω cuando v_A y θ son conocidas. Si se sustituye ω en (15.26), entonces se puede determinar a_B y α si se conoce a_A.

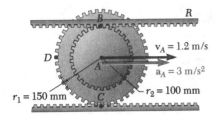

PROBLEMA RESUELTO 15.6

El centro del engrane doble del problema resuelto 15.2 tiene una velocidad de 1.2 m/s hacia la derecha y una aceleración de 3 m/s² hacia la derecha. Recordando que la cremallera inferior es estacionaria, determínese *a*) la aceleración angular del engrane, *b*) la aceleración de los puntos *B*, *C* y *D* del engrane.

SOLUCIÓN

a. **Aceleración angular del engrane.** En el problema resuelto 15.2, se halló que $x_A = -r_1\theta$ y $v_A = -r_1\omega$. Si se diferencia la última ecuación con respecto al tiempo, se obtiene $a_A = -r_1\alpha$.

$$v_A = -r_1\omega \qquad 1.2 \text{ m/s} = -(0.150 \text{ m})\omega \qquad \omega = -8 \text{ rad/s}$$
$$a_A = -r_1\alpha \qquad 3 \text{ m/s}^2 = -(0.150 \text{ m})\alpha \qquad \alpha = -20 \text{ rad/s}^2$$
$$\boldsymbol{\alpha} = \alpha\mathbf{k} = -(20 \text{ rad/s}^2)\mathbf{k} \quad \blacktriangleleft$$

b. **Aceleraciones.** El movimiento de rodamiento del engrane se descompone en una traslación junto con *A* y una rotación en torno de *A*.

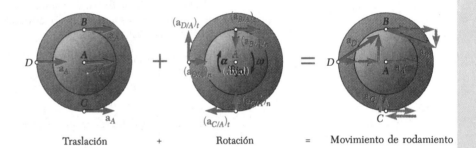

Traslación   +   Rotación   =   Movimiento de rodamiento

Aceleración del punto B. Si se suman vectorialmente las aceleraciones correspondientes a la traslación y a la rotación, obtenemos

$$\mathbf{a}_B = \mathbf{a}_A + \mathbf{a}_{B/A} = \mathbf{a}_A + (\mathbf{a}_{B/A})_t + (\mathbf{a}_{B/A})_n$$
$$= \mathbf{a}_A + \alpha\mathbf{k} \times \mathbf{r}_{B/A} - \omega^2\mathbf{r}_{B/A}$$
$$= (3 \text{ m/s}^2)\mathbf{i} - (20 \text{ rad/s}^2)\mathbf{k} \times (0.100 \text{ m})\mathbf{j} - (8 \text{ rad/s})^2(0.100 \text{ m})\mathbf{j}$$
$$= (3 \text{ m/s}^2)\mathbf{i} + (2 \text{ m/s}^2)\mathbf{i} - (6.40 \text{ m/s}^2)\mathbf{j}$$

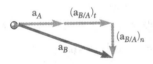

$$\mathbf{a}_B = 8.12 \text{ m/s}^2 \searrow 52.0° \quad \blacktriangleleft$$

Aceleración del punto C

$$\mathbf{a}_C = \mathbf{a}_A + \mathbf{a}_{C/A} = \mathbf{a}_A + \alpha\mathbf{k} \times \mathbf{r}_{C/A} - \omega^2\mathbf{r}_{C/A}$$
$$= (3 \text{ m/s}^2)\mathbf{i} - (20 \text{ rad/s}^2)\mathbf{k} \times (-0.150 \text{ m})\mathbf{j} - (8 \text{ rad/s})^2(-0.150 \text{ m})\mathbf{j}$$
$$= (3 \text{ m/s}^2)\mathbf{i} - (3 \text{ m/s}^2)\mathbf{i} + (9.60 \text{ m/s}^2)\mathbf{j}$$

$$\mathbf{a}_C = 9.60 \text{ m/s}^2 \uparrow \quad \blacktriangleleft$$

Aceleración del punto D

$$\mathbf{a}_D = \mathbf{a}_A + \mathbf{a}_{D/A} = \mathbf{a}_A + \alpha\mathbf{k} \times \mathbf{r}_{D/A} - \omega^2\mathbf{r}_{D/A}$$
$$= (3 \text{ m/s}^2)\mathbf{i} - (20 \text{ rad/s}^2)\mathbf{k} \times (-0.150 \text{ m})\mathbf{i} - (8 \text{ rad/s})^2(-0.150 \text{ m})\mathbf{i}$$
$$= (3 \text{ m/s}^2)\mathbf{i} + (3 \text{ m/s}^2)\mathbf{j} + (9.60 \text{ m/s}^2)\mathbf{i}$$

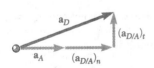

$$\mathbf{a}_D = 12.95 \text{ m/s}^2 \angle 13.4° \quad \blacktriangleleft$$

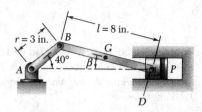

PROBLEMA RESUELTO 15.7

La manivela AB del mecanismo del problema resuelto 15.3 tiene una velocidad angular constante en el sentido de las manecillas del reloj, de 2000 rpm. Para la posición de la manivela mostrada, determínese la aceleración angular de la biela BD y la aceleración del punto D.

SOLUCIÓN

Movimiento de la manivela AB. Como la manivela gira en torno de A a una velocidad angular constante $\omega_{AB} = 2000$ rpm = 209.4 rad/s, se tiene $\alpha_{AB} = 0$. La dirección de la aceleración de B es, por consiguiente, hacia A, y su magnitud es

$$a_B = r\omega_{AB}^2 = (\tfrac{3}{12}\text{ ft})(209.4\text{ rad/s})^2 = 10{,}962\text{ ft/s}^2$$
$$\mathbf{a}_B = 10{,}962\text{ ft/s}^2 \ \nearrow\ 40°$$

Movimiento de la biela BD. En el problema resuelto 15.3 se obtuvieron la velocidad angular $\boldsymbol{\omega}_{BD}$ y el valor de β:

$$\boldsymbol{\omega}_{BD} = 62.0\text{ rad/s} \ \uparrow \qquad \beta = 13.95°$$

El movimiento de BD se descompone en una traslación junto con B y una rotación en torno de B. La aceleración relativa $\mathbf{a}_{D/B}$ se transforma en sus componentes normal y tangencial:

$$(a_{D/B})_n = (BD)\omega_{BD}^2 = (\tfrac{8}{12}\text{ ft})(62.0\text{ rad/s})^2 = 2563\text{ ft/s}^2$$
$$(\mathbf{a}_{D/B})_n = 2563\text{ ft/s}^2 \ \searrow\ 13.95°$$
$$(a_{D/B})_t = (BD)\alpha_{BD} = (\tfrac{8}{12})\alpha_{BD} = 0.6667\alpha_{BD}$$
$$(\mathbf{a}_{D/B})_t = 0.6667\alpha_{BD} \ \swarrow\ 76.05°$$

Si bien $(\mathbf{a}_{D/B})_t$ debe ser perpendicular a BD, su sentido no se conoce.

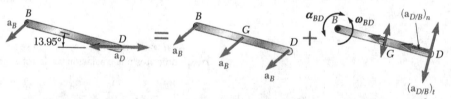

| Movimiento plano | = | Traslación | + | Rotación |

Como la aceleración $\mathbf{a}_D$ debe ser horizontal, escribimos

$$\mathbf{a}_D = \mathbf{a}_B + \mathbf{a}_{D/B} = \mathbf{a}_B + (\mathbf{a}_{D/B})_n + (\mathbf{a}_{D/B})_t$$
$$[a_D \leftrightarrow] = [10{,}962 \ \nearrow\ 40°] + [2563 \ \searrow\ 13.95°] + [0.6667\alpha_{BD} \ \swarrow\ 76.05°]$$

Si se ponen en ecuación las componentes x y y, se obtienen las siguientes ecuaciones escalares:

componentes $\xrightarrow{+} x$:
$$-a_D = -10{,}962\cos 40° - 2563\cos 13.95° + 0.6667\alpha_{BD}\operatorname{sen} 13.95°$$
componentes $+\uparrow y$:
$$0 = -10{,}962\operatorname{sen} 40° + 2563\operatorname{sen} 13.95° + 0.6667\alpha_{BD}\cos 13.95°$$

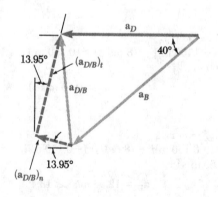

Al resolver las ecuaciones simultáneamente, se obtiene $\alpha_{BD} = +9940$ rad/s² y $a_D = +9290$ ft/s². Los signos positivos indican que los sentidos mostrados en el polígono vectorial son correctos; escribimos

$$\boldsymbol{\alpha}_{BD} = 9940\text{ rad/s}^2 \ \uparrow \ \blacktriangleleft$$
$$\mathbf{a}_D = 9290\text{ ft/s}^2 \leftarrow \ \blacktriangleleft$$

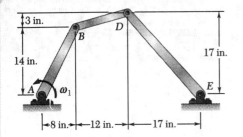

PROBLEMA RESUELTO 15.8

El varillaje $ABDE$ se mueve en el plano vertical. Si en la posición mostrada la manivela AB tiene una velocidad angular constante ω_1 de 20 rad/s en sentido contrario al de las manecillas del reloj, determínense las velocidades y aceleraciones angulares de la biela BD y de la manivela DE.

SOLUCIÓN

$r_B = 8i + 14j$
$r_D = -17i + 17j$
$r_{D/B} = 12i + 3j$

Este problema se podría resolver con el método utilizado en el problema resuelto 15.7. En este caso, sin embargo, se utilizará el procedimiento vectorial. Los vectores de posición $\mathbf{r}_B$, $\mathbf{r}_D$ y $\mathbf{r}_{D/B}$ se seleccionan como se muestra en el dibujo.

Velocidades. Como el movimiento de cada elemento del varillaje está contenido en el plano de la figura, se tiene

$$\boldsymbol{\omega}_{AB} = \omega_{AB}\mathbf{k} = (20 \text{ rad/s})\mathbf{k} \qquad \boldsymbol{\omega}_{BD} = \omega_{BD}\mathbf{k} \qquad \boldsymbol{\omega}_{DE} = \omega_{DE}\mathbf{k}$$

donde $\mathbf{k}$ es un vector unitario que apunta hacia afuera del papel. Ahora escribimos

$$\mathbf{v}_D = \mathbf{v}_B + \mathbf{v}_{D/B}$$
$$\omega_{DE}\mathbf{k} \times \mathbf{r}_D = \omega_{AB}\mathbf{k} \times \mathbf{r}_B + \omega_{BD}\mathbf{k} \times \mathbf{r}_{D/B}$$
$$\omega_{DE}\mathbf{k} \times (-17\mathbf{i}+17\mathbf{j}) = 20\mathbf{k} \times (8\mathbf{i} + 14\mathbf{j}) + \omega_{BD}\mathbf{k} \times (12\mathbf{i} + 3\mathbf{j})$$
$$-17\omega_{DE}\mathbf{j} - 17\omega_{DE}\mathbf{i} = 160\mathbf{j} - 280\mathbf{i} + 12\omega_{BD}\mathbf{j} - 3\omega_{BD}\mathbf{i}$$

Al poner en ecuación los coeficientes de los vectores unitarios $\mathbf{i}$ y $\mathbf{j}$, se obtienen las dos ecuaciones escalares siguientes:

$$-17\omega_{DE} = -280 - 3\omega_{BD}$$
$$-17\omega_{DE} = +160 + 12\omega_{BD}$$
$$\boldsymbol{\omega}_{BD} = -(29.33 \text{ rad/s})\mathbf{k} \qquad \boldsymbol{\omega}_{DE} = (11.29 \text{ rad/s})\mathbf{k} \quad \blacktriangleleft$$

Aceleraciones. Como en el instante considerado la manivela AB tiene una velocidad angular constante, escribimos

$$\boldsymbol{\alpha}_{AB} = 0 \qquad \boldsymbol{\alpha}_{BD} = \alpha_{BD}\mathbf{k} \qquad \boldsymbol{\alpha}_{DE} = \alpha_{DE}\mathbf{k}$$
$$\mathbf{a}_D = \mathbf{a}_B + \mathbf{a}_{D/B} \tag{1}$$

Cada término de la ecuación (1) se evalúa por separado:

$$\mathbf{a}_D = \alpha_{DE}\mathbf{k} \times \mathbf{r}_D - \omega_{DE}^2\mathbf{r}_D$$
$$= \alpha_{DE}\mathbf{k} \times (-17\mathbf{i} + 17\mathbf{j}) - (11.29)^2(-17\mathbf{i} + 17\mathbf{j})$$
$$= -17\alpha_{DE}\mathbf{j} - 17\alpha_{DE}\mathbf{i} + 2170\mathbf{i} - 2170\mathbf{j}$$
$$\mathbf{a}_B = \alpha_{AB}\mathbf{k} \times \mathbf{r}_B - \omega_{AB}^2\mathbf{r}_B = 0 - (20)^2(8\mathbf{i} + 14\mathbf{j})$$
$$= -3200\mathbf{i} - 5600\mathbf{j}$$
$$\mathbf{a}_{D/B} = \alpha_{BD}\mathbf{k} \times \mathbf{r}_{D/B} - \omega_{BD}^2\mathbf{r}_{D/B}$$
$$= \alpha_{BD}\mathbf{k} \times (12\mathbf{i} + 3\mathbf{j}) - (29.33)^2(12\mathbf{i} + 3\mathbf{j})$$
$$= 12\alpha_{BD}\mathbf{j} - 3\alpha_{BD}\mathbf{i} - 10\,320\mathbf{i} - 2580\mathbf{j}$$

Sustituyendo en la ecuación (1) e igualando los coeficientes de $\mathbf{i}$ y $\mathbf{j}$, obtenemos

$$-17\alpha_{DE} + 3\alpha_{BD} = -15\,690$$
$$-17\alpha_{DE} - 12\alpha_{BD} = -6010$$
$$\boldsymbol{\alpha}_{BD} = -(645 \text{ rad/s}^2)\mathbf{k} \qquad \boldsymbol{\alpha}_{DE} = (809 \text{ rad/s}^2)\mathbf{k} \quad \blacktriangleleft$$

Esta lección se dedicó a la determinación de las *aceleraciones* de los puntos de un *cuerpo rígido en movimiento plano*. Tal como previamente se hizo en el caso de velocidades, otra vez se considerará el movimiento plano de un cuerpo rígido como la suma de dos movimientos, a saber: *una traslación y una rotación*.

Para resolver problemas que implican aceleraciones en movimiento plano, se deben tomar los siguientes pasos:

1. *Determine la velocidad angular del cuerpo.* Para hallar ω se puede

   a. Considerar el movimiento del cuerpo como la suma de una traslación y una rotación, como se hizo en la sección 15.6, o

   b. Utilizar el centro de rotación instantáneo del cuerpo, como se hizo en la sección 15.7. Sin embargo, *téngase en cuenta que no se puede usar el centro instantáneo para determinar aceleraciones.*

2. *Inicie dibujando una "ecuación de diagramas"* para usarla en la solución. Esta "ecuación" incluirá los siguientes diagramas (figura 15.44).

   a. Diagrama de movimiento plano. Dibuje el cuerpo, incluidas todas las dimensiones, lo mismo que la velocidad angular ω. Muestre la aceleración angular α junto con su magnitud y sentido, si las conoce. También muestre los puntos de los que se conozca o se busque las aceleraciones, e indique todos los datos conocidos sobre estas aceleraciones.

   b. Diagrama de traslación. Elija un punto de referencia A del que conozca la dirección, la magnitud o una componente de la aceleración $\mathbf{a}_A$. Dibuje un segundo diagrama que muestre el cuerpo en traslación, con cada uno de sus puntos sometido a la misma aceleración que el punto A.

   c. Diagrama de rotación. Si se considera el punto A como un punto de referencia fijo, dibuje un tercer diagrama que muestre el cuerpo en rotación en torno de A. Indique las componentes normales y tangenciales de las aceleraciones relativas de otros puntos, tales como las componentes $(\mathbf{a}_{B/A})_n$ y $(\mathbf{a}_{B/A})_t$ de la aceleración del punto B con respecto al punto A.

3. *Escriba la fórmula para la aceleración relativa*

$$\mathbf{a}_B = \mathbf{a}_A + \mathbf{a}_{B/A} \qquad \text{o} \qquad \mathbf{a}_B = \mathbf{a}_A + (\mathbf{a}_{B/A})_n + (\mathbf{a}_{B/A})_t$$

Los problemas resueltos ilustran tres procedimientos diferentes de utilizar esta ecuación vectorial:

   a. Si se da α, o puede determinarse con facilidad, se puede usar esta ecuación para determinar las aceleraciones de varios puntos del cuerpo [problema resuelto 15.6].

b. Si α no puede determinarse con facilidad, elija como punto *B* un punto del que se conozca la dirección, la magnitud o una componente de la aceleración $\mathbf{a}_B$, y dibuje un diagrama vectorial de la ecuación. Partiendo del mismo punto, dibuje todas las componentes de aceleración conocidas siguiendo el procedimiento de punta a cola para cada uno de los miembros de la ecuación. Complete el diagrama dibujando los dos vectores restantes en las direcciones apropiadas, de tal modo que las dos sumas de vectores terminen en un punto común.

Las magnitudes de los dos vectores restantes se determinan gráfica o analíticamente. Por lo general, una solución analítica implica la solución de dos ecuaciones simultáneas [problema resuelto 15.7]. Sin embargo, si primeramente se consideran las componentes de los diversos vectores en una dirección perpendicular a uno de los vectores desconocidos, es posible obtener una ecuación con una sola incógnita.

Uno de los dos vectores obtenidos con el método que se acaba de describir será $(\mathbf{a}_{B/A})_t$, con el que se puede calcular α. Una vez que se determina α, se usa la ecuación vectorial para determinar la aceleración de cualquier otro punto del cuerpo.

c. Un procedimiento vectorial completo también se puede usar para resolver la ecuación vectorial. Esto se ilustra en el problema resuelto 15.8.

4. El análisis de movimiento plano en función de un parámetro completó esta lección. Se debe usar este método *sólo si es posible* expresar las coordenadas *x* y *y* de todos los puntos significativos del cuerpo en función de un solo parámetro (sección 15.9). Si se diferencian dos veces con respecto a *t* las coordenadas *x* y *y* de un punto dado, se pueden determinar las componentes rectangulares de la velocidad y la aceleración absolutas de dicho punto.

15.105 Se baja una viga de acero de 10 ft por medio de dos cables que se desenrollan con la misma rapidez de grúas elevadas. Conforme la viga se aproxima al suelo, los operadores de la grúa aplican los frenos para hacer más lento el movimiento de desenrollamiento. En el momento considerado, la desaceleración del cableado atado en B es de 5 ft/s², mientras que la del cable atado en D es de 3 ft/s². Determine a) la aceleración angular de la viga, b) la aceleración de los puntos A y E.

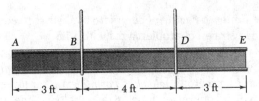

Fig. P15.105 y *P15.106*

15.106 En una viga de acero AE de 10 ft, la aceleración del punto A es de 4 ft/s² hacia abajo, y la aceleración angular de la viga es de 1.2 rad/s² en sentido contrario al de las manecillas del reloj. Si en el instante considerado la velocidad angular de la viga es cero, determine la aceleración a) del cable B, b) del cable D.

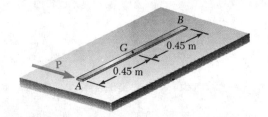

Fig. *P15.107* y P15.108

15.107 Una varilla de 900 mm descansa sobre una mesa horizontal. Una fuerza **P** aplicada como se muestra produce las siguientes aceleraciones: $\mathbf{a}_A = 3.6$ m/s² hacia la derecha, $\alpha = 6$ rad/s² en sentido contrario al de las manecillas del reloj, vista desde arriba. Determine la aceleración a) del punto G, b) del punto B.

15.108 En el problema 15.107, determine el punto de la varilla que a) no tiene aceleración, b) tiene una aceleración de 2.4 m/s² hacia la derecha.

15.109 y 15.110 La barra BDE está conectada a dos eslabones AB y CD. Si el instante mostrado el eslabón AB gira con una velocidad angular constante de 3 rad/s en el sentido de las manecillas del reloj, determine la aceleración a) del punto D, b) del punto E.

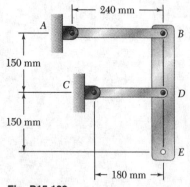

Fig. P15.109

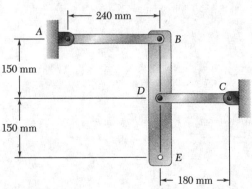

Fig. P15.110

15.111 Un automóvil viaja hacia la izquierda con una rapidez constante de 48 mi/h. Si el diámetro del neumático es de 22 in., determine la aceleración *a*) del punto *B*, *b*) del punto *C*, *c*) del punto *D*.

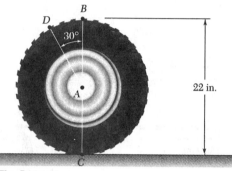

Fig. P15.111

15.112 Una carretilla *C* está soportada por una rueda *A* y un cilindro *B*, cada uno de 50 mm de diámetro. Si en el instante mostrado la carretilla tiene una aceleración de 2.4 m/s² y una velocidad de 1.5 m/s, ambas dirigidas hacia la izquierda, determine, *a*) las aceleraciones angulares de la rueda y del cilindro, *b*) las aceleraciones de los centros de la rueda y del cilindro.

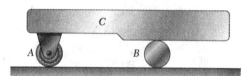

Fig. P15.112

15.113 La cuerda mostrada controla el movimiento del cilindro de 75 mm de radio. Si el extremo *E* de la cuerda tiene una velocidad de 300 mm/s y una aceleración de 480 mm/s², ambas dirigidas hacia arriba, determine la aceleración *a*) del punto *A*, *b*) del punto *B*.

15.114 La cuerda mostrada controla el movimiento del cilindro de 75 mm de radio. Si el extremo *E* de la cuerda tiene una velocidad de 300 mm/s y una aceleración de 480 mm/s², ambas dirigidas hacia arriba, determine la aceleración de los puntos *C* y *D* del cilindro.

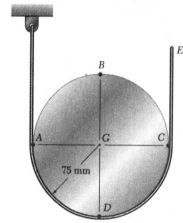

Fig. P15.113 y *P15.114*

15.115 y 15.116 Un tambor de 3 in. de radio está rígidamente conectado a un tambor de 5 in. de radio, como se muestra. Uno de los tambores rueda sin deslizarse sobre la superficie mostrada, y una cuerda se enrolla alrededor del otro tambor. Si en el instante mostrado el extremo *D* de la cuerda tiene una velocidad de 8 in./s y una aceleración de 30 in./s², ambas dirigidas hacia la izquierda, determine las aceleraciones de los puntos *A*, *B* y *C* de los tambores.

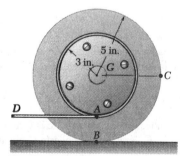

Fig. P15.115

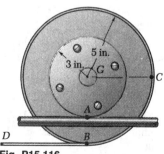

Fig. P15.116

15.117 El tambor de 150 mm de radio rueda sin deslizarse sobre una banda que se desplaza hacia la izquierda a una velocidad constante de 300 mm/s. En el instante en el que la velocidad y aceleración del centro D del tambor son las mostradas, determine las aceleraciones de los puntos A, B y C del tambor.

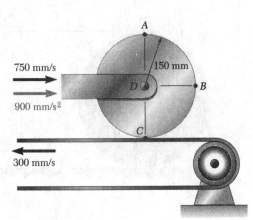

Fig. P15.117

15.118 El volante de 18 in. de radio está rígidamente conectado a una flecha de 1.5 in. de radio, que rueda a lo largo de rieles paralelos. Si en el instante mostrado la velocidad de la flecha es de 1.2 in./s y su aceleración de 0.5 in./s², ambas dirigidas hacia la izquierda, determine la aceleración a) del punto A, b) del punto B.

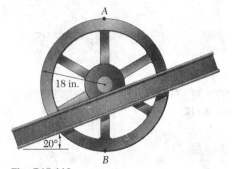

Fig. P15.118

15.119 En el sistema de engranes planetarios mostrado, el radio de los engranes A, B, C y D es de 3 in., y el del engrane externo E es de 9 in. Si el engrane A gira con una velocidad angular constante de 150 rpm en el sentido de las manecillas del reloj, y el engrane externo E es estacionario, determine la magnitud de la aceleración del diente del engrane D que está en contacto con a) el engrane A, b) el engrane E.

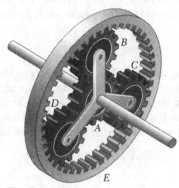

Fig. P15.119

15.120 El disco mostrado gira a una velocidad angular constante de 360 rpm en el sentido de las manecillas del reloj. Determine la aceleración del collarín C cuando a) $\theta = 0$, b) $\theta = 180°$.

15.121 El disco mostrado gira a una velocidad angular constante de 360 rpm en el sentido de las manecillas del reloj. Determine la aceleración del collarín C cuando $\theta = 90°$.

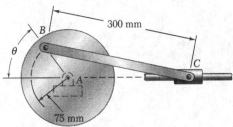

Fig. P15.120 y P15.121

15.122 El brazo *AB* tiene una velocidad angular constante de 16 rad/s en sentido contrario al de las manecillas del reloj. En el instante en que $\theta = 0$, determine la aceleración *a*) del collarín *D*, *b*) del punto medio *G* de la barra *BD*.

15.123 El brazo *AB* tiene una velocidad angular constante de 16 rad/s en sentido antihorario. En el instante en que $\theta = 90°$, determine la aceleración *a*) del collarín *D*, *b*) del punto medio *G* de la barra *BD*.

15.124 El brazo *AB* tiene una velocidad angular constante de 16 rad/s en sentido contrario al de las manecillas del reloj. En el instante en que $\theta = 60°$, determine la aceleración del collarín *D*.

15.125 Si la manivela *AB* gira alrededor del punto *A* con una velocidad angular constante de 900 rpm en el sentido de las manecillas del reloj, determine la aceleración del pistón *P* cuando $\theta = 60°$.

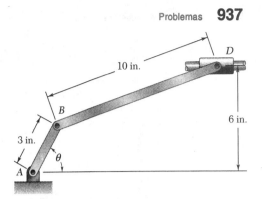

Fig. P15.122, *P15.123* y *P15.124*

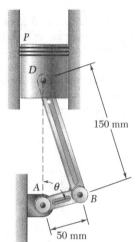

Fig. P15.125 y P15.126

15.126 Si la manivela *AB* gira alrededor del punto *A* con una velocidad angular constante de 900 rpm en el sentido de las manecillas del reloj, determine la aceleración del pistón *P* cuando $\theta = 120°$.

15.127 Si en el instante mostrado, la barra *AB* tiene una velocidad angular constante de 15 rad/s en sentido contrario al de las manecillas del reloj, determine *a*) la aceleración angular del brazo *DE*, *b*) la aceleración del punto *D*.

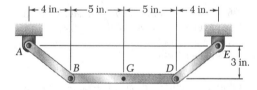

Fig. P15.127 y P15.128

15.128 Si, en el instante mostrado, la barra *AB* tiene una velocidad angular constante de 15 rad/s en sentido contrario al de las manecillas del reloj, determine *a*) la aceleración angular del elemento *BD*, *b*) la aceleración del punto *G*.

15.129 Si, en el instante mostrado, la barra *AB* tiene una velocidad angular constante de 6 rad/s en el sentido de las manecillas del reloj, determine la aceleración del punto *D*.

15.130 Si, en el instante mostrado, la barra *AB* tiene una velocidad angular constante de 6 rad/s en el sentido de las manecillas del reloj, determine *a*) la aceleración angular del elemento *BDE*, *b*) la aceleración del punto *E*.

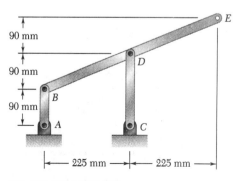

Fig. P15.129 y P15.130

15.131   Si, en el instante mostrado, la barra AB tiene una velocidad angular constante $\boldsymbol{\omega}_0$ en el sentido de las manecillas del reloj, determine a) la aceleración angular del brazo DE, b) la aceleración del punto D.

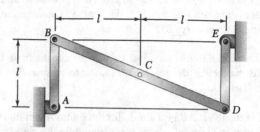

Fig. P15.131 y P15.132

15.132   En el instante mostrado, la barra AB tiene una velocidad angular constante de 8 rad/s en el sentido de las manecillas del reloj. Si $l = 0.3$ m, determine la aceleración del punto medio C del elemento BD.

15.133 y 15.134   Si, en el instante mostrado, la barra AB tiene una velocidad angular constante de 4 rad/s en el sentido de las manecillas del reloj, determine la aceleración angular a) de la barra BD, b) de la barra DE.

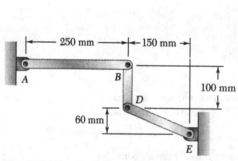

Fig. P15.133

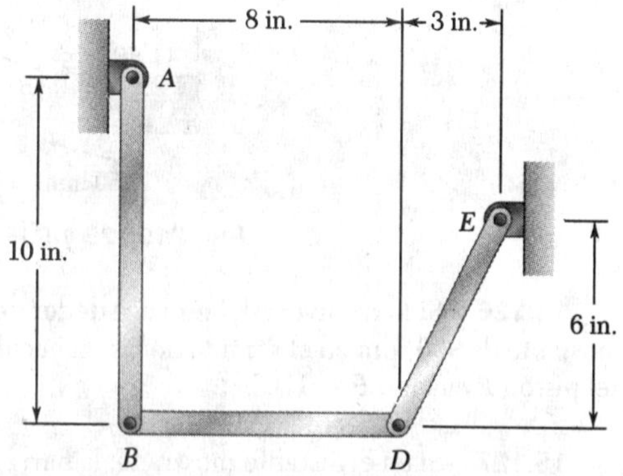

Fig. P15.134

15.135 y 15.136   Resuelva el problema indicado haciendo un uso completo del enfoque vectorial utilizado en el problema resuelto 15.8.

15.135   Problema 15.133.
15.136   Problema 15.134.

15.137   Si $\mathbf{r}_A$ denota el vector de posición de un punto A de una placa rígida sometida a movimiento plano, muestre que a) el vector de posición $\mathbf{r}_C$ del centro de rotación instantáneo es

$$\mathbf{r}_C = \mathbf{r}_A + \frac{\boldsymbol{\omega} \times \mathbf{v}_A}{\omega^2}$$

Donde $\boldsymbol{\omega}$ es la velocidad angular de la placa y $\mathbf{v}_A$ es la velocidad del punto A, b) la aceleración del centro de rotación instantáneo es cero si, y sólo si,

$$\mathbf{a}_A = \frac{\alpha}{\omega} \mathbf{v}_A + \boldsymbol{\omega} \times \mathbf{v}_A$$

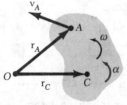

Fig. P15.137

donde $\boldsymbol{\alpha} = \alpha\mathbf{k}$ es la aceleración angular de la placa.

*15.138 Las ruedas montadas en los extremos de la barra *AB* ruedan a lo largo de las superficies mostradas. Con el método de la sección 15.9, deduzca una expresión para la velocidad angular de la barra, en función de v_B, θ, l y β.

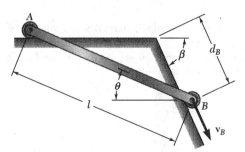

Fig. P15.138 y P15.139

*15.139 Las ruedas montadas en los extremos de la barra *AB* ruedan a lo largo de las superficies mostradas. Con el método de la sección 15.9 y si la aceleración de la rueda *B* es cero, deduzca una expresión para la aceleración angular de la barra, en función de v_B, θ, l y β.

*15.140 El disco propulsor del mecanismo de cruceta Scotch mostrado tiene una velocidad angular $\boldsymbol{\omega}$ y una aceleración angular $\boldsymbol{\alpha}$, ambas en sentido contrario al de las manecillas del reloj. Con el método de la sección 15.9, deduzca expresiones para la velocidad y la aceleración del punto *B*.

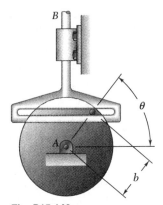

Fig. P15.140

*15.141 La barra *AB* se desplaza sobre una pequeña rueda en *C*, mientras que el extremo *A* lo hace hacia la derecha con una velocidad constante $\mathbf{v}_A$. Con el método de la sección 15.9, deduzca expresiones para la velocidad angular y la aceleración angular de la barra.

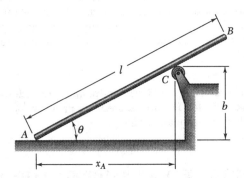

Fig. P15.141 y *P15.142*

*15.142 La barra *AB* se desplaza sobre una pequeña rueda en *C*, mientras que el extremo *A* lo hace hacia la derecha con una velocidad constante $\mathbf{v}_A$. Con el método de la sección 15.9, deduzca expresiones para las componentes horizontal y vertical de la velocidad del punto *B*.

*15.143 Un disco de radio *r* rueda hacia la derecha con una velocidad constante **v**. Si *P* denota el punto del borde del disco en contacto con el suelo cuando $t = 0$, deduzca expresiones para las componentes horizontal y vertical de la velocidad de *P* en cualquier instante *t*.

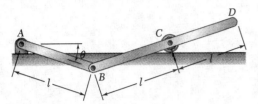

Fig. P15.144 y P15.145

*15.144 En el instante mostrado, la barra *AB* gira con una velocidad angular **ω** y una aceleración angular **α**, ambas en el sentido de las manecillas del reloj. Con el método de la sección 15.9, deduzca expresiones para la velocidad y la aceleración del punto *C*.

*15.145 En el instante mostrado, la barra *AB* gira con una velocidad angular **ω** y una aceleración angular **α**, ambas en el sentido de las manecillas del reloj. Con el método de la sección 15.9, deduzca expresiones para las componentes horizontal y vertical de la velocidad y la aceleración del punto *D*.

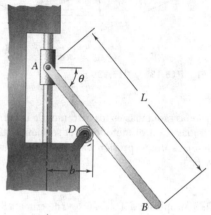

Fig. P15.146 y P15.147

*15.146 El collarín *A* se desliza hacia arriba con una velocidad constante v_A. Con el método de la sección 15.9, deduzca expresiones para *a*) la velocidad angular de la barra *AB*, *b*) las componentes de la velocidad del punto *B*.

*15.147 El collarín *A* se desliza hacia arriba con una velocidad constante v_A. Con el método de la sección 15.9, deduzca una expresión para la aceleración angular de la barra *AB*.

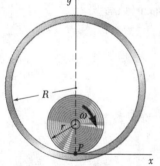

Fig. P15.148

*15.148 Una rueda de radio *r* rueda sin deslizarse en el interior de un cilindro fijo de radio *R*, con una velocidad angular constante **ω**. Si *P* denota el punto de la rueda que está en contacto con el cilindro cuando $t = 0$, deduzca expresiones para las componentes horizontal y vertical de *P* en cualquier instante *t*. (La curva descrita por el punto *P* es un *hipocicloide*.)

*15.149 En el problema 15.148, demuestre que la trayectoria de *P* es una línea vertical recta cuando $r = R/2$. Deduzca expresiones para la velocidad y la aceleración correspondientes de *P* en cualquier instante *t*.

15.10. RAZÓN DE CAMBIO DE UN VECTOR CON RESPECTO A UN SISTEMA DE REFERENCIA EN ROTACIÓN

En la sección 11.10 se vio que la razón de cambio de un vector es la misma con respecto a un sistema de referencia fijo y con respecto a un sistema de referencia en traslación. En esta sección, se considerarán las razones de cambio de un vector **Q** con respecto a un sistema de referencia fijo y con respecto a uno rotatorio†. Se aprenderá a determinar la razón de cambio de **Q** con respecto a un sistema de referencia cuando **Q** está definido por sus componentes en otro sistema de referencia.

†Se recuerda que la selección de un sistema de referencia fijo es arbitraria. Cualquier sistema de referencia se puede designar como "fijo"; todos los demás se considerarán entonces como móviles.

Considérense dos sistemas de referencia con centro en O, uno fijo $OXYZ$ y uno $Oxyz$ rotatorio con respecto al eje fijo OA; sea $\boldsymbol{\Omega}$ la velocidad angular del sistema de referencia $Oxyz$ en un instante dado (figura 15.26). Considérese ahora una función vectorial $\mathbf{Q}(t)$ representada por el vector $\mathbf{Q}$ fijo en O; ya que el tiempo t varía, tanto la dirección como la magnitud de $\mathbf{Q}$ cambian. Puesto que la variación de $\mathbf{Q}$ es vista de diferente manera por un observador que utiliza $OXYZ$ como sistema de referencia y por otro que utiliza $Oxyz$, es de esperarse que la razón de cambio de $\mathbf{Q}$ dependa del sistema de referencia seleccionado. Por consiguiente, $(\dot{\mathbf{Q}})_{OXYZ}$ denotará la razón de cambio de $\mathbf{Q}$ con respecto al sistema de referencia fijo $OXYZ$, y $(\dot{\mathbf{Q}})_{Oxyz}$ lo hará con respecto al sistema rotatorio $Oxyz$. La intención es determinar la relación que existe entre estas dos razones de cambio.

En primer lugar, transformemos el vector $\mathbf{Q}$ en componentes a lo largo de los ejes x, y y z del sistema de referencia en rotación. Si $\mathbf{i}$, $\mathbf{j}$ y $\mathbf{k}$ denotan los vectores unitarios correspondientes, escribimos

$$\mathbf{Q} = Q_x\mathbf{i} + Q_y\mathbf{j} + Q_z\mathbf{k} \qquad (15.27)$$

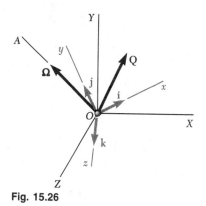

Fig. 15.26

Si se diferencia la ecuación (15.27) con respecto a t, y si se consideran fijos los vectores unitarios $\mathbf{i}$, $\mathbf{j}$, $\mathbf{k}$, se obtiene la razón de cambio de $\mathbf{Q}$ *con respecto al sistema de referencia en rotación $Oxyz$*:

$$(\dot{\mathbf{Q}})_{Oxyz} = \dot{Q}_x\mathbf{i} + \dot{Q}_y\mathbf{j} + \dot{Q}_z\mathbf{k} \qquad (15.28)$$

Para obtener la razón de cambio de $\mathbf{Q}$ *con respecto al sistema de referencia fijo $OXYZ$*, se tienen que considerar variables los vectores unitarios $\mathbf{i}$, $\mathbf{j}$, $\mathbf{k}$, al diferenciar la ecuación (15.27). Por consiguiente, escribimos

$$(\dot{\mathbf{Q}})_{OXYZ} = \dot{Q}_x\mathbf{i} + \dot{Q}_y\mathbf{j} + \dot{Q}_z\mathbf{k} + Q_x\frac{d\mathbf{i}}{dt} + Q_y\frac{d\mathbf{j}}{dt} + Q_z\frac{d\mathbf{k}}{dt} \qquad (15.29)$$

Volviendo a la ecuación (15.28), se observa que la suma de los tres primeros términos del miembro del lado derecho de la ecuación (15.29) representa la razón de cambio $(\dot{\mathbf{Q}})_{Oxyz}$. Por otra parte, se observa que la razón de cambio $(\dot{\mathbf{Q}})_{OXYZ}$ se reduciría a los últimos tres términos de la ecuación (15.29) si el vector $\mathbf{Q}$ estuviera fijo en el sistema de referencia $Oxyz$, puesto que $(\dot{\mathbf{Q}})_{Oxyz}$ sería entonces cero. Pero en ese caso, $(\dot{\mathbf{Q}})_{OXYZ}$ representaría la velocidad de una partícula localizada en la punta de $\mathbf{Q}$ y perteneciente a un cuerpo rígidamente unido al sistema de referencia $Oxyz$. Así pues, los últimos tres términos de la ecuación (15.29) representan la velocidad de la partícula; puesto que el sistema $Oxyz$ tiene una velocidad angular $\boldsymbol{\Omega}$ con respecto a $OXYZ$ en el instante considerado, escribimos, de acuerdo con la ecuación (15.5),

$$Q_x\frac{d\mathbf{i}}{dt} + Q_y\frac{d\mathbf{j}}{dt} + Q_z\frac{d\mathbf{k}}{dt} = \boldsymbol{\Omega} \times \mathbf{Q} \qquad (15.30)$$

Sustituyendo de (15.28) y (15.30) en la ecuación (15.29), se obtiene la relación fundamental

$$(\dot{\mathbf{Q}})_{OXYZ} = (\dot{\mathbf{Q}})_{Oxyz} + \boldsymbol{\Omega} \times \mathbf{Q} \qquad (15.31)$$

Se concluye que la razón de cambio del vector $\mathbf{Q}$ con respecto al sistema de referencia fijo $OXYZ$ se compone de dos partes: la primera parte representa la razón de cambio de $\mathbf{Q}$ con respecto al sistema de referencia rotatorio $Oxyz$; la segunda, $\boldsymbol{\Omega} \times \mathbf{Q}$, es inducida por la rotación del sistema de referencia $Oxyz$.

El uso de la relación (15.31) simplifica la determinación de la razón de cambio de un vector **Q** con respecto a un sistema de referencia fijo $OXYZ$ cuando el vector **Q** está definido por sus componentes a lo largo de los ejes de un sistema de referencia rotatorio $Oxyz$, puesto que esta relación no requiere el cálculo por separado de las derivadas de los vectores unitarios que definen la orientación del sistema de referencia rotatorio.

15.11. MOVIMIENTO PLANO DE UNA PARTÍCULA CON RESPECTO A UN SISTEMA DE REFERENCIA EN ROTACIÓN. ACELERACIÓN DE CORIOLIS

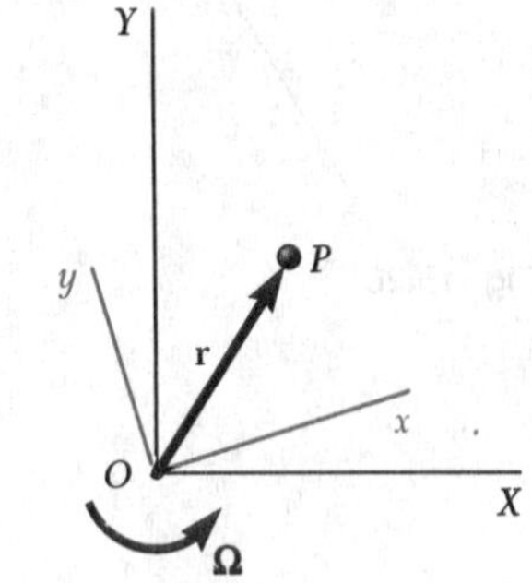

Considérense dos sistemas de referencia, ambos con centro en O y ambos en el plano de la figura, uno fijo OXY y uno rotatorio Oxy (figura 15.27). Sea P una partícula que se mueve en el plano de la figura. El vector de posición **r** de P es el mismo en ambos sistemas de referencia, aunque su razón de cambio depende del sistema de referencia seleccionado.

La velocidad absoluta $\mathbf{v}_P$ de la partícula se define como la velocidad observada desde el sistema de referencia fijo OXY, y es igual a la razón de cambio $(\dot{\mathbf{r}})_{OXY}$ de **r** con respecto a dicho sistema de referencia. Sin embargo, se puede expresar $\mathbf{v}_P$ en función de la razón de cambio $(\dot{\mathbf{r}})_{Oxy}$ observada desde el sistema de referencia rotatorio si se utiliza la ecuación (15.31). Si $\mathbf{\Omega}$ denota la velocidad angular del sistema de referencia Oxy con respecto a OXY en el instante considerado, escribimos

$$\mathbf{v}_P = (\dot{\mathbf{r}})_{OXY} = \mathbf{\Omega} \times \mathbf{r} + (\dot{\mathbf{r}})_{Oxy} \qquad (15.32)$$

Pero $(\dot{\mathbf{r}})_{Oxy}$ define la velocidad de la partícula P con respecto al sistema de referencia Oxy. Si se utiliza $\mathscr{F}$ para denotar el sistema de referencia rotatorio, entonces $\mathbf{v}_{P/\mathscr{F}}$ representa la velocidad $(\dot{\mathbf{r}})_{Oxy}$ de P con respecto al sistema de referencia rotatorio. Imaginemos que se fija una placa rígida al sistema de referencia rotatorio. En ese caso, $\mathbf{v}_{P/\mathscr{F}}$ representa la velocidad de P a lo largo de la trayectoria que describe en dicha placa (figura 15.28), y el término $\mathbf{\Omega} \times \mathbf{r}$ de (15.32) representa la velocidad $\mathbf{v}_{P'}$ del punto P' de la placa —o del sistema de referencia rotatorio— que coincide con P en el instante considerado. Por consiguiente, tenemos

$$\mathbf{v}_P = \mathbf{v}_{P'} + \mathbf{v}_{P/\mathscr{F}} \qquad (15.33)$$

donde $\mathbf{v}_P$ = velocidad absoluta de la partícula P

$\mathbf{v}_{P'}$ = velocidad del punto P' del sistema de referencia móvil $\mathscr{F}$ que coincide con P

$\mathbf{v}_{P/\mathscr{F}}$ = velocidad de P con respecto al sistema de referencia móvil $\mathscr{F}$

La aceleración absoluta $\mathbf{a}_P$ de la partícula se define como la razón de cambio de $\mathbf{v}_P$ con respecto al sistema de referencia fijo OXY. Si se calculan las razones de cambio con respecto a OXY de los términos de (15.32), escribimos

$$\mathbf{a}_P = \dot{\mathbf{v}}_P = \dot{\mathbf{\Omega}} \times \mathbf{r} + \mathbf{\Omega} \times \dot{\mathbf{r}} + \frac{d}{dt}[(\dot{\mathbf{r}})_{Oxy}] \qquad (15.34)$$

donde todas las derivadas están definidas con respecto a OXY, excepto en los casos en que se indique de otra manera. Volviendo a la ecuación (15.31), se observa que el último término de (15.34) se puede expresar como

$$\frac{d}{dt}[(\dot{\mathbf{r}})_{Oxy}] = (\ddot{\mathbf{r}})_{Oxy} + \mathbf{\Omega} \times (\dot{\mathbf{r}})_{Oxy}$$

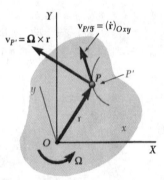

Fig. 15.27

Fig. 15.28

Por otra parte, $\dot{\mathbf{r}}$ representa la velocidad $\mathbf{v}_P$, la cual puede ser remplazada por el miembro del lado derecho de la ecuación (15.32). Tras completar estas dos sustituciones en la ecuación (15.34), escribimos

$$\mathbf{a}_P = \dot{\boldsymbol{\Omega}} \times \mathbf{r} + \boldsymbol{\Omega} \times (\boldsymbol{\Omega} \times \mathbf{r}) + 2\boldsymbol{\Omega} \times (\dot{\mathbf{r}})_{Oxy} + (\ddot{\mathbf{r}})_{Oxy} \qquad (15.35)$$

En la expresión (15.8), obtenida en la sección 15.3 para la aceleración de una partícula en un cuerpo rígido que gira alrededor de un eje fijo, se observa que la suma de los dos primeros términos representa la aceleración $\mathbf{a}_{P'}$ del punto P' del sistema de referencia rotatorio que coincide con P en el instante considerado. Por otra parte, el último término define la aceleración $\mathbf{a}_{P/\mathcal{F}}$ de P con respecto al sistema de referencia rotatorio. Si no fuera por el tercer término, el cual no se ha tenido en cuenta, se podría escribir una relación similar a (15.33) para las aceleraciones, y $\mathbf{a}_P$ se podría expresar como la suma de $\mathbf{a}_{P'}$ y $\mathbf{a}_{P/\mathcal{F}}$. No obstante, es evidente que *una relación como ésa sería incorrecta*, y que se tiene que incluir el término adicional. Este término, denotado con $\mathbf{a}_c$, se llama *aceleración complementaria*, o *aceleración de Coriolis*, en honor del matemático francés de Coriolis (1792-1843). Escribimos

$$\mathbf{a}_P = \mathbf{a}_{P'} + \mathbf{a}_{P/\mathcal{F}} + \mathbf{a}_c \qquad (15.36)$$

donde $\mathbf{a}_P$ = aceleración absoluta de la partícula P
$\quad \mathbf{a}_{P'}$ = aceleración del punto P' del sistema de referencia móvil $\mathcal{F}$ que coincide con P
$\quad \mathbf{a}_{P/\mathcal{F}}$ = aceleración de P con respecto al sistema de referencia móvil $\mathcal{F}$
$\quad \mathbf{a}_c = 2\boldsymbol{\Omega} \times (\dot{\mathbf{r}})_{Oxy} = 2\boldsymbol{\Omega} \times \mathbf{v}_{P/\mathcal{F}}$
$\quad\quad$ = aceleración complementaria, o de Coriolis†

Se observa que, como el punto P' se mueve en un círculo alrededor del origen O, su aceleración $\mathbf{a}_{P'}$, tiene, en general, dos componentes: una $(\mathbf{a}_{P'})_t$ tangente al círculo, y otra $(\mathbf{a}_{P'})_n$ dirigida hacia O. Asimismo, la aceleración $\mathbf{a}_{P/\mathcal{F}}$ generalmente tiene dos componentes: una $(\mathbf{a}_{P/\mathcal{F}})_t$ tangente a la trayectoria que P describe en la placa rotatoria, y una $(\mathbf{a}_{P/\mathcal{F}})_n$ dirigida hacia el centro de curvatura de la trayectoria. Se observa además que, como el vector $\boldsymbol{\Omega}$ es perpendicular al plano del movimiento, y, por consiguiente, a $\mathbf{v}_{P/\mathcal{F}}$, la magnitud de la aceleración de Coriolis $\mathbf{a}_c = 2\boldsymbol{\Omega} \times \mathbf{v}_{P/\mathcal{F}}$ es igual a $2\Omega v_{P/\mathcal{F}}$, y su dirección se obtiene girando el vector $\mathbf{v}_{P/\mathcal{F}}$ 90° en el sentido de rotación del sistema de referencia móvil (figura 15.29). La aceleración de Coriolis se reduce a cero cuando $\boldsymbol{\Omega}$ o $\mathbf{v}_{P/\mathcal{F}}$ es cero.

El ejemplo siguiente ayudará a comprender el significado físico de la aceleración de Coriolis. Considérese un collarín P el cual se hace deslizar a una rapidez relativa constante u a lo largo de la barra OB que gira con una velocidad angular constante $\boldsymbol{\omega}$ alrededor de O (figura 15.30a). De acuerdo con la fórmula

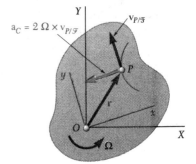

Fig. 15.29

---

†Es importante señalar la diferencia entre la ecuación (15.36) y la ecuación (15.21) de la sección 15.8. Cuando escribimos

$$\mathbf{a}_B = \mathbf{a}_A + \mathbf{a}_{B/A} \qquad (15.21)$$

en la sección 15.8, expresábamos la aceleración absoluta del punto B como la suma de su aceleración $\mathbf{a}_{B/A}$ con respecto a un *sistema de referencia en traslación* y de la aceleración $\mathbf{a}_A$ de un punto de dicho sistema de referencia. Ahora se trata de relacionar la aceleración absoluta del punto P con su aceleración $\mathbf{a}_{P/\mathcal{F}}$ con respecto a un *sistema de referencia rotatorio* $\mathcal{F}$ y con la aceleración $\mathbf{a}_{P'}$ del punto P' de dicho sistema de referencia que coincide con P; la ecuación (15.36) muestra que, como el sistema es rotatorio, es necesario incluir un término adicional que represente la aceleración de Coriolis $\mathbf{a}_c$.

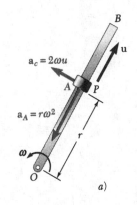

a)

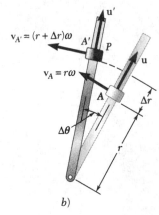

b)

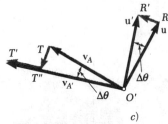

c)

Fig. 15.30

(15.36), la aceleración absoluta de P se obtiene sumando vectorialmente la aceleración $\mathbf{a}_A$ del punto A de la barra, que coincide con P, la aceleración relativa $\mathbf{a}_{P/OB}$ de P con respecto a la barra y la aceleración de Coriolis $\mathbf{a}_c$. Como la velocidad angular $\boldsymbol{\omega}$ de la barra es constante, $\mathbf{a}_A$ se reduce a su componente normal $(\mathbf{a}_A)_n$ de magnitud $r\omega^2$, y como u es constante, la aceleración relativa $\mathbf{a}_{P/OB}$ es cero. De acuerdo con la definición dada con anterioridad, la aceleración de Coriolis es un vector perpendicular a OB, de magnitud $2\omega u$, y dirigida como se muestra en la figura. La aceleración del collarín P se compone, por consiguiente, de los dos vectores mostrados en la figura 15.30a. Obsérvese que el resultado obtenido se puede verificar aplicando la relación (11.44).

Para comprender mejor el significado de la aceleración de Coriolis, considérese la velocidad absoluta de P en el instante t y en el instante $t + \Delta t$ (figura 15.30b). La velocidad en el instante t se puede transformar en sus componentes $\mathbf{u}$ y $\mathbf{v}_A$; la velocidad en el instante $t + \Delta t$ se puede transformar en sus componentes $\mathbf{u}'$ y $\mathbf{v}_A$. Al trazar estas componentes desde el mismo origen (figura 15.30c), se observa que el cambio de velocidad durante el instante Δt se puede representar mediante la suma de tres vectores $\overrightarrow{RR'}$, $\overrightarrow{TT''}$ y $\overrightarrow{T''T'}$. El vector $\overrightarrow{TT''}$ mide el cambio de dirección de la velocidad $\mathbf{v}_A$, y el cociente $\overrightarrow{TT''}/\Delta t$ representa la aceleración $\mathbf{a}_A$ cuando Δt tiende a cero. Se comprueba que la dirección de $\overrightarrow{TT''}$ es la de $\mathbf{a}_A$ cuando Δt tiende a cero, y que

$$\lim_{\Delta t \to 0} \frac{TT''}{\Delta t} = \lim_{\Delta t \to 0} v_A \frac{\Delta \theta}{\Delta t} = r\omega\omega = r\omega^2 = a_A$$

El vector $\overrightarrow{RR'}$, mide el cambio de dirección de $\mathbf{u}$ provocado por la rotación de la barra; el vector $\overrightarrow{T''T'}$ mide el cambio de magnitud de $\mathbf{v}_A$ provocado por el movimiento de P en la barra. Los vectores $\overrightarrow{RR'}$ y $\overrightarrow{T''T'}$ son el resultado del *efecto combinado* del movimiento relativo de P y de la rotación de la barra; los vectores desaparecerían si se detuviera *cualquiera* de los dos movimientos. Se comprueba fácilmente que la suma de estos dos vectores define la aceleración de Coriolis. Su dirección es la de $\mathbf{a}_c$ cuando Δt tiende a cero, y como $RR' = u\,\Delta\theta$ y $T''T' = v_{A'} - v_A = (r + \Delta r)\omega - r\omega = \omega\,\Delta r$, se comprueba que a_c es igual a

$$\lim_{\Delta t \to 0} \left(\frac{RR'}{\Delta t} + \frac{T''T'}{\Delta t} \right) = \lim_{\Delta t \to 0} \left(u\frac{\Delta\theta}{\Delta t} + \omega\frac{\Delta r}{\Delta t} \right) = u\omega + \omega u = 2\omega u$$

Las fórmulas (15.33) y (15.34) se pueden usar para analizar el movimiento de mecanismos que contienen partes que se deslizan entre sí. Esas fórmulas hacen posible, por ejemplo, relacionar los movimientos absoluto y relativo de pasadores y collarines deslizantes (véanse los problemas resueltos 15.9 y 15.10). El concepto de aceleración de Coriolis también es muy útil en el estudio de proyectiles de largo alcance, y de otros cuerpos cuyos movimientos son apreciablemente afectados por la rotación de la Tierra. Tal como se señaló en la sección 12.2, un sistema de ejes fijo a la Tierra no constituye verdaderamente un sistema de referencia newtoniano; un sistema como ése en realidad se debe considerar como rotatorio. Las fórmulas obtenidas en esta sección facilitarán, por consiguiente, el estudio del movimiento de cuerpos con respecto a ejes fijos a la Tierra.

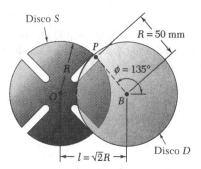

Disco S

$R = 50$ mm

P

R

$\phi = 135°$

O

B

Disco D

$l = \sqrt{2}R$

PROBLEMA RESUELTO 15.9

El mecanismo de Ginebra mostrado se utiliza en muchos instrumentos de conteo y en otras aplicaciones donde se requiere un movimiento rotatorio intermitente. El disco D gira con una velocidad angular constante en sentido contrario al de las manecillas del reloj $\boldsymbol{\omega}_D$ de 10 rad/s. Un pasador P insertado en el disco D se desliza a lo largo de varias ranuras cortadas en el disco S. Es conveniente que la velocidad angular del disco S sea cero en el momento en que el pasador entra y sale de cada ranura; en el caso de cuatro ranuras, esto ocurrirá si la distancia entre los centros de los discos es $l = \sqrt{2}\,R$.

En el instante en que $\phi = 150°$, determínese a) la velocidad angular del disco S, b) la velocidad del pasador P con respecto al disco S.

SOLUCIÓN

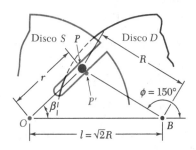

Disco S P   Disco D

R

r $\phi = 150°$

β P'

O $l = \sqrt{2}R$ B

Se resuelve el triángulo OPB, que corresponde a la posición $\phi = 150°$. Con la ley de los cosenos, escribimos

$$r^2 = R^2 + l^2 - 2Rl \cos 30° = 0.551R^2 \qquad r = 0.742R = 37.1 \text{ mm}$$

Y con la ley de los senos,

$$\frac{\operatorname{sen} \beta}{R} = \frac{\operatorname{sen} 30°}{r} \qquad \operatorname{sen} \beta = \frac{\operatorname{sen} 30°}{0.742} \qquad \beta = 42.4°$$

Como el pasador P está conectado al disco D, y como éste gira alrededor del punto B, la magnitud de la velocidad absoluta de P es

$$v_P = R\omega_D = (50 \text{ mm})(10 \text{ rad/s}) = 500 \text{ mm/s}$$
$$\mathbf{v}_P = 500 \text{ mm/s} \nearrow 60°$$

$v_{P'}$

v_P

γ

$30°$ $v_{P/\mathcal{S}}$

$\beta = 42.4°$

Ahora se considera el movimiento del pasador P a lo largo de la ranura en el disco S. Si P' denota el punto del disco S que coincide con P en el instante considerado, y si se elige un sistema de referencia rotatorio $\mathcal{S}$ fijo al disco S, escribimos

$$\mathbf{v}_P = \mathbf{v}_{P'} + \mathbf{v}_{P/\mathcal{S}}$$

Como $\mathbf{v}_{P'}$ es perpendicular al radio OP y la dirección de $\mathbf{v}_{P/\mathcal{S}}$ es a lo largo de la ranura, se traza el triángulo de velocidad correspondiente a la ecuación anterior. A partir del triángulo, calculamos

$$\gamma = 90° - 42.4° - 30° = 17.6°$$
$$v_{P'} = v_P \operatorname{sen} \gamma = (500 \text{ mm/s}) \operatorname{sen} 17.6°$$
$$\mathbf{v}_{P'} = 151.2 \text{ mm/s} \nwarrow 42.4°$$
$$v_{P/\mathcal{S}} = v_P \cos \gamma = (500 \text{ mm/s}) \cos 17.6°$$
$$\mathbf{v}_{P/S} = \mathbf{v}_{P/\mathcal{S}} = 477 \text{ mm/s} \nearrow 42.4° \qquad \blacktriangleleft$$

Como $\mathbf{v}_{P'}$ es perpendicular al radio OP, escribimos

$$v_{P'} = r\omega_{\mathcal{S}} \qquad 151.2 \text{ mm/s} = (37.1 \text{ mm})\omega_{\mathcal{S}}$$
$$\boldsymbol{\omega}_S = \boldsymbol{\omega}_{\mathcal{S}} = 4.08 \text{ rad/s} \downarrow \qquad \blacktriangleleft$$

PROBLEMA RESUELTO 15.10

En el mecanismo de Ginebra del problema resuelto 15.9, el disco D gira con una velocidad angular constante en el sentido antihorario $\boldsymbol{\omega}_D$ de 10 rad/s. Cuando $\phi = 150°$, determínese la aceleración angular del disco S.

SOLUCIÓN

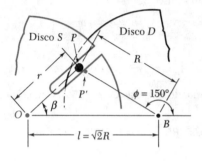

Recurriendo al problema resuelto 15.9, se obtiene la velocidad angular del sistema de referencia $\mathcal{S}$ unido al disco S, y la velocidad del pasador con respecto a $\mathcal{S}$:

$$\omega_{\mathcal{S}} = 4.08 \text{ rad/s} \downarrow$$

$$\beta = 42.4° \qquad v_{P/\mathcal{S}} = 477 \text{ mm/s} \nearrow 42.4°$$

Como el pasador P se mueve con respecto al sistema de referencia rotatorio $\mathcal{S}$, escribimos

$$\mathbf{a}_P = \mathbf{a}_{P'} + \mathbf{a}_{P/\mathcal{S}} + \mathbf{a}_c \tag{1}$$

Cada término de esta ecuación vectorial se investiga por separado.

Aceleración absoluta $\mathbf{a}_P$. Como el disco D gira con una velocidad angular constante, la aceleración absoluta $\mathbf{a}_P$ se dirige hacia B. Se tiene

$$a_P = R\omega_D^2 = (500 \text{ mm})(10 \text{ rad/s})^2 = 5000 \text{ mm/s}^2$$

$$\mathbf{a}_P = 5000 \text{ mm/s}^2 \searrow 30°$$

Aceleración $\mathbf{a}_{P'}$ del punto coincidente P'. La aceleración $\mathbf{a}_{P'}$ del punto P' del sistema de referencia $\mathcal{S}$ que coincide con P en el instante considerado, se transforma en sus componentes normal y tangencial. (Del problema resuelto 15.9, se recuerda que $r = 37.1$ mm.)

$$(a_{P'})_n = r\omega_{\mathcal{S}}^2 = (37.1 \text{ mm})(4.08 \text{ rad/s})^2 = 618 \text{ mm/s}^2$$

$$(\mathbf{a}_{P'})_n = 618 \text{ mm/s}^2 \nearrow 42.4°$$

$$(a_{P'})_t = r\alpha_{\mathcal{S}} = 37.1\alpha_{\mathcal{S}} \qquad (\mathbf{a}_{P'})_t = 37.1\alpha_{\mathcal{S}} \nwarrow 42.4°$$

Aceleración relativa $\mathbf{a}_{P/\mathcal{S}}$. Como el pasador P se mueve en una ranura recta cortada en el disco S, la aceleración relativa $\mathbf{a}_{P/\mathcal{S}}$ ha de ser paralela a la ranura; es decir, su dirección es $< 42.4°$.

Aceleración de Coriolis $\mathbf{a}_c$. Si se hace girar la velocidad $\mathbf{v}_{P/\mathcal{S}}$ 90° en el sentido de $\boldsymbol{\omega}_{\mathcal{S}}$, se obtiene la dirección de la componente Coriolis de la aceleración: $\searrow$ 42.4°. Escribimos

$$a_c = 2\omega_{\mathcal{S}}v_{P/\mathcal{S}} = 2(4.08 \text{ rad/s})(477 \text{ mm/s}) = 3890 \text{ mm/s}^2$$

$$\mathbf{a}_c = 3890 \text{ mm/s}^2 \searrow 42.4°$$

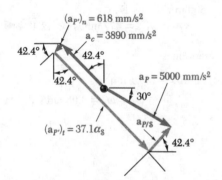

Reescribimos la ecuación (1) y sustituimos las aceleraciones que se determinaron antes:

$$\mathbf{a}_P = (\mathbf{a}_{P'})_n + (\mathbf{a}_{P'})_t + \mathbf{a}_{P/\mathcal{S}} + \mathbf{a}_c$$

$$[5000 \searrow 30°] = [618 \nearrow 42.4°] + [37.1\alpha_{\mathcal{S}} \nwarrow 42.4°]$$

$$+ [a_{P/\mathcal{S}} \swarrow 42.4°] + [3890 \searrow 42.4°]$$

Si se igualan las componentes en una dirección perpendicular a la ranura,

$$5000 \cos 17.6° = 37.1\alpha_{\mathcal{S}} - 3890$$

$$\alpha_S = \alpha_{\mathcal{S}} = 233 \text{ rad/s}^2 \downarrow \quad \blacktriangleleft$$

En esta lección se estudió la razón de cambio de un vector con respecto a un sistema de referencia rotatorio, y luego se aplicó lo aprendido al análisis del movimiento plano de una partícula con respecto a un sistema de referencia rotatorio.

1. *Razón de cambio de un vector con respecto a un sistema de referencia fijo y con respecto a uno rotatorio.* Si $(\dot{\mathbf{Q}})_{OXYZ}$ denota la razón de cambio de un vector $\mathbf{Q}$ con respecto a l sistema de referencia fijo $OXYZ$, y $(\dot{\mathbf{Q}})_{Oxyz}$ lo hace con respecto a uno rotatorio $Oxyz$, se obtiene la relación fundamental

$$(\dot{\mathbf{Q}})_{OXYZ} = (\dot{\mathbf{Q}})_{Oxyz} + \mathbf{\Omega} \times \mathbf{Q} \tag{15.31}$$

donde $\mathbf{\Omega}$ es la velocidad angular del sistema de referencia rotatorio.

Esta relación fundamental en seguida se aplicó a la solución de problemas bidimensionales.

2. *Movimiento plano de una partícula con respecto a un sistema de referencia rotatorio.* Con la relación fundamental anterior y denotando el sistema de referencia rotatorio como $\mathcal{F}$, se obtuvieron las siguientes expresiones para la velocidad y la aceleración de una partícula P:

$$\mathbf{v}_P = \mathbf{v}_{P'} + \mathbf{v}_{P/\mathcal{F}} \tag{15.33}$$
$$\mathbf{a}_P = \mathbf{a}_{P'} + \mathbf{a}_{P/\mathcal{F}} + \mathbf{a}_c \tag{15.36}$$

En estas ecuaciones:

a. El subíndice P se refiere al movimiento absoluto de la partícula P; esto es, a su movimiento con respecto a un sistema de referencia fijo OXY.

b. El subíndice P' se refiere al movimiento del punto P' del sistema de referencia rotatorio $\mathcal{F}$, que coincide con P en el instante considerado.

c. El subíndice P/$\mathcal{F}$ se refiere al movimiento de la partícula P con respecto al sistema de referencia rotatorio $\mathcal{F}$.

d. El término $\mathbf{a}_c$ representa la aceleración de Coriolis del punto P. Su magnitud es $2\Omega v_{P/\mathcal{F}}$, y su dirección se determinó girando $\mathbf{v}_{P/\mathcal{F}}$ 90° en el sentido de rotación del sistema de referencia $\mathcal{F}$.

No hay que olvidar que la aceleración de Coriolis debe tenerse en cuenta siempre que una parte del mecanismo que se está analizando se mueva con respecto a otra rotatoria. Los problemas que se presentan en esta lección implican collarines que se deslizan sobre barras rotatorias, plumas que se extienden de grúas rotatorias en un plano vertical, etcétera.

Cuando se resuelva un problema que implique un sistema de referencia rotatorio, será conveniente que se dibujen diagramas de vectores que representen las ecuaciones (15.33) y (15.36), respectivamente, y utilizarlos para obtener una solución analítica o una solución gráfica.

Problemas

15.150 y 15.151 Dos barras rotatorias están conectadas por medio de un bloque corredizo P. La barra conectada en B gira con una velocidad angular constante ω_B en el sentido de las manecillas del reloj. Con los datos dados, determine para la posición mostrada a) la velocidad angular de la varilla conectada en A, b) la velocidad relativa del bloque corredizo P con respecto a la barra sobre la cual se desliza.

15.150 $b = 10$ in., $\omega_B = 5$ rad/s.
15.151 $b = 200$ mm, $\omega_B = 9$ rad/s.

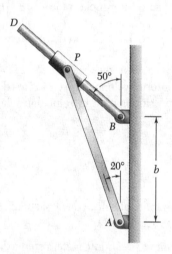

Fig. P15.150 y P15.152

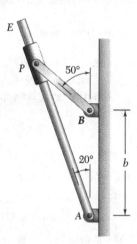

Fig. P15.151 y P15.153

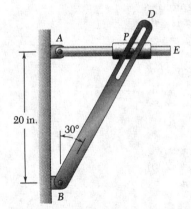

Fig. *P15.154 y P15.155*

15.152 y 15.153 Dos barras rotatorias están conectadas por medio de un bloque corredizo P. La velocidad $\mathbf{v}_0$ del bloque corredizo con respecto a la barra sobre la cual se desliza es constante y su dirección es hacia afuera. Con los datos dados, determine la velocidad angular de cada barra para la posición mostrada.

15.152 $b = 200$ mm, $v_0 = 300$ m/s.
15.153 $b = 10$ in., $v_0 = 15$ in./s.

15.154 y 15.155 El pasador P está conectado al collarín mostrado; una ranura cortada en la barra BD y el collarín que se desliza sobre la barra AE guían el movimiento del pasador. Si, en el instante considerado, las barras giran en el sentido de las manecillas del reloj con velocidades angulares constantes, determine con los datos dados la velocidad del pasador P.

15.154 $\omega_{AE} = 4$ rad/s, $\omega_{BD} = 1.5$ rad/s.
15.155 $\omega_{AE} = 3.5$ rad/s, $\omega_{BD} = 2.4$ rad/s.

948

15.156 y 15.157 Dos barras AE y BD pasan a través de agujeros perforados en un bloque hexagonal. (Los agujeros están perforados en planos diferentes, de modo que las barras no se tocan entre sí.) Si, en el instante considerado, la barra AE gira en sentido contrario al de las manecillas del reloj con una velocidad angular constante ω, determine, para los datos dados, la velocidad relativa del bloque con respecto a cada barra.

15.156 a) $\theta = 90°$, b) $\theta = 60°$.
15.157 $\theta = 45°$.

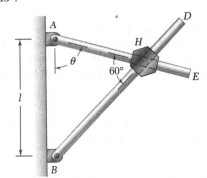

Fig. P15.156 y P15.157

15.158 Cuatro pasadores se deslizan en cuatro ranuras distintas cortadas en una placa circular, como se muestra. Cuando la placa está en reposo, cada pasador tiene una velocidad dirigida como se muestra, y de la misma magnitud constante u. Si cada pasador conserva la misma velocidad con respecto a la placa cuando ésta gira alrededor de O con una velocidad angular constante ω en sentido contrario al de las manecillas del reloj, determine la aceleración de cada pasador.

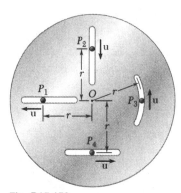

Fig. P15.158

15.159 Resuelva el problema 15.158, suponiendo que la placa gira alrededor de O con una velocidad angular constante ω en el sentido de las manecillas del reloj.

15.160 En el instante mostrado, la longitud de la pluma AB se *reduce* a la velocidad constante de 0.2 m/s, y la pluma desciende con una velocidad constante de 0.08 rad/s. Determine a) la velocidad del punto B, b) la aceleración del punto B.

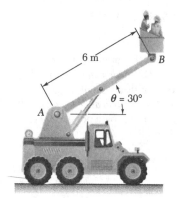

Fig. *P15.160* y *P15.161*

15.161 En el instante mostrado, la longitud de la pluma AB se incrementa a la velocidad constante de 0.2 m/s, y la pluma desciende con una velocidad constante de 0.08 rad/s. Determine a) la velocidad del punto B, b) la aceleración del punto B.

15.162 y 15.163 El manguito BC está soldado a un brazo que gira alrededor de A con una velocidad angular constante ω. En la posición mostrada, la barra DF se mueve a la izquierda con una velocidad constante $u = 16$ in./s con respecto al manguito. Para la velocidad angular ω dada, determine la aceleración a) del punto D, b) del punto de la barra DF que coincide con el punto E.

15.162 $\omega = (3\ \text{rad/s})\ \mathbf{i}$.
15.163 $\omega = (3\ \text{rad/s})\ \mathbf{j}$.

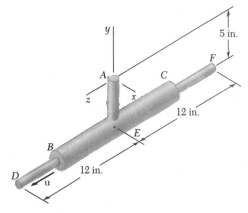

Fig. P15.162 y P15.163

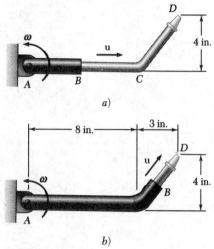

Fig. P15.166

15.164 La jaula de un elevador de mina baja con una rapidez constante de 40 ft/s. Determine la magnitud y la dirección de la aceleración de Coriolis de la jaula si el elevador se localiza *a*) en el ecuador, *b*) a 40° de latitud norte, *c*) a 40° de latitud sur.

15.165 Un trineo cohete se somete a prueba en una vía recta construida a lo largo de un meridiano. Si la vía se localiza a 40° de latitud norte, determine la aceleración de Coriolis del trineo cuando se dirige al norte a 900 km/h.

15.166 El brazo *AB* controla el movimiento de la tobera *D*. En el instante mostrado, el brazo gira en sentido contrario al de las manecillas del reloj a la velocidad constante *ω* = 2.4 rad/s, y la parte *BC* se alarga a la velocidad constante *u* = 10 in./s con respecto al brazo. Para cada una de las disposiciones mostradas, determine la aceleración de la tobera *D*.

15.167 Resuelva el problema 15.166, con la dirección de la velocidad relativa **u** invertida, de modo que la parte *BD* se retraiga.

15.168 y 15.169 Una cadena se enrolla alrededor de dos engranes de 40 mm de radio que giran libremente con respecto al brazo *AB* de 320 mm. La cadena se mueve con respecto al brazo *AB* en sentido contrario al de las manecillas del reloj a la velocidad constante de 80 mm/s. Si en la posición mostrada el brazo *AB* gira en el sentido de las manecillas del reloj alrededor de *A*, a la velocidad constante *ω* = 0.75 rad/s, determine la aceleración de cada uno de los eslabones de la cadena indicados.

    15.168 Eslabones *1* y *2*.
    15.169 Eslabones *3* y *4*.

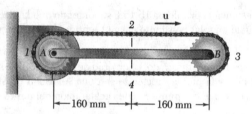

Fig. P15.168 y P15.169

15.170 La barra *AB*, de longitud *R*, gira con respecto a *A* con una velocidad angular constante *ω₁ en el sentido de las manecillas del reloj*. Al mismo tiempo, la barra *BD* de longitud *r* gira alrededor de *B* con una velocidad angular constante *ω₂* con respecto a la barra *AB*, *en sentido contrario al de las manecillas del reloj*. Demuestre que si *ω₂* = 2*ω₁*, la aceleración del punto *D* pasa por el punto *A*. Demuestre, además, que este resultado es independiente de *R*, *r* y *θ*.

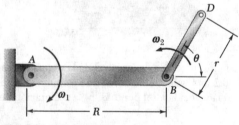

Fig. P15.170 y P15.171

15.171 La barra *AB*, de longitud *R* = 15 in., gira con respecto a *A* con una velocidad angular constante *ω₁* de 5 rad/s *en el sentido de las manecillas del reloj*. Al mismo tiempo, la barra *BD*, de longitud *r* = 8 in., gira alrededor de *B* con una velocidad angular constante *ω₂* de 3 rad/s, *en sentido antihorario* con respecto a la barra *AB*. Si *θ* = 60°, determine para la posición mostrada la aceleración del punto *D*.

15.172 El collarín P se desliza hacia afuera a una rapidez relativa constante u a lo largo de la barra AB, la cual gira en sentido contrario al de las manecillas del reloj con una velocidad angular constante de 20 rpm. Si $r = 250$ mm cuando $\theta = 0$, y si el collarín llega a B cuando $\theta = 90°$, determine la magnitud de la aceleración del collarín P en el momento en que llega a B.

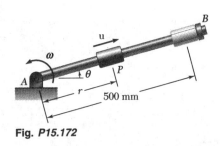

Fig. *P15.172*

15.173 El pasador P se desliza en una ranura circular cortada en la placa mostrada, con una rapidez relativa constante $u = 90$ mm/s. Si, en el instante mostrado, la placa gira en el sentido de las manecillas del reloj alrededor de A a la velocidad constante $\omega = 3$ rad/s, determine la aceleración del pasador si se localiza en *a*) el punto A, *b*) el punto B, *c*) el punto C.

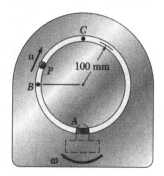

Fig. *P15.173* y P15.174

15.174 El pasador P se desliza en una ranura circular cortada en la placa mostrada, con una rapidez relativa constante $u = 90$ mm/s. Si, en el instante mostrado, la velocidad angular ω de la placa es de 3 rad/s en el sentido de las manecillas del reloj, y disminuye a razón de 5 rad/s², determine la aceleración del pasador si se localiza en *a*) el punto A, *b*) el punto B, *c*) el punto C.

15.175 y 15.176 Si, en el instante mostrado, la barra conectada en B gira con una velocidad angular constante ω_B en sentido contrario al de las manecillas del reloj de 6 rad/s, determine la velocidad y la aceleración angulares de la barra conectada en A.

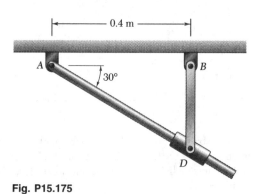

Fig. P15.175

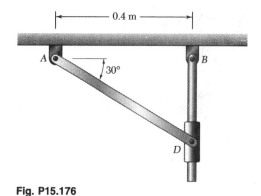

Fig. P15.176

15.177 El movimiento del pasador D es guiado por una ranura cortada en la barra AB y por una ranura cortada en la placa fija. Si, en el instante mostrado, la barra AB gira con una velocidad angular de 3 rad/s y una aceleración angular de 5 rad/s², ambas en el sentido de las manecillas del reloj, determine la aceleración del pasador D.

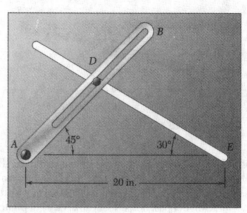

Fig. P15.177 y P15.178

15.178 El movimiento del pasador D es guiado por una ranura cortada en la barra AB y por una ranura cortada en la placa fija. Si, en el instante mostrado, la barra AB gira con una velocidad angular de 3 rad/s y una aceleración angular de 5 rad/s², ambas en sentido contrario al de las manecillas del reloj, determine la aceleración del pasador D.

15.179 El mecanismo de Ginebra mostrado se utiliza para transmitir un movimiento rotatorio intermitente al disco S. El disco D gira con una velocidad angular constante ω_D en sentido contrario al de las manecillas del reloj, de 8 rad/s. Un pasador P está insertado en el disco D, y puede deslizarse en una de las seis ranuras igualmente espaciadas cortadas en el disco S. Es deseable que la velocidad angular del disco S sea cero en el momento en que el pasador entra y sale de cada una de las seis ranuras; esto ocurrirá si la distancia entre los centros de los discos y los radios de éstos están relacionados como se muestra. Determine la velocidad y la aceleración angulares del disco S cuando $\phi = 150°$.

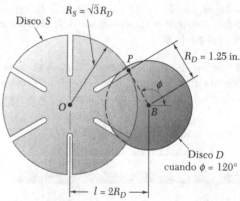

Fig. P15.179

15.180 En el problema 15.179, determine la velocidad y la aceleración angulares del disco S en el instante en que $\phi = 135°$.

15.181 El disco mostrado gira con una velocidad angular constante en el sentido de las manecillas del reloj, de 12 rad/s. En el instante mostrado, determine *a*) la velocidad y la aceleración angulares de la barra BD, *b*) la velocidad y la aceleración del punto de la barra que coincide con E.

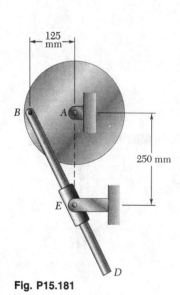

Fig. P15.181

15.182 El collarín E se desliza a lo largo de la barra AC, y está conectado a un bloque que se desplaza en una ranura vertical. Si la varilla AC gira con una velocidad angular ω y con una aceleración angular α, ambas en sentido contrario al de las manecillas del reloj, deduzca expresiones para la velocidad y la aceleración del collarín B.

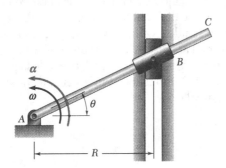

Fig. P15.182 y P15.183

15.183 El collarín B se desliza a lo largo de la barra AC, y está conectado a un bloque que se desplaza en una ranura vertical. Si $R = 15$ in., $\theta = 25°$, $\omega = 3$ rad/s y $\alpha = 8$ rad/s², determine la velocidad y la aceleración del collarín B.

---

*15.12. MOVIMIENTO ALREDEDOR DE UN PUNTO FIJO

En la sección 15.3 se consideró el movimiento de un cuerpo rígido restringido a girar alrededor de un eje fijo. Ahora se examinará el caso más general del movimiento de un cuerpo rígido que tiene un punto fijo O.

En primer lugar, de demostrará que *el desplazamiento más general de un cuerpo rígido con un punto fijo O equivale a una rotación del cuerpo rígido alrededor de un eje que pasa por O.*† En lugar de considerar el cuerpo rígido completo, se puede desprender una esfera del centro O del cuerpo y analizar su movimiento. Evidentemente, el movimiento de la esfera caracteriza por completo el movimiento del cuerpo dado. Como tres puntos definen la posición de un sólido en el espacio, el centro O y dos puntos A y B en la superficie de la esfera definirán la posición de la esfera y, por consiguiente, la posición del cuerpo. Si A_1 y B_1 caracterizan la posición de la esfera en un instante, entonces A_2 y B_2 caracterizan su posición en un instante posterior (figura 15.31a). Como la esfera es rígida, las longitudes de los arcos del círculo mayor A_1B_1 y A_2B_2 deben ser iguales, pero excepto por este requisito, las posiciones de A_1, A_2, B_1 y B_2 son arbitrarias. Se trata de demostrar que los puntos A y B pueden ser trasladados, respectivamente, de A_1 y B_1 a A_2 y B_2 mediante una sola rotación de la esfera alrededor de un eje.

Por conveniencia, y sin que se pierda la generalidad, se elige el punto B de modo que su posición inicial coincida con la posición final de A; por consiguiente, $B_1 = A_2$ (figura 15.31b). Se dibujan los arcos del círculo grande A_1A_2, A_2B_2 y los arcos que cortan, respectivamente, A_1A_2 y A_2B_2. Sea C el punto de intersección de los dos últimos arcos; se completa la construcción dibujando A_1C, A_2C y B_2C. Como ya se señaló con anterioridad, debido a la rigidez de la esfera, $A_1B_1 = A_2B_2$. Como C es, por construcción, equidistante de A_1, A_2 y B_2, también se tiene $A_1C = A_2C = B_2C$. Por consiguiente, los triángulos esféricos A_1CA_2

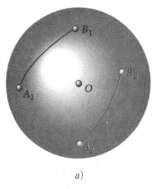

a)

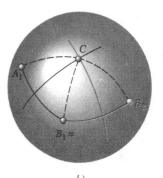

b)

Fig. 15.31

---

†Esto se conoce como *teorema de Euler.*

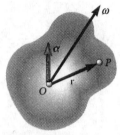

Fig. 15.32

y B_1CB_2 son congruentes, y los ángulos A_1CA_2 y B_1CB_2 son iguales. Si θ denota el valor común de estos ángulos, se concluye que la esfera puede ser llevada de su posición inicial a su posición final mediante una rotación θ alrededor del eje OC.

Se desprende que el movimiento durante el intervalo de tiempo Δt de un cuerpo rígido con un punto fijo O, se puede considerar como una rotación $\Delta\theta$ alrededor de un cierto eje. Si se dibuja a lo largo de dicho eje un vector de magnitud $\Delta\theta/\Delta t$, y si Δt tiende a cero, se obtiene en el límite el *eje de rotación instantáneo* y la velocidad angular $\boldsymbol{\omega}$ del cuerpo en el instante considerado (figura 15.32). Se puede obtener entonces la velocidad de la partícula P del cuerpo, como en la sección 15.3, formando el producto vectorial de $\boldsymbol{\omega}$ y del vector de posición $\mathbf{r}$ de la partícula:

$$\mathbf{v} = \frac{d\mathbf{r}}{dt} = \boldsymbol{\omega} \times \mathbf{r} \tag{15.37}$$

La aceleración de la partícula se obtiene diferenciando (15.37) con respecto a t. Como en la sección 15.3, tenemos

$$\mathbf{a} = \boldsymbol{\alpha} \times \mathbf{r} + \boldsymbol{\omega} \times (\boldsymbol{\omega} \times \mathbf{r}) \tag{15.38}$$

donde la velocidad angular $\boldsymbol{\alpha}$ se define como la derivada

$$\boldsymbol{\alpha} = \frac{d\boldsymbol{\omega}}{dt} \tag{15.39}$$

de la velocidad angular $\boldsymbol{\omega}$.

En el caso del movimiento de un cuerpo rígido con un punto fijo, la dirección de $\boldsymbol{\omega}$ y del eje de rotación instantáneo cambia de un instante al siguiente. La aceleración angular α refleja, por consiguiente, el cambio de dirección de $\boldsymbol{\omega}$ lo mismo que su cambio de magnitud y, en general, *no está dirigida a lo largo del eje de rotación instantáneo*. Si bien la velocidad de las partículas del cuerpo localizadas en el eje de rotación instantáneo es cero, su aceleración no lo es. Además, *no se pueden* determinar las aceleraciones de las diversas partículas del cuerpo como si éste estuviera girando permanentemente alrededor del eje instantáneo.

De acuerdo con la definición de la velocidad de una partícula con vector de posición $\mathbf{r}$, se observa que la aceleración angular $\boldsymbol{\alpha}$, expresada por (15.39), representa la velocidad de la punta del vector $\boldsymbol{\omega}$. Esta propiedad puede ser útil en la determinación de la aceleración angular de un cuerpo rígido. Por ejemplo, se deduce que el vector $\boldsymbol{\alpha}$ es tangente a la curva descrita en el espacio por la punta del vector $\boldsymbol{\omega}$.

Es de hacerse notar que el vector $\boldsymbol{\omega}$ se mueve dentro del cuerpo, así como también en el espacio. Por eso genera dos conos llamados, respectivamente, *cono corporal* y *cono espacial* (figura 15.33).† Se puede demostrar que, en cualquier instante dado, los dos conos son tangentes a lo largo del eje de rotación instantáneo, y que, conforme se mueve el cuerpo, parece que el cono corporal *rueda* sobre el espacial.

Antes de concluir el análisis del movimiento de un cuerpo rígido con un punto fijo, se demostrará que las velocidades angulares en realidad son vectores.

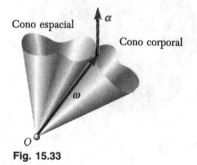

Cono espacial

Cono corporal

Fig. 15.33

---

†Se recuerda que un *cono* es, por definición, una superficie generada por una línea recta que pasa por un punto fijo. En general, los conos que aquí se consideran *no serán conos circulares*.

Tal como se indicó en la sección 2.3, algunas cantidades, como las *rotaciones finitas* de un cuerpo rígido, tienen magnitud y dirección, pero no obedecen la ley de la suma del paralelogramo; estas cantidades no se pueden considerar como vectores. En contraste, las velocidades angulares (y también las *rotaciones infinitesimales*), como ahora se demostrará, *no obedecen* la ley del paralelogramo y, por tanto, son cantidades verdaderamente vectoriales.

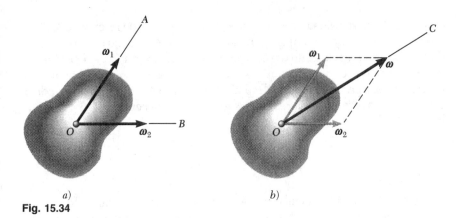

a)   *b)*

Fig. 15.34

    Considérese un cuerpo rígido con un punto fijo O, el cual, en un instante dado, gira al mismo tiempo alrededor de los ejes OA y OB con velocidades angulares ω_1 y ω_2 (figura 15.34a). Se sabe que este movimiento debe ser equivalente en el instante considerado a una rotación simple de la velocidad angular ω. Se trata de demostrar que

$$\omega = \omega_1 + \omega_2 \tag{15.40}$$

es decir, que la velocidad angular resultante puede obtenerse al sumar ω_1 y ω_2 con la ley del paralelogramo (figura 15.34b).

    Considérese una partícula P del cuerpo, definida por el vector de posición $\mathbf{r}$. Si $\mathbf{v}_1$, $\mathbf{v}_2$ y $\mathbf{v}$ denotan, respectivamente, la velocidad del punto P cuando el cuerpo gira alrededor de OA únicamente, alrededor de OB únicamente, y alrededor de ambos ejes simultáneamente, escribimos

$$\mathbf{v} = \omega \times \mathbf{r} \qquad \mathbf{v}_1 = \omega_1 \times \mathbf{r} \qquad \mathbf{v}_2 = \omega_2 \times \mathbf{r} \tag{15.41}$$

Pero el carácter vectorial de las velocidades *lineales* está bien establecido (puesto que representan derivadas de vectores de posición). Por consiguiente, tenemos

$$\mathbf{v} = \mathbf{v}_1 + \mathbf{v}_2$$

donde el signo más indica suma vectorial. Sustituyendo los valores de (15.41), escribimos

$$\omega \times \mathbf{r} = \omega_1 \times \mathbf{r} + \omega_2 \times \mathbf{r}$$
$$\omega \times \mathbf{r} = (\omega_1 + \omega_2) \times \mathbf{r}$$

donde el signo más sigue indicando que es una suma vectorial. Como la relación obtenida es válida para un $\mathbf{r}$ arbitrario, se concluye que (15.40) debe ser cierta.

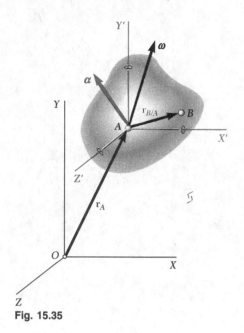

Fig. 15.35

*15.13. MOVIMIENTO GENERAL

A continuación se considerará el movimiento más general de un cuerpo rígido en el espacio. Sean A y B dos partículas del cuerpo. De acuerdo con la sección 11.12, la velocidad de B con respecto al sistema de referencia fijo $OXYZ$ se puede expresar como

$$\mathbf{v}_B = \mathbf{v}_A + \mathbf{v}_{B/A} \tag{15.42}$$

donde $\mathbf{v}_{B/A}$ es la velocidad de B con respecto a un sistema de referencia $AX'Y'Z'$ fijo en A, y de orientación fija (figura 15.35). Como A está fijo en este sistema de referencia, el movimiento del cuerpo con respecto a $AX'Y'Z'$ es el movimiento de un cuerpo con un punto fijo. La velocidad relativa $\mathbf{v}_{B/A}$ se obtiene, por consiguiente, a partir de (15.37) después de que el vector de posición $\mathbf{r}_{B/A}$ de B con respecto a A remplaza a $\mathbf{r}$. Si se sustituye $\mathbf{v}_{B/A}$ en la ecuación (15.42), escribimos

$$\mathbf{v}_B = \mathbf{v}_A + \boldsymbol{\omega} \times \mathbf{r}_{B/A} \tag{15.43}$$

donde $\boldsymbol{\omega}$ es la velocidad angular del cuerpo en el instante considerado.

La aceleración de B se obtiene mediante un razonamiento similar. Primero se escribe

$$\mathbf{a}_B = \mathbf{a}_A + \mathbf{a}_{B/A}$$

y, de acuerdo con la ecuación (15.38),

$$\mathbf{a}_B = \mathbf{a}_A + \boldsymbol{\alpha} \times \mathbf{r}_{B/A} + \boldsymbol{\omega} \times (\boldsymbol{\omega} \times \mathbf{r}_{B/A}) \tag{15.44}$$

donde $\boldsymbol{\alpha}$ es la aceleración angular del cuerpo en el instante considerado.

Las ecuaciones (15.43) y (15.44) muestran que *el movimiento más general de un cuerpo rígido equivale, en cualquier instante dado, a la suma de una traslación*, en la que todas las partículas del cuerpo tienen la misma velocidad y aceleración que una partícula A de referencia, *y de un movimiento en el que se supone que la partícula A está fija.*†

Con facilidad se demuestra, resolviendo las ecuaciones (15.43) y (15.44) para $\mathbf{v}_A$ y $\mathbf{a}_A$, que el movimiento del cuerpo con respecto a un sistema de referencia con origen en B estaría caracterizado por los mismos vectores $\boldsymbol{\omega}$ y $\boldsymbol{\alpha}$ como en su movimiento con respecto a $AX'Y'Z'$. La velocidad y la aceleración angulares de un cuerpo rígido en un instante dado, por consiguiente, son independientes de la elección del punto de referencia. Por otra parte, se debe tener en cuenta que si el sistema de referencia móvil tiene su origen en A o B, debe mantener una orientación fija; es decir, debe permanecer paralelo al sistema de referencia fijo $OXYZ$ durante todo el movimiento del cuerpo rígido. En muchos problemas será más conveniente utilizar un sistema de referencia móvil que permita la rotación así como la traslación. El uso de tales sistemas de referencia se analizará en las secciones 15.14 y 15.15.

---

† De la sección 15.12 se recuerda que, en general, los vectores $\boldsymbol{\omega}$ y $\boldsymbol{\alpha}$ no son colineales, y que las aceleraciones de las partículas del cuerpo en su movimiento relativo con respecto al sistema de referencia $AX'Y'Z'$ no se pueden determinar como si el cuerpo estuviera girando permanentemente alrededor del eje instantáneo que pasa por A.

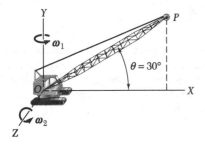

PROBLEMA RESUELTO 15.11

La grúa mostrada gira con una velocidad angular constante ω_1 de 0.30 rad/s. Al mismo tiempo, la pluma se eleva con una velocidad angular constante ω_2 de 0.50 rad/s con respecto a la cabina. Si la longitud de la pluma OP es $l = 12$ m, determínese *a*) la velocidad angular ω de la pluma, *b*) la aceleración angular α de la pluma, *c*) la velocidad **v** de la punta de la pluma, *d*) la aceleración **a** de la punta de la pluma.

SOLUCIÓN

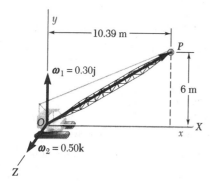

***a*. Velocidad angular de la pluma.** Al sumar la velocidad angular ω_1 de la cabina y la velocidad angular ω_2 de la pluma con respecto a la cabina, se obtiene la velocidad angular ω de la pluma en el instante considerado:

$$\omega = \omega_1 + \omega_2 \qquad \omega = (0.30 \text{ rad/s})\mathbf{j} + (0.50 \text{ rad/s})\mathbf{k} \blacktriangleleft$$

***b*. Aceleración angular de la pluma.** La aceleración angular α de la pluma se obtiene diferenciando ω. Como el vector ω_1 es de magnitud y dirección constantes, tenemos

$$\alpha = \dot{\omega} = \dot{\omega}_1 + \dot{\omega}_2 = 0 + \dot{\omega}_2$$

donde la razón de cambio $\dot{\omega}_2$ se calcula con respecto al sistema de referencia fijo $OXYZ$. Sin embargo, es más conveniente utilizar un sistema de referencia $Oxyz$ con origen en la cabina, y girarlo junto con ella, puesto que el vector ω_2 también gira junto con la cabina y, por consiguiente, su razón de cambio es cero con respecto a dicho sistema de referencia. Con la ecuación (15.31) y $\mathbf{Q} = \omega_2$ y $\mathbf{\Omega} = \omega_1$, escribimos

$$(\dot{\mathbf{Q}})_{OXYZ} = (\dot{\mathbf{Q}})_{Oxyz} + \mathbf{\Omega} \times \mathbf{Q}$$
$$(\dot{\omega}_2)_{OXYZ} = (\dot{\omega}_2)_{Oxyz} + \omega_1 \times \omega_2$$
$$\alpha = (\dot{\omega}_2)_{OXYZ} = 0 + (0.30 \text{ rad/s})\mathbf{j} \times (0.50 \text{ rad/s})\mathbf{k}$$

$$\alpha = (0.15 \text{ rad/s}^2)\mathbf{i} \blacktriangleleft$$

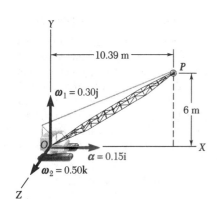

***c*. Velocidad de la punta de la pluma.** Observando que el vector de posición de la punta P es $\mathbf{r} = (10.39 \text{ m})\mathbf{i} + (6 \text{ m})\mathbf{j}$ y utilizando la expresión hallada para ω en el inciso *a*), escribimos

$$\mathbf{v} = \omega \times \mathbf{r} = \begin{vmatrix} \mathbf{i} & \mathbf{j} & \mathbf{k} \\ 0 & 0.30 \text{ rad/s} & 0.50 \text{ rad/s} \\ 10.39 \text{ m} & 6 \text{ m} & 0 \end{vmatrix}$$

$$\mathbf{v} = -(3 \text{ m/s})\mathbf{i} + (5.20 \text{ m/s})\mathbf{j} - (3.12 \text{ m/s})\mathbf{k} \blacktriangleleft$$

***d*. Aceleración de la punta de la pluma.** Como $\mathbf{v} = \omega \times \mathbf{r}$, escribimos

$$\mathbf{a} = \alpha \times \mathbf{r} + \omega \times (\omega \times \mathbf{r}) = \alpha \times \mathbf{r} + \omega \times \mathbf{v}$$

$$\mathbf{a} = \begin{vmatrix} \mathbf{i} & \mathbf{j} & \mathbf{k} \\ 0.15 & 0 & 0 \\ 10.39 & 6 & 0 \end{vmatrix} + \begin{vmatrix} \mathbf{i} & \mathbf{j} & \mathbf{k} \\ 0 & 0.30 & 0.50 \\ -3 & 5.20 & -3.12 \end{vmatrix}$$

$$= 0.90\mathbf{k} - 0.94\mathbf{i} - 2.60\mathbf{i} - 1.50\mathbf{j} + 0.90\mathbf{k}$$

$$\mathbf{a} = -(3.54 \text{ m/s}^2)\mathbf{i} - (150 \text{ m/s}^2)\mathbf{j} + (1.80 \text{ m/s}^2)\mathbf{k} \blacktriangleleft$$

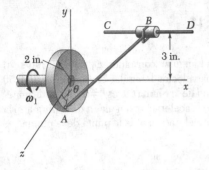

PROBLEMA RESUELTO 15.12

La barra AB, de 7 in. de longitud, está conectada al disco por medio de una articulación de rótula, y al collarín B por medio de una horquilla. El disco gira en el plano yz a una velocidad constante $\omega_1 = 12$ rad/s, mientras que el collarín se desliza libremente a lo largo de la barra horizontal CD. Para la posición $\theta = 0$, determínese a) la velocidad del collarín, b) la velocidad angular de la barra.

SOLUCIÓN

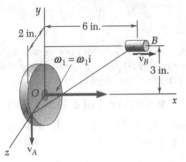

$\omega_1 = 12\,\mathbf{i}$
$\mathbf{r}_A = 2\mathbf{k}$
$\mathbf{r}_B = 6\mathbf{i} + 3\mathbf{j}$
$\mathbf{r}_{B/A} = 6\mathbf{i} + 3\mathbf{j} - 2\mathbf{k}$

a. **Velocidad del collarín.**   Como el punto A está conectado al disco, y como el collarín B se mueve en una dirección paralela al eje x, tenemos

$$\mathbf{v}_A = \boldsymbol{\omega}_1 \times \mathbf{r}_A = 12\mathbf{i} \times 2\mathbf{k} = -24\mathbf{j} \qquad \mathbf{v}_B = v_B\mathbf{i}$$

Si $\boldsymbol{\omega}$ denota la velocidad angular de la barra, escribimos

$$\mathbf{v}_B = \mathbf{v}_A + \mathbf{v}_{B/A} = \mathbf{v}_A + \boldsymbol{\omega} \times \mathbf{r}_{B/A}$$

$$v_B\mathbf{i} = -24\mathbf{j} + \begin{vmatrix} \mathbf{i} & \mathbf{j} & \mathbf{k} \\ \omega_x & \omega_y & \omega_z \\ 6 & 3 & -2 \end{vmatrix}$$

$$v_B\mathbf{i} = -24\mathbf{j} + (-2\omega_y - 3\omega_z)\mathbf{i} + (6\omega_z + 2\omega_x)\mathbf{j} + (3\omega_x - 6\omega_y)\mathbf{k}$$

Si se ponen en ecuación los coeficientes de los vectores unitarios, obtenemos

$$v_B = \quad\quad -2\omega_y \quad -3\omega_z \tag{1}$$
$$24 = 2\omega_x \quad\quad\quad +6\omega_z \tag{2}$$
$$0 = 3\omega_x \quad -6\omega_y \tag{3}$$

Si se multiplican las ecuaciones (1), (2) y (3), respectivamente, por 6, 3, -2 y se suman, escribimos

$$6v_B + 72 = 0 \qquad v_B = -12 \qquad \mathbf{v}_B = -(12\ \text{in./s})\mathbf{i} \quad \blacktriangleleft$$

b. **Velocidad angular de la barra AB.**   Se ve que la velocidad angular no se puede determinar con las ecuaciones (1), (2) y (3), puesto que el determinante formado por los coeficientes de ω_x, ω_y y ω_z es cero. Se debe obtener, por consiguiente, una ecuación adicional al considerar la limitación impuesta por la horquilla en B.
La conexión collarín-horquilla en B permite la rotación de AB alrededor de la barra CD, y también alrededor de un eje perpendicular al plano que contiene a AB y CD. La conexión impide la rotación de AB alrededor del eje EB, el cual es perpendicular a CD y está situado en el plano que contiene a AB y CD. Por tanto, la proyección de $\boldsymbol{\omega}$ sobre $\mathbf{r}_{E/B}$ debe ser cero, y escribimos†

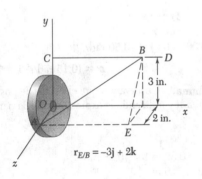

$\mathbf{r}_{E/B} = -3\mathbf{j} + 2\mathbf{k}$

$$\boldsymbol{\omega} \cdot \mathbf{r}_{E/B} = 0 \qquad (\omega_x\mathbf{i} + \omega_y\mathbf{j} + \omega_z\mathbf{k}) \cdot (-3\mathbf{j} + 2\mathbf{k}) = 0$$
$$-3\omega_y + 2\omega_z = 0 \tag{4}$$

Resolviendo las ecuaciones (1) a (4) simultáneamente, obtenemos

$$v_B = -12 \qquad \omega_x = 3.69 \qquad \omega_y = 1.846 \qquad \omega_z = 2.77$$

$$\boldsymbol{\omega} = (3.69\ \text{rad/s})\mathbf{i} + (1.846\ \text{rad/s})\mathbf{j} + (2.77\ \text{rad/s})\mathbf{k} \quad \blacktriangleleft$$

---

†También debe señalarse que la dirección de EB es la del triple producto vectorial $\mathbf{r}_{B/C} \times (\mathbf{r}_{B/C} \times \mathbf{r}_{B/A})$, y escribir $\boldsymbol{\omega} \cdot [\mathbf{r}_{B/C} \times (\mathbf{r}_{B/C} \times \mathbf{r}_{B/A})] = 0$. Esta formulación sería particularmente útil si la barra CD fuera sesgada.

En esta lección se inició el estudio de la *cinemática de cuerpos rígidos en tres dimensiones.* Primero se estudió el *movimiento de un cuerpo rígido con respecto a un punto fijo,* y luego el *movimiento general de un cuerpo rígido.*

A. Movimiento de un cuerpo rígido con respecto a un punto fijo. Para analizar el movimiento de un punto *B* de un cuerpo que gira alrededor de un punto fijo *O,* se pueden tomar algunos o todos los pasos siguientes.

1. Determinar el vector de posición r que conecta el punto fijo *O* al punto *B.*

2. Determinar la velocidad angular ω del cuerpo con respecto a un sistema de referencia fijo. A menudo, la velocidad angular ω se obtiene sumando dos velocidades angulares componentes ω_1 y ω_2 [problema resuelto 15.11].

3. Calcular la velocidad de B con la ecuación

$$\mathbf{v} = \boldsymbol{\omega} \times \mathbf{r} \qquad (15.37)$$

Los cálculos casi siempre se facilitarán si el producto vectorial se expresa como un determinante.

4. Determinar la aceleración angular α del cuerpo. La aceleración angular α representa la razón de cambio $(\dot{\boldsymbol{\omega}})_{OXYZ}$ del vector $\boldsymbol{\omega}$ *con respecto a un sistema de referencia fijo OXYZ,* y refleja tanto un *cambio de magnitud como de dirección* de la velocidad angular. Sin embargo, al calcular α, puede ser conveniente calcular primero la razón de cambio de $(\dot{\boldsymbol{\omega}})_{Oxyz}$ de ω con respecto a un sistema de referencia rotatorio *Oxyz* de su elección, y utilizar la ecuación (15.31) de la lección anterior para obtener α. Se escribirá

$$\boldsymbol{\alpha} = (\dot{\boldsymbol{\omega}})_{OXYZ} = (\dot{\boldsymbol{\omega}})_{Oxyz} + \boldsymbol{\Omega} \times \boldsymbol{\omega}$$

donde Ω es la velocidad angular del sistema de referencia rotatorio *Oxyz* [problema resuelto 15.11].

5. Calcular la aceleración de B mediante la ecuación:

$$\mathbf{a} = \boldsymbol{\alpha} \times \mathbf{r} + \boldsymbol{\omega} \times (\boldsymbol{\omega} \times \mathbf{r}) \qquad (15.38)$$

Observe que el producto vectorial $(\boldsymbol{\omega} \times \mathbf{r})$ representa la velocidad del punto *B*, y se calculó en el paso 3. Además, el cálculo del primer producto vectorial de (15.38) se facilitará si se expresa en forma de determinante. Recuerde que, como en el caso del movimiento plano de un cuerpo rígido, el eje de rotación instantáneo *no puede usarse* para determinar aceleraciones.

(continúa)

B. Movimiento general de un cuerpo rígido. El movimiento general de un cuerpo rígido se puede considerar como *la suma de una traslación y una rotación*. Tenga en cuenta lo siguiente:

a. En la parte de traslación del movimiento, todos los puntos del cuerpo tienen la *misma velocidad* $\mathbf{v}_A$ *y la misma aceleración* $\mathbf{a}_A$ que el punto A del cuerpo seleccionado como punto de referencia.

b. En la parte de rotación del movimiento, se supone que el mismo punto de referencia A es un *punto fijo*.

1. Para determinar la velocidad de un punto B del cuerpo rígido, cuando se conocen la velocidad $\mathbf{v}_A$ del punto de referencia A y la velocidad angular $\boldsymbol{\omega}$ del cuerpo, simplemente se suma $\mathbf{v}_A$ a la velocidad $\mathbf{v}_{B/A} = \boldsymbol{\omega} \times \mathbf{r}_{B/A}$ de B en su rotación alrededor de A:

$$\mathbf{v}_B = \mathbf{v}_A + \boldsymbol{\omega} \times \mathbf{r}_{B/A} \tag{15.43}$$

Tal como se indicó con anterioridad, en general, el cálculo del producto vectorial se facilitará si se expresa en forma de determinante.

También se puede usar la ecuación (15.43) para determinar la magnitud de $\mathbf{v}_B$ cuando se conoce su dirección, aun cuando no se conozca $\boldsymbol{\omega}$. Si bien las tres ecuaciones escalares correspondientes son linealmente independientes, y las componentes de $\boldsymbol{\omega}$ son indeterminadas, éstas pueden eliminarse y $\mathbf{v}_A$ se determina con una combinación lineal apropiada de las tres ecuaciones [problema resuelto 15.12, inciso *a*]. Por otra parte, se puede asignar un valor arbitrario a una de las componentes de $\boldsymbol{\omega}$ y resolver las ecuaciones para $\mathbf{v}_A$. Sin embargo, se tiene que buscar una ecuación adicional para determinar los valores verdaderos de las componentes de $\boldsymbol{\omega}$ [problema resuelto 15.12, inciso *b*].

2. Para determinar la aceleración de un punto B del cuerpo rígido, cuando se conocen la aceleración $\mathbf{a}_A$ del punto de referencia A y la aceleración angular $\boldsymbol{\alpha}$ del cuerpo, simplemente se suma $\mathbf{a}_A$ a la aceleración de B en su rotación alrededor de A, como se expresa mediante la ecuación (15.38):

$$\mathbf{a}_B = \mathbf{a}_A + \boldsymbol{\alpha} \times \mathbf{r}_{B/A} + \boldsymbol{\omega} \times (\boldsymbol{\omega} \times \mathbf{r}_{B/A}) \tag{15.44}$$

Observe que el producto vectorial $(\boldsymbol{\omega} \times \mathbf{r}_{B/A})$ representa la velocidad de B con respecto a A, y posiblemente ya se calculó como parte del cálculo de $\mathbf{v}_B$. También debe recordarse que el cálculo de los otros dos productos vectoriales se facilitará si éstos se expresan en forma de determinante.

También se pueden usar las tres ecuaciones escalares asociadas con la ecuación (15.44) para determinar la magnitud de $\mathbf{a}_B$ cuando se conoce su dirección, aun cuando $\boldsymbol{\omega}$ y $\boldsymbol{\alpha}$ no sean conocidas. Aunque las componentes de $\boldsymbol{\omega}$ y $\boldsymbol{\alpha}$ son indeterminadas, se pueden asignar valores arbitrarios a una de las componentes de $\boldsymbol{\omega}$ y a una de las componentes de $\boldsymbol{\alpha}$ y resolver las ecuaciones para $\mathbf{a}_B$.

Problemas

15.184 El mecanismo mostrado gira alrededor de la articulación de rótula O, con una velocidad angular $\boldsymbol{\omega} = \omega_x\mathbf{i} + \omega_y\mathbf{j} + \omega_z\mathbf{k}$. Si $\mathbf{v}_A = (100 \text{ in./s})\mathbf{i} + (6 \text{ in./s})\mathbf{j} + (v_A)_z\mathbf{k}$ y $\omega_y = 30$ rad/s, determine $a)$ la velocidad angular del ensamble, $b)$ la velocidad del punto B.

15.185 El mecanismo mostrado gira alrededor de la articulación de rótula O, con una velocidad angular $\boldsymbol{\omega} = \omega_x\mathbf{i} + \omega_y\mathbf{j} + \omega_z\mathbf{k}$. Si $\mathbf{v}_A = (100 \text{ in./s})\mathbf{i} + (6 \text{ in./s})\mathbf{j} + (v_A)_z\mathbf{k}$ y $\omega_y = 40$ rad/s, determine $a)$ la velocidad angular del ensamble, $b)$ la velocidad del punto B.

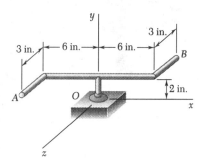

Fig. P15.184 y P15.185

15.186 En el instante considerado, la antena de radar mostrada gira alrededor del origen de coordenadas con una velocidad angular $\boldsymbol{\omega} = \omega_x\mathbf{i} + \omega_y\mathbf{j} + \omega_z\mathbf{k}$. Si $(v_A)_y = 300$ mm/s, $(v_B)_y = 180$ mm/s y $(v_B)_z = 360$ mm/s, determine $a)$ la velocidad angular de la antena, $b)$ la velocidad del punto A.

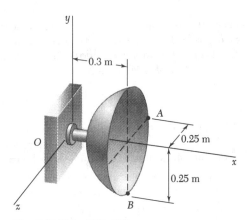

Fig. P15.186 y P15.187

15.187 En el instante considerado, la antena de radar mostrada gira alrededor del origen de coordenadas con una velocidad angular $\boldsymbol{\omega} = \omega_x\mathbf{i} + \omega_y\mathbf{j} + \omega_z\mathbf{k}$. Si $(v_A)_x = 100$ mm/s, $(v_A)_y = -90$ mm/s y $(v_B)_z = 120$ mm/s, determine $a)$ la velocidad angular de la antena, $b)$ la velocidad del punto A.

15.188 Las aspas de un ventilador oscilante giran con una velocidad angular constante $\boldsymbol{\omega}_1 = -(360 \text{ rpm})\mathbf{i}$ con respecto a la carcaza del motor. Determine la aceleración angular de las aspas si, en el instante mostrado, la velocidad y la aceleración angulares de la carcaza del motor son, respectivamente, $\boldsymbol{\omega}_2 = -(2.5 \text{ rpm})\mathbf{j}$ y $\boldsymbol{\alpha}_2 = 0$.

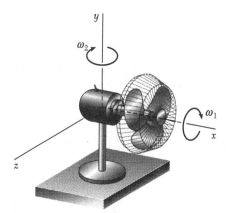

Fig. P15.188

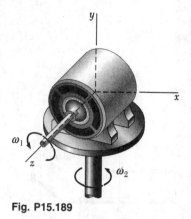

Fig. P15.189

15.189 El rotor de un motor eléctrico gira a la velocidad constante $\omega_1 = 1800$ rpm. Determine la aceleración angular del rotor en el momento en que el motor se hacer girar alrededor del eje y con una velocidad angular constante ω_2 de 6 rpm, en sentido contrario al de las manecillas del reloj, visto desde el eje y positivo.

15.190 En el sistema mostrado, el disco A gira libremente alrededor de la barra horizontal OA. Si se supone que el disco B es estacionario ($\omega_2 = 0$) y que la flecha OC gira con una velocidad angular constante ω_1, determine a) la velocidad angular del disco A, b) la aceleración angular del disco A.

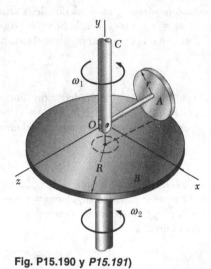

Fig. P15.190 y *P15.191*)

15.191 En el sistema mostrado, el disco A gira libremente alrededor de la barra horizontal OA. Si se supone que la flecha OC y el disco B giran con velocidades angulares constantes ω_1 y ω_2, respectivamente, ambas en sentido contrario al de las manecillas del reloj, determine a) la velocidad angular del disco A, b) la aceleración angular del disco A.

15.192 El brazo BCD en forma de L gira alrededor del eje z con una velocidad angular constante ω_1 de 5 rad/s. Si el disco, de 150 mm de radio, gira alrededor de BC con una velocidad angular constante ω_2 de 4 rad/s, determine la aceleración angular del disco.

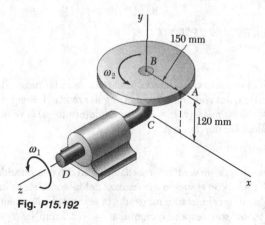

Fig. *P15.192*

15.193 En el problema 15.192, determine a) la velocidad del punto A, b) la aceleración del punto A.

15.194 Un disco de 3 in. de radio gira a la velocidad constante $\omega_2 = 4$ rad/s alrededor de un eje sostenido por un soporte sujeto a una barra horizontal que gira a la velocidad constante $\omega_1 = 5$ rad/s. Para la posición mostrada, determine a) la aceleración angular del disco, b) la aceleración del punto P, localizado en el borde del disco, cuando $\theta = 0$, c) la aceleración del punto P, localizado en el borde del disco, cuando $\theta = 90°$.

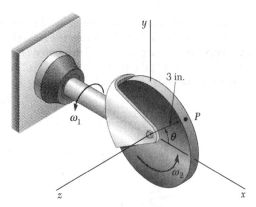

Fig. P15.194 y P15.195

15.195 Un disco de 3 in. de radio gira a la velocidad constante $\omega_2 = 4$ rad/s alrededor de un eje sostenido por un soporte sujeto a una barra horizontal que gira a la velocidad constante $\omega_1 = 5$ rad/s. Si $\theta = 30°$, determine la aceleración del punto P, localizado en el borde del disco.

15.196 Un cañón de longitud $OP = 4$ m se monta en una torreta, como se muestra. Para mantenerlo apuntado a un blanco móvil, el ángulo azimutal β se incrementa en la razón $d\beta/dt = 30°$/s, y el ángulo de elevación γ se incrementa en la razón $d\beta/dt = 10°$/s. Para la posición $\beta = 90°$ y $\gamma = 30°$, determine a) la velocidad angular del cañón, b) la aceleración angular del cañón, c) la velocidad y la aceleración del punto P.

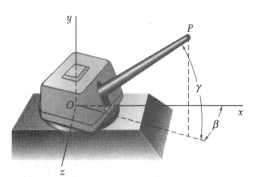

Fig. P15.196

15.197 En el sistema de engranes planetarios mostrado, los engranes A y B están rígidamente conectados entre sí, y giran como una unidad alrededor de la flecha FG. Los engranes C y D giran con velocidades angulares constantes de 15 rad/s y 30 rad/s, respectivamente, ambos en sentido contrario al de las manecillas del reloj, vistos desde el lado derecho. Si el eje z apunta hacia afuera del plano de la figura, determine a) la velocidad angular común de los engranes A y B, b) la aceleración angular común de los engranes A y B, c) la aceleración del diente del engrane B, que está en contacto con el engrane D en el punto 2.

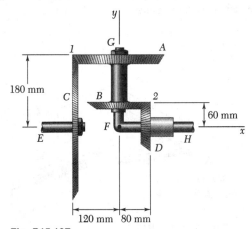

Fig. P15.197

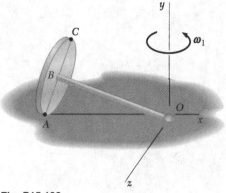

Fig. P15.198

15.198 Se monta una rueda de 30 mm de radio en un eje OB de 100 mm de longitud. La rueda gira sin deslizarse sobre el piso horizontal, y el eje es perpendicular al plano de la rueda. Si el sistema gira alrededor del eje y a una velocidad constante $\omega_1 = 2.4$ rad/s, determine a) la velocidad angular de la rueda, b) la aceleración angular de la rueda, c) la aceleración del punto C, localizado en la parte más alta en el borde de la rueda.

15.199 Se sueldan tres varillas juntas para formar el sistema mostrado que está conectado a una articulación de rótula en O fija. El extremo de la varilla OA se mueve sobre el plano inclinado D, perpendicular al plano xy. El extremo de la varilla OB se mueve sobre el plano horizontal E. Si, en el instante mostrado, $\mathbf{v}_B = -(15$ in./s$)\mathbf{k}$, determine a) la velocidad angular del sistema, b) la velocidad del punto C.

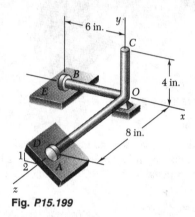

Fig. P15.199

15.200 En el problema 15.199, la rapidez del punto B es constante. Para la posición mostrada, determine a) la aceleración angular del sistema, b) la aceleración del punto C.

15.201 El sector de 45° de una placa circular de 10 in. de radio está conectado a una articulación de rótula en O fija. Conforme el borde OA se mueve en la superficie horizontal, OB lo hace a lo largo de la pared vertical. Si el punto A se mueve a una rapidez constante de 60 in./s, determine, para en la posición mostrada, a) la velocidad angular de la placa, b) la velocidad del punto B.

15.202 La barra AB, de 275 mm de longitud, está conectada por medio de articulaciones de rótula a los collarines A y B, que se deslizan a lo largo de las dos barras mostradas. Si el collarín B se mueve hacia el origen O a una rapidez constante de 180 mm/s, determine la velocidad del collarín A cuando $c = 175$ mm.

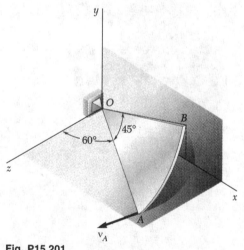

Fig. P15.201

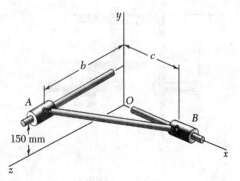

Fig. P15.202 y P15.203

15.203 La barra AB de la figura P15.202 y P15.203, de 275 mm de longitud, está conectada por medio de articulaciones de rótula a los collarines A y B, que se deslizan a lo largo de las dos barras mostradas. Si el collarín B se mueve hacia el origen O a una rapidez constante de 180 mm/s, determine la velocidad del collarín A cuando $c = 50$ mm.

15.204 La barra AB está conectada por medio de articulaciones de rótula a un collarín A y al disco C, de 16 in. de diámetro. Si el disco C gira en sentido contrario al de las manecillas del reloj a la velocidad constante $\omega_0 = 3$ rad/s en el plano zx, determine la velocidad del collarín A en la posición mostrada.

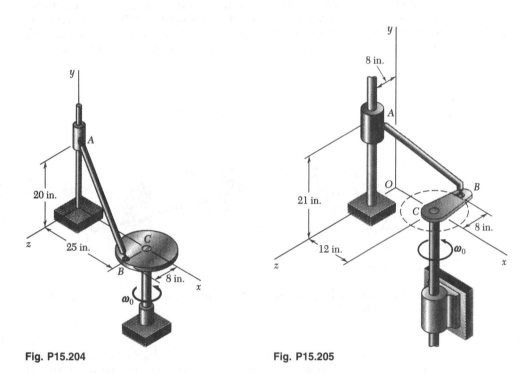

Fig. P15.204   **Fig. P15.205**

15.205 La barra AB, de 29 in. de longitud, está conectada por medio de articulaciones de rótula a la manivela BC y al collarín A. La manivela BC, de 8 in. de longitud, gira en el plano horizontal xy a la velocidad constante $\omega_0 = 10$ rad/s. En el instante mostrado, cuando la manivela BC está en posición paralela al eje z, determine la velocidad del collarín A.

15.206 La barra AB, de 300 mm de longitud, está conectada por medio de articulaciones de rótula a los collarines A y B, que se deslizan a lo largo de las dos barras mostradas. Si el collarín B se mueve hacia el punto D a una velocidad constante de 50 mm/s, determine la velocidad del collarín A cuando $c = 80$ mm.

15.207 La barra AB, de 300 mm de longitud, está conectada por medio de articulaciones de rótula a los collarines A y B, que se deslizan a lo largo de las dos barras mostradas. Si el collarín B se mueve hacia el punto D a una velocidad constante de 50 mm/s, determine la velocidad del collarín A cuando $c = 120$ mm.

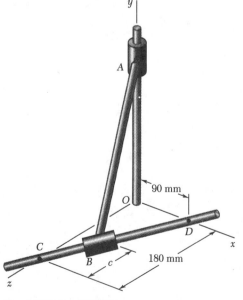

Fig. P15.206 y P15.207

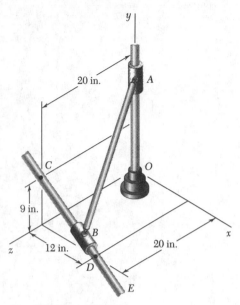

Fig. P15.208 y P15.209

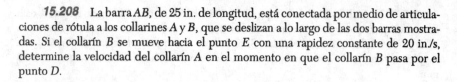

15.208 La barra *AB*, de 25 in. de longitud, está conectada por medio de articulaciones de rótula a los collarines *A* y *B*, que se deslizan a lo largo de las dos barras mostradas. Si el collarín *B* se mueve hacia el punto *E* con una rapidez constante de 20 in./s, determine la velocidad del collarín *A* en el momento en que el collarín *B* pasa por el punto *D*.

15.209 La barra *AB*, de 25 in. de longitud, está conectada por medio de articulaciones de rótula a los collarines *A* y *B*, que se deslizan a lo largo de las dos barras mostradas. Si el collarín *B* se mueve hacia el punto *E* con una rapidez constante de 20 in./s, determine la velocidad del collarín *A* en el momento en que el collarín *B* pasa por el punto *C*.

15.210 Dos flechas *AC* y *CF*, situadas en el plano *xy* vertical, están conectadas por medio de una junta universal en *C*. La flecha *CF* gira a una velocidad angular constante ω_1, como se muestra. En el momento en que el brazo de la cruceta conectada a la flecha *CF* está en posición horizontal, determine la velocidad angular ω_2 de la flecha *AC*.

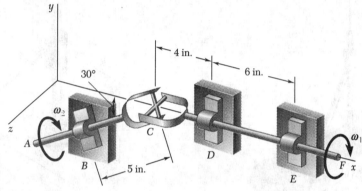

Fig. P15.210

15.211 Resuelva el problema 15.210, suponiendo que el brazo de la cruceta conectada a la flecha *CF* está en posición vertical.

15.212 En el problema 15.203, la articulación de rótula entre la barra y el collarín *A* se cambia por la horquilla mostrada. Determine *a*) la velocidad angular de la barra, *b*) la velocidad del collarín *A*.

15.213 En el problema 15.204, la articulación de rótula entre la barra y el collarín *A* se cambia por la horquilla mostrada. Determine *a*) la velocidad angular de la barra, *b*) la velocidad del collarín *A*.

Fig. P15.212

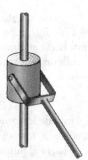

Fig. P15.213

15.214 a 15.219 Para el mecanismo del problema indicado, determine la aceleración del collarín A.

15.214 Mecanismo del problema 15.202.
15.215 Mecanismo del problema 15.203.
15.216 Mecanismo del problema 15.204.
15.217 Mecanismo del problema 15.205.
15.218 Mecanismo del problema 15.206
15.219 Mecanismo del problema 15.207.

*15.14. MOVIMIENTO TRIDIMENSIONAL DE UNA PARTÍCULA CON RESPECTO A UN SISTEMA DE REFERENCIA EN ROTACIÓN. ACELERACIÓN DE CORIOLIS

En la sección 15.10 se vio que, con una función vectorial $\mathbf{Q}(t)$ y dos sistemas de referencia con centro en O —uno fijo $OXYZ$ y uno rotatorio $Oxyz$—, las razones de cambio $\mathbf{Q}$ con respecto a los dos sistemas de referencia satisfacen la relación

$$(\dot{\mathbf{Q}})_{OXYZ} = (\dot{\mathbf{Q}})_{Oxyz} + \mathbf{\Omega} \times \mathbf{Q} \qquad (15.31)$$

En esa ocasión se supuso que el sistema de referencia $Oxyz$ estaba restringido a girar alrededor del eje fijo OA. Sin embargo, la derivación dada en la sección 15.10 sigue siendo válida cuando el sistema de referencia $Oxyz$ está restringido sólo a tener un punto fijo O. Bajo esta suposición más general, el eje OA representa el eje de rotación *instantáneo* del sistema de referencia $Oxyz$ (sección 15.12), y el vector $\mathbf{\Omega}$ representa su velocidad en el instante considerado (figura 15.36).

Considérese ahora el movimiento tridimensional de una partícula P con respecto a un sistema de referencia rotatorio $Oxyz$, restringido a tener un origen fijo O. Sean $\mathbf{r}$ el vector de posición de P en un instante dado, y $\mathbf{\Omega}$ la velocidad angular del sistema de referencia $Oxyz$ con respecto al sistema de referencia fijo $OXYZ$ en el mismo instante (figura 15.37). Las derivaciones dadas en la sección 15.11 para el movimiento bidimensional de una partícula, se pueden ampliar con facilidad al caso tridimensional, y la velocidad absoluta $\mathbf{v}_P$ de P (es decir, su velocidad con respecto al sistema de referencia fijo $OXYZ$) se expresa como

$$\mathbf{v}_P = \mathbf{\Omega} \times \mathbf{r} + (\dot{\mathbf{r}})_{Oxyz} \qquad (15.45)$$

Si $\mathscr{F}$ denota el sistema de referencia rotatorio $Oxyz$, esta relación se escribe en la forma alterna

$$\mathbf{v}_P = \mathbf{v}_{P'} + \mathbf{v}_{P/\mathscr{F}} \qquad (15.46)$$

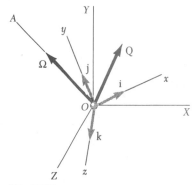

Fig. 15.36

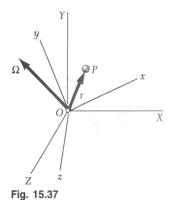

Fig. 15.37

donde $\mathbf{v}_P$ = velocidad absoluta de la partícula P
$\quad \mathbf{v}_{P'}$ = velocidad del punto P' del sistema de referencia móvil $\mathscr{F}$ que coincide con P
$\quad \mathbf{v}_{P/\mathscr{F}}$ = velocidad de P con respecto al sistema de referencia móvil $\mathscr{F}$

La aceleración absoluta $\mathbf{a}_P$ de P se expresa como

$$\mathbf{a}_P = \dot{\mathbf{\Omega}} \times \mathbf{r} + \mathbf{\Omega} \times (\mathbf{\Omega} \times \mathbf{r}) + 2\mathbf{\Omega} \times (\dot{\mathbf{r}})_{Oxyz} + (\ddot{\mathbf{r}})_{Oxyz} \qquad (15.47)$$

Una forma alterna es

$$\mathbf{a}_P = \mathbf{a}_{P'} + \mathbf{a}_{P/\mathcal{F}} + \mathbf{a}_c \tag{15.48}$$

donde $\mathbf{a}_P$ = aceleración absoluta de la partícula P

$\quad\mathbf{a}_{P'}$ = aceleración del punto P' del sistema de referencia móvil $\mathcal{F}$ que coincide con P

$\quad\mathbf{a}_{P/\mathcal{F}}$ = aceleración de P con respecto al sistema de referencia móvil $\mathcal{F}$

$\quad\mathbf{a}_c = 2\boldsymbol{\Omega} \times (\dot{\mathbf{r}})_{Oxyz} = 2\boldsymbol{\Omega} \times \mathbf{v}_{P/\mathcal{F}}$

$\quad\quad$ = aceleración complementaria, o Coriolis†

Se ve que la aceleración de Coriolis es perpendicular a los vectores $\boldsymbol{\Omega}$ y $\mathbf{v}_{P/\mathcal{F}}$. No obstante, como estos vectores casi siempre no son perpendiculares entre sí, la magnitud de $\mathbf{a}_c$ en general *no* es igual a $2\Omega v_{P/\mathcal{F}}$, como en el caso del movimiento plano de una partícula. Se observa, además, que la aceleración de Coriolis se reduce a cero cuando los vectores $\boldsymbol{\Omega}$ y $\mathbf{v}_{P/\mathcal{F}}$ son paralelos, o cuando uno de ellos es cero.

Los sistemas de referencia rotatorios son particularmente útiles en el estudio del movimiento tridimensional de cuerpos rígidos. Si un cuerpo rígido tiene un punto fijo O, como en el caso de la grúa del problema resuelto 15.11, se puede usar un sistema de referencia $Oxyz$ que no es fijo ni está rígidamente conectado al cuerpo rígido. Si $\boldsymbol{\Omega}$ denota la velocidad angular del sistema de referencia $Oxyz$, entonces la velocidad angular $\boldsymbol{\omega}$ del cuerpo se transforma en las componentes $\boldsymbol{\Omega}$ y $\boldsymbol{\omega}_{B/\mathcal{F}}$, donde la segunda componente representa la velocidad angular del cuerpo con respecto al sistema de referencia $Oxyz$ (véase el problema resuelto 15.14). Con frecuencia, una elección apropiada del sistema de referencia rotatorio conduce a un análisis más simple del movimiento del cuerpo rígido que lo que sería posible con ejes de orientación fija. Esto es especialmente cierto en el caso del movimiento general tridimensional de un cuerpo rígido; esto es, cuando el cuerpo rígido considerado no tiene ningún punto fijo (véase el problema resuelto 15.15).

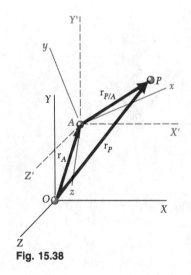

Fig. 15.38

*15.15. SISTEMA DE REFERENCIA EN MOVIMIENTO GENERAL

Considérese un sistema de referencia fijo $OXYZ$ y uno $Axyz$ que se mueve de una manera conocida, pero arbitraria, con respecto a $OXYZ$ (figura 15.38). Sea P una partícula que se mueve en el espacio. La posición de P queda definida en cualquier instante por el vector $\mathbf{r}_P$ en el sistema de referencia fijo, y por el vector $\mathbf{r}_{P/A}$ en el móvil. Si $\mathbf{r}_A$ denota el vector de posición de A en el sistema de referencia fijo, tenemos

$$\mathbf{r}_P = \mathbf{r}_A + \mathbf{r}_{P/A} \tag{15.49}$$

La velocidad absoluta $\mathbf{v}_P$ de la partícula se obtiene escribiendo

$$\mathbf{v}_P = \dot{\mathbf{r}}_P = \dot{\mathbf{r}}_A + \dot{\mathbf{r}}_{P/A} \tag{15.50}$$

donde las derivadas están definidas con respecto al sistema de referencia fijo $OXYZ$. Por tanto, el primer término del miembro del lado derecho de (15.50) representa la velocidad $\mathbf{v}_A$ del origen A de los ejes móviles. Por otra parte, como la razón de cambio de un vector es la misma con respecto a un sistema de

---

†Es importante señalar la diferencia entre la ecuación (15.48) y la ecuación (15.21) de la sección 15.8. Véase la nota al pie de la página 943.

referencia fijo y con respecto a un sistema de referencia en traslación (sección 11.10), el segundo término puede ser considerado como la velocidad $\mathbf{v}_{P/A}$ de P con respecto al sistema de referencia $AX'Y'Z'$ de la misma orientación que $OXYZ$ y el mismo origen que $Axyz$. Por consiguiente, tenemos

$$\mathbf{v}_P = \mathbf{v}_A + \mathbf{v}_{P/A} \tag{15.51}$$

Pero la velocidad $\mathbf{v}_{P/A}$ de P con respecto a $AX'Y'Z'$ se puede obtener a partir de la ecuación (15.45) sustituyendo $\mathbf{r}_{P/A}$ en lugar de $\mathbf{r}$ en dicha ecuación. Escribimos

$$\mathbf{v}_P = \mathbf{v}_A + \mathbf{\Omega} \times \mathbf{r}_{P/A} + (\dot{\mathbf{r}}_{P/A})_{Axyz} \tag{15.52}$$

donde $\mathbf{\Omega}$ es la velocidad angular del sistema $Axyz$ en el instante considerado.

La aceleración absoluta $\mathbf{a}_P$ de la partícula se obtiene diferenciando (15.51) y escribiendo

$$\mathbf{a}_P = \dot{\mathbf{v}}_P = \dot{\mathbf{v}}_A + \dot{\mathbf{v}}_{P/A} \tag{15.53}$$

donde las derivadas están definidas con respecto a cualquiera de los dos sistemas $OXYZ$ o $AX'Y'Z'$. Por tanto, el primer término del miembro del lado derecho de (15.53) representa la aceleración $\mathbf{a}_A$ del origen A de los ejes móviles, y el segundo representa la aceleración $\mathbf{a}_{P/A}$ de P con respecto al sistema de referencia $AX'Y'Z'$. Esta aceleración se puede obtener a partir de la ecuación (15.47) sustituyendo $\mathbf{r}_{P/A}$ en lugar de $\mathbf{r}$. Por consiguiente, escribimos

$$\begin{aligned} \mathbf{a}_P = \mathbf{a}_A &+ \dot{\mathbf{\Omega}} \times \mathbf{r}_{P/A} + \mathbf{\Omega} \times (\mathbf{\Omega} \times \mathbf{r}_{P/A}) \\ &+ 2\mathbf{\Omega} \times (\dot{\mathbf{r}}_{P/A})_{Axyz} + (\ddot{\mathbf{r}}_{P/A})_{Axyz} \end{aligned} \tag{15.54}$$

Las fórmulas (15.52) y (15.54) posibilitan la determinación de la velocidad y la aceleración de una partícula dada con respecto a un sistema de referencia fijo, cuando se conoce su movimiento con respecto a un sistema móvil. Estas fórmulas llegan a ser más significativas, y considerablemente más fáciles de recordar, si se observa que la suma de los dos primeros términos de (15.52) representa la velocidad del punto P' del sistema de referencia móvil, el cual coincide con P en el instante considerado, y que la suma de los tres primeros términos de (15.54) representa la aceleración del mismo punto. Por tanto, las relaciones (15.46) y (15.48) de la sección anterior continúan siendo válidas en el caso de un sistema de referencia en movimiento general, y podemos escribir

$$\mathbf{v}_P = \mathbf{v}_{P'} + \mathbf{v}_{P/\mathcal{F}} \tag{15.46}$$
$$\mathbf{a}_P = \mathbf{a}_{P'} + \mathbf{a}_{P/\mathcal{F}} + \mathbf{a}_c \tag{15.47}$$

donde los diversos vectores implicados se definieron en la sección 15.14.

Debe hacerse notar que si el sistema de referencia móvil $\mathcal{F}$ (o $Axyz$) se encuentra en estado de traslación, la velocidad y la aceleración del punto P' del sistema que coincide con P, se vuelven, respectivamente, iguales a la velocidad y la aceleración del origen A del sistema de referencia. Por otra parte, como el sistema de referencia mantiene una orientación fija, $\mathbf{a}_c$ es cero, y las relaciones (15.46) y (15.48) se reducen, respectivamente, a las relaciones (11.33) y (11.34) derivadas en la sección 11.12.

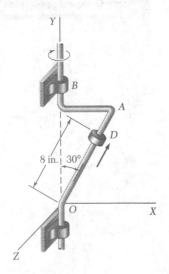

PROBLEMA RESUELTO 15.13

La barra acodada OAB gira alrededor de la barra vertical OB. En el instante considerado, su velocidad y su aceleración angulares son, respectivamente, 20 rad/s y 200 rad/s², ambas en el sentido de las manecillas del reloj, visto desde el eje positivo Y. El collarín D se mueve a lo largo de la barra y, en el instante considerado, $OD = 8$ in. La velocidad y la aceleración del collarín con respecto a la barra son, respectivamente, 50 in./s y 600 in./s², ambas hacia arriba. Determínese a) la velocidad del collarín, b) la aceleración del collarín.

SOLUCIÓN

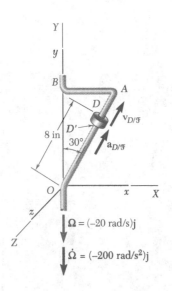

Sistemas de referencia. El sistema de referencia $OXYZ$ es fijo. Se adjunta el sistema de referencia rotatorio $Oxyz$ a la barra acodada. Su velocidad y su aceleración angulares con respecto a $OXYZ$ son, por consiguiente, $\boldsymbol{\Omega} = (-20 \text{ rad/s})\mathbf{j}$ y $\dot{\boldsymbol{\Omega}} = (-200 \text{ rad/s}^2)\mathbf{j}$, respectivamente. El vector de posición de D es

$$\mathbf{r} = (8 \text{ in.})(\operatorname{sen}30°\mathbf{i} + \cos 30°\mathbf{j}) = (4 \text{ in.})\mathbf{i} + (6.93 \text{ in.})\mathbf{j}$$

a. Velocidad $\mathbf{v}_D$. Si D' denota el punto de la barra que coincide con D, y $\mathscr{F}$ denota el sistema de referencia rotatorio $Oxyz$, escribimos de acuerdo con la ecuación (15.46),

$$\mathbf{v}_D = \mathbf{v}_{D'} + \mathbf{v}_{D/\mathscr{F}} \qquad (1)$$

donde

$$\mathbf{v}_{D'} = \boldsymbol{\Omega} \times \mathbf{r} = (-20 \text{ rad/s})\mathbf{j} \times [(4 \text{ in.})\mathbf{i} + (6.93 \text{ in.})\mathbf{j}] = (80 \text{ in./s})\mathbf{k}$$
$$\mathbf{v}_{D/\mathscr{F}} = (50 \text{ in./s})(\operatorname{sen}30°\mathbf{i} + \cos 30°\mathbf{j}) = (25 \text{ in./s})\mathbf{i} + (43.3 \text{ in./s})\mathbf{j}$$

Al sustituir los valores obtenidos para $\mathbf{v}_{D'}$ y $\mathbf{v}_{D/\mathscr{F}}$ en (1), se determina

$$\mathbf{v}_D = (25 \text{ in./s})\mathbf{i} + (43.3 \text{ in./s})\mathbf{j} + (80 \text{ in./s})\mathbf{k} \quad \blacktriangleleft$$

b. Aceleración $\mathbf{a}_D$. De acuerdo con la ecuación (15.48), escribimos

$$\mathbf{a}_D = \mathbf{a}_{D'} + \mathbf{a}_{D/\mathscr{F}} + \mathbf{a}_c \qquad (2)$$

donde

$$\begin{aligned}
\mathbf{a}_{D'} &= \dot{\boldsymbol{\Omega}} \times \mathbf{r} + \boldsymbol{\Omega} \times (\boldsymbol{\Omega} \times \mathbf{r}) \\
&= (-200 \text{ rad/s}^2)\mathbf{j} \times [(4 \text{ in.})\mathbf{i} + (6.93 \text{ in.})\mathbf{j}] - (20 \text{ rad/s})\mathbf{j} \times (80 \text{ in./s})\mathbf{k} \\
&= +(800 \text{ in./s}^2)\mathbf{k} - (1600 \text{ in./s}^2)\mathbf{i}
\end{aligned}$$
$$\mathbf{a}_{D/\mathscr{F}} = (600 \text{ in./s}^2)(\operatorname{sen}30°\mathbf{i} + \cos 30°\mathbf{j}) = (300 \text{ in./s}^2)\mathbf{i} + (520 \text{ in./s}^2)\mathbf{j}$$
$$\begin{aligned}
\mathbf{a}_c &= 2\boldsymbol{\Omega} \times \mathbf{v}_{D/\mathscr{F}} \\
&= 2(-20 \text{ rad/s})\mathbf{j} \times [(25 \text{ in./s})\mathbf{i} + (43.3 \text{ in./s})\mathbf{j}] = (1000 \text{ in./s}^2)\mathbf{k}
\end{aligned}$$

Al sustituir los valores obtenidos para $\mathbf{a}_{D'}$, $\mathbf{a}_{D/\mathscr{F}}$ y $\mathbf{a}_c$ en la ecuación (2), obtenemos

$$\mathbf{a}_D = -(1300 \text{ in./s}^2)\mathbf{i} + (520 \text{ in./s}^2)\mathbf{j} + (1800 \text{ in./s}^2)\mathbf{k} \quad \blacktriangleleft$$

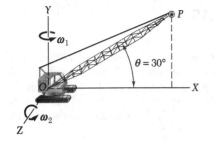

PROBLEMA RESUELTO 15.14

La grúa mostrada gira con una velocidad angular constante $\boldsymbol{\omega}_1$ de 30 rad/s. Al mismo tiempo, la pluma se eleva con una velocidad angular constante $\boldsymbol{\omega}_2$ de 0.50 rad/s con respecto a la cabina. Si la longitud de la pluma OP es $l = 12$ m, determínese a) la velocidad de la punta de la pluma, b) la aceleración de la punta de la pluma.

SOLUCIÓN

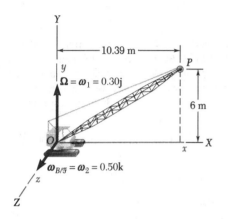

Sistemas de referencia. El sistema de referencia $OXYZ$ es fijo. Se adjunta el sistema de referencia rotatorio $Oxyz$ a la cabina. Su velocidad angular con respecto al sistema $OXYZ$ es, por consiguiente, $\boldsymbol{\Omega} = \boldsymbol{\omega}_1 = (0.30 \text{ rad/s})\mathbf{j}$. La velocidad angular de la pluma con respecto a la cabina y al sistema de referencia rotatorio $Oxyz$ (o $\mathscr{F}$, abreviado) es $\boldsymbol{\omega}_{B/\mathscr{F}} = \boldsymbol{\omega}_2 = (0.50 \text{ rad/s})\mathbf{k}$.

a. Velocidad $\mathbf{v}_P$. De acuerdo con la ecuación (15.46), escribimos

$$\mathbf{v}_P = \mathbf{v}_{P'} + \mathbf{v}_{P/\mathscr{F}} \tag{1}$$

donde $\mathbf{v}_{P'}$ es la velocidad del punto P' del sistema de referencia rotatorio que coincide con P:

$$\mathbf{v}_{P'} = \boldsymbol{\Omega} \times \mathbf{r} = (0.30 \text{ rad/s})\mathbf{j} \times [(10.39 \text{ m})\mathbf{i} + (6 \text{ m})\mathbf{j}] = -(3.12 \text{ m/s})\mathbf{k}$$

y donde $\mathbf{v}_{P/\mathscr{F}}$ es la velocidad de P con respecto al sistema de referencia rotatorio $Oxyz$. Pero se encontró que la velocidad angular de la pluma con respecto a $Oxyz$ es $\boldsymbol{\omega}_{B/\mathscr{F}} = (0.50 \text{ rad/s})\mathbf{k}$. La velocidad de la punta P con respecto a $Oxyz$ es, por consiguiente,

$$\begin{aligned}\mathbf{v}_{P/\mathscr{F}} &= \boldsymbol{\omega}_{B/\mathscr{F}} \times \mathbf{r} = (0.50 \text{ rad/s})\mathbf{k} \times [(10.39 \text{ m})\mathbf{i} + (6 \text{ m})\mathbf{j}]\\&= -(3 \text{ m/s})\mathbf{i} + (5.20 \text{ m/s})\mathbf{j}\end{aligned}$$

Al sustituir los valores obtenidos para $\mathbf{v}_{P'}$ y $\mathbf{v}_{P/\mathscr{F}}$ en la ecuación (1), hallamos

$$\mathbf{v}_P = -(3 \text{ m/s})\mathbf{i} + (5.20 \text{ m/s})\mathbf{j} + (3.12 \text{ m/s})\mathbf{k} \quad \blacktriangleleft$$

b. Aceleración $\mathbf{a}_P$. De acuerdo con la ecuación (15.48), escribimos

$$\mathbf{a}_P = \mathbf{a}_{P'} + \mathbf{a}_{P/\mathscr{F}} + \mathbf{a}_c \tag{2}$$

En vista de que $\boldsymbol{\Omega}$ y $\boldsymbol{\omega}_{B/\mathscr{F}}$ son constantes, tenemos

$$\mathbf{a}_{P'} = \boldsymbol{\Omega} \times (\boldsymbol{\Omega} \times \mathbf{r}) = (0.30 \text{ rad/s})\mathbf{j} \times (-3.12 \text{ m/s})\mathbf{k} = -(0.94 \text{ m/s}^2)\mathbf{i}$$

$$\begin{aligned}\mathbf{a}_{P/\mathscr{F}} &= \boldsymbol{\omega}_{B/\mathscr{F}} \times (\boldsymbol{\omega}_{B/\mathscr{F}} \times \mathbf{r})\\&= (0.50 \text{ rad/s})\mathbf{k} \times [-(3 \text{ m/s})\mathbf{i} + (5.20 \text{ m/s})\mathbf{j}]\\&= -(1.50 \text{ m/s}^2)\mathbf{j} - (2.60 \text{ m/s}^2)\mathbf{i}\end{aligned}$$

$$\begin{aligned}\mathbf{a}_c &= 2\boldsymbol{\Omega} \times \mathbf{v}_{P/\mathscr{F}}\\&= 2(0.30 \text{ rad/s})\mathbf{j} \times [-(3 \text{ m/s})\mathbf{i} + (5.20 \text{ m/s})\mathbf{j}] = (1.80 \text{ m/s}^2)\mathbf{k}\end{aligned}$$

Al sustituir los valores de $\mathbf{a}_{P'}$, $\mathbf{a}_{P/\mathscr{F}}$ y $\mathbf{a}_c$ en (2), se determina

$$\mathbf{a}_P = -(3.54 \text{ m/s}^2)\mathbf{i} - (1.50 \text{ m/s}^2)\mathbf{j} + (1.80 \text{ m/s}^2)\mathbf{k} \quad \blacktriangleleft$$

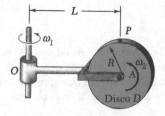

PROBLEMA RESUELTO 15.15

El disco D, de radio R, está montado por medio de un pasador en el extremo A del brazo OA, de longitud L, localizado en el plano del disco. El brazo gira alrededor de un eje vertical que pasa por O a la velocidad constante ω_1, y el disco lo hace alrededor de A a la velocidad constante ω_2. Determínese a) la velocidad del punto P localizado directamente sobre A, b) la aceleración de P, c) la velocidad y la aceleración angulares del disco.

SOLUCIÓN

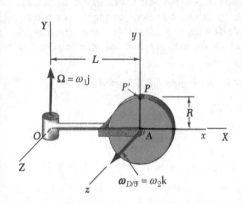

Sistemas de referencia. El sistema de referencia $OXYZ$ es fijo. Se adjunta el sistema de referencia móvil $Axyz$ al brazo OA. Su velocidad angular con respecto al sistema de referencia $OXYZ$ es, por consiguiente, $\mathbf{\Omega} = \omega_1\mathbf{j}$. La velocidad angular del disco D con respecto al sistema de referencia móvil $Axyz$ (o $\mathscr{F}$, abreviado) es $\boldsymbol{\omega}_{D/\mathscr{F}} = \omega_2\mathbf{k}$. El vector de posición de P con respecto a O es $\mathbf{r} = L\mathbf{i} + R\mathbf{j}$, y con respecto a A es $\mathbf{r}_{P/A} = R\mathbf{j}$.

a. Velocidad $\mathbf{v}_P$. Si P' denota el punto del sistema de referencia móvil que coincide con P, de acuerdo con la ecuación (15.46) escribimos

$$\mathbf{v}_P = \mathbf{v}_{P'} + \mathbf{v}_{P/\mathscr{F}} \tag{1}$$

donde $\mathbf{v}_{P'} = \mathbf{\Omega} \times \mathbf{r} = \omega_1\mathbf{j} \times (L\mathbf{i} + R\mathbf{j}) = -\omega_1 L\mathbf{k}$

$\mathbf{v}_{P/\mathscr{F}} = \boldsymbol{\omega}_{D/\mathscr{F}} \times \mathbf{r}_{P/A} = \omega_2\mathbf{k} \times R\mathbf{j} = -\omega_2 R\mathbf{i}$

Al sustituir los valores de $\mathbf{v}_{P'}$ y $\mathbf{v}_{P/\mathscr{F}}$ en (1), hallamos

$$\mathbf{v}_P = -\omega_2 R\mathbf{i} - \omega_1 L\mathbf{k} \qquad \blacktriangleleft$$

b. Aceleración $\mathbf{a}_P$. De acuerdo con la ecuación (15.48), escribimos

$$\mathbf{a}_P = \mathbf{a}_{P'} + \mathbf{a}_{P/\mathscr{F}} + \mathbf{a}_c \tag{2}$$

En vista de que $\mathbf{\Omega}$ y $\boldsymbol{\omega}_{D/\mathscr{F}}$ son constantes, tenemos

$\mathbf{a}_{P'} = \mathbf{\Omega} \times (\mathbf{\Omega} \times \mathbf{r}) = \omega_1\mathbf{j} \times (-\omega_1 L\mathbf{k}) = -\omega_1^2 L\mathbf{i}$

$\mathbf{a}_{P/\mathscr{F}} = \boldsymbol{\omega}_{D/\mathscr{F}} \times (\boldsymbol{\omega}_{D/\mathscr{F}} \times \mathbf{r}_{P/A}) = \omega_2\mathbf{k} \times (-\omega_2 R\mathbf{i}) = -\omega_2^2 R\mathbf{j}$

$\mathbf{a}_c = 2\mathbf{\Omega} \times \mathbf{v}_{P/\mathscr{F}} = 2\omega_1\mathbf{j} \times (-\omega_2 R\mathbf{i}) = 2\omega_1\omega_2 R\mathbf{k}$

Al sustituir los valores obtenidos en (2), se obtiene

$$\mathbf{a}_P = -\omega_1^2 L\mathbf{i} - \omega_2^2 R\mathbf{j} + 2\omega_1\omega_2 R\mathbf{k} \qquad \blacktriangleleft$$

c. Velocidad y aceleración angulares del disco.

$$\boldsymbol{\omega} = \mathbf{\Omega} + \boldsymbol{\omega}_{D/\mathscr{F}} \qquad\qquad \boldsymbol{\omega} = \omega_1\mathbf{j} + \omega_2\mathbf{k} \qquad \blacktriangleleft$$

Con la ecuación (15.31) y $\mathbf{Q} = \boldsymbol{\omega}$, escribimos

$$\boldsymbol{\alpha} = (\dot{\boldsymbol{\omega}})_{OXYZ} = (\dot{\boldsymbol{\omega}})_{Axyz} + \mathbf{\Omega} \times \boldsymbol{\omega}$$
$$= 0 + \omega_1\mathbf{j} \times (\omega_1\mathbf{j} + \omega_2\mathbf{k})$$

$$\boldsymbol{\alpha} = \omega_1\omega_2\mathbf{i} \qquad \blacktriangleleft$$

PROBLEMAS PARA RESOLVER EN FORMA INDEPENDIENTE

En esta lección se concluyó el estudio de la cinemática de cuerpos rígidos con el aprendizaje del uso de un sistema de referencia auxiliar $\mathcal{F}$, para analizar el movimiento tridimensional de un cuerpo rígido. Este sistema de referencia auxiliar puede ser un *sistema de referencia rotatorio* con un origen fijo O, o puede ser un *sistema de referencia en movimiento general*.

A. Utilización de un sistema de referencia rotatorio. En la solución de un problema que implique el uso de un sistema de referencia rotatorio $\mathcal{F}$ se deben dar los pasos siguientes.

1. Seleccionar el sistema de referencia $\mathcal{F}$ que se debe usar, y dibujar los ejes de coordenadas x, y y z desde el punto fijo O.

2. Determinar la velocidad angular Ω del sistema de referencia $\mathcal{F}$ con respecto a un sistema de referencia fijo $OXYZ$. En la mayoría de los casos, se tendrá que seleccionar un sistema de referencia adjunto a algún elemento rotatorio del sistema; entonces, Ω será la velocidad angular de dicho elemento.

3. Designar como P' el punto del sistema de referencia rotatorio $\mathcal{F}$ que coincida con el punto P de interés en el instante considerado. Determinar la velocidad $\mathbf{v}_{P'}$ y la aceleración $\mathbf{a}_{P'}$ del punto P'. Como P' forma parte de $\mathcal{F}$ y tiene el mismo vector de posición $\mathbf{r}$ que P, se hallará que

$$\mathbf{v}_{P'} = \Omega \times \mathbf{r} \qquad y \qquad \mathbf{a}_{P'} = \alpha \times \mathbf{r} + \Omega \times (\Omega \times \mathbf{r})$$

donde α es la aceleración angular de $\mathcal{F}$. Sin embargo, en muchos de los problemas que se encontrarán, la velocidad angular de $\mathcal{F}$ es constante tanto en magnitud como en dirección, y $\alpha = 0$.

4. Determinar la velocidad y la aceleración del punto P con respecto al sistema de referencia $\mathcal{F}$. Al tratar de determinar $\mathbf{v}_{P/\mathcal{F}}$ y $\mathbf{a}_{P/\mathcal{F}}$ se verá que es útil visualizar el movimiento de P en el sistema de referencia $\mathcal{F}$ cuando éste no está girando. Si P es un punto de un cuerpo rígido $\mathcal{B}$, cuyas velocidad y aceleración angulares son $\omega_{\mathcal{B}}$ y $\alpha_{\mathcal{B}}$, respectivamente, con respecto a $\mathcal{F}$ [problema resuelto 15.14], se hallará que

$$\mathbf{v}_{P/\mathcal{F}} = \omega_{\mathcal{B}} \times \mathbf{r} \qquad y \qquad \mathbf{a}_{P/\mathcal{F}} = \alpha_{\mathcal{B}} \times \mathbf{r} + \omega_{\mathcal{B}} \times (\omega_{\mathcal{B}} \times \mathbf{r})$$

En muchos problemas, la velocidad angular de un cuerpo $\mathcal{B}$ con respecto al sistema de referencia $\mathcal{F}$ es constante, tanto en magnitud como en dirección, y $\alpha_{\mathcal{B}} = 0$.

5. Determinar la aceleración de Coriolis. Considerando la velocidad angular Ω del sistema de referencia $\mathcal{F}$ y la velocidad $\mathbf{v}_{P/\mathcal{F}}$ del punto P con respecto a dicho sistema de referencia, calculada en el paso anterior, se escribe

$$\mathbf{a}_c = 2\Omega \times \mathbf{v}_{P/\mathcal{F}}$$

(continúa)

6. La velocidad y la aceleración del punto P con respecto al sistema de referencia fijo OXYZ   se obtienen ahora sumando las expresiones determinadas:

$$\mathbf{v}_P = \mathbf{v}_{P'} + \mathbf{v}_{P/\mathcal{F}} \tag{15.46}$$
$$\mathbf{a}_P = \mathbf{a}_{P'} + \mathbf{a}_{P/\mathcal{F}} + \mathbf{a}_c \tag{15.48}$$

B. Utilización de un sistema de referencia en movimiento general.   Los pasos que se tomarán difieren muy poco de los enumerados bajo A. Consisten en lo siguiente:

1. Seleccionar el sistema de referencia $\mathcal{F}$ que se desee utilizar y un punto de referencia A en dicho sistema, a partir del cual se dibujarán los ejes de coordenadas, x, y y z, que definen el sistema de referencia. Se considerará el movimiento del sistema de referencia como la suma de una *traslación junto con A y una rotación alrededor de A.*

2. Determinar la velocidad $\mathbf{v}_A$ del punto A y la velocidad angular Ω del sistema de referencia.   En la mayoría de los casos, se tendrá que seleccionar un sistema de referencia adjunto a algún elemento del sistema; en tal caso, Ω será la velocidad angular de dicho elemento.

3. Designar como P' el punto del sistema de referencia $\mathcal{F}$ que coincide con el punto P de interés en el instante considerado, y determinar la velocidad $\mathbf{v}_{P'}$ y la aceleración $\mathbf{a}_{P'}$ de dicho punto. En algunos casos, esto se puede hacer visualizando el movimiento de P si éste no puede moverse con respecto a $\mathcal{F}$ [problema resuelto 15.15]. Un procedimiento más general es recordar que el movimiento de P' es la suma de una traslación junto con el punto de referencia A y una rotación alrededor de A. La velocidad $\mathbf{v}_{P'}$ y la aceleración $\mathbf{a}_{P'}$ de P', por consiguiente, pueden obtenerse sumando $\mathbf{v}_A$ y $\mathbf{a}_A$, respectivamente, a las expresiones halladas en el párrafo A3 y remplazando el vector de posición $\mathbf{r}$ por el vector $\mathbf{r}_{P/A}$ dibujado desde A hasta P:

$$\mathbf{v}_{P'} = \mathbf{v}_A + \Omega \times \mathbf{r}_{P/A} \qquad\qquad \mathbf{a}_{P'} = \mathbf{a}_A + \alpha \times \mathbf{r}_{P/A} + \Omega \times (\Omega \times \mathbf{r}_{P/A})$$

Los pasos 4, 5 y 6 son los mismos de la parte A, excepto que el vector $\mathbf{r}$ debe ser remplazado de nuevo por $\mathbf{r}_{P/A}$. Por tanto, las ecuaciones (15.46) y (15.48) aún pueden usarse para obtener la velocidad y la aceleración de P con respecto al sistema de referencia fijo OXYZ.

Problemas

15.220   El tubo acodado *ABC* gira a la velocidad constante $\omega_1 = 5$ rad/s. Si la bola *D* se mueve en el tubo hacia el extremo *C* a una rapidez relativa constante $u = 1.5$ m/s, determine, para la posición mostrada, *a*) la velocidad de *D*, *b*) la aceleración de *D*.

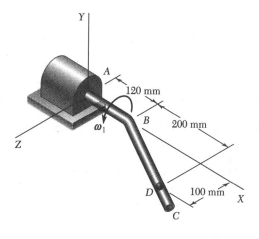

Fig. P15.220

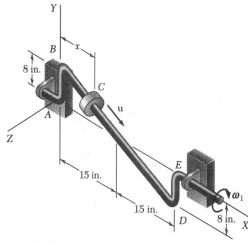

Fig. P15.221

15.221   La barra acodada mostrada gira a la velocidad constante $\omega_1 = 3$ rad/s. Si el collarín *C* se mueve hacia el punto *D* a una rapidez relativa constante $u = 34$ in./s, determine, para la posición mostrada, la velocidad y la aceleración de *C* si *a*) $x = 5$ in., *b*) $x = 15$ in.

15.222   La barra acodada *EBD* gira a la velocidad constante $\omega_1 = 8$ rad/s. Si el collarín *A* se mueve hacia arriba a lo largo de la barra a una rapidez relativa constante $u = 30$ in./s, y si $\theta = 60°$, determine *a*) la velocidad de *A*, *b*) la aceleración de *A*.

15.223   La barra acodada *EBD* gira a la velocidad constante $\omega_1 = 8$ rad/s. Si el collarín *A* se mueve hacia arriba a lo largo de la barra a una rapidez relativa constante $u = 30$ in./s, y si $\theta = 120°$, determine *a*) la velocidad de *A*, *b*) la aceleración de *A*.

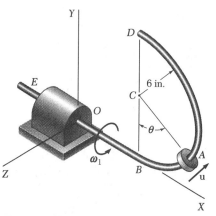

Fig. P15.222 y P15.223

15.224 Una placa cuadrada, de 18 in. por lado, está engoznada en A y B a una horquilla. La placa gira a la velocidad constante $\omega_2 = 4$ rad/s con respecto a la horquilla, y ésta gira a la velocidad constante $\omega_1 = 3$ rad/s alrededor del eje Y. Para la posición mostrada, determine a) la velocidad del punto C, b) la aceleración del punto C.

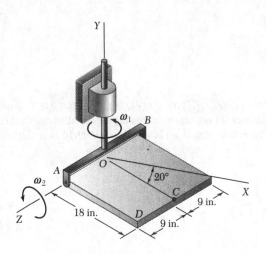

Fig. P15.224 y P15.225

15.225 Una placa cuadrada, de 18 in. por lado, está engoznada en A y B a una horquilla. La placa gira a la velocidad constante $\omega_2 = 4$ rad/s con respecto a la horquilla, y ésta gira a la velocidad constante $\omega_1 = 3$ rad/s alrededor del eje Y. Para la posición mostrada, determine a) la velocidad de la esquina D, b) la aceleración de la esquina D.

15.226 a 15.228 La placa rectangular mostrada gira a la velocidad constante $\omega_2 = 12$ rad/s con respecto al brazo AE, que gira a la velocidad constante $\omega_1 = 9$ rad/s alrededor del eje Z. En la posición mostrada, determine la velocidad y la aceleración del punto de la placa indicado.

    15.226 Esquina B.
    15.227 Punto D.
    15.228 Esquina C.

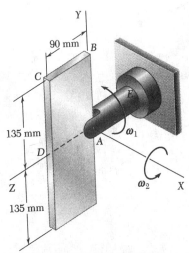

Fig. P15.226, P15.227 y P15.228

15.229 Resuelva el problema 15.228, suponiendo que, en el instante mostrado, la velocidad angular ω_2 de la placa con respecto al brazo AE es de 12 rad/s y que disminuye a razón de 60 rad/s², mientras que la velocidad angular ω_1 del brazo alrededor del eje Z es de 9 rad/s y disminuye a razón de 45 rad/s².

15.230 Resuelva el problema 15.221, suponiendo que, en el instante mostrado, la velocidad angular ω_1 de la barra es de 3 rad/s y que se incrementa a razón de 12 rad/s², mientras que la rapidez relativa u del collarín es de 34 in./s y disminuye a razón de 85 in./s².

    15.231 Con el método de la sección 15.14, resuelva el problema 15.191.
    15.232 Con el método de la sección 15.14, resuelva el problema 15.195.
    15.233 Con el método de la sección 15.14, resuelva el problema 15.192.

15.234 Una barra CD, de 16 in., está conectada a un brazo ABC por medio de una horquilla en C. En el instante mostrado, la barra CD gira a la velocidad constante $\omega_2 = d\theta/dt = 3$ rad/s alrededor de un eje que pasa por C paralelo al eje X. Al mismo tiempo, todo el mecanismo gira alrededor del eje Y a la velocidad constante $\omega_1 = 4$ rad/s. Si $\theta = 30°$, determine la velocidad y la aceleración del punto D.

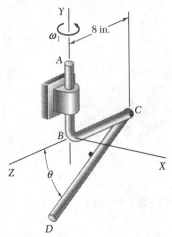

Fig. P15.234

15.235 Un disco de 120 mm de radio gira a la velocidad constante $\omega_2 = 5$ rad/s con respecto al brazo AB, que a su vez gira a la velocidad constante $\omega_1 = 5$ rad/s. Para la posición mostrada, determine la velocidad y la aceleración del punto C.

15.236 Un disco de 120 mm de radio gira a la velocidad constante $\omega_2 = 5$ rad/s con respecto al brazo AB, que a su vez gira a la velocidad constante $\omega_1 = 3$ rad/s. Para la posición mostrada, determine la velocidad y la aceleración del punto D.

15.237 La grúa mostrada gira a la velocidad constante $\omega_1 = 0.25$ rad/s; simultáneamente, la pluma telescópica desciende a la velocidad constante $\omega_2 = 0.40$ rad/s. Si, en el instante mostrado, la longitud de la pluma es de 20 ft y se incrementa a la velocidad constante $u = 15$ ft/s, determine la velocidad y la aceleración del punto B.

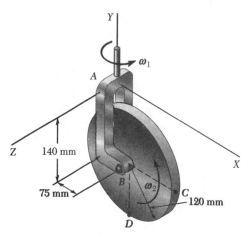

Fig. P15.235 y P15.236

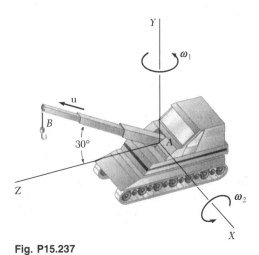

Fig. P15.237

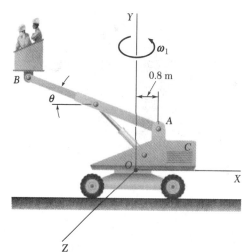

Fig. P15.238

15.238 El brazo AB, de 5 m de largo, se utiliza como plataforma elevada para trabajadores de la construcción. En la posición mostrada, el brazo AB se eleva a la velocidad constante $d\theta/dt = 0.25$ rad/s; al mismo tiempo, la unidad gira alrededor del eje Y a la velocidad constante $\omega_1 = 0.15$ rad/s. Si $\theta = 20°$, determine la velocidad y la aceleración del punto B.

15.239 Resuelva el problema 15.238, con $\theta = 40°$.

15.240 Un disco de 180 mm de radio gira a la velocidad constante $\omega_2 = 12$ rad/s con respecto al brazo CD, que a su vez gira a la velocidad constante $\omega_1 = 8$ rad/s alrededor del eje Y. Determine, en el instante mostrado, la velocidad y la aceleración del punto A localizado en el borde del disco.

15.241 Un disco de 180 mm de radio gira a la velocidad constante $\omega_2 = 12$ rad/s con respecto al brazo CD, que a su vez gira a la velocidad constante $\omega_1 = 8$ rad/s alrededor del eje Y. Determine, en el instante mostrado, la velocidad y la aceleración del punto B localizado en el borde del disco.

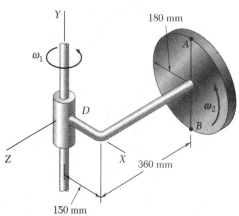

Fig. P15.240 y P15.241

15.242 y *15.243* En la posición mostrada, la barra delgada se mueve a una rapidez constante $u = 3$ in./s hacia afuera del tubo BC. Al mismo tiempo, el tubo BC gira a la velocidad constante $\omega_2 = 1.5$ rad/s con respecto al brazo CD. Si todo el mecanismo gira alrededor del eje X a la velocidad constante $\omega_1 = 1.2$ rad/s, determine la velocidad y la aceleración del extremo A de la barra.

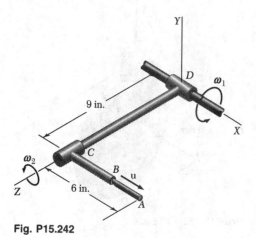

Fig. P15.242

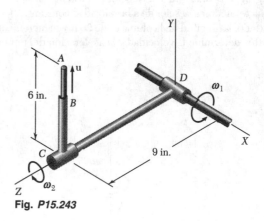

Fig. *P15.243*

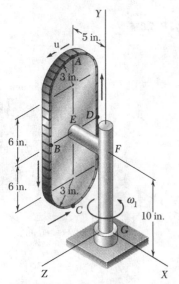

Fig. P15.244 y P15.245

15.244 El cilindro mostrado gira a la velocidad constante $\omega_2 = 8$ rad/s con respecto a la barra CD, que a su vez gira a la velocidad constante $\omega_1 = 6$ rad/s alrededor del eje X. Para la posición mostrada, determine la velocidad y la aceleración del punto A situado en el borde del cilindro.

15.245 El cilindro mostrado gira a la velocidad constante $\omega_2 = 8$ rad/s con respecto a la barra CD, que a su vez gira a la velocidad constante $\omega_1 = 6$ rad/s alrededor del eje X. Para la posición mostrada, determine la velocidad y la aceleración del punto B situado en el borde del cilindro.

15.246 La placa vertical mostrada está soldada al brazo EFG, y la unidad completa gira a la velocidad constante $\omega_1 = 1.6$ rad/s alrededor del eje Y. Al mismo tiempo, una banda eslabonada continua se mueve alrededor del perímetro de la placa con una rapidez constante $u = 4.5$ in./s. Para la posición mostrada, determine la aceleración del eslabón de la banda localizado *a*) en el punto A, *b*) en el punto B.

15.247 La placa vertical mostrada está soldada al brazo EFG, y la unidad completa gira a la velocidad constante $\omega_1 = 1.6$ rad/s alrededor del eje Y. Al mismo tiempo, una banda eslabonada continua se mueve alrededor del perímetro de la placa con una rapidez constante $u = 4.5$ in./s. Para la posición mostrada, determine la aceleración del eslabón de la banda localizado *a*) en el punto C, *b*) en el punto D.

Fig. *P15.246* y P15.247

Este capítulo se dedicó al estudio de la cinemática de cuerpos rígidos.

En primer lugar se consideró la *traslación* de un cuerpo rígido [sección 15.2] y se observó que, en dicho movimiento, *todos los puntos del cuerpo tienen la misma velocidad y la misma aceleración en cualquier instante dado*.

A continuación se consideró la *rotación* de un cuerpo rígido alrededor de un eje fijo [sección 15.3]. La posición del cuerpo está definida por el ángulo θ que la línea BP, trazada desde el eje de rotación hasta el punto P del cuerpo, forma con un plano fijo (figura 15.39). Se halló que la magnitud de la velocidad de P es

$$v = \frac{ds}{dt} = r\dot{\theta} \operatorname{sen} \phi \qquad (15.4)$$

donde $\dot{\theta}$ es la derivada con respecto al tiempo de θ. Después se expresó la velocidad de P como

$$\mathbf{v} = \frac{d\mathbf{r}}{dt} = \boldsymbol{\omega} \times \mathbf{r} \qquad (15.5)$$

donde el vector

$$\boldsymbol{\omega} = \omega\mathbf{k} = \dot{\theta}\mathbf{k} \qquad (15.6)$$

está dirigido a lo largo del eje de rotación fijo y representa la *velocidad angular* del cuerpo.

Si $\boldsymbol{\alpha}$ denota la derivada $d\boldsymbol{\omega}/dt$ de la velocidad angular, la aceleración de P se expresa como

$$\mathbf{a} = \boldsymbol{\alpha} \times \mathbf{r} + \boldsymbol{\omega} \times (\boldsymbol{\omega} \times \mathbf{r}) \qquad (15.8)$$

Derivando la ecuación (15.6) y recordando que $\mathbf{k}$ es constante tanto en magnitud como en dirección, se halló que

$$\boldsymbol{\alpha} = \alpha\mathbf{k} = \dot{\omega}\mathbf{k} = \ddot{\theta}\mathbf{k} \qquad (15.9)$$

El vector $\boldsymbol{\alpha}$ representa la *aceleración angular* del cuerpo y está dirigido a lo largo del eje de rotación fijo.

Cuerpo rígido en traslación

Cuerpo rígido en rotación alrededor de un eje fijo

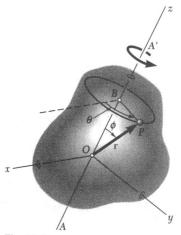

Fig. 15.39

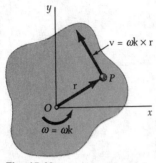

Fig. 15.40

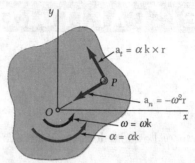

Fig. 15.41

Rotación de una placa representativa

A continuación se consideró el movimiento de una placa representativa situada en un plano perpendicular al eje de rotación del cuerpo (figura 15.40). Como la velocidad angular es perpendicular a la placa, la velocidad de un punto P de la placa se expresó como

$$\mathbf{v} = \omega \mathbf{k} \times \mathbf{r} \tag{15.10}$$

donde $\mathbf{v}$ se localiza en el plano de la placa. Al sustituir $\boldsymbol{\omega} = \omega\mathbf{k}$ y $\boldsymbol{\alpha} = \alpha\mathbf{k}$ en la ecuación (15.8), se halló que la aceleración de P se puede transformar en sus

Componentes tangencial y normal

componentes tangencial y normal (figura 15.41), respectivamente iguales a

$$
\begin{aligned}
\mathbf{a}_t &= \alpha\mathbf{k} \times \mathbf{r} & a_t &= r\alpha \\
\mathbf{a}_n &= -\omega^2\mathbf{r} & a_n &= r\omega^2
\end{aligned} \tag{15.11'}
$$

Velocidad y aceleración angulares de la placa rotatoria

Con base en las ecuaciones (15.6) y (15.9), se obtuvieron las expresiones siguientes para la *velocidad* y la *aceleración angulares* de la placa [sección 15.4]:

$$\omega = \frac{d\theta}{dt} \tag{15.12}$$

$$\alpha = \frac{d\omega}{dt} = \frac{d^2\theta}{dt^2} \tag{15.13}$$

o

$$\alpha = \omega\,\frac{d\omega}{d\theta} \tag{15.14}$$

Se observó que estas expresiones son similares a las obtenidas en el capítulo 11 para el movimiento rectilíneo de una partícula.

Con frecuencia se presentan dos casos de rotación particulares: *rotación uniforme* y *rotación uniformemente acelerada*. Se pueden resolver problemas que involucran cualquiera de estos movimientos, con ecuaciones similares a las utilizadas en las secciones 11.4 y 11.5 para el movimiento rectilíneo uniforme y el movimiento rectilíneo uniformemente acelerado de una partícula, pero donde x, v y a son remplazados por θ, ω y α, respectivamente [problema resuelto 15.1].

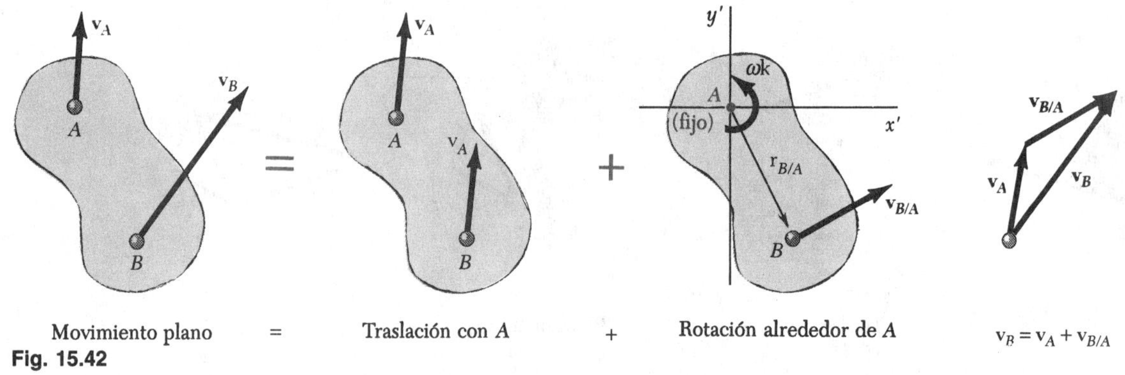

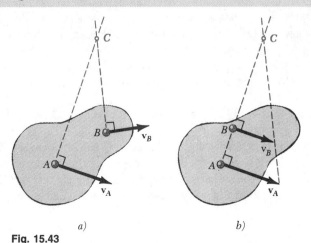

Movimiento plano = Traslación con A + Rotación alrededor de A

Fig. 15.42

$$v_B = v_A + v_{B/A}$$

El *movimiento plano más general* de una placa rígida se puede considerar como la *suma de una traslación y una rotación* [sección 15.5]. Por ejemplo, se puede suponer que la placa mostrada en la figura 15.42 se traslada junto con el punto A, al mismo tiempo que gira alrededor de A. Se deduce [sección 15.6] que la velocidad de cualquier punto B de la placa se expresa como

$$v_B = v_A + v_{B/A} \qquad (15.17)$$

donde v_A es la velocidad de A y $v_{B/A}$ es la velocidad relativa de B con respecto a A o, más precisamente, con respecto a los ejes $x'y'$ que se trasladan junto con A. Si $r_{A/B}$ representa el vector de posición de B con respecto a A, hallamos que

$$v_{B/A} = \omega k \times r_{B/A} \qquad v_{B/A} = r\omega \qquad (15.18)$$

La ecuación fundamental (15.17) que relaciona las velocidades absolutas de los puntos A y B, y la velocidad relativa de B con respecto a A, se expresó en forma de un diagrama vectorial, y se utilizó para resolver problemas que involucran el movimiento de varios tipos de mecanismos [problemas resueltos 15.2 y 15.3].

Otra manera de abordar la solución de problemas que involucran las velocidades de los puntos de una placa rígida en movimiento plano, se presentó en la sección 15.7, y se utilizó en los problemas resueltos 15.4 y 15.5. Se fundamentó en la determinación del *centro de rotación instantáneo C* de la placa (figura 15.43).

a) *b)*

Fig. 15.43

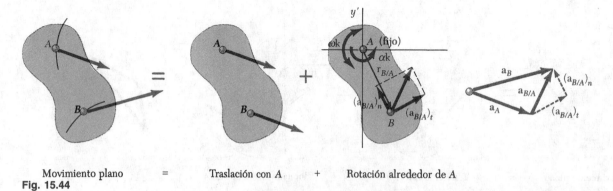

Movimiento plano   =   Traslación con *A*   +   Rotación alrededor de *A*

Fig. 15.44

Aceleraciones en movimiento plano

El hecho de que cualquier movimiento plano de una placa rígida se pueda considerar como la suma de una traslación de la placa junto con un punto de referencia *A* y una rotación alrededor de *A*, se usó en la sección 15.8 para relacionar la aceleración absoluta de dos puntos cualesquiera *A* y *B* de la placa, y la aceleración relativa de *B* con respecto a *A*. Se obtuvo

$$\mathbf{a}_B = \mathbf{a}_A + \mathbf{a}_{B/A} \qquad (15.21)$$

donde $\mathbf{a}_{B/A}$ se componía de una *componente normal* $(\mathbf{a}_{B/A})_n$ de magnitud $r\omega^2$ dirigida hacia *A*, y una *componente tangencial* $(\mathbf{a}_{B/A})_t$ de magnitud $r\alpha$ perpendicular a la línea *AB* (figura 15.44). La relación fundamental (15.21) se expresó en función de diagramas vectoriales o ecuaciones vectoriales, y se utilizó para determinar las aceleraciones de puntos dados de varios mecanismos [problemas resueltos 15.6 a 15.8]. Debe advertirse que el centro de rotación instantáneo *C* considerado en la sección 15.7 no se puede usar para la determinación de aceleraciones, puesto que el punto *C*, en general, *no* tiene aceleración cero.

Coordenadas expresadas en función de un parámetro

En el caso de ciertos mecanismos, es posible expresar las coordenadas *x* y *y* de todos los puntos significativos del mecanismo mediante expresiones analíticas simples que contienen un *solo parámetro*. Las componentes de la velocidad y la aceleración absolutas de un punto dado se obtienen, por tanto, diferenciando dos veces con respecto al tiempo *t* las coordenadas *x* y *y* de dicho punto [sección 15.9].

Razón de cambio de un vector con respecto a un sistema de referencia rotatorio

Si bien la razón de cambio de un vector es la misma con respecto a un sistema de referencia fijo y con respecto a un sistema de referencia en traslación, la razón de cambio de un vector con respecto a un sistema de referencia rotatorio es diferente. Por consiguiente, para estudiar el movimiento de una partícula con respecto a un sistema de referencia rotatorio, primeramente se tuvieron que comparar las razones de cambio de un vector general **Q** con respecto a un sistema de referencia fijo *OXYZ*, y con respecto a un sistema de referencia *Oxyz* que gira con una velocidad angular **Ω** [sección 15.10] (figura 15.45). Se obtuvo la relación fundamental

$$(\dot{\mathbf{Q}})_{OXYZ} = (\dot{\mathbf{Q}})_{Oxyz} + \mathbf{\Omega} \times \mathbf{Q} \qquad (15.31)$$

y se concluyó que la razón de cambio del vector **Q** con respecto al sistema de referencia fijo *OXYZ* se compone de dos partes. La primera representa la razón de cambio de **Q** con respecto al sistema de referencia rotatorio *Oxyz*; la segunda, **Ω** × **Q**, es inducida por la rotación del sistema de referencia *Oxyz*.

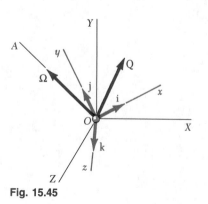

Fig. 15.45

La siguiente parte del capítulo [sección 15.11] se dedicó al análisis cine-mático bidimensional de una partícula P que se mueve con respecto a un sistema de referencia $\mathcal{F}$ que gira con una velocidad angular $\mathbf{\Omega}$ alrededor de un eje fijo (figura 15.46). Se halló que la velocidad absoluta de P se podía expresar como

$$\mathbf{v}_P = \mathbf{v}_{P'} + \mathbf{v}_{P/\mathcal{F}} \qquad (15.33)$$

donde$\mathbf{v}_P$ = velocidad absoluta de la partícula P
$\quad\mathbf{v}_{P'}$ = velocidad del punto P' del sistema de referencia móvil $\mathcal{F}$ que coincide con P
$\quad\mathbf{v}_{P/\mathcal{F}}$ = velocidad de P con respecto al sistema de referencia móvil $\mathcal{F}$

Se vio que se obtiene la misma expresión para $\mathbf{v}_P$ si el sistema de referencia está en traslación, y no en rotación. No obstante, cuando el sistema de refe-rencia está en rotación, se halló que la expresión para la aceleración de P contiene un término adicional, llamado *aceleración complementaria* o de *Coriolis*. Escribimos

$$\mathbf{a}_P = \mathbf{a}_{P'} + \mathbf{a}_{P/\mathcal{F}} + \mathbf{a}_c \qquad (15.36)$$

donde$\mathbf{a}_P$ = aceleración absoluta de la partícula P
$\quad\mathbf{a}_{P'}$ = aceleración del punto P' del sistema de referencia móvil $\mathcal{F}$ que coincide con P
$\quad\mathbf{a}_{P/\mathcal{F}}$ = aceleración de P con respecto al sistema de referencia móvil $\mathcal{F}$
$\quad\mathbf{a}_c = 2\mathbf{\Omega} \times (\dot{\mathbf{r}})_{Oxyz} = 2\mathbf{\Omega} \times \mathbf{v}_{P/\mathcal{F}}$
$\quad\quad$ = aceleración complementaria, o de Coriolis

Como $\mathbf{\Omega}$ y $\mathbf{v}_{P/\mathcal{F}}$ son perpendiculares entre sí en el caso de movimiento plano, se halló que la magnitud de la aceleración de Coriolis es $a_c = 2\Omega v_{P/\mathcal{F}}$ y que apunta en la dirección obtenida al girar el vector $\mathbf{v}_{P/\mathcal{F}}$ 90° en el sentido de rotación del sistema de referencia móvil. Se pueden usar las fórmulas (15.33) y (15.36) para analizar el movimiento de mecanismos que contienen partes que se deslizan entre sí [problemas resueltos 15.9 y 15.10].

La última parte del capítulo se dedicó al estudio de la cinemática de cuerpos rígidos en tres dimensiones. En primer lugar, se consideró el movi-miento de un cuerpo rígido junto con un punto fijo [sección 15.12]. Luego de demostrar que el desplazamiento más general de un cuerpo rígido junto con un punto fijo O equivale a una rotación del cuerpo alrededor de un eje que pasa por O, se pudo definir la velocidad angular $\boldsymbol{\omega}$ y el *eje de rotación instantáneo* del cuerpo en un instante dado. La velocidad de un punto P del cuerpo (figura 15.47) se pudo expresar nuevamente como

$$\mathbf{v} = \frac{d\mathbf{r}}{dt} = \boldsymbol{\omega} \times \mathbf{r} \qquad (15.37)$$

Al diferenciar esta expresión, también escribimos

$$\mathbf{a} = \boldsymbol{\alpha} \times \mathbf{r} + \boldsymbol{\omega} \times (\boldsymbol{\omega} \times \mathbf{r}) \qquad (15.38)$$

Sin embargo, como la dirección de $\boldsymbol{\omega}$ cambia de un instante al siguiente, la aceleración angular $\boldsymbol{\alpha}$, en general, no está dirigida a lo largo del eje de rota-ción instantáneo [problema resuelto 15.11].

Movimiento plano de una partícula con respecto a un sistema de referencia rotatorio

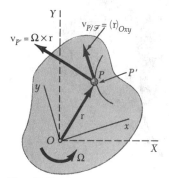

Fig. 15.46

Movimiento de un cuerpo rígido junto con un punto fijo

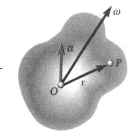

Fig. 15.47

Movimiento general en el espacio

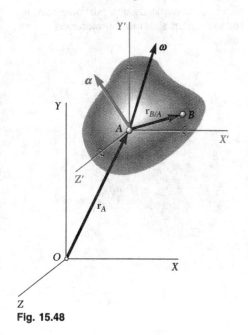

Fig. 15.48

En la sección 15.13 se demostró que *el movimiento más general de un cuerpo rígido en el espacio equivale, en cualquier instante dado, a la suma de una traslación y una rotación.* Al considerar dos partículas A y B del cuerpo, se halló que

$$\mathbf{v}_B = \mathbf{v}_A + \mathbf{v}_{B/A} \tag{15.42}$$

donde $\mathbf{v}_{B/A}$ es la velocidad de B con respecto a un sistema de referencia $AX'Y'Z'$ adjunto a A y de orientación fija (figura 15.48). Con $\mathbf{r}_{B/A}$ denotando el vector de posición de B con respecto a A, se escribió

$$\mathbf{v}_B = \mathbf{v}_A + \boldsymbol{\omega} \times \mathbf{r}_{B/A} \tag{15.43}$$

donde $\boldsymbol{\omega}$ es la velocidad angular del cuerpo en el instante considerado [problema resuelto 15.12]. La aceleración de B se obtuvo mediante un razonamiento similar. Primeramente se escribió

$$\mathbf{a}_B = \mathbf{a}_A + \mathbf{a}_{B/A}$$

y, recordando la ecuación (15.38),

$$\mathbf{a}_B = \mathbf{a}_A + \boldsymbol{\alpha} \times \mathbf{r}_{B/A} + \boldsymbol{\omega} \times (\boldsymbol{\omega} \times \mathbf{r}_{B/A}) \tag{15.44}$$

Movimiento tridimensional de una partícula con respecto a un sistema de referencia rotatorio

En las dos secciones finales del capítulo se consideró el movimiento tridimensional de una partícula P con respecto a un sistema de referencia $Oxyz$ que gira con una velocidad angular $\boldsymbol{\Omega}$ con respecto a un sistema de referencia fijo $OXYZ$ (figura 15.49). En la sección 15.14 se expresó la velocidad absoluta $\mathbf{v}_P$ de P como

$$\mathbf{v}_P = \mathbf{v}_{P'} + \mathbf{v}_{P/\mathcal{F}} \tag{15.46}$$

donde $\mathbf{v}_P$ = velocidad absoluta de la partícula P
$\quad\mathbf{v}_{P'}$ = velocidad del punto P' del sistema de referencia móvil $\mathcal{F}$ que coincide con P
$\quad\mathbf{v}_{P/\mathcal{F}}$ = velocidad de P con respecto al sistema de referencia móvil $\mathcal{F}$

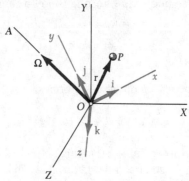

Fig. 15.49

Después, la aceleración absoluta $\mathbf{a}_P$ de P se expresó como

$$\mathbf{a}_P = \mathbf{a}_{P'} + \mathbf{a}_{P/\mathcal{F}} + \mathbf{a}_c \tag{15.48}$$

donde $\mathbf{a}_P$ = aceleración absoluta de la partícula P
  $\mathbf{a}_{P'}$ = aceleración del punto P' del sistema de referencia móvil $\mathcal{F}$ que coincide con P
  $\mathbf{a}_{P/\mathcal{F}}$ = aceleración de P con respecto al sistema de referencia móvil $\mathcal{F}$
  $\mathbf{a}_c = 2\mathbf{\Omega} \times (\dot{\mathbf{r}})_{Oxyz} = 2\mathbf{\Omega} \times \mathbf{v}_{P/\mathcal{F}}$
      = aceleración complementaria, o de Coriolis

Se vio que la magnitud a_c de la aceleración de Coriolis no es igual a $2\Omega v_{P/\mathcal{F}}$ [problema resuelto 15.13], salvo en el caso especial en que $\mathbf{\Omega}$ y $\mathbf{v}_{P/\mathcal{F}}$ son perpendiculares entre sí.

También se observó [sección 15.15) que las ecuaciones (15.46) y (15.48) conservan su validez cuando el sistema de referencia $Axyz$ se desplaza de una manera conocida, aunque arbitraria, con respecto al sistema de referencia fijo $OXYZ$ (figura 15.50), siempre que el movimiento de A se incluya en los términos $\mathbf{v}_{P'}$ y $\mathbf{a}_{P'}$ que representan la velocidad y la aceleración absolutas del punto coincidente P'.

Sistema de referencia en movimiento general

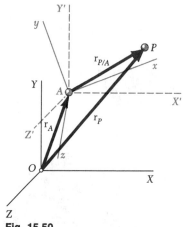

Fig. 15.50

La rotación de los sistemas de referencia es particularmente útil en el estudio del movimiento tridimensional de cuerpos rígidos. De hecho, existen muchos casos en los que la elección apropiada del sistema de referencia rotatorio hace más simple el análisis del movimiento del cuerpo rígido, que lo que sería posible con ejes de orientación fija [problemas resueltos 15.14 y 15.15].

15.248 Si, en el instante mostrado, la manivela BC tiene una velocidad angular constante de 45 rpm en el sentido de las manecillas del reloj, determine la aceleración *a*) del punto A, *b*) del punto D.

15.249 El rotor de un motor eléctrico gira a 1800 rpm cuando se apaga. Luego se observa que el rotor se detiene después de realizar 1550 revoluciones. Suponiendo que el movimiento es uniformemente acelerado, determine *a*) la aceleración angular del rotor, *b*) el tiempo requerido para que el rotor se detenga.

15.250 Un disco de 0.15 in. de radio gira a la velocidad constante ω_2 con respecto a la placa BC, que a su vez gira a la velocidad constante ω_1 alrededor del eje y. Si $\omega_1 = \omega_2 = 3$ rad/s, determine, para la posición mostrada, la velocidad y la aceleración *a*) del punto D, *b*) del punto F.

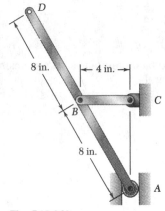

Fig. P15.248

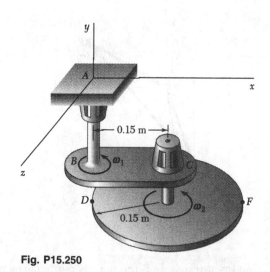

Fig. P15.250

15.251 El ventilador de un motor de automóvil gira alrededor de un eje horizontal paralelo a la dirección del movimiento del automóvil. Desde la parte trasera del motor, se ve que el ventilador gira en el sentido de las manecillas del reloj a razón de 2500 rpm. Si el automóvil vira a la derecha a lo largo de una trayectoria de 12 m de radio, a una velocidad constante de 12 km/h, determine la aceleración angular del ventilador en el instante en que el automóvil se desplaza exactamente al norte.

15.252 Un tambor de 4.5 in. de radio está montado en un cilindro de 7.5 in. de radio. Se enrolla una cuerda alrededor del tambor, y se tira de su extremo E hacia la derecha a una velocidad constante de 15 in./s, lo que provoca que el cilindro ruede sin deslizarse sobre la placa F. Si la placa F es estacionaria, determine *a*) la velocidad del centro del cilindro, *b*) la aceleración del punto D del cilindro.

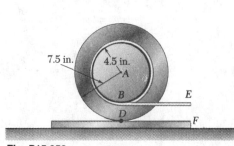

Fig. P15.252

15.253 Resuelva el problema 15.252, suponiendo que la placa F se mueve hacia la derecha con una velocidad constante de 9 in./s.

12.254 A través de un tubo curvo AB, que gira con una velocidad angular constante de 90 rpm en el sentido de las manecillas del reloj, fluye agua. Si la velocidad del agua con respecto al tubo es de 8 in./s, determine la aceleración total de una partícula de agua en el punto P.

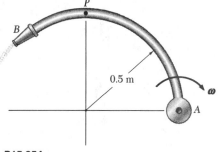

15.255 La barra BC, de 24 in. de longitud, está conectada por medio de articulaciones de rótula a un brazo rotatorio AB y a un collarín C que se desliza en la barra fija DE. Si la longitud del brazo AB es de 4 in. y gira a la velocidad constante $\omega_1 = 10$ rad/s, determine la velocidad del collarín C cuando $\theta = 0$.

Fig. P15.254

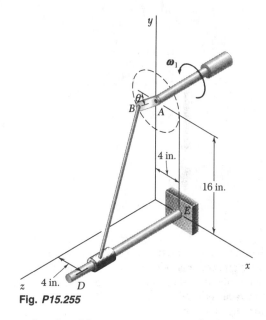

Fig. P15.255

15.256 Resuelva el problema 15.255, suponiendo que $\theta = 90°$.

15.257 La manivela AB gira a una velocidad angular constante de 1.5 rad/s en sentido contrario al de las manecillas del reloj. Para la posición mostrada, determine a) la velocidad angular de la barra BD, b) la velocidad del collarín D.

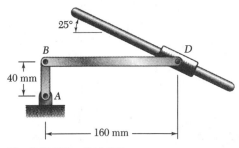

Fig. P15.257 y P15.258

15.258 La manivela AB gira a una velocidad angular constante de 1.5 rad/s en sentido contrario al de las manecillas del reloj. Para la posición mostrada, determine a) la aceleración angular de la barra BD, b) la aceleración del collarín D.

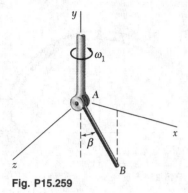

Fig. P15.259

15.259 La barra AB, de 125 mm de longitud, está conectada a una barra vertical que gira alrededor del eje y a la velocidad constante $\omega_1 = 5$ rad/s. Si el ángulo formado por la barra AB y la vertical se incrementa a la razón constante $d\beta/dt = 3$ rad/s, determine la velocidad y la aceleración del extremo B de la barra cuando $\beta = 30°$.

Los siguientes problemas están diseñados para resolverse con computadora.

15.C1 El disco mostrado gira a una velocidad angular constante de 500 rpm en sentido contrario al de las manecillas del reloj. Si la barra BD tiene 250 mm de longitud, escriba un programa de computadora y utilícelo para determinar, para valores de θ desde 0 hasta 360°, con incrementos de 30°, la velocidad del collarín D y la velocidad angular de la barra BD. Con incrementos apropiados más pequeños, determine los dos valores de θ con los cuales la rapidez del collarín es cero.

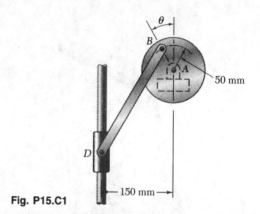

Fig. P15.C1

15.C2 Dos barras rotatorias están conectadas a un bloque corredizo P, como se muestra. Si la barra BP gira con una velocidad angular constante de 6 rad/s en sentido contrario al de las manecillas del reloj, escriba un programa de computadora y utilícelo para determinar, para valores de θ desde 0 hasta 180°, con incrementos de 15°, la velocidad y la aceleración angulares de la barra AE. Con incrementos apropiados más pequeños, determine los valores de θ con los cuales la aceleración angular α_{AE} es máxima y el valor correspondiente de α_{AE}.

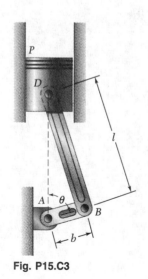

Fig. P15.C3

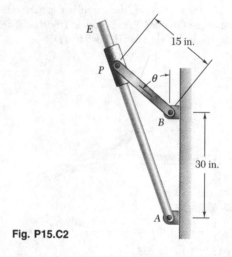

Fig. P15.C2

15.C3 En el sistema motriz mostrado, $l = 160$ mm y $b = 60$ mm. Si la manivela AB gira con una velocidad angular constante de 1000 rpm en el sentido de las manecillas del reloj, escriba un programa de computadora y utilícelo para determinar, para valores de θ desde 0 hasta 180°, e incrementos de 10°, a) la velocidad y la aceleración angulares de la barra BD, b) la velocidad y la aceleración del pistón P.

15.C4 La barra *AB* se mueve sobre una pequeña rueda montada en *C*, mientras que el extremo *A* lo hace hacia la derecha a una velocidad constante de 180 mm/s. Escriba un programa de computadora y utilícelo para determinar, para valores de θ desde 20° hasta 90°, con incrementos de 5°, la velocidad del punto *B* y la aceleración angular de la barra. Con incrementos apropiados más pequeños, determine el valor de θ con el cual la aceleración angular α de la barra es máxima y el valor correspondiente de α.

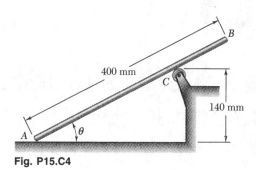

Fig. P15.C4

15.C5 La barra *BC*, de 24 in. de longitud, está conectada mediante articulaciones de rótula al brazo rotatorio *AB* y al collarín *C* que se desliza en la barra fija *DE*. El brazo *AB*, de 4 in. de longitud, gira en el plano *XY* con una velocidad angular constante de 10 rad/s. Escriba un programa de computadora y utilícelo para determinar, para valores de θ desde 0 hasta 360°, con incrementos de 30°, la velocidad del collarín *C*. Con incrementos apropiados más pequeños, determine los dos valores de θ con los cuales la velocidad del collarín *C* es cero.

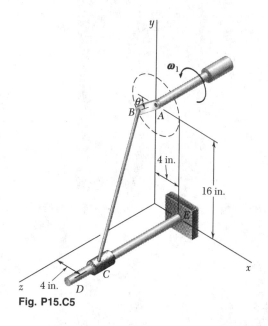

Fig. P15.C5

15.C6 La barra *AB*, de 25 in. de longitud, está conectada mediante articulaciones de rótula a los collarines *A* y *B*, los cuales se deslizan a lo largo de las dos barras mostradas. El collarín *B* se desliza hacia el apoyo *E* a una rapidez constante de 20 in./s. Si *d* denota la distancia desde el punto *C* hasta el collarín *B*, escriba un programa de computadora y utilícelo para determinar la velocidad del collarín *A* para valores de *d* desde 0 hasta 15 in., con incrementos de 1 in.

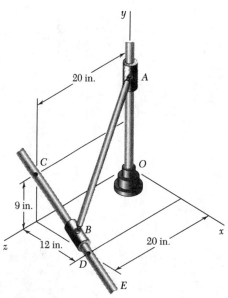

Fig. P15.C6

16

Movimiento plano de cuerpos rígidos: fuerzas y aceleraciones

En el momento en que la bola cae en el callejón de boleo, primero gira sin avanzar y se resbala, luego rueda sin resbalarse. En este capítulo, y en los capítulos 17 y 18, se aprenderá a analizar el movimiento de un cuerpo rígido considerándolo como la suma del movimiento de su centro de masa *G* y su movimiento en torno de *G*.

16.1. INTRODUCCIÓN

En este capítulo, y en los capítulos 17 y 18, se estudiará la *cinética de cuerpos rígidos*; es decir, las relaciones existentes entre las fuerzas que actúan en un cuerpo rígido, la forma y la masa del mismo, y el movimiento producido. En los capítulos 12 y 13 se estudiaron relaciones similares, donde se supuso que el cuerpo se podría considerar como una partícula; esto es, que su masa podía estar concentrada en un punto y que todas las fuerzas actuaban en dicho punto. La forma del cuerpo, así como la localización exacta de los puntos de aplicación de las fuerzas, ahora se tendrán en cuenta. Este capítulo además se ocupará no sólo del movimiento del cuerpo en conjunto, sino de su movimiento alrededor de su centro de masa.

El procedimiento consistirá en considerar cuerpos rígidos compuestos de un gran número de partículas, y utilizar los resultados obtenidos en el capítulo 14 en relación con el movimiento de sistemas de partículas. En especial, se utilizarán dos ecuaciones del capítulo 14: la ecuación (14.16), $\Sigma \mathbf{F} = m\bar{\mathbf{a}}$, la cual relaciona la resultante de las fuerzas externas y la aceleración del centro de masa G del sistema de partículas, y la ecuación (14.23), $\Sigma \mathbf{M}_G = \dot{\mathbf{H}}_G$ que relaciona la resultante del momento de las fuerzas externas y la cantidad de movimiento angular del sistema de partículas con respecto a G.

Excepto por lo que se refiere a la sección 16.2, dedicada al caso más general del movimiento de un cuerpo rígido, los resultados derivados en este capítulo estarán limitados de dos maneras: 1) Se limitarán al *movimiento plano* de cuerpos rígidos; es decir, a un movimiento en el cual cada partícula del cuerpo permanece a una distancia constante de un plano de referencia fijo. 2) Los cuerpos rígidos considerados se compondrán sólo de placas planas y de cuerpos simétricos con respecto al plano de referencia.† El estudio del movimiento plano de cuerpos tridimensionales asimétricos y, más en general, el movimiento de cuerpos rígidos en el espacio tridimensional, se pospondrá hasta el capítulo 18.

En la sección 16.3, se define la cantidad de movimiento angular de un cuerpo rígido en movimiento plano, y se demuestra que la razón de cambio de la cantidad de movimiento angular $\dot{\mathbf{H}}_G$ con respecto al centro de masa es igual al producto $\bar{I}\alpha$ del momento de inercia de masa centroidal $\bar{I}$ y la aceleración angular α del cuerpo. El principio de D'Alembert, presentado en la sección 16.4, se utiliza para demostrar que las fuerzas externas que actúan sobre un cuerpo rígido equivalen a un vector $m\bar{\mathbf{a}}$ fijo en el centro de masa y a un par de momento $\bar{I}\alpha$.

En la sección 16.5, se deduce el principio de transmisibilidad usando sólo la ley del paralelogramo y las leyes del movimiento de Newton, lo que permite retirar este principio de la lista de axiomas (sección 1.2) necesario para el estudio de la estática y la dinámica de cuerpos rígidos.

En la sección 16.6 se presentan ecuaciones de diagramas de cuerpo libre que se utilizarán en la solución de todos los problemas que implican el movimiento plano de cuerpos rígidos.

Luego de considerar, en la sección 16.7, el movimiento plano de cuerpos rígidos conectados, se estará preparado para resolver una variedad de problemas que implican traslación, rotación centroidal y movimiento no restringido de cuerpos rígidos. En la sección 16.8 y en la parte restante del capítulo, se considerará la solución de problemas que implican rotación no centroidal, movimiento de rodamiento y otros movimientos planos parcialmente restringidos de cuerpos rígidos.

---

†O, más generalmente, cuerpos cuyo eje centroidal principal de inercia es perpendicular al plano de referencia.

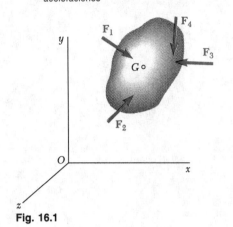

Fig. 16.1

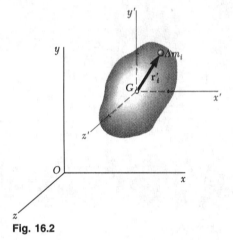

Fig. 16.2

16.2. ECUACIONES DE MOVIMIENTO PARA UN CUERPO RÍGIDO

Considérese un cuerpo rígido en el que actúan varias fuerzas externas $\mathbf{F}_1$, $\mathbf{F}_2$, $\mathbf{F}_3$... (figura 16.1). Se puede suponer que el cuerpo se compone de un gran número n de partículas de masa Δm_i ($i = 1, 2, ..., n$) y que los resultados obtenidos en el capítulo 14 son válidos para un sistema de partículas (figura 16.2). Si se considera en primer lugar el movimiento del centro de masa G del cuerpo con respecto al sistema de referencia newtoniano $Oxyz$, de acuerdo con la ecuación (14.16) escribimos

$$\Sigma\mathbf{F} = m\bar{\mathbf{a}} \tag{16.1}$$

donde m es la masa del cuerpo y $\bar{\mathbf{a}}$ es la aceleración del centro de masa G. Volviendo ahora al movimiento del cuerpo con respecto al sistema de referencia centroidal $Gx'y'z'$, y de acuerdo con la ecuación (14.23), escribimos

$$\Sigma\mathbf{M}_G = \dot{\mathbf{H}}_G \tag{16.2}$$

donde $\dot{\mathbf{H}}_G$ representa la razón cambio de $\mathbf{H}_G$, la cantidad de movimiento angular con respecto a G del sistema de partículas que forman el cuerpo rígido. En lo que sigue, se hará referencia a $\mathbf{H}_G$ simplemente como *la cantidad de movimiento angular del cuerpo rígido con respecto a su centro de masa G*. Juntas, las ecuaciones (16.1) y (16.2) expresan que *el sistema de las fuerzas externas es equipolente al sistema compuesto por el vector $m\bar{\mathbf{a}}$ fijo en G y del par de momento $\dot{\mathbf{H}}_G$* (figura 16.3).†

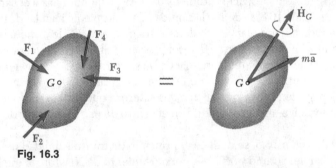

Fig. 16.3

Las ecuaciones (16.1) y (16.2) son válidas en el caso más general del movimiento de un cuerpo rígido. En el resto de este capítulo, no obstante, el análisis se limitará al *movimiento plano* de cuerpos rígidos; es decir, a un movimiento donde cada partícula permanece a una distancia constante de un plano de referencia fijo, y se supondrá que los cuerpos rígidos considerados se componen sólo de placas planas y de cuerpos simétricos con respecto al plano de referencia. El estudio del movimiento plano de cuerpos tridimensionales asimétricos y del movimiento de cuerpos rígidos en el espacio tridimensional se pospondrá hasta el capítulo 18.

†Como el sistema implicado actúa en un cuerpo rígido, se podría concluir en este punto, recurriendo a la sección 3.19, que los dos sistemas son tanto *equivalentes* como equipolentes, y se utilizan signos iguales de color rojo en lugar de color azul en la figura 16.3. Sin embargo, si pospone esta conclusión, se puede llegar a ella de una manera independiente (secciones 16.4 y 18.5), con lo que elimina la necesidad de incluir el principio de trasmisibilidad entre los axiomas de la mecánica (sección 16.5).

16.3. CANTIDAD DE MOVIMIENTO ANGULAR DE UN CUERPO RÍGIDO EN MOVIMIENTO PLANO

Considérese una placa rígida en movimiento plano. Si se supone que la placa se compone de un gran número n de partículas P_i de masa Δm_i y, según la ecuación (14.24) de la sección 14.5, se observa que la cantidad de movimiento angular $\mathbf{H}_G$ de la placa alrededor de su centro de masa G se puede calcular considerando los momentos con respecto a G de las cantidades de movimiento de las partículas de la placa en su movimiento con respecto a cualquiera de los sistemas de referencia Oxy o $Gx'y'$ (figura 16.4). Si elegimos este último, escribimos

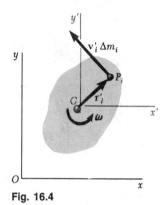

Fig. 16.4

$$\mathbf{H}_G = \sum_{i=1}^{n} (\mathbf{r}_i' \times \mathbf{v}_i' \, \Delta m_i) \tag{16.3}$$

donde $\mathbf{r}_i'$ y $\mathbf{v}_i' \, \Delta m_i$ denotan, respectivamente, el vector de posición y la cantidad de movimiento lineal de la partícula P_i con respecto al sistema de referencia centroidal $Gx'y'$. Pero como la partícula pertenece a la placa, se tiene $\mathbf{v}_i' = \boldsymbol{\omega} \times \mathbf{r}_i'$, donde $\boldsymbol{\omega}$ es la velocidad angular de la placa en el instante considerado. Escribimos

$$\mathbf{H}_G = \sum_{i=1}^{n} [\mathbf{r}_i' \times (\boldsymbol{\omega} \times \mathbf{r}_i') \, \Delta m_i]$$

Si se recurre a la figura 16.4, fácilmente se verifica que la expresión obtenida representa un vector de la misma dirección que $\boldsymbol{\omega}$ (es decir, perpendicular a la placa) y de magnitud igual a $\omega \Sigma r_i'^2 \, \Delta m_i$. Recordando que la suma $\Sigma r_i'^2 \, \Delta m_i$ representa el momento de inercia $\overline{I}$ de la placa con respecto a un eje centroidal perpendicular a la placa, se concluye que la cantidad de movimiento angular $\mathbf{H}_G$ de la placa con respecto a su centro de masa es

$$\mathbf{H}_G = \overline{I} \boldsymbol{\omega} \tag{16.4}$$

Al diferenciar ambos miembros de la ecuación (16.4) se obtiene

$$\dot{\mathbf{H}}_G = \overline{I} \dot{\boldsymbol{\omega}} = \overline{I} \boldsymbol{\alpha} \tag{16.5}$$

Así pues, la razón de cambio de la cantidad de movimiento angular de la placa está representado por un vector de la misma dirección que $\boldsymbol{\alpha}$ (esto es, perpendicular a la placa) y de magnitud $\overline{I} \alpha$.

Se debe tener presente que los resultados obtenidos en esta sección se dedujeron para una placa rígida en movimiento plano. Como se verá en el capítulo 18, siguen siendo válidos en el caso del movimiento plano de cuerpos rígidos simétricos con respecto al plano de referencia.† Sin embargo, no lo son en el caso de cuerpos asimétricos o en el caso de movimiento tridimensional.

---

†O, más generalmente, cuerpos cuyo principal eje de inercia centroidal es perpendicular al plano de referencia.

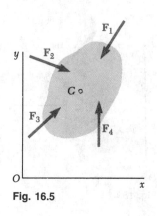

Fig. 16.5

16.4. MOVIMIENTO PLANO DE UN CUERPO RÍGIDO. PRINCIPIO DE D'ALEMBERT

Considérese una placa rígida de masa m que se mueve bajo la acción de varias fuerzas externas $\mathbf{F}_1$, $\mathbf{F}_2$, $\mathbf{F}_3$, . . . , contenidas en el plano de la placa (figura 16.5). Con la sustitución de $\mathbf{H}_G$ de la ecuación (16.5) en la ecuación (16.2), y escribiendo las ecuaciones fundamentales de movimiento (16.1) y (16.2) en forma escalar, tenemos

$$\Sigma F_x = m\bar{a}_x \qquad \Sigma F_y = m\bar{a}_y \qquad \Sigma M_G = \bar{I}\,\alpha \qquad (16.6)$$

Las ecuaciones (16.6) demuestran que la aceleración del centro de masa G de la placa y su aceleración angular $\boldsymbol{\alpha}$ se obtienen con facilidad una vez que se determinan la resultante de las fuerzas externas que actúan sobre la placa y su momento resultante con respecto a G. Dadas las condiciones iniciales apropiadas, se obtienen entonces las coordenadas $\bar{x}$ y $\bar{y}$ del centro de masa y la coordenada angular θ de la placa, mediante integración en cualquier instante t. Por tanto, *el movimiento de la placa queda definido por completo por la resultante y la resultante de momentos con respecto a G de las fuerzas externas que actúan sobre ella.*

Esta propiedad, que se ampliará en el capítulo 18 al caso del movimiento tridimensional de un cuerpo rígido, es característica del movimiento de un cuerpo rígido. De hecho, tal como se vio en el capítulo 14, el movimiento de un sistema de partículas que no están rígidamente conectadas dependerá, en general, de las fuerzas externas específicas que actúan sobre las diversas partículas, así como también de las fuerzas internas.

Como el movimiento de un cuerpo rígido depende únicamente de la resultante y de la resultante de momentos de las fuerzas externas que actúan sobre él, se deduce que *dos sistemas de fuerzas equipolentes* (es decir, que tienen la misma fuerza resultante y el mismo momento resultante) *también son equivalentes*; es decir, tienen exactamente el mismo efecto sobre un cuerpo rígido dado.[†]

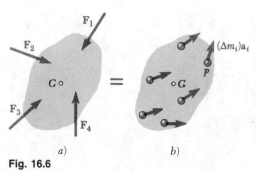

a)   b)

Fig. 16.6

Considérese, en particular, el sistema de fuerzas externas que actúan sobre un cuerpo rígido (figura 16.6*a*) y el sistema de las fuerzas efectivas asociadas con las partículas que forman el cuerpo rígido (figura 16.6*b*). En la sección 14.2 se demostró que los dos sistemas así definidos son equipolentes. Pero como las partículas consideradas ahora forman un cuerpo rígido, del planteamiento anterior se deduce que los dos sistemas también son equivalentes. De este modo, se puede establecer que *las fuerzas externas que actúan sobre un cuerpo rígido equivalen a las fuerzas efectivas de las diversas partículas que forman el cuerpo.* Este enunciado se conoce como *principio de D'Alembert,* en honor del matemático francés Jean le Rond d'Alembert (1717-1783), aun cuando el enunciado original de d'Alembert fue escrito en una forma un poco diferente.

El hecho de que el sistema de fuerzas externas es *equivalente* al sistema de fuerzas efectivas se ha recalcado con el uso de un signo igual de color rojo en la figura 16.6 y también en la 16.7, donde al utilizar los resultados obtenidos con anterioridad en esta sección, se remplazaron las fuerzas efectivas con un vector $m\bar{\mathbf{a}}$ vinculado al centro de masa G de la placa y un par de momento $\bar{I}\boldsymbol{\alpha}$.

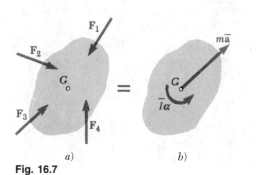

a)   b)

Fig. 16.7

[†]Este resultado ya se obtuvo en la sección 3.19 a partir del principio de trasmisibilidad (sección 3.3). No obstante, la presente derivación es independiente de dicho principio, y se podrá eliminar de los axiomas de la mecánica (sección 16.5).

Traslación. En el caso de un cuerpo en traslación, la aceleración angular de éste es idéntica a cero, y sus fuerzas efectivas se reducen al vector $m\overline{\mathbf{a}}$ fijo en G (figura 16.8). De este modo, la resultante de las fuerzas externas que actúan sobre un cuerpo rígido en traslación pasa por el centro de masa del cuerpo, y es igual a $m\overline{\mathbf{a}}$.

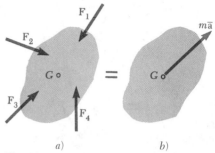

Fig. 16.8   Traslación

Rotación centroidal. Cuando una placa o, más generalmente, un cuerpo simétrico con respecto al plano de referencia, gira alrededor de un eje fijo perpendicular al plano de referencia y que pasa por su centro de masa G, se dice que el cuerpo se encuentra en *rotación centroidal*. Como la aceleración $\overline{\mathbf{a}}$ es idéntica a cero, las fuerzas efectivas del cuerpo se reducen al par $\overline{I}\boldsymbol{\alpha}$ (figura 16.9). Por lo tanto, las fuerzas externas que actúan sobre un cuerpo en rotación centroidal equivalen a un par de momento $\overline{I}\boldsymbol{\alpha}$.

Movimiento plano general. Al comparar la figura 16.7 con las figuras 16.8 y 16.9, se observa que desde el punto de vista de la *cinética*, el movimiento plano más general de un cuerpo rígido simétrico con respecto al plano de referencia puede ser remplazado por la suma de una traslación y una rotación centroidal. Se debe señalar que este enunciado es más restrictivo que el enunciado similar planteado con anterioridad desde el punto de vista de la *cinemática* (sección 15.5), puesto que ahora se requiere que se seleccione el centro de masa del cuerpo como punto de referencia.

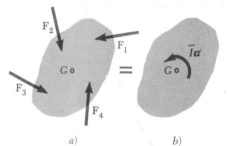

Fig. 16.9   Rotación centroidal

En las ecuaciones (16.6), se observa que las dos primeras ecuaciones son idénticas a las ecuaciones del movimiento de una partícula de masa m en la que actúan las fuerzas dadas $\mathbf{F}_1, \mathbf{F}_2, \mathbf{F}_3, \ldots$ De este modo, se comprueba que *el centro de masa G de un cuerpo rígido en movimiento plano se mueve como si toda la masa del cuerpo estuviera concentrada en dicho punto, y como si todas las fuerzas externas actuaran sobre él.* Se recuerda que este resultado ya se obtuvo en la sección 14.4, en el caso general de un sistema de partículas no necesariamente conectadas rígidamente entre sí. También se observa, tal como se hizo en la sección 14.4, que el sistema de las fuerzas externas, en general, no se reduce a un solo vector $m\overline{\mathbf{a}}$ con origen en G. Por consiguiente, en el caso general del movimiento plano de un cuerpo rígido, *la resultante de las fuerzas externas que actúan sobre el cuerpo no pasa por el centro de masa de éste.*

Por último, se ve que la última de las ecuaciones (16.6) seguiría siendo válida si el cuerpo rígido, al estar sometido a las mismas fuerzas aplicadas, no pudiera girar alrededor de un eje fijo que pasa por G. Así pues, *un cuerpo rígido en movimiento plano gira alrededor de su centro de masa como si este punto estuviera fijo.*

*16.5. UNA OBSERVACIÓN ACERCA DE LOS AXIOMAS DE LA MECÁNICA DE CUERPOS RÍGIDOS

El hecho de que dos sistemas equipolentes de fuerzas externas que actúan en un cuerpo rígido también son equivalentes (es decir, que tienen el mismo efecto en dicho cuerpo rígido), ya se estableció en la sección 3.19. Pero allí se dedujo a partir del *principio de trasmisibilidad*, uno de los axiomas utilizados en el estudio de la estática de cuerpos rígidos. Es de señalarse que este axioma no se ha utilizado en este capítulo porque la segunda y la tercera leyes del movimiento de Newton hacen que su uso sea innecesario en el estudio de la dinámica de cuerpos rígidos.

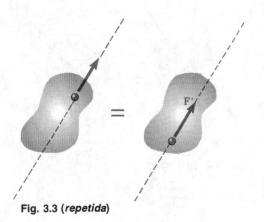

Fig. 3.3 (repetida)

De hecho, el principio de trasmisibilidad ahora se puede *deducir* de los demás axiomas empleados en el estudio de la mecánica. Este principio establecía, sin comprobación (sección 3.3), que las condiciones de equilibrio o movimiento de un cuerpo rígido permanecen sin cambio cuando una fuerza **F** que actúa en un punto dado del cuerpo rígido es remplazada por una fuerza **F′** de la misma magnitud y la misma dirección, pero que actúa en un punto diferente, siempre que las dos fuerzas tengan la misma línea de acción. Pero como **F** y **F′** producen el mismo momento con respecto a cualquier punto dado, es evidente que forman dos sistemas equipolentes de fuerzas externas. De este modo, ahora se puede *demostrar*, con base en lo que se estableció en la sección anterior, que **F** y **F′** tienen el mismo efecto en el cuerpo rígido (figura 3.3).

Por consiguiente, el principio de trasmisibilidad se puede retirar de la lista de axiomas necesarios para el estudio de la mecánica de cuerpos rígidos. Estos axiomas se reducen a la ley del paralelogramo para la suma de vectores y a las leyes del movimiento de Newton.

16.6. SOLUCIÓN DE PROBLEMAS QUE IMPLICAN EL MOVIMIENTO DE UN CUERPO RÍGIDO

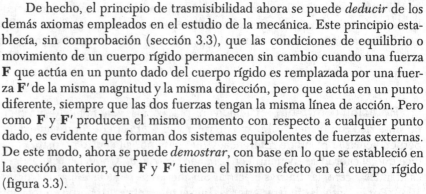

Fig. 16.7 (repetida)

En la sección 16.4 se vio que cuando un cuerpo rígido se encuentra en movimiento plano, existe una relación fundamental entre las fuerzas $\mathbf{F}_1$, $\mathbf{F}_2$, $\mathbf{F}_3$,..., que actúan sobre el cuerpo, la aceleración $\bar{\mathbf{a}}$ de su centro de masa y la aceleración angular $\boldsymbol{\alpha}$ del cuerpo. Esta relación, representada en la figura 16.7 en la forma de una *ecuación de diagramas de cuerpo libre*, se usa para determinar la aceleración $\bar{\mathbf{a}}$ y la aceleración angular $\boldsymbol{\alpha}$ producidas por un sistema de fuerzas dado que actúa en un cuerpo rígido o, a la inversa, para determinar las fuerzas que producen un movimiento dado del cuerpo rígido.

Para resolver problemas de movimiento plano se usan las tres ecuaciones algebraicas (16.6).† No obstante, nuestra experiencia en estática sugiere que la solución de muchos problemas que implican cuerpos rígidos se simplifica con la elección apropiada del punto con respecto al cual se calculan los momentos de las fuerzas. Por consiguiente, es preferible recordar la relación existente entre las fuerzas y las aceleraciones en la forma pictórica mostrada en la figura 16.7, y deducir de esta relación fundamental las ecuaciones de componentes o momentos que mejor se adapten a la solución del problema considerado.

La relación fundamental mostrada en la figura 16.7 se puede presentar en una forma alterna si a las fuerzas externas se añade un vector de inercia $-m\bar{\mathbf{a}}$ de sentido contrario al de $\bar{\mathbf{a}}$, con origen en G, y un par de inercia $-\bar{I}\boldsymbol{\alpha}$ de momento de magnitud igual a $\bar{I}\alpha$ y de sentido contrario al de $\boldsymbol{\alpha}$ (figura 16.10). El sistema obtenido es equivalente a cero, y se dice que el cuerpo rígido se encuentra en *equilibrio dinámico*.

Ya sea que el principio de equivalencia de fuerzas externas y efectivas se aplique directamente, como en la figura 16.7, o que se introduzca el concepto de equilibrio dinámico, como en la figura 16.10, el uso de ecuaciones de diagramas de cuerpo libre que muestren vectorialmente la relación existente entre las fuerzas aplicadas sobre el cuerpo rígido y las aceleraciones lineales y angulares resultantes, presenta ventajas considerables sobre la aplicación a ciegas de las fórmulas (16.6). Estas ventajas se resumen como sigue:

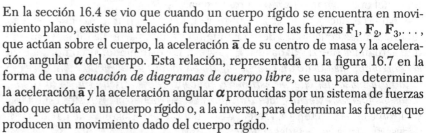

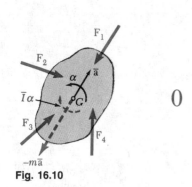

0

Fig. 16.10

---

†Se recuerda que la última de las ecuaciones (16.6) es válida sólo en el caso del movimiento plano de un cuerpo rígido simétrico con respecto al plano de referencia. En los demás casos, se deben utilizar los métodos del capítulo 18.

1. El uso de una representación pictórica permite una comprensión mucho más clara del efecto de las fuerzas en el movimiento del cuerpo.

2. Este procedimiento permite dividir la solución de un problema de dinámica en dos partes: en la primera parte, el análisis de las características cinemáticas y cinéticas del problema conduce a los diagramas de cuerpo libre de la figura 16.17 o 16.10; en la segunda, el diagrama obtenido se utiliza para analizar las diversas fuerzas y vectores implicados mediante los métodos del capítulo 3.

3. Se proporciona un procedimiento unificado para el análisis del movimiento plano de un cuerpo rígido, haciendo caso omiso del tipo particular de movimiento implicado. Si bien la cinemática de los diversos movimientos considerados puede variar de un caso a otro, el procedimiento de la cinética del movimiento es consistentemente el mismo. En todos los casos se dibujará un diagrama que muestre las fuerzas externas, el vector $m\bar{a}$ asociado con el movimiento de G, y el par $\bar{I}\alpha$ asociado con la rotación del cuerpo alrededor de G.

4. La descomposición del movimiento plano de un cuerpo rígido en una traslación y una rotación centroidal, que aquí se utiliza, es un concepto básico que se puede aplicar con efectividad en todo el estudio de la mecánica. Se utilizará otra vez en el capítulo 17, con el método del trabajo y la energía y el método del impulso y la cantidad de movimiento.

5. Tal como se verá en el capítulo 18, este procedimiento se puede extender al estudio del movimiento tridimensional general de un cuerpo rígido. De nuevo, el movimiento del cuerpo se descompondrá en una traslación y una rotación alrededor del centro de masa, y se utilizarán ecuaciones de diagramas de cuerpo libre para señalar la relación existente entre las fuerzas externas y las razones de cambio de las cantidades de movimiento lineal y angular del cuerpo.

16.7. SISTEMAS DE CUERPOS RÍGIDOS

El método descrito en la sección anterior también se utiliza en problemas que incluyen el movimiento plano de varios cuerpos rígidos conectados. Para cada una de las partes del sistema, se puede dibujar un diagrama similar a las figuras 16.7 o 16.10. Las ecuaciones de movimiento obtenidas a partir de estos diagramas se resuelven simultáneamente.

En algunos casos, como en el problema resuelto 16.3, se dibuja un solo diagrama de todo el sistema. Este diagrama debe incluir todas las fuerzas externas, así como los vectores $m\bar{a}$ y los pares $\bar{I}\alpha$ asociados con las diversas partes del sistema. Sin embargo, las fuerzas internas (como las ejercidas por cables conectores), se pueden omitir, puesto que ocurren en pares de fuerzas iguales y opuestas, y por eso son equipolentes a cero. Las ecuaciones obtenidas al expresar que el sistema de las fuerzas externas es equipolente al sistema de las fuerzas efectivas se pueden resolver para las incógnitas restantes.†

No es posible utilizar este segundo procedimiento en problemas que incluyen más de tres incógnitas, puesto que sólo se dispone de tres ecuaciones de movimiento cuando se utiliza sólo un diagrama. No hay necesidad de ocuparse más de este punto, puesto que el análisis implicado sería por completo similar al planteado en la sección 6.11 en el caso del equilibrio de un sistema de cuerpos rígidos.

---

†Obsérvese que no se puede hablar de sistemas *equivalentes,* puesto que no se trata de un solo cuerpo rígido.

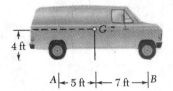

PROBLEMA RESUELTO 16.1

Cuando la velocidad hacia adelante de la camioneta mostrada era de 30 ft/s, de repente se aplicaron los frenos, lo que hizo que las cuatro ruedas dejaran de girar. Se observó que la camioneta patinó 20 ft antes de detenerse. Determínese la magnitud de la reacción normal y la de la fuerza de fricción en cada rueda cuando patinó la camioneta.

SOLUCIÓN

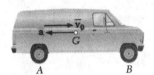

Cinemática del movimiento. Si el sentido positivo se considera hacia la derecha y se utilizan las ecuaciones de movimiento uniformemente acelerado, escribimos

$$\bar{v}_0 = +30 \text{ ft/s} \qquad \bar{v}^2 = \bar{v}_0^2 + 2\bar{a}x \qquad 0 = (30)^2 + 2\bar{a}(20)$$
$$\bar{a} = -22.5 \text{ ft/s}^2 \qquad \bar{\mathbf{a}} = 22.5 \text{ ft/s}^2 \leftarrow$$

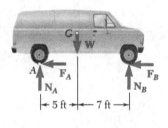

Ecuaciones del movimiento. Las fuerzas externas son el peso **W** de la camioneta, las reacciones normales y las fuerzas de fricción en las ruedas. (Los vectores $\mathbf{N}_A$ y $\mathbf{F}_A$ representan la suma de las reacciones en las ruedas traseras, mientras que $\mathbf{N}_B$ y $\mathbf{F}_B$ representan la suma de las reacciones en las ruedas delanteras.) Como el movimiento de la camioneta es de traslación, las fuerzas efectivas se reducen al vector $m\bar{\mathbf{a}}$ con origen en G. Se obtienen tres ecuaciones de movimiento al expresar que el sistema de las fuerzas externas es equivalente al sistema de las fuerzas efectivas.

$$+\uparrow \Sigma F_y = \Sigma(F_y)_{\text{ef}}: \qquad N_A + N_B - W = 0$$

Como $F_A = \mu_k N_A$ y $F_B = \mu_k N_B$, donde μ_k es el coeficiente de fricción cinética, se tiene que

$$F_A + F_B = \mu_k(N_A + N_B) = \mu_k W$$

$$\xrightarrow{+} \Sigma F_x = \Sigma(F_x)_{\text{ef}}: \qquad -(F_A + F_B) = -m\bar{a}$$

$$-\mu_k W = -\frac{W}{32.2 \text{ ft/s}^2}(22.5 \text{ ft/s}^2)$$

$$\mu_k = 0.699$$

$$+\uparrow \Sigma M_A = \Sigma(M_A)_{\text{ef}}: \qquad -W(5 \text{ ft}) + N_B(12 \text{ ft}) = m\bar{a}(4 \text{ ft})$$

$$-W(5 \text{ ft}) + N_B(12 \text{ ft}) = \frac{W}{32.2 \text{ ft/s}^2}(22.5 \text{ ft/s}^2)(4 \text{ ft})$$

$$N_B = 0.650W$$
$$F_B = \mu_k N_B = (0.699)(0.650W) \qquad F_B = 0.454W$$

$$+\uparrow \Sigma F_y = \Sigma(F_y)_{\text{ef}}: \qquad N_A + N_B - W = 0$$
$$N_A + 0.650W - W = 0$$
$$N_A = 0.350W$$
$$F_A = \mu_k N_A = (0.699)(0.350W) \qquad F_A = 0.245W$$

Reacciones en cada rueda. Recordando que los valores arriba calculados representan la suma de las reacciones en las dos ruedas delanteras o en las dos traseras, obtenemos la magnitud de las reacciones en cada rueda al escribir

$$N_{\text{delantera}} = \tfrac{1}{2}N_B = 0.325W \qquad N_{\text{trasera}} = \tfrac{1}{2}N_A = 0.175W \quad \blacktriangleleft$$
$$F_{\text{delantera}} = \tfrac{1}{2}F_B = 0.227W \qquad F_{\text{trasera}} = \tfrac{1}{2}F_A = 0.122W \quad \blacktriangleleft$$

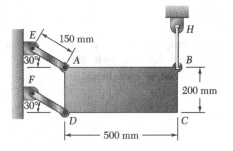

PROBLEMA RESUELTO 16.2

La placa delgada *ABCD*, de 8 kg de masa, es sostenida en la posición mostrada por el alambre *BH* y dos eslabones *AE* y *DF*. Despreciando la masa de los eslabones, determínese inmediatamente después de que se corta el alambre *BH a*) la aceleración de la placa, *b*) la fuerza en cada eslabón.

SOLUCIÓN

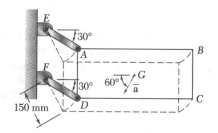

Cinemática del movimiento. Después de que se corta el alambre *BH*, se observa que las esquinas *A* y *D* se desplazan a lo largo de círculos paralelos de 150 mm de radio, con centro en *E* y *F*, respectivamente. El movimiento de la placa es, por tanto, una traslación curvilínea; las partículas que forman la placa se mueven a lo largo de círculos paralelos de 150 mm de radio.

En el instante en que se corta el alambre *BH*, la velocidad de la placa es cero. De este modo, la aceleración $\bar{a}$ del centro de masa *G* de la placa es tangente a la trayectoria circular que será descrita por *G*.

Ecuaciones del movimiento. Las fuerzas externas son el peso **W** y las fuerzas $\mathbf{F}_{AE}$ y $\mathbf{F}_{DF}$ ejercidas por los eslabones. Como el movimiento de la placa es de traslación, las fuerzas efectivas se reducen al vector $m\bar{a}$ con origen en *G* y dirigido a lo largo del eje *t*. Se dibuja una ecuación de diagramas de cuerpo libre para demostrar que el sistema de las fuerzas externas es equivalente al sistema de las fuerzas efectivas.

a. **Aceleración de la placa.**

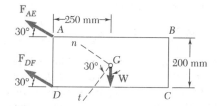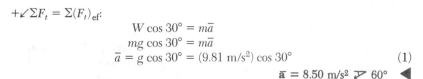

$$+\swarrow\Sigma F_t = \Sigma(F_t)_{ef}:$$
$$W\cos 30° = m\bar{a}$$
$$mg\cos 30° = m\bar{a}$$
$$\bar{a} = g\cos 30° = (9.81 \text{ m/s}^2)\cos 30° \qquad (1)$$
$$\bar{a} = 8.50 \text{ m/s}^2 \;\nearrow\; 60° \quad \blacktriangleleft$$

b. **Fuerzas en los eslabones AE y DF.**

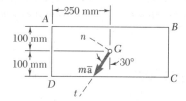

$$+\nwarrow\Sigma F_n = \Sigma(F_n)_{ef}: \qquad F_{AE} + F_{DF} - W\operatorname{sen}30° = 0 \qquad (2)$$
$$+\downdownarrows\Sigma M_G = \Sigma(M_G)_{ef}:$$

$$(F_{AE}\operatorname{sen}30°)(250 \text{ mm}) - (F_{AE}\cos 30°)(100 \text{ mm})$$
$$+ (F_{DF}\operatorname{sen}30°)(250 \text{ mm}) + (F_{DF}\cos 30°)(100 \text{ mm}) = 0$$
$$38.4F_{AE} + 211.6F_{DF} = 0$$
$$F_{DF} = -0.1815F_{AE} \qquad (3)$$

Al sustituir F_{DF} de la ecuación (3) en la ecuación (2), escribimos

$$F_{AE} - 0.1815F_{AE} - W\operatorname{sen}30° = 0$$
$$F_{AE} = 0.6109W$$
$$F_{DF} = -0.1815(0.6109W) = -0.1109W$$

Puesto que $W = mg = (8 \text{ kg})(9.81 \text{ m/s}^2) = 78.48$ N, tenemos

$$F_{AE} = 0.6109(78.48 \text{ N}) \qquad\qquad F_{AE} = 47.9 \text{ N } T \quad \blacktriangleleft$$
$$F_{DF} = -0.1109(78.48 \text{ N}) \qquad\qquad F_{DF} = 8.70 \text{ N } C \quad \blacktriangleleft$$

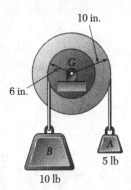

10 in.

G

6 in.

B

A
5 lb

10 lb

PROBLEMA RESUELTO 16.3

Una polea, de 12 lb y de 8 in. de radio de giro, está conectada a dos bloques como se muestra. Si se supone que no hay fricción en el eje, determínese la aceleración angular de la polea y la aceleración de cada bloque.

SOLUCIÓN

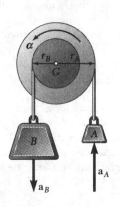

α

r_B r

G

B

A

$\mathbf{a}_A$

$\mathbf{a}_B$

Sentido del movimiento. Aun cuando se puede suponer un sentido arbitrario del movimiento (puesto que no hay fuerzas de fricción) y al final se comprueba con el signo del resultado, es preferible que en primer lugar se determine el sentido real de rotación de la polea. Se determina el peso del bloque B necesario para mantener el equilibrio de la polea cuando el bloque A, de 5 lb, actúa sobre ella. Escribimos

$$+\!\uparrow\!\Sigma M_G = 0: \qquad W_B(6 \text{ in.}) - (5 \text{ lb})(10\text{in.}) = 0 \qquad W_B = 8.33 \text{ lb}$$

Como el bloque B de hecho pesa 10 lb, la polea girará en sentido contrario al de las manecillas del reloj.

Cinemática del movimiento. Con α supuesta en sentido contrario al de las manecillas del reloj, y ya que $a_A = r_A\alpha$ y $a_B = r_B\alpha$, se obtiene

$$\mathbf{a}_A = (\tfrac{10}{12} \text{ ft})\alpha \uparrow \qquad \mathbf{a}_B = (\tfrac{6}{12} \text{ ft})\alpha \downarrow$$

Ecuaciones del movimiento. Se considera un sistema simple integrado por la polea y los dos bloques. Las fuerzas externas al sistema son los pesos de la polea y de los dos bloques, y la reacción en G. (Las fuerzas ejercidas por los cables sobre la polea y sobre los bloques son internas al sistema considerado y se eliminan.) Como el movimiento de la polea es una rotación centroidal y el de cada bloque es una traslación, las fuerzas efectivas se reducen al par $\bar{I}\alpha$ y a los vectores $m\mathbf{a}_A$ y $m\mathbf{a}_B$. El momento de inercia centroidal de la polea es

$$\bar{I} = m\bar{k}^2 = \frac{W}{g}\,\bar{k}^2 = \frac{12 \text{ lb}}{32.2 \text{ ft/s}^2}\,(\tfrac{8}{12} \text{ ft})^2 = 0.1656 \text{ lb} \cdot \text{ft} \cdot \text{s}^2$$

Como el sistema de las fuerzas externas es equipolente al sistema de las fuerzas efectivas, escribimos

$$+\!\uparrow\!\Sigma M_G = \Sigma(M_G)_{\text{ef}}:$$

$$(10 \text{ lb})(\tfrac{6}{12} \text{ ft}) - (5 \text{ lb})(\tfrac{10}{12} \text{ ft}) = +\bar{I}\alpha + m_B a_B(\tfrac{6}{12} \text{ ft}) + m_A a_A(\tfrac{10}{12} \text{ ft})$$

$$(10)(\tfrac{6}{12}) - (5)(\tfrac{10}{12}) = 0.1656\alpha + \tfrac{10}{32.2}(\tfrac{6}{12}\alpha)(\tfrac{6}{12}) + \tfrac{5}{32.2}(\tfrac{10}{12}\alpha)(\tfrac{10}{12})$$

$$\alpha = +2.374 \text{ rad/s}^2 \qquad\qquad \boldsymbol{\alpha} = 2.37 \text{ rad/s}^2 \;\uparrow \quad \blacktriangleleft$$

$$a_A = r_A\alpha = (\tfrac{10}{12} \text{ ft})(2.374 \text{ rad/s}^2) \qquad \mathbf{a}_A = 1.978 \text{ ft/s}^2 \uparrow \quad \blacktriangleleft$$

$$a_B = r_B\alpha = (\tfrac{6}{12} \text{ ft})(2.374 \text{ rad/s}^2) \qquad \mathbf{a}_B = 1.187 \text{ ft/s}^2 \downarrow \quad \blacktriangleleft$$

12 lb

G

R

=

G
$\bar{I}\alpha$

B

A

B

A

5 lb

$m_A \mathbf{a}_A$

10 lb

$m_B \mathbf{a}_B$

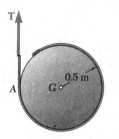

PROBLEMA RESUELTO 16.4

Se enrolla una cuerda alrededor de un disco homogéneo de radio $r = 0.5$ m y masa $m = 15$ kg. Si se tira de la cuerda hacia arriba con una fuerza **T** de magnitud 180 N, determínese a) la aceleración del centro del disco, b) la aceleración angular del disco, c) la aceleración de la cuerda.

SOLUCIÓN

Ecuaciones del movimiento. Se supone que las direcciones de las componentes $\bar{a}_x$ y $\bar{a}_y$ de la aceleración del centro son, respectivamente, hacia la derecha y hacia arriba, y que la aceleración angular del disco es contraria al sentido de las manecillas del reloj. Las fuerzas externas que actúan sobre el disco son el peso **W** y la fuerza **T** ejercida por la cuerda. Este sistema es equivalente al sistema de las fuerzas efectivas, integrado por un vector de componentes $m\bar{a}_x$ y $m\bar{a}_y$ fija a G, y un par $\bar{I}\alpha$. Escribimos

$$\xrightarrow{+}\Sigma F_x = \Sigma(F_x)_{\text{ef}}: \qquad 0 = m\bar{a}_x$$
$$+\uparrow\Sigma F_y = \Sigma(F_y)_{\text{ef}}: \qquad T - W = m\bar{a}_y \qquad \qquad \bar{\mathbf{a}}_x = 0 \blacktriangleleft$$
$$\bar{a}_y = \frac{T - W}{m}$$

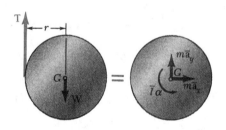

Como $T = 180$ N, $m = 15$ kg y $W = (15\text{ kg})(9.81\text{ m/s}^2) = 147.1$ N, tenemos

$$\bar{a}_y = \frac{180\text{ N} - 147.1\text{ N}}{15\text{ kg}} = +2.19\text{ m/s}^2 \qquad \bar{\mathbf{a}}_y = 2.19\text{ m/s}^2 \uparrow \blacktriangleleft$$

$$+\uparrow\Sigma M_G = \Sigma(M_G)_{\text{ef}}: \qquad -Tr = \bar{I}\alpha$$
$$-Tr = (\tfrac{1}{2}mr^2)\alpha$$
$$\alpha = -\frac{2T}{mr} = -\frac{2(180\text{ N})}{(15\text{ kg})(0.5\text{ m})} = -48.0\text{ rad/s}^2$$

$$\alpha = 48.0\text{ rad/s}^2 \downarrow \blacktriangleleft$$

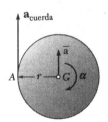

Aceleración de la cuerda. Como la aceleración de la cuerda es igual a la componente tangencial de la aceleración del punto A del disco, escribimos

$$\mathbf{a}_{\text{cuerda}} = (\mathbf{a}_A)_t = \bar{\mathbf{a}} + (\mathbf{a}_{A/G})_t$$
$$= [2.19\text{ m/s}^2 \uparrow] + [(0.5\text{ m})(48\text{ rad/s}^2) \uparrow]$$

$$\mathbf{a}_{\text{cuerda}} = 26.2\text{ m/s}^2 \uparrow \blacktriangleleft$$

PROBLEMA RESUELTO 16.5

Una esfera uniforme de masa m y radio r se proyecta a lo largo de una superficie horizontal áspera con una velocidad lineal $\bar{v}_0$ y sin velocidad angular. Si μ_k denota el coeficiente de fricción cinética entre la esfera y el suelo, determínese a) el instante t_1 en el cual la esfera comienza a rodar sin deslizarse, b) la velocidad lineal y la velocidad angular de la esfera en el instante t_1.

SOLUCIÓN

Ecuaciones del movimiento. El sentido positivo se escoge hacia la derecha para $\bar{a}$, y en el sentido de las manecillas del reloj para α. Las fuerzas externas que actúan sobre la esfera son el peso $\mathbf{W}$, la reacción normal $\mathbf{N}$ y la fuerza de fricción $\mathbf{F}$. Como el punto de la esfera que está en contacto con la superficie se desliza hacia la derecha, la dirección de la fuerza de fricción es hacia la izquierda. Mientras la esfera se desliza, la magnitud de la fuerza de fricción es $F = \mu_k N$. Las fuerzas efectivas son el vector $m\bar{a}$ fijo a G y el par $\bar{I}\alpha$. Expresando que el sistema de las fuerzas externas es equivalente al sistema de las fuerzas efectivas, escribimos

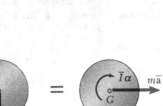

$$+\uparrow\Sigma F_y = \Sigma(F_y)_{\text{ef}}: \qquad N - W = 0$$
$$N = W = mg \qquad F = \mu_k N = \mu_k mg$$
$$\xrightarrow{+}\Sigma F_x = \Sigma(F_x)_{\text{ef}}: \qquad -F = m\bar{a} \qquad -\mu_k mg = m\bar{a} \qquad \bar{a} = -\mu_k g$$
$$+\downarrow\Sigma M_G = \Sigma(M_G)_{\text{ef}}: \qquad Fr = \bar{I}\alpha$$

Como $\bar{I} = \tfrac{2}{5}mr^2$ y si se sustituye el valor de F obtenido, escribimos

$$(\mu_k mg)r = \tfrac{2}{5}mr^2\alpha \qquad \alpha = \frac{5}{2}\frac{\mu_k g}{r}$$

Cinemática del movimiento. Conforme la esfera gira y se resbala, sus movimientos lineal y angular son uniformemente acelerados.

$$t = 0,\ \bar{v} = \bar{v}_0 \qquad \bar{v} = \bar{v}_0 + \bar{a}t = \bar{v}_0 - \mu_k gt \qquad (1)$$

$$t = 0,\ \omega_0 = 0 \qquad \omega = \omega_0 + \alpha t = 0 + \left(\frac{5}{2}\frac{\mu_k g}{r}\right)t \qquad (2)$$

La esfera comenzará a rodar sin deslizarse cuando la velocidad $\mathbf{v}_C$ del punto de contacto C es cero. En ese instante, $t = t_1$, el punto C se convierte en el centro de rotación instantáneo, y tenemos

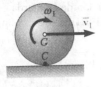

$$\bar{v}_1 = r\omega_1 \qquad (3)$$

Al sustituir en (3) los valores obtenidos para $\bar{v}_1$ y ω_1 con $t = t_1$ en (1) y (2), respectivamente, escribimos

$$\bar{v}_0 - \mu_k gt_1 = r\left(\frac{5}{2}\frac{\mu_k g}{r}t_1\right) \qquad\qquad t_1 = \frac{2}{7}\frac{\bar{v}_0}{\mu_k g} \quad \blacktriangleleft$$

Si se sustituye t_1 en (2), tenemos

$$\omega_1 = \frac{5}{2}\frac{\mu_k g}{r}t_1 = \frac{5}{2}\frac{\mu_k g}{r}\left(\frac{2}{7}\frac{\bar{v}_0}{\mu_k g}\right) \qquad \omega_1 = \frac{5}{7}\frac{\bar{v}_0}{r} \qquad \boldsymbol{\omega}_1 = \frac{5}{7}\frac{\bar{v}_0}{r} \downarrow \quad \blacktriangleleft$$

$$\bar{v}_1 = r\omega_1 = r\left(\frac{5}{7}\frac{\bar{v}_0}{r}\right) \qquad \bar{v}_1 = \tfrac{5}{7}\bar{v}_0 \qquad \mathbf{v}_1 = \tfrac{5}{7}\bar{v}_0 \rightarrow \quad \blacktriangleleft$$

Este capítulo se ocupa del *movimiento plano* de cuerpos rígidos, y en esta primera lección se consideraron cuerpos rígidos que se mueven libremente bajo la acción de fuerzas aplicadas.

1. *Fuerzas efectivas.* En primer lugar se recordó que un cuerpo rígido se compone de un gran número de partículas. Se encontró que las fuerzas efectivas de las partículas que integran el cuerpo equivalen a un vector $m\mathbf{a}$ fijo en el centro de masa G del cuerpo y un par de momento $\bar{I}\,\alpha$ [figura 16.7]. Como las fuerzas aplicadas son equivalentes a las fuerzas efectivas, escribimos

$$\Sigma F_x = m\bar{a}_x \qquad \Sigma F_y = m\bar{a}_y \qquad \Sigma M_G = \bar{I}\alpha \qquad (16.5)$$

donde $\bar{a}_x$ y $\bar{a}_y$ son las componentes x y y de la aceleración del centro de masa G del cuerpo, y α es la aceleración angular del cuerpo. Es importante señalar que, cuando se utilicen estas ecuaciones, *los momentos de las fuerzas aplicadas se deben calcular con respecto al centro de masa del cuerpo.* No obstante, se aprendió un método de solución más eficiente basado en el uso de una ecuación de diagramas de cuerpo libre.

2. *Ecuación de diagramas de cuerpo libre.* El primer paso en la solución de un problema debe ser dibujar una *ecuación de diagramas de cuerpo libre.*

a. Una ecuación de diagramas de cuerpo libre se compone de dos diagramas que representan dos sistemas de vectores equivalentes. *En el primer diagrama* deben aparecer *las fuerzas ejercidas sobre el cuerpo,* incluidas las fuerzas aplicadas, las reacciones en los apoyos y el peso del cuerpo. *En el segundo diagrama* aparecerá el vector $m\bar{\mathbf{a}}$ y el par $\bar{I}\boldsymbol{\alpha}$ que representan *las fuerzas efectivas.*

b. El uso de una ecuación de diagramas de cuerpo libre permite *sumar componentes en cualquier dirección y sumar momentos con respecto a cualquier punto.* Cuando se escriban las tres ecuaciones de movimiento necesarias para resolver un problema dado, se puede seleccionar, por consiguiente, una o más ecuaciones que impliquen una sola incógnita. Si primero se resuelven estas ecuaciones y se sustituyen los valores obtenidos para las incógnitas en la o las ecuaciones restantes, la solución se simplificará.

3. *Movimiento plano de un cuerpo rígido.* Los problemas que se tendrán que resolver quedarán comprendidos en una de las siguientes categorías.

a. Cuerpo rígido en traslación. En el caso de un cuerpo en traslación, la aceleración angular es cero. Las fuerzas efectivas se reducen al *vector* $m\bar{\mathbf{a}}$ aplicado en el centro de masa [problemas resueltos 16.1 y 16.2].

b. Cuerpo rígido en rotación centroidal. En el caso de un cuerpo en rotación centroidal, la aceleración del centro de masa es cero. Las fuerzas efectivas se reducen al *par* $\bar{I}\boldsymbol{\alpha}$ [problema resuelto 16.3].

(continúa)

c. Cuerpo rígido en movimiento plano general. Se puede considerar el movimiento plano general de un cuerpo rígido como la suma de una traslación y una rotación centroidal. Las fuerzas efectivas son equivalentes al vector $m\bar{a}$ y el par $\bar{I}\alpha$ [problemas resueltos 16.4 y 16.5].

4. *Movimiento plano de un sistema de cuerpos rígidos.* Primero se tiene que dibujar una ecuación de diagramas de cuerpo libre que incluya todos los cuerpos rígidos del sistema. Un vector $m\bar{a}$ y un par $\bar{I}\alpha$ se aplican a cada uno de los cuerpos. No obstante, se pueden omitir las fuerzas ejercidas entre sí por los diversos cuerpos del sistema, puesto que ocurren en pares de fuerzas iguales y opuestas.

a. Si no están implicadas más de tres incógnitas, se puede usar esta ecuación de diagramas de cuerpo libre y sumar componentes en cualquier dirección y sumar momentos con respecto a cualquier punto para obtener ecuaciones que se puedan resolver para las incógnitas deseadas [problema resuelto 16.3].

b. Si están implicadas más de tres incógnitas, se debe dibujar una ecuación de diagramas de cuerpo libre distinta por cada uno de los cuerpos rígidos del sistema. Se deben incluir tanto las fuerzas internas como las externas en cada una de las ecuaciones de diagramas de cuerpo libre, y se debe tener cuidado de representar con vectores iguales y opuestos las fuerzas que dos cuerpos ejercen entre sí.

Problemas

16.1 El movimiento de la barra *AB*, de 3 lb, es guiado por dos pequeñas ruedas que ruedan libremente en una ranura horizontal cortada en una placa vertical. Si se aplica una fuerza **P** de 5 lb de magnitud en *B*, determine *a*) la aceleración de la barra, *b*) las reacciones en *A* y *B*.

16.2 El movimiento de la barra *AB*, de 3 lb, es guiado por dos pequeñas ruedas que ruedan libremente en una ranura horizontal cortada en una placa vertical. Determine la fuerza **P** con la cual la reacción en *A* es cero, y la aceleración correspondiente de la barra.

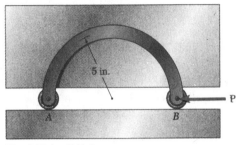

Fig. P16.1 y P16.2

16.3 Un sistema transportador está equipado con tableros verticales, y una barra *AB*, de 300 mm y 2.5 kg de masa, está montada entre dos tableros, como se muestra. Si la aceleración del sistema es de 1.5 m/s² hacia la izquierda, determine *a*) la fuerza ejercida en el punto *C* de la barra, *b*) la reacción en *B*.

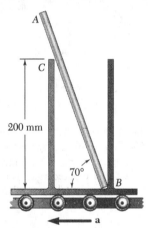

Fig. P16.3 y *P16.4*

16.4 Un sistema transportador está equipado con tableros verticales, y una barra *AB*, de 300 mm y 2.5 kg de masa, está montada entre dos tableros, como se muestra. Si la barra ha de permanecer en la posición mostrada, determine la máxima aceleración permisible del sistema.

16.5 Si el coeficiente de fricción estática entre los neumáticos del automóvil mostrado y la carretera es de 0.80, determine la aceleración máxima posible en una carretera plana, suponiendo *a*) tracción en las cuatro ruedas, *b*) tracción en las ruedas traseras, *c*) tracción en las ruedas delanteras.

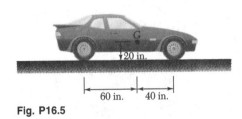

Fig. P16.5

16.6 Para la camioneta del problema resuelto 16.1, determine la distancia que la camioneta recorrerá mientras patina si *a*) fallan los frenos de las ruedas traseras, *b*) fallan los frenos de las ruedas delanteras.

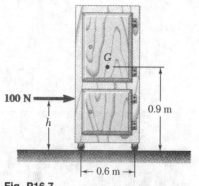

Fig. P16.7

16.7 Un gabinete de 20 kg está montado sobre ruedas que le permiten moverse libremente ($\mu = 0$) sobre el piso. Si se aplica una fuerza de 100 N como se muestra, determine *a*) la aceleración del gabinete, *b*) el intervalo de valores de *h* con los que el gabinete no se volcará.

16.8 Resuelva el problema 16.7 suponiendo que las ruedas están atascadas y patinan en el suelo ($\mu_k = 0.25$).

16.9 El montacargas mostrado pesa 2250 lb, y se utiliza para levantar un embalaje de tablas de peso $W = 2500$ lb. Si el montacargas está en reposo, determine *a*) la aceleración dirigida hacia arriba del embalaje con la cual las reacciones en las ruedas traseras *B* son cero, *b*) la reacción correspondiente en cada una de las ruedas delanteras *A*.

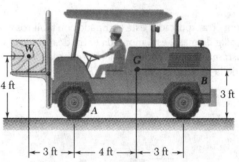

Fig. P16.9 y P16.10

16.10 El montacargas mostrado pesa 2250 lb, y se utiliza para levantar un embalaje de tablas de peso $W = 2500$ lb. El montacargas se mueve hacia la izquierda a una rapidez de 10 ft/s cuando se aplican los frenos en las cuatro ruedas. Si el coeficiente de fricción estática entre el embalaje y el montacargas es de 0.30, determine la menor distancia en la que el montacargas se puede detener si el embalaje no ha de deslizarse y si el montacargas no ha de inclinarse hacia adelante.

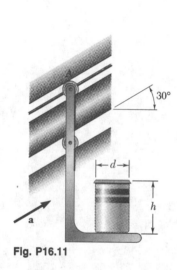

Fig. P16.11

16.11 La ménsula mostrada se utiliza para transportar una lata cilíndrica de una altura a otra. Si $\mu_s = 0.25$ entre la lata y la ménsula, determine *a*) la magnitud de la aceleración **a** hacia arriba con la cual la lata se resbala sobre la ménsula, *b*) la menor razón h/d con la cual la lata se inclina antes de resbalarse.

16.12 Resuelva el problema 16.11 suponiendo que la aceleración **a** de la ménsula está dirigida hacia abajo.

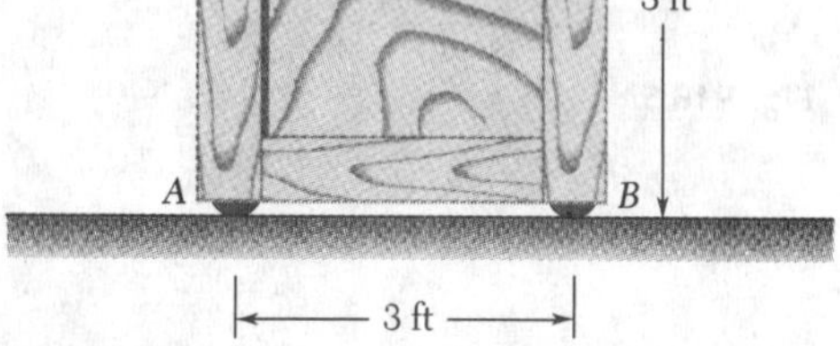

Fig. P16.13

16.13 El embalaje de 100 lb mostrado se jala con una cuerda sujeta en la esquina *D*. Si $\mu_s = 0.40$ y $\mu_k = 0.30$ entre el embalaje y el suelo, determine *a*) los valores de θ y *P* con los cuales el resbalamiento y la volcadura del embalaje se ven impedidos, *b*) la aceleración del embalaje si *P* se incrementa *un poco*.

16.14 Una placa rectangular uniforme tiene una masa de 5 kg, y se mantiene en posición por medio de tres cuerdas, como se muestra. Si $\theta = 30°$, determine, inmediatamente después de que se corta la cuerda CF, a) la aceleración de la placa, b) la tensión en las cuerdas AD y BE.

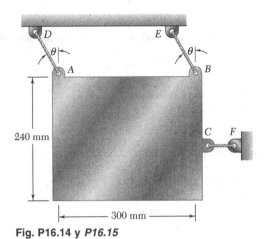

Fig. P16.14 y *P16.15*

16.15 Una placa rectangular uniforme tiene una masa de 5 kg, y se mantiene en posición por medio de tres cuerdas, como se muestra. Determine el valor más grande de θ con el cual ambas cuerdas AD y BE permanecen tensas inmediatamente después de que se corta la cuerda CF.

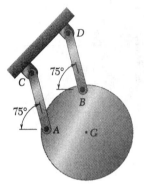

Fig. P16.16

16.16 Una placa circular uniforme de 3 kg de masa está conectada a dos eslabones AC y BD de la misma longitud. Si la placa se suelta desde el reposo en la posición mostrada, determine a) la aceleración de la placa, b) la tensión en cada eslabón.

16.17 Tres barras, cada una de 8 lb de peso, soldadas entre sí, están conectadas con pasadores a dos eslabones BE y CF. Si se desprecia el peso de los eslabones, determine la fuerza en cada eslabón inmediatamente después de que el sistema se suelta desde el reposo.

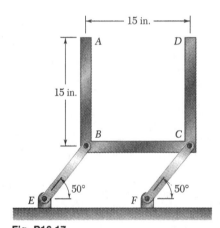

Fig. P16.17

16.18 Las manivelas BE y CF, cada una de 300 mm de longitud, se hacen girar a una rapidez constante en sentido contrario al de las manecillas del reloj. Para la posición mostrada, y si $\mathbf{P} = 0$, determine las componentes verticales de las fuerzas ejercidas en la barra uniforme $ABCD$, de 6 kg, por los pasadores B y C.

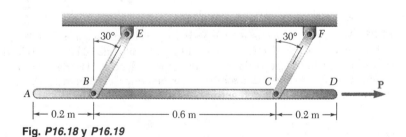

Fig. *P16.18* y *P16.19*

16.19 En el instante mostrado, la velocidad angular de los eslabones BE y CF es de 6 rad/s en sentido contrario al de las manecillas del reloj, y disminuye a razón de 12 rad/s². Si la longitud de cada eslabón es de 300 mm y si se desprecia el peso de los eslabones, determine a) la fuerza $\mathbf{P}$, b) la fuerza correspondiente en cada eslabón. La masa de la barra AD es de 6 kg.

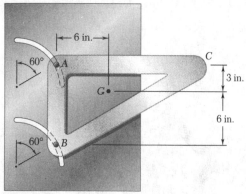

Fig. P16.20

16.20 La pieza soldada triangular *ABC* es guiada por dos pasadores que se deslizan libremente en ranuras curvas paralelas, de 6 in. de radio, cortadas en una placa vertical. La pieza soldada pesa 16 lb y su centro de masa se localiza en el punto *G*. Si, en el instante mostrado, la velocidad de cada pasador es de 30 in./s hacia abajo a lo largo de las ranuras, determine *a*) la aceleración de la pieza soldada, *b*) las reacciones en *A* y *B*.

*16.21 Dibuje los diagramas de cortante y momento flexionante para la barra horizontal *AB* del problema 16.17.

*16.22 Dibuje los diagramas de cortante y momento flexionante para la barra horizontal *ABCD* del problema 16.18.

16.23 Para una placa rígida en traslación, demuestre que el sistema de las fuerzas efectivas se compone de vectores $(\Delta m_i)\bar{a}$ fijos en las diversas partículas de la placa, donde $\bar{a}$ es la aceleración del centro de masa *G* de la placa. Demuestre, además, con el cálculo de su suma y la suma de sus momentos con respecto a *G*, que las fuerzas efectivas se reducen a un solo vector $m\bar{a}$ con origen en *G*.

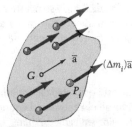

Fig. P16.23

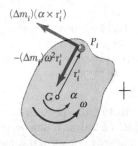

Fig. P16.24

16.24 Para una placa rígida en rotación centroidal, demuestre que el sistema de las fuerzas efectivas se compone de vectores $-(\Delta m_i)\omega^2 r'_i$ y $(\Delta m_i)(\alpha \times r'_i)$ vinculados a las diversas partículas P_i de la placa, donde ω y α son la velocidad y la aceleración angulares de la placa, y donde r'_i denota el vector de posición de la partícula P_i con respecto al centro de masa *G* de la placa. Demuestre, además, con el cálculo de su suma y la suma de sus momentos con respecto a *G*, que las fuerzas efectivas se reducen a un par $\bar{I}\alpha$.

16.25 Se requieren 10 min para que un volante de 6000 lb gire libremente hasta que se detiene desde una velocidad angular de 300 rpm. Si el radio de giro del volante es de 38 in., determine la magnitud promedio del par producido por la fricción cinética en los cojinetes.

16.26 El rotor de un motor eléctrico gira a una velocidad angular de 3600 rpm cuando la carga y la energía eléctrica se interrumpen. El rotor, de 50 kg, cuyo radio de giro centroidal es de 180 mm, gira libremente hasta que se detiene. Si la fricción cinética produce un par de 3.5 N · m ejercido sobre el rotor, determine el número de revoluciones que el rotor realiza antes de detenerse.

16.27 El disco de 180 mm se encuentra en reposo cuando se pone en contacto con un banda que se mueve con una rapidez constante. Si se desprecia el peso del eslabón *AB*, y si el coeficiente de fricción cinética entre el disco y la banda es de 0.40, determine la aceleración angular del disco mientras ocurre el deslizamiento.

16.28 Resuelva el problema 16.27, suponiendo que la dirección del movimiento de la banda se invierte.

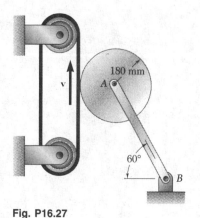

Fig. P16.27

16.29 El tambor de freno, de 150 mm de radio, está conectado a un volante más grande que no aparece en la figura. El momento de inercia total de la masa del tambor y el volante es de 75 kg · m². Se utiliza un freno de banda para controlar el movimiento del sistema, y el coeficiente de fricción cinética entre la banda y el tambor es de 0.25. Si la fuerza **P** de 100 N cuando la velocidad angular inicial del sistema es de 240 rpm en el sentido de las manecillas del reloj, determine el tiempo requerido para que el sistema se detenga. Demuestre que se obtiene el mismo resultado si la velocidad angular inicial del sistema es de 240 rpm en sentido contrario al de las manecillas del reloj.

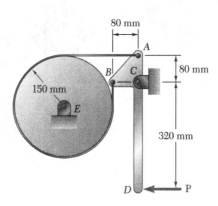

Fig. P16.29

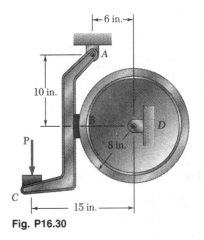

Fig. P16.30

16.30 El tambor de freno, de 8 in. de radio, está conectado a un volante más grande que no aparece en la figura. El momento de inercia total de la masa del tambor y el volante es de 14 lb · ft · s², y el coeficiente de fricción cinética entre el tambor y la zapata de freno es de 0.35. Si la velocidad angular del volante es de 360 rpm en sentido contrario al de las manecillas del reloj cuando se aplica una fuerza **P** de 75 lb al pedal C, determine el número de revoluciones realizadas por el volante antes de detenerse.

16.31 Resuelva el problema 16.30, suponiendo que la velocidad angular inicial del volante es de 360 rpm en el sentido de las manecillas del reloj.

16.32 El volante mostrado tiene un radio de 500 mm, una masa de 120 kg y un radio de giro de 375 mm. De un alambre enrollado alrededor del volante, se cuelga un bloque A de 15 kg, y el sistema se suelta desde el reposo. Si se desprecia el efecto de la fricción, determine a) la aceleración del bloque A, b) la rapidez del bloque A después de que se mueve 1.5 m.

16.33 Para determinar el momento de inercia de la masa de un volante de 600 mm de radio, de un alambre enrollado alrededor del volante, se cuelga un bloque de 12 kg. Se suelta el bloque y se observa que cae 3 m en 4.6 s. Para eliminar del cálculo la fricción de rodamiento, se utiliza un segundo bloque de 24 kg de masa, y se observa que cae 3 m en 3.1 s. Si se supone que el momento del par generado por la fricción permanece constante, determine el momento de inercia de la masa del volante.

Fig. *P16.32* y *P16.33*

16.34   Cada una de las poleas dobles mostradas tiene un momento de inercia de masa de 15 lb · ft · s² e inicialmente se encuentran en reposo. El radio externo es de 18 in., y el interno es de 9 in. Determine *a*) la aceleración angular de cada polea, *b*) la velocidad angular de cada polea después de que el punto *A* de la cuerda ha recorrido 10 ft.

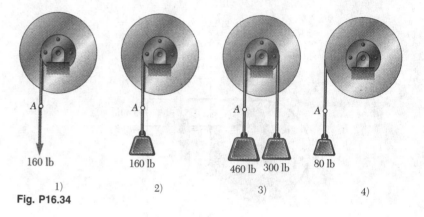

1)   2)   3)   4)

Fig. P16.34

16.35   El peso y el radio del disco de fricción *A* son $W_A = 10$ lb y $r_A = 4.5$ in.; el peso y radio del disco de fricción *B* son $W_B = 4$ lb y $r_B = 3$ in. Los discos se encuentran en reposo cuando se aplica un par **M** de momento de 5 lb · in. al disco *A*. Si se supone que no ocurre deslizamiento entre los discos, determine *a*) la aceleración angular de cada disco, *b*) la fuerza de fricción que el disco *A* ejerce sobre el disco *B*.

16.36   Resuelva el problema 16.35, suponiendo que el par **M** se aplica al disco *B*.

16.37 y 16.38   Dos discos uniformes y dos cilindros están ensamblados como se indica. El disco *A* pesa 20 lb y el disco *B* pesa 12 lb. Si el sistema se suelta desde el reposo, determine la aceleración *a*) del cilindro *C*, *b*) del cilindro *D*.

16.37   Los discos *A* y *B* están atornillados entre sí, y los cilindros cuelgan de cuerdas distintas enrolladas en los discos.

16.38   Los cilindros cuelgan de una sola cuerda que pasa sobre los discos. Suponga que no ocurre deslizamiento entre la cuerda y los discos.

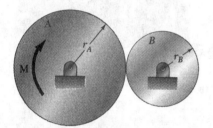

Fig. P16.35

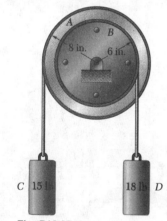

Fig. P16.37

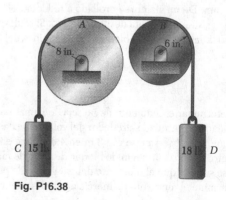

Fig. P16.38

16.39 La masa del disco *A* es de 6 kg, y tiene una velocidad angular inicial de 360 rpm en el sentido de las manecillas del reloj; la masa del disco *B* es de 3 kg, e inicialmente se encuentra en reposo. Los discos se ponen en contacto con la aplicación de una fuerza horizontal de 20 N al eje del disco *A*. Si entre los discos $\mu_k = 0.15$, y si se desprecia la fricción de rodamiento, determine *a*) la aceleración angular de cada disco, *b*) la velocidad angular final de cada disco.

16.40 Resuelva el problema 16.39, suponiendo que al principio el disco *A* está en reposo y el *B* tiene una velocidad angular de 360 rpm en el sentido de las manecillas del reloj.

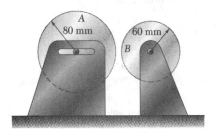

Fig. P16.39

16.41 Los cilindros *A* y *B* pesan 4 lb y 9 lb, respectivamente, e inicialmente se encuentran en reposo. Si el coeficiente de fricción cinética es de 0.20 entre los cilindros y entre el cilindro *B* y la banda, determine la aceleración angular de cada cilindro inmediatamente después de que el cilindro *B* se pone en contacto con la banda.

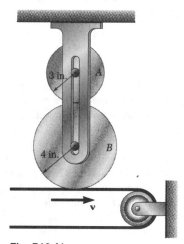

Fig. P16.41

16.42 Resuelva el problema 16.41, suponiendo que el coeficiente de fricción cinética es de 0.10 entre los cilindros, y de 0.20 entre el cilindro *B* y la banda.

16.43 El disco *A*, de 6 lb, tiene un radio $r_A = 3$ in. y una velocidad angular inicial $\omega_0 = 375$ rpm en el sentido de las manecillas del reloj. El disco *B*, de 15 lb, tiene un radio $r_B = 5$ in. y se encuentra en reposo. Luego se aplica una fuerza **P** de 2.5 lb para que los discos de pongan en contacto. Si $\mu_k = 0.25$ entre los discos, y si se desprecia la fricción de rodamiento, determine *a*) la aceleración angular de cada disco, *b*) la velocidad angular final de cada disco.

16.44 Resuelva el problema 16.43, suponiendo que el disco *A* inicialmente se encuentra en reposo, y que el disco *B* gira a una velocidad angular de 375 rpm en el sentido de las manecillas del reloj.

16.45 La velocidad angular del disco *B* es ω_0 cuando se pone en contacto con el disco *A*, el cual se encuentra en reposo. Demuestre que *a*) las velocidades angulares finales de los discos son independientes del coeficiente de fricción μ_k entre ellos, siempre que $\mu_k \neq 0$, *b*) la velocidad angular final del disco *B* depende sólo de ω_0, y de la razón de las masas m_A y m_B de los dos discos.

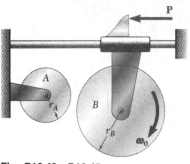

Fig. *P16.43* y P16.45

16.46 Demuestre que el sistema de las fuerzas efectivas para una placa rígida en movimiento plano se reduce a un solo vector, y exprese la distancia desde el centro de masa G de la placa hasta la línea de acción de este vector, en función del radio de giro centroidal $\bar{k}$ de la placa, la magnitud $\bar{a}$ de la aceleración de G y la aceleración angular α.

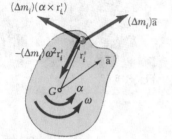

Fig. P16.47

16.47 Para una placa rígida en movimiento plano, demuestre que el sistema de las fuerzas efectivas se compone de vectores $(\Delta m_i)\bar{\mathbf{a}}$, $-(\Delta m_i)\omega^2\mathbf{r}_i'$ y $(\Delta m_i)(\boldsymbol{\alpha} \times \mathbf{r}_i')$ vinculados a las diversas partículas P_i de la placa, donde $\bar{\mathbf{a}}$ es la aceleración del centro de masa G de la placa, $\boldsymbol{\omega}$ es la velocidad angular de la placa, $\boldsymbol{\alpha}$ es la aceleración angular y $\mathbf{r}_i'$ denota el vector de posición de la partícula P_i con respecto a G. Demuestre, además, con el cálculo de su suma y la suma de sus momentos con respecto a G, que las fuerzas efectivas se reducen a un vector $m\bar{\mathbf{a}}$ fijo en G, y un par $\bar{I}\boldsymbol{\alpha}$.

16.48 Una barra esbelta uniforme AB descansa sobre una superficie horizontal sin fricción, y se aplica una fuerza $\mathbf{P}$ de 0.25 lb en A en una dirección perpendicular a la barra. Si la barra pesa 1.75 lb, determine la aceleración a) del punto A, b) del punto B.

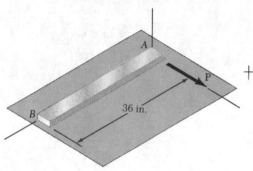

Fig. P16.48

16.49 a) En el problema 16.48, determine el punto de la barra AB donde se debe aplicar la fuerza $\mathbf{P}$ para que la aceleración del punto B sea cero. b) Con $P = 0.25$ lb, determine la aceleración correspondiente del punto A.

16.50 y 16.51 Se aplica una fuerza $\mathbf{P}$ de 3 N a una cinta enrollada alrededor del cuerpo indicado. Si el cuerpo descansa sobre una superficie horizontal sin fricción, determine la aceleración a) del punto A, b) del punto B.
    16.50 Un aro delgado de 2.4 kg de masa.
    16.51 Un disco uniforme de 2.4 kg de masa.

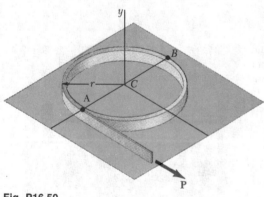

Fig. P16.50

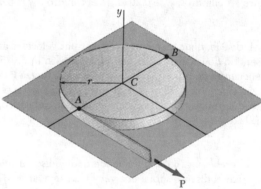

Fig. P16.51 y P16.52

16.52 Se aplica una fuerza $\mathbf{P}$ a una cinta enrollada en un disco uniforme que descansa sobre una superficie horizontal sin fricción. Demuestre que por cada 360° de rotación del disco, su centro recorre una distancia πr.

16.53 Una placa rectangular de 5 kg de masa cuelga de cuatro alambres verticales, y se aplica una fuerza **P** de 6 N en la esquina *C*, como se muestra. Inmediatamente después de que se aplica **P**, determine la aceleración *a*) del punto medio del borde *BC*, *b*) de la esquina *B*.

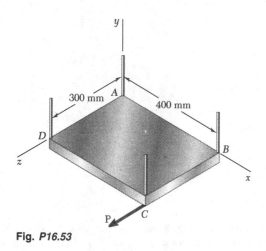

Fig. *P16.53*

16.54 Inmediatamente después de que se aplica la fuerza **P** a la placa del problema 16.53, determine *a*) el punto en la superficie de la placa que no tiene aceleración, *b*) la aceleración angular correspondiente de la placa.

16.55 Una catarina de 3 kg tiene un radio de giro centroidal de 70 mm, y cuelga de una cadena, como se muestra. Determine la aceleración de los puntos *A* y *B* de la cadena, si $T_A = 14$ N y $T_B = 18$ N.

16.56 Resuelva el problema 16.55, con $T_A = 14$ N y $T_B = 12$ N.

16.57 y 16.58 Un viga de 15 ft, que pesa 500 lb, se baja por medio de dos cables que se desenrollan de grúas elevadas. Cuando la viga se acerca al suelo, los operadores de la grúa aplican los frenos para detener el movimiento de desenrollamiento. Si la desaceleración del cable *A* es de 20 ft/s² y la del cable *B* es de 2 ft/s², determine la tensión en cada cable.

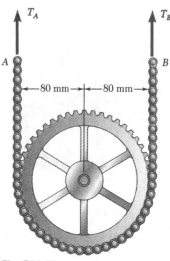

Fig. P16.55

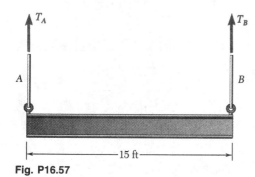

Fig. P16.57

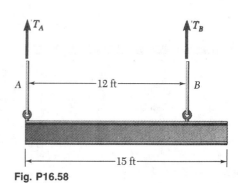

Fig. P16.58

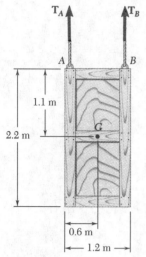

Fig. P16.59

16.59 y 16.60   El embalaje de 180 kg se baja por medio de dos grúas elevadas. Si, en el instante mostrado, la desaceleración del cable A es de 9 m/s^2 y la del cable B es de 3 m/s^2, determine la tensión en cada cable.

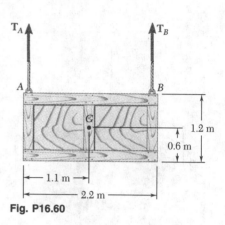

Fig. P16.60

16.61   Una persona tira de la cuerda de un yoyo para hacerlo patinar, de modo que permanezca a la misma altura sobre el piso. Si m denota la masa del yoyo, r el radio del tambor interno en el que se enrolla la cuerda y $\bar{k}$ el radio de giro centroidal del yoyo, determine la aceleración angular del yoyo.

16.62   El yoyo de 3 oz mostrado tiene un radio de giro centroidal de 1.25 in. El radio del tambor interno en el que se enrolla la cuerda es de 0.25 in. Si, en el instante mostrado, la aceleración del centro del yoyo es de 3 ft/s^2 hacia arriba, determine a) la tensión $\mathbf{T}$ requerida en la cuerda, b) la aceleración angular correspondiente del yoyo.

Fig. *P16.61* y *P16.62*

16.63 a 16.65   Una viga AB, de masa m y de sección transversal uniforme, cuelga de dos resortes, como se muestra. Si el resorte 2 se rompe, determine en ese instante a) la aceleración angular de la barra, b) la aceleración del punto A, c) la aceleración del punto B.

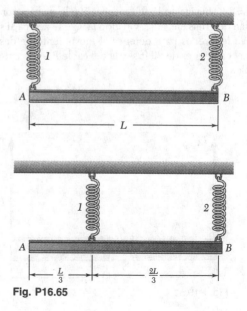

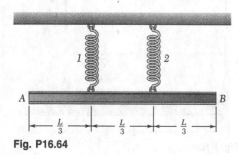

Fig. P16.64

Fig. P16.65

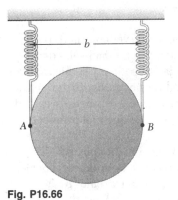

Fig. P16.66

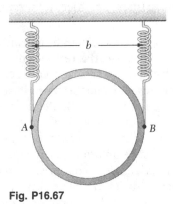

Fig. P16.67

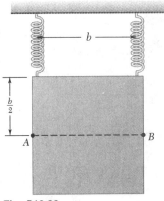

Fig. *P16.68*

16.66 a 16.68 Una placa delgada, de la forma indicada y de masa m, cuelga de dos resortes, como se muestra. Si el resorte 2 se rompe, determine la aceleración en ese instante a) del punto A, b) del punto B.

    16.66 Una placa circular de radio b.

    16.67 Un aro delgado de radio b.

    16.68 Una placa cuadrada de lado b.

16.69 Un bolichista lanza una bola, de 8 in. de diámetro y 12 lb de peso, con una velocidad hacia adelante $\mathbf{v}_0$ de 15 ft/s, y un contragiro $\boldsymbol{\omega}_0$ de 9 rad/s. Si el coeficiente de fricción cinética entre la bola y el callejón de boleo es de 0.10, determine a) el instante t_1 en el cual la bola comienza a rodar sin patinar, b) la rapidez de la bola en el instante, t_1, c) la distancia que la bola habrá recorrido en el instante t_1.

16.70 Resuelva el problema 16.69, suponiendo que el bolichista lanza la bola con la misma velocidad hacia adelante, pero con un contragiro de 18 rad/s.

16.71 Se lanza una esfera de radio r y masa m a lo largo de una superficie horizontal rugosa, con las velocidades iniciales indicadas. Si la velocidad final de la esfera tiene que ser cero, exprese, en función de v_0, r y μ_k, a) la magnitud requerida de $\boldsymbol{\omega}_0$, b) el tiempo t_1 necesario para que la esfera se detenga, c) la distancia que la esfera recorrerá antes de detenerse.

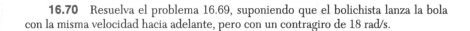
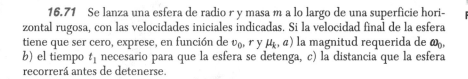

Fig. P16.69   **Fig. *P16.71***

16.72 Resuelva el problema 16.71, suponiendo que la esfera se remplaza con un aro delgado uniforme de radio r y masa m.

16.73 Una esfera uniforme, de radio r y masa m, se coloca sin velocidad inicial sobre una banda que se mueve hacia la derecha con una velocidad constante $\mathbf{v}_1$. Si μ_k denota el coeficiente de fricción cinética entre la esfera y la banda, determine a) el instante t_1 en el cual la esfera comienza a rodar sin patinar, b) las velocidades lineal y angular de la esfera en el instante t_1.

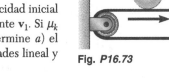

Fig. *P16.73*

16.74 Una esfera de radio r y masa m tiene una velocidad lineal $\mathbf{v}_0$ dirigida hacia la izquierda sin velocidad angular, en el momento en que se coloca en una banda que se mueve hacia la derecha a una velocidad constante $\mathbf{v}_1$. Si, después de patinar primero en la banda, la esfera no debe tener velocidad lineal con respecto al suelo en el momento en que empieza a rodar en la banda sin patinar, determine, en función de v_1 y del coeficiente de fricción cinética μ_k entre la esfera y la banda, a) el valor requerido de v_0, b) el instante t_1 en el cual la esfera comienza a rodar en la banda, c) la distancia que la esfera habrá recorrido con respecto al suelo en el instante t_1.

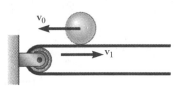

Fig. P16.74

16.8. MOVIMIENTO PLANO RESTRINGIDO

La mayoría de las aplicaciones de ingeniería tienen que ver con cuerpos rígidos que se mueven bajo ciertas restricciones. Por ejemplo, las manivelas deben girar alrededor de un eje fijo, las ruedas deben rodar sin patinar y las bielas deben describir ciertos movimientos prescritos. En todos estos casos, existen relaciones precisas entre las componentes de la aceleración $\bar{\mathbf{a}}$ del centro de masa G del cuerpo considerado y su aceleración angular α; se dice que el movimiento correspondiente es un *movimiento restringido*.

La solución de un problema que implica un movimiento plano restringido requiere un *análisis cinemático preliminar* del problema. Considérese, por ejemplo, una barra esbelta AB, de longitud l y masa m, cuyos extremos están conectados a bloques de masa insignificante que se deslizan a lo largo de correderas horizontales y verticales sin fricción. Se tira de la barra con una fuerza $\mathbf{P}$ aplicada en A (figura 16.11). De la sección 15.8 se sabe que la aceleración $\bar{\mathbf{a}}$ del centro de masa G de la barra se puede determinar en cualquier instante dado a partir de la posición de la barra, de su velocidad angular y de su aceleración angular en dicho instante. Supóngase, por ejemplo, que en un instante dado se conocen los valores de θ, ω y α, y que se desea determinar el valor correspondiente de la fuerza $\mathbf{P}$, así como las reacciones en A y B. Primero se tienen que *determinar las componentes $\bar{a}_x$ y $\bar{a}_y$ de la aceleración del centro de masa G* con el método de la sección 15.8. A continuación se aplica el principio de D'Alembert (figura 16.12), utilizando las expresiones obtenidas para $\bar{a}_x$ y $\bar{a}_y$. Entonces, se pueden determinar las fuerzas desconocidas $\mathbf{P}$, $\mathbf{N}_A$ y $\mathbf{N}_B$ escribiendo y resolviendo las ecuaciones apropiadas.

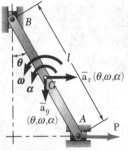

Fig. 16.11

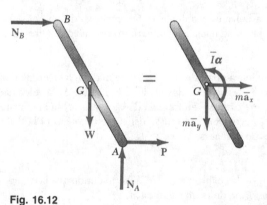

Fig. 16.12

Supóngase ahora que se conocen la fuerza aplicada $\mathbf{P}$, el ángulo θ y la velocidad angular ω de la barra en un instante dado, y que se desea determinar la aceleración angular α de la barra y las componentes $\bar{a}_x$ y $\bar{a}_y$ de la aceleración de su centro de masa en dicho instante, así como las reacciones en A y B. El estudio cinemático preliminar del problema por su objetivo tendrá que *expresar las componentes $\bar{a}_x$ y $\bar{a}_y$ de la aceleración de G en función de la aceleración angular α de la barra*. Esto se llevará a cabo expresando primero la aceleración de un punto de referencia adecuado, tal como A, en función de la aceleración angular α. Las componentes $\bar{a}_x$ y $\bar{a}_y$ de la aceleración de G se pueden determinar, entonces, en función de α, y las expresiones obtenidas pueden llevarse a la figura 16.12. Así, pueden deducirse tres ecuaciones en función de α, N_A y N_B, y resolverse para las tres incógnitas (véase el problema resuelto 16.10). Obsérvese que el método de equilibrio dinámico también se puede usar para obtener la solución de los dos tipos de problemas considerados (figura 16.13).

Cuando un mecanismo se compone de *varias partes móviles*, el procedimiento que se acaba de describir se puede usar con cada una de las partes del mecanismo. Por tanto, el procedimiento requerido para determinar las diversas incógnitas es similar al utilizado en el equilibrio de un sistema de cuerpos rígidos conectados (sección 6.11).

Con anterioridad se analizaron dos casos particulares de movimiento plano restringido: la traslación de un cuerpo rígido (en la que la aceleración del cuerpo se restringe a cero) y la rotación centroidal (en la que la aceleración $\bar{a}$ del centro de masa del cuerpo se restringe a cero). Otros dos casos particulares de movimiento plano restringido son de especial interés: la *rotación no centroidal* de un cuerpo rígido y el *movimiento de rodamiento* de un disco o rueda. Estos dos casos se pueden analizar con uno de los métodos generales antes descritos. Sin embargo, en vista de la amplitud de sus aplicaciones, merecen algunos comentarios especiales.

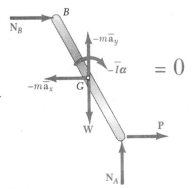

Fig. 16.13

Rotación no centroidal.   El movimiento de un cuerpo rígido restringido a girar alrededor de un eje fijo que no pasa por su centro de masa se llama *rotación no centroidal*. El centro de masa G del cuerpo se mueve a lo largo de un círculo de radio $\bar{r}$ con centro en O, donde el eje de rotación corta el plano de referencia (figura 16.14). Si $\boldsymbol{\omega}$ y $\boldsymbol{\alpha}$ denotan, respectivamente, la velocidad y la aceleración angulares de la línea OG, se obtienen las siguientes expresiones para las componentes tangencial y normal de la aceleración de G:

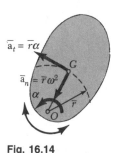

Fig. 16.14

$$\bar{a}_t = \bar{r}\alpha \qquad \bar{a}_n = \bar{r}\omega^2 \tag{16.7}$$

Como la línea OG pertenece al cuerpo, su velocidad angular $\boldsymbol{\omega}$ y su aceleración angular $\boldsymbol{\alpha}$ también representan la velocidad y la aceleración angulares del cuerpo en su movimiento con respecto a G. Las ecuaciones (16.7) definen, por consiguiente, la relación cinemática existente entre el movimiento del centro de masa G y el movimiento del cuerpo alrededor de G. Se deben usar para eliminar $\bar{a}_t$ y $\bar{a}_n$ de las ecuaciones obtenidas con la aplicación del principio de D'Alembert (figura 16.15) o del método de equilibrio dinámico (figura 16.16).

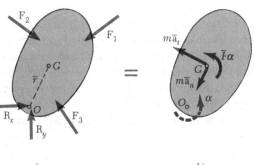

a) *b)*
Fig. 16.15

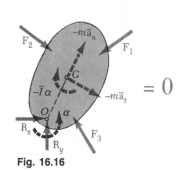

Fig. 16.16

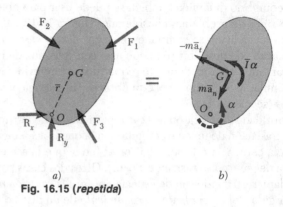

a)   *b)*

Fig. 16.15 (repetida)

Se obtiene una interesante relación al igualar los momentos con respecto al punto fijo O de las fuerzas y vectores mostrados, respectivamente, en las partes a y b de la figura 16.15. Escribimos

$$+\curvearrowleft\Sigma M_O = \bar{I}\alpha + (m\bar{r}\alpha)\bar{r} = (\bar{I} + m\bar{r}^2)\alpha$$

Pero, de acuerdo con el teorema del eje paralelo, se tiene $\bar{I} + m\bar{r}^2 = I_O$, donde I_O denota el momento de inercia del cuerpo rígido con respecto al eje fijo. Por consiguiente, escribimos

$$\Sigma M_O = I_O\alpha \qquad (16.8)$$

Si bien la fórmula (16.8) representa una importante relación entre la suma de los momentos de las fuerzas externas con respecto al punto fijo O y el producto $I_O\alpha$, debe quedar claro que esta fórmula no significa que el sistema de las fuerzas externas sea equivalente a un par de momento $I_O\alpha$. El sistema de las fuerzas efectivas y, por ende, el sistema de las fuerzas externas, se reduce a un par sólo cuando O coincide con G —esto es, *sólo cuando la rotación es centroidal* (sección 16.4)—. En el caso más general de rotación no centroidal, el sistema de las fuerzas externas no se reduce a un par.

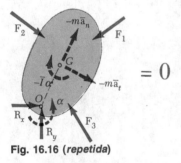

Fig. 16.16 (repetida)

Un caso particular de rotación no centroidal es de especial interés —el caso de *rotación uniforme*, en la que la velocidad angular $\boldsymbol{\omega}$ es constante—. Como $\boldsymbol{\alpha}$ es cero, el par de inercia de la figura 16.16 desaparece, y el vector de inercia se reduce a su componente normal. Esta componente (llamada también *fuerza centrífuga*) representa la tendencia del cuerpo rígido a apartarse del eje de rotación.

Movimiento de rodamiento. Otro caso importante de movimiento plano es el movimiento de una rueda o disco que rueda en una superficie plana. Si el disco se restringe a rodar sin que se resbale, la aceleración $\bar{\mathbf{a}}$ de su centro de masa G y su aceleración angular $\boldsymbol{\alpha}$ no son independientes. Si se supone que el disco está balanceado, de modo que su centro de masa y su centro geométrico coincidan, escribimos que la distancia $\bar{x}$ recorrida por G durante una rotación θ del disco es $\bar{x} = r\theta$, donde r es el radio del disco. Al diferenciar esta relación dos veces, se obtiene

$$\bar{a} = r\alpha \qquad (16.9)$$

Recordando que el sistema de las fuerzas efectivas en movimiento plano se reduce a un vector $m\bar{a}$ y un par $\bar{I}\alpha$, se halla que, en el caso particular del movimiento de rodamiento de un disco balanceado, las fuerzas efectivas se reducen a un vector de magnitud $mr\alpha$, fijo en G, y a un par de magnitud $\bar{I}\alpha$. Por tanto, se puede expresar que las fuerzas externas son equivalentes al vector y al par mostrados en la figura 16.17.

Cuando un disco *rueda sin resbalarse*, no existe movimiento relativo entre el punto del disco que está en contacto con el suelo y el suelo mismo. En cuanto al cálculo de la fuerza de fricción **F**, un disco rodante se puede comparar con un bloque en reposo en una superficie. La magnitud F de la fuerza de fricción puede tener cualquier valor, en tanto este valor no sobrepase el valor máximo $F_m = \mu_s N$, donde μ_s es el coeficiente de fricción estática y N es la magnitud de la fuerza normal. Por tanto, en el caso de un disco rodante, la magnitud F de la fuerza de fricción se debe determinar independientemente de N resolviendo la ecuación obtenida a partir de la figura 16.17.

Cuando el *resbalamiento es inminente*, la fuerza de fricción alcanza su valor máximo $F_m = \mu_s N$ y se puede obtener a partir de N.

Cuando el disco *rueda y se resbala* al mismo tiempo, existe un movimiento relativo entre el punto del disco que está en contacto con el suelo y el suelo mismo, y la magnitud de la fuerza de fricción es $F_k = \mu_k N$, donde μ_k es el coeficiente de fricción cinética. En este caso, sin embargo, el movimiento del centro de masa G del disco y la rotación de éste alrededor de G son independientes, y $\bar{a}$ no es igual a $r\alpha$.

Estos tres casos diferentes se resumen como sigue:

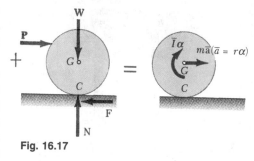

Fig. 16.17

Rodamiento, sin resbalamiento:	$F \le \mu_s N$	$\bar{a} = r\alpha$
Rodamiento, resbalamiento inminente:	$F = \mu_s N$	$\bar{a} = r\alpha$
Rotación y resbalamiento:	$F = \mu_k N$	$\bar{a}$ y α son independientes

Cuando no se sabe si el disco se resbala o no, primero se tiene que suponer que el disco rueda sin resbalarse. Si F es menor o igual que $\mu_s N$, la suposición es acertada. Si F resulta mayor que $\mu_s N$, la suposición es incorrecta, y el problema se debe comenzar de nuevo, con la suposición de rotación y resbalamiento.

Cuando un disco está *desbalanceado* (es decir, cuando su centro de masa G no coincide con su centro geométrico O), la relación (16.9) no se mantiene entre $\bar{a}$ y α. No obstante, existe una relación similar entre la magnitud a_O de la aceleración del centro geométrico y la aceleración angular α de un disco desbalanceado que rueda sin resbalarse. Tenemos

$$a_O = r\alpha \qquad (16.10)$$

Para determinar $\bar{a}$ en función de la aceleración angular α y la velocidad angular ω del disco, se puede usar la fórmula de la aceleración relativa

$$\begin{aligned} \bar{\mathbf{a}} = \bar{\mathbf{a}}_G &= \mathbf{a}_O + \mathbf{a}_{G/O} \\ &= \mathbf{a}_O + (\mathbf{a}_{G/O})_t + (\mathbf{a}_{G/O})_n \end{aligned} \qquad (16.11)$$

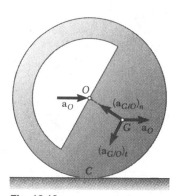

Fig. 16.18

donde las tres aceleraciones componentes obtenidas tienen las direcciones indicadas en la figura 16.18, y las magnitudes $a_O = r\alpha$, $(a_{G/O})_t = (OG)\alpha$ y $(a_{G/O})_n = (OG)w^2$.

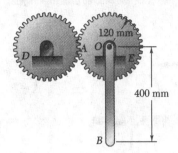

PROBLEMA RESUELTO 16.6

La parte AOB de un mecanismo se compone de una barra OB de acero, de 400 mm, soldada a un engrane E, de 120 mm de radio, el cual puede girar alrededor de una flecha horizontal O. Es propulsada por un engrane D y, en el instante mostrado, tiene una velocidad angular en el sentido de las manecillas del reloj de 8 rad/s, y una aceleración angular en sentido contrario al de las manecillas del reloj de 40 rad/s². Si la masa de la barra OB es de 3 kg, la del engrane E es de 4 kg y el radio de giro de éste es de 85 mm, determínese a) la fuerza tangencial ejercida por el engrane D sobre el engrane E, b) las componentes de la reacción en la flecha O.

SOLUCIÓN

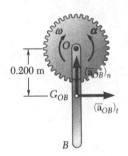

Al determinar las fuerzas efectivas del cuerpo rígido AOB, el engrane E y la barra OB se considerarán por separado. Por consiguiente, las componentes de la aceleración del centro de masa G_{OB} de la barra se determinarán en primer lugar:

$$(\bar{a}_{OB})_t = \bar{r}\alpha = (0.200 \text{ m})(40 \text{ rad/s}^2) = 8 \text{ m/s}^2$$
$$(\bar{a}_{OB})_n = \bar{r}\omega^2 = (0.200 \text{ m})(8 \text{ rad/s})^2 = 12.8 \text{ m/s}^2$$

Ecuaciones del movimiento. Se dibujaron dos bosquejos del cuerpo rígido AOB. El primero muestra las fuerzas externas, que consisten en el peso $\mathbf{W}_E$ del engrane E, el peso $\mathbf{W}_{OB}$ de la barra OB, la fuerza $\mathbf{F}$ ejercida por el engrane D y las componentes $\mathbf{R}_x$ y $\mathbf{R}_y$ de las reacciones en O. Las magnitudes de los pesos son, respectivamente,

$$W_E = m_E g = (4 \text{ kg})(9.81 \text{ m/s}^2) = 39.2 \text{ N}$$
$$W_{OB} = m_{OB} g = (3 \text{ kg})(9.81 \text{ m/s}^2) = 29.4 \text{ N}$$

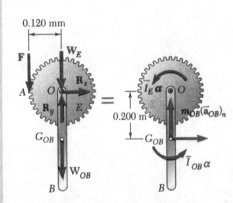

El segundo bosquejo muestra las fuerzas efectivas, que consisten en un par $\bar{I}_E\alpha$ (puesto que el engrane E se encuentra en rotación centroidal) y un par y dos componentes vectoriales con su origen en el centro de masa de OB. Como las aceleraciones son conocidas, se calculan las magnitudes de las componentes y los pares:

$$\bar{I}_E\alpha = m_E \bar{k}_E^2 \alpha = (4 \text{ kg})(0.085 \text{ m})^2(40 \text{ rad/s}^2) = 1.156 \text{ N} \cdot \text{m}$$
$$m_{OB}(\bar{a}_{OB})_t = (3 \text{ kg})(8 \text{ m/s}^2) = 24.0 \text{ N}$$
$$m_{OB}(\bar{a}_{OB})_n = (3 \text{ kg})(12.8 \text{ m/s}^2) = 38.4 \text{ N}$$
$$\bar{I}_{OB}\alpha = (\tfrac{1}{12}m_{OB}L^2)\alpha = \tfrac{1}{12}(3 \text{ kg})(0.400 \text{ m})^2(40 \text{ rad/s}^2) = 1.600 \text{ N} \cdot \text{m}$$

Como el sistema de las fuerzas externas es equivalente al sistema de las fuerzas efectivas, escribimos las siguientes ecuaciones:

$+\curvearrowleft\Sigma M_O = \Sigma(M_O)_{\text{ef}}$:

$$F(0.120 \text{ m}) = \bar{I}_E\alpha + m_{OB}(\bar{a}_{OB})_t(0.200 \text{ m}) + \bar{I}_{OB}\alpha$$
$$F(0.120 \text{ m}) = 1.156 \text{ N} \cdot \text{m} + (24.0 \text{ N})(0.200 \text{ m}) + 1.600 \text{ N} \cdot \text{m}$$

$$F = 63.0 \text{ N} \qquad\qquad \mathbf{F} = 63.0 \text{ N} \downarrow \quad \blacktriangleleft$$

$\xrightarrow{+}\Sigma F_x = \Sigma(F_x)_{\text{ef}}$: $\qquad\qquad R_x = m_{OB}(\bar{a}_{OB})_t$

$$R_x = 24.0 \text{ N} \qquad\qquad \mathbf{R}_x = 24.0 \text{ N} \rightarrow \quad \blacktriangleleft$$

$+\uparrow\Sigma F_y = \Sigma(F_y)_{\text{ef}}$: $\qquad R_y - F - W_E - W_{OB} = m_{OB}(\bar{a}_{OB})_n$
$$R_y - 63.0 \text{ N} - 39.2 \text{ N} - 29.4 \text{ N} = 38.4 \text{ N}$$

$$R_y = 170.0 \text{ N} \qquad\qquad \mathbf{R}_y = 170.0 \text{ N} \uparrow \quad \blacktriangleleft$$

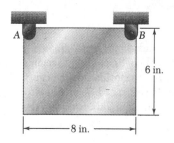

PROBLEMA RESUELTO 16.7

Una placa rectangular de 6×8 in., que pesa 60 lb, cuelga de dos pasadores A y B. Si de repente se retira el pasador B, determínese a) la aceleración angular de la placa, b) las componentes de la reacción en el pasador A, inmediatamente después de que se retira el pasador B.

SOLUCIÓN

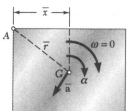

a. **Aceleración angular.** Se observa que cuando la placa gira alrededor del punto A, su centro de masa G describe un círculo de radio $\bar{r}$ con centro en A.

Como la placa se suelta desde el reposo ($\omega = 0$), la componente normal de la aceleración de G es cero. La magnitud de la aceleración $\bar{a}$ del centro de masa G es, por tanto, $\bar{a} = \bar{r}\alpha$. Se dibuja el diagrama mostrado para expresar que las fuerzas externas son equivalentes a las fuerzas efectivas:

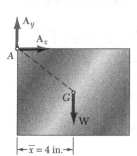

$$+\curvearrowleft\Sigma M_A = \Sigma(M_A)_{\text{ef}}: \qquad W\bar{x} = (m\bar{a})\bar{r} + \bar{I}\alpha$$

Como $\bar{a} = \bar{r}\alpha$, tenemos

$$W\bar{x} = m(\bar{r}\alpha)\bar{r} + \bar{I}\alpha \qquad \alpha = \frac{W\bar{x}}{\dfrac{W}{g}\bar{r}^2 + \bar{I}} \tag{1}$$

El momento de inercia centroidal de la placa es

$$\bar{I} = \frac{m}{12}(a^2 + b^2) = \frac{60 \text{ lb}}{12(32.2 \text{ ft/s}^2)}[(\tfrac{8}{12}\text{ ft})^2 + (\tfrac{6}{12}\text{ ft})^2]$$
$$= 0.1078 \text{ lb} \cdot \text{ft} \cdot \text{s}^2$$

Sustituyendo este valor de $\bar{I}$ junto con $W = 60$ lb, $\bar{r} = \tfrac{5}{12}$ ft y $\bar{x} = \tfrac{4}{12}$ ft en la ecuación (1), obtenemos

$$\alpha = +46.4 \text{ rad/s}^2 \qquad \boldsymbol{\alpha} = 46.4 \text{ rad/s}^2 \downarrow \quad \blacktriangleleft$$

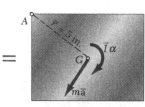

b. **Reacción en A.** Con el valor calculado de α, se determina la magnitud del vector $m\bar{a}$ con su origen en G.

$$m\bar{a} = m\bar{r}\alpha = \frac{60 \text{ lb}}{32.2 \text{ ft/s}^2}(\tfrac{5}{12} \text{ ft})(46.4 \text{ rad/s}^2) = 36.0 \text{ lb}$$

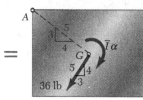

Con este resultado en el diagrama, se escriben las ecuaciones del movimiento

$$\xrightarrow{+}\Sigma F_x = \Sigma(F_x)_{\text{ef}}: \qquad A_x = -\tfrac{3}{5}(36 \text{ lb})$$
$$= -21.6 \text{ lb} \qquad\qquad A_x = 21.6 \text{ lb} \leftarrow \quad \blacktriangleleft$$

$$+\uparrow\Sigma F_y = \Sigma(F_y)_{\text{ef}}: \qquad A_y - 60 \text{ lb} = -\tfrac{4}{5}(36 \text{ lb})$$
$$A_y = +31.2 \text{ lb} \qquad\qquad A_y = 31.2 \text{ lb} \uparrow \quad \blacktriangleleft$$

El par $\bar{I}\boldsymbol{\alpha}$ no aparece en las dos últimas ecuaciones; no obstante, se debe incluir en el diagrama.

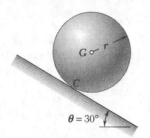

PROBLEMA RESUELTO 16.8

Una esfera, de radio r y peso W, se suelta sin velocidad inicial en la rampa, y rueda sin resbalarse. Determínese a) el valor mínimo del coeficiente de fricción estática compatible con el movimiento de rodamiento, b) la velocidad del centro G de la esfera después de que ésta ha rodado 10 ft, c) la velocidad G, en el caso en que la esfera tuviera que rodar 10 ft hacia abajo por una rampa sin fricción y de 30° de inclinación.

SOLUCIÓN

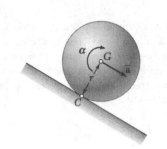

a. μ_s **mínimo para movimiento de rodamiento.** Las fuerzas externas $\mathbf{W}$, $\mathbf{N}$ y $\mathbf{F}$ forman un sistema equivalente al sistema de las fuerzas efectivas, representado por el vector $m\bar{a}$ y el par $\bar{I}\alpha$. Como la esfera rueda sin resbalarse, entonces $\bar{a} = r\alpha$.

$+\downarrow\Sigma M_C = \Sigma(M_C)_{\text{ef}}$: $\quad (W \operatorname{sen}\theta)r = (m\bar{a})r + \bar{I}\alpha$
$$(W \operatorname{sen}\theta)r = (mr\alpha)r + \bar{I}\alpha$$

Como $m = W/g$ e $\bar{I} = \tfrac{2}{5}mr^2$, escribimos

$$(W \operatorname{sen}\theta)r = \left(\frac{W}{g}r\alpha\right)r + \frac{2}{5}\frac{W}{g}r^2\alpha \qquad \alpha = +\frac{5g \operatorname{sen}\theta}{7r}$$

$$\bar{a} = r\alpha = \frac{5g \operatorname{sen}\theta}{7} = \frac{5(32.2 \text{ ft/s}^2)\operatorname{sen}30°}{7} = 11.50 \text{ ft/s}^2$$

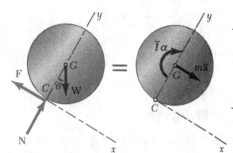

$+\searrow\Sigma F_x = \Sigma(F_x)_{\text{ef}}$: $\quad W \operatorname{sen}\theta - F = m\bar{a}$

$$W \operatorname{sen}\theta - F = \frac{W}{g}\frac{5g \operatorname{sen}\theta}{7}$$

$$F = +\tfrac{2}{7}W \operatorname{sen}\theta = \tfrac{2}{7}W \operatorname{sen}30° \qquad \mathbf{F} = 0.143W \searrow 30°$$

$+\nearrow\Sigma F_y = \Sigma(F_y)_{\text{ef}}$: $\quad N - W \cos\theta = 0$
$$N = W \cos\theta = 0.866W \qquad \mathbf{N} = 0.866W \measuredangle 60°$$

$$\mu_s = \frac{F}{N} = \frac{0.143W}{0.866W} \qquad\qquad \mu_s = 0.165 \blacktriangleleft$$

b. **Velocidad de la esfera rodando.** Como el movimiento es uniformemente acelerado:

$$\bar{v}_0 = 0 \quad \bar{a} = 11.50 \text{ ft/s}^2 \quad \bar{x} = 10 \text{ ft} \quad \bar{x}_0 = 0$$
$$\bar{v}^2 = \bar{v}_0^2 + 2\bar{a}(\bar{x} - \bar{x}_0) \qquad \bar{v}^2 = 0 + 2(11.50 \text{ ft/s}^2)(10 \text{ ft})$$
$$\bar{v} = 15.17 \text{ ft/s} \qquad \bar{\mathbf{v}} = 15.17 \text{ ft/s} \searrow 30° \blacktriangleleft$$

c. **Velocidad de la esfera resbalándose.** Si ahora se supone que no existe fricción, $F = 0$, y obtenemos

$+\downarrow\Sigma M_G = \Sigma(M_G)_{\text{ef}}$: $\quad 0 = \bar{I}\alpha \qquad \alpha = 0$

$+\searrow\Sigma F_x = \Sigma(F_x)_{\text{ef}}$: $\quad W \operatorname{sen}30° = m\bar{a} \qquad 0.50W = \frac{W}{g}\bar{a}$

$$\bar{a} = +16.1 \text{ ft/s}^2 \qquad \bar{\mathbf{a}} = 16.1 \text{ ft/s}^2 \searrow 30°$$

Sustituyendo $\bar{a} = 16.1 \text{ ft/s}^2$ en las ecuaciones de movimiento uniformemente acelerado, obtenemos

$$\bar{v}^2 = \bar{v}_0^2 + 2\bar{a}(\bar{x} - \bar{x}_0) \qquad \bar{v}^2 = 0 + 2(16.1 \text{ ft/s}^2)(10 \text{ ft})$$
$$\bar{v} = 17.94 \text{ ft/s} \qquad \bar{\mathbf{v}} = 17.94 \text{ ft/s} \searrow 30° \blacktriangleleft$$

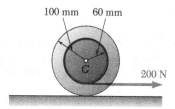

100 mm   60 mm

200 N

PROBLEMA RESUELTO 16.9

Se enrolla una cuerda alrededor del tambor interno de una rueda, y se tira de ella horizontalmente con una fuerza de 200 N. La rueda tiene una masa de 50 kg y un radio de giro de 70 mm. Si $\mu_s = 0.20$ y $\mu_k = 0.15$, determínese la aceleración de G y la aceleración angular de la rueda.

SOLUCIÓN

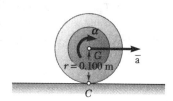

α

G

$r = 0.100$ m $\bar{a}$

C

a. **Suponer rodamiento sin resbalamiento.** En este caso, tenemos

$$\bar{a} = r\alpha = (0.100 \text{ m})\alpha$$

Se puede determinar si tal suposición se justifica comparando la fuerza de fricción obtenida con la fuerza de fricción máxima disponible. El momento de inercia de la rueda es

$$\bar{I} = m\bar{k}^2 = (50 \text{ kg})(0.070 \text{ m})^2 = 0.245 \text{ kg} \cdot \text{m}^2$$

Ecuaciones del movimiento

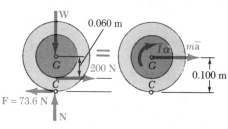

W

G

200 N

C

F   0.040 m

N

=

$\bar{I}\alpha$ $m\bar{a}$

G

0.100 m

C

$+\downarrow\Sigma M_C = \Sigma(M_C)_{\text{ef}}$: $(200 \text{ N})(0.040 \text{ m}) = m\bar{a}(0.100 \text{ m}) + \bar{I}\alpha$

$8.00 \text{ N} \cdot \text{m} = (50 \text{ kg})(0.100 \text{ m})\alpha(0.100 \text{ m}) + (0.245 \text{ kg} \cdot \text{m}^2)\alpha$

$\alpha = +10.74 \text{ rad/s}^2$

$\bar{a} = r\alpha = (0.100 \text{ m})(10.74 \text{ rad/s}^2) = 1.074 \text{ m/s}^2$

$\xrightarrow{+} \Sigma F_x = \Sigma(F_x)_{\text{ef}}$: $F + 200 \text{ N} = m\bar{a}$

$F + 200 \text{ N} = (50 \text{ kg})(1.074 \text{ m/s}^2)$

$F = -146.3 \text{ N}$ $\mathbf{F} = 146.3 \text{ N} \leftarrow$

$+\uparrow\Sigma F_y = \Sigma(F_y)_{\text{ef}}$:

$N - W = 0$ $N - W = mg = (50 \text{ kg})(9.81 \text{ m/s}^2) = 490.5 \text{ N}$

$\mathbf{N} = 490.5 \text{ N} \uparrow$

Fuerza de fricción máxima disponible

$$F_{\text{máx}} = \mu_s N = 0.20(490.5 \text{ N}) = 98.1 \text{ N}$$

Como $F > F_{\text{máx}}$, el movimiento supuesto es imposible.

b. Rotación y resbalamiento. Como la rueda debe girar y resbalarse al mismo tiempo, se dibuja un nuevo diagrama, donde $\bar{\mathbf{a}}$ y $\boldsymbol{\alpha}$ son independientes, y donde

$$F = F_k = \mu_k N = 0.15(490.5 \text{ N}) = 73.6 \text{ N}$$

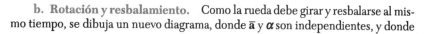

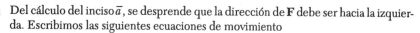

W

0.060 m

G

200 N

C

F = 73.6 N

N

=

$\bar{I}\alpha$ $m\bar{a}$

G

0.100 m

C

Del cálculo del inciso $\bar{a}$, se desprende que la dirección de **F** debe ser hacia la izquierda. Escribimos las siguientes ecuaciones de movimiento

$\xrightarrow{+} \Sigma F_x = \Sigma(F_x)_{\text{ef}}$: $200 \text{ N} - 73.6 \text{ N} = (50 \text{ kg})\bar{a}$

$\bar{a} = +2.53 \text{ m/s}^2$ $\bar{\mathbf{a}} = 2.53 \text{ m/s}^2 \rightarrow$ ◀

$+\downarrow\Sigma M_G = \Sigma(M_G)_{\text{ef}}$:

$(73.6 \text{ N})(0.100 \text{ m}) - (200 \text{ N})(0.060 \text{ m}) = (0.245 \text{ kg} \cdot \text{m}^2)\alpha$

$\alpha = -18.94 \text{ rad/s}^2$ $\boldsymbol{\alpha} = 18.94 \text{ rad/s}^2 \;↰$ ◀

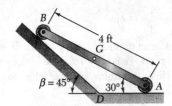

PROBLEMA RESUELTO 16.10

Los extremos de una barra de 4 ft, que pesa 50 lb, se mueven libremente y sin fricción a lo largo de dos correderas rectas, como se muestra. Si la barra se suelta sin velocidad desde la posición mostrada, determínese a) la aceleración angular de la barra, b) las reacciones en A y B.

SOLUCIÓN

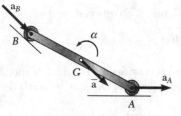

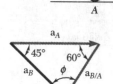

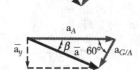

Cinemática del movimiento. Como se trata de un movimiento restringido, la aceleración de G tiene que ver con la aceleración α. Para obtener esta relación, primero se determina la magnitud de la aceleración $\mathbf{a}_A$ del punto A, en función de α. Si se supone que la dirección de α es en sentido contrario al de las manecillas del reloj, y como $a_{B/A} = 4\alpha$, escribimos

$$\mathbf{a}_B = \mathbf{a}_A + \mathbf{a}_{B/A}$$
$$[a_B \searrow 45°] = [a_A \rightarrow] + [4\alpha \nearrow 60°]$$

Como $\phi = 75°$, y usando la ley de los senos, obtenemos

$$a_A = 5.46\alpha \qquad a_B = 4.90\alpha$$

La aceleración de G se obtiene escribiendo

$$\bar{\mathbf{a}} = \mathbf{a}_G = \mathbf{a}_A + \mathbf{a}_{G/A}$$
$$\bar{\mathbf{a}} = [5.46\alpha \rightarrow] + [2\alpha \nearrow 60°]$$

Si se transforma $\bar{\mathbf{a}}$ en sus componentes x y y obtenemos

$$\bar{a}_x = 5.46\alpha - 2\alpha \cos 60° = 4.46\alpha \qquad \bar{\mathbf{a}}_x = 4.46\alpha \rightarrow$$
$$\bar{a}_y = -2\alpha \operatorname{sen} 60° = -1.732\alpha \qquad \bar{\mathbf{a}}_y = 1.732\alpha \downarrow$$

Cinética del movimiento. Se dibuja una ecuación de diagramas de cuerpo libre que exprese que el sistema de las fuerzas externas es equivalente al de fuerzas efectivas representado por el vector de componentes $m\bar{a}_x$ y $m\bar{a}_y$, con su origen en G, y el par $\bar{I}\alpha$. Se calculan las siguientes magnitudes:

$$\bar{I} = \tfrac{1}{12}ml^2 = \frac{1}{12}\frac{50 \text{ lb}}{32.2 \text{ ft/s}^2}(4 \text{ ft})^2 = 2.07 \text{ lb} \cdot \text{ft} \cdot \text{s}^2 \qquad \bar{I}\alpha = 2.07\alpha$$

$$m\bar{a}_x = \frac{50}{32.2}(4.46\alpha) = 6.93\alpha \qquad m\bar{a}_y = -\frac{50}{32.2}(1.732\alpha) = -2.69\alpha$$

Ecuaciones del movimiento

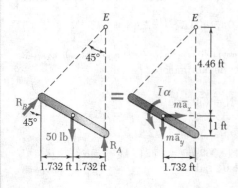

$+\uparrow\Sigma M_E = \Sigma(M_E)_{\text{ef}}$:
$$(50)(1.732) = (6.93\alpha)(4.46) + (2.69\alpha)(1.732) + 2.07\alpha$$
$$\alpha = +2.30 \text{ rad/s}^2 \qquad \alpha = 2.30 \text{ rad/s}^2 \;\text{↰} \quad \blacktriangleleft$$

$\xrightarrow{+}\Sigma F_x = \Sigma(F_x)_{\text{ef}}$: $\quad R_B \operatorname{sen} 45° = (6.93)(2.30) = 15.94$
$$R_B = 22.5 \text{ lb} \qquad \mathbf{R}_B = 22.5 \text{ lb} \measuredangle 45° \quad \blacktriangleleft$$

$+\uparrow\Sigma F_y = \Sigma(F_y)_{\text{ef}}$: $\quad R_A + R_B \cos 45° - 50 = -(2.69)(2.30)$
$$R_A = -6.19 - 15.94 + 50 = 27.9 \text{ lb} \qquad \mathbf{R}_A = 27.9 \text{ lb} \uparrow \quad \blacktriangleleft$$

En esta lección se consideró el *movimiento plano de cuerpos rígidos bajo restricciones*. Se halló que los tipos de restricciones implicadas en problemas de ingeniería son muy variadas. Por ejemplo, un cuerpo rígido puede estar restringido a girar alrededor de un eje fijo o a rodar en una superficie dada, o puede estar conectado por medio de pasadores a collarines o a otros cuerpos.

1. *La solución de un problema que implique el movimiento restringido de un cuerpo rígido,* en general, consistirá en dos pasos. En primer lugar, se considerará la *cinemática del movimiento*, y luego se resolverá la *parte cinética del problema*.

2. *El análisis cinemático del movimiento* se lleva a cabo con los métodos aprendidos en el capítulo 15. Debido a las restricciones, las aceleraciones lineales y angulares estarán relacionadas. (*No* serán independientes, como lo fueron en la última lección.) Se deben establecer *relaciones entre las aceleraciones* (tanto angular como lineal), y el objetivo será expresar todas las aceleraciones en función de una *sola aceleración desconocida*. Éste es el primer paso que debe seguirse al solucionar cada uno de los problemas resueltos incluidos en esta lección.

   a. En el caso de un cuerpo rígido en rotación no centroidal, las componentes de la aceleración del centro de masa son $\bar{a}_t = \bar{r}\alpha$ y $\bar{a}_n = \bar{r}\omega^2$, donde, por lo general, se conoce ω [problemas resueltos 16.6 y 16.7].

   b. En el caso de un disco o rueda rodante, la aceleración del centro de masa es $\bar{a} = r\alpha$ [problema resuelto 16.8].

   c. En el caso de un cuerpo en movimiento plano general, el mejor curso de acción, si ni $\bar{a}$ ni α se conocen o no se pueden obtener con facilidad, es expresar $\bar{a}$ en función de α [problema resuelto 16.10].

3. *El análisis cinético del movimiento* se lleva a cabo como sigue.

   a. Se inicia dibujando una ecuación de diagramas de cuerpo libre. Esto se hizo en todos los problemas resueltos de esta lección. En cada caso, el diagrama del lado izquierdo muestra las fuerzas externas, incluidas las fuerzas aplicadas, las reacciones y el peso del cuerpo. El del lado derecho muestra el vector $m\bar{a}$ y el par $\bar{I}\alpha$.

   b. En seguida, se reduce el número de incógnitas en la ecuación de diagramas de cuerpo libre por medio de las relaciones entre las aceleraciones determinadas en el análisis cinemático. De este modo se estará listo para considerar las ecuaciones que se pueden escribir sumando componentes o momentos. Elija en primer lugar una ecuación que implique una sola incógnita. Después de resolverla para esa incógnita, sustituya el valor obtenido en las demás ecuaciones, que luego se resolverán para las incógnitas restantes.

(continúa)

4. *Cuando se resuelvan problemas que impliquen discos o ruedas,* tenga en cuenta lo siguiente.

a. Si el deslizamiento es inminente, la fuerza de fricción ejercida sobre el cuerpo rodante ha alcanzado su valor máximo, $F_m = \mu_s N$, donde N es la fuerza normal ejercida sobre el cuerpo y μ_s es el coeficiente de *fricción estática* entre las superficies de contacto.

b. Si el deslizamiento no es inminente, la fuerza de fricción F puede tener *cualquier valor* menor que F_m y, por consiguiente, se tiene que considerar como una incógnita independiente. Después de determinar F, asegúrese de verificar que sea menor que F_m; si no lo es, *el cuerpo no rueda,* sino que gira y se desliza como se describe en el párrafo siguiente.

c. Si el cuerpo gira y se desliza al mismo tiempo, entonces el cuerpo *no está rodando,* y la aceleración $\bar{a}$ del centro de masa es *independiente* de la aceleración angular α del cuerpo: $\bar{a} \neq r\alpha$. Por otra parte, la fuerza de fricción tiene un valor bien definido, $F = \mu_k N$, donde μ_k es el coeficiente de *fricción cinética* entre las superficies de contacto.

d. En el caso de un disco o rueda rodantes desbalanceados, la relación $\bar{a} = r\alpha$ entre la aceleración $\bar{a}$ del centro de masa G y la aceleración angular α del disco o rueda *ya no existe.* Sin embargo, existe una relación similar entre la aceleración a_O *del centro geométrico O* y la aceleración angular α del disco o rueda: $a_O = r\alpha$. Esta relación se puede usar para expresar $\bar{a}$ en función de α y ω (figura 16.18).

5. *En el caso de un sistema de cuerpos rígidos conectados,* el objetivo del *análisis cinemático* debe ser determinar todas las aceleraciones con los datos dados, o expresarlas en función de una sola incógnita. (En sistemas con varios grados de libertad, se tendrán que utilizar tantas incógnitas como grados de libertad.)

En general, el *análisis cinético* se llevará a cabo dibujando una ecuación de diagramas de cuerpo libre para el sistema completo, así como para de uno o varios de los cuerpos rígidos implicados. En el último caso, se deben incluir tanto las fuerzas internas como las externas, y se debe tener cuidado de representar con vectores iguales y opuestos las fuerzas que dos cuerpos ejercen entre sí.

Problemas

16.75 Demuestre que el par $\bar{I}\alpha$ de la figura 16.15 se puede eliminar fijando los vectores $m\bar{a}_t$ y $m\bar{a}_n$ en un punto P llamado *centro de percusión*, localizado en la línea OG a una distancia $GP = \bar{k}^2/\bar{r}$ del centro de masa del cuerpo.

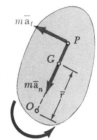

Fig. P16.75

16.76 Una barra esbelta uniforme, de longitud $L = 36$ in. y peso $W = 4$ lb, cuelga libremente de una bisagra en A. Si se aplica una fuerza $\mathbf{P}$ de 1.5 lb en B horizontalmente hacia la izquierda $(h = L)$, determine a) la aceleración angular de la barra, b) las componentes de la reacción en A.

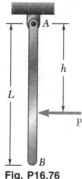

Fig. P16.76

16.77 Una barra esbelta uniforme, de longitud $L = 900$ mm y masa $m = 4$ kg, cuelga de una bisagra en C. Se aplica una fuerza horizontal $\mathbf{P}$ de 75 N en el extremo B. Si $\bar{r} = 225$ mm, determine a) la aceleración angular de la barra, b) las componentes de la reacción en C.

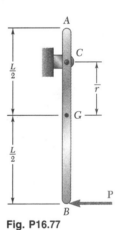

Fig. P16.77

16.78 En el problema 16.76, determine a) la distancia h con la cual la componente horizontal de la reacción en A es cero, b) la aceleración angular correspondiente de la barra.

16.79 En el problema 16.77, determine a) la distancia $\bar{r}$ con la cual la componente horizontal de la reacción en C es cero, b) la aceleración angular correspondiente de la barra.

16.80 La barra esbelta uniforme AB está soldada al eje D, y el sistema gira alrededor del eje vertical DE a una velocidad angular constante $\boldsymbol{\omega}$. a) Si w denota el peso por unidad de longitud de la barra, exprese la tensión en la barra a una distancia z del extremo A, en función de w, l, z y $\boldsymbol{\omega}$. b) Determine la tensión en la barra con $w = 0.25$ lb/ft, $l = 1.2$ ft, $z = 0.9$ ft y $\boldsymbol{\omega} = 150$ rpm.

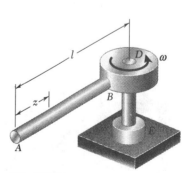

Fig. *P16.80*

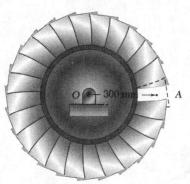

Fig. P16.82

16.81 Un volante de grandes dimensiones está montado en una flecha horizontal, y gira a una velocidad constante de 1200 rpm. Los datos experimentales indican que la fuerza total ejercida por el volante sobre la flecha varía desde 55 kN hacia arriba hasta 85 kN hacia abajo. Determine *a*) la masa del volante, *b*) la distancia del centro de la flecha al centro de masa del volante.

16.82 Un disco de turbina de 26 kg de masa gira a una velocidad constante de 9600 rpm. Si el centro de masa del disco coincide con el centro de rotación *O*, determine la reacción en *O* inmediatamente después de que el aspa localizada en *A*, de 45 g de masa, se afloja y se desprende.

16.83 El obturador mostrado se formó recortando la cuarta parte de un disco de 0.75 in. de radio, y se utiliza para interrumpir un rayo de luz que emana de una lente en *C*. Si el obturador pesa 0.125 lb y gira a una velocidad constante de 24 ciclos por segundo, determine la magnitud de la fuerza que ejerce sobre la flecha en *A*.

Fig. *P16.83*

16.84 y 16.85 Una barra uniforme, de longitud *L* y masa *m*, está soportada como se muestra. Si el cable sujeto en el extremo *B* de repente se rompe, determine *a*) la aceleración del extremo *B*, *b*) la reacción en el apoyo de pasador.

Fig. P16.84

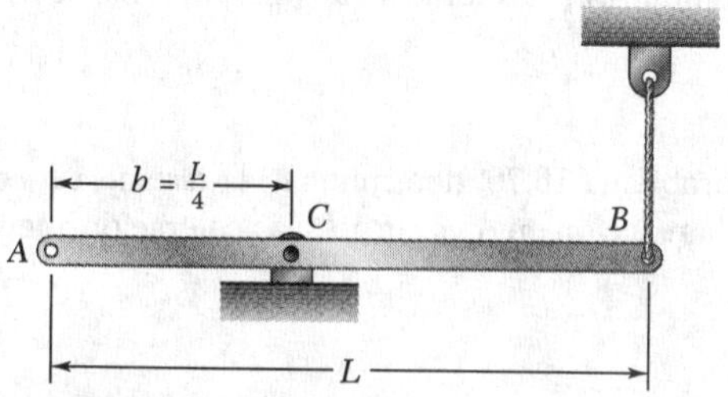

Fig. P16.85 y P16.86

16.86 Una barra uniforme, de longitud *L* y masa *m*, está soportada como se muestra. Si el cable sujeto en el extremo *B* de repente se rompe, determine *a*) la distancia *b* con la cual la aceleración del extremo *A* es máxima, *b*) la aceleración correspondiente del extremo *A* y la reacción en *C*.

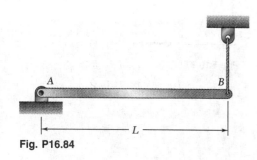

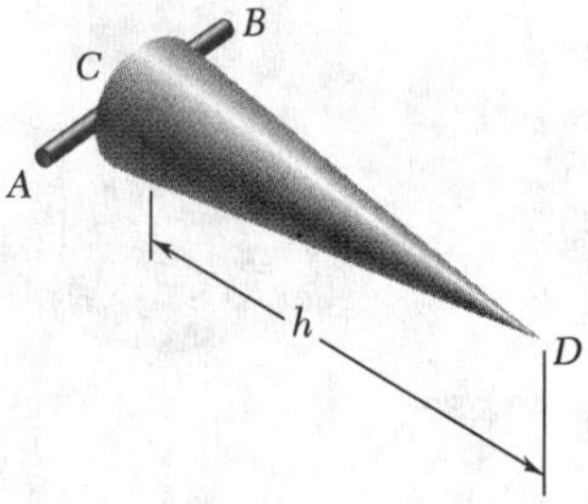

Fig. P16.87

16.87 Un cono esbelto uniforme de masa *m* puede oscilar libremente con respecto a la barra horizontal *AB*. Si el cono se suelta del reposo en la posición mostrada, determine *a*) la aceleración de la punta *D*, *b*) la reacción en *C*.

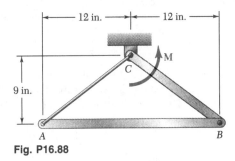

Fig. P16.88

16.88 Una barra esbelta AB, de 8 lb, y otra BC, de 5 lb, están conectadas por un pasador en B y por la cuerda AC. El mecanismo puede girar en un plano vertical bajo el efecto combinado de la gravedad y un par $\mathbf{M}$ aplicado a la barra BC. Si, en la posición mostrada, la velocidad angular del mecanismo es cero y la tensión en la cuerda AC es de 6 lb, determine a) la aceleración angular del mecanismo, b) la magnitud del par $\mathbf{M}$.

16.89 Una barra esbelta AB, de 8 lb, y otra BCD, de 20 lb, están conectadas por un pasador en C y por la cuerda AD. El mecanismo puede girar en un plano vertical bajo el efecto combinado de la gravedad y un par $\mathbf{M}$ de 6 lb · ft aplicado a la barra AC. Si, en la posición mostrada, la velocidad angular del mecanismo es cero, determine a) la aceleración angular del mecanismo, b) la tensión en la cuerda AD.

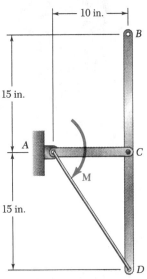

Fig. P16.89

16.90 Una barra esbelta de 1.5 kg se suelda a un disco uniforme de 5 kg, como se muestra. El ensamblaje oscila libremente con respecto a C en un plano vertical. Si, en la posición mostrada, el ensamblaje tiene una velocidad angular de 10 rad/s en el sentido de las manecillas del reloj, determine a) la aceleración angular del ensamblaje, b) las componentes de la reacción en C.

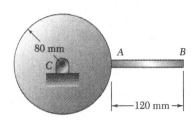

Fig. P16.90

16.91 Un disco uniforme de 5 kg se sujeta a la barra uniforme BC de 3 kg por medio de un pasador AB sin fricción. Se enrolla una cuerda elástica alrededor del borde del disco, y se sujeta a un aro en E. Tanto el aro E como la barra BC pueden girar libremente con respecto a la flecha vertical. Si el sistema se suelta del reposo cuando la tensión en la cuerda elástica es de 15 N, determine a) la aceleración angular del disco, b) la aceleración del centro del disco.

16.92 Deduzca la ecuación $\Sigma M_C = I_C \alpha$ para el disco rodante de la figura 16.17, donde ΣM_C representa la suma de los momentos de las fuerzas externas con respecto al centro instantáneo C, e I_C es el momento de inercia del disco con respecto a C.

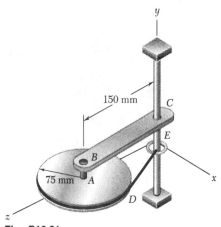

Fig. P16.91

16.93 Demuestre que, en el caso de un disco desbalanceado, la ecuación deducida en el problema 16.92 es válida sólo cuando el centro de masa G, el centro geométrico O y el centro instantáneo C se localizan en una línea recta.

16.94 Un neumático, de radio r y radio de giro centroidal $\overline{k}$, se suelta del reposo en la rampa y rueda sin patinar. Deduzca una expresión para la aceleración del centro del neumático en función de r, $\overline{k}$, β y g.

16.95 Un volante está montado rígidamente en una flecha de 1.5 in. de radio que rueda a lo largo de rieles paralelos, como se muestra. Cuando se suelta del reposo, el sistema rueda 16 ft en 40 s. Determine el radio de giro centroidal del sistema.

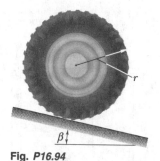

Fig. P16.94

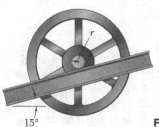

Fig. P16.95 y P16.96

16.96 Un volante de radio de giro centroidal $\overline{k}$ está montado rígidamente en una flecha que rueda a lo largo de rieles paralelos. Si μ_s denota el coeficiente de fricción estática entre la flecha y los rieles, deduzca una expresión para el ángulo de inclinación β más grande con el cual no ocurre resbalamiento.

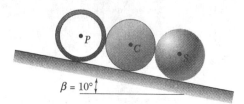

Fig. P16.97

16.97 Una esfera homogénea S, un cilindro uniforme C y un tubo delgado P están en contacto cuando se sueltan del reposo en la rampa mostrada. Si los tres objetos ruedan sin resbalarse, determine, después de 4 s de movimiento, la distancia libre entre a) el tubo y el cilindro, b) el cilindro y la esfera.

16.98 a 16.101 Un tambor de 4 in. de radio se vincula a un disco de 8 in. de radio. El peso combinado del disco y el tambor es de 10 lb, y el radio de giro combinado es de 6 in. Se sujeta una cuerda como se muestra y se tira de ella con una fuerza **P** de 5 lb. Si los coeficientes de fricción estática y cinética son $\mu_s = 0.25$ y $\mu_k = 0.20$, respectivamente, determine a) si el disco se resbala o no, b) la aceleración angular del disco y la aceleración de G.

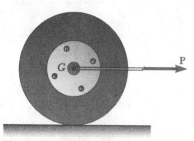

Fig. P16.98 y P16.102

16.102 a 16.105 Un tambor de 60 mm de radio se fija a un disco de 120 mm de radio. La masa total combinada del disco y el tambor es de 6 kg, y el radio de giro combinado es de 90 mm. Se sujeta una cuerda, como se muestra, y se tira de ella con una fuerza **P** de 20 N. Si el disco rueda sin resbalarse, determine a) la aceleración angular del disco y la aceleración de G, b) el valor mínimo del coeficiente de fricción estática compatible con este movimiento.

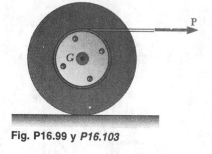

Fig. P16.99 y _P16.103_

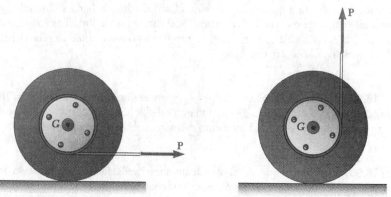

Fig. P16.100 y _P16.104_　　　　**Fig. P16.101 y P16.105**

16.106 y *16.107* Dos discos uniformes *A* y *B*, cada uno de 4 lb de peso, están conectados por una barra *CD* de 3 lb, como se muestra. Se aplica un par **M** de magnitud 1.5 lb · ft, en sentido contrario al de las manecillas del reloj, al disco *A*. Si los discos ruedan sin resbalarse, determine *a*) la aceleración del centro de cada disco, *b*) la componente horizontal de la fuerza ejercida en el disco *B* por el pasador *D*.

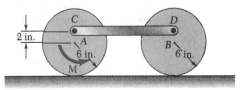

Fig. P16.106

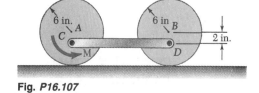

Fig. *P16.107*

16.108 Dos discos uniformes *A* y *B*, cada uno de masa *m* y radio *r*, están conectados por un cable inextensible, y ruedan sin resbalarse sobre las superficies mostradas. Si el sistema se suelta del reposo cuando $\beta = 15°$, determine la aceleración del centro *a*) del disco *A*, *b*) del disco *B*.

16.109 Resuelva el problema 16.108, con $\beta = 5°$.

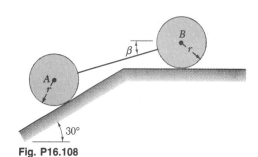

Fig. P16.108

16.110 El engrane *B* tiene una masa de 1.8 kg y un radio de giro centroidal de 32 mm. La barra uniforme *ACD* tiene una masa de 2.5 kg, y el engrane externo es estacionario. Si se aplica un par **M** de magnitud 1.25 N · m, en sentido contrario al de las manecillas del reloj, a la barra cuando el sistema se encuentra en reposo, determine *a*) la aceleración angular de la barra, *b*) la aceleración del punto *D*.

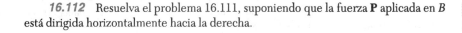

Fig. P16.110

16.111 La mitad de un cilindro uniforme de masa *m* se encuentra en reposo cuando se le aplica una fuerza **P**, como se muestra. Si el semicilindro rueda sin resbalarse, determine *a*) su aceleración angular, *b*) el valor mínimo de μ_s compatible con el movimiento.

16.112 Resuelva el problema 16.111, suponiendo que la fuerza **P** aplicada en *B* está dirigida horizontalmente hacia la derecha.

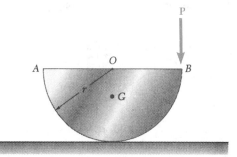

Fig. P16.111

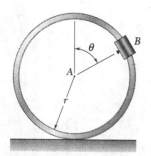

Fig. P16.113 y *P16.114*

16.113 Una pequeña abrazadera de masa m_B está sujeta en B a un aro de masa m_h. El sistema se suelta del reposo cuando $\theta = 90°$, y rueda sin resbalarse. Si $m_h = 3m_B$, determine a) la aceleración angular del aro, b) las componentes horizontal y vertical de la aceleración de B.

16.114 Una pequeña abrazadera de masa m_B está sujeta en B a un aro de masa m_h. El sistema se suelta del reposo y rueda sin resbalarse. Deduzca una expresión para la aceleración angular del aro, en función de m_B, m_h, r y θ.

16.115 El centro de gravedad G de una rueda de rastreo desbalanceada, de 1.5 kg, se localiza a una distancia $r = 18$ mm de su centro geométrico B. El radio de la rueda es $R = 60$ mm y su radio de giro centroidal es de 44 mm. En el instante mostrado, el centro B de la rueda tiene una velocidad de 0.35 m/s y una aceleración de 1.2 m/s², ambas dirigidas hacia la izquierda. Si la rueda da vueltas sin resbalarse, y si se desprecia la masa del yugo propulsor AB, determine la fuerza horizontal **P** aplicada al yugo.

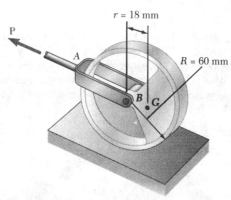

Fig. P16.115

16.116 Para la rueda del problema 16.115, determine la fuerza horizontal **P** aplicada al yugo si, en el instante mostrado, el centro B tiene una velocidad de 0.35 m/s y una aceleración de 1.2 m/s², ambas dirigidas hacia la derecha.

16.117 Los extremos de la barra uniforme AB, de 10 kg, están conectados a collarines de masa insignificante que se deslizan sin fricción a lo largo de barras fijas. Si la barra se suelta del reposo cuando $\theta = 25°$, determine inmediatamente después de soltarla a) la aceleración angular de la barra, b) la reacción en A, c) la reacción en B.

16.118 Los extremos de la barra uniforme AB, de 10 kg, están conectados a collarines de masa insignificante que se deslizan sin fricción a lo largo de barras fijas. Se aplica una fuerza vertical **P** al collarín B cuando $\theta = 25°$, lo que provoca que el collarín comience a moverse del reposo con una aceleración angular de 12 m/s² hacia arriba. Determine a) la fuerza **P**, b) la reacción en A.

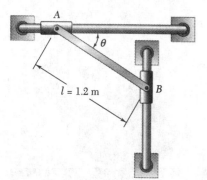

Fig. P16.117 y P16.118

16.119 Dos pequeñas ruedas, de peso insignificante, que ruedan sin fricción a lo largo de las ranuras mostradas, guían el movimiento de la barra uniforme *AB* de 8 lb. Si se suelta la barra desde el reposo en la posición mostrada, determine inmediatamente después de soltarla *a*) la aceleración angular de la barra, *b*) la reacción en *B*.

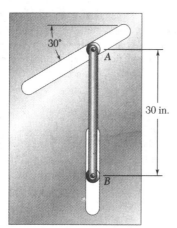

Fig. P16.119

16.120 La barra uniforme *AB*, de peso *W* y longitud 2*L*, está conectada a collarines de peso insignificante que se deslizan sin fricción a lo largo de barras fijas. Si la barra se suelta del reposo en la posición mostrada, deduzca una expresión para *a*) la aceleración angular de la barra, *b*) la reacción en *A*.

16.121 La barra uniforme *AB*, de peso *W* = 14 lb y longitud total 2*L* = 30 in., está conectada a collarines de peso insignificante que se deslizan sin fricción a lo largo de barras fijas. Si la barra se suelta del reposo cuando *θ* = 30°, determine inmediatamente después de soltarla *a*) la aceleración angular de la barra, *b*) la reacción en *A*.

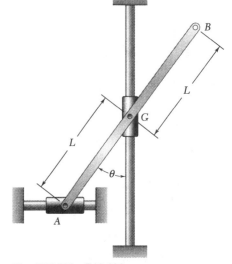

Fig. *P16.120* y P16.121

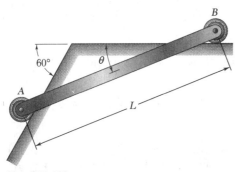

Fig. *P16.122*

16.122 Dos pequeñas ruedas de masa insignificante que ruedan en la superficie mostrada, guían el movimiento de la barra uniforme *AB*, de 5 kg de masa y *L* = 750 mm de longitud. Si la barra se suelta del reposo cuando *θ* = 20°, determine inmediatamente después de soltarla *a*) la aceleración angular de la barra, *b*) la reacción en *A*.

16.123 El extremo *A* de la barra uniforme *AB*, de 8 kg, está conectado a un collarín que se desliza sin fricción en una barra vertical. El extremo *B* de la barra está conectado a un cable vertical *BC*. Si la barra se suelta del reposo en la posición mostrada, determine inmediatamente después de soltarla *a*) la aceleración angular de la barra, *b*) la reacción en *A*.

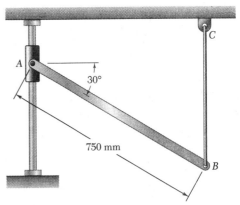

Fig. *P16.123*

16.124 La barra uniforme *ABD*, de 4 kg, está conectada a la manivela *BC*, y dispone de una pequeña rueda que puede rodar sin fricción a lo largo de una ranura vertical. Si, en el instante mostrado, la manivela *BC* gira con una velocidad angular de 6 rad/s en el sentido de las manecillas del reloj y una aceleración angular de 15 rad/s² en sentido contrario al de las manecillas del reloj, determine la reacción en *A*.

16.125 La barra uniforme *BDE*, de 5 kg, está conectada a las dos barras *AB* y *CD*. Si, en el instante mostrado, la barra *AB* tiene una velocidad angular de 6 rad/s en el sentido de las manecillas del reloj y no tiene aceleración angular, determine la componente horizontal de la reacción *a*) en *B*, *b*) en *D*.

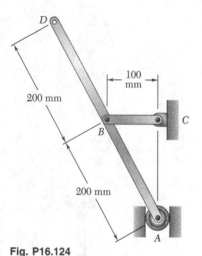

Fig. P16.124

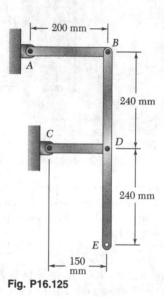

Fig. P16.125

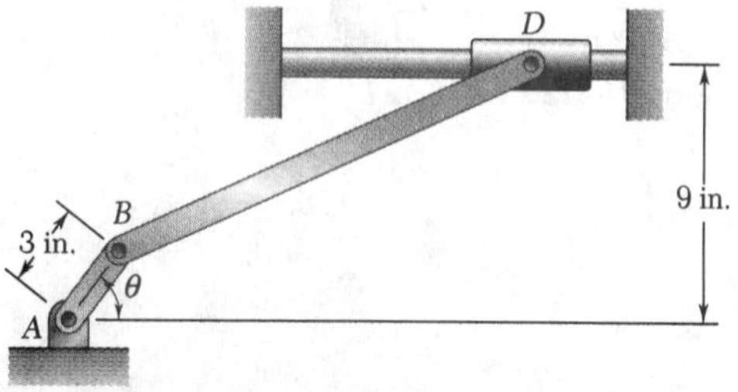

16.126 La barra uniforme *BD* de 15 in. pesa 18 lb, y está conectada a la manivela *AB* y a un collarín *D* de peso insignificante, el cual se desliza libremente a lo largo de la barra horizontal. Si la manivela gira en sentido contrario al de las manecillas del reloj a la velocidad constante de 300 rpm, determine la reacción en *D* cuando *θ* = 0.

16.127 Resuelva el problema 16.126 cuando *θ* = 180°.

16.128 Resuelva el problema 16.126 cuando *θ* = 90°.

16.129 La barra uniforme *AB* de 3 kg está conectada a la manivela *BD* y a un collarín de peso insignificante, que se desliza libremente a lo largo de la barra *EF*. Si, en la posición mostrada, la manivela *BD* gira con una velocidad angular de 15 rad/s y una aceleración angular de 60 rad/s², ambas en el sentido de las manecillas del reloj, determine la reacción en *A*.

Fig. P16.126

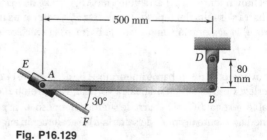

Fig. P16.129

16.130 En el problema 16.129, determine la reacción en *A* si, en la posición mostrada, la manivela *BD* gira con una velocidad angular de 15 rad/s en el sentido de las manecillas del reloj y una aceleración angular de 60 rad/s² en sentido contrario al de las manecillas del reloj.

16.131 Un conductor arranca su automóvil con la puerta del lado del pasajero completamente abierta ($\theta = 0$). La puerta, de 80 lb, tiene un radio de giro centroidal $\bar{k} = 12.5$ in., y su centro de masa se localiza a una distancia $r = 22$ in. de su eje vertical de rotación. Si el conductor mantiene una aceleración constante de 6 ft/s², determine la velocidad angular de la puerta cuando se cierra de golpe ($\theta = 90°$).

16.132 Para el automóvil del problema 16.131, determine la aceleración angular constante mínima que el conductor puede mantener, si la puerta ha de cerrarse perfectamente, sabiendo que, en el momento en que la puerta golpea el marco, su velocidad angular debe ser por lo menos de 2 rad/s para que el mecanismo de la cerradura opere.

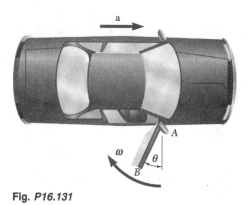

Fig. *P16.131*

16.133 Dos barras uniformes de 8 lb están conectadas para formar el varillaje mostrado. Si se desprecia el efecto de la fricción, determine la reacción en *D* inmediatamente después de que el varillaje se suelta del reposo en la posición mostrada.

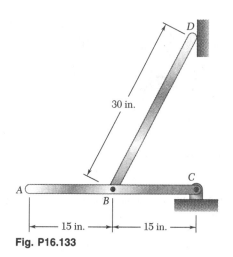

Fig. P16.133

16.134 El varillaje *ABCD* se forma mediante la conexión de la barra *BC*, de 3 kg, a las barras *AB* y *CD*, de 1.5 kg. El par **M** aplicado a la barra *AB* controla el movimiento del varillaje. Si, en el instante mostrado, la barra *AB* tiene una velocidad angular de 24 rad/s en el sentido de las manecillas del reloj y no tiene aceleración angular, determine *a*) el par **M**, *b*) las componentes de la fuerza ejercida en el punto *B* de la barra *BC*.

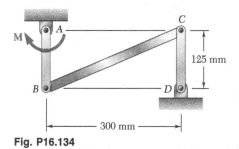

Fig. P16.134

16.135 Resuelva el problema 16.134, si, en el instante mostrado, la barra *AB* tiene una velocidad angular de 24 rad/s en el sentido de las manecillas del reloj y una aceleración angular de 160 rad/s² en sentido contrario al de las manecillas del reloj.

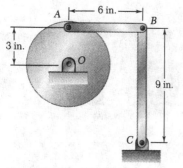

Fig. P16.136 y P16.137

16.136 Las barras AB, de 4 lb, y BC, de 6 lb, están conectadas como se muestra a un disco que se hace girar en un plano vertical a una velocidad angular constante de 6 rad/s en el sentido de las manecillas del reloj. Para la posición mostrada, determine las fuerzas ejercidas en los puntos A y B de la barra AB.

16.137 Las barras AB, de 4 lb, y BC, de 6 lb, están conectadas como se muestra a un disco que se hace girar en un plano vertical. Si, en el instante mostrado, el disco tiene una aceleración angular de 18 rad/s² en el sentido de las manecillas del reloj y no tiene velocidad angular, determine las componentes de las fuerzas ejercidas en los puntos A y B de la barra AB.

16.138 En el sistema motriz mostrado, $l = 250$ mm y $b = 100$ mm. Se supone que la biela BD es una barra uniforme de 1.2 kg y está conectada al pistón P, de 1.8 kg. Durante una prueba del sistema, se hace girar la manivela AB a una velocidad angular constante de 600 rpm en el sentido de las manecillas del reloj, sin ninguna fuerza aplicada a la cara del pistón. Determine las fuerzas ejercidas en los puntos B y D de la biela cuando $\theta = 180°$. (Desprecie el efecto del peso de la biela.)

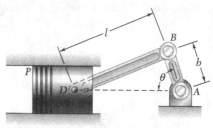

Fig. P16.138

16.139 Resuelva el problema 16.138 cuando $\theta = 0$.

16.140 Dos barras AC y CE idénticas, cada una de peso W, están conectadas para formar el varillaje mostrado. Si, en el instante mostrado, la fuerza **P** hace que el rodillo montado en D se mueva hacia la izquierda con una velocidad constante v_D, determine la magnitud de la fuerza **P** en función de L, W, v_D y θ.

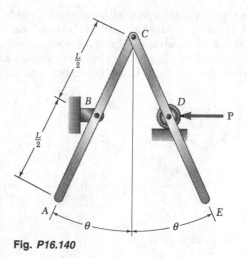

Fig. P16.140

16.141 En el problema 16.140, determine la magnitud de la fuerza **P**, si $L = 3$ ft, $W = 24$ lb, $v_D = 6$ ft/s y $\theta = 55°$.

*16.142   Un disco uniforme, de masa $m = 4$ kg y radio $r = 150$ mm, es soportado por una banda $ABCD$ que está atornillada al disco en B y C. Si de repente se rompe la banda en un punto localizado entre A y B, determine a) la aceleración del centro del disco, b) la tensión en la parte CD de la banda.

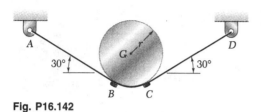

Fig. P16.142

*16.143   Dos discos, cada uno de masa m y radio r, están conectados como se muestra por medio de una cadena continua de masa insignificante. Si un pasador en el punto C de la cadena se sale de repente, determine a) la aceleración angular de cada disco, b) la tensión en la porción izquierda de la cadena, c) la aceleración del centro del disco B.

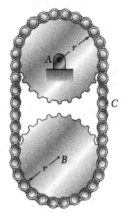

Fig. P16.143

*16.144   Una barra esbelta uniforme AB de masa m se suspende de un pequeño carro de la misma masa m, como se muestra. Si se desprecia el efecto de la fricción, determine las aceleraciones de los puntos A y B inmediatamente después de que se aplica una fuerza horizontal **P** en B.

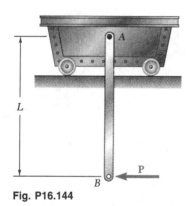

Fig. P16.144

*16.145   Una barra esbelta uniforme AB de masa m se suspende de un disco uniforme de la misma masa m, como se muestra. Si se desprecia el efecto de la fricción, determine las aceleraciones de los puntos A y B inmediatamente después de que se aplica una fuerza horizontal **P** en B.

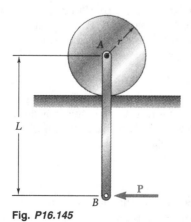

Fig. *P16.145*

*16.146 La barra esbelta *AB*, de 5 kg, está conectada por medio de un pasador a un disco uniforme, de 8 kg, como se muestra. Inmediatamente después de que el sistema se suelta del reposo, determine la aceleración *a*) del punto *A*, *b*) del punto *B*.

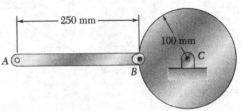

Fig. P16.146

*16.147 y *16.148 El cilindro *B*, de 6 lb, y la cuña *A*, de 4 lb, se mantienen en reposo en la posición mostrada por medio de la cuerda *C*. Si el cilindro rueda sin resbalarse en la cuña y si se desprecia la fricción entre la cuña y el suelo, determine, inmediatamente después de que se corta la cuerda *C*, *a*) la aceleración de la cuña, *b*) la aceleración angular del cilindro.

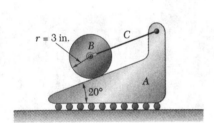

Fig. P16.147

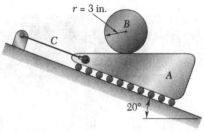

Fig. P16.148

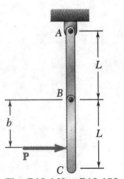

Fig. P16.149 y P16.150

*16.149 La longitud de las barras *AB* y *BC*, de 3 kg, es *L* = 500 mm. Se aplica una fuerza horizontal **P** de 20 N a la barra *BC*, como se muestra. Si *b* = *L* (**P** se aplica en *C*), determine la aceleración angular de cada barra.

*16.150 La longitud de las barras *AB* y *BC*, de 3 kg, es *L* = 500 mm. Se aplica una fuerza horizontal **P** de 20 N a la barra *BC*. Para la posición mostrada, determine *a*) la distancia *b* con la cual las barras se mueven como si formaran un cuerpo rígido, *b*) la aceleración angular correspondiente de las barras.

*16.151 *a*) Determine la magnitud y la ubicación del momento flexionante máximo en la barra del problema 16.76. *b*) Demuestre que la respuesta de la parte *a* es independiente del peso de la barra.

*16.152 Dibuje los diagramas de cortante y momento flexionante para la viga del problema 16.84 inmediatamente después de que se rompe el cable en *B*.

En este capítulo, se estudió la *cinética de cuerpos rígidos*; es decir, las relaciones existentes entre las fuerzas que actúan sobre un cuerpo rígido, la forma y la masa del cuerpo, y el movimiento producido. Excepto por lo que se refiere a las dos primeras secciones, que se ocupan del caso más general del movimiento de un cuerpo rígido, el análisis se limitó al *movimiento plano de placas rígidas* y de cuerpos rígidos simétricos con respecto al plano de referencia. El estudio del movimiento plano de cuerpos rígidos asimétricos y del movimiento de cuerpos rígidos en el espacio tridimensional se considerará en el capítulo 18.

Primero se recordaron [sección 16.2] las dos ecuaciones fundamentales deducidas en el capítulo 14 para el movimiento de un sistema de partículas, y se observó que son válidas en el caso más general del movimiento de un cuerpo rígido. La primera ecuación define el movimiento del centro de masa G del cuerpo; tenemos

Ecuaciones fundamentales del movimiento de un cuerpo rígido

$$\Sigma\mathbf{F} = m\overline{\mathbf{a}} \tag{16.1}$$

donde m es la masa del cuerpo y $\overline{\mathbf{a}}$ es la aceleración de G. La segunda tiene que ver con el movimiento del cuerpo con respecto a un sistema de referencia centroidal; escribimos

$$\Sigma\mathbf{M}_G = \dot{\mathbf{H}}_G \tag{16.2}$$

donde $\dot{\mathbf{H}}_G$ es la razón de cambio de la cantidad de movimiento angular $\mathbf{H}_G$ del cuerpo con respecto a su centro de masa G. Juntas, las ecuaciones (16.1) y (16.2) expresan que *el sistema de las fuerzas externas es equipolente al sistema compuesto del vector $m\overline{\mathbf{a}}$ fijo en G y el par de momento $\dot{\mathbf{H}}_G$* (figura 16.19).

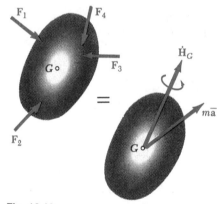

Fig. 16.19

Con la limitación del análisis en este punto y por el resto del capítulo al movimiento plano de placas rígidas y cuerpos rígidos simétricos con respecto al plano de referencia, se demostró [sección 16.3] que la cantidad de movimiento angular del cuerpo se podía expresar como

Cantidad de movimiento angular en el movimiento plano

$$\mathbf{H}_G = \overline{I}\boldsymbol{\omega} \tag{16.4}$$

donde $\overline{I}$ es el momento de inercia del cuerpo con respecto a un eje centroidal perpendicular al plano de referencia, y $\boldsymbol{\omega}$ es la velocidad angular del cuerpo. Al diferenciar ambos miembros de la ecuación (16.4), obtuvimos

$$\dot{\mathbf{H}}_G = \overline{I}\dot{\boldsymbol{\omega}} = \overline{I}\boldsymbol{\alpha} \tag{16.5}$$

la cual demuestra que, en el caso restringido aquí considerado, la razón de cambio de la cantidad de movimiento angular del cuerpo rígido puede estar representada por un vector de la misma dirección que α (es decir, perpendicular al plano de referencia) y de magnitud $\overline{I}\alpha$.

Ecuaciones para el movimiento plano de un cuerpo rígido

De lo anterior se desprende [sección 16.4] que el movimiento plano de un cuerpo rígido simétrico con respecto al plano de referencia está definido por las tres ecuaciones escalares

$$\Sigma F_x = m\overline{a}_x \qquad \Sigma F_y = m\overline{a}_y \qquad \Sigma M_G = \overline{I}\alpha \qquad (16.6)$$

Principio de D'Alembert

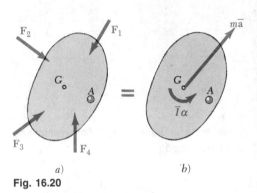

a)   *b)*

Fig. 16.20

Se desprende, además, que *las fuerzas externas que actúan sobre el cuerpo rígido en realidad son* **equivalentes** *a las fuerzas efectivas de las diversas partículas que forman el cuerpo.* Este enunciado, conocido como *principio de D'Alembert*, se puede expresar en la forma del diagrama vectorial mostrado en la figura 16.20, donde las fuerzas efectivas están representadas por un vector $m\overline{a}$ fijo en G y un par $\overline{I}\alpha$. En el caso particular de una placa en *traslación*, las fuerzas efectivas mostradas en la parte *b* de esta figura se reducen a un solo vector $m\overline{a}$, mientras que en el caso particular de una placa en *rotación centroidal*, se reducen a un solo par $\overline{I}\alpha$; en cualquier otro caso de movimiento plano, se debe incluir tanto el vector $m\overline{a}$ como el par $\overline{I}\alpha$.

Ecuación de diagramas de cuerpo libre

Cualquier problema que implique el movimiento plano de una placa rígida se puede resolver dibujando una *ecuación de diagramas de cuerpo libre* similar a la de la figura 16.20 [sección 16.6]. Se pueden obtener entonces tres ecuaciones de movimiento poniendo en ecuación las componentes x, las componentes y y los momentos con respecto a un punto arbitrario A, de las fuerzas y vectores implicados [problemas resueltos 16.1, 16.2, 16.4 y 16.5]. Se puede obtener una solución alterna sumando a las fuerzas externas un *vector de inercia* $-m\overline{a}$ de sentido contrario al de $\overline{a}$, fijo en G, y un *par de inercia* $-\overline{I}\alpha$ de sentido contrario al de α. El sistema obtenido de esta manera es equivalente a cero, y se dice que la placa está en *equilibrio dinámico*.

Cuerpos rígidos conectados

El método antes descrito también se puede usar para resolver problemas que implican el movimiento plano de varios cuerpos rígidos conectados [sección 16.7]. Se dibuja una ecuación de diagramas de cuerpo libre de cada una de las partes del sistema, y las ecuaciones del movimiento obtenidas se resuelven simultáneamente. En algunos casos, sin embargo, se puede dibujar un solo diagrama para todo el sistema, incluidas las fuerzas externas lo mismo que los vectores $m\overline{a}$ y los pares $\overline{I}\alpha$ asociados con las diversas partes del sistema [problema resuelto 16.3].

Movimiento plano restringido

En la segunda parte de este capítulo, se estudiaron los cuerpos rígidos *que se mueven bajo ciertas restricciones* [sección 16.8]. Si bien el análisis cinético del movimiento plano restringido de una placa rígida es el mismo que el anterior, debe estar complementado por un *análisis cinemático*, cuyo objetivo sea expresar las componentes $\overline{a}_x$ y $\overline{a}_y$ de la aceleración del centro de masa G de la placa, en función de su aceleración angular α. Los problemas resueltos de esta manera incluyeron la *rotación no centroidal* de barras y placas [problemas resueltos 16.6 y 16.7], el *movimiento de rodamiento* de esferas y ruedas [problemas resueltos 16.8 y 16.9] y el movimiento plano de *varios tipos de varillajes* [problema resuelto 16.10].

Problemas de repaso

16.153 El eje de un disco de 5 in. de radio está insertado en una ranura que forma un ángulo $\theta = 30°$ con la vertical. El disco se encuentra en reposo cuando se pone en contacto con una banda transportadora que se mueve con rapidez constante. Si el coeficiente de fricción cinética entre el disco y la banda es de 0.20 y si se desprecia la fricción de rodamiento, determine la aceleración angular del disco cuando se resbala.

16.154 Resuelva el problema 16.153, si la dirección del movimiento de la banda transportadora se invierte.

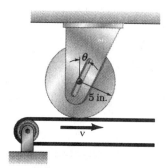

Fig. P16.153

16.155 Una serie de brazos móviles empujan cilindros idénticos de masa m y radio r. Si el coeficiente de fricción entre todas las superficies son $\mu < 1$, y si a denota la magnitud de la aceleración de los brazos, deduzca una expresión para a) el valor máximo permisible de a para que cada cilindro ruede sin resbalarse, b) el valor mínimo permisible de a para que cada cilindro se mueva hacia la derecha sin rotar.

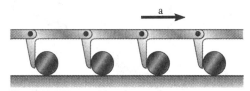

Fig. *P16.155*

16.156 Un ciclista conduce una bicicleta a 20 mph en un carretera horizontal. Si la distancia entre ejes es de 42 in., y el centro de masa del ciclista y la bicicleta se localiza a 26 in. detrás del eje delantero y a 40 in. sobre el suelo. Si el ciclista aplica los frenos de la rueda delantera solamente, determine la distancia más corta en la que se puede detener sin ser lanzado sobre la rueda delantera.

16.157 La barra uniforme AB de peso W se deja caer del reposo cuando $\beta = 70°$. Si la fuerza de fricción entre el extremo A y la superficie es suficientemente grande para impedir el resbalamiento, determine inmediatamente después de que se deja caer a) la aceleración angular de la barra, b) la reacción normal en A, c) la fuerza de fricción en A.

16.158 La barra uniforme AB de peso W se deja caer del reposo cuando $\beta = 70°$. Si la fuerza de fricción entre el extremo A y la superficie es cero, determine inmediatamente después de que se deja caer a) la aceleración angular de la barra, b) la aceleración del centro de masa de la barra, c) la reacción en A.

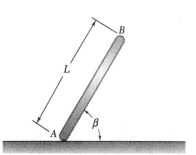

Fig. P16.157 y *P16.158*

16.159 Un barril completamente lleno y su contenido pesan 200 lb. Si $\mu_s = 0.40$ y $\mu_k = 0.35$, y si se aplica una fuerza de 90 lb como se muestra, determine *a*) la aceleración del barril, *b*) el intervalo de valores de *h* con los que el barril no se volteará.

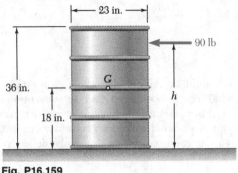

Fig. P16.159

16.160 La barra esbelta *AB* de peso *W* se mantiene en equilibrio por medio de dos contrapesos, cada uno de masa $\frac{1}{2}W$. Si se corta el alambre sujeto en *B*, determine la aceleración en ese instante *a*) del punto *A*, *b*) del punto *B*.

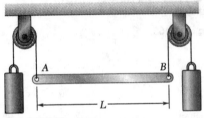

Fig. P16.160

16.161 Dos barras *AB* y *AC*, de 3 kg, se sueldan como se muestra. Si las barras se dejan caer del reposo, determine inmediatamente después de dejarlas caer *a*) la aceleración del punto *B*, *b*) la reacción en *A*.

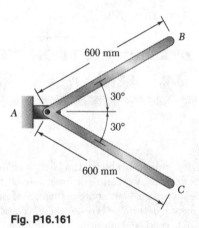

Fig. P16.161

16.162 Dos barras esbeltas, cada una de longitud *l* y masa *m*, se dejan caer del reposo en la posición mostrada. Si una pequeña perilla en el extremo *B* de la barra *AB* descansa en la barra *CD*, determine inmediatamente después de dejarlas caer *a*) la aceleración del extremo *C* de la barra *CD*, *b*) la fuerza ejercida en la perilla.

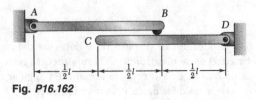

Fig. *P16.162*

16.163 El movimiento de una placa cuadrada, de 150 mm por lado y masa de 2.5 kg, es guiado por pasadores en las esquinas A y B, que se deslizan en ranuras cortadas en una pared vertical. Inmediatamente después de que la placa se suelta del reposo en la posición mostrada, determine a) la aceleración angular de la placa, b) la reacción en la esquina A.

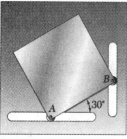

Fig. P16.163   **Fig. P16.164**

16.164 Resuelva el problema 16.163, suponiendo que la placa sólo tiene un pasador en A.

Los siguientes problemas están diseñados para resolverse con computadora.

16.C1 La barra AB, de 5 lb, se deja caer del reposo en la posición mostrada. a) Si la fuerza de fricción entre el extremo A y la superficie es suficientemente grande para impedir el resbalamiento, escriba un programa de computadora y utilícelo para calcular la reacción normal y la fuerza de fricción en A inmediatamente después de soltarla, para valores de β desde 0 hasta 85°, con incrementos de 5°. b) Si el coeficiente de fricción estática entre la barra y el piso es en realidad de 0.50, use incrementos apropiados más pequeños y determine el intervalo de valores de β, con los cuales la barra se resbalará de inmediato después de soltarla del reposo.

16.C2 El extremo A de la barra AB, de 5 kg, se desplaza hacia la izquierda con una rapidez constante $v_A = 1.5$ m/s. Escriba un programa de computadora y utilícelo para calcular las reacciones normales en los extremos A y B de la barra, para valores de θ desde 0 hasta 50°, con incrementos de 5°. Con incrementos apropiados más pequeños, determine el valor de θ para el cual el extremo B de la barra pierde contacto con la pared.

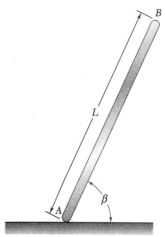

Fig. P16.C1

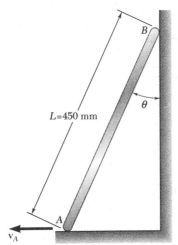

Fig. P16.C2

16.C3 Un cilindro, de 30 lb, diámetro $b = 8$ in. y altura $h = 6$ in., se coloca en una plataforma CD sostenida por tres cables en la posición mostrada. Se desea determinar el valor mínimo de μ_s entre el cilindro y la plataforma con el cual el cilindro no se resbala sobre la plataforma, inmediatamente después de que se corta el cable AB. Escriba un programa de computadora y utilícelo para determinar el valor mínimo permisible de μ_s para valores de θ desde 0 hasta 30°, con incrementos de 5°. Si el valor real de μ_s es de 0.60, use incrementos apropiados más pequeños y determine el valor de θ con el cual el deslizamiento es inminente.

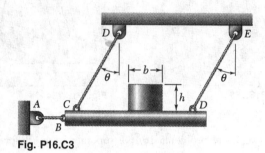

Fig. P16.C3

16.C4 En el sistema motriz del problema 15.C3 del capítulo 15, las masas del pistón P y la biela BD son de 2.5 kg y 3 kg, respectivamente. Si durante una prueba del sistema no se aplica ninguna fuerza a la cara del pistón, escriba un programa de computadora y utilícelo para calcular las componentes verticales y horizontales de las reacciones dinámicas ejercidas en los puntos B y D de la biela para valores de θ desde 0 hasta 180°, con incrementos de 10°.

16.C5 Una barra esbelta AB uniforme de masa m está suspendida de los resortes AC y BD como se muestra. Escriba un programa de computadora y utilícelo para calcular las aceleraciones de los extremos A y B, inmediatamente después de que se rompe el resorte AC, para valores de θ desde 0 hasta 90°, con incrementos de 10°.

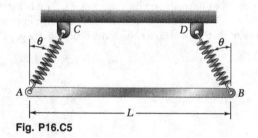

Fig. P16.C5

17

Movimiento plano de cuerpos rígidos: métodos de la energía y de la cantidad de movimiento

En este capítulo se agregarán los métodos de la energía y de la cantidad de movimiento a las herramientas disponibles para el estudio del movimiento de cuerpos rígidos. Por ejemplo, con el principio de conservación de la energía y una ecuación de diagramas de cuerpo libre, se encontrará que sobre las manos de un gimnasta que mantiene su cuerpo recto y gira 180° alrededor de la barra horizontal, se ejerce una fuerza mayor que cuatro veces el peso del atleta.

17.1. INTRODUCCIÓN

En este capítulo se utilizarán el método del trabajo y la energía y el método del impulso y la cantidad de movimiento, para analizar el movimiento plano de cuerpos rígidos y de sistemas de cuerpos rígidos.

Primero se considerará el método del trabajo y la energía. En las secciones 17.2 a 17.5, se definirá el trabajo de una fuerza y de un par, y se obtendrá una expresión para la energía cinética de un cuerpo rígido en movimiento plano. Luego, se utilizará el principio del trabajo y la energía en la solución de problemas que implican desplazamientos y velocidades. En la sección 17.6, se aplicará el principio de la conservación de la energía a la solución de varios problemas de ingeniería.

En la segunda parte del capítulo se aplicará el principio del impulso y la cantidad de movimiento a la solución de problemas que implican velocidades y tiempo (secciones 17.8 y 17.9), y se presentará y se analizará el concepto de conservación de la cantidad de movimiento angular (sección 17.10).

En la última parte del capítulo (secciones 17.11 y 17.12), se considerarán problemas que incluyen el impacto excéntrico de cuerpos rígidos. Como ya se hizo en el capítulo 13, donde se analizó el impacto de partículas, se utilizará el coeficiente de restitución entre dos cuerpos que chocan junto con el principio del impulso y la cantidad de movimiento en la solución de problemas de impacto. También se demostrará que el método utilizado es válido no sólo cuando los cuerpos se mueven libremente después de chocar, sino también cuando los cuerpos se encuentran parcialmente restringidos en su movimiento.

17.2. PRINCIPIO DEL TRABAJO Y LA ENERGÍA PARA UN CUERPO RÍGIDO

A continuación se utilizará el principio del trabajo y la energía para analizar el movimiento plano de cuerpos rígidos. Tal como se señaló en el capítulo 13, el método del trabajo y la energía es particularmente adecuado para la solución de problemas que implican velocidades y desplazamientos. Su ventaja principal reside en el hecho de que el trabajo de las fuerzas y la energía cinética de las partículas son cantidades escalares.

Para aplicar el principio del trabajo y la energía al análisis del movimiento de un cuerpo rígido, nuevamente se supondrá que el cuerpo rígido se compone de un gran número n de partículas de masa Δm_i. De acuerdo con la ecuación (14.30) de la sección 14.8, se escribe

$$T_1 + U_{1 \rightarrow 2} = T_2 \qquad (17.1)$$

donde T_1, $T_2 =$ valores inicial y final de la energía cinética total de las partículas que forman el cuerpo rígido

$U_{1 \rightarrow 2} =$ trabajo de todas las fuerzas que actúan sobre las diversas partículas del cuerpo

La energía cinética total

$$T = \frac{1}{2} \sum_{i=1}^{n} \Delta m_i\, v_i^2 \qquad (17.2)$$

se obtiene sumando cantidades escalares positivas, y por sí misma es una cantidad escalar positiva. Más adelante se verá cómo se puede determinar T para varios tipos de movimiento de un cuerpo rígido.

La expresión $U_{1 \to 2}$ de la ecuación (17.1) representa el trabajo de todas las fuerzas que actúan sobre las diversas partículas del cuerpo, ya sean internas o externas. Sin embargo, como ahora se verá, el trabajo total de las fuerzas internas que mantienen unidas las partículas de un cuerpo rígido es cero. Considérense dos partículas A y B de un cuerpo rígido y las dos fuerzas $\mathbf{F}$ y $-\mathbf{F}$ iguales y opuestas que actúan entre sí (figura 17.1). Si bien, en general, los pequeños desplazamientos $d\mathbf{r}$ y $d\mathbf{r}'$ de las dos partículas son diferentes, las componentes de estos desplazamientos a lo largo de AB deben ser iguales; de lo contrario, las partículas no permanecerían a la misma distancia una de otra y el cuerpo no sería rígido. Por consiguiente, el trabajo de $\mathbf{F}$ es igual en cuanto a magnitud y de signo opuesto al trabajo de $-\mathbf{F}$, y su suma es cero. Por tanto, el trabajo total realizado por las fuerzas internas que actúan sobre las partículas de un cuerpo rígido es cero, y *la expresión $U_{1 \to 2}$ de la ecuación (17.1) se reduce al trabajo efectuado por las fuerzas externas* que actúan sobre el cuerpo durante el desplazamiento considerado.

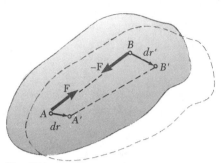

Fig. 17.1

17.3. TRABAJO REALIZADO POR LAS FUERZAS QUE ACTÚAN SOBRE UN CUERPO RÍGIDO

En la sección 13.2 se vio que el trabajo efectuado por una fuerza $\mathbf{F}$ durante un desplazamiento de su punto de aplicación desde A_1 hasta A_2 es

$$U_{1 \to 2} = \int_{A_1}^{A_2} \mathbf{F} \cdot d\mathbf{r} \qquad (17.3)$$

o

$$U_{1 \to 2} = \int_{s_1}^{s_2} (F \cos \alpha)\, ds \qquad (17.3')$$

donde F es la magnitud de la fuerza, α es el ángulo que forma con la dirección del movimiento de su punto de aplicación A, y s es la variable de integración que mide la distancia recorrida por A a lo largo de su trayectoria.

Al calcular el trabajo realizado por las fuerzas externas que actúan sobre un cuerpo rígido, con frecuencia es conveniente determinar el trabajo de un par sin considerar por separado el trabajo de cada una de las fuerzas que lo forman. Considérense las dos fuerzas $\mathbf{F}$ y $-\mathbf{F}$ que forman un par de momento $\mathbf{M}$, y que actúan sobre un cuerpo rígido (figura 17.2). Cualquier desplazamiento pequeño del cuerpo rígido que lleve a A y B, respectivamente, a A' y B'' se puede dividir en dos partes; en una de ellas, los puntos A y B experimentan desplazamientos iguales $d\mathbf{r}_1$; en la otra, A' permanece fijo mientras que B' se mueve a B'' a causa de un desplazamiento $d\mathbf{r}_2$ de magnitud $ds_2 = r\, d\theta$. En la primera parte del movimiento, el trabajo de $\mathbf{F}$ es igual en cuanto a magnitud y de signo opuesto al trabajo de $-\mathbf{F}$, y su suma es cero. En la segunda parte del movimiento, sólo la fuerza $\mathbf{F}$ realiza trabajo, y éste es $dU = F\, ds_2 = Fr\, d\theta$. Pero el producto Fr es igual a la magnitud M del momento del par. Por tanto, el trabajo efectuado por un par de momento $\mathbf{M}$ que actúa sobre un cuerpo rígido es

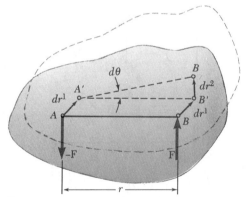

Fig. 17.2

$$dU = M\, d\theta \qquad (17.4)$$

donde $d\theta$ es el pequeño ángulo expresado en radianes, que el cuerpo gira. De nuevo se observa que el trabajo se debe expresar en unidades de fuerza por unidades de longitud. El trabajo del par durante una rotación finita del cuerpo rígido se obtiene integrando los dos miembros de la ecuación (17.4), desde el valor inicial θ_1 del ángulo θ hasta su valor final θ_2. Se escribe

$$U_{1 \to 2} = \int_{\theta_1}^{\theta_2} M\, d\theta \tag{17.5}$$

Cuando el momento **M** *del par es constante*, la fórmula (17.5) se reduce a

$$U_{1 \to 2} = M(\theta_2 - \theta_1) \tag{17.6}$$

En la sección 13.2 se señaló que algunas fuerzas encontradas en problemas de cinética *no efectúan trabajo*. Son fuerzas aplicadas a puntos fijos o fuerzas que actúan en una dirección perpendicular al desplazamiento de su punto de aplicación. Las siguientes son algunas de las fuerzas que no realizan trabajo: la reacción en un pasador libre de fricción cuando el cuerpo soportado gira alrededor del pasador; la reacción en una superficie sin fricción cuando el cuerpo en contacto se mueve a lo largo de la superficie, y el peso de un cuerpo cuando su centro de gravedad se desplaza horizontalmente. Se puede agregar ahora que *cuando un cuerpo rígido rueda sin resbalarse sobre una superficie fija, la fuerza de fricción* **F** *en el punto de contacto C no efectúa trabajo*. La velocidad $\mathbf{v}_C$ del punto de contacto C es cero, y el trabajo de la fuerza de fricción **F** durante un pequeño desplazamiento del cuerpo rígido es

$$dU = F\, ds_C = F(v_C\, dt) = 0$$

17.4. ENERGÍA CINÉTICA DE UN CUERPO RÍGIDO EN MOVIMIENTO PLANO

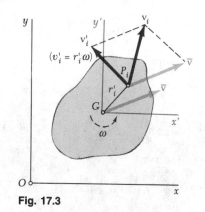

Fig. 17.3

Considérese un cuerpo rígido de masa m en movimiento plano. De la sección 14.7 se recuerda que, si la velocidad absoluta $\mathbf{v}_i$ de cada partícula P_i del cuerpo se expresa como la suma de la velocidad $\bar{\mathbf{v}}$ del centro de masa G del cuerpo y de la velocidad $\mathbf{v}_i'$ de la partícula con respecto a un sistema de referencia $Gx'y'$ fijo en G y de orientación fija (figura 17.3), la energía cinética del sistema de partículas que forman el cuerpo rígido se puede escribir en la forma

$$T = \tfrac{1}{2}m\bar{v}^2 + \frac{1}{2}\sum_{i=1}^{n} \Delta m_i\, v_i'^2 \tag{17.7}$$

Pero la magnitud v_i' de la velocidad relativa de P_i es igual al producto $r_i'\omega$ de la distancia r_i' de P_i al eje que pasa por G, perpendicular al plano del movimiento, y de la magnitud ω de la velocidad angular del cuerpo en el instante considerado. Al sustituir en la ecuación (17.7), tenemos

$$T = \tfrac{1}{2}m\bar{v}^2 + \frac{1}{2}\left(\sum_{i=1}^{n} r_i'^2\, \Delta m_i\right)\omega^2 \tag{17.8}$$

o, como la suma representa el momento de inercia $\bar{I}$ del cuerpo con respecto al eje que pasa por G,

$$T = \tfrac{1}{2}m\bar{v}^2 + \tfrac{1}{2}\bar{I}\,\omega^2 \tag{17.9}$$

Se observa que, en el caso particular de un cuerpo en traslación ($\omega = 0$), la expresión obtenida se reduce a $\frac{1}{2}m\overline{v}^2$ mientras que en el caso de una rotación centroidal ($\overline{v} = 0$), se reduce a $\frac{1}{2}\overline{I}\,\omega^2$. Se concluye que la energía cinética de un cuerpo rígido en movimiento plano se puede dividir en dos partes: 1) la energía cinética $\frac{1}{2}m\overline{v}^2$ asociada con el movimiento del centro de masa G del cuerpo, y 2) la energía cinética $\frac{1}{2}\overline{I}\,\omega^2$ asociada con la rotación del cuerpo alrededor de G.

Rotación no centroidal. La relación (17.9) es válida para cualquier tipo de movimiento plano y, por consiguiente, se puede usar para expresar la energía cinética de un cuerpo rígido que gira con una velocidad angular $\boldsymbol{\omega}$ alrededor de un eje fijo que pasa por O (figura 17.4). En ese caso, sin embargo, la energía cinética del cuerpo puede expresarse de una manera más directa, puesto que la rapidez v_i de la partícula P_i es igual al producto $r_i\omega$ de la distancia r_i de P_i al eje fijo, y la magnitud ω de la velocidad angular del cuerpo en el instante considerado. Sustituyendo en (17.2), se escribe

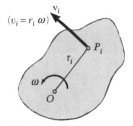

Fig. 17.4

$$T = \frac{1}{2}\sum_{i=1}^{n}\Delta m_i\,(r_i\omega)^2 = \frac{1}{2}\left(\sum_{i=1}^{n} r_i^2\,\Delta m_i\right)\omega^2$$

o, como la última suma representa el momento de inercia I_O del cuerpo alrededor del eje fijo que pasa por O,

$$T = \tfrac{1}{2}I_O\omega^2 \qquad\qquad (17.10)$$

Se observa que los resultados obtenidos no están limitados al movimiento de placas planas o al movimiento de cuerpos simétricos con respecto al plano de referencia, y que se pueden aplicar al estudio del movimiento plano de cualquier cuerpo rígido, haciendo caso omiso de su forma. Sin embargo, como la ecuación (17.9) es aplicable a cualquier movimiento plano, mientras que la ecuación (17.10) se aplica sólo en casos que implican rotación no centroidal, la ecuación (17.9) se utilizará en la solución de todos los problemas resueltos.

17.5. SISTEMAS DE CUERPOS RÍGIDOS

Cuando un problema implica varios cuerpos rígidos, cada uno se puede considerar por separado y el principio del trabajo y la energía es aplicable a cada uno. Si se suman las energías cinéticas de todas las partículas y se considera el trabajo de todas las fuerzas implicadas, también se puede escribir la ecuación del trabajo y la energía para todo el sistema. Tenemos

$$T_1 + U_{1\to 2} = T_2 \qquad\qquad (17.11)$$

donde T representa la suma aritmética de las energías cinéticas de los cuerpos rígidos que forman el sistema (todos los términos son positivos) y $U_{1\to 2}$ representa el trabajo de todas las fuerzas que actúan en los diversos cuerpos, ya sean fuerzas *internas* o *externas* desde el punto de vista del sistema en su conjunto.

El método del trabajo y la energía es particularmente útil para resolver problemas que implican elementos conectados con pasadores, bloques y poleas conectadas por cuerdas inextensibles, y engranes dentados. En todos estos casos, las fuerzas internas se presentan en pares de fuerzas iguales y opuestas, y los puntos de aplicación de las fuerzas en cada par se *desplazan distancias iguales* durante un pequeño desplazamiento del sistema. En consecuencia, el trabajo de las fuerzas internas es cero, y $U_{1 \rightarrow 2}$ se reduce al trabajo de las *fuerzas internas al sistema*.

17.6. CONSERVACIÓN DE LA ENERGÍA

En la sección 13.6 se vio que el trabajo realizado por fuerzas conservativas (tal como el peso de un cuerpo o la fuerza ejercida por un resorte) se expresa como un cambio de energía potencial. Cuando un cuerpo rígido, o un sistema de cuerpos rígidos, se mueve bajo la acción de fuerzas conservativas, el principio del trabajo y la energía enunciado en la sección 17.2 se expresa de una manera modificada. Si se sustituye $U_{1 \rightarrow 2}$ de la ecuación (13.19') en la ecuación (17.1), se tiene

$$T_1 + V_1 = T_2 + V_2 \qquad (17.12)$$

La fórmula (17.12) indica que cuando un cuerpo rígido, o un sistema de cuerpos rígidos, se mueve bajo la acción de fuerzas conservativas, *la suma de la energía cinética y la energía potencial del sistema permanece constante*. Es de hacerse notar que, en el caso del movimiento de un cuerpo rígido, la energía cinética del cuerpo debe incluir tanto el término *traslacional* $\frac{1}{2} m \bar{v}^2$ como el *rotacional* $\frac{1}{2} \bar{I} \omega^2$.

Como un ejemplo de aplicación del principio de conservación de la energía, considérese una barra esbelta AB, de longitud l y masa m, cuyos extremos están conectados a bloques de masa insignificante que se deslizan a lo largo de sendas correderas horizontal y vertical. Se supone que la barra se suelta sin velocidad inicial desde una posición horizontal (figura 17.5*a*), y se desea determinar su velocidad angular después de que ha girado un ángulo θ (figura 17.5*b*).

Como la velocidad inicial es cero, entonces $T_1 = 0$. Si se mide la energía potencial desde el nivel de la corredera horizontal, se escribe $V_1 = 0$. Una vez que la barra gira θ, el centro de gravedad G de la barra se localiza a una distan-

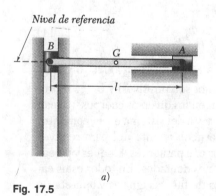

Fig. 17.5

cia $\frac{1}{2}l$ sen θ por debajo del nivel de referencia y, por consiguiente,

$$V_2 = -\tfrac{1}{2}Wl \text{ sen } \theta = -\tfrac{1}{2}mgl \text{ sen } \theta$$

Al observar que, en esta posición, el centro instantáneo de la barra se localiza en C, y que $CG = \frac{1}{2}l$, escribimos $\bar{v}_2 = \frac{1}{2}l\omega$, y se obtiene

$$T_2 = \tfrac{1}{2}m\bar{v}_2^2 + \tfrac{1}{2}\bar{I}\omega_2^2 = \tfrac{1}{2}m(\tfrac{1}{2}l\omega)^2 + \tfrac{1}{2}(\tfrac{1}{12}ml^2)\omega^2$$
$$= \frac{1}{2}\frac{ml^2}{3}\,\omega^2$$

Si se aplica el principio de conservación de la energía, se escribe

$$T_1 + V_1 = T_2 + V_2$$
$$0 = \frac{1}{2}\frac{ml^2}{3}\,\omega^2 - \tfrac{1}{2}mgl \text{ sen } \theta$$
$$\omega = \left(\frac{3g}{l} \text{ sen } \theta\right)^{1/2}$$

Las ventajas del método del trabajo y la energía, así como sus desventajas, se indicaron en la sección 13.4. Aquí se debe agregar que el método del trabajo y la energía se debe complementar con la aplicación del principio de D'Alembert cuando existe la necesidad de determinar reacciones en ejes fijos, rodillos y bloques corredizos. Por ejemplo, para calcular las reacciones en los extremos A y B de la barra de la figura 17.5b, se tiene que dibujar un diagrama que exprese que el sistema de las fuerzas externas aplicadas a la barra es equivalente al vector $m\bar{\mathbf{a}}$ y el par $\bar{I}\boldsymbol{\alpha}$. Sin embargo, la velocidad angular $\boldsymbol{\omega}$ de la barra se determina con el método del trabajo y la energía antes de resolver las ecuaciones del movimiento para las reacciones. El análisis completo del movimiento de la barra y las fuerzas ejercidas en ella requiere, por consiguiente, el uso combinado del método del trabajo y la energía, y del principio de equivalencia de las fuerzas externas y las fuerzas efectivas.

17.7. POTENCIA

En la sección 13.5 se definió la *potencia* como la rapidez con la cual se realiza un trabajo. En el caso de un cuerpo en el que actúa una fuerza $\mathbf{F}$, que se mueve con una velocidad $\mathbf{v}$, la potencia se expresó como sigue:

$$\text{Potencia} = \frac{dU}{dt} = \mathbf{F} \cdot \mathbf{v} \qquad (13.13)$$

En el caso de un cuerpo rígido que gira con una velocidad angular $\boldsymbol{\omega}$ sobre el que actúa un par de momento $\mathbf{M}$ paralelo al eje de rotación, se tiene, de acuerdo con la ecuación (17.4),

$$\text{Potencia} = \frac{dU}{dt} = \frac{M\,d\theta}{dt} = M\omega \qquad (17.13)$$

Las diversas unidades utilizadas para medir la potencia, tales como el watt y el caballo de fuerza, se definieron en la sección 13.5.

1.25 ft

A

240 lb

PROBLEMA RESUELTO 17.1

Un bloque de 240 lb se suspende de un cable inextensible que se enrolla alrededor de un tambor de 1.25 ft de radio, rígidamente montado en un volante. El tambor y el volante tienen un momento de inercia centroidal combinado $\bar{I} = 10.5$ lb · ft · s². En el instante mostrado, la velocidad del bloque es de 6 ft/s dirigida hacia abajo. Si el cojinete en A está deficientemente lubricado y si la fricción de rodamiento equivale a un par $\mathbf{M}$ de 60 lb · ft, determínese la velocidad del bloque después de que desciende 4 ft.

SOLUCIÓN

Se considera el sistema formado por el volante y el bloque. Como el cable es inextensible, el trabajo realizado por las fuerzas internas ejercidas por el cable se elimina. Las posiciones inicial y final del sistema, y las fuerzas externas que actúan sobre él son las mostradas.

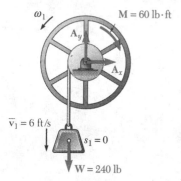

ω_1 M = 60 lb·ft

A_y

A_x

$\bar{v}_1 = 6$ ft/s

$s_1 = 0$

W = 240 lb

Energía cinética. *Posición 1.*

Bloque: $\bar{v}_1 = 6$ ft/s

Volante: $\omega_1 = \dfrac{\bar{v}_1}{r} = \dfrac{6 \text{ ft/s}}{1.25 \text{ ft}} = 4.80$ rad/s

$$T_1 = \tfrac{1}{2}m\bar{v}_1^2 + \tfrac{1}{2}\bar{I}\omega_1^2$$

$$= \frac{1}{2}\frac{240 \text{ lb}}{32.2 \text{ ft/s}^2}(6 \text{ ft/s})^2 + \tfrac{1}{2}(10.5 \text{ lb·ft·s}^2)(4.80 \text{ rad/s})^2$$

$$= 255 \text{ ft·lb}$$

Posición 2. Como $\omega_2 = \bar{v}_2/1.25$, escribimos

$$T_2 = \tfrac{1}{2}m\bar{v}_2^2 + \tfrac{1}{2}\bar{I}\omega_2^2$$

$$= \frac{1}{2}\frac{240}{32.2}(\bar{v}_2)^2 + (\tfrac{1}{2})(10.5)\left(\frac{\bar{v}_2}{1.25}\right)^2 = 7.09\bar{v}_2^2$$

Trabajo. Durante el movimiento, sólo el peso $\mathbf{W}$ del bloque y el par de fricción $\mathbf{M}$ realizan trabajo. Como $\mathbf{W}$ realiza un trabajo positivo y el par de fricción $\mathbf{M}$ uno negativo, se escribe

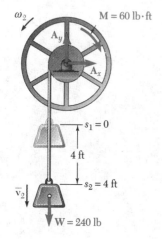

ω_2 M = 60 lb·ft

A_y

A_x

$s_1 = 0$

4 ft

$s_2 = 4$ ft

$\bar{v}_2$

W = 240 lb

$$s_1 = 0 \qquad s_2 = 4 \text{ ft}$$

$$\theta_1 = 0 \qquad \theta_2 = \frac{s_2}{r} = \frac{4 \text{ ft}}{1.25 \text{ ft}} = 3.20 \text{ rad}$$

$$U_{1\rightarrow 2} = W(s_2 - s_1) - M(\theta_2 - \theta_1)$$

$$= (240 \text{ lb})(4 \text{ ft}) - (60 \text{ lb·ft})(3.20 \text{ rad})$$

$$= 768 \text{ ft·lb}$$

Principio del trabajo y la energía

$$T_1 + U_{1\rightarrow 2} = T_2$$

$$255 \text{ ft·lb} + 768 \text{ ft·lb} = 7.09\bar{v}_2^2$$

$$\bar{v}_2 = 12.01 \text{ ft/s} \qquad \bar{\mathbf{v}}_2 = 12.01 \text{ ft/s} \downarrow \quad \blacktriangleleft$$

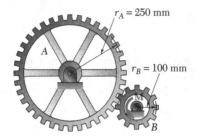

PROBLEMA RESUELTO 17.2

El engrane A tiene una masa de 10 kg y un radio de giro de 200 mm; el engrane B tiene una masa de 3 kg y un radio de giro de 80 mm. El sistema se encuentra en reposo cuando se aplica un par $\mathbf{M}$ de magnitud 6 N · m al engrane B. Si se desprecia la ficción, determínese a) el número de revoluciones realizadas por el engrane B antes de que alcance una velocidad angular de 600 rpm, b) la fuerza tangencial que el engrane B ejerce sobre el engrane A.

SOLUCIÓN

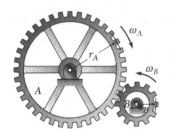

Movimiento del sistema completo. Como las velocidades periféricas de los engranes son iguales, se escribe

$$r_A\omega_A = r_B\omega_B \qquad \omega_A = \omega_B\frac{r_B}{r_A} = \omega_B\frac{100 \text{ mm}}{250 \text{ mm}} = 0.40\omega_B$$

Para $\omega_B = 600$ rpm, se tiene

$$\omega_B = 62.8 \text{ rad/s} \qquad \omega_A = 0.40\omega_B = 25.1 \text{ rad/s}$$
$$\bar{I}_A = m_A\bar{k}_A^2 = (10 \text{ kg})(0.200 \text{ m})^2 = 0.400 \text{ kg} \cdot \text{m}^2$$
$$\bar{I}_B = m_B\bar{k}_B^2 = (3 \text{ kg})(0.080 \text{ m})^2 = 0.0192 \text{ kg} \cdot \text{m}^2$$

Energía cinética. Como inicialmente el sistema se encuentra en reposo, $T_1 = 0$. Al sumar las energías cinéticas de los dos engranes cuando $\omega_B = 600$ rpm, se obtiene

$$T_2 = \tfrac{1}{2}\bar{I}_A\omega_A^2 + \tfrac{1}{2}\bar{I}_B\omega_B^2$$
$$= \tfrac{1}{2}(0.400 \text{ kg} \cdot \text{m}^2)(25.1 \text{ rad/s})^2 + \tfrac{1}{2}(0.0192 \text{ kg} \cdot \text{m}^2)(62.8 \text{ rad/s})^2$$
$$= 163.9 \text{ J}$$

Trabajo. Si θ_B denota el desplazamiento angular del engrane B, se tiene

$$U_{1\rightarrow2} = M\theta_B = (6 \text{ N} \cdot \text{m})(\theta_B \text{ rad}) = (6\theta_B) \text{ J}$$

Principio del trabajo y la energía

$$T_1 + U_{1\rightarrow2} = T_2$$
$$0 + (6\theta_B) \text{ J} = 163.9 \text{ J}$$
$$\theta_B = 27.32 \text{ rad} \qquad\qquad \theta_B = 4.35 \text{ rev} \quad \blacktriangleleft$$

Movimiento del engrane A. Energía cinética. Inicialmente, el engrane A se encuentra en reposo, así que $T_1 = 0$. Cuando $\omega_B = 600$ rpm, la energía cinética del engrane A es

$$T_2 = \tfrac{1}{2}\bar{I}_A\omega_A^2 = \tfrac{1}{2}(0.400 \text{ kg} \cdot \text{m}^2)(25.1 \text{ rad/s})^2 = 126.0 \text{ J}$$

Trabajo. Las fuerzas que actúan sobre el engrane A son las que se muestran. La fuerza tangencial $\mathbf{F}$ realiza un trabajo igual al producto de su magnitud y de la longitud $\theta_A r_A$ del arco descrito por el punto de contacto. Como $\theta_A r_A = \theta_B r_B$, se tiene

$$U_{1\rightarrow2} = F(\theta_B r_B) = F(27.3 \text{ rad})(0.100 \text{ m}) = F(2.73 \text{ m})$$

Principio del trabajo y la energía

$$T_1 + U_{1\rightarrow2} = T_2$$
$$0 + F(2.73 \text{ m}) = 126.0 \text{ J}$$
$$F = +46.2 \text{ N} \qquad\qquad \mathbf{F} = 46.2 \text{ N} \swarrow \quad \blacktriangleleft$$

PROBLEMA RESUELTO 17.3

Una esfera, un cilindro y un aro, que tienen la misma masa y el mismo radio, se sueltan desde el reposo en una rampa. Determínese la velocidad de cada cuerpo después de que ha rodado una distancia correspondiente a un cambio de altura h.

SOLUCIÓN

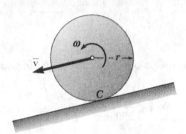

Primero se resolverá el problema en términos generales, y luego se determinarán los resultados de cada cuerpo. Se denota la masa con m, el momento centroidal de inercia con $\bar{I}$, el peso con W y el radio con r.

Cinemática. Como cada cuerpo rueda, el centro de rotación instantáneo se localiza en C, y se escribe

$$\omega = \frac{\bar{v}}{r}$$

Energía cinética

$$T_1 = 0$$
$$T_2 = \tfrac{1}{2}m\bar{v}^2 + \tfrac{1}{2}\bar{I}\omega^2$$
$$= \tfrac{1}{2}m\bar{v}^2 + \tfrac{1}{2}\bar{I}\left(\frac{\bar{v}}{r}\right)^2 = \tfrac{1}{2}\left(m + \frac{\bar{I}}{r^2}\right)\bar{v}^2$$

Trabajo. Como la fuerza de fricción **F** en el movimiento de rodamiento no realiza trabajo,

$$U_{1\to2} = Wh$$

Principio del trabajo y la energía

$$T_1 + U_{1\to2} = T_2$$
$$0 + Wh = \tfrac{1}{2}\left(m + \frac{\bar{I}}{r^2}\right)\bar{v}^2 \qquad \bar{v}^2 = \frac{2Wh}{m + \bar{I}/r^2}$$

Como $W = mg$, se reordena el resultado y se obtiene

$$\bar{v}^2 = \frac{2gh}{1 + \bar{I}/mr^2}$$

Velocidades de la esfera, el cilindro y el aro. Si se introduce en sucesión la expresión particular para $\bar{I}$, se obtiene

Esfera:	$\bar{I} = \tfrac{2}{5}mr^2$	$\bar{v} = 0.845\sqrt{2gh}$ ◀
Cilindro:	$\bar{I} = \tfrac{1}{2}mr^2$	$\bar{v} = 0.816\sqrt{2gh}$ ◀
Aro:	$\bar{I} = mr^2$	$\bar{v} = 0.707\sqrt{2gh}$ ◀

Observación. Si se comparan los resultados con la velocidad alcanzada por un bloque deslizante sin fricción que recorre la misma distancia, la solución es idéntica a la anterior, excepto que $\omega = 0$; en tal caso, $\bar{v} = \sqrt{2gh}$.

Si se comparan los resultados, se observa que la velocidad del cuerpo es independiente tanto de su masa como de su radio. Sin embargo, la velocidad depende del cociente $\bar{I}/mr^2 = \bar{k}^2/r^2$, que mide la razón de la energía cinética rotacional respecto de la energía cinética traslacional. De este modo, el aro, cuyo $\bar{k}$ es mayor con un radio r dado, alcanza la velocidad menor, mientras que el bloque deslizante, que no rueda, alcanza la mayor velocidad.

PROBLEMA RESUELTO 17.4

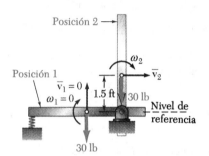

Una barra esbelta AB, de 30 lb y 5 ft de longitud, oscila alrededor del pivote O, el cual está a 1 ft del extremo B. El otro extremo ejerce presión contra un resorte de constante $k = 1800$ lb/in., hasta que el resorte se comprime 1 in. En ese momento la barra se encuentra en posición horizontal. Si la barra se suelta de la posición horizontal, determínese su velocidad angular y la reacción en el pivote O, en el momento en que la barra alcanza la posición vertical.

SOLUCIÓN

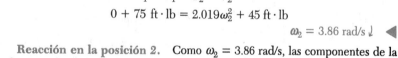

Posición 1. _Energía potencial._ Como el resorte se comprime 1 in., entonces $x_1 = 1$ in.

$$V_e = \tfrac{1}{2}kx_1^2 = \tfrac{1}{2}(1800 \text{ lb/in.})(1 \text{ in.})^2 = 900 \text{ in} \cdot \text{lb}$$

Al elegir el nivel de referencia como se muestra, se tiene $V_g = 0$; por consiguiente,

$$V_1 = V_e + V_g = 900 \text{ in} \cdot \text{lb} = 75 \text{ ft} \cdot \text{lb}$$

Energía cinética. Como la velocidad en la posición _1_ es cero, entonces $T_1 = 0$.

Posición 2. _Energía potencial._ El alargamiento del resorte es cero; por consiguiente, $V_e = 0$. Como el centro de gravedad de la barra ahora se ubica a 1.5 ft sobre el nivel de referencia,

$$V_g = (30 \text{ lb})(+1.5 \text{ ft}) = 45 \text{ ft} \cdot \text{lb}$$
$$V_2 = V_e + V_g = 45 \text{ ft} \cdot \text{lb}$$

Energía cinética. Si ω_2 denota la velocidad angular de la barra en la posición 2, se ve que la barra gira alrededor de O, por tanto $\bar{v}_2 = \bar{r}\omega_2 = 1.5\omega_2$.

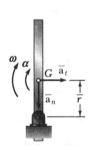

$$\bar{I} = \tfrac{1}{12}ml^2 = \frac{1}{12}\frac{30 \text{ lb}}{32.2 \text{ ft/s}^2}(5 \text{ ft})^2 = 1.941 \text{ lb} \cdot \text{ft} \cdot \text{s}^2$$

$$T_2 = \tfrac{1}{2}m\bar{v}_2^2 + \tfrac{1}{2}\bar{I}\omega_2^2 = \frac{1}{2}\frac{30}{32.2}(1.5\omega_2)^2 + \tfrac{1}{2}(1.941)\omega_2^2 = 2.019\omega_2^2$$

Conservación de la energía

$$T_1 + V_1 = T_2 + V_2$$
$$0 + 75 \text{ ft} \cdot \text{lb} = 2.019\omega_2^2 + 45 \text{ ft} \cdot \text{lb}$$
$$\omega_2 = 3.86 \text{ rad/s} \downarrow \;\blacktriangleleft$$

Reacción en la posición 2. Como $\omega_2 = 3.86$ rad/s, las componentes de la aceleración de G en el momento en que la barra pasa por la posición 2 son

$$\bar{a}_n = \bar{r}\omega_2^2 = (1.5 \text{ ft})(3.86 \text{ rad/s})^2 = 22.3 \text{ ft/s}^2 \qquad \bar{\mathbf{a}}_n = 22.3 \text{ ft/s}^2 \downarrow$$
$$\bar{a}_t = \bar{r}\alpha \qquad\qquad\qquad\qquad\qquad\qquad\qquad \bar{\mathbf{a}}_t = \bar{r}\alpha \rightarrow$$

Se dice que el sistema de las fuerzas externas es equivalente al sistema de las fuerzas efectivas representadas por el vector de componentes $m\bar{\mathbf{a}}_t$ y $m\bar{\mathbf{a}}_n$ con su origen en G y el par $\bar{I}\alpha$.

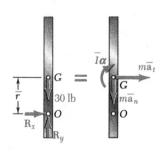

$$+\downarrow\Sigma M_O = \Sigma(M_O)_{\text{ef}}: \qquad\qquad 0 = \bar{I}\alpha + m(\bar{r}\alpha)\bar{r} \qquad \alpha = 0$$
$$\xrightarrow{\pm}\Sigma F_x = \Sigma(F_x)_{\text{ef}}: \qquad\qquad R_x = m(\bar{r}\alpha) \qquad\qquad R_x = 0$$
$$+\uparrow\Sigma F_y = \Sigma(F_y)_{\text{ef}}: \qquad R_y - 30 \text{ lb} = -m\bar{a}_n$$

$$R_y - 30 \text{ lb} = -\frac{30 \text{ lb}}{32.2 \text{ ft/s}^2}(22.3 \text{ ft/s}^2)$$

$$R_y = +9.22 \text{ lb} \qquad \mathbf{R} = 9.22 \text{ lb} \uparrow \;\blacktriangleleft$$

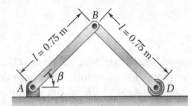

PROBLEMA RESUELTO 17.5

Las dos barras esbeltas mostradas tienen 0.75 m de longitud y 6 kg de masa. Si el sistema se suelta del reposo con $\beta = 60°$, determínese a) la velocidad angular de la barra AB cuando $\beta = 20°$, b) la velocidad del punto D en el mismo instante.

SOLUCIÓN

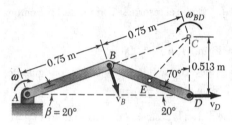

Cinemática del movimiento cuando $\beta = 20°$. Como $\mathbf{v}_B$ es perpendicular a la barra AB y $\mathbf{v}_D$ es horizontal, el centro de rotación instantáneo de la barra BD se localiza en C. Al considerar la geometría de la figura, obtenemos

$$BC = 0.75 \text{ m} \qquad CD = 2(0.75 \text{ m}) \text{ sen } 20° = 0.513 \text{ m}$$

Si se aplica la ley de los cosenos al triángulo CDE, donde E se localiza en el centro de masa de la barra BD, se halla $EC = 0.552$ m. Si ω denota la velocidad angular de la barra AB, se tiene

$$\bar{v}_{AB} = (0.375 \text{ m})\omega \qquad \mathbf{v}_{AB} = 0.375\omega \searrow$$
$$v_B = (0.75 \text{ m})\omega \qquad \mathbf{v}_B = 0.75\omega \searrow$$

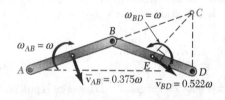

Como la barra BD parece girar alrededor del punto C, se escribe

$$v_B = (BC)\omega_{BD} \qquad (0.75 \text{ m})\omega = (0.75 \text{ m})\omega_{BD} \qquad \boldsymbol{\omega}_{BD} = \omega \nwarrow$$
$$\bar{v}_{BD} = (EC)\omega_{BD} = (0.522 \text{ m})\omega \qquad \bar{\mathbf{v}}_{BD} = 0.522\omega \searrow$$

Posición 1. Energía potencial. Si se selecciona el nivel de referencia como se muestra, y si $W = (6 \text{ kg})(9.81 \text{ m/s}^2) = 58.86$ N, se tiene

$$V_1 = 2W\bar{y}_1 = 2(58.86 \text{ N})(0.325 \text{ m}) = 38.26 \text{ J}$$

Energía cinética. Como el sistema se encuentra en reposo, $T_1 = 0$.

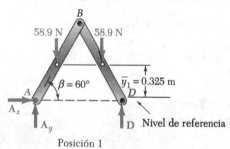

Posición 1

Posición 2. Energía potencial

$$V_2 = 2W\bar{y}_2 = 2(58.86 \text{ N})(0.1283 \text{ m}) = 15.10 \text{ J}$$

Energía cinética

$$I_{AB} = \bar{I}_{BD} = \tfrac{1}{12}ml^2 = \tfrac{1}{12}(6 \text{ kg})(0.75 \text{ m})^2 = 0.281 \text{ kg} \cdot \text{m}^2$$
$$T_2 = \tfrac{1}{2}m\bar{v}_{AB}^2 + \tfrac{1}{2}\bar{I}_{AB}\omega_{AB}^2 + \tfrac{1}{2}m\bar{v}_{BD}^2 + \tfrac{1}{2}\bar{I}_{BD}\omega_{BD}^2$$
$$= \tfrac{1}{2}(6)(0.375\omega)^2 + \tfrac{1}{2}(0.281)\omega^2 + \tfrac{1}{2}(6)(0.522\omega)^2 + \tfrac{1}{2}(0.281)\omega^2$$
$$= 1.520\omega^2$$

Conservación de la energía

$$T_1 + V_1 = T_2 + V_2$$
$$0 + 38.26 \text{ J} = 1.520\omega^2 + 15.10 \text{ J}$$
$$\omega = 3.90 \text{ rad/s} \qquad \boldsymbol{\omega}_{AB} = 3.90 \text{ rad/s} \downarrow \blacktriangleleft$$

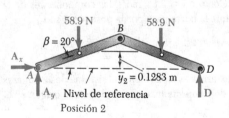

Posición 2

Velocidad del punto D

$$v_D = (CD)\omega = (0.513 \text{ m})(3.90 \text{ rad/s}) = 2.00 \text{ m/s}$$
$$\mathbf{v}_D = 2.00 \text{ m/s} \rightarrow \blacktriangleleft$$

En esta lección se presentaron métodos de energía para determinar la velocidad de cuerpos rígidos en varias posiciones durante su movimiento. Como se vio en el capítulo 13, los métodos de energía se utilizan para problemas que implican desplazamientos y velocidades.

1. *El método del trabajo y la energía,* cuando es aplicado a todas las partículas que forman un cuerpo rígido, da la ecuación

$$T_1 + U_{1 \to 2} = T_2 \qquad (17.1)$$

donde T_1 y T_2 son, respectivamente, los valores inicial y final de la energía cinética total de las partículas que forman el cuerpo y $U_{1 \to 2}$ es el *trabajo realizado por las fuerzas externas* ejercidas sobre el cuerpo rígido.

   a. Trabajo de fuerzas y pares. A la expresión para el trabajo de una fuerza (capítulo 13), se agregó la expresión para el trabajo de un par, esto es

$$U_{1 \to 2} = \int_{A_1}^{A_2} \mathbf{F} \cdot d\mathbf{r} \qquad U_{1 \to 2} = \int_{\theta_1}^{\theta_2} M \, d\theta \qquad (17.3, 17.5)$$

Cuando el momento de un par es constante, el trabajo de éste es

$$U_{1 \to 2} = M(\theta_2 - \theta_1) \qquad (17.6)$$

donde θ_1 y θ_2 están expresados en radianes [problemas resueltos 17.1 y 17.2].

   b. La energía cinética de un cuerpo rígido en movimiento plano se determinó considerando el movimiento del cuerpo como la suma de una traslación junto con su centro de masa y una rotación alrededor de éste.

$$T = \tfrac{1}{2}m\bar{v}^2 + \tfrac{1}{2}\bar{I}\omega^2 \qquad (17.9)$$

donde $\bar{v}$ es la velocidad del centro de masa y ω es la velocidad angular del cuerpo [problemas resueltos 17.3 y 17.4].

2. *En el caso de un sistema de cuerpos rígidos,* otra vez se utilizó la ecuación

$$T_1 + U_{1 \to 2} = T_2 \qquad (17.1)$$

donde T es la suma de las energías cinéticas de los cuerpos que forman el sistema, y U es el trabajo realizado por *todas las fuerzas que actúan sobre los cuerpos*, tanto internas como externas. Los cálculos se simplificarán si se tiene en cuenta lo siguiente.

   a. Las fuerzas ejercidas entre sí por elementos conectados con pasadores o mediante engranes dentados son iguales y opuestas, y, como tienen el mismo punto de aplicación, experimentan pequeños desplazamientos iguales. Por consiguiente, *su trabajo total es cero*, y se pueden omitir en los cálculos [problema resuelto 17.2].

(continúa)

b. Las fuerzas ejercidas por una cuerda inextensible sobre los dos cuerpos que ésta conecta tienen la misma magnitud y sus puntos de aplicación se mueven distancias iguales, pero el trabajo de una fuerza es positivo y el de la otra es negativo. Por consiguiente, *su trabajo total es cero* y se puede omitir de nuevo en los cálculos [problema resuelto 17.1].

c. Las fuerzas ejercidas por un resorte sobre los dos cuerpos que éste conecta también tienen la misma magnitud, pero, en general, sus puntos de aplicación se mueven a diferentes distancias. Por consiguiente, *su trabajo total usualmente no es cero,* y se debe incluir en los cálculos.

3. *El principio de la conservación de la energía* se puede expresar como

$$T_1 + V_1 = T_2 + V_2 \qquad (17.12)$$

donde V representa la energía potencial del sistema. Este principio se puede usar cuando en un cuerpo o en un sistema de cuerpos actúan fuerzas conservativas, como la fuerza ejercida por un resorte o la fuerza de gravedad [problemas resueltos 17.4 y 17.5].

4. *La última sección de este apartado se dedicó a la potencia,* la cual es la rapidez con la cual se realiza un trabajo. Para un cuerpo sobre el que actúa un par de momento **M**, la potencia se puede expresar como

$$\text{Potencia} = M\omega \qquad (17.13)$$

donde ω es la velocidad angular del cuerpo expresada en rad/s. Como ya se hizo en el capítulo 13, la potencia se debe expresar en watts o en caballos de fuerza (1 hp = 550 ft · lb/s).

Problemas

17.1 Se requieren 1500 revoluciones para que el volante de 6000 lb gire libremente hasta que se detiene desde una velocidad angular de 300 rpm. Si el radio de giro del volante es de 36 in., determine la magnitud promedio del par generado por la fricción cinética en los cojinetes.

17.2 El rotor de un motor eléctrico tiene una velocidad angular de 3600 rpm cuando la carga y la energía eléctrica se interrumpen. El rotor, de 50 kg, cuyo radio de giro centroidal es de 180 mm, gira libremente hasta que se detiene. Si la fricción cinética del rotor produce un par de 3.5 N · m, determine el número de revoluciones que el rotor realiza antes de detenerse.

17.3 Un disco de 9 in. de diámetro, que pesa 8 lb, y una barra AB de longitud L, que pesa 3 lb/ft, están conectados a la flecha CD como se muestra. Se aplica un par **M** constante de 4 lb · ft al disco cuando el sistema está en reposo. Si la velocidad angular del sistema tiene que ser de 300 rpm después de dos revoluciones completas, determine la longitud L requerida de la barra.

17.4 Una barra AB, de longitud L, está conectada a una flecha CD como se muestra. Se aplica un par **M** de magnitud constante al disco cuando el sistema está en reposo, y se retira después de que el sistema realiza una revolución completa. Si ω denota el peso por unidad de longitud de la barra AB, e I_0 el momento combinado de inercia de la flecha y el disco con respecto al eje de rotación, deduzca una expresión para la longitud L que produce la rapidez final máxima del punto A.

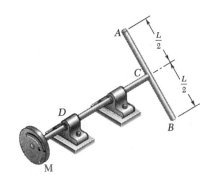

Fig. P17.3 y P17.4

17.5 El volante de una máquina perforadora tiene una masa de 300 kg y un radio de giro de 600 mm. Cada perforación requiere 2500 J de trabajo. *a*) Si la rapidez del volante es de 300 rpm justo antes de hacer una perforación, determine la rapidez inmediatamente después de la perforación. *b*) Si se aplica un par constante de 25 N · m a la flecha del volante, determine el número de revoluciones realizadas antes de que la velocidad sea de nuevo de 300 rpm.

17.6 El volante de una pequeña máquina perforadora gira a 360 rpm. Cada operación de perforado requiere 1500 ft · lb de trabajo, y se desea que la rapidez del volante después de cada perforación no sea menor que el 95% de la rapidez original. *a*) Determine el momento de inercia requerido del volante. *b*) Si se aplica un par constante de 18 lb · ft a la flecha del volante, determine el número de revoluciones que debe ocurrir entre dos perforaciones sucesivas, si se sabe que la velocidad inicial tiene que ser de 360 rpm al inicio de cada perforación.

1060 Movimiento plano de cuerpos rígidos:
métodos de la energía y de la cantidad
de movimiento

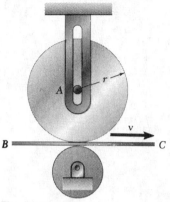

Fig. *P17.7* y *P17.8*

17.7 El disco A, de espesor constante, se encuentra en reposo cuando se pone en contacto con la banda BC, la cual se mueve a una velocidad constante **v**. Si μ_k denota el coeficiente de fricción cinética entre el disco y la banda, deduzca una expresión para el número de revoluciones realizadas por el disco antes de que alcance una velocidad angular constante.

17.8 El disco A, de 10 lb y radio $r = 6$ in., se encuentra en reposo cuando se pone en contacto con la banda BC, la cual se mueve hacia la derecha con una rapidez constante $v = 40$ ft/s. Si $\mu_k = 0.20$ entre el disco y la banda, determine el número de revoluciones realizadas por el disco antes de que alcance una velocidad angular constante.

17.9 Cada uno de los engranes A y B tiene una masa de 2.4 kg y un radio de giro de 60 mm, mientras que el engrane C tiene una masa de 12 kg y un radio de giro de 150 mm. Se aplica un par **M** constante de 10 N · m al engrane C. Determine el número de revoluciones del engrane C requerido para que su velocidad angular se incremente de 100 a 450 rpm, b) la fuerza tangencial correspondiente que actúa sobre el engrane A.

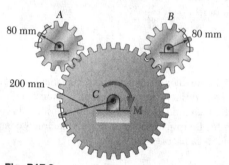

Fig. P17.9

17.10 Resuelva el problema 17.9, suponiendo que el par de 10 N · m se aplica al engrane B.

17.11 La polea doble mostrada pesa 30 lb y tiene un radio de giro centroidal de 6.5 in. El cilindro A y el bloque B están sujetos a cuerdas que se enrollan en las poleas, como se muestra. El coeficiente de fricción cinética entre el bloque B y la superficie es de 0.25. Si el sistema se suelta del reposo en la posición mostrada, determine a) la velocidad del cilindro A en el momento en que golpea el suelo, b) la distancia total que el bloque B recorre antes de detenerse.

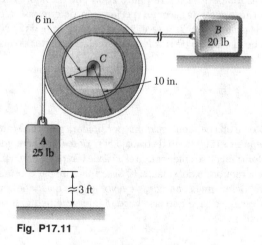

Fig. P17.11

17.12 El freno de tambor de 8 in., está conectado a un volante más grande que no aparece en la figura. El momento de inercia de masa total del volante y el tambor es de 14 lb · ft · s², y el coeficiente de fricción cinética entre el tambor y la zapata de freno es de 0.35. Si la velocidad angular inicial del volante es de 360 rpm en sentido contrario al de las manecillas del reloj, determine la fuerza vertical **P** que se debe aplicar al pedal C para que el sistema se detenga en 100 revoluciones.

17.13 Resuelva el problema 17.12, suponiendo que la velocidad angular inicial del volante es de 360 rpm en el sentido de las manecillas del reloj.

17.14 Los tres discos de fricción mostrados están hechos del mismo material y tienen el mismo espesor. El sistema está en reposo cuando al disco A se le aplica un par $\mathbf{M}_0$ de magnitud constante. Si se supone que no hay deslizamiento entre los discos, deduzca una expresión para la velocidad angular del disco A después de que ha girado 360°.

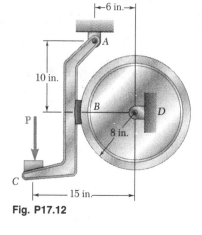

Fig. P17.12

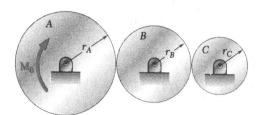

Fig. *P17.14* y *P17.15*

17.15 Los tres discos de fricción mostrados están hechos del mismo material y tienen el mismo espesor. Se sabe que el disco A pesa 12 lb y los radios de los discos son $r_A = 8$ in., $r_B = 6$ in. y $r_C = 4$ in. El sistema está en reposo cuando al disco A se le aplica un par $\mathbf{M}_0$ de magnitud constante 60 lb · in. Si se supone que no hay deslizamiento entre los discos, determine el número de revoluciones requerido para que el disco A alcance una velocidad angular de 150 rpm.

17.16 y 17.17 Una barra esbelta de 4 kg puede girar en un plano vertical alrededor del pivote B. Un resorte de constante $k = 400$ N/m y de longitud no alargada de 150 mm está conectado a la barra, como se muestra. Si la barra se suelta del reposo en la posición mostrada, determine su velocidad angular después de que ha girado 90°.

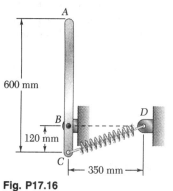

Fig. P17.16

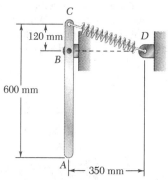

Fig. P17.17

17.18 Una barra esbelta de longitud l y peso W dispone de un pivote en un extremo, como se muestra. Se suelta desde el reposo en posición horizontal y oscila libremente. *a*) Determine la velocidad angular de la barra al pasar por la posición vertical, y determine la reacción correspondiente en el pivote. *b*) Resuelva la parte *a* con $W = 1.8$ lb y $l = 3$ ft.

Fig. P17.18

1062 Movimiento plano de cuerpos rígidos:
métodos de la energía y de la cantidad
de movimiento

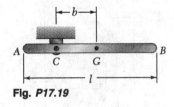

Fig. P17.19

17.19 Una barra esbelta de longitud l gira alrededor de un pivote C localizado a una distancia b de su centro G. Se suelta del reposo en posición horizontal y oscila libremente. Determine a) la distancia b con la cual la velocidad angular de la barra al pasar por la posición vertical es máxima, b) los valores correspondientes de su velocidad angular y de la reacción en C.

17.20 Un gimnasta de 160 lb ejecuta una serie de oscilaciones completas en la barra horizontal. En la posición mostrada, el atleta tiene una velocidad angular insignificante en el sentido de las manecillas del reloj, y mantendrá su cuerpo recto y rígido al oscilar hacia abajo. Si durante la oscilación el radio de giro centroidal de su cuerpo es de 1.5 ft, determine su velocidad angular y la fuerza ejercida sobre sus manos después de girar a) 90°, b) 180°.

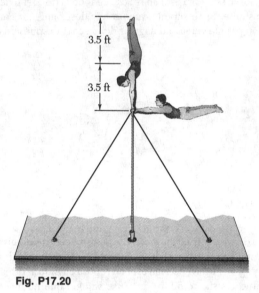

Fig. P17.20

17.21 Dos barras esbeltas idénticas AB y BC están soldadas entre sí, y forman un mecanismo en forma de L. Se presiona el mecanismo contra un resorte en D y se suelta desde la posición mostrada. Si el ángulo máximo de rotación del mecanismo en su movimiento subsecuente es de 90° en sentido contrario al de las manecillas del reloj, determine la magnitud de la velocidad angular del mecanismo al pasar por la posición donde la barra AB forma un ángulo de 30° con la horizontal.

17.22 Una barra AB de 6 kg está atornillada a un disco semicircular uniforme de 1.8 kg, el cual puede girar alrededor de un pivote C. Un resorte de constante 160 N/m está conectado al disco y no está alargado cuando la barra AB se encuentra en posición horizontal. Si el mecanismo se suelta del reposo en la posición mostrada, determine su velocidad angular después de que ha girado 90°.

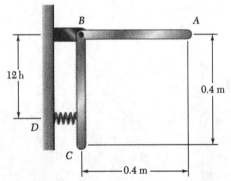

Fig. P17.21

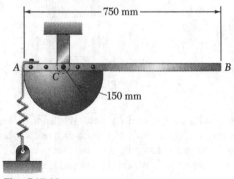

Fig. P17.22

17.23 Resuelva el problema 17.22 suponiendo que se retira el resorte.

17.24 Se utiliza una barra homogénea de 0.25 lb/ft de peso para formar el mecanismo mostrado, el cual gira libremente alrededor del pivote A en un plano vertical. Si el valor mínimo de la velocidad angular ω del mecanismo es de 0.8 veces su valor máximo, determine a) el valor máximo de ω, b) el valor de ω cuando $\theta = 90°$.

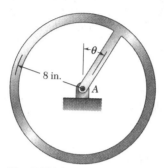

Fig. P17.24

17.25 Un rodillo cilíndrico uniforme de 20 kg, inicialmente en reposo, se ve afectado por una fuerza de 90 N como se muestra. Si el cuerpo rueda sin resbalarse, determine a) la velocidad de su centro G después de que ha recorrido 1.5 m, b) la fuerza de fricción requerida para evitar el resbalamiento.

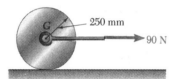

Fig. P17.25

17.26 Se enrolla una cuerda alrededor de un cilindro de radio r y masa m, como se muestra. Si el cilindro se suelta desde el reposo, determine la velocidad del centro del cilindro después de que desciende una distancia s.

17.27 Resuelva el problema 17.26, suponiendo que el cilindro es remplazado por un tubo de pared delgada de radio r y masa m.

Fig. P17.26

17.28 Un collarín B, de masa m y de dimensiones insignificantes, está fijo en el borde de un aro de la misma masa m y de radio r, que rueda sin resbalarse en una superficie horizontal. Determine la velocidad angular ω_1 del aro en función de g y r cuando B queda directamente sobre el centro A, si la velocidad angular del aro es $3\omega_1$ cuando B queda directamente debajo de A.

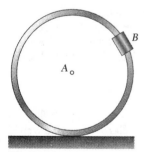

Fig. P17.28

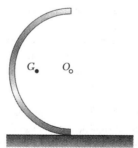

Fig. P17.29

17.29 Una semisección de tubo, de masa m y radio r, se suelta desde el reposo en la posición mostrada. Si el tubo rueda sin resbalarse, determine a) su velocidad angular después que ha rodado 90°, b) la reacción en la superficie horizontal en el mismo instante. [*Sugerencia.* Observe que $GO = 2r/\pi$ y que, por el teorema de los ejes paralelos, $\bar{I} = mr^2 - m(GO)^2$.]

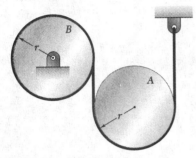

Fig. P17.30 y P17.31

17.30 Dos cilindros uniformes, cada uno de peso $W = 14$ lb y radio $r = 5$ in., están conectados por una banda, como se muestra. Si la velocidad angular inicial del cilindro B es de 30 rad/s en sentido contrario al de las manecillas del reloj, determine *a*) la distancia que subirá el cilindro A antes de que la velocidad angular del cilindro B se reduzca a 5 rad/s, *b*) la tensión en la parte de la banda que conecta a los dos cilindros.

17.31 Dos cilindros uniformes, cada uno de peso $W = 14$ lb y radio $r = 5$ in., están conectados por una banda, como se muestra. Si el sistema se suelta desde el reposo, determine *a*) la velocidad del centro del cilindro A después de que se mueve una distancia de 3 ft, *b*) la tensión en la parte de la banda que conecta a los dos cilindros.

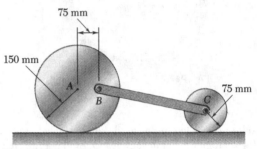

Fig. P17.32

17.32 La barra BC, de 5 kg, está conectada por medio de pasadores a dos discos uniformes, como se muestra. La masa del disco de 150 mm es de 6 kg y la del disco de 75 mm de radio es de 1.5 kg. Si el sistema se suelta desde el reposo en la posición mostrada, determine la velocidad de la barra después de que el disco A ha girado 90°.

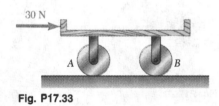

Fig. P17.33

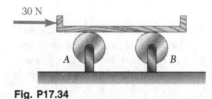

Fig. P17.34

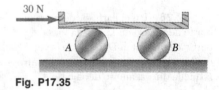

Fig. P17.35

17.33 a 17.35 La plataforma de 9 kg está soportada, como se muestra, por dos discos uniformes que ruedan sin resbalarse en todas las superficies de contacto. La masa de cada disco es $m = 6$ kg, y el radio de cada uno es $r = 80$ mm. Si el sistema inicialmente se encuentra en reposo, determine la velocidad de la plataforma después de que ha recorrido 250 mm.

17.36 El movimiento de la barra esbelta AB, de 10 kg, es guiado por collarines de masa insignificante que se deslizan libremente en las varillas vertical y horizontal mostradas. Si la barra se suelta desde el reposo cuando $\theta = 30°$, determine la velocidad de los collarines A y B cuando $\theta = 60°$.

17.37 El movimiento de la barra esbelta AB, de 10 kg, es guiado por collarines de masa insignificante que se deslizan libremente en las varillas vertical y horizontal mostradas. Si la barra se suelta desde el reposo cuando $\theta = 20°$, determine la velocidad de los collarines A y B cuando $\theta = 90°$.

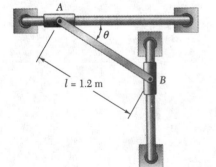

Fig. P17.36 y P17.37

17.38 Los extremos de una barra AB de 9 lb están restringidos a moverse a lo largo de ranuras cortadas en una placa vertical, como se muestra. Un resorte de constante $k = 3$ lb/in. está conectado al extremo A, de tal modo que su tensión es cero cuando $\theta = 0$. Si la barra se suelta desde el reposo cuando $\theta = 0$, determine la velocidad angular de la barra y la velocidad del extremo B cuando $\theta = 30°$.

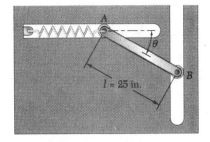

17.39 Los extremos de una barra AB de 9 lb están restringidos a moverse a lo largo de ranuras cortadas en una placa vertical, como se ilustra. Un resorte de constante $k = 3$ lb/in. está conectado al extremo A, de tal modo que su tensión es cero cuando $\theta = 0$. Si la barra se suelta desde el reposo cuando $\theta = 50°$, determine la velocidad angular de la barra y la velocidad del extremo B cuando $\theta = 0$.

Fig. *P17.38* y P17.39

17.40 El movimiento de una barra uniforme AB es guiado por ruedas pequeñas de masa insignificante que ruedan en la superficie mostrada. Si la barra se suelta del reposo cuando $\theta = 0$, determine las velocidades de A y B cuando $\theta = 30°$.

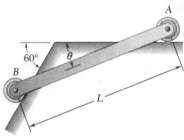

Fig. P17.40

17.41 El movimiento de la barra esbelta AB, de 250 mm, es guiado por pasadores en A y B que se deslizan libremente en ranuras cortadas en una placa vertical, como se puede ver. Si la barra se suelta desde el reposo cuando $\theta = 0$, determine la velocidad del pasador en B cuando $\theta = 90°$.

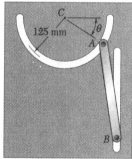

Fig. P17.41

17.42 Dos barras uniformes, cada una de masa m y longitud L, están conectadas para formar el varillaje mostrado. El extremo D de la barra BD puede deslizarse libremente en la ranura horizontal, mientras que el extremo A de la barra AB es soportado por un pasador y una ménsula. Si el extremo D se mueve un poco a la izquierda y luego se suelta, determine su velocidad $a)$ cuando queda directamente debajo de A, $b)$ cuando la barra AB queda en posición vertical.

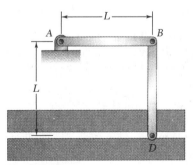

Fig. P17.42

1066 Movimiento plano de cuerpos rígidos:
métodos de la energía y de la cantidad
de movimiento

17.43 Las barras uniformes AB y BC pesan 2.4 lb y 4 lb, respectivamente, y el peso de la pequeña rueda montada en C es insignificante. Si la rueda se mueve un poco a la derecha y luego se suelta, determine la velocidad del pasador B después de que la barra AB ha girado 90°.

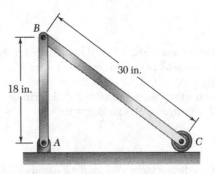

Fig. *P17.43* y *P17.44*

17.44 Las barras uniformes AB y BC pesan 2.4 lb y 4 lb, respectivamente, y el peso de la pequeña rueda montada en C es insignificante. Si, en la posición mostrada, la velocidad de la rueda C es de 6 ft/s hacia la derecha, determine la velocidad del pasador B después de que la barra AB ha girado 90°.

17.45 La barra AB, de 4 kg, está conectada a un collarín de masa insignificante en A, y a un volante en B. El volante tiene una masa de 16 kg y un radio de giro de 180 mm. Si, en la posición mostrada, la velocidad angular del volante es de 60 rpm en el sentido de las manecillas del reloj, determine la velocidad del volante cuando el punto B queda directamente debajo de C.

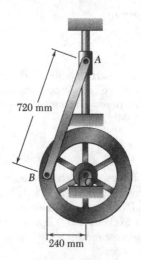

Fig. P17.45 y P17.46

17.46 Si en el problema 17.45 la velocidad angular del volante tiene que ser la misma en la posición mostrada y cuando el punto B queda directamente sobre C, determine el valor requerido de su velocidad angular en la posición mostrada.

17.47 El engrane de 80 mm de radio tiene una masa de 5 kg y un radio de giro centroidal de 60 mm. La barra AB, de 4 kg, está conectada al centro del engrane y a un pasador en B que se desliza libremente en una ranura vertical. Si el sistema se suelta desde el reposo cuando $\theta = 60°$, determine la velocidad del centro del engrane cuando $\theta = 0$.

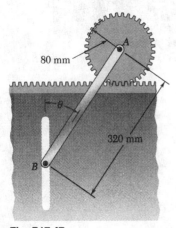

Fig. P17.47

17.48 El motor mostrado gira a una frecuencia de 22.5 Hz, e impulsa una máquina conectada a la flecha en B. Si el motor desarrolla 3 kW, determine la magnitud del par ejercido a) por el motor sobre la polea A, b) por la flecha sobre la polea B.

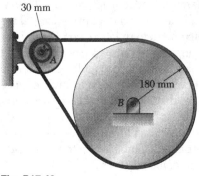

30 mm

180 mm

A

B

Fig. P17.48

17.49 Si el par máximo permisible que se puede aplicar a una flecha es de 15.5 kip · in., determine el caballaje máximo que la flecha puede trasmitir a) a 180 rpm, b) a 480 rpm.

17.50 Un motor conectado a la flecha AB desarrolla 4.5 hp mientras funciona a una rapidez constante de 720 rpm. Determine la magnitud del par ejercido a) sobre la flecha AB, b) sobre la flecha CD.

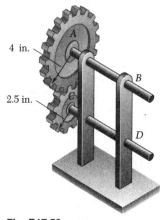

4 in.

2.5 in.

A

B

C

D

17.51 El mecanismo de flecha-disco-banda mostrado se utiliza para transmitir 2.4 kW del punto A al punto D. Si los pares máximos permisibles que se pueden aplicar a las flechas AB y CD son 25 N · m y 80 N · m, respectivamente, determine la rapidez mínima requerida de la flecha AB.

Fig. P17.50

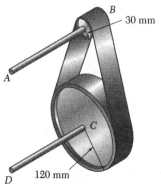

B

30 mm

A

C

D

120 mm

Fig. *P17.51*

17.8. PRINCIPIO DEL IMPULSO Y LA CANTIDAD DE MOVIMIENTO PARA EL MOVIMIENTO PLANO DE UN CUERPO RÍGIDO

El principio del impulso y la cantidad de movimiento se aplicará ahora al análisis del movimiento plano de cuerpos rígidos y de sistemas de cuerpos rígidos. Como ya se señaló en el capítulo 13, el método del impulso y la cantidad de movimiento es particularmente adecuado para la solución de problemas que implican tiempo y velocidades. Además, el principio del impulso y la cantidad de movimiento es el único método práctico para la solución de problemas que implican movimiento o impacto impulsivos (secciones 17.11 y 17.12).

Si se considera de nuevo un cuerpo rígido como si estuviera formado por un gran número de partículas P_i, de la sección 14.9 se recuerda que el sistema formado por las cantidades de movimiento de las partículas en el instante t_1 y el sistema de los impulsos de las fuerzas externas aplicadas del instante t_1 al instante t_2 son equipolentes al sistema formado por las cantidades de movimiento de las partículas en el instante t_2. Como los vectores asociados con un cuerpo rígido se pueden considerar como vectores deslizantes, se deduce (sección 3.19) que los sistemas de vectores mostrados en la figura 17.6 no sólo son equi-

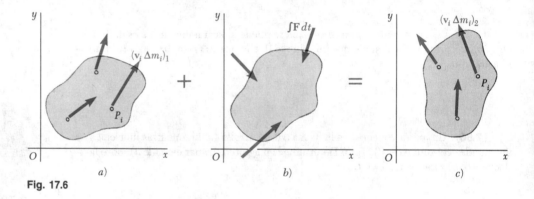

Fig. 17.6

polentes, sino verdaderamente *equivalentes*, en el sentido de que los vectores del lado izquierdo del signo igual se pueden transformar en los vectores del lado derecho por medio de las operaciones fundamentales citadas en la sección 3.13. Por consiguiente, se escribe

$$\text{Sis. cant. mov.}_1 + \text{Sis. imp. ext.}_{1 \to 2} = \text{Sis. cant. mov.}_2 \qquad (17.14)$$

Pero las cantidades de movimiento $\mathbf{v}_i \, \Delta m_i$ de las partículas pueden reducirse a un vector fijo en G, igual a su suma

$$\mathbf{L} = \sum_{i=1}^{n} \mathbf{v}_i \, \Delta m_i$$

y un par de momento igual a la suma de sus momentos con respecto a G

$$\mathbf{H}_G = \sum_{i=1}^{n} \mathbf{r}_i' \times \mathbf{v}_i \, \Delta m_i$$

De la sección 14.3 se recuerda que $\mathbf{L}$ y $\mathbf{H}_G$ definen, respectivamente, la cantidad de movimiento lineal y la cantidad de movimiento angular con respecto a G

del sistema de partículas que forman el cuerpo rígido. Además, de acuerdo con la ecuación (14.14), $\mathbf{L} = m\overline{\mathbf{v}}$. Por otra parte, si este análisis se limita al movimiento plano de una placa rígida o de un cuerpo rígido simétrico con respecto al plano de referencia, de acuerdo con la ecuación (16.4), $\mathbf{H}_G = \overline{I}\boldsymbol{\omega}$. Por tanto, se concluye que el sistema de las cantidades de movimiento $v_i \Delta m_i$ es equivalente al *vector de cantidad de movimiento lineal* $m\overline{\mathbf{v}}$ fijo en G y al *par de cantidad de movimiento angular* $\overline{I}\boldsymbol{\omega}$ (figura 17.7). Como el sistema de cantidades de movi-

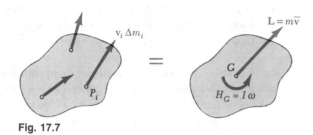

Fig. 17.7

miento se reduce al vector $m\overline{\mathbf{v}}$ en el caso particular de una traslación ($\boldsymbol{\omega} = 0$) y al par $\overline{I}\boldsymbol{\omega}$ en el caso particular de una rotación centroidal ($\overline{\mathbf{v}} = 0$), se comprueba una vez más que el movimiento plano de un cuerpo rígido simétrico con respecto al plano de referencia se puede descomponer en una traslación junto con el centro de masa G y una rotación alrededor de G.

Si se remplaza el sistema de cantidades de movimiento de las partes *a* y *c* de la figura 17.6 con el vector de cantidad de movimiento lineal equivalente y el par de cantidad de movimiento angular, se obtienen los tres diagramas mostrados en la figura 17.8. Esta figura expresa, en la forma de una ecuación de diagra-

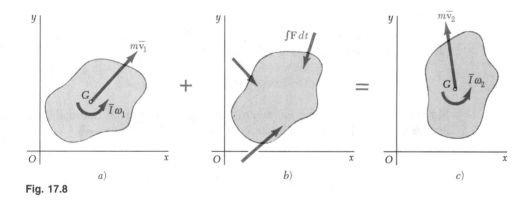

Fig. 17.8

mas de cuerpo libre, la relación fundamental (17.14) en el caso del movimiento plano de una placa rígida o de un cuerpo rígido simétrico con respecto al plano de referencia.

De la figura 17.8 se pueden deducir tres ecuaciones de movimiento. Dos se obtienen sumando e igualando las *componentes x y y* de las cantidades de movimiento e impulsos, y la tercera, sumando e igualando los *momentos* de estos vectores *con respecto a cualquier punto dado.* Los ejes de coordenadas se pueden seleccionar fijos en el espacio, o móviles junto con el centro de masa del cuerpo mientras mantienen una dirección fija. En uno u otro caso, el punto con respecto al cual se consideran los momentos debe guardar la misma posición con respecto a los ejes de coordenadas durante el intervalo de tiempo considerado.

Al deducir las tres ecuaciones de movimiento para un cuerpo rígido, se debe tener cuidado de no sumar las cantidades de movimiento lineal y angular indiscriminadamente. La confusión se puede evitar recordando que $m\bar{v}_x$ y $m\bar{v}_y$ representan las *componentes de un vector*, es decir, el vector de cantidad de movimiento lineal $m\bar{v}$, mientras que $\bar{I}\omega$ representa la *magnitud de un par*, es decir, el par de cantidad de movimiento angular $\bar{I}\omega$. Por eso la cantidad $\bar{I}\omega$ se debe sumar sólo al *momento* de la cantidad de movimiento lineal $m\bar{v}$, nunca a este vector ni a sus componentes. Todas las cantidades implicadas se expresarán, entonces, en las mismas unidades, a saber: N · m · s o lb · ft · s.

Rotación no centroidal. En este caso particular de movimiento plano, la magnitud de la velocidad del centro de masa del cuerpo es $\bar{v} = \bar{r}\omega$, donde $\bar{r}$ representa la distancia del centro de masa al eje de rotación fijo y $\boldsymbol{\omega}$ representa la velocidad angular del cuerpo en el instante considerado; la magnitud del vector de cantidad de movimiento fijo en G es, por tanto, $m\bar{v} = m\bar{r}\omega$. Al sumar los momentos con respecto a O del vector de cantidad de movimiento y el par de cantidad de movimiento (figura 17.9) y con el teorema de los ejes paralelos

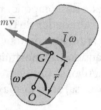

Fig. 17.9

para momentos de inercia, se halla que la cantidad de movimiento angular $\mathbf{H}_O$ del cuerpo con respecto a O tiene la magnitud†

$$\bar{I}\omega + (m\bar{r}\omega)\bar{r} = (\bar{I} + m\bar{r}^2)\omega = I_O\omega \qquad (17.15)$$

Si se ponen en ecuación los momentos con respecto a O de las cantidades de movimiento y los impulsos incluidos en la ecuación (17.14), se escribe

$$I_O\omega_1 + \sum \int_{t_1}^{t_2} M_O\, dt = I_O\omega_2 \qquad (17.16)$$

En el caso general de movimiento plano de un cuerpo rígido simétrico con respecto al plano de referencia, la ecuación (17.16) se puede usar con respecto al eje de rotación instantáneo bajo ciertas condiciones. No obstante, se recomienda que todos los problemas de movimiento plano se resuelvan por medio del método general descrito con anterioridad en esta sección.

---

†Obsérvese que la suma $\mathbf{H}_A$ de los momentos con respecto a un punto arbitrario A de las cantidades de movimiento de las partículas de un cuerpo rígido, en general, *no* es igual a $I_A\boldsymbol{\omega}$. (Véase el Problema 17.67.)

17.9. SISTEMAS DE CUERPOS RÍGIDOS

El movimiento de varios cuerpos rígidos se puede analizar aplicando el principio del impulso y la cantidad de movimiento a cada cuerpo por separado (problema resuelto 17.6). Sin embargo, en la solución de problemas en los que intervienen no más de tres incógnitas (incluidos los impulsos de reacciones desconocidas), a menudo es conveniente aplicar el principio del impulso y la cantidad de movimiento al sistema como un todo. Se dibujan diagramas de cantidad de movimiento e impulso del sistema completo de cuerpos. Para cada una de las partes móviles del sistema, los diagramas de cantidades de movimiento deben incluir un vector de cantidad de movimiento, un par de cantidad de movimiento, o ambos. Los impulsos de fuerzas internas al sistema se pueden omitir del diagrama de impulso, puesto que ocurren en pares de vectores iguales y opuestos. Al sumar e igualar sucesivamente las componentes x, las componentes y y los momentos de todos los vectores implicados, se obtienen tres relaciones que expresan que las cantidades de movimiento en el instante t_1 y los impulsos de las fuerzas externas forman un sistema equipolente al sistema de las cantidades de movimiento en el instante t_2.† De nuevo, se debe tener cuidado de no sumar las cantidades de movimiento lineal y angular indiscriminadamente; cada una de las ecuaciones se debe revisar para asegurarse de que se utilizaron unidades consistentes. Este enfoque se utiliza en el problema resuelto 17.8 y, más adelante, en los problemas resueltos 17.9 y 17.10.

17.10. CONSERVACIÓN DE LA CANTIDAD DE MOVIMIENTO ANGULAR

Cuando ninguna fuerza externa actúa sobre un cuerpo rígido o sobre un sistema de cuerpos rígidos, los impulsos de las fuerzas externas son cero y el sistema de las cantidades de movimiento en el instante t_1 es equipolente al sistema de las cantidades de movimiento en el instante t_2. Al sumar e igualar sucesivamente las componentes x, las componentes y y los momentos de las cantidades de movimiento en los instantes t_1 y t_2, se concluye que la cantidad de movimiento lineal total del sistema se conserva en cualquier dirección y que su cantidad de movimiento angular total se conserva con respecto a cualquier punto.

Sin embargo, existen muchas aplicaciones de ingeniería, en las que *la cantidad de movimiento linear no se conserva*, pero *la cantidad de movimiento angular* $\mathbf{H}_O$ del sistema con respecto a un punto dado O *sí se conserva*, es decir, en el que

$$(\mathbf{H}_O)_1 = (\mathbf{H}_O)_2 \qquad (17.17)$$

Casos como ésos ocurren cuando las líneas de acción de todas las fuerzas externas pasan por O o, de manera más general, cuando la suma de los impulsos angulares de las fuerzas externas alrededor de O es cero.

Los problemas que implican *conservación de cantidad de movimiento angular* con respecto a un punto O se pueden resolver con el método general del impulso y la cantidad de movimiento, esto es, dibujando diagramas de cantidad de movimiento e impulso como se describió en las secciones 17.8 y 17.9. Luego, se obtiene la ecuación (17.17) sumando e igualando momentos con respecto a O (problema resuelto 17.8). Como se verá más adelante en el problema resuelto 17.9, se pueden escribir dos ecuaciones más sumando e igualando las componentes x y y, que se pueden usar para determinar dos impulsos lineales desconocidos, tales como los impulsos de las componentes de la reacción en un punto fijo.

---

† Obsérvese que, al igual que en la sección 16.7, no se puede hablar de sistemas *equivalentes,* puesto que no se trata de un cuerpo rígido único.

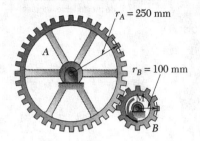

$r_A = 250$ mm

$r_B = 100$ mm

A

B

M

PROBLEMA RESUELTO 17.6

El engrane A tiene una masa de 10 kg y un radio de giro de 200 mm, y el engrane B tiene una masa de 3 kg y un radio de giro de 80 mm. El sistema se encuentra en reposo cuando se aplica un par **M** de magnitud 6 N · m al engrane B. (Estos engranes se consideraron en el problema resuelto 17.29.) Si se desprecia la fricción, determínese a) el tiempo requerido para que la velocidad angular del engrane B alcance 600 rpm, b) la fuerza tangencial que el engrane B ejerce sobre el engrane A.

SOLUCIÓN

Se aplica el principio del impulso y la cantidad de movimiento a cada engrane por separado. Como todas las fuerzas y el par son constantes, sus impulsos se obtienen multiplicándolos por el tiempo desconocido t. Del problema resuelto 17.2 se recuerda que los momentos centroidales de inercia y las velocidades angulares finales son

$$\bar{I}_A = 0.400 \text{ kg} \cdot \text{m}^2 \qquad \bar{I}_B = 0.0192 \text{ kg} \cdot \text{m}^2$$
$$(\omega_A)_2 = 25.1 \text{ rad/s} \qquad (\omega_B)_2 = 62.8 \text{ rad/s}$$

Principio del impulso y la cantidad de movimiento del engrane A. Los sistemas de cantidades de movimiento iniciales, impulsos y cantidades de movimiento finales se muestran en tres dibujos distintos.

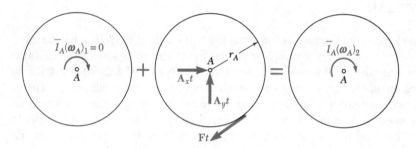

Sis. cant. mov.$_1$ + Sis. imp. ext.$_{1 \to 2}$ = Sis. cant. mov.$_2$

momentos $+\!\!\uparrow$ con respecto a A: $\qquad 0 - Ftr_A = -\bar{I}_A(\omega_A)_2$

$$Ft(0.250 \text{ m}) = (0.400 \text{ kg} \cdot \text{m}^2)(25.1 \text{ rad/s})$$
$$Ft = 40.2 \text{ N} \cdot \text{s}$$

Principio del impulso y la cantidad de movimiento del engrane B.

$\bar{I}_B(\omega_B)_1 = 0$

B

$+$

$B_x t$ $\;r_B\;$ B $\;Mt$

$B_y t$

Ft

$=$

$\bar{I}_B(\omega_B)_2$

B

Sis. cant. mov.$_1$ + Sis. imp. ext.$_{1 \to 2}$ = Sis. cant. mov.$_2$

momentos $+\!\!\uparrow$ con respecto a B: $\qquad 0 + Mt - Ftr_B = \bar{I}_B(\omega_B)_2$

$$+(6 \text{ N} \cdot \text{m})t - (40.2 \text{ N} \cdot \text{s})(0.100 \text{ m}) = (0.0192 \text{ kg} \cdot \text{m}^2)(62.8 \text{ rad/s})$$

$$t = 0.871 \text{ s} \qquad \blacktriangleleft$$

Como $Ft = 40.2$ N · s, se escribe

$$F(0.871 \text{ s}) = 40.2 \text{ N} \cdot \text{s} \qquad F = +46.2 \text{ N}$$

Por consiguiente, la fuerza ejercida por el engrane B en el engrane A es **F** = 46.2 N $\swarrow$ $\qquad \blacktriangleleft$

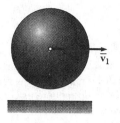

PROBLEMA RESUELTO 17.7

Una esfera uniforme, de masa m y radio r, se lanza a lo largo de una superficie horizontal irregular con una velocidad lineal $\bar{\mathbf{v}}_1$ y sin velocidad angular. Si μ_k denota el coeficiente de fricción cinética entre la esfera y la superficie, determínese a) el instante t_2 en que la esfera comienza a rodar sin resbalarse, b) las velocidades lineal y angular de la esfera en el instante t_2.

SOLUCIÓN

Mientras la esfera se resbala con respecto a la superficie, actúan sobre ella la fuerza normal $\mathbf{N}$, la fuerza de fricción $\mathbf{F}$ y su peso $\mathbf{W}$ de magnitud $W = mg$.

Principio del impulso y la cantidad de movimiento. Aplicamos el principio del impulso y la cantidad de movimiento a la esfera desde el instante $t_1 = 0$, cuando se coloca en la superficie, hasta el instante $t_2 = t$, cuando comienza a rodar sin resbalarse.

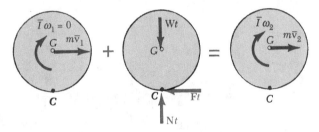

Sis. cant. mov.$_1$ + Sis. imp. ext.$_{1 \to 2}$ = Sis. cant. mov.$_2$

componentes $+\uparrow y$: $\qquad\qquad Nt - Wt = 0 \qquad\qquad$ (1)

componentes $\overset{+}{\to} x$: $\qquad\qquad m\bar{v}_1 - Ft = m\bar{v}_2 \qquad\qquad$ (2)

momentos $+\downarrow$ con respecto a G: $\qquad\qquad Ftr = \bar{I}\omega_2 \qquad\qquad$ (3)

De (1) se obtiene $N = W = mg$. Durante todo el intervalo considerado, ocurre deslizamiento en el punto C, y se tiene $F = \mu_k N = \mu_k mg$. Si se sustituye F en (2), se escribe

$$m\bar{v}_1 - \mu_k mgt = m\bar{v}_2 \qquad \bar{v}_2 = \bar{v}_1 - \mu_k gt \qquad (4)$$

Si se sustituye $F = \mu_k mg$ e $\bar{I} = \frac{2}{5}mr^2$ en (3),

$$\mu_k mgtr = \frac{2}{5}mr^2\omega_2 \qquad \omega_2 = \frac{5}{2}\frac{\mu_k g}{r}t \qquad (5)$$

La esfera comenzará a rodar sin resbalarse cuando la velocidad $\mathbf{v}_C$ del punto de contacto es cero. En ese instante, el punto C se vuelve el centro de rotación instantáneo, y se tiene $\bar{v}_2 = r\omega_2$. Al sustituir de (4) y (5), se obtiene

$$\bar{v}_2 = r\omega_2 \qquad \bar{v}_1 - \mu_k gt = r\left(\frac{5}{2}\frac{\mu_k g}{r}t\right) \qquad t = \frac{2}{7}\frac{\bar{v}_1}{\mu_k g} \quad \blacktriangleleft$$

Si se sustituye esta expresión en lugar de t en la ecuación (5),

$$\omega_2 = \frac{5}{2}\frac{\mu_k g}{r}\left(\frac{2}{7}\frac{\bar{v}_1}{\mu_k g}\right) \qquad \omega_2 = \frac{5}{7}\frac{\bar{v}_1}{r} \qquad \omega_2 = \frac{5}{7}\frac{\bar{v}_1}{r} \downarrow \quad \blacktriangleleft$$

$$\bar{v}_2 = r\omega_2 \qquad\qquad \bar{v}_2 = r\left(\frac{5}{7}\frac{v_1}{r}\right) \qquad \bar{\mathbf{v}}_2 = \tfrac{5}{7}\bar{v}_1 \rightarrow \quad \blacktriangleleft$$

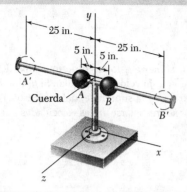

PROBLEMA RESUELTO 17.8

Dos esferas sólidas, de 3 in. de radio y 2 lb de peso cada una, están montadas en A y B de la barra horizontal $A'B'$, que gira libremente alrededor de la vertical con velocidad angular de 6 rad/s en sentido contrario al de las manecillas del reloj. Las esferas se mantienen en su posición con una cuerda que de repente es cortada. Si el momento de inercia centroidal de la barra y el pivote es $\bar{I}_R = 0.25$ lb · ft · s^2, determínese a) la velocidad angular de la barra después de que las esferas se han movido a las posiciones A' y B', b) la energía perdida a causa del impacto plástico de las esferas y los topes en A' y B'.

SOLUCIÓN

a. **Principio del impulso y la cantidad de movimiento.** Para determinar la velocidad angular final de la barra, se expresará que las cantidades de movimiento iniciales de las diversas partes del sistema y los impulsos de las fuerzas externas son equipolentes a las cantidades de movimiento finales del sistema.

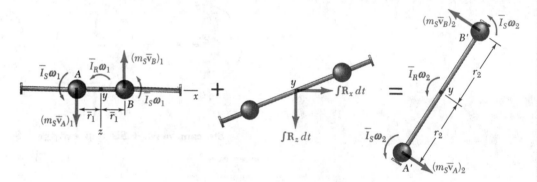

$$\text{Sis. cant. mov.}_1 + \text{Sis. imp. ext.}_{1 \to 2} = \text{Sis. cant. mov.}_2$$

Como las fuerzas externas son los pesos y las reacciones en el pivote, no tienen momento con respecto al eje y, y como $\bar{v}_A = \bar{v}_B = \bar{r}\omega$, se igualan los momentos con respecto al eje y:

$$2(m_S\bar{r}_1\omega_1)\bar{r}_1 + 2\bar{I}_S\omega_1 + \bar{I}_R\omega_1 = 2(m_S\bar{r}_2\omega_2)\bar{r}_2 + 2\bar{I}_S\omega_2 + \bar{I}_R\omega_2$$

$$(2m_S\bar{r}_1^2 + 2\bar{I}_S + \bar{I}_R)\omega_1 = (2m_S\bar{r}_2^2 + 2\bar{I}_S + \bar{I}_R)\omega_2 \tag{1}$$

la cual expresa que *la cantidad de movimiento angular del sistema con respecto al eje y se conserva*. En seguida se calcula

$$\bar{I}_S = \tfrac{2}{5}m_Sa^2 = \tfrac{2}{5}(2 \text{ lb}/32.2 \text{ ft/s}^2)(\tfrac{3}{12} \text{ ft})^2 = 0.00155 \text{ lb} \cdot \text{ft} \cdot s^2$$

$$m_S\bar{r}_1^2 = (2/32.2)(\tfrac{5}{12})^2 = 0.0108 \qquad m_S\bar{r}_2^2 = (2/32.2)(\tfrac{25}{12})^2 = 0.2696$$

Al sustituir estos valores, e $\bar{I}R = 0.25$ y $\omega_1 = 6$ rad/s en la ecuación (1):

$$0.275(6 \text{ rad/s}) = 0.792\omega_2 \qquad \omega_2 = 2.08 \text{ rad/s} \;\blacktriangleleft$$

b. **Energía perdida.** La energía cinética del sistema en cualquier instante es

$$T = 2(\tfrac{1}{2}m_S\bar{v}^2 + \tfrac{1}{2}\bar{I}_S\omega^2) + \tfrac{1}{2}\bar{I}_R\omega^2 = \tfrac{1}{2}(2m_S\bar{r}^2 + 2\bar{I}_S + \bar{I}_R)\omega^2$$

Con los valores numéricos hallados antes, tenemos

$$T_1 = \tfrac{1}{2}(0.275)(6)^2 = 4.95 \text{ ft} \cdot \text{lb} \qquad T_2 = \tfrac{1}{2}(0.792)(2.08)^2 = 1.713 \text{ ft} \cdot \text{lb}$$

$$\Delta T = T_2 - T_1 = 1.71 - 4.95 \qquad \Delta T = -3.24 \text{ ft} \cdot \text{lb} \;\blacktriangleleft$$

PROBLEMAS PARA RESOLVER EN FORMA INDEPENDIENTE

En esta lección se aprendió a utilizar el método del impulso y la cantidad de movimiento para resolver problemas que implican el movimiento plano de cuerpos rígidos. Como ya se vio previamente en el capítulo 13, este método es más efectivo cuando se utiliza en la solución de problemas que implican velocidades y tiempo.

1. **El principio del impulso y la cantidad de movimiento para el movimiento plano de un cuerpo rígido** se expresa mediante la siguiente ecuación vectorial:

$$\text{Sis. cant. mov.}_1 + \text{Sis. imp. ext.}_{1 \to 2} = \text{Sis. cant. mov.}_2 \qquad (17.14)$$

donde **Sis. cant. mov.** representa el sistema de las cantidades de movimiento de las partículas que forman el cuerpo rígido, y **Sis. imp. ext.** representa el sistema de todos los impulsos externos ejercidos durante el movimiento.

   a. **El sistema de las cantidades de movimiento de un cuerpo rígido** es equivalente a un vector de cantidad de movimiento lineal $m\bar{v}$ fijo en el centro de masa del cuerpo y un par de cantidad de movimiento angular $\bar{I}\omega$ (figura 17.7).

   b. **Se debe dibujar una ecuación de diagramas de cuerpo libre para el cuerpo rígido,** que exprese gráficamente la ecuación vectorial anterior. La ecuación de diagramas se compondrá de tres bocetos del cuerpo, que representen respectivamente las cantidades de movimiento iniciales, los impulsos de las fuerzas externas y las cantidades de movimiento finales. Esto demostrará que el sistema de las cantidades de movimiento iniciales y el sistema de los impulsos de las fuerzas externas son equivalentes al sistema de las cantidades de movimiento finales (figura 17.8).

   c. **Con la ecuación de diagramas de cuerpo libre** se pueden sumar componentes en cualquier dirección y sumar momentos con respecto a cualquier punto. Cuando se suman momentos con respecto a un punto, se tiene que incluir la *cantidad de movimiento angular $\bar{I}\omega$* del cuerpo, así como los *momentos* de las componentes de su *cantidad de movimiento lineal*. En la mayoría de los casos se podrá seleccionar y resolver una ecuación que implique sólo una incógnita. Esto se hizo en todos los problemas resueltos de esta lección.

2. **En problemas que implican un sistema de cuerpos rígidos,** se puede aplicar el principio del impulso y la cantidad de movimiento al sistema en conjunto. Como las fuerzas internas ocurren en pares iguales y opuestos, no formarán parte de la solución [problema resuelto 17.8].

3. **La conservación de la cantidad de movimiento angular con respecto a un eje dado** ocurre cuando, en un sistema de cuerpos rígidos, *la suma de los momentos de los impulsos externos con respecto a dicho eje es cero.* De hecho, con la ecuación de diagramas de cuerpo libre se deduce con facilidad que las cantidades de movimiento angular inicial y final del sistema con respecto a dicho eje son iguales y, por consiguiente, que *la cantidad de movimiento angular del sistema con respecto al eje dado se conserva.* Entonces se pueden sumar las cantidades de movimiento angular de los diversos cuerpos del sistema y los momentos de sus cantidades de movimiento lineales con respecto a dicho eje, para obtener una ecuación que pueda resolverse para una incógnita [problema resuelto 17.8].

Problemas

17.52 El rotor de un motor eléctrico tiene una masa de 30 kg y un radio de giro de 200 mm. Se observa que se requieren 5.3 min para que el rotor gire libremente hasta detenerse desde una velocidad angular de 3600 rpm. Determine la magnitud promedio del par producido por la fricción cinética en los cojinetes del motor.

17.53 Se permite que un volante de 4000 lb con radio de giro de 27 in. gire libremente hasta que se detiene, desde una velocidad angular de 450 rpm. Si la fricción cinética produce un par de magnitud 125 lb · in., determine el tiempo requerido para que el volante gire libremente hasta detenerse.

Fig. P17.54 y P17.55

17.54 Dos discos del mismo espesor y del mismo material se montan en una flecha, como se muestra. El disco A, de 8 lb, tiene un radio $r_A = 3$ in., y el disco B tiene un radio $r_B = 4.5$ in. Si al disco A se le aplica un par **M** de magnitud 20 lb · in. cuando el sistema se encuentra en reposo, determine el tiempo requerido para que la velocidad angular del sistema alcance 960 rpm.

17.55 Dos discos del mismo espesor y del mismo material se montan en una flecha, como se muestra. El disco A, de 3 kg, tiene un radio $r_A = 100$ mm, y el disco B tiene un radio $r_B = 125$ mm. Si la velocidad angular del sistema se tiene que incrementar de 200 rpm a 800 rpm en un intervalo de 3 s, determine la magnitud del par **M** que se debe aplicar al disco A.

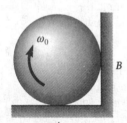

Fig. P17.56 y P17.57

17.56 Una esfera de radio r y peso W, con una velocidad angular inicial ω_0 en el sentido de las manecillas del reloj, se coloca en la esquina formada por el piso y una pared vertical. Si μ_k denota el coeficiente de fricción cinética en A y B, deduzca una expresión para el tiempo requerido para que la esfera se detenga.

17.57 Una esfera de 3 kg, de radio $r = 125$ mm, con una velocidad angular inicial $\omega_0 = 90$ rad/s en el sentido de las manecillas del reloj, se coloca en la esquina formada por el piso y una pared vertical. Si el coeficiente de fricción cinética es de 0.10 en A y B, determine el tiempo requerido para que la esfera se detenga.

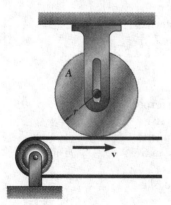

Fig. P17.58 y P17.59

17.58 Un disco de espesor constante, inicialmente en reposo, se pone en contacto con una banda que se mueve a una velocidad constante **v**. Si μ_k denota el coeficiente de fricción cinética entre el disco y la banda, deduzca una expresión para el tiempo requerido para que el disco alcance una velocidad angular constante.

17.59 El disco A, de 5 lb de peso y radio $r = 3$ in., se encuentra en reposo cuando se pone en contacto con una banda que se mueve con una rapidez constante $v = 50$ ft/s. Si $\mu_k = 0.20$ entre el disco y la banda, determine el tiempo requerido para que el disco alcance una velocidad angular constante.

17.60 El volante, de 350 kg, de un pequeño malacate tiene un radio de giro de 600 mm. Si se interrumpe la energía eléctrica cuando la velocidad angular del volante es de 100 rpm en el sentido de las manecillas del reloj, determine el tiempo requerido para que el sistema se detenga.

17.61 En el problema 17.60, determine el tiempo requerido para que la velocidad angular del volante se reduzca a 40 rpm en el sentido de las manecillas del reloj.

17.62 Una cinta pasa sobre los tambores A y B como se muestra. El tambor A tiene una masa de 600 g y un radio de giro de 32 mm, mientras que el B tiene una masa de 260 g y un radio de giro de 20 mm. Si la tensión en la parte de la cinta que está a la izquierda del tambor A es de 3.5 N y permanece igual, determine a) la tensión constante requerida T_B si la velocidad de la cinta se tiene que incrementar 4 m/s en 0.30 s, b) la tensión correspondiente en la parte de la cinta que queda entre los tambores.

Fig. P17.60

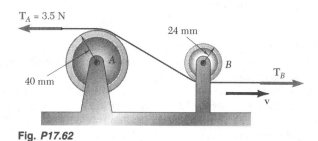

Fig. P17.62

17.63 El disco B tiene una velocidad angular inicial ω_0 cuando se pone en contacto con el disco A, que se encuentra en reposo. Demuestre que la velocidad angular final del disco B depende sólo de ω_0 y de la razón de las masas m_A y m_B de los dos discos.

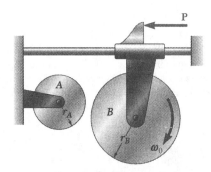

Fig. P17.63 y P17.64

17.64 El disco A, de 7.5 lb, tiene un radio $r_A = 6$ in., e inicialmente se encuentra en reposo. El disco B, de 10 lb, tiene un radio $r_B = 8$ in. y una velocidad angular ω_0 de 900 rpm cuando se pone en contacto con el disco A. Si se desprecia la fricción en los cojinetes, determine a) la velocidad angular final de cada disco, b) el impulso total de la fuerza de fricción ejercida sobre el disco A.

17.65 Demuestre que el sistema de cantidades de movimiento para una placa rígida en movimiento plano se reduce a un solo vector, y exprese la distancia del centro de masa G a la línea de acción de este vector en función del radio de giro centroidal $\bar{k}$ de la placa, la magnitud $\bar{v}$ de la velocidad de G y la velocidad angular ω.

1078 Movimiento plano de cuerpos rígidos:
métodos de la energía y de la cantidad
de movimiento

17.66 Demuestre que, cuando una placa rígida gira alrededor de un eje fijo que pasa por O perpendicular a la placa, el sistema de las cantidades de movimiento de sus partículas es equivalente a un solo vector de magnitud $m\bar{r}\omega$, perpendicular a la línea OG, aplicado en un punto P de esta línea (llamado *centro de percusión*), a una distancia $GP = \bar{k}^2/\bar{r}$ del centro de masa de la placa.

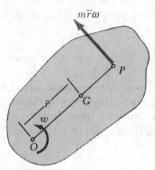

Fig. P17.66

17.67 Demuestre que la suma $\mathbf{H}_A$ de los momentos con respecto a un punto A de las cantidades de movimiento de las partículas de una placa rígida en movimiento plano es igual a $I_A\boldsymbol{\omega}$, donde $\boldsymbol{\omega}$ es la velocidad angular de la placa en el instante considerado, e I_A es el momento de inercia de la placa con respecto a A, si y sólo si una de las siguientes condiciones se satisface: *a*) A es el centro de masa de la placa, *b*) es el centro de rotación instantáneo, *c*) la velocidad de A está dirigida a lo largo de una línea que une al punto A con el centro de masa G.

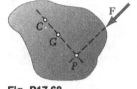

Fig. P17.68

17.68 Considérese una placa rígida inicialmente en reposo y sometida a una fuerza impulsiva $\mathbf{F}$ contenida en el plano de la placa. Se define el *centro de percusión P* como el punto de intersección de la línea de acción de $\mathbf{F}$ con la perpendicular trazada desde G. *a*) Demuestre que el centro de rotación instantáneo C de la placa se localiza en la línea GP a una distancia $GC = \bar{k}^2/GP$ en el lado opuesto de G. *b*) Demuestre que si el centro de percusión estuviera localizado en C, el centro instantáneo de rotación se localizaría en P.

17.69 Un neumático, de radio r y radio de giro centroidal $\bar{k}$, se suelta desde el reposo en la rampa mostrada en el instante $t = 0$. Si se supone que el neumático rueda sin resbalarse, determine *a*) la velocidad de su centro en el instante t, *b*) el coeficiente de fricción estática requerido para impedir el resbalamiento.

Fig. *P17.69*

17.70 Un volante está rígidamente montado en una flecha de 1.5 in. de radio, que rueda sin resbalarse a lo largo de rieles paralelos. Si después de soltarlo desde el reposo alcanza una rapidez de 6 in./s en 30 s, determine el radio de giro centroidal del sistema.

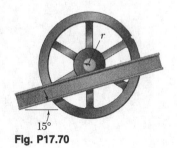

15°
Fig. P17.70

17.71 La polea doble mostrada tiene una masa de 3 kg y un radio de giro de 100 mm. Si cuando la polea se encuentra en reposo, se aplica una fuerza **P** de 24 N a la cuerda B, determine a) la velocidad del centro de la polea después de 1.5 s, b) la tensión en la cuerda C.

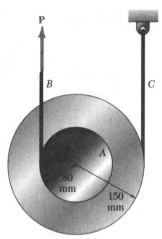

Fig. P17.71

17.72 Dos cilindros uniformes, cada uno de peso $W = 14$ lb y radio $r = 5$ in., están conectados por una banda, como se muestra. Si el sistema se suelta del reposo cuando $t = 0$, determine a) la velocidad del centro del cilindro B cuando $t = 3$ s, b) la tensión en la parte de la banda que conecta los dos cilindros.

17.73 Dos cilindros uniformes, cada uno de peso $W = 14$ lb y radio $r = 5$ in., están conectados por una banda, como se muestra. Si en el instante mostrado la velocidad angular del cilindro A es de 30 rad/s en sentido contrario al de las manecillas del reloj, determine a) el tiempo requerido para que la velocidad angular del cilindro A se reduzca a 5 rad/s, b) la tensión en la parte de la banda que conecta los dos cilindros.

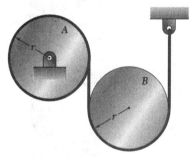

Fig. *P17.72* y P17.73

17.74 y 17.75 Un cilindro de 240 mm de radio y masa de 8 kg descansa sobre una carretilla de 3 kg. El sistema se encuentra en reposo cuando se aplica una fuerza **P** de 10 N, como se muestra, durante 1.2 s. Si el cilindro rueda sin resbalarse en la carretilla y si se desprecia la masa de las ruedas de ésta, determine la velocidad resultante de a) la carretilla, b) el centro del cilindro.

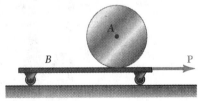

Fig. P17.74

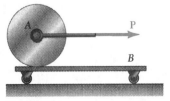

Fig. P17.75

17.76 El engrane B tiene una masa de 1.8 kg y un radio de giro centroidal de 32 mm. La barra uniforme ACD tiene una masa de 2.5 kg, y el engrane externo es estacionario. El sistema yace en un plano horizontal y está en reposo en el instante $t = 0$, cuando se aplica un par $\mathbf{M}$ de 1.25 N · m en sentido contrario al de las manecillas del reloj como se muestra. En el instante $t = 1.5$ s, determine a) la velocidad angular de la barra, b) la velocidad del punto D.

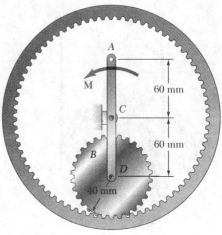

Fig. P17.76

17.77 Una esfera de radio r y masa m se coloca en un piso horizontal sin velocidad lineal pero con una velocidad angular $\boldsymbol{\omega}_0$ en el sentido de las manecillas del reloj. Si μ_k denota el coeficiente de fricción cinética entre la esfera y el piso, determine a) el instante t_1 en el que la esfera comienza a rodar sin resbalarse, b) las velocidades lineal y angular de la esfera en el instante t_1.

Fig. P17.77

17.78 Una esfera de radio r y masa m se echa a rodar a lo largo de una superficie horizontal irregular con las velocidades iniciales mostradas. Si la velocidad final de la esfera tiene que ser cero, exprese a) la magnitud requerida de $\boldsymbol{\omega}_0$ en función de v_0 y r, b) el tiempo requerido para que la esfera se detenga, en función de v_0 y el coeficiente de fricción cinética μ_k.

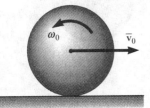

Fig. P17.78

17.79 Un disco de 2.5 lb de 4 in. de radio está conectado a la horquilla BCD por medio de flechas cortas provistas de cojinetes en B y D. El radio de giro de la horquilla de 1.5 lb es de 3 in. con respecto al eje x. Inicialmente, el mecanismo gira a 120 rpm con el disco en el plano de la horquilla ($\theta = 0$). Si el disco recibe una ligera perturbación y gira con respecto a la horquilla hasta que $\theta = 90°$, donde una pequeña barra en D lo detiene, determine la velocidad angular final del mecanismo.

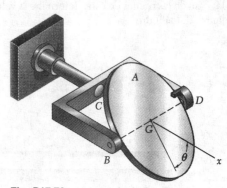

Fig. P17.79

17.80 Dos paneles *A* y *B* están unidos con bisagras a una placa rectangular y sujetos por un alambre, como se muestra. La placa y los paneles son del mismo material y tienen el mismo espesor. Todo el conjunto gira con una velocidad angular ω_0 cuando se rompe el alambre. Determine la velocidad angular del conjunto después de que los paneles se detienen contra la placa.

17.81 Se tienen que introducir dos bolas de 0.8 lb sucesivamente en el centro *C* del tubo *AB* de 4 lb. Si, cuando se introduce la primera bola en el tubo, la velocidad angular inicial del tubo es de 8 rad/s y si se desprecia el efecto de la fricción, determine la velocidad angular del tubo exactamente después de que *a*) la bola sale del tubo, *b*) la segunda bola sale del tubo.

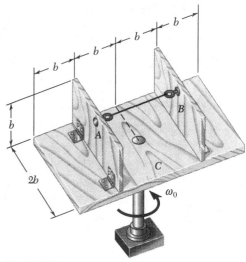

Fig. *P17.80*

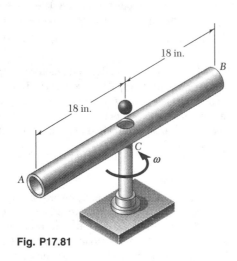

Fig. P17.81

17.82 Determine la velocidad angular final del tubo del problema 17.81, suponiendo que se introduce una sola bola de 1.6 lb de peso en el tubo.

17.83 Una barra de 3 kg y 800 mm de longitud se desliza libremente en el cilindro *DE* de 240 mm de longitud, que a su vez gira libremente en un plano horizontal. En la posición mostrada, el sistema gira con una velocidad angular de magnitud $\omega = 40$ rad/s y el extremo *B* de la barra se mueve hacia el cilindro con una rapidez de 75 mm/s con respecto a éste. Si el momento de inercia de masa centroidal del cilindro con respecto a un eje vertical es de 0.025 kg · m² y si se desprecia el efecto de fricción, determine la velocidad angular del sistema en el momento en que el extremo *B* de la barra choca con el extremo *E* del cilindro.

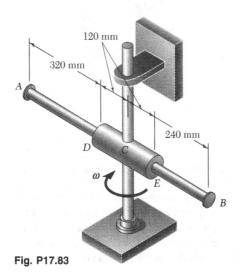

Fig. P17.83

1082 Movimiento plano de cuerpos rígidos:
métodos de la energía y de la cantidad
de movimiento

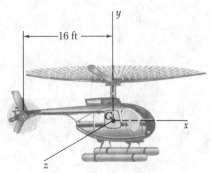

Fig. P17.84

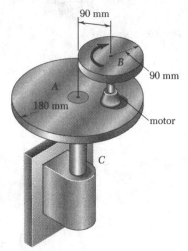

Fig. P17.86

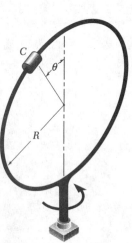

Fig. P17.88

17.84 En el helicóptero mostrado, se utiliza una hélice vertical de cola para impedir la rotación de la cabina en el momento en que cambia la rapidez de las aspas principales. Si la hélice de cola no se encuentra en operación, determine la velocidad angular final de la cabina después de que la velocidad de las aspas principales cambia de 180 a 240 rpm. (La rapidez de las aspas principales se mide con respecto a la cabina, y el momento centroidal de inercia de ésta es de 650 lb · ft · s². Se supone que cada una de las aspas principales es una barra esbelta de 14 ft y 55 lb de peso.)

17.85 Si la hélice de cola del problema 17.84 se encuentra en operación y si la velocidad angular de la cabina es cero, determine la velocidad horizontal final de la cabina cuando la rapidez de las aspas principales cambia de 180 a 240 rpm. La cabina pesa 1250 lb e inicialmente se encuentra en reposo. También determine la fuerza ejercida por la hélice de cola si el cambio de rapidez ocurre uniformemente en 12 s.

17.86 El disco *B*, de 4 kg, está fijo en la flecha de motor montado en la placa *A*, la cual puede girar libremente alrededor de la flecha vertical *C*. La unidad motor-placa-flecha tiene un momento de inercia de 0.20 kg · m² con respecto al eje de la flecha. Si se echa a andar el motor cuando el sistema se encuentra en reposo, determine las velocidades angulares del disco y de la placa después de que el motor alcanza su rapidez normal de operación de 360 rpm.

17.87 La plataforma circular *A* está provista de un aro de 200 mm de radio interno, y puede girar libremente alrededor de la flecha vertical. La masa de la unidad plataforma-aro es de 5 kg y su radio de giro es de 175 mm con respecto a la flecha. En un instante en que la plataforma gira con una velocidad angular de 50 rpm, se coloca sin velocidad un disco *B*, de 3 kg y 80 mm de radio, en la plataforma. Si el disco *B* luego se desliza hasta que se detiene con respecto a la plataforma contra el aro, determine la velocidad angular final de la plataforma.

Fig. P17.87

17.88 Un pequeño collarín *C* de 2 kg se puede deslizar libremente en un aro delgado de 3 kg de masa y radio de 250 mm. El aro está soldado a una flecha vertical corta, que puede girar libremente en un cojinete fijo. Inicialmente, el aro tiene una velocidad angular de 35 rad/s y el collarín está en la parte superior del aro ($\theta = 0$) cuando se le da un ligero golpe. Si se desprecia el efecto de fricción, determine *a*) la velocidad angular del aro cuando el collarín pasa por la posición $\theta = 90°$, *b*) la velocidad correspondiente del collarín con respecto al aro.

17.89 El collarín C tiene una masa de 8 kg y se puede deslizar libremente en la barra AB, que a su vez puede girar libremente en un plano horizontal. El sistema gira con una velocidad angular ω de 1.5 rad/s cuando se suelta un resorte colocado entre A y C, que empuja el collarín a lo largo de la barra con una rapidez relativa inicial $v_r = 1.5$ m/s. Si el momento de inercia de masa combinado con respecto a B de la barra y el resorte es de 1.2 kg · m², determine a) la distancia mínima entre el collarín y el punto B en el movimiento resultante, b) la velocidad angular correspondiente del sistema.

17.90 En el problema 17.89, calcule la magnitud requerida de la rapidez relativa inicial v_r, si durante el movimiento resultante la distancia mínima entre el collarín C y el punto B tiene que ser de 300 mm.

17.91 Un collarín C de 6 lb está enganchado a un resorte y puede deslizarse en la barra AB, que a su vez puede girar en un plano horizontal. El momento de inercia de masa de la barra AB con respecto al extremo A es de 0.35 lb · ft · s². El resorte tiene una constante $k = 15$ lb/in. y una longitud sin deformar de 10 in. En el instante mostrado, la velocidad del collarín con respecto a la barra es cero y el mecanismo gira con una velocidad angular de 12 rad/s. Si se desprecia el efecto de la fricción, determine a) la velocidad angular del mecanismo cuando el collarín pasa por un punto localizado a 7.5 in. del extremo A de la barra, b) la velocidad correspondiente del collarín con respecto a la barra.

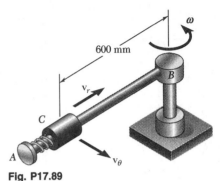

Fig. P17.89

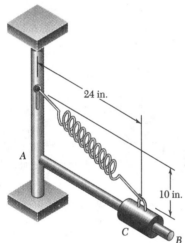

Fig. P17.91

17.92 La barra AB tiene una masa de 3 kg y está sujeta en un carrito C de 5 kg. Si el sistema se suelta desde el reposo en la posición mostrada y si se desprecia la fricción, a) determine la velocidad del punto B cuando la barra AB pasa por una posición vertical, b) la velocidad correspondiente del carrito C.

17.93 En el problema 17.83, determine la velocidad de la barra AB con respecto al cilindro DE, en el momento en que el extremo B de la barra choca con el extremo E del cilindro.

17.94 En el problema 17.81, determine la velocidad de cada bola con respecto al tubo al salir de éste.

17.95 El cilindro A de acero, de 6 lb, y el carrito B de madera, de 10 lb, están en reposo en la posición mostrada cuando se le da un golpe ligero al cilindro, que lo hace rodar sin resbalarse por la superficie superior del carrito. Si se desprecia la fricción entre el carrito y el suelo, determine la velocidad del carrito cuando el cilindro pasa por el punto más bajo de la superficie en C.

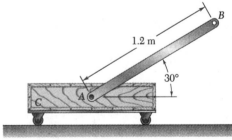

Fig. P17.92

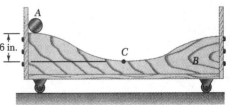

Fig. P17.95

1084 Movimiento plano de cuerpos rígidos:
métodos de la energía y de la cantidad
de movimiento

17.11. MOVIMIENTO IMPULSIVO

En el capítulo 13 se vio que el método del impulso y la cantidad de movimiento
es el único método práctico para la solución de problemas que implican el movimiento impulsivo de una partícula. Ahora se verá que los problemas que implican el movimiento impulsivo de un cuerpo rígido son particularmente adecuados
para su solución mediante el método del impulso y la cantidad de movimiento.
Como el intervalo de tiempo considerado en el cálculo de impulsos lineales y
angulares es muy corto, se puede suponer que los cuerpos implicados ocupan la
misma posición durante dicho intervalo de tiempo, lo que simplifica el cálculo.

17.12. IMPACTO EXCÉNTRICO

En las secciones 13.13 y 13.14 se aprendió a resolver problemas de *impacto
central*, es decir, problemas en los que los centros de masa de los dos cuerpos
que chocan se localizan en la línea de impacto. A continuación se analizará el
impacto excéntrico de dos cuerpos rígidos. Considérense dos cuerpos que cho-
can, y sean $\mathbf{v}_A$ y $\mathbf{v}_B$ las velocidades antes del impacto de *los dos puntos de contacto A y B* (figura 17.10a). Por el impacto, los dos cuerpos se *deformarán*,

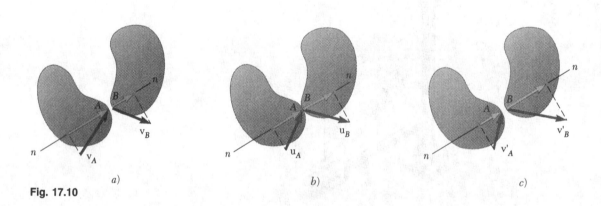

a) b) c)

Fig. 17.10

y al final del periodo de deformación, las velocidades $\mathbf{u}_A$ y $\mathbf{u}_B$ de A y B tendrán
componentes iguales a lo largo de la línea de impacto nn (figura 17.10b). Luego
ocurrirá un periodo de *restitución*, al final del cual A y B tendrán las velocidades $\mathbf{v}'_A$ y $\mathbf{v}'_B$ (figura 17.10c). Si entre los cuerpos no hay fricción, se ve que las
fuerzas que ejercen entre sí están dirigidas a lo largo de la línea de impacto. Si
$\int P\,dt$ denota la magnitud del impulso de una de estas fuerzas durante el periodo de deformación, y $\int R\,dt$ denota la magnitud de su impulso durante el periodo
de restitución, se recuerda que el coeficiente de restitución e se define como la
razón

$$e = \frac{\int R\,dt}{\int P\,dt} \tag{17.18}$$

Se trata de demostrar que la relación establecida en la sección 13.13 entre las
velocidades relativas de dos partículas antes y después del impacto también es
válida entre las componentes a lo largo de la línea de impacto de las velocidades

relativas de los dos puntos de contacto A y B. Se tiene que demostrar, por consiguiente, que

$$(v'_B)_n - (v'_A)_n = e[(v_A)_n - (v_B)_n] \tag{17.19}$$

En primer lugar se supondrá que el movimiento de cada uno de los cuerpos que chocan de la figura 17.10 no está restringido. De este modo, las únicas fuerzas impulsivas ejercidas sobre los cuerpos durante el impacto están aplicadas en A y B, respectivamente. Considérese el cuerpo al que pertenece el punto A y dibújense los tres diagramas de cantidad de movimiento e impulso correspondientes al periodo de deformación (figura 17.11). Sean $\bar{\mathbf{v}}$ y $\bar{\mathbf{u}}$, respectivamen-

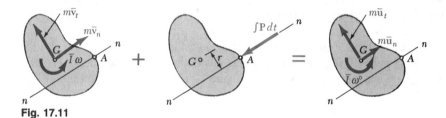

Fig. 17.11

te, la velocidad del centro de masa al principio y al final del periodo de deformación, y sean $\boldsymbol{\omega}$ y $\boldsymbol{\omega}^\circ$ la velocidad angular del cuerpo en los mismos instantes. Al sumar e igualar las componentes de las cantidades de movimiento e impulsos a lo largo de la línea de impacto nn, se obtiene

$$m\bar{v}_n - \int P\,dt = m\bar{u}_n \tag{17.20}$$

Al sumar e igualar los momentos con respecto a G de las cantidades de movimiento e impulsos, también se obtiene

$$\bar{I}\omega - r\int P\,dt = \bar{I}\omega^\circ \tag{17.21}$$

donde r representa la distancia perpendicular de G a la línea de impacto. Si ahora se considera el periodo de restitución, se obtiene de la misma manera

$$m\bar{u}_n - \int R\,dt = m\bar{v}'_n \tag{17.22}$$
$$\bar{I}\omega^\circ - r\int R\,dt = \bar{I}\omega' \tag{17.23}$$

donde $\bar{\mathbf{v}}'$ y $\boldsymbol{\omega}'$ representan, respectivamente, la velocidad del centro de masa y la velocidad angular del cuerpo después del impacto. Si se resuelven las ecuaciones (17.20) y (17.22) para los dos impulsos y se sustituyen en la ecuación (17.18), y luego se resuelven las ecuaciones (17.21) y (17.23) para los mismos dos impulsos, y se sustituyen otra vez en (17.18), se obtienen las dos expresiones alternas siguientes para el coeficiente de restitución:

$$e = \frac{\bar{u}_n - \bar{v}'_n}{\bar{v}_n - \bar{u}_n} \qquad e = \frac{\omega^\circ - \omega'}{\omega - \omega^\circ} \tag{17.24}$$

Si se multiplica por r el numerador y denominador de la segunda expresión obtenida para e, y se suman respectivamente al numerador y denominador de la primera expresión, se obtiene

$$e = \frac{\bar{u}_n + r\omega^\circ - (\bar{v}'_n + r\omega')}{\bar{v}_n + r\omega - (\bar{u}_n + r\omega^\circ)} \tag{17.25}$$

Si $\bar{v}_n + r\omega$ representa la componente $(v_A)_n$ a lo largo de nn de la velocidad del punto de contacto A y si, de la misma manera $\bar{u}_n + r\omega^\circ$ y $\bar{v}'_n + r\omega'$ representan, respectivamente, las componentes $(u_A)_n$ y $(v'_A)_n$, se escribe

$$e = \frac{(u_A)_n - (v'_A)_n}{(v_A)_n - (u_A)_n} \tag{17.26}$$

El análisis del movimiento del segundo cuerpo conduce a una expresión similar para e en función de las componentes a lo largo de nn de las velocidades sucesivas del punto B. Como $(u_A)_n = (u_B)_n$, y si se eliminan estas dos componentes de velocidad mediante una manipulación similar a la que se utilizó en la sección 13.13, se obtiene la relación (17.19).

Si uno o los dos cuerpos que se impactan están restringidos a girar alrededor de un punto fijo O, como en el caso de un péndulo compuesto (figura 17.12a), se ejercerá una fuerza impulsiva en O (figura 17.12b). A continuación se verifica-

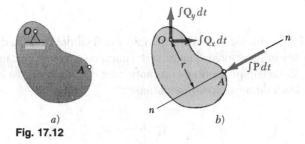

$a)$
Fig. 17.12
$b)$

rá que, si bien su derivación se debe modificar, las ecuaciones (17.26) y (17.19) continúan siendo válidas. Si se aplica la ecuación (17.16) al periodo de deformación y al periodo de restitución, se obtiene

$$I_O\omega - r\int P \, dt = I_O\omega^\circ \tag{17.27}$$
$$I_O\omega^\circ - r\int R \, dt = I_O\omega' \tag{17.28}$$

donde r representa la distancia perpendicular del punto fijo O a la línea de impacto. Si se resuelven las ecuaciones (17.27) y (17.28) para los dos impulsos y se sustituyen en la ecuación (17.18), y luego se observa que $r\omega$, $r\omega^\circ$ y $r\omega'$ representan las componentes a lo largo de nn de las velocidades sucesivas del punto A, se obtiene

$$e = \frac{\omega^\circ - \omega'}{\omega - \omega^\circ} = \frac{r\omega^\circ - r\omega'}{r\omega - r\omega^\circ} = \frac{(u_A)_n - (v'_A)_n}{(v_A)_n - (u_A)_n}$$

y se comprueba que la ecuación (17.26) aún es válida. Por tanto, la ecuación (17.19) continúa siendo válida cuando uno o los dos cuerpos que se impactan están restringidos a girar alrededor de un punto fijo O.

Para determinar las velocidades de los dos cuerpos después de que se impactan, se debe usar la relación (17.19) junto con una o varias ecuaciones obtenidas mediante la aplicación del principio del impulso y la cantidad de movimiento (problema resuelto 17.10).

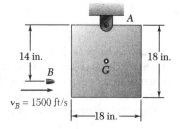

14 in.

B

$v_B = 1500$ ft/s

18 in.

18 in.

A

18 in.

PROBLEMA RESUELTO 17.9

Se dispara una bala B de 0.05 lb con una velocidad horizontal de 1500 ft/s contra el costado de un panel cuadrado de 20 lb suspendido de una bisagra en A. Si el panel inicialmente está en reposo, determínese a) la velocidad angular del panel inmediatamente después de que la bala se incrusta, b) la reacción impulsiva en A, suponiendo que la bala se incrusta en 0.0006 s.

SOLUCIÓN

Principio del impulso y la cantidad de movimiento.   La bala y el panel se consideran como un sistema único y, por consiguiente, las cantidades de movimiento iniciales de la bala y el panel y los impulsos de las fuerzas externas son equipolentes a las cantidades de movimiento finales del sistema. Como el intervalo de tiempo $\Delta t = 0.0006$ s es muy corto, se omiten todas las fuerzas no impulsivas, y se consideran sólo los impulsos externos, $\mathbf{A}_x \Delta t$ y $\mathbf{A}_y \Delta t$.

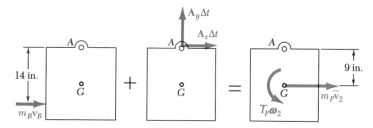

Sis. cant. mov.$_1$ + Sis. imp. ext.$_{1 \to 2}$ = Sis. cant. mov.$_2$

momentos $+\downarrow$ con respecto a A: $m_B v_B(\frac{14}{12}\text{ ft}) + 0 = m_P \overline{v}_2(\frac{9}{12}\text{ ft}) + \overline{I}_P \omega_2$ (1)

componentes $\xrightarrow{\pm} x$: $m_B v_B + A_x \Delta t = m_P \overline{v}_2$ (2)

componentes $+\uparrow y$: $0 + A_y \Delta t = 0$ (3)

El momento centroidal de inercia de masa del panel cuadrado es

$$\overline{I}_P = \tfrac{1}{6} m_P b^2 = \frac{1}{6} \left(\frac{20\text{ lb}}{32.2} \right) (\tfrac{18}{12}\text{ ft})^2 = 0.2329\text{ lb} \cdot \text{ft} \cdot \text{s}^2$$

Si se sustituyen este valor y los datos dados en (1), y como

$$\overline{v}_2 = (\tfrac{9}{12}\text{ ft})\omega_2$$

se obtiene

$$\left(\frac{0.05}{32.2} \right)(1500)(\tfrac{14}{12}) = 0.2329\omega_2 + \left(\frac{20}{32.2} \right)(\tfrac{9}{12}\omega_2)(\tfrac{9}{12})$$

$$\omega_2 = 4.67\text{ rad/s} \qquad\qquad \omega_2 = 4.67\text{ rad/s} \downarrow \quad \blacktriangleleft$$

$$\overline{v}_2 = (\tfrac{9}{12}\text{ ft})\omega_2 = (\tfrac{9}{12}\text{ ft})(4.67\text{ rad/s}) = 3.50\text{ ft/s}$$

Si se sustituyen $\overline{v}_2 = 3.50$ ft/s, $\Delta t = 0.0006$ s y los datos dados en la ecuación (2), se obtiene

$$\left(\frac{0.05}{32.2} \right)(1500) + A_x(0.0006) = \left(\frac{20}{32.2} \right)(3.50)$$

$$A_x = -259\text{ lb} \qquad\qquad A_x = 259\text{ lb} \leftarrow \quad \blacktriangleleft$$

Con la ecuación (3) se determina $A_y = 0$ $A_y = 0$ $\quad \blacktriangleleft$

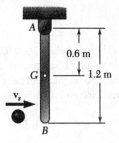

PROBLEMA RESUELTO 17.10

Una esfera de 2 kg, que se mueve en forma horizontal hacia la derecha con una velocidad inicial de 5 m/s, choca con el extremo inferior de una barra rígida AB de 8 kg. La barra pende de una bisagra en A, e inicialmente se encuentra en reposo. Si el coeficiente de restitución entre la barra y la esfera es de 0.80, determínese la velocidad angular de la barra y la velocidad de la esfera inmediatamente después del impacto.

SOLUCIÓN

Principio del impulso y la cantidad de movimiento. La barra y la esfera se consideran como un solo sistema, y como las cantidades de movimiento iniciales de la barra y la esfera y los impulsos de las fuerzas externas son equipolentes a las cantidades de movimiento finales del sistema, se observa que sólo la fuerza impulsiva externa al sistema es la reacción impulsiva en A.

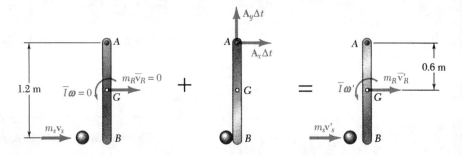

Sis. cant. mov.$_1$ + Sis. imp. ext.$_{1 \to 2}$ = Sis. cant. mov.$_2$

momentos $+\nwarrow$ con respecto a A:

$$m_s v_s (1.2 \text{ m}) = m_s v_s'(1.2 \text{ m}) + m_R \bar{v}_R'(0.6 \text{ m}) + \bar{I}\omega' \qquad (1)$$

Como la barra gira con respecto a A, se tiene $\bar{v}_R' = \bar{r}\omega' = (0.6 \text{ m})\omega'$. Además,

$$\bar{I} = \tfrac{1}{12}mL^2 = \tfrac{1}{12}(8 \text{ kg})(1.2 \text{ m})^2 = 0.96 \text{ kg} \cdot \text{m}^2$$

Si se sustituyen estos valores y los datos dados en la ecuación (1), se tiene

$$(2 \text{ kg})(5 \text{ m/s})(1.2 \text{ m}) = (2 \text{ kg})v_s'(1.2 \text{ m}) + (8 \text{ kg})(0.6 \text{ m})\omega'(0.6 \text{ m})$$
$$+ (0.96 \text{ kg} \cdot \text{m}^2)\omega'$$
$$12 = 2.4v_s' + 3.84\omega' \qquad (2)$$

Velocidades relativas. Con el sentido hacia la derecha considerado como positivo, se tiene

$$v_B' - v_s' = e(v_s - v_B)$$

Si se sustituye $v_s = 5$ m/s, $v_B = 0$ y $e = 0.80$, se obtiene

$$v_B' - v_s' = 0.80(5 \text{ m/s}) \qquad (3)$$

De nuevo, como la barra gira con respecto a A, se escribe

$$v_B' = (1.2 \text{ m})\omega' \qquad (4)$$

Con la solución simultánea de las ecuaciones (2) a (4) se obtiene

$$\omega' = 3.21 \text{ rad/s} \qquad\qquad \omega' = 3.21 \text{ rad/s} \; \nwarrow \blacktriangleleft$$
$$v_s' = -0.143 \text{ m/s} \qquad\qquad \mathbf{v}_s' = 0.143 \text{ m/s} \leftarrow \blacktriangleleft$$

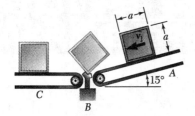

PROBLEMA RESUELTO 17.11

Un paquete cuadrado, de lado a y masa m, desciende por una banda transportadora A con una velocidad constante $\bar{v}_1$. Al final de la banda transportadora, la esquina del paquete choca con un apoyo rígido en B. Si el impacto en B es perfectamente plástico, dedúzcase una expresión para la velocidad mínima $\bar{v}_1$ con la que el paquete girará con respecto a B y llegará a la banda transportadora C.

SOLUCIÓN

Principio del impulso y la cantidad de movimiento. Como el impacto entre el paquete y el apoyo es perfectamente plástico, el paquete gira con respecto a B durante el impacto. Se aplica el principio del impulso y la cantidad de movimiento al paquete, y se observa que la única fuerza impulsiva externa al paquete es la reacción impulsiva en B.

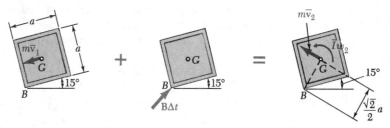

$$\text{Sis. cant. mov.}_1 + \text{Sis. imp. ext.}_{1 \to 2} = \text{Sis. cant. mov.}_2$$

momentos $+\curvearrowleft$ con respecto a B: $\quad (m\bar{v}_1)(\tfrac{1}{2}a) + 0 = (m\bar{v}_2)(\tfrac{1}{2}\sqrt{2}a) + \bar{I}\omega_2 \qquad (1)$

Como el paquete gira con respecto a B, entonces $\bar{v}_2 = (GB)\omega_2 = \tfrac{1}{2}\sqrt{2}a\omega_2$. Se sustituye esta expresión, junto con $\bar{I} = \tfrac{1}{6}ma^2$, en la ecuación (1):

$$(m\bar{v}_1)(\tfrac{1}{2}a) = m(\tfrac{1}{2}\sqrt{2}a\omega_2)(\tfrac{1}{2}\sqrt{2}a) + \tfrac{1}{6}ma^2\omega_2 \qquad \bar{v}_1 = \tfrac{4}{3}a\omega_2 \qquad (2)$$

Principio de la conservación de la energía. Se aplica el principio de la conservación de la energía entre las posiciones 2 y 3.

Posición 2. $V_2 = Wh_2$. Como $\bar{v}_2 = \tfrac{1}{2}\sqrt{2}a\omega_2$, se escribe

$$T_2 = \tfrac{1}{2}m\bar{v}_2^2 + \tfrac{1}{2}\bar{I}\omega_2^2 = \tfrac{1}{2}m(\tfrac{1}{2}\sqrt{2}a\omega_2)^2 + \tfrac{1}{2}(\tfrac{1}{6}ma^2)\omega_2^2 = \tfrac{1}{3}ma^2\omega_2^2$$

Posición 3. Como el paquete debe llegar a la banda transportadora C, tiene que pasar por la posición 3 donde G queda directamente sobre B. Además, como se desea determinar la velocidad mínima con la cual el paquete alcanza a esta posición, se selecciona $\bar{v}_3 = \omega_3 = 0$. Por consiguiente, $T_3 = 0$ y $V_3 = Wh_3$.

Conservación de la energía

$$T_2 + V_2 = T_3 + V_3$$
$$\tfrac{1}{3}ma^2\omega_2^2 + Wh_2 = 0 + Wh_3$$
$$\omega_2^2 = \frac{3W}{ma^2}(h_3 - h_2) = \frac{3g}{a^2}(h_3 - h_2) \qquad (3)$$

Si se sustituyen los valores calculados de h_2 y h_3 en la ecuación (3), se obtiene

$$\omega_2^2 = \frac{3g}{a^2}(0.707a - 0.612a) = \frac{3g}{a^2}(0.095a) \qquad \omega_2 = \sqrt{0.285g/a}$$

$$\bar{v}_1 = \tfrac{4}{3}a\omega_2 = \tfrac{4}{3}a\sqrt{0.285g/a} \qquad \bar{v}_1 = 0.712\sqrt{ga} \quad \blacktriangleleft$$

Posición 2

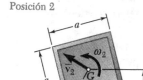

$$GB = \frac{1}{2}\sqrt{2}a = 0.707a$$
$$h_2 = GB\,\text{sen}(45° + 15°)$$
$$= 0.612a$$

Posición 3

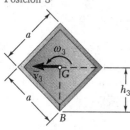

$$h_3 = GB = 0.707a$$

Esta lección se dedicó al *movimiento impulsivo* y al *impacto excéntrico de cuerpos rígidos.*

1. El movimiento impulsivo   ocurre cuando un cuerpo rígido se somete a una fuerza muy grande **F** durante un intervalo de tiempo muy corto Δt; el impulso resultante **F** Δt es tanto finito como diferente de cero. Tales fuerzas se conocen como *fuerzas impulsivas,* y ocurren siempre que existe un impacto entre dos cuerpos rígidos. Las fuerzas con las cuales el impulso es cero se conocen como *fuerzas no impulsivas.* Tal como se vio en el capítulo 13, se supone que las fuerzas siguientes son no impulsivas: el *peso* de un cuerpo, la fuerza ejercida por un *resorte* y cualquier otra fuerza *conocida* que sea pequeña en comparación con las fuerzas impulsivas. Las reacciones desconocidas, sin embargo, *no se pueden considerar* como no impulsivas.

2. Impacto excéntrico de cuerpos rígidos.   Se vio que cuando dos cuerpos chocan, las componentes de velocidad a lo largo de la línea de impacto de los *puntos de contacto A y B* antes y después del impacto satisfacen la siguiente ecuación:

$$(v'_B)_n - (v'_A)_n = e[(v_A)_n - (v_B)_n] \tag{17.19}$$

donde el miembro de la izquierda es la *velocidad relativa después del impacto,* y el de la derecha es el producto del coeficiente de restitución y la *velocidad relativa antes del impacto.*

Esta ecuación expresa la misma relación entre las componentes de velocidad de los puntos de contacto antes y después del impacto que se utilizó para partículas en el capítulo 13.

3. Para resolver un problema que implica un impacto   se debe usar el *método del impulso y la cantidad de movimiento,* y seguir los pasos siguientes.

a. Dibujar una ecuación de diagramas de cuerpo libre que exprese que el sistema compuesto por las cantidades de movimiento inmediatamente antes del impacto y de los impulsos de las fuerzas externas, es equivalente al sistema de las cantidades de movimiento inmediatamente después del impacto.

b. La ecuación de diagramas de cuerpo libre relacionará las velocidades antes y después del impacto, y las fuerzas y reacciones impulsivas. En algunos casos, se podrán determinar las velocidades desconocidas y las reacciones impulsivas resolviendo las ecuaciones obtenidas al sumar las componentes y los momentos [problema resuelto 17.9].

c. En el caso de un impacto donde e > 0, el número de incógnitas será mayor que el número de ecuaciones que se puedan escribir sumando componentes y momentos, y las ecuaciones obtenidas con la ecuación de diagramas de cuerpo libre se deben complementar con la ecuación (17.19), la cual relaciona las velocidades relativas de los puntos de contacto antes y después del impacto [problema resuelto 17.10].

d. Durante un impacto, se debe usar el método del impulso y la cantidad de movimiento. Sin embargo, *antes y después del impacto* se pueden usar, si es necesario, algunos de los otros métodos de solución aprendidos, tal como el método del trabajo y la energía [problema resuelto 17.11].

Problemas

17.96 Se dispara una bala de 45 g con una velocidad horizontal de 400 m/s contra un panel cuadrado de 9 kg de lado $b = 200$ mm. Si $h = 200$ mm y el panel inicialmente está en reposo, determine a) la velocidad del centro del panel inmediatamente después de que se incrusta la bala, b) la reacción impulsiva en A, suponiendo que la bala se incrusta 2 ms.

17.97 En el problema 17.96, determine a) la distancia h requerida para que la reacción impulsiva en A sea cero, b) la velocidad correspondiente del centro del panel inmediatamente después de que se incrusta la bala.

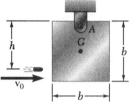

Fig. P17.96

17.98 Se dispara una bala de 0.08 lb con una velocidad horizontal de 1800 ft/s contra el extremo inferior de una barra esbelta de 15 lb y longitud $L = 30$ in. Si $h = 12$ in. y la barra inicialmente se encuentra en reposo, determine a) la velocidad angular de la barra inmediatamente después de que la bala se incrusta, b) la reacción impulsiva en C, suponiendo que la bala se incrusta en 0.001 s.

17.99 En el problema 17.98, determine a) la distancia h requerida para que la reacción impulsiva en C sea cero, b) la velocidad angular correspondiente de la barra inmediatamente después de que la bala se incrusta.

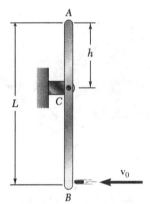

Fig. P17.98

17.100 Se deja caer del reposo un imán D, de 0.6 lb, en la posición mostrada; cae una distancia de 16 in. y se pega en A a la barra de acero AB de 8 lb. Si el impacto es perfectamente plástico, determine la velocidad angular de la barra y la velocidad del imán inmediatamente después del impacto.

17.101 El engrane mostrado tiene un radio $R = 150$ mm y un radio de giro $\bar{k} = 125$ mm. El engrane rueda sin resbalarse con una velocidad $\bar{v}_1$ de 3 m/s, cuando choca con un escalón de altura $h = 75$ mm. Como el borde del escalón se traba con los dientes del engrane, no ocurre resbalamiento entre el engrane y el escalón. Si el impacto es perfectamente plástico, determine la velocidad angular del engrane inmediatamente después del impacto.

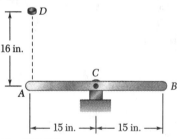

Fig. P17.100

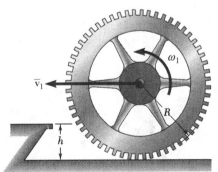

Fig. P17.101

17.102 Resuelva el problema 17.101, para $h = 150$ mm.

1092 Movimiento plano de cuerpos rígidos:
métodos de la energía y de la cantidad
de movimiento

17.103 Una barra esbelta uniforme AB de masa m se encuentra en reposo en una superficie horizontal sin fricción, cuando el gancho C se engancha con una pequeña clavija en A. Si el gancho se jala hacia arriba con una velocidad constante $\mathbf{v}_0$, determine el impulso ejercido sobre la barra a) en A, b) en B. Suponga que la velocidad del gancho no cambia, y que el impacto es perfectamente plástico.

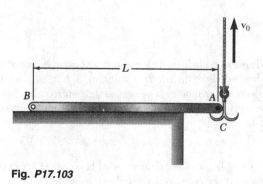

Fig. P17.103

17.104 Una barra esbelta uniforme, de longitud L y masa m, está soportada por una mesa horizontal sin fricción. Inicialmente, la barra gira con respecto a su centro de masa G a una velocidad angular constante $\boldsymbol{\omega}_1$. De repente, el cerrojo D se mueve hacia la derecha y choca con el extremo A de la barra. Si el impacto de A y D es perfectamente plástico, determine la velocidad angular de la barra y la velocidad de su centro de masa inmediatamente después del impacto.

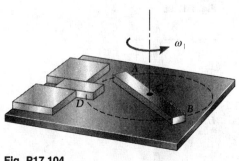

Fig. P17.104

17.105 Resuelva el problema 17.104, suponiendo que el impacto de A y D es perfectamente elástico.

17.106 Una barra esbelta uniforme de longitud L se deja caer sobre apoyos rígidos en A y B. Como el apoyo B está ligeramente más abajo que el apoyo A, la barra golpea a A con una velocidad $\overline{\mathbf{v}}_1$ antes de golpear a B. Si el impacto entre A y B es perfectamente elástico, determine la velocidad angular de la barra y la velocidad de su centro de masa inmediatamente después de que la barra a) golpea el apoyo A, b) golpea el apoyo B, c) otra vez golpea el apoyo A.

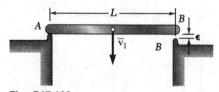

Fig. P17.106

17.107 Una barra esbelta uniforme AB se encuentra en reposo en una mesa horizontal sin fricción, cuando el extremo A de la barra recibe un martillazo que produce un impulso perpendicular a la barra. En el movimiento subsecuente, determine la distancia b que la barra recorre cada vez que realiza una revolución completa.

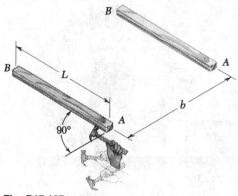

Fig. P17.107

17.108 Una esfera uniforme de radio r rueda hacia abajo de la rampa mostrada sin resbalarse. Golpea la superficie horizontal y, después de resbalarse durante un momento, comienza a rodar de nuevo. Si la esfera no rebota cuando golpea la superficie horizontal, determine su velocidad angular y la velocidad de su centro de masa después de que comienza a rodar de nuevo.

Fig. P17.108

17.109 La barra esbelta AB de longitud L forma un ángulo β con la vertical, cuando choca con la superficie sin fricción mostrada con una velocidad vertical $\bar{v}_1$ y sin velocidad angular. Si el impacto es perfectamente elástico, deduzca una expresión para la velocidad angular de la barra inmediatamente después del impacto.

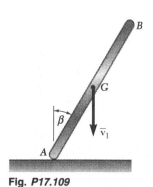

Fig. *P17.109*

17.110 Resuelva el problema 17.109, suponiendo que el impacto entre la barra AB y la superficie sin fricción es perfectamente plástico.

17.111 Un embalaje rectangular con carga uniforme se deja caer desde el reposo en la posición mostrada. Si el piso es tan áspero como para impedir el resbalamiento, y el impacto en B es perfectamente plástico, determine el valor mínimo de la razón a/b con la que la esquina permanecerá en contacto con el piso.

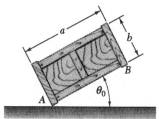

Fig. *P17.111*

Fig. P17.112   **Fig. P17.113**

17.112 y 17.113 Una barra esbelta uniforme AB de longitud L cae libremente con una velocidad v_0, cuando de repente la cuerda AC se pone tensa. Si el impacto es perfectamente plástico, determine la velocidad angular de la barra y la velocidad de su centro de masa inmediatamente después de que la cuerda se pone tensa.

17.114 Una barra esbelta, de longitud L y masa m, se deja caer del reposo en la posición mostrada. Se observa que, después de que la barra golpea la superficie vertical, rebota y forma un ángulo de 30° con la vertical. a) Determine el coeficiente de restitución entre la perilla K y la superficie. b) Demuestre que se puede esperar el mismo rebote para cualquier posición de la perilla K.

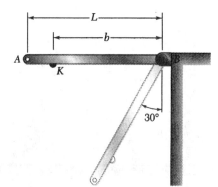

Fig. P17.114

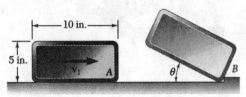

Fig. P17.115

17.115 El bloque rectangular uniforme mostrado se mueve a lo largo de una superficie sin fricción con una velocidad $\bar{v}_1$ cuando choca con una pequeña obstrucción en B. Si el impacto entre la esquina A y la obstrucción B es perfectamente plástico, determine la magnitud de la velocidad $\bar{v}_1$ con la cual el ángulo máximo θ requerido para que el bloque se voltee sea de 30°.

17.116 La barra esbelta uniforme AB se encuentra en equilibrio en la posición mostrada, cuando el extremo A recibe un golpe ligero, que hace que la barra gire en sentido contrario al de las manecillas del reloj y choque con la superficie horizontal. Si el coeficiente de restitución entre la perilla en A y la superficie horizontal es de 0.40, determine el ángulo máximo de rebote θ de la barra.

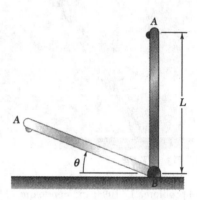

Fig. P17.116

17.117 Se dispara una bala de 30 g con una velocidad horizontal de 350 m/s contra la viga de madera AB, de 8 kg. La viga pende de un collarín de masa insignificante, que se puede deslizar a lo largo de una barra horizontal. Si se desprecia la fricción entre el collarín y la barra, determine el ángulo máximo de rotación de la viga durante su movimiento subsecuente.

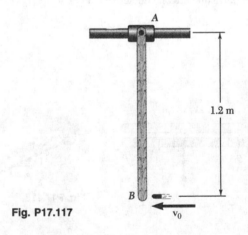

Fig. P17.117

17.118 Para la viga del problema 17.117, determine la velocidad de la bala de 30 g, con la cual el ángulo máximo de rotación de la viga será de 90°.

17.119 Un embalaje cuadrado uniformemente cargado se suelta desde el reposo con su esquina D directamente sobre A; gira con respecto a A hasta que su esquina B golpea el piso, y en seguida gira con respecto a B. El piso es tan áspero para impedir el resbalamiento, y el impacto en B es perfectamente plástico. Si ω_0 denota la velocidad angular del embalaje inmediatamente antes de que B golpee el piso, determine a) la velocidad angular del embalaje inmediatamente después de que B golpee el piso, b) la fracción de la energía cinética del embalaje perdida durante el impacto, c) el ángulo θ que gira el embalaje después de que B golpea el piso.

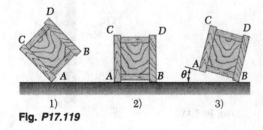

Fig. P17.119

17.120 Una barra esbelta uniforme AB de longitud $L = 30$ in. se coloca con su centro equidistante de dos apoyos localizados a una distancia $b = 5$ in. entre sí. El extremo B de la barra se eleva una distancia $h_0 = 4$ in. y se suelta; la barra se balancea en los apoyos, como se muestra. Si el impacto en cada apoyo es perfectamente plástico y si no hay resbalamiento entre la barra y los apoyos, determine a) la altura h_1 alcanzada por el extremo A luego del primer impacto, b) la altura h_2 alcanzada por el extremo B luego del segundo impacto.

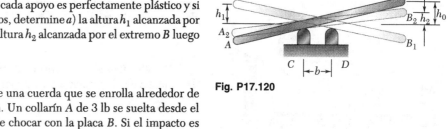

Fig. P17.120

17.121 Una pequeña placa B pende de una cuerda que se enrolla alrededor de un disco uniforme de 8 lb y de radio $R = 9$ in. Un collarín A de 3 lb se suelta desde el reposo y cae una distancia $h = 15$ in. antes de chocar con la placa B. Si el impacto es perfectamente plástico y si se desprecia el peso de la placa, determine inmediatamente después del impacto a) la velocidad del collarín, b) la velocidad angular del disco.

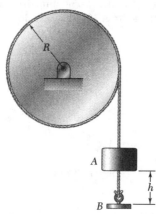

Fig. P17.121

17.122 Resuelva el problema 17.121, suponiendo que el impacto es perfectamente elástico.

17.123 Una barra esbelta AB se suelta desde el reposo en la posición mostrada. Se balancea hacia abajo hasta una posición vertical y se impacta con una segunda e idéntica barra CD, la cual descansa en una superficie sin fricción. Si el coeficiente de restitución entre las barras es de 0.5, determine la velocidad de la barra CD inmediatamente después del impacto.

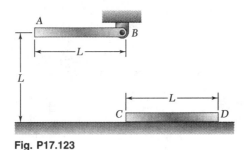

Fig. P17.123

17.124 Resuelva el problema 17.123, suponiendo que el impacto entre las barras es perfectamente elástico.

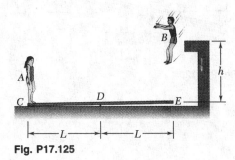

Fig. P17.125

17.125 El tablón CDE tiene una masa de 15 kg y descansa sobre un pequeño pivote en D. La gimnasta A, de 55 kg, está de pie en C sobre el tablón, cuando el gimnasta B, de 70 kg, salta desde una altura de 2.5 m y golpea el tablón en E. Si el impacto es perfectamente plástico y si la gimnasta A está de pie absolutamente erguida, determine la altura a la que se elevará la atleta A.

17.126 Resuelva el problema 17.125, intercambiando los lugares de los gimnastas, de tal modo que la gimnasta A salte sobre el tablón mientras que el gimnasta B está de pie en C.

17.127 y 17.128 El elemento ABC tiene una masa de 2.4 kg, y pende de un pasador en B. Una esfera D de 800 g choca con el extremo C del elemento ABC con una velocidad vertical $\mathbf{v}_1$ de 3 m/s. Si $L = 750$ mm y si el coeficiente de restitución entre la esfera y el elemento ABC es de 0.5, determine inmediatamente después del impacto a) la velocidad angular del elemento ABC, b) la velocidad de la esfera.

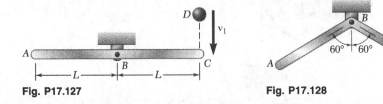

Fig. P17.127   **Fig. P17.128**

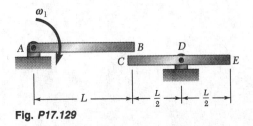

Fig. P17.129

17.129 Una barra esbelta CDE, de longitud L y masa m, dispone de un apoyo de pasador en su punto medio D. Una segunda e idéntica barra AB gira alrededor de un apoyo de pasador en A con una velocidad angular ω_1, cuando su extremo B choca con el extremo C de la barra CDE. Si e denota el coeficiente de restitución entre las barras, determine la velocidad angular de cada barra inmediatamente después del impacto.

17.130 La barra esbelta AB de 5 lb se suelta del reposo en la posición mostrada y gira hasta una posición vertical donde choca con la barra CD de 3 lb. Si el coeficiente de restitución entre la perilla K fija en la barra AB y la barra CD es de 0.8, determine el ángulo máximo θ_m que la barra CD girará después del impacto.

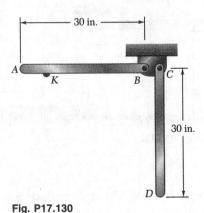

Fig. P17.130

17.131 La esfera A, de masa m y radio r, rueda sin resbalarse con una velocidad $\mathbf{v}_1$ en una superficie horizontal, cuando choca de frente con una esfera idéntica B que se encuentra en reposo. Si μ_k denota el coeficiente de fricción cinética entre las esferas y la superficie, si se desprecia la fricción entre las esferas y se supone que el impacto es perfectamente elástico, determine a) las velocidades lineal y angular de cada esfera inmediatamente después del impacto, b) la velocidad de cada esfera después de que comienza a rodar uniformemente.

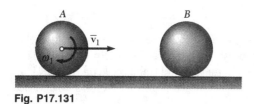

Fig. P17.131

17.132 Una pequeña pelota de hule de radio r se lanza contra un piso áspero con una velocidad $\overline{\mathbf{v}}_A$ de magnitud v_0 y un contragiro $\boldsymbol{\omega}_A$ de magnitud w_0. Se observa que la pelota rebota de A a B, luego de B a A, después de A a B, etc. Si el impacto es perfectamente elástico, determine la magnitud requerida ω_0 del contragiro en función de $\overline{v}_0$ y r.

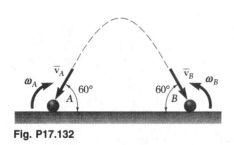

Fig. P17.132

17.133 En un juego de billar, la bola A rueda sin resbalarse con una velocidad $\overline{\mathbf{v}}_0$ cuando golpea de manera oblicua a la bola B, la cual se encuentra en reposo. Si r denota el radio de cada bola y μ_k es el coeficiente de fricción cinética entre las bolas, y si el impacto es perfectamente elástico, determine a) las velocidades lineal y angular de cada bola inmediatamente después del impacto, b) la velocidad de la bola B después de que empieza a rodar de modo uniforme.

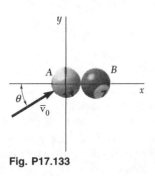

Fig. P17.133

17.134 En el problema 17.133, determine la ecuación de trayectoria descrita por el centro de la bola A, mientras se desplaza después de golpear la bola B.

En este capítulo se consideró de nuevo el método del trabajo y la energía, y el método del impulso y la cantidad de movimiento. En la primera parte del capítulo se estudió el método del trabajo y la energía y su aplicación al análisis del movimiento de cuerpos rígidos y sistemas de cuerpos rígidos.

Principio del trabajo y la energía para un cuerpo rígido

En la sección 17.2, se enunció el principio del trabajo y la energía para un cuerpo rígido en la forma

$$T_1 + U_{1 \to 2} = T_2 \tag{17.1}$$

donde T_1 y T_2 representan los valores inicial y final de la energía cinética del cuerpo rígido, y $U_{1 \to 2}$ representa el trabajo de las *fuerzas externas* que actúan sobre el cuerpo rígido.

Trabajo de una fuerza o un par

En la sección 17.3, se recordó la expresión hallada en el capítulo 13 para el trabajo de una fuerza **F** aplicada en un punto A, es decir

$$U_{1 \to 2} = \int_{s_1}^{s_2} (F \cos \alpha)\, ds \tag{17.3'}$$

donde F era la magnitud de la fuerza; α, el ángulo formado con la dirección del movimiento de A, y s, la variable de integración que mide la distancia recorrida por A a lo largo de su trayectoria. También se dedujo la expresión para el *trabajo de un par de momento* **M** aplicado a un cuerpo rígido durante una rotación θ del cuerpo rígido:

$$U_{1 \to 2} = \int_{\theta_1}^{\theta_2} M\, d\theta \tag{17.5}$$

Energía cinética en movimiento plano

Luego se obtuvo una expresión para la energía cinética de un cuerpo rígido en movimiento plano [sección 17.4]. Se escribió

$$T = \tfrac{1}{2} m \bar{v}^2 + \tfrac{1}{2} \bar{I} \omega^2 \tag{17.9}$$

donde $\bar{v}$ es la velocidad del centro de masa G del cuerpo, ω es la velocidad angular del cuerpo e $\bar{I}$ es su momento de inercia con respecto a un eje que pasa por G perpendicular al plano de referencia (figura 17.13) [problema resuelto 17.3]. Se observó que la energía cinética de un cuerpo rígido en movimiento plano se puede dividir en dos partes: 1) la energía cinética $\tfrac{1}{2} m \bar{v}^2$ asociada con el movimiento del centro de masa G del cuerpo, y 2) la energía cinética $\tfrac{1}{2} \bar{I} \omega^2$ asociada con la rotación del cuerpo alrededor de G.

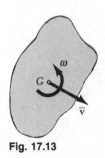

Fig. 17.13

Para un cuerpo rígido que gira alrededor de un eje fijo que pasa por O con una velocidad angular ω, se derivó la fórmula

Energía cinética en movimiento de rotación

$$T = \tfrac{1}{2}I_O\omega^2 \qquad (17.10)$$

donde I_O es el momento de inercia del cuerpo con respecto al eje fijo. Se observó que el resultado obtenido no se limitó a la rotación de placas planas o de cuerpos simétricos con respecto al plano de referencia, sino que es válida pese a la forma del cuerpo o de la ubicación del eje de rotación.

La ecuación (17.1) se puede aplicar al movimiento de sistemas de cuerpos rígidos [sección 17.5] siempre que todas las fuerzas que actúan sobre los diversos cuerpos implicados —tanto internas como externas al sistema— se incluyan en el cálculo de $U_{1 \rightarrow 2}$. No obstante, en el caso de sistemas compuestos de elementos conectados con pasadores, o bloques y poleas conectadas por cuerdas inextensibles, o engranes dentados, los puntos de aplicación de las fuerzas internas recorren distancias iguales y el trabajo de estas fuerzas se elimina [problemas resueltos 17.1 y 17.2].

Sistemas de cuerpos rígidos

Cuando un cuerpo rígido, o un sistema de cuerpos rígidos, se mueve bajo la acción de fuerzas conservativas, el principio del trabajo y la energía se expresa en la forma

Conservación de la energía

$$T_1 + V_1 = T_2 + V_2 \qquad (17.12)$$

que se conoce como *principio de conservación de la energía* [sección 17.6]. Este principio se puede usar para resolver problemas que impliquen fuerzas conservativas como la fuerza de gravedad o la fuerza ejercida por un resorte [problemas resueltos 17.4 y 17.5]. Sin embargo, cuando se tiene que determinar una reacción, el principio de conservación de la energía se debe complementar con la aplicación del principio de D'Alembert [problema resuelto 17.4].

En la sección 17.7, se amplió el concepto de potencia a un cuerpo en rotación sometido a un par, escribiendo

Potencia

$$\text{Potencia} = \frac{dU}{dt} = \frac{M\,d\theta}{dt} = M\omega \qquad (17.13)$$

donde M es la magnitud del par y ω es la velocidad angular del cuerpo.

La parte media del capítulo se dedicó al método del impulso y la cantidad de movimiento y su aplicación a la solución de diversos tipos de problemas que implican el movimiento plano de placas rígidas y cuerpos rígidos simétricos con respecto al plano de referencia.

En primer lugar se recordó el *principio del impulso y la cantidad de movimiento* deducido en la sección 14.9 para un sistema de partículas y se aplicó al *movimiento de un cuerpo rígido* [sección 17.8]. Se escribió

Principio del impulso y la cantidad de movimiento para un cuerpo rígido

$$\textbf{Sis. cant. mov.}_1 + \textbf{Sis. imp. ext.}_{1 \rightarrow 2} = \textbf{Sis. cant. mov.}_2 \quad (17.14)$$

A continuación se demostró que para una placa rígida o un cuerpo rígido simétrico con respecto al plano de referencia, el sistema de las cantidades de movimiento de las partículas que forman el cuerpo es equivalente a un vector $m\bar{\mathbf{v}}$ con su punto de aplicación en el centro de masa G del cuerpo y un par $\bar{I}\boldsymbol{\omega}$ (figura 17.14). El vector $m\bar{\mathbf{v}}$ está asociado con la traslación del cuerpo

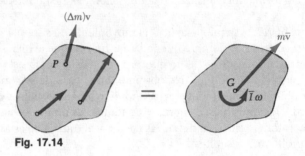

Fig. 17.14

junto con G y representa la *cantidad de movimiento lineal* del cuerpo, mientras que el par $\bar{I}\boldsymbol{\omega}$ corresponde a la rotación del cuerpo alrededor de G y representa la *cantidad de movimiento angular* del cuerpo alrededor de un eje que pasa por G.

La ecuación (17.14) puede expresarse de manera gráfica como se muestra en la figura 17.15 por medio de tres diagramas que representan, respectivamente, el sistema de las cantidades de movimiento iniciales del cuerpo, el impulso de las fuerzas externas que actúan sobre el cuerpo y el sistema de las cantidades de movimiento finales del cuerpo. Al sumar e igualar respec-

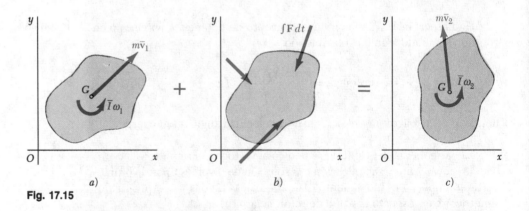

a)   *b)*   *c)*

Fig. 17.15

tivamente las *componentes x*, las *componentes y* y las *cantidades de movimiento con respecto a cualquier punto dado* de los vectores mostrados en la figura, se obtienen tres ecuaciones de movimiento que se pueden resolver para las incógnitas deseadas [problemas resueltos 17.6 y 17.7].

En problemas que incluyen varios cuerpos rígidos conectados [sección 17.9], cada cuerpo se considera por separado [problema resuelto 17.6], o, si no están en juego más de tres incógnitas, se puede aplicar el principio del impulso y la cantidad de movimiento a todo el sistema, considerando sólo los impulsos de las fuerzas externas [problema resuelto 17.8].

Cuando las líneas de acción de todas las fuerzas externas que actúan sobre un sistema de cuerpos rígidos pasan por un punto dado O, se conserva la cantidad de movimiento angular del sistema con respecto a O [sección 17.10]. Se sugirió que los problemas que implican conservación de la cantidad de movimiento angular se resuelvan con el método general antes descrito [problema resuelto 17.8].

La última parte del capítulo se dedicó al *movimiento impulsivo* y al *impacto excéntrico* de cuerpos rígidos. En la sección 17.11, se recordó que el método del impulso y la cantidad de movimiento es el único método práctico para la solución de problemas que implican movimiento impulsivo, y que el cálculo de impulsos en problemas de ese tipo es particularmente simple [problema resuelto 17.9].

En la sección 17.12, se recordó que el impacto excéntrico de dos cuerpos rígidos está definido como un impacto en el cual los centros de masa de los cuerpos que chocan *no* están localizados en la línea de impacto. Se demostró que, en una situación como ésa, una relación similar a la que se dedujo en el capítulo 13 para el impacto central de dos partículas y que implican el coeficiente de restitución e sigue siendo válida, pero que *se deben usar las velocidades de los puntos A y B donde ocurre el contacto durante el impacto*. Por consiguiente

$$(v'_B)_n - (v'_A)_n = e[(v_A)_n - (v_B)_n] \qquad (17.19)$$

donde $(v_A)_n$ y $(v_B)_n$ son las componentes a lo largo de la línea de impacto de las velocidades A y B antes del impacto, y $(v'_A)_n$ y $(v'_B)_n$ son sus componentes después del impacto (figura 17.16). La ecuación (17.19) es aplicable no sólo

Conservación de la cantidad de movimiento angular

Movimiento impulsivo

Impacto excéntrico

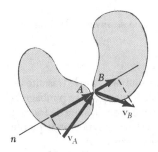

a) Antes del impacto

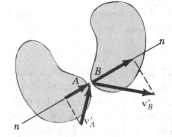

b) Después del impacto

Fig. 17.16

cuando los cuerpos que chocan se mueven libremente después del impacto, sino también cuando los cuerpos están restringidos en forma parcial en su movimiento. Se debe utilizar junto con una u otras varias ecuaciones obtenidas con la aplicación del principio del impulso y la cantidad de movimiento [problema resuelto 17.10]. También se consideraron problemas donde el método del impulso y la cantidad de movimiento y el método del trabajo y la energía se pueden combinar [problema resuelto 17.11].

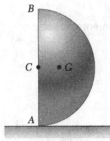

Fig. P17.135

17.135 Una semiesfera uniforme, de masa m y radio r, se suelta del reposo en la posición mostrada. Si la semiesfera rueda sin resbalarse, determine a) su velocidad angular después de que ha rodado 90°, b) la reacción normal ejercida por la superficie sobre la semiesfera en el mismo instante.

17.136 Un disco uniforme, de espesor constante y que inicialmente está en reposo, se pone en contacto con la banda mostrada, que se mueve con una rapidez constante $v = 25$ m/s. Si el coeficiente de fricción cinética entre el disco y la banda es de 0.15, determine a) el número de revoluciones realizadas por el disco antes de alcanzar una velocidad angular constante, b) el tiempo requerido para que el disco alcance esa velocidad angular constante.

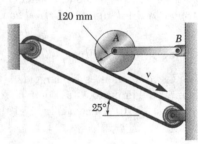

Fig. P17.136

17.137 Resuelva el problema 17.136, suponiendo que se invierte la dirección del movimiento de la banda.

17.138 Una barra esbelta uniforme se coloca en la esquina B, y se le trasmite un ligero movimiento en el sentido de las manecillas del reloj. Si la esquina es puntiaguda y se encaja un poco en el extremo de la barra, de tal modo que el coeficiente de fricción estática en B es muy grande, determine a) el ángulo β que la barra girará cuando pierde contacto con la esquina, b) la velocidad correspondiente del extremo A.

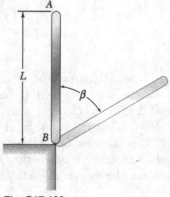

Fig. P17.138

17.139 Se dispara una bala de 35 g con una velocidad de 400 m/s contra el costado de un panel cuadrado de 3 kg suspendido, como se muestra, de un pasador en A. Si el panel inicialmente se encuentra en reposo, determine a) la velocidad angular del panel inmediatamente después de que la bala se incrusta, b) la reacción impulsiva en A, si la bala se incrusta en 1.5 ms.

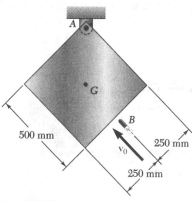

Fig. P17.139

17.140 Un bloque cuadrado de masa m cae con una velocidad $\overline{\mathbf{v}}_1$ cuando choca con una pequeña obstrucción en B. Si el impacto entre la esquina A y la obstrucción B es perfectamente plástico, determine inmediatamente después del impacto a) la velocidad angular del bloque, b) la velocidad de su centro de masa G.

17.141 Resuelva el problema 17.140, suponiendo que el impacto entre la esquina A y la obstrucción B es perfectamente elástico.

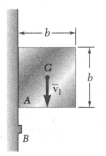

Fig. *P17.140*

17.142 Una barra AB de 3 kg está sujeta con un pasador en D a una placa cuadrada de 4 kg, la cual puede girar libremente alrededor de un eje vertical. Si la velocidad angular de la placa es de 120 rpm cuando la barra adopta la posición vertical, determine a) la velocidad angular de la placa después de que la barra se coloca en posición horizontal y se detiene contra el pasador C, b) la energía perdida durante el impacto plástico en C.

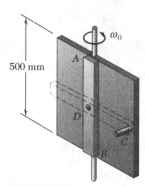

Fig. *P17.142*

17.143 Una placa rectangular de 6×8 in. pende de pasadores en A y B. Se saca el pasador en B y la placa oscila libremente alrededor del pasador A. Determine a) la velocidad angular de la placa después de que gira 90°, b) la velocidad angular máxima alcanzada por la placa cuando oscila libremente.

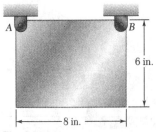

Fig. P17.143

1104 Movimiento plano de cuerpos rígidos:
métodos de la energía y de la cantidad
de movimiento

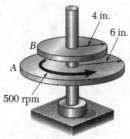

Fig. *P17.144*

17.144 Los discos *A* y *B* son del mismo material y del mismo espesor, y pueden girar libremente alrededor de la flecha vertical. El disco *B* se encuentra en reposo cuando se deja caer sobre el disco *A*, el cual está girando con una velocidad angular de 500 rpm. Si el disco *A* pesa 18 lb, determine *a*) la velocidad angular final de los discos, *b*) el cambio de energía cinética del sistema.

17.145 ¿A qué altura *h* sobre su centro *G* debe ser golpeada horizontalmente con un taco una bola de billar de radio *r* para que ruede sin deslizarse?

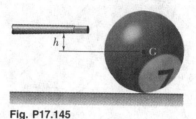

Fig. P17.145

17.146 La pieza de artillería de campo de 4980 lb, mostrada de lado, dispara una granada de 33 lb con una velocidad inicial de 1450 ft/s a un ángulo de elevación de 35°. Se impide que el cañón se mueva de su posición de disparo por medio de dos brazos rígidos, llamados "colas", que están conectados al cuerpo del cañón. Cada una de las ruedas puede girar libremente, y el extremo *B* de cada cola se encaja en el suelo para evitar cualquier movimiento horizontal. Si el retroceso del cañón ocurre en 0.6 s, determine *a*) las componentes de las reacciones impulsivas en cada rueda *A* y en cada cola *B*, *b*) la velocidad del cañón que resultaría si las colas no estuvieran encajadas y no ejercieran ninguna fuerza horizontal.

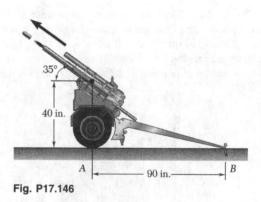

Fig. P17.146

Los siguientes problemas están diseñados para resolverse con computadora.

17.C1 La barra *AB* tiene una masa de 3 kg y está conectada en *A* a un carrito *C* de 5 kg. Si el sistema se suelta del reposo cuando $\theta = 30°$ y si se desprecia la fricción, escriba un programa de computadora que se pueda usar para calcular la velocidad del carrito y la velocidad del extremo *B* de la barra para valores de θ desde $+30°$ hasta $-90°$, con decrementos de 10°. Con decrementos apropiados más pequeños, determine el valor de θ para el cual la velocidad del carrito hacia la izquierda es máxima y el valor correspondiente de la velocidad.

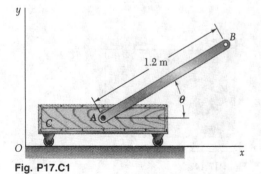

Fig. P17.C1

17.C2 La barra esbelta uniforme *AB*, de longitud *L* = 800 mm y masa de 5 kg, descansa sobre una pequeña rueda en *D*, y está conectada a un collarín de masa insignificante que puede deslizarse libremente en la barra vertical *EF*. Si *a* = 200 mm y si la barra se suelta del reposo cuando θ = 0, escriba un programa de computadora que se pueda usar para calcular la velocidad angular de la barra y la velocidad del extremo *A*, para valores de θ de 0 a 50°, con incrementos de 5°. Con incrementos apropiados más pequeños, determine la velocidad angular máxima de la barra y el valor correspondiente de θ.

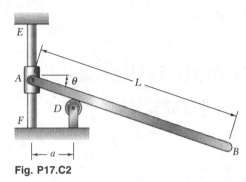

Fig. P17.C2

17.C3 Una esfera uniforme de 10 in. de radio rueda sobre una serie de barras horizontales paralelas, igualmente espaciadas a una distancia *d*. En el momento en que gira sin resbalarse en torno a una barra dada, la esfera golpea a la siguiente y comienza a rodar en torno a dicha barra sin resbalarse, hasta que golpea a la siguiente, y así en forma sucesiva. Si el impacto es perfectamente plástico y si la esfera tiene una velocidad angular ω_0 de 1.5 rad/s cuando su centro de masa *G* queda directamente sobre la barra *A*, escriba un programa de computadora que se pueda usar para calcular, para valores de la separación *d* de 1 a 6 in. y con incrementos de 0.5 in., *a*) la velocidad angular ω_1 de la esfera cuando *G* pasa directamente sobre la barra *B*, *b*) el número de barras sobre las cuales rodará la esfera después de dejar la barra *A*.

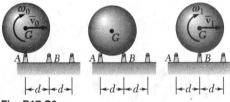

Fig. P17.C3

17.C4 El collarín *C* tiene una masa de 2.5 kg y se puede deslizar sin fricción en la barra *AB*. Un resorte, de constante 750 N/m y longitud no alargada r_0 = 500 mm, se engancha como se muestra al collarín y a la maza *B*. El momento de inercia de masa total de la barra, la maza y el resorte es de 0.3 kg · m² con respecto a *B*. Inicialmente, el collarín se mantiene a una distancia de 500 mm del eje de rotación mediante una pequeña clavija que sobresale de la barra. La clavija se saca de repente mientras el sistema gira en un plano horizontal con una velocidad angular ω_0 de 10 rad/s. Si *r* denota la distancia del collarín al eje de rotación, escriba un programa de computadora que se pueda utilizar para calcular la velocidad angular del sistema y la velocidad del collarín con respecto a la barra, para valores de *r* de 500 a 700 mm, con incrementos de 25 mm. Con incrementos apropiados más pequeños, determine el valor máximo de *r* en el movimiento subsecuente.

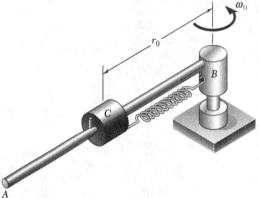

Fig. P17.C4

17.C5 Cada una de las dos barras idénticas mostradas tiene una longitud *L* = 30 in. Si el sistema se suelta desde el reposo cuando las barras están en posición horizontal, escriba un programa de computadora que se pueda usar para calcular la velocidad angular de la barra *AB* y la velocidad del punto *D*, para valores de θ de 0 a 90°; con incrementos de 10°.

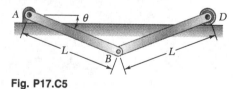

Fig. P17.C5

18

Cinética de cuerpos rígidos en tres dimensiones

Si bien los principios generales aprendidos en los capítulos precedentes se pueden usar nuevamente para resolver problemas que implican el movimiento tridimensional de cuerpos rígidos, la solución de estos problemas requiere un nuevo enfoque y es mucho más complicado que la solución de problemas bidimensionales. Un ejemplo es la determinación de las fuerzas ejercidas por un cigüeñal de automóvil sobre sus cojinetes. Estas fuerzas podrían ser extremadamente grandes si el cigüeñal no estuviera diseñado como es debido.

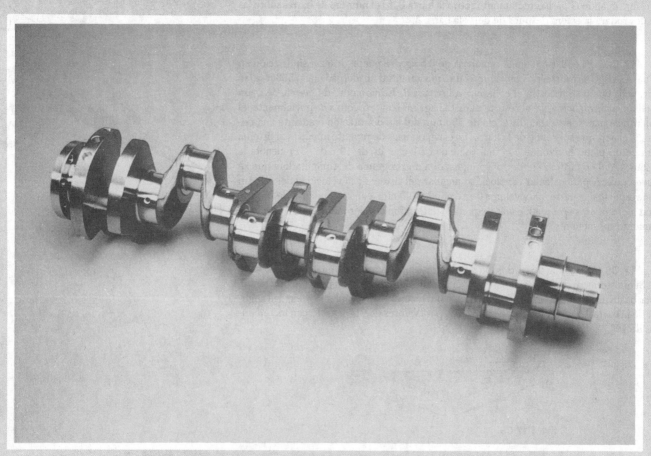

En los capítulos 16 y 17 se estudió el movimiento plano de cuerpos rígidos y de sistemas de cuerpos rígidos. En el capítulo 16 y en la segunda mitad del capítulo 17 (método de la cantidad de movimiento), el estudio se limitó aún más al de placas planas y de cuerpos simétricos con respecto al plano de referencia. Sin embargo, muchos de los resultados fundamentales obtenidos en estos dos capítulos siguen siendo válidos en el caso del movimiento de un cuerpo rígido en tres dimensiones.

Por ejemplo, las dos ecuaciones fundamentales

$$\Sigma\mathbf{F} = m\overline{\mathbf{a}} \tag{18.1}$$
$$\Sigma\mathbf{M}_G = \dot{\mathbf{H}}_G \tag{18.2}$$

en las que se basó el análisis del movimiento plano de un cuerpo rígido, siguen siendo válidas en el caso más general de movimiento de un cuerpo rígido. Tal como se indicó en la sección 16.2, estas ecuaciones expresan que el sistema de las fuerzas externas es equipolente al sistema compuesto por el vector $m\overline{\mathbf{a}}$ aplicado en G y el par de momento $\dot{\mathbf{H}}_G$ (figura 18.1). No obstante, la relación

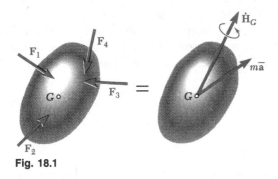

Fig. 18.1

$\mathbf{H}_G = \overline{I}\boldsymbol{\omega}$, que permitió determinar la cantidad de movimiento angular de una placa rígida y que desempeñó un rol importante en la solución de problemas que implican el movimiento plano de placas y cuerpos simétricos con respecto al plano de referencia, pierde su validez en el caso de cuerpos asimétricos o movimiento tridimensional. Por tanto, en la primera parte del capítulo, en la sección 18.2, se desarrollará un método más general para calcular la cantidad de movimiento angular $\mathbf{H}_G$ de un cuerpo rígido en tres dimensiones.

Asimismo, aunque la característica principal del método del impulso y la cantidad de movimiento analizado en la sección 17.7, es decir, la reducción de las cantidades de movimiento de las partículas de un cuerpo rígido a un vector de cantidad de movimiento lineal $m\overline{\mathbf{v}}$ con punto de aplicación en el centro de masa G del cuerpo y un par de cantidad de movimiento angular $\mathbf{H}_G$, conserva su validez, se debe desechar la relación $\mathbf{H}_G = \overline{I}\boldsymbol{\omega}$, y debe remplazarse con la relación más general desarrollada en la sección 18.2 antes de que este método se pueda aplicar al movimiento tridimensional de un cuerpo rígido (sección 18.3).

También se advierte que el principio del trabajo y la energía (sección 17.2) y el principio de conservación de la energía (sección. 17.6) siguen siendo válidos en el caso del movimiento de un cuerpo rígido en tres dimensiones. Sin embargo, la expresión obtenida en la sección 17.4 para la energía cinética de un cuerpo rígido en movimiento plano será remplazada por una nueva expresión desarrollada en la sección 18.4 para un cuerpo rígido en movimiento tridimensional.

En la segunda parte del capítulo, primero se aprenderá a determinar la razón de cambio $\dot{\mathbf{H}}_G$ de la cantidad de movimiento angular $\mathbf{H}_G$ de un cuerpo rígido tridimensional, mediante un sistema de referencia rotatorio con respecto al cual los momentos y los productos de inercia del cuerpo permanecen constantes (sección 18.5). Las ecuaciones (18.1) y (18.2) se expresarán entonces en la forma de ecuaciones de diagramas de cuerpo libre, que se pueden usar para resolver varios problemas que implican el movimiento tridimensional de cuerpos rígidos (secciones 18.6 a 18.8).

La última parte del capítulo (secciones 18.9 a 18.11) están dedicadas al estudio del movimiento del giroscopio o, de modo más general, de un cuerpo con simetría axial con un punto fijo localizado sobre su eje de simetría. En la sección 18.10, se considerará el caso particular de la precesión continua de un giroscopio, y, en la sección 18.11, se analizará el movimiento de un cuerpo simétrico con respecto a un eje que no está sometido a ninguna fuerza, excepto su propio peso.

*18.2. CANTIDAD DE MOVIMIENTO ANGULAR DE UN CUERPO RÍGIDO EN TRES DIMENSIONES

En esta sección se verá cómo se puede determinar la cantidad de movimiento angular $\mathbf{H}_G$ de un cuerpo con respecto a su centro de masa G, a partir de la velocidad angular $\boldsymbol{\omega}$ del cuerpo en el caso de movimiento tridimensional.

De acuerdo con la ecuación (14.24), la cantidad de movimiento angular del cuerpo con respecto a G se puede expresar como

$$\mathbf{H}_G = \sum_{i=1}^{n} (\mathbf{r}_i' \times \mathbf{v}_i' \, \Delta m_i) \tag{18.3}$$

donde $\mathbf{r}_i'$ y $\mathbf{v}_i'$ denotan, respectivamente, el vector de posición y la velocidad de la partícula P_i, de masa Δm_i, con respecto al sistema de referencia centroidal $Gxyz$ (figura 18.2). Pero $\mathbf{v}_i' = \boldsymbol{\omega} \times \mathbf{r}_i'$, donde $\boldsymbol{\omega}$ es la velocidad angular del

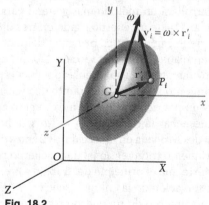

Fig. 18.2

cuerpo en el instante considerado. Al sustituir en la ecuación (18.3), tenemos

$$\mathbf{H}_G = \sum_{i=1}^{n} [\mathbf{r}_i' \times (\boldsymbol{\omega} \times \mathbf{r}_i')\, \Delta m_i]$$

Al recordar la regla para determinar las componentes rectangulares de un producto vectorial (sección 3.5), se obtiene la siguiente expresión para la componente x de la cantidad de movimiento angular:

$$H_x = \sum_{i=1}^{n} [y_i(\boldsymbol{\omega} \times \mathbf{r}_i')_z - z_i(\boldsymbol{\omega} \times \mathbf{r}_i')_y]\, \Delta m_i$$

$$= \sum_{i=1}^{n} [y_i(\omega_x y_i - \omega_y x_i) - z_i(\omega_z x_i - \omega_x z_i)]\, \Delta m_i$$

$$= \omega_x \sum_i (y_i^2 + z_i^2)\, \Delta m_i - \omega_y \sum_i x_i y_i\, \Delta m_i - \omega_z \sum_i z_i x_i\, \Delta m_i$$

Si las sumas se remplazan con integrales en esta expresión y en las dos expresiones similares obtenidas para H_y y H_z, tenemos

$$H_x = \omega_x \smallint(y^2 + z^2)\, dm - \omega_y \smallint xy\, dm - \omega_z \smallint zx\, dm$$
$$H_y = -\omega_x \smallint xy\, dm + \omega_y \smallint(z^2 + x^2)\, dm - \omega_z \smallint yz\, dm \qquad (18.4)$$
$$H_z = -\omega_x \smallint zx\, dm - \omega_y \smallint yz\, dm + \omega_z \smallint(x^2 + y^2)\, dm$$

Se observa que las integrales que contienen expresiones cuadráticas representan los *momentos de inercia de masa centroidales* del cuerpo con respecto a los ejes x, y y z, respectivamente (sección 9.11); se tiene

$$\overline{I}_x = \smallint(y^2 + z^2)\, dm \qquad \overline{I}_y = \smallint(z^2 + x^2)\, dm$$
$$\overline{I}_z = \smallint(x^2 + y^2)\, dm \qquad (18.5)$$

Del mismo modo, las integrales que contienen productos de coordenadas representan los *productos de inercia de masa centroidales* del cuerpo (sección 9.16); se tiene

$$\overline{I}_{xy} = \smallint xy\, dm \qquad \overline{I}_{yz} = \smallint yz\, dm \qquad \overline{I}_{zx} = \smallint zx\, dm \qquad (18.6)$$

Si se hacen sustituciones de (18.5) y (18.6) en (18.4), se obtienen las componentes de la cantidad de movimiento angular $\mathbf{H}_G$ del cuerpo con respecto a su centro de masa:

$$H_x = +\overline{I}_x \omega_x - \overline{I}_{xy}\omega_y - \overline{I}_{xz}\omega_z$$
$$H_y = -\overline{I}_{yx}\omega_x + \overline{I}_y \omega_y - \overline{I}_{yz}\omega_z \qquad (18.7)$$
$$H_z = -\overline{I}_{zx}\omega_x - \overline{I}_{zy}\omega_y + \overline{I}_z \omega_z$$

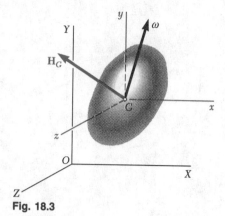

Fig. 18.3

Las relaciones (18.7) muestran que la operación que transforma al vector $\boldsymbol{\omega}$ en el vector $\mathbf{H}_G$ (figura 18.3) está caracterizada por el arreglo de momentos y productos de inercia

$$
\begin{pmatrix}
\bar{I}_x & -\bar{I}_{xy} & -\bar{I}_{xz} \\
-\bar{I}_{yx} & \bar{I}_y & -\bar{I}_{yz} \\
-\bar{I}_{zx} & -\bar{I}_{zy} & \bar{I}_z
\end{pmatrix}
\tag{18.8}
$$

El arreglo (18.8) define el *tensor de inercia* del cuerpo en su centro de masa G.† Se obtendría un nuevo arreglo de momentos y productos de inercia si se utilizara un sistema diferente de ejes. Sin embargo, la transformación caracterizada por este nuevo arreglo sería la misma. Es evidente que la cantidad de movimiento angular $\mathbf{H}_G$ correspondiente a una velocidad angular $\boldsymbol{\omega}$ dada es independiente de la elección de los ejes de coordenadas. Como ya se demostró en las secciones 9.17 y 9.18, siempre es posible seleccionar un sistema de ejes $Gx'y'z'$, llamados *ejes principales de inercia*, con respecto a los cuales todos los productos de inercia de un cuerpo dado son cero. El arreglo (18.8) adopta entonces la forma diagonalizada

$$
\begin{pmatrix}
\bar{I}_{x'} & 0 & 0 \\
0 & \bar{I}_{y'} & 0 \\
0 & 0 & \bar{I}_{z'}
\end{pmatrix}
\tag{18.9}
$$

donde, $\bar{I}_{x'}, \bar{I}_{y'}, \bar{I}_{z'}$, representan los *momentos de inercia centroidales principales* del cuerpo, y las relaciones (18.7) se reducen a

$$
H_{x'} = \bar{I}_{x'}\omega_{x'} \qquad H_{y'} = \bar{I}_{y'}\omega_{y'} \qquad H_{z'} = \bar{I}_{z'}\omega_{z'}
\tag{18.10}
$$

Adviértase que si los tres momentos de inercia centroidales principales $\bar{I}_{x'}$, $\bar{I}_{y'}, \bar{I}_{z'}$, son iguales, las componentes $H_{x'}, H_{y'}, H_{z'}$ de la cantidad de movimiento angular con respecto a G son proporcionales a las componentes $w_{x'}, w_{y'}, w_{z'}$, de la velocidad angular, y los vectores $\mathbf{H}_G$ y $\boldsymbol{\omega}$ son colineales. En general, sin embargo, los momentos de inercia principales serán diferentes, y los vectores $\mathbf{H}_G$ y $\boldsymbol{\omega}$ *tendrán diferentes direcciones*, excepto cuando dos de las tres componentes de w sean cero, esto es, cuando $\boldsymbol{\omega}$ está dirigida a lo largo de uno de los ejes de coordenadas. De este modo, *la cantidad de movimiento angular $\mathbf{H}_G$ de un cuerpo rígido y su velocidad angular w tendrán la misma dirección si, y sólo si, $\boldsymbol{\omega}$ está dirigida a lo largo de un eje principal de inercia.*‡ Como esta condición se

---

† Con, $\bar{I}_x = I_{11}, \bar{I}_y = I_{22}, \bar{I}_z = I_{33}$, y $-\bar{I}_{xy} = I_{12}, -\bar{I}_{xz} = I_{13}$, etc, el tensor de inercia (18.8) se puede escribir en la forma estándar

$$
\begin{pmatrix}
I_{11} & I_{12} & I_{13} \\
I_{21} & I_{22} & I_{23} \\
I_{31} & I_{32} & I_{33}
\end{pmatrix}
$$

Si H_1, H_2, H_3 denotan las componentes de la cantidad de movimiento angular $\mathbf{H}_G$ y $\omega_1, \omega_2, \omega_3$ denotan las componentes de la velocidad angular $\boldsymbol{\omega}$, las relaciones (18.7) se pueden escribir en la forma

$$
H_i = \sum_j I_{ij}\omega_j
$$

donde i y j adoptan los valores 1, 2, 3. Se dice que las cantidades I_{ij} son las *componentes* del tensor de inercia. Como $I_{ij} = I_{ji}$, el tensor de inercia es un *tensor simétrico de segundo orden*.

‡ En el caso particular en que $\bar{I}_{x'}, = \bar{I}_{y'}, = \bar{I}_{z'}$, cualquier línea que pase por G se puede considerar como un eje principal de inercia y los vectores $\mathbf{H}_G$ y $\boldsymbol{\omega}$ siempre son colineales.

satisface en el caso del movimiento plano de un cuerpo rígido simétrico con respecto al plano de referencia, en las secciones 16.3 y 17.8 se pudo representar la cantidad de movimiento angular $\mathbf{H}_G$ de dicho cuerpo con el vector I–$\boldsymbol{\omega}$. No obstante, se debe tener en cuenta que este resultado no se puede extender al caso del movimiento plano de un cuerpo asimétrico, o al caso del movimiento tridimensional de un cuerpo rígido. Excepto cuando $\boldsymbol{\omega}$ está dirigida a lo largo de un eje principal, de inercia, la cantidad de movimiento angular y la velocidad angular de un cuerpo rígido tienen direcciones diferentes, y se debe usar la relación (18.7) o (18.10) para determinar $\mathbf{H}_G$ a partir de $\boldsymbol{\omega}$.

Reducción de las cantidades de movimiento de las partículas de un cuerpo rígido a un vector de cantidad de movimiento y a un par con punto de aplicación en G. En la sección 17.8 se vio que el sistema formado por las cantidades de movimiento de las diversas partículas de un cuerpo rígido, se puede reducir a un vector $\mathbf{L}$ aplicado en el centro de masa G del cuerpo (que representa la cantidad de movimiento lineal del cuerpo) y a un par $\mathbf{H}_G$ (que representa la cantidad de movimiento angular del cuerpo con respecto a G) (figura 18.4). Ahora ya se puede determinar el vector $\mathbf{L}$ y el par $\mathbf{H}_G$ en el

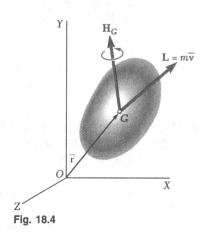

Fig. 18.4

caso más general del movimiento tridimensional de un cuerpo rígido. Al igual que en el caso del movimiento bidimensional considerado en la sección 17.8, la cantidad de movimiento lineal $\mathbf{L}$ del cuerpo es igual al producto $m\bar{\mathbf{v}}$ de su masa m y la velocidad $\bar{\mathbf{v}}$ de su centro de masa G. La cantidad de movimiento angular $\mathbf{H}_G$, sin embargo, ya no se puede obtener simplemente multiplicando la velocidad angular $\boldsymbol{\omega}$ del cuerpo por el escalar $\bar{I}$; ahora se debe obtener a partir de las componentes de $\boldsymbol{\omega}$ y a partir de los momentos y productos de inercia centroidales del cuerpo mediante la ecuación (18.7) o (18.10).

También se debe señalar que una vez que se determina la cantidad de movimiento lineal $m\bar{\mathbf{v}}$ y la cantidad de movimiento angular $\mathbf{H}_G$ de un cuerpo rígido, se puede obtener su cantidad de movimiento angular $\mathbf{H}_O$ con respecto a cualquier punto dado O mediante la suma de momentos con respecto a O del vector $m\bar{\mathbf{v}}$ y del par $\mathbf{H}_G$. Escribimos

$$\mathbf{H}_O = \bar{\mathbf{r}} \times m\bar{\mathbf{v}} + \mathbf{H}_G \qquad (18.11)$$

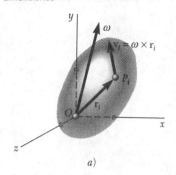

a)

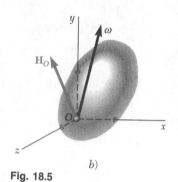

b)

Fig. 18.5

Cantidad de movimiento angular de un cuerpo rígido restringido a girar alrededor de un punto fijo. En el caso particular de un cuerpo rígido restringido a girar en el espacio tridimensional alrededor de un punto fijo O (figura 18.5a), en ocasiones es conveniente determinar la cantidad de movimiento angular $\mathbf{H}_O$ del cuerpo con respecto al punto fijo O. Si bien $\mathbf{H}_O$ se podría obtener calculando primero $\mathbf{H}_G$ como antes se indicó, y luego utilizar la ecuación (18.11), con frecuencia es ventajoso determinar $\mathbf{H}_O$ directamente a partir de la velocidad angular $\boldsymbol{\omega}$ del cuerpo y sus momentos y productos de inercia con respecto a un sistema de referencia $Oxyz$ con su centro en el punto fijo O. De acuerdo con la ecuación (14.7), escribimos

$$\mathbf{H}_O = \sum_{i=1}^{n} (\mathbf{r}_i \times \mathbf{v}_i \, \Delta m_i) \tag{18.12}$$

donde $\mathbf{r}_i$ y $\mathbf{v}_i$ denotan, respectivamente, el vector de posición y la velocidad de la partícula P_i con respecto al sistema de referencia fijo $Oxyz$. Si se sustituye $\mathbf{v}_i = \boldsymbol{\omega} \times \mathbf{r}_i$ y después de realizar manipulaciones similares a las que realizaron en la primera parte de esta sección, se concluye que las componentes de la cantidad de movimiento angular $\mathbf{H}_O$ (figura 18.5b) están dadas por las relaciones

$$
\begin{aligned}
H_x &= +I_x\,\omega_x - I_{xy}\omega_y - I_{xz}\omega_z \\
H_y &= -I_{yx}\omega_x + I_y\,\omega_y - I_{yz}\omega_z \\
H_z &= -I_{zx}\omega_x - I_{zy}\omega_y + I_z\,\omega_z
\end{aligned}
\tag{18.13}
$$

donde los momentos de inercia I_x, I_y, I_z y los productos de inercia I_{xy}, I_{yz}, I_{zx} se calculan con respecto al sistema de referencia $Oxyz$ con centro en el punto fijo O.

*18.3. APLICACIÓN DEL PRINCIPIO DEL IMPULSO Y LA CANTIDAD DE MOVIMIENTO AL MOVIMIENTO TRIDIMENSIONAL DE UN CUERPO RÍGIDO

Antes de que se pueda aplicar la ecuación fundamental (18.2) a la solución de problemas que implican el movimiento tridimensional de un cuerpo rígido, se tiene que aprender a calcular la derivada del vector $\mathbf{H}_G$. Esto se hará en la sección 18.5. Los resultados obtenidos en la sección anterior, sin embargo, se pueden usar de inmediato para resolver problemas mediante el método del impulso y la cantidad de movimiento.

Como el sistema formado por las cantidades de movimiento de las partículas de un cuerpo rígido se reduce a un vector de cantidad de movimiento lineal $m\overline{\mathbf{v}}$ con punto de aplicación en el centro de masa G del cuerpo y a un par de cantidad de movimiento angular $\mathbf{H}_G$, la relación fundamental

$$\text{Sist. cant. mov.}_1 + \text{Sist. imp. ext.}_{1\to2} = \text{Sist. cant. mov.}_2 \tag{17.4}$$

se representa gráficamente por medio de los tres bosquejos mostrados en la figura 18.6. Para resolver un problema dado, se pueden usar estos bosquejos para escribir ecuaciones de componentes y momentos apropiadas, teniendo en cuenta que las componentes de la cantidad de movimiento angular $\mathbf{H}_G$ están relacionadas con las componentes de la velocidad angular $\boldsymbol{\omega}$ por medio de las ecuaciones (18.7) de la sección anterior.

En la solución de problemas que implican el movimiento de un cuerpo en rotación alrededor de un punto fijo O, será conveniente eliminar el impulso de la reacción en O escribiendo una ecuación que implique los momentos de las

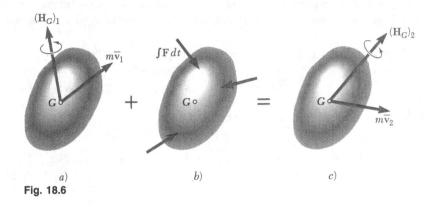

Fig. 18.6

cantidades de movimiento e impulsos con respecto a O. Se recuerda que la cantidad de movimiento angular $\mathbf{H}_O$ del cuerpo con respecto al punto fijo O se puede obtener directamente con las ecuaciones (18.13), o calculando primero su cantidad de movimiento lineal $m\overline{\mathbf{v}}$, su cantidad de movimiento angular $\mathbf{H}_G$, y luego utilizando la ecuación (18.11).

*18.4. ENERGÍA CINÉTICA DE UN CUERPO RÍGIDO EN TRES DIMENSIONES

Considérese un cuerpo rígido de masa m en movimiento tridimensional. De acuerdo con la sección 14.6, si la velocidad absoluta $\mathbf{v}_i$ de cada partícula P_i del cuerpo se expresa como la suma de la velocidad $\overline{\mathbf{v}}$ del centro de masa G del cuerpo y de la velocidad $\mathbf{v}_i'$ de la partícula con respecto a un sistema de referencia $Gxyz$ con origen en G y de orientación fija (figura 18.7), la energía cinética

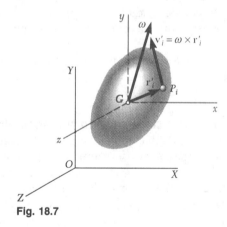

Fig. 18.7

del sistema de partículas que forman el cuerpo rígido se puede escribir en la forma

$$T = \tfrac{1}{2}m\overline{v}^2 + \frac{1}{2}\sum_{i=1}^{n}\Delta m_i v_i'^2 \qquad (18.14)$$

donde el último término representa la energía cinética T' del cuerpo con respecto al sistema de referencia centroidal $Gxyz$. Como $v_i' = |\mathbf{v}_i'| = |\boldsymbol{\omega} \times \mathbf{r}_i'|$, escribimos

$$T' = \frac{1}{2}\sum_{i=1}^{n}\Delta m_i v_i'^2 = \frac{1}{2}\sum_{i=1}^{n}|\boldsymbol{\omega} \times \mathbf{r}_i'|^2\,\Delta m_i$$

Si se expresan los términos cuadráticos en función de las componentes rectangulares del producto vectorial, y si se remplazan las sumas con integrales, se obtiene

$$T' = \tfrac{1}{2}\int[(\omega_x y - \omega_y x)^2 + (\omega_y z - \omega_z y)^2 + (\omega_z x - \omega_x z)^2]\,dm$$
$$= \tfrac{1}{2}[\omega_x^2\int(y^2 + z^2)\,dm + \omega_y^2\int(z^2 + x^2)\,dm + \omega_z^2\int(x^2 + y^2)\,dm$$
$$- 2\omega_x\omega_y\int xy\,dm - 2\omega_y\omega_z\int yz\,dm - 2\omega_z\omega_x\int zx\,dm]$$

o, de acuerdo con las relaciones (18.5) y (18.6),

$$T' = \tfrac{1}{2}(\overline{I}_x\omega_x^2 + \overline{I}_y\omega_y^2 + \overline{I}_z\omega_z^2 - 2\overline{I}_{xy}\omega_x\omega_y - 2\overline{I}_{yz}\omega_y\omega_z - 2\overline{I}_{zx}\omega_z\omega_x) \tag{18.15}$$

Si se sustituye en la ecuación (18.14) la expresión (18.15) que se acaba de obtener para la energía cinética del cuerpo con respecto a ejes centroidales, escribimos

$$T = \tfrac{1}{2}m\overline{v}^2 + \tfrac{1}{2}(\overline{I}_x\omega_x^2 + \overline{I}_y\omega_y^2 + \overline{I}_z\omega_z^2 - 2\overline{I}_{xy}\omega_x\omega_y$$
$$- 2\overline{I}_{yz}\omega_y\omega_z - 2\overline{I}_{zx}\omega_z\omega_x \tag{18.16}$$

Si los ejes de coordenadas se seleccionan de tal modo que coincidan en el instante considerado con los ejes principales x', y', z' del cuerpo, la relación obtenida se reduce a

$$T = \tfrac{1}{2}m\overline{v}^2 + \tfrac{1}{2}(\overline{I}_{x'}\omega_{x'}^2 + \overline{I}_{y'}\omega_{y'}^2 + \overline{I}_{z'}\omega_{z'}^2) \tag{18.17}$$

donde $\overline{\mathbf{v}}$ = velocidad del centro de masa
   $\boldsymbol{\omega}$ = velocidad angular
   m = masa del cuerpo rígido
$\overline{I}_{x'}, \overline{I}_{y'}, \overline{I}_{z'}$ = momentos de inercia centroidales principales

Los resultados obtenidos permiten aplicar al movimiento tridimensional de un cuerpo rígido los principios del trabajo y la energía (sección. 17.2) y de conservación de la energía (sección 17.6).

Energía cinética de un cuerpo rígido con un punto fijo. En el caso particular de un cuerpo rígido que gira en el espacio tridimensional alrededor de un punto fijo O, la energía cinética del cuerpo se puede expresar en función de sus momentos y productos de inercia con respecto a ejes con origen en O (figura 18.8). De acuerdo con la definición de la energía cinética de un sistema de partículas, y sustituyendo $v_i = |\mathbf{v}_i| = |\boldsymbol{\omega} \times \mathbf{r}_i|$, escribimos

$$T = \frac{1}{2}\sum_{i=1}^{n}\Delta m_i v_i^2 = \frac{1}{2}\sum_{i=1}^{n}|\boldsymbol{\omega} \times \mathbf{r}_i|^2\,\Delta m_i \tag{18.18}$$

Con manipulaciones similares a las que se utilizaron para deducir la ecuación (18.15), se obtiene

$$T = \tfrac{1}{2}(I_x\omega_x^2 + I_y\omega_y^2 + I_z\omega_z^2 - 2I_{xy}\omega_x\omega_y - 2I_{yz}\omega_y\omega_z - 2I_{zx}\omega_z\omega_x) \tag{18.19}$$

o, si los ejes principales x', y', z' del cuerpo en el origen O se escogen como ejes de coordenadas,

$$T = \tfrac{1}{2}(I_x\omega_{x'}^2 + I_y\omega_{y'}^2 + I_z\omega_{z'}^2) \tag{18.20}$$

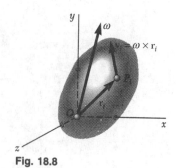

Fig. 18.8

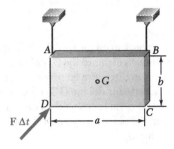

PROBLEMA RESUELTO 18.1

Una placa rectangular de masa m pende de dos alambres A y B, y recibe un golpe en D en una dirección perpendicular a la placa. Si $\mathbf{F}\,\Delta t$ denota el impulso aplicado en D, determínese inmediatamente después del impacto $a)$ la velocidad del centro de masa G, $b)$ la velocidad angular de la placa.

SOLUCIÓN

Si se supone que los alambres permanecen tensos y, por tanto, que las componentes $\bar{v}_y$ de $\bar{\mathbf{v}}$ y ω_z de $\boldsymbol{\omega}$ son cero después del impacto, tenemos

$$\bar{\mathbf{v}} = \bar{v}_x\mathbf{i} + \bar{v}_z\mathbf{k} \qquad \boldsymbol{\omega} = \omega_x\mathbf{i} + \omega_y\mathbf{j}$$

y como los ejes x, y, z son los ejes principales de inercia,

$$\mathbf{H}_G = \bar{I}_x\omega_x\mathbf{i} + \bar{I}_y\omega_y\mathbf{j} \qquad \mathbf{H}_G = \tfrac{1}{12}mb^2\omega_x\mathbf{i} + \tfrac{1}{12}ma^2\omega_y\mathbf{j} \qquad (1)$$

Principio del impulso y la cantidad de movimiento. Como las cantidades de movimiento iniciales son cero, el sistema de los impulsos debe ser equivalente al sistema de las cantidades de movimiento finales:

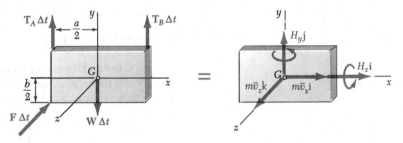

***a*. Velocidad del centro de masa.** Al igualar las componentes de los impulsos y las cantidades de movimiento en las direcciones x y z:

componentes x: $\qquad 0 = m\bar{v}_x \qquad \bar{v}_x = 0$

componentes z: $\qquad -F\,\Delta t = m\bar{v}_z \qquad \bar{v}_z = -F\,\Delta t/m$

$$\bar{\mathbf{v}} = \bar{v}_x\mathbf{i} + \bar{v}_z\mathbf{k} \qquad \bar{\mathbf{v}} = -(F\,\Delta t/m)\mathbf{k} \quad \blacktriangleleft$$

***b*. Velocidad angular.** Al igualar los momentos de los impulsos y las cantidades de movimiento alrededor de los ejes x y y:

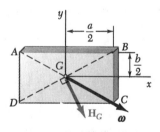

Alrededor del eje x: $\qquad\qquad \tfrac{1}{2}bF\,\Delta t = H_x$

Alrededor del al eje y: $\qquad\qquad -\tfrac{1}{2}aF\,\Delta t = H_y$

$$\mathbf{H}_G = H_x\mathbf{i} + H_y\mathbf{j} \qquad \mathbf{H}_G = \tfrac{1}{2}bF\,\Delta t\,\mathbf{i} - \tfrac{1}{2}aF\,\Delta t\,\mathbf{j} \qquad (2)$$

Al comparar las ecuaciones (1) y (2), se concluye que

$$\omega_x = 6F\,\Delta t/mb \qquad \omega_y = -6F\,\Delta t/ma$$
$$\boldsymbol{\omega} = \omega_x\mathbf{i} + \omega_y\mathbf{j} \qquad \boldsymbol{\omega} = (6F\,\Delta t/mab)(a\mathbf{i} - b\mathbf{j}) \quad \blacktriangleleft$$

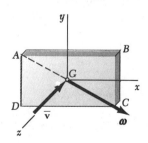

Se observa que $\boldsymbol{\omega}$ está dirigida a lo largo de la diagonal AC.

Observación: Al igualar las componentes y de los impulsos y las cantidades de movimiento, y sus momentos alrededor del eje z, se obtienen dos ecuaciones adicionales que dan $T_A = T_B = \tfrac{1}{2}W$. De este modo, se comprueba que los alambres permanecen tensos y que la suposición fue correcta.

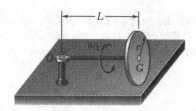

PROBLEMA RESUELTO 18.2

Un disco homogéneo, de radio r y masa m, está montado en un eje OG, de longitud L y masa insignificante. El eje dispone de un pivote en el punto fijo O, y el disco está restringido a rodar en una superficie horizontal. Si el disco gira en sentido contrario al de las manecillas del reloj a la velocidad ω_1 alrededor del eje OG, determínese $a)$ la velocidad angular del disco, $b)$ su cantidad de movimiento angular con respecto a O, $c)$ su energía cinética, $d)$ el vector y el par aplicados en G equivalentes a las cantidades de movimiento de las partículas del disco.

SOLUCIÓN

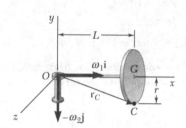

a. Velocidad angular. Cuando el disco gira alrededor del eje OG, también lo hace alrededor del eje y a una velocidad ω_2 en el sentido de las manecillas del reloj. La velocidad angular total del disco es, por consiguiente,

$$\boldsymbol{\omega} = \omega_1\mathbf{i} - \omega_2\mathbf{j} \tag{1}$$

Para determinar ω_2, escribimos que la velocidad de C es cero:

$$\mathbf{v}_C = \boldsymbol{\omega} \times \mathbf{r}_C = 0$$
$$(\omega_1\mathbf{i} - \omega_2\mathbf{j}) \times (L\mathbf{i} - r\mathbf{j}) = 0$$
$$(L\omega_2 - r\omega_1)\mathbf{k} = 0 \qquad \omega_2 = r\omega_1/L$$

Sustituyendo ω_2, en (1): $\qquad\qquad \boldsymbol{\omega} = \omega_1\mathbf{i} - (r\omega_1/L)\mathbf{j}$ ◄

b. Cantidad de movimiento angular con respecto a O. Si se supone que el eje forma parte del disco, se puede considerar que éste tiene un punto fijo en O. Como los ejes x, y y z son ejes principales de inercia para el disco,

$$H_x = I_x\omega_x = (\tfrac{1}{2}mr^2)\omega_1$$
$$H_y = I_y\omega_y = (mL^2 + \tfrac{1}{4}mr^2)(-r\omega_1/L)$$
$$H_z = I_z\omega_z = (mL^2 + \tfrac{1}{4}mr^2)0 = 0$$

$$\mathbf{H}_O = \tfrac{1}{2}mr^2\omega_1\mathbf{i} - m(L^2 + \tfrac{1}{4}r^2)(r\omega_1/L)\mathbf{j}$$ ◄

c. Energía cinética. Con los valores obtenidos para los momentos de inercia y las componentes de $\boldsymbol{\omega}$, tenemos

$$T = \tfrac{1}{2}(I_x\omega_x^2 + I_y\omega_y^2 + I_z\omega_z^2) = \tfrac{1}{2}[\tfrac{1}{2}mr^2\omega_1^2 + m(L^2 + \tfrac{1}{4}r^2)(-r\omega_1/L)^2]$$

$$T = \tfrac{1}{8}mr^2\left(6 + \frac{r^2}{L^2}\right)\omega_1^2$$ ◄

d. Vector de cantidad de movimiento y par aplicados en G. El vector de cantidad de movimiento lineal $m\bar{\mathbf{v}}$ y el par de cantidad de movimiento angular $\mathbf{H}_G$ son

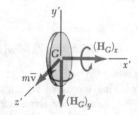

$$m\bar{\mathbf{v}} = mr\omega_1\mathbf{k}$$ ◄

y

$$\mathbf{H}_G = \bar{I}_{x'}\omega_x\mathbf{i} + \bar{I}_{y'}\omega_y\mathbf{j} + \bar{I}_{z'}\omega_z\mathbf{k} = \tfrac{1}{2}mr^2\omega_1\mathbf{i} + \tfrac{1}{4}mr^2(-r\omega_1/L)\mathbf{j}$$

$$\mathbf{H}_G = \tfrac{1}{2}mr^2\omega_1\left(\mathbf{i} - \frac{r}{2L}\mathbf{j}\right)$$ ◄

En esta lección se aprendió a calcular la *cantidad de movimiento angular de un cuerpo rígido en tres dimensiones,* y a aplicar el principio del impulso y la cantidad de movimiento al movimiento tridimensional de un cuerpo rígido. También se aprendió a calcular la *energía cinética de un cuerpo rígido en tres dimensiones.* Es importante que se tenga en cuenta que, salvo en situaciones muy especiales, la cantidad de movimiento angular de un cuerpo rígido en tres dimensiones *no* se puede expresar como el producto $\overline{I}\boldsymbol{\omega}$ y, por consiguiente, *no tendrá la misma dirección que la velocidad angular* $\boldsymbol{\omega}$ (figura 18.3).

1. *Para calcular la cantidad de movimiento angular* $\mathbf{H}_G$ ***con respecto a su centro de masa*** **G,** primero se tiene que determinar la velocidad angular $\boldsymbol{\omega}$ del cuerpo con respecto a un sistema de ejes *con centro en G y de orientación fija.* Como en esta lección se le pedirá determinar la cantidad de movimiento angular del cuerpo *en un instante dado únicamente,* elija el sistema de ejes más conveniente para los cálculos.

   a. Si se conocen los ejes principales de inercia del cuerpo en G, utilícelos como ejes de coordenadas x', y' y z', puesto que los productos de inercia correspondientes del cuerpo serán iguales a cero. Transforme $\boldsymbol{\omega}$ en componentes, $\omega_{x'}$, $\omega_{y'}$, $\omega_{z'}$, a lo largo de estos ejes, y calcule los momentos principales de inercia, $I_{x'}$, $I_{y'}$, e $I_{z'}$. Las componentes correspondientes de la cantidad de movimiento angular $\mathbf{H}_G$ son

$$H_{x'} = \overline{I}_{x'}\omega_{x'} \qquad H_{y'} = \overline{I}_{y'}\omega_{y'} \qquad H_{z'} = \overline{I}_{z'}\omega_{z'} \tag{18.10}$$

   b. Si no se conocen los ejes principales de inercia del cuerpo en G, se debe usar la ecuación (18.7) para determinar las componentes de la cantidad de movimiento angular $\mathbf{H}_G$. Estas ecuaciones requieren el cálculo previo de los *productos de inercia* del cuerpo, lo mismo que el cálculo previo de sus momentos de inercia con respecto a los ejes seleccionados.

   c. La magnitud y los cosenos directores de $\mathbf{H}_G$ se obtienen con fórmulas similares a las que se utilizaron en estática (sección 2.12). Tenemos

$$H_G = \sqrt{H_x^2 + H_y^2 + H_z^2}$$

$$\cos\theta_x = \frac{H_x}{H_G} \qquad \cos\theta_y = \frac{H_y}{H_G} \qquad \cos\theta_z = \frac{H_z}{H_G}$$

   d. Una vez que se ha determinado $\mathbf{H}_G$, se puede obtener la cantidad de movimiento angular del cuerpo *con respecto a cualquier punto dado* O puesto que de acuerdo con la figura (18.4).

$$\mathbf{H}_O = \overline{\mathbf{r}} \times m\overline{\mathbf{v}} + \mathbf{H}_G \tag{18.11}$$

donde $\overline{\mathbf{r}}$ es el vector de posición de G con respecto a O, y $m\overline{\mathbf{v}}$ es la cantidad de movimiento lineal del cuerpo.

2. *Para calcular la cantidad de movimiento angular* $\mathbf{H}_O$ ***de un cuerpo rígido con un punto fijo*** **O,** siga el procedimiento descrito en el párrafo 1, excepto que ahora se deben usar ejes con su centro en el punto fijo O.

   a. Si se conocen los ejes principales de inercia del cuerpo en O, transforme $\boldsymbol{\omega}$ en componentes a lo largo de estos ejes [problema resuelto 18.2]. Las componentes correspondientes de la cantidad de movimiento angular $\mathbf{H}_G$ se obtienen con ecuaciones similares a las ecuaciones (18.1).

(continúa)

b. Si no se conocen los ejes principales de inercia del cuerpo en O, debe calcular los productos y los momentos de inercia del cuerpo con respecto a los ejes seleccionados, y utilizar las ecuaciones (18.13) para determinar las componentes de la cantidad de movimiento angular $\mathbf{H}_O$.

3. *Para aplicar el principio del impulso y la cantidad de movimiento* a la solución de un problema que implica el movimiento tridimensional de un cuerpo rígido, se utilizará la misma ecuación vectorial utilizada para movimiento plano en el capítulo 17.

$$\text{Sist. cant. mov.}_1 + \text{Sist. imp. ext.}_{1\rightarrow 2} = \text{Sist. cant. mov.}_2 \tag{17.4}$$

donde los sistemas inicial y final de las cantidades de movimiento están representados por un *vector de cantidad de movimiento lineal m$\bar{\mathbf{v}}$ y un *par de cantidad de movimiento angular* $\mathbf{H}_G$. No obstante, ahora estos sistemas vector-par se deben representar en tres dimensiones, como se muestra en la figura 18.6, y $\mathbf{H}_G$ se determinará como se explica en el párrafo 1.

a. En problemas que implican la aplicación de un impulso conocido a un cuerpo rígido, dibuje la ecuación de diagramas de cuerpo libre correspondiente a la ecuación (17.4). Para determinar la cantidad de movimiento lineal final m$\bar{\mathbf{v}}$ del cuerpo y, por consiguiente, la velocidad correspondiente $\bar{\mathbf{v}}$ de su centro de masa, se igualan las componentes de los vectores implicados. Si se igualan los momentos con respecto a G, se determinará la cantidad de movimiento angular final $\mathbf{H}_G$ del cuerpo. Luego se sustituyen los valores obtenidos para las componentes de $\mathbf{H}_G$ en las ecuaciones (18.10) o (18.7) y se resuelven para los valores correspondientes de las componentes de la velocidad angular $\boldsymbol{\omega}$ del cuerpo [problema resuelto 18.1].

b. En problemas que implican impulsos desconocidos, se dibuja la ecuación de diagramas de cuerpo libre correspondiente a la ecuación (17.4) y se escriben ecuaciones que no impliquen los impulsos desconocidos. Tales ecuaciones se pueden obtener igualando los momentos con respecto al punto o a la línea de impacto.

4. *Para calcular la energía cinética de un cuerpo rígido con un punto fijo O*, se transforma la velocidad angular $\boldsymbol{\omega}$ en componentes a lo largo de ejes de su elección, y se calculan los momentos y productos de inercia del cuerpo con respecto a dichos ejes. Como en el caso del cálculo de la cantidad de movimiento angular, se utilizan los ejes principales de inercia x', y' y z' si son fáciles de determinar. Los productos de inercia serán, por tanto, cero [problema resuelto 18.2], y la expresión para la energía cinética se reducirá a

$$T = \tfrac{1}{2}(I_{x'}\omega_{x'}^2 + I_{y'}\omega_{y'}^2 + I_{z'}\omega_{x'}^2) \tag{18.20}$$

Si se utilizan ejes diferentes de los ejes principales de inercia, la energía cinética del cuerpo se debe expresar como se muestra en la ecuación (18.19).

5. *Para calcular la energía cinética de un cuerpo rígido en movimiento general*, se considera el movimiento como la suma de una *traslación junto con el centro de masa G y una rotación con respecto a G*. La energía cinética asociada con la traslación es $\tfrac{1}{2}m\bar{v}^2$. Si se pueden usar los ejes principales de inercia, la energía cinética asociada con la rotación alrededor de G se puede expresar en la forma utilizada en la ecuación (18.20). La energía cinética total del cuerpo rígido es, entonces,

$$T = \tfrac{1}{2}m\bar{v}^2 + \tfrac{1}{2}(\bar{I}_{x'}\omega_{x'}^2 + \bar{I}_{y'}\omega_{y'}^2 + \bar{I}_{z'}\omega_{z'}^2) \tag{18.17}$$

Si se tienen que usar ejes diferentes de los ejes principales de inercia para determinar la energía cinética asociada con la rotación alrededor de G, la energía cinética total del cuerpo se debe expresar como se muestra en la ecuación (18.16).

Problemas

18.1   Dos barras uniformes AB y CE, cada una de 1.5 kg de masa y de 600 mm de longitud, están soldadas entre sí en sus puntos medios. Si este ensamblaje tiene una velocidad angular de magnitud constante $\omega = 12$ rad/s, determine la magnitud y la dirección de la cantidad de movimiento angular $\mathbf{H}_D$ del ensamblaje con respecto a D.

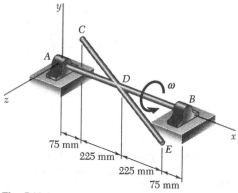

Fig. P18.1

18.2   Un disco delgado homogéneo, de masa m y radio r, gira a la velocidad constante ω_1 alrededor de un eje sostenido por una barra vertical con un extremo en forma de horquilla, la cual gira a una velocidad constante ω_2. Determine la cantidad de movimiento angular $\mathbf{H}_G$ del disco con respecto a su centro de masa G.

18.3   Una placa rectangular de 18 lb de peso está montada en una flecha, como se muestra. Si la placa tiene una velocidad angular de magnitud constante $\omega = 5$ rad/s, determine la cantidad de movimiento angular $\mathbf{H}_G$ de la placa con respecto a su centro de masa G.

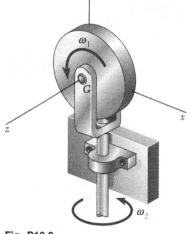

Fig. P18.2

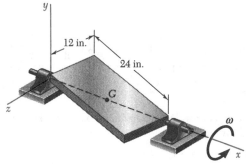

Fig. P18.3

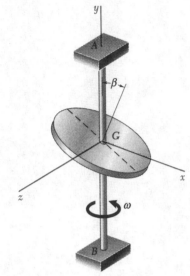

Fig. P18.4

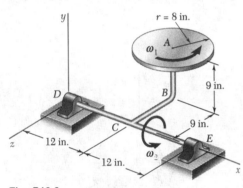

Fig. P18.6

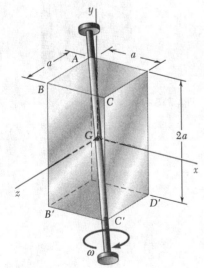

Fig. P18.7

18.4 Un disco homogéneo, de masa m y radio r, está montado en la flecha vertical AB. La normal al disco en G forma un ángulo $\beta = 25°$ con la flecha. Si ésta gira a una velocidad angular constante $\boldsymbol{\omega}$, determine el ángulo θ formado por la flecha AB y la cantidad de movimiento angular $\mathbf{H}_G$ del disco con respecto a su centro de masa G.

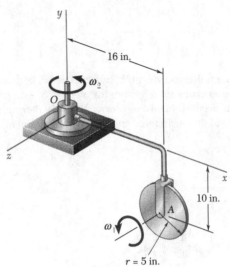

Fig. P18.5

18.5 Un disco homogéneo de peso $W = 8$ lb gira a la velocidad constante $\omega_1 = 12$ rad/s con respecto al brazo OA, que a su vez gira a la velocidad constante $\omega_2 = 4$ rad/s alrededor del eje y. Determine la cantidad de movimiento angular $\mathbf{H}_A$ del disco con respecto a su centro A.

18.6 Un disco homogéneo de peso $W = 6$ lb gira a la velocidad constante $\omega_1 = 16$ rad/s con respecto al brazo ABC, el cual está soldado a una flecha DCE que gira a la velocidad constante $\omega_2 = 8$ rad/s. Determine la cantidad de movimiento angular $\mathbf{H}_A$ del disco con respecto a su centro A.

18.7 Un paralelepípedo rectangular sólido de masa m tiene una base cuadrada de lado a y una longitud de $2a$. Si gira a la velocidad constante ω alrededor de su diagonal AC', y si su rotación se observa desde A como en sentido contrario al de las manecillas del reloj, determine a) la magnitud de la cantidad de movimiento angular $\mathbf{H}_G$ del paralelepípedo con respecto a su centro de masa G, b) el ángulo que $\mathbf{H}_G$ forma con la diagonal AC'.

18.8 Resuelva el problema 18.7, suponiendo que el paralelepípedo sólido es remplazado por uno hueco, compuesto por seis láminas delgadas soldadas entre sí.

18.9 Determine la cantidad de movimiento angular $\mathbf{H}_O$ del disco del problema 18.5 con respecto al punto fijo O.

18.10 Determine la cantidad de movimiento angular $\mathbf{H}_D$ del disco del problema 18.6 con respecto al punto D.

18.11 El proyectil de 30 kg mostrado tiene un radio de giro de 60 mm con respecto a su eje de simetría Gx, y un radio de giro de 250 mm con respecto al eje transversal Gy. Su velocidad angular $\boldsymbol{\omega}$ se puede transformar en dos componentes: una, dirigida a lo largo de Gx, mide la *velocidad de giro* del proyectil, la otra, dirigida a lo largo de GD, mide su *velocidad de precesión*. Si $\theta = 5°$ y si la cantidad de movimiento angular del proyectil con respecto a su centro de masa G es $\mathbf{H}_G = (320 \text{ g} \cdot \text{m}^2/\text{s})\mathbf{i} - (9 \text{ g} \cdot \text{m}^2/\text{s})\mathbf{j}$, determine a) la velocidad de giro, b) la velocidad de precesión.

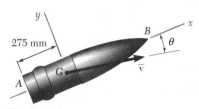

Fig. P18.11

18.12 Determine la cantidad de movimiento angular $\mathbf{H}_A$ del proyectil del problema 18.11 con respecto al centro A de su base, si su centro de masa G tiene una velocidad $\overline{\mathbf{v}}$ de 650 m/s. Dé su respuesta en función de componentes respectivamente paralelas a los ejes x y y mostrados, y a un tercer eje z que apunta hacia usted.

18.13 a) Demuestre que la cantidad de movimiento angular $\mathbf{H}_B$ de un cuerpo rígido con respecto al punto B se puede obtener sumando a la cantidad de movimiento angular $\mathbf{H}_A$ de dicho cuerpo con respecto al punto A, el producto vectorial del vector $\mathbf{r}_{A/B}$ trazado de B a A y la cantidad de movimiento lineal $m\overline{\mathbf{v}}$ del cuerpo:

$$\mathbf{H}_B = \mathbf{H}_A + \mathbf{r}_{A/B} \times m\overline{\mathbf{v}}$$

b) Demuestre, además, que cuando un cuerpo rígido gira alrededor de un eje fijo, su cantidad de movimiento angular es la misma con respecto a dos puntos A y B cualesquiera localizados en el eje fijo ($\mathbf{H}_A = \mathbf{H}_B$) si, y sólo si, el centro de masa G del cuerpo se localiza en el eje fijo.

18.14 Determine la cantidad de movimiento angular $\mathbf{H}_O$ del disco del problema resuelto 18.2 a partir de las expresiones obtenidas para su cantidad de movimiento lineal $m\overline{\mathbf{v}}$ y su cantidad de movimiento angular $\mathbf{H}_G$, con las ecuaciones (18.11). Compruebe que el resultado obtenido es igual al que se obtuvo por medio del cálculo directo.

18.15 Para formar la flecha mostrada se utiliza una barra de sección transversal uniforme. Si m denota la masa total de la flecha y si ésta gira con una velocidad angular constante $\boldsymbol{\omega}$, determine a) la cantidad de movimiento angular $\mathbf{H}_G$ de la flecha con respecto a su centro de masa G, b) el ángulo formado por $\mathbf{H}_G$ y el eje AB.

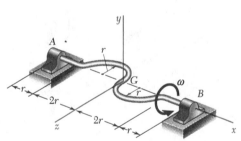

Fig. P18.15

18.16 La placa triangular mostrada tiene una masa de 7.5 kg y está soldada a una flecha vertical AB. Si la placa gira a la velocidad constante $\omega = 12$ rad/s, determine su cantidad de movimiento angular con respecto a) al punto C, b) al punto A. (*Sugerencia*: para resolver la parte b encuentre $\overline{\mathbf{v}}$ y use la propiedad indicada en la parte a del problema 18.13.)

18.17 La placa triangular mostrada tiene una masa de 7.5 kg, y está soldada a una flecha vertical AB. Si la placa gira a la velocidad constante $\omega = 12$ rad/s, determine su cantidad de movimiento angular con respecto a) al punto C, b) al punto B. (Véase la sugerencia del problema 18.16.)

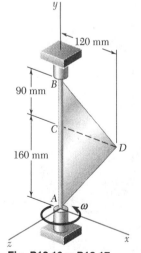

Fig. P18.16 y *P18.17*

18.18 Determine la cantidad de movimiento angular de la flecha del problema 18.15 con respecto a) al punto A, b) al punto B.

18.19 Dos brazos en forma de L, cada uno de 5 lb, están soldados en los puntos que dividen en tercios a la flecha *AB* de 27 in. para formar el ensamblaje mostrado. Si éste gira a la velocidad constante de 360 rpm, determine *a*) la cantidad de movimiento angular $\mathbf{H}_A$ del ensamblaje con respecto al punto *A*, *b*) el ángulo formado por $\mathbf{H}_A$ y *AB*.

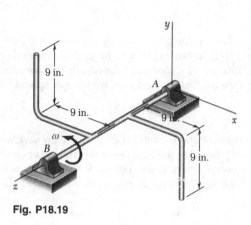

Fig. P18.19

18.20 Para el ensamblaje del problema 18.19, determine *a*) su cantidad de movimiento angular $\mathbf{H}_B$ con respecto al punto *B*, *b*) el ángulo formado por $\mathbf{H}_B$ y *BA*.

18.21 Una de las esculturas exhibidas en un plantel universitario se compone de un cubo hueco formado con seis láminas de aluminio de 5 × 5 ft, soldadas entre sí y reforzadas con riostras internas de peso insignificante. El cubo está montado en una base fija *A*, y puede girar libremente alrededor de su diagonal vertical *AB*. Al pasar frente a la escultura en su camino a una clase de mecánica, una estudiante de ingeniería sujeta la esquina *C* del cubo y lo empuja durante 1.2 s en una dirección perpendicular al plano *ABC*, con una fuerza promedio de 12.5 lb. Al observar que se requieren 5 s para que el cubo dé un giro completo, la estudiante saca su calculadora y procede a determinar el peso del cubo. ¿Cuál es el resultado de su cálculo? (*Sugerencia*: la distancia perpendicular de la diagonal que une dos vértices de un cubo a cualesquiera de sus otros seis vértices se puede obtener multiplicando el lado del cubo por $\sqrt{2/3}$).

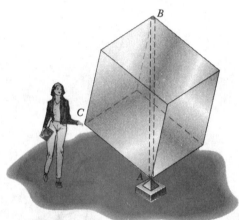

Fig. P18.21

18.22 Si el cubo de aluminio del problema 18.21 fuera remplazado por un cubo del mismo tamaño, formado con seis hojas de madera contrachapada de 20 lb cada una, ¿cuánto tiempo se requeriría para que el cubo diera un giro completo, si la estudiante empuja la esquina *C* de la misma manera en que empujó la esquina del cubo de aluminio?

18.23 Dos placas circulares, cada una de 4 kg de masa, están rígidamente conectadas por una barra *AB* de masa insignificante, y penden del punto *A* como se muestra. Si se aplica un impulso $\mathbf{F}\,\Delta t = -(2.4\text{ N}\cdot\text{s})\mathbf{k}$ en el punto *D*, determine *a*) la velocidad del centro de masa *G* del ensamblaje, *b*) la velocidad angular del ensamblaje.

18.24 Dos placas circulares, cada una de 4 kg de masa, están rígidamente conectadas por una barra *AB* de masa insignificante y penden del punto *A* como se muestra. Si se aplica un impulso $\mathbf{F}\,\Delta t = (2.4\text{ N}\cdot\text{s})\mathbf{j}$ en el punto *D*, determine *a*) la velocidad del centro de masa *G* del ensamblaje, *b*) la velocidad angular del ensamblaje.

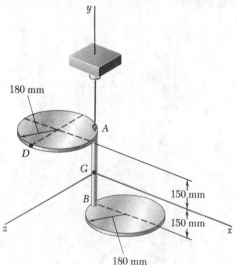

Fig. P18.23 y P18.24

18.25 Una barra uniforme de masa m es doblada para darle la forma que se muestra y cuelga de un alambre sujeto en el centro de masa G de la barra. La barra doblada recibe un golpe en A en una dirección perpendicular al plano que la contiene (en la dirección x positiva). Si $\mathbf{F}\,\Delta t$ denota el impulso correspondiente, determine inmediatamente después del impacto a) la velocidad del centro de masa G, b) la velocidad angular de la barra.

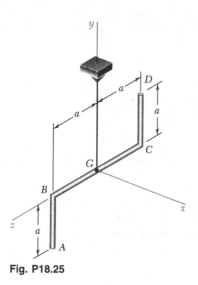
Fig. P18.25

18.26 Resuelva el problema 18.25, suponiendo que la barra doblada recibe el golpe en B.

18.27 Tres barras esbeltas, cada una de masa m y longitud $2a$, están soldadas entre sí para formar el sistema mostrado. Éste recibe un golpe en A en una dirección vertical hacia abajo. Si $\mathbf{F}\,\Delta t$ denota el impulso correspondiente, determine inmediatamente después del impacto a) la velocidad del centro de masa G, b) la velocidad angular de la barra.

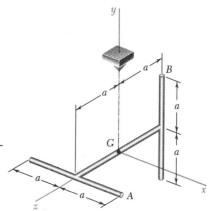
Fig. P18.27

18.28 Resuelva el problema 18.27, suponiendo que el sistema recibe el golpe en B, en una dirección contraria a la del eje x.

18.29 Una placa cuadrada, de lado a y masa m, cuelga de una articulación de rótula en A, y está girando alrededor del eje y con una velocidad angular constante $\boldsymbol{\omega} = \omega_0\mathbf{j}$, cuando de repente se introduce una obstrucción en B en el plano xy. Si el impacto en B es perfectamente plástico ($e = 0$), determine inmediatamente después del impacto a) la velocidad angular de la placa, b) la velocidad de su centro de masa G.

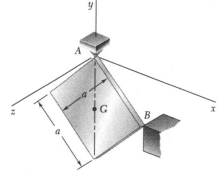
Fig. P18.29

18.30 Determine el impulso ejercido sobre la placa del problema 18.29 durante el impacto de a) la obstrucción en B, b) el apoyo en A.

18.31 Una placa rectangular de masa m cae con una velocidad $\bar{\mathbf{v}}_0$ y sin velocidad angular, cuando su esquina C choca con una obstrucción. Si el impacto es perfectamente plástico ($e = 0$), determine la velocidad angular de la placa inmediatamente después del impacto.

18.32 Para la placa del problema 18.31, determine a) la velocidad de su centro de masa G inmediatamente después del impacto, b) el impulso ejercido sobre la placa por la obstrucción durante el impacto.

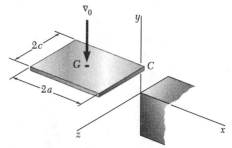
Fig. P18.31

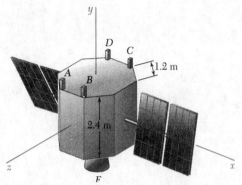

Fig. P18.33

18.33 Una sonda de 2500 kg, en órbita alrededor de la Luna, tiene 2.4 m de alto y bases octagonales de 1.2 m por lado. Los ejes de coordenadas mostrados son los ejes principales centroidales de inercia de la sonda, y sus radios de giro son $k_x = 0.98$ m, $k_y = 1.06$ m y $k_z = 1.02$ m. La sonda está equipada con un propulsor principal E de 500 N y con cuatro propulsores A, B, C y D de 20 N, los cuales pueden expeler combustible en la dirección y positiva. La sonda tiene una velocidad angular $\boldsymbol{\omega} = (0.040 \text{ rad/s})\mathbf{i} + (0.060 \text{ rad/s})\mathbf{k}$, cuando se utilizan dos de los propulsores de 20 N para reducir la velocidad angular a cero. Determine a) cuál de los propulsores se debe usar, b) el tiempo de operación de cada uno de esos propulsores, c) por cuánto tiempo se debe activar el propulsor E para que la velocidad del centro de masa de la sonda no cambie.

18.34 Resuelva el problema 18.33, suponiendo que la velocidad angular de la sonda es $\boldsymbol{\omega} = (0.060 \text{ rad/s})\mathbf{i} - (0.040 \text{ rad/s})\mathbf{k}$.

18.35 Los ejes de coordenadas mostrados representan los ejes principales centroidales de inercia de una sonda espacial de 3000 lb, cuyos radios de giro son $k_x = 1.375$ ft, $k_y = 1.425$ ft y $k_z = 1.250$ ft. La sonda no tiene velocidad angular cuando un meteorito de 5 oz golpea uno de sus paneles solares en el punto A con una velocidad $\mathbf{v}_0 = (2400 \text{ ft/s})\mathbf{i} - (3000 \text{ ft/s})\mathbf{j} + (3200 \text{ ft/s})\mathbf{k}$ con respecto a la sonda. Si el meteorito sale por el otro lado del panel sin que cambie la dirección de su velocidad, pero con una reducción de su velocidad del 20%, determine la velocidad angular final de la sonda.

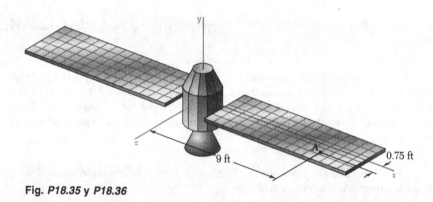

Fig. *P18.35* y *P18.36*

18.36 Los ejes de coordenadas mostrados representan los ejes principales centroidales de inercia de una sonda espacial de 3000 lb cuyos radios de giro son $k_x = 1.375$ ft, $k_y = 1.425$ ft y $k_z = 1.250$ ft. La sonda no tiene velocidad angular, cuando un meteorito de 5 oz golpea uno de sus paneles solares en el punto A, y emerge por el otro lado del panel sin que cambie la dirección de su velocidad, pero con una reducción de su velocidad de 25%. Si la velocidad angular final de la sonda es $\boldsymbol{\omega} = (0.05 \text{ rad/s})\mathbf{i} - (0.12 \text{ rad/s})\mathbf{j} + \omega_z\mathbf{k}$ y si la componente x del cambio de velocidad resultante del centro de masa de la sonda es -0.657 in./s, determine a) la componente ω_z de la velocidad angular final de la sonda, b) la velocidad relativa $\mathbf{v}_0$ con la que el meteorito choca con el panel.

18.37 Si $\boldsymbol{\omega}$, $\mathbf{H}_O$ y T denotan, respectivamente, la velocidad angular, la cantidad de movimiento angular y la energía cinética de un cuerpo rígido con un punto fijo O, a) demuestre que $\mathbf{H}_O \cdot \boldsymbol{\omega} = 2T$; b) demuestre que el ángulo θ entre $\boldsymbol{\omega}$ y $\mathbf{H}_O$ siempre será agudo.

18.38 Demuestre que la energía cinética de un cuerpo rígido con un punto fijo O se puede expresar como $T = \frac{1}{2}I_{OL}\omega^2$, donde $\boldsymbol{\omega}$ es la velocidad angular instantánea del cuerpo e I_{OL} es su momento de inercia con respecto a la línea de acción OL de $\boldsymbol{w}$. Deduzca esta expresión a) con las ecuaciones (9.46) y (18.19), b) considerando T como la suma de las energías cinéticas de las partículas P_i que describen círculos de radios ρ_i alrededor de la línea OL.

18.39 Determine la energía cinética del ensamblaje del problema 18.1.

18.40 Determine la energía cinética del disco del problema 18.2.

18.41 Determine la energía cinética de la placa rectangular del problema 18.3.

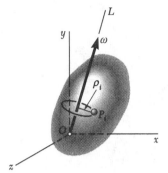

Fig. P18.38

18.42 Determine la energía cinética del disco del problema 18.4.

18.43 Determine la energía cinética de la barra del problema 18.15.

18.44 Determine la energía cinética de la placa triangular del problema 18.16.

18.45 Determine la energía cinética del ensamblaje del problema 18.19.

18.46 Determine la energía cinética impartida al cubo del problema 18.21.

18.47 Determine la energía cinética del disco del problema 18.5.

18.48 Determine la energía cinética del disco del problema 18.6.

18.49 Determine la energía cinética del paralelepípedo sólido del problema 18.7.

18.50 Determine la energía cinética del paralelepípedo hueco del problema 18.8.

18.51 Determine la energía cinética perdida cuando la placa del problema 18.29 golpea la obstrucción en B.

18.52 Determine la energía cinética perdida cuando la esquina C de la placa del problema 18.31 golpea la obstrucción.

18.53 Determine la energía cinética de la sonda espacial del problema 18.35 en su movimiento alrededor de su centro de masa después de su colisión con el meteorito.

18.54 Determine la energía cinética de la sonda espacial del problema 18.36 en su movimiento alrededor de su centro de masa después de su colisión con el meteorito.

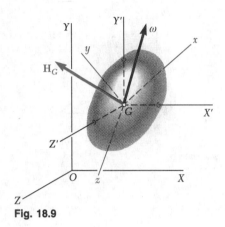

Fig. 18.9

*18.5. MOVIMIENTO DE UN CUERPO RÍGIDO EN TRES DIMENSIONES

Tal como se señaló en la sección 18.2, las ecuaciones fundamentales

$$\Sigma \mathbf{F} = m\overline{\mathbf{a}} \qquad (18.1)$$
$$\Sigma \mathbf{M}_G = \dot{\mathbf{H}}_G \qquad (18.2)$$

conservan su validez en el caso más general del movimiento de un cuerpo rígido. Antes de que la ecuación (18.2) se pudiera aplicar al movimiento tridimensional de un cuerpo rígido, sin embargo, fue necesario derivar las ecuaciones (18.7), las cuales relacionan las componentes de la cantidad de movimiento angular $\mathbf{H}_G$ y las de la velocidad angular $\boldsymbol{\omega}$. Aún falta hallar una manera efectiva y conveniente de calcular las componentes de la derivada $\dot{\mathbf{H}}_G$ de la cantidad de movimiento angular.

Como $\mathbf{H}_G$ representa la cantidad de movimiento angular del cuerpo en su movimiento con respecto a ejes centroidales $GX'Y'Z'$ de orientación fija (figura 18.9), y como $\dot{\mathbf{H}}_G$ representa la razón de cambio $\mathbf{H}_G$ con respecto a los mismos ejes, parece ser normal que se utilicen las componentes de $\boldsymbol{\omega}$ y $\mathbf{H}_G$ a lo largo de los ejes X', Y', Z' al escribir las relaciones (18.7). Pero como el cuerpo gira, sus momentos y productos de inercia cambian continuamente, y es necesario determinar sus valores como funciones del tiempo. Por consiguiente, es más conveniente utilizar los ejes x, y, z vinculados al cuerpo, lo que garantiza que sus momentos y productos de inercia conservarán los mismos valores durante el movimiento. Esto se permite puesto que, tal como se indicó con anterioridad, la transformación de $\boldsymbol{\omega}$ en $\mathbf{H}_G$ es independiente del sistema de ejes de coordenadas seleccionado. La velocidad angular $\boldsymbol{\omega}$, no obstante, aún debe *definirse* con respecto al sistema de referencia $GX'Y'Z'$ de orientación fija. El vector $\boldsymbol{\omega}$, entonces, se puede *transformar* en componentes a lo largo de los ejes x, y y z rotatorios. Al aplicar las relaciones (18.7), se obtienen las *componentes* del vector $\mathbf{H}_G$ a lo largo de los ejes rotatorios. No obstante, el vector $\mathbf{H}_G$, representa la cantidad de movimiento angular con respecto a G del cuerpo *en su movimiento con respecto al sistema de referencia $GX'Y'Z'$*.

Al diferenciar con respecto a t las componentes de la cantidad de movimiento angular en (18.7), se define la razón de cambio del vector $\mathbf{H}_G$ con respecto al sistema de coordenadas rotatorio $Gxyz$:

$$(\dot{\mathbf{H}}_G)_{Gxyz} = \dot{H}_x \mathbf{i} + \dot{H}_y \mathbf{j} + \dot{H}_z \mathbf{k} \qquad (18.21)$$

donde $\mathbf{i}, \mathbf{j}, \mathbf{k}$ son los vectores unitarios a lo largo de los ejes rotatorios. De acuerdo con la sección 15.10, la razón de cambio $\dot{\mathbf{H}}_G$ del vector $\mathbf{H}_G$ con respecto al sistema de referencia $GX'Y'Z'$ se encuentra sumando a $(\dot{\mathbf{H}}_G)_{Gxyz}$ el producto vectorial $\boldsymbol{\Omega} \times \mathbf{H}_G$ donde $\boldsymbol{\Omega}$ denota la velocidad angular del sistema de referencia rotatorio; por consiguiente,

$$\dot{\mathbf{H}}_G = (\dot{\mathbf{H}}_G)_{Gxyz} + \boldsymbol{\Omega} \times \mathbf{H}_G \qquad (18.22)$$

donde $\mathbf{H}_G$ = cantidad de movimiento angular del cuerpo con respecto al sistema de referencia $GX'Y'Z'$ de orientación fija

$(\dot{\mathbf{H}}_G)_{Gxyz}$ = razón de cambio de $\mathbf{H}_G$ con respecto al sistema de referencia $Gxyz$ rotatorio, calculada con las relaciones (18.7) y (18.21).

$\boldsymbol{\Omega}$ = velocidad angular del sistema de referencia rotatorio $Gxyz$.

Al sustituir $\dot{\mathbf{H}}_G$ de la ecuación (18.22) en (18.2), tenemos

*18.6. Ecuaciones del movimiento de Euler, **1127**
extensión del principio de D'Alembert al
movimiento de un cuerpo rígido en tres
dimensiones

$$\Sigma\mathbf{M}_G = (\dot{\mathbf{H}}_G)_{Gxyz} + \boldsymbol{\Omega}\times\mathbf{H}_G \qquad (18.23)$$

Si el sistema de referencia rotatorio se fija al cuerpo, como ya se supuso en este análisis, su velocidad angular $\boldsymbol{\Omega}$ es idéntico a la velocidad angular $\boldsymbol{\omega}$ del cuerpo. Existen muchas aplicaciones, sin embargo, donde es ventajoso utilizar un sistema de referencia que en realidad no esté vinculado al cuerpo, sino que gira de una manera independiente. Por ejemplo, si el cuerpo considerado es simétrico con respecto a un eje, como en el problema resuelto 18.5 o en la sección 18.9, es posible seleccionar un sistema de referencia con respecto al cual los momentos y productos de inercia del cuerpo permanezcan constantes, pero que gire menos que el cuerpo en sí.† En consecuencia, es posible obtener expresiones más simples para la velocidad angular $\boldsymbol{\omega}$ y la cantidad de movimiento angular $\mathbf{H}_G$ del cuerpo que las que se podrían haber obtenido si el sistema de coordenadas de referencia en realidad hubiera estado vinculado al cuerpo. Está claro que, en casos como ésos, la velocidad angular $\boldsymbol{\Omega}$ del sistema de referencia rotatorio y la velocidad angular $\boldsymbol{\omega}$ del cuerpo son diferentes.

*18.6. ECUACIONES DEL MOVIMIENTO DE EULER, EXTENSIÓN DEL PRINCIPIO DE D'ALEMBERT AL MOVIMIENTO DE UN CUERPO RÍGIDO EN TRES DIMENSIONES

Si se seleccionan los ejes x, y y z de tal modo que coicidan con los ejes principales de inercia del cuerpo, se pueden usar las relaciones simplificadas (18.10) para determinar las componentes de la cantidad de movimiento angular $\mathbf{H}_G$. Si se omiten los apóstrofos de los subíndices, escribimos

$$\mathbf{H}_G = \overline{I}_x\omega_x\mathbf{i} + \overline{I}_y\omega_y\mathbf{j} + \overline{I}_z\omega_z\mathbf{k} \qquad (18.24)$$

donde $\overline{I}_x$, $\overline{I}_y$, e $\overline{I}_z$ denotan los momentos de inercia centroidales principales del cuerpo. Al sustituir $\mathbf{H}_G$ de la ecuación (18.24) en la ecuación (18.23) y con $\boldsymbol{\Omega} = \boldsymbol{\omega}$, se obtienen las tres ecuaciones escalares

$$\begin{aligned}
\Sigma M_x &= \overline{I}_x\dot{\omega}_x - (\overline{I}_y - \overline{I}_z)\omega_y\omega_z \\
\Sigma M_y &= \overline{I}_y\dot{\omega}_y - (\overline{I}_z - \overline{I}_x)\omega_z\omega_x \\
\Sigma M_z &= \overline{I}_z\dot{\omega}_z - (\overline{I}_x - \overline{I}_y)\omega_x\omega_y
\end{aligned} \qquad (18.25)$$

Estas ecuaciones, llamadas *ecuaciones del movimiento de Euler* en honor del matemático suizo Leonhard Euler (1707-1783), se pueden usar para analizar el movimiento de un cuerpo rígido con respecto a su centro de masa. En las secciones siguientes, sin embargo, se utilizará la ecuación (18.23) en lugar de la ecuación (18.25), puesto que la primera es más general y la forma vectorial compacta en la que está expresada es más fácil de recordar.

Con la ecuación (18.1) en forma escalar, se obtienen las tres ecuaciones adicionales

$$\Sigma F_x = m\overline{a}_x \qquad \Sigma F_y = m\overline{a}_y \qquad \Sigma F_z = m\overline{a}_z \qquad (18.26)$$

las que, junto con las ecuaciones de Euler, forman un sistema de seis ecuaciones diferenciales. Con las condiciones iniciales apropiadas, estas ecuaciones diferenciales tienen una solución única. De este modo, el movimiento de un cuer-

---

†Más específicamente, el sistema de referencia no girará (véase la sección 18.9).

po rígido en tres dimensiones queda completamente definido por la resultante y el momento resultante de las fuerzas externas que actúan sobre él. Este resultado será reconocido como una generalización de un resultado similar obtenido en la sección 16.4 en el caso del movimiento plano de una placa rígida. Se deduce que tanto en tres como en dos dimensiones, dos sistemas de fuerzas que son equipolentes también son equivalentes; esto es, tienen el mismo efecto en un cuerpo rígido dado.

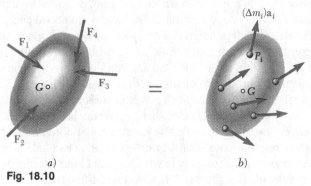

Fig. 18.10

Si se considera en particular el sistema de las fuerzas externas que actúan sobre un cuerpo rígido (figura 18.10a) y el sistema de fuerzas efectivas asociado con las partículas que forman el cuerpo rígido (figura 18.10b), se puede establecer que los dos sistemas —los que eran equipolentes, según se demostró en la sección 14.2— también son equivalentes. Esto es la extensión del principio de D'Alembert al movimiento tridimensional de un cuerpo rígido. Si las fuerzas efectivas que aparecen en la figura 18.10b se remplazan con un sistema fuerza-par equivalente, se comprueba que el sistema de las fuerzas externas que actúan sobre un cuerpo rígido en movimiento tridimensional es equivalente al sistema compuesto de un vector $m\bar{\mathbf{a}}$ aplicado en el centro de masa G del cuerpo y el par de momento $\dot{\mathbf{H}}_G$ (figura 18.11), donde $\dot{\mathbf{H}}_G$ se obtiene a partir de las relaciones (18.7) y (18.22). Obsérvese que la equivalencia de los sistemas de vectores mostrada en las figuras 18.10 y 18.11 se indicó por medio de signos iguales de color *rojo*. Los problemas que implican el movimiento tridimensional de un cuerpo rígido se pueden resolver considerando la ecuación de diagramas de cuerpo libre representada en la figura 18.11, y escribiendo ecuaciones escalares apropiadas que relacionen las componentes o momentos de las fuerzas externas y efectivas (véase el problema resuelto 18.3).

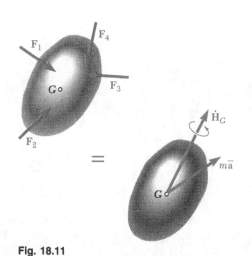

Fig. 18.11

*18.7. MOVIMIENTO DE UN CUERPO RÍGIDO CON RESPECTO A UN PUNTO FIJO

Cuando un cuerpo rígido está restringido a girar con respecto a un punto fijo O, es conveniente escribir una ecuación que implique los momentos con respecto a O de las fuerzas externas y efectivas, puesto que esta ecuación no contendrá la reacción desconocida en O. Si bien una ecuación como ésa se puede obtener a partir de la figura 18.11, puede ser más conveniente escribirla considerando la razón de cambio de la cantidad de movimiento angular $\mathbf{H}_O$ del cuerpo con respecto al punto fijo O (figura 18.12). De acuerdo con la ecuación (14.11), escribimos

$$\Sigma \mathbf{M}_O = \dot{\mathbf{H}}_O \qquad (18.27)$$

donde $\dot{\mathbf{H}}_O$ denota la razón de cambio del vector $\mathbf{H}_O$ con respecto al sistema de referencia fijo $OXYZ$. Una derivación similar a la que se utilizó en la sección 18.5 permite relacionar $\dot{\mathbf{H}}_O$ con la razón de cambio $(\dot{\mathbf{H}}_O)_{Oxyz}$ de $\mathbf{H}_O$ con respecto al sistema de referencia rotatorio $Oxyz$. La sustitución en (18.27) conduce a la ecuación

$$\Sigma \mathbf{M}_O = (\dot{\mathbf{H}}_O)_{Oxyz} + \mathbf{\Omega} \times \mathbf{H}_O \qquad (18.28)$$

donde $\Sigma \mathbf{M}_O$ = suma de momentos con respecto a O de las fuerzas aplicadas al cuerpo rígido

$\mathbf{H}_O$ = cantidad de movimiento angular del cuerpo con respecto al sistema de coordenadas fijo $OXYZ$

$(\dot{\mathbf{H}}_O)_{Oxyz}$ = razón de cambio de $\mathbf{H}_O$ con respecto al sistema de coordenadas rotatorio $Oxyz$, calculada con las relaciones (18.13)

$\mathbf{\Omega}$ = velocidad angular del sistema de referencia rotatorio $Oxyz$

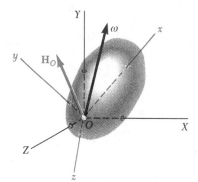

Fig. 18.12

Si el sistema de referencia rotatorio está vinculado al cuerpo, su velocidad angular $\mathbf{\Omega}$ es idéntica a la velocidad angular $\boldsymbol{\omega}$ del cuerpo. Sin embargo, conforme a lo indicado en el último párrafo de la sección 18.5, existen muchas aplicaciones donde resulta ventajoso utilizar un sistema de referencia que no esté realmente vinculado al cuerpo, sino que gire de una manera independiente.

*18.8. ROTACIÓN DE UN CUERPO RÍGIDO ALREDEDOR DE UN EJE FIJO

La ecuación (18.28), deducida en la sección anterior, se utilizará para analizar el movimiento de un cuerpo rígido restringido a girar alrededor de un eje fijo AB (figura 18.13). En primer lugar, se observa que la velocidad angular del cuerpo con respecto al sistema de referencia fijo $OXYZ$ está representada por el vector $\boldsymbol{\omega}$ dirigido a lo largo del eje de rotación. Si se fija el sistema de referencia móvil $Oxyz$ al cuerpo, con el eje z a lo largo de AB, entonces $\boldsymbol{\omega} = \omega\mathbf{k}$. Al sustituir $\omega_x = 0$, $\omega_y = 0$, $\omega_z = \omega$ en las relaciones (18.13), se obtienen las componentes a lo largo de los ejes rotatorios de la cantidad de movimiento angular $\mathbf{H}_O$ del cuerpo con respecto a O:

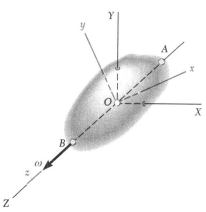

Fig. 18.13

$$H_x = -I_{xz}\omega \qquad H_y = -I_{yz}\omega \qquad H_z = I_z\omega$$

Puesto que el sistema de referencia $Oxyz$ está vinculado al cuerpo, se tiene $\mathbf{\Omega} = \boldsymbol{\omega}$ y la ecuación (18.28) da

$$
\begin{aligned}
\Sigma \mathbf{M}_O &= (\dot{\mathbf{H}}_O)_{Oxyz} + \boldsymbol{\omega} \times \mathbf{H}_O \\
&= (-I_{xz}\mathbf{i} - I_{yz}\mathbf{j} + I_z\mathbf{k})\dot{\omega} + \omega\mathbf{k} \times (-I_{xz}\mathbf{i} - I_{yz}\mathbf{j} + I_z\mathbf{k})\omega \\
&= (-I_{xz}\mathbf{i} - I_{yz}\mathbf{j} + I_z\mathbf{k})\alpha + (-I_{xz}\mathbf{j} + I_{yz}\mathbf{i})\omega^2
\end{aligned}
$$

El resultado obtenido se puede expresar por medio de las tres ecuaciones escalares

$$
\begin{aligned}
\Sigma M_x &= -I_{xz}\alpha + I_{yz}\omega^2 \\
\Sigma M_y &= -I_{yz}\alpha - I_{xz}\omega^2 \qquad (18.29) \\
\Sigma M_z &= I_z\alpha
\end{aligned}
$$

Cuando las fuerzas aplicadas al cuerpo son conocidas, la aceleración angular α se puede obtener con la última de las ecuaciones (18.29). La velocidad angular ω se determina, entonces, mediante integración y los valores obtenidos para α y ω se sustituyen en las dos primeras ecuaciones (18.29). Así, estas ecuaciones más las tres (18.26) que definen el movimiento del centro de masa del cuerpo se pueden usar para determinar las reacciones en los cojinetes A y B.

Es posible elegir ejes diferentes a los mostrados en la figura 18.13 con el fin de analizar la rotación de un cuerpo rígido alrededor de un eje fijo. En muchos casos, los ejes principales de inercia del cuerpo serán más ventajosos. Por consiguiente, es prudente recurrir a la ecuación (18.28) y elegir el sistema de ejes que mejor se adapte al problema considerado.

Si el cuerpo rotatorio es simétrico con respecto al plano xy, los productos de inercia I_{xz} e I_{yz} son iguales a cero, y las ecuaciones (18.29) se reducen a

$$\Sigma M_x = 0 \qquad \Sigma M_y = 0 \qquad \Sigma M_z = I_z \alpha \qquad (18.30)$$

lo que concuerda con los resultados obtenidos en el capítulo 16. Si, por otra parte, los productos de inercia I_{xz} e I_{yz} son diferentes de cero, la suma de los momentos de las fuerzas externas con respecto a los ejes x y y también serán diferentes de cero, incluso cuando el cuerpo gira a una velocidad constante ω. De hecho, en el último caso, las ecuaciones (18.29) dan

$$\Sigma M_x = I_{yz}\omega^2 \qquad \Sigma M_y = -I_{xz}\omega^2 \qquad \Sigma M_z = 0 \qquad (18.31)$$

Esta última observación conduce al análisis del *balanceo de flechas rotatorias*. Considérese, por ejemplo, el cigüeñal mostrado en la figura 18.14a, el cual es simétrico con respecto a su centro de masa G. En primer lugar se observa que, cuando el cigüeñal está en reposo, no ejerce empuje lateral sobre sus apoyos, puesto que su centro de gravedad G queda directamente sobre A. Se dice que el cigüeñal está *estáticamente balanceado*. La reacción en A, con frecuencia designada como *reacción estática*, es vertical y su magnitud es igual al peso W del cigüeñal. Ahora supóngase que el cigüeñal gira con una velocidad angular constante ω. Si se vincula el sistema de coordenadas de referencia al cigüeñal, con su origen en G, el eje z a lo largo de AB, y el eje y en el plano de simetría del cigüeñal (figura 18.14b), se observa que I_{xz} es cero y que I_{yz} es positivo. De acuerdo con las ecuaciones (18.31), las fuerzas externas incluyen un par de momento $I_{yz}\omega^2\mathbf{i}$. Como este par está formado por la reacción en B y la componente horizontal de la reacción en A, tenemos

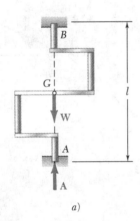

a)

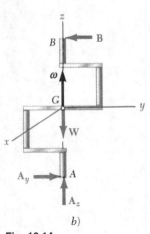

b)

Fig. 18.14

$$\mathbf{A}_y = \frac{I_{yz}\omega^2}{l}\mathbf{j} \qquad \mathbf{B} = -\frac{I_{yz}\omega^2}{l}\mathbf{j} \qquad (18.32)$$

Como las reacciones en los cojinetes son proporcionales a ω^2, el cigüeñal tenderá a desprenderse de sus cojinetes cuando gire a altas velocidades. Además, como las reacciones en los cojinetes, $\mathbf{A}_y$ y $\mathbf{B}$, llamadas *reacciones dinámicas*, están contenidas en el plano yz, giran junto con el cigüeñal y hacen que vibre la estructura que lo soporta. Estos efectos indeseables se evitarán si, reordenando la distribución de masa alrededor del cigüeñal o agregando masas correctivas, I_{yz} se vuelve igual a cero. Las reacciones dinámicas $\mathbf{A}_y$ y $\mathbf{B}$ desaparecerán y las reacciones en los cojinetes se reducirán a la reacción estática $\mathbf{A}_z$, cuya dirección es fija. Así, el cigüeñal estará *tanto dinámica como estáticamente balanceado*.

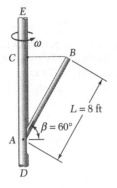

PROBLEMA RESUELTO 18.3

Una barra AB, de longitud $L = 8$ ft y peso $W = 40$ lb, está conectada por medio de un pasador en A a un eje vertical DE que gira con una velocidad angular $\boldsymbol{\omega}$ de 15 rad/s. La barra se mantiene en posición por medio de un alambre horizontal BC sujeto al eje y al extremo B de la barra. Determínese la tensión en el alambre y la reacción en A.

SOLUCIÓN

Las fuerzas efectivas se reducen al vector $m\bar{\mathbf{a}}$ aplicado en G y al par $\dot{\mathbf{H}}_G$. Puesto que G describe un círculo horizontal de radio $\bar{r} = \frac{1}{2}L \cos \beta$ a la velocidad constante ω, tenemos

$$\bar{\mathbf{a}} = \mathbf{a}_n = -\bar{r}\omega^2\mathbf{I} = -(\tfrac{1}{2}L \cos \beta)\omega^2\mathbf{I} = -(450 \text{ ft/s}^2)\mathbf{I}$$

$$m\bar{\mathbf{a}} = \frac{40}{g}(-450\mathbf{I}) = -(559 \text{ lb})\mathbf{I}$$

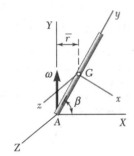

Determinación de $\dot{\mathbf{H}}_G$.   Primero se calcula la cantidad de movimiento angular $\mathbf{H}_G$. Si se utilizan los ejes principales centroidales de inercia x, y, z, se puede escribir

$$\bar{I}_x = \tfrac{1}{12}mL^2 \qquad \bar{I}_y = 0 \qquad \bar{I}_z = \tfrac{1}{12}mL^2$$
$$\omega_x = -\omega \cos \beta \qquad \omega_y = \omega \operatorname{sen} \beta \qquad \omega_z = 0$$
$$\mathbf{H}_G = \bar{I}_x\omega_x\mathbf{i} + \bar{I}_y\omega_y\mathbf{j} + \bar{I}_z\omega_z\mathbf{k}$$
$$\mathbf{H}_G = -\tfrac{1}{12}mL^2\omega \cos \beta\, \mathbf{i}$$

La razón de cambio $\dot{\mathbf{H}}_G$ de $\mathbf{H}_G$ con respecto a ejes de orientación fija se obtiene con la ecuación (18.22). Como la razón de cambio $(\dot{\mathbf{H}}_G)_{Gxyz}$ de $\mathbf{H}_G$ con respecto al sistema de referencia rotatorio $Gxyz$ es cero, y la velocidad angular $\boldsymbol{\Omega}$ de dicho sistema de referencia es igual a la velocidad angular $\boldsymbol{\omega}$ de la barra, tenemos

$$\dot{\mathbf{H}}_G = (\dot{\mathbf{H}}_G)_{Gxyz} + \boldsymbol{\omega} \times \mathbf{H}_G$$
$$\dot{\mathbf{H}}_G = 0 + (-\omega \cos \beta\, \mathbf{i} + \omega \operatorname{sen} \beta\, \mathbf{j}) \times (-\tfrac{1}{12}mL^2\omega \cos \beta\, \mathbf{i})$$
$$\dot{\mathbf{H}}_G = \tfrac{1}{12}mL^2\omega^2 \operatorname{sen} \beta \cos \beta\, \mathbf{k} = (645 \text{ lb} \cdot \text{ft})\mathbf{k}$$

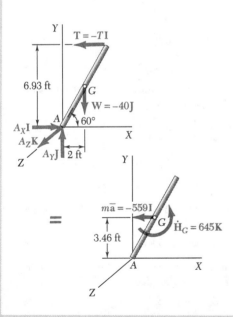

Ecuaciones de movimiento.   Puesto que el sistema de las fuerzas externas es equivalente al sistema de las fuerzas efectivas, se puede escribir

$\Sigma\mathbf{M}_A = \Sigma(\mathbf{M}_A)_{\text{ef}}$:
$$6.93\mathbf{J} \times (-T\mathbf{I}) + 2\mathbf{I} \times (-40\mathbf{J}) = 3.46\mathbf{J} \times (-559\mathbf{I}) + 645\mathbf{K}$$
$$(6.93T - 80)\mathbf{K} = (1934 + 645)\mathbf{K} \qquad T = 384 \text{ lb} \quad \blacktriangleleft$$

$\Sigma\mathbf{F} = \Sigma\mathbf{F}_{\text{ef}}$: $A_X\mathbf{I} + A_Y\mathbf{J} + A_Z\mathbf{K} - 384\mathbf{I} - 40\mathbf{J} = -559\mathbf{I}$
$$\mathbf{A} = -(175 \text{ lb})\mathbf{I} + (40 \text{ lb})\mathbf{J} \quad \blacktriangleleft$$

Observación.   Se pudo haber obtenido el valor de T con $\mathbf{H}_A$ y la ecuación (18.28). Sin embargo, el método que se utilizó también da la reacción en A. Además, atrajo la atención al efecto de la asimetría de la barra en la solución del problema al mostrar con claridad que tanto el vector $m\bar{\mathbf{a}}$ como el par $\dot{\mathbf{H}}_G$ se deben usar para representar las fuerzas efectivas.

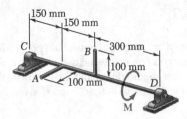

PROBLEMA RESUELTO 18.4

Dos barras A y B de 100 mm, cada una de 300 g de masa, se sueldan a la flecha CD soportada por los cojinetes C y D. Si se aplica a la flecha un par $\mathbf{M}$ de magnitud 6 N · m, determínese las componentes de las reacciones dinámicas en C y D cuando la flecha alcanza una velocidad angular de 1200 rpm. Omita el momento de inercia de la flecha misma.

SOLUCIÓN

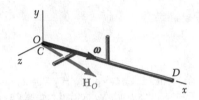

Cantidad de movimiento angular con respecto a O.   Se vincula al cuerpo el sistema de referencia $Oxyz$ y se ve que los ejes seleccionados no son los ejes principales de inercia del cuerpo. Como el cuerpo gira alrededor del eje x, se tiene $w_x = w$ y $w_y = w_z = 0$. Sustituyendo en las ecuaciones (18.13).

$$H_x = I_x\omega \qquad H_y = -I_{xy}\omega \qquad H_z = -I_{xz}\omega$$
$$\mathbf{H}_O = (I_x\mathbf{i} - I_{xy}\mathbf{j} - I_{xz}\mathbf{k})\omega$$

Momentos de las fuerzas externas con respecto a O.   Como el sistema de referencia gira con la velocidad angular $\boldsymbol{\omega}$, la ecuación (18.28) da

$$\begin{aligned}
\Sigma\mathbf{M}_O &= (\dot{\mathbf{H}}_O)_{Oxyz} + \boldsymbol{\omega} \times \mathbf{H}_O \\
&= (I_x\mathbf{i} - I_{xy}\mathbf{j} - I_{xz}\mathbf{k})\alpha + \omega\mathbf{i} \times (I_x\mathbf{i} - I_{xy}\mathbf{j} - I_{xz}\mathbf{k})\omega \\
&= I_x\alpha\mathbf{i} - (I_{xy}\alpha - I_{xz}\omega^2)\mathbf{j} - (I_{xz}\alpha + I_{xy}\omega^2)\mathbf{k} \qquad (1)
\end{aligned}$$

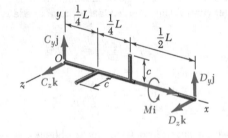

Reacción dinámica en D.   Las fuerzas externas son los pesos de la flecha y las barras, el par $\mathbf{M}$, las reacciones estáticas en C y D, y las reacciones dinámicas en C y D. Como los pesos y las reacciones estáticas están balanceados, las fuerzas externas se reducen al par $\mathbf{M}$ y las reacciones dinámicas $\mathbf{C}$ y $\mathbf{D}$, como se muestra en la figura. Si se consideran los momentos con respecto a O, tenemos

$$\Sigma\mathbf{M}_O = L\mathbf{i} \times (D_y\mathbf{j} + D_z\mathbf{k}) + M\mathbf{i} = M\mathbf{i} - D_zL\mathbf{j} + D_yL\mathbf{k} \qquad (2)$$

Si se ponen en ecuación los coeficientes del vector unitario $\mathbf{i}$ en (1) y (2),

$$M = I_x\alpha \qquad M = 2(\tfrac{1}{3}mc^2)\alpha \qquad \alpha = 3M/2mc^2$$

Si se ponen en ecuación los coeficientes $\mathbf{k}$ y $\mathbf{j}$ en (1) y (2):

$$D_y = -(I_{xz}\alpha + I_{xy}\omega^2)/L \qquad D_z = (I_{xy}\alpha - I_{xz}\omega^2)/L \qquad (3)$$

Con el teorema de los ejes paralelos, y como el producto de inercia de cada barra es cero con respecto a ejes centroidales, tenemos

$$\begin{aligned}
I_{xy} &= \Sigma m\overline{x}\,\overline{y} = m(\tfrac{1}{2}L)(\tfrac{1}{2}c) = \tfrac{1}{4}mLc \\
I_{xz} &= \Sigma m\overline{x}\,\overline{z} = m(\tfrac{1}{4}L)(\tfrac{1}{2}c) = \tfrac{1}{8}mLc
\end{aligned}$$

Sustituyendo en (3) los valores hallados para I_{xy}, I_{xz} y α:

$$D_y = -\tfrac{3}{16}(M/c) - \tfrac{1}{4}mc\omega^2 \qquad D_z = \tfrac{3}{8}(M/c) - \tfrac{1}{8}mc\omega^2$$

Sustituyendo $\omega = 1200$ rpm $= 125.7$ rad/s, $c = 0.100$ m, $M = 6$ N · m y $m = 0.300$ kg, tenemos

$$D_y = -129.8 \text{ N} \qquad D_z = -36.8 \text{ N} \quad \blacktriangleleft$$

Reacción dinámica en C.   Con un sistema de referencia fijo en D, se obtienen ecuaciones similares a las ecuaciones (3), las cuales dan

$$C_y = -152.2 \text{ N} \qquad C_z = -155.2 \text{ N} \quad \blacktriangleleft$$

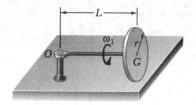

PROBLEMA RESUELTO 18.5

Un disco homogéneo, de radio r y masa m, está montado en un eje OG de longitud L y masa insignificante. El eje gira alrededor de un pivote en O, y el disco está restringido a rodar en un piso horizontal. Si el disco gira en sentido contrario al de las manecillas del reloj a la velocidad constante ω_1 alrededor del eje, determínese a) la fuerza (supuesta vertical) ejercida por el piso sobre el disco, b) la reacción en el pivote O.

SOLUCIÓN

Las fuerzas efectivas se reducen al vector $m\bar{\mathbf{a}}$ aplicado en G y al par $\dot{\mathbf{H}}_G$. De acuerdo con el problema resuelto 18.2, el eje gira alrededor del eje y a la velocidad $\omega_2 = r\omega_1/L$, por tanto,

$$m\bar{\mathbf{a}} = -mL\omega_2^2\mathbf{i} = -mL(r\omega_1/L)^2\mathbf{i} = -(mr^2\omega_1^2/L)\mathbf{i} \qquad (1)$$

Determinación de $\dot{\mathbf{H}}_G$. Del problema resuelto 18.2, se recuerda que la cantidad de movimiento angular del disco con respecto a G es

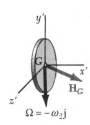

$$\mathbf{H}_G = \tfrac{1}{2}mr^2\omega_1\left(\mathbf{i} - \frac{r}{2L}\mathbf{j}\right)$$

donde $\mathbf{H}_G$ se transforma en componentes a lo largo de los ejes rotatorios x', y', z', con x' a lo largo de OG y y' vertical. La razón de cambio $\dot{\mathbf{H}}_G$ de $\mathbf{H}_G$ con respecto a ejes de orientación fija se obtiene con la ecuación (18.22). Como la razón de cambio $(\dot{\mathbf{H}}_G)_{Gx'y'z'}$ de $\mathbf{H}_G$ con respecto al sistema de referencia rotatorio es cero, y la velocidad angular $\mathbf{\Omega}$ con respecto a éste es

$$\mathbf{\Omega} = -\omega_2\mathbf{j} = -\frac{r\omega_1}{L}\mathbf{j}$$

tenemos

$$\begin{aligned}
\dot{\mathbf{H}}_G &= (\dot{\mathbf{H}}_G)_{Gx'y'z'} + \mathbf{\Omega} \times \mathbf{H}_G \\
&= 0 - \frac{r\omega_1}{L}\mathbf{j} \times \tfrac{1}{2}mr^2\omega_1\left(\mathbf{i} - \frac{r}{2L}\mathbf{j}\right) \\
&= \tfrac{1}{2}mr^2(r/L)\omega_1^2\mathbf{k}
\end{aligned} \qquad (2)$$

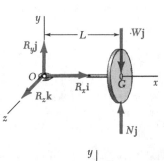

Ecuaciones de movimiento. Como el sistema de las fuerzas externas es equivalente al sistema de las fuerzas efectivas, escribimos

$\Sigma\mathbf{M}_O = \Sigma(\mathbf{M}_O)_{\text{ef}}$:

$$L\mathbf{i} \times (N\mathbf{j} - W\mathbf{j}) = \dot{\mathbf{H}}_G$$

$$(N - W)L\mathbf{k} = \tfrac{1}{2}mr^2(r/L)\omega_1^2\mathbf{k}$$

$$N = W + \tfrac{1}{2}mr(r/L)^2\omega_1^2 \qquad \mathbf{N} = [W + \tfrac{1}{2}mr(r/L)^2\omega_1^2]\mathbf{j} \quad (3) \quad \blacktriangleleft$$

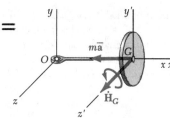

$\Sigma\mathbf{F} = \Sigma\mathbf{F}_{\text{ef}}$:

$$\mathbf{R} + N\mathbf{j} - W\mathbf{j} = m\bar{\mathbf{a}}$$

Al sustituir N de (3) y $m\mathbf{a}$ de (1), y si se despeja $\mathbf{R}$, tenemos

$$\mathbf{R} = -(mr^2\omega_1^2/L)\mathbf{i} - \tfrac{1}{2}mr(r/L)^2\omega_1^2\mathbf{j}$$

$$\mathbf{R} = -\frac{mr^2\omega_1^2}{L}\left(\mathbf{i} + \frac{r}{2L}\mathbf{j}\right) \quad \blacktriangleleft$$

En esta lección se pedirá que se resuelvan problemas que implican el *movimiento tridimensional de cuerpos rígidos*. El método que se emplee será básicamente el mismo que se utilizó en el capítulo 16 en el estudio del movimiento plano de cuerpos rígidos. Se dibujará una ecuación de diagramas de cuerpo libre que muestre que el sistema de las fuerzas externas es equivalente al sistema de las fuerzas efectivas, y se pondrán en ecuación las sumas de componentes y las sumas de momentos en ambos lados de esta ecuación. Ahora bien, aunque el sistema de las fuerzas efectivas estará representado por el vector $m\overline{a}$ y un par $\dot{H}_G$, su determinación se explicará en los párrafos 1 y 2 siguientes.

Para resolver un problema que implica el movimiento tridimensional de un cuerpo rígido, se deben realizar los pasos siguientes:

1. **Determine la cantidad de movimiento angular H_G del cuerpo con respecto a su centro de masa G** a partir de su velocidad angular ω con respecto a un sistema de referencia $GX'Y'Z'$ de orientación fija. Esta operación se aprendió en la lección anterior. Sin embargo, como la configuración del cuerpo estará cambiando con el tiempo, ahora se tendrá que utilizar un sistema auxiliar de ejes $Gx'y'z'$ (figura 18.9) para calcular las componentes de ω, y los momentos y productos de inercia del cuerpo. Estos ejes pueden estar rígidamente vinculados al cuerpo, en cuyo caso su velocidad angular es igual a ω [problemas resueltos 18.3 y 18.4], o pueden tener su propia velocidad angular Ω [problema resuelto 18.5].

Recuérdese lo siguiente de la lección anterior:

   a. Si los ejes principales de inercia del cuerpo en G son conocidos, utilícelos como ejes de coordenadas x', y' y z', puesto que los productos de inercia correspondientes del cuerpo serán iguales a cero. (Observe que si el cuerpo es simétrico con respecto a un eje, estos ejes no tienen que estar rígidamente vinculados al cuerpo.) Transforme ω en componentes $\omega_{x'}$, $\omega_{y'}$ y $\omega_{z'}$, a lo largo de estos ejes y calcule los momentos principales de inercia, $\overline{I}_{x'}$, $\overline{I}_{y'}$ e $\overline{I}_{z'}$. Las componentes correspondientes de la cantidad de movimiento angular H_G son

$$H_{x'} = \overline{I}_{x'}\omega_{x'} \qquad H_{y'} = \overline{I}_{y'}\omega_{y'} \qquad H_{z'} = \overline{I}_{z'}\omega_{z'} \tag{18.10}$$

   b. Si los ejes principales de inercia del cuerpo en G no son conocidos, utilice las ecuaciones (18.7) para determinar las componentes de la cantidad de movimiento angular H_G. Estas ecuaciones requieren el cálculo previo de los *productos de inercia* del cuerpo, así como también de sus momentos de inercia, con respecto a los ejes seleccionados.

2. **Calcule la razón de cambio $\dot{H}_G$ de la cantidad de movimiento angular H_G con respecto al sistema de referencia $GX'Y'Z'$.** Observe que este sistema de referencia tiene una *orientación fija*, mientras que el sistema de referencia $Gx'y'z'$ que usted utilizó cuando calculó las componentes del vector ω era un *sistema de referencia rotatorio*. Recurramos al análisis en la sección 15.10 de la razón de cambio de un vector con respecto a un sistema de referencia rotatorio De la ecuación (15.31) recordamos que la razón de cambio $\dot{H}_G$ se expresa como sigue:

$$\dot{H}_G = (\dot{H}_G)_{Gx'y'z'} + \Omega \times H_G \tag{18.22}$$

El primer término del miembro del lado derecho de la ecuación (18.22) representa la razón de cambio de H_G con respecto al sistema de referencia rotatorio $Gx'y'z'$. Este término se elimina si ω —y, por ende, H_G— permanece constante tanto en magnitud como en dirección, vistas desde dicho sistema de referencia. Por otra parte, si cualquiera de las derivadas de tiempo $\dot{\omega}_{x'}$, $\dot{\omega}_{y'}$, y $\dot{\omega}_{z'}$ es diferente de cero, $(\dot{\mathbf{H}}_G)_{Gx'y'z'}$ también lo será, y sus componentes se determinarán diferenciando las ecuaciones (18.10) con respecto a t. Por último, se recuerda que si el sistema de referencia rotatorio está rígidamente vinculado al cuerpo, su velocidad angular será la misma del cuerpo, y $\boldsymbol{\Omega}$ puede ser remplazada por $\boldsymbol{\omega}$.

3. Dibuje la ecuación de diagramas de cuerpo libre para el cuerpo rígido, que muestre que el sistema de las fuerzas externas ejercidas sobre el cuerpo es equivalente al vector $m\bar{\mathbf{a}}$ aplicado en G y el par $\dot{\mathbf{H}}_G$ (figura 18.11). Al igualar las componentes en cualquier dirección y los momentos con respecto a cualquier punto, se pueden escribir seis ecuaciones de movimiento escalares e independientes [problemas resueltos 18.3 y 18.5].

4. Cuando se resuelvan problemas que impliquen el movimiento de un cuerpo rígido alrededor de un punto fijo O, puede ser conveniente utilizar la siguiente ecuación, (deducida en la sección 18.7), la cual elimina las componentes de la reacción en el apoyo O,

$$\Sigma\mathbf{M}_O = (\dot{\mathbf{H}}_O)_{Oxyz} + \boldsymbol{\Omega} \times \mathbf{H}_O \qquad (18.28)$$

donde el primer término del miembro del lado derecho representa la razón de cambio $\mathbf{H}_O$ con respecto al sistema de referencia rotatorio $Oxyz$, y donde $\boldsymbol{\Omega}$ es la velocidad angular de dicho sistema de referencia.

5. Cuando se determinen las reacciones en los cojinetes de una flecha rotatoria, utilice la ecuación (18.28) y siga los pasos siguientes:

a. Coloque el punto fijo O en uno de los dos cojinetes que soportan la flecha y fije el sistema de referencia rotatorio $Oxyz$ en la flecha, con uno de los ejes dirigido a lo largo de ella. Si, por ejemplo, el eje x se alinea con la flecha, se tendrá $\boldsymbol{\Omega} = \boldsymbol{\omega} = \omega\mathbf{i}$ [problema resuelto 18.4].

b. Como los ejes seleccionados, usualmente, no serán los ejes principales de inercia en O, usted debe calcular los *productos de inercia* de la flecha, así como sus momentos de inercia, con respecto a dichos ejes, y utilizar las ecuaciones (18.13) para determinar $\mathbf{H}_O$. Si otra vez se supone que el eje x está alineado con la flecha, las ecuaciones (18.13) se reducen a

$$H_x = I_x\omega \qquad H_y = -I_{yx}\omega \qquad H_z = -I_{zx}\omega \qquad (18.13')$$

lo que demuestra que $\mathbf{H}_O$ *no estará dirigido a lo largo de la flecha.*

c. Para obtener $\dot{\mathbf{H}}_O$, sustituya las expresiones obtenidas en la ecuación (18.28), y sea $\boldsymbol{\Omega} = \boldsymbol{\omega} = \omega\mathbf{i}$. Si la velocidad angular de la flecha es constante, el primer término en el miembro del lado derecho de la ecuación, se elimina. Sin embargo, si la flecha tiene una aceleración angular $\boldsymbol{\alpha} = \alpha\mathbf{i}$, el primer término no será cero, y se determinará diferenciando con respecto a t las expresiones (18.13'). El resultado serán ecuaciones similares a las ecuaciones (18.13'), con ω remplazada por α.

d. Como el punto O coincide con uno de los cojinetes, las tres ecuaciones escalares correspondientes a la ecuación (18.28) se pueden resolver para las componentes de la reacción dinámica en el otro cojinete. Si el centro de masa G de la flecha se localiza en la línea que une los dos cojinetes, la fuerza efectiva $m\bar{\mathbf{a}}$ será cero. Si se dibuja la ecuación de diagramas de cuerpo libre de la flecha, se observa que las componentes de la reacción dinámica en el primer cojinete deben ser iguales y opuestas a las que se acaban de determinar. Si G no se encuentra localizado en la línea que une los dos cojinetes, se puede determinar la reacción en el primer cojinete colocando el punto fijo O en el segundo cojinete y repitiendo el procedimiento anterior [problema resuelto 18.4]; o se pueden obtener más ecuaciones de movimiento a partir de la ecuación de diagramas de cuerpo libre de la flecha, asegurándose de determinar e incluir la fuerza efectiva $m\bar{\mathbf{a}}$ aplicada en G.

e. La mayoría de los problemas requieren la determinación de las "reacciones dinámicas" en los cojinetes; es decir, las *fuerzas adicionales* ejercidas por los cojinetes sobre la flecha cuando ésta está girando. Cuando determine las reacciones dinámicas, omita el efecto de cargas estáticas, como el peso de la flecha.

18.55 Determine la razón de cambio $\dot{\mathbf{H}}_D$ de la cantidad de movimiento angular $\mathbf{H}_D$ del mecanismo del problema 18.1.

18.56 Determine la razón de cambio $\dot{\mathbf{H}}_G$ de la cantidad de movimiento angular $\mathbf{H}_G$ del disco del problema 18.2.

18.57 Determine la razón de cambio $\dot{\mathbf{H}}_G$ de la cantidad de movimiento angular $\mathbf{H}_G$ de la placa del problema 18.3.

18.58 Determine la razón de cambio $\dot{\mathbf{H}}_G$ de la cantidad de movimiento angular $\mathbf{H}_G$ del disco del problema 18.4.

18.59 Determine la razón de cambio $\dot{\mathbf{H}}_A$ de la cantidad de movimiento angular $\mathbf{H}_A$ del disco del problema 18.5.

18.60 Determine la razón de cambio $\dot{\mathbf{H}}_A$ de la cantidad de movimiento angular $\mathbf{H}_A$ del disco del problema 18.6.

18.61 Determine la razón de cambio $\dot{\mathbf{H}}_D$ de la cantidad de movimiento angular $\mathbf{H}_D$ del mecanismo del problema 18.1 si, en el instante considerado, el mecanismo tiene una velocidad angular $\boldsymbol{\omega} = (12 \text{ rad/s})\mathbf{i}$ y una aceleración angular $\boldsymbol{\alpha} = (96 \text{ rad/s}^2)\mathbf{i}$.

18.62 Determine la razón de cambio $\dot{\mathbf{H}}_D$ de la cantidad de movimiento angular $\mathbf{H}_D$ del mecanismo del problema 18.1 si, en el instante considerado, el mecanismo tiene una velocidad angular $\boldsymbol{\omega} = (12 \text{ rad/s})\mathbf{i}$ y una aceleración angular $\alpha = -(96 \text{ rad/s}^2)\mathbf{i}$.

18.63 Determine la razón de cambio $\dot{\mathbf{H}}_G$ de la cantidad de movimiento angular $\mathbf{H}_G$ de la placa del problema 18.3 si, en el instante considerado, la placa tiene una velocidad angular $\boldsymbol{\omega} = (5 \text{ rad/s})\mathbf{i}$ y una aceleración angular $\boldsymbol{\alpha} = -(20 \text{ rad/s}^2)\mathbf{i}$.

18.64 Determine la razón de cambio $\dot{\mathbf{H}}_G$ de la cantidad de movimiento angular $\mathbf{H}_G$ del disco del problema 18.4 si, en el instante considerado, el mecanismo tiene una velocidad angular $\boldsymbol{\omega} = \omega\mathbf{j}$ y una velocidad angular $\boldsymbol{\alpha} = \alpha\mathbf{j}$.

18.65 Cada una de las dos placas triangulares mostradas en la figura P18.65 tiene una masa de 5 kg y está soldada a una flecha vertical AB. Si el mecanismo gira a la velocidad constante $\omega = 8$ rad/s, determine las reacciones dinámicas en A y B.

18.66 Una barra esbelta uniforme AB de masa m y una flecha vertical CD, cada una de longitud $2b$, están soldadas entre sí en sus puntos medios G. Si la flecha gira a la velocidad constante $\boldsymbol{\omega}$, determine las reacciones dinámicas en C y D.

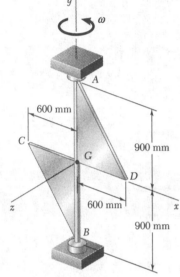

Fig. P18.65

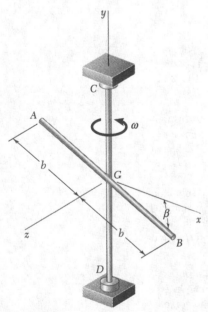

Fig. P18.66

18.67 La flecha de 16 lb mostrada tiene una sección transversal uniforme. Si la flecha gira a la velocidad constante $\omega = 12$ rad/s, determine las reacciones dinámicas en A y B.

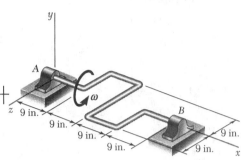

Fig. P18.67

18.68 El ensamblaje mostrado se compone de láminas de aluminio de espesor uniforme y peso total de 2.7 lb, soldadas a un eje soportado por cojinetes en A y B. Si el ensamblaje gira a la velocidad constante $\omega = 240$ rpm, determine las reacciones dinámicas en A y B.

$\omega = 240$ rpm, determine the dynamic reactions at A and B.

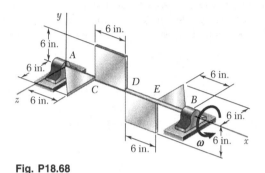

Fig. P18.68

18.69 Cuando la rueda de 18 kg mostrada se monta en una máquina de balancear y se hace girar a 12 rev/s, se ve que las fuerzas ejercidas por la rueda sobre la máquina equivalen a un sistema fuerza-par formado por una fuerza $\mathbf{F} = (160 \text{ N})\mathbf{j}$ aplicada en C y un par $\mathbf{M}_C = (14.7 \text{ N} \cdot \text{m})\mathbf{k}$, donde los vectores unitarios forman una triada que gira junto con la rueda. a) Determine la distancia del eje de rotación al centro de masa de la rueda y los productos de inercia I_{xy} e I_{zx}. b) Si sólo se deben usar dos masas correctoras para balancear la rueda estática y dinámicamente, ¿cuáles deben ser estas masas y en cuáles de los puntos A, B, D o E se deben colocar?

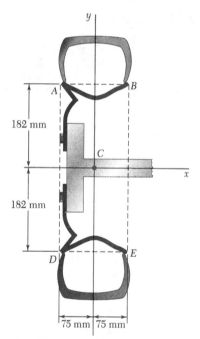

18.70 Después de montar la rueda de 18 kg mostrada en una máquina de balancear y de hacerla girar a 15 rev/s, un mecánico se da cuenta de que, para balancear la rueda tanto estática como dinámicamente, tiene que usar dos masas correctoras, una de 170 g colocada en B y otra de 56 g colocada en D. Con un sistema de referencia derecho que gira junto con la rueda (con el eje z perpendicular al plano de la figura), determine antes de que se fijen las masas correctoras a) la distancia del eje de rotación al centro de masa de la rueda y los productos de inercia I_{xy} e I_{zx}, b) el sistema fuerza-par en C equivalente a las fuerzas ejercidas por la rueda sobre la máquina.

Fig. *P18.69* y *P18.70*

18.71 Si el mecanismo del problema 18.65 inicialmente se encuentra en reposo ($\omega = 0$) cuando se aplica un par de momento $\mathbf{M}_0 = (36 \text{ N} \cdot \text{m})\mathbf{j}$ a la flecha, determine a) la aceleración angular resultante del mecanismo, b) las reacciones dinámicas en A y B inmediatamente después de que se aplica el par.

18.72 Si el mecanismo del problema 18.66 inicialmente se encuentra en reposo ($\omega = 0$) cuando se aplica un par de momento $\mathbf{M}_0 = M_0\mathbf{j}$ a la flecha CD, determine a) la aceleración angular resultante del mecanismo, b) las reacciones dinámicas en C y D inmediatamente después de que se aplica el par.

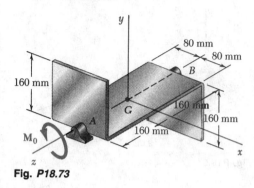

Fig. P18.73

18.73 Se dobló una lámina de acero de 2.4 kg, de 160 × 640 mm, para formar el componente mostrado. El componente se encuentra en reposo ($\omega = 0$) cuando se le aplica un par $M_0 = (0.8 \text{ N} \cdot \text{m})k$. Determine a) la aceleración angular del componente, b) las reacciones dinámicas en A y B inmediatamente después de que se aplica el par.

18.74 Para el componente del problema 18.73, determine las reacciones dinámicas en A y B después de una revolución completa del componente.

18.75 La flecha del problema 18.67 inicialmente se encuentra en reposo ($\omega = 0$) cuando se le aplica un par M_0. Si la aceleración angular resultante de la flecha es $\alpha = (20 \text{ rad/s}^2)i$, determine a) el par M_0, b) las reacciones dinámicas en A y B inmediatamente después de que se aplica el par.

18.76 El mecanismo del problema 18.68 inicialmente se encuentra en reposo ($\omega = 0$) cuando se aplica un par M_0 al eje AB. Si la aceleración angular resultante del mecanismo es $\alpha = (150 \text{ rad/s}^2)i$, determine a) el par M_0, b) las reacciones dinámicas en A y B inmediatamente después de que se aplica el par.

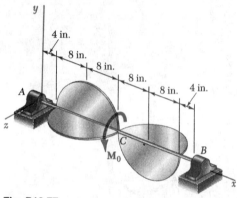

Fig. P18.77

18.77 El ensamblaje mostrado pesa 12 lb, y se compone de 4 delgadas láminas de aluminio semicirculares de 16 in. de diámetro, soldadas en una flecha AB de 40 in. de longitud. El ensamblaje se encuentra en reposo ($\omega = 0$) en el instante $t = 0$ cuando se le aplica un par M_0 como se muestra, que lo hace girar una revolución completa en 2 s. Determine a) el par M_0, b) las reacciones dinámicas en A y B cuando $t = 0$.

18.78 Para el ensamblaje del problema 18.77, determine las reacciones dinámicas en A y B cuando $t = 2$ s.

18.79 El volante de un motor automovilístico, el cual se encuentra rígidamente sujeto en el cigüeñal, equivale a una placa de acero de 15 mm de espesor y 400 mm de diámetro. Determine la magnitud del par ejercido por el volante sobre el cigüeñal horizontal cuando el automóvil toma una curva sin peralte de 200 m de radio, a una velocidad de 90 km/h, y el volante gira a 2700 rpm. Suponga que el automóvil tiene a) tracción trasera con el motor montado longitudinalmente, b) tracción delantera con el motor montado transversalmente. (Densidad del acero = 7860 kg/m³.)

18.80 Una hélice de cuatro aspas de avión tiene una masa de 160 kg y un radio de giro de 800 mm. Si la hélice gira a 1600 rpm cuando el avión describe una trayectoria circular de 600 m de radio a 540 km/h, determine la magnitud del par ejercido por la hélice sobre su eje debido a la rotación del avión.

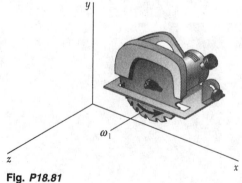

Fig. P18.81

18.81 La hoja de una sierra portátil y el rotor de su motor tienen un peso total de 2.5 lb y un radio de giro combinado de 1.5 in. Si la hoja gira como se muestra a la velocidad $\omega_1 = 1500$ rpm, determine la magnitud y la dirección del par M que un operario debe ejercer sobre la agarradera de la sierra para hacerla girar con una velocidad angular constante $\omega_2 = -(2.4 \text{ rad/s})j$.

18.82 El aspa de un ventilador oscilante y el rotor de su motor tienen un peso total de 8 oz y un radio de giro combinado de 3 in. Están soportados por cojinetes en A y B, separados 5 in., y giran a una velocidad $\omega_1 = 1800$ rpm. Determine las reacciones dinámicas en A y B cuando la carcasa del motor tiene una velocidad angular $\omega_2 = (0.6$ rad/s)$\mathbf{j}$.

18.83 Cada uno de los neumáticos de un automóvil tiene una masa de 22 kg, un diámetro de 575 mm y un radio de giro de 225 mm. El automóvil toma una curva no peraltada de 150 m de radio a 95 km/h. Si la distancia transversal entre los neumáticos es de 1.5 m, determine la fuerza normal adicional ejercida por el suelo sobre cada uno de los neumáticos externos producida por el movimiento del automóvil.

18.84 Se muestra la estructura básica de un cierto tipo de indicador de viraje de avión. La constante de cada resorte es de 500 N/m y el disco uniforme de 200 g y radio de 40 mm gira a 10 000 rpm. Los resortes se alargan y ejercen fuerzas verticales iguales en la horquilla AB cuando el avión vuela en línea recta. Determine el ángulo que la horquilla gira cuando el piloto ejecuta un viraje horizontal de 750 m de radio a la derecha a 800 km/h. Indique si el punto A sube o baja.

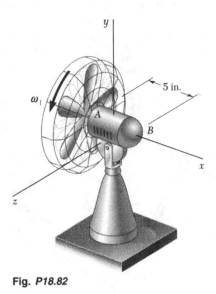

Fig. *P18.82*

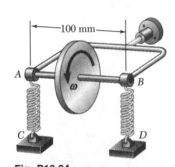

Fig. P18.84

18.85 Una placa semicircular uniforme de 120 mm de radio está sujeta con bisagras en A y B en una horquilla que gira a una velocidad angular constante ω alrededor de un eje vertical. Determine a) el ángulo β que la placa forma con el eje horizontal x cuando $\omega = 15$ rad/s, b) el valor más grande de ω con el cual la placa permanece vertical ($\beta = 90°$).

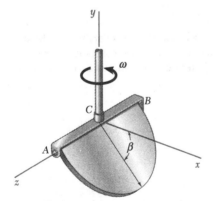

Fig. P18.85 y P18.86

18.86 Una placa semicircular uniforme de 120 mm de radio está sujeta con bisagras en A y B en una horquilla que gira a una velocidad angular constante ω alrededor de un eje vertical. Determine el valor de ω con el cual la placa forma un ángulo $\beta = 50°$ con el eje horizontal x.

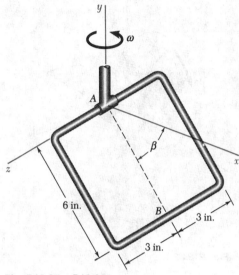

Fig. P18.87 y P18.88

18.87 Se dobla una barra para formar un marco cuadrado de 6 in. por lado. El marco está sujeto por un collarín en A en una flecha vertical que gira a una velocidad angular constante $\boldsymbol{\omega}$. Determine a) el ángulo β que la línea AB forma con el eje horizontal x cuando $\omega = 9.8$ rad/s, b) el valor más grande de ω con el cual $\beta = 90°$.

18.88 Se dobla una barra para formar un marco cuadrado de 6 in. por lado. El marco está sujeto por un collarín en A en una flecha vertical que gira a una velocidad angular constante $\boldsymbol{\omega}$. Determine el valor de ω con el cual la línea AB forma un ángulo $\beta = 48°$ con el eje horizontal x.

18.89 El engrane A, de 950 g, está restringido a rodar sobre el engrane fijo B, pero puede girar libremente alrededor del eje AD. Este eje, de 400 mm de longitud y masa insignificante, está conectado por medio de una horquilla a la flecha vertical DE, la cual gira como se muestra a una velocidad angular constante $\boldsymbol{\omega}_1$. Si el engrane A puede ser replicado por un disco delgado de 80 mm de radio, determine el valor máximo permisible de ω_1, si el engrane A no ha de perder contacto con el engrane B.

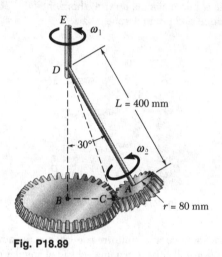

Fig. P18.89

18.90 Determine la fuerza $\mathbf{F}$ ejercida por el engrane B sobre el engrane A del problema 18.89 cuando la flecha DE gira a la velocidad angular constante $\omega_1 = 4$ rad/s. (*Sugerencia*. La fuerza $\mathbf{F}$ debe ser perpendicular a la línea trazada de D a C.)

18.91 y 18.92 La barra AB está sujeta por medio de una horquilla a un brazo BCD que gira con una velocidad angular constante $\boldsymbol{\omega}$ alrededor de la línea de centros de su parte vertical CD. Determine la magnitud de la velocidad angular $\boldsymbol{\omega}$.

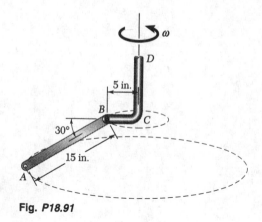

Fig. *P18.91*

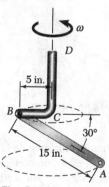

Fig. *P18.92*

18.93 Dos discos, cada uno de 5 kg de masa y 100 mm de radio, giran como se muestra a la velocidad $\omega_1 = 1500$ rpm alrededor de una barra AB de masa insignificante que gira alrededor de un eje vertical a la velocidad $\omega_2 = 45$ rpm. *a*) Determine las reacciones dinámicas en C y D. *b*) Resuelva el inciso *a* suponiendo que se invierte la dirección de rotación del disco B.

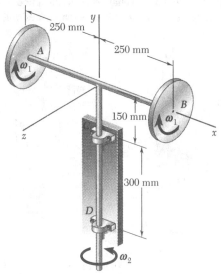

Fig. P18.93 y P18.94

18.94 Dos discos, cada uno de 5 kg de masa y 100 mm de radio, giran como se muestra a la velocidad $\omega_1 = 1500$ rpm alrededor de una barra AB de masa insignificante que gira alrededor de un eje vertical a la velocidad ω_2. Determine el valor máximo permisible de ω_2 si las reacciones dinámicas en C y D no han de exceder de más de 250 N cada una.

18.95 El disco de 10 oz mostrado gira a la velocidad $\omega_1 = 750$ rpm, mientras que el eje AB lo hace como se muestra a una velocidad angular ω_2 de 6 rad/s. Determine las reacciones dinámicas en A y B.

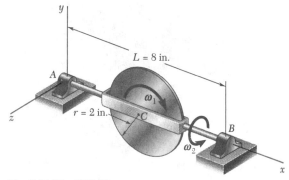

Fig. P18.95 y P18.96

18.96 El disco de 10 oz mostrado gira a la velocidad $\omega_1 = 750$ rpm, mientras que el eje AB lo hace como se muestra a una velocidad angular ω_2. Determine la magnitud máxima permisible de ω_2 si reacciones dinámicas en A y B no han de exceder más las 0.25 lb cada una.

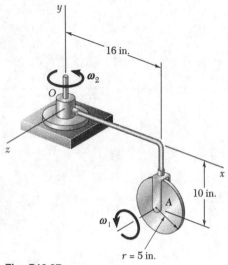

Fig. P18.97

18.97 Un disco homogéneo de peso $W = 8$ lb gira a la velocidad constante $\omega_1 = 12$ rad/s con respecto al brazo OA, el que a su vez gira a la velocidad constante $\omega_2 = 4$ rad/s alrededor del eje y. Determine el sistema fuerza-par que representa la reacción dinámica en el apoyo O.

18.98 Un disco homogéneo de peso $W = 6$ lb gira a la velocidad constante $\omega_1 = 16$ rad/s con respecto al brazo ABC, el cual está soldado a una flecha DCE que gira a la velocidad constante $\omega_2 = 8$ rad/s. Determine las reacciones dinámicas en D y E.

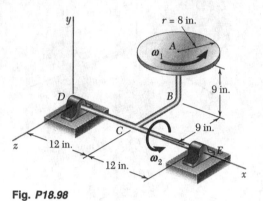

Fig. P18.98

*****18.99** Un tablero publicitario de 48 kg, de longitud $2a = 2.4$ m y ancho $2b = 1.6$ m, se mantiene girando a una velocidad constante ω_1 alrededor de su eje horizontal por medio de un pequeño motor eléctrico A montado en el bastidor ACB. El bastidor a su vez se mantiene girando a una velocidad constante ω_2 alrededor de un eje vertical por medio de un segundo motor C montado en la columna CD. Si el tablero y el bastidor realizan una revolución completa en 6 s y 12s, respectivamente, exprese en función del ángulo θ, la reacción dinámica ejercida sobre la columna CD por su apoyo en D.

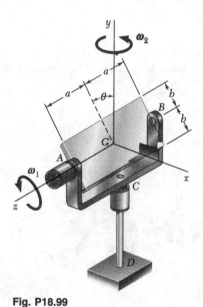

Fig. P18.99

*****18.100** Para el sistema del problema 18.99, demuestre que a) la reacción dinámica en D es independiente de la longitud $2a$ del tablero, b) la razón M_1/M_2 de las magnitudes de los pares ejercidos por los motores en A y C, respectivamente, es independiente de las dimensiones y la masa del tablero y que es igual a $\omega_2/2\omega_1$ en cualquier instante dado.

18.101 Un disco homogéneo, de 3 kg y radio de 60 mm, gira como se muestra a la velocidad constante $\omega_1 = 60$ rad/s. El disco está soportado por la barra con extremo de horquilla AB, la cual está soldada a la flecha vertical CBD. El sistema se encuentra en reposo cuando se aplica un par $\mathbf{M}_0 = (0.40$ N $\cdot$ m$)\mathbf{j}$ a la flecha durante 2 s, y luego se deja de aplicar. Determine las reacciones dinámicas en C y D después de que el par se deja de aplicar.

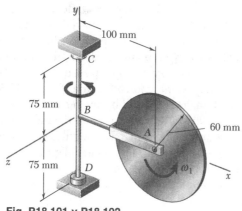

Fig. P18.101 y P18.102

18.102 Un disco homogéneo, de 3 kg y radio de 60 mm, gira como se muestra a la velocidad constante $\omega_1 = 60$ rad/s. El disco está soportado por la barra con extremo de horquilla AB, la cual está soldada a la flecha vertical CBD. El sistema se encuentra en reposo cuando se aplica un par $\mathbf{M}_0$ como se muestra a la flecha durante 3 s, y luego se deja de aplicar. Si la máxima velocidad angular alcanzada por la flecha es de 18 rad/s, determine a) el par $\mathbf{M}_0$, b) las reacciones dinámicas en C y D después de que el par se deja de aplicar.

18.103 Se supone que, en el instante mostrado, el disco del problema 18.97 tiene una velocidad angular $\boldsymbol{\omega}_1 = (12$ rad/s$)\mathbf{k}$, la cual disminuye a razón de 4 rad/s² debido a la fricción en el cojinete A. Como el brazo OA gira a una velocidad angular constante $\boldsymbol{\omega}_2 = (4$ rad/s$)\mathbf{j}$, determine el sistema fuerza-par que representa la reacción dinámica en el apoyo O.

18.104 Se supone que, en el instante mostrado, la flecha DCE del problema 18.98 tiene una velocidad angular $\boldsymbol{\omega}_2 = (8$ rad/s$)\mathbf{i}$ y una aceleración angular $\boldsymbol{\alpha}_2 = (6$ rad/s²$)\mathbf{j}$. Como el disco gira con una velocidad angular constante $\boldsymbol{\omega}_1 = (16$ rad/s$)\mathbf{j}$, determine a) el par que ha de aplicarse a la flecha DCE para producir la aceleración angular dada, b) las reacciones dinámicas correspondientes en D y E.

18.105 Un disco homogéneo, de 2.5 kg y 80 mm de radio, gira a una velocidad angular ω_1 con respecto al brazo ABC, el cual está soldado a una flecha DCE que gira como se muestra a la velocidad constante $\omega_2 = 12$ rad/s. La fricción en el cojinete A hace que ω_1 disminuya a razón de 15 rad/s². Determine las reacciones dinámicas en D y E en el instante en que ω_1 ha disminuido a 50 rad/s.

18.106 Un disco homogéneo, de 2.5 kg y 80 mm de radio, gira a una velocidad angular constante $\omega_1 = 50$ rad/s con respecto al brazo ABC, el cual está soldado a una flecha DCE. Si, en el instante mostrado, la flecha DCE tiene una velocidad angular $\boldsymbol{\omega}_2 = (12$ rad/s$)\mathbf{k}$ y una aceleración angular $\boldsymbol{\alpha}_2 = (8$ rad/s²$)\mathbf{k}$, determine a) el par que se ha de aplicar a la flecha DCE para producir la aceleración angular mencionada, b) las reacciones dinámicas correspondientes en D y E.

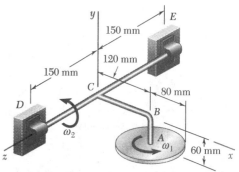

Fig. P18.105 y P18.106

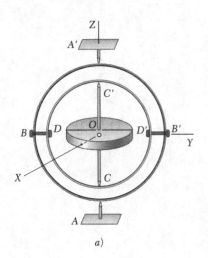

a)

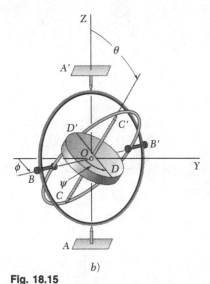

b)

Fig. 18.15

*18.9. MOVIMIENTO DE UN GIROSCOPIO, ÁNGULOS DE EULER

Un *giroscopio* o (*giróscopo*) consiste, esencialmente, en un rotor que puede girar libremente sobre su eje geométrico. Cuando está montado en una suspensión Cardán (figura 18.15), un giroscopio puede asumir cualquier orientación, pero su centro de masa debe permanecer fijo en el espacio. Para definir la posición de un giroscopio en un instante dado, se selecciona un sistema de referencia fijo OXYZ, con el origen O localizado en el centro de masa del giroscopio y el eje Z dirigido a lo largo de la línea definida por los cojinetes A y A' del balancín externo. Se considerará una posición de referencia del giroscopio en la cual los dos balancines y un diámetro dado DD' del rotor se localizan el plano fijo YZ (figura 18.15a). El giroscopio puede ser trasladado de esta posición de referencia a cualquier posición arbitraria (figura 18.15b) por medio de los pasos siguientes: 1) una rotación del balancín externo de ϕ grados sobre el eje AA', 2) una rotación del balancín interno de θ grados sobre BB', y 3) una rotación del rotor de ψ grados sobre CC'. Los ángulos ϕ, θ y ψ se llaman *ángulos de Euler*; caracterizan por completo la posición del giroscopio en cualquier instante dado. Sus derivadas $\dot{\phi}$, $\dot{\theta}$ y $\dot{\psi}$ definen, respectivamente, la velocidad de *precesión*, la velocidad de *nutación* y la velocidad de *giro* del giroscopio en el instante considerado.

Para calcular las componentes de la velocidad angular y de la cantidad de movimiento angular del giroscopio, se utilizará un sistema de ejes rotatorio *Oxyz con el origen localizado en el balancín interno*, con el eje y a lo largo de BB' y el eje z a lo largo de CC' (figura 18.16). Estos ejes son ejes principales de inercia para el giroscopio. Aunque lo siguen en su precesión y en su nutación, no siguen la rotación; por esa razón, es más conveniente su uso que el de los ejes fijos al giroscopio. La velocidad angular $\boldsymbol{\omega}$ del giroscopio con respecto al sistema de referencia fijo OXYZ se expresará ahora como la suma de tres velocidades angulares parciales correspondientes, respectivamente, a la precesión, la nutación y la rotación del giroscopio. Si **i**, **j** y **k** denotan los vectores unitarios a lo largo de los ejes rotatorios, y **K** es el vector unitario a lo largo del eje fijo Z, tenemos

$$\boldsymbol{\omega} = \dot{\phi}\mathbf{K} + \dot{\theta}\mathbf{j} + \dot{\psi}\mathbf{k} \tag{18.33}$$

Como las componentes vectoriales obtenidas para $\boldsymbol{\omega}$ en (18.33) no son ortogonales (figura 18.16), el vector unitario **K** se transformará en componentes a lo largo de los ejes x y z; escribimos

$$\mathbf{K} = -\operatorname{sen}\theta\,\mathbf{i} + \cos\theta\,\mathbf{k} \tag{18.34}$$

y, sustituyendo **K** en la ecuación (18.33),

$$\boldsymbol{\omega} = -\dot{\phi}\operatorname{sen}\theta\,\mathbf{i} + \dot{\theta}\mathbf{j} + (\dot{\psi} + \dot{\phi}\cos\theta)\mathbf{k} \tag{18.35}$$

Ya que los ejes de coordenadas son ejes principales de inercia, las componentes de la cantidad de movimiento angular $\mathbf{H}_O$ se pueden obtener multiplicando las componentes de $\boldsymbol{\omega}$ por los momentos de inercia del rotor alrededor de los ejes x, y y z, respectivamente. Si I denota el momento de inercia del rotor sobre su eje de giro, I' es su momento de inercia alrededor de un eje transversal que pasa por O, y si se desprecia la masa de los balancines, escribimos

$$\mathbf{H}_O = -I'\dot{\phi}\operatorname{sen}\theta\,\mathbf{i} + I'\dot{\theta}\mathbf{j} + I(\dot{\psi} + \dot{\phi}\cos\theta)\mathbf{k} \qquad (18.36)$$

Como los ejes rotatorios están fijos en el balancín interno y, por tanto, no giran, su velocidad angular se expresa como la suma

$$\boldsymbol{\Omega} = \dot{\phi}\mathbf{K} + \dot{\theta}\mathbf{j} \qquad (18.37)$$

o, sustituyendo $\mathbf{K}$ de la ecuación (18.34),

$$\boldsymbol{\Omega} = -\dot{\phi}\operatorname{sen}\theta\,\mathbf{i} + \dot{\theta}\mathbf{j} + \dot{\phi}\cos\theta\,\mathbf{k} \qquad (18.38)$$

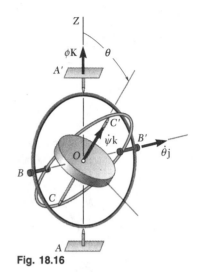

Fig. 18.16

Sustituyendo $\mathbf{H}_O$ y $\boldsymbol{\Omega}$ de (18.36) y (18.38) en la ecuación

$$\Sigma\mathbf{M}_O = (\dot{\mathbf{H}}_O)_{Oxyz} + \boldsymbol{\Omega} \times \mathbf{H}_O \qquad (18.28)$$

se obtienen las tres ecuaciones diferenciales

$$\Sigma M_x = -I'(\ddot{\phi}\operatorname{sen}\theta + 2\dot{\theta}\dot{\phi}\cos\theta) + I\dot{\theta}(\dot{\psi} + \dot{\phi}\cos\theta)$$
$$\Sigma M_y = I'(\ddot{\theta} - \dot{\phi}^2\operatorname{sen}\theta\cos\theta) + I\dot{\phi}\operatorname{sen}\theta(\dot{\psi} + \dot{\phi}\cos\theta) \qquad (18.39)$$
$$\Sigma M_z = I\frac{d}{dt}(\dot{\psi} + \dot{\phi}\cos\theta)$$

Las ecuaciones (18.39) definen el movimiento de un giroscopio sometido a un sistema de fuerzas dado, cuando se desprecia la masa de sus balancines. También se pueden usar para definir el movimiento de un *cuerpo simétrico con respecto a un eje* (o un cuerpo de revolución) fijo en un punto de su eje de simetría, y para definir el movimiento de un cuerpo simétrico con respecto a un eje en relación con su centro de masa. Si bien los balancines de un giroscopio nos ayudan a visualizar los ángulos de Euler, está claro que estos ángulos se pueden usar para definir la posición de cualquier cuerpo rígido con respecto a ejes con centro en un punto del cuerpo, haciendo caso omiso de la manera en que el cuerpo esté apoyado.

Dado que las ecuaciones (18.39) son no lineales, no será posible, en general, expresar los ángulos de Euler ϕ, θ y ψ como funciones analíticas del tiempo t, y deberán usarse métodos numéricos de solución. Sin embargo, como se verá en las secciones siguientes, existen varios casos particulares de interés fáciles de analizar.

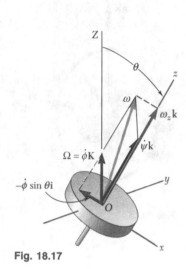

Fig. 18.17

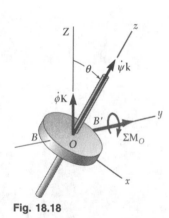

Fig. 18.18

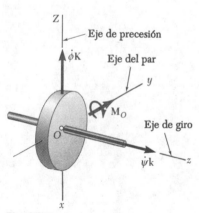

Fig. 18.19

*18.10. PRECESIÓN ESTABLE DE UN GIROSCOPIO

A continuación se investigará el caso particular de movimiento giroscópico donde el ángulo θ, la velocidad de precesión $\dot{\phi}$ y la velocidad de giro $\dot{\psi}$ permanecen constantes. Se pretende determinar las fuerzas que se deben aplicar al giroscopio para mantener este movimiento, conocido como *precesión estable* de un giroscopio.

En lugar de aplicar las ecuaciones generales (18.39), se determinará la suma de momentos de las fuerzas requeridas mediante el cálculo de la razón de cambio de la cantidad de movimiento angular del giroscopio en el caso particular considerado. En primer lugar, se observa que la velocidad angular $\boldsymbol{\omega}$ del giroscopio, su cantidad de movimiento angular $\mathbf{H}_O$ y la velocidad angular $\boldsymbol{\Omega}$ del sistema de referencia rotatorio (figura 18.17) se reducen, respectivamente, a

$$\boldsymbol{\omega} = -\dot{\phi}\, \text{sen}\, \theta\, \mathbf{i} + \omega_z \mathbf{k} \tag{18.40}$$

$$\mathbf{H}_O = -I'\dot{\phi}\, \text{sen}\, \theta\, \mathbf{i} + I\omega_z \mathbf{k} \tag{18.41}$$

$$\boldsymbol{\Omega} = -\dot{\phi}\, \text{sen}\, \theta\, \mathbf{i} + \dot{\phi}\cos\theta\, \mathbf{k} \tag{18.42}$$

donde $\omega_z = \dot{\psi} + \dot{\phi}\cos\theta$ = componente rectangular a lo largo del eje de giro de la velocidad angular total del giroscopio

Como θ, $\dot{\phi}$ y $\dot{\psi}$ son constantes, el vector $\mathbf{H}_O$ es constante en cuanto a magnitud y dirección con respecto al sistema de referencia rotatorio, y su razón de cambio $(\dot{\mathbf{H}}_O)_{Oxyz}$ con respecto a dicho sistema de coordenadas es cero. Por consiguiente, la ecuación (18.28) se reduce a

$$\Sigma\mathbf{M}_O = \boldsymbol{\Omega} \times \mathbf{H}_O \tag{18.43}$$

la que, después de realizar sustituciones con (18.41) y (18.42), nos da

$$\Sigma\mathbf{M}_O = (I\omega_z - I'\dot{\phi}\cos\theta)\dot{\phi}\, \text{sen}\, \theta\, \mathbf{j} \tag{18.44}$$

Ya que el centro de masa del giroscopio se encuentra fijo en el espacio, se tiene, de acuerdo con la ecuación (18.1), $\Sigma\mathbf{F} = 0$; por consiguiente, las fuerzas que se tienen que aplicar al giroscopio para mantener su precesión estable se reducen a un par de momento igual al miembro del lado derecho de la ecuación (18.44). Se ve que *este par se debe aplicar con respecto a un eje perpendicular al eje de precesión y al eje de giro del giroscopio* (figura 18.18).

En el caso particular cuando el eje de precesión y el eje de giro son perpendiculares entre sí, tenemos que $\theta = 90°$; y la ecuación (18.44) se reduce a

$$\Sigma\mathbf{M}_O = I\dot{\psi}\dot{\phi}\mathbf{j} \tag{18.45}$$

Por tanto, si se aplica al giroscopio un par $\mathbf{M}_O$ alrededor de un eje perpendicular a su eje de giro, el giroscopio precederá alrededor de un eje perpendicular tanto al eje de giro como al eje del par, en un sentido tal que los vectores que representan el giro, el par y la precesión, respectivamente, forman una tríada derecha (figura 18.19).

A causa de los pares relativamente grandes que se requieren para cambiar la orientación de sus ejes, los giroscopios se utilizan como estabilizadores en torpedos y barcos. Las balas y granadas rotatorias permanecen tangentes a su trayectoria debido a la acción giroscópica. Y es fácil mantener balanceada una bicicleta a altas velocidades gracias al efecto estabilizador de sus ruedas giratorias. No obstante, la acción giroscópica no siempre es bienvenida y se debe tener en cuenta en el diseño de cojinetes que soportan flechas giratorias sometidas a precesión forzada. Las reacciones ejercidas por las hélices de un aeroplano en un cambio de dirección de vuelo también deben tomarse en cuenta, y, siempre que sea posible, habrán de compensarse.

*18.11. MOVIMIENTO DE UN CUERPO SIMÉTRICO CON RESPECTO A UN EJE, QUE NO ESTÁ SOMETIDO A NINGUNA FUERZA

En esta sección se analizará el movimiento, en relación con su centro de masa, de un cuerpo simétrico con respecto a un eje, que no está sometido a ninguna fuerza, excepto a su propio peso. Ejemplos de un movimiento de este tipo son los proyectiles, si se desprecia la resistencia del aire, los satélites artificiales y los vehículos espaciales después de que se consumen sus cohetes de lanzamiento.

Como la suma de los momentos de las fuerzas externas con respecto al centro de masa G del cuerpo es cero, la ecuación (18.2) da $\dot{\mathbf{H}}_G = 0$. Se deduce que la cantidad de movimiento angular $\mathbf{H}_G$ del cuerpo con respecto a G es constante. Por lo tanto, la dirección de $\mathbf{H}_G$ se mantiene fija en el espacio y se puede usar para definir el eje Z, o eje de precesión (figura 18.20). Si se selecciona un sistema de ejes rotatorio $Gxyz$ con el eje z a lo largo del eje de simetría del cuerpo, el eje x en el plano definido por los ejes Z y z, y el eje y apuntado en sentido contrario a usted, se tiene

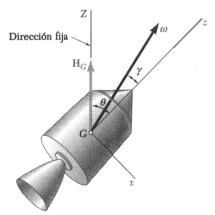

Fig. 18.20

$$H_x = -H_G \operatorname{sen}\theta \qquad H_y = 0 \qquad H_z = H_G \cos\theta \quad (18.46)$$

donde θ representa el ángulo formado por los ejes Z y z, y H_G denota la magnitud constante de la cantidad de movimiento angular del cuerpo alrededor de G. Como los ejes x, y y z son ejes principales de inercia para el cuerpo considerado, podemos escribir

$$H_x = I'\omega_x \qquad H_y = I'\omega_y \qquad H_z = I\omega_z \qquad (18.47)$$

donde I denota el momento de inercia del cuerpo con respecto a su eje de simetría, e I' denota su momento de inercia con respecto a un eje transversal que pasa por G. De las ecuaciones (18.46) y (18.47) se desprende que

$$\omega_x = -\frac{H_G \operatorname{sen}\theta}{I'} \qquad \omega_y = 0 \qquad \omega_z = \frac{H_G \cos\theta}{I} \quad (18.48)$$

La segunda de las relaciones obtenidas muestra que la velocidad angular $\boldsymbol{\omega}$ no tiene componente a lo largo del eje y, es decir, a lo largo de un eje perpendicular al plano Zz. De este modo, el ángulo θ formado por los ejes Z y z permanece constante y *el cuerpo se encuentra en precesión estable alrededor del eje Z*.

Si se dividen la primera y la tercera de las relaciones (18.48) miembro a miembro, y, de acuerdo con la figura 18.21, $-\omega_x/\omega_z = \tan\gamma$, se obtiene la siguiente relación entre los ángulos γ y θ que los vectores $\boldsymbol{\omega}$ y $\mathbf{H}_G$, respectivamente, forman con el eje de simetría del cuerpo:

$$\tan\gamma = \frac{I}{I'}\tan\theta \qquad (18.49)$$

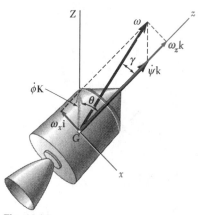

Fig. 18.21

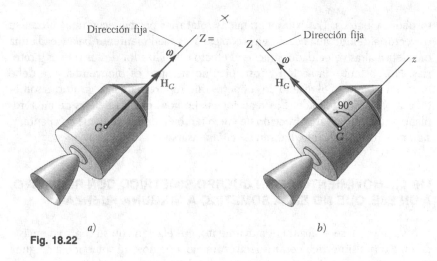

Dirección fija

Dirección fija

ω

$\mathbf{H}_G$

Z

ω

$\mathbf{H}_G$

z

$90°$

G

G

a)

b)

Fig. 18.22

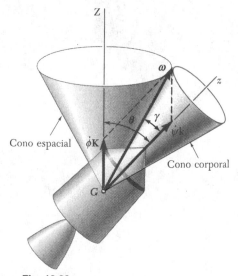

Fig. 18.23

Existen dos casos particulares de movimiento de un cuerpo simétrico con respecto a un eje, que no está sometido a ninguna fuerza que no implican precesión: 1) Si el cuerpo se hace girar alrededor de su eje de simetría, se tiene $\omega_x = 0$ y, de acuerdo con (18.47), $H_x = 0$; los vectores $\boldsymbol{\omega}$ y $\mathbf{H}_G$ tienen la misma orientación y el cuerpo se mantiene girando sobre su eje de simetría (figura 18.22*a*). 2) Si el cuerpo se hace girar sobre su eje transversal, se tiene $\omega_z = 0$ y, de acuerdo con la ecuación (18.47), $H_z = 0$; de nueva cuenta, $\boldsymbol{\omega}$ y $\mathbf{H}_G$ tienen la misma orientación y el cuerpo se mantiene girando sobre el eje transversal dado (figura 18.22*b*).

Si ahora se considera el caso general representado en la figura 18.21, de la sección 15.12 se recuerda que el movimiento de un cuerpo con respecto a un punto fijo —o con respecto a su centro de masa— puede estar representado por el movimiento de un cono corporal que rueda en un cono espacial. En el caso de precesión estable, los dos conos son circulares, puesto que los ángulos γ y $\theta - \gamma$ que la velocidad angular $\boldsymbol{\omega}$ forma, respectivamente, con el eje de simetría del cuerpo y con el eje de precesión son constantes. Se deben distinguir dos casos:

1. $I < I'$. Éste es el caso de un cuerpo alargado, como el vehículo espacial de la figura 18.23. De acuerdo con la ecuación (18.49), $\gamma < \theta$; el vector $\boldsymbol{\omega}$ queda dentro del ángulo ZGz; el cono espacial y el cono corporal son externamente tangentes; tanto el giro como la precesión se observan como de sentido contrario al de las manecillas del reloj desde el eje positivo z. Se dice que la precesión es *directa*.

2. $I > I'$. Éste es el caso de un cuerpo achatado, como el satélite de la figura 18.24. De acuerdo con la ecuación (18.49), $\gamma > \theta$; como el vector $\boldsymbol{\omega}$ debe quedar fuera del ángulo ZGz, el vector $\dot{\psi}\mathbf{k}$ es de sentido opuesto al del eje z; el cono espacial queda dentro del cono corporal; la precesión y el giro tienen sentidos opuestos. Se dice que la precesión es *retrógrada*.

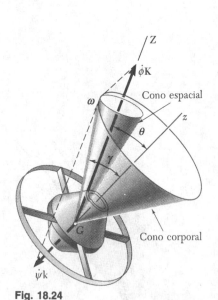

Fig. 18.24

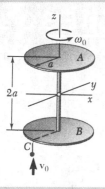

PROBLEMA RESUELTO 18.6

Se sabe que un satélite espacial de masa m es dinámicamente equivalente a dos discos delgados de masas iguales. Los discos tienen un radio $a = 800$ mm y están rígidamente conectados por una barra de longitud $2a$. En un principio, el satélite gira libremente sobre su eje de simetría a la velocidad $\omega_0 = 60$ rpm. Un meteorito, de masa $m_0 = m/100$ que viaja a una velocidad $\mathbf{v}_0$ de 2000 m/s con respecto al satélite, choca con éste y se incrusta en C. Determínese a) la velocidad angular del satélite inmediatamente después del impacto, b) el eje de precesión del movimiento subsecuente, c) las velocidades de precesión y giro del movimiento subsecuente.

SOLUCIÓN

Momentos de inercia. Se observa que los ejes mostrados son los ejes principales de inercia del satélite, y escribimos

$$I = I_z = \tfrac{1}{2}ma^2 \qquad I' = I_x = I_y = 2[\tfrac{1}{4}(\tfrac{1}{2}m)a^2 + (\tfrac{1}{2}m)a^2] = \tfrac{5}{4}ma^2$$

Principio del impulso y la cantidad de movimiento angular. Se considera que el satélite y el meteorito forman un solo sistema. Como ninguna fuerza externa actúa en este sistema, las cantidades de movimiento antes y después del impacto son equipolentes. Si se consideran los momentos alrededor de G, escribimos

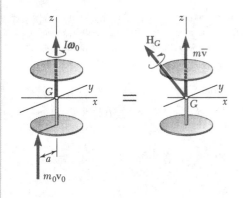

$$-a\mathbf{j} \times m_0 v_0 \mathbf{k} + I\omega_0 \mathbf{k} = \mathbf{H}_G$$
$$\mathbf{H}_G = -m_0 v_0 a \mathbf{i} + I\omega_0 \mathbf{k} \qquad (1)$$

Velocidad angular después del impacto. Si se sustituyen los valores obtenidos para las componentes de $\mathbf{H}_G$ y para los momentos de inercia en

$$H_x = I_x \omega_x \qquad H_y = I_y \omega_y \qquad H_z = I_z \omega_z$$

escribimos

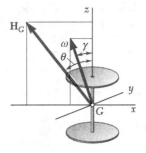

$$-m_0 v_0 a = I'\omega_x = \tfrac{5}{4}ma^2 \omega_x \qquad 0 = I'\omega_y \qquad I\omega_0 = I\omega_z$$
$$\omega_x = -\frac{4}{5}\frac{m_0 v_0}{ma} \qquad \omega_y = 0 \qquad \omega_z = \omega_0 \qquad (2)$$

Para el satélite considerado, $\omega_0 = 60$ rpm $= 6.283$ rad/s, $m_0/m = \frac{1}{1000}$, $a = 0.800$ m y $v_0 = 2000$ m/s; por consiguiente,

$$\omega_x = -2 \text{ rad/s} \qquad \omega_y = 0 \qquad \omega_z = 6.283 \text{ rad/s}$$

$$\omega = \sqrt{\omega_x^2 + \omega_z^2} = 6.594 \text{ rad/s} \qquad \tan\gamma = \frac{-\omega_x}{\omega_z} = +0.3183$$

$$\omega = 63.0 \text{ rpm} \qquad \gamma = 17.7° \quad \blacktriangleleft$$

Eje de precesión. Como en el movimiento libre la dirección de la cantidad de movimiento angular $\mathbf{H}_G$ permanece fija en el espacio, el satélite precederá con respecto a esta dirección. El ángulo θ formado por el eje de precesión y el eje z es

$$\tan\theta = \frac{-H_x}{H_z} = \frac{m_0 v_0 a}{I\omega_0} = \frac{2m_0 v_0}{ma\omega_0} = 0.796 \qquad \theta = 38.5° \quad \blacktriangleleft$$

Velocidades de precesión y de giro. Se dibujan los conos espacial y corporal del movimiento libre del satélite. Con la ley de los senos, se calculan las velocidades de precesión y de giro.

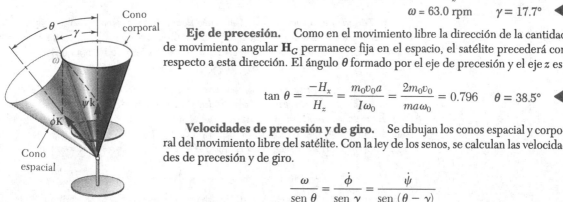

$$\frac{\omega}{\operatorname{sen}\theta} = \frac{\dot\phi}{\operatorname{sen}\gamma} = \frac{\dot\psi}{\operatorname{sen}(\theta - \gamma)}$$
$$\dot\phi = 30.8 \text{ rpm} \qquad \dot\psi = 35.9 \text{ rpm} \quad \blacktriangleleft$$

En esta lección se analizó el movimiento de *giroscopios* y de otros *cuerpos simétricos con respecto a un eje* con un punto fijo *O*. Para definir la posición de estos cuerpos en cualquier instante dado, se presentaron los tres *ángulos de Euler*, ϕ, θ y ψ (figura 18.15), y se observó que sus derivadas con respecto al tiempo definen, respectivamente, la velocidad de *precesión*, la velocidad de *nutación* y la velocidad de *giro* (figura 18.16). Los problemas que se presentarán caen dentro de una de las siguientes categorías.

1. Precesión continua. Éste es el movimiento de un giroscopio o de otro cuerpo simétrico con respecto a un eje, con un punto fijo localizado en su eje de simetría, en el cual el ángulo θ, la velocidad de precesión $\dot{\phi}$ y la velocidad de giro $\dot{\psi}$ permanecen constantes.

a. Con el sistema de referencia rotatorio Oxyz mostrado en la figura 18.17, el cual *precede* junto con el cuerpo, *pero no gira* junto con él, se obtuvieron las siguientes expresiones para la velocidad angular $\boldsymbol{\omega}$ del cuerpo, su cantidad de movimiento angular $\mathbf{H}_O$ y la velocidad angular $\boldsymbol{\Omega}$ del sistema de referencia *Oxyz*:

$$\boldsymbol{\omega} = -\dot{\phi}\,\text{sen}\,\theta\,\mathbf{i} + \omega_z\mathbf{k} \tag{18.40}$$

$$\mathbf{H}_O = -I'\dot{\phi}\,\text{sen}\,\theta\,\mathbf{i} + I\,\omega_z\mathbf{k} \tag{18.41}$$

$$\boldsymbol{\Omega} = -\dot{\phi}\,\text{sen}\,\theta\,\mathbf{i} + \dot{\phi}\cos\theta\,\mathbf{k} \tag{18.42}$$

donde I = momento de inercia del cuerpo alrededor de su eje de simetría

I' = momento de inercia del cuerpo alrededor de un eje transversal que pasa por O

ω_z = componente *rectangular* de $\boldsymbol{\omega}$ a lo largo del eje $z = \dot{\psi} + \dot{\phi}\cos\theta$

b. La suma de los momentos con respecto a O de las fuerzas aplicadas al cuerpo es igual a la razón de cambio de su cantidad de movimiento angular, como lo expresa la ecuación (18.28). Pero, como θ y las razones de cambio $\dot{\phi}$ y $\dot{\psi}$ son constantes, de la ecuación (18.41) se deduce que $\mathbf{H}_O$ permanece constante en cuanto a magnitud y dirección, vista desde el sistema de referencia *Oxyz*. Por tanto, su razón de cambio es cero con respecto a dicho sistema de referencia y se puede escribir

$$\Sigma\mathbf{M}_O = \boldsymbol{\Omega} \times \mathbf{H}_O \tag{18.43}$$

donde $\boldsymbol{\Omega}$ y $\mathbf{H}_O$ están definidas, respectivamente, por las ecuaciones (18.42) y (18.41). La ecuación obtenida muestra que el momento resultante en O de las fuerzas aplicadas al cuerpo es perpendicular tanto al eje de precesión como al eje de giro (figura 18.18).

c. Téngase en cuenta que el método descrito se aplica no sólo a giroscopios, donde el punto fijo *O* coincide con el centro de masa *G*, sino también a *cualquier cuerpo simétrico con respecto a un eje con un punto fijo O localizado en su eje de simetría*. Este método, por consiguiente, se puede usar para analizar la *precesión estable de un trompo* que gira en un suelo irregular.

d. Cuando un cuerpo simétrico con respecto a un eje no dispone de un punto fijo, pero se encuentra en precesión estable alrededor de su centro de masa G, se debe dibujar una *ecuación de diagramas de cuerpo libre* que muestre que el sistema de las fuerzas externas ejercidas sobre el cuerpo (incluido el peso de éste) es equivalente al vector $m\bar{\mathbf{a}}$ fijo en *G* y al vector de par $\dot{\mathbf{H}}_G$. Se pueden usar las ecuaciones (18.40) a (18.42), remplazando $\mathbf{H}_O$ con $\mathbf{H}_G$, y expresar el momento del par como

$$\dot{\mathbf{H}}_G = \boldsymbol{\Omega} \times \mathbf{H}_G$$

Se puede usar entonces la ecuación de diagramas de cuerpo libre para escribir no menos de seis ecuaciones escalares independientes.

2. Movimiento de un cuerpo simétrico con respecto a un eje, que no está sometido a una fuerza, excepto a su propio peso. Como $\Sigma \mathbf{M}_G = 0$ y, por ende, $\dot{\mathbf{H}}_G = 0$; se deduce que *la cantidad de movimiento angular* $\mathbf{H}_G$ es constante en cuanto a magnitud y dirección [sección 18.11]. El cuerpo se encuentra en *precesión estable* con el eje de precesión GZ dirigido a lo largo de $\mathbf{H}_G$ (figura 18.20). Al utilizar el sistema de referencia rotatorio $Gxyz$, y como γ denota el ángulo que $\boldsymbol{\omega}$ forma con el eje de giro Gz (figura 18.21), se obtuvo la siguiente relación entre γ y el ángulo θ formado por los ejes de precesión y de giro:

$$\tan \gamma = \frac{I}{I'} \tan \theta \tag{18.49}$$

Se dice que la precesión es *directa* si $I < I'$ (figura 18.23), y *retrógrada* si $I > I'$ (figura 18.24).

a. En muchos problemas que tienen que ver con el movimiento de un cuerpo simétrico con respecto a un eje no sometido a una fuerza, se pedirá que se determine el *eje de precesión* y las *velocidades de precesión y de giro* del cuerpo, si se conoce la magnitud de su *velocidad angular* $\boldsymbol{\omega}$ y el ángulo γ que ésta forma con el eje de simetría Gz (figura 18.21). Con la ecuación (18.49) se determinará el ángulo θ que el eje de precesión GZ forma con Gz, y $\boldsymbol{\omega}$ se transformará en dos *componentes oblicuas* $\dot{\phi}\mathbf{K}$ y $\dot{\psi}\mathbf{k}$. Con la ley de los senos, se determinarán entonces la velocidad de precesión $\dot{\phi}$ y la velocidad de giro $\dot{\psi}$.

b. En otros problemas, el cuerpo se verá sometido a *un impulso dado*, y primero se determinará la resultante de la *cantidad de movimiento angular* $\mathbf{H}_G$. Con las ecuaciones (18.10) se calcularán las componentes rectangulares de la velocidad angular $\boldsymbol{\omega}$, su magnitud ω y el ángulo γ que forma con el eje de simetría. A continuación se determinará el *eje de precesión* y las *velocidades de precesión y de giro* tal como se describió con anterioridad [problema resuelto 18.6].

3. Movimiento general de un cuerpo simétrico con respecto a un eje, con un punto fijo O localizado en su eje de simetría y sometido sólo a su propio peso. Éste es un movimiento en el cual se permite que varíe el ángulo θ. En cualquier instante dado se debe tener en cuenta que la velocidad de precesión $\dot{\phi}$, la velocidad de giro $\dot{\psi}$ y la velocidad de nutación $\dot{\theta}$, no permanecerán constantes. Un ejemplo de un movimiento de ese tipo es el movimiento de un trompo, el cual se analiza en los problemas 18.139 y 18.140. El sistema de referencia rotatorio $Oxyz$ que se utilizará sigue siendo el que se muestra en la figura 18.18, aunque ahora girará sobre el eje y a la velocidad $\dot{\theta}$. Por consiguiente, las ecuaciones (18.40), (18.41) y (18.42) deben ser remplazadas por las ecuaciones siguientes:

$$\boldsymbol{\omega} = -\dot{\phi}\,\text{sen}\,\theta\,\mathbf{i} + \dot{\theta}\mathbf{j} + (\dot{\psi} + \dot{\phi}\cos\theta)\,\mathbf{k} \tag{18.40'}$$

$$\mathbf{H}_O = -I'\dot{\phi}\,\text{sen}\,\theta\,\mathbf{i} + I'\,\dot{\theta}\mathbf{j} + I(\dot{\psi} + \dot{\phi}\cos\theta)\,\mathbf{k} \tag{18.41'}$$

$$\boldsymbol{\Omega} = -\dot{\phi}\,\text{sen}\,\theta\,\mathbf{i} + \dot{\theta}\mathbf{j} + \dot{\phi}\cos\theta\,\mathbf{k} \tag{18.42'}$$

Como la sustitución de estas expresiones en la ecuación (18.44) conduciría a ecuaciones diferenciales no lineales, es preferible, siempre que sea factible, aplicar los siguientes principios de conservación.

a. Conservación de la energía. Si c denota la distancia entre el punto fijo O y el centro de masa G del cuerpo, y E denota la energía total, se escribirá

$$T + V = E: \qquad\qquad \tfrac{1}{2}(I'\,\omega_x^2 + I'\,\omega_y^2 + I\omega_z^2) + mgc\cos\theta = E$$

y se sustituirán las componentes de $\boldsymbol{\omega}$ con las expresiones obtenidas en la ecuación (18.40'). Obsérvese que c será positiva o negativa, según la posición de G con respecto a O. Además, $c = 0$ si G coincide con O; en tal caso, se conserva la *energía cinética*.

b. Conservación de la cantidad de movimiento angular alrededor del eje de precesión. Como el apoyo en O se localiza en el eje Z, y como el peso del cuerpo y el eje Z son verticales y, por consiguiente, paralelos entre sí, se deduce que $\Sigma M_Z = 0$ y, por tanto, que H_Z permanece constante. Esto se puede expresar escribiendo que el producto escalar $\mathbf{K} \cdot \mathbf{H}_O$ es constante, donde $\mathbf{K}$ es el vector unitario a lo largo del eje Z.

c. Conservación de la cantidad de movimiento angular alrededor del eje de giro. Como el apoyo en O y el centro de gravedad G están localizados en el eje z, se deduce que $\Sigma M_z = 0$ y, por tanto, que H_z permanece constante. Esto se expresa escribiendo que el coeficiente del vector unitario $\mathbf{k}$ en la ecuación (18.41') es constante. Obsérvese que este último principio de conservación no se puede aplicar cuando el cuerpo está restringido a girar sobre su eje de simetría, y en ese caso las únicas variables son θ y ϕ.

Problemas

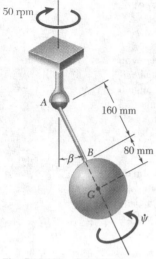

Fig. P18.107 y P18.108

18.107 Una esfera sólida de aluminio, de 80 mm de radio, está soldada al extremo de una barra AB de 160 mm de longitud de masa insignificante, la cual está soportada por una articulación de rótula en A. Si se observa que la esfera precede alrededor de un eje vertical a la velocidad constante de 50 rpm en el sentido indicado y que la barra AB forma un ángulo $\beta = 25°$ con la vertical, determine la velocidad de giro de la esfera alrededor del eje AB.

18.108 Una esfera sólida de aluminio, de 80 mm de radio, está soldada al extremo de una barra AB de 160 mm de longitud de masa insignificante, la cual está soportada por una articulación de rótula en A. Si la esfera gira como se muestra alrededor de la línea AB a 800 rpm, determine el ángulo β con el cual la esfera precederá alrededor de un eje vertical a la velocidad constante de 50 rpm en el sentido indicado.

18.109 Un cono sólido, de 9 in. de altura y base circular de 3 in. de radio, está soportado por una articulación de rótula en A. Si se observa que el cono precede alrededor del eje vertical AC a la velocidad constante de 40 rpm en el sentido indicado y que su eje de simetría AB forma un ángulo $\beta = 40°$ con AC, determine la velocidad a la cual gira el cono alrededor del eje AB.

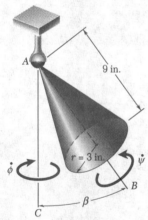

Fig. P18.109 y *P18.110*

18.110 Un cono sólido, de 9 in. de altura y base circular de 3 in. de radio, está soportado por una articulación de rótula en A. Si el cono gira alrededor de su eje de simetría AB a 3000 rpm y AB forma un ángulo $\beta = 60°$ con el eje vertical AC, determine las dos posibles velocidades de precesión estable del cono sobre el eje AC.

18.111 El trompo de 85 g mostrado está apoyado en el punto fijo O. Sus radios de giro con respecto a su eje de simetría y con respecto a un eje transversal que pasa por O son de 21 mm y 45 mm, respectivamente. Si $c = 37.5$ mm y la velocidad de giro del trompo alrededor de su eje de simetría es de 1800 rpm, determine las dos velocidades de precesión estable posibles correspondientes a $\theta = 30°$.

18.112 El trompo mostrado está apoyado en el punto fijo O, y sus momentos de inercia alrededor de su eje de simetría y alrededor de un eje transversal que pasa por O están denotados, respectivamente, por I e I'. *a*) Demuestre que la condición para la precesión estable del trompo es

$$(I\omega_z - I'\,\dot{\phi}\cos\theta)\,\dot{\phi} = Wc$$

donde $\dot{\phi}$ es la velocidad de precesión y ω_z es la componente rectangular de la velocidad angular a lo largo del eje de simetría del trompo. *b*) Demuestre que si la velocidad de giro $\dot{\psi}$ del trompo es muy grande comparada con su velocidad de precesión $\dot{\phi}$, la condición para precesión estable es $I\dot{\psi}\dot{\phi} \approx Wc$. *c*) Determine el porcentaje de error introducido cuando se utiliza esta última relación para aproximar la más lenta de las dos velocidades de precesión obtenidas para el trompo del problema 18.111.

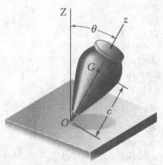

Fig. P18.111 y *P18.112*

18.113 Un cubo sólido de lado $c = 80$ mm por lado cuelga como se muestra de una cuerda AB. Se observa que gira a la velocidad $\dot{\psi} = 40$ rad/s sobre su diagonal BC y que precede a la velocidad constante $\dot{\phi} = 5$ rad/s alrededor del eje vertical AD. Si $\beta = 30°$, determine el ángulo θ que la diagonal BC forma con la vertical. (*Sugerencia*. El momento de inercia de un cubo alrededor de un eje que pasa por su centro es independiente de la orientación de dicho eje.)

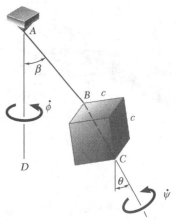

18.114 Un cubo sólido de $c = 120$ mm por lado cuelga como se muestra de una cuerda AB. El cubo gira sobre su diagonal BC y precede alrededor del eje vertical AD. Si $\theta = 25°$ y $\beta = 40°$, determine *a*) la velocidad de giro del cubo, *b*) su velocidad de precesión. (Véase la sugerencia del problema. 18.113.)

Fig. P18.113 y P18.114

18.115 Una esfera sólida de radio $c = 3$ in. pende de una cuerda AB como se muestra. Se observa que la esfera precede a la velocidad constante $\dot{\phi} = 6$ rad/s alrededor del eje vertical AD. Si $\beta = 40°$, determine el ángulo θ que el diámetro BC forma con la vertical cuando la esfera *a*) no gira, *b*) gira alrededor de su diámetro BC a la velocidad $\dot{\psi} = -50$ rad/s, *c*) gira alrededor de BC a la velocidad $\dot{\psi} = -50$ rad/s.

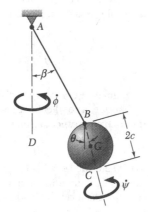

Fig. P18.115 y P18.116

18.116 Una esfera sólida de radio $c = 3$ in. pende, como se muestra, de una cuerda AB de 15 in. de longitud. La esfera gira alrededor de su diámetro BC y precede alrededor del el eje vertical AD. Si $\theta = 20°$ y $\beta = 35°$, determine *a*) la velocidad de giro de la esfera, *b*) su velocidad de precesión.

18.117 Si la Tierra fuera una esfera, la atracción gravitacional del Sol, la Luna y los planetas en todo momento equivaldrían a una sola fuerza **R** aplicada en el centro de masa de nuestro planeta. Sin embargo, la Tierra en realidad es un esferoide achatado, y el sistema gravitacional que actúa sobre ella equivale a una fuerza **R** y a un par **M**. Si el efecto del par **M** es hacer que el eje de la Tierra preceda alrededor del eje GA a razón de una revolución en 25 800 años, determine la magnitud promedio del par **M** aplicado a la Tierra. Suponga que la densidad promedio de la Tierra es 5.51, que el radio promedio de la Tierra es de 6370 km y que $\bar{I} = \frac{2}{5}mR^2$. (*Nota*. Esta precesión forzada se conoce como precesión de los equinoccios y no se debe confundir con la precesión libre analizada en el problema 18.123.)

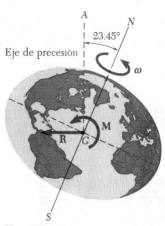

Fig. P18.117

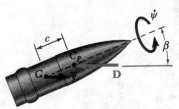

Fig. P18.118

18.118. Un registro fotográfico de alta velocidad muestra que se disparó cierto proyectil con una velocidad horizontal $\bar{v}$ de 600 m/s y con su eje de simetría formando un ángulo $\beta = 3°$ con la horizontal. La velocidad de giro $\dot{\psi}$ del proyectil fue de 6000 rpm y la resistencia atmosférica al avance fue equivalente a una fuerza **D** de 120 N aplicada en el centro de presión C_p localizado a una distancia $c = 150$ mm de G. a) Si el proyectil tiene una masa de 20 kg y un radio de giro de 50 mm con respecto a su eje de simetría, determine su velocidad de precesión continua aproximada, b) Si además se sabe que el radio de giro del proyectil con respecto a un eje transversal que pasa por G es de 200 mm, determine los valores exactos de las velocidades de precesión posibles.

18.119 Demuestre que para un cuerpo simétrico con respecto a un eje, que no está sometido a una fuerza, las velocidades de precesión y de giro se pueden expresar, respectivamente, como

$$\dot{\phi} = \frac{H_G}{I'}$$

y

$$\dot{\psi} = \frac{H_G \cos \theta \, (I' - I)}{II'}$$

donde H_G es el valor constante de la cantidad de movimiento angular del cuerpo.

18.120 a) Demuestre que para un cuerpo simétrico con respecto a un eje, que no está sometido a una fuerza, la velocidad de precesión se puede expresar como

$$\dot{\phi} = \frac{I \omega_z}{I' \cos \theta}$$

donde ω_z es la componente rectangular de $\boldsymbol{\omega}$ a lo largo del eje de simetría del cuerpo. b) Use este resultado para comprobar que la condición (18.44) para la precesión continua es satisfecha por un cuerpo simétrico con respecto a un eje, que no está sometido a una fuerza.

18.121 Demuestre que el vector de velocidad angular de $\boldsymbol{\omega}$ de un cuerpo simétrico con respecto a un eje, que no está sometido a una fuerza, visto desde el cuerpo mismo gira alrededor del eje de simetría a la velocidad constante

$$n = \frac{I' - I}{I'} \omega_z$$

donde ω_z es la componente rectangular de $\boldsymbol{\omega}$ a lo largo del eje de simetría del cuerpo.

18.122 Para un cuerpo simétrico con respecto a un eje, que no está sometido a una fuerza, demuestre a) que la velocidad de precesión retrógrada nunca puede ser menor que dos veces la velocidad de giro del cuerpo alrededor de su eje de simetría, b) que, en la figura 18.24, el eje de simetría del cuerpo nunca queda dentro del cono espacial.

18.123 Con la relación dada en el problema 18.121, determine el periodo de precesión del polo norte de la Tierra alrededor del eje de simetría de ésta. La Tierra se puede considerar como un esferoide achatado de momento axial de inercia I y de momento transversal de inercia $I' = 0.99671$. (*Nota*. Las observaciones reales muestran un periodo de precesión del polo norte de unos 432.5 días solares medios; la diferencia entre los periodos observados y los calculados se debe al hecho de que la Tierra no es un cuerpo perfectamente rígido. La precesión libre aquí considerada no debe confundirse con la precesión mucho más lenta de los equinoccios, la cual es una precesión forzada. Véase el problema 18.117.)

18.124 El vector de velocidad angular de una pelota de futbol americano que acaba de ser pateada está en posición horizontal, y su eje de simetría OC está orientado como se muestra. Si la magnitud de la velocidad angular es de 200 rpm y la razón de los momentos de inercia axiales y transversales $I/I' = \frac{1}{3}$, determine a) la orientación del eje de precesión OA, b) las velocidades de precesión y de giro.

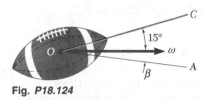

Fig. P18.124

18.125 Un satélite, de 2 500 kg y 2.4 m de altura, tiene bases octogonales de 1.2 m por lado. Los ejes de coordenadas mostrados son los ejes principales centroidales de inercia del satélite, y sus radios de giro son $k_x = k_z = 0.90$ m y $k_y = 0.98$ m. El satélite dispone de un propulsor principal E de 500 N y de cuatro propulsores A, B, C y D de 20 N, los cuales pueden expeler combustible en la dirección y positiva. El satélite gira a 36 rev/h alrededor de su eje de simetría Gy, el cual mantiene una dirección fija en el espacio, cuando los propulsores A y B se activan durante 2 s. Determine a) el eje de precesión del satélite, b) su velocidad de precesión, c) su velocidad de giro.

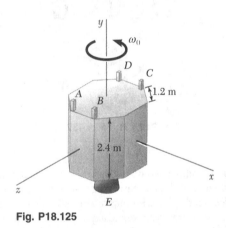

Fig. P18.125

18.126 Resuelva el problema 18.125, suponiendo que los propulsores A y D (en lugar de A y B) se activan durante 2 s.

18.127 Una estación espacial se compone de dos secciones A y B de masas iguales, las cuales están rígidamente conectadas. Cada sección es dinámicamente equivalente a un cilindro homogéneo de 45 ft de longitud y 9 ft de radio. Si la estación precede alrededor de la dirección fija GD a la velocidad constante de 2 rev/h, determine la velocidad de giro de la estación sobre su eje de simetría CC'.

18.128 Si la conexión entre las secciones A y B de la estación espacial del problema 18.127 se pierde cuando la estación está orientada como se muestra en la figura P18.127 y si las dos secciones reciben un ligero empujón para separarlas a lo largo de su eje común de simetría, determine a) el ángulo entre el eje de giro y el nuevo eje de precesión de la sección A, b) la velocidad de precesión de la sección A, c) su velocidad de giro.

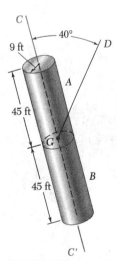

Fig. P18.127

Fig. P18.129

18.129 Se lanza una moneda al aire. Se observa que gira a 600 rpm alrededor de un eje GC perpendicular a la moneda y que precede con respecto a la dirección vertical GD. Si GC forma un ángulo de 15° con GD, determine a) el ángulo que la velocidad angular $\boldsymbol{\omega}$ de la moneda forma con GD, b) la velocidad de precesión de la moneda con respecto a GD.

18.130 Resuelva el problema 18.6, suponiendo que el meteorito choca con el satélite en C a una velocidad $\mathbf{v}_0 = (2000 \text{ m/s})\mathbf{i}$.

18.131 Un disco homogéneo de masa m está conectado por A y B al extremo en forma de horquilla de una flecha de masa insignificante, la cual está soportada por un cojinete en C. El disco puede girar libremente alrededor de su diámetro horizontal AB y la flecha hace lo mismo alrededor de un eje vertical que pasa por C. Inicialmente el disco se encuentra en un plano vertical ($\theta_0 = 90°$) y la velocidad angular de la flecha es $\dot{\phi}_0 = 8$ rad/s. Si el disco se perturba un poco, determine, para el movimiento subsecuente, a) el valor mínimo de $\dot{\phi}$, b) el valor máximo de $\dot{\theta}$.

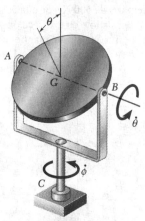

Fig. P18.131 y P18.132

18.132 Un disco homogéneo de masa m está conectado por A y B al extremo en forma de horquilla de una flecha de masa insignificante, la cual está soportada por un cojinete en C. El disco puede girar libremente alrededor de su diámetro horizontal AB, y la flecha hace lo mismo sobre un eje vertical que pasa por C. Si inicialmente $\theta_0 = 30°$, $\dot{\theta}_0 = 0$ y $\dot{\phi}_0 = 8$ rad/s, determine, para el movimiento subsecuente, a) el intervalo de valores de θ, b) el valor mínimo de $\dot{\phi}$, c) el valor máximo de $\dot{\theta}$.

18.133 Una placa rectangular homogénea, de masa m y lados c y $2c$, está conectada por A y B al extremo en forma de horquilla de una flecha de masa insignificante, la cual está soportada por un cojinete en C. La placa puede girar libremente alrededor de AB, y la flecha hace lo mismo sobre un eje horizontal que pasa por C. Si inicialmente $\theta_0 = 30°$, $\dot{\theta}_0 = 0$ y $\dot{\phi}_0 = 6$ rad/s, determine, para el movimiento subsecuente, a) el intervalo de valores de θ, b) el valor mínimo de $\dot{\phi}$, c) el valor máximo de $\dot{\theta}$.

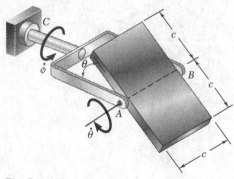

Fig. P18.133

18.134 Una placa rectangular homogénea, de masa m y lados c y $2c$, está conectada por A y B al extremo en forma de horquilla de una flecha de masa insignificante, la cual está soportada por un cojinete en C. La placa puede girar libremente alrededor de AB, y la flecha hace lo mismo alrededor del eje horizontal que pasa por C. Si inicialmente la placa se encuentra en el plano de la horquilla ($\theta_0 = 0$) y la velocidad angular de la flecha es $\dot{\phi}_0 = 6$ rad/s, determine, para el movimiento subsecuente, a) el valor mínimo de $\dot{\phi}$, b) el valor máximo de $\dot{\theta}$.

18.135 Un disco homogéneo de 180 mm de radio está soldado a una barra AG de 360 mm de longitud y masa insignificante, la cual está conectada por medio de una horquilla a una flecha vertical AB. La barra y el disco pueden girar libremente alrededor de un eje horizontal AC, y la flecha AB hace lo mismo alrededor de un eje vertical. Inicialmente la barra AG se encuentra en posición horizontal ($\theta_0 = 90°$) y sin velocidad angular alrededor de AC. Si el valor máximo de $\dot{\phi}_m$ de la velocidad angular de la flecha AB en el movimiento subsecuente es dos veces su valor inicial $\dot{\phi}_0$, determine a) el valor mínimo de θ, b) la velocidad angular inicial $\dot{\phi}_0$ de la flecha AB.

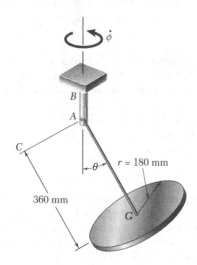

Fig. *P18.135* y *P18.136*

18.136 Un disco homogéneo de 180 mm de radio está soldado a una barra AG de 360 mm de longitud y de masa insignificante, la cual está conectada por medio de una horquilla a una flecha vertical AB. La barra y el disco pueden girar libremente alrededor de un eje horizontal AC, y la flecha AB hace lo mismo sobre un eje vertical. Inicialmente la barra AG se encuentra en posición horizontal ($\theta_0 = 90°$) y sin velocidad angular alrededor de AC. Si el valor mínimo de θ en el movimiento resultante es de 30°, determine a) la velocidad angular inicial de la flecha AB, b) su velocidad angular máxima.

*18.137 Un disco homogéneo de 180 mm de radio está soldado a una barra AG de 360 mm de longitud y de masa insignificante, la cual está soportada por una articulación de rótula en A. El disco se suelta con una velocidad de giro $\dot{\psi}_0 = 50$ rad/s, con velocidades de precesión y de nutación nulas, y con la barra AG horizontal ($\theta_0 = 90°$). Determine a) el valor mínimo de θ en el movimiento resultante, b) las velocidades de precesión y de giro cuando el disco pasa por su posición más baja.

*18.138 Un disco homogéneo de 180 mm de radio está soldado a una barra AG de 360 mm de longitud y de masa insignificante, la cual está soportada por una articulación de rótula en A. El disco se suelta con una velocidad de giro $\dot{\psi}_0$, en sentido contrario al de las manecillas del reloj visto desde A, con velocidades de precesión y de nutación nulas, y con la barra AG horizontal ($\theta_0 = 90°$). Si el valor mínimo de θ en el movimiento resultante es de 30°, determine a) la velocidad de giro $\dot{\psi}_0$ del disco en su posición inicial, b) las velocidades de precesión y de giro cuando el disco pasa por su posición más baja.

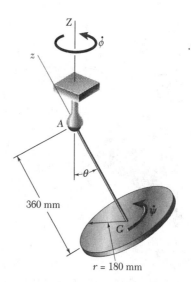

Fig. P18.137 y P18.138

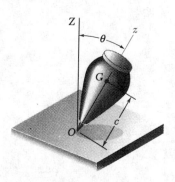

Fig. P18.139 y P18.140

*18.139 El trompo mostrado está apoyado en el punto fijo O. Si ϕ, θ y ψ denotan los ángulos de Euler que definen la posición del trompo con respecto a un sistema de referencia fijo, considere el movimiento general del trompo en el cual todos los ángulos de Euler varían.

a) Como $\Sigma M_Z = 0$ y $\Sigma M_z = 0$ y si I e I' denotan, respectivamente, los momentos de inercia del trompo alrededor de su eje de simetría y alrededor de un eje transversal que pasa por O, deduzca las dos ecuaciones diferenciales de primer orden del movimiento

$$I'\dot{\phi}\,\mathrm{sen}^2\,\theta + I(\dot{\psi} + \dot{\phi}\cos\theta)\cos\theta = \alpha \tag{1}$$

$$I(\dot{\psi} + \dot{\phi}\cos\theta) = \beta \tag{2}$$

donde α y β son constantes que dependen de las condiciones iniciales. Estas ecuaciones expresan que la cantidad de movimiento angular del trompo se conserva alrededor de los ejes Z y z; es decir, que la componente rectangular de $\mathbf{H}_O$ a lo largo de cada eje es constante.

b) Utilice las ecuaciones (1) y (2) para demostrar que la componente rectangular ω_z de la velocidad angular del trompo es constante, y que la velocidad de precesión $\dot{\phi}$ depende del valor del ángulo de nutación θ.

*18.140 *a*) Con el principio de conservación de la energía, deduzca una tercera ecuación diferencial para el movimiento general del trompo del problema 18.139.

b) Eliminando las derivadas $\dot{\phi}$ y $\dot{\psi}$ de la ecuación obtenida y de las dos ecuaciones del problema 18.139, demuestre que la velocidad de nutación $\dot{\theta}$ está definida por la ecuación diferencial $\dot{\theta}^2 = f(\theta)$, donde

$$f(\theta) = \frac{1}{I'}\left(2E - \frac{\beta^2}{I} - 2mgc\cos\theta\right) - \left(\frac{\alpha - \beta\cos\theta}{I'\,\mathrm{sen}\,\theta}\right)^2 \tag{1}$$

c) Demuestre, además, mediante la introducción de la variable auxiliar $x = \cos\theta$, que los valores máximo y mínimo de θ se pueden obtener despejando x de la ecuación cúbica

$$\left(2E - \frac{\beta^2}{I} - 2mgcx\right)(1 - x^2) - \frac{1}{I'}(\alpha - \beta x)^2 = 0 \tag{2}$$

*18.141 Un cono sólido, de 9 in. de altura y base circular de 3 in. de radio, está soportado por una articulación de rótula en A. El cono se suelta de la posición $\theta_0 = 30°$ con una velocidad de giro $\dot{\psi}_0 = 300$ rad/s, una velocidad de precesión $\dot{\phi}_0 = 20$ rad/s y una velocidad de nutación nula. Determine *a*) el valor máximo de θ en el movimiento subsecuente, *b*) los valores correspondientes de las velocidades de giro y de precesión. [*Sugerencia.* Use la ecuación (2) del problema 18.140; puede resolver esta ecuación numéricamente o reducirla a una ecuación cuadrática, puesto que se conoce una de sus raíces.]

*18.142 Un cono sólido, de 9 in. de altura y base circular de 3 in. de radio, está soportado por una articulación de rótula en A. El cono se suelta de la posición $\theta_0 = 30°$ con una velocidad de giro $\dot{\psi}_0 = 300$ rad/s, una velocidad de precesión $\dot{\phi}_0 = -4$ rad/s y una velocidad de nutación nula. Determine *a*) el valor máximo de θ en el movimiento subsecuente, *b*) los valores correspondientes de las velocidades de giro y de precesión, *c*) el valor de θ con el cual el sentido de la precesión se invierte. (Véase la sugerencia del problema 18.141.)

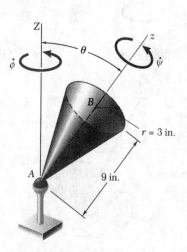

Fig. *P18.141* y *P18.142*

*18.143 Considere un cuerpo rígido de forma arbitraria fijo por su centro de masa O, y sometido sólo a la fuerza de su propio peso y a la reacción en el apoyo O.

a) Demuestre que la cantidad de movimiento angular $\mathbf{H}_O$ del cuerpo con respecto al punto fijo O, es constante en cuanto a magnitud y dirección, que la energía cinética T del cuerpo es constante y que la proyección a lo largo de $\mathbf{H}_O$ de la velocidad angular $\boldsymbol{\omega}$ del cuerpo es constante.

b) Demuestre que la punta del vector $\boldsymbol{\omega}$ describe una curva en un plano fijo en el espacio (llamado *plano invariable*), el cual es perpendicular a $\mathbf{H}_O$ y está localizado a una distancia $2T/H_O$ de O.

c) Demuestre que con respecto a un sistema de referencia vinculado al cuerpo y que coincide con sus ejes principales de inercia, la punta del vector $\boldsymbol{\omega}$ parece describir una curva elipsoidal cuya ecuación es

$$I_x\omega_x^2 + I_y\omega_y^2 + I_z\omega_z^2 = 2T = \text{constante}$$

El elipsoide (llamado *elipsoide de Poinsot*) está rígidamente vinculado al cuerpo, y tiene la misma forma que el elipsoide de inercia, pero diferente tamaño.

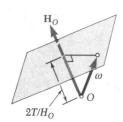

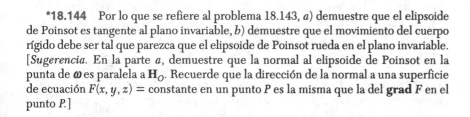

Fig. P18.143

*18.144 Por lo que se refiere al problema 18.143, *a*) demuestre que el elipsoide de Poinsot es tangente al plano invariable, *b*) demuestre que el movimiento del cuerpo rígido debe ser tal que parezca que el elipsoide de Poinsot rueda en el plano invariable. [*Sugerencia.* En la parte *a*, demuestre que la normal al elipsoide de Poinsot en la punta de $\boldsymbol{\omega}$ es paralela a $\mathbf{H}_O$. Recuerde que la dirección de la normal a una superficie de ecuación $F(x, y, z) = \text{constante}$ en un punto P es la misma que la del **grad** F en el punto P.]

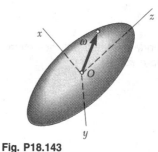

Fig. P18.144

*18.145 Con los resultados obtenidos en los problemas 18.143 y 18.144, demuestre que para un cuerpo simétrico con respecto a un eje, fijo por su centro de masa O, y sometido sólo a la fuerza de su propio peso y a la reacción en O, el elipsoide de Poinsot es un elipsoide de revolución, y los conos espacial y corporal son tanto circulares como tangentes entre sí. Demuestre, además, que *a*) los dos conos son externamente tangentes, y que la precesión es directa, cuando $I < I'$, donde I e I' denotan, respectivamente, el momento axial y transversal de inercia del cuerpo, *b*) el cono espacial se encuentra dentro del cono corporal y que la precesión es retrógrada, cuando $I > I'$.

*18.146 Recurra a los problemas 18.143 y 18.144.

a) Demuestre que la curva (llamada *polhodo*) descrita por la punta del vector $\boldsymbol{\omega}$ con respecto a un sistema de referencia que coincide con los ejes principales de inercia del cuerpo rígido, está definida por las ecuaciones

$$I_x\omega_x^2 + I_y\omega_y^2 + I_z\omega_z^2 = 2T = \text{constante} \qquad (1)$$

$$I_x^2\omega_x^2 + I_y^2\omega_y^2 + I_z^2\omega_z^2 = H_O^2 = \text{constante} \qquad (2)$$

y que esta curva se puede obtener, por consiguiente, intersecando el elipsoide de Poinsot con el elipsoide definido por la ecuación (2).

b) Demuestre, además, suponiendo $I_x > I_y > I_z$, que los polhodos obtenidos para diferentes valores de H_O tienen las formas indicadas en la figura.

c) Con el resultado obtenido en la parte *b*, demuestre que un cuerpo rígido que no está sometido a ninguna fuerza puede girar sobre un eje centroidal fijo si, y sólo si, dicho eje coincide con uno de los ejes principales de inercia del cuerpo, y que el movimiento será estable si el eje de rotación coincide con el eje mayor o menor del elipsoide de Poinsot (eje z o eje x en la figura), e inestable si coincide con el eje intermedio (eje y).

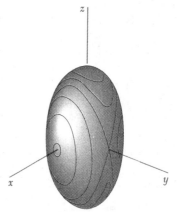

Fig. P18.146

Este capítulo se dedicó al análisis cinético del movimiento de cuerpos rígidos en tres dimensiones.

Ecuaciones fundamentales del movimiento para un cuerpo rígido

En primer lugar se observó [sección 18.1] que las dos ecuaciones fundamentales deducidas en el capítulo 14 para el movimiento de un sistema de partículas

$$\Sigma\mathbf{F} = m\overline{\mathbf{a}} \qquad (18.1)$$

$$\Sigma\mathbf{M}_G = \dot{\mathbf{H}}_G \qquad (18.1)$$

constituyen el fundamento para el análisis, tal como lo fueron en el capítulo 16 en el caso del movimiento plano de cuerpos rígidos. Sin embargo, el cálculo de la cantidad de movimiento angular $\mathbf{H}_G$ del cuerpo y el de su derivada $\dot{\mathbf{H}}_G$, ahora revisten una importancia considerable.

Cantidad de movimiento angular de un cuerpo rígido en tres dimensiones

En la sección 18.2 se vio que las componentes rectangulares de la cantidad de movimiento angular $\mathbf{H}_G$ de un cuerpo rígido se puede expresar como sigue, en función de las componentes de su velocidad angular $\boldsymbol{\omega}$ y de sus momentos y productos centroidales de inercia:

$$\begin{aligned}
H_x &= +\overline{I}_x\,\omega_x - \overline{I}_{xy}\omega_y - \overline{I}_{xz}\omega_z \\
H_y &= -\overline{I}_{yx}\omega_x + \overline{I}_y\,\omega_y - \overline{I}_{yz}\omega_z \\
H_z &= -\overline{I}_{zx}\omega_x - \overline{I}_{zy}\omega_y + \overline{I}_z\,\omega_z
\end{aligned} \qquad (18.7)$$

Si se utilizan los *ejes principales de inercia Gx'y'z'*, estas relaciones se reducen a

$$H_{x'} = \overline{I}_{x'}\omega_{x'} \qquad H_{y'} = \overline{I}_{y'}\omega_{y'} \qquad H_{z'} = \overline{I}_{z'}\omega_{z'} \qquad (18.10)$$

Se observó que, en general, *la cantidad de movimiento angular $\mathbf{H}_G$ y la velocidad angular $\boldsymbol{\omega}$ no tienen la misma dirección* (figura 18.25). Sin embargo, tendrán la misma dirección si $\boldsymbol{\omega}$ está dirigida a lo largo de uno de los ejes principales de inercia del cuerpo.

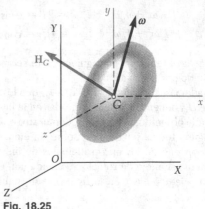

Fig. 18.25

Como el sistema de las cantidades de movimiento de las partículas que forman un cuerpo rígido se puede reducir al vector $m\overline{\mathbf{v}}$ aplicado en G y al par $\mathbf{H}_G$ (figura 18.26), se observó que, una vez determinadas la cantidad de movimiento lineal $m\overline{\mathbf{v}}$ y la cantidad de movimiento angular $\mathbf{H}_G$ de un cuerpo rígido, la cantidad de movimiento $\mathbf{H}_O$ del cuerpo rígido con respecto a cualquier punto dado O se puede obtener escribiendo

Cantidad de movimiento angular alrededor de un punto dado

$$\mathbf{H}_O = \overline{\mathbf{r}} \times m\overline{\mathbf{v}} + \mathbf{H}_G \qquad (18.11)$$

En el caso particular de un cuerpo rígido *restringido a girar alrededor de un punto fijo O*, las componentes de la cantidad de movimiento angular $\mathbf{H}_O$ del cuerpo alrededor de O se pueden obtener directamente a partir de las componentes de su velocidad angular y de sus momentos y productos de inercia con respecto a ejes que pasan por O. Se escribió

Cuerpo rígido con un punto fijo

$$\begin{aligned} H_x &= +I_x\,\omega_x - I_{xy}\omega_y - I_{xz}\omega_z \\ H_y &= -I_{yx}\omega_x + I_y\,\omega_y - I_{yz}\omega_z \\ H_z &= -I_{zx}\omega_x - I_{zy}\omega_y + I_z\,\omega_z \end{aligned} \qquad (18.13)$$

El *principio del impulso y la cantidad de movimiento* en el caso de un cuerpo rígido en movimiento tridimensional [sección 18.3] se expresó con la misma fórmula fundamental que se utilizó en el capítulo 17 para un cuerpo rígido en movimiento plano,

Principio del impulso y la cantidad de movimiento

Sist. cant. mov.$_1$ + Sist. imp. ext.$_{1 \to 2}$ = Sist. cant. mov.$_2$ $\qquad$ (17.4)

aunque los sistemas de las cantidades de movimiento inicial y final ahora se deben representar como se muestra en la figura 18.26, y $\mathbf{H}_G$ se debe calcular con las relaciones (18.7) o (18.10) [problemas resueltos 18.1 y 18.2].

La *energía cinética* de un cuerpo rígido en movimiento tridimensional se divide en dos partes [sección 18.4]: una asociada con el movimiento de su centro de masa G, y la otra con su movimiento con respecto a G. Usando los ejes principales de inercia x', y', z', escribimos

Energía cinética de un cuerpo rígido en tres dimensiones

$$T = \tfrac{1}{2}m\overline{v}^2 + \tfrac{1}{2}(\overline{I}_{x'}\omega_{x'}^2 + \overline{I}_{y'}\omega_{y'}^2 + \overline{I}_{z'}\omega_{z'}^2) \qquad (18.17)$$

donde
$\overline{\mathbf{v}}$ = velocidad del centro de masa
$\boldsymbol{\omega}$ = velocidad angular
m = masa del cuerpo rígido
$\overline{I}_{x'}, \overline{I}_{y'}, \overline{I}_{z'}$ = momentos de inercia centroidales principales

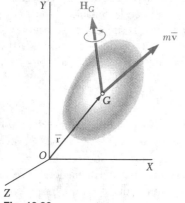

Fig. 18.26

Uso de un sistema de referencia rotatorio para escribir las ecuaciones de movimiento de un cuerpo rígido en el espacio

También se vio que, en el caso de un cuerpo rígido *restringido a girar alrededor de un punto fijo O*, la energía cinética del cuerpo se puede expresar como

$$T = \tfrac{1}{2}(I_x\,\omega_{x'}^2 + I_y\,\omega_{y'}^2 + I_z\,\omega_{z'}^2) \tag{18.20}$$

donde x', y' y z' son los ejes principales de inercia del cuerpo en O. Los resultados obtenidos en la sección 18.4 hacen posible extender al movimiento tridimensional de un cuerpo rígido la aplicación del *principio del trabajo y la energía* y del *principio de conservación de la energía*.

La segunda parte del capítulo se dedicó a la aplicación de las ecuaciones fundamentales

$$\Sigma\mathbf{F} = m\overline{\mathbf{a}} \tag{18.1}$$

$$\Sigma\mathbf{M}_G = \dot{\mathbf{H}}_G \tag{18.2}$$

al movimiento de un cuerpo rígido en tres dimensiones. En primer lugar se recordó [sección 18.5] que $\mathbf{H}_G$ representa la cantidad de movimiento angular del cuerpo con respecto a un sistema de referencia centroidal $GX'Y'Z'$ de orientación fija (figura 18.27) y que, en la ecuación (18.2), $\dot{\mathbf{H}}_G$ representa

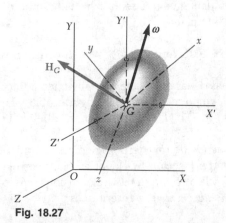

Fig. 18.27

la razón de cambio de $\mathbf{H}_G$ con respecto a dicho sistema de referencia. Se vio que, conforme el cuerpo gira, sus momentos y productos de inercia, con respecto al sistema de referencia $GX'Y'Z'$ cambian continuamente. Por consiguiente, es más conveniente utilizar un sistema de referencia rotatorio $Gxyz$ cuando $\boldsymbol{\omega}$ se transforma en componentes, y calcular los momentos y productos de inercia que se utilizarán para determinar $\mathbf{H}_G$ con las ecuaciones (18.7) o (18.10). Sin embargo, como en la ecuación (18.2) $\dot{\mathbf{H}}_G$ representa la razón de cambio de $\mathbf{H}_G$ con respecto al sistema de referencia $GX'Y'Z'$ de orientación fija, se debe usar el método de la sección 15.10 para determinar su valor. Con arreglo a la ecuación (15.31), se escribió

$$\mathbf{H}_G = (\dot{\mathbf{H}}_G)_{Gxyz} + \boldsymbol{\Omega} \times \mathbf{H}_G \tag{18.22}$$

donde $\mathbf{H}_G$ = cantidad de movimiento angular del cuerpo con respecto al sistema de referencia $GX'Y'Z'$ de orientación fija

$(\dot{\mathbf{H}}_G)_{Gxyz}$ = razón de cambio $\mathbf{H}_G$ con respecto al sistema de referencia rotatorio $Gxyz$, que se calcula con las relaciones (18.7)

$\boldsymbol{\Omega}$ = velocidad angular del sistema de referencia rotatorio $Gxyz$

Con la sustitución de $\dot{\mathbf{H}}_G$ de (18.22) en (18.2) se obtuvo

$$\Sigma\mathbf{M}_G = (\dot{\mathbf{H}}_G)_{Gxyz} + \mathbf{\Omega} \times \mathbf{H}_G \qquad (18.23)$$

Si el sistema de referencia rotatorio está vinculado al cuerpo, su velocidad angular $\mathbf{\Omega}$ es idéntica a la velocidad angular $\boldsymbol{\omega}$ del cuerpo. Existen muchas aplicaciones, sin embargo, donde es ventajoso utilizar un sistema de referencia que no esté vinculado al cuerpo, sino que gire de manera independiente [problema resuelto 18.5].

Con $\mathbf{\Omega} = \boldsymbol{\omega}$ en la ecuación (18.23), los ejes principales y esta ecuación escrita en forma escalar, se obtuvieron las *ecuaciones del movimiento de Euler* [sección 18.6]. El análisis de la solución de estas ecuaciones y de las ecuaciones escalares correspondientes a la ecuación (18.1) condujo a la extensión del principio de D'Alembert al movimiento tridimensional de un cuerpo rígido, y a la conclusión de que el sistema de las fuerzas externas que actúa sobre el cuerpo rígido no sólo es equipolente, sino, de hecho, es *equivalente* a las fuerzas efectivas del cuerpo representadas por el vector $m\overline{\mathbf{a}}$ y al par $\dot{\mathbf{H}}_G$ (figura 18.28). Los problemas que implican el movimiento tridimensional de un cuerpo rígido se resuelven considerando la ecuación de diagramas de cuerpo libre representada en la figura 18.28 y escribiendo ecuaciones escalares apropiadas que relacionen las componentes o momentos de las fuerzas externas y efectivas [problemas resueltos 18.3 y 18.5].

Ecuaciones del movimiento de Euler. Principio de D'Alembert

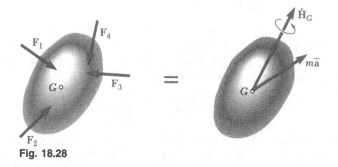

Ecuación de diagramas de cuerpo libre

Fig. 18.28

En el caso de un cuerpo rígido *restringido a girar alrededor de un punto fijo O*, se puede usar un método alterno de solución, que implica los momentos de las fuerzas y la razón de cambio de la cantidad de movimiento angular alrededor de un punto fijo O. Se escribió [sección 18.7]:

Cuerpo rígido con un punto fijo

$$\Sigma\mathbf{M}_O = (\dot{\mathbf{H}}_O)_{Oxyz} + \mathbf{\Omega} \times \mathbf{H}_O \qquad (18.28)$$

donde $\Sigma\mathbf{M}_O =$ suma de momentos alrededor de O de las fuerzas aplicadas al cuerpo rígido

$\mathbf{H}_O =$ cantidad de movimiento angular del cuerpo con respecto al sistema de referencia fijo $OXYZ$

$(\dot{\mathbf{H}}_O)_{Oxyz} =$ razón de cambio de $\mathbf{H}_O$ con respecto al sistema de referencia rotatorio $Oxyz$, que se calcula con las relaciones (18.13).

$\mathbf{\Omega} =$ velocidad angular del sistema de referencia rotatorio $Oxyz$

Este enfoque se puede usar para resolver ciertos problemas que implican la rotación de un cuerpo rígido con respecto a un eje fijo [sección 18.8]; por ejemplo, una flecha rotatoria desbalanceada [problema resuelto 18.4].

Movimiento de un giroscopio

En la última parte del capítulo, se consideró el movimiento de *giroscopios* y de otros *cuerpos simétricos con respecto a un eje*. Con la introducción de los *ángulos de Euler* ϕ, θ y ψ para definir la posición de un giroscopio (figura 18.29), se vio que sus derivadas $\dot{\phi}$, $\dot{\theta}$ y $\dot{\psi}$, y representan, respectivamente, las velocidades de *precesión*, *nutación* y *giro* del giroscopio [sección 18.9]. Con la velocidad angular $\boldsymbol{\omega}$ expresada en función de estas derivadas, se escribió

$$\boldsymbol{\omega} = -\dot{\phi}\,\text{sen}\,\theta\,\mathbf{i} + \dot{\theta}\mathbf{j} + (\dot{\psi} + \dot{\phi}\cos\theta)\mathbf{k} \qquad (18.35)$$

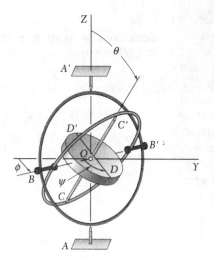

Fig. 18.29

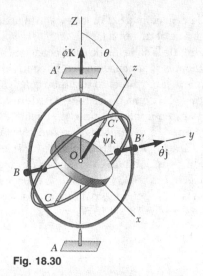

Fig. 18.30

donde los vectores unitarios están asociados con un sistema de referencia $Oxyz$ vinculado al balancín interno del giroscopio (figura 18.30) y que gira, por consiguiente, con la velocidad angular

$$\boldsymbol{\Omega} = -\dot{\phi}\,\text{sen}\,\theta\,\mathbf{i} + \dot{\theta}\mathbf{j} + \dot{\phi}\cos\theta\,\mathbf{k} \qquad (18.38)$$

Si I denota el momento de inercia del giroscopio con respecto a su eje de giro z, e I' denota su momento de inercia con respecto a un eje transversal que pasa por O, se escribió

$$\mathbf{H}_O = -I'\dot{\phi}\,\text{sen}\,\theta\,\mathbf{i} + I'\dot{\theta}\mathbf{j} + I(\dot{\psi} + \dot{\phi}\cos\theta)\mathbf{k} \qquad (18.36)$$

La sustitución de $\mathbf{H}_O$ y $\boldsymbol{\Omega}$ en la ecuación (18.28) condujo a las ecuaciones diferenciales que definen el movimiento del giroscopio.

Precesión estable

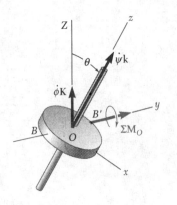

Fig. 18.31

En el caso particular de la *precesión estable* de un giroscopio [sección 18.10], el ángulo θ, la velocidad de precesión $\dot{\phi}$ y la velocidad de giro $\dot{\psi}$ permanecen constantes. Se vio que un movimiento de ese tipo es posible sólo si los momentos de las fuerzas externas alrededor de O satisfacen la relación

$$\Sigma\mathbf{M}_O = (I\omega_z - I'\dot{\phi}\cos\theta)\dot{\phi}\,\text{sen}\,\theta\,\mathbf{j} \qquad (18.44)$$

es decir, si las fuerzas externas se reducen a un par de momento igual al miembro del lado derecho de la ecuación (18.44) y aplicado *alrededor* de *un eje perpendicular al eje de precesión y al eje de giro* (figura 18.31). El capítulo terminó con el análisis del movimiento de un cuerpo simétrico con respecto a un eje que gira y precede *sin estar sometido a ninguna fuerza* [sección 18.11; problema resuelto 18.6].

Problemas de repaso

18.147 Un disco homogéneo de masa $m = 5$ kg gira a la velocidad constante $\omega_1 = 8$ rad/s con respecto al eje acodado ABC, que a su vez gira a la velocidad constante $\omega_2 = 3$ rad/s alrededor del eje y. Determine la cantidad de movimiento angular $\mathbf{H}_C$ del disco con respecto a su centro C.

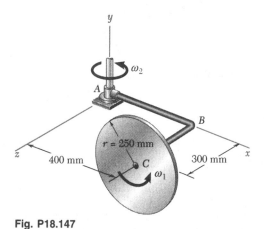

Fig. P18.147

18.148 Dos brazos en forma de L, cada uno de 5 lb de peso, están soldados en los puntos que dividen en tercios a la flecha AB de 24 in. Si ésta gira a la velocidad constante $\omega = 180$ rpm, determine a) la cantidad de movimiento angular $\mathbf{H}_A$ del cuerpo con respecto a A, b) el ángulo que $\mathbf{H}_A$ forma con la flecha.

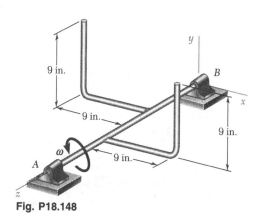

Fig. P18.148

18.149 Una barra uniforme, de masa m y longitud $5a$, se dobla para darle la forma mostrada, y se suspende de un alambre sujeto en B. Si la barra recibe un golpe en C en la dirección z negativa y $-(F\,\Delta t)\mathbf{k}$ denota el impulso correspondiente, determine inmediatamente después del impacto a) la velocidad angular de la barra, b) la velocidad de su centro de masa G.

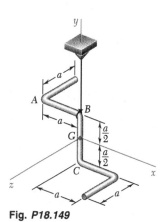

Fig. P18.149

18.150 Un disco homogéneo, de radio a y masa m, que pende de una articulación de rótula en A, está girando sobre su diámetro vertical con una velocidad angular constante $\boldsymbol{\omega} = \omega_0\mathbf{j}$ cuando de repente se introduce una obstrucción en B. Si el impacto es perfectamente plástico ($e = 0$), determine inmediatamente después del impacto a) la velocidad angular del disco, b) la velocidad de su centro de masa G.

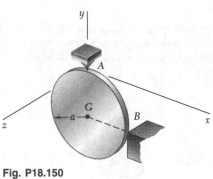

Fig. P18.150

18.151 Determine la energía cinética perdida cuando el disco del problema 18.150 choca con la obstrucción en B.

18.152 Una placa triangular homogénea de masa m está soldada a una flecha vertical soportada por cojinetes en A y B. Si la placa gira como se muestra a la velocidad constante ω, determine las reacciones dinámicas en A y B.

18.153 El componente de lámina metálica mostrado tiene espesor uniforme y una masa de 600 g. Está montado en un eje soportado por cojinetes en A y B, localizados a 150 mm uno de otro. El componente se encuentra en reposo cuando se somete a un par $\mathbf{M}_0 = (49.5 \text{ mN} \cdot \text{m})\mathbf{k}$. Determine las reacciones dinámicas en A y B a) inmediatamente después de que se aplica el par, b) 0.6 s más tarde.

Fig. P18.152

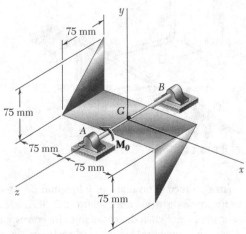

Fig. P18.153

18.154 Un aro delgado de 3 in. de radio está sujeto por un collarín en A a una flecha vertical que gira a la velocidad constante ω. Determine a) el ángulo β constante que el plano del aro forma con la vertical cuando $\omega = 12$ rad/s, b) el valor máximo de ω con el cual el aro permanecerá vertical ($\beta = 0$).

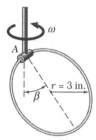

Fig. P18.154

18.155 Un disco homogéneo de 10 lb gira a la velocidad constante $\omega_1 = 15$ rad/s con respecto al brazo acodado ABC, que a su vez gira a la velocidad constante $\omega_2 = 5$ rad/s sobre el eje y. Determine el sistema fuerza-par que representa la reacción dinámica en el apoyo A.

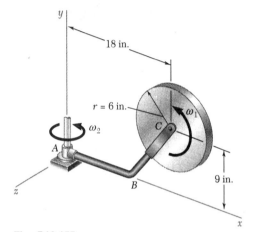

Fig. P18.155

18.156 Un concentrador experimental de energía solar de lente Fresnel puede girar alrededor del eje horizontal AB que pasa por su centro de masa G. Está soportado en A y B por una estructura de acero que puede girar alrededor del eje vertical y. El concentrador tiene una masa de 30 Mg, un radio de giro de 12 m alrededor de su eje de simetría CD y un radio de giro de 10 m alrededor de cualquier eje transversal que pase por G. Si las velocidades angulares ω_1 y ω_2 son constantes e iguales en magnitud a 0.20 rad/s y 0.25 rad/s, respectivamente, determine, para la posición $\theta = 60°$, a) las fuerzas ejercidas sobre el concentrador en A y B, b) el par $M_2\mathbf{k}$ aplicado al concentrador en ese instante.

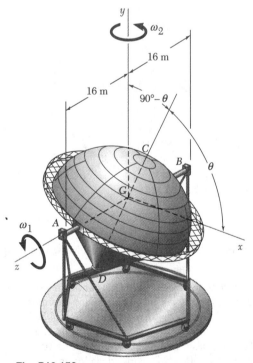

Fig. P18.156

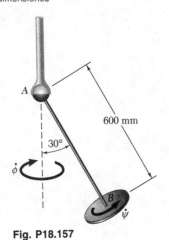

Fig. P18.157

18.157 Un disco de 2 kg y 150 mm de diámetro cuelga del extremo de una barra *AB* de masa insignificante, que a su vez cuelga de una articulación de rótula en *A*. Si se observa que el disco precede alrededor de la vertical en el sentido indicado, a una velocidad constante de 36 rpm, determine la velocidad de giro $\dot{\psi}$ del disco con respecto a *AB*.

18.158 Se muestran las características esenciales del girocompás. El rotor gira a la velocidad $\dot{\psi}$ alrededor de un eje montado en un balancín simple, el cual puede girar libremente sobre el eje vertical *AB*. θ denota el ángulo formado por el eje del rotor y el plano del meridiano, y λ denota la latitud de la posición en la Tierra. Se observa que la línea *OC* es paralela al eje de la Tierra, y con ω_e se denota la velocidad angular de la Tierra sobre su eje.

a) Demuestre que las ecuaciones de movimiento del girocompás son

$$I'\ddot{\theta} + I\omega_z\omega_e \cos\lambda \operatorname{sen}\theta - I'\omega_e^2 \cos^2\lambda \sin\theta \cos\theta = 0$$
$$I\dot{\omega}_z = 0$$

donde ω_z es la componente rectangular de la velocidad angular total $\boldsymbol{\omega}$ a lo largo del eje del rotor, e *I* e *I'* son los momentos de inercia del rotor con respecto a su eje de simetría y a un eje transversal que pasa por *O*, respectivamente.

b) Si omite el término que contiene ω_e^2, demuestre que con valores pequeños de θ se tiene

$$\ddot{\theta} + \frac{I\omega_z\omega_e \cos\lambda}{I'}\theta = 0$$

y que el eje del girocompás oscila con respecto a la dirección norte-sur.

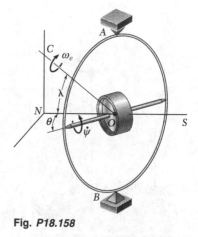

Fig. *P18.158*

Los problemas siguientes están diseñados para resolverse con computadora.

18.C1 Un alambre de sección transversal uniforme, de $\frac{5}{8}$ oz/ft de peso, se utiliza para formar la figura mostrada, la cual cuelga de una cuerda *AD*. Se aplica un impulso **F** $\Delta t = (0.5 \text{ lb} \cdot \text{s})\mathbf{j}$ a la figura de alambre en el punto *E*. Escriba un programa de computadora que se pueda usar para calcular, inmediatamente después del impacto, para valores de θ desde 0 hasta 180°, con incrementos de 10°, *a*) la velocidad del centro de masa de la figura, *b*) la velocidad angular de la figura.

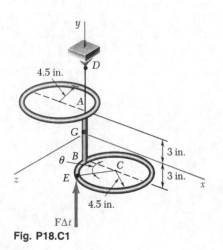

Fig. P18.C1

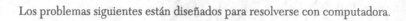

18.C2 Una sonda de 2500 kg está en órbita alrededor de la Luna; tiene 2.4 m de altura, y sus bases son octogonales de 1.2 m por lado. Los ejes de coordenadas mostrados son los ejes principales centroidales de inercia de la sonda, y sus radios de giro son $k_x = 0.98$ m, $k_y = 1.06$ m y $k_z = 1.02$ m. La sonda está equipada con un propulsor principal E de 500 N y cuatro propulsores A, B, C y D de 20 N que pueden expeler combustible en la dirección y positiva. La velocidad angular de la sonda es $\boldsymbol{\omega} = \omega_x \mathbf{i} + \omega_z \mathbf{k}$ cuando dos de los propulsores de 20 N se utilizan para reducir la velocidad angular a cero. Escriba un programa de computadora que pueda emplearse para determinar, con cualquier par de valores de ω_x y ω_z menores o iguales que 0.06 rad/s, ¿cuál de los propulsores se debe usar, y por cuánto tiempo se debe activar cada uno de ellos? Aplique este programa suponiendo que $\boldsymbol{\omega}$ es a) la velocidad angular dada en el problema 18.33, b) la velocidad angular dada en el problema 18.34, c) $\boldsymbol{\omega} = (0.06 \text{ rad/s})\mathbf{i} + 0.02$ rad/s)$\mathbf{k}$, d) $\boldsymbol{\omega} = -(0.06 \text{ rad/s})\mathbf{i} - (0.02 \text{ rad/s})\mathbf{k}$.

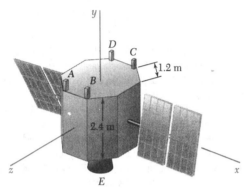

Fig. P18.C2

18.C3 Se aplica un par $\mathbf{M}_0 = (0.03 \text{ lb} \cdot \text{ft})\mathbf{i}$ a un ensamblaje compuesto de piezas de lámina de aluminio de espesor uniforme y peso total de 2.7 lb, las cuales están soldadas a un eje soportado por cojinetes en A y B. Escriba un programa de computadora que se pueda usar para determinar las reacciones dinámicas ejercidas por los cojinetes sobre el eje en cualquier instante t después de que se aplicó el par. Transforme las reacciones en componentes dirigidas a lo largo de los ejes y y z que giran junto con el ensamblaje. Use el programa a) para calcular las componentes de las reacciones desde $t = 0$ hasta $t = 2$ s en intervalos de 0.1 s, b) para determinar, con tres cifras significativas, el instante en el cual las componentes z de las reacciones en A y B son iguales a cero.

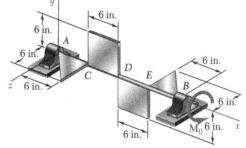

Fig. P18.C3

18.C4 Un disco homogéneo de 2.5 kg y 80 mm de radio puede girar con respecto al brazo ABC, el cual está soldado a una flecha DCE soportada por cojinetes en D y E. Tanto el brazo como la flecha son de masa insignificante. En el instante $t = 0$, se aplica un par $\mathbf{M}_0 = (0.5 \text{ N} \cdot \text{m})\mathbf{k}$ a la flecha DCE. Si en el instante $t = 0$ la velocidad angular del disco es $\boldsymbol{\omega}_1 = (60 \text{ rad/s})\mathbf{j}$ y la fricción en el cojinete A provoca que la magnitud de $\boldsymbol{\omega}_1$ disminuya a razón de 15 rad/s², escriba un programa de computadora que se pueda usar para determinar las reacciones dinámicas ejercidas sobre la flecha por los cojinetes en D y E en cualquier instante t. Transforme estas reacciones en componentes dirigidas a lo largo de los ejes x y y que giran junto con la flecha. Use el programa a) para calcular las componentes de las reacciones desde $t = 0$ hasta $t = 4$ s, en intervalos de 0.2 s, b) para determinar, con tres cifras significativas, los instantes t_1 y t_2 en los cuales las componentes x y y de la reacción en E son respectivamente iguales a cero.

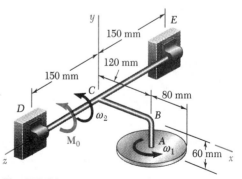

Fig. P18.C4

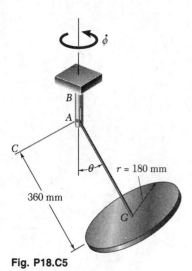

Fig. P18.C5

18.C5 Un disco homogéneo de 180 mm de radio está soldado a una barra AG de 360 mm de longitud y de masa insignificante, la cual está conectada por medio de una horquilla a una flecha vertical AB. La barra y el disco pueden girar libremente alrededor de un eje horizontal AC, y la flecha AB hace lo mismo sobre un eje vertical. Inicialmente, la barra AG forma un ángulo dado θ_0 con la vertical dirigida hacia abajo, y su velocidad angular $\dot{\theta}_0$ alrededor de AC es cero. A la flecha AB se le imprime entonces una velocidad angular $\dot{\phi}_0$ alrededor de la vertical. Escriba un programa de computadora que se pueda usar a) para calcular el valor mínimo θ_m del ángulo θ en el movimiento resultante, y el periodo de oscilación en θ, es decir, el tiempo requerido para que θ recobre su valor inicial θ_0, b) para calcular la velocidad angular $\dot{\phi}$ de la flecha AB para valores de θ desde θ_0 hasta θ_m, con decrementos de 2°. Aplique el programa con las condiciones iniciales i) $\theta_0 = 90°$, $\dot{\phi}_0 = 5$ rad/s, ii) $\theta_0 = 90°$, $\dot{\phi}_0 = 10$ rad/s, iii) $\theta_0 = 60°$, $\dot{\phi}_0 = 5$ rad/s. [*Sugerencia.* Use el principio de conservación de la energía y el hecho de que la cantidad de movimiento angular del cuerpo alrededor de la vertical que pasa por A se conserva, para obtener una ecuación de la forma $\dot{\theta}^2 = f(\theta)$. Esta ecuación se puede integrar con un método numérico de su elección.]

18.C6 Un disco homogéneo de 180 mm de radio está soldado a una barra AG de 360 mm de longitud y de masa insignificante, la cual está soportada por una articulación de rótula en A. El disco se suelta en la posición $\theta = \theta_0$ con una velocidad de giro $\dot{\psi}_0$, una velocidad de precesión $\dot{\phi}_0$ y una velocidad de nutación cero. Escriba un programa de computadora que se pueda usar a) para calcular el valor mínimo θ_m del ángulo θ en el movimiento resultante y el periodo de oscilación en θ, es decir, el tiempo requerido para que θ recobre su valor inicial θ_0, b) para calcular la velocidad de giro $\dot{\psi}$ y la velocidad de precesión $\dot{\phi}$, para valores de θ desde θ_0 hasta θ_m, con decrementos de 2°. Aplique el programa con las condiciones iniciales i) $\theta_0 = 90°$, $\dot{\psi}_0 = 50$ rad/s, $\dot{\phi}_0 = 0$, ii) $\theta_0 = 90°$, $\dot{\psi}_0 = 0$, $\dot{\phi}_0 = 5$ rad/s, iii) $\theta_0 = 90°$, $\dot{\psi}_0 = 50$ rad/s, $\dot{\phi}_0 = 5$ rad/s, iv) $\theta_0 = 90°$, $\dot{\psi}_0 = 10$ rad/s, $\dot{\phi}_0 = 5$ rad/s, v) $\theta_0 = 60°$, $\dot{\psi}_0 = 0$, $\dot{\phi}_0 = 5$ rad/s, vi) $\theta_0 = 60°$, $\dot{\psi}_0 = 50$ rad/s, $\dot{\phi}_0 = 5$ rad/s. [*Sugerencia.* Use el principio de conservación de la energía y el hecho de que la cantidad de movimiento angular del cuerpo se conserva con respecto a los ejes Z y z, para obtener una ecuación de la forma $\dot{\theta}^2 = f(\theta)$. Esta ecuación se puede integrar con un método numérico de su elección.]

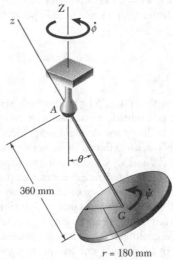

Fig. P18.C6

C A P Í T U L O

19

Vibraciones mecánicas

Los sistemas mecánicos pueden estar sometidos a *vibraciones libres* o sufrir *vibraciones forzadas*. Las vibraciones son *amortiguadas* cuando existen fuerzas de fricción; de lo contrario, las vibraciones son *no amortiguadas*. La suspensión de automóvil que se muestra se compone en esencia de un resorte y un amortiguador, lo que provoca que el automóvil esté sometido a *vibraciones forzadas amortiguadas* cuando se maneja por carreteras disparejas.

19.1. INTRODUCCIÓN

Una *vibración mecánica* es el movimiento de una partícula o un cuerpo que oscila con respecto a una posición de equilibrio. La mayoría de las vibraciones en máquinas y estructuras son indeseables a causa de los esfuerzos incrementados y las pérdidas de energía que los acompañan. Por consiguiente, se deben eliminar o reducir tanto como sea posible mediante un diseño apropiado. El análisis de las vibraciones ha adquirido más importancia en años recientes debido a la tendencia actual de crear máquinas cada vez más rápidas y estructuras cada vez más ligeras. Existen razones para esperar que esta tendencia continuará y que en el futuro aumentará la necesidad de analizar las vibraciones.

El análisis de vibraciones es un tema muy extenso al que se han dedicado textos completos. Por consiguiente, este estudio se limitará a los tipos de vibraciones más simples, es decir, las vibraciones de un cuerpo o sistema de cuerpos con un grado de libertad.

En general, una vibración mecánica se presenta cuando un sistema es desplazado de una posición de equilibrio estable. El sistema tiende a regresar a dicha posición por la acción de fuerzas restauradoras (o fuerzas elásticas, como en el caso de una masa conectada a un resorte, o fuerzas gravitacionales, como en el caso de un péndulo). Pero, por lo general, el sistema alcanza su posición original con una cierta velocidad adquirida, la cual conserva más allá de la posición mencionada. Como el proceso se puede repetir indefinidamente, el sistema continúa con su movimiento de vaivén a través de su posición de equilibrio. El lapso de tiempo requerido para que el sistema realice un ciclo completo de movimiento se llama *periodo* de la vibración. El número de ciclos por unidad de tiempo define la *frecuencia*, y el desplazamiento máximo del sistema a partir de su posición de equilibrio se llama *amplitud* de la vibración.

Cuando el movimiento se mantiene sólo gracias a las fuerzas restauradoras, se dice que la vibración es una *vibración libre* (secciones 19.2 y 19.6). Si se aplica una fuerza periódica al sistema, el movimiento resultante se describe como una *vibración forzada* (sección 19.7). Cuando se pueden despreciar los efectos de la fricción, se dice que las vibraciones son *no amortiguadas*. No obstante, todas las vibraciones en realidad son *amortiguadas* hasta cierto grado. Si una vibración libre se amortigua un poco, su amplitud decrece lentamente hasta que, luego de un cierto tiempo, el movimiento se detiene. Pero si el amortiguamiento es tan grande como para impedir cualquier vibración real, el sistema regresa poco a poco a su posición original (sección 19.8). Una vibración forzada amortiguada se mantiene mientras que se aplique la fuerza periódica que produce la vibración. La amplitud de la vibración, no obstante, se ve afectada por la magnitud de las fuerzas de amortiguamiento (sección 19.9).

VIBRACIONES SIN AMORTIGUAMIENTO

19.2. VIBRACIONES LIBRES DE PARTÍCULAS. MOVIMIENTO ARMÓNICO SIMPLE

Considérese un cuerpo de masa m conectado a un resorte de constante k (figura 19.1a). Como en este momento existe interés sólo por el movimiento de su centro de masa, se hará referencia a este cuerpo como una partícula. Cuando la partícula se encuentra en equilibrio estático, las fuerzas que actúan sobre ella son su peso **W** y la fuerza **T** ejercida por el resorte, de magnitud $T = k\delta_{st}$, donde δ_{st} denota la elongación del resorte. Por consiguiente,

$$W = k\delta_{st}$$

Supóngase ahora que la partícula se desplaza una distancia x_m de su posición de equilibrio y se suelta sin velocidad inicial. Si x_m se seleccionó más pequeña que δ_{st}, la partícula se moverá hacia arriba y hacia abajo de su posición de equilibrio; se generó una vibración de amplitud x_m. Obsérvese que la vibración también se puede producir si se le imparte una cierta velocidad inicial a la partícula, cuando ésta se encuentra en su posición de equilibrio $x = 0$ o, más generalmente, soltándola desde cualquier posición dada $x = x_0$ con una velocidad inicial dada $\mathbf{v}_0$.

Para analizar la vibración, considérese que la partícula está en una posición P en un instante arbitrario t (figura 19.1b). Si x denota el desplazamiento OP medido desde la posición de equilibrio O (positivo hacia abajo), se observa que las fuerzas que actúan sobre la partícula son su peso **W** y la fuerza **T** ejercida por el resorte, que, en esta posición, tiene una magnitud $T = k(\delta_{st} + x)$. Recordando que $W = k\delta_{st}$, la magnitud de la fuerza resultante **F** de las dos fuerzas (positiva hacia abajo) es

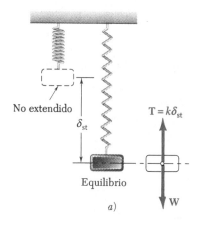

a)

$$F = W - k(\delta_{st} + x) = -kx \qquad (19.1)$$

Por tanto, la *resultante* de las fuerzas ejercidas sobre la partícula es proporcional al desplazamiento OP *medido a partir de la posición de equilibrio*. De acuerdo con la convención de signos, se observa que la dirección de **F** siempre es *hacia* la posición de equilibrio O. Si se sustituye F en la ecuación fundamental $F = ma$, y puesto que a es la segunda derivada de $\ddot{x}$ de x con respecto a t, se escribe

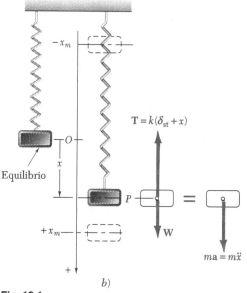

$$m\ddot{x} + kx = 0 \qquad (19.2)$$

Obsérvese que la misma convención de signos se debe usar para la aceleración $\ddot{x}$ y para el desplazamiento x, es decir, positivos hacia abajo.

Fig. 19.1

El movimiento definido por la ecuación (19.2) se llama *movimiento armónico simple*. Se caracteriza por el hecho de que *la aceleración es proporcional al desplazamiento y tiene dirección opuesta*. Se puede verificar que cada una de las funciones $x_1 = \text{sen}\,(\sqrt{k/m}\,t)$ y $x_2 = \cos\,(\sqrt{k/m}\,t)$ satisface la ecuación (19.2). Estas funciones, por consiguiente, constituyen dos *soluciones particulares* de la ecuación diferencial (19.2). La *solución general* de la ecuación (19.2) se obtiene multiplicando cada una de las soluciones particulares por una constante arbitraria y sumando. Por tanto, la solución general se expresa como

$$x = C_1 x_1 + C_2 x_2 = C_1 \text{sen}\left(\sqrt{\frac{k}{m}}\,t\right) + C_2 \cos\left(\sqrt{\frac{k}{m}}\,t\right) \qquad (19.3)$$

Se observa que x es una *función periódica* del tiempo t y, por tanto, representa una vibración de la partícula P. El coeficiente de t de la expresión obtenida se conoce como la *frecuencia circular natural* de la vibración, y está denotada por ω_n. Se tiene

$$\text{Frecuencia circular natural} = \omega_n = \sqrt{\frac{k}{m}} \qquad (19.4)$$

Si en la ecuación (19.3) se sustituye, $\sqrt{k/m}$, se escribe

$$x = C_1 \operatorname{sen} \omega_n t + C_2 \cos \omega_n t \qquad (19.5)$$

Ésta es la solución general de la ecuación diferencial

$$\ddot{x} + \omega_n^2 x = 0 \qquad (19.6)$$

la cual se puede obtener a partir de la ecuación (19.2) dividiendo ambos términos entre m y observando que $k/m = \omega_n^2$. Diferenciando ambos miembros de la ecuación (19.5) con respecto a t, se obtienen las siguientes expresiones para la velocidad y la aceleración en el instante t:

$$v = \dot{x} = C_1 \omega_n \cos \omega_n t - C_2 \omega_n \operatorname{sen} \omega_n t \qquad (19.7)$$

$$a = \ddot{x} = -C_1 \omega_n^2 \operatorname{sen} \omega_n t - C_2 \omega_n^2 \cos \omega_n t \qquad (19.8)$$

Los valores de las constantes C_1 y C_2 dependen de las *condiciones iniciales* del movimiento. Por ejemplo, $C_1 = 0$ si la partícula se desplaza de su posición de equilibrio y se suelta en el instante $t = 0$ sin velocidad inicial, y $C_2 = 0$ si la partícula se suelta de la posición O en el instante $t = 0$ con una cierta velocidad inicial. En general, si se sustituyen $t = 0$ y los valores iniciales x_0 y v_0 del desplazamiento y la velocidad en las ecuaciones (19.5) y (19.7), se encuentra que $C_1 = v_0/\omega_n$ y $C_2 = x_0$.

Las expresiones obtenidas para el desplazamiento, la velocidad y la aceleración de una partícula se pueden escribir en una forma más compacta si se observa que la ecuación (19.5) expresa que el desplazamiento $x = OP$ es la suma de las componentes x de los dos vectores $\mathbf{C}_1$ y $\mathbf{C}_2$, respectivamente, de magnitud C_1 y C_2, dirigidos como se muestra en la figura 19.2a. Conforme t varía, los dos vectores giran en el sentido de las manecillas del reloj; también se observa que la magnitud de su resultante $\overrightarrow{OQ}$ es igual al desplazamiento máximo x_m. El movimiento armónico simple de P a lo largo del eje x se puede obtener, por tanto, proyectando en este eje el movimiento de un punto Q que describe un *círculo auxiliar* de radio x_m *con una velocidad angular constante* ω_n (lo cual explica el nombre de frecuencia *circular* natural dado a ω_n). Si ϕ denota el ángulo formado por los vectores $\overrightarrow{OQ}$ y $\mathbf{C}_1$, entonces

$$OP = OQ \operatorname{sen}(\omega_n t + \phi) \qquad (19.9)$$

la que conduce a nuevas expresiones para el desplazamiento, la velocidad y la aceleración de P:

$$x = x_m \operatorname{sen}(\omega_n t + \phi) \qquad (19.10)$$

$$v = \dot{x} = x_m \omega_n \cos(\omega_n t + \phi) \qquad (19.11)$$

$$a = \ddot{x} = -x_m \omega_n^2 \operatorname{sen}(\omega_n t + \phi) \qquad (19.12)$$

La curva desplazamiento-tiempo está representada por una curva senoidal (figura 19.2b); el valor máximo x_m del desplazamiento se llama *amplitud* de la vibración, y el ángulo ϕ que define la posición inicial de Q en el círculo se llama *ángulo de fase*. En la figura 19.2 se observa que se describe un *círculo* completo conforme el ángulo $\omega_n t$ se incrementa 2π rad. El valor correspondiente de t, denotado por τ_n, se llama *periodo* de la vibración libre, y se mide en segundos. Por consiguiente,

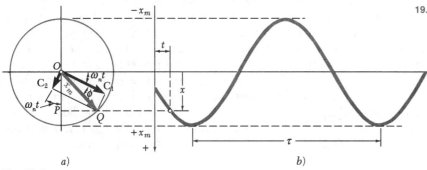

a)

b)

Fig. 19.2

$$\text{Periodo} = \tau_n = \frac{2\pi}{\omega_n} \qquad (19.13)$$

El término f_n denota el número de ciclos descrito por unidad de tiempo, y se conoce como la *frecuencia natural* de la vibración. Por tanto,

$$\text{Frecuencia natural} = f_n = \frac{1}{\tau_n} = \frac{\omega_n}{2\pi} \qquad (19.14)$$

La unidad de frecuencia es una frecuencia de 1 ciclo por segundo, que corresponde a un periodo de 1 s. En función de unidades base, la unidad de frecuencia es, por tanto, 1/s o s^{-1}. Se llama *hertz* (Hz) en el sistema SI de unidades. De la ecuación (19.14) también se desprende que una frecuencia de 1 s^{-1} o 1 Hz corresponde a una frecuencia circular de 2π rad/s. En problemas que implican velocidades angulares expresadas en revoluciones por minuto (rpm), se tiene 1 rpm $= \frac{1}{60}$ s$^{-1} = \frac{1}{60}$ Hz, o 1 rpm $= (2\pi/60)$ rad/s.

Puesto que ω_n se definió en la ecuación (19.4) en función de la constante k del resorte y la masa m de la partícula, se observa que el periodo y la frecuencia son independientes de las condiciones iniciales y de la amplitud de la vibración. Obsérvese que τ_n y f_n dependen de la *masa* y no del *peso* de la partícula y, por tanto, son independientes del valor de g.

Las curvas velocidad-tiempo y aceleración-tiempo se pueden representar por medio de curvas senoidales del mismo periodo que en la curva desplazamiento-tiempo, pero con diferentes ángulos de fase. De acuerdo con las ecuaciones (19.11) y (19.12), se observa que los valores máximos de las magnitudes de la velocidad y la aceleración son

$$v_m = x_m \omega_n \qquad a_m = x_m \omega_n^2 \qquad (19.15)$$

Como el punto Q describe el círculo auxiliar, de radio x_m, a la velocidad angular constante ω_n, su velocidad y aceleración son iguales, respectivamente, a las expresiones (19.15). De acuerdo con las ecuaciones (19.11) y (19.12), se ve, por consiguiente, que la velocidad y la aceleración de P se pueden obtener en cualquier instante proyectando en el eje x vectores de magnitudes $v_m = x_m \omega_n$ y $a_m = x_m \omega_n^2$ que representan, respectivamente, la velocidad y la aceleración de Q en el mismo instante (figura 19.3).

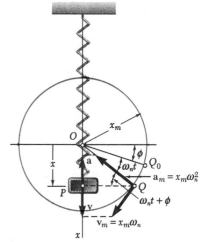

Fig. 19.3

Los resultados obtenidos no se limitan a la solución del problema de una masa conectada a un resorte. Se pueden usar para analizar el movimiento rectilíneo de una partícula *siempre que la resultante* **F** *de las fuerzas que actúan sobre la partícula sea proporcional al desplazamiento x y dirigida hacia O*. La ecuación fundamental de movimiento $F = ma$ se puede escribir, entonces, en la forma de la ecuación (19.6), la cual es característica de un movimiento armónico simple. Puesto que el coeficiente de x debe ser igual a ω_n^2, la frecuencia circular natural ω_n del movimiento se puede determinar con facilidad. Al sustituir el valor obtenido para ω_n en las ecuaciones (19.13) y (19.14), se obtienen entonces el periodo τ_n y la frecuencia natural f_n del movimiento.

19.3. PÉNDULO SIMPLE (SOLUCIÓN APROXIMADA)

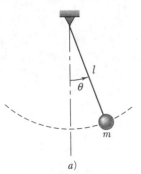

La mayoría de las vibraciones que se presentan en aplicaciones de ingeniería se pueden representar mediante un movimiento armónico simple. Muchas otras, aunque de diferente tipo, se pueden *representar de una manera aproximada* mediante un movimiento armónico simple, siempre que su amplitud permanezca pequeña. Considérese, por ejemplo, un *péndulo simple*, que consiste en una plomada de masa m que pende de una cuerda de longitud l, el cual puede oscilar en un plano vertical (figura 19.4a). En un instante dado t, la cuerda forma un ángulo θ con la vertical. Las fuerzas que actúan sobre la plomada son su peso **W** y la fuerza **T** ejercida por la cuerda (figura 19.4b). Al transformar el vector $m\mathbf{a}$ en componentes tangencial y normal, con $m\mathbf{a}_t$ dirigido hacia la derecha, es decir, en la dirección correspondiente a valores crecientes de θ, y puesto que $a_t = l\alpha = l\ddot{\theta}$, se puede escribir

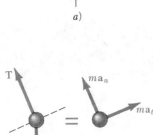

$$\Sigma F_t = ma_t: \qquad\qquad -W \operatorname{sen} \theta = ml\ddot{\theta}$$

Como $W = mg$ y dividiendo entre ml, se obtiene

$$\ddot{\theta} + \frac{g}{l} \operatorname{sen} \theta = 0 \qquad (19.16)$$

En el caso de oscilaciones de pequeña amplitud, se puede remplazar sen θ con θ, expresado en radianes y, por tanto,

$$\ddot{\theta} + \frac{g}{l} \theta = 0 \qquad (19.17)$$

Si se compara con la ecuación (19.6) se ve que la ecuación diferencial (19.17) es la de un movimiento armónico simple con una frecuencia circular natural ω_n igual a $(g/l)^{1/2}$. La solución general de la ecuación (19.17) se puede expresar, entonces, como

$$\theta = \theta_m \operatorname{sen}(\omega_n t + \phi)$$

donde θ_m es la amplitud de las oscilaciones y ϕ es un ángulo de fase. Con la sustitución en la ecuación (19.13) del valor obtenido para ω_n, se obtiene la siguiente expresión para el periodo de las oscilaciones pequeñas de un péndulo de longitud l:

$$\tau_n = \frac{2\pi}{\omega_n} = 2\pi \sqrt{\frac{l}{g}} \qquad (19.18)$$

Fig. 19.4

La fórmula (19.18) es sólo aproximada. Para obtener una expresión exacta para el periodo de las oscilaciones de un péndulo simple, se tiene que regresar a la ecuación (19.16). Si se multiplican ambos términos por $2\dot{\theta}$ y se integra desde una posición inicial correspondiente a la deflexión máxima, es decir, $\theta = \theta_m$ y $\dot{\theta} = 0$, se puede escribir

$$\left(\frac{d\theta}{dt}\right)^2 = \frac{2g}{l}(\cos\theta - \cos\theta_m)$$

Si se remplazan $\cos\theta$ con $1 - 2\,\text{sen}^2\,(\theta/2)$ y $\cos\theta_m$ con una expresión similar, se despeja dt y se integra a lo largo de un cuarto de periodo desde $t = 0$, $\theta = 0$ a $t = \tau_n/4$, $\theta = \theta_m$, se tiene

$$\tau_n = 2\sqrt{\frac{l}{g}}\int_0^{\theta_m}\frac{d\theta}{\sqrt{\text{sen}^2\,(\theta_m/2) - \text{sen}^2\,(\theta/2)}}$$

La integral del lado derecho se conoce como *integral elíptica*; no se puede expresar en función de las funciones algebraicas o trigonométricas usuales. Sin embargo, con

$$\text{sen}\,(\theta/2) = \text{sen}\,(\theta_m/2)\,\text{sen}\,\phi$$

se puede escribir

$$\tau_n = 4\sqrt{\frac{l}{g}}\int_0^{\pi/2}\frac{d\phi}{\sqrt{1 - \text{sen}^2(\theta_m/2)\,\text{sen}^2\,\phi}} \qquad (19.19)$$

donde la integral obtenida, comúnmente denotada por K, puede calcularse mediante un método numérico de integración. También se puede encontrar en *tablas de integrales elípticas* para diferentes valores de $\theta_m/2$.† Para comparar el resultado que se acaba de obtener con el de la sección anterior, se escribe la ecuación (19.19) en la forma

$$\tau_n = \frac{2K}{\pi}\left(2\pi\sqrt{\frac{l}{g}}\right) \qquad (19.20)$$

La fórmula (19.20) demuestra que el valor real del periodo de un péndulo simple se obtiene multiplicando el valor aproximado dado en la ecuación (19.18) por el factor de corrección $2K/\pi$. En la tabla 19.1 se dan valores de corrección para diferentes valores de la amplitud θ_m. Se observa que en cálculos comunes de ingeniería el factor de corrección se puede omitir siempre que la amplitud no sobrepase de 10°.

Tabla 19.1. Factor de corrección para el periodo de un péndulo simple

θ_m	0°	10°	20°	30°	60°	90°	120°	150°	180°
K	1.571	1.574	1.583	1.598	1.686	1.854	2.157	2.768	∞
$2K/\pi$	1.000	1.002	1.008	1.017	1.073	1.180	1.373	1.762	∞

†Véase, por ejemplo, *Standard Mathematical Tables*, Chemical Rubber Publishing Company, Cleveland, Ohio.

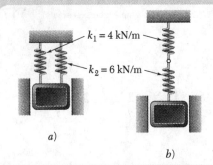

a)

b)

PROBLEMA RESUELTO 19.1

Un bloque de 50 kg se desplaza entre guías verticales, como se muestra. Se tira del bloque 40 mm hacia bajo de su posición de equilibrio y se suelta. Para cada una de las disposiciones de los resortes, determínense el periodo de vibración, la velocidad y aceleración máximas del bloque.

SOLUCIÓN

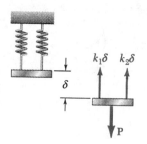

a. Resortes dispuestos en paralelo.   En primer lugar, se determina la constante k de un solo resorte equivalente a los dos resortes *mediante el cálculo de la magnitud de la fuerza* **P** requerida para producir una deflexión dada δ. Como con una deflexión δ las magnitudes de las fuerzas ejercidas por los resortes son, respectivamente, $k_1\delta$ y $k_2\delta$, se tiene

$$P = k_1\delta + k_2\delta = (k_1 + k_2)\delta$$

La constante k del resorte equivalente es

$$k = \frac{P}{\delta} = k_1 + k_2 = 4 \text{ kN/m} + 6 \text{ kN/m} = 10 \text{ kN/m} = 10^4 \text{ N/m}$$

Periodo de vibración: Como $m = 50$ kg, la ecuación (19.4) da

$$\omega_n^2 = \frac{k}{m} = \frac{10^4 \text{ N/m}}{50 \text{ kg}} \qquad \omega_n = 14.14 \text{ rad/s}$$

$$\tau_n = 2\pi/\omega_n \qquad\qquad \tau_n = 0.444 \text{ s} \quad \blacktriangleleft$$

Velocidad máxima: $v_m = x_m\omega_n = (0.040 \text{ m})(14.14 \text{ rad/s})$

$$v_m = 0.566 \text{ m/s} \qquad \mathbf{v}_m = 0.566 \text{ m/s} \updownarrow \quad \blacktriangleleft$$

Aceleración máxima: $a_m = x_m\omega_n^2 = (0.040 \text{ m})(14.14 \text{ rad/s})^2$

$$a_m = 8.00 \text{ m/s}^2 \qquad \mathbf{a}_m = 8.00 \text{ m/s}^2 \updownarrow \quad \blacktriangleleft$$

b. Resortes unidos en serie.   En primer lugar, se determina la constante k de un solo resorte equivalente a los dos resortes *mediante el cálculo del alargamiento total* δ de los resortes sometidos a una carga estática dada **P**. Para facilitar el cálculo, se utiliza una carga estática de magnitud $P = 12$ kN.

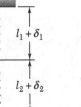

$$\delta = \delta_1 + \delta_2 = \frac{P}{k_1} + \frac{P}{k_2} = \frac{12 \text{ kN}}{4 \text{ kN/m}} + \frac{12 \text{ kN}}{6 \text{ kN/m}} = 5 \text{ m}$$

$$k = \frac{P}{\delta} = \frac{12 \text{ kN}}{5 \text{ m}} = 2.4 \text{ kN/m} = 2400 \text{ N/m}$$

Periodo de vibración: $\omega_n^2 = \frac{k}{m} = \frac{2400 \text{ N/m}}{50 \text{ kg}} \qquad \omega_n = 6.93 \text{ rad/s}$

$$\tau_n = \frac{2\pi}{\omega_n} \qquad\qquad \tau_n = 0.907 \text{ s} \quad \blacktriangleleft$$

Velocidad máxima: $v_m = x_m\omega_n = (0.040 \text{ m})(6.93 \text{ rad/s})$

$$v_m = 0.277 \text{ m/s} \qquad \mathbf{v}_m = 0.277 \text{ m/s} \updownarrow \quad \blacktriangleleft$$

Aceleración máxima: $a_m = x_m\omega_n^2 = (0.040 \text{ m})(6.93 \text{ rad/s})^2$

$$a_m = 1.920 \text{ m/s}^2 \qquad \mathbf{a}_m = 1.920 \text{ m/s}^2 \updownarrow \quad \blacktriangleleft$$

Este capítulo trata de las *vibraciones mecánicas*, es decir, del movimiento de una partícula o cuerpo que oscila con respecto a una posición de equilibrio.

En esta primera lección, se vio que una *vibración libre* de una partícula ocurre cuando ésta se somete a una fuerza proporcional a su desplazamiento y de dirección opuesta, como la fuerza ejercida por un resorte (figura 19.1). El movimiento resultante, llamado *movimiento armónico simple*, está caracterizado por la ecuación diferencial

$$m\ddot{x} + kx = 0 \qquad (19.2)$$

donde x es el desplazamiento de la partícula, $\ddot{x}$ es su aceleración, m su masa y k la constante del resorte. Se halló que la solución de esta ecuación diferencial es

$$x = x_m \operatorname{sen}(\omega_n t + \phi) \qquad (19.10)$$

donde x_m = amplitud de la vibración
$\omega_n = \sqrt{k/m}$ = frecuencia circular natural (rad/s)
ϕ = ángulo de fase (rad)

También se definió el *periodo* de la vibración como el tiempo $\tau_n = 2\pi/\omega_n$ requerido para que la partícula complete un ciclo, y la *frecuencia natural* como el número de ciclos por segundo $f_n = 1/\tau_n = \omega_n/2\pi$, expresada en Hz o s^{-1}. La diferenciación doble de la ecuación (19.10) da la velocidad y la aceleración de la partícula en cualquier instante. Los valores máximos de la velocidad y la aceleración hallados fueron

$$v_m = x_m \omega_n \qquad a_m = x_m \omega_n^2 \qquad (19.15)$$

Para determinar los parámetros de la ecuación (19.10) se pueden seguir estos pasos.

1. Dibuje un diagrama de cuerpo libre que muestre las fuerzas ejercidas sobre la partícula cuando ésta se encuentra a una distancia x de su posición de equilibrio. La resultante de estas fuerzas será proporcional a x, y su dirección será contraria a la dirección positiva de x [Ec. (19.1)].

2. Escriba la ecuación diferencial de movimiento igualando a $m\ddot{x}$ la resultante de las fuerzas halladas en el paso 1. Observe que una vez que se selecciona la dirección positiva para x, se debe usar la misma convención de signos para la aceleración $\ddot{x}$. Después de la transposición, se obtiene una ecuación con la forma de la ecuación (19.2).

3. Determine la frecuencia circular natural ω_n dividiendo el coeficiente de x entre el coeficiente de $\ddot{x}$ de esta ecuación, y calculando la raíz cuadrada del resultado obtenido. Asegúrese de que ω_n esté expresada en rad/s.

(continúa)

4. *Determine la amplitud x_m y el ángulo de fase ϕ* sustituyendo el valor obtenido para ω_n y los valores iniciales de x y $\dot{x}$ en la ecuación (19.10) y la ecuación obtenida al diferenciar la ecuación (19.10) con respecto a t.

La ecuación (19.10) y las dos ecuaciones obtenidas al diferenciar la ecuación (19.10) dos veces con respecto a t ahora se pueden usar para determinar el desplazamiento, la velocidad y la aceleración de la partícula en cualquier instante. Las ecuaciones (19.15) dan la velocidad máxima v_m y la aceleración máxima a_m.

5. *También se vio que, en el caso de oscilaciones pequeñas de un péndulo simple,* el ángulo θ que la cuerda del péndulo forma con la vertical satisface la ecuación diferencial

$$\ddot{\theta} + \frac{g}{l}\theta = 0 \tag{19.17}$$

donde l es la longitud de la cuerda y donde θ está expresado en radianes [sección 19.3]. Esta ecuación define otra vez un *movimiento armónico simple*, y su solución tiene la misma forma que la ecuación (19.10),

$$\theta = \theta_m \,\text{sen}\,(\omega_n t + \phi)$$

donde la frecuencia circular natural $\omega_n = \sqrt{g/l}$ está expresada en rad/s. La determinación de las diversas constantes de esta expresión se realiza de una manera similar a la descrita con anterioridad. Recuerde que la velocidad de la plomada es tangente a la trayectoria, y que su magnitud es $v = l\dot{\theta}$, mientras que su aceleración tiene una componente tangencial $\mathbf{a}_t$, de magnitud $a_t = l\ddot{\theta}$, y una componente normal $\mathbf{a}_n$ dirigida hacia el centro de la trayectoria y de magnitud $a_n = l\dot{\theta}^2$.

Problemas

19.1 Determine la velocidad y aceleración máximas de una partícula en movimiento armónico simple con una amplitud de 40 in. y un periodo de 1.4 s.

19.2 Determine la amplitud y la velocidad máxima de una partícula en movimiento armónico simple con una aceleración máxima de 7.2 m/s² y una frecuencia de 8 Hz.

19.3 Una partícula se encuentra en movimiento armónico simple. Si la amplitud es de 300 mm y la aceleración máxima es de 5 m/s², determine la velocidad máxima de la partícula y la frecuencia de su movimiento.

19.4 Un bloque de 30 lb está soportado por el resorte mostrado. Si el bloque se desplaza verticalmente hacia abajo de su posición de equilibrio y se suelta, determine *a*) el periodo y la frecuencia del movimiento resultante, *b*) la velocidad y aceleración máximas del bloque si la amplitud de su movimiento es de 2.1 in.

Fig. P19.4

19.5 Un bloque de 32 kg pende de un resorte y se mueve sin fricción en la ranura mostrada. El bloque se encuentra en su posición de equilibrio cuando recibe un martillazo que le imparte una velocidad inicial de 250 mm/s. Determine *a*) el periodo y la frecuencia del movimiento resultante, *b*) la amplitud del movimiento y la aceleración máxima del bloque.

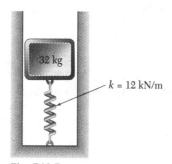

Fig. P19.5

19.6 Un péndulo simple que se compone de una plomada suspendida de una cuerda oscila en un plano vertical con un periodo de 1.3 s. Si el movimiento es armónico simple y la velocidad máxima de la plomada es de 15 in./s, determine *a*) la amplitud del movimiento en grados, *b*) la aceleración tangencial máxima de la plomada.

19.7 Un péndulo simple que se compone de una plomada suspendida de una cuerda de longitud $l = 800$ mm oscila en un plano vertical. Si el movimiento es armónico simple y la plomada se suelta del reposo cuando $\theta = 6°$, determine *a*) la frecuencia de oscilación, *b*) la velocidad máxima de la plomada.

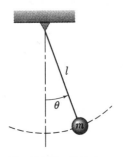

Fig. *P19.6* **y P19.7**

19.8 Un instrumento de laboratorio *A* está atornillado en una mesa agitadora como se muestra. La mesa se mueve verticalmente en un movimiento armónico simple a la misma frecuencia que el motor de velocidad variable que la propulsa. El paquete se tiene que someter a prueba a una aceleración pico de 150 ft/s². Si la amplitud de la mesa agitadora es de 2.3 in., determine *a*) la velocidad requerida del motor en rpm, *b*) la velocidad máxima de la mesa.

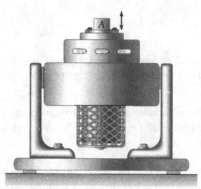

Fig. *P19.8*

19.9 La ecuación *x* = 5 sen 2*t* + 4 cos 2*t*, donde *x* está expresada en metros y *t* en segundos, describe el movimiento de una partícula. Determine *a*) el periodo del movimiento, *b*) su amplitud, *c*) su ángulo de fase.

19.10 Un instrumento de laboratorio *B* se coloca en la mesa *C*, como se muestra. La mesa se mueve horizontalmente en movimiento armónico simple, con una amplitud de 3 in. Si el coeficiente de fricción estática es de 0.65, determine la frecuencia máxima permisible, si el instrumento no ha de deslizarse sobre la mesa.

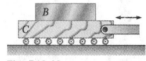

Fig. P19.10

19.11 Un bloque de 32 kg conectado a un resorte de constante *k* = 12 kN/m se mueve sin fricción en una ranura, como se muestra. Al bloque se le da un desplazamiento inicial de 300 mm hacia abajo de su posición de equilibrio y se suelta. Determine 1.5 s después de que se suelta el bloque, *a*) la distancia total recorrida por el bloque *b*) la aceleración del bloque.

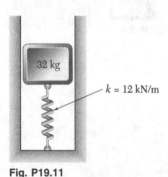

Fig. P19.11

19.12 Un bloque de 3 lb está suspendido como se muestra por un resorte de constante *k* = 2 lb/in., el cual actúa a tensión y a compresión. El bloque se encuentra en su posición de equilibrio cuando es golpeado por debajo con un martillo que le imparte una velocidad hacia arriba de 90 in./s. Determine *a*) el tiempo requerido para que el bloque recorra 3 in. hacia arriba, *b*) la velocidad y aceleración correspondientes del bloque.

Fig. P19.12

19.13 En el problema 19.12, determine la posición, la velocidad y la aceleración del bloque a 0.90 s después de ser golpeado por el martillo.

19.14 La plomada de un péndulo simple de longitud $l = 800$ mm se suelta del reposo cuando $\theta = +5°$. Si el movimiento es armónico simple, determine a 1.6 s después de soltarlo, a) el ángulo θ, b) las magnitudes de la velocidad y la aceleración de la plomada.

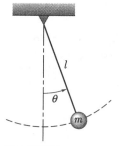

Fig. P19.14

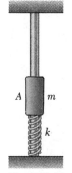

Fig. P19.15

19.15 Un collarín de 5 kg descansa sobre el resorte mostrado sin que haya una conexión permanente entre ellos. Se observa que cuando se empuja el collarín 180 mm o más hacia abajo y luego se suelta, pierde contacto con el resorte. Determine a) la constante del resorte, b) la posición, la velocidad y la aceleración del collarín a 0.16 s después de empujarlo hacia abajo 180 mm y soltarlo.

19.16 Un collarín C de 8 kg puede deslizarse sin fricción sobre una barra horizontal entre dos resortes idénticos A y B a los cuales no está sujeto de manera permanente. La constante de los resortes es de 600 N/m. El collarín recibe un empujón hacia la izquierda contra el resorte A, y lo comprime 20 mm, y se suelta en la posición mostrada. Luego se desliza a lo largo de la barra hacia la derecha y choca con el resorte B. Después de comprimirlo 20 mm, el collarín se desliza hacia la izquierda y choca con el resorte A, al cual comprime 20 mm. El ciclo se repite. Determine a) el periodo del movimiento del collarín, b) la posición del collarín a 1.5 s después de ser empujado contra el resorte A y soltado. (*Nota*. El anterior es un movimiento periódico, aunque no un movimiento armónico simple.)

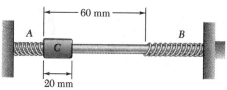

Fig. P19.16

19.17 y 19.18 Un bloque de 35 kg está soportado por el arreglo de resortes mostrado. El bloque se mueve verticalmente hacia abajo de su posición de equilibrio y luego se suelta. Si la amplitud del movimiento resultante es de 45 mm, determine a) el periodo y la frecuencia del movimiento, b) la velocidad y aceleración máximas del bloque.

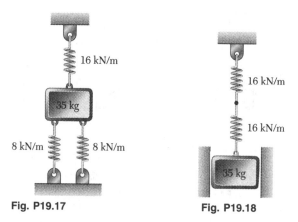

Fig. P19.17

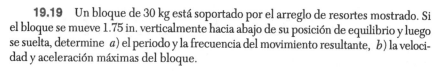

Fig. P19.18

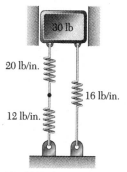

19.19 Un bloque de 30 kg está soportado por el arreglo de resortes mostrado. Si el bloque se mueve 1.75 in. verticalmente hacia abajo de su posición de equilibrio y luego se suelta, determine a) el periodo y la frecuencia del movimiento resultante, b) la velocidad y aceleración máximas del bloque.

Fig. P19.19

19.20   Un bloque de 5 kg, conectado al extremo inferior de un resorte cuyo extremo superior está fijo, vibra con un periodo de 6.8 s. Si la constante k de un resorte es inversamente proporcional a su longitud, determine el periodo de un bloque de 3 kg conectado al centro del mismo resorte si los extremos superior e inferior del resorte están fijos.

19.21   Un bloque de 30 kg está soportado por el arreglo de resortes mostrado. El bloque se mueve de su posición de equilibrio 0.8 in. verticalmente hacia abajo y luego se suelta. Si el periodo del movimiento resultante es de 1.5 s, determine a) la constante k, b) la velocidad y aceleración máximas del bloque.

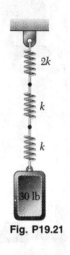

Fig. P19.21

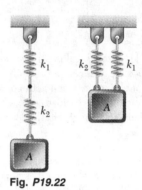

Fig. P19.22

19.22   Dos resortes de constantes k_1 y k_2 están conectados en serie a un bloque A que vibra con un movimiento armónico simple de 5 s de periodo. Cuando los mismos dos resortes se conectan en paralelo al mismo bloque, éste vibra con un periodo de 2 s. Determine la razón k_1/k_2 de las constantes de los resortes.

19.23   Se observa que el periodo de vibración del sistema mostrado es de 0.7 s. Después de que el resorte de constante $k_2 = 1.2$ kN/m se retira del sistema, se observa que el periodo es de 0.9 s. Determine a) la constante k_1 del resorte restante, b) la masa del bloque A.

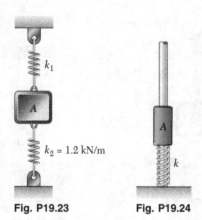

Fig. P19.23   **Fig. P19.24**

19.24   Se observa que el periodo de las pequeñas oscilaciones del sistema mostrado es de 1.6 s. Después de que se coloca un collarín de 7 kg sobre la parte superior del collarín A, el periodo de oscilación es de 2.1 s. Determine a) la masa del collarín A, b) la constante de resorte k.

19.25 El periodo de vibración del sistema mostrado es de 0.2 s. Después de que el resorte de constante $k_2 = 20$ lb/in. se retira y el bloque A se conecta al resorte de constante k_1, el periodo es de 0.12 s. Determine $a)$ la constante k_1 del resorte restante, $b)$ el peso del bloque A.

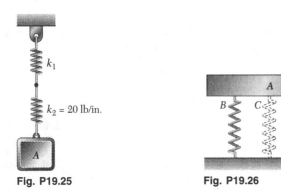

Fig. P19.25   **Fig. P19.26**

19.26 La plataforma A, de 100 lb, está conectada a los resortes B y D, de constantes $k = 120$ lb/ft. Si la frecuencia de vibración de la plataforma ha de permanecer sin cambio cuando sobre ella se coloca un bloque de 80 lb y se agrega un tercer resorte C entre los resortes B y D, determine la constante requerida del resorte C.

19.27 Por la mecánica de materiales se sabe que cuando se aplica una carga estática $\mathbf{P}$ en el extremo B de una barra uniforme de metal fija por su extremo A, la longitud de ésta se incrementa en la cantidad $\delta = PL/AE$, donde L es la longitud de la barra no deformada, A es el área de su sección transversal y E es el módulo de elasticidad del metal. Si $L = 450$ mm y $E = 200$ GPa, el diámetro de la barra es de 8 mm y si se desprecia la masa de ésta, determine $a)$ la constante de resorte equivalente de la barra, $b)$ la frecuencia de las vibraciones verticales de un bloque de masa $m = 8$ kg suspendido del extremo B de la misma barra.

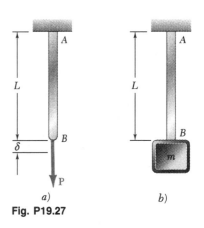

$a)$ $b)$

Fig. P19.27

19.28 Por la mecánica de materiales se sabe que cuando se aplica una carga estática $\mathbf{P}$ en el extremo B de una viga en voladizo de sección transversal constante provocará una deflexión $\delta_B = PL^3/3EI$, donde L es la longitud de la viga, E es el módulo de elasticidad e I es el momento de inercia del área de la sección transversal de la viga. Si $L = 10$ ft, $E = 29 \times 10^6$ lb/in² e $I = 12.4$ in⁴, determine $a)$ la constante de resorte equivalente de la viga, $b)$ la frecuencia de vibración de un bloque de 520 lb suspendido del extremo B de la misma viga.

Fig. P19.28

19.29 Se mide una deflexión de 1.6 in. del segundo piso de un edificio directamente debajo de una máquina rotatoria de 8200 lb recién instalada, cuyo rotor se encuentra ligeramente desequilibrado. Si la deflexión del piso es proporcional a la carga que soporta, determine $a)$ la constante de resorte equivalente del piso, $b)$ la velocidad en rpm de la máquina rotatoria que se debe evitar para que no coincida con la frecuencia natural del sistema piso-máquina.

19.30 La ecuación fuerza-deflexión para un resorte no lineal fijo por un extremo es $F = 5x^{1/2}$, donde F es la fuerza, expresada en newtons, aplicada en el otro extremo, y x es la deflexión expresada en metros. $a)$ Determine la deflexión x_0 cuando un bloque de 120 g se suspende del resorte y está en reposo. $b)$ Si la pendiente de la curva fuerza-deflexión en el punto correspondiente a esta carga se puede usar como constante de resorte equivalente, determine la frecuencia de vibración del bloque cuando se desplaza una pequeña distancia hacia abajo de su posición de equilibrio y luego se suelta.

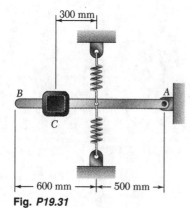

300 mm

B A

C

|← 600 mm →|← 500 mm →|

Fig. P19.31

19.31 La barra AB está conectada a una bisagra en A y a dos resortes, cada uno de constante $k = 900$ N/m. a) Determine la masa m del bloque C con la que el periodo de las pequeñas oscilaciones es de 3 s. b) Si el extremo B se deflexiona 40 mm y se suelta, determine la velocidad máxima del bloque C. Desprecie la masa de la barra y suponga que cada resorte puede actuar a tensión o a compresión.

19.32 Si δ_{st} denota la deflexión estática de una viga sometida a una carga dada, demuestre que la frecuencia de vibración de la carga es

$$f = \frac{1}{2\pi} \sqrt{\frac{g}{\delta_{st}}}$$

Desprecie la masa de la viga y suponga que la carga permanece en contacto con la viga.

*19.33 Si el integrando de la ecuación (19.19) de la sección 19.4 se expande en una serie de potencias pares de sen ϕ y se integra, demuestre que el periodo de un péndulo simple de longitud l puede estar representado de manera aproximada por la fórmula

$$\tau = 2\pi \sqrt{\frac{l}{g}} \left(1 + \tfrac{1}{4} \mathrm{sen}^2 \frac{\theta_m}{2} \right)$$

donde θ_m es la amplitud de las oscilaciones.

*19.34 Con la fórmula dada en el problema 19.33, determine la amplitud θ_m con la cual el periodo de un péndulo simple es $\tfrac{1}{2}$% más largo que el periodo del mismo péndulo con oscilaciones pequeñas.

*19.35 Con los datos de la tabla 19.1, determine el periodo de un péndulo simple de longitud $l = 750$ mm a) con oscilaciones pequeñas, b) con oscilaciones de amplitud $\theta_m = 60°$, c) con oscilaciones de amplitud $\theta_m = 90°$.

*19.36 Con los datos de la tabla 19.1, determine la longitud en pulgadas de un péndulo simple que oscila con un periodo de 2 s y una amplitud de 90°.

19.5. VIBRACIONES LIBRES DE CUERPOS RÍGIDOS

El análisis de las vibraciones de un cuerpo rígido o de un sistema de cuerpos rígidos que posee un grado único de libertad, es similar al análisis de las vibraciones de una partícula. Se selecciona una variable apropiada, tal como una distancia x o un ángulo θ, para definir la posición del cuerpo o sistema de cuerpos, y se escribe una ecuación que relaciona esta variable y su segunda derivada con respecto a t. Si la ecuación obtenida es de la misma forma que la ecuación (19.6), es decir, si se tiene

$$\ddot{x} + \omega_n^2 x = 0 \qquad \text{o} \qquad \ddot{\theta} + \omega_n^2 \theta = 0 \qquad (19.21)$$

la vibración considerada es un movimiento armónico simple. El periodo y la frecuencia natural de la vibración se obtienen, entonces, identificando ω_n y sustituyendo su valor en las ecuaciones (19.13) y (19.14).

En general, una manera simple de obtener una de las ecuaciones (19.21) es expresar que el sistema de las fuerzas externas es equivalente al sistema de las fuerzas efectivas por medio de una ecuación de diagramas de cuerpo libre para un valor arbitrario de la variable y escribiendo la ecuación de movimiento apropiada. Se recuerda que el objetivo debe ser *la determinación del coeficiente de* la variable x o θ, *no* la determinación de la variable misma o de la derivada $\ddot{x}$ o $\ddot{\theta}$. Si este coeficiente se hace igual a ω_n^2 se obtiene la frecuencia circular natural ω_n, con la cual se puede determinar τ_n y f_n.

El método descrito se puede usar para analizar vibraciones que verdaderamente están representadas por un movimiento armónico simple, o vibraciones de pequeña amplitud que pueden estar *representadas de manera aproximada* por un movimiento armónico simple. Como ejemplo, se determinará el periodo de las pequeñas oscilaciones de una placa cuadrada de $2b$ por lado la cual está suspendida del punto medio O de uno de sus lados (figura 9.5a). La placa se considera en una posición arbitraria definida por el ángulo θ que la línea OG forma con la vertical, y se dibuja una ecuación de diagramas de cuerpo libre para expresar que el peso $\mathbf{W}$ de las placas y las componentes $\mathbf{R}_x$ y $\mathbf{R}_y$ de la reacción en O son equivalentes a los vectores $m\mathbf{a}_t$ y $m\mathbf{a}_n$ y al par $\overline{I}\boldsymbol{\alpha}$ (figura 19.5b). Como la velocidad angular y la aceleración angular de la placa son iguales, respectivamente, a $\dot{\theta}$ y $\ddot{\theta}$, las magnitudes de los dos vectores son, respectivamente, $mb\ddot{\theta}$ y $mb\dot{\theta}^2$, mientras que el momento de par es $\overline{I}\ddot{\theta}$. En aplicaciones previas de este método (capítulo 16), siempre que fue posible, se trató de suponer el sentido correcto de la aceleración. En este caso, sin embargo, se debe suponer el mismo sentido positivo para θ y $\ddot{\theta}$ para obtener una ecuación de la forma (19.21). Por consiguiente, la aceleración angular $\ddot{\theta}$ se supondrá positiva en sentido contrario al de las manecillas del reloj, aun cuando esta suposición es obviamente irreal. Si se igualan los momentos con respecto a O, se tiene

$$+\curvearrowleft \qquad\qquad -W(b\,\text{sen}\,\theta) = (mb\ddot{\theta})b + \overline{I}\ddot{\theta}$$

Como $\overline{I} = \frac{1}{12}m[(2b)^2 + (2b)^2] = \frac{2}{3}mb^2$ y $W = mg$, se obtiene

$$\ddot{\theta} + \frac{3}{5}\frac{g}{b}\,\text{sen}\,\theta = 0 \qquad\qquad (19.22)$$

Para oscilaciones de pequeña amplitud, se puede remplazar $\text{sen}\,\theta$ por θ, expresado en radianes, y escribir

$$\ddot{\theta} + \frac{3}{5}\frac{g}{b}\theta = 0 \qquad\qquad (19.23)$$

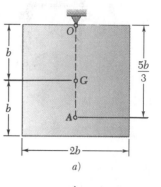

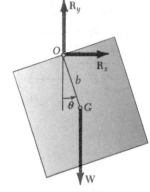

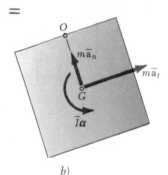

Fig. 19.5

La comparación con (19.21) demuestra que la ecuación obtenida es la de un movimiento armónico simple, y que la frecuencia circular natural ω_n de las oscilaciones es igual a $(3g/5b)^{1/2}$. Al sustituir en (19.13), se halla que el periodo de las oscilaciones es

$$\tau_n = \frac{2\pi}{\omega_n} = 2\pi\sqrt{\frac{5b}{3g}} \qquad\qquad (19.24)$$

El resultado obtenido es válido sólo para oscilaciones de pequeña amplitud. Una descripción más precisa del movimiento de la placa se obtiene comparando las ecuaciones (19.16) y (19.22). Se observa que las dos ecuaciones son idénticas si se selecciona l igual a $5b/3$. Esto significa que la placa oscilará como un péndulo simple de longitud $l = 5b/3$, y los resultados de la sección 19.4 se pueden usar para corregir el valor del periodo dado en (19.24). El punto A de la placa localizado en la línea OG a una distancia $l = 5b/3$ de O, se define como el *centro de oscilación* correspondiente a O (figura 19.5a).

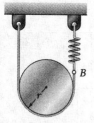

PROBLEMA RESUELTO 19.2

Un cilindro de peso W y radio r está suspendido por una cuerda que le da la vuelta, como se muestra. Un extremo de la cuerda está atado directamente a un soporte rígido, mientras que el otro está atado a un resorte de constante k. Determínese el periodo y la frecuencia natural de las vibraciones del cilindro.

SOLUCIÓN

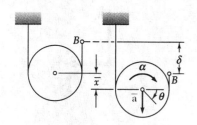

Cinemática del movimiento. El desplazamiento lineal y la aceleración del cilindro se expresan en función del desplazamiento angular θ. Si el sentido positivo se selecciona como en el sentido de las manecillas del reloj y se miden los desplazamientos a partir de la posición de equilibrio, se escribe

$$\bar{x} = r\theta \qquad \delta = 2\bar{x} = 2r\theta$$

$$\boldsymbol{\alpha} = \ddot{\theta}\!\downarrow \qquad \bar{a} = r\alpha = r\ddot{\theta} \qquad \bar{\mathbf{a}} = r\ddot{\theta}\downarrow \qquad (1)$$

Ecuaciones del movimiento. El sistema de fuerzas externas que actúa sobre el cilindro se compone del peso $\mathbf{W}$ y de las fuerzas $\mathbf{T}_1$ y $\mathbf{T}_2$ ejercidas por la cuerda. Se dice que este sistema es equivalente al sistema de fuerzas efectivas (o inerciales) representado por el vector $m\bar{\mathbf{a}}$ aplicado en G y al par $\bar{I}\boldsymbol{\alpha}$.

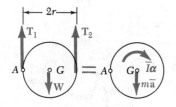

$$+\!\downarrow\!\Sigma M_A = \Sigma(M_A)_{\text{eff}} \qquad Wr - T_2(2r) = m\bar{a}r + \bar{I}\alpha \qquad (2)$$

Cuando el cilindro está en su posición de equilibrio, la tensión en la cuerda es $T_0 = \frac{1}{2}W$. Se observa que, para un desplazamiento angular θ, la magnitud de $\mathbf{T}_2$ es

$$T_2 = T_0 + k\delta = \tfrac{1}{2}W + k\delta = \tfrac{1}{2}W + k(2r\theta) \qquad (3)$$

Después de sustituir de (1) y (3) en (2), y puesto que $\bar{I} = \frac{1}{2}mr^2$, se puede escribir

$$Wr - (\tfrac{1}{2}W + 2kr\theta)(2r) = m(r\ddot{\theta})r + \tfrac{1}{2}mr^2\ddot{\theta}$$

$$\ddot{\theta} + \frac{8}{3}\frac{k}{m}\theta = 0$$

Se ve que el movimiento es armónico simple y, por consiguiente,

$$\omega_n^2 = \frac{8}{3}\frac{k}{m} \qquad \omega_n = \sqrt{\frac{8}{3}\frac{k}{m}}$$

$$\tau_n = \frac{2\pi}{\omega_n} \qquad\qquad \tau_n = 2\pi\sqrt{\frac{3}{8}\frac{m}{k}} \quad \blacktriangleleft$$

$$f_n = \frac{\omega_n}{2\pi} \qquad\qquad f_n = \frac{1}{2\pi}\sqrt{\frac{8}{3}\frac{k}{m}} \quad \blacktriangleleft$$

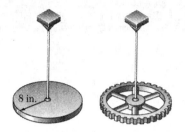

PROBLEMA RESUELTO 19.3

Un disco circular, de 20 lb de peso y de 8 in. de radio, está suspendido de un alambre como se muestra. Se hace girar el disco (por lo que el alambre se tuerce) y luego se suelta; el periodo de la vibración torsional es de 1.13 s. Luego, del mismo alambre se cuelga un engrane, y el periodo de su vibración torsional es de 1.93 s. Si el momento del par ejercido por el alambre es proporcional al ángulo de torsión, determínese a) la constante de resorte torsional del alambre, b) el momento de inercia centroidal del engrane, c) la velocidad angular máxima alcanzada por el engrane si se hace girar 90° y se suelta.

SOLUCIÓN

a. Vibración del disco. Si θ denota el desplazamiento angular del disco, entonces la magnitud del par ejercido por el alambre es $M = K\theta$, donde K es la constante de resorte torsional del alambre. Como este par debe ser equivalente al par $\bar{I}\alpha$ que representa las fuerzas efectivas del disco, se escribe

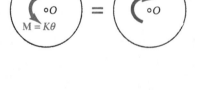

$$+\uparrow\Sigma M_O = \Sigma(M_O)_{ef}: \qquad +K\theta = -\bar{I}\ddot{\theta}$$

$$\ddot{\theta} + \frac{K}{\bar{I}}\theta = 0$$

Se ve que el movimiento es armónico simple y, por consiguiente,

$$\omega_n^2 = \frac{K}{\bar{I}} \qquad \tau_n = \frac{2\pi}{\omega_n} \qquad \tau_n = 2\pi\sqrt{\frac{\bar{I}}{K}} \qquad (1)$$

Para el disco, se tiene

$$\tau_n = 1.13 \text{ s} \qquad \bar{I} = \tfrac{1}{2}mr^2 = \frac{1}{2}\left(\frac{20 \text{ lb}}{32.2 \text{ ft/s}^2}\right)\left(\frac{8}{12}\text{ ft}\right)^2 = 0.138 \text{ lb}\cdot\text{ft}\cdot\text{s}^2$$

Con la sustitución en (1), se obtiene

$$1.13 = 2\pi\sqrt{\frac{0.138}{K}} \qquad K = 4.27 \text{ lb}\cdot\text{ft/rad} \blacktriangleleft$$

b. Vibración del engrane. Como el periodo de vibración del engrane es 1.93 s y $K = 4.27$ lb · ft/rad, la ecuación (1) da

$$1.93 = 2\pi\sqrt{\frac{\bar{I}}{4.27}} \qquad \bar{I}_{engrane} = 0.403 \text{ lb}\cdot\text{ft}\cdot\text{s}^2 \blacktriangleleft$$

c. Velocidad angular máxima del engrane. Como el movimiento es armónico simple, se tiene

$$\theta = \theta_m \text{ sen } \omega_n t \qquad \omega = \theta_m\omega_n \cos \omega_n t \qquad \omega_m = \theta_m\omega_n$$

Como $\theta_m = 90° = 1.571$ rad y $\tau = 1.93$ s, se escribe

$$\omega_m = \theta_m\omega_n = \theta_m\left(\frac{2\pi}{\tau}\right) = (1.571 \text{ rad})\left(\frac{2\pi}{1.93 \text{ s}}\right)$$

$$\omega_m = 5.11 \text{ rad/s} \blacktriangleleft$$

En esta lección se vio que un cuerpo rígido, o un sistema de cuerpos rígidos, cuya posición puede ser definida por una sola coordenada x o θ, realizará un movimiento armónico simple si la ecuación diferencial obtenida con la aplicación de la segunda ley de Newton es de la forma

$$\ddot{x} + \omega_n^2 x = 0 \qquad \text{o} \qquad \ddot{\theta} + \omega_n^2 \theta = 0 \tag{19.21}$$

El objetivo debe ser determinar ω_n, con la cual se puede obtener el periodo τ_n y la frecuencia natural f_n. Si se tienen en cuenta las condiciones iniciales, se puede escribir, entonces, una ecuación de la forma

$$x = x_m \operatorname{sen} (\omega_n t + \phi) \tag{19.10}$$

donde x debe ser remplazada por θ si se trata de una rotación. Para resolver los problemas de esta lección, siga estos pasos:

1. *Elija una coordenada que medirá el desplazamiento del cuerpo* a partir de su posición de equilibrio. Se verá que muchos de los problemas incluidos en esta lección implican la rotación de un cuerpo sobre un eje fijo, y que el ángulo que mide la rotación del cuerpo a partir de su posición de equilibrio es la coordenada más conveniente de usar. En problemas que implican el movimiento plano general de un cuerpo, donde se utiliza una coordenada x (y posiblemente una coordenada y) para definir la posición del centro de masa G del cuerpo, y una coordenada θ para medir su rotación con respecto a G, determine las relaciones cinemáticas que le permitan expresar x (y y) en función de θ [problema resuelto 19.2].

2. *Dibuje una ecuación de diagramas de cuerpo libre* para expresar que el sistema de las fuerzas externas es equivalente al sistema de las fuerzas efectivas, el cual se compone del vector $m\bar{\mathbf{a}}$ y el par $\bar{I}\boldsymbol{\alpha}$, donde $\bar{a} = \ddot{x}$ y $\alpha = \ddot{\theta}$. Asegúrese de que cada fuerza o par aplicado se trace en una dirección compatible con el desplazamiento supuesto, y de que los sentidos de $\bar{\mathbf{a}}$ y $\boldsymbol{\alpha}$ son, respectivamente, aquellos en los que las coordenadas x y θ crecen.

3. *Escriba las ecuaciones diferenciales del movimiento* igualando las sumas de las componentes de las fuerzas externas y efectivas en las direcciones x y y, y las sumas de sus momentos alrededor de un punto dado. Si es necesario, utilice las relaciones cinemáticas desarrolladas en el paso 1 para obtener ecuaciones que impliquen sólo la coordenada θ. Si θ es un ángulo pequeño, remplace sen θ por θ y cos θ por 1, si estas funciones aparecen en sus ecuaciones. Con la eliminación de las reacciones desconocidas, se obtendrá una ecuación del tipo de las ecuaciones (19.21). Observe que en problemas que implican un cuerpo que gira sobre un eje fijo, de inmediato se puede obtener una ecuación de ese tipo si se igualan los momentos de las fuerzas externas y efectivas con respecto al eje fijo.

4. Con la comparación de la ecuación que obtuvo con una de las ecuaciones (19.21), se puede identificar ω_n^2 y, por tanto, determinar la frecuencia circular natural ω_n. Recuerde que el objetivo del análisis *no es resolver* la ecuación diferencial obtenida, *sino identificar* ω_n^2.

5. Determine la amplitud y el ángulo de fase ϕ sustituyendo el valor obtenido para ω_n y los valores iniciales de la coordenada y su primera derivada, en la ecuación (19.10) y en la ecuación obtenida al diferenciar (19.10) con respecto a t. Con la ecuación (19.10) y las dos ecuaciones obtenidas al diferenciar (19.10) dos veces con respecto a t, y la utilización de las relaciones cinemáticas desarrolladas en el paso 1, podrá determinar la posición, la velocidad y la aceleración de cualquier punto del cuerpo en un instante dado.

6. En problemas que implican vibraciones torsionales, la constante de resorte torsional K se expresa en N · m/rad o lb · ft/rad. El producto de K y el ángulo de torsión θ, expresado en radianes, da el momento del par restaurador, el cual se debe igualar a la suma de los momentos de las fuerzas efectivas o pares con respecto al eje de rotación [problema resuelto 19.3].

Problemas

19.37 La barra uniforme *AC*, de 5 kg, está conectada a los resortes de constante $k = 500$ N/m, en *B*, y $k = 620$ N/m, en *C*, los cuales pueden actuar a tensión o a compresión. Si el extremo *C* de la barra se baja un poco y se suelta, determine *a*) la frecuencia de vibración, *b*) la amplitud del movimiento del punto *C*, si la velocidad máxima de éste es de 0.9 m/s.

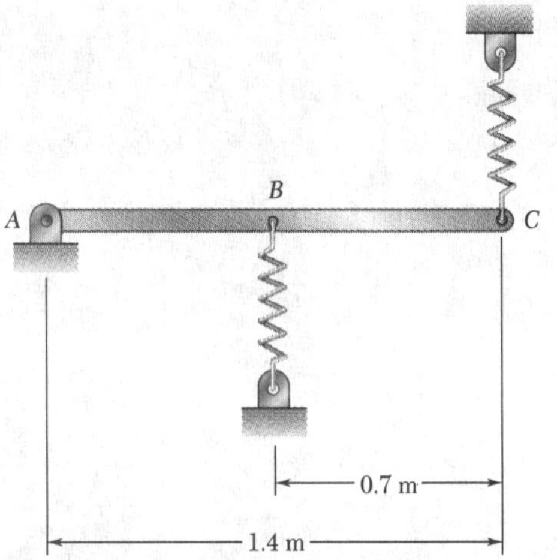

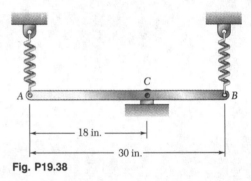

Fig. P19.37

Fig. P19.38

19.38 La barra uniforme *AB*, de 18 lb, está conectada a resortes en *A* y *B*, cada uno de constante de 6 lb/in., los cuales pueden actuar a tensión o a compresión. Si el extremo *A* de la barra se baja un poco y se suelta, determine *a*) la frecuencia de vibración, *b*) la amplitud del movimiento angular de la barra si la velocidad máxima del punto *A* es de 22 in./s.

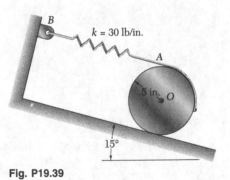

Fig. P19.39

19.39 Un cilindro uniforme de 30 lb rueda sin deslizarse en una rampa inclinada 15°. Se fija una banda en el borde del cilindro y un resorte lo mantiene en reposo en la posición mostrada. Si el centro del cilindro se desplaza 2 in. hacia abajo de la rampa y luego se suelta, determine *a*) el periodo de vibración, *b*) la aceleración máxima del centro del cilindro.

19.40 Se sujeta una barra uniforme *AB* de 750 g a un gozne *A* y a dos resortes, cada uno de constante $k = 300$ N/m. *a*) Determine la masa *m* del bloque *C* con la cual el periodo de pequeñas oscilaciones es de 0.4 s. *b*) Si el extremo *B* se baja 40 mm y se suelta, determine la velocidad máxima del bloque *C*.

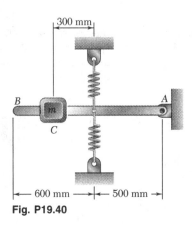

Fig. P19.40

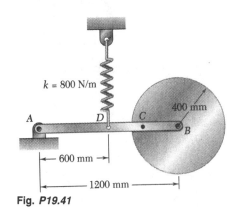

Fig. P19.41

19.41 Una barra uniforme *AB* de 8 kg está conectada por medio de un gozne a un apoyo fijo *A*, y por medio de pasadores *B* y *C* a un disco de 12 kg y de 400 mm de radio. Un resorte enganchado en *D* mantiene a la barra en reposo en la posición mostrada. Si el punto *B* se baja 25 mm y luego se suelta, determine *a*) el periodo de vibración, *b*) la velocidad máxima del punto *B*.

19.42 Resuelva el problema 19.41, suponiendo que se saca el pasador *C* y que el disco puede girar libremente sobre el pasador *B*.

19.43 Un volante de 600 lb tiene un diámetro de 4 ft y un radio de giro de 20 in. Se coloca una banda sobre el borde y se sujeta en dos resortes, cada uno de constante $k = 75$ lb/in. La tensión inicial en la banda es suficiente para impedir el resbalamiento. Si el extremo *C* de la banda se jala 1 in. hacia la derecha y se suelta, determine *a*) el periodo de vibración, *b*) la velocidad angular máxima del volante.

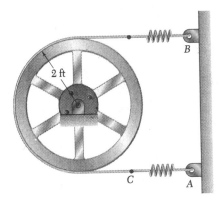

Fig. P19.43

19.44 Se perfora un agujero de 75 mm de radio en un disco uniforme de 200 mm de radio, el cual está conectado a un pasador sin fricción por su centro geométrico *O*. Determine *a*) el periodo de las pequeñas oscilaciones del disco, *b*) la longitud de un péndulo simple que tiene el mismo periodo.

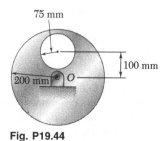

Fig. P19.44

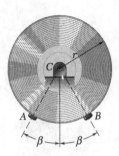

Fig. P19.45 y 19.46

19.45   Dos pesas pequeñas w están pegadas en A y B al borde de un disco uniforme de radio r y peso W. Si τ_0 denota el periodo de las pequeñas oscilaciones cuando $\beta = 0$, determine el ángulo β con el cual el periodo de las pequeñas oscilaciones es $2\tau_0$.

19.46   Dos pesas de 0.1 lb están pegadas en A y B al borde de un disco uniforme de 3 lb y radio $r = 4$ in. Determine la frecuencia de las pequeñas oscilaciones cuando $\beta = 60°$.

19.47   Para la placa cuadrada uniforme de lado $b = 300$ mm, determine a) el periodo de las pequeñas oscilaciones si la placa se suspende como se muestra, b) la distancia c de O a un punto A del cual se debe suspender la placa para que el periodo sea mínimo.

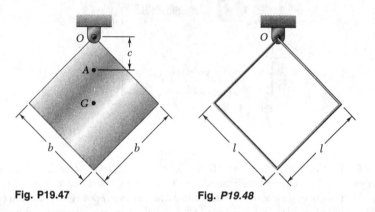

Fig. P19.47   **Fig. *P19.48***

19.48   Un alambre homogéneo delgado se dobla en forma de cuadrado de lado $l = 1.2$ ft. Determine el periodo de las pequeñas oscilaciones si el alambre a) se suspende como se muestra, b) se suspende de una clavija localizada en el punto medio de un lado.

19.49   Para la placa triangular equilátera uniforme de lado $l = 300$ mm, determine el periodo de las pequeñas oscilaciones si la placa se suspende de a) uno de sus vértices, b) el punto medio de uno de sus lados.

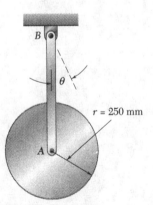

Fig. P19.50

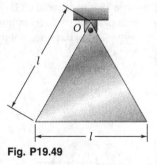

Fig. P19.49

19.50   Un disco uniforme de radio $r = 250$ mm está montado en A a una barra AB de 650 mm de masa insignificante, la cual puede girar libremente en un plano vertical alrededor de B. Determine el periodo de las pequeñas oscilaciones a) si el disco gira libremente sobre un cojinete en A, b) si la barra se remacha al disco en A.

19.51 Un pequeño collarín de 2 lb de peso está rígidamente sujeto en una barra uniforme de 6 lb y longitud $L = 3$ ft. Determine el periodo de las pequeñas oscilaciones de la barra cuando *a*) $d = 3$ ft, *b*) $d = 2$ ft.

19.52 Un *péndulo compuesto* se define como una placa rígida que oscila sobre un punto fijo O, llamado centro de suspensión. Demuestre que el periodo de oscilación de un péndulo compuesto es igual al periodo de un péndulo simple de longitud OA, donde la distancia de A al centro de masa G es $GA = \bar{k}^2/\bar{r}$. El punto A se define como el centro de oscilación, y coincide con el centro de percusión definido en el problema 17.66.

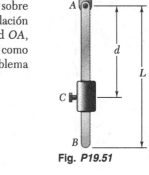

Fig. *P19.51*

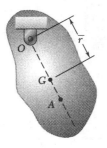

Fig. P19.52 y P19.53

19.53 Una placa rígida oscila en torno de un punto fijo O. Demuestre que el periodo de oscilación mínimo ocurre cuando la distancia $\bar{r}$ del punto O al centro de masa G es igual a $\bar{k}$.

19.54 Demuestre que si el péndulo compuesto del problema 19.52 se suspende de A y no de O, el periodo de oscilación es el mismo de antes, y el nuevo centro de oscilación se localiza en O.

19.55 La barra uniforme AB de 8 kg está fija en C por medio de un gozne y conectada en A a un resorte de constante $k = 500$ N/m. Si el extremo A se desplaza un poco y luego se suelta, determine *a*) la frecuencia de las pequeñas oscilaciones, *b*) el valor mínimo de la constante de resorte k con la cual ocurrirán las oscilaciones.

19.56 Una placa cuadrada uniforme de 45 lb cuelga de una clavija localizada en el punto medio A de uno de sus bordes de 1.2 ft, y está conectada a resortes, cada uno de constante $k = 8$ lb/in. Si la esquina B se desplaza un poco y luego se suelta, determine la frecuencia de la vibración resultante. Suponga que cada resorte puede actuar a tensión o a compresión.

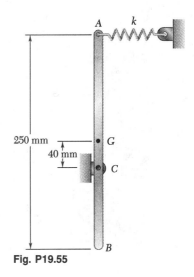

Fig. P19.55

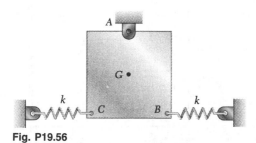

Fig. P19.56

19.57 Dos barras uniformes, cada una de masa $m = 12$ kg y longitud $L = 800$ mm, están soldadas para formar el ensamblaje mostrado. Si la constante de cada resorte es $k = 500$ N/m y el extremo A se desplaza un poco y luego se suelta, determine la frecuencia del movimiento resultante.

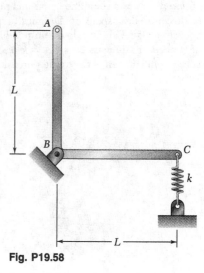

Fig. P19.58

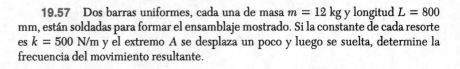

Fig. P19.57

19.58 La barra ABC de masa total m se dobla como se muestra, y está soportada en un plano vertical por un pasador en B y por un resorte de constante k en C. Si el extremo C se desplaza un poco y luego se suelta, determine la frecuencia del movimiento resultante en función de m, L y k.

19.59 Un disco uniforme de radio $r = 250$ mm está conectado por A a una barra AB de 650 mm y masa insignificante, la cual puede girar libremente en un plano vertical alrededor de B. Si la barra se desplaza 2° de la posición mostrada y luego se suelta, determine la magnitud de la velocidad máxima del punto A, suponiendo que el disco a) gira libremente sobre el cojinete A, b) está remachado en la barra en A.

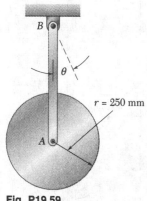

Fig. P19.59

19.60 Un alambre homogéneo delgado, doblado en forma de cuadrado de lado $l = 1.2$ ft, oscila libremente alrededor de una clavija O localizada en el punto medio de uno de sus lados. Si la esquina B se empuja 0.6 in. hacia abajo de la posición mostrada y luego se suelta, determine en el movimiento subsecuente a) la magnitud de la velocidad máxima de B, b) la magnitud correspondiente de la aceleración de B.

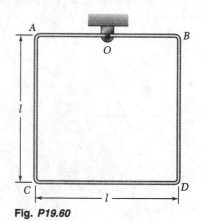

Fig. P19.60

19.61 La figura de alambre homogéneo mostrada pende de una clavija en A. Si $r = 220$ mm y el punto B recibe un empujón y se desplaza hacia abajo 20 mm y luego se suelta, determine la magnitud de la velocidad de B, 8 s después.

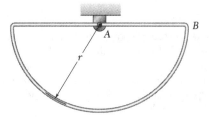

Fig. P19.61 y *P19.62*

19.62 La figura de alambre homogéneo mostrada pende de una clavija en A. Si $r = 16$ in. y el punto B recibe un empujón y se desplaza hacia abajo 1.5 in. y luego se suelta, determine la magnitud de la aceleración de B, 10 s más tarde.

19.63 Un disco uniforme de radio $r = 120$ mm está soldado por su centro a dos barras elásticas de longitud igual con extremos fijos en A y B. Si el disco gira un ángulo de 8° cuando se le aplica un par de 500 mN · m y luego oscila con un periodo de 1.3 s cuando el par deja de actuar, determine a) la masa del disco, b) el periodo de vibración si se retira una de las barras.

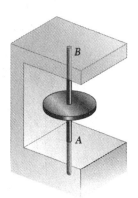

Fig. P19.63

19.64 Una barra uniforme CD de 10 lb de longitud $l = 2.2$ ft está soldada en C a dos barras elásticas, cuyos extremos están fijos en A y B, y se sabe que tienen una constante de resorte torsional combinada $K = 18$ lb · ft/rad. Determine el periodo de las pequeñas oscilaciones, si la posición de equilibrio de CD es a) vertical como se muestra, b) horizontal.

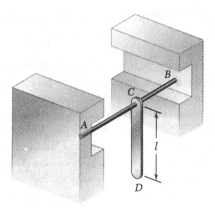

Fig. P19.64

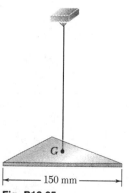

19.65 Una placa uniforme de 1.8 kg en forma de triángulo equilátero está suspendida por su centro de gravedad de un alambre de acero cuya constante torsional es $K = 35$ mN · m/rad. Si la placa se hace girar 360° alrededor de la vertical y luego se suelta, determine a) el periodo de oscilación, b) la velocidad máxima de uno de los vértices del triángulo.

Fig. P19.65

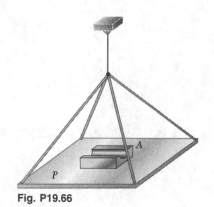

Fig. P19.66

19.66 Varias barras rígidas sostienen una plataforma horizontal P y están sujetas a un alambre vertical. El periodo de oscilación de la plataforma es de 2.2 s cuando está vacía, y de 3.8 s cuando se coloca sobre ella un objeto A de momento de inercia desconocido con su centro de masa directamente sobre el centro de la plataforma. Si el alambre tiene una constante torsional $K = 20$ lb · ft/rad, determine el momento de inercia centroidal del objeto A.

19.67 Una placa rectangular delgada de lados a y b está suspendida de cuatro alambres verticales de la misma longitud l. Determine el periodo de las pequeñas oscilaciones de la placa cuando a) se hace girar un pequeño ángulo alrededor de un eje vertical que pasa por su centro de masa G, b) recibe un pequeño desplazamiento horizontal en una dirección perpendicular a AB, c) recibe un pequeño desplazamiento horizontal en una dirección perpendicular a BC.

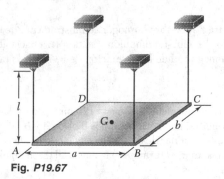

Fig. P19.67

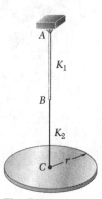

Fig. P19.68

19.68 Un disco circular de 2.2 kg y radio $r = 0.8$ m está suspendido por su centro C de alambres AB y BC soldados en B. Las constantes de resorte torsionales son $K_1 = 10$ N · m/rad de AB y $K_2 = 5$ N · m/rad de BC. Determine el periodo de oscilación del disco alrededor del eje AC.

19.6. APLICACIÓN DEL PRINCIPIO DE CONSERVACIÓN DE LA ENERGÍA

En la sección 19.2 se vio que, cuando una partícula de masa m se encuentra en movimiento armónico simple, la resultante $\mathbf{F}$ de las fuerzas ejercidas sobre ella tiene una magnitud proporcional al desplazamiento x medido a partir de la posición de equilibrio O y su dirección es hacia O; por consiguiente, $F = -kx$. De acuerdo con la sección 13.6, se ve que $\mathbf{F}$ es una *fuerza conservativa* y que la energía potencial correspondiente es $V = \frac{1}{2}kx^2$, donde V se supone igual a cero en la posición de equilibrio $x = 0$. Como la velocidad de la partícula es igual a $\dot{x}$, su energía cinética es $T = \frac{1}{2}m\dot{x}^2$, y se puede expresar que la energía total de la partícula se conserva escribiendo

$$T + V = \text{constante} \qquad \tfrac{1}{2}m\dot{x}^2 + \tfrac{1}{2}kx^2 = \text{constante}$$

Si se divide entre $m/2$ y, de acuerdo con la sección 19.2, $k/m = \omega_n^2$, donde ω_n es la frecuencia circular natural de la vibración, se tiene

$$\dot{x}^2 + \omega_n^2 x^2 = \text{constante} \qquad\qquad (19.25)$$

La ecuación (19.25) es característica de un movimiento armónico simple, puesto que se puede obtener a partir de la ecuación (19.6) multiplicando ambos términos por $2\dot{x}$ e integrando.

El principio de conservación de la energía proporciona un método conveniente para determinar el periodo de vibración de un cuerpo rígido o de un sistema de cuerpos rígidos que posee un solo grado de libertad, una vez que se establece que el movimiento del sistema es un movimiento armónico simple o que puede estar representado por un movimiento armónico simple. Con la selección de una variable apropiada, tal como una distancia x o un ángulo θ, se consideran dos posiciones particulares del sistema:

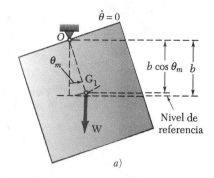

1. *El desplazamiento del sistema es máximo*; en tal caso, $T_1 = 0$, y V_1 se puede expresar en función de la amplitud x_m o θ_m (si se elige $V = 0$ en la posición de equilibrio).
2. *El sistema pasa por su posición de equilibrio*; en tal caso, $V_2 = 0$, y T_2 se puede expresar en función de la velocidad máxima $\dot{x}_m$ o de la velocidad angular máxima $\dot{\theta}_m$.

Por tanto, se expresa que la energía total del sistema se conserva, es decir $T_1 + V_1 = T_2 + V_2$. De acuerdo con la sección (19.15), en un movimiento armónico simple la velocidad máxima es igual al producto de la amplitud y de la frecuencia circular natural ω_n; por consiguiente, se ve que la ecuación obtenida se puede resolver para ω_n.

Como ejemplo, considérese otra vez la placa cuadrada de la sección 19.5. En la posición de desplazamiento máximo (figura 19.6a), se tiene

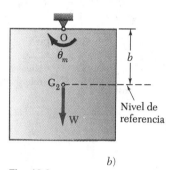

Fig. 19.6

$$T_1 = 0 \qquad V_1 = W(b - b\cos\theta_m) = Wb(1 - \cos\theta_m)$$

o, puesto que $1 - \cos\theta_m = 2\operatorname{sen}^2(\theta_m/2) \approx 2(\theta_m/2)^2 = \theta_m^2/2$ en el caso de oscilaciones de pequeña amplitud,

$$T_1 = 0 \qquad V_1 = \tfrac{1}{2}Wb\theta_m^2 \qquad (19.26)$$

Cuando la placa pasa por su posición de equilibrio (figura 19.6b), su velocidad es máxima, y se tiene

$$T_2 = \tfrac{1}{2}m\bar{v}_m^2 + \tfrac{1}{2}\bar{I}\omega_m^2 = \tfrac{1}{2}mb^2\dot{\theta}_m^2 + \tfrac{1}{2}\bar{I}\dot{\theta}_m^2 \qquad V_2 = 0$$

o, de acuerdo con la sección 19.5, como $\bar{I} = \tfrac{2}{3}mb^2$,

$$T_2 = \tfrac{1}{2}(\tfrac{5}{3}mb^2)\dot{\theta}_m^2 \qquad V_2 = 0 \qquad (19.27)$$

Si se hacen sustituciones de (19.26) y (19.27) en $T_1 + V_1 = T_2 + V_2$, y como la velocidad máxima $\dot{\theta}_m$ es igual al producto $\theta_m\omega_n$, se puede escribir

$$\tfrac{1}{2}Wb\theta_m^2 = \tfrac{1}{2}(\tfrac{5}{3}mb^2)\theta_m^2\omega_n^2 \qquad (19.28)$$

la cual da $\omega_n^2 = 3g/5b$ y

$$\tau_n = \frac{2\pi}{\omega_n} = 2\pi\sqrt{\frac{5b}{3g}} \qquad (19.29)$$

como previamente se obtuvo.

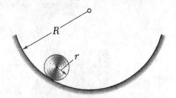

PROBLEMA RESUELTO 19.4

Determínese el periodo de las pequeñas oscilaciones de un cilindro de radio r el cual rueda sin resbalarse dentro de una superficie curva de radio R.

SOLUCIÓN

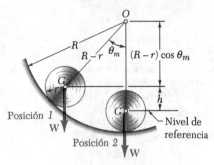

Posición 1

Posición 2

Nivel de referencia

Si θ denota el ángulo que la línea OG forma con la vertical, y puesto que el cilindro rueda sin resbalarse, se puede aplicar el principio de conservación de la energía entre la posición 1, donde $\theta = \theta_m$, y la posición 2, donde $\theta = 0$.

Posición 1

Energía cinética.   Como la velocidad del cilindro es cero, $T_1 = 0$.

Energía potencial.   Si se selecciona un plano de referencia como se muestra y W denota el peso del cilindro, se tiene

$$V_1 = Wh = W(R - r)(1 - \cos \theta)$$

Por tratarse de pequeñas oscilaciones $(1 - \cos \theta) = 2 \operatorname{sen}^2 (\theta/2) \approx \theta^2/2$; por consiguiente,

$$V_1 = W(R - r)\frac{\theta_m^2}{2}$$

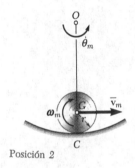

Posición 2

Posición 2.   Si $\dot{\theta}_m$ denota la velocidad angular de la línea OG cuando el cilindro pasa por la posición 2, y se observa que el punto C es el centro de rotación instantáneo del cilindro, se escribe

$$\bar{v}_m = (R - r)\dot{\theta}_m \qquad \omega_m = \frac{\bar{v}_m}{r} = \frac{R - r}{r}\dot{\theta}_m$$

Energía cinética

$$
\begin{aligned}
T_2 &= \tfrac{1}{2}m\bar{v}_m^2 + \tfrac{1}{2}\bar{I}\omega_m^2 \\
&= \tfrac{1}{2}m(R - r)^2\dot{\theta}_m^2 + \tfrac{1}{2}(\tfrac{1}{2}mr^2)\left(\frac{R - r}{r}\right)^2\dot{\theta}_m^2 \\
&= \tfrac{3}{4}m(R - r)^2\dot{\theta}_m^2
\end{aligned}
$$

Energía potencial

$$V_2 = 0$$

Conservación de la energía

$$T_1 + V_1 = T_2 + V_2$$

$$0 + W(R - r)\frac{\theta_m^2}{2} = \tfrac{3}{4}m(R - r)^2\dot{\theta}_m^2 + 0$$

Como $\theta_m = \omega_n\theta_m$ y $W = mg$, se escribe

$$mg(R - r)\frac{\theta_m^2}{2} = \tfrac{3}{4}m(R - r)^2(\omega_n\theta_m)^2 \qquad \omega_n^2 = \frac{2}{3}\frac{g}{R - r}$$

$$\tau_n = \frac{2\pi}{\omega_n} \qquad \tau_n = 2\pi\sqrt{\frac{3}{2}\frac{R - r}{g}} \quad \blacktriangleleft$$

PROBLEMAS PARA RESOLVER EN FORMA INDEPENDIENTE

En los problemas siguientes se le pedirá que utilice el *principio de conservación de la energía* para determinar el periodo o la frecuencia natural del movimiento armónico simple de una partícula o cuerpo rígido. Suponiendo que se elige un ángulo θ para definir la posición del sistema (con $\theta = 0$ en la posición de equilibrio), lo cual se hará en la mayoría de los problemas de esta lección, se expresará que la energía total del sistema se conserva, $T_1 + V_1 = T_2 + V_2$, entre la posición 1 de desplazamiento máximo ($\theta_1 = \theta_m$, $\dot{\theta}_1 = 0$) y la posición 2 de velocidad máxima ($\dot{\theta}_2 = \dot{\theta}_m$, $\theta_2 = 0$). Se deduce que T_1 y V_2 serán cero, y que la ecuación de energía se reducirá a $V_1 = T_2$, donde V_1 y T_2 son expresiones cuadráticas homogéneas en θ_m y $\dot{\theta}_m$, respectivamente. Como, en un movimiento armónico simple, $\dot{\theta}_m = \theta_m \omega_n$ y al sustituir este producto en la ecuación de energía, se obtiene, después de una reducción, una ecuación que se puede resolver para ω_n^2. Una vez que se determina la frecuencia circular natural ω_n, se pueden obtener el periodo τ_n y la frecuencia natural f_n de la vibración.

Los pasos que se deben seguir son:

1. Calcule la energía potencial V_1 del sistema en su posición de desplazamiento máximo. Dibuje un esquema del sistema en su posición de desplazamiento máximo, y exprese la energía potencial de todas las fuerzas que intervienen (tanto internas como externas) en función del desplazamiento máximo x_m o θ_m.

a. La energía potencial asociada con el peso W de un cuerpo es $V_g = W_y$, donde y es la elevación del centro de gravedad G del cuerpo sobre su posición de equilibrio. Si el problema que se va a resolver implica la oscilación de un cuerpo rígido con respecto a un eje horizontal que pasa por un punto O localizado a una distancia b de G (figura 19.6), y se expresa en función del ángulo θ que la línea OG forma con la vertical: $y = b(1 - \cos\theta)$. Pero, cuando se trata de valores pequeños de θ, esta expresión se puede remplazar con $y = \frac{1}{2}b\theta^2$ [problema resuelto 19.4]. Por consiguiente, cuando θ alcanza su valor máximo θ_m, y si se trata de oscilaciones de pequeña amplitud, V_g se puede expresar como

$$V_g = \tfrac{1}{2}Wb\theta_m^2$$

Obsérvese que *si G está localizado sobre O* en su posición de equilibrio (en lugar de debajo de O, como se supuso), el desplazamiento vertical y será negativo, y se debe aproximar como $y = -\frac{1}{2}b\theta^2$, lo que dará un valor negativo para V_g. Sin otras fuerzas, la posición de equilibrio será inestable, y el sistema no oscilará. (Véase, por ejemplo, el problema 19.91.)

b. La energía potencial asociada con la fuerza elástica ejercida por un resorte es $V_e = \frac{1}{2}kx^2$, donde k es la constante del resorte y x es su deflexión. En problemas que implican la rotación de un cuerpo sobre un eje, en general se tendrá $x = a\theta$, donde a es la distancia del eje de rotación al punto del cuerpo donde el resorte está conectado, y donde θ es el ángulo de

(*continúa*)

rotación. Por consiguiente, cuando x alcanza su valor máximo x_m y θ alcanza su valor máximo θ_m, V_e se puede expresar como

$$V_e = \tfrac{1}{2}kx_m^2 = \tfrac{1}{2}ka^2\theta_m^2$$

c. La energía potencial V_1 del sistema en su posición de desplazamiento máximo se obtiene sumando las diversas energías potenciales ya calculadas. Será igual al producto de una constante y θ_m^2.

2. *Calcule la energía cinética T_2 del sistema en su posición de velocidad máxima.* Observe que esta posición también es la posición de equilibrio del sistema.

a. Si el sistema se compone de un solo cuerpo rígido, la energía cinética T_2 del sistema será la suma de la energía cinética asociada con el movimiento del centro de masa G del cuerpo y la energía cinética asociada con la rotación del cuerpo alrededor de G. Por consiguiente, se escribirá

$$T_2 = \tfrac{1}{2}m\bar{v}_m^2 + \tfrac{1}{2}\bar{I}\,\omega_m^2$$

Si se supone que la posición del cuerpo está definida por un ángulo θ, exprese $\bar{v}_m$ y ω_m en función de la razón de cambio $\dot{\theta}_m$ de θ cuando el cuerpo pasa por su posición de equilibrio. La energía cinética del cuerpo se expresará, por tanto, como el producto de una constante $\dot{\theta}_m^2$. Obsérvese que si θ mide la rotación del cuerpo alrededor de su centro de masa, como en el caso de la placa de la figura 19.6, entonces $\omega_m = \dot{\theta}_m$. En otros casos, sin embargo, se debe usar la cinemática del movimiento para deducir una relación entre ω_m y $\dot{\theta}_m$ [problema resuelto 19.4].

b. Si el sistema se compone de varios cuerpos rígidos, repita el cálculo anterior para cada uno de los cuerpos, usando la misma coordenada θ, y sume los resultados obtenidos.

3. *Iguale la energía potencial V_1 del sistema a su energía cinética T_2,*

$$V_1 = T_2$$

y, recordando la primera de la ecuaciones (19.15), remplace $\dot{\theta}_m$ en el término del lado derecho con el producto de la amplitud θ_m y la frecuencia circular ω_n. Como ahora ambos términos contienen el factor θ_m^2, éste se puede eliminar, y la ecuación resultante se puede resolver para la frecuencia circular ω_n.

Problemas

Todos los problemas se deben resolver con el método de la sección 19.6.

19.69 Determine el periodo de las pequeñas oscilaciones de una partícula pequeña que se mueve sin fricción en el interior de una superficie cilíndrica de radio R.

Fig. P19.69

19.70 Una esfera A de 14 oz y otra C de 10 oz están conectadas a los extremos de una barra AC de peso insignificante, la cual puede girar en un plano vertical sobre un eje en B. Determine el periodo de las pequeñas oscilaciones de la barra.

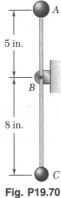

Fig. P19.70

19.71 Un collarín A de 1.8 kg está conectado a un resorte de constante 800 N/m, y puede deslizarse sin fricción en una barra horizontal. Si el collarín se mueve 70 mm hacia la izquierda de su posición de equilibrio y se suelta, determine la velocidad y la aceleración máximas del collarín durante el movimiento resultante.

Fig. P19.71 y P19.72

19.72 Un collarín A de 3 lb está conectado a un resorte de constante 5 lb/in., y puede deslizarse sin fricción en una barra horizontal. El collarín se encuentra en reposo cuando se le da un golpe con un mazo, lo que le imparte una velocidad inicial de 35 in./s. Determine la amplitud del movimiento resultante y la aceleración máxima del collarín.

19.73 Una barra uniforme AB puede girar en un plano vertical alrededor de un eje horizontal en C, localizado a una distancia c sobre el centro de masa G de la barra. Para las pequeñas oscilaciones, determine el valor de c con el cual la frecuencia del movimiento será máxima.

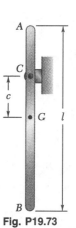

Fig. P19.73

19.74 Una placa uniforme delgada, cortada en la forma de un triángulo rectángulo, puede girar en un plano vertical alrededor de un eje horizontal en O. Determine el periodo de las pequeñas oscilaciones.

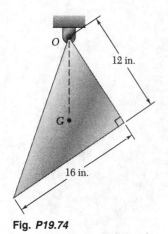

12 in.

16 in.

Fig. *P19.74*

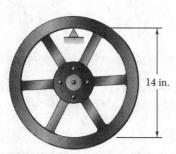

14 in.

Fig. *P19.75*

19.75 El borde interno de un volante de 85 lb se coloca sobre el filo de un cuchillo, y el periodo de sus pequeñas oscilaciones es de 1.26 s. Determine el momento de inercia centroidal del volante.

19.76 Una biela está soportada por el filo de un cuchillo en el punto A; el periodo de sus pequeñas oscilaciones es de 0.895 s. Luego se invierte la biela y es soportada por el filo del cuchillo en el punto B, y el periodo de sus pequeñas oscilaciones es de 0.805 s. Si $r_a + r_b = 270$ mm, determine a) la ubicación del centro de masa G, b) el radio de giro centroidal $\bar{k}$.

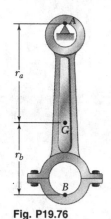

r_a

r_b

Fig. *P19.76*

19.77 La barra ABC de masa total m está doblada como se muestra, y está soportada en un plano vertical por un pivote en B y un resorte de constante k en C. Si el extremo C se desplaza un poco y luego se suelta, determine la frecuencia del movimiento resultante en función de m, L y k.

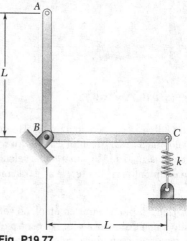

Fig. P19.77

19.78 Un cilindro uniforme de 15 lb puede rodar sin deslizarse en una rampa, y está enganchado a un resorte AB como se muestra. Si el centro del cilindro se mueve 0.4 in. hacia abajo de la rampa y luego se suelta, determine a) el periodo de vibración, b) la velocidad máxima del centro del cilindro.

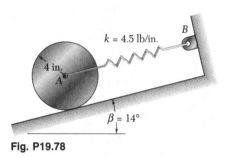

Fig. P19.78

19.79 Dos barras uniformes, cada una de peso $W = 1.2$ lb y longitud $l = 8$ in., se sueldan para formar el sistema mostrado. Si la constante de cada resorte es $k = 0.6$ lb/in. y el extremo A recibe un pequeño desplazamiento y luego se suelta, determine la frecuencia del movimiento resultante.

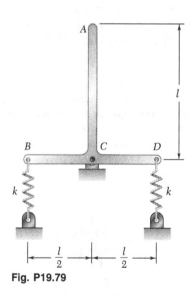

Fig. P19.79

19.80 Una barra AB de 8 kg y longitud $l = 600$ mm está conectada a dos collarines de masa insignificante. El collarín A está conectado a un resorte de constante $k = 1.2$ kN/m y puede deslizarse sobre una barra vertical, mientras que el B lo hace libremente sobre una barra horizontal. Si el sistema se encuentra en equilibrio y $\theta = 40°$, determine el periodo de vibración si al collarín B se le da un pequeño desplazamiento y luego se suelta.

19.81 Una barra AB de longitud $l = 600$ mm y masa insignificante está conectada a dos collarines, cada uno de 8 kg de masa. El collarín A está conectado a un resorte de constante $k = 1.2$ kN/m y puede deslizarse sobre una barra vertical, mientras que el B lo hace libremente sobre una barra horizontal. Si el sistema se encuentra en equilibrio y $\theta = 40°$, determine el periodo de vibración si al collarín A se le da un pequeño desplazamiento y luego se suelta.

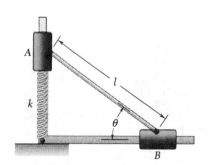

Fig. P19.80 y *P19.81*

19.82 Una barra AB de 3 kg está atornillada a un disco uniforme de 5 kg. Un resorte de constante 280 N/m está conectado al disco, y en la posición mostrada no está alargado. Si el extremo B de la barra recibe un pequeño desplazamiento y luego se suelta, determine el periodo de vibración del sistema.

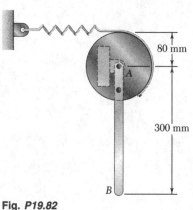

Fig. **P19.82**

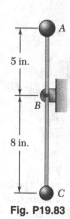

Fig. **P19.83**

19.83 Una esfera A de 14 oz y otra C de 10 oz están conectadas a los extremos de una barra AC de 20 oz, la cual puede girar en un plano vertical alrededor de un eje en B. Determine el periodo de las pequeñas oscilaciones de la barra.

19.84 Las esferas A y C, cada una de masa m, están conectadas a los extremos de una barra homogénea de la misma masa m y de la misma longitud $2l$, la cual está doblada como se muestra. Se permite que el sistema oscile alrededor de un pivote sin fricción en B. Si $\beta = 40°$ y $l = 500$ mm, determine la frecuencia de las pequeñas oscilaciones.

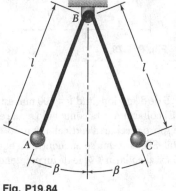

Fig. **P19.84**

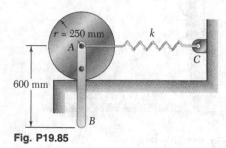

Fig. **P19.85**

19.85 Una barra AB de 800 g está atornillada a un disco de 1.2 kg. Un resorte de constante $k = 12$ N/m está conectada al centro del disco en A y al muro en C. Si el disco rueda sin deslizarse, determine el periodo de las pequeñas oscilaciones del sistema.

19.86 y 19.87 Dos barras uniformes AB y CD, cada una de longitud l y masa m, están conectadas a engranes como se muestra. Si la masa del engrane C es m y la del engrane A es $4m$, determine el periodo de las pequeñas oscilaciones del sistema.

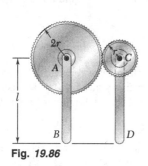

Fig. 19.86

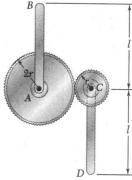

Fig. 19.87

19.88 Una barra uniforme CD de 10 lb está soldada en C a una flecha de masa insignificante, la que a su vez está soldada a los centros de dos discos uniformes A y B de 20 lb. Si los discos ruedan sin deslizarse, determine el periodo de las pequeñas oscilaciones del sistema.

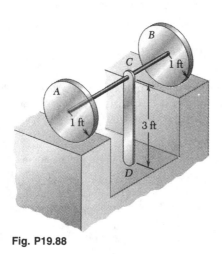

Fig. P19.88

19.89 Cuatro barras de la misma masa m e igual longitud l están conectadas por medio de pivotes en A, B, C y D, y pueden moverse en un plano horizontal. Las barras están conectadas a cuatro resortes de la misma constante k y están en equilibrio en la posición mostrada ($\theta = 45°$). Determine el periodo de vibración si las esquinas A y C reciben desplazamientos pequeños e iguales, con los que se mueven una hacia la otra y luego se sueltan.

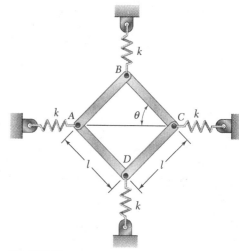

Fig. P19.89

19.90 Dos placas semicirculares uniformes de 3 kg están conectadas a la barra AB de 2 kg como se muestra. Si las placas ruedan sin deslizarse, determine el periodo de las pequeñas oscilaciones del sistema.

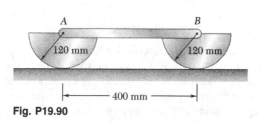

Fig. P19.90

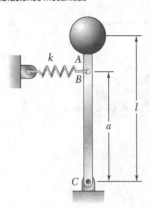

Fig. P19.91 y P19.92

19.91 Un péndulo invertido, compuesto de una esfera de peso W y una barra rígida ABC de longitud l y peso insignificante, está soportado por un pivote y una ménsula en C. Un resorte de constante k está conectado a la barra en B y no está deformado cuando la barra se encuentra en la posición vertical mostrada. Determine a) la frecuencia de las pequeñas oscilaciones, b) el valor mínimo de a con el cual ocurrirán estas oscilaciones.

19.92 Para el péndulo invertido del problema 19.91 y con valores dados de k, a y l, se ve que $f = 1.5$ Hz cuando $W = 2$ lb y que $f = 0.8$ Hz cuando $W = 4$ lb. Determine el valor máximo de W con el cual ocurrirán las pequeñas oscilaciones.

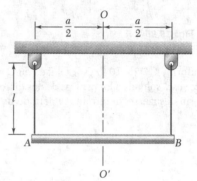

Fig. P19.93

19.93 Una sección de un tubo uniforme cuelga de dos cables verticales sujetos en A y B. Determine la frecuencia de oscilación cuando al tubo se le imparte una pequeña rotación alrededor del eje centroidal OO' y luego se suelta.

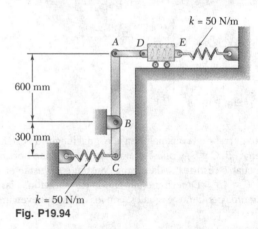

Fig. P19.94

19.94 Una barra uniforme ABC de 2 kg está soportada por un pivote en B, y está conectada a un resorte en C. La barra está conectada en A a un bloque DE de 2 kg, el cual está conectado a un resorte y puede rodar sin fricción. Si cada resorte puede actuar a tensión y a compresión, determine la frecuencia de las pequeñas oscilaciones del sistema cuando la barra se hace girar un ángulo pequeño y luego se suelta.

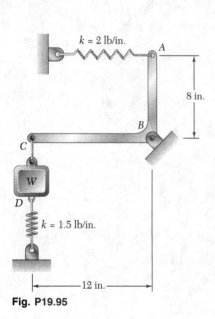

Fig. P19.95

19.95 Una barra uniforme ABC de 1.4 lb está soportada por un pivote en B, y está conectada a un resorte en A. La barra está conectada en C a una pesa W de 3 lb, la cual está conectada a un resorte. Si cada resorte puede actuar a tensión y a compresión, determine la frecuencia de las pequeñas oscilaciones del sistema cuando la pesa recibe un pequeño desplazamiento vertical y luego se suelta.

*19.96 Dos barras uniformes AB y BC, cada una de masa m y longitud l, están sujetas entre sí por medio de un pasador en A y también por medio de pasadores a los rodillos pequeños B y C. Se engancha un resorte de constante k en los pasadores B y C, y se observa que el sistema está en equilibrio cuando cada barra forma un ángulo β con la vertical. Determine el periodo de las pequeñas oscilaciones cuando el punto A recibe una pequeña deflexión hacia abajo y luego se suelta.

*19.97 Cuando un cuerpo sumergido se desplaza a través de un fluido, las partículas de éste fluyen alrededor del cuerpo y, por tanto, adquieren energía cinética. En el caso de una esfera que se mueve en un fluido ideal, la energía cinética total adquirida por el fluido es $\frac{1}{4}\rho V v^2$, donde ρ es la densidad de masa del fluido, V es el volumen de la esfera y v es la velocidad de ésta. Considere una esfera hueca de 500 gr y radio de 80 mm la cual se mantiene sumergida en el tanque de agua por medio de un resorte de constante 500 N/m. *a*) Si se desprecia la fricción del fluido, determine el periodo de vibración de la esfera cuando se desplaza verticalmente, y luego se suelta. *b*) Resuelva la parte *a*, suponiendo que el tanque se acelera hacia arriba a la razón constante de 8 m/s².

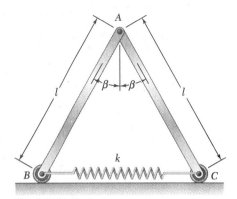

Fig. P19.96

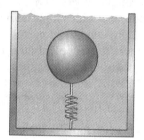

Fig. P19.97

*19.98 Una placa delgada de longitud l descansa sobre un semicilindro de radio r. Deduzca una expresión para el periodo de las pequeñas oscilaciones de la placa.

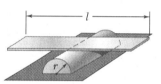

Fig. P19.98

19.7. VIBRACIONES FORZADAS

Desde el punto de vista de las aplicaciones de ingeniería, las vibraciones más importantes son las *vibraciones forzadas* de un sistema. Estas vibraciones ocurren cuando un sistema se somete a una fuerza periódica o cuando está elásticamente conectado a un apoyo que tiene un movimiento alternante.

Considérese en primer lugar el caso de un cuerpo de masa m suspendido de un resorte y sometido a una fuerza periódica $\mathbf{P}$ de magnitud $P = P_m \operatorname{sen} \omega_f t$, donde ω_f es la frecuencia circular de $\mathbf{P}$ y se conoce como *frecuencia circular forzada* del movimiento (figura 19.7). Esta fuerza puede ser una fuerza externa real aplicada al cuerpo, o una fuerza centrífuga producida por la rotación de alguna parte desbalanceada del cuerpo (véase el problema resuelto 19.5). Si x denota el desplazamiento del cuerpo, medido a partir de su posición de equilibrio, se escribe la ecuación de movimiento

$$+\downarrow \Sigma F = ma: \qquad P_m \operatorname{sen} \omega_f t + W - k(\delta_{\mathrm{st}} + x) = m\ddot{x}$$

Como $W = k\delta_{\mathrm{st}}$, se tiene

$$m\ddot{x} + kx = P_m \operatorname{sen} \omega_f t \qquad (19.30)$$

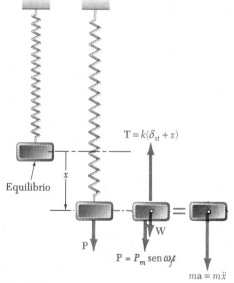

Fig. 19.7

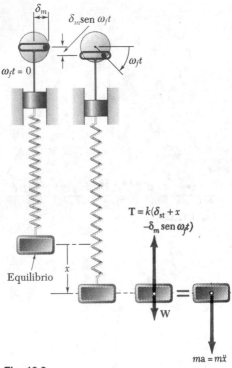

Fig. 19.8

A continuación se considera el caso de un cuerpo de masa m suspendido de un resorte conectado a un apoyo móvil cuyo desplazamiento δ es igual a δ_m sen $\omega_f t$ (figura 19.8). Si el desplazamiento x del cuerpo se mide a partir de la posición de equilibrio estático correspondiente a $\omega_f t = 0$, se halla que el alargamiento total del resorte en el instante t es $\delta_{\text{st}} + x - \delta_m$ sen $\omega_f t$. La ecuación de movimiento es, por tanto,

$$+\downarrow \Sigma F = ma: \qquad W - k(\delta_{\text{st}} + x - \delta_m \text{ sen } \omega_f t) = m\ddot{x}$$

Como $W = k\delta_{\text{st}}$, se tiene

$$m\ddot{x} + kx = k\delta_m \text{ sen } \omega_f t \tag{19.31}$$

Se ve que las ecuaciones (19.30) y (19.31) son de la misma forma y que una solución de la primera ecuación satisfará la segunda si se hace $P_m = k\delta_m$.

Una ecuación diferencial como la (19.30) o la (19.31), con el miembro del lado derecho diferente de cero, se conoce como *no homogénea*. Su solución general se obtiene agregando una solución particular de la ecuación dada a la solución general de la ecuación *homogénea* correspondiente (con el miembro del lado derecho igual a cero). Se puede obtener una *solución particular* de (19.30) o (19.31) probando una solución de la forma

$$x_{\text{part}} = x_m \text{ sen } \omega_f t \tag{19.32}$$

Si se sustituye x_{part} por x en la ecuación (19.30), se obtiene

$$-m\omega_f^2 x_m \text{ sen } \omega_f t + kx_m \text{ sen } \omega_f t = P_m \text{ sen } \omega_f t$$

la que se puede resolver para la amplitud,

$$x_m = \frac{P_m}{k - m\omega_f^2}$$

Puesto que, de acuerdo con la ecuación (19.4), $k/m = \omega_n^2$, donde ω_n es la frecuencia circular natural del sistema, se puede escribir

$$x_m = \frac{P_m/k}{1 - (\omega_f/\omega_n)^2} \tag{19.33}$$

Si se sustituye de (19.32) en (19.31), se obtiene de la misma manera

$$x_m = \frac{\delta_m}{1 - (\omega_f/\omega_n)^2} \tag{19.33'}$$

La ecuación homogénea correspondiente a la (19.30) o (19.31) es la ecuación (19.2), que define la vibración libre del cuerpo. Su solución general, llamada *función complementaria*, se halló en la sección 19.2:

$$x_{\text{comp}} = C_1 \text{ sen } \omega_n t + C_2 \cos \omega_n t \tag{19.34}$$

Si se agrega la solución particular (19.32) a la función complementaria (19.34), se obtiene la *solución general* de las ecuaciones (19.30) y (19.31):

$$x = C_1 \operatorname{sen} \omega_n t + C_2 \cos \omega_n t + x_m \operatorname{sen} \omega_f t \qquad (19.35)$$

Se ve que la vibración obtenida se compone de dos vibraciones superpuestas. Los primeros dos términos de la ecuación (19.35) representan una vibración libre del sistema. La frecuencia de esta vibración es la *frecuencia natural* del sistema, la cual depende sólo de la constante k del resorte y de la masa m del cuerpo, y las constantes C_1 y C_2 se pueden determinar a partir de las condiciones iniciales. Esta vibración libre también se llama vibración *transitoria*, puesto que en la práctica real se ve amortiguada de inmediato por las fuerzas de fricción (sección 19.9).

El último término de la ecuación (19.35) representa la vibración de *estado estable* producida y mantenida por la fuerza aplicada o por el movimiento aplicado del apoyo o soporte. Su frecuencia es la *frecuencia forzada* generada por esta fuerza o movimiento, y su amplitud x_m, definida por la ecuación (19.33) o por la ecuación (19.33'), depende de la *razón de frecuencia* ω_f/ω_n. La razón de la amplitud x_m de la vibración de estado estable a la deflexión estática P_m/k provocada por una fuerza P_m, o a la amplitud δ_m del movimiento del apoyo, se llama *factor de amplificación*. Con las ecuaciones (19.33) y (19.33'), se obtiene

$$\text{Factor de amplificación} = \frac{x_m}{P_m/k} = \frac{x_m}{\delta_m} = \frac{1}{1 - (\omega_f/\omega_n)^2} \qquad (19.36)$$

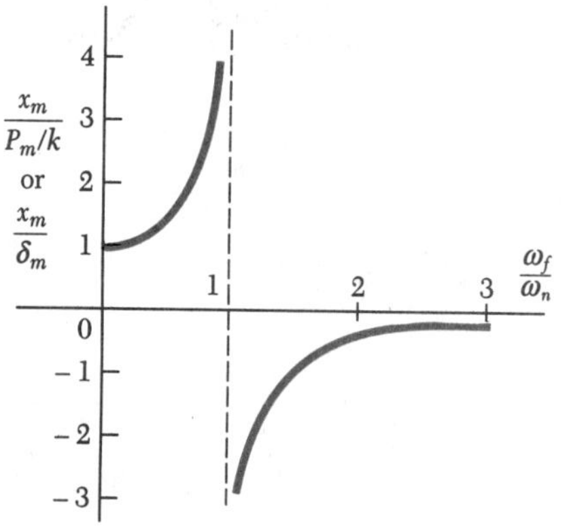

La figura 19.9 es una gráfica del factor de amplificación contra la razón de frecuencia ω_f/ω_n. Se ve que cuando $\omega_f = \omega_n$, la amplitud de la vibración forzada se vuelve infinita. Se dice que la fuerza aplicada o el movimiento aplicado por el apoyo está en *resonancia* con el sistema dado. En realidad, la amplitud de la vibración permanece finita debido a fuerzas amortiguadoras (sección 19.9); sin embargo, se debe evitar una situación como ésa, y la frecuencia forzada no debe ser seleccionada muy cercana a la frecuencia natural del sistema. Asimismo se ve que para $\omega_f < \omega_n$ el coeficiente de sen $\omega_f t$ en la ecuación (19.35) es positivo, mientras que para $\omega_f > \omega_n$ este coeficiente es negativo. En el primer caso, la vibración forzada está *en fase* con la fuerza aplicada o el movimiento aplicado por el apoyo, mientras que en el segundo, está 180° *fuera de fase*.

Por último, se observa que la velocidad y la aceleración en la vibración de estado estable se puede obtener diferenciando dos veces con respecto a t el último término de la ecuación (19.35). Expresiones similares a las de las ecuaciones (19.15) de la sección 19.2 dan sus valores máximos, excepto que estas expresiones ahora incluyen la amplitud y la frecuencia circular de la vibración forzada:

Fig. 19.9

$$v_m = x_m \omega_f \qquad a_m = x_m \omega_f^2 \qquad (19.37)$$

PROBLEMA RESUELTO 19.5

Un motor de 350 lb está sostenido por cuatro resortes con constante de 750 lb/in. cada uno. El desbalanceo del rotor equivale a un peso de 1 oz localizado a 6 in. del eje de rotación. Si el motor está restringido a moverse verticalmente, determínese *a*) la velocidad en rpm a la que ocurrirá la resonancia, *b*) la amplitud de la vibración del motor a 1200 rpm.

SOLUCIÓN

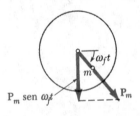

a. **Velocidad de resonancia.** La velocidad de resonancia es igual a la frecuencia circular natural ω_n (en rpm) de la vibración libre del motor. La masa de éste y la constante equivalente de los resortes de sustentación son

$$m = \frac{350 \text{ lb}}{32.2 \text{ ft/s}^2} = 10.87 \text{ lb} \cdot \text{s}^2/\text{ft}$$

$$k = 4(750 \text{ lb/in.}) = 3000 \text{ lb/in.} = 36{,}000 \text{ lb/ft}$$

$$\omega_n = \sqrt{\frac{k}{m}} = \sqrt{\frac{36{,}000}{10.87}} = 57.5 \text{ rad/s} = 549 \text{ rpm}$$

Velocidad de resonancia = 549 rpm ◀

b. **Amplitud de la vibración a 1200 rpm.** La velocidad angular del motor y la masa equivalente al peso de 1 oz son

$$\omega = 1200 \text{ rpm} = 125.7 \text{ rad/s}$$

$$m = (1 \text{ oz})\frac{1 \text{ lb}}{16 \text{ oz}}\frac{1}{32.2 \text{ ft/s}^2} = 0.001941 \text{ lb} \cdot \text{s}^2/\text{ft}$$

La magnitud de la fuerza centrífuga provocada por el desbalanceo del rotor es

$$P_m = ma_n = mr\omega^2 = (0.001941 \text{ lb} \cdot \text{s}^2/\text{ft})(\tfrac{6}{12} \text{ ft})(125.7 \text{ rad/s})^2 = 15.33 \text{ lb}$$

La deflexión estática que una carga constante P_m provocaría es

$$\frac{P_m}{k} = \frac{15.33 \text{ lb}}{3000 \text{ lb/in.}} = 0.00511 \text{ in.}$$

La frecuencia circular forzada ω_f del movimiento es la velocidad angular del motor,

$$\omega_f = \omega = 125.7 \text{ rad/s}$$

Si sustituyen los valores de P_m/k, ω_f y ω_n en la ecuación (19.33), se obtiene

$$x_m = \frac{P_m/k}{1 - (\omega_f/\omega_n)^2} = \frac{0.00511 \text{ in.}}{1 - (125.7/57.5)^2} = -0.001352 \text{ in.}$$

$$x_m = 0.001352 \text{ in. (fuera de fase)} \blacktriangleleft$$

Nota. Como $\omega_f > \omega_n$, la vibración está 180° fuera de fase con la fuerza centrífuga debida al desbalanceo del rotor. Por ejemplo, cuando la masa desbalanceada está directamente debajo del eje de rotación, la posición del motor es $x_m = 0.001352$ in. sobre la posición de equilibrio.

Esta lección se dedicó al análisis de las *vibraciones forzadas* de un sistema mecánico. Estas vibraciones ocurren cuando el sistema se somete a una fuerza periódica **P** (figura 19.7), o cuando está elásticamente conectado a un apoyo o soporte que tiene un movimiento alternante (figura 19.8). En el primer caso, el movimiento del sistema está definido por la ecuación diferencial

$$m\ddot{x} + kx = P_m \text{ sen } \omega_f t \qquad (19.30)$$

donde el miembro de la derecha representa la magnitud de la fuerza **P** en un instante dado. En el segundo caso, el movimiento está definido por la ecuación diferencial

$$m\ddot{x} + kx = k\delta_m \text{ sen } \omega_f t \qquad (19.31)$$

donde el miembro de la derecha es el producto de la constante de resorte k por el desplazamiento del apoyo en un instante dado. El interés se centrará sólo en el movimiento de *estado estable* del sistema, el cual está definido por una *solución particular* de estas ecuaciones, de la forma

$$x_{\text{part}} = x_m \text{ sen } \omega_f t \qquad (19.32)$$

1. *Si la vibración forzada es provocada por una fuerza periódica* **P**, de amplitud P_m y frecuencia circular ω_f, la amplitud de la vibración es

$$x_m = \frac{P_m/k}{1 - (\omega_f/\omega_n)^2} \qquad (19.33)$$

donde ω_n es la *frecuencia circular natural* del sistema, $\omega_n, = \sqrt{k/m}$, y k es la constante de resorte. Observe que la frecuencia circular de la vibración es ω_f y que la amplitud x_m no depende de las condiciones iniciales. Para $\omega_f = \omega_n$, el denominador de la ecuación (19.33) es cero y x_m es infinita (figura 19.9); se dice que la fuerza aplicada **P** está en *resonancia* con el sistema. Además, para $\omega_f < \omega_n$, x_m es positiva y la vibración está *en fase* con **P**, mientras que, para $\omega_f > \omega_n$, x_m es negativa y la vibración está *fuera de fase*.

a. En los problema siguientes, es posible que se le pida que determine uno de los parámetros de la ecuación (19.33) cuando los demás se conocen. Se sugiere que cuando resuelva estos problemas tenga siempre frente a usted la figura 19.9. Por ejemplo, si se le pide que determine la frecuencia con la cual la amplitud de una vibración forzada tiene un valor dado, sin que usted sepa si la vibración está en fase o fuera de fase con respecto a la fuerza aplicada, en la figura 19.9 se ve que puede haber dos frecuencias que satisfacen este requisito: uno correspondiente a un valor positivo de x_m y a una vibración en fase con la fuerza aplicada, y la otra correspondiente a un valor negativo de x_m y a una vibración fuera de fase con la fuerza aplicada.

(continúa)

b. Una vez que ya obtuvo la amplitud x_m del movimiento de una componente del sistema con la ecuación (19.33), puede utilizar las ecuaciones (19.37) para determinar los valores máximos de la velocidad y la aceleración de dicha componente:

$$v_m = x_m \omega_f \qquad a_m = x_m \omega_f^2 \qquad\qquad (19.37)$$

c. Cuando la fuerza aplicada P se debe al desbalanceo del rotor de un motor, su valor máximo es $P_m = mr\omega_f^2$, donde m es la masa del rotor, r es la distancia entre su centro de masa y el eje de rotación, y ω_f es igual a la velocidad angular del rotor expresada en rad/s [problema resuelto 19.5].

2. Si la vibración forzada es provocada por el movimiento armónico simple de un apoyo, de amplitud δ_m y frecuencia circular ω_f, la amplitud de la vibración es

$$x_m = \frac{\delta_m}{1 - (\omega_f / \omega_n)^2} \qquad\qquad (19.33')$$

donde ω_n es la *frecuencia circular natural* del sistema, $\omega_n = \sqrt{k/m}$. Nuevamente, observe que la frecuencia circular de la vibración es ω_f y que la amplitud x_m no depende de las condiciones iniciales.

a. Asegúrese de leer los comentarios de los párrafos 1, 1a y 1b, porque se aplican muy bien a una vibración provocada por el movimiento de un apoyo.

b. Si se especifica la aceleración máxima a_m del apoyo, y no su desplazamiento máximo δ_m, recuerde que, como el movimiento del apoyo es un movimiento armónico simple, puede usar la relación $a_m = \delta_m \omega_f^2$ para determinar δ_m; el valor obtenido se sustituye entonces en la ecuación (19.33').

Problemas

19.99 Un bloque de 32 kg, conectado a un resorte de constante $k = 12$ kN/m, se mueve sin fricción en una ranura vertical, como se muestra. Sobre él actúa una fuerza periódica de magnitud $P = P_m$ sen $\omega_f t$, donde $\omega_f = 10$ rad/s. Si la amplitud del movimiento es de 15 mm, determine el valor de P_m.

19.100 Un collarín de 9 lb se desliza sobre una barra horizontal sin fricción, y está conectado a un resorte de constante 2.5 lb/in. Sobre él actúa una fuerza periódica de magnitud $P = P_m$ sen $\omega_f t$, donde $P_m = 3$ lb. Determine la amplitud del movimiento del collarín si a) $\omega_f = 5$ rad/s, b) $\omega_f = 10$ rad/s.

19.101 Un collarín de 9 lb se desliza sobre una barra horizontal sin fricción, y está conectado a un resorte de constante k. Sobre él actúa una fuerza periódica de magnitud $P = P_m$ sen $\omega_f t$, donde $P_m = 2$ lb y $\omega_f = 5$ rad/s. Determine el valor de la constante de resorte k si el movimiento del collarín tiene una amplitud de 6 in. y está a) en fase con la fuerza aplicada, b) fuera de fase con la fuerza aplicada.

19.102 Un collarín de masa m se desliza sobre una barra horizontal sin fricción, y está conectado a un resorte de constante k; sobre el collarín actúa una fuerza periódica de magnitud $P = P_m$ sen $\omega_f t$. Determine el intervalo de valores de ω_f con los cuales la amplitud de vibración es tres veces mayor que la deflexión estática provocada por una fuerza constante de magnitud P_m.

19.103 Un disco uniforme de 8 kg y 200 mm de radio está soldado a una flecha vertical con su extremo B fijo. El disco gira un ángulo de 3° cuando se le aplica un par estático de 50 N · m. Si sobre el disco actúa un par torsional periódico de magnitud $T = T_m$ sen $\omega_f t$, donde $T_m = 60$ N · m, determine el intervalo de valores de ω_f con los cuales la amplitud de la vibración es menor que el ángulo de rotación provocado por un par estático de magnitud T_m.

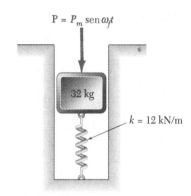

Fig. P19.99

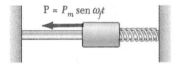

Fig. P19.100, P19.101 y P19.102

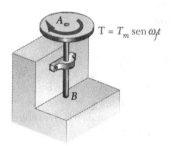

Fig. *P19.103* y *P19.104*

19.104 Para el disco del problema 19.103, determine el intervalo de valores de ω_f con los cuales la amplitud de la vibración será menor que 3.5°.

19.105 Un bloque A de 4 lb se desliza en una ranura vertical sin fricción, y está conectado a un apoyo móvil B por medio de un resorte AB de constante $k = 8$ lb/ft. Si el desplazamiento del apoyo es $\delta = \delta_m$ sen $\omega_f t$, donde $\delta_m = 4$ in. y $\omega_f = 5$ rad/s, determine a) la amplitud del movimiento del bloque, b) la amplitud de la fuerza fluctuante ejercida por el resorte sobre el bloque.

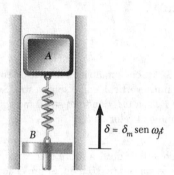

Fig. P19.105 y P19.106

19.106 Un bloque A de 8 kg se desliza en una ranura vertical sin fricción, y está conectado a un apoyo móvil B por medio de un resorte AB de constante $k = 1.6$ kN/m. Si el desplazamiento del apoyo es $\delta = \delta_m$ sen $\omega_f t$, donde $\delta_m = 150$ mm, determine el intervalo de valores de ω_f con los cuales la amplitud de la fuerza fluctuante ejercida por el resorte sobre el bloque es menor que 120 N.

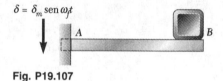

Fig. P19.107

19.107 Una viga en voladizo AB soporta un bloque que provoca una deflexión estática de 2 in. en B. Si el apoyo A se somete a un desplazamiento vertical periódico $\delta = \delta_m$ sen $\omega_f t$, donde $\delta_m = 0.5$ in., determine el intervalo de valores de ω_f con los cuales la amplitud del movimiento del bloque será menor que 1 in. Desprecie el peso de la viga y suponga que el bloque no abandona la viga.

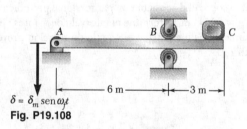

Fig. P19.108

19.108 Una viga ABC está soportada por una conexión de pasador en A y por rodillos en B. Un bloque de 120 kg colocado en el extremo de la viga provoca una deflexión estática de 15 mm en C. Si el apoyo A sufre un desplazamiento vertical periódico $\delta = \delta_m$ sen $\omega_f t$, donde $\delta_m = 10$ mm y $\omega_f = 18$ rad/s, y el apoyo B no se mueve, determine la aceleración máxima del bloque en C. Desprecie el peso de la viga y suponga que el bloque no abandona la viga.

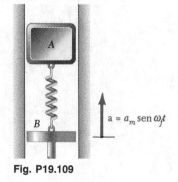

Fig. P19.109

19.109 Un bloque A de 8 kg se desliza en una ranura vertical sin fricción, y está conectado a un apoyo móvil B por medio de un resorte AB de constante $k = 120$ N/m. Si la aceleración del apoyo es $a = a_m$ sen $\omega_f t$, donde $a_m = 1.5$ m/s² y $\omega_f = 5$ rad/s, determine a) el desplazamiento máximo del bloque A, b) la amplitud de la fuerza fluctuante ejercida por el resorte sobre el bloque.

19.110   Una pelota de 0.8 lb está conectada a una paleta por medio de un cordón elástico AB de constante $k = 5$ lb/ft. Si la paleta se mueve verticalmente de acuerdo con la relación $\delta = \delta_m$ sen $\omega_f t$, con una amplitud $\delta_m = 8$ in. y una frecuencia $f_f = 0.5$ Hz, determine la amplitud de estado estable del movimiento de la pelota.

19.111   Una pelota de 0.8 lb está conectada a una paleta por medio de un cordón elástico AB de constante $k = 5$ lb/ft. Si la paleta se mueve verticalmente de acuerdo con la relación $\delta = \delta_m$ sen $\omega_f t$, donde $\delta_m = 8$ in., determine la frecuencia circular máxima permisible ω_f si el cordón ha de mantenerse tenso.

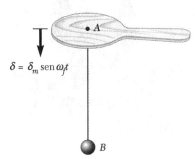

$\delta = \delta_m$ sen $\omega_f t$

Fig. *P19.110* y *P19.111*

19.112   La plomada de 1.2 kg de un péndulo simple de longitud $l = 600$ mm pende de un collarín C de 1.4 kg. Éste se ve forzado a moverse de acuerdo con la relación $x_C = \delta_m$ sen $\omega_f t$ con una amplitud $\delta_m = 10$ mm y una frecuencia $f_f = 0.5$ Hz. Determine a) la amplitud del movimiento de la plomada, b) la fuerza que se debe aplicar al collarín C para mantener el movimiento.

19.113   Un motor de masa M está montado sobre resortes con una constante de resorte equivalente k. El desbalanceo de su rotor equivale a una masa m localizada a una distancia r del eje de rotación. Demuestre que cuando la velocidad angular del motor es ω_f, la amplitud x_m del movimiento del motor es

$$x_m = \frac{r(m/M)(\omega_f/\omega_n)^2}{1 - (\omega_f/\omega_n)^2}$$

donde $\omega_n = \sqrt{k/M}$.

19.114   Conforme la velocidad rotacional de un motor de 100 kg soportado por resortes se incrementa, la amplitud de la vibración provocada por el desbalanceo de su rotor, de 15 kg, primero se incrementa y luego disminuye. Se observa que cuando se alcanzan velocidades muy altas, la amplitud de la vibración se aproxima a 3.3 mm. Determine la distancia entre el centro de masa del rotor y su eje de rotación. (*Sugerencia.* Use la fórmula deducida en el problema 19.113.)

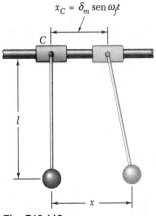

$x_C = \delta_m$ sen $\omega_f t$

Fig. P19.112

19.115   Conforme la velocidad rotacional de un motor soportado por resortes se incrementa lentamente de 200 a 300 rpm, la amplitud de la vibración provocada por el desbalanceo de su rotor se incrementa continuamente de 2.5 a 8 mm. Determine la velocidad a la cual ocurrirá la resonancia.

19.116   Un motor que pesa 400 lb está soportado por resortes cuya constante total es de 1200 lb/in. El desbalanceo del rotor equivale a un peso de 1 oz localizado a 8 in. del eje de rotación. Determine el intervalo de valores permisibles de la velocidad del motor, si la amplitud de la vibración no ha de ser mayor que 0.06 in.

19.117   Un motor de 220 lb está atornillado en una viga horizontal ligera. El desbalanceo de su rotor equivale a un peso de 2 oz localizado a 4 in. del eje de rotación. Si la resonancia ocurre a una velocidad del motor de 400 rpm, determine la amplitud de la vibración de estado estable a a) 800 rpm, b) 200 rpm, c) 425 rpm.

Fig. *P19.117* y P19.118

19.118   Un motor de 180 kg está atornillado en una viga horizontal. El desbalanceo de su rotor equivale a una masa de 28 g localizada a 150 mm del eje de rotación, y la deflexión estática de la viga, provocada por el peso del motor, es de 12 mm. La amplitud de la vibración provocada por el desbalanceo se puede reducir con la instalación de una placa en la base del motor. Si la amplitud de la vibración tiene que ser menor que 60 μm a velocidades del motor de más de 300 rpm, determine la masa requerida de la placa.

Fig. P19.119

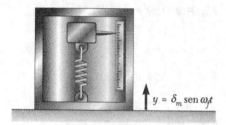

Fig. P19.121 y P19.122

P = P_m sen $\omega_f t$

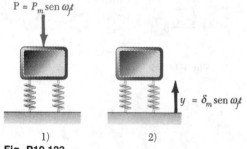

1)   2)

$y = \delta_m$ sen $\omega_f t$

Fig. P19.123

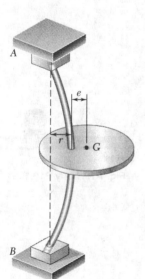

Fig. P19.124

19.119 El desbalanceo del rotor de un motor de 400 lb equivale a un peso de 3 oz localizado a 6 in. del eje de rotación. Para limitar a 0.2 lb la amplitud de la fuerza fluctuante ejercida en la cimentación cuando el motor funciona a 100 rpm y superiores, se coloca una carpeta entre el motor y la cimentación. Determine *a*) la constante de resorte *k* máxima permisible de la carpeta, *b*) la amplitud correspondiente de la fuerza fluctuante ejercida sobre la cimentación cuando el motor funciona a 200 rpm.

19.120 Un motor de 180 kg está montado sobre resortes cuya constante total es de 150 kN/m. El desbalanceo del motor equivale a una masa de 28 g localizada a 150 mm del eje de rotación. Determine el intervalo de velocidades del motor con las que la amplitud de la fuerza fluctuante ejercida sobre la cimentación es menor que 20 N.

19.121 Un vibrómetro utilizado para medir la amplitud de vibraciones se compone, en esencia, de una caja que contiene un sistema masa-resorte de frecuencia natural conocida de 120 Hz. La caja está rígidamente sujeta a una superficie que se mueve de acuerdo con la ecuación $y = \delta_m$ sen $\omega_f t$. Si se utiliza la amplitud z_m del movimiento de la masa con respecto a la caja como una medida de la amplitud δ_m de la vibración de la superficie, determine *a*) el porcentaje de error cuando la frecuencia de la vibración es de 600 Hz, *b*) la frecuencia con la cual el error es cero.

19.122 Un cierto acelerómetro consiste, en esencia, de una caja que contiene un sistema masa-resorte de frecuencia natural conocida de 2200 Hz. La caja está rígidamente sujeta a una superficie que se mueve de acuerdo con la ecuación $y = \delta_m$ sen $\omega_f t$. Si la amplitud z_m del movimiento de la masa con respecto a la caja multiplicada por un factor de escala ω_n^2 se utiliza como una medida de la aceleración máxima $a_m = \delta_m \omega_f^2$ de la superficie vibratoria, determine el porcentaje de error cuando la frecuencia de la vibración es de 600 Hz.

19.123 Las figuras 1) y 2) muestran cómo se pueden usar resortes para soportar un bloque en dos situaciones diferentes. En la figura 1) ayudan a disminuir la amplitud de la fuerza fluctuante transmitida por el bloque a la cimentación. En la figura 2) ayudan a disminuir la amplitud del desplazamiento fluctuante transmitido por la cimentación al bloque. La razón de la fuerza transmitida a la fuerza aplicada o la razón del desplazamiento transmitido al desplazamiento aplicado se llama *transmisibilidad*. Deduzca una ecuación para la transmisibilidad en cada situación. Exprese su respuesta en función de la razón ω_f/ω_n de la frecuencia ω_f de la fuerza aplicada o el desplazamiento aplicado a la frecuencia natural ω_n del sistema masa-resorte. Demuestre que, para reducir la transmisibilidad, la razón ω_f/ω_n debe ser mayor que $\sqrt{2}$.

19.124 Un disco de 60 lb está montado con una excentricidad $e = 0.006$ in. al punto medio de una flecha vertical *AB*, la cual gira a una velocidad angular constante ω_f. Si la constante de resorte *k* para el movimiento horizontal del disco es de 40 000 lb/ft, determine *a*) la velocidad angular ω_f a la que ocurrirá la resonancia, *b*) la deflexión *r* de la flecha cuando $\omega_f = 1200$ rpm.

19.125 Un remolque pequeño y su carga tienen una masa total de 250 kg. El remolque está sostenido por dos resortes, cada uno con constante de 10 kN/m, y es remolcado por una carretera, cuya superficie puede estar representada por una curva senoidal con una amplitud de 40 mm y una longitud de onda de 5 m (es decir, la distancia entre crestas sucesivas es de 5 m y la distancia vertical de cresta a seno es de 80 mm). Determine a) la velocidad a la cual ocurrirá la resonancia, b) la amplitud de la vibración del remolque a una velocidad de 50 km/h.

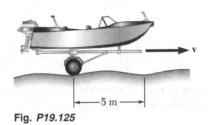

Fig. P19.125

19.126 El bloque A se mueve sin fricción en la ranura, como se muestra, y está sometido a una fuerza periódica vertical de magnitud $P = P_m$ sen $\omega_f t$, donde $\omega_f = 2$ rad/s y $P_m = 20$ N. Un resorte de constante k está enganchado a la parte inferior del bloque A y a un bloque B de 22 kg. Determine a) el valor de la constante k que evitará una vibración de estado estable del bloque A, b) la amplitud correspondiente de la vibración del bloque B.

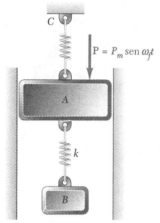

Fig. P19.126

VIBRACIONES AMORTIGUADAS

*19.8. VIBRACIONES LIBRES AMORTIGUADAS

Los sistemas vibratorios considerados en la primera parte de este capítulo se supusieron libres de amortiguamiento. En realidad, todas las vibraciones son amortiguadas hasta cierto grado por las fuerzas de fricción. Estas fuerzas pueden ser provocadas por *fricción seca*, o *fricción de Coulomb*, entre cuerpos rígidos, por *fricción fluida* cuando un cuerpo rígido se mueve en un fluido, o por *fricción interna* entre las moléculas de un cuerpo aparentemente elástico.

Un tipo de amortiguamiento de especial interés es el *amortiguamiento viscoso* provocado por la fricción fluida a velocidades bajas y moderadas. El amortiguamiento viscoso es caracterizado por el hecho de que la fuerza de fricción es *directamente proporcional y opuesta a la velocidad* del cuerpo en movimiento. Como ejemplo, considérese de nuevo un cuerpo de masa m suspendido de un resorte de constante k, suponiendo que el cuerpo está conectado al émbolo de un amortiguador (figura 19.10). La magnitud de la fuerza de fricción ejercida sobre el émbolo por el fluido circundante es igual a $c\dot{x}$, donde la constante c, expresada en N · s/m o lb · s/ft (conocida como *coeficiente de amortiguamiento viscoso*), depende de las propiedades físicas del fluido y de la construcción del amortiguador. La ecuación de movimiento es

$$+\downarrow\Sigma F = ma: \qquad W - k(\delta_{st} + x) - c\dot{x} = m\ddot{x}$$

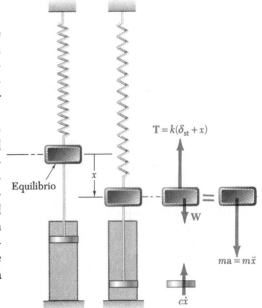

Fig. 19.10

Como $W = k\delta_{st}$, se puede escribir

$$m\ddot{x} + c\dot{x} + kx = 0 \qquad (19.38)$$

Con la sustitución de $x = e^{\lambda t}$ en la ecuación (19.38) y dividiéndola entre $e^{\lambda t}$, se obtiene la *ecuación característica*

$$m\lambda^2 + c\lambda + k = 0 \qquad (19.39)$$

y se obtienen las raíces

$$\lambda = -\frac{c}{2m} \pm \sqrt{\left(\frac{c}{2m}\right)^2 - \frac{k}{m}} \qquad (19.40)$$

Si se define el *coeficiente de amortiguamiento crítico* c_c como el valor de c que hace que el radical de la ecuación (19.40) sea cero, se puede escribir

$$\left(\frac{c_c}{2m}\right)^2 - \frac{k}{m} = 0 \qquad c_c = 2m\sqrt{\frac{k}{m}} = 2m\omega_n \qquad (19.41)$$

donde ω_n es la frecuencia circular natural del sistema sin amortiguamiento. Se distinguen tres casos diferentes de amortiguamiento, según sea el valor del coeficiente c.

1. *Sobreamortiguamiento*: $c > c_c$. Las raíces λ_1 y λ_2 de la ecuación característica (19.3) son reales y distintas, y la solución general de la ecuación diferencial (19.38) es

$$x = C_1 e^{\lambda_1 t} + C_2 e^{\lambda_2 t} \qquad (19.42)$$

Esta solución corresponde a un movimiento no vibratorio. Como λ_1 y λ_2 son negativas, x tiende a cero conforme t se incrementa de manera indefinida. Sin embargo, el sistema realmente recobra su posición de equilibrio después de un tiempo finito.

2. *Amortiguamiento crítico*: $c = c_c$. La ecuación característica tiene una doble raíz $\lambda = -c_c/2m = -\omega_n$, y la solución general de la ecuación (19.38) es

$$x = (C_1 + C_2 t)e^{-\omega_n t} \qquad (19.43)$$

De nuevo, el movimiento obtenido es no vibratorio. Los sistemas críticamente amortiguados son de especial interés en las aplicaciones de ingeniería, puesto que recobran su posición de equilibrio en el tiempo más corto posible sin oscilación.

3. *Subamortiguamiento*: $c < c_c$. Las raíces de la ecuación (19.39) son complejas y conjugadas, y la solución general de la ecuación (19.38) es de la forma

$$x = e^{-(c/2m)t}(C_1 \operatorname{sen} \omega_d t + C_2 \cos \omega_d t) \qquad (19.44)$$

$$\omega_d^2 = \frac{k}{m} - \left(\frac{c}{2m}\right)^2$$

Si se sustituye $k/m = \omega_n^2$ y se recuerda la ecuación (19.41), se escribe

$$\omega_d = \omega_n \sqrt{1 - \left(\frac{c}{c_c}\right)^2} \qquad (19.45)$$

donde la constante c/c_c se conoce como *factor de amortiguamiento*. Aun cuando el movimiento en realidad no se repite, la constante ω_d se designa comúnmente como *frecuencia circular* de la vibración amortiguada. Una sustitución similar a la utilizada en la sección 19.2 permite escribir la solución general de la ecuación (19.38) en la forma

$$x = x_0 e^{-(c/2m)t} \, \mathrm{sen}\,(\omega_d t + \phi) \qquad (19.46)$$

El movimiento definido por la ecuación (19.46) es vibratorio con amplitud decreciente (figura 19.11), y el intervalo de tiempo $\tau_d = 2\pi/\omega_d$ que separa dos puntos sucesivos donde la curva definida por la ecuación (19.46) toca una de las curvas limitantes mostradas en la figura 19.11 comúnmente se conoce como *periodo de la vibración amortiguada*. De acuerdo con la ecuación (19.45), se observa que $\omega_d < \omega_n$ y, por tanto, que τ_d es mayor que el periodo de vibración τ_n del sistema no amortiguado correspondiente.

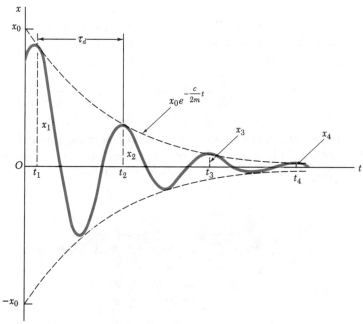

Fig. 19.11

Si el sistema considerado en la sección anterior se somete a una fuerza periódica **P** de magnitud $P = P_m \,\mathrm{sen}\, \omega_f t$, la ecuación de movimiento se transforma en

$$m\ddot{x} + c\dot{x} + kx = P_m \,\mathrm{sen}\, w_f t \qquad (19.47)$$

La solución general de la ecuación (19.47) se obtiene al agregar una solución particular de ésta a la función complementaria o solución general de la ecuación homogénea (19.38). La función complementaria está dada por las ecuaciones (19.42), (19.43) o (19.44), según sea el tipo de amortiguamiento considerado. Representa un movimiento *transitorio* que finalmente es amortiguado.

El interés en esta sección se centra en la vibración de estado estable representada por una solución particular de la ecuación (19.47) de la forma

$$x_{\text{part}} = x_m \,\mathrm{sen}\, (\omega_f t - \varphi) \qquad (19.48)$$

Al sustituir x_{part} por x en la ecuación (19.47), se obtiene

$$-m\omega_f^2 x_m \,\mathrm{sen}\, (\omega_f t - \varphi) + c\omega_f x_m \cos (\omega_f t - \varphi) + kx_m \,\mathrm{sen}\, (\omega_f t - \varphi)$$
$$= P_m \,\mathrm{sen}\, \omega_f t$$

Si se hace $\omega_f t - \varphi$ sucesivamente igual a 0 y a $\pi/2$, se escribe

$$c\omega_f x_m = P_m \,\mathrm{sen}\, \varphi \qquad (19.49)$$
$$(k - m\omega_f^2)\, x_m = P_m \cos \varphi \qquad (19.50)$$

Si ambos miembros de las ecuaciones (19.49) y (19.50) se elevan al cuadrado y se suman, se obtiene

$$[(k - m\omega_f^2)^2 + (c\omega_f)^2]\, x_m^2 = P_m^2 \qquad (19.51)$$

Al resolver la ecuación (19.51) para x_m y dividiendo las ecuaciones (19.49) y (19.50) miembro a miembro, se obtiene, respectivamente,

$$x_m = \frac{P_m}{\sqrt{(k - m\omega_f^2)^2 + (c\omega_f)^2}} \qquad \tan \varphi = \frac{c\omega_f}{k - m\omega_f^2} \quad (19.52)$$

De acuerdo con la ecuación (19.4), como $k/m = \omega_n^2$, donde ω_n es la frecuencia circular de la vibración libre no amortiguada, y de acuerdo con la (19.41), $2m\omega_n = c_c$, donde c_c es el coeficiente de amortiguamiento crítico del sistema, se escribe

$$\frac{x_m}{P_m/k} = \frac{x_m}{\delta_m} = \frac{1}{\sqrt{[1 - (\omega_f/\omega_n)^2]^2 + [2(c/c_c)(\omega_f/\omega_n)]^2}} \qquad (19.53)$$

$$\tan \varphi = \frac{2(c/c_c)(\omega_f/\omega_n)}{1 - (\omega_f/\omega_n)^2} \qquad (19.54)$$

La fórmula (19.53) expresa el factor de amplificación en función de la razón de frecuencia ω_f/ω_n y del factor de amortiguación c/c_c. Se puede usar para determinar la amplitud de la vibración de estado estable producida por una fuerza aplicada de magnitud $P = P_m$ sen $\omega_f t$ o por el movimiento del apoyo aplicado $\delta = \delta_m$ sen $\omega_f t$. La fórmula (19.54) define, en función de los mismos parámetros, la *diferencia de fase* φ entre la fuerza aplicada o el movimiento del apoyo aplicado y la vibración de estado estable resultante del sistema amortiguado. En la figura 19.12, el factor de amplificación se graficó contra la razón de frecuencia para varios valores del factor de amortiguamiento. Se observa que la amplitud de una vibración forzada se puede mantener pequeña seleccionando un coeficiente grande de amortiguamiento viscoso c, o manteniendo alejadas las frecuencias natural y forzada.

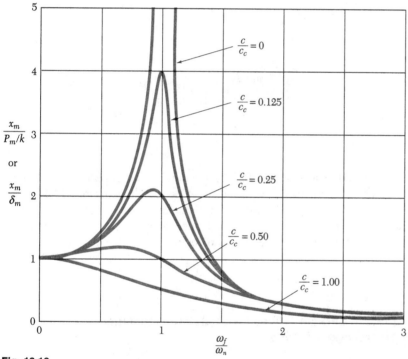

Fig. 19.12

*19.10. ANALOGÍAS ELÉCTRICAS

Los circuitos eléctricos oscilatorios están caracterizados por ecuaciones diferenciales del mismo tipo que las obtenidas en las secciones anteriores. Por consiguiente, su análisis es similar al de un sistema mecánico, y los resultados obtenidos para un sistema vibratorio dado se pueden extender con facilidad al circuito equivalente. A la inversa, cualquier resultado obtenido para un circuito eléctrico también será válido para el sistema mecánico correspondiente.

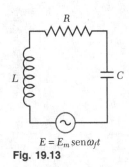

$E = E_m \operatorname{sen} \omega_f t$

Fig. 19.13

Considérese un circuito eléctrico compuesto de un inductor de inductancia L, un resistor de resistencia R y un capacitor de capacitancia C, conectados en serie con una fuente de voltaje alterno $E = E_m$ sen $\omega_f t$ (figura 19.13). De la teoría elemental de circuitos† se recuerda que si i denota la corriente en el circuito y q denota la carga eléctrica en el capacitor, la caída de potencial es $L(di/dt)$ a través del inductor, Ri a través del resistor y q/C a través del capacitor. Si se expresa que la suma algebraica del voltaje aplicado y de las caídas de potencial alrededor del circuito cerrado es cero, se puede escribir

$$E_m \operatorname{sen} \omega_f t - L\frac{di}{dt} - Ri - \frac{q}{C} = 0 \qquad (19.55)$$

Si se reordenan los términos y, como en cualquier instante la corriente i es igual a la razón de cambio $\dot{q}$ de la carga q, se obtiene

$$L\ddot{q} + R\dot{q} + \frac{1}{C}q = E_m \operatorname{sen} w_f t \qquad (19.56)$$

Se comprueba que la ecuación (19.56), que define las oscilaciones del circuito eléctrico de la figura 19.13, es del mismo tipo que la ecuación (19.47), que caracteriza las vibraciones forzadas amortiguadas del sistema mecánico de la figura 19.10. Si se comparan las dos ecuaciones, se puede construir una tabla de las expresiones mecánicas y eléctricas análogas.

Tabla 19.2. Características de un sistema mecánico y de su análogo eléctrico

Sistema mecánico		Circuito eléctrico	
m	Masa	L	Inductancia
c	Coeficiente de amortiguamiento viscoso	R	Resistencia
k	Constante de resorte	$1/C$	Recíproco de la capacitancia
x	Desplazamiento	q	Carga
v	Velocidad	i	Corriente
P	Fuerza aplicada	E	Voltaje aplicado

†Véase C. R. Paul, S. A. Nasar y L. E. Unnewehr, *Introduction to Electrical Engineering*, 2a. ed., McGraw-Hill, Nueva York, 1992.

La tabla 19.2 se puede usar para extender los resultados obtenidos en las secciones precedentes para varios sistemas mecánicos, a sus análogos eléctricos. Por ejemplo, la amplitud i_m de la corriente en el circuito de la figura 19.13 se puede obtener al observar que corresponde al valor máximo v_m de la velocidad en el sistema mecánico análogo. De acuerdo con la primera de las ecuaciones (19.37), $v_m = x_m\omega_f$, si se sustituye x_m con el valor que tiene en la ecuación (19.52) y si se remplazan las constantes del sistema mecánico con las expresiones eléctricas correspondientes, se tiene

$$i_m = \frac{\omega_f E_m}{\sqrt{\left(\dfrac{1}{C} - L\omega_f^2\right)^2 + (R\omega_f)^2}}$$

$$i_m = \frac{E_m}{\sqrt{R^2 + \left(L\omega_f - \dfrac{1}{C\omega_f}\right)^2}} \tag{19.57}$$

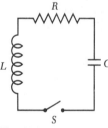

Fig. 19.14

El radical de la expresión obtenida se conoce como *impedancia* del circuito eléctrico.

La analogía entre sistemas mecánicos y circuitos eléctricos se mantiene tanto para oscilaciones transitorias como para oscilaciones de estado estable. Las oscilaciones del circuito mostrado en la figura 19.14, por ejemplo, son análogas a las vibraciones libres amortiguadas del sistema de la figura 19.10. En cuanto a las condiciones iniciales, es de hacerse notar que cerrar el interruptor S cuando la carga en el capacitor es $q = q_0$, es equivalente a soltar la masa del sistema mecánico sin velocidad inicial desde la posición $x = x_0$. También se debe advertir que si se introduce una batería de voltaje constante E en el circuito eléctrico de la figura 19.14, cerrar el interruptor S será equivalente a aplicar repentinamente una fuerza de magnitud constante P a la masa del sistema mecánico de la figura 19.10.

El análisis anterior sería de valor dudoso si sólo sirviera para que los estudiantes de mecánica pudieran analizar circuitos eléctricos sin tener que aprender los elementos de la teoría de circuitos. Se espera que este análisis sirva, en cambio, de motivación para que los estudiantes apliquen en la solución de problemas de vibraciones mecánicas las técnicas matemáticas aprendidas en los últimos cursos de teoría de circuitos. El valor principal del concepto de la analogía eléctrica, sin embargo, reside en su aplicación a *métodos experimentales* para la determinación de las características de un sistema mecánico dado. De hecho, un circuito eléctrico se construye con mucha más facilidad que un modelo mecánico, y el hecho de que sus características se pueden modificar variando la inductancia, la resistencia o la capacitancia de sus diversos componentes hace que el uso de la analogía eléctrica sea particularmente conveniente.

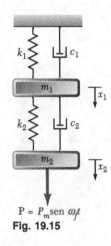

$P = P_m \operatorname{sen} \omega_f t$

Fig. 19.15

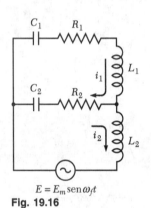

$E = E_m \operatorname{sen} \omega_f t$

Fig. 19.16

Para determinar la analogía eléctrica de un sistema mecánico dado, la atención se enfocó en cada masa móvil del sistema, y se observó que resortes, amortiguadores o fuerzas externas están aplicadas directamente a ella. Luego se construyó un circuito eléctrico equivalente para duplicar cada una de las unidades mecánicas así definidas; los diversos lazos obtenidos de esa manera formaron juntos el circuito deseado. Considérese, por ejemplo, el sistema mecánico de la figura 19.15. Se ve que sobre la masa m_1 actúan dos resortes de constantes k_1 y k_2, y dos amortiguadores representados por los coeficientes de amortiguamiento viscoso c_1 y c_2. El circuito eléctrico, por consiguiente, debe incluir un lazo integrado por un inductor de inductancia L_1 proporcional a m_1, dos capacitores de capacitancia C_1 y C_2 inversamente proporcionales a k_1 y k_2, respectivamente, y dos resistores de resistencia R_1 y R_2, proporcionales a c_1 y c_2, respectivamente. Como sobre la masa m_2 actúan el resorte k_2 y el amortiguador c_2, así como la fuerza $P = P_m \operatorname{sen} \omega_f t$, el circuito también debe incluir un lazo formado por el capacitor C_2, el resistor R_2, el nuevo inductor L_2 y la fuente de voltaje $E = E_m \operatorname{sen} \omega_f t$ (figura 19.16).

Para comprobar que el sistema mecánico de la figura 19.15 y el circuito eléctrico de la figura 19.16 realmente satisfacen las mismas ecuaciones diferenciales, primero se deducirán las ecuaciones de movimiento para m_1 y m_2. Si x_1 y x_2 denotan, respectivamente, los desplazamientos de m_1 y m_2 a partir de sus posiciones de equilibrio, se ve que el alargamiento del resorte k_1 (medido a partir de la posición de equilibrio) es igual a x_1, mientras que el alargamiento del resorte k_2 es igual al desplazamiento relativo $x_2 - x_1$ de m_2 con respecto a m_1. Las ecuaciones de movimiento para m_1 y m_2 son, por consiguiente,

$$m_1\ddot{x}_1 + c_1\dot{x}_1 + c_2(\dot{x}_1 - \dot{x}_2) + k_1x_1 + k_2(x_1 - x_2) = 0 \qquad (19.58)$$

$$m_2\ddot{x}_2 + c_2(\dot{x}_2 - \dot{x}_1) + k_2(x_2 - x_1) = P_m \operatorname{sen} \omega_f t \quad (19.59)$$

Considérese ahora el circuito eléctrico de la figura 19.16; i_1 e i_2 denotan, respectivamente, la corriente en el primero y segundo lazos, y q_1 y q_2 denotan las integrales $\int i_1\,dt$ y $\int i_2\,dt$. Se ve que la carga en el capacitor C_1 es q_1, mientras que la carga en C_2 es $q_1 - q_2$; por tanto, la suma de las diferencias de potencial en cada lazo es cero, y se obtienen las siguientes ecuaciones

$$L_1\ddot{q}_1 + R_1\dot{q}_1 + R_2(\dot{q}_1 - \dot{q}_2) + \frac{q_1}{C_1} + \frac{q_1 - q_2}{C_2} = 0 \qquad (19.60)$$

$$L_2\ddot{q}_2 + R_2(\dot{q}_2 - \dot{q}_1) + \frac{q_2 - q_1}{C_2} = E_m \operatorname{sen} \omega_f t \quad (19.61)$$

Fácilmente se comprueba que las ecuaciones (19.60) y (19.61) se reducen a las ecuaciones (19.58) y (19.59), respectivamente, cuando se realizan las sustituciones indicadas en la tabla 19.2.

En esta lección se desarrolló un modelo más real de un sistema vibratorio mediante la inclusión del efecto del *amortiguamiento viscoso*, provocado por la fricción fluida. El amortiguamiento viscoso se representó en la figura 19.10 por medio de la fuerza ejercida sobre el cuerpo móvil por un émbolo que se mueve en el interior de un amortiguador. La magnitud de esta fuerza es $c\dot{x}$, donde la constante c, expresada en N · s/m o lb · s/ft, se conoce como *coeficiente de amortiguamiento viscoso*. Téngase en cuenta que se debe usar la misma convención de signos para x, $\dot{x}$ y $\ddot{x}$.

1. Vibraciones libres amortiguadas. Se halló que la ecuación diferencial que define este movimiento es

$$m\ddot{x} + c\dot{x} + kx = 0 \tag{19.38}$$

Para obtener la solución de esta ecuación, calcule el *coeficiente de amortiguamiento crítico* c_c, con la fórmula

$$c_c = 2m\sqrt{k/m} = 2m\omega_n \tag{19.41}$$

donde ω_n es la frecuencia circular natural del sistema *no amortiguado*.

a. Si $c > c_c$ *(sobreamortiguamiento),* la solución de la ecuación (19.38) es

$$x = C_1 e^{\lambda_1 t} + C_2 e^{\lambda_2 t} \tag{19.42}$$

donde

$$\lambda_{1,2} = -\frac{c}{2m} \pm \sqrt{\left(\frac{c}{2m}\right)^2 - \frac{k}{m}} \tag{19.40}$$

y donde las constantes C_1 y C_2 se determinan a partir de las condiciones iniciales $x(0)$ y $\dot{x}(0)$. Esta solución corresponde a un movimiento no vibratorio.

b. Si $c = c_c$ *(amortiguamiento crítico),* la solución de la ecuación (19.38) es

$$x = (C_1 + C_2 t)e^{-\omega_n t} \tag{19.43}$$

la cual también corresponde a un movimiento no vibratorio.

c. Si $c < c_c$ *(subamortiguamiento),* la solución de la ecuación (19.38) es

$$x = x_0 e^{-(c/2m)t} \operatorname{sen}(\omega_d t + \phi) \tag{19.46}$$

donde

$$\omega_d = \omega_n \sqrt{1 - \left(\frac{c}{c_c}\right)^2} \tag{19.45}$$

y donde x_0 y ϕ se determinan a partir de las condiciones iniciales $x(0)$ y $\dot{x}(0)$. Esta solución corresponde a oscilaciones de amplitud decreciente y de periodo $\tau_d = 2\pi/\omega_d$ (figura 19.11).

(*continúa*)

2. Vibraciones forzadas amortiguadas.

Estas vibraciones ocurren cuando un sistema con amortiguamiento viscoso se somete a una fuerza periódica **P** de magnitud $P = P_m$ sen $\omega_f t$, o cuando está elásticamente conectado a un apoyo con un movimiento alternativo $\delta = \delta_m$ sen $\omega_f t$. En el primer caso, el movimiento está definido por la ecuación diferencial

$$m\ddot{x} + c\dot{x} + kx = P_m \text{ sen } w_f t \tag{19.47}$$

y en el segundo caso, por una ecuación similar obtenida al remplazar P_m con $k\delta_m$. Sólo interesa el movimiento de *estado estable* del sistema, el cual está definido por una *solución particular* de estas ecuaciones, de la forma

$$x_{\text{part}} = x_m \text{ sen } (w_f t - \varphi) \tag{19.38}$$

donde

$$\frac{x_m}{P_m/k} = \frac{x_m}{\delta_m} = \frac{1}{\sqrt{[1 - (\omega_f/\omega_n)^2]^2 + [2(c/c_c)(\omega_f/\omega_n)]^2}} \tag{19.53}$$

y

$$\tan \varphi = \frac{2(c/c_c)(\omega_f/\omega_n)}{1 - (\omega_f/\omega_n)^2} \tag{19.54}$$

La expresión dada en la ecuación (19.53) se conoce como *factor de amplificación*, y en la figura 19.12 se graficó contra la relación de frecuencia ω_f/ω_n para varios valores del factor de amortiguamiento c/c_c. En los problemas que siguen, es posible que se le pida que determine uno de los parámetros de las ecuaciones (19.53) y (19.54) cuando se conocen los otros.

Problemas

19.127 Demuestre que, en el caso de sobreamortiguamiento ($c > c_c$), un cuerpo nunca pasa por su posición de equilibrio O a) si se suelta sin velocidad inicial desde una posición arbitraria, o b) si se pone en movimiento desde O con una velocidad inicial arbitraria.

19.128 Demuestre que, en el caso de sobreamortiguamiento ($c > c_c$), un cuerpo puesto en movimiento desde una posición arbitraria con una velocidad inicial arbitraria no puede pasar más de una vez por su posición de equilibrio.

19.129 En el caso de subamortiguamiento, los desplazamientos x_1, x_2, x_3, mostrados en la figura 19.11, se pueden considerar iguales a los desplazamientos máximos. Demuestre que la razón de dos desplazamientos máximos sucesivos cualesquiera x_n y x_{n+1} es una constante, y que el logaritmo natural de esta razón, llamado *decremento logarítmico,* es

$$\ln \frac{x_n}{x_{n+1}} = \frac{2\pi(c/c_c)}{\sqrt{1 - (c/c_c)^2}}$$

19.130 En la práctica, con frecuencia es difícil determinar el decremento logarítmico de un sistema con subamortiguamiento definido en el problema 19.129 mediante la medición de dos desplazamientos máximos sucesivos. Demuestre que el decremento logarítmico también se puede expresar como $(1/k) \ln (x_n/x_{n+k})$, donde k es el número de ciclos entre lecturas del desplazamiento máximo.

19.131 En un sistema con subamortiguamiento ($c < c_c$), el periodo de vibración se define, en general, como el intervalo de tiempo $\tau_d = 2\pi/\omega_d$ correspondiente a dos puntos sucesivos donde la curva desplazamiento-tiempo toca una de las curvas limitantes de la figura 19.11. Demuestre que el intervalo de tiempo a) entre un desplazamiento máximo positivo y el siguiente desplazamiento máximo negativo es $\frac{1}{2}\tau_d$, b) entre dos desplazamientos cero sucesivos es $\frac{1}{2}\tau_d$, c) entre un desplazamiento máximo positivo y el siguiente desplazamiento cero es mayor que $\frac{1}{4}\tau_d$.

19.132 El bloque mostrado se hace bajar 1.2 in. de su posición de equilibrio y se suelta. Si, después de 10 ciclos, el desplazamiento máximo del bloque es de 0.5 in., determine a) el factor de amortiguamiento c/c_c, b) el valor del coeficiente de amortiguamiento viscoso. (*Sugerencia.* Véanse los problemas 19.129 y 19.130.)

Fig. P19.132

19.133 Los desplazamientos máximos sucesivos de un sistema resorte-masa-amortiguador similar al ilustrado en la figura 19.10, son 25, 15 y 9 mm. Si $m = 18$ kg y $k = 2100$ N/m, determine a) el factor de amortiguamiento c/c_c, b) el valor del coeficiente de amortiguamiento viscoso c. (*Sugerencia.* Véanse los problemas 19.129 y 19.130.)

19.134 Un bloque A de 4 kg se deja caer desde una altura de 800 mm sobre un

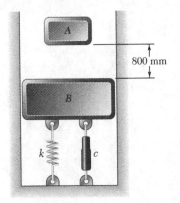

Fig. P19.134

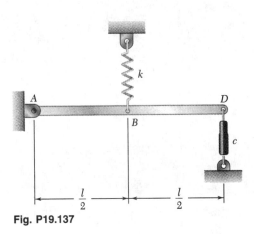

Fig. P19.137

bloque B de 9 kg que se encuentra en reposo. El bloque B está sostenido por un resorte de constante $k = 1500$ N/m, y está conectado a un amortiguador de coeficiente de amortiguamiento $c = 230$ N · s/m. Si no hay rebote, determine la distancia máxima que los bloques se moverán después del impacto.

19.135 Resuelva el problema 19.134, suponiendo que el coeficiente de amortiguamiento del amortiguador es $c = 300$ N · s/m.

19.136 El cañón de una pieza de artillería pesa 1500 lb, y un recuperador de constante $c = 1100$ lb · s/ft lo hace volver a su posición de disparo después de cada retroceso. Determine a) la constante k que se debe usar para que el recuperador regrese el cañón a la posición de disparo en el tiempo más corto posible sin oscilación, b) el tiempo necesario para que el cañón se mueva dos tercios de la distancia de posición de retroceso máximo a su posición de disparo.

19.137 Una barra uniforme de masa m está soportada por un pasador en A y un resorte de constante k en B, y está conectada en D a un amortiguador de coeficiente de amortiguamiento c. Determine, en función de m, k y c, para las pequeñas oscilaciones, a) la ecuación diferencial del movimiento, b) el coeficiente de amortiguamiento crítico c_c.

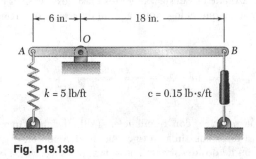

Fig. P19.138

19.138 Una barra uniforme de 4 lb está soportada por un pasador en O y un resorte en A, y está conectada a un amortiguador en B. Determine a) la ecuación diferencial de movimiento para las pequeñas oscilaciones, b) el ángulo que la barra formará con la horizontal 5 s después de que el extremo B se empuja 0.9 in. hacia abajo y se suelta.

19.139 Un elemento de máquina, de 1100 lb, está soportado por dos resortes, cada uno con constante de 3000 lb/ft. Se aplica una fuerza periódica de 30 lb de amplitud al elemento con una frecuencia de 2.8 Hz. Si el coeficiente de amortiguamiento es de 110 lb · s/ft, determine la amplitud de la vibración de estado estable del elemento.

19.140 En el problema 19.139, determine el valor requerido de la constante de cada resorte si la amplitud de la vibración de estado estable tiene que ser de 0.05 in.

19.141 En el caso de la vibración forzada de un sistema, determine el intervalo de valores del factor de amortiguamiento c/c_c con el cual el factor de amplificación siempre disminuirá conforme se incremente la razón de frecuencia ω_f/ω_n.

19.142 Demuestre que, para un valor pequeño del factor de amortiguamiento c/c_c, la amplitud máxima de una vibración forzada ocurre cuando $\omega_f \approx \omega_n$ y que el valor correspondiente del factor de amplificación es $\frac{1}{2}(c_c/c)$.

19.143 Un motor de 15 kg está instalado sobre cuatro resortes, cada uno de constante $k = 45$ kN/m. El desbalanceo del motor equivale a una masa de 20 g localizada a 125 mm del eje de rotación. Si el motor está restringido a moverse verticalmente, determine la amplitud de la vibración de estado estable del motor a una velocidad de 1500 rpm, suponiendo que a) no hay amortiguamiento, b) que el factor de amortiguamiento c/c_c es igual a 1.3.

19.144 Un motor de 18 kg está atornillado a una viga horizontal ligera, que muestra una deflexión estática de 1.5 mm producida por el peso del motor. Si el desbalanceo del rotor equivale a una masa de 20 g localizada a 125 mm del eje de rotación, determine la amplitud de la vibración del motor a una velocidad de 900 rpm, suponiendo a) que no hay amortiguamiento, b) que el factor de amortiguamiento c/c_c es igual a 0.055.

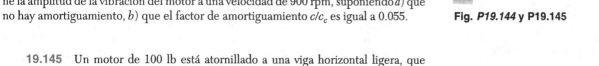

Fig. *P19.144* y P19.145

19.145 Un motor de 100 lb está atornillado a una viga horizontal ligera, que muestra una deflexión estática de 0.25 in. producida por el peso del motor. El desbalanceo del motor equivale a un peso de 4 oz localizado a 3 in. del eje de rotación. Si la amplitud de la vibración del motor es de 0.010 in. a una velocidad de 300 rpm, determine a) el factor de amortiguamiento c/c_c, b) el coeficiente de amortiguamiento c.

19.146 Un motor de 100 kg está montado sobre cuatro resortes, cada uno de constante $k = 90$ kN/m, y está conectado al suelo por medio de un amortiguador cuyo coeficiente de amortiguamiento es $c = 6500$ N · s/m. El motor está restringido a moverse verticalmente, y se ve que la amplitud de su movimiento es de 2.1 mm a una velocidad de 1200 rpm. Si la masa del rotor es de 15 kg, determine la distancia entre el centro de masa del rotor y el eje de la flecha.

Fig. P19.146

19.147 Un excitador de masas excéntricas de contrarrotación, compuesto de dos masas de 400 g rotatorias que describen círculos de 150 mm de radio a la misma velocidad pero en sentidos opuestos, se coloca sobre un elemento de máquina para inducir una vibración de estado estable en éste y para determinar algunas de las características dinámicas del elemento. A una velocidad de 1200 rpm, un estroboscopio indica que las masas excéntricas se encuentran exactamente debajo de sus respectivos ejes de rotación, y que el elemento está pasando por su posición de equilibrio estático. Si la amplitud del movimiento del elemento a esa velocidad es de 15 mm y la masa total del sistema es de 140 kg, determine a) la constante de resorte combinada k, b) el factor de amortiguamiento c/c_c.

Fig. P19.147

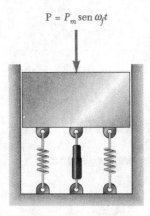

Fig. P19.148 y P19.149

19.148 Un elemento de máquina está montado sobre resortes y está conectado a un amortiguador, como se muestra. Demuestre que si se aplica una fuerza periódica de magnitud $P = P_m$ sen $\omega_f t$ al elemento, la amplitud de la fuerza fluctuante transmitida a los cimientos es

$$F_m = P_m \sqrt{\frac{1 + [2(c/c_c)(\omega_f/\omega_n)]^2}{[1 - (\omega_f/\omega_n)^2]^2 + [2(c/c_c)(\omega_f/\omega_n)]^2}}$$

19.149 Un elemento de máquina, de 200 lb, soportado por cuatro resortes, cada uno de constante $k = 12$ lb/ft, se somete a una fuerza periódica de frecuencia 0.8 Hz y amplitud 20 lb. Determine la amplitud de la fuerza fluctuante transmitida a la cimentación si a) un amortiguador con coeficiente de amortiguamiento $c = 25$ lb · s/ft está conectado al elemento de máquina y al suelo, b) se retira el amortiguador.

*19.150 Para el caso de una vibración de estado estable sin amortiguamiento bajo una fuerza armónica, demuestre que la energía mecánica disipada por ciclo por el amortiguador es $E = \pi c x_m^2 \omega_f$, donde c es el coeficiente de amortiguamiento, x_m es la amplitud del movimiento y ω_f es la frecuencia circular de la fuerza armónica.

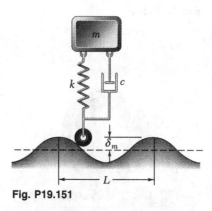

Fig. P19.151

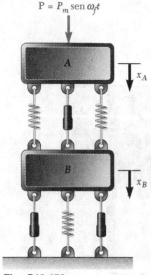

Fig. P19.152

*19.151 La suspensión de un automóvil se puede representar por medio del sistema simplificado de resorte y amortiguador mostrado. a) Escriba la ecuación diferencial que define el desplazamiento vertical de la masa m, cuando el sistema se mueve a una velocidad v por una carretera con una sección transversal sinusoidal de amplitud δ_m y longitud de onda L. b) Deduzca una expresión para la amplitud del desplazamiento vertical de la masa m.

*19.152 Dos bloques A y B, cada uno de masa m, están soportados como se muestra por tres resortes de la misma constante k. Los bloques A y B están conectados por un amortiguador, y el B está conectado al suelo por medio de dos amortiguadores, cada uno con el mismo coeficiente de amortiguamiento c. El bloque A se encuentra sometido a una fuerza de magnitud $P = P_m$ sen $\omega_f t$. Escriba las ecuaciones diferenciales que definen los desplazamientos x_A y x_B de los dos bloques a partir de sus posiciones de equilibrio.

19.153 Exprese, en función de L, C y E, el intervalo de valores de la resistencia R con los cuales ocurrirán oscilaciones cuando se cierre el interruptor S del circuito mostrado.

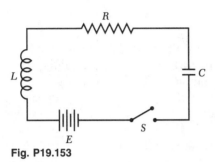

Fig. P19.153

19.154 Considere el circuito del problema 19.153 cuando se retire el capacitor C. Si se cierra el interruptor S en el instante $t = 0$, determine a) el valor final de la corriente en el circuito, b) el instante t en el que la corriente alcanza $(1 - 1/e)$ veces su valor final. (El valor deseado de t se conoce como *constante de tiempo* del circuito.)

19.155 y 19.156 Dibuje el circuito eléctrico análogo del sistema mecánico mostrado. (*Sugerencia*. Dibuje los lazos correspondientes a los cuerpos libres m y A.)

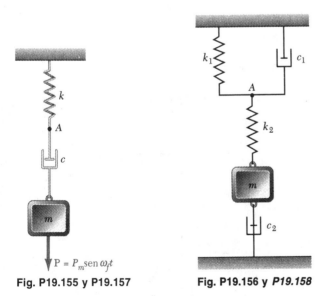

Fig. P19.155 y P19.157   **Fig. P19.156 y *P19.158***

19.157 y *19.158* Escriba las ecuaciones diferenciales que definen a) los desplazamientos de la masa m y del punto A, b) las cargas en los capacitores del circuito eléctrico análogo.

Este capítulo se dedicó al estudio de *vibraciones mecánicas*, es decir, al análisis del movimiento de partículas y cuerpos rígidos que oscilan con respecto a una posición de equilibrio. En la primera parte del capítulo [secciones 19.2 a 19.7], se consideraron *vibraciones sin amortiguamiento*, mientras que la segunda parte se dedicó a *vibraciones amortiguadas* [secciones 19.8 a 19.10].

Vibraciones libres de una partícula

En la sección 19.2, se consideraron las *vibraciones libres de una partícula*, es decir, el movimiento de una partícula P sometida a una fuerza restauradora proporcional al desplazamiento de la partícula —tal como la fuerza ejercida por un resorte—. Si el desplazamiento x de la partícula P se mide a partir de su posición de equilibrio O (figura 19.17), la resultante **F** de las fuerzas que actúan sobre P (incluido su peso) tiene una magnitud kx, y está dirigida hacia O. Con la aplicación de la segunda ley de Newton $F = ma$, y como $a = \ddot{x}$, se escribió la ecuación diferencial

$$m\ddot{x} + kx = 0 \tag{19.2}$$

o, con $\omega_n^2 = k/m$,

$$\ddot{x} + \omega_n^2 x = 0 \tag{19.6}$$

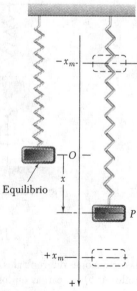

Fig. 19.17

El movimiento definido por esta ecuación se llama *movimiento armónico simple*.

La solución de la ecuación (19.6), que representa el desplazamiento de la partícula P, se expresó como

$$x = x_m \operatorname{sen}(\omega_n t + \phi) \qquad (19.10)$$

donde x_m = amplitud de la vibración
$\qquad \omega_n = \sqrt{k/m}$ = frecuencia circular natural
$\qquad \phi$ = ángulo de fase

El *periodo de la vibración* (es decir, el tiempo requerido para un ciclo completo) y su *frecuencia natural* (es decir, el número de ciclos por segundo) se expresaron como

$$\text{Periodo} = \tau_n = \frac{2\pi}{\omega_n} \qquad (19.13)$$

$$\text{Frecuencia natural} = f_n = \frac{1}{\tau_n} = \frac{\omega_n}{2\pi} \qquad (19.14)$$

La velocidad y la aceleración de la partícula se obtuvieron diferenciando la ecuación (19.10), y se halló que sus valores máximos son

$$v_m = x_m \omega_n \qquad a_m = x_m \omega_n^2 \qquad (19.15)$$

Como todos los parámetros anteriores dependen directamente de la frecuencia circular natural ω_n y, por consiguiente, de la razón k/m, es esencial en cualquier problema dado que se calcule el valor de la constante k; esto se puede hacer determinando la relación entre la fuerza restauradora y el desplazamiento correspondiente de la partícula [problema resuelto 19.1].

También se demostró que el movimiento oscilatorio de la partícula P se puede representar mediante la proyección en el eje x del movimiento de un punto Q, que describe un círculo auxiliar de radio x_m, con la velocidad angular constante ω_n (figura 19.18). Los valores instantáneos de la velocidad y la aceleración de P se obtienen, entonces, proyectando en el eje x los vectores $\mathbf{v}_m$ y $\mathbf{a}_m$ que representan, respectivamente, la velocidad y la aceleración de Q.

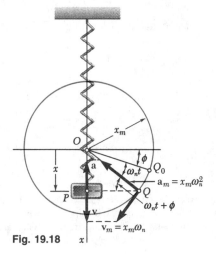

Fig. 19.18

Péndulo simple

Si bien el movimiento de un *péndulo simple* no es verdaderamente un movimiento armónico simple, las fórmulas antes dadas se pueden usar con $\omega_n^2 = g/l$ para calcular el periodo y la frecuencia natural de las *pequeñas oscilaciones* de un péndulo simple [sección 19.3]. En la sección 19.4 se analizaron las oscilaciones de gran amplitud de un péndulo simple.

Vibraciones libres de un cuerpo rígido

Las *vibraciones libres de un cuerpo rígido* se pueden analizar con la selección de una variable apropiada, tal como una distancia x o un ángulo θ, para definir la posición del cuerpo, con una ecuación de diagramas de cuerpo libre para expresar la equivalencia de las fuerzas externas y efectivas, y con una ecuación que relacione la variable seleccionada y su segunda derivada [sección 19.5]. Si la ecuación obtenida es de la forma

$$\ddot{x} + \omega_n^2 x = 0 \quad \text{o} \quad \ddot{\theta} + \omega_n^2 x = 0 \tag{19.21}$$

la vibración considerada es un movimiento armónico simple, y su periodo y frecuencia natural se obtienen *identificando* ω_n y sustituyendo su valor en las ecuaciones (19.13) y (19.14) [problemas resueltos 19.2 y 19.3].

Uso del principio de conservación de la energía

El *principio de conservación de la energía* se utiliza como un método alterno para la determinación del periodo y la frecuencia natural del movimiento armónico simple de una partícula o cuerpo rígido [sección 19.6]. De nuevo, con la selección de una variable apropiada, tal como θ, para definir la posición del sistema, se expresa que la energía total del sistema se conserva, $T_1 + V_1 = T_2 + V_2$, entre la posición de desplazamiento máximo ($\theta_1 = \theta_m$) y la posición de velocidad máxima ($\dot{\theta}_2 = \dot{\theta}_m$). Si el movimiento considerado es armónico simple, los dos miembros de la ecuación obtenida son expresiones cuadráticas homogéneas en θ_m y $\dot{\theta}_m$, respectivamente.† Si se sustituye $\dot{\theta}_m = \theta_m \omega_n$ en esta ecuación, se puede sacar como factor a θ_m^2 y resolver para la frecuencia circular ω_n [problema resuelto 19.4].

Vibraciones forzadas

En la sección 19.7, se consideraron las *vibraciones forzadas* de un sistema mecánico. Estas vibraciones ocurren cuando el sistema se somete a una fuerza periódica (figura 19.19), o cuando está elásticamente conectado a un apoyo que tiene movimiento alternativo (figura 19.20). Si ω_f denota la frecuencia circular forzada, en el primer caso, el movimiento del sistema fue definido por la ecuación diferencial

$$m\ddot{x} + kx = P_m \operatorname{sen} \omega_f t \tag{19.30}$$

y en el segundo caso, por la ecuación diferencial

$$m\ddot{x} + kx = k\delta_m \operatorname{sen} \omega_f t \tag{19.31}$$

La solución general de estas ecuaciones se obtuvo sumando una solución particular de la forma

$$x_{\text{part}} = x_m \operatorname{sen} \omega_f t \tag{19.32}$$

---

†Si el movimiento considerado sólo puede *representarse* mediante un movimiento armónico simple, tal como las oscilaciones pequeñas de un cuerpo bajo el efecto de la gravedad, la energía potencial debe representarse mediante una expresión cuadrática en θ_m.

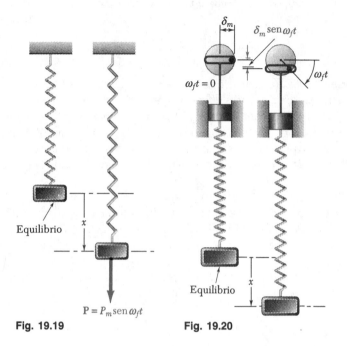

Fig. 19.19

Fig. 19.20

a la solución general de la ecuación homogénea correspondiente. La solución particular (19.32) representa una *vibración de estado estable* del sistema, mientras que la solución de la ecuación homogénea representa una *vibración libre transitoria*, la que, en general, se puede despreciar.

Al dividir la amplitud x_m de la vibración de estado estable entre P_m/k en el caso de una fuerza periódica, o entre δ_m en el caso de un soporte oscilante, se definió el *factor de amplificación* de la vibración, y se halló que

$$\text{Factor de amplificación} = \frac{x_m}{P_m/k} = \frac{x_m}{\delta_m} = \frac{1}{1-(\omega_f/\omega_n)^2} \quad (19.36)$$

De acuerdo con la ecuación (19.36), la amplitud x_m de la vibración forzada *se vuelve infinita cuando* $\omega_f = \omega_n$, es decir, *cuando la frecuencia forzada es igual a la frecuencia natural del sistema*. En tal caso se dice que la fuerza aplicada o el movimiento de soporte o apoyo aplicado está en *resonancia* con el sistema [problema resuelto 19.5]. En realidad, la amplitud de la vibración permanece finita, por la acción de fuerzas amortiguadoras.

En la última parte del capítulo, se consideraron las *vibraciones amortiguadas* de un sistema mecánico. En primer lugar, se analizaron las *vibraciones libres amortiguadas* de un sistema con *amortiguamiento viscoso* [sección 19.8]. Se halló que el movimiento de un sistema de ese tipo fue definido por la ecuación diferencial

Vibraciones libres amortiguadas

$$m\ddot{x} + c\dot{x} + kx = 0 \quad (19.38)$$

donde c es una constante llamada *coeficiente de amortiguamiento viscoso*. Al definir el *coeficiente de amortiguamiento crítico* c_c como

$$c_c = 2m\sqrt{\frac{k}{m}} = 2m\omega_n \qquad (19.41)$$

donde ω_n es la frecuencia circular natural del sistema sin amortiguamiento, se distinguieron tres casos diferentes de amortiguamiento, a saber: 1) *sobreamortiguamiento*, cuando $c > c_c$; 2) *amortiguamiento crítico*, cuando $c = c_c$, y 3) *subamortiguamiento*, cuando $c < c_c$. En los dos primeros casos, cuando el sistema se perturba tiende a recobrar su posición de equilibrio sin ninguna oscilación. En el tercer caso, el movimiento es vibratorio sin amplitud decreciente.

Vibraciones forzadas amortiguadas

En la sección 19.9, se consideraron las *vibraciones forzadas amortiguadas* de un sistema mecánico. Estas vibraciones ocurren cuando un sistema con amortiguamiento viscoso se somete a una fuerza periódica **P** de magnitud $P = P_m$ sen $\omega_f t$, o cuando está elásticamente conectado a un soporte con movimiento alternativo $\delta = \delta_m$ sen $\omega_f t$. En el primer caso, el movimiento del sistema fue definido por la ecuación diferencial

$$m\ddot{x} + c\dot{x} + kx = P_m \text{ sen } w_f t \qquad (19.47)$$

y en el segundo caso, por una ecuación similar obtenida al remplazar P_m por $k\delta_m$ en la ecuación (19.47).

La *vibración de estado estable* del sistema está representada por una solución particular de la ecuación (19.47) de la forma

$$x_{\text{part}} = x_m \text{ sen } (\omega_f t - \varphi) \qquad (19.48)$$

Al dividir la amplitud x_m de la vibración de estado estable entre P_m/k en el caso de una fuerza periódica, o entre δ_m en el caso de un soporte oscilante, se obtuvo la siguiente expresión para el factor de amplificación:

$$\frac{x_m}{P_m/k} = \frac{x_m}{\delta_m} = \frac{1}{\sqrt{[1 - (\omega_f/\omega_n)^2]^2 + [2(c/c_c)(\omega_f/\omega_n)]^2}} \qquad (19.53)$$

donde $\omega_n = \sqrt{k/m}$ = frecuencia circular natural de sistema no amortiguado
$c_c = 2m\omega_n$ = coeficiente de amortiguamiento crítico.
c/c_c = factor de amortiguamiento

También se halló que la *diferencia de fase* φ entre la fuerza aplicada o el movimiento del soporte y la vibración de estado estable resultante del sistema amortiguado, fue definida por la relación

$$\tan \varphi = \frac{2(c/c_c)(\omega_f/\omega_n)}{1 - (\omega_f/\omega_n)^2} \qquad (19.54)$$

Análogos eléctricos

El capítulo terminó con un análisis de *analogías eléctricas* [sección 19.10], donde se demostró que las vibraciones de sistemas mecánicos y las oscilaciones de circuitos eléctricos están definidas por las mismas ecuaciones diferenciales. Las analogías eléctricas de sistemas mecánicos se pueden usar, por consiguiente, para estudiar o predecir el comportamiento de estos sistemas.

Problemas de repaso

19.159 Una placa cuadrada delgada de lado a puede oscilar alrededor de un eje AB localizado a una distancia b de su centro de masa G. *a*) Determine el periodo de las pequeñas oscilaciones si $b = \frac{1}{2}a$. *b*) Determine un segundo valor de b con el cual el periodo de las pequeñas oscilaciones es el mismo que el hallado en la parte *a*.

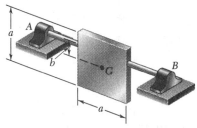

Fig. P19.159

19.160 Una semisección de un cilindro sólido se coloca en una superficie horizontal; se hace que gire un ángulo pequeño, y luego se suelta. Si el cilindro rueda sin resbalarse, determine el periodo de oscilación.

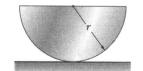

Fig. *P19.160*

19.161 Los discos A y B pesan 30 y 12 lb, respectivamente, y se fija un pequeño bloque C de 5 lb en el borde del disco B. Si no hay resbalamiento entre los discos, determine el periodo de las pequeñas oscilaciones del sistema.

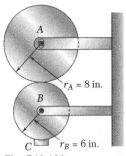

Fig. P19.161

19.162 Se observa un periodo de 6.00 s de las oscilaciones angulares del rotor de un giroscopio de 4 oz suspendido de un alambre, como se muestra. Si se obtiene un periodo de 3.80 s cuando se suspende una esfera de acero de 1.25 in. de diámetro de la misma manera, determine el radio de giro centroidal del rotor. (Peso específico del acero = 490 lb/ft³.)

Fig. *P19.162*

Fig. P19.163

19.163 Un bloque B de 1.5 kg está conectado mediante una cuerda a un bloque A de 2 kg, el cual pende de un resorte de constante 3 kN/m. Si el sistema se encuentra en reposo cuando se corta la cuerda, determine a) la frecuencia, la amplitud y la velocidad máxima del movimiento resultante, b) la tensión mínima que ocurrirá en el resorte durante el movimiento, c) la velocidad del bloque A, 0.3 s después de que se corta la cuerda.

19.164 Dos barras, cada una de masa m y longitud L, están soldadas para formar el sistema mostrado. Determine a) la distancia b con la cual la frecuencia de las pequeñas oscilaciones del sistema es máxima, b) la frecuencia máxima correspondiente.

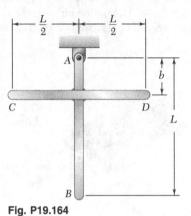

Fig. P19.164

19.165 Conforme la velocidad de rotación de un motor montado sobre resortes se incrementa lentamente de 200 a 500 rpm, se ve que la amplitud de la vibración producida por el desequilibrio del rotor disminuye progresivamente de 8 mm a 2.5 mm. Determine a) la velocidad a la cual ocurre la resonancia, b) la amplitud de la vibración de estado estable a una velocidad de 100 rpm.

19.166 Una barra de masa m y longitud L descansa sobre dos poleas A y B que giran en direcciones opuestas, como se muestra. Si μ_k denota el coeficiente de fricción cinética entre la barra y las poleas, determine la frecuencia de vibración si la barra se desplaza un poco hacia la derecha y luego se suelta.

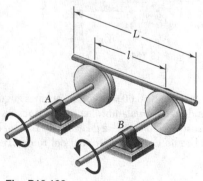

Fig. P19.166

19.167 Si se utiliza un péndulo simple o uno compuesto para determinar experimentalmente la aceleración de la gravedad g, se presentan dificultades. En el caso del
péndulo simple, la cuerda no es verdaderamente ingrávida, mientras que en el caso
del péndulo compuesto, la localización exacta del centro de masa es difícil de establecer.
En el caso de un péndulo compuesto, se puede eliminar la dificultad con el uso de un
péndulo reversible, o péndulo Kater. Se colocan dos filos de navaja A y B, de modo que,
obviamente, no estén a la misma distancia del centro de masa G, y la distancia l se mide
con una gran precisión. Se ajusta entonces la posición de un contrapeso D, de modo que
el periodo de oscilación τ_n sea el mismo cuando se utiliza cualesquiera de los filos de
navaja. Demuestre que el periodo τ_n obtenido es igual al de un verdadero péndulo
simple de longitud l y que $g = 4\pi^2 l/\tau_n^2$.

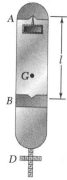

Fig. P19.167

19.168 Un motor de 400 kg, soportado por cuatro resortes, cada uno de constante 150 kN/m, está restringido a moverse verticalmente. Si el desbalanceo del rotor
equivale a una masa de 23 g localizada a una distancia de 100 mm del eje de rotación,
determine, para una velocidad de 800 rpm, a) la amplitud de la fuerza fluctuante transmitida a la cimentación, b) la amplitud del movimiento vertical del motor.

19.169 Resuelva el problema 19.168, suponiendo que se introduce un amortiguador de constante $c = 6500$ N $\cdot$ s/m entre el motor y el suelo.

19.170 Una pequeña pelota de masa m, fija al punto medio de una cuerda elástica tensa de longitud l, puede deslizarse en un plano horizontal. La pelota se desplaza
un poco en una dirección perpendicular a la cuerda y se suelta. Si la tensión T en la
cuerda permanece constante, a) escriba la ecuación diferencial del movimiento de la pelota, b) determine el periodo de vibración.

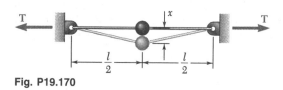

Fig. P19.170

Los siguientes problemas están diseñados para resolverse con computadora.

19.C1 Al desarrollar el integrando de la ecuación (19.19) en una serie de potencias pares de sen ϕ e integrándola, se puede demostrar que el periodo de un péndulo
simple de longitud l se puede representar por medio de la expresión

$$\tau_n = 2\pi \sqrt{\frac{l}{g}} \left[1 + \left(\frac{1}{2}\right)^2 c^2 + \left(\frac{1 \times 3}{2 \times 4}\right)^2 c^4 + \left(\frac{1 \times 3 \times 5}{2 \times 4 \times 6}\right)^2 c^6 + \cdots \right]$$

donde $c = $ sen $\frac{1}{2}\theta_m$ y θ_m es la amplitud de las oscilaciones. Escriba un programa de
computadora y utilícelo para calcular la suma de las series entre corchetes, con el uso
sucesivo de 1, 2, 4, 8 y 16 términos, para valores de θ_m de 30 a 120°, con incrementos de
30°. Exprese los resultados con cinco cifras significativas.

19.C2 La ecuación fuerza-deflexión para una cierta clase de resortes no lineales
fijos por un extremo, es $F = 5x^{1/n}$, donde F es la magnitud, expresada en newtons, de la
fuerza aplicada en el otro extremo del resorte, y x es la deflexión expresada en metros.
Si un bloque de masa m se suspende del resorte y se desplaza un poco hacia abajo de su
posición de equilibrio, escriba un programa de computadora y utilícelo para determinar
la frecuencia de vibración del bloque, para valores de m iguales a 0.2, 0.6 y 1.0 kg y
valores de n de 1 a 2, con incrementos de 0.2. Suponga que se puede usar la pendiente
de la curva fuerza-deflexión en el punto correspondiente a $F = mg$ como constante de
resorte equivalente.

19.C3 Un elemento de máquina, soportado por resortes y conectado a un amortiguador, se somete a una fuerza periódica de magnitud $P = P_m$ sen $\omega_f t$. La *transmisibilidad* T_m del sistema se define como la razón F_m/P_m del valor máximo F_m de la fuerza periódica fluctuante transmitida a la cimentación al valor máximo P_m de la fuerza periódica aplicada al elemento de máquina. Escriba un programa de computadora y utilícelo para calcular el valor de T_m, para razones de frecuencia ω_f/ω_n iguales a 0.8, 1.4 y 2.0 y para factores de amortiguamiento c/c_c iguales a 0, 1 y 2. (*Sugerencia.* Use la fórmula dada en el problema 19.148.)

$\mathbf{P} = P_m$ sen $\omega_f t$

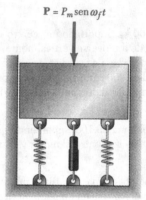

Fig. P19.C3

19.C4 Un motor de 15 kg está montado sobre cuatro resortes, cada uno de constante 60 kN/m. El desbalanceo del motor equivale a una masa de 20 g localizada a 125 mm del eje de rotación. Si el motor sólo puede moverse verticalmente, escriba un programa de computadora y utilícelo para determinar la amplitud de la vibración y la aceleración máxima del motor, para velocidades de 1000 a 2500 rpm, con incrementos de 100 rpm.

19.C5 Resuelva el problema 19.C4, suponiendo que un amortiguador, cuyo coeficiente de amortiguamiento es $c = 2.5$ kN · s/m, se conecta a la base del motor y al suelo.

19.C6 Un remolque pequeño y su carga tienen una masa total de 250 kg. El remolque está sostenido por dos resortes, cada uno de constante 10 kN/m, y es remolcado por una carretera, cuya superficie puede estar representada por una curva senoidal con una amplitud de 40 mm y una longitud de onda de 5 m (es decir, la distancia entre crestas sucesivas es de 5 m y la distancia vertical de cresta a seno es de 80 mm). *a*) Si se desprecia la masa de los neumáticos y se supone que éstos permanecen en contacto con el suelo, escriba un programa de computadora y utilícelo para determinar la amplitud de la vibración y la aceleración máxima vertical del remolque para velocidades de 10 a 80 km/h, con incrementos de 5 km/h. *b*) Con incrementos apropiados más pequeños, determine el intervalo de valores de la velocidad de remolque con las que los neumáticos perderán el contacto con el suelo.

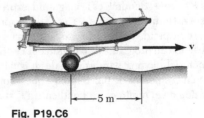

Fig. P19.C6

A

Algunas definiciones y propiedades útiles del álgebra vectorial

Las siguientes definiciones y propiedades del álgebra vectorial se analizaron por completo en los capítulos 2 y 3 de *Mecánica vectorial para ingenieros: Estática*. Se resumen aquí para la conveniencia del lector, con referencias a las secciones pertinentes del volumen *Estática*. Los números de ecuación y de ilustración son los que se utilizaron en la presentación original.

A.1. SUMA DE VECTORES (SECCIONES 2.3 Y 2.4)

Los vectores se definen como *expresiones matemáticas que poseen magnitud y dirección, que se suman de acuerdo con la ley del paralelogramo.* Por tanto, la suma de dos vectores **P** y **Q** se obtiene fijando los dos vectores en el mismo punto *A*, y construyendo un paralelogramo, con **P** y **Q** como dos de sus lados (figura 2.6). La diagonal que pasa por *A* representa la suma de los vectores **P** y **Q**, y **P** + **Q** denota esta suma. La suma de vectores es *asociativa y conmutativa*.

Fig. 2.5

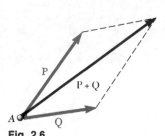

Fig. 2.6

El *vector negativo* de un vector dado **P** se define como un vector de la misma magnitud que *P* y dirección opuesta a la de **P** (figura 2.5); −**P** denota el negativo del vector **P**. Con toda claridad se tiene

$$\mathbf{P} + (-\mathbf{P}) = 0$$

A.2. PRODUCTO DE UN ESCALAR Y UN VECTOR (SECCIÓN 2.4)

El producto $k\mathbf{P}$ de un escalar k y un vector **P** se define como un vector de la misma dirección que **P** (si k es positivo), o de dirección contraria a la de **P** (si k es negativo), y de magnitud igual al producto de la magnitud P y el valor absoluto de k (figura 2.13).

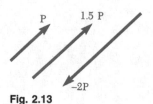

Fig. 2.13

A.3 VECTORES UNITARIOS, TRANSFORMACIÓN (O DESCOMPOSICIÓN) DE UN VECTOR EN COMPONENTES RECTANGULARES (SECCIONES 2.7 Y 2.12)

A.4. Producto vectorial de dos vectores **1245**

Los vectores **i**, **j** y **k**, llamados *vectores unitarios*, se definen como vectores de magnitud 1, dirigidos, respectivamente, a lo largo de los ejes positivos x, y y z (figura 2.32).

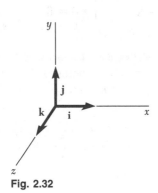

Fig. 2.32

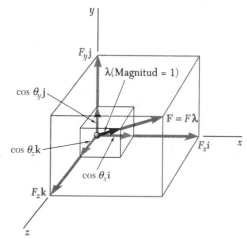

Fig. 2.33

Si F_x, F_y y F_z denotan las componentes escalares de un vector **F**, se tiene (figura 2.33)

$$\mathbf{F} = F_x\mathbf{i} + F_y\mathbf{j} + F_z\mathbf{k} \qquad (2.20)$$

En el caso particular de un vector unitario **λ** dirigido a lo largo de una línea que forma los ángulos θ_x, θ_y y θ_z con los ejes de coordenadas, se tiene

$$\boldsymbol{\lambda} = \cos\theta_x\mathbf{i} + \cos\theta_y\mathbf{j} + \cos\theta_z\mathbf{k} \qquad (2.22)$$

A.4. PRODUCTO VECTORIAL DE DOS VECTORES (SECCIONES 3.4 Y 3.5)

El producto vectorial, o *producto cruzado*, de dos vectores **P** y **Q** se define como el vector

$$\mathbf{V} = \mathbf{P} \times \mathbf{Q}$$

que satisface las siguientes condiciones:

1. La línea de acción de **V** es perpendicular al plano que contiene a **P** y **Q** (figura 3.6).
2. La magnitud de **V** es el producto de las magnitudes de **P** y **Q**, y el seno del ángulo θ formado por **P** y **Q** (la medida del cual siempre será de 180° o menos); por lo tanto, se tiene

$$V = PQ \operatorname{sen}\theta \qquad (3.1)$$

3. La dirección de **V** se obtiene con la *regla de la mano derecha*. Cierre su mano derecha y colóquela de modo que sus dedos queden enroscados en el mismo sentido de la rotación θ que hace que el vector **P** esté en línea con el vector **Q**; su pulgar indicará entonces la dirección del vector **V** (figura 3.6*b*). Observe que si **P** y **Q** no tienen un punto común de aplicación, primero se tienen que volver a dibujar desde el mismo punto. Se dice que los tres vectores **P**, **Q** y **V** —considerados en ese orden— forman una *tríada derecha*.

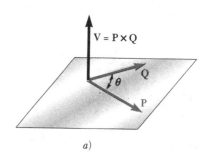

a)

b)

Fig. 3.6

Los productos vectoriales son *distributivos*, pero *no conmutativos*. Se tiene

$$\mathbf{Q} \times \mathbf{P} = -(\mathbf{P} \times \mathbf{Q}) \tag{3.4}$$

Productos vectoriales de vectores unitarios.   De la definición del producto vectorial de dos vectores, se deduce que

$$
\begin{array}{lll}
\mathbf{i} \times \mathbf{i} = 0 & \mathbf{j} \times \mathbf{i} = -\mathbf{k} & \mathbf{k} \times \mathbf{i} = \mathbf{j} \\
\mathbf{i} \times \mathbf{j} = \mathbf{k} & \mathbf{j} \times \mathbf{j} = 0 & \mathbf{k} \times \mathbf{j} = -\mathbf{i} \\
\mathbf{i} \times \mathbf{k} = -\mathbf{j} & \mathbf{j} \times \mathbf{k} = \mathbf{i} & \mathbf{k} \times \mathbf{k} = 0
\end{array}
\tag{3.7}
$$

Componentes rectangulares de producto vectorial.   Al descomponer los vectores **P** y **Q** en componentes rectangulares, se obtienen las siguientes expresiones para las componentes de su producto vectorial **V**:

$$
\begin{aligned}
V_x &= P_y Q_z - P_z Q_y \\
V_y &= P_z Q_x - P_x Q_z \\
V_z &= P_x Q_y - P_y Q_x
\end{aligned}
\tag{3.9}
$$

En forma de determinante, se tiene

$$\mathbf{V} = \mathbf{P} \times \mathbf{Q} = \begin{vmatrix} \mathbf{i} & \mathbf{j} & \mathbf{k} \\ P_x & P_y & P_z \\ Q_x & Q_y & Q_z \end{vmatrix} \tag{3.10}$$

A.5. MOMENTO DE UNA FUERZA ALREDEDOR DE UN PUNTO
(SECCIONES 3.6 Y 3.8)

El momento de una fuerza **F** (o, de manera más general, de un vector **F**) alrededor de un punto O se define como el producto vectorial

$$\mathbf{M}_O = \mathbf{r} \times \mathbf{F} \tag{3.11}$$

donde **r** denota el *vector de posición* del punto de aplicación A de **F** (figura 3.12*a*).

De acuerdo con la definición del producto vectorial de dos vectores, dada en la sección A.4, el momento $\mathbf{M}_O$ debe ser perpendicular al plano que contiene a O y a la fuerza **F**. Su magnitud es igual a

$$M_O = rF\,\mathrm{sen}\,\theta = Fd \tag{3.12}$$

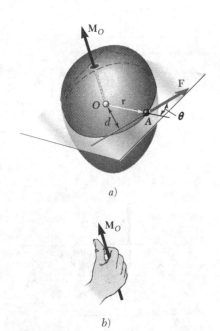

a)

b)

Fig. 3.12

donde d es la distancia perpendicular de O a la línea de acción de **F**, y su sentido está definido por el sentido de la rotación que pondría al vector **r** en línea con el vector **F**; esta rotación debe ser vista en sentido contrario al de las manecillas del reloj como por un observador localizado en la punta de $\mathbf{M}_O$. Otra manera de definir el sentido de $\mathbf{M}_O$ se obtiene mediante una variación de la *regla de la mano derecha*. Cierre su mano derecha y colóquela de modo que sus dedos se enrosquen en el sentido de la rotación que **F** le impartiría al cuerpo rígido sobre un eje fijo dirigido a lo largo de la línea de acción de $\mathbf{M}_O$; su pulgar indicará el sentido del momento $\mathbf{M}_O$ (figura 3.12*b*).

Componentes rectangulares del momento de una fuerza.   Si x, y y z denotan las coordenadas del punto de aplicación A de la fuerza **F**, se obtienen las siguientes expresiones para las componentes del momento $\mathbf{M}_O$ de **F**:

$$
\begin{aligned}
M_x &= yF_z - zF_y \\
M_y &= zF_x - xF_z \\
M_z &= xF_y - yF_x
\end{aligned}
\tag{3.18}
$$

En forma de determinante, se tiene

$$M_O = r \times F = \begin{vmatrix} i & j & k \\ x & y & z \\ F_x & F_y & F_z \end{vmatrix} \tag{3.19}$$

Para calcular el momento M_B con respecto a un punto arbitrario B de una fuerza F aplicada en A, se debe usar el vector $r_{A/B} = r_A - r_B$ trazado desde B hasta A en lugar del vector r. Por consiguiente,

$$M_B = r_{A/B} \times F = (r_A - r_B) \times F \tag{3.20}$$

o, si se utiliza la forma de determinante,

$$M_B = \begin{vmatrix} i & j & k \\ x_{A/B} & y_{A/B} & z_{A/B} \\ F_x & F_y & F_z \end{vmatrix} \tag{3.21}$$

donde $x_{A/B}$, $y_{A/B}$, $z_{A/B}$ son las componentes del vector $r_{A/B}$:

$$x_{A/B} = x_A - x_B \qquad y_{A/B} = y_A - y_B \qquad z_{A/B} = z_A - z_B$$

A.6. PRODUCTO ESCALAR DE DOS VECTORES (SECCIÓN 3.9)

El producto escalar, o *producto punto*, de dos vectores P y Q se define como el producto de las magnitudes de P y Q, y del coseno del ángulo θ formado por P y Q (figura 3.19). El producto escalar de P y Q está denotado por $P \cdot Q$. Por consiguiente,

$$P \cdot Q = PQ \cos \theta \tag{3.24}$$

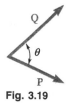

Fig. 3.19

Los productos escalares son *conmutativos* y *distributivos*.

Productos escalares de vectores unitarios. De la definición del producto escalar de dos vectores, se desprende que

$$\begin{array}{ccc} i \cdot i = 1 & j \cdot j = 1 & k \cdot k = 1 \\ i \cdot j = 0 & j \cdot k = 0 & k \cdot i = 0 \end{array} \tag{3.29}$$

Producto escalar expresado en función de componentes rectangulares. Al descomponer los vectores P y Q en componentes rectangulares, se obtiene

$$P \cdot Q = P_x Q_x + P_y Q_y + P_z Q_z \tag{3.30}$$

Ángulo formado por dos vectores. De las ecuaciones (3.24) y (3.29), se desprende que

$$\cos \theta = \frac{P \cdot Q}{PQ} = \frac{P_x Q_x + P_y Q_y + P_z Q_z}{PQ} \tag{3.32}$$

Proyección de un vector sobre un eje dado. La proyección de un vector P sobre el eje OL definido por el vector unitario λ (figura 3.23) es

$$P_{OL} = OA = P \cdot \lambda \tag{3.36}$$

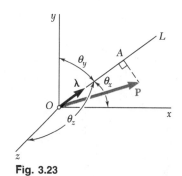

Fig. 3.23

A.7. TRIPLE PRODUCTO MIXTO DE TRES VECTORES (SECCIÓN 3.10)

El triple producto mixto de los tres vectores **S**, **P** y **Q** se define como la expresión escalar

$$\mathbf{S} \cdot (\mathbf{P} \times \mathbf{Q}) \tag{3.38}$$

obtenida al formar el producto escalar de **S** con el producto vectorial de **P** y **Q**. Los triples productos mixtos son invariables en *permutaciones circulares,* aunque cambian de signo en cualquiera otra permutación:

$$\mathbf{S} \cdot (\mathbf{P} \times \mathbf{Q}) = \mathbf{P} \cdot (\mathbf{Q} \times \mathbf{S}) = \mathbf{Q} \cdot (\mathbf{S} \times \mathbf{P})$$
$$= -\mathbf{S} \cdot (\mathbf{Q} \times \mathbf{P}) = -\mathbf{P} \cdot (\mathbf{S} \times \mathbf{Q}) = -\mathbf{Q} \cdot (\mathbf{P} \times \mathbf{S}) \tag{3.39}$$

Triple producto mixto expresado en función de componentes rectangulares.   El triple producto mixto de **S**, **P** y **Q** se puede expresar en la forma de un determinante

$$\mathbf{S} \cdot (\mathbf{P} \times \mathbf{Q}) = \begin{vmatrix} S_x & S_y & S_z \\ P_x & P_y & P_z \\ Q_x & Q_y & Q_z \end{vmatrix} \tag{3.41}$$

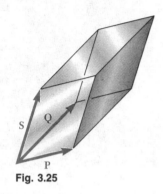

Fig. 3.25

El triple producto mixto $\mathbf{S} \cdot (\mathbf{P} \times \mathbf{Q})$ mide el volumen del paralelepípedo que tiene los vectores **S**, **P** y **Q** como lados (figura 3.25).

A.8. MOMENTO DE UNA FUERZA CON RESPECTO A UN EJE DADO (SECCIÓN 3.11)

El momento M_{OL} de una fuerza **F** (o, de manera más general, de un vector **F**) con respecto a un eje OL se define como la proyección OC sobre el eje OL del momento $\mathbf{M}_O$ de **F** alrededor de O (figura 3.27). Si λ denota el vector unitario a lo largo de OL, se obtiene

$$M_{OL} = \lambda \cdot \mathbf{M}_O = \lambda \cdot (\mathbf{r} \times \mathbf{F}) \tag{3.42}$$

o, en forma de determinante,

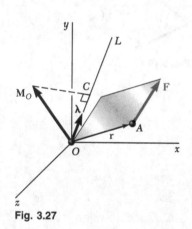

Fig. 3.27

$$M_{OL} = \begin{vmatrix} \lambda_x & \lambda_y & \lambda_z \\ x & y & z \\ F_x & F_y & F_z \end{vmatrix} \tag{3.43}$$

donde $\lambda_x, \lambda_y, \lambda_z$ = cosenos directores del eje OL
$\quad\quad x, y, z$ = coordenadas del punto de aplicación de **F**
$\quad F_x, F_y, F_z$ = componentes de la fuerza **F**

Los momentos de la fuerza **D** con respecto a los tres ejes de coordenadas están dados por las expresiones (3.18), obtenidas con anterioridad, para las componentes rectangulares del momento $\mathbf{M}_O$ de **F** alrededor de O:

$$\begin{aligned} M_x &= yF_z - zF_y \\ M_y &= zF_x - xF_z \\ M_z &= xF_y - yF_x \end{aligned} \tag{3.18}$$

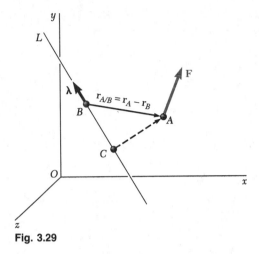

Fig. 3.29

De manera más general, el momento de una fuerza **F** aplicada en A con respecto a un eje que no pasa por el origen, se obtiene con la selección de un punto arbitrario B localizado sobre el eje (figura 3.29) y con la determinación de la proyección sobre el eje BL del momento $\mathbf{M}_B$ de **F** alrededor de B. Se escribe

$$M_{BL} = \boldsymbol{\lambda} \cdot \mathbf{M}_B = \boldsymbol{\lambda} \cdot (\mathbf{r}_{A/B} \times \mathbf{F}) \tag{3.45}$$

donde $\mathbf{r}_{A/B} = \mathbf{r}_A - \mathbf{r}_B$ representa el vector trazado de B a A. Expresando M_{BL} en la forma de un determinante, se obtiene

$$M_{BL} = \begin{vmatrix} \lambda_x & \lambda_y & \lambda_z \\ x_{A/B} & y_{A/B} & z_{A/B} \\ F_x & F_y & F_z \end{vmatrix} \tag{3.46}$$

donde $\lambda_x, \lambda_y, \lambda_z$ = cosenos directores del eje BL

$$x_{A/B} = x_A - x_B, \; y_{A/B} = y_A - y_B, \; z_{A/B} = z_A - z_B$$
$$F_x, F_y, F_z = \text{componentes de la fuerza } \mathbf{F}$$

Es de hacerse notar que el resultado obtenido es independiente de la elección del punto B sobre el eje dado; se obtendría el mismo resultado si se hubiera seleccionado el punto C en lugar del B.

B

Momentos de inercia de masas

9.11. MOMENTO DE INERCIA DE UNA MASA†

Considérese una pequeña masa Δm montada en una barra de masa insignificante que puede girar libremente con respecto a un eje AA' (figura 9.20a). Si se aplica un par al sistema, la barra y la masa, inicialmente supuestas en reposo, comenzarán a girar alrededor de AA'. Los detalles de este movimiento se estudiarán más adelante en la parte de dinámica. En este momento, sólo se desea indicar que el tiempo requerido para que el sistema alcance una velocidad de rotación dada es proporcional a la masa Δm y al cuadrado de la distancia r. El producto $r^2\Delta m$ aporta, por consiguiente, una medida de la *inercia* del sistema, es decir, una medida de la resistencia que el sistema ofrece cuando se trata de ponerlo en movimiento. Por esta razón, el producto $r^2\Delta m$ se llama *momento de inercia de la masa* Δm con respecto al eje AA'.

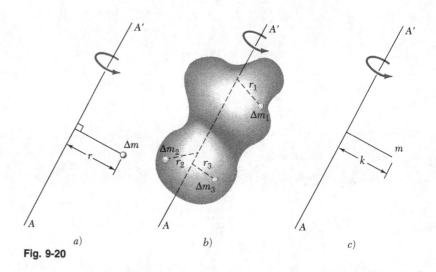

Fig. 9-20

Considérese ahora un cuerpo de masa m, el cual se tiene que hacer girar sobre un eje AA' (figura 9.20b). Si se divide el cuerpo en elementos de masa Δm_1, Δm_2, etc., se halla que la suma $r_1^2\,\Delta m_1 + r_2^2\,\Delta m_2 + \cdots$, mide la resistencia del cuerpo a ser puesto en rotación. Esta suma define, por consiguiente, el momento de inercia del cuerpo con respecto al eje AA'. Al incrementar el número de elementos, se ve que el momento de inercia es igual, en el límite, a la integral

$$I = \int r^2 \, dm \tag{9.28}$$

†El material del apéndice B repite las secciones 9.11 a 9.18 del volumen de estática.

La relación que sigue define el *radio de giro* k del cuerpo con respecto al eje AA'

$$I = k^2 m \qquad \text{o} \qquad k = \sqrt{\frac{I}{m}} \qquad (9.29)$$

El radio de giro k representa, por tanto, la distancia a la cual toda la masa del cuerpo se tiene que concentrar para que su momento de inercia con respecto a AA' no cambie (figura 9.20c). Ya sea que conserve su forma original (figura 9.20b) o que se concentre como se muestra en la figura 9.20c, la masa m reaccionará de la misma manera a la rotación, o *giro*, sobre AA'.

Si se utilizan unidades del SI, el radio de giro k se expresa en metros y la masa m en kilogramos y, por consiguiente, la unidad utilizada para el momento de inercia de una masa es $kg \cdot m^2$. Si se utilizan unidades de uso común en Estados Unidos, el radio de giro se expresa en pies y la masa en slugs (es decir, en $lb \cdot s^2/ft$), y, así, la unidad derivada utilizada para el momento de inercia de una masa es $lb \cdot ft \cdot s^2$.†

El momento de inercia de un cuerpo con respecto a un eje de coordenadas se puede expresar con facilidad en función de las coordenadas x, y, z del elemento de masa dm (figura 9.21). Al advertir, por ejemplo, que el cuadrado de la distancia r del elemento dm al eje y es $z^2 + x^2$, el momento de inercia del cuerpo con respecto al eje y se expresa como

$$I_y = \int r^2 \, dm = \int (z^2 + x^2) \, dm$$

Se obtienen expresiones similares para los momentos de inercia con respecto a los ejes x y z. Por consiguiente,

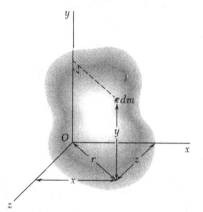

Fig. 9.21

$$I_x = \int (y^2 + z^2) \, dm$$

$$I_y = \int (z^2 + x^2) \, dm \qquad (9.30)$$

$$I_z = \int (x^2 + y^2) \, dm$$

---

† Cuando se convierta el momento de inercia de masa en unidades de uso común en Estados Unidos a unidades del SI, se debe tener en cuenta que la unidad fundamental *libra* utilizada en la unidad derivada $lb \cdot ft \cdot s^2$ es una unidad de fuerza (*no* de masa) y, por consiguiente, se debe convertir a newtons. Se tiene

$$1 \, lb \cdot ft \cdot s^2 = (4.45 \, N)(0.3048 \, m)(1 \, s)^2 = 1.356 \, N \cdot m \cdot s^2$$

o, como $1 \, N = 1 \, kg \cdot m/s^2$,

$$1 \, lb \cdot ft \cdot s^2 = 1.356 \, kg \cdot m^2$$

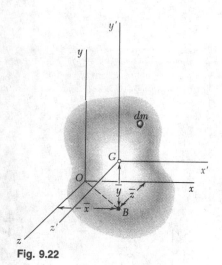

Fig. 9.22

9.12. TEOREMA DE LOS EJES PARALELOS

Considérese un cuerpo de masa m. Sean $Oxyz$ un sistema de coordenadas rectangulares cuyo origen se localiza en el punto arbitrario O, y $Gx'y'z'$ un sistema paralelo de *ejes centroidales*, es decir, un sistema cuyo origen se localiza en el centro de gravedad G del cuerpo† y cuyos ejes x', y', z' son paralelos a los ejes x, y y z, respectivamente (figura 9.22). Si $\bar{x}, \bar{y}, \bar{z}$ denotan las coordenadas de G con respecto a $Oxyz$, se escriben las siguientes relaciones entre las coordenadas x, y, z del elemento dm con respecto a $Oxyz$, y sus coordenadas x', y', z' con respecto a los ejes centroidales $Gx'y'z'$:

$$x = x' + \bar{x} \qquad y = y' + \bar{y} \qquad z = z' + \bar{z} \tag{9.31}$$

De acuerdo con las ecuaciones (9.30), el momento de inercia del cuerpo con respecto al eje x se expresa como sigue:

$$I_x = \int (y^2 + z^2)\, dm = \int [(y' + \bar{y})^2 + (z' + \bar{z})^2]\, dm$$
$$= \int (y'^2 + z'^2)\, dm + 2\bar{y} \int y'\, dm + 2\bar{z} \int z'\, dm + (\bar{y}^2 + \bar{z}^2) \int dm$$

La primera integral de esta expresión representa el momento de inercia $\bar{I}_{x'}$ del cuerpo con respecto al eje centroidal x'; la segunda y la tercera integrales representan el primer momento del cuerpo con respecto a los planos $z'x'$ y $x'y'$, respectivamente, y, como ambos planos contienen a G, las dos integrales son cero; la última integral es igual a la masa total m del cuerpo. Por consiguiente, se escribe

$$I_x = \bar{I}_{x'} + m(\bar{y}^2 + \bar{z}^2) \tag{9.32}$$

y, de la misma manera,

$$I_y = \bar{I}_{y'} + m(\bar{z}^2 + \bar{x}^2) \qquad I_z = \bar{I}_{z'} + m(\bar{x}^2 + \bar{y}^2) \tag{9.32'}$$

Con la figura 9.22 fácilmente se comprueba que la suma $\bar{z}^2 + \bar{x}^2$ representa el cuadrado de la distancia OB entre los ejes y y y'. Asimismo, $\bar{y}^2 + \bar{z}^2$ y $\bar{x}^2 + \bar{y}^2$ representan los cuadrados de la distancia entre los ejes x y x' y los ejes z y z', respectivamente. Si d denota la distancia entre un eje arbitrario AA' y un eje centroidal paralelo BB' (figura 9.23), se puede escribir, por consiguiente, la siguiente relación general entre el momento de inercia $\bar{I}$ del cuerpo con respecto a AA' y su momento de inercia con respecto a BB':

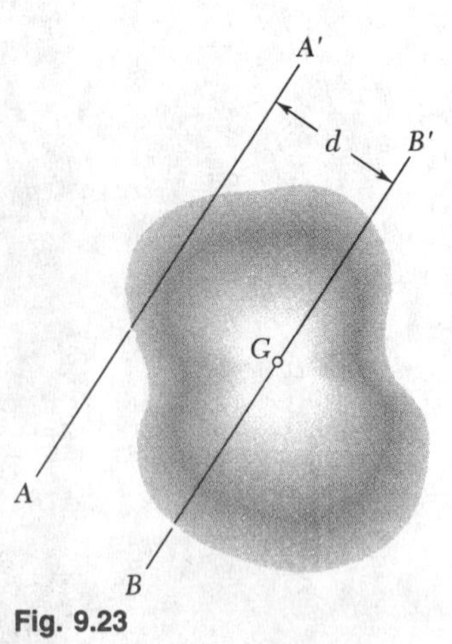

$$I = \bar{I} + md^2 \tag{9.33}$$

Si los momentos de inercia se expresan en función de los radios de giro correspondientes, también se puede escribir

$$k^2 = \bar{k}^2 + d^2 \tag{9.34}$$

Fig. 9.23

donde k y $\bar{k}$ representan los radios de giro del cuerpo con respecto a AA' y BB', respectivamente.

---

†Obsérvese que el término *centroidal* se utiliza aquí para definir un eje que pasa por el centro de gravedad G del cuerpo, sea que G coincida o no con el centroide del volumen del cuerpo.

Considérese una placa uniforme de espesor uniforme t, hecha de un material homogéneo de densidad ρ (densidad = masa por unidad de volumen). El momento de inercia de masa de la placa con respecto a un eje AA' *contenido en el plano* de la placa (figura 9.24a) es

$$I_{AA',\,\text{masa}} = \int r^2\, dm$$

Puesto que $dm = \rho t\, dA$, se escribe

$$I_{AA',\,\text{masa}} = \rho t \int r^2\, dA$$

Pero r representa la distancia del elemento de área dA al eje AA'; por consi-

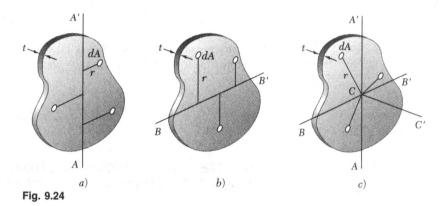

a) b) c)

Fig. 9.24

guiente, la integral es igual al momento de inercia del área de la placa con respecto a AA'. Se tiene

$$I_{AA',\,\text{masa}} = \rho t I_{AA',\,\text{área}} \qquad (9.35)$$

De igual manera, en el caso de un eje BB', contenido en el plano de la placa y perpendicular a AA' (figura 9.24b), se tiene

$$I_{BB',\,\text{masa}} = \rho t I_{BB',\,\text{área}} \qquad (9.36)$$

Si ahora se considera el eje CC' *perpendicular* a la placa y que pasa por el punto de intersección C de AA' y BB' (figura 9.24c), se escribe

$$I_{CC',\,\text{masa}} = \rho t J_{C,\,\text{área}} \qquad (9.37)$$

donde J_C es el momento de inercia *polar* del área de la placa con respecto al punto C.

De acuerdo con la relación $J_C = I_{AA'} + I_{BB'}$ que existe entre los momentos de inercia polar y rectangular de un área, se escribe la siguiente relación entre los momentos de inercia de masa de una placa delgada:

$$I_{CC'} = I_{AA'} + I_{BB'} \qquad (9.38)$$

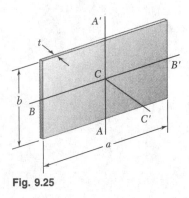

Fig. 9.25

Placa rectangular. En el caso de una placa rectangular de lados a y b (figura 9.25), se obtienen los siguientes momentos de inercia de masa con respecto a ejes que pasan por el centro de gravedad de la placa:

$$I_{AA',\,\text{masa}} = \rho t I_{AA',\,\text{área}} = \rho t(\tfrac{1}{12}a^3 b)$$
$$I_{BB',\,\text{masa}} = \rho t I_{BB',\,\text{área}} = \rho t(\tfrac{1}{12}ab^3)$$

Como el producto ρabt es igual a la masa m de la placa, los momentos de inercia de masa de una placa rectangular delgada se escriben como sigue:

$$I_{AA'} = \tfrac{1}{12}ma^2 \qquad I_{BB'} = \tfrac{1}{12}mb^2 \tag{9.39}$$
$$I_{CC'} = I_{AA'} + I_{BB'} = \tfrac{1}{12}m(a^2 + b^2) \tag{9.40}$$

Placa circular. En el caso de una placa circular, o disco, de radio r (figura 9.26), se escribe

$$I_{AA',\,\text{masa}} = \rho t I_{AA',\,\text{área}} = \rho t(\tfrac{1}{4}\pi r^4)$$

Y puesto que el producto $\rho\pi r^2 t$ es igual a la masa m de la placa e $I_{AA'} = I_{BB'}$, los momentos de inercia de masa de una placa circular se escriben como sigue:

$$I_{AA'} = I_{BB'} = \tfrac{1}{4}mr^2 \tag{9.41}$$
$$I_{CC'} = I_{AA'} + I_{BB'} = \tfrac{1}{2}mr^2 \tag{9.42}$$

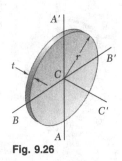

Fig. 9.26

9.14. DETERMINACIÓN DEL MOMENTO DE INERCIA DE UN CUERPO TRIDIMENSIONAL MEDIANTE INTEGRACIÓN

El momento de inercia de un cuerpo tridimensional se obtiene evaluando la integral $I = \int r^2\,dm$. Si el cuerpo está hecho de un material homogéneo de densidad ρ, el elemento de masa dm es igual a $\rho\,dV$, y se puede escribir $I = \rho\int r^2\,dV$. Esta integral depende sólo de la forma del cuerpo. Por lo tanto, para calcular el momento de inercia de una cuerpo tridimensional, en general será necesario realizar una integración triple, o por lo menos doble.

Sin embargo, si el cuerpo posee dos planos de simetría, por lo general es posible determinar el momento de inercia del cuerpo con una integración simple seleccionando como elemento de masa dm una placa delgada perpendicular a los planos de simetría. En el caso de cuerpos de revolución, por ejemplo, el elemento de masa sería un disco delgado (figura 9.27). Con la fórmula (9.42), el momento de inercia del disco con respecto al eje de revolución se expresa como se indica en la figura 9.27. Su momento de inercia con respecto a cada uno de los otros dos ejes de coordenadas se obtiene con la fórmula (9.41) y el teorema de los ejes paralelos. La integración de la expresión obtenida da el momento de inercia deseado del cuerpo.

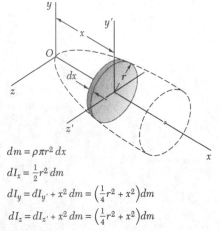

$$dm = \rho\pi r^2\,dx$$
$$dI_x = \tfrac{1}{2}r^2\,dm$$
$$dI_y = dI_{y'} + x^2\,dm = \left(\tfrac{1}{4}r^2 + x^2\right)dm$$
$$dI_z = dI_{z'} + x^2\,dm = \left(\tfrac{1}{4}r^2 + x^2\right)dm$$

Fig. 9.27 Determinación del momento de inercia de un cuerpo de revolución.

9.15. MOMENTOS DE INERCIA DE CUERPOS COMPUESTOS

En la figura 9.28 se muestran los momentos de inercia de algunas figuras comunes. Para un cuerpo compuesto de varias de estas figuras simples, su momento de inercia con respecto a un eje dado se obtiene calculando primero los momentos de inercia de sus partes componentes con respecto al eje deseado, y sumándolas en seguida. Al igual que en el caso de áreas, el radio de giro de un cuerpo compuesto *no se puede* obtener sumando los radios de giro de sus partes componentes.

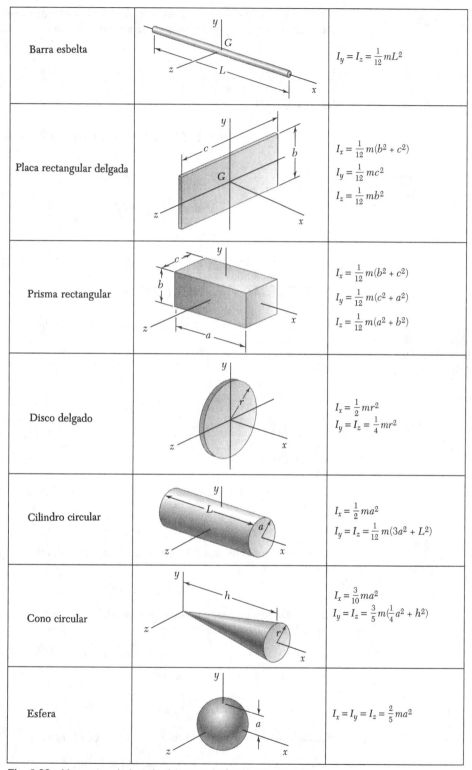

Barra esbelta		$I_y = I_z = \frac{1}{12} mL^2$
Placa rectangular delgada		$I_x = \frac{1}{12} m(b^2 + c^2)$ $I_y = \frac{1}{12} mc^2$ $I_z = \frac{1}{12} mb^2$
Prisma rectangular		$I_x = \frac{1}{12} m(b^2 + c^2)$ $I_y = \frac{1}{12} m(c^2 + a^2)$ $I_z = \frac{1}{12} m(a^2 + b^2)$
Disco delgado		$I_x = \frac{1}{2} mr^2$ $I_y = I_z = \frac{1}{4} mr^2$
Cilindro circular		$I_x = \frac{1}{2} ma^2$ $I_y = I_z = \frac{1}{12} m(3a^2 + L^2)$
Cono circular		$I_x = \frac{3}{10} ma^2$ $I_y = I_z = \frac{3}{5} m(\frac{1}{4} a^2 + h^2)$
Esfera		$I_x = I_y = I_z = \frac{2}{5} ma^2$

Fig. 9.28 Momentos de inercia de masa de formas geométricas comunes.

PROBLEMA RESUELTO 9.9

Determínese el momento de inercia de una barra esbelta de longitud L y masa m, con respecto a un eje perpendicular a la barra y que pasa por uno de sus extremos.

SOLUCIÓN

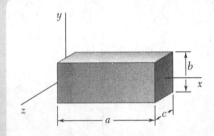

Tras seleccionar el elemento diferencial de masa mostrado, se obtiene

$$dm = \frac{m}{L}\,dx$$

$$I_y = \int x^2\,dm = \int_0^L x^2 \frac{m}{L}\,dx = \left[\frac{m}{L}\frac{x^3}{3}\right]_0^L \qquad I_y = \tfrac{1}{3}mL^2 \quad \blacktriangleleft$$

PROBLEMA RESUELTO 9.10

Para el prisma rectangular homogéneo mostrado, determínese el momento de inercia con respecto al eje z.

SOLUCIÓN

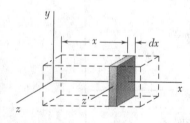

Como elemento diferencial de masa se selecciona la placa delgada mostrada; por lo tanto,

$$dm = \rho bc\,dx$$

De acuerdo con la sección 9.13, el momento de inercia del elemento con respecto al eje z' es

$$dI_{z'} = \tfrac{1}{12}b^2\,dm$$

Con la aplicación del teorema de los ejes paralelos, se obtiene el momento de inercia de masa de la placa con respecto al eje z.

$$= dI_{z'} + x^2\,dm = \tfrac{1}{12}b^2\,dm + x^2\,dm = (\tfrac{1}{12}b^2 + x^2)\,\rho bc\,dx$$

Al integrar de $x = 0$ a $x = a$, se obtiene

$$= \int dI_z = \int_0^a (\tfrac{1}{12}b^2 + x^2)\,\rho bc\,dx = \rho abc(\tfrac{1}{12}b^2 + \tfrac{1}{3}a^2)$$

Como la masa total del prisma es $m = \rho abc$, se puede escribir

$$I_z = m(\tfrac{1}{12}b^2 + \tfrac{1}{3}a^2) \qquad\qquad I_z = \tfrac{1}{12}m(4a^2 + b^2) \quad \blacktriangleleft$$

Se ve que si el prisma es delgado, b es pequeño comparado con a, y la expresión para I_z se reduce a $\tfrac{1}{3}ma^2$, que es el resultado obtenido en el problema resuelto 9.9 cuando $L = a$.

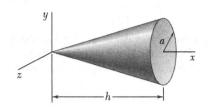

PROBLEMA RESUELTO 9.11

Determínese el momento de inercia de un cono circular recto con respecto a *a*) su eje longitudinal, *b*) un eje que pasa por el ápice del cono y perpendicular a su eje longitudinal, *c*) un eje que pasa por el centroide del cono y perpendicular a su eje longitudinal.

SOLUCIÓN

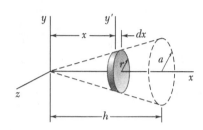

Se selecciona el elemento diferencial de masa mostrado.

$$r = a\frac{x}{h} \qquad dm = \rho\pi r^2\, dx = \rho\pi\frac{a^2}{h^2}x^2\, dx$$

a. Momento de inercia I_x. Con la expresión deducida en la sección 9.13 para un disco delgado, se calcula el momento de inercia de masa del elemento diferencial con respecto al eje x.

$$dI_x = \tfrac{1}{2}r^2\, dm = \tfrac{1}{2}\left(a\frac{x}{h}\right)^2\left(\rho\pi\frac{a^2}{h^2}x^2\, dx\right) = \tfrac{1}{2}\rho\pi\frac{a^4}{h^4}x^4\, dx$$

Al integrar de $x = 0$ a $x = h$, se obtiene

$$I_x = \int dI_x = \int_0^h \tfrac{1}{2}\rho\pi\frac{a^4}{h^4}x^4\, dx = \tfrac{1}{2}\rho\pi\frac{a^4}{h^4}\frac{h^5}{5} = \tfrac{1}{10}\rho\pi a^4 h$$

Como la masa total del cono es $m = \tfrac{1}{3}\rho\pi a^2 h$, se puede escribir

$$I_x = \tfrac{1}{10}\rho\pi a^4 h = \tfrac{3}{10}a^2(\tfrac{1}{3}\rho\pi a^2 h) = \tfrac{3}{10}ma^2 \qquad\qquad I_x = \tfrac{3}{10}ma^2 \quad \blacktriangleleft$$

b. Momento de inercia I_y. Se utiliza el mismo elemento diferencial. Con la aplicación del teorema de los ejes paralelos y la utilización de la expresión deducida en la sección 9.13 para un disco delgado, se escribe

$$dI_y = dI_{y'} + x^2\, dm = \tfrac{1}{4}r^2\, dm + x^2\, dm = (\tfrac{1}{4}r^2 + x^2)\, dm$$

Al sustituir las expresiones para r y dm en la ecuación, se obtiene

$$dI_y = \left(\frac{1}{4}\frac{a^2}{h^2}x^2 + x^2\right)\left(\rho\pi\frac{a^2}{h^2}x^2\, dx\right) = \rho\pi\frac{a^2}{h^2}\left(\frac{a^2}{4h^2} + 1\right)x^4\, dx$$

$$I_y = \int dI_y = \int_0^h \rho\pi\frac{a^2}{h^2}\left(\frac{a^2}{4h^2} + 1\right)x^4\, dx = \rho\pi\frac{a^2}{h^2}\left(\frac{a^2}{4h^2} + 1\right)\frac{h^5}{5}$$

Con la introducción de la masa total del cono m, I_y se reescribe como sigue:

$$I_y = \tfrac{3}{5}(\tfrac{1}{4}a^2 + h^2)\tfrac{1}{3}\rho\pi a^2 h \qquad\qquad I_y = \tfrac{3}{5}m(\tfrac{1}{4}a^2 + h^2) \quad \blacktriangleleft$$

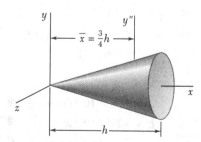

c. Momento de inercia $\bar{I}_{y''}$. Se aplica el teorema de los ejes paralelos, y se escribe

$$I_y = I_{y''} + m\bar{x}^2$$

Al despejar $\bar{I}_{y''}$ y como $\bar{x} = \tfrac{3}{4}h$, se tiene

$$\bar{I}_{y''} = I_y - m\bar{x}^2 = \tfrac{3}{5}m(\tfrac{1}{4}a^2 + h^2) - m(\tfrac{3}{4}h)^2$$

$$\bar{I}_{y''} = \tfrac{3}{20}m(a^2 + \tfrac{1}{4}h^2) \quad \blacktriangleleft$$

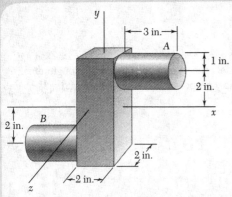

PROBLEMA RESUELTO 9.12

Una pieza de acero forjado se compone de un prisma rectangular de 6 × 2 × 2 in. y dos cilindros de 2 in. de diámetro y 3 in. de longitud. Determínense los momentos de inercia de la pieza forjada con respecto a los ejes coordenados, si el peso específico del acero es de 490 lb/ft³.

SOLUCIÓN

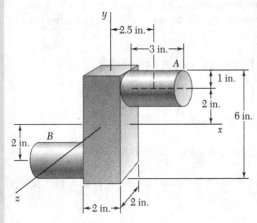

Cálculo de las masas
Prisma

$$V = (2 \text{ in.})(2 \text{ in.})(6 \text{ in.}) = 24 \text{ in}^3$$

$$W = \frac{(24 \text{ in}^3)(490 \text{ lb/ft}^3)}{1728 \text{ in}^3/\text{ft}^3} = 6.81 \text{ lb}$$

$$m = \frac{6.81 \text{ lb}}{32.2 \text{ ft/s}^2} = 0.211 \text{ lb} \cdot \text{s}^2/\text{ft}$$

Cada cilindro

$$V = \pi(1 \text{ in.})^2(3 \text{ in.}) = 9.42 \text{ in}^3$$

$$W = \frac{(9.42 \text{ in}^3)(490 \text{ lb/ft}^3)}{1728 \text{ in}^3/\text{ft}^3} = 2.67 \text{ lb}$$

$$m = \frac{2.67 \text{ lb}}{32.2 \text{ ft/s}^2} = 0.0829 \text{ lb} \cdot \text{s}^2/\text{ft}$$

Momentos de inercia. Los momentos de inercia de cada componente se calculan con base en la figura 9.28, y utilizando el teorema de los ejes paralelos cuando sea necesario. Observe que todas las longitudes se deben expresar en pies.

Prisma

$$I_x = I_z = \tfrac{1}{12}(0.211 \text{ lb} \cdot \text{s}^2/\text{ft})[(\tfrac{6}{12} \text{ ft})^2 + (\tfrac{2}{12} \text{ ft})^2] = 4.88 \times 10^{-3} \text{ lb} \cdot \text{ft} \cdot \text{s}^2$$

$$I_y = \tfrac{1}{12}(0.211 \text{ lb} \cdot \text{s}^2/\text{ft})[(\tfrac{2}{12} \text{ ft})^2 + (\tfrac{2}{12} \text{ ft})^2] = 0.977 \times 10^{-3} \text{ lb} \cdot \text{ft} \cdot \text{s}^2$$

Cada cilindro

$$I_x = \tfrac{1}{2}ma^2 + m\bar{y}^2 = \tfrac{1}{2}(0.0829 \text{ lb} \cdot \text{s}^2/\text{ft})(\tfrac{1}{12} \text{ ft})^2$$
$$+ (0.0829 \text{ lb} \cdot \text{s}^2/\text{ft})(\tfrac{2}{12} \text{ ft})^2 = 2.59 \times 10^{-3} \text{ lb} \cdot \text{ft} \cdot \text{s}^2$$

$$I_y = \tfrac{1}{12}m(3a^2 + L^2) + m\bar{x}^2 = \tfrac{1}{12}(0.0829 \text{ lb} \cdot \text{s}^2/\text{ft})[3(\tfrac{1}{12} \text{ ft})^2 + (\tfrac{3}{12} \text{ ft})^2]$$
$$+ (0.0829 \text{ lb} \cdot \text{s}^2/\text{ft})(\tfrac{2.5}{12} \text{ ft})^2 = 4.17 \times 10^{-3} \text{ lb} \cdot \text{ft} \cdot \text{s}^2$$

$$I_z = \tfrac{1}{12}m(3a^2 + L^2) + m(\bar{x}^2 + \bar{y}^2) = \tfrac{1}{12}(0.0829 \text{ lb} \cdot \text{s}^2/\text{ft})[3(\tfrac{1}{12} \text{ ft})^2 + (\tfrac{3}{12} \text{ ft})^2]$$
$$+ (0.0829 \text{ lb} \cdot \text{s}^2/\text{ft})[(\tfrac{2.5}{12} \text{ ft})^2 + (\tfrac{2}{12} \text{ ft})^2] = 6.48 \times 10^{-3} \text{ lb} \cdot \text{ft} \cdot \text{s}^2$$

El cuerpo completo. Sumando los valores obtenidos,

$$I_x = 4.88 \times 10^{-3} + 2(2.59 \times 10^{-3}) \qquad I_x = 10.06 \times 10^{-3} \text{ lb} \cdot \text{ft} \cdot \text{s}^2 \blacktriangleleft$$

$$I_y = 0.977 \times 10^{-3} + 2(4.17 \times 10^{-3}) \qquad I_y = 9.32 \times 10^{-3} \text{ lb} \cdot \text{ft} \cdot \text{s}^2 \blacktriangleleft$$

$$I_z = 4.88 \times 10^{-3} + 2(6.48 \times 10^{-3}) \qquad I_z = 17.84 \times 10^{-3} \text{ lb} \cdot \text{ft} \cdot \text{s}^2 \blacktriangleleft$$

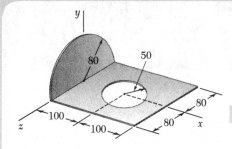

Dimensiones en mm

PROBLEMA RESUELTO 9.13

Una placa delgada de acero, de 4 mm de espesor, se corta y se dobla para formar la parte de máquina mostrada. Si la densidad del acero es de 7850 kg/m³, determínense los momentos de inercia de la parte de máquina con respecto a los ejes de coordenadas.

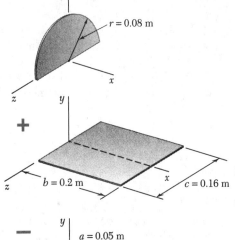

SOLUCIÓN

Se observa que la parte de máquina se compone de una placa semicircular y una placa rectangular de la cual se removió una placa circular.

Cálculo de las masas. *Placa semicircular*

$$V_1 = \tfrac{1}{2}\pi r^2 t = \tfrac{1}{2}\pi(0.08 \text{ m})^2(0.004 \text{ m}) = 40.21 \times 10^{-6} \text{ m}^3$$
$$m_1 = \rho V_1 = (7.85 \times 10^3 \text{ kg/m}^3)(40.21 \times 10^{-6} \text{ m}^3) = 0.3156 \text{ kg}$$

Placa rectangular

$$V_2 = (0.200 \text{ m})(0.160 \text{ m})(0.004 \text{ m}) = 128 \times 10^{-6} \text{ m}^3$$
$$m_2 = \rho V_2 = (7.85 \times 10^3 \text{ kg/m}^3)(128 \times 10^{-6} \text{ m}^3) = 1.005 \text{ kg}$$

Placa circular

$$V_3 = \pi a^2 t = \pi(0.050 \text{ m})^2(0.004 \text{ m}) = 31.42 \times 10^{-6} \text{ m}^3$$
$$m_3 = \rho V_3 = (7.85 \times 10^3 \text{ kg/m}^3)(31.42 \times 10^{-6} \text{ m}^3) = 0.2466 \text{ kg}$$

Momentos de inercia. Con el método presentado en la sección 9.13, se calculan los momentos de inercia de cada componente.

Placa semicircular. En la figura 9.28 se observa que, para una placa circular de masa m y radio r,

$$I_x = \tfrac{1}{2}mr^2 \qquad I_y = I_z = \tfrac{1}{4}mr^2$$

Por la simetría, se ve, que para una placa semicircular,

$$I_x = \tfrac{1}{2}(\tfrac{1}{2}mr^2) \qquad I_y = I_z = \tfrac{1}{2}(\tfrac{1}{4}mr^2)$$

Como la masa de la placa semicircular es $m_1 = \tfrac{1}{2}m$, se tiene

$$I_x = \tfrac{1}{2}m_1 r^2 = \tfrac{1}{2}(0.3156 \text{ kg})(0.08 \text{ m})^2 = 1.010 \times 10^{-3} \text{ kg} \cdot \text{m}^2$$
$$I_y = I_z = \tfrac{1}{4}(\tfrac{1}{2}mr^2) = \tfrac{1}{4}m_1 r^2 = \tfrac{1}{4}(0.3156 \text{ kg})(0.08 \text{ m})^2 = 0.505 \times 10^{-3} \text{ kg} \cdot \text{m}^2$$

Placa rectangular

$$I_x = \tfrac{1}{12}m_2 c^2 = \tfrac{1}{12}(1.005 \text{ kg})(0.16 \text{ m})^2 = 2.144 \times 10^{-3} \text{ kg} \cdot \text{m}^2$$
$$I_z = \tfrac{1}{3}m_2 b^2 = \tfrac{1}{3}(1.005 \text{ kg})(0.2 \text{ m})^2 = 13.400 \times 10^{-3} \text{ kg} \cdot \text{m}^2$$
$$I_y = I_x + I_z = (2.144 + 13.400)(10^{-3}) = 15.544 \times 10^{-3} \text{ kg} \cdot \text{m}^2$$

Placa circular

$$I_x = \tfrac{1}{4}m_3 a^2 = \tfrac{1}{4}(0.2466 \text{ kg})(0.05 \text{ m})^2 = 0.154 \times 10^{-3} \text{ kg} \cdot \text{m}^2$$
$$I_y = \tfrac{1}{2}m_3 a^2 + m_3 d^2$$
$$= \tfrac{1}{2}(0.2466 \text{ kg})(0.05 \text{ m})^2 + (0.2466 \text{ kg})(0.1 \text{ m})^2 = 2.774 \times 10^{-3} \text{ kg} \cdot \text{m}^2$$
$$I_z = \tfrac{1}{4}m_3 a^2 + m_3 d^2 = \tfrac{1}{4}(0.2466 \text{ kg})(0.05 \text{ m})^2 + (0.2466 \text{ kg})(0.1 \text{ m})^2$$
$$= 2.620 \times 10^{-3} \text{ kg} \cdot \text{m}^2$$

La parte de máquina completa

$$I_x = (1.010 + 2.144 - 0.154)(10^{-3}) \text{ kg} \cdot \text{m}^2 \qquad I_x = 3.00 \times 10^{-3} \text{ kg} \cdot \text{m}^2 \blacktriangleleft$$
$$I_y = (0.505 + 15.544 - 2.774)(10^{-3}) \text{ kg} \cdot \text{m}^2 \qquad I_y = 13.28 \times 10^{-3} \text{ kg} \cdot \text{m}^2 \blacktriangleleft$$
$$I_z = (0.505 + 13.400 - 2.620)(10^{-3}) \text{ kg} \cdot \text{m}^2 \qquad I_z = 11.29 \times 10^{-3} \text{ kg} \cdot \text{m}^2 \blacktriangleleft$$

En esta lección se introdujo el *momento de inercia de masa* y el *radio de giro* de un cuerpo tridimensional con respecto a un eje dado [Ecs. (9.28) y (9.29)]. También se dedujo el *teorema de los ejes paralelos* para usarlo con momentos de inercia de masa, y se analizó el cálculo de los momentos de inercia de masa de placas delgadas y cuerpos tridimensionales.

1. *Cálculo de los momentos de inercia de masa.* El momento de inercia de masa I de un cuerpo con respecto a un eje dado se puede calcular directamente a partir de la definición dada en la ecuación (9.28) para figuras simples [problema resuelto 9.9]. En la mayoría de los casos, sin embargo, es necesario dividir el cuerpo en placas, calcular el momento de inercia de una placa representativa con respecto al eje dado —de ser necesario, con el teorema de los ejes paralelos— e integrar la expresión obtenida.

2. *Aplicación del teorema de los ejes paralelos.* En la sección 9.12 se dedujo el teorema de los ejes paralelos para momentos de inercia de masa

$$I = \bar{I} + md^2 \tag{9.33}$$

el cual establece que el momento de inercia I de un cuerpo de masa m con respecto a un eje dado es igual a la suma del momento de inercia $\bar{I}$ de ese cuerpo con respecto a un *eje centroidal paralelo* y el producto md^2, donde d es la distancia entre los dos ejes. Cuando se calcula el momento de inercia de un cuerpo tridimensional con respecto a uno de los ejes de coordenadas, d^2 puede ser remplazada por la suma de los cuadrados de las distancias medidas a lo largo de los otros dos ejes de coordenadas [Ecs. (9.32) y (9.32′)].

3. *Evitando errores relacionados con las unidades.* Para evitar errores, es esencial ser consistente en el uso de las unidades. Por lo tanto, todas las longitudes se deben expresar en metros o pies, como sea apropiado, y en problemas donde se utilicen unidades de uso común en Estados Unidos, las masas se deben dar en lb · s²/ft. Además, es muy recomendable que se incluyan las unidades conforme se vayan realizando los cálculos (problemas resueltos 9.12 y 9.13).

4. *Cálculo del momento de inercia de masa de placas delgadas.* En la sección 9.13 se demostró que el momento de inercia de masa de una placa delgada con respecto a un eje dado, se obtiene multiplicando el momento de inercia correspondiente del área de la placa por su densidad ρ y su espesor t [Ecs. (9.35) a (9.37)]. Obsérvese que, como el eje CC' de la figura 9.24c es *perpendicular a la placa*, $I_{CC',\text{masa}}$ está asociado con el momento de inercia polar $J_{C,\text{área}}$.

En lugar de calcular directamente el momento de inercia de una placa delgada con respecto a un eje especificado, puede ser conveniente que se calcule primero su momento de inercia con respecto a un eje paralelo al eje especificado, y luego aplicar el teorema de los ejes paralelos. Además, para determinar el momento de inercia de una placa delgada con respecto a un eje perpendicular a la placa, es posible que se desee determinar primero sus momentos de inercia con respecto a dos ejes perpendiculares en un plano, y luego utilizar la ecuación (9.38). Por último, recuérdese que la masa de una placa de área A, espesor t y densidad ρ es $m = \rho t A$.

5. Determinación del momento de inercia de un cuerpo mediante una sola integración directa. En la sección 9.14 se analizó y se ilustró en los problemas resueltos 9.10 y 9.11 cómo se puede usar una sola integración para calcular el momento de inercia de un cuerpo que se puede dividir en una serie de placas paralelas delgadas. En esos casos, con frecuencia será necesario expresar la masa del cuerpo en función de su densidad y sus dimensiones. Si se supone que el cuerpo ya se dividió, como en los problemas resueltos, en placas delgadas perpendiculares al eje x, se tendrán que expresar las dimensiones de cada placa como funciones de la variable x.

a. En el caso especial de un cuerpo de revolución, la placa elemental es un disco delgado, y las ecuaciones dadas en la figura 9.27 deben usarse para determinar los momentos de inercia del cuerpo [problema resuelto 9.11].

b. En el caso general, cuando el cuerpo no es de revolución, el elemento diferencial no es un disco, sino una placa delgada de forma diferente, y no se pueden usar las ecuaciones de la figura 9.27. Véase, por ejemplo, el problema resuelto 9.10, donde el elemento fue una placa rectangular delgada. En el caso de configuraciones más complejas, es posible que se desee usar una o más de las ecuaciones siguientes, las cuales están basadas en las ecuaciones (9.32) y (9.32') de la sección 9.12.

$$dI_x = dI_{x'} + (\overline{y}_{el}^2 + \overline{z}_{el}^2)\, dm$$
$$dI_y = dI_{y'} + (\overline{z}_{el}^2 + \overline{x}_{el}^2)\, dm$$
$$dI_z = dI_{z'} + (\overline{x}_{el}^2 + \overline{y}_{el}^2)\, dm$$

donde los signos (') denotan los ejes centroidales de cada placa elemental, y donde $\overline{x}_{el}$, $\overline{y}_{el}$ y $\overline{z}_{el}$ representan las coordenadas de su centroide. Los momentos de inercia centroidales de la placa se determinan de la manera descrita con anterioridad para una placa delgada. Con base en la figura 9.12 de la página 469, se calculan los momentos de inercia correspondientes del área de la placa, y el resultado se multiplica por la densidad ρ y el espesor t de la placa. Además, si se supone que el cuerpo ya se dividió en placas delgadas perpendiculares al eje x, recuérdese que se puede obtener $dI_{x'}$, sumando $dI_{y'}$ y $dI_{z'}$, en lugar de calcularlo directamente. Por último, con base en la geometría del cuerpo, el resultado se expresa en función de la variable x única y se integra en x.

6. Cálculo del momento de inercia de un cuerpo compuesto. Como ya se indicó en la sección 9.15, el momento de inercia de un cuerpo compuesto con respecto a un eje especificado, es igual a la suma de los momentos de sus componentes con respecto a dicho eje. Los problemas resueltos 9.12 y 9.13 ilustran el método de solución apropiado. También se debe recordar que el momento de inercia de un componente será negativo sólo si éste se *remueve* (como en el caso de un agujero).

Si bien los problemas de cuerpos compuestos incluidos en esta lección son relativamente simples, se tendrá que trabajar con cuidado para evitar errores de cálculo. Además, si algunos de los momentos de inercia que se requieren no aparecen en la figura 9.28, se tendrán que derivar las fórmulas, con las técnicas de esta lección.

Problemas

9.111 El cuarto de aro mostrado tiene una masa m, y se recortó de una placa delgada uniforme. Si $r_1 = \frac{3}{4}r_2$, determine el momento de inercia de masa del cuarto de aro con respecto a a) el eje AA', b) el eje centroidal CC' perpendicular al plano del cuarto de aro.

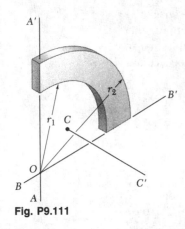

Fig. P9.111

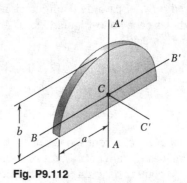

Fig. P9.112

9.112 Una placa semielíptica delgada tiene una masa m. Determine el momento de inercia de masa de la placa con respecto a a) el eje centroidal BB', b) el eje centroidal CC' perpendicular a la placa.

9.113 El aro elíptico mostrado se recortó de una placa uniforme delgada. Si m denota la masa del aro, determine su momento de inercia con respecto a a) el eje centroidal BB', b) el eje centroidal CC' perpendicular al plano del aro.

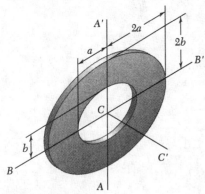

Fig. P9.113

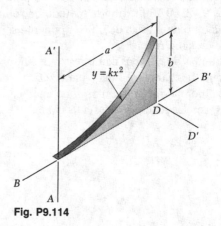

Fig. P9.114

9.114 La enjuta parabólica mostrada se recortó de una placa uniforme delgada. Si m denota la masa de la enjuta, determine su momento de inercia con respecto a a) el eje BB', b) el eje DD' perpendicular a la enjuta. (*Sugerencia.* Véase el problema resuelto 9.3.)

9.115 Una pieza de lámina metálica uniforme delgada se recortó para formar el componente de máquina mostrado. Si m denota la masa del componente, determine su momento de inercia con respecto a a) el eje x, b) el eje y.

9.116 Una pieza de lámina metálica uniforme delgada se recortó para formar el componente de máquina mostrado. Si m denota la masa del componente, determine su momento de inercia con respecto a a) el eje AA', b) el eje BB', donde los ejes AA' y BB' son paralelos al eje x, y se localizan en un plano paralelo al plano xz y a una distancia a sobre dicho plano.

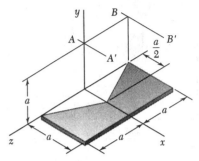

Fig. P9.115 y P9.116

9.117 Una placa delgada de masa m tiene la forma trapezoidal mostrada. Determine el momento de inercia de masa de la placa con respecto a a) el eje x, b) el eje y.

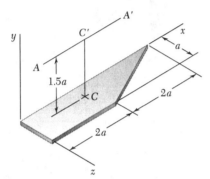

Fig. *P9. 117* y *P9.118*

9.118 Una placa delgada de masa m tiene la forma trapezoidal mostrada. Determine su momento de inercia de masa con respecto a a) el eje centroidal CC' perpendicular a la placa, b) el eje AA' paralelo al eje x, localizado a una distancia $1.5a$ de la placa.

9.119 El área mostrada se hace girar sobre el eje x para formar un sólido de revolución homogéneo de masa m. Mediante integración directa, exprese el momento de inercia del sólido con respecto al eje x, en función de m y h.

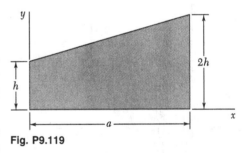

Fig. P9.119

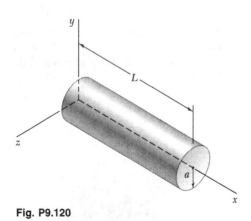

Fig. P9.120

9.120 Determine mediante integración directa el momento de inercia con respecto al eje z del cilindro circular recto mostrado, si su densidad es uniforme y su masa es m.

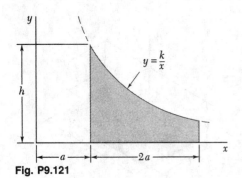

Fig. P9.121

9.121 El área mostrada se hace girar alrededor del eje x para formar un sólido de revolución homogéneo de masa m. Determine mediante integración directa el momento de inercia del sólido con respecto a a) el eje x, b) el eje y. Exprese sus respuestas en función de m y de las dimensiones del sólido.

9.122 Determine mediante integración directa el momento de inercia con respecto al eje x del tetraedro mostrado, suponiendo que tiene una densidad uniforme y una masa m.

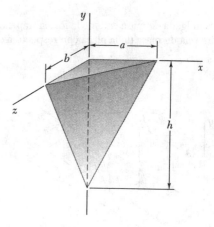

9.123 Determine mediante integración directa el momento de inercia con respecto al eje y del tetraedro mostrado, suponiendo que tiene una densidad uniforme y una masa m.

*9.124 Determine mediante integración directa el momento de inercia con respecto al eje z del semielipsoide mostrado, suponiendo que tiene una densidad uniforme y una masa m.

*9.125 Un alambre delgado de acero se dobla para darle la forma mostrada. Si m' denota la masa por unidad de longitud, determine mediante integración directa el momento de inercia del alambre con respecto a cada uno de los ejes de coordenadas.

9.126 Una placa triangular delgada de masa m se suelda a lo largo de su base AB a un bloque, como se muestra. Si la placa forma un ángulo θ con el eje y, determine mediante integración directa el momento de inercia de masa de la placa con respecto a a) el eje x, b) el eje y, c) el eje z.

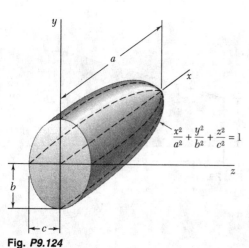

$$\frac{x^2}{a^2} + \frac{y^2}{b^2} + \frac{z^2}{c^2} = 1$$

Fig. P9.124

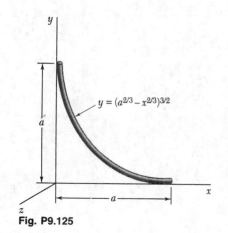

$y = (a^{2/3} - x^{2/3})^{3/2}$

Fig. P9.125

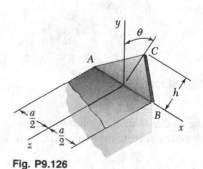

Fig. P9.126

9.127 Se muestra la sección transversal de una polea moldeada de banda plana. Determine su momento de inercia y su radio de giro con respecto al eje *AA'*. (La densidad del latón es de 8650 kg/m³, y la del policarbonato reforzado con fibra es de 1250 kg/m³.)

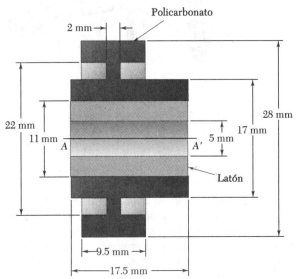

Fig. P9.127

9.128 Se muestra la sección transversal de un rodillo. Determine su momento de inercia de masa y su radio de giro con respecto al eje *AA'*. (El peso específico del bronce es de 0.310 lb/in³; el del aluminio, 0.100 lb/in³, y el del neopreno, 0.0452 lb/in³).

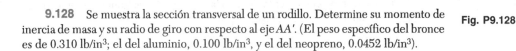

Fig. P9.128

9.129 Dadas las dimensiones y la masa *m* de la pieza cónica delgada mostrada, determine su momento de inercia y el radio de giro con respecto al eje *x*. (*Sugerencia.* Suponga que la pieza se formó al extraer un cono de base circular de radio *a* de un cono de base circular de radio *a + t*, donde *t* es el espesor de la pared. En las expresiones resultantes, desprecie los términos que contienen t^2, t^3, etc. No olvide tomar en cuenta la diferencia de alturas de los dos conos.)

9.130 Se perforó un agujero de 20 mm de diámetro en una barra de 32 mm de diámetro, como se muestra. Determine la profundidad *d* del agujero de modo que la razón de los momentos de inercia de la barra con y sin agujero con respecto al eje *AA'* sea de 0.96.

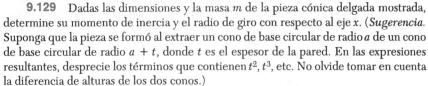

Fig. P9.129

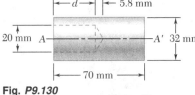

Fig. *P9.130*

9.131 Después de un periodo de uso, una de las cuchillas de un desmenuzador se desgastó, y terminó con la forma mostrada y su masa es de 0.18 kg. Si los momentos de inercia de la cuchilla con respecto a los ejes *AA'* y *BB'* son 0.320 g · m² y 0.680 g · m², respectivamente, determine *a*) la ubicación del eje centroidal *GG'*, *b*) el radio de giro con respecto al eje *GG'*.

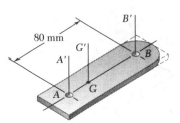

Fig. P9.131

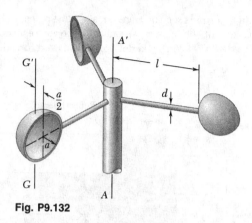

Fig. P9.132

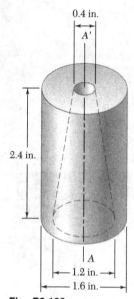

0.4 in.

2.4 in.

1.2 in.

1.6 in.

Fig. *P9.133*

9.132 Las copas y los brazos de un anemómetro están fabricados de un material de densidad ρ. Si el momento de inercia de una masa de un cascarón semiesférico delgado de masa m y espesor t, con respecto a su eje centroidal GG' es $5ma^2/12$, determine a) el momento de inercia del anemómetro con respecto al eje AA', b) la razón de a a l con la cual el momento de inercia centroidal de las copas es igual a 1% del momento de inercia de las copas con respecto al eje AA'.

9.133 Determine el momento de inercia de masa del componente de máquina de 0.9 lb mostrado, con respecto al eje AA'.

9.134 Un agujero cuadrado centrado se extiende de un lado a otro del componente de máquina de aluminio mostrado. Determine a) el valor de a con el cual el momento de inercia de masa del componente con respecto al eje AA', que corta la parte superior del agujero, es máximo, b) los valores correspondientes del momento de inercia de masa y el radio de giro con respecto al eje AA'. (El peso específico del aluminio es de 0.100 lb/in^3.)

9.135 y 9.136 Un pedazo de lámina metálica de 2 mm de espesor se corta y se dobla para formar el componente de máquina mostrado. Si la densidad del acero es de 7850 kg/m^3, determine el momento de inercia del componente con respecto a cada uno de los ejes de coordenadas.

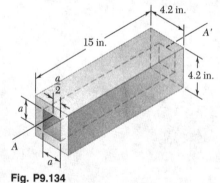

Fig. P9.134

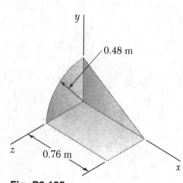

Fig. P9.135

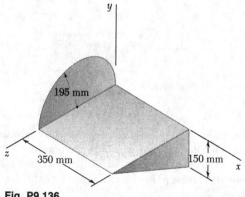

Fig. P9.136

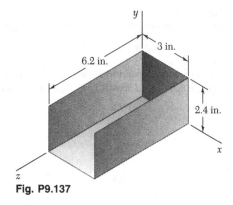

Fig. P9.137

9.137 La tapa de un artefacto electrónico se formó con lámina de aluminio de 0.05 in. de espesor. Determine el momento de inercia de masa de la tapa con respecto a cada uno de los ejes de coordenadas. (El peso específico del aluminio es de 0.100 lb/in^3.)

9.138 Un anclaje de estructura se formó con lámina de acero galvanizado de 0.05 in. de espesor. Determine el momento de inercia de masa del anclaje con respecto a cada uno de los ejes de coordenadas. (El peso específico del acero galvanizado es de 470 lb/ft^3.)

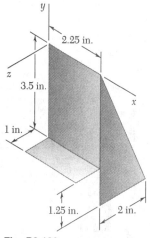

Fig. P9.138

9.139 Un subensamble de un modelo de avión se fabricó con tres piezas de madera de 1.5 mm. Si se desprecia la masa del adhesivo utilizado para armar las tres piezas, determine el momento de inercia de masa del subensamble con respecto a cada uno de los ejes de coordenadas. (La densidad de la madera es de 780 kg/m^3.)

9.140 Un granjero construye una batea soldando un pedazo rectangular de lámina de acero de 2 mm de espesor en la mitad de un tambor de acero. Si la densidad del acero es de 7850 kg/m^3 y el espesor de las paredes del tambor es de 1.8 mm, determine el momento de inercia de la batea con respecto a cada uno de los ejes de coordenadas. Desprecie la masa de las soldaduras.

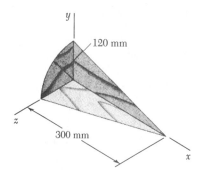

Fig. *P9.139*

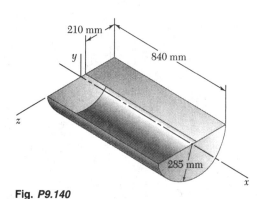

Fig. *P9.140*

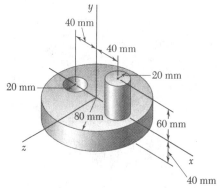

Fig. P9.141

9.141 El elemento de máquina mostrado es de acero. Determine el momento de inercia del elemento con respecto a *a*) el eje *x*, *b*) el eje, *y c*) el eje *z*. (La densidad del acero es de 7850 kg/m^3.)

9.142 Determine el momento de inercia de masa del elemento de máquina de acero mostrado con respecto al eje y. (El peso específico del acero es de 490 lb/ft³.)

9.143 Determine el momento de inercia de masa del elemento de máquina de acero mostrado con respecto al eje z. (El peso específico del acero es de 490 lb/ft³.).

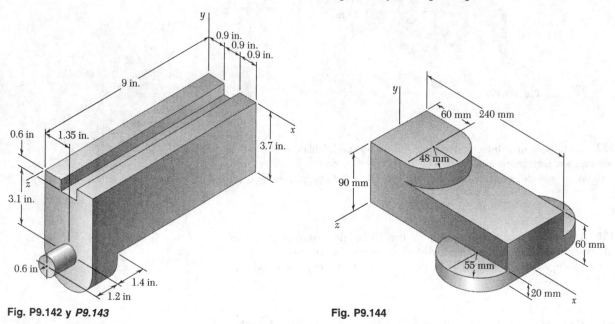

Fig. P9.142 y *P9.143*

Fig. P9.144

9.144 Una pieza fundida de aluminio tiene la forma mostrada. Si la densidad del aluminio es de 2700 kg/m³, determine el momento de inercia de la pieza con respecto al eje z.

9.145 Determine el momento de inercia del dispositivo de acero mostrado con respecto a a) el eje x, b) el eje y, c) el eje z (La densidad del acero es de 7850 kg/m³.)

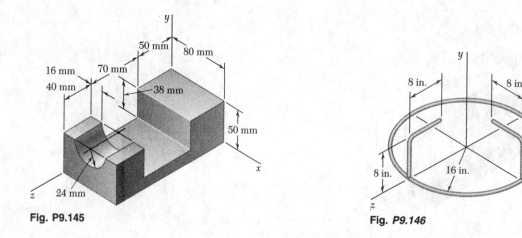

Fig. P9.145

Fig. *P9.146*

9.146 Se utiliza alambre de aluminio, con un peso por unidad de longitud de 0.033 lb/ft, para formar el círculo y los elementos rectos de la figura mostrada. Determine el momento de inercia de masa del ensamble con respecto a cada uno de los ejes de coordenadas.

9.147 La figura mostrada se formó de alambre de acero de $\frac{1}{8}$ in. de diámetro. Si el peso específico del acero es de 490 lb/ft³, determine el momento de inercia de masa del alambre con respecto a cada uno de los ejes de coordenadas.

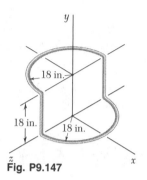

18 in.

18 in.   18 in.

Fig. P9.147

9.148 Un alambre homogéneo, con una masa por unidad de longitud de 0.056 kg/m, se utiliza para formar la figura mostrada. Determine el momento de inercia del alambre con respecto a cada uno de los ejes de coordenadas.

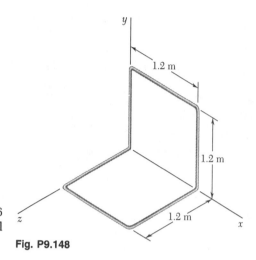

1.2 m

1.2 m

1.2 m

Fig. P9.148

*9.16. MOMENTO DE INERCIA DE UN CUERPO CON RESPECTO A UN EJE ARBITRARIO QUE PASA POR *O*. PRODUCTOS DE INERCIA DE MASA

En esta sección se verá cómo se determina el momento de inercia de un cuerpo con respecto a un eje arbitrario OL que pasa por el origen (figura 9.29), si sus momentos de inercia con respecto a los ejes de coordenadas, así como otras cantidades que se definirán en seguida, ya se determinaron.

El momento de inercia I_{OL} del cuerpo con respecto a OL es igual a $\int p^2\, dm$, donde p denota la distancia perpendicular del elemento de masa dm al eje OL. Si λ denota el vector unitario a lo largo de OL, y $\mathbf{r}$ denota el vector de posición del elemento dm, se observa que la distancia perpendicular p es igual a r sen θ, la cual es la magnitud del producto vectorial $\lambda \times \mathbf{r}$. Por consiguiente, se escribe

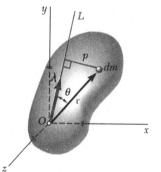

Fig. 9.29

$$I_{OL} = \int p^2\, \mathrm{dm} = \int |\lambda \times \mathbf{r}|^2\, dm \qquad (9.43)$$

Si $|\lambda \times \mathbf{r}|^2$ se expresa en función de las componentes rectangulares del producto vectorial, se tiene

$$I_{OL} = \int [(\lambda_x y - \lambda_y x)^2 + (\lambda_y z - \lambda_z y)^2 + (\lambda_z x - \lambda_x z)^2]\, dm$$

donde las componentes λ_x, λ_y, λ_z del vector unitario λ representan los cosenos directores del eje OL, y las componentes x, y, z de $\mathbf{r}$ representan las coordenadas del elemento de masa dm. Si se expanden los términos cuadráticos y se reordenan los términos, se puede escribir

$$I_{OL} = \lambda_x^2 \int (y^2 + z^2)\, dm + \lambda_y^2 \int (z^2 + x^2)\, dm + \lambda_z^2 \int (x^2 + y^2)\, dm$$

$$- 2\lambda_x \lambda_y \int xy\, dm - 2\lambda_y \lambda_z \int yz\, dm - 2\lambda_z \lambda_x \int zx\, dm \qquad (9.44)$$

Si se recurre a las ecuaciones (9.30), se ve que las primeras tres integrales de (9.44) representan, respectivamente, los momentos de inercia I_x, I_y e I_z del cuerpo con respecto a los ejes de coordenadas. Las últimas tres integrales de (9.44), las cuales incluyen productos de coordenadas, se llaman *productos de inercia* del cuerpo con respecto a los ejes x y y, los ejes y y z y los ejes z y x, respectivamente. Por consiguiente

$$I_{xy} = \int xy \, dm \qquad I_{yz} = \int yz \, dm \qquad I_{zx} = \int zx \, dm \qquad (9.45)$$

Si se reescribe la ecuación (9.44) en función de las integrales definidas en las ecuaciones (9.30) y (9.45), se obtiene

$$I_{OL} = I_x \lambda_x^2 + I_y \lambda_y^2 + I_z \lambda_z^2 - 2I_{xy}\lambda_x\lambda_y - 2I_{yz}\lambda_y\lambda_z - 2I_{zx}\lambda_z\lambda_x \qquad (9.46)$$

Se ve que la definición de los productos de inercia de una masa dada de las ecuaciones (9.45) es una extensión de la definición del producto de inercia de un área (sección 9.8). Los productos de inercia de masa se reducen a cero en las mismas condiciones de simetría, al igual que los productos de inercia de áreas, y el teorema de los ejes paralelos para productos de inercia de masa se expresa por medio de relaciones similares a la fórmula deducida para el producto de inercia de un área. Al sustituir las expresiones para x, y y z dadas en las ecuaciones (9.31) en las ecuaciones (9.45), se halla que

$$\begin{aligned} I_{xy} &= \overline{I}_{x'y'} + m\overline{x}\overline{y} \\ I_{yz} &= \overline{I}_{y'z'} + m\overline{y}\overline{z} \\ I_{zx} &= \overline{I}_{z'x'} + m\overline{z}\overline{x} \end{aligned} \qquad (9.47)$$

donde $\overline{x}$, $\overline{y}$, $\overline{z}$ son las coordenadas del centro de gravedad G del cuerpo, e $\overline{I}_{x'y'}$, $\overline{I}_{y'z'}$, $\overline{I}_{z'x'}$ denotan los productos de inercia del cuerpo con respecto a los ejes centroidales, x', y', z' (figura 9.22).

*9.17. ELIPSOIDE DE INERCIA. EJES PRINCIPALES DE INERCIA

Supóngase que el momento de inercia del cuerpo considerado en la sección anterior ya se determinó con respecto a un gran número de ejes OL que pasan por el punto fijo O, y que se marcó un punto Q en cada eje OL a una distancia $OQ = 1/\sqrt{I_{OL}}$ de O. El conjunto de los puntos Q así obtenido forma una superficie (figura 9.30). La ecuación de esa superficie se obtiene sustituyendo $1/(OQ)^2$ en lugar de I_{OL} en la ecuación (9.46) y multiplicando luego ambos lados de la ecuación por $(OQ)^2$. Puesto que

$$(OQ)\lambda_x = x \qquad (OQ)\lambda_y = y \qquad (OQ)\lambda_z = z$$

donde x, y, z denotan las coordenadas rectangulares de Q, se escribe

$$I_x x^2 + I_y y^2 + I_z z^2 - 2I_{xy}xy - 2I_{yz}yz - 2I_{zx}zx = 1 \qquad (9.48)$$

La ecuación obtenida es la ecuación de una *superficie cuádrica*. Como el momento de inercia I_{OL} es diferente de cero con respecto a cada eje OL, ningún punto

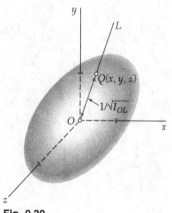

Fig. 9.30

Q puede estar a una distancia infinita de O. Por lo tanto, la superficie cuádrica obtenida es un *elipsoide*. Este elipsoide, que define el momento de inercia del cuerpo con respecto a cualquier eje que pase por O, se conoce como *elipsoide de inercia* del cuerpo fijo en O.

Observe que, si se giran los ejes de la figura 9.30, los coeficientes de la ecuación que definen el elipsoide cambian, puesto que son iguales a los momentos y productos de inercia del cuerpo con respecto a los ejes de coordenadas girados. Sin embargo, el *elipoide en sí no se ve afectado*, ya que su forma depende sólo de la distribución de masa en el cuerpo dado. Supóngase que se eligen como ejes de coordenadas los ejes principales x', y', z' del elipsoide de inercia (figura 9.31). Se sabe que la ecuación del elipsoide con respecto a estos ejes de coordenadas es de la forma

$$I_{x'}x'^2 + I_{y'}y'^2 + I_{z'}z'^2 = 1 \qquad (9.49)$$

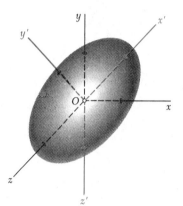

Fig. 9.31

que no contiene productos de coordenadas. Al comparar las ecuaciones (9.48) y (9.49), se ve que los productos de inercia del cuerpo con respecto a los ejes x', y', z' deben ser cero. Los ejes x', y', z' se conocen como *ejes principales de inercia* del cuerpo fijo en O, y los coeficientes $I_{x'}$, $I_{y'}$, $I_{z'}$ como *momentos principales de inercia* del cuerpo fijo en O. Adviértase que, dados un cuerpo de forma arbitraria y un punto O, siempre es posible hallar ejes que sean los ejes principales de inercia del cuerpo fijo en O, esto es, ejes con respecto a los cuales los productos de inercia del cuerpo son cero. De hecho, sea cual fuere la forma del cuerpo, los momentos y productos de inercia del cuerpo con respecto a los ejes x, y y z que pasen por O definirán un elipsoide, y éste tendrá ejes principales que, por definición, son los ejes principales de inercia del cuerpo fijo en O.

Si se utilizan los ejes principales de inercia x', y', z' como ejes de coordenadas, la expresión obtenida en la ecuación (9.46) para el momento de inercia de un cuerpo con respecto a un eje arbitrario que pasa por O se reduce a

$$I_{OL} = I_{x'}\lambda_{x'}^2 + I_{y'}\lambda_{y'}^2 + I_{z'}\lambda_{z'}^2 \qquad (9.50)$$

La determinación de los ejes principales de inercia de un cuerpo de forma arbitraria es algo complicada, y se analizará en la siguiente sección. Existen muchos casos, sin embargo, en los que estos ejes se pueden visualizar de inmediato. Considérese, por ejemplo, el cono homogéneo de base elíptica mostrado en la figura 9.32; este cono posee dos planos de simetría mutuamente perpendiculares OAA' y OBB'. Por la definición (9.45), se observa que si se seleccionan los planos $x'y'$ y $y'z'$ para que coincidan con los dos planos de simetría, todos los productos de inercia son cero. Los ejes x', y' y z' así seleccionados son, por consiguiente, los ejes principales de inercia del cono fijo en O. En el caso del tetraedro regular homogéneo $OABC$ mostrado en la figura 9.33, la línea que une el vértice O con el centro D de la cara opuesta es un eje principal de inercia en O, y cualquier línea que pase por O perpendicular a OD también es un eje principal de inercia en O. Esta propiedad es aparente si se observa que al girar el tetraedro 120° con respecto a OD, su forma y distribución de masa no cambian. Se desprende que el elipsoide de inercia fijo en O tampoco cambia a causa de la rotación. El elipsoide, por consiguiente, es un cuerpo de revolución cuyo eje de revolución es OD, y la línea OD, así como cualquier línea perpendicular que pase por O, debe ser un eje principal del elipsoide.

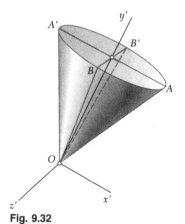

Fig. 9.32

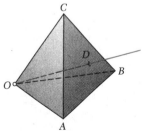

Fig. 9.33

*9.18. DETERMINACIÓN DE LOS EJES PRINCIPALES Y MOMENTOS PRINCIPALES DE INERCIA DE UN CUERPO DE FORMA ARBITRARIA

El método de análisis descrito en esta sección se debe usar cuando el cuerpo considerado no dispone de una propiedad de simetría obvia.

Considérese el elipsoide de inercia del cuerpo en un punto dado O (figura 9.34); sean r el vector radio de un punto P sobre la superficie del elipsoide y n el vector unitario a lo largo de la normal a dicha superficie en P. Se ve que los únicos puntos donde r y n son colineales son los puntos P_1, P_2 y P_3, donde los ejes principales cortan la parte visible de la superficie del elipsoide, y los puntos correspondientes en el otro lado del elipsoide.

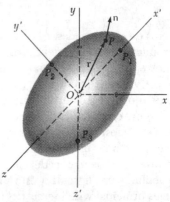

Fig. 9.34

De acuerdo con el cálculo diferencial, la dirección de la normal a una superficie de ecuación $f(x, y, z) = 0$ en un punto $P(x, y, z)$ está definida por el gradiente ∇f de la función f en ese punto. Para obtener los puntos donde los ejes principales cortan la superficie del elipsoide de inercia, se debe escribir, por consiguiente, que r y ∇f son colineales,

$$\nabla f = (2K)r \tag{9.51}$$

donde K es una constante, $r = x\mathbf{i} + y\mathbf{j} + z\mathbf{k}$, y

$$\nabla f = \frac{\partial f}{\partial x}\mathbf{i} + \frac{\partial f}{\partial y}\mathbf{j} + \frac{\partial f}{\partial x}\mathbf{k}$$

De la ecuación (9.48), se observa que la función $f(x, y, z)$ que corresponde al elipsoide de inercia es

$$f(x, y, z) = I_x x^2 + I_y y^2 + I_z z^2 - 2I_{xy} xy - 2I_{yz} yz - 2I_{zx} zx - 1$$

Si se sustituye r y ∇f en la ecuación (9.51), y se igualan los coeficientes de los vectores unitarios, se obtiene

$$\begin{aligned}
I_x x \;\; - I_{xy} y \;\; - I_{zx} z &= Kx \\
-I_{xy} x + I_y y \;\; - I_{yz} z &= Ky \\
-I_{zx} x - I_{yz} y + I_z z \;\; &= Kz
\end{aligned} \tag{9.52}$$

Si de divide cada término entre la distancia r de O a P, se obtienen ecuaciones similares que incluyen los cosenos directores, λ_x, λ_y, λ_z;

$$
\begin{aligned}
I_x\lambda_x - I_{xy}\lambda_y - I_{zx}\lambda_z &= K\lambda_x \\
-I_{xy}\lambda_x + I_y\lambda_y - I_{yz}\lambda_z &= K\lambda_y \\
-I_{zx}\lambda_x - I_{yz}\lambda_y + I_z\lambda_z &= K\lambda_z
\end{aligned}
\tag{9.53}
$$

La transposición de los miembros del lado derecho conduce a las ecuaciones lineales homogéneas siguientes:

$$
\begin{aligned}
(I_x - K)\lambda_x - I_{xy}\lambda_y - I_{zx}\lambda_z &= 0 \\
-I_{xy}\lambda_x + (I_y - K)\lambda_y - I_{yz}\lambda_z &= 0 \\
-I_{zx}\lambda_x - I_{yz}\lambda_y + (I_z - K)\lambda_z &= 0
\end{aligned}
\tag{9.54}
$$

Para que la solución de este sistema de ecuaciones sea diferente de $\lambda_x = \lambda_y = \lambda_z = 0$, su discriminante debe ser cero:

$$
\begin{vmatrix}
I_x - K & -I_{xy} & -I_{zx} \\
-I_{xy} & I_y - K & -I_{yz} \\
-I_{zx} & -I_{yz} & I_z - K
\end{vmatrix} = 0
\tag{9.55}
$$

Al expandir este determinante y al cambiar signos, se tiene

$$
\begin{aligned}
K^3 - (I_x + I_y + I_z)K^2 &+ (I_xI_y + I_yI_z + I_zI_x - I_{xy}^2 - I_{yz}^2 - I_{zx}^2)K \\
&- (I_xI_yI_z - I_xI_{yz}^2 - I_yI_{zx}^2 - I_zI_{xy}^2 - 2I_{xy}I_{yz}I_{zx}) = 0
\end{aligned}
\tag{9.56}
$$

Ésta es una ecuación cúbica en K, la cual da tres raíces reales positivas K_1, K_2 y K_3.

Para obtener los cosenos directores del eje principal correspondiente a la raíz K_1, se sustituye K_1 por K en las ecuaciones (9.54). Como ahora estas ecuaciones son linealmente dependientes, sólo dos de ellas se pueden usar para determinar λ_x, λ_y y λ_z. No obstante, se puede obtener una ecuación adicional, pues, de acuerdo con la sección 2.12, los cosenos de dirección deben satisfacer la relación

$$
\lambda_x^2 + \lambda_y^2 + \lambda_z^2 = 1
\tag{9.57}
$$

Si se repite este procedimiento con K_2 y K_3, se obtienen los cosenos directores de los otros dos ejes principales.

En seguida se demostrará que *las raíces K_1, K_2 y K_3 de la ecuación (9.56) son los momentos principales de inercia del cuerpo dado*. Se sustituye K en las ecuaciones (9.53) con la raíz K_1, y λ_x, λ_y, y λ_z con los valores correspondientes $(\lambda_x)_1$, $(\lambda_y)_1$ y $(\lambda_z)_1$ de los cosenos directores; se satisfarán las tres ecuaciones. A continuación se multiplica por $(\lambda_x)_1$, $(\lambda_y)_1$ y $(\lambda_z)_1$, respectivamente, cada término de la primera, segunda y tercera ecuaciones, y se suman las ecuaciones obtenidas de esta manera. Por consiguiente,

$$
\begin{aligned}
I_x^2(\lambda_x)_1^2 + I_y^2(\lambda_y)_1^2 + I_z^2(\lambda_z)_1^2 &- 2I_{xy}(\lambda_x)_1(\lambda_y)_1 \\
- 2I_{yz}(\lambda_y)_1(\lambda_z)_1 - 2I_{zx}(\lambda_z)_1(\lambda_x)_1 &= K_1[(\lambda_x)_1^2 + (\lambda_y)_1^2 + (\lambda_z)_1^2]
\end{aligned}
$$

Según la ecuación (9.46), el miembro del lado izquierdo de esta ecuación representa el momento de inercia del cuerpo con respecto al eje principal correspondiente a K_1; por lo tanto, es el momento principal de inercia correspondiente a esa raíz. Por otra parte, de acuerdo con la ecuación (9.57), se ve que el miembro del lado derecho se reduce a K_1. Por tanto, K_1 es el momento principal de inercia. Del mismo modo se puede demostrar que K_2 y K_3 son los otros dos momentos principales de inercia del cuerpo.

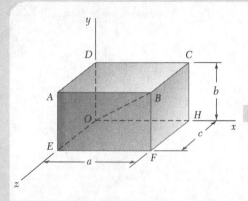

PROBLEMA RESUELTO 9.14

Considérese un prisma rectangular de masa m y lados a, b, c. Determínese a) los momentos y productos de inercia del prisma con respecto a los ejes de coordenadas mostrados, b) su momento de inercia con respecto a la diagonal OB.

SOLUCIÓN

a. **Momentos y productos de inercia con respecto a los ejes de coordenadas.** *Momentos de inercia.* Si se introducen los ejes centroidales x', y', z', con respecto a los cuales se dan los momentos de inercia en la figura 9.28, se aplica el teorema de los ejes paralelos:

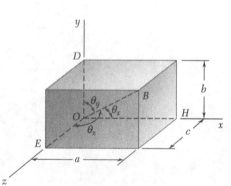

$$I_x = \bar{I}_{x'} + m(\bar{y}^2 + \bar{z}^2) = \tfrac{1}{12}m(b^2 + c^2) + m(\tfrac{1}{4}b^2 + \tfrac{1}{4}c^2)$$

$$I_x = \tfrac{1}{3}m(b^2 + c^2) \blacktriangleleft$$

Asimismo, $\qquad I_y = \tfrac{1}{3}m(c^2 + a^2) \quad I_z = \tfrac{1}{3}m(a^2 + b^2) \blacktriangleleft$

Productos de inercia. Por simetría, los productos de inercia con respecto a los ejes centroidales x', y', z' son cero, y estos ejes son ejes principales de inercia. Con la utilización del teorema de los ejes paralelos, se obtiene

$$I_{xy} = \bar{I}_{x'y'} + m\bar{x}\bar{y} = 0 + m(\tfrac{1}{2}a)(\tfrac{1}{2}b) \qquad I_{xy} = \tfrac{1}{4}mab \blacktriangleleft$$

Asimismo, $\qquad\qquad\qquad\qquad I_{yz} = \tfrac{1}{4}mbc \qquad I_{zx} = \tfrac{1}{4}mca \blacktriangleleft$

b. **Momento de inercia con respecto a OB.** De acuerdo con la ecuación (9.46):

$$I_{OB} = I_x\lambda_x^2 + I_y\lambda_y^2 + I_z\lambda_z^2 - 2I_{xy}\lambda_x\lambda_y - 2I_{yz}\lambda_y\lambda_z - 2I_{zx}\lambda_z\lambda_x$$

donde los cosenos directores de OB son

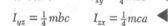

$$\lambda_x = \cos\theta_x = \frac{OH}{OB} = \frac{a}{(a^2 + b^2 + c^2)^{1/2}}$$

$$\lambda_y = \frac{b}{(a^2 + b^2 + c^2)^{1/2}} \qquad \lambda_z = \frac{c}{(a^2 + b^2 + c^2)^{1/2}}$$

Con la sustitución de los valores obtenidos para los momentos y productos de inercia y para los cosenos directores en la ecuación para I_{OB}, se obtiene

$$I_{OB} = \frac{1}{a^2 + b^2 + c^2}[\tfrac{1}{3}m(b^2 + c^2)a^2 + \tfrac{1}{3}m(c^2 + a^2)b^2 + \tfrac{1}{3}m(a^2 + b^2)c^2$$

$$- \tfrac{1}{2}ma^2b^2 - \tfrac{1}{2}mb^2c^2 - \tfrac{1}{2}mc^2a^2]$$

$$I_{OB} = \frac{m}{6}\frac{a^2b^2 + b^2c^2 + c^2a^2}{a^2 + b^2 + c^2} \blacktriangleleft$$

Solución alterna. El momento de inercia I_{OB} se puede obtener directamente a partir de los momentos principales de inercia, $\bar{I}_{x'}$, $\bar{I}_{y'}$, $\bar{I}_{z'}$, puesto que la línea OB pasa por el centroide O'. Como los ejes x', y', z' son ejes principales de inercia, se utiliza la ecuación (9.50) para escribir

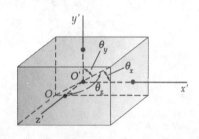

$$I_{OB} = \bar{I}_{x'}\lambda_x^2 + \bar{I}_{y'}\lambda_y^2 + \bar{I}_{z'}\lambda_z^2$$

$$= \frac{1}{a^2 + b^2 + c^2}\left[\frac{m}{12}(b^2 + c^2)a^2 + \frac{m}{12}(c^2 + a^2)b^2 + \frac{m}{12}(a^2 + b^2)c^2\right]$$

$$I_{OB} = \frac{m}{6}\frac{a^2b^2 + b^2c^2 + c^2a^2}{a^2 + b^2 + c^2} \blacktriangleleft$$

PROBLEMA RESUELTO 9.15

Si $a = 3c$ y $b = 2c$ para el prisma rectangular del problema resuelto 9.14, determínese a) los momentos principales de inercia en el origen O, b) los ejes principales de inercia en O.

SOLUCIÓN

***a.* Momentos principales de inercia en el origen *O*.** Si se sustituye $a = 3c$ y $b = 2c$ en la solución del problema resuelto 9.14, se obtiene

$$I_x = \tfrac{5}{3}mc^2 \qquad I_y = \tfrac{10}{3}mc^2 \qquad I_z = \tfrac{13}{3}mc^2$$
$$I_{xy} = \tfrac{3}{2}mc^2 \qquad I_{yz} = \tfrac{1}{2}mc^2 \qquad I_{zx} = \tfrac{3}{4}mc^2$$

Si se sustituyen los valores de los momentos y productos de inercia en la ecuación (9.56) y se reúnen los términos, se obtiene

$$K^3 - (\tfrac{28}{3}mc^2)K^2 + (\tfrac{3479}{144}m^2c^4)K - \tfrac{589}{54}m^3c^6 = 0$$

En seguida se determinan las raíces de esta ecuación; conforme al planteamiento de la sección 9.18, se desprende que estas raíces son los momentos principales de inercia del cuerpo en el origen.

$$K_1 = 0.568867mc^2 \qquad K_2 = 4.20885mc^2 \qquad K_3 = 4.55562mc^2$$

$$K_1 = 0.569mc^2 \qquad K_2 = 4.21mc^2 \qquad K_3 = 4.56mc^2 \qquad \blacktriangleleft$$

***b.* Ejes principales de inercia en *O*.** Para determinar la dirección de un eje principal de inercia, primero se sustituye el valor correspondiente de K en dos de las ecuaciones (9.54); las ecuaciones resultantes junto con la ecuación (9.57) constituyen un sistema de tres ecuaciones con las que se determinan los cosenos directores del eje principal correspondiente. Por lo tanto, para el primer momento principal de inercia K_1:

$$(\tfrac{5}{3} - 0.568867)mc^2(\lambda_x)_1 - \tfrac{3}{2}mc^2(\lambda_y)_1 - \tfrac{3}{4}mc^2(\lambda_z)_1 = 0$$
$$-\tfrac{3}{2}mc^2(\lambda_x)_1 + (\tfrac{10}{3} - 0.568867)mc^2(\lambda_y)_1 - \tfrac{1}{2}mc^2(\lambda_z)_1 = 0$$
$$(\lambda_x)_1^2 + (\lambda_y)_1^2 + (\lambda_z)_1^2 = 1$$

Al resolverla se obtiene

$$(\lambda_x)_1 = 0.836600 \qquad (\lambda_y)_1 = 0.496001 \qquad (\lambda_z)_1 = 0.232557$$

Los ángulos que el primer eje principal de inercia forma con los ejes de coordenadas son, entonces,

$$(\theta_x)_1 = 33.2° \qquad (\theta_y)_1 = 60.3° \qquad (\theta_z)_1 = 76.6° \qquad \blacktriangleleft$$

Si se utiliza el mismo conjunto de ecuaciones sucesivamente con K_2 y K_3, se halla que los ángulos asociados con el segundo y tercer momentos principales de inercia en el origen son, respectivamente,

$$(\theta_x)_2 = 57.8° \qquad (\theta_y)_2 = 146.6° \qquad (\theta_z)_2 = 98.0° \qquad \blacktriangleleft$$

y

$$(\theta_x)_3 = 82.8° \qquad (\theta_y)_3 = 76.1° \qquad (\theta_z)_3 = 164.3° \qquad \blacktriangleleft$$

En esta lección se definieron los *productos de inercia de masa* I_{xy}, I_{yz}, e I_{zx} de un cuerpo, y se demostró cómo se determinan los momentos de inercia de dicho cuerpo con respecto a un eje arbitrario que pasa por el origen O. También se aprendió a determinar en el origen O los *ejes principales de inercia* de un cuerpo y los *momentos principales de inercia* correspondientes.

1. Determinación de los productos de inercia de masa de un cuerpo compuesto. Los productos de inercia de masa de un cuerpo compuesto con respecto a los ejes de coordenadas se pueden expresar como las sumas de los productos de inercia de sus partes componentes con respecto a dichos ejes. Para cada una de las partes componentes, se puede usar el teorema de los ejes paralelos, y se escriben las ecuaciones (9.47)

$$I_{xy} = \overline{I}_{x'y'} + m\overline{x}\,\overline{y} \qquad I_{yz} = \overline{I}_{y'z'} + m\overline{y}\,\overline{z} \qquad I_{zx} = \overline{I}_{z'x'} + m\overline{z}\,\overline{x}$$

donde los signos (′) denotan los ejes centroidales de cada parte componente y donde x, y y z representan las coordenadas de su centro de gravedad. Téngase en cuenta que los productos de inercia de masa pueden ser positivos, negativos o cero, y asegúrese de tomar en cuenta los signos de $\overline{x}$, $\overline{y}$ y $\overline{z}$.

   a. Por las propiedades de simetría de una parte componente se puede deducir que dos o los tres productos centroidales de inercia de masa son cero. Por ejemplo, se puede verificar que para una placa delgada paralela al plano xy, un alambre colocado en un plano paralelo al plano xy, un cuerpo con un plano de simetría paralelo al plano xy y un cuerpo con un eje de simetría paralelo al eje z, *los productos de inercia $I_{y'z'}$ e $I_{z'x'}$ son cero.*

   Para placas rectangulares, circulares o semicirculares con ejes de simetría paralelos a los ejes de coordenadas; alambres rectos paralelos a un eje de coordenadas; alambres circulares y semicirculares con ejes de simetría paralelos a los ejes de coordenadas, y prismas rectangulares con ejes de simetría paralelos a los ejes de coordenadas, *los productos de inercia $I_{x'y'}$, $\overline{I}_{y'z'}$ e $\overline{I}_{z'x'}$ son cero.*

   b. Los productos de inercia de masa diferentes de cero se pueden calcular con las ecuaciones (9.45). Aunque, en general, se requiere una triple integración para determinar un producto de inercia de masa, se puede usar una sola integración si el cuerpo dado se puede dividir en una serie de placas paralelas delgadas. Los cálculos son, entonces, similares a los analizados en la lección anterior para momentos de inercia.

2. Cálculo del momento de inercia de un cuerpo con respecto a un eje arbitrario OL. En la sección 9.16 se dedujo una expresión para el momento de inercia I_{OL}, y se da en la ecuación (9.46). Antes de calcular I_{OL}, primero se tienen que determinar los momentos y productos de inercia de masa del cuerpo con respecto a los ejes de coordenadas dados, así como los cosenos directores del vector unitario λ a lo largo de OL.

3. Cálculo de los momentos principales de inercia de un cuerpo y determinación de sus ejes principales de inercia. En la sección 9.17 se vio que siempre es posible hallar una orientación de los ejes de coordenadas con la cual los productos de inercia de masa son cero. Estos ejes se conocen como *ejes principales de inercia* y los momentos de inercia correspondientes, como *momentos principales de inercia* del cuerpo. En muchos casos, los ejes principales de inercia de un cuerpo se pueden determinar con base en sus propiedades de simetría. El procedimiento requerido para determinar los momentos y ejes principales de inercia de un cuerpo sin ninguna propiedad de simetría evidente se analizó en el sección 9.18, y se ilustró en el problema resuelto 9.15. Se compone de los siguientes pasos.

a. Expandir el determinante de la ecuación (9.55) y resolver la ecuación cúbica resultante. La solución se obtiene mediante tanteos o, de preferencia, con una calculadora científica avanzada o con un programa de computadora apropiado. Las raíces K_1, K_2 y K_3 de esta ecuación son los momentos principales de inercia del cuerpo.

b. Para determinar la dirección del eje principal correspondiente a K_1, sustituya este valor de K en dos de las ecuaciones (9.54), y resuélvalas junto con la ecuación (9.57) para los cosenos de directores del eje principal correspondiente a K_1.

c. Repetir este procedimiento con K_2 y K_3 para determinar las direcciones de los otros dos ejes principales. Como comprobación de los cálculos, es posible que se desee verificar que el producto escalar de dos cualesquiera de los vectores unitarios a lo largo de los tres ejes obtenidos es cero y, por tanto, que estos ejes son perpendiculares entre sí.

9.149 Determine los productos de inercia I_{xy}, I_{yz} e I_{zx} del artefacto de acero mostrado. (La densidad del acero es 7850 kg/m³.)

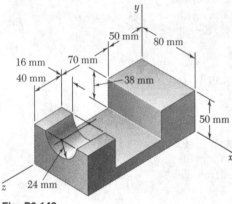

Fig. P9.149

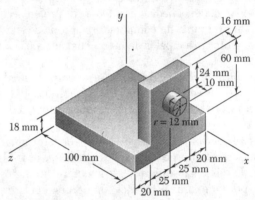

Fig. P9.150

9.150 Determine los productos de inercia I_{xy}, I_{yz} e I_{zx} del elemento de máquina de acero mostrado. (La densidad del acero es 7850 kg/m³.)

9.151 y 9.152 Determine los productos de inercia de masa I_{xy}, I_{yz} e I_{zx} del componente de máquina de aluminio fundido mostrado. (El peso específico del aluminio es 0.100 lb/in³.)

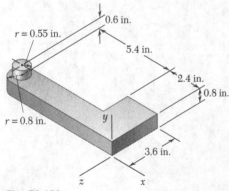

Fig. P9.151

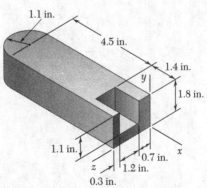

Fig. P9.152

9.153 a 9.156 Se corta y se dobla una sección de lámina de acero de 2 mm de espesor para formar el componente de máquina mostrado. Si la densidad del acero es 7850 kg/m³, determine los productos de inercia de masa I_{xy}, I_{yz} e I_{zx} del componente.

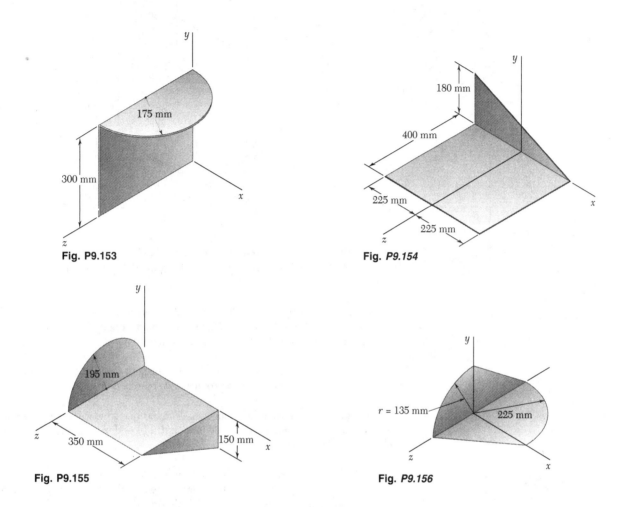

Fig. P9.153

Fig. P9.154

Fig. P9.155

Fig. P9.156

9.157 y 9.158 Se utiliza alambre de latón, con un peso por unidad de longitud w, para formar la figura mostrada. Determine los productos de inercia de masa I_{xy}, I_{yz} e I_{zx} de la figura de alambre.

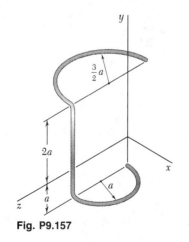

Fig. P9.157

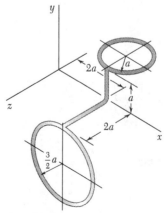

Fig. P9.158

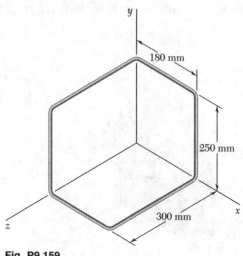

Fig. P9.159

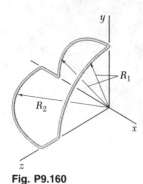

Fig. P9.160

9.159 La figura mostrada se formó con alambre de aluminio de 1.5 mm de diámetro. Si la densidad del aluminio es de 2800 kg/m³, determine los productos de inercia I_{xy}, I_{yz} e I_{zx} de la figura de alambre.

9.160 Se utiliza alambre delgado de aluminio de diámetro uniforme para formar la figura mostrada. Si m' denota la masa por unidad de longitud del alambre, determine los productos de inercia I_{xy}, I_{yz} e I_{zx} de la figura de alambre.

9.161 Complete la derivación de las ecuaciones (9.47), las cuales expresan el teorema de los ejes paralelos para productos de inercia de masa.

9.162 Para el tetraedro homogéneo de masa m mostrado, a) determine por medio de integración directa el producto de inercia I_{zx}, b) deduzca I_{yz} e I_{xy} con el resultado obtenido en la parte a.

9.163 El cilindro circular homogéneo mostrado tiene una masa m. Determine su momento de inercia con respecto a la línea que une el origen O y el punto A localizado en el perímetro de la cara superior del cilindro.

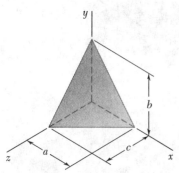

Fig. P9.162

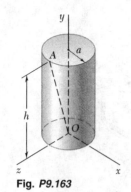

Fig. P9.163

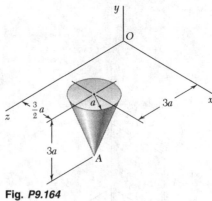

Fig. P9.164

9.164 El cono circular homogéneo mostrado tiene una masa m. Determine su momento de inercia con respecto a la línea que une el origen O y el punto A.

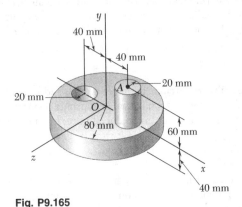

Fig. P9.165

9.165 Se ilustra el elemento de máquina del problema 9.141. Determine su momento de inercia con respecto a la línea que une el origen O y el punto A.

9.166 Determine el momento de inercia del dispositivo de acero de los problemas 9.145 y 9.149 con respecto al eje que pasa por el origen y forma ángulos iguales con los ejes x, y y z.

9.167 La placa delgada doblada que se muestra tiene densidad uniforme y peso W. Determine su momento de inercia de masa con respecto a la línea que une el origen O y el punto A.

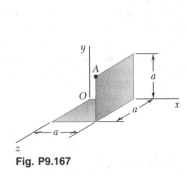

Fig. P9.167

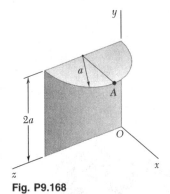

Fig. P9.168

9.168 Con un pedazo de lámina de acero, de espesor t y peso específico γ, se formó el componente de máquina mostrado. Determine su momento de inercia con respecto a la línea que une el origen O y el punto A.

9.169 Determine el momento de inercia de masa del componente de máquina de los problemas 9.136 y 9.155 con respecto al eje que pasa por el origen caracterizado por el vector unitario $\boldsymbol{\lambda} = (-4\mathbf{i} + 8\mathbf{j} + \mathbf{k})/9$.

9.170 a 9.172 Para la figura de alambre del problema indicado, determine el momento de inercia de masa de la figura con respecto al eje que pasa por el origen caracterizado por el vector unitario $\boldsymbol{\lambda} = (-3\mathbf{i} - 6\mathbf{j} + 2\mathbf{k})/7$.

    9.170 Prob. 9.148
    9.171 Prob. 9.147
    9.172 Prob. 9.146

9.173 Para el prisma rectangular mostrado, determine los valores de las razones b/a y c/a, de tal modo que el elipsoide de inercia del prisma sea una esfera cuando se calcule *a*) en el punto A, *b*) en el punto B.

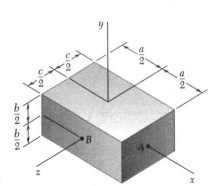

Fig. P9.173

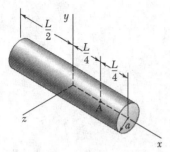

Fig. P9.175

9.174 Para el cono circular recto del problema resuelto 9.11, determine el valor de la razón *a/h* con la cual el elipsoide de inercia del cono es una esfera cuando se calcula *a*) en el ápice del cono, *b*) en el centro de la base del cono.

9.175 Para el cilindro circular homogéneo mostrado, de radio *a* y longitud *L*, determine el valor de la razón *a/L* con la cual el elipsoide de inercia del cilindro es una esfera cuando se calcula *a*) en el centroide del cilindro, *b*) en el punto *A*.

9.176 Dados un cuerpo arbitrario y tres ejes rectangulares *x*, *y* y *z*, demuestre que el momento de inercia del cuerpo con respecto a cualquiera de los tres ejes no puede ser mayor que la suma de los momentos de inercia del cuerpo con respecto a los otros dos ejes. Es decir, demuestre que la desigualdad $I_x \leq I_y + I_z$ y las dos desigualdades similares se satisfacen. Además, demuestre que $I_y \geq \frac{1}{2}I_x$ si el cuerpo es un sólido de revolución homogéneo, donde *x* es el eje de revolución y *y* es un eje transversal.

9.177 Considere un cubo de masa *m* y lado *a*. *a*) Demuestre que el elipsoide de inercia en el centro del cubo es una esfera, y utilice esta propiedad para determinar el momento de inercia del cubo con respecto a una de sus diagonales. *b*) Demuestre que el elipsoide de inercia en una de las esquinas del cubo es un elipsoide de revolución, y determine los momentos principales de inercia del cubo en dicho punto.

9.178 Dados un cuerpo homogéneo, de masa *m* y de forma arbitraria, y tres ejes rectangulares *x*, *y* y *z* con su origen en *O*, demuestre que la suma $I_x + I_y + I_z$ de los momentos de inercia del cuerpo no puede ser menor que la suma similar calculada para una esfera de la misma masa y el mismo material con su centro en *O*. Además, con el resultado del problema 9.176, demuestre que si el cuerpo es un sólido de revolución, cuando *x* es el eje de revolución, su momento de inercia I_y con respecto a un eje transversal *y* no puede ser menor que $3ma^2/10$, donde *a* es el radio de la esfera de la misma masa y el mismo material.

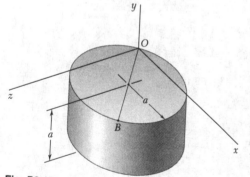

Fig. P9.179

*9.179 El cilindro circular homogéneo mostrado tiene una masa *m*, y el diámetro *OB* de su cara superior forma ángulos de 45° con los ejes *x* y *z*. *a*) Determine los momentos principales de inercia del cilindro en el origen *O*. *b*) Calcule los ángulos que los ejes principales de inercia con origen en *O* forman con los ejes de coordenadas. *c*) Dibuje el cilindro, y muestre la orientación de los ejes principales de inercia con respecto a los ejes *x*, *y* y *z*.

9.180 a 9.184 Para el componente descrito en el problema indicado, determine *a*) los momentos principales de inercia en el origen, *b*) los ejes principales de inercia en el origen. Dibuje el cuerpo, e indique la orientación de los ejes principales de inercia con respecto a los ejes *x*, *y* y *z*.

*9.180 Prob. 9.165
*9.181 Probs. 9.145 y 9.149
*9.182 Prob. 9.167
*9.183 Prob. 9.168
*9.184 Probs. 9.148 y 9.170

El apéndice B se dedicó a la determinación de *momentos de inercia de masas*, los cuales se presentan en problemas de dinámica que implican la rotación de un cuerpo rígido alrededor de un eje fijo. El momento de inercia de masa de un cuerpo con respecto a un eje AA' (figura 9.40) se definió como

$$I = \int r^2 \, dm \tag{9.28}$$

Momentos de inercia de masas

donde r es la distancia de AA' al elemento de masa [sección 9.11]. El *radio de giro* del cuerpo se definió como

$$k = \sqrt{\frac{I}{m}} \tag{9.29}$$

Los momentos de inercia de un cuerpo con respecto a los ejes de coordenadas se expresaron como

$$I_x = \int (y^2 + z^2) \, dm$$

$$I_y = \int (z^2 + x^2) \, dm \tag{9.30}$$

$$I_z = \int (x^2 + y^2) \, dm$$

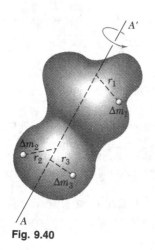

Fig. 9.40

Teorema de los ejes paralelos

Se vio que el *teorema de los ejes paralelos* también es válido para momentos de inercia de masa [sección 9.12]. Por lo tanto, el momento de inercia I de un cuerpo con respecto a un eje arbitrario AA' (figura 9.41) se puede expresar como

$$I = \bar{I} + md^2 \tag{9.33}$$

donde $\bar{I}$ es el momento de inercia del cuerpo con respecto al eje centroidal BB', el cual es paralelo al eje AA', m es la masa del cuerpo y d es la distancia entre los dos ejes.

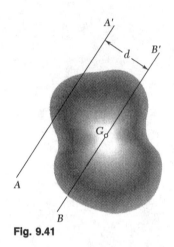

Fig. 9.41

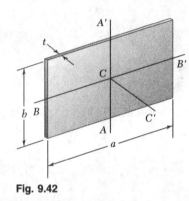

Fig. 9.42

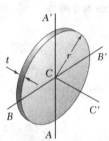

Fig. 9.43

Momentos de inercia de placas delgadas

Los momentos de inercia de *placas delgadas* se obtienen fácilmente con los momentos de inercia de sus áreas [sección 9.13]. Se halló que, para una *placa rectangular*, los momentos de inercia con respecto a los ejes mostrados (figura 9.42) son

$$I_{AA'} = \tfrac{1}{12}ma^2 \qquad I_{BB'} = \tfrac{1}{12}mb^2 \tag{9.39}$$

$$I_{CC'} = I_{AA'} + I_{BB'} = \tfrac{1}{12}m(a^2 + b^2) \tag{9.40}$$

mientras que para una *placa circular* (figura 9.43) son

$$I_{AA'} = I_{BB'} = \tfrac{1}{4}mr^2 \tag{9.41}$$

$$I_{CC'} = I_{AA'} + I_{BB'} = \tfrac{1}{2}mr^2 \tag{9.42}$$

Cuerpos compuestos

Cuando un cuerpo posee *dos planos de simetría*, en general se puede usar una sola integración para determinar su momento de inercia con respecto a un eje dado, seleccionando una placa delgada como el elemento de masa dm [problemas resueltos 9.10 y 9.11]. Por otra parte, cuando un cuerpo se compone de *varias figuras geométricas comunes*, su momento de inercia con respecto a un eje dado se obtiene con las fórmulas dadas en la figura 9.28 junto con el teorema de los ejes paralelos [problemas resueltos 9.12 y 9.13].

Momento de inercia con respecto a un eje arbitrario

En la última parte del capítulo, se aprendió a determinar el momento de inercia de un cuerpo *con respecto a un eje arbitrario OL*, trazado a través del origen O [sección 9.16]. Se usaron λ_x, λ_y, λ_z para denotar las componentes del vector unitario $\boldsymbol{\lambda}$ a lo largo de OL (figura 9.44) y se introdujeron los *productos de inercia*

$$I_{xy} = \int xy\, dm \qquad I_{yz} = \int yz\, dm \qquad I_{zx} = \int zx\, dm \qquad (9.45)$$

se encontró que el momento de inercia del cuerpo con respecto a OL se podía expresar como

$$I_{OL} = I_x\lambda_x^2 + I_y\lambda_y^2 + I_z\lambda_z^2 - 2I_{xy}\lambda_x\lambda_y - 2I_{yz}\lambda_y\lambda_z - 2I_{zx}\lambda_z\lambda_x \quad (9.46)$$

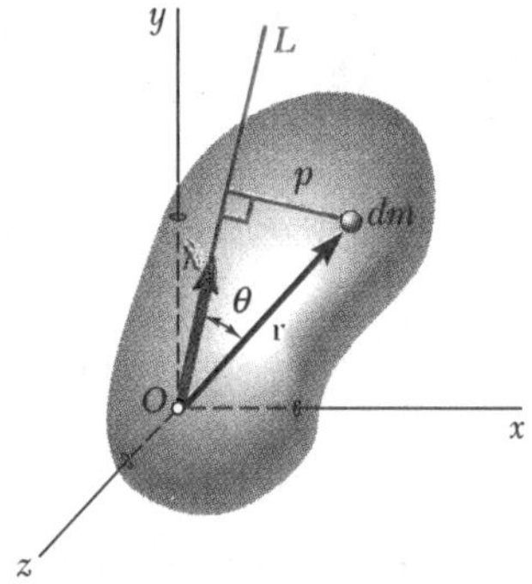

Fig. 9.44

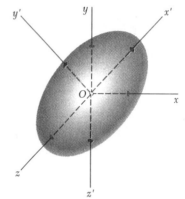

Fig. 9.45

Con la marcación de un punto Q a lo largo de cada eje OL a una distancia $OQ = 1/\sqrt{I_{OL}}$ de O [sección 9.17], se obtuvo la superficie de un elipsoide, conocido como *elipsoide de inercia* del cuerpo en el punto O. Los ejes principales x', y', z' de este elipsoide (figura 9.45) son los *ejes principales de inercia* del cuerpo; es decir, los productos de inercia $I_{x'y'}$, $I_{y'z'}$, $I_{z'x'}$ del cuerpo con respecto a estos ejes son cero. Existen muchas situaciones en las que los ejes principales de inercia del cuerpo se deducen con base en las propiedades de simetría del cuerpo. Si estos ejes se eligen como ejes de coordenadas, entonces I_{OL} se expresa como

$$I_{OL} = I_{x'}\lambda_{x'}^2 + I_{y'}\lambda_{y'}^2 + I_{z'}\lambda_{z'}^2 \qquad (9.50)$$

donde $I_{x'}$, $I_{y'}$, $I_{z'}$ son los *momentos principales de inercia* del cuerpo en O.

Cuando los ejes principales de inercia no se pueden obtener mediante observación [sección 9.17], se tiene que resolver la ecuación cúbica

$$K^3 - (I_x + I_y + I_z)K^2 + (I_xI_y + I_yI_z + I_zI_x - I_{xy}^2 - I_{yz}^2 - I_{zx}^2)K$$
$$- (I_xy_yI_z - I_xI_{yz}^2 - I_yI_{zx}^2 - I_zI_{xy}^2 - 2I_{xy}I_{yz}I_{zx}) = 0 \qquad (9.56)$$

Se halló [sección 9.18] que las raíces K_1, K_2 y K_3 de esta ecuación son los momentos principales de inercia del cuerpo dado. Los cosenos directores $(\lambda_x)_1$, $(\lambda_y)_1$ y $(\lambda_z)_1$ del eje principal correspondiente al momento principal de inercia K_1 se determinan, entonces, sustituyendo K_1 en las ecuaciones (9.54), y resolviendo dos de estas ecuaciones y la ecuación (9.57) simultáneamente. Luego se repite el mismo procedimiento con K_2 y K_3 para determinar los cosenos directores de los otros dos ejes principales [problema resuelto 9.15].

Elipsoide de inercia

Ejes principales de inercia

Momentos principales de inercia

Índice

Las soluciones a los problemas con número en tipo recto se dan en esta página y en las siguientes. No se dan las soluciones a los problemas con número en cursivas.

CAPÍTULO 11

11.1 $x = 19$ m, $v = 58$ m/s, $a = 120$ m/s^2.

11.2 $x = 281$ mm, $v = 385$ mm/s, $a = 382$ mm/s^2.

11.3 $x = 248$ in., $v = 72$ in./s, $a = -383$ in./s^2.

11.4 $t = 3$ s, $x = -59.5$ ft, $a = 25$ ft/s^2.

11.5 $t = 0.667$ s, $x = 0.259$ m, $v = -8.56$ m/s.

11.6 (*a*) 2 s. (*b*) $x = 53$ m, $a = 60$ m/s^2, 96 m.

11.9 $v = 12$ ft/s, $x = -47$ ft, 39 ft.

11.10 $v = -33$ in./s, $x = 2$ in., 87.7 in.

11.11 (*a*) 0, 4 s. (*b*) 168.5 m.

11.12 $x = t^4/108 + 10t + 24$, $v = t^3/27 + 10$.

11.15 (*a*) 0.09 s^{-2}. (*b*) ± 16.97 mm/s.

11.16 (*a*) 48 m^3/s^2. (*b*) 21.6 m. (*c*) 4.90 m/s.

11.17 (*a*) 0.667 ft. (*b*) 2.71 ft/s.

11.18 $A = -36.8$ ft^2, $k = 1.832$ s^{-2}.

11.21 (*a*) 22.5 m. (*b*) 38.4 m/s.

11.22 (*a*) 29.3 m/s. (*b*) 0.947 s.

11.23 (*a*) 4.76 in./s. (*b*) 0.1713 s.

11.24 (*a*) 4 ft/s. (*b*) 4.8 s. (*c*) 7.8 ft.

11.25 (*a*) 0.1457 s/m. (*b*) 145.2 m. (*c*) 6.86 m/s.

11.26 (*a*) 3.33 m. (*b*) 2.22 s. (*c*) 1.667 s.

11.27 (*a*) 7.15 mi. (*b*) -275×10^{-6} ft/s^2. (*c*) 49.9 min.

11.28 (*a*) -0.0525 m/s^2. (*b*) 6.17 s.

11.33 (*a*) 1.313 m/s^2. (*b*) 11.43 s.

11.34 (*a*) 22.5 m/s. (*b*) 18.5 m/s. (*c*) 13.41 m.

11.35 (*a*) 252 ft/s. (*b*) 1075.7 ft.

11.36 (*a*) 2.72 s. (*b*) 50.4 mi/h.

11.39 (*a*) 0.5 km. (*b*) 42.9 km/h.

11.40 (*a*) $a_A = -2.10$ m/s^2, $a_B = 2.06$ m/s^2.
(*b*) 2.59 s antes de que *A* llegue a la zona de intercambio

11.41 (*a*) 5.50 ft/s^2. (*b*) 9.25 ft/s^2.

11.42 (*a*) 3 s. (*b*) 4 ft/s^2.

11.43 (*a*) 7.85 s, 61.7 m.
(*b*) $v_A = 15.71$ m/s; $v_B = 21.1$ m/s.

11.44 (*a*) $a_A = -0.250$ m/s^2, $a_B = 0.300$ m/s^2.
(*b*) 20.8 s. (*c*) 85.5 km/h.

11.47 (*a*) 2 m/s ↑. (*b*) 2 m/s ↓. (*c*) 8 m/s ↑.

11.48 (*a*) $\mathbf{a}_A = 20$ m/s^2 →; $\mathbf{a}_B = 6.67$ m/s^2 ↓.
(*b*) 13.33 m/s ↓; 13.33 m ↓.

11.49 (*a*) 36 in./s ↑. (*b*) 12 in./s ↑.
(*c*) 72 in./s ↓. (*d*) 48 in./s ↓.

11.51 (*a*) $\mathbf{a}_A = 2$ in./s^2 ↑; $\mathbf{a}_B = 1$ in./s^2 ↓.
(*b*) 6 in./s ↓; 18 in. ↓.

11.53 (*a*) 200 mm/s →. (*b*) 600 mm/s →.
(*c*) 200 mm/s ←. (*d*) 400 mm/s →.

11.54 (*a*) $\mathbf{a}_A = 13.33$ mm/s^2 ←; $\mathbf{a}_B = 20$ mm/s^2 ←.
(*b*) 13.33 mm/s^2 →. (*c*) 70 mm/s →; 440 mm →.

11.55 (*a*) 10 mm/s →. (*b*) $\mathbf{a}_A = 2$ mm/s^2 ↑;
$\mathbf{a}_C = 6$ mm/s^2 →. (*c*) 175 mm ↑.

11.56 (*a*) $\mathbf{a}_A = 345$ mm/s^2 ↑; $\mathbf{a}_B = 240$ mm/s^2 ↓.
(*b*) $(\mathbf{v}_A)_0 = 43.3$ mm/s ↑; $(\mathbf{v}_C)_0 = 130$ mm/s →.
(*c*) 728 mm.

11.57 (*a*) $\mathbf{a}_B = 2$ in./s^2 ↑; $\mathbf{a}_C = 3$ in./s^2 ↓.
(*b*) 0.667 s. (*c*) 0.667 in. ↑.

11.58 (*a*) $\frac{1}{4}(1 - 6t^2)$. (*b*) 9.06 in.

11.61 (*b*) $x = 52$ m, $v = 36$ m/s, 164 m.

11.62 (*b*) -8 m/s. (*c*) -56 m.

11.63 (*b*) 1383 ft. (*c*) 9 s, 49.5 s.

11.64 (*b*) 420 ft. (*c*) 10.69 s, 40 s.

11.65 (*a*) 44.8 s. (*b*) 103.3 m/s^2 ↑.

11.66 207 mm/s.

11.69 3.96 m/s^2.

11.70 (*a*) 0.6 s. (*b*) $v = 0.2$ m/s, $x = 2.84$ m.

11.71 (*a*) $t = 8$ min 48 s, $x = 6.6$ mi. (*b*) 3.67 ft/s^2.

11.72 (*a*) -0.1284 ft/s^2. (*b*) 1.060 mi/h.

11.73 74.4 m.

11.74 5.67 s.

11.77 (*a*) 18 s. (*b*) 178.8 m. (*c*) 34.7 km/h.

11.78 (*b*) 3.75 m.

11.79 (*a*) 2 s. (*b*) 1.2 ft/s; 0.6 ft/s.

11.80 (*a*) 5.01 min. (*b*) 19.18 mi/h.

11.83 (*a*) 2.96 s. (*b*) 224 ft.

11.84 (*a*) 163.0 in./s^2. (*b*) 114.3 in./s^2.

11.87 (*a*) 2.38 s. (*b*) 35.3 ft.

11.89 (*a*) 17.20 mm/s ∡ 54.5°; 57.7 mm/s^2 ∡ 33.7°.
(*b*) 137.8 mm/s ∡ 27.7°; 204 mm/s^2 ∡ 19.50°.
(*c*) 1054 mm/s ∡ 14.96°; 781 mm/s^2 ∡ 10.33°.

11.90 (*a*) 0; 159.1 m/s^2 ⬎ 82.9°.
(*b*) 6.28 m/s →; 157.9 m/s^2 ↓.

11.91 (*a*) 1.414 ft/s.
(*b*) $t = 0$, $x = -0.667$ ft, $y = -0.5$ ft, ∡ 45°.

11.92 (*a*) 2 in./s, 6 in./s.
(*b*) $v_{mín}$: $t = 2n\pi$ s, $x = 8n\pi$ in., $y = 2$ in., →
$v_{máx}$: $t = (2n + 1)\pi$ s, $x = 4(2n + 1)\pi$ in.,
$y = 6$ in., →, donde $n = 0, 1, 2, \ldots$.

11.93 (*a*) 1 s. (*b*) 0.

11.95 $v = \sqrt{R^2(1 + \omega_n^2 t^2) + c^2}$, $a = \omega_n R\sqrt{4 + \omega_n^2 t^2}$.

11.97 353 m.

11.98 (*a*) 15.50 m/s. (*b*) 5.12 m.

11.99 15.38 ft/s $\leq v_0 \leq$ 35.0 ft/s.

11.100 (*a*) 70.4 mi/h $\leq v_0 \leq$ 89.4 mi/h. (*b*) 6.89°, 4.29°.

11.101 (*a*) Sí. (*b*) 7.01 m.

11.102 0.244 m $\leq h \leq$ 0.386 m.

11.105 22.9 ft/s.

11.106 (*a*) 29.8 ft/s. (*b*) 29.6 ft/s.

11.107 10.64 m/s $\leq v_0 \leq$ 14.48 m/s.

11.108 0.678 m/s $\leq v_0 \leq$ 1.211 m/s.

11.111 (*a*) 4.01°. (*b*) 1211 ft. (*c*) 17.35 s.

11.112 (*a*) 14.66°. (*b*) 0.1074 s.

11.113 (*a*) 10.38°. (*b*) 9.74°.

11.115 (*a*) d = 6.52 m, α = 45°.
(*b*) d = 5.84 m, α = 58.2°.

11.117 (*a*) 1.540 m/s ∡ 38.6°. (*b*) 1.503 m/s ∡ 58.3°.

11.118 5.05 m/s ⭍ 55.8°.

11.119 1.737 nudos ⭗ 18.41°.

11.120 (*a*) 267 mi/h ⭧ 12.97°. (*b*) 258 mi/h ∡ 76.4°.
(*c*) 65 mi ⭘ 40°.

11.123 (*a*) 8.53 in./s ⭍ 54.1°. (*b*) 6.40 in./s² ⭍ 54.1°.

11.124 (*a*) 174.4 mm/s ⭍ 66.6°. (*b*) 143.0 mm/s ⭗ 68.6°.

11.125 (*a*) 0.835 mm/s² ⭍ 75°. (*b*) 8.35 mm/s ⭍ 75°.

11.126 (*a*) 0.958 m/s² ⭗ 23.6°. (*b*) 1.917 m/s ⭗ 23.6°.

11.127 10.54 ft/s ⭧ 81.3°.

11.128 (*a*) 3.92 ft/s ⭍ 10°. (*b*) 0.581 ft/s ⭍ 10°.

11.129 17.88 km/h ∡ 36.4°.

11.130 15.79 km/h ⭗ 26.0°.

11.133 23.1 m/s².

11.134 (*a*) 250 m. (*b*) 82.9 km/h.

11.135 59.9 mi/h.

11.136 0.506 in.

11.137 (*a*) 20 mm/s². (*b*) 26.8 mm/s².

11.138 8.55 s.

11.139 2.53 ft/s².

11.141 15.95 ft/s².

11.143 (*a*) 281 m. (*b*) 209 m.

11.144 (*a*) 7.99 m/s ∡ 40°. (*b*) 3.82 m.

11.145 (*a*) 6.75 ft. (*b*) 0.1170 ft.

11.146 (*a*) 1.739 ft. (*b*) 27.9 ft.

11.147 v_B^3/gv_A.

11.148 18.17 m/s.

11.151 $(R^2 + c^2)/2\omega_n R$.

11.152 2.50 ft.

11.153 25.8 × 10³ km/h.

11.154 12.56 × 10³ km/h.

11.155 153.3 × 10³ km/h.

11.156 92.9 × 10⁶ mi.

11.157 885 × 10⁶ mi.

11.158 1.606 h.

11.161 (*a*) $\mathbf{v}$ = (3 m/s)$\mathbf{e}_r$ − (12 m/s)$\mathbf{e}_\theta$; $\mathbf{a}$ = −(51 m/s²)$\mathbf{e}_r$.
(*b*) $\mathbf{v}$ = (24 m/s)$\mathbf{e}_\theta$; $\mathbf{a}$ = −(96 m/s²)$\mathbf{e}_r$; la trayectoria es un círculo de radio 6 m.

11.162 (*a*) $\mathbf{v}$ = $3\pi b \mathbf{e}_\theta$; $\mathbf{a}$ = −$4\pi^2 b \mathbf{e}_r$.
(*b*) $\theta = 2n\pi$, n = 0, 1, 2 . . . .

11.163 (*a*) $\mathbf{v}$ = −(6π in./s)$\mathbf{e}_r$. (*b*) $\mathbf{a}$ = (80π in./s²)$\mathbf{e}_\theta$. (*c*) 0.

11.165 (*a*) $\mathbf{v}$ = (2π m/s)$\mathbf{e}_\theta$; $\mathbf{a}$ = −($4\pi^2$ m/s²)$\mathbf{e}_r$.
(*b*) $\mathbf{v}$ = −($\pi/2$ m/s)$\mathbf{e}_r$ + (π m/s)$\mathbf{e}_\theta$;
$\mathbf{a}$ = −($\pi^2/2$ m/s²)$\mathbf{e}_r$ − (π^2 m/s²)$\mathbf{e}_\theta$.

11.166 (*a*) $v = 2abt$; $a = 2ab\sqrt{4b^2t^4 + 1}$.
(*b*) la trayectoria es un círculo de radio a.

11.167 $-b\dot\theta/\cos^2\theta$.

11.168 $-b(\ddot\theta + 2\dot\theta^2 \tan\theta)/\cos^2\theta$.

11.171 185.7 km/h.

11.172 61.8 mi/h ∡ 49.7°.

11.173 $b\dot\theta\sqrt{4 + \theta^2}/\theta^3$.

11.174 $b\dot\theta e^{\theta/2}\sqrt{1 + \theta^2}$.

11.178 $v = \frac{1}{2}A\sqrt{16\pi^2 + t^2}$, $a = \frac{1}{2}A\sqrt{64\pi^4 + 1}$.

11.179 (*a*) $v = \sqrt{(1 + B^2)A^2 + C^2}$,
$a = 2\sqrt{(1 + \frac{1}{4}B^4)A^2 + C^2}$. (*b*) v = 0, a = 0.

11.180 $\tan^{-1}[R(2 + \omega_n^2 t^2)/c\sqrt{4 + \omega_n^2 t^2}]$.

11.181 (*a*) θ_x = 90°, θ_y = 123.7°, θ_z = 33.7°.
(*b*) θ_x = 103.4°, θ_y = 134.3°, θ_z = 47.4°.

11.182 (*a*) 1 s, 4 s. (*b*) x = 1.5 m, 24.5 m.

11.184 (*a*) −2.43 × 10⁶ ft/s². (*b*) 1.366 × 10⁻³ s.

11.185 (*a*) 11.62 s; 69.7 ft. (*b*) 18.30 ft/s.

11.186 (*a*) 300 mm/s →. (*b*) 600 mm/s ←. (*c*) 450 mm/s ←.

11.187 $\mathbf{v}_A$ = 125 mm/s ↑; $\mathbf{v}_B$ = 75 mm/s ↓; $\mathbf{v}_C$ = 175 mm/s ↓.

11.189 17.89 km/h ∡ 63.4°.

11.190 2.44 ft/s².

11.193 $\dot\theta = (v_0/h) \operatorname{sen}^2\theta$, $\ddot\theta = (2v_0^2/h^2) \operatorname{sen}^3\theta \cos\theta$.

11.C1 (*a*) ϕ = 30°: θ = 352°, $\dot\theta$ = 0.898 rad/s.
(*b*) ϕ = 60°: θ = 13.06°, $\dot\theta$ = 1.330 rad/s.
(*c*) ϕ = 240°: θ = 254°, $\dot\theta$ = 0.536 rad/s.

11.C2 α = 18°, k = 40%:
v_0 = 1.8 m/s: La pelota primero rebota dos veces en el escalón A.
v_0 = 2.4 m/s: La pelota primero rebota dos veces en el escalón C.
v_0 = 3.0 m/s: La pelota evita el escalón D y continúa botando escalones abajo.

11.C3 (*a*) θ = 70°: 16.23 m/s; 290.0°, 70.0°
(*b*) θ = 100°: 12.71 m/s; 259.7°, 100.6°.
(*c*) θ = 130°: 6.97 m/s; 213.6°, 154.6°.

11.C4 (*a*) *constante*: 8.80 s, 387 ft;
uniformemente variable: 17.77 s, 789 ft.
(*b*) *constante*: 11.29 s, 581 ft;
uniformemente variable: 20.7 s, 1015 ft.

11.C5 (*a*) α = 20°: d = 6.552 m.
α = 30°: d = 8.828 m.
(*b*) d = 10.184 m, α = 46.23°.

CAPÍTULO 12

12.1 m = 2.000 kg en todas las latitudes
(*a*) 19.56 N. (*b*) 19.61 N. (*c*) 19.64 N.

12.2 (*a*) 50 lb. (*b*) 1.553 lb · s²/ft. (*c*) 19.10 lb.

12.3 1.30 × 10⁶ kg · m/s.

12.5 (*a*) 6.67 m/s. (*b*) 0.0755.

12.6 (*a*) 225 km/h. (*b*) 187.1 km/h.

12.7 0.242 mi.

12.8 8.97 ft/s² ⭗ 36.9°.

12.9 (*a*) 44.0 m. (*b*) 52.5 m.

12.10 301 N.

12.11 (*a*) $\mathbf{a}_A$ = 2.49 m/s² →; $\mathbf{a}_B$ = 0.831 m/s² ↓.
(*b*) 74.8 N.

12.12 (*a*) $\mathbf{a}_A$ = 0.698 m/s² →; $\mathbf{a}_B$ = 0.233 m/s² ↓.
(*b*) 79.8 N.

12.15 (a) $0.986 \text{ m/s}^2 \searrow 25°$. (b) 51.7 N.

12.16 (a) $1.794 \text{ m/s}^2 \searrow 25°$. (b) 58.2 N.

12.17 $\mathbf{a}_A = 0.997 \text{ ft/s}^2 \measuredangle 15°$;
$\mathbf{a}_B = 1.619 \text{ ft/s}^2 \measuredangle 15°$.

12.18 (a) $7.16 \text{ ft/s} \measuredangle 30°$. (b) 4.40 ft.

12.20 (a) $1.962 \text{ m/s}^2 \uparrow$. (b) 39.1 N.

12.21 (a) $6.63 \text{ m/s}^2 \leftarrow$. (b) $0.321 \text{ m} \rightarrow$.

12.24 $Wv_0^2 \ln 2/2gF_0$.

12.26 $\sqrt{k/m}(\sqrt{l^2 + x_0^2} - l)$.

12.27 119.5 mi/h.

12.28 (a) $\mathbf{a}_A = 0.316 \text{ m/s}^2 \downarrow$; $\mathbf{a}_B = 2.22 \text{ m/s}^2 \downarrow$;
$\mathbf{a}_C = 9.49 \text{ m/s}^2 \leftarrow$. (b) 18.99 N.

12.29 (a) $\mathbf{a}_A = \mathbf{a}_B = 6.25 \text{ m/s}^2 \downarrow$; $\mathbf{a}_C = 37.5 \text{ m/s}^2 \leftarrow$.
(b) 14.24 N. (c) 380 N $\leftarrow$.

12.30 (a) $\mathbf{a}_A = \mathbf{a}_B = \mathbf{a}_D = 2.76 \text{ ft/s}^2 \downarrow$; $\mathbf{a}_C = 11.04 \text{ ft/s}^2 \uparrow$.
(b) 18.80 lb.

12.31 (a) $24.2 \text{ ft/s} \downarrow$. (b) $17.25 \text{ ft/s} \uparrow$.

12.32 (a) $2.80 \text{ m/s}^2 \leftarrow$. (b) $8.32 \text{ m/s}^2 \searrow 25°$.

12.33 (a) $5.94 \text{ m/s}^2 \searrow 75.6°$. (b) $3.74 \text{ m/s} \searrow 20°$.

12.36 (a) 80.4 N. (b) 2.30 m/s.

12.37 (a) 49.9°. (b) 6.85 N.

12.38 8.25 ft/s.

12.40 $2.77 \text{ m/s} < v < 4.36 \text{ m/s}$.

12.42 $9.00 \text{ ft/s} < v \leq 12.31 \text{ ft/s}$.

12.43 $2.42 \text{ ft/s} \leq v \leq 13.85 \text{ ft/s}$.

12.44 *Para cada una de las dos cuerdas:* (a) 131.7 N. (b) 88.4 N.

12.45 (a) 553 N. (b) 659 N.

12.46 (a) 668 ft. (b) 120 lb $\uparrow$.

12.47 (a) $6.95 \text{ ft/s}^2 \searrow 20.0°$. (b) $8.89 \text{ ft/s}^2 \searrow 20.0°$.

12.50 $-53.1° \leq \theta \leq 53.1°$.

12.51 $\sqrt{gr \tan (\theta - \phi_s)} \leq v \leq \sqrt{gr \tan (\theta + \phi_s)}$.

12.52 (a) 23.7 km/h. (b) 40.8 km/h.

12.53 (a) $0.1858W$. (b) 10.28°.

12.55 468 mm.

12.56 $2.36 \text{ m/s} \leq v \leq 4.99 \text{ m/s}$.

12.57 (a) 0.1904; movimiento inminente hacia abajo.
(b) 0.349; movimiento inminente hacia arriba.

12.58 (a) No se desliza; $1.926 \text{ lb} \searrow 80°$.
(b) Se desliza hacia abajo; $1.123 \text{ lb} \searrow 40°$.

12.61 (a) 0.1834. (b) 10.39°, 169.6°.

12.62 (a) 2.98 ft/s. (b) 19.29°, 160.7°.

12.64 $1.054\sqrt{eV/mv_0^2}$.

12.65 $1.333l$.

12.66 (a) $F_r = -31.6 \text{ N}$, $F_\theta = -3.48 \text{ N}$.
(b) $F_r = -12.93 \text{ N}$, $F_\theta = 2.01 \text{ N}$.

12.67 $F_r = -2.86 \text{ N}$, $F_\theta = 0.503 \text{ N}$.

12.68 (a) $F_r = -1.217 \text{ lb}$, $F_\theta = 0.248 \text{ lb}$.
(b) $F_r = -0.618 \text{ lb}$, $F_\theta = -0.0621 \text{ lb}$.

12.69 (a) $mc^2(r_0 - kt)t^2$. (b) $mc(r_0 - 3kt)$.

12.70 2.00 s.

12.71 (a) $F_r = (5.76 \text{ N}) \tan^2 \theta \sec \theta$,
$F_\theta = (5.76 \text{ N}) \tan \theta \sec \theta$.
(b) $\mathbf{P} = (5.76 \text{ N}) \tan \theta \sec^3 \theta \searrow \theta$,
$\mathbf{Q} = (5.76 \text{ N}) \tan^2 \theta \sec^2 \theta \rightarrow$.

12.76 $v_r = v_0 \text{ sen } 2\theta/\sqrt{\cos 2\theta}$, $v_\theta = v_0\sqrt{\cos 2\theta}$.

12.79 $(g\tau^2R^2/4\pi^2)^{1/3}$; 24.8 m/s².

12.80 (a) 35.77×10^3 km, 22,240 mi.
(b) 3070 m/s, 10,090 ft/s.

12.81 $413 \times 10^{21} \text{ lb} \cdot \text{s}^2/\text{ft}$.

12.82 (a) 1 h 57 min. (b) 3380 m/s.

12.83 (a) 60.3×10^3 km. (b) 570×10^{24} kg.

12.86 (a) 5280 ft/s. (b) 8000 ft/s.

12.87 (a) 1551 m/s. (b) -15.8 m/s.

12.88 (a) 3560 m/s. (b) 7170 km.

12.90 (a) $a_r = a_\theta = 0$. (b) 1536 in./s². (c) 32.0 in./s.

12.91 (a) 24.0 in./s. (b) $a_r = -258$ in./s², $a_\theta = 0$.
(c) -226 in./s².

12.98 10.42 km/s.

12.99 (a) 10.13 km/s. (b) 2.97 km/s.

12.103 (a) 26.3×10^3 ft/s. (b) 448 ft/s.

12.104 $\sqrt{2/(2 + \alpha)}$.

12.107 (a) 24.9×10^3 km.
(b) $|\Delta v_B| = 265 \text{ m/s}$; $|\Delta v_C| = 1023 \text{ m/s}$.

12.108 122 h 36 min 24 s.

12.109 4 h 57 min 37 s.

12.110 54.0°.

12.112 1 h 2 min 32 s.

12.114 $\cos^{-1}[(1 - n\beta^2)/(1 - \beta^2)]$.

12.115 81.0 m/s.

12.116 (a) 14.37°. (b) 59.8 km/s.

12.119 (a) $(r_1 - r_0)/(r_1 + r_0)$. (b) 609×10^{12} m.

12.122 267 ft.

12.124 (a) 1.656 lb. (b) 20.8 lb.

12.125 (a) $20.49 \text{ ft/s}^2 \nearrow 30°$. (b) $17.75 \text{ ft/s}^2 \rightarrow$.

12.127 (a) 0.454; movimiento inminente hacia abajo.
(b) 0.1796; movimiento inminente hacia abajo.
(c) 0.218; movimiento inminente hacia abajo.

12.128 (a) $F_r = -13.16 \text{ lb}$, $F_\theta = 2.10 \text{ lb}$.
(b) $\mathbf{P} = 6.89 \text{ lb} \searrow 70°$, $\mathbf{Q} = 14.00 \text{ lb} \nearrow 40°$.

12.129 $v_r = 2v_0 \text{ sen } 2\theta$, $v_\theta = v_0 \cos 2\theta$.

12.131 (a) 0.400 m/s. (b) $a_r = 2.40 \text{ m/s}^2$, $a_\theta = 0$.
(c) 2.80 m/s².

12.132 1.147.

12.C1 $\mu = 0$: $a_A = 1.888 \text{ m/s}^2$, $a_{B/A} = 7.36 \text{ m/s}^2$;
$\mu = 0.12$: $a_A = 0.031 \text{ m/s}^2$, $a_{B/A} = 4.90 \text{ m/s}^2$;
$\mu = 0.20$: $a_A = 0$, $a_{B/A} = 4.31 \text{ m/s}^2$;
$\mu = 0.80$: $a_A = 0$, $a_{B/A} = 0.059 \text{ m/s}^2$.

12.C2 $\mu = 0$: $\theta = 29.1°$; $\mu = 0.20$: $\theta = 31.3°$;
$\mu = 0.40$: $\theta = 34.1°$.

12.C3 (a) $r_0 = 1 \text{ m}$:
$k/m = 15 \text{ s}^{-2}$: $\mathbf{v} = 2.74 \text{ m/s} \nearrow 6.23°$;
$k/m = 20 \text{ s}^{-2}$: $\mathbf{v} = 2.98 \text{ m/s} \searrow 0.98°$;
$k/m = 25 \text{ s}^{-2}$: $\mathbf{v} = 3.19 \text{ m/s} \searrow 4.59°$.
(b) 19.0 s⁻².

12.C4 (a) $77.6° \leq \theta \leq 115.9°$.
(b) $0 \leq \theta \leq 4.68°$; $148.6° \leq \theta \leq 180°$.

12.C5 (a) 1 h 18 min 29 s. (b) 33 min 30 s.

CAPÍTULO 13

13.1 30.3 GJ.

13.2 $4.54 \times 10^9 \text{ lb} \cdot \text{ft}$.

13.5 (a) 117.2 km/h. (b) 95.7 km/h.

13.8 (a) $\mu_s = 0.899$. (b) 58.6 km/h.

13.9 (a) 8.57 m/s. (b) 5.30 m/s.

13.10 (a) 8.70 m. (b) 4.94 m/s.

13.11 15.11 ft/s ↙.

13.12 12.82 ft/s ↙.

13.13 4.05 m/s.

13.14 2.99 m.

13.15 (a) 1723 lb. (b) 86.1 lb C.

13.16 (a) 1723 lb. (b) 1292 lb T.

13.18 (a) 1042 m. (b) 2.40 kN C.

13.19 (a) 3.69 m/s ↘. (b) 10.19 N.

13.22 (a) 45.7 J. (b) $T_A = 83.2$ N, $T_B = 60.3$ N.

13.23 (a) 5.68 ft/s. (b) 4.00 ft · lb.

13.24 (a) 11.35 ft/s. (b) 16.05 ft/s.

13.25 1.190 m/s.

13.26 (a) 2.32 ft/s. (b) 2.39 ft/s.

13.27 (a) 0.222 ft. (b) Sí, se mueve de nuevo hacia la derecha

13.29 (a) 3.29 m/s. (b) 1.472 m sobre la posición inicial

13.31 (a) 4.00 in. (b) 97.3 in./s.

13.33 $v = 0.759\sqrt{paA/m}$

13.35 $\dfrac{h_n}{h_u} = 1/[1 - (v_0^2 - v^2)/2g_m R_m]$

13.36 1515 yd.

13.37 (a) 0.1628 m/s. (b) 14.72 m/s².

13.39 (a) $\sqrt{3gl}$. (b) $\sqrt{2gl}$.

13.40 14.0°.

13.41 $N = 167.0$ lb.

13.42 $N_{mín} = 167.0$ lb at B; $N_{máx} = 1260$ lb at D.

13.44 (a) 27.4°. (b) 3.81 ft.

13.46 (a) 20.3 ft · lb/s. (b) 118.7 ft · lb/s.

13.48 (a) 105 hp. (b) 388 hp.

13.49 (a) 109 kW, 146 hp. (b) 530 kW, 711 hp.

13.50 (a) 2.75 kW. (b) 3.35 kW.

13.51 14.80 kN.

13.52 (a) 3,000 lb. (b) 267 hp.

13.54 (a) 58.9 kW. (b) 52.9 kW.

13.55 (a) $k_e = k_1 k_2/(k_1 + k_2)$. (b) $k_e = k_1 + k_2$

13.57 (a) 5.20 m/s. (b) 4.76 m/s.

13.58 (a) 7.12 ft/s. (b) 6.56 ft/s.

13.59 (a) 3.34 ft/s. (b) 27.7 ft/s².

13.60 (a) 3.46 m/s. (b) 4.47 m/s.

13.62 (a) 1000 mm. (b) 4.42 m/s.

13.63 (a) 150.0 mm. (b) 4.42 m/s.

13.64 (a) 11.32 mm. (b) 22.6 mm.

13.66 (a) 0.956 ft. (b) 7.85 ft/s.

13.67 (a) 43.5°. (b) 8.02 ft/s.

13.70 (a) 2.55 N. (b) 6.96 N.

13.71 (a) 8.15 N. (b) 2.94 N.

13.72 (a) 9.40 ft/s. (b) $\mathbf{F} = -(7.63$ lb)$\mathbf{i}$ + (7.78 lb)$\mathbf{j}$.

13.73 (a) 7.85 ft/s. (b) 1.456 lb.

13.74 (a) $\mathbf{v}_1 = 7.99$ m/s; $\mathbf{v}_2 = 7.67$ m/s.
(b) $\mathbf{N}_1 = 5.89$ N ←; $\mathbf{N}_2 = 3.92$ N ←.

13.75 (b) 7.83 m/s.

13.78 (a) cot $\phi = 0.243(12 - y)$.
(b) 60.0 lb; $\theta_x = 85.7°$, $\theta_y = 71.6°$, $\theta_z = 161.1°$.

13.90 (b) $V = -\ln xyz$.

13.81 (a) $\pi ka^2/4$. (b) 0.

13.82 (a) $P_x = x(x^2 + y^2 + z^2)^{-1/2}$;
$P_y = y(x^2 + y^2 + z^2)^{-1/2}$;
$P_z = z(x^2 + y^2 + z^2)^{-1/2}$. (b) $a\sqrt{3}$.

13.85 (a) 90.4 GJ. (b) 208 GJ.

13.86 57.5 MJ/kg.

13.87 15.65×10^3 mi/h.

13.88 (a) 942×10^3 ft · lb/lb. (b) 450×10^3 ft · lb/lb.

13.89 (a) $V = mgR[1 - (R/r)]$. (b) $T = \frac{1}{2}mgR^2/r$.
(c) $E = mgR[1 - (R/2r)]$.

13.90 (a) 33.9 MJ/kg. (b) 46.4 MJ/kg.

13.93 (a) $v_0 b/(a + b)$. (b) v_0.

13.94 $v_r = 10.01$ m/s; $v_\theta = 9.00$ m/s.

13.95 (a) 10.28 ft/s. (b) 1.262 ft.

13.96 (a) 2.97 ft/s. (b) 9.28 ft/s.

13.97 (a) $r_m = 1.661$ m, $r'_m = 0.339$ m.
(b) $v_m = 5.21$ m/s, $v'_m = 25.6$ m/s.

13.100 14.21 km/s.

13.101 (a) 1704 m/s. (b) 29.8 m/s.

13.102 (a) $\Delta v_A = 437$ ft/s, $\Delta v_B = 429$ ft/s.
(b) 21.6×10^6 ft²/s².

13.103 (a) -16.79×10^3 ft/s. (b) 32.7×10^3 ft/s.

13.106 1555 m/s; 79.3°.

13.107 $r_{máx} = (1 + \text{sen } \alpha)r_0$, $r_{mín} = (1 - \text{sen } \alpha)r_0$.

13.108 69.0°.

13.109 (a) 11.32×10^3 ft/s. (b) 13.68×10^3 ft/s.

13.110 58.9°; 30.8×10^3 ft/s.

13.111 31.5 m/s; 1053 m/s.

13.116 (b) $v_{esc}\sqrt{\alpha/(1 + \alpha)} \leq v_0 \leq v_{esc}\sqrt{(1 + \alpha)/(2 + \alpha)}$

13.119 5.16 m/s ∡46.0°.

13.120 (a) 1.326 s. (b) 19.96 ft/s.

13.121 (a) 3.11 s. (b) 1.493 s.

13.122 5.59 s.

13.123 (a) 2.49 s. (b) 12.28 s.

13.124 2.61 s.

13.125 0.260.

13.126 0.310.

13.129 0.683 s.

13.130 (a) 19.60 s. (b) 10.2 kN C.

13.131 (a) 3.92 m/s. (b) 39.2 N ↓.

13.132 (a) 14.78 s. (b) 694 lb T.

13.133 (a) 29.6 s. (b) 2500 lb T.

13.136 (a) 29.6 ft/s. (b) 77.3 ft/s.

13.137 (a) 77.3 ft/s. (b) 5.4 s.

13.139 -8.17%.

13.140 6.21 W.

13.141 642 lb.

13.142 (a) 3730 lb. (b) 7450 lb.

13.143 1220 lb.

13.146 (a) 0.618 ft/s. (b) 3.04 ft/s.

13.147 (a) Car A. (b) 115.2 km/h.

13.148 (a) 8.51 km/h. (b) 6.67 N.

13.149 (a) $v_A = (v_0/2L)\sqrt{L^2 - a^2}$;
$v_B = (v_0/2L)\sqrt{L^2 + 3a^2}$.
(b) $\Delta E = (mv_0^2/4L^2)(L^2 - a^2)$

13.150 1.650 m/s.

13.151 (a) 1 m/s ↑. (b) 0.500 N · s ↑.

13.154 76.9 lb.

13.155 (a) $\mathbf{v}_A = 2.53$ m/s →; $\mathbf{v}_B = 4.48$ m/s →.
(b) 1.559 N · m.

13.157 0.800.

13.158 (a) $\mathbf{v}_A = 7.30$ ft/s →; $\mathbf{v}_B = 10.50$ ft/s →.
(b) 0.0503 ft · lb.

13.159 $\mathbf{v}_A = 1.013$ m/s ←; $\mathbf{v}_B = 0.338$ m/s ←;
$\mathbf{v}_C = 0.150$ m/s ←.

13.160 (a) $v'_A = v_0(1 - e)/2$; $v'_B = v_0(1 + e)/2$.
(b) $v''_B = v_0(1 - e^2)/4$; $v'_C = v_0(1 + e)^2/4$.
(c) $v'_C = v_0(1 + e)^{n-1}/2^{n-1}$.
(d) $0.881\,v_0$.

13.163 $0.514 \leq e \leq 0.578$.

13.165 $\mathbf{v}_A = 6.37$ m/s $\nearrow 77.2°$; $\mathbf{v}_B = 1.802$ m/s $\measuredangle 40°$.

13.166 $\mathbf{v}_A = 3$ m/s $\nearrow 40°$; $\mathbf{v}_B = 3$ m/s $\measuredangle 40°$.

13.167 (b) $\mathbf{v}_A = 25$ ft/s $\searrow 36.9°$; $\mathbf{v}_B = 43.3$ ft/s $\measuredangle 53.1°$.

13.168 (a) $70.0°$. (b) 0.972 ft/s →.

13.169 0.837.

13.170 15.94 m.

13.173 0.632 m/s ←.

13.174 (a) 0.294 m. (b) 0.0544 m.

13.175 $e = 1$ (a) 685 mm. (b) 5 m/s →.
$e = 0$ (a) 484 mm. (b) 2.4 m/s →.

13.176 (a) 2.98 m a la derecha del punto de impacto.
(b) en el punto de impacto.

13.177 (a) 0.258. (b) 4.34 m/s.

13.178 (a) 0.0720 ft. (b) 72.2 lb/ft.

13.179 (a) 1. (b) 0.200 ft. (c) 0.263 ft.

13.182 (a) 0.0766 s. (b) $d_C = 0.01941$ ft.;
$d_A = d_B = 0.0776$ ft.

13.183 (a) 2.91 m/s →. (b) 100.4 J.

13.184 (a) 401 mm. (b) 4.10 N · s.

13.185 (a) 0.923. (b) 1.278 m.

13.188 (a) $\mathbf{v}_A = 3.82$ ft/s $\searrow 50°$; $\mathbf{v}_B = 3.39$ ft/s. →.
(b) 4.42 ft · lb.

13.189 0.1419 ft.

13.190 1.688 ft · lb.

13.191 (a) 533 lb/ft. (b) 37.0 ft.

13.194 $12,990$ ft/s.

13.196 65 kN.

13.197 $0.707a$.

13.199 (a) 1.368 m/s. (b) 0.668 m. (c) 1.049 m.

13.200 $(1 + e)^2/4$.

13.C1 $k = 0.5$ *lb/in.*: 8.31 ft/s.
$k = 1.5$ *lb/in.*: 4.59 ft/s.

13.C2 (a) $F_d = 0.0098v^2$, $x = 30\,ft$: 1.764 s; 34.0 ft/s.
$F_d = 0.0098v^2$, $x = 600\,ft$: 8.320 s; 135.1 ft/s.
(b) $F_d = 0$, $x = 30\,ft$: 1.762 s; 34.1 ft/s.
$F_d = 0$, $x = 600\,ft$: 8.184 s; 141.6 ft/s.

13.C3 (a) $F = 60\,N$: $h = 0.979$ m.
$F = 100\,N$: $h = 1.631$ m.
(b) $F = 60\,N$: $d = 0.839$ m.
$F = 100\,N$: $d = 1.615$ m.

13.C4 (a) 23.1 s. (b) 0.01367 m.

13.C5 (a) $e = 1$, $\theta = 60°$: $v'_A = 2.73$ m/s,
$v'_B = 3.78$ m/s, 0%.
$\theta = 120°$: $v'_A = 2.00$ m/s,
$v'_B = 4.00$ m/s, 0%.
(b) $e = 0.75$, $\theta = 60°$: $v'_A = 1.636$ m/s,
$v'_B = 3.31$ m/s, 31.8%.
$\theta = 130°$: $v'_A = 1.000$ m/s,
$v'_B = 3.50$ m/s, 29.2%.
(c) $e = 0$, $\theta = 60°$: $v'_A = 1.636$ m/s,
$v'_B = 1.890$ m/s, 72.7%.
$\theta = 140°$: $v'_A = 2.00$ m/s,
$v'_B = 2.00$ m/s, 66.7%.

13.C6 $E = 35\%$: $\phi_B = 63.3°$, $v_B = 29.6 \times 10^3$ ft/s.
$E = 75\%$: $\phi_B = 53.6°$, $v_B = 32.8 \times 10^3$ ft/s.

CAPÍTULO 14

14.1 (a) y (b) 1.417 m/s.

14.2 (a) 10.00 kg. (b) 1.200 m/s.

14.3 (a) 9.20 ft/s ←. (b) 9.37 ft/s ←.

14.4 (a) 2.80 ft/s ←. (b) 0.229 ft/s ←.

14.5 (a) $\mathbf{v}_A = 0.214$ m/s →; $\mathbf{v}_C = 1.470$ m/s →.
(b) 0.750.

14.6 (a) 1.600 m/s →; 0.320 m/s →; 0.384 m/s →.
(b) 0.600.

14.9 $-(31.2$ kg · m²/s$)\mathbf{i} - (64.8$ kg · m²/s$)\mathbf{j} +$
$(48.0$ kg · m²/s$)\mathbf{k}$.

14.10 (a) $(0.600$ m$)\mathbf{i} + (1.400$ m$)\mathbf{j} + (1.525$ m$)\mathbf{k}$.
(b) $-(26.0$ kg · m/s$)\mathbf{i} + (14.00$ kg · m/s$)\mathbf{j} +$
$(14.00$ kg · m/s$)\mathbf{k}$.
(c) $-(29.45$ kg · m²/s$)\mathbf{i} - (16.75$ kg · m²/s$)\mathbf{j} +$
$(3.20$ kg · m²/s$)\mathbf{k}$.

14.13 $-(0.720$ ft · lb · s$)\mathbf{j} + (1.440$ ft · lb · s$)\mathbf{k}$.

14.14 (a) $(2.80$ ft$)\mathbf{i} + (2.30$ ft$)\mathbf{j} + (1.00$ ft$)\mathbf{k}$.
(b) $(1.200$ lb · s$)\mathbf{i} + (2.80$ lb · s$)\mathbf{j} + (1.400$ lb · s$)\mathbf{k}$.
(c) $-(0.420$ ft · lb · s$)\mathbf{i} + (2.00$ ft · lb · s$)\mathbf{j} -$
$(3.64$ ft · lb · s$)\mathbf{k}$.

14.15 $\mathbf{r}_C = (4320$ ft$)\mathbf{i} + (480$ ft$)\mathbf{j} + (480$ ft$)\mathbf{k}$.

14.16 $\mathbf{r}_B = (400$ ft$)\mathbf{i} - (258$ ft$)\mathbf{j} + (32.0$ ft$)\mathbf{k}$.

14.17 1004 m, -48.7 m.

14.18 503 m, -547 m.

14.21 (a) 8.50 ft/s. (b) 3.95 ft/s.

14.22 (a) 6.05 ft/s. (b) 6.81 ft/s.

14.23 $(18.22$ m$)\mathbf{i} + (2.43$ m$)\mathbf{k}$.

14.24 $v_A = 735$ m/s; $v_B = 574$ m/s; $v_C = 495$ m/s.

14.31 (a) 42.2 J. (b) 5.10 J.

14.32 1068 J.

14.33 *Mujer*: 382 ft · lb; *hombre*: 447 ft · lb.

14.34 (a) 1116 ft · lb. (b) 623 ft · lb.

14.37 (a) $\dfrac{m_A}{m_A + m_B} v_0 \to$. (b) $\dfrac{m_A}{m_A + m_B} \dfrac{v_0^2}{2g}$

14.38 (a) $\mathbf{v}_A = 0.200v_0$ ←; $\mathbf{v}_B = 0.693v_0 \measuredangle 30°$;
$\mathbf{v}_C = 0.693v_0 \searrow 30°$.
(b) $\mathbf{v}_A = 0.250v_0 \nearrow 60°$; $\mathbf{v}_B = 0.866v_0 \measuredangle 30°$;
$\mathbf{v}_C = 0.433v_0 \searrow 30°$.

14.39 $v_A = 10.61$ ft/s; $v_B = 5.30$ ft/s; $v_C = 9.19$ ft/s.

14.40 $v_A = 7.50$ ft/s; $v_B = v_C = 9.19$ ft/s.

14.41 $\mathbf{v}_A = 4.11$ m/s $\measuredangle 46.9°$; $\mathbf{v}_B = 17.39$ m/s $\searrow 16.7°$.

14.42 $\mathbf{v}_A = 12.17$ m/s $\measuredangle 25.3°$; $\mathbf{v}_B = 9.17$ m/s $\searrow 70.9°$.

14.45 $(60.0$ m/s$)\mathbf{i} + (60.0$ m/s$)\mathbf{j} + (390$ m/s$)\mathbf{k}$.

14.46 $x = 141.6$ mm, $y = 0$, $z = 179.4$ mm.

14.49 (a) $0.866v_0$. (b) $0.250v_0$. (c) 7.50%.

14.50 (a) $0.707v_0$. (b) $0.500v_0$. (c) 12.50%.

14.51 (a) $v_0 = 0.400$ m/s; $v_A = 1.789$ m/s; $v_B = 2.26$ m/s.
(b) 500 mm.

14.52 (a) $v_0 = 1.440$ m/s; $v_A = 2.97$ m/s; $v_B = 4.61$ m/s.
(b) 750 mm.

14.53 (a) $\mathbf{v}_B = 7.20$ ft/s $\measuredangle 53.1°$; $\mathbf{v}_C = 7.68$ ft/s →.
(b) $c = 42.0$ in.

14.54 (*a*) $\mathbf{v}_A = 7.20$ ft/s $\downarrow$; $\mathbf{v}_B = 9.00$ ft/s $\measuredangle\ 53.1°$.
(*b*) $a = 74.0$ in.

14.57 187.5 N.

14.58 90.6 N $\leftarrow$.

14.59 1061 lb.

14.60 (*a*) $(3280$ lb$)\mathbf{k}$. (*b*) $(6450$ lb$)\mathbf{i}$.

14.63 $\mathbf{C}_x = 0$, $\mathbf{C}_y = 149.7$ N $\downarrow$; $\mathbf{D}_x = 250$ N $\rightarrow$,
$\mathbf{D}_y = 283$ N $\downarrow$.

14.67 $\mathbf{C} = 89.3$ N $\downarrow$; $\mathbf{D} = 138.4$ N $\uparrow$.

14.68 $\mathbf{C}_x = 90.0$ N $\rightarrow$, $\mathbf{C}_y = 2360$ N $\uparrow$; $\mathbf{D}_x = 0$,
$\mathbf{D}_y = 2900$ N $\uparrow$.

14.69 36.9 kN.

14.70 251 lb/s.

14.71 (*a*) 9690 lb, 3.38 ft debajo de B
(*b*) 6960 lb, 9.43 ft debajo de B

14.73 1.096 m.

14.74 7180 lb.

14.75 (*a*) 516 mi/h. (*b*) 391 mi/h.

14.77 (*a*) 15.47 kJ/s. (*b*) 0.323.

14.78 (*a*) 80 kJ/s. (*b*) 51.9 km/h.

14.79 (*a*) 13,120 hp. (*b*) 22 960 hp. (*c*) 0.571.

14.80 (*a*) 109.5 ft/s. (*b*) 3100 ft³/s. (*c*) 43 800 ft · lb/s.

14.85 (*a*) $P = qv$.

14.86 *Caso 1:* (*a*) $g/3$. (*b*) $\sqrt{2gl/3}$.
Caso 2: (*a*) gy/l. (*b*) $\sqrt{gl}$.

14.87 (*a*) $\dfrac{m}{l}(gy + v^2)$. (*b*) $mg\left(1 - \dfrac{y}{l}\right)$.

14.88 (*a*) mgy/l. (*b*) $(m/l)[g(l - y) + v^2]$.

14.91 3.83 MN.

14.92 533 kg/s.

14.93 (*a*) 92.8 ft/s² $\uparrow$. (*b*) 718 ft/s² $\uparrow$.

14.94 15 000 ft/s.

14.97 7930 m/s.

14.98 (*a*) 1800 m/s. (*b*) 9240 m/s.

14.99 186.8 km.

14.100 (*a*) 31.2 km. (*b*) 197.5 km.

14.101 19.07 mi.

14.102 (*a*) 97.1 mi. (*b*) 18,930 ft/s.

14.105 (*a*) 1595 m/s. (*b*) $x = 0.370$ m.

14.106 (*a*) 5.20 km/h. (*b*) 4.00 km/h.

14.108 92.9 mi/h hacia el este, 38.2 mi/h hacia el sur,
26.5 ft/s hacia abajo.

14.109 $\mathbf{v}_A = 4.32$ ft/s $\leftarrow$; $\mathbf{v}_B = 6.48$ ft/s $\rightarrow$.

14.111 (*a*) $mv_0 \leftarrow$. (*b*) $m\sqrt{2gh}\ \searrow 30°$.

14.112 $\mathbf{C} = 1.712$ kN $\uparrow$; $\mathbf{D} = 2.29$ kN $\uparrow$.

14.114 v^2/g.

14.115 (*a*) $m_0 e^{qL/m_0 v_0}$. (*b*) $v_0 e^{-qL/m_0 v_0}$.

14.C1 (i) (*a*) 3.95 ft/s $\leftarrow$. (*b*) 1.400 ft/s $\leftarrow$.
(ii) (*a*) 1.650 ft/s $\leftarrow$. (*b*) 0.943 ft/s $\rightarrow$.

14.C3 (*a*) $v_A = 1678$ ft/s; $v_B = 1390$ ft/s; $v_C = 1230$ ft/s.
(*b*) $v_A = 2097$ ft/s; $v_B = 1853$ ft/s; $v_C = 738$ ft/s.

14.C4 *Para* $x = 25$ *m:* $t = 0.552$ s, $v = 149.0$ km/h,
$a = -11.81$ m/s².
Para $x = 50$ *m:* $t = 1.208$ s, $v = 127.1$ km/h,
$a = -7.33$ m/s².
Para $x = 75$ *m:* $t = 1.969$ s, $v = 110.8$ km/h,
$a = -4.86$ m/s².

14.C5 *Para* $\alpha = 10°$: (*a*) 1.328 m/s². (*b*) 841 km/h.
Para $\alpha = 20°$: (*a*) -0.324 m/s². (*b*) 757 km/h.

14.C6 *Para* $t = 24$ *s:* (*a*) 134.5 ft/s². (*b*) 2680 ft/s.
(*c*) 5.71 mi.
Para $t = 48$ *s:* (*a*) 218 ft/s². (*b*) 6770 ft/s.
(*c*) 26.4 mi.
Para $t = 72$ *s:* (*a*) 468 ft/s². (*b*) 14 320 ft/s.
(*c*) 72.2 mi.

CAPÍTULO 15

15.1 (*a*) 10 rad; 0; -9 rad/s². (*b*) 34 rad; 36 rad/s;
27 rad/s².

15.2 (*a*) $t = 0$; $\theta = 10$ rad; $\alpha = -9$ rad/s².
(*b*) $t = 2$ s; $\theta = 4$ rad; $\alpha = 9$ rad/s².

15.3 (*a*) 0; 0.1 rad/s; -0.025 rad/s².
(*b*) 0.211 rad; 0.0472 rad/s; -0.01181 rad/s².
(*c*) 0.4 rad; 0; 0.

15.4 (*a*) 0; 0; 0. (*b*) 6 rad; 4.71 rad/s; -3.70 rad/s².

15.5 1.243 rad; 3.33 rad/s; 4.79 rad/s².

15.6 (*a*) 165 rev. (*b*) 2200 rev.

15.9 (*a*) 12.73 rev. (*b*) infinito. (*c*) 18.42 s.

15.10 $\mathbf{v}_E = (32.4$ in./s$)\mathbf{i} + (72$ in./s$)\mathbf{j}$
$\mathbf{a}_E = -(259$ in./s²$)\mathbf{i} + (519$ in./s²$)\mathbf{j}$.

15.11 $\mathbf{v}_C = -(72$ in./s$)\mathbf{j} - (54$ in./s$)\mathbf{k}$.
$\mathbf{a}_C = (405$ in./s²$)\mathbf{i} + (612$ in./s²$)\mathbf{j} - (216$ in/s²$)\mathbf{k}$.

15.12 $\mathbf{v}_C = -(0.45$ m/s$)\mathbf{i} - (1.2$ m/s$)\mathbf{j} + (1.5$ m/s$)\mathbf{k}$.
$\mathbf{a}_C = (12.60$ m/s²$)\mathbf{i} + (7.65$ m/s²$)\mathbf{j} + (9.90$ m/s²$)\mathbf{k}$.

15.13 $\mathbf{v}_B = (0.75$ m/s$)\mathbf{i} + (1.5$ m/s$)\mathbf{k}$.
$\mathbf{a}_B = (12.75$ m/s²$)\mathbf{i} + (11.25$ m/s²$)\mathbf{j} + (3$ m/s²$)\mathbf{k}$.

15.16 (*a*) $v = 1525$ ft/s; $a = 0.1112$ ft/s².
(*b*) $v = 1168$ ft/s; $a = 0.0852$ ft/s².
(*c*) $v = a = 0$.

15.18 (*a*) 0.6 m/s². (*b*) 0.0937 m/s². (*c*) 0.294 m/s².

15.19 (*a*) 6 m/s². (*b*) 9.98 m/s². (*c*) 60 m/s².

15.20 (*a*) 2.5 m/s². (*b*) 4.45 m/s². (*c*) 5.70 m/s².

15.21 (*a*) 2.5 rad/s $\uparrow$, 1.5 rad/s² $\downarrow$.
(*b*) 38.6 in./s² $\searrow 76.5°$.

15.22 ± 12 rad/s².

15.25 (*a*) $-(12$ rad/s$)\mathbf{j}$. (*b*) $\mathbf{a}_A = -(72$ ft/s²$)\mathbf{i}$;
$\mathbf{a}_B = (180$ ft/s²$)\mathbf{i}$.

15.27 (*a*) 10 rad/s. (*b*) $\mathbf{a}_A = 7.5$ m/s² $\downarrow$; $\mathbf{a}_B = 3$ m/s² $\downarrow$.
(*c*) 4 m/s².

15.28 (*a*) 3 rad/s² $\downarrow$. (*b*) 4 s.

15.29 (*a*) 1.707 rad/s $\uparrow$. (*b*) 6.83 rad/s $\uparrow$.

15.30 (*a*) 1.640 m/s $\uparrow$; 3.70 m $\uparrow$. (*b*) 0.738 m/s $\downarrow$;
1.665 m $\downarrow$.

15.31 (*a*) 1.647 rev. (*b*) 256 mm/s; 932 mm/s².
(*c*) 104.0 mm/s² $\nearrow 43.8°$.

15.32 $\boldsymbol{\alpha}_A = 5.41$ rad/s² $\uparrow$; $\boldsymbol{\alpha}_B = 1.466$ rad/s² $\uparrow$.

15.33 (*a*) 10.39 s. (*b*) $\boldsymbol{\omega}_A = 412$ rpm $\uparrow$; $\boldsymbol{\omega}_B = 248$ rpm $\uparrow$.

15.36 $\alpha = bv^2/2\pi r^3$.

15.37 $a = b\omega_0^2/2\pi$.

15.38 (*a*) 2.26 rad/s $\uparrow$. (*b*) 1.840 m/s $\searrow 60°$.

15.39 (*a*) 2.54 rad/s $\downarrow$. (*b*) 1.328 m/s $\measuredangle\ 30°$.

15.41 (*a*) 0.378 rad/s $\downarrow$. (*b*) 6.42 in./s $\uparrow$.

15.42 (*a*) 0.614 rad/s $\uparrow$. (*b*) 11.02 in./s $\searrow 15°$.

15.44 (*a*) 2 rad/s $\downarrow$. (*b*) (4 in./s$)\mathbf{i} + (7$ in./s$)\mathbf{j}$.

15.45 Círculo de 4 in. de radio, con centro en $x = 3.5$ in., $y = -2$ in.

15.46 (*a*) 2 rad/s ↓. (*b*) (120 mm/s)**i** + (660 mm/s)**j**.

15.48 (*a*) 105 rpm ↓. (*b*) 127.5 rpm ↓.

15.49 (*a*) 1.5 (*b*) $\omega_A/3$ ↑.

15.50 70 rpm ↓.

15.51 (*a*) 135 rpm ↓. (*b*) 105 rpm ↓.

15.52 (*a*) 48 rpm ↓. (*b*) 3.39 m/s ∠ 45°.

15.55 (*a*) ω_{BC} = 60 rpm ↓; $\mathbf{v}_D$ = 37.7 in./s →.
   (*b*) ω_{BD} = 0; $\mathbf{v}_D$ = 50.3 in./s ←.

15.56 (*a*) 2.67 rad/s ↓. (*b*) 34.4 in./s ←.

15.57 (*a*) $\mathbf{v}_P$ = 0; ω_{BD} = 39.6 rad/s ↑.
   (*b*) $\mathbf{v}_P$ = 6.28 m/s ↓; ω_{BD} = 0.

15.58 (*a*) $\mathbf{v}_P$ = 6.52 m/s ↓; ω_{BD} = 20.8 rad/s ↑.

15.60 (*a*) 125.4 mm/s ←. (*b*) 0.208 rad/s ↓.

15.61 (*a*) 3.02 rad/s ↓. (*b*) 0.657 rad/s ↑.

15.63 ω_{BD} = 2.5 rad/s ↑; ω_{DE} = 6.67 rad/s ↓.

15.64 ω_{BD} = 4 rad/s ↓; ω_{DE} = 6.67 rad/s ↑.

15.65 ω_{BD} = 5.2 rad/s ↓; ω_{DE} = 6.4 rad/s ↓.

15.68 (*a*) 12 rad/s ↓. (*b*) 80 in./s →.

15.69 (*a*) 12 rad/s ↓. (*b*) 72.1 in./s ↗ 56.3°.

15.70 $\mathbf{v}_B$ = 140.8 ft/s →; $\mathbf{v}_C$ = 0; $\mathbf{v}_D$ = 136.0 ft/s ∠ 15°;
   $\mathbf{v}_E$ = 99.6 ft/s ↘ 45°.

15.71 (*a*) 338 mm/s ←; 0. (*b*) 710 mm/s ←; 2.37 rad/s ↓.

15.72 (*a*) 1.463 m/s ←; 0. (*b*) 1.090 m/s ←; 2.37 rad/s ↑.

15.73 (*a*) 50 mm a la derecha del centro del carrete.
   (*b*) $\mathbf{v}_B$ = 450 mm/s ↓; $\mathbf{v}_D$ = 1.950 m/s ↑.

15.74 (*a*) 5 rad/s ↓. (*b*) 500 mm/s ↑.

15.75 (*a*) 1 ft a la derecha de A. (*b*) 4 in./s ↑.

15.76 (*a*) 0.5 ft a la izquierda de D. (*b*) 1 in./s ↑.

15.77 (*a*) 12 rad/s ↓. (*b*) $\mathbf{v}_R$ = 2.4 m/s →;
   $\mathbf{v}_D$ = 2.16 in./s ∠ 56.3°.

15.78 (*a*) 10 mm a la derecha de A. (*b*) 40 mm/s ↓.
   (*c*) *Polea externa: se desenrolla a* 240 mm/s;
   Polea interna: se desenrolla a 120 mm/s.

15.79 (*a*) 20 mm a la derecha de A. (*b*) 80 mm/s ↓.
   (*c*) *Polea externa: se desenrolla a* 240 mm/s;
   Polea interna: se desenrolla a 120 mm/s.

15.82 (*a*) 12 rad/s ↑. (*b*) 3.9 m/s ↗ 67.4°.

15.84 (*a*) 3.08 rad/s ↓. (*b*) 83.3 in./s ↘ 73.9°.

15.85 (*a*) 6 rad/s ↑. (*b*) 762 mm/s ↘ 61.8°.

15.87 (*a*) 0.467 rad/s ↑. (*b*) 3.49 ft/s ∠ 59.2°.

15.89 (*a*) 4.42 rad/s ↑. (*b*) 3.26 m/s ∠ 50°.

15.90 (*a*) 1.579 rad/s ↓. (*b*) 699 mm/s ∠ 78.3°.

15.92 (*a*) 2.79 in./s ∠ 36.7°. (*b*) 8.63 in./s ∠ 75°.

15.93 (*a*) 6.08 rad/s ↑. (*b*) 104.4 in./s ↗ 73.1°.

15.95 (*a*) ω_{AB} = 1.039 rad/s ↑; ω_{BD} = 0.346 rad/s ↓.
   (*b*) 69.3 mm/s →.

15.96 (*a*) 0.4 rad/s ↑. (*b*) 80 mm/s ∠ 30°.

15.97 (*a*) ω_{AB} = 1.176 rad/s ↓; ω_{DE} = 2.5 rad/s ↓.
   (*b*) 29.4 in./s ←.

15.98 (*a*) ω_{AB} = 2 rad/s ↓; ω_{DE} = 5 rad/s ↑. (*b*) 24 in./s →.

15.99 *Centrodo espacial*: Cuarto de círculo de 15 in. de radio
   con centro en la intersección de las pistas.
   Centrodo corporal: Semicírculo de 7.5 in. de radio con
   centro en la barra AB equidistante de A y B.

15.100 *Centrodo espacial*: Cremallera inferior.
   Centrodo corporal: Circunferencia del engrane.

15.105 (*a*) 0.5 rad/s² ↓. (*b*) $\mathbf{a}_A$ = 6.5 ft/s² ↑; $\mathbf{a}_E$ = 1.5 ft/s².

15.108 (*a*) 0.6 m desde A. (*b*) 0.2 m desde A.

15.109 (*a*) 2.88 m/s² ←. (*b*) 3.6 m/s² ←.

15.110 (*a*) 2.88 m/s² →. (*b*) 7.92 m/s² →.

15.111 (*a*) 5410 ft/s² ↓. (*b*) 5410 ft/s² ↑. (*c*) 5410 ft/s² ↘ 60°.

15.112 (*a*) $\boldsymbol{\alpha}_A$ = 96 rad/s² ↑; $\boldsymbol{\alpha}_B$ = 48 rad/s² ↑.
   (*b*) $\mathbf{a}_A$ = 2.4 m/s² ←; $\mathbf{a}_B$ = 1.2 m/s² ←.

15.113 (*a*) 300 mm/s² →. (*b*) 247 mm/s² ↗ 14.0°.

15.115 $\mathbf{a}_A$ = 56.6 in./s² ↘ 58.0°; $\mathbf{a}_B$ = 80 in./s² ↑; $\mathbf{a}_C$ = 172.2 in./s² ↘ 25.8°.

15.116 $\mathbf{a}_A$ = 48 in./s² ↑; $\mathbf{a}_B$ = 85.4 in./s² ↘ 69.4°; $\mathbf{a}_C$ = 82.8 in./s² ↗ 65.0°.

15.118 (*a*) 13.36 in./s² ↗ 61.0°. (*b*) 12.62 in./s² ∠ 64.0°.

15.119 (*a*) 92.5 in./s². (*b*) 278 in./s².

15.120 (*a*) 79.9 m/s² →. (*b*) 133.2 m/s² ←.

15.121 27.5 m/s² →.

15.122 (*a*) 1218 in./s² ←. (*b*) 993 in./s² ←.

15.125 148.3 m/s² ↓.

15.126 296 m/s² ↑.

15.127 (*a*) 1080 rad/s² ↓. (*b*) 5520 in./s² ↘ 64.9°.

15.128 (*a*) 432 rad/s² ↑. (*b*) 3270 in./s² ↘ 60.3°.

15.129 1.745 m/s² ↗ 68.2°.

15.130 (*a*) 7.2 rad/s² ↑. (*b*) 1.296 m/s² ←.

15.132 9.6 m/s² →.

15.133 (*a*) 123.7 rad/s² ↑. (*b*) 28.4 rad/s² ↓.

15.138 $\omega = (v_B \operatorname{sen} \beta)/(l \cos \theta)$.

15.139 $\alpha = [(v_B/l) \operatorname{sen} \beta]^2 (\operatorname{sen} \theta/\cos^3 \theta)$.

15.140 $v_A = b\omega \cos \theta$; $a_A = b\alpha \cos \theta - b\omega^2 \operatorname{sen} \theta$.

15.141 $\omega = (v_A/b) \operatorname{sen}^2 \theta$; $\alpha = 2(v_A/b)^2 \operatorname{sen}^3 \theta \cos \theta$.

15.143 $v_x = v[1 - \cos (vt/r)]$, $v_y = v \operatorname{sen} (vt/r)$.

15.147 $\alpha = 2(v_A/b)^2 \operatorname{sen} \theta \cos^3 \theta$.

15.149 $\mathbf{v} = (R\omega \operatorname{sen} \omega t)\mathbf{j}$; $\mathbf{a} = (R\omega^2 \cos \omega t)\mathbf{j}$.

15.150 (*a*) 2.58 rad/s ↓. (*b*) 19.75 in./s ↘ 40°.

15.151 (*a*) 3.48 rad/s ↓. (*b*) 0.616 m/s ↘ 70°.

15.152 ω_{AP} = 1.958 rad/s ↑; ω_{BD} = 3.80 rad/s ↑.

15.153 ω_{AE} = 1.696 rad/s ↓; ω_{BP} = 4.39 rad/s ↓.

15.156 (*a*) $\mathbf{v}_{H/AE}$ = $l\omega$ ←; $\mathbf{v}_{H/BD}$ = 0.
   (*b*) $\mathbf{v}_{H/AE}$ = $l\omega/\sqrt{3}$ ↘ 30°; $\mathbf{v}_{H/BD}$ = $l\omega/\sqrt{3}$ ∠ 30°.

15.157 $\mathbf{v}_{H/AE}$ = 0.299 $l\omega$ ↘ 45°; $\mathbf{v}_{H/BD}$ = 0.816 $l\omega$ ∠ 15°.

15.158 $\mathbf{a}_1 = r\omega^2\mathbf{i} - 2u\omega\mathbf{j}$; $\mathbf{a}_2 = 2u\omega\mathbf{i} - r\omega^2\mathbf{j}$;
   $\mathbf{a}_3 = -(r\omega^2 + u^2/r + 2u\omega)\mathbf{i}$;
   $\mathbf{a}_4 = (r\omega^2 + 2u\omega)\mathbf{j}$.

15.159 $\mathbf{a}_1 = r\omega^2\mathbf{i} + 2u\omega\mathbf{j}$; $\mathbf{a}_2 = -2u\omega\mathbf{i} - r\omega^2\mathbf{j}$;
   $\mathbf{a}_3 = (-r\omega^2 - u^2/r + 2u\omega)\mathbf{i}$; $\mathbf{a}_4 = (r\omega^2 - 2u\omega)\mathbf{j}$.

15.162 (*a*) $\mathbf{a}_D$ = $-(51$ in./s²$)\mathbf{j} - (108$ in./s²$)\mathbf{k}$.
   (*b*) $\mathbf{a}_E$ = $-(51$ in./s²$)\mathbf{j}$.

15.163 (*a*) $\mathbf{a}_D$ = $(96$ in./s²$)\mathbf{i} - (108$ in./s²$)\mathbf{k}$.
   (*b*) $\mathbf{a}_E$ = $(96$ in./s²$)\mathbf{i}$.

15.165 23.4 × 10⁻³ m/s² a la izquierda del trineo.

15.166 (*a*) 68.1 in./s² ↘ 21.5°. (*b*) 101.9 in./s² ↘ 3.2°.

15.167 (*a*) 95.2 in./s² ↘ 48.3°. (*b*) 57.5 in./s² ↗ 64.3°.

15.168 (*a*) $\mathbf{a}_1$ = 302.5 mm/s² →.
   (*b*) $\mathbf{a}_2$ = 168.5 mm/s² ↗ 57.5°.

15.169 (*a*) $\mathbf{a}_3$ = 482.5 mm/s² ←.
   (*b*) $\mathbf{a}_4$ = 168.5 mm/s² ↘ 57.5°.

15.171 392 in./s² ↗ 4.05°.

15.174 (*a*) 621 mm/s² ↑. (*b*) 1.682 m/s² ↘ 56.1°.
   (*c*) 2.62 m/s² ↗ 67.6°.

15.175 $\boldsymbol{\omega}_A = 1.5$ rad/s $\upharpoonleft$; $\boldsymbol{\alpha}_A = 7.79$ rad/s^2 $\upharpoonleft$.

15.176 $\boldsymbol{\omega}_A = 6$ rad/s $\upharpoonleft$; $\boldsymbol{\alpha}_A = 62.4$ rad/s^2 $\downharpoonleft$.

15.177 105.3 in./s^2 $\measuredangle$ 30°.

15.178 1.898 in./s^2 $\measuredangle$ 30°.

15.179 3.81 rad/s $\downharpoonleft$; 81.4 rad/s^2 $\downharpoonleft$.

15.181 (a) $\boldsymbol{\omega}_{BD} = 2.4$ rad/s $\downharpoonleft$; $\boldsymbol{\alpha}_{BD} = 34.6$ rad/s^2 $\downharpoonleft$.
(b) $\mathbf{v} = 1.342$ m/s $\measuredangle$ 63.4°; $\mathbf{a} = 9.11$ m/s^2 $\measuredangle$ 18.4°.

15.184 (a) $(8$ rad/s$)\mathbf{i} + (30$ rad/s$)\mathbf{j} - (5$ rad/s$)\mathbf{k}$.
(b) $-(80$ in./s$)\mathbf{i} - (6$ in./s$)\mathbf{j} - (164$ in./s$)\mathbf{k}$.

15.185 (a) $-(22$ rad/s$)\mathbf{i} + (40$ rad/s$)\mathbf{j} + (10$ rad/s$)\mathbf{k}$.
(b) $-(140$ in./s$)\mathbf{i} - (6$ in./s$)\mathbf{j} - (284$ in./s$)\mathbf{k}$.

15.186 (a) $(0.48$ rad/s$)\mathbf{i} - (1.6$ rad/s$)\mathbf{j} + (0.6$ rad/s$)\mathbf{k}$.
(b) $(400$ mm/s$)\mathbf{i} + (300$ mm/s$)\mathbf{j} + (480$ mm/s$)\mathbf{k}$.

15.187 (a) $-(0.4$ rad/s$)\mathbf{j} - (0.3$ rad/s$)\mathbf{k}$.
(b) $(100$ mm/s$)\mathbf{i} - (90$ mm/s$)\mathbf{j} + (120$ mm/s$)\mathbf{k}$.

15.188 $-(8.22$ rad/s$^2)\mathbf{k}$.

15.189 $(118.4$ rad/s$^2)\mathbf{i}$.

15.190 (a) $\omega_1\mathbf{j} + (R\omega_1/r)\mathbf{k}$. (b) $(R\omega_1^2/r)\mathbf{i}$.

15.193 (a) $-(0.6$ m/s$)\mathbf{i} + (0.75$ m/s$)\mathbf{j} - (0.6$ m/s$)\mathbf{k}$.
(b) $-(6.15$ m/s$^2)\mathbf{i} - (3$ m/s$^2)\mathbf{j}$.

15.194 (a) $-(20$ rad/s$^2)\mathbf{j}$. (b) $-(48$ in./s$^2)\mathbf{i} + (120$ in./s$^2)\mathbf{k}$.
(c) $-(123$ in./s$^2)\mathbf{j}$.

15.195 $-(41.6$ in./s$^2)\mathbf{i} - (61.5$ in./s$^2)\mathbf{j} + (103.9$ in./s$^2)\mathbf{k}$.

15.196 (a) $-(0.1745$ rad/s$)\mathbf{i} - (0.523$ rad/s$)\mathbf{j}$.
(b) $-(0.0914$ rad/s$^2)\mathbf{k}$.
(c) $\mathbf{v}_P = -(1.814$ m/s$)\mathbf{i} + (0.605$ m/s$)\mathbf{j} - (0.349$ m/s$)\mathbf{k}$.
$\mathbf{a}_P = (0.366$ m/s$^2)\mathbf{i} - (0.0609$ m/s$^2)\mathbf{j} - (1.055$ m/s$^2)\mathbf{k}$.

15.197 (a) $(20$ rad/s$)\mathbf{i} - (7.5$ rad/s$)\mathbf{j}$. (b) $-(150$ rad/s$^2)\mathbf{k}$.
(c) $-(4.5$ m/s$^2)\mathbf{i} - (48$ m/s$^2)\mathbf{j}$.

15.198 (a) $(8$ rad/s$)\mathbf{i}$. (b) $-(19.2$ rad/s$^2)\mathbf{k}$.
(c) $(1.103$ m/s$^2)\mathbf{i} - (2.005$ m/s$^2)\mathbf{j}$.

15.201 (a) $-(8.48$ rad/s$)\mathbf{i} - (6$ rad/s$)\mathbf{j} - (4.90$ rad/s$)\mathbf{k}$.
(b) $(28.3$ in./s$)\mathbf{i} - (40$ in./s$)\mathbf{j}$.

15.202 $(201$ mm/s$)\mathbf{k}$.

15.203 $(40$ mm/s$)\mathbf{k}$.

15.204 $-(30$ in./s$)\mathbf{j}$.

15.205 $(45.7$ in./s$)\mathbf{j}$.

15.206 $(12.78$ mm/s$)\mathbf{j}$.

15.207 $(4.67$ mm/s$)\mathbf{j}$.

15.210 $\omega_1 \cos 30°$.

15.212 (a) $(0.240$ rad/s$)\mathbf{i} + (0.080$ rad/s$)\mathbf{j} - (1.080$ rad/s$)\mathbf{k}$.
(b) $(40$ mm/s$)\mathbf{k}$.

15.213 (a) $-(0.348$ rad/s$)\mathbf{i} + (0.279$ rad/s$)\mathbf{j} + (1.089$ rad/s$)\mathbf{k}$.
(b) $-(30$ in./s$)\mathbf{j}$.

15.215 $-(151.11$ mm/s$^2)\mathbf{k}$.

15.216 $-(45$ in./s$^2)\mathbf{j}$.

15.217 $(815$ in./s$^2)\mathbf{j}$.

15.218 $-(9.51$ mm/s$^2)\mathbf{j}$.

15.220 (a) $(1.342$ m/s$)\mathbf{i} - (0.5$ m/s$)\mathbf{j} + (0.671$ m/s$)\mathbf{k}$.
(b) $-(6.71$ m/s$^2)\mathbf{j} - (2.5$ m/s$^2)\mathbf{k}$.

15.221 (a) $\mathbf{v}_C = (30$ in./s$)\mathbf{i} - (16$ in./s$)\mathbf{j} - (16$ in./s$)\mathbf{k}$;
$\mathbf{a}_C = -(48$ in./s$^2)\mathbf{j} + (96$ in./s$^2)\mathbf{k}$.
(b) $\mathbf{v}_C = (30$ in./s$)\mathbf{i} - (16$ in./s$)\mathbf{j}$; $\mathbf{a}_C = (96$ in./s$^2)\mathbf{k}$.

15.222 (a) $(15$ in./s$)\mathbf{i} + (26.0$ in./s$)\mathbf{j} + (24$ in./s$)\mathbf{k}$.
(b) $-(129.9$ in./s$^2)\mathbf{i} - (117.0$ in./s$^2)\mathbf{j} + (416$ in./s$^2)\mathbf{k}$.

15.223 (a) $-(15$ in./s$)\mathbf{i} + (26.0$ in./s$)\mathbf{j} + (72$ in./s$)\mathbf{k}$.
(b) $-(129.9$ in./s$^2)\mathbf{i} - (651$ in./s$^2)\mathbf{j} + (416$ in./s$^2)\mathbf{k}$.

15.226 $\mathbf{v}_B = -(1.215$ m/s$)\mathbf{i} + (1.620$ m/s$)\mathbf{k}$;
$\mathbf{a}_B = -(30.4$ m/s$^2)\mathbf{k}$.

15.227 $\mathbf{v}_D = -(1.080$ m/s$)\mathbf{k}$;
$\mathbf{a}_D = (19.44$ m/s$^2)\mathbf{i} - (12.96$ m/s$^2)\mathbf{k}$.

15.228 $\mathbf{v}_C = -(1.215$ m/s$)\mathbf{i} - (1.080$ m/s$)\mathbf{j} + (1.62$ m/s$)\mathbf{k}$;
$\mathbf{a}_C = (19.44$ m/s$^2)\mathbf{i} - (30.4$ m/s$^2)\mathbf{j} - (12.96$ m/s$^2)\mathbf{k}$.

15.229 $\mathbf{v}_C = -(1.215$ m/s$)\mathbf{i} - (1.080$ m/s$)\mathbf{j} + (1.62$ m/s$)\mathbf{k}$;
$\mathbf{a}_C = (25.5$ m/s$^2)\mathbf{i} - (25.0$ m/s$^2)\mathbf{j} - (21.1$ m/s$^2)\mathbf{k}$.

15.230 (a) $\mathbf{v}_C = (30$ in./s$)\mathbf{i} - (16$ in./s$)\mathbf{j} - (16$ in./s$)\mathbf{k}$;
$\mathbf{a}_C = -(75$ in./s$^2)\mathbf{i} - (8$ in./s$^2)\mathbf{j} + (32$ in./s$^2)\mathbf{k}$.
(b) $\mathbf{v}_C = (30$ in./s$)\mathbf{i} - (16$ in./s$)\mathbf{j}$;
$\mathbf{a}_C = -(75$ in./s$^2)\mathbf{i} + (40$ in./s$^2)\mathbf{j} + (96$ in./s$^2)\mathbf{k}$.

15.234 $\mathbf{v}_D = (23.4$ in./s$)\mathbf{i} - (41.6$ in./s$)\mathbf{j} - (24.0$ in./s$)\mathbf{k}$;
$\mathbf{a}_D = -(192$ in./s$^2)\mathbf{i} + (72$ in./s$^2)\mathbf{j} - (218$ in./s$^2)\mathbf{k}$.

15.235 $\mathbf{v}_C = (600$ mm/s$)\mathbf{j} - (585$ mm/s$)\mathbf{k}$;
$\mathbf{a}_C = -(4.76$ m/s$^2)\mathbf{i}$.

15.236 $\mathbf{v}_D = (600$ mm/s$)\mathbf{i} - (225$ mm/s$)\mathbf{k}$;
$\mathbf{a}_D = -(0.675$ m/s$^2)\mathbf{i} + (3.00$ m/s$^2)\mathbf{j} - (3.60$ m/s$^2)\mathbf{k}$.

15.237 $\mathbf{v}_B = (4.33$ ft/s$)\mathbf{i} - (6.18$ ft/s$)\mathbf{j} + (5.30$ ft/s$)\mathbf{k}$;
$\mathbf{a}_B = (2.65$ ft/s$^2)\mathbf{i} - (2.64$ ft/s$^2)\mathbf{j} - (3.25$ ft/s$^2)\mathbf{k}$.

15.240 $\mathbf{v}_A = -(5.04$ m/s$)\mathbf{i} - (1.200$ m/s$)\mathbf{k}$;
$\mathbf{a}_A = -(9.60$ m/s$^2)\mathbf{i} - (25.9$ m/s$^2)\mathbf{j} + (57.6$ m/s$^2)\mathbf{k}$.

15.241 $\mathbf{v}_B = -(0.72$ m/s$)\mathbf{i} - (1.200$ m/s$)\mathbf{k}$;
$\mathbf{a}_B = -(9.60$ m/s$^2)\mathbf{i} + (25.9$ m/s$^2)\mathbf{j} - (11.52$ m/s$^2)\mathbf{k}$.

15.242 $\mathbf{v}_A = (3$ in./s$)\mathbf{i} - (1.8$ in./s$)\mathbf{j}$;
$\mathbf{a}_A = -(13.5$ in./s$^2)\mathbf{i} + (9$ in./s$^2)\mathbf{j} + (8.64$ in./s$^2)\mathbf{k}$.

15.244 $\mathbf{v}_A = -(0.12$ m/s$)\mathbf{k}$; $\mathbf{a}_A = -(7.68$ m/s$^2)\mathbf{i} - (5.04$ m/s$^2)\mathbf{j}$.

15.245 $\mathbf{v}_B = -(0.72$ m/s$)\mathbf{k}$;
$\mathbf{a}_B = -(7.68$ m/s$^2)\mathbf{i} - (1.440$ m/s$^2)\mathbf{j}$.

15.247 (a) $-(1.6$ in./s$^2)\mathbf{i} + (6.75$ in./s$^2)\mathbf{j}$.
(b) $(12.8$ in./s$^2)\mathbf{i} + (7.68$ in./s$^2)\mathbf{k}$.

15.248 (a) 51.3 in./s^2 $\downharpoonleft$. (b) 184.9 in./s^2 $\measuredangle$ 16.1°.

15.249 (a) -1.824 rad/s^2. (b) 103.3 s.

15.250 (a) $\mathbf{v}_D = (0.45$ m/s$)\mathbf{k}$; $\mathbf{a}_D = (4.05$ m/s$^2)\mathbf{i}$.
(b) $\mathbf{v}_F = -(1.35$ m/s$)\mathbf{k}$; $\mathbf{a}_F = -(6.75$ m/s$^2)\mathbf{i}$.

15.252 (a) 37.5 in./s $\rightarrow$. (b) 187.5 in/s^2 $\uparrow$.

15.254 49.5 m/s^2 $\measuredangle$ 26.0°.

15.256 $(7.84$ in./s$)\mathbf{k}$.

15.257 (a) 0.1749 rad/s $\upharpoonleft$. (b) 66.2 mm/s $\measuredangle$ 20°.

15.259 $\mathbf{v}_B = (0.325$ m/s$)\mathbf{i} + (0.1875$ m/s$)\mathbf{j} - (0.313$ m/s$)\mathbf{k}$.
$\mathbf{a}_B = -(2.13$ m/s$^2)\mathbf{i} + (0.974$ m/s$^2)\mathbf{j} - (0.325$ m/s$^2)\mathbf{k}$.

15.C1 $\theta = 60°$: $\mathbf{v}_D = 2.89$ m/s $\downharpoonleft$; $\boldsymbol{\omega}_{BD} = 5.79$ rad/s $\upharpoonleft$;
$v_D = 0$ cuando $\theta = 150.0°$ y $311.4°$.

15.C2 $\theta = 60°$: $\boldsymbol{\omega}_{AE} = 1.714$ rad/s $\upharpoonleft$; $\boldsymbol{\alpha}_{AE} = 3.82$ rad/s^2 $\downharpoonleft$;
$(\boldsymbol{\alpha}_{AE})_{\text{máx}} = 48.6$ rad/s^2 $\upharpoonleft$ cuando $\theta = 157.1°$.

15.C3 $\theta = 40°$: (a) 31.0 rad/s $\upharpoonleft$; 248.5 rad/s^2 $\downharpoonleft$.
(b) 5.23 m/s $\downharpoonleft$; 557 m/s^2 $\downharpoonleft$.

15.C4 $\theta = 35°$: $\mathbf{v}_B = 161.5$ mm/s $\measuredangle$ 59.1°;
$\boldsymbol{\alpha} = 0.511$ rad/s^2 $\upharpoonleft$.
$\boldsymbol{\alpha}_{\text{máx}} = 1.074$ rad/s^2 $\upharpoonleft$ cuando $\theta = 60.0°$.

15.C5 $\theta = 60°$: $\mathbf{v}_C = (23.4$ in./s$)\mathbf{k}$;
$\theta = 120°$: $\mathbf{v}_C = -(8.91$ in./s$)\mathbf{k}$.
$\mathbf{v}_C = 0$ cuando $\theta = 104.0°$ y $284.0°$.

15.C6 $d = 4$ in.: $\mathbf{v}_A = -(15.49$ in./s$)\mathbf{j}$;
$d = 12$ in.: $\mathbf{v}_A = -(25.3$ in./s$)\mathbf{j}$.

CAPÍTULO 16

16.1 (a) 53.7 ft/s^2 $\leftarrow$. (b) $\mathbf{A} = 0.092$ lb $\downharpoonleft$; $\mathbf{B} = 3.09$ lb $\uparrow$.

16.2 4.71 lb $\leftarrow$; 50.6 ft/s^2 $\leftarrow$.

16.3 (a) 3.43 N $\measuredangle$ 20°. (b) 24.4 N $\searrow$ 73.4°.

16.5 (a) 25.8 ft/s² →. (b) 12.27 ft/s² →. (c) 13.32 ft/s² →.

16.6 (a) 36.8 ft. (b) 42.3 ft.

16.7 (a) 5 m/s² →. (b) 0.311 m < h < 1.489 m.

16.8 (a) 2.55 m/s² →. (b) h < 1.047 m.

16.11 (a) 0.337g. (b) 4.

16.12 (a) 0.252g. (b) 4.

16.13 (a) θ = 26.6°; P = 37.3 lb. (b) 2.68 ft/s²

16.14 (a)4.91 m/s² $\nearrow$ 30°.(b)T_{AD} = 31.0 N;T_{BE} = 11.43 N.

16.16 (a) 2.54 m/s² $\nearrow$ 15°. (b) F_{AC} = 6.01 N T; F_{BD} = 22.4 N T.

16.17 F_{BE} = 14.33 lb C; F_{CF} = 4.05 lb C.

16.20 (a) 30.6 ft/s² $\searrow$ 84.1°. (b) **A** = 0.504 lb $\measuredangle$ 30°; **B** = 1.285 lb $\measuredangle$ 30°.

16.22 *Justo a la izquierda de B*, V = −39.5 N; *Al centro*, M = +4.93 N · m.

16.25 87.8 lb · ft.

16.27 20.4 rad/s² $\downdownarrows$.

16.28 32.7 rad/s² $\uparrow$.

16.29 59.4 s.

16.30 93.5 rev.

16.34 (1) 8 rad/s² $\uparrow$; 14.61 rad/s $\uparrow$. (2) 6.74 rad/s² $\uparrow$; 13.41 rad/s $\uparrow$. (3) 4.24 rad/s² $\uparrow$; 10.64 rad/s $\uparrow$. (4) 5.83 rad/s² $\uparrow$; 8.82 rad/s $\uparrow$.

16.36 (a) $\boldsymbol{\alpha}_A$ = 20.4 rad/s² $\uparrow$, $\boldsymbol{\alpha}_B$ = 30.7 rad/s² $\downdownarrows$. (b) 1.191 lb $\downarrow$.

16.37 (a) 1.255 ft/s² $\downarrow$. (b) 0.941 ft/s² $\uparrow$.

16.38 (a) 1.971 ft/s² $\uparrow$. (b) 1.971 ft/s² $\downarrow$.

16.39 (a) $\boldsymbol{\alpha}_A$ = 12.5 rad/s² $\uparrow$; $\boldsymbol{\alpha}_B$ = 33.3 rad/s² $\uparrow$. (b) $\boldsymbol{\omega}_A$ = 240 rpm $\downdownarrows$; $\boldsymbol{\omega}_B$ = 320 rpm $\uparrow$.

16.40 (a) $\boldsymbol{\alpha}_A$ = 12.5 rad/s² $\uparrow$; $\boldsymbol{\alpha}_B$ = 33.3 rad/s² $\uparrow$. (b) $\boldsymbol{\omega}_A$ = 90 rpm $\uparrow$; $\boldsymbol{\omega}_B$ = 120 rpm $\downdownarrows$.

16.41 (a) $\boldsymbol{\alpha}_A$ = 51.5 rad/s² $\downdownarrows$; $\boldsymbol{\alpha}_B$ = 38.6 rad/s² $\uparrow$.

16.42 (a) $\boldsymbol{\alpha}_A$ = 25.8 rad/s² $\downdownarrows$; $\boldsymbol{\alpha}_B$ = 47.2 rad/s² $\uparrow$.

16.48 (a) (18.40 ft/s²)**i**. (b) −(9.20 ft/s²)**i**.

16.49 (a) 12 in. del punto A. (b) (9.20 ft/s²)**i**.

16.50 (a) (2.5 m/s²)**i**. (b) 0.

16.51 (a) (3.75 m/s²)**i**. (b) −(1.25 m/s²)**i**.

16.55 $\mathbf{a}_A$ = 0.885 m/s² $\downarrow$; $\mathbf{a}_B$ = 2.60 m/s² $\uparrow$.

16.56 $\mathbf{a}_A$ = 0.273 m/s² $\downarrow$; $\mathbf{a}_B$ = 2.01 m/s² $\downarrow$.

16.57 T_A = 359 lb; T_B = 312 lb.

16.58 T_A = 275 lb; T_B = 361 lb.

16.59 T_A = 1815 N; T_B = 1030 N.

16.60 T_A = 1540 N; T_B = 1306 N.

16.63 (a) 3g/L $\downdownarrows$. (b) g $\uparrow$. (c) 2g $\downarrow$.

16.64 (a) g/L $\downdownarrows$. (b) 0. (c) g $\downarrow$.

16.65 (a) 3g/2L $\downdownarrows$. (b) g/2 $\uparrow$. (c) g $\downarrow$.

16.66 (a) g/2 $\uparrow$. (b) 3g/2 $\downarrow$.

16.67 (a) 0. (b) g $\downarrow$.

16.69 (a) 1.597 s. (b) 9.86 ft/s →. (c) 19.85 ft →.

16.70 (a) 1.863 s. (b) 9.00 ft/s →. (c) 22.4 ft →.

16.72 (a) ω_0 = $\bar{v}_0/r$ $\uparrow$. (b) $\bar{v}_0/\mu_k g$. (c) $\bar{v}_0^2/2\mu_k g$.

16.74 (a) 2v_1/5. (b) 2v_1/5$\mu_k g$. (c) 2v_1^2/25$\mu_k g$

16.76 (a) 12.08 rad/s² $\downdownarrows$. (b) $\mathbf{A}_x$ = 0.75 lb ←; $\mathbf{A}_y$ = 4 lb $\uparrow$.

16.77 (a)107.1 rad/s² $\downdownarrows$.(b)$\mathbf{C}_x$ = 21.4 N ←;$\mathbf{C}_y$ = 39.2 N $\uparrow$.

16.78 (a) 24 in. (b) 8.05 rad/s² $\downdownarrows$.

16.79 (a) 150 mm. (b) 125 rad/s² $\downdownarrows$.

16.81 (a) 1529 kg. (b) 2.90 mm.

16.82 13.64 kN →.

16.84 (a) 3g/2 $\downarrow$. (b) mg/4 $\uparrow$.

16.85 (a) 9g/7 $\downarrow$. (b) 4mg/7 $\uparrow$.

16.86 (a) L/3. (b) g/2 $\uparrow$; 3mg/4 $\uparrow$.

16.87 (a) 2.50g $\downarrow$. (b) 3mg/8 $\uparrow$.

16.88 (a) 9.66 rad/s² $\uparrow$. (b) 5.43 lb · ft.

16.89 (a) 32.0 rad/s² $\downdownarrows$. (b) 14.93 lb.

16.95 2.55 ft.

16.96 tan β = $\mu_s[1 + (r/k)^2]$.

16.97 (a) 2.27 m o 7.46 ft. (b) 0.649 m o 2.13 ft.

16.98 (a) No se desliza. (b) 15.46 rad/s² $\downdownarrows$; 10.30 ft/s² →.

16.99 (a) No se desliza. (b) 23.2 rad/s² $\downdownarrows$; 15.46 ft/s² →.

16.100 (a) Se desliza. (b) 4.29 rad/s² $\uparrow$; 9.66 ft/s² →.

16.101 (a) Se desliza. (b) 12.88 rad/s² $\uparrow$; 3.22 ft/s² ←.

16.102 (a) 17.78 rad/s² $\downdownarrows$; 2.13 m/s² →. (b) 0.122.

16.105 (a) 8.89 rad/s² $\uparrow$; 1.067 m/s² ←. (b) 0.165.

16.106 (a) $\mathbf{a}_A$ = $\mathbf{a}_B$ = 5.57 ft/s² ←. (b) 0.779 lb ←.

16.108 (a) g/6 $\nearrow$ 30°. (b) g/6 ←.

16.109 (a) 0.1825g $\nearrow$ 30°. (b) 0.1659g ←.

16.110 (a) 91.7 rad/s² $\uparrow$. (b) 5.50 m/s² ←.

16.111 (a)1.536P/mr $\downdownarrows$. (b) 0.884P/(mg + P).

16.113 (a) g/8r $\downdownarrows$. (b) g/8 →; g/8 $\downarrow$.

16.115 8.26 N ←.

16.116 2.40 N ←.

16.117 (a) 11.11 rad/s² $\downdownarrows$. (b) 37.7 N $\uparrow$. (c) 28.2 N →.

16.118 (a) 97.7 N $\uparrow$. (b) 60.4 N $\uparrow$.

16.119 (a) 11.15 rad/s² $\uparrow$. (b) 1.155 lb ←.

16.121 (a) 22.1 rad/s² $\downdownarrows$. (b) 8 lb $\uparrow$.

16.124 6.40 N ←.

16.125 (a) 4.00 N →. (b) 52.0 N ←.

16.126 33.0 lb $\uparrow$.

16.127 13.00 lb $\downarrow$.

16.129 29.9 N $\measuredangle$ 60°.

16.130 23.5 N $\measuredangle$ 60°.

16.133 0.330 lb ←.

16.134 (a) 15 N · m $\uparrow$. (b) $\mathbf{B}_x$ = 120 N →. $\mathbf{B}_y$ = 88.2 N $\uparrow$.

16.135 (a) 25 N · m $\uparrow$. (b) $\mathbf{B}_x$ = 190 N →. $\mathbf{B}_y$ = 104.9 N $\uparrow$.

16.136 **A** = 1.565 lb $\uparrow$; **B** = 1.689 lb $\uparrow$.

16.138 **B** = 805 N ←; **D** = 426 N →.

16.139 **B** = 1563 N →; **D** = 995 N ←.

16.141 11.28 lb ←.

16.142 (a) 9.10 m/s² $\searrow$ 81.1°. (b) 6.54 N.

16.143 (a) $\boldsymbol{\alpha}_A$ = 2g/5r $\uparrow$; $\boldsymbol{\alpha}_B$ = 2g/5r $\downdownarrows$. (b) mg/5. (c) 4g/5 $\downarrow$.

16.144 $\mathbf{a}_A$ = 2P/5m →, $\mathbf{a}_B$ = 16P/5m ←.

16.147 (a) 6.40 ft/s² →. (b) 45.4 rad/s² $\uparrow$.

16.149 $\boldsymbol{\alpha}_{AB}$ = 11.43 rad/s² $\downdownarrows$; $\boldsymbol{\alpha}_{BC}$ = 57.1 rad/s² $\uparrow$.

16.150 (a) 227 mm. (b) 7.27 rad/s² $\uparrow$.

16.151 (a) 10.39 lb · in., 20.8 in. debajo de A.

16.153 27.7 rad/s² $\uparrow$.

16.156 20.6 ft.

16.157 (a) 0.513g/L $\downdownarrows$. (b) 0.912W $\uparrow$. (c) 0.241W →.

16.159 (a) 3.22 ft/s² ←. (b) h < 29.6 in.

16.160 (a) g/3 $\uparrow$. (b) 5g/3 $\downarrow$.

16.161 (a) 12.74 m/s² $\searrow$ 60°. (b) 25.8 N $\uparrow$.

16.162 (a) 1.8g $\downarrow$. (b) 0.2mg $\uparrow$.

16.163 (a) 51.2 rad/s² $\downdownarrows$. (b) 21.0 N $\uparrow$.

16.164 (a) 59.8 rad/s² $\downdownarrows$. (b) 20.4 N $\uparrow$.

16.C1 β = 60°: **N** = 4.06 lb $\uparrow$; **F** = 1.624 lb →. 10.8° < β < 52.6°.

16.C2 $\theta = 30°$: $\mathbf{A} = 29.8$ N ↑;
$\mathbf{B} = 6.75$ N ←. $B = 0$ para $\theta > 45.7°$.

16.C3 $\theta = 20°$: $\mu_{mín} = 0.364$. *Para* $\mu = 0.60$:
el deslizamiento ocurre en $\theta = 31.0°$.

16.C4 $\theta = 60°$: $\mathbf{B}_x = 265$ N ←, $\mathbf{B}_y = 1318$ N ↓;
$\mathbf{D}_x = 589$ N ←. $\mathbf{D}_y = 516$ N ↑.

16.C5 $\theta = 30°$: $\mathbf{a}_A = 2.20g$ ⬀ 81.8°; $\mathbf{a}_B = 1.041g$ ⬃ 73.9°.

CAPÍTULO 17

17.1 87.8 lb · ft.
17.3 2.22 ft.
17.4 $L^3 = 24l_0g/w$.
17.5 (*a*) 293 rpm. (*b*) 15.92 rev.
17.8 19.77 rev.
17.9 (*a*) 6.35 rev. (*b*) 7.02 N ↗.
17.10 (*a*) 2.54 rev. (*b*) 17.86 N ↙.
17.11 (*a*) 9.73 ft/s ↓. (*b*) 7.65 ft.
17.12 70.1 lb ↓.
17.13 80.7 lb ↓.
17.16 11.13 rad/s ↰.
17.17 3.27 rad/s ↲.
17.18 (*a*) $\sqrt{3g/l}$ ↲; 2.5W ↑. (*b*) 5.67 rad/s ↲; 4.5 lb ↑.
17.20 (*a*) 3.94 rad/s ↲; 271 lb ⬃ 5.2°.
(*b*) 5.58 rad/s ↲; 701 lb ↑.
17.23 6.33 rad/s ↲.
17.24 (*a*) 6.37 rad/s. (*b*) 5.76 rad/s.
17.25 (*a*) 3.00 m/s →. (*b*) 30 N ←.
17.26 $\sqrt{4gs/3}$.
17.28 $\sqrt{g/3r}$.
17.29 (*a*) $1.324\sqrt{g/r}$ ↰. (*b*) 2.12 mg ↑.
17.30 (*a*) 2.06 ft. (*b*) 4 lb.
17.33 0.745 m/s →.
17.34 1.000 m/s →.
17.35 1.054 m/s →.
17.36 $\mathbf{v}_A = 3.11$ m/s →; $\mathbf{v}_B = 1.798$ m/s ↓.
17.39 3.71 rad/s ↰; 7.73 ft/s ↑.
17.40 $\mathbf{v}_A = \sqrt{0.6/gL}$ ←; $\mathbf{v}_B = \sqrt{0.6/gL}$ ⬀ 60°.
17.41 1.262 m/s ↑.
17.42 (*a*) $0.926\sqrt{gL}$ ←. (*b*) $1.225\sqrt{gL}$ ←.
17.45 84.7 rpm ↲.
17.46 110.2 rpm ↲.
17.47 829 mm/s ←.
17.48 (*a*) 21.2 N · m. (*b*) 127.3 N · m.
17.50 (*a*) 32.8 lb · ft. (*b*) 20.5 lb · ft.
17.52 1.423 N · m.
17.53 47.4 minutos.
17.54 2.84 s.
17.57 4.21 s.
17.59 3.88 s.
17.60 5.22 s.
17.61 3.13 s.
17.64 (*a*) $\boldsymbol{\omega}_A = 686$ rpm ↰; $\boldsymbol{\omega}_B = 514$ rpm ↲.
(*b*) 4.18 lb · s ↑.
17.70 2.79 ft.
17.71 (*a*) 2.55 m/s ↑. (*b*) 10.53 N.
17.73 (*a*) 0.566 s. (*b*) 4 lb.
17.74 (*a*) 2.12 m/s →. (*b*) 0.706 m/s →.

17.75 (*a*) 0.706 m/s →. (*b*) 1.235 m/s →.
17.76 (*a*) 137.6 rad/s ↰. (*b*) 8.26 m/s →.
17.77 (*a*) $t_1 = 2r\omega_0/7\mu_kg$. (*b*) $\bar{\mathbf{v}} = 2r\omega_0/7$ →; $\boldsymbol{\omega} = 2\omega_0/7$ ↲.
17.78 (*a*) $\boldsymbol{\omega}_0 = 5\bar{v}_0/2r$ ↰. (*b*) $t = \bar{v}_0/\mu_kg$.
17.79 84.2 rpm.
17.81 (*a*) 5 rad/s. (*b*) 3.125 rad/s.
17.83 18.07 rad/s.
17.84 24.4 rpm.
17.86 $\boldsymbol{\omega}_A = 23.5$ rpm ↰; $\boldsymbol{\omega}_B = 337$ rpm ↲.
17.87 37.2 rpm.
17.88 (*a*) 15 rad/s. (*b*) 6.14 m/s.
17.89 (*a*) 149.2 mm. (*b*) 4.44 rad/s.
17.91 (*a*) 31.1 rad/s. (*b*) 18.13 ft/s.
17.92 (*a*) 6.975 m/s ←. (*b*) 1.610 m/s →.
17.94 (*a*) 9.49 ft/s. (*b*) 5.93 ft/s.
17.95 2.01 ft/s ←.
17.96 (*a*) 2.4 m/s →. (*b*) 1.800 kN →.
17.97 (*a*) 166.7 mm. (*b*) 2 m/s →.
17.98 (*a*) 24.7 rad/s ↲. (*b*) 1597 lb →.
17.100 $\boldsymbol{\omega} = 1.362$ rad/s ↰; $\mathbf{v}_A = 1.702$ ft/s ↓.
17.101 14.10 rad/s ↰.
17.102 8.20 rad/s ↰.
17.104 $\boldsymbol{\omega} = \omega_1/4$ ↰, $\bar{\mathbf{v}} = \omega_1L/8$ ↑.
17.105 $\boldsymbol{\omega} = \omega_1/2$ ↲, $\bar{\mathbf{v}} = \omega_1L/4$ ↑.
17.107 $\pi L/3$.
17.108 $\boldsymbol{\omega} = \frac{1}{7}(2 + 5\cos\beta)\omega_1$ ↰; $\bar{\mathbf{v}} = \frac{1}{7}(2 + 5\cos\beta)\bar{v}_1$ ←.
17.110 $(\bar{v}_1/L)[(6\,\text{sen}\,\beta)/(3\,\text{sen}^2\,\beta + 1)]$ ↲.
17.112 $\boldsymbol{\omega} = 3v_0/4L$ ↲; $\bar{\mathbf{v}}_x = v_0/4$ ←; $\bar{\mathbf{v}}_y = 7v_0/8$ ↓.
17.113 $\boldsymbol{\omega} = 0.706v_0/L$ ↲; $\bar{\mathbf{v}}_x = 0.1176v_0$ ←; $\mathbf{v}_y = 0.941v_0$ ↓.
17.114 (*a*) 0.366.
17.115 8.80 ft/s.
17.116 9.2°.
17.117 55.9°.
17.120 $h_1 = 2.86$ in.; $h_2 = 2.05$ in.
17.121 (*a*) 3.85 ft/s ↓. (*b*) 5.13 rad/s ↲.
17.123 $0.375\sqrt{3gL}$ →.
17.124 $0.5\sqrt{3gL}$ →.
17.125 725 mm.
17.126 447 mm.
17.127 (*a*) 3 rad/s ↲. (*b*) 750 mm/s ↓.
17.128 (*a*) 2.60 rad/s ↲. (*b*) 1.635 m/s ⬃ 53.4°.
17.130 105.4°.
17.131 (*a*) $\bar{\mathbf{v}}_A = 0$, $\boldsymbol{\omega}_A = \omega_1$ ↲; $\bar{\mathbf{v}}_B = \bar{v}_1$ →, $\boldsymbol{\omega}_B = 0$.
(*b*) $\bar{\mathbf{v}}_A = 2\bar{v}_1/7$ →; $\bar{\mathbf{v}}_B = 5\bar{v}_1/7$ →.
17.132 $5v_0/4r$.
17.133 (*a*) $\bar{\mathbf{v}}_A = \bar{v}_0\,\text{sen}\,\theta\mathbf{j}$, $\bar{\mathbf{v}}_B = \bar{v}_0\cos\theta\mathbf{i}$;
$\boldsymbol{\omega}_A = (\bar{v}_0/r)/(-\text{sen}\,\theta\mathbf{i} + \cos\theta\mathbf{j})$. (*b*) $\frac{5}{7}(\bar{v}_0\cos\theta)\mathbf{i}$.
17.135 (*a*) $1.074\sqrt{g/r}$ ↲. (*b*) 1.433mg ↑.
17.136 (*a*) 118.7 rev. (*b*) 7.16 s.
17.138 (*a*) 53.1°. (*b*) $\sqrt{1.2gL}$ ⬃ 53.1°.
17.139 (*a*) 7 rad/s ↲. (*b*) 6.80 kN ⬃ 76.0°.
17.141 (*a*) $3\bar{v}_1/2b$ ↲. (*b*) $0.791\bar{v}_1$ ⬀ 18.4°.
17.143 (*a*) 4.82 rad/s ↲. (*b*) 6.81 rad/s ↲.
17.145 $2r/5$.
17.146 (*a*) $\mathbf{A} = 259$ lb ↑; $\mathbf{B}_x = 1014$ lb ←, $\mathbf{B}_y = 451$ lb ↑.
(*b*) 7.87 ft/s →.
17.C1 $\theta = -30°$: $\mathbf{v}_C = (0.578 \text{ m/s})\mathbf{i}$;
$\mathbf{v}_B = -(2.50 \text{ m/s})\mathbf{i} - (5.34 \text{ m/s})\mathbf{j}$.
$\mathbf{v}_{máx} = 0.1541$ m/s ← si $\theta = 19.7°$.

17.C2 $\theta = 40°$: $\boldsymbol{\omega}$ = 3.81 rad/s $\downarrow$; $\mathbf{v}_A$ = 1.299 m/s $\uparrow$.
$\omega_{\text{máx}}$ = 4.09 rad/s si θ = 31.3°.

17.C3 $d = 4\ in.$; (a) 1.370 rad/s $\downarrow$. (b) 9 bars.

17.C4 $r = 700\ mm$: $\boldsymbol{\omega}$ = 6.07 rad/s;
$v_{C/AB}$ = 1.599 m/s, $r_{\text{máx}}$ = 732 mm.

17.C5 $\theta = 40°$: $\boldsymbol{\omega}$ = 3.33 rad/s $\downarrow$; $\mathbf{v}_D$ = 10.70 ft/s $\leftarrow$.

CAPÍTULO 18

18.1 0.357 kg · m²/s; θ_x = 48.6°, θ_y = 41.4°, θ_z = 90°.

18.2 $\frac{1}{4}mr^2(\omega_2\mathbf{j} + 2\omega_1\mathbf{k})$

18.3 (0.373 lb · ft · s)$\mathbf{i}$ − (0.280 lb · ft · s)$\mathbf{k}$.

18.4 11.88°.

18.7 (a) $0.276ma^2\omega$. (b) 25.2°.

18.8 (a) $0.432ma^2\omega$. (b) 20.2°.

18.9 (1.104 lb · ft · s)$\mathbf{i}$ + (1.810 lb · ft · s)$\mathbf{j}$ +
(0.259 lb · ft · s)$\mathbf{k}$.

18.10 (1.843 lb · ft · s)$\mathbf{i}$ − (0.455 lb · ft · s)$\mathbf{j}$ +
(1.118 lb · ft · s)$\mathbf{k}$.

18.11 (a) 2.91 rad/s. (b) 0.0551 rad/s.

18.12 (0.320 kg · m²/s)$\mathbf{i}$ − (0.009 kg · m²/s)$\mathbf{j}$ −
(0.467 kg · m²/s)$\mathbf{k}$.

18.15 (a) $mr^2\omega(0.379\mathbf{i} − 0.483\mathbf{k})$. (b) 51.9°.

18.16 (a) (63.0 g · m²/s)$\mathbf{i}$ + (216 g · m²/s)$\mathbf{j}$.
(b) −(513 g · m²/s)$\mathbf{i}$ + (216 g · m²/s)$\mathbf{j}$.

18.19 (a) (2.47 lb · ft · s)$\mathbf{i}$ − (0.823 lb · ft · s)$\mathbf{j}$ +
(5.49 lb · ft · s)$\mathbf{k}$.
(b) 25.4°.

18.20 (a) (2.47 lb · ft · s)$\mathbf{i}$ − (0.823 lb · ft · s)$\mathbf{j}$ +
(5.49 lb · ft · s)$\mathbf{k}$.
(b) 154.6°.

18.21 226 lb.

18.22 2.66 s.

17.23 (a) −(0.300 m/s)$\mathbf{k}$.
(b) −(0.962 rad/s)$\mathbf{i}$ − (0.577 rad/s)$\mathbf{j}$.

18.24 (a) (0.300 m/s)$\mathbf{j}$.
(b) −(3.46 rad/s)$\mathbf{i}$ + (1.923 rad/s)$\mathbf{j}$ − (0.857 rad/s)$\mathbf{k}$.

18.25 (a) $(F\Delta t/m)\mathbf{i}$. (b) $(12F\Delta t/7m)(-\mathbf{j} + 5\mathbf{k})$.

18.26 (a) $(F\Delta t/m)\mathbf{i}$. (b) $(12F\Delta t/7m)(2\mathbf{j} − 3\mathbf{k})$.

18.29 (a) $\frac{1}{8}\omega_0(-\mathbf{i} + \mathbf{j})$. (b) $0.0884\omega_0 a\mathbf{k}$.

18.30 (a) $0.1031m\omega_0 a\mathbf{k}$. (b) $-0.01473m\omega_0 a\mathbf{k}$.

18.31 $\dfrac{3}{7}\bar{v}_0\left(\dfrac{1}{c}\mathbf{i} + \dfrac{1}{a}\mathbf{k}\right)$

18.32 (a) $-\frac{6}{7}\bar{v}_0\mathbf{j}$. (b) $\frac{1}{7}m\bar{v}_0\mathbf{j}$.

18.33 (a) B y C. (b) Δt_B = 4.84 s; Δt_C = 8.16 s.
(c) 0.520 s.

18.34 (a) A y D. (b) Δt_A = 1.849 s; Δt_D = 6.82 s.
(c) 0.347 s.

18.39 1.417 J.

18.40 $\frac{1}{8}mr^2(\omega_2^2 + 2\omega_1^2)$.

18.41 0.932 ft · lb.

18.42 $0.228mr^2\omega^2$.

18.43 $0.1896mr^2\omega^2$.

18.44 1.296 J.

18.47 5.17 ft · lb.

18.48 12.67 ft · lb.

18.49 $\frac{1}{8}ma^2\omega^2$.

18.50 $0.203ma^2\omega^2$.

18.53 16.75 ft · lb.

18.54 39.9 ft · lb.

18.55 (3.21 N · m)$\mathbf{k}$.

18.56 $\frac{1}{2}mr^2\omega_1\omega_2\mathbf{i}$.

18.57 (1.398 lb · ft)$\mathbf{j}$.

18.58 $-0.0958mr^2\omega^2\mathbf{k}$.

18.59 (1.035 lb · ft)$\mathbf{i}$.

18.61 (1.890 N · m)$\mathbf{i}$ + (2.14 N · m)$\mathbf{j}$ + (3.21 N · m)$\mathbf{k}$.

18.62 −(1.890 N · m)$\mathbf{i}$ − (2.14 N · m)$\mathbf{j}$ + (3.21 N · m)$\mathbf{k}$.

18.65 $\mathbf{A}$ = −(16.00 N)$\mathbf{i}$; $\mathbf{B}$ = (16.00 N)$\mathbf{i}$.

18.66 $\mathbf{C}$ = $\frac{1}{8}mb\omega^2$ sen β cos β $\mathbf{i}$;
$\mathbf{D}$ = $-\frac{1}{8}mb\omega^2$ sen β cos β $\mathbf{i}$.

18.67 $\mathbf{A}$ = (3.35 lb)$\mathbf{k}$; $\mathbf{B}$ = −(3.35 lb)$\mathbf{k}$.

18.68 $\mathbf{A}$ = −(1.103 lb)$\mathbf{j}$ − (0.920 lb)$\mathbf{k}$;
$\mathbf{B}$ = (1.103 lb)$\mathbf{j}$ + (0.920 lb)$\mathbf{k}$.

18.71 (a) 60 rad/s².
(b) $\mathbf{A}$ = −(15.00 N)$\mathbf{k}$; $\mathbf{B}$ = (15.00 N)$\mathbf{k}$.

18.72 (a) $3M_0/mb^2 \cos^2 \beta$.
(b) $\mathbf{C}$ = $(M_0/2b)$ tan β $\mathbf{k}$; $\mathbf{D}$ = $-(M_0/2b)$ tan β $\mathbf{k}$.

18.75 (a) (2.33 lb · ft)$\mathbf{i}$.
(b) $\mathbf{A}$ = (0.466 lb)$\mathbf{k}$; $\mathbf{B}$ = −(0.466 lb)$\mathbf{k}$.

18.76 (a) (0.873 lb · ft)$\mathbf{i}$.
(b) $\mathbf{A}$ = −(0.218 lb)$\mathbf{j}$ + (0.262 lb)$\mathbf{k}$;
$\mathbf{B}$ = (0.218 lb)$\mathbf{j}$ − (0.262 lb)$\mathbf{k}$

18.77 (a) $\mathbf{M}_0$ = (0.1301 lb · ft)$\mathbf{i}$.
(b) $\mathbf{A}$ = −(0.0331 lb)$\mathbf{j}$ + (0.0331 lb)$\mathbf{k}$;
$\mathbf{B}$ = (0.0331 lb)$\mathbf{j}$ − (0.0331 lb)$\mathbf{k}$.

18.78 $\mathbf{A}$ = −(0.449 lb)$\mathbf{j}$ − (0.383 lb)$\mathbf{k}$;
$\mathbf{B}$ = (0.449 lb)$\mathbf{j}$ + (0.383 lb)$\mathbf{k}$.

18.79 (a) y (b) 10.47 N · m.

18.80 4.29 kN · m.

18.83 24.0 N $\uparrow$.

18.84 1.14°; A se moverá hacia arriba.

18.85 (a) 38.1°. (b) 11.78 rad/s.

18.86 13.46 rad/s.

18.87 (a) 53.6°. (b) 8.79 rad/s.

18.88 10.20 rad/s.

18.89 5.45 rad/s.

18.90 2.11 N $\measuredangle$18.7°.

18.93 (a) $\mathbf{C}$ = −(123.4 N)$\mathbf{i}$; $\mathbf{D}$ = (123.4 N)$\mathbf{i}$.
(b) $\mathbf{C}$ = $\mathbf{D}$ = 0.

18.94 91.2 rpm.

18.95 $\mathbf{A}$ = (0.1906 lb)$\mathbf{k}$; $\mathbf{B}$ = − (0.1906 lb)$\mathbf{k}$.

18.96 7.87 rad/s.

18.99 Par $\mathbf{M}$ = (11.23 N · m) $\cos^2 \theta \mathbf{i}$ +
(5.61 N · m) sen $2\theta \mathbf{j}$ − (1.404 N · m) sen $2\theta \mathbf{k}$.

18.101 $\mathbf{C}$ = −(89.8 N)$\mathbf{i}$ + (52.8 N)$\mathbf{k}$;
$\mathbf{D}$ = −(89.8 N)$\mathbf{i}$ − (52.8 N)$\mathbf{k}$.

18.102 (a) (0.1962 N · m)$\mathbf{j}$.
(b) $\mathbf{C}$ = −(48.6 N)$\mathbf{i}$ + (38.9 N)$\mathbf{k}$;
$\mathbf{D}$ = −(48.6 N)$\mathbf{i}$ − (38.9 N)$\mathbf{k}$.

18.103 $\mathbf{R}$ = −(5.30 lb)$\mathbf{i}$;
$\mathbf{M}_O^R$ = (1.035 lb · ft)$\mathbf{i}$ − (4.50 lb · ft)$\mathbf{k}$.

18.104 (a) (1.382 lb · ft)$\mathbf{i}$.
(b) $\mathbf{D}$ = −(6.70 lb)$\mathbf{j}$ + (4.89 lb)$\mathbf{k}$;
$\mathbf{E}$ = −(1.403 lb)$\mathbf{j}$ + (4.89 lb)$\mathbf{k}$.

18.107 658 rpm.

18.108 38.8°.

18.109 1666 rpm.

18.111 533 rpm y 45.9 rpm.

18.113 23.7°.

18.114 (a) 52.7 rad/s. (b) 6.44 rad/s.

18.115 (a) 40.0°. (b) 23.5°. (c) 85.3°.

18.116 (a) 56.1 rad/s. (b) 5.30 rad/s.

18.125 (a) $\theta_x = 52.5°$, $\theta_y = 37.5°$, $\theta_z = 90°$.
(b) 53.8 rev/h (retrógrada). (c) 6.68 rev/h.

18.126 (a) $\theta_x = 90°$, $\theta_y = 17.65°$, $\theta_z = 72.35°$.
(b) 44.8 rev/h (retrógrada). (c) 6.68 rev/h.

18.129 (a) 13.19°. (b) 1242 rpm (retrógrada).

18.130 (a) 109.4 rpm; $\gamma_x = 90°$, $\gamma_y = 100.05°$, $\gamma_z = 10.05°$.
(b) $\theta_x = 90°$, $\theta_y = 113.9°$, $\theta_z = 23.9°$.
(c) Precesión,. 47.1 rpm; giro, 64.6 rpm.

18.131 (a) 4.00 rad/s. (b) 5.66 rad/s.

18.132 (a) $-30° \leq \theta \leq 30°$. (b) 7.00 rad/s. (c) 3.74 rad/s.

18.133 (a) $30° \leq \theta \leq 150°$. (b) 2.40 rad/s. (c) 3.29 rad/s.

18.134 (a) 1.200 rad/s. (b) 2.68 rad/s.

18.137 (a) 44.1°. (b) $\dot{\phi} = -8.72$ rad/s; $\dot{\psi} = 56.3$ rad/s.

18.138 (a) 32.7 rad/s.
(b) $\dot{\phi} = -13.33$ rad/s; $\dot{\psi} = 44.3$ rad/s.

18.147 $(0.234$ kg $\cdot$ m²/s$)\mathbf{j} + (1.250$ kg $\cdot$ m²/s$)\mathbf{k}$.

18.148 (a) $-(1.098$ ft $\cdot$ lb $\cdot$ s$)\mathbf{i} + (1.098$ ft $\cdot$ lb $\cdot$ s$)\mathbf{j} +$
$(2.74$ ft $\cdot$ lb $\cdot$ s$)\mathbf{k}$.
(b) 150.5°.

18.150 (a) $\frac{1}{6}\omega_0(-\mathbf{i} + \mathbf{j})$. (b) $\frac{1}{6}\omega_0 a\mathbf{k}$.

18.151 $\frac{5}{18}ma^2\omega_0^2$.

18.153 (a) $\mathbf{A} = (15.00$ mN$)\mathbf{i} + (30.0$ mN$)\mathbf{j}$;
$\mathbf{B} = -(15.00$ mN$)\mathbf{i} - (30.0$ mN$)\mathbf{j}$.
(b) $\mathbf{A} = -(244$ mN$)\mathbf{i} + (159.6$ mN$)\mathbf{j}$;
$\mathbf{B} = (244$ mN$)\mathbf{i} - (159.6$ mN$)\mathbf{j}$.

18.154 (a) 53.4°. (b) 9.27 rad/s.

18.156 (a) $\mathbf{A} = (1.786$ kN$)\mathbf{i} + (143.5$ kN$)\mathbf{j}$;
$\mathbf{B} = -(1.786$ kN$)\mathbf{i} + (150.8$ kN$)\mathbf{j}$.
(b) $-(35.7$ kN $\cdot$ m$)\mathbf{k}$.

18.157 1326 rpm.

18.C1 (a) *Para todos los valores de θ*: $\bar{\mathbf{v}} = (79.1$ ft/s$)\mathbf{j}$.
(b) *Para $\theta = 30°$*: $\boldsymbol{\omega} = -(158.0$ rad/s$)\mathbf{i} +$
$(52.7$ rad/s$)\mathbf{j} + (15.94$ rad/s$)\mathbf{k}$.
Para $\theta = 90°$: $\boldsymbol{\omega} = -(316$ rad/s$)\mathbf{i} +$
$(105.4$ rad/s$)\mathbf{j} + (119.0$ rad/s$)\mathbf{k}$
Para $\theta = 120°$: $\boldsymbol{\omega} = -(274$ rad/s$)\mathbf{i} +$
$(91.2$ rad/s$)\mathbf{j} + (178.5$ rad/s$)\mathbf{k}$.

18.C2 (c) C y D; $\Delta t_C = 4.65$ s; $\Delta t_D = 0.319$ s.
(d) A y B; $\Delta t_A = 4.65$ s; $\Delta t_B = 0.319$ s.

18.C3 (a) *Para $t = 1.5$ s*: $A_y = -0.1118$ lb,
$A_z = -0.0779$ lb; $B_y = 0.1118$ lb, $B_z = 0.0779$ lb.
(b) 0.483 s.

18.C4 (a) *Para $t = 1.2$ s*: $D_x = -22.1$ N, $D_y = 26.5$ N;
$E_x = -21.3$ N, $E_y = -0.938$ N.
(b) $t_1 = 0.273$ s; $t_2 = 1.272$ s.

18.C5 (a) (i) 32.0°, 0.736 s; (ii) 62.1°, 0.577 s;
(iii) 36.9°, 0.725 s.
(b) *Para $\theta = \theta_{mín}$*: (i) 13.70 rad/s; (ii) 12.40 rad/s;
(iii) 8.94 rad/s.

18.C6 (a) (i) 44.1°, 0.668 s; (iii) 5.62°, 0.542 s;
(vi) 6.01°, 0.520 s.
(b) *Para $\theta = \theta_{mín}$*: (i) -8.72 rad/s, 56.3 rad/s;
(iii) -89.0 rad/s, 138.6 rad/s; (vi) 63.4 rad/s,
-10.55 rad/s.

CAPÍTULO 19

19.1 14.96 ft/s; 67.1 ft/s².

19.2 2.85 mm; 143.2 mm/s.

19.3 1.225 m/s²; 0.650 Hz.

19.4 (a) 0.392 s; 2.55 Hz. (b) 2.81 ft/s; 45.1 ft/s².

19.5 (a) 0.324 s; 3.08 Hz. (b) 12.91 mm; 4.84 m/s².

19.7 (a) 0.557 Hz. (b) 293 mm/s.

19.9 (a) 3.14 s. (b) 6.40 m. (c) 38.7°.

19.10 1.456 Hz.

19.11 (a) 5.49 m. (b) 80.5 m/s².

19.12 (a) 0.0352 s. (b) 6.34 ft/s ↑; 64.4 ft/s² ↓.

19.13 0.445 ft. sobre la posición inicial; 2.27 ft/s ↓;
114.7 ft/s² ↑.

19.14 (a) 3.89°. (b) 0.1538 m/s; 0.666 m/s².

19.17 (a) 0.208 s; 4.81 Hz. (b) 1.361 m/s; 41.1 m/s².

19.18 (a) 0.416 s; 2.41 Hz. (b) 0.680 m/s; 10.29 m/s².

19.19 (a) 0.361 s; 2.77 Hz. (b) 2.54 ft/s; 44.1 ft/s².

19.21 (a) 40.9 lb/ft. (b) 0.279 ft/s; 1.170 ft/s².

19.23 (a) 1.838 kN/m. (b) 37.7 kg.

19.24 (a) 9.69 kg. (b) 149.4 N/m.

19.25 (a) 35.6 lb/in. (b) 5.01 lb.

19.26 192.0 lb/ft.

19.27 (a) 22.3 MN/m. (b) 266 Hz.

19.30 (a) 55.4 mm. (b) 1.497 Hz.

19.34 16.3°.

19.35 (a) 1.737 s. (b) 1.864 s. (c) 2.05 s.

19.36 28.1 in.

19.37 (a) 3.36 Hz. (b) 0.0426 m.

19.38 (a) 4.26 Hz. (b) 2.61°.

19.39 (a) 0.1957 s. (b) 171.7 ft/s².

19.40 (a) 0.477 kg. (b) 457 mm/s.

19.43 (a) 0.533 s. (b) 0.491 rad/s.

19.44 (a) 2.28 s. (b) 1.294 m.

19.45 75.5°.

19.46 0.379 Hz.

19.47 (a) 1.067 s. (b) 89.6 mm.

19.49 (a) 0.933 s. (b) 0.835 s.

19.50 (a) 1.617 s. (b) 1.676 s.

19.55 (a) 2.21 Hz. (b) 115.3 N/m.

19.56 3.03 Hz.

19.57 0.945 Hz.

19.58 $(\sqrt{3}/2\pi)\sqrt{(k/m) - (g/4L)}$.

19.59 (a) 88.1 mm/s. (b) 85.1 mm/s.

19.61 82.5 mm/s.

19.63 (a) 21.3 kg. (b) 1.838 s.

19.64 (a) 0.826 s. (b) 1.048 s.

19.65 (a) 1.951 s. (b) 1.752 m/s.

19.66 4.86 lb $\cdot$ ft $\cdot$ s².

19.69 $2\pi\sqrt{R/g}$.

19.70 3.18 s.

19.71 1.476 m/s; 31.1 m/s².

19.72 1.379 in.; 888 in/s².

19.73 $c = l/\sqrt{12}$.

19.76 (a) $r_a = 163.5$ mm. (b) 76.2 mm.

19.77 $(\sqrt{3}/2\pi)\sqrt{(k/m) - (g/4L)}$.

19.78 (a) 0.715 s. (b) 0.293 ft/s.

19.79 2.10 Hz.

19.80 0.387 s.

9.137 $I_x = 745 \times 10^{-6}\,\text{lb}\cdot\text{ft}\cdot\text{s}^2$; $I_y = 896 \times 10^{-6}\,\text{lb}\cdot\text{ft}\cdot\text{s}^2$; $I_z = 304 \times 10^{-6}\,\text{lb}\cdot\text{ft}\cdot\text{s}^2$.

9.138 $I_x = 344 \times 10^{-6}\,\text{lb}\cdot\text{ft}\cdot\text{s}^2$; $I_y = 132.1 \times 10^{-6}\,\text{lb}\cdot\text{ft}\cdot\text{s}^2$; $I_z = 453 \times 10^{-6}\,\text{lb}\cdot\text{ft}\cdot\text{s}^2$.

9.141 (a) $13.99 \times 10^{-3}\,\text{kg}\cdot\text{m}^2$. (b) $20.6 \times 10^{-3}\,\text{kg}\cdot\text{m}^2$. (c) $14.30 \times 10^{-3}\,\text{kg}\cdot\text{m}^2$.

9.142 $0.1785\,\text{lb}\cdot\text{ft}\cdot\text{s}^2$.

9.144 $0.1010\,\text{kg}\cdot\text{m}^2$.

9.145 (a) $26.4 \times 10^{-3}\,\text{kg}\cdot\text{m}^2$. (b) $31.2 \times 10^{-3}\,\text{kg}\cdot\text{m}^2$. (c) $8.58 \times 10^{-3}\,\text{kg}\cdot\text{m}^2$.

9.147 $I_x = 0.0392\,\text{lb}\cdot\text{ft}\cdot\text{s}^2$; $I_y = 0.0363\,\text{lb}\cdot\text{ft}\cdot\text{s}^2$; $I_z = 0.0304\,\text{lb}\cdot\text{ft}\cdot\text{s}^2$.

9.148 $I_x = 0.323\,\text{kg}\cdot\text{m}^2$; $I_y = I_z = 0.419\,\text{kg}\cdot\text{m}^2$.

9.149 $I_{xy} = 2.50 \times 10^{-3}\,\text{kg}\cdot\text{m}^2$; $I_{yz} = 4.06 \times 10^{-3}\,\text{kg}\cdot\text{m}^2$; $I_{zx} = 8.81 \times 10^{-3}\,\text{kg}\cdot\text{m}^2$.

9.150 $I_{xy} = 2.44 \times 10^{-3}\,\text{kg}\cdot\text{m}^2$; $I_{yz} = 1.415 \times 10^{-3}\,\text{kg}\cdot\text{m}^2$; $I_{zx} = 4.59 \times 10^{-3}\,\text{kg}\cdot\text{m}^2$.

9.151 $I_{xy} = -538 \times 10^{-6}\,\text{lb}\cdot\text{ft}\cdot\text{s}^2$; $I_{yz} = -171.4 \times 10^{-6}\,\text{lb}\cdot\text{ft}\cdot\text{s}^2$; $I_{zx} = 1120 \times 10^{-6}\,\text{lb}\cdot\text{ft}\cdot\text{s}^2$.

9.152 $I_{xy} = -1.726 \times 10^{-3}\,\text{lb}\cdot\text{ft}\cdot\text{s}^2$; $I_{yz} = 0.507 \times 10^{-3}\,\text{lb}\cdot\text{ft}\cdot\text{s}^2$; $I_{zx} = -2.12 \times 10^{-3}\,\text{lb}\cdot\text{ft}\cdot\text{s}^2$.

9.153 $I_{xy} = 16.83 \times 10^{-3}\,\text{kg}\cdot\text{m}^2$; $I_{yz} = 82.9 \times 10^{-3}\,\text{kg}\cdot\text{m}^2$; $I_{zx} = 9.82 \times 10^{-3}\,\text{kg}\cdot\text{m}^2$.

9.155 $I_{xy} = -8.04 \times 10^{-3}\,\text{kg}\cdot\text{m}^2$; $I_{yz} = 12.90 \times 10^{-3}\,\text{kg}\cdot\text{m}^2$; $I_{zx} = 94.0 \times 10^{-3}\,\text{kg}\cdot\text{m}^2$.

9.157 $I_{xy} = -11wa^3/g$; $I_{yz} = wa^3(\pi + 6)/2g$; $I_{zx} = -wa^3/4g$.

9.158 $I_{xy} = wa^3(1 - 5\pi)/g$; $I_{yz} = -11\pi wa^3/g$; $I_{zx} = 4wa^3(1 + 2\pi)/g$.

9.159 $I_{xy} = 47.9 \times 10^{-6}\,\text{kg}\cdot\text{m}^2$; $I_{yz} = 102.1 \times 10^{-6}\,\text{kg}\cdot\text{m}^2$; $I_{zx} = 64.1 \times 10^{-6}\,\text{kg}\cdot\text{m}^2$.

9.160 $I_{xy} = -m'R_1^3/2$; $I_{yz} = m'R_1^3/2$; $I_{zx} = -m'R_2^3/2$.

9.162 (a) $mac/20$. (b) $I_{xy} = mab/20$; $I_{yz} = mbc/20$.

9.165 $16.88 \times 10^{-3}\,\text{kg}\cdot\text{m}^2$.

9.166 $11.81 \times 10^{-3}\,\text{kg}\cdot\text{m}^2$.

9.167 $5Wa^2/18g$.

9.168 $4.41\gamma ta^4/g$.

9.169 $294 \times 10^{-3}\,\text{kg}\cdot\text{m}^2$.

9.170 $0.354\,\text{kg}\cdot\text{m}^2$.

9.173 (a) $b/a = 2$; $c/a = 2$. (b) $b/a = 1$; $c/a = 0.5$.

9.174 (a) 2. (b) $\sqrt{2/3}$.

9.175 (a) $1/\sqrt{3}$. (b) $\sqrt{7/12}$.

9.179 (a) $K_1 = 0.363ma^2$; $K_2 = 1.583ma^2$; $K_3 = 1.720ma^2$. (b) $(\theta_x)_1 = (\theta_z)_1 = 49.7°$, $(\theta_y)_1 = 113.7°$; $(\theta_x)_2 = 45°$, $(\theta_y)_2 = 90°$, $(\theta_z)_2 = 135°$; $(\theta_x)_3 = (\theta_z)_3 = 73.5°$, $(\theta_y)_3 = 23.7°$.

9.180 (a) $K_1 = 14.30 \times 10^{-3}\,\text{kg}\cdot\text{m}^2$; $K_2 = 13.96 \times 10^{-3}\,\text{kg}\cdot\text{m}^2$; $K_3 = 20.6 \times 10^{-3}\,\text{kg}\cdot\text{m}^2$. (b) $(\theta_x)_1 = (\theta_y)_1 = 90°$, $(\theta_z)_1 = 0$; $(\theta_x)_2 = 3.4°$, $(\theta_y)_2 = 86.6°$, $(\theta_z)_2 = 90°$; $(\theta_x)_3 = 93.4°$, $(\theta_y)_3 = 3.4°$, $(\theta_z)_3 = 90°$.

9.182 (a) $K_1 = 0.1639Wa^2/g$; $K_2 = 1.054Wa^2/g$; $K_3 = 1.115Wa^2/g$. (b) $(\theta_x)_1 = 36.7°$, $(\theta_y)_1 = 71.6°$, $(\theta_z)_1 = 59.5°$; $(\theta_x)_2 = 74.9°$, $(\theta_y)_2 = 54.5°$, $(\theta_z)_2 = 140.5°$; $(\theta_x)_3 = 57.4°$, $(\theta_y)_3 = 138.7°$, $(\theta_z)_3 = 112.5°$.

9.183 (a) $K_1 = 2.26\gamma ta^4/g$; $K_2 = 17.27\gamma ta^4/g$; $K_3 = 19.08\gamma ta^4/g$. (b) $(\theta_x)_1 = 85.0°$, $(\theta_y)_1 = 36.8°$, $(\theta_z)_1 = 53.7°$; $(\theta_x)_2 = 81.7°$, $(\theta_y)_2 = 54.7°$, $(\theta_z)_2 = 143.4°$; $(\theta_x)_3 = 9.7°$, $(\theta_y)_3 = 99.0°$, $(\theta_z)_3 = 86.3°$.

Prefijos del SI (Sistema Internacional de Unidades)

Factor multiplicativo	Prefijo	Símbolo
$1\,000\,000\,000\,000 = 10^{12}$	tera	T
$1\,000\,000\,000 = 10^{9}$	giga	G
$1\,000\,000 = 10^{6}$	mega	M
$1\,000 = 10^{3}$	kilo	k
$100 = 10^{2}$	hecto‡	h
$10 = 10^{1}$	deca‡	da
$0.1 = 10^{-1}$	deci‡	d
$0.01 = 10^{-2}$	centi‡	c
$0.001 = 10^{-3}$	mili	m
$0.000\,001 = 10^{-6}$	micro	μ
$0.000\,000\,001 = 10^{-9}$	nano	n
$0.000\,000\,000\,001 = 10^{-12}$	pico	p
$0.000\,000\,000\,000\,001 = 10^{-15}$	femto	f
$0.000\,000\,000\,000\,000\,001 = 10^{-18}$	atto	a

‡El uso de estos prefijos se debe evitar, excepto para la medición de áreas y volúmenes, y para el uso no técnico del centímetro, como, por ejemplo, para medidas del cuerpo y prendas de vestir.

Unidades principales del SI empleadas en mecánica

Cantidad	Unidad	Símbolo	Fórmula
Aceleración	Metros por segundo al cuadrado	. . .	m/s^2
Ángulo	Radián	rad	†
Aceleración angular	Radián por segundo al cuadrado	. . .	rad/s^2
Velocidad angular	Radián por segundo	. . .	rad/s
Área	Metro cuadrado	. . .	m^2
Densidad	Kilogramo por metro cúbico	. . .	kg/m^3
Energía	Joule	J	$N \cdot m$
Fuerza	Newton	N	$kg \cdot m/s^2$
Frecuencia	Hertz	Hz	s^{-1}
Impulso	Newton-segundo	. . .	$kg \cdot m/s$
Longitud	Metro	m	‡
Masa	Kilogramo	kg	‡
Momento de una fuerza	Newton-metro	. . .	$N \cdot m$
Potencia	Watt	W	J/s
Presión	Pascal	Pa	N/m^2
Esfuerzo	Pascal	Pa	N/m^2
Tiempo	Segundo	s	‡
Velocidad	Metro por segundo	. . .	m/s
Volumen, sólidos	Metro cúbico	. . .	m^3
Líquidos	Litro	L	$10^{-3}\,m^3$
Trabajo	Joule	J	$N \cdot m$

†Unidad complementaria (1 revolución = 2π rad = 360°).
‡Unidad básica.

Unidades de uso común en Estados Unidos y sus equivalentes en el SI

Cantidad	Unidad de uso común en Estados Unidos	Equivalente en el SI
Aceleración	ft/s^2	0.3048 m/s^2
	in./s^2	0.0254 m/s^2
Área	ft^2	0.0929 m^2
	in^2	645.2 mm^2
Energía	ft·lb	1.356 J
Fuerza	kip	4.448 kN
	lb	4.448 N
	oz	0.2780 N
Impulso	lb·s	4.448 N·s
Longitud	ft	0.3048 m
	in.	25.40 mm
	mi	1.609 km
Masa	oz masa	28.35 g
	lb masa	0.4536 kg
	slug	14.59 kg
	ton	907.2 kg
Momento de una fuerza	lb·ft	1.356 N·m
	lb·in.	0.1130 N·m
Momento de inercia		
De un área	in^4	0.4162 × 10^6 mm^4
De una masa	lb·ft·s^2	1.356 kg·m^2
Momentum (cantidad de movimiento)	lb·s	4.448 kg·m/s
Potencia	ft·lb/s	1.356 W
	hp	745.7 W
Presión o esfuerzo	lb/ft^2	47.88 Pa
	lb/in^2 (psi)	6.895 kPa
Velocidad	ft/s	0.3048 m/s
	in./s	0.0254 m/s
	mi/h (mph)	0.4470 m/s
	mi/h (mph)	1.609 km/h
Volumen	ft^3	0.02832 m^3
	in^3	16.39 cm^3
Líquidos	gal	3.785 L
	qt	0.9464 L
Trabajo	ft·lb	1.356 J